CHEMISCHE TECHNOLOGIE
IN EINZELDARSTELLUNGEN
HERAUSGEBER: PROF. DR. A. BINZ, BERLIN

SPEZIELLE CHEMISCHE TECHNOLOGIE

DIE LUFTSTICKSTOFF-INDUSTRIE.

MIT BESONDERER BERÜCKSICHTIGUNG DER GEWINNUNG VON AMMONIAK UND SALPETERSÄURE

VON

DR.-ING. BRUNO WAESER.

MIT 72 FIGUREN IM TEXT UND AUF EINER TAFEL.

Springer-Verlag Berlin Heidelberg GmbH
1922

ISBN 978-3-662-27483-5   ISBN 978-3-662-28970-9 (eBook)
DOI 10.1007/978-3-662-28970-9

Spamersche Buchdruckerei in Leipzig

Vorwort.

Als Herr Prof. Dr. *Ferd. Fischer*, Bad Homburg, am 30. November 1913 an mich mit dem Ersuchen herantrat, ihm für seine Sammlung: „Chemische Technologie in Einzeldarstellungen" einen Band über die Luftstickstoffindustrie zu schreiben, da ahnte noch niemand, was uns die nächsten Jahre bringen würden. Der Weltkrieg kam, und unter seinen Stürmen hat sich die junge Stickstoffindustrie zu einem kräftigen Baume entwickelt. Rein äußerlich spiegelt das der Umfang des vorliegenden Werkes, das seine ursprünglich vorgesehene Bogenzahl erheblich überschritten hat. Die Beschaffung des Materials war manchmal sehr schwierig, und hinsichtlich der Beurteilung einiger Zahlenangaben bin ich auf die Nachsicht meiner Leser angewiesen, da sich in der deutschen und der ausländischen Literatur oft die widersprechendsten Ziffern und Notizen finden. Im allgemeinen konnte die Literatur bis Mitte März 1921 berücksichtigt werden.

Es ist mir eine angenehme Pflicht, dem Herausgeber der Sammlung, Herrn Prof. Dr. *Binz* in Berlin, sowie dem Verlag *Otto Spamer* in Leipzig für die Mühe und die Aufwendung der hohen Kosten zu danken, die ihnen aus der Drucklegung erwachsen sind. Zahlreiche namhafte Fachleute und Firmen haben mein Werk in freundlichster Weise gefördert: ich nenne mit dem Ausdrucke verbindlichsten Dankes die *Bayrischen Stickstoffwerke* (insonderheit Herrn Geh. Reg.-Rat Prof. Dr. *N. Caro* und Herrn Direktor Dr. *Siebner*, beide in Berlin), die *Gesellschaft für Lindes Eismaschinen A.-G., Abtlg. Gas-Verflüssigung* in Höllriegelskreuth bei München, die *Berlin-Anhaltische Maschinenbau-A.-G.* in Berlin, die Firma *A. Borsig* in Berlin-Tegel, die *Fr. Krupp A.-G.* in Essen, die *Norgesalpeter-Verkaufs-G. m. b. H.* in Berlin, die *Gesellschaft für Kraftübertragung* in Berlin, die *Lonza-Werke, Elektrochemische Fabriken G. m. b. H.* in Waldshut (Baden), das *Tonwerk Biebrich A. G.* in Biebrich a. Rhein, *Amag-Hilpert Pegnitzhütte* in Nürnberg, *Steuler & Co., G. m. b. H.* in Koblenz, Firma *Heinr. Koppers* in Essen a. Ruhr, die Herren Dr. *O. Schönherr* in Dresden-A., Prof. Dr. *F. Häusser* in Dortmund-Eving, Prof. Dr. *Kaiser* in Tutzing, Dr. *E. Brauer* in Miltitz (Bez. Leipzig), Prof. *J. Moscicki* in Krakau, Dipl.-Ing. *Harry Pauling* in Berlin und Ing. *Siegfr. Barth* in Düsseldorf-Oberkassel, sowie endlich eine Reihe führender Firmen und Fachleute, die aus geschäftlichen Gründen nicht genannt sein wollten.

Die vorliegende Arbeit will versuchen, ein Quellenwerk zu sein; deswegen haben insbesondere zahlreiche wirtschaftliche Notizen Aufnahme gefunden, die späteren Bearbeitern von Interesse sein werden und deswegen ist eine genaue Literaturübersicht geboten worden.

September 1922.

Dr. Bruno Waeser.

Inhaltsübersicht.

III. Technischer Teil.

Abkürzungstabelle

(enthält nur die häufiger wiederkehrenden Abkürzungen; seltener erscheinende Titel usw.
sind ohne weiteres verständlich wiedergegeben).

A. oder Ann. . . . . = Liebigs Annalen.

A. E. G. . . . . = Allgemeine Elektrizitäts-Gesellschaft, Berlin.

Agfa . . . . = A. G. für Anilinfabrikation, Berlin.

B. oder Berl. Ber. . . . . = Berichte der Deutschen Chemischen Gesellschaft, Berlin.

Bamag . . . . = Berlin-Anhaltische Maschinenbau-A.-G., Berlin.

BASF . . . . = Badische Anilin- und Soda-Fabrik, Ludwigshafen.

Bayer & Co. . . . . = Farbenfabriken vorm. Friedr. Bayer & Co., Leverkusen.

Chem.-Ztg. . . . . = Chemiker-Zeitung.

Ch. Ztrlbl. . . . . = Chemisches Zentralblatt.

Chem. News . . . . = Chemical News.

Compt. rend. . . . . = Comptes rendus.

Chem. Trade Journ. . . . . . . = Chemical Trade Journal.

Chem. Met. Eng. . . . . = Chemical Metallurgical Engineering.

Chem. Ind. . . . . = Chemische Industrie.

D. R. P. . . . . = Deutsches Reichs-Patent.

Engl. Pat. . . . . = Englisches Patent.

Elberfelder Farbenfabriken . . . = Bayer & Co.

Franz. Pat. . . . . = Französisches Patent.

Griesheim od. Griesheim-Elektron = Chem. Fabrik Griesheim-Elektron, Frankfurt a. M.

Höchster Farbwerke . . . . . . = Farbwerke vorm. Meister Lucius & Brüning, Höchst a. M.

I.-G. . . . . = Interessengemeinschaft der deutschen Großfarbenfabriken (Anilinkonzern usw.).

Journ. f. Gasbel. . . . . = Journal für Gasbeleuchtung und Wasserversorgung.

J. Ind. Eng. Chem. . . . . . . = Journal of Industrial and Engineering Chemistry.

J. Soc. Chem. Ind. . . . . . . = Journal of the Society of Chemical Industry; Amerika.

Metall u. E. . . . . = Metall und Erz.

Metallb. . . . . = Metallbörse.

Norsk Hydro . . . . = Norsk Hydroelektrisk Kvaelstof A.-B., Kristiania.

Südd. Ind.-Blatt . . . . = Süddeutsches Industrieblatt.

Umsch. . . . . = Umschau, Frankfurt a. M.

V. St. Amer. Pat. . . . . = Vereinigte Staaten Amerika-Patent.

Zeitschr. f. angew. Chem. . . . = Zeitschrift für angewandte Chemie.

Zeitschr. f. anorg. Chem. . . . . = Zeitschrift für anorganische Chemie.

Zeitschr. f. Elektrochemie . . . = Zeitschrift für Elektrochemie.

Allgemeiner Teil.

Die geschichtliche Entwicklung der Stickstoffindustrie bis zum Aufkommen der direkten Luftstickstoffverwertung.

Wir wissen alle, daß die Bemühungen nach technischer Nutzbarmachung der Schätze der Atmosphäre noch nicht alt sind. Es ist ihnen aber das einige Jahrhunderte umfassende Zeitalter der wissenschaftlichen Erforschung der Eigenschaften der Luft durch *Torricelli* (1643), *Otto von Guericke* (um 1650) und *Lavoisier* (1772) — um mit *C. von Linde* nur einige Beispiele zu nennen — voraufgegangen. Und wieder vor diesem Zeitalter liegen die Jahrhunderttausende, in denen mit der ganzen organischen Welt die Menschen wesentliche Grundlagen ihres Daseins aus der Atmosphäre schöpften, ohne die erlebten Wirkungen und geschauten Vorgänge nach Ursache und Maß zu untersuchen bzw. untersuchen zu können.

Es ist nicht mehr als billig, wenn wir jenen ersten Stadien aus der Geschichte des Salpeters und der Salpetersäure einige Worte widmen. Die Tatsache, daß der Salpeter zur Darstellung des Schwarzpulvers gebraucht wurde, bewirkte, daß lebhaftere Nachfrage nach diesem Stoff auftrat. Der Kalisalpeter war bereits seit den ältesten Zeiten bekannt. Er bildete einen Hauptbestandteil des griechischen Feuers, dessen Darstellung man in Byzanz als Staatsgeheimnis hütete und das 673 n. Chr. von *Kallinikos* und um 730 von *Leo dem Isaurier* höchst erfolgreich verwendet wurde. Von der poesieverklärten Sage des Freiburger Mönches *Berthold Schwarz* (um 1300) bleibt vor dem Forum der geschichtlichen Wahrheit nicht viel mehr bestehen, als die Tatsache, daß um jene Zeit die Verwendung des Schießpulvers in Europa allgemeiner bekannt wurde. Es waren deutsche Büchsenmeister, die noch einen Schritt weiter gingen, indem sie die Kraft des explodierenden Pulvers als Treibmittel für Geschosse in Gewehren und Kanonen verwendeten (nachweisbar 1313). Die rasche Zunahme in der Anwendung von Pulver zwang zuerst dazu, nach Darstellungsmethoden für Kalisalpeter zu suchen: damit beginnt, wenn wir so wollen, die industrielle Laufbahn dieses Stoffes, der in der Kulturgeschichte der Menschheit eine so tief eingreifende Rolle gespielt hat und noch spielt.

Wo in wärmeren, regenarmen Landstrichen stickstoffreiche Abfälle auf kalihaltigen Böden vermodern, da blühen nach Niederschlägen in Zeiten langdauernder Trockenheit weiße Salzkrusten aus dem Boden aus. Indem man diese sammelte (Sal petrae), auslaugte und die Lösungen eindampfte, gewann man Kehrsalpeter oder Chinasalz. Es bedurfte nur eines kleinen Zufalls — etwa dadurch, daß man beim Hinwerfen eines Stückchen glimmenden Holzes auf den salpeterhaltigen Erdboden das aufflammende Verpuffen entdeckte —, um die Wirksamkeit und die Eigenschaften von Mischungen nach Art des griechischen Feuers aufzufinden, dessen Urheimat in Indien, China oder Ägypten zu suchen sein dürfte. Diese Länder lieferten auch den ersten Salpeter. Ceylon und Indien, die noch heute für Ausfuhr natürlichen Kalisalpeters allein eine Rolle spielen, waren schon damals vor allen anderen wichtig. In erster Linie wurde dort der Gangesschlamm (mit etwa 8 Proz. Kalium- und 4 Proz. Calciumnitrat) und die Salpetererde der Hausstätten verarbeitet.

Wir begegnen dem Salpeter schon frühzeitig in alchimistischen Schriften, wo er als Sal petrae, petrosum oder nitri (*Pseudo-Geber, Raymund Lullus*) auftritt. Das Aufkommen der Schußwaffen läßt die Nachfrage steigen, und so wird der Salpeter zur Grundlage der Entstehung chemischer Werktätigkeit überhaupt. Im 14. Jahrhundert war man mit ihm und der daraus bereiteten Salpetersäure (durch Destillation eines bestimmten

Gemisches von Salpeter, Kupfervitriol und Alaun als Aqua dissolutiva oder Aqua fortis) bereits völlig vertraut. *Georg Agricola* (1494 bis 1555) gibt uns in seinem Hauptwerk „De re metallica" eine ausführliche Beschreibung der mittlerweile auch schon technisch ausgeübten Salpetersiederei. Man ahmte nämlich den Salpeterbildungsprozeß der Natur nach, indem man Erde, tierische Abfälle, Holzasche, Kalk, Bauschutt usw. aufschichtete, häufig mit Jauche oder Harn begoß und dann sich selbst überließ. War der Haufen nach Monaten oder Jahren „reif", so kratzte man die in dicken Schichten ausblühende Salpetererde ab. An Stallmauern, die häufig mit Jauche berieselt wurden, gewann man den ausschlagenden Mauersalpeter. In den Pußten Ungarns erzeugte man in ähnlicher Weise die Gayerde oder den Gaysalpeter, und auch in der Schweiz verwertete man Stallabgänge in „Salpetergruben". Diese uralten Gewinnungsmethoden haben z. T. noch heute in weltfernen Dörfern eine gewisse lokale Bedeutung. Im 18. Jahrhundert begann man sie systematisch und rationell auszubauen. Es entstanden, namentlich in Frankreich, die Salpeterplantagen, die Salpetrières oder Nitrières, die in staatlichem Regal verwaltet wurden und die unter Napoleon I. zur Zeit der Kontinentalsperre eine besonders wichtige Rolle spielten. Wir begegnen hier zum ersten Male jener Wechselbeziehung zwischen Blockade und Stickstoffindustrie, die in den Jahren des großen Krieges 1914 bis 1918 so ungeheuer stark in Erscheinung getreten ist. In Schlesien gewann man bereits unter Friedrich d. Gr. Mauersalpeter in ziemlich beträchtlichen Mengen. Dieser und die Rohsalze der Salpeterplantagen gelangten in die Salpeterhütten und wurden dort ausgelaugt. Die Lösungen (meist Calciumnitrat) wurden mit Holzasche (Kaliumcarbonat) gefällt („gebrochen") und auf Rohkalisalpeter versotten, der dann in den Pulverfabriken zu Reinsalpeter raffiniert wurde.

Die Entdeckung und der erste Versuch zur Ausbeutung der **Salpeterlager** Chiles im Jahre 1809 durch *Th. Haenke* bedeutete einen Wendepunkt in der Geschichte des Salpeters. Die erdige Caliche der regenarmen Wüstengebiete von Atacama, Antofagasta und Tarapacá ist in ähnlicher Weise durch Verwesung von Pflanzen- und Tiersubstanz unter Einwirkung salpeterbildender Bakterien entstanden, wie es der Darstellungsvorgang in den Salpeterplantagen lehrt: wir wissen heute, daß wir bei beiden Prozessen eigentlich auch von einer Nutzbarmachung atmosphärischen Stickstoffs sprechen können, den die Lebenstätigkeit niederer Bakterien für den Aufbau des Eiweißes vorbereitet hat.

So lange man die Nitrate technisch lediglich zur Pulverfabrikation brauchte, begnügte man sich damit, den Chilesalpeter in ähnlicher Weise mit Holzpottasche oder seit 1863 (durch *Vorster & Grüneberg* in Staßfurt) mit Chlorkalium in Kalisalpeter, **Konversionssalpeter** oder künstlichen ostindischen Salpeter, umzusetzen.

Von weittragender Bedeutung wurden die Lehren *Justus von Liebig*s über die mineralischen **Pflanzendünger** (1840), die seit den 60er Jahren des vorigen Jahrhunderts ein sprunghaftes Ansteigen der chilenischen Produktionsziffern nach sich zogen. Es begann mit dieser friedlichen Rolle in der menschlichen Wirtschaft die Herrschaft des **Natronsalpeters**. Die Bedeutung des Kalisalpeters ging in der Folge im gleichen Maße zurück, wie das alte Schwarzpulver von rauchlos verbrennenden organischen Explosivstoffen und von Ammonnitrat abgelöst wurde. Andererseits stieg die Verwendung der Salpetersäure und der Nitrite in der übrigen organisch-chemischen Großindustrie, die sich bekanntlich um die gleiche Zeit zu entwickeln anfing.

Etwa um die Jahrhundertwende stiegen ernstere Bedenken auf, was zu geschehen hätte, wenn die immerhin beschränkten Lager Chiles einmal erschöpft sein würden. Die Ewigkeit pochte mahnend an die Existenzgrundlagen des Menschengeschlechts! Sollte nicht die intensive Landbewirtschaftung ein Ende haben und wollte man verhindern, daß ein Teil zum mindesten der Kulturmenschheit, einem langsamen Hungertode entgegenwuchs oder daß die chemische Industrie in ihrer Blüte geknickt würde, so mußte man handeln, um ein voraussichtliches Versagen Chiles von vornherein auszugleichen. In diesen Schicksalsstunden wurde die **Luftstickstoffindustrie** geboren. Es gehört zum Charakteristikum der Kulturgeschichte des Menschen, daß die ganz großen Entdeckertaten sich fast niemals an den Namen eines Mannes knüpfen, sondern sich als eine Reihenfolge wichtiger Einzelbeobachtungen kennzeichnen, denen nur die Schluß-

steine hinzugefügt werden brauchen, wenn ihre Zeit gekommen ist. Schöner, als ich es
kann, spricht *Max Eyth* („Zur Philosophie des Erfindens") diesen Gedanken aus. Wir
ahnen seine Richtigkeit in der Entdeckung des Feuers, der großartigsten Tat aller Zeiten,
wir erfahren sie hier bei Betrachtung der Stickstoffindustrie, und wir werden ihr über
Jahr und Tag bei der Lösung des Energieproblems der „Los-von-der-Kohle"-Bewegung
wieder begegnen.

1878 hatte *G. Meyer* das Calciumcyanamid entdeckt, das uns jetzt als Ursubstanz
des Kalkstickstoffs bekannt ist. Während *Moissan* 1894 an reines Calciumcarbid selbst
bei 1200° noch keinen Stickstoff anlagern konnte, gelang es *A. Frank* und *N. Caro* ein
Jahr später zu zeigen, daß doch Stickstoffaufnahme, und zwar in Form von Cyanid stattfindet, wenn dem Calciumkarbid Alkalien, Salze oder dgl. beigemengt werden. Da die
Bestrebungen, darauf hinausgingen, Cyanid zu erzeugen, so haben *Frank* und *Caro* auch
mit Bariumkarbid gearbeitet. Sowohl beim Calcium- wie beim Bariumkarbid wirkte Pottasche usw. günstig, da die primär gebildete Stickstoffverbindung, deren wahren Charakter man noch nicht erkannte, sich unter diesen Bedingungen in Cyanid verwandelt.
Auf diese Versuche geht die Kalkstickstoffindustrie zurück, die seit 1905 fabrikatorisch
arbeitet.

Das erste Verfahren zur direkten Oxydation, zur „Verbrennung", des Luftstickstoffs zu Salpetersäure bzw. Stickoxyd von *Birkeland* und *Eyde* (seit 1903), benutzt letzten
Endes die alte Beobachtung von *Cavendish* (1781), daß der elektrische Funken aus Stickstoff und Sauerstoff der Luft Stickoxyde erzeugt. Auch die Entdeckung der katalytischen
Verbrennung von Ammoniak über Platin ist an sich älteren Ursprungs. *Ostwald* begann
seine technischen Versuche in dieser Richtung erst 1901.

Aluminiumnitrid wurde zuerst 1862 von *Briegleb* und *Geuther* beschrieben. *O. Serpek*
führte diesen Körper in die Großtechnik des Stickstoffs ein. Die erste Anlage nach
seinem Verfahren ist 1909 erbaut worden. *F. Haber* und seine Mitarbeiter begannen
etwa 1903/04 die Synthese des Ammoniaks direkt aus den Elementen zu studieren, indem sie dabei auf früheren Forschungsarbeiten (*Regnault, Berthelot* usw.) weiterbauten.

Das älteste bekannte Ammoniumsalz ist der Salmiak. Das Wort hat, wie die
Bezeichnung Sal nitri für Salpeter — nitrum bedeutete später fixes Alkali und formte
sich im 16. Jahrhundert in unser Natron um, während der Name nitrum dem Kalisalpeter
erhalten blieb —, insofern eine Begriffswandlung hinter sich, als das Sal ammoniacum
der Alten ohne Zweifel gewöhnliches Steinsalz aus der Oase des Ammon gewesen ist.
Im 14. Jahrhundert war aber Sal armeniacum, armoniacum oder ammoniacum bereits
gleichbedeutend mit Salmiak. Das Heilmittel „Nuschadir" der arabischen Ärzte des
9. Jahrhunderts (= nischador im heutigen Serbisch) ist nichts anderes gewesen, als unser
Salmiak. Den Namen Salmiakgeist prägte *Bergmann* 1782, nachdem der Stoff selbst
lange bekannt war. Ammoniakgas stellte zuerst *Priestley* (1733 bis 1804) her. Kohlen-
saures Ammoniak war als flüchtiges Laugensalz (Spiritus urinae) den Alchimisten des
13. Jahrhunderts wohlbekannt.

Die Leuchtgasindustrie (*Minkeles, Murdoch* u. a., 1784, 1792 usw.) ließ ihr
Gaswasser lange Zeit ungenützt weglaufen und stellt erst seit etwa 60 Jahren Ammoniak
daraus her. Die Kokereiindustrie (1675: Steinkohlendestillation zur Teergewinnung,
1735: erste Verwendung von Steinkohlenkoks im Hochofen) verwertet ihre Nebenerzeug-
nisse seit ungefähr 30 Jahren, da erst mit dem Aufschwunge der Düngemittel- und der
organischen Großindustrie der Bedarf an solchen Stoffen stieg. Heute sind die Darstellungsmethoden der Alchemie (aus Knochen oder Harn), die jahrhundertelang die
einzige Quelle für Salpeter bildeten, recht unbedeutend gegenüber dem Stickstoff der
Steinkohle geworden, trotzdem beide Verfahrengruppen schließlich auf den gleichen
Ursprung zurückgehen, nämlich den Luftstickstoff, der in einer bestimmten Phase seines
ewigen Kreislaufs (hier in der vorweltlichen Kohle und dort in den in der Salpeterplantage
verwesenden Abfällen) festgehalten ist. Die ähnliche Verwertung des Stickstoffs der
Ölschiefer und des Torfs ist jüngeren Datums.

Von den Cyanverbindungen ist das Berlinerblau seit 1704 (*Dippel* und *Dies-*
bach), die Blausäure seit 1782 (*Scheele*) und das Cyan selbst seit den klassischen Unter-

suchungen *Gay-Lussacs* (1815) bekannt. Die Synthese der Cyanide aus Luftstickstoff, mit der die Kalkstickstoffindustrie genetisch verknüpft ist, ist zuerst von
L. Thompson 1839 versucht worden.

Gedenken wir zum Schluß der Rolle, die das unter der Wirkuhg atmosphärischer
Entladungen auftretende salpetrigsaure Ammonium möglicherweise in der Vorzeit bei
der Entwicklung des ersten organischen Lebens gespielt hat, erwähnen wir, daß bereits
Pseudo-Geber (14. Jahrhundert) lehrte, den Salpeter durch Absättigen von Pottasche mit
Salpetersäure zu gewinnen, daß die salpetrige Säure durch *Scheele* 1768 aufgefunden
und die Zusammensetzung der Salpetersäure 1784/86 von *Priestley* und *Lavoisier* ermittelt wurde, verzeichnen wir ferner die Verflüssigung der Luft durch *Cailletet* und
Pictet 1877 — das grundlegende technische Verfahren stammt von *C. v. Linde* 1895 —,
so haben wir etwa das vor uns, was wir als das geschichtliche Skelett der Stickstoffindustrie
ansprechen können, deren „technischer Stammbaum" in der Fig. 1 dargestellt ist.

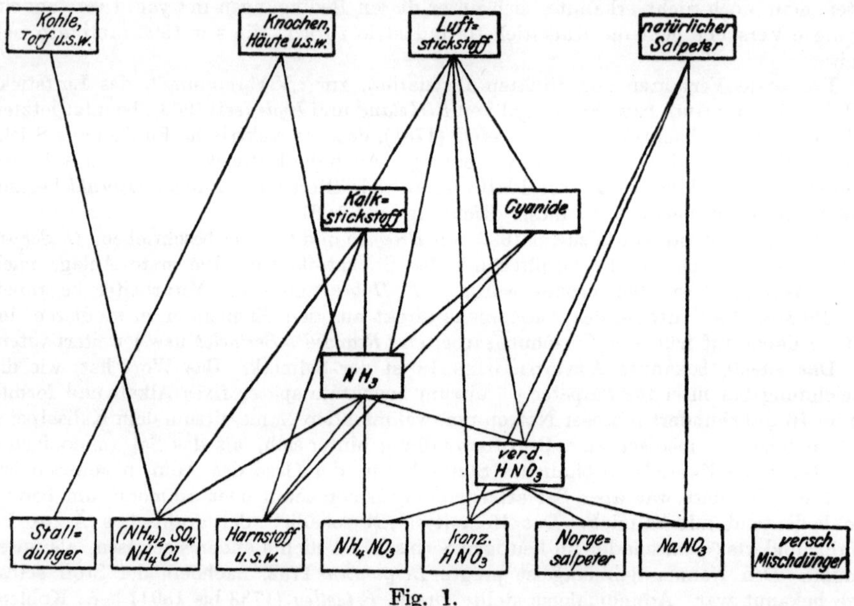

Fig. 1.

Die Entwicklung der Salpeterindustrie eingehend schildern, hieße ein großes
Kapitel der Kulturgeschichte der Menschheit schreiben. Wir sahen, daß die erste
„fabrikatorische" Herstellung von Salpeter in die Kinderstube des technischen Chemikers zurückführt. Wir wissen ferner, daß die Synthese der Luftstickstoffverbindungen
einen glänzenden Erfolg der um die Jahrhundertwende etwas stiefmütterlich behandelten
anorganischen gegenüber der organischen Chemie darstellt, die jahrzehntelang das Gebiet
der Synthese als ihr ureigenstes Feld betrachtete und daß seither eine überraschende
Entwicklung der anorganischen Großtechnik eingesetzt hat. Die Lieblingsschöpfung
der Synthese ist, wie ein Blick auf den Stammbaum zeigt, das Ammoniak. Beide aber,
Salpeter und Ammoniak, sind zuletzt doch nur Wesensformen des gleichen Luftstickstoffs, der in nie ruhendem Wechsel durch die Schöpfung kreist: ein Urbild des Gesetzes
von der Erhaltung der Materie. Der Luftstickstoff, den zuerst *Scheele* um 1770 isolierte, ist d e Muttersubstanz sowohl für den Chilesalpeter, als auch für den Stickstoff
der Kohle und den in der belebten Natur. Verwesungsvorgänge oder explodierende
Sprengstoffe entbinden von neuem elementaren Stickstoff — letztere, indem innerhalb
weniger Augenblicke die gleiche Energiemenge frei wird, die nötig war, die Einzelatome

aneinanderzuketten — und schenken ihn der Atmosphäre wieder, deren Stickstoffinhalt also annähernd konstant bleiben muß. Auch in diesen Werdegängen liegt tiefinnerst ein Körnchen jener reinen Poesie und jener verschwiegenen Schönheit der Technik versteckt, von denen uns der Dichtergeist eines *Max Eyth* erzählt („Poesie und Technik").

Ehe nun die Entwicklung der Synthese in den einzelnen Ländern geschildert wird, soll kurz auf die wichtigsten Stadien der chilenischen Salpeterindustrie eingegangen werden, der noch heute die allergrößte wirtschaftliche Bedeutung zukommt und die zudem die Lehrmeisterin der Luftstickstoffverwertung gewesen ist.

Die chilenische Salpeterindustrie.

Chile- oder Chilisalpeter ist Natriumnitrat $NaNO_3$. Es findet sich in der Hauptsache an der Westküste Südamerikas, vornehmlich zwischen 19° und 24° südl. Breite, in Chile an der Grenze gegen Peru. Die Bezirke Antofagasta, Tarapacá, Atacama, Tocopilla, Aguas Blancas und Taltal sind dort für die Salpeterförderung am wichtigsten. Die L a g e r sind 1 bis 200 km lang und 3 bis 5 km breit. Wahrscheinlich hat sich das Nitrat aus verwesenden organischen Stoffen, wie Guano oder Tangen, unter Mithilfe von Bakterien auf einem an Kochsalz und Kalk reichen Boden gebildet, ist später in der abflußlosen Wüste zu größeren Lagern zusammengeschwemmt und dort auf der sekundären Lagerstatt durch eine Decke wasserundurchlässigen Materials vor dem Wiederaufgelöstwerden durch die an sich seltenen Regengüsse geschützt worden. Der Oxydations- und Nitrifikationsprozeß muß außerordentlich intensiv verlaufen sein, da sich auch Jodat und Perchlorat bilden konnte. *Ostwald* nimmt daher an, daß Ozon hierbei tätig gewesen ist. Vielleicht haben auch elektrische Vorgänge eine Rolle gespielt. Andere Salpeterlager in Kalifornien (Death Valley, San Bernardino), Kolumbien, Persien, Transkaspien (Schor Kala) usw. werden bisher nicht in großem Maßstabe abgebaut. Sie reichen an Mächtigkeit nicht an die chilenischen (auch peruanischen und bolivischen) Vorkommen heran.

Noch um die Jahrhundertwende schätzte man die Lebensdauer dieser Lager auf etwa 30 bis 35 Jahre: damals schien also die Lösung des Salpeterproblems sehr brennend. Nach dem heutigen Stande der Aufschlüsse kommt man auf 100 bis 150 Jahre, wenn man mit *A. Bertrand* annimmt, daß die jährliche Konsumssteigerung rund 50 000 t ausmachen wird oder auf etwa 300 Jahre unter Zugrundelegung der mittleren Jahresausbeute 1914/1919.

Die Oberfläche der Salpeterlager bildet gewöhnlich eine Schicht gipshaltiger Sande (Chuca), in die grauweiße, steingutähnliche (daher Loza) Bruchstücke von Anhydrit eingebettet liegen. Es folgt nach unten ein felsiges Konglomerat aus Ton, Kies, Feldspat-, Porphyr- und Grünsteintrümmern, die durch Gips, Kalium-, Natrium- und Magnesiumsulfat neben wenig Chlornatrium zu einer Costra genannten Masse verkittet sind. Die Costra geht in eine andere Schicht über, in der neben Sulfaten Chlornatrium und -magnesium vorwiegt. Da das Äußere dieser Schicht einem gefrorenen wasserhaltigen, kiesigsteinigen Erdreich gleicht, das übrigens bereits einige Prozent Salpeter enthält, so heißt sie Congelo (= Zusammengefrorenes). Feinkörnige Congelo-Schichten nennt man auch Banco.

Chuca, Costra und Congelo bilden Bänke von 0,5 bis 3 m Dicke. Unter ihnen liegt die Caliche von 0,5 bis 2 m Mächtigkeit, der eigentliche Rohsalpeter, der bei bester Qualität 40 bis 50 Proz., bei mittlerer 30 bis 40 Proz., bei geringerer 17 bis 30 Proz. und in einzelnen besonders günstigen Fällen bis 75 Proz. $NaNO_3$ hat, im übrigen aber etwa folgender Zusammensetzung entspricht (nach *K. A. Hofmann*):

$$
\begin{array}{rll}
50 & \text{Proz.} & NaNO_3 \\
25 & ,, & NaCl \\
4 & ,, & Na_2SO_4 \\
2 & ,, & MgSO_4 \\
2,5 & ,, & CaSO_4 \\
0,12 & ,, & NaJO_3 \\
\end{array}
$$

und neben diesen Bestandteilen (namentlich in Bolivia) K_2SO_4 und KNO_3 sowie stets erdige Verunreinigungen, Gesteinstrümmer, Sand, Ton, Wasser und zuweilen noch borsaure Salze enthält. Die Caliche ist schneeweiß, schwefelgelb, citronengelb bis orangefarben, violett, blau, braun und graubraun in allen Tönen. Auf die Calicheschicht folgt nach unten ein hellbrauner loser Ton, der meist mit flimmernden Anhydritkrystallen durchsetzt ist und Coba genannt wird. Die Coba bildet das Liegende der Salpeterschichten, da unter ihr Salpeter nicht mehr vorkommt. Auf sekundären Lagerstätten, so namentlich bei Salar del Carmen (Antofagasta), finden sich erhebliche Abweichungen von dieser Schichtenfolge der älteren Lager.

Nach *Ferd. Fischer* wird die Beschreibung der älteren Arbeitsweise der Officina Rosario gegeben, die 1890 bei einer Tagesverarbeitung von 880 t Caliche bei im Mittel 40 Proz. $NaNO_3$ 350 t Salpeter erzeugen konnte. Die Caliche wird in 5 Brechern grob zerkleinert und darauf in Wagen mit Bodenentleerung über die Kochkessel der Laugerei (12 à 65 cbm Inhalt) gefahren. Diese arbeitet nach der systematischen Methode von *Shanks* und erzeugt in einem Gang bei kräftiger Dampfschlangenheizung heißgesättigte Lauge von etwa 1,55 spez. Gewicht bei 110 bis 120°. Die Krystallisation beansprucht in 4tägiger Abkühlung 230 Stück schmiedeeiserne Krystallisierkästen von je 14 cbm Inhalt bei 350 t Tagesleistung und liefert pro 1 cbm etwa 550 kg krystallisierten Salpeter. Während die erkaltete Mutterlauge — Agua vieja — abfließt, werden die Krystalle nach 12stündigem Abtropfen auf schräge, mit Eisenblech ausgeschlagene Trockenbühnen geschaufelt, wo sie 4 Tage liegen bleiben, um die Mutterlauge gänzlich zu entfernen. Sie gelangen dann weiter in den Trocken- und Vorratsraum, Cancha; hier trocknen sie 14 Tage nach und sind dann versandfertig.

Die Mutterlauge kehrt, nach Gewinnung des Jods durch Behandeln mit schwefliger Säure oder Natriumsulfit (16 Tagesoperationen mit je 18 cbm geben 500 kg sublimiertes Jod), im Kreislauf in den Prozeß zurück. ·Der Verlust wird durch Zusatz von Waschlauge aus den Rückständen — relaves — so weit ausgeglichen, daß keinerlei Verdampfung notwendig ist.

Das erhaltene Produkt, der Rohsalpeter der Landwirtschaft, hat i. M.:

$$
\begin{array}{rll}
95,0 \text{ Proz.} & NaNO_3 \\
2,0 & ,, & NaCl \\
0,6 & ,, & \text{Sulfat od. dgl.} \\
0,1 & ,, & \text{Unlösliches} \\
2,3 & ,, & \text{Feuchtigkeit.}
\end{array}
$$

Läßt man die heiße Kochlauge in dampfgeheizten Klärbehältern $1/2$ Stunde oder länger stehen, so scheidet sich Chlornatrium und ein Teil der Verunreinigungen aus und man gewinnt den schneeweißen raffinierten Salpeter (für chemische Zwecke), der über 96 Proz. $NaNO_3$ bei höchstens 1 Proz. Kochsalz hat. Perchlorat ist für die Pflanzen ein starkes Gift. Aus daran reicher Caliche (2 bis 3 Proz.) wird es in Form des Kaliumsalzes bei der Verarbeitung leicht ausgeschieden.

Die geschilderte Arbeitsweise ist noch heute für den größten Teil der chilenischen Betriebe charakteristisch. Erst neuerdings versucht man rationellere Methoden einzuführen.

Das Handelsprodukt, roher und raffinierter Salpeter, wird von Iquique, Pisagua, Valparaiso, Tocopilla usw. verschifft. Hauptausfuhrfirmen sind *Gibbs & Co.*, *Weber & Co.*, *W. R. Grace & Co.*, *H. Fölsch & Co.*, *Vorwerk & Co.*, *G. Wilms* u. a. Den Aufschwung der chilenischen Salpeterindustrie widerspiegeln die Verschiffungszahlen seit 1830:

$$
\begin{array}{ll}
1830 & \dots\dots\dots\qquad 850 \text{ t} \\
1840 & \dots\dots\dots\quad 10\,250 \text{ t} \\
1850 & \dots\dots\dots\quad 23\,000 \text{ t} \\
1860 & \dots\dots\dots\quad 61\,650 \text{ t} \\
1870 & \dots\dots\dots\quad 132\,450 \text{ t} \\
1890 & \dots\dots\dots\; 1\,000\,000 \text{ t} \\
1900 & \dots\dots\dots\; 1\,350\,000 \text{ t} \\
1909 & \dots\dots\dots\; 2\,101\,000 \text{ t} \\
1913 & \dots\dots\dots\; 2\,738\,000 \text{ t}
\end{array}
$$

Deutschland ist an diesen Mengen hauptbeteiligt gewesen. Es bezog aus Chile:

<pre>
1870 . . . . 20 000 t
1895 . . . . 446 100 t im Werte von 69 Mill. Mk.
1899 . . . . 526 944 t „   „   „   78 „   „
1913 . . . . 746 800 t „   „   „ 166 „   „ ,
</pre>

d. h. mit anderen Worten, von der chilenischen Gesamtausfuhr an Salpeter entfielen 1913 rund 27,3 Proz. auf Deutschland. Das Jahr 1913 brachte der Chilesalpeterproduktion insofern einen Rückschlag, als der Verbrauch Europas in diesem Jahre nach langem regelmäßigen Aufstieg zum ersten Male einen geringen Rückgang zeigte [1,81006 Mill. t 1913 gegen 1,93 Mill. t 1912]. An diesem Ausfall sind fast sämtliche Verbrauchsländer beteiligt, nämlich Deutschland mit etwa 85 000, Frankreich mit 30 000, Holland mit 15 000, Großbritannien mit 5000 t usw.; auch die Verbrauchszunahme der Mittelmeerländer, Belgiens und der Ver. Staaten von Nordamerika konnte diesen Rückgang nicht wieder vollkommen ausgleichen, so daß die Weltverbrauchszahl 1913 mit 2,425 Mill. t um 75 000 t geringer war als die von 1912 [2,5 Mill. t]. Wenn auch dieser Minderverbrauch zum Teil in den durch späte Verschiffung bedingten Salpeterpreisen des Jahres 1913 seinen Grund haben wird, so ist doch auch die Synthese der Stickstoffverbindungen (Kalkstickstoff - Weltproduktion 1912: 153 000 t, 1913: 260 000 t; Norgesalpeterproduktion 1913: 73 214 t; Beginn der NH_3-Erzeugung in Oppau) und die Zunahme in der Gewinnung von Nebenprodukten-Ammoniak (deutsche Ammonsulfatproduktion 1912: 492 000 t, 1913: 549 000 t) sicherlich nicht ohne Einfluß gewesen.

Die Salpeterindustrie Chiles hat sich seit 1913 in höchst eigenartiger Weise entwickelt. Als mit dem Ausbruch des Krieges 1914 der Handel stockte und der Großabnehmer Deutschland ganz plötzlich wegfiel, kam es zu einer ersten schweren Krise. Bereits 1916 war aber der Fortfall der Mittelmächte durch die immer stärker in Erscheinung tretende Rolle der Ver. Staaten von Nordamerika als Munitionsversorger der Entente ausgeglichen. Auch die unter der Einwirkung des deutschen Seekrieges ständig kleiner werdenden Einfuhrzahlen Europas (1917 und 1918) konnten demgegenüber nicht mehr ernstlich ins Gewicht fallen, so daß das Jahr 1917 einen Produktions- und das Jahr 1918 einen Verschiffungsrekord darstellte. Mit Beginn des Waffenstillstandes trat eine neue Stockung im Salpetergeschäft ein. Die in den Ententeländern für Zwecke der Munitionserzeugung lagernden Salpetervorräte wurden größtenteils an die Landwirtschaft abgestoßen: das Jahr 1919 brachte daher geringe Ziffern für Förderung und Verschiffung bei großen Lagerbeständen in Chile. 1920 belebte sich das Geschäft bei kleiner werdenden Beständen. Im Januar 1920 sind in Chile 183 000 t erzeugt (September 1919: 103 000 t, November 1919: 162 000 t). Die Vorräte an Salpeter waren am 31. Januar 1920 folgende: Europa 150 000 t (31. Jan. 1914: 437 000 t), Ägypten 396 500 t (31. Jan. 1914: 691 000 t), Chile 1 327 000 t (31. Jan. 1914: 484 000 t); die europäische Januareinfuhr betrug 212 000 t. Die nachfolgenden Übersichten zeigen die geschilderten Verhältnisse im einzelnen:

| Salpeter-Produktion | | Chiles und | Salpeter-Verschiffung | |
In Mill. Quintals à 46 kg	in Mill. t		In Mill. Quintals à 46 kg	In Mill. t
60,3	2,774	1913	59,5	2,738
53,5	2,461	1914	44,1	? 2,028
38,2	1,757	1915	44,0	2,023
63,3	2,912	1916	65,0	2,990
65,2	2,999	1917	60,4	2,778
61,2	2,815	1918	65,6	3,018
35,3	1,624	1919	19,7	0,905
49,94 [1920: 60,2]	2,297 [2,769]	Jan.-Nov. 1920	53,92	2,480

Anteile Europas und Amerikas an den chilenischen Salpeterverschiffungen in Mill. t:

	1913	1914	1915	1916	1917	1918	1919
Europa und Ägypten .	1,874	1,245	1,052	1,633	1,063	0,863	0,465
Ver. Staaten von Nord- amerika [u. a. Länder*)]	0,864*)	0,783*)	0,971*)	1,309	1,670	2,018	0,440*)

Ausfuhr insgesamt *) 2,990 *) 2,778 *) 3,018

Vorräte Chiles am 31. Dez.

jeden Jahres	0,170	0,195	0,202	0,697	0,893	0,819	1,551

Trotz des großen Verbrauchs wuchsen die sichtbaren Vorräte der Ver. Staaten (31. Dez. 1915: 127 000 t, 31. Dez. 1916: 200 000 t, 31. Dez. 1917: 331 000 t). Es kommt in diesen Ziffern das Bestreben zum Ausdruck sich eine dauernde Reserve von 350 000 t Chilesalpeter hinzulegen. In den Ver. Staaten rechnet man, abzüglich der Kriegsindustrie, mit einem gegen die Friedenszeiten um 45 Proz. höheren Verbrauch für die Landwirtschaft.

Hat der Einfluß des Krieges also erzielt, daß von einer Rückwirkung der sehr gesteigerten Luftstickstoffindustrie auf die chilenischen Verhältnisse vorläufig nichts zu bemerken ist, so hat er andererseits ein starkes Anziehen der Preise zur Folge gehabt:

Preisbewegung
je Quintal à 46 kg fob Chile-Hafen

vor dem Kriege	i. M. $5^1/_4$ bis $7^1/_2$ sh
1914	i. M. 7 sh
1915	von 5 sh 8 d bis 9 sh 6 d
1916	„ 7 sh 8 d „ 10 sh
1917	„ 10 sh 5 d „ 14 sh 10 d
1918	„ 11 sh 6 d „ 12 sh 6 d
1919	i. M. 10 sh
1920	von 15 sh 6 d bis 17 sh (Daten der Verkäufer!)

Diese Preisentwicklung, die Verkleinerung der Vorräte und das Ansteigen der Verschiffungen zeigt nach Ansicht einzelner Produzenten für 1920 eine neue Hochkonjunktur für Chile an, die nur durch die Krise, welche sich der ganzen Welt bemächtigt hat, störend beeinflußt wird.

Kriegsverhältnisse und Frachtraumnot hatten die Frachtsätze für Überseefahrt geradezu ungeheuerlich anschwellen lassen. Vor dem Kriege kostete die Tonne Chilesalpeter bis in den englischen Hafen 20 sh oder bis in den deutschen 22,50 Mk. Fracht; anfangs 1920 betrug diese für Dampfer ungefähr 11 £ und für Segelschiffe etwa 9 £. Daher wird auch das starke Steigen der englischen Chilesalpeterpreise erklärlich. Man bezahlte in England für die Tonne Chilesalpeter am 31. Dez. 1913: 11 £ 5 sh 6 d, 31. Dez. 1914: 11 £ 2 sh 6 d, 31. Dez. 1915: 16 £ 5 sh [raffinierte Ware] und im März 1920 [Liverpool] 26 £ für rohen und 27 £ für raffinierten Salpeter. Die Preise sanken bis Ende April auf 25 £ 10 sh bzw. 26 £ 10 sh für die Tonne, doch ist die englische Landwirtschaft zu diesen Preisen wenig kaufwillig. In Antwerpen stieg vorrätiger Salpeter von 120 Fr. (Mitte März 1920) auf 145 Fr. (Ende April) für 100 kg und wurde für Frühjahrslieferung 1921 zum Preise von 130 Fr. angeboten.

Für Deutschland sind diese Preisverhältnisse insofern von Bedeutung, weil bereits im Frühjahr 1920 beschränkte Mengen Chilesalpeter eingeführt worden sind und weil man, wenn die schlechte industrielle Lage (Kohlenversorgung usw.) anhält, trotz der starken, aber eben z. T. am vollen Arbeiten verhinderten Luftstickstoffindustrie, auch weiterhin Chilesalpeter einführen dürfte, um der allerdringendsten Notlage der Landwirtschaft abzuhelfen. Der deutsche Lagerbestand an Chilesalpeter hat vor Ausbruch des Krieges, am 1. August 1914, etwa 100 000 t betragen.

Die Lage war 1907/08 auf dem Salpetermarkt infolge ungesunder Geschäftsverhältnisse, Gründerwut und Überproduktion in Chile außerordentlich schwankend. Die Folge war, daß eine große Anzahl technisch veralteter Werke den Betrieb einstellen mußte. 1910 lagen von 157 53 still. Bei Kriegsausbruch gab es in Chile 170 Werke, deren Zahl sich im Laufe des Krieges (1916/17) auf 173 vermehrte. Die Betriebsverhältnisse schildert nachstehende Übersicht:

1. August 1914: 134 Werke in Betrieb
1. Februar 1915: 40 „ „ „ , davon eine ganze Anzahl nur zur Hälfte.

im Juli 1915: 61 „ „ „
„ März 1916: 117 „ „ „
„ April 1916: 112 „ „ „
„ Novbr. 1916: 109 „ „ „
„ Dezbr. 1916: 123 „ „ „
„ Novbr. 1917: 111 „ „ „
„ Dezbr. 1917: alle „ „ „ , die genügend Heizmaterial hatten; nur im Bezirk Antofagasta lagen einige still, während in Tarapaca einige neue Gesellschaften den Betrieb aufgenommen hatten.

zu Ende 1918 und Anfang 1919: fast sämtlich stillgelegt
im Okt. 1919: noch $^2/_3$ der Werke still, von da ab Besserung der Beschäftigung.

Die heute bestehenden Werke können bei forciertem Betrieb $4^1/_2$ bis 5 Mill. t Salpeter pro Jahr erzeugen. Die Erträgnisse einiger Gesellschaften sind aus folgender Aufstellung ersichtlich:

	Dividende in %			
	1916	1917	1918	1919
Angela	$21^1/_2$	25	30	—
Aguas Blancas	10	$13^1/_2$	10	Verlust: 18 121 Pfd. Sterl.
Anglo-Chilian	25	25	15	—
Fortuna	10	—	$7^1/_2$	—
Lagunas Nitrate	10	10	2 (?)	
Lautaro	18	24	18	16 Proz.
New Paccha	$7^1/_2$	15	10	—
Rosario	15	$17^1/_2$	—	—
Salar del Carmen	15	35	20	5 Proz.
San Lorenzo	25	25	25	—
San Patricio	—	—	—	—
San Sebastian	10	—	—	Verlust: 30 980 Pfd. Sterl.
Santa Rita	$2^1/_2$	$2^1/_2$	5 (?)	—
Tarapaca	5	15	10	—

Ein großer Teil der Salpeterfirmen ist in e n g l i s c h e n Händen, so die Amelia, Colorado, Lagunas Nitrate, Liverpool Nitrate, London Nitrate, Pan de Azucar, Santa Catalina, Tarapaca & Tocopilla Nitrate, Lilita Nitrate u. a. m. Verschmelzungsbestrebungen der neuesten Zeit können als Kampfmaßnahmen gegenüber der Luftstickstoffindustrie angesehen werden.

Die d e u t s c h e n I n t e r e s s e n an der chilenischen Salpeterindustrie sind sehr bedeutend. Die Salpeterwerke *H. B. Sloman & Co. A. G.* (Sitz Hamburg) besitzen fünf Fabriken. Zusammen mit den deutschen Salpeterwerken *Fölsch & Martin Nachf. A. G.* und den *Salpeterwerken Gildemeister A. G.* (Sitz in Hamburg bzw. Bremen) erzeugten sie $^1/_7$ der chilenischen Friedensproduktion. Die *Augusta-Viktoria A. G.* ging 1916/17 neu in Betrieb. Die deutschen Werke litten unter der schwankenden Gesamtkonjunktur besonders stark. Es bedurfte erst einer längeren Übergangszeit, um die Schwierigkeiten zu überwinden, die dadurch geschaffen waren, daß die Gesellschaften, die von England auf die „schwarzen Listen" gesetzt waren, keine Jutesäcke hereinbekommen konnten. Die Nachrichten, nach denen die Alliierten beabsichtigten, alle Aktien und Gerechtsame der deutschen Chilefirmen aufzukaufen, bestätigten sich nicht, wohl aber haben Anfang 1920 mehrmonatige Verhandlungen mit der Oestasiatisk Co.-Kopenhagen zu einem Verkauf einiger deutscher Salpeterminen (*Augusta-Viktoria A. G.*-Bremen und

A. G. Gildemeister & Co.) an die dänische Gesellschaft geführt. Auch die A. G. Sloman hat ihren Besitz z. T. auf eine neugegründete chilenische Gesellschaft in Valparaiso übertragen (16,23 Mill. Mk.). Die vorgenannte dänische Gesellschaft will zur Ausbeutung der Salpeterfelder eine Tochtergesellschaft gründen, die in der Hauptsache dem Großexport nach Siam, Japan und China dienen soll. Die Werte der Salpeterfirmen machten die starken Kurssteigerungen aller Valutapapiere mit, so notierten die Sloman-Aktien November 1919: 1220 Proz. Die Sloman-Salpeterwerke verteilten 1913 30 Proz., 1914 15 Proz., 1918 20 Proz. und 1919 10 Proz. Dividende. Die Gildemeister A.-G. blieb 1914 dividendenlos (1913 10 Proz.), konnte dagegen bereits für 1915, 1916 und 1917 je 15 Proz. ausschütten. Die Fölsch & Martin A.-G. zahlte 1917: 6 Proz., 1918: 0 Proz. Dividende. Ihr Aktienkapital befindet sich größtenteils im Besitz des Bundes deutscher Landwirte. Die Gesellschaft hat neuerdings zwecks Betriebserweiterung ansehnliche Kapitalserhöhung beantragt. Die deutschen Produzenten sind inzwischen auch dem chilenischen Syndikat beigetreten (1920).

Von den amerikanischen Gesellschaften, die in Chile arbeiten, ist die *Du Pont de Nemours Powder Co.* die bedeutendste. Neuerdings betätigt sich auch japanisches (Einfuhr Japans an Chilesalpeter 1914: 24 000 t, 1917: 53 000 t) und italienisches Kapital in Chile, dagegen haben mehrere englische Gesellschaften, so die Fortuna Nitrate Co., die Arauco Comp. und die Alianza Nitrate Co., ihren Besitz an chilenische Käufer abgestoßen (1920). Bei diesen Übertragungen spielt der Alpdruck der britischen Einkommensteuer und der ungünstige Wechselkurs des Sterlings im Verhältnis zum Peso eine ausschlaggebende Rolle. — Die Salpeterbahnen (z. B. Iquique-Pisagua-Bahn, Antofagasta-Bolivia-Bahn usw.) blieben nach englischen Nachrichten für 1919 ohne Dividende. Sie dienen bekanntlich in der Hauptsache dem Transport des Salpeters aus den Erzeugungsbezirken nach den Verschiffungshäfen.

In London ist während des Krieges eine Einkaufszentrale im Interesse der Verbandsländer gegründet worden. Als Gegenmaßnahme ist in gewissem Sinne der Zusammenschluß der Salpeterproduzenten zu betrachten, der im Januar 1919 73 Proz. der Werke (abseits blieben zunächst die Antofagasta und die Union Companies mit $10^1/_2$ Proz., die amerikanischen Gesellschaften mit 3 Proz. und die deutschen mit $13^1/_2$ Proz. der Erzeugung) und späterhin 85 Proz. (als „Association Salitera de Chile"-Valparaiso) derselben umfaßte. Der Gedanke einer staatlichen Monopolisierung des Salpeterverkaufs ist fallen gelassen worden. Die Salpeterproduzentenvereinigung läuft erstmalig bis 30. Juni 1921.

Von großem Interesse ist die Frage, wie die chilenischen Salpeterproduzenten die Aussichten der Luftstickstoffindustrie beurteilen. Während man anfangs glaubte, den synthetischen Erzeugnissen überhaupt jede Wettbewerbsfähigkeit absprechen zu können, sieht man seit den letzten Jahren klarer. Das Bestreben der deutschen Salpeterfirmen, ihre Verbindlichkeiten in Chile zu lösen, läßt darauf schließen, wie ungünstig diese die Zukunftsaussichten des chilenischen Salpeters beurteilen. Charakterisiert ist Chilesalpeterindustrie und -handel zunächst durch starke Verbrauchssteigerung in Spanien und Japan (150 bis 200 Proz. mehr als früher), in den Niederlanden (+40 bis 50 Proz.), in Polen, der Tschecho-Slowakei und den Ver. Staaten von Nordamerika sowie ferner durch das Streben nach Verbesserung der Fabrikationsmethoden. Günstig für die Chilesalpetergewinnung ist ferner der Umstand, daß die deutschen Luftstickstoffwerke aus äußeren Schwierigkeiten heraus nicht in dem vorgesehenen Maße produzieren können und daß auch in den Ver. Staaten die großen während des Krieges entstandenen Anlagen, die dort anscheinend nur als eine Art Kriegsreserve betrachtet werden, z. T. stillgelegt worden sind. So bleiben als ernste Konkurrenten lediglich Norwegen, Frankreich und vielleicht die Schweiz oder England übrig, die indessen nicht gefahrdrohend ins Gewicht fallen können. Chilenische Fachleute glauben den Jahresbedarf Europas für die nächste Zukunft auf etwa 1 Mill. t veranschlagen zu können (Ausfuhrzahl für Europa und Ägypten 1913: 1,874 Mill. t); auf Amerika sollen 500 000 bis 600 000 t und auf Japan und die übrigen Länder 200 000 bis 300 000 t (Ausfuhr für Amerika und die übrigen Länder 1903: 0,864 Mill. t) entfallen; die Aussichten werden als günstig bezeichnet. Die Weiterentwicklung der Weltstickstoffindustrie dürfte sowohl dieser Ansicht, wie dem entgegengesetzten Urteil der deutschen Chilegesellschaften insofern Rechnung tragen, als das Stickstoffbedürfnis der ausgehungerten Länder, namentlich Europas, ein derart starkes sein wird, daß zunächst alle Produzentengruppen genügend Absatz finden werden. Aus diesem Grunde wird es zu einem eigentlichen Kampfe zwischen dem Natur- und dem synthetischen Produkt vorläufig gar nicht kommen. Es wird sich viel eher eine reinliche Scheidung zwischen hochentwickelten Industrieländern mit eigener Luftstickstoffindustrie und blühender Kokerei (Beispiel: Deutschland) und solchen Ländern vorbereiten, die industriell wenig entwickelt, aber landwirtschaftlich stark ausbaufähig sind. Erstere werden als Chilesalpeterabnehmer künftighin — vielleicht nach einer Übergangsperiode — wegfallen und unter Umständen sogar einige nahe Grenzländer versorgen helfen, letztere werden dagegen, in dem Maße, wie die künstliche Düngung bei ihnen Eingang findet, als größere Verbraucher auftreten. Die Befürchtungen einer Überproduktion an Stickstoffverbindungen dürften sich daher fürs erste kaum verwirklichen. Augenblicklich sinkt allerdings die Nachfrage nach Chilesalpeter infolge der Krisenstimmung in aller Welt.

Die Bestrebungen Chiles, seine Herstellungsverfahren zu verbessern, finden ihren vornehmsten Ausdruck in der Gründung des „Institute cientifici e Industrial del Salitre" (1919) seitens der Salpeterindustriellen, das sich mit dem Studium aller jener Fragen befassen soll, die mit der Salpeterindustrie zusammenhängen. Bei der bisher gebräuchlichen Auslaugung verblieben beträchtliche Nitratmengen im Löserückstand. Die dabei abfallende Schlammpülpe, Borra, ist so reich an Nitrat und tonhaltigem Gut, daß insgesamt nur 50 bis 60 Proz. des Nitratgehalts der Caliche als krystallisierter Salpeter gewonnen werden und das übrige verlorengeht. Das alte Kochverfahren arbeitet, selbst wenn es ohne Verdampfung auskommt, wärmewirtschaftlich recht schlecht. Man ersetzt es daher in immer größerem Umfange durch die modernen Methoden, die bei der Cyanidlaugerei Anwendung gefunden haben. Die Agua Santa-Gruben in Tarapaca nahmen entsprechende Versuche bereits 1915 auf. Sie bedienten sich zunächst einfacher Rohrmühlen und wuschen die Schlämme in Butters-Filtern. *W. R. Grace & Co.* benutzten Burt-Filter und die Oficina Peregrina in Toko ebenfalls Butters-Filter. Man behielt zunächst den Shank-Prozeß für das gröbere Material noch bei und verarbeitete nur das feine Gut nach diesen neuen Methoden. Besser scheint das Verfahren der englischen Firma *Gibbs & Co.* zu sein, über das *J. B. Hobsbawn* und *J. L. Grigioni* (*J. L. Merriam*) in einer Broschüre berichten und das zur Laugung den Dorr-Apparat (Classifier) unter Anwendung des Gegenstromprinzips, weiter Oliver-Drehfilter und schließlich Vakuumverdampfer benutzt. Die erste, inzwischen an die italienische Regierung verkaufte Versuchsanlage stand in London 1914. Im großen arbeitet die *Oficina Celia* bei Antofagasta seit Dezember 1917 nach dem Gibbs-Verfahren, über das *Donald F. Irvin* sehr bemerkenswerte technische und wirtschaftliche Einzelheiten veröffentlicht[1]. Die Cia. de Salitres de Antofagasta verwendet auch Oliver-Filter; die Oficina Cristina läßt die Auslaugeflüssigkeit nur auf die Caliche auftropfen; verschiedene andere Werke machen Versuche mit schnellaufenden Zentrifugen, um Schlämme und Lösungen rasch voneinander zu scheiden. Nach einem nicht näher bekannt gewordenen Verfahren der Firma *Prache & Bouillon* soll man mit stark verringerten Produktionskosten aus einer 18 proz. Caliche 17,2 Proz. (d. s. 95,55 Proz.) ausziehen können. Mit noch kleineren Unkosten glaubt Dr. *Eduardo Charme* nach seiner Methode auskommen zu können, die auf einer Ausfällung des Salpeters aus der kalten Mutterlauge beruht. Einen modernen Auslaugeapparat gibt *O. Brünler* im D. R. P. 286 742 an (vgl. weiter V. St. Amer. Pat. 1 065 053; engl. Pat. 23 591 und 26056/1912).

Auch die Abbaumethoden, bei denen alles feine Material verlorengeht, und die Brechanlagen (Blakebrecher) sind durchaus nicht auf der Höhe. Neuerdings hat die amerikanische *Du Pont de Nemours Powder Co.* Förderung mit Dampfschaufeln eingeführt, um dadurch eine Herabdrückung der Gestehungskosten des Rohmaterials zu erzielen.

---

[1] Eng. Min. Journ. **105**, 987, 1. Juni 1918; Referat: Chem. Zentralbl. 1919, II, 163.

Wurde so letzten Endes die Angst vor der Konkurrenz der Luftstickstoffprodukte zur Triebfeder, die veralteten Arbeitsmethoden zu verbessern, so hat der Kalihunger der von Deutschland abgeschnittenen Länder dazu geführt, der Herstellung von Kalisalpeter als Nebenprodukt der chilenischen Industrie erhöhte Aufmerksamkeit zu schenken. Die Ergebnisse sind recht beachtenswert. Der Vizepräsident der *Du Pont Nitrate Co.* hat auf der Versammlung der Delaware section der American Chemical Society darüber berichtet. Das Verfahren, um dessen Priorität sich die Du Pont Co. und Ing. *R. Nordenflycht*, Vina del Mar, stritten, scheidet den Kalisalpeter aus den Chilesalpetermutterlaugen durch Herunterkühlen aus. Es soll die Aufstellung von 4 bis 5 Laugenbehältern und einer Kühlmaschine genügen, um Kaliumnitrat zu 20 bis 30 Cents das Kilogramm erzeugen zu können. Die Du Pont Co., die nur etwa 1 Proz. der chilenischen Salpeterproduktion deckt, gewinnt jährlich 10 000 t eines Materials mit 25 Proz. Kaliumnitrat (oder rund 1200 t K_2O). Bei Verbesserung des Verfahrens, das gegenwärtig nur $1/_3$ des Kaligehalts auszunutzen gestattet, errechnet man für ganz Chile einen Ertrag von 720 000 t eines solchen Nitrats (= 86 400 t K_2O) pro Jahr. Das meiste Kali (nämlich 1 bis 6 Proz.) enthält die Caliche der Bezirke Tarapaca, Taltal, Antofagasta und Tocopilla. *Nordenflycht* gibt an, daß die kalkartigen Löserückstände von wenigstens 100 der chilenischen Fabriken 1 bis 2 Proz. KNO_3 enthalten und daß mit diesen Rückständen jährlich 600 000 t Kalisalpeter weggeworfen werden. Das Salpeterwerk Blanco Encalada bei Antofagasta gewinnt aus den Mutterlaugen täglich 2 t Kalisalpeter, ähnlich arbeitet die Oficina Celia. Tatsächlich erzeugt hat die gesamte chilenische Industrie in den letzten 2 Jahren nur 1100 t Kalisalpeter, doch sollen für Junilieferung 1920: 13 500 t· 99proz. Ware verkauft sein (nach den Ver. Staaten von Nordamerika).

Paul Menge[1] verbreitet sich eingehend über das Problem, Solvaysodaprozeß und Calichelaugung miteinander zu verbinden, so zwar, daß in die Salpeterlösung Ammoniak und Kohlensäure eingeleitet werden, um folgende Umsetzungen zu bewerkstelligen:

$$NH_3 + CO_2 + H_2O = NH_4HCO_3$$
$$NH_4HCO_3 + NaNO_3 = NaHCO_3 + NH_4NO_3.$$

Die Ausbeute an Ammonnitrat betrug bei Versuchen nur 63 bis 70 Proz. Es dürften sich dem Verfahren im großen kaum überwindbare Schwierigkeiten in den Weg stellen.

---

[1] *P. Menge*, Über die Frage der Herstellung von Ammoniumnitrat usw. Langensalza, Wendt & Klauwell.

Geschichtlich-wirtschaftlicher Teil.

Die Entwicklung der Luftstickstoffindustrie in Deutschland und ihre wirtschaftlichen Grundlagen.

Wie außerordentlich schwierig sich notwendigerweise die Lage der stickstoffverarbeitenden Industrie und der Landwirtschaft in Deutschland gestalten mußte, als im August 1914 unerwartet der Krieg ausbrach, das geht schon aus einer Gegenüberstellung der nun plötzlich in Wegfall kommenden Chilesalpetereinfuhr (1913: 746 800 t mit 15,5 Proz. N = rund 116 000 t N) und der Eigenproduktion hervor. Diese bestand 1913 in der Hauptsache aus 549 000 t Ammonsulfat aus Kokereien (85 Proz.) und Gasanstalten (15 Proz.) (entspr. insgesamt 199 800 t N bei 20 Proz. N im Ammonsulfat), aus etwa 24 000 t Kalkstickstoff (20 Proz. N = 4800 t N) und ungefähr 20 000 t schwefelsaurem Ammoniak nach *Haber* (20 Proz. N = 4000 t N). Alles in allem stellte sich der **deutsche Stickstoffverbrauch für 1913** wie folgt:

1. Schwefelsaures Ammoniak etwa 460 000 t   = 92 000 t N
2. Norgesalpeter (Einfuhr) . „   35 000 t   = 4 500 t „
3. Kalkstickstoff . . . . . „   30 000 t (bis 50 000 t) = 6 000 t „ (bis 10 000 t)
4. Schwefelsaures Ammoniak
   nach *Haber* . . . . . . „   20 000 t   = 4 000 t „

                                        Zusammen   106 500 t N, dazu

5. Chilesalpeter: 746 800 t   116 000 t „

                        Gesamtverbrauch etwa   222 500 t N

Diesem Friedensverbrauch stand (s. oben) eine Eigenerzeugung von

1. Ammonsulfat aus Kokereien usw. . . . 549 000 t = 119 800 t N
2.   „   nach *Haber* . . . . . . 20 000 t =   4 000 t „
3. Kalkstickstoff . . . . etwa 24 000 t =   4 800 t „

                              Insgesamt   128 600 t N

gegenüber, wenn wir annehmen, daß jede Ausfuhr wegfiel und daß weder Norgesalpeter noch Kalkstickstoff vom Auslande bezogen werden konnte. Solche Verhältnisse trafen bekanntlich zu.

Einen Überblick über die Entwicklung des deutschen Handels in Düngemitteln gibt nachfolgende Tabelle:

Einfuhr in 1000 dz		Ausfuhr in 1000 dz		Ausfuhr in Mill. Mk.
Jan./Aug. 1920	Jan./Aug. 1913	Jan./Aug. 1920	Jan./Aug. 1913	Jan./Aug. 1920
259,3	4144,2	55,1	6823,7	3,4

Nach *Camille Matignon* betrugen die deutschen Lagerbestände in den Seehäfen am 1. August 1914 an Chilesalpeter zusammen 45 000 t; die Vorräte an Ammonsulfat beliefen sich auf über 100 000 t. Dazu kamen jene — immerhin aber nicht allzu bedeutenden — Mengen, die bereits in den Händen der Verbraucher waren (vielleicht rund 55 000 t Salpeter) sowie endlich die, welche in Antwerpen, Ostende, Gent und Brügge erbeutet wurden (32 000 t Salpeter). Unter den sich außerordentlich steigernden Bedürfnissen des Heeres schmolzen diese zu Gebote stehenden Mengen bedenklich schnell zusammen, wenn auch anfangs das Deckungsverhältnis ganz gut ausgesehen hatte. *Walther Rathenau*, der im August 1914 die erste Leitung der „Kriegs-Rohstoff-Abteilung" übernahm, schildert die ganze damalige Lage in einem am 20. Dezember 1915 vor der „Deutschen Gesellschaft von 1914" gehaltenen Vortrage: „Es wurde Anfang September und der Krieg entwickelte sich. Wir machten uns immer wieder unsere Rechnungen, verglichen immer wieder mit den Unterlagen, die uns die verbrauchenden Stellen boten. Immer wieder ergab sich die Antwort: diese Deckung stimmt. Da dämmerte plötzlich die Besorgnis auf: Wie ist das, wenn nun der Krieg im Osten die gleichen Dimensionen annimmt wie im Westen? Wenn der Krieg noch hartnäckiger und umfangreicher wird, als wir ihn uns vorstellen können? Wie ist es dann mit der Stickstoffdeckung? Darauf war keine Antwort. Es war ein beklommener Vormittag, als ich dem stellvertr. Kriegsminister diese Erwägung unterbreitete und ihn um die Erlaubnis bat, eine beliebige Zahl von chemischen Fabriken bauen zu lassen, nämlich so viele, als die Chemie leisten könne. Der Kriegsminister, Exzellenz *von Wandel*, in seiner großzügigen, ruhigen und entschlossenen Art gab sofort die Autorisation, mit der chemischen Industrie zu verhandeln. Technisch im höchsten Maße wertvolle Vorarbeiten waren geleistet worden. Exzellenz *Fischer* und Geh.-Rat *Haber* hatten in sehr dankenswerter Weise das Problem der Salpetergewinnung größten Umfangs bearbeitet, und die chemische Industrie war durchaus nicht überrascht, als sie vor die Frage gestellt wurde, diese Unternehmungen zu schaffen. Der Bau einer größeren Zahl von Fabriken wurde vereinbart und die Chemiker, kühn, selbstbewußt und vertrauensvoll, gingen auf die Bedingung ein, daß die Fabriken unter Dach sein mußten, bevor ich in der Lage war, ihnen den Vertrag vom Reichsschatzamt genehmigt zuzuschicken. Die Fabriken waren unter Dach, noch bevor der Vertrag unterschrieben war; das war ungefähr zu Weihnachten. Die Stickstoffabrikation war eine deutsche Fabrikation geworden, ein Weltproblem war gelöst, die schwerste technische Gefahr des Krieges war abgewendet." Die damals unter dem lastenden Zwang des Krieges ins Leben gerufene Industrie erweist sich heute als segenspendender Faktor für die deutsche Landwirtschaft. Es gelang den Luftstickstoffabriken und Kokereien (bzw. Gasanstalten), sich der stürmisch in die Höhe schnellenden Nachfrage anzupassen, so daß die Salpeterblockade, die sehr bald effektiv wurde (vom August bis Dezember 1914 kamen nur 3940 t Salpeter nach Deutschland!) sich nicht mehr verderbenbringend geltend zu machen vermochte.

Die oben gegebene Statistik weist einen Gesamtverbrauch von jährlich 222 500 t Stickstoff aus. Von dieser Menge entfallen mindestens 200 000 t auf die Landwirtschaft. Während des Krieges mußte sich diese mit höchstens rund 100 000 t Stickstoff pro Jahr begnügen und auch nach Kriegsende hat sich diese Zahl leider nicht derartig schnell erhöht, wie es im Interesse der deutschen Volksernährung wünschenswert gewesen wäre. Gemeiniglich wird nun angenommen, daß die Landwirtschaft mit etwa der Hälfte (100 000 t N von 200 000 t früher) der Stickstoffdüngemittel doch noch ganz erträglich wirtschaften müsse. Daß diese Rechnung ein Loch hat, darauf macht *Neubauer*-Bonn in der Zeitschr. f. angew. Chem. 1919, II, 437 aufmerksam. Er greift auf die sehr sorgfältigen Berechnungen von *Kuczynski* und *Zuntz* im 9. Band des Allgem. Statistischen Archives für das Jahr 1915 zurück, denen zufolge Deutschland 1913 180 000 t Stickstoff in Form hochwertiger Auslandsfuttermittel (z. B. allein 3 Mill. t Futtergerste aus Rußland) bezogen hat. Bringen wir nun 100 Teile Stickstoff als Dünger in den Boden, so erhalten wir höchstens 50 Teile als pflanzliches Eiweiß usw. zurück, d. h. Deutschland müßte, um auch noch diese 180 000 t Futtermittelstickstoff im Inlande erzeugen zu können, 2 × 180 000 = 360 000 t Düngestickstoff mehr verwenden, als sein Friedensverbrauch in der Landwirtschaft beträgt[1]. Bei Anwendung von 1 dz Chilesalpeter auf den Hektar Ackerland erzielt man eine Mehrernte von 3 bis 4 dz Körner, es wären mithin theoretisch zum Ausgleich der 3 Mill. t fehlender russischer Futtergerste bereits mindestens 750 000 t Chilesalpeter notwendig! Aus diesen Darlegungen erhellt zunächst, wie groß die Stickstoffnot Deutschlands in Wahrheit ist und dann, wie außerordentlich tiefgreifend die Rückwirkung der Stickstoffknappheit auf die ganzen Ernährungsverhältnisse notwendigerweise sein mußte und muß:

Die deutsche Landwirtschaft

braucht		und	erhielt 1919	
mindestens	200 000 t Düngemittelstickstoff		250 000 t Ammonsulfat	= 50 000 t N
und	180 000 t Futtermittelstickstoff,		Synthet. Produkte etwa	= 60 000 t „
		entspr.	Geringe Mengen ausländ.	
nochmals	360 000 t Düngemittelstickstoff		Futtermittel, etwa	= 5 000 t „
zusammen etwa 560 000 t N.			zusammen etwa 115 000 t N	

Bei dieser Aufstellung ist natürlich nur von Auslandsfuttermitteln die Rede, wie denn auch die — nicht zutreffende — Voraussetzung gemacht ist, daß die Düngung mit Stallmist und Jauche den Umfang der Friedenszeit erreicht hat und daß die sonstigen Verhältnisse (z. B. Inlandsfuttermittelversorgung) die gleichen geblieben sind. Gleichzeitig ergibt die so überaus betrübliche Bilanz aber auch, wie lebenswichtig das Arbeiten der deutschen Stickstoffindustrie ist, die bei ihrer über 500 000 t Stickstoff pro Jahr betragenden Höchstleistungsfähigkeit ganz anders hätte in Erscheinung treten können, wenn sie nicht durch die mannigfachen Produktionsstörungen der nachrevolutionären Zeit gehemmt gewesen wäre. Das Jahr 1920 brachte eine Besserung dieser Verhältnisse. Die Osterzeit 1921 brachte jedoch eine abermalige Verschlechterung durch die Kommunistenunruhen in Leuna. Die schlechte Produktionsleistung innerhalb der letzten Jahre kann natürlich die ungeheuren Verdienste der deutschen Stickstoffindustrie nicht herabsetzen, wie sie u. a. ihren Ausdruck in der Verleihung der Liebig-Denkmünze des Vereins Deutscher Chemiker 1914 an *F. Haber* und 1919 an *C. Bosch*, der

---

[1] Dabei ist angenommen, daß sein Boden diese Ernteerträge hergeben kann.

Ehrendoktorwürde an *N. Caro* (1921) sowie endlich in der noch glänzenderen Anerkennung durch den Nobelpreis (1918) für *F. Haber* gefunden haben.

Die **Kalkstickstoffindustrie** war die erste, die in Deutschland zu fabrikmäßigem Betrieb gekommen ist. Gelegentlich einer kritischen Studie über die Bindung des Luftstickstoffs[1] kamen *A. Frank* und *N. Caro* auf den Gedanken, bei den gebräuchlichen Cyanidsynthesen könne sich möglichenfalls intermediär Carbid bilden, das dann vielleicht schon an und für sich imstande sein könnte, Stickstoff aufzunehmen. *H. Moissan* hatte allerdings ein Jahr vorher — 1894 — vergeblich versucht, reines Calciumcarbid (bei 1200°) zu azotieren, trotzdem erwies sich die Schlußfolgerung von *A. Frank* und *N. Caro* als richtig. Im D. R. P. 88 363 konnten sie zeigen, daß unter gewissen Bedingungen (s. o.) doch Stickstoffaufnahme stattfand. Man glaubte damals, der vor sich gehenden Umsetzung folgendes Reaktionsschema zugrunde legen zu können:

$$Ca\ C_2 + N_2 = Ca\ (CN)_2$$

und studierte in Gemeinschaft mit *Frank jun.* die fraglichen Verhältnisse genauer, in der Hoffnung zu einer brauchbaren und rentablen Cyanidherstellungsmethode zu gelangen[2]. Zur technischen Erprobung des Verfahrens richtete die *Dynamit-A.-G. vorm. Alfr. Nobel & Co.* in Hamburg unter Leitung von *Frank* und *Caro* eine Versuchsanlage ein. Dieselbe hatte Schwierigkeiten hinsichtlich der Isolierung reiner Cyanide aus den Laugen. Ein späteres D. R. P. 92 587, das mit Ammoniak als Stickstoffquelle arbeitet, ist lediglich zum Schutze gegen Nachahmung genommen worden. War somit auch der erste technische Versuch einer direkten Bindung des Luftstickstoffs fehlgeschlagen[3], so verfolgten *Frank* und *Caro* den Gedanken selbst mit aller Energie weiter (D. R. P. 95 660). Sie verbanden sich zu diesem Zwecke zunächst mit der Firma *Siemens & Halske A.-G.* in Berlin. *H. Mehner* hatte zusammen mit *Siemens & Halske* und *Schlutius* in Halle eine Reihe von Versuchen angestellt[4], Luftstickstoff nicht durch fertiges Carbid, sondern durch ein sog. Carbidbildungsgemisch, d. h. ein im elektrischen Ofen hocherhitztes Gemenge von Kalk und Kohle bzw. Bariumcarbonat und Kohle, absorbieren zu lassen oder Luftstickstoff durch eine röhrenartige Kohlenkathode einer elektrolysierten Cyanbariumschmelze zuzuführen (D. R. P. 91 814, 94 493, 151 644). Die Versuche, zu deren technischen Verwirklichung sich 1905 in Berlin eine „Stickstoffgesellschaft" bildete, hatten nicht das gewünschte Ergebnis. Auch *Frank* und *Caro* und die *Siemens & Halske A. G.* waren zu ähnlichen

---

[1] Vgl. *N. Caro*, Die synthetischen Methoden der Cyankaliumfabrikation. Chem. Ind. 1895, Heft 12/13; Zeitschr. f. angew. Chem. 1906, S. 1569; *Siebner*, Chem.-Ztg. 1913, S. 1057, 1073.

[2] *B. Waeser*, Fortschritte der anorganischen Großindustrie in den Jahren 1905 bis 1912: Chem.-Ztg. 1913, Nr. 110ff. bis 154/155.

[3] *C. Krauß* in Ullmanns Enzyklopädie der Technischen Chemie Bd. III (1916), S. 205—222.

[4] *G. Erlwein*, Zeitschr. f. angew. Chem. 1903, S. 520, 533, 537; Zeitschr. f. Elektrochemie 1906, S. 551, 665.

Ergebnissen gekommen. Die erzielte „Siemens-Masse" enthielt im Höchstfalle 12 bis 14 Proz. N. Auch die Forschungen der *Badischen Anilin- und Sodafabrik* in Ludwigshafen führten nicht zum Resultat (D. R..P. 149 803, 190 955).

Desto bedeutungsvoller wurden die weiteren Arbeiten von *A. Frank, N. Caro,* der *Dynamit-A.-G. vorm. Alfr. Nobel & Co.* in Hamburg, *H. Mehner, F. Rothe, H. Freudenberg,* der *Siemens & Halske A.-G.* in Berlin sowie ihrer Mitarbeiter *Erlwein* und *Voigt. F. Rothe* hatte sich schon im Winter 1895/96 bei der Firma *A. Beringer & Söhne* in Charlottenburg mit dem Studium der Carbidazotierung beschäftigt. Es war der genannten Firma jedoch nicht möglich, ihre nachgesuchte Patentanmeldung B. 20 334, welche die Verwendung trocknen und reinen Stickstoffs hervorhebt, durchzudrücken. *F. Rothe* trat daher 1897 in die Dienste von *A. Frank* und *N. Caro,* um nach deren Angaben weiterzuarbeiten und namentlich nach den vermuteten Cyanamiden zu suchen. Im Frühjahr 1898 konnte der Nachweis geführt werden, daß die Carbide der alkalischen Erden mit Stickstoff in der Tat nicht Cyanid, sondern Cyanamid bilden:

$$BaC_2 + N_2 = BaCN_2 + C.$$

Die Ergebnisse dieser Forschungen sind in den D. R. P. 108 971, 116 087 und 116 088 niedergelegt. Für die spätere Großtechnik waren die Feststellungen wichtig, daß sich vorwiegend Cyanamid bildet, wenn dünne Schichten fein gemahlenen Carbids azotiert werden, daß dagegen Cyanid aus grobstückigem Carbid entsteht, daß ferner Bariumcarbid mehr zur Bildung von Cyanid, Calciumcarbid dagegen zu einer solchen von Cyanamid neigt und daß endlich die günstigste Reaktionstemperatur für BaC_2 bei 700 bis 800°, für CaC_2 aber bei 1000 bis 1100° liegt. Neben der oben angegebenen Hauptreaktion kann unter Umständen auch folgende Umsetzung einherlaufen:

$$CaC_2 + N_2 = Ca(CN)_2$$
$$Ca(CN)_2 + N = CaCN_2 + (CN),$$

für die das hin und wieder beobachtete Auftreten von Paracyan spricht. Das Schwergewicht der damaligen Versuche lag ausnahmslos auf seiten der Cyanidherstellung. *A. Frank, N. Caro,* die *Siemens & Halske A.-G.* und die *Deutsche Gold- und Silberscheideanstalt* in Frankfurt a. M. gründeten schließlich am 29. Juli 1899 die *Cyanidgesellschaft G. m. b. H.*[1], Berlin. Die Scheideanstalt hatte sich bereits selbständig mit den gleichen Problemen beschäftigt. Nachdem nunmehr sämtliche Interesenten zusammengefaßt waren, arbeitete man in der Versuchsanlage der Scheideanstalt zunächst so, daß man Bariumcarbid in geschlossenen Eisenretorten glühend mit Stickstoff behandelte,

---

[1] An ihr waren außerdem *Max Steinthal, Hecht, Pfeiffer & Co.* usw. beteiligt. Die Cyanid G. m. b. H. war zunächst eine reine Studiengesellschaft, welche dann die Stickstoffwerke Spandau errichtete, um dort Cyankalium herzustellen. Auf *M. Steinthals* Betreiben (Deutsche Bank) wurden 1908 von der Deutschen Bank unter Mitwirkung einer Reihe von Berliner und Münchener Bankinstituten sowie von Firmen der Düngerindustrie die Bayrischen Stickstoffwerke A.-G. ins Leben gerufen.

das Reaktionsprodukt mit Soda schmolz und die Masse auslaugte. Der zurückgebildete kohlensaure Baryt ging in den Prozeß zurück; aus dem Cyannatrium wurde mit Eisencarbonat gelbes Blutlaugensalz gewonnen, dessen Lösungen im Vakuum eingedampft wurden. Es ist besonders den Anregungen des Chefchemikers *Pfleger* der Scheideanstalt zu danken, daß man sich mehr mit dem billigen Calciumcarbid statt mit der Bariumverbindung beschäftigte. Man gewann in gleicher Weise Cyanid, zersetzte dieses mit Salzsäure und leitete die abgespaltene Blausäure zur Absorption in Natron- oder Kalilauge ein. Inzwischen wandte sich das Interesse aber immer mehr jenen merkwürdigen Zwischenprodukten, den Cyanamiden, zu. *H. Freudenberg*, Versuchschemiker der Scheideanstalt, und *A. Frank* kamen fast gleichzeitig und unabhängig voneinander auf den Gedanken, diese stickstoffhaltigen und ungiftigen Körper als Düngemittel zu verwenden. Über die verwickelten Patentverhältnisse berichtet *K. W. Jurisch* in seinem Buch: „Salpeter und sein Ersatz" (Leipzig 1908, *S. Hirzel*) an Hand ausführlicher Literaturangaben. Um alle Patentstreitigkeiten aus dem Wege zu räumen, übertrug man das Düngemittelpatent, D. R. P. 152 260, 1. Mai 1901, auf die *Cyanidgesellschaft* in Berlin. Bereits die ersten Düngungsversuche von *Gerlach*, *P. Wagner* u. a. ergaben, daß die Cyanamide keine Pflanzengifte sind, daß sie im Gegenteil im Boden Ammoniak abspalten und als gute Dünger zu empfehlen sind. Im D. R. P. 134 289 vom 25. November 1900, das auf den Namen von *A. Frank* geht, wird zum ersten Male der Vorschlag ausgesprochen, Calciumcyanamid mit Wasser in Ammoniak und Calciumcarbonat zu zerlegen.

Bis zur Mitte des Jahres 1901 arbeiteten die bereits Genannten zusammen, dann trennte sich die *Deutsche Gold- und Silberscheideanstalt* ab, da ja ihr Hauptinteresse den Cyanverbindungen galt und sie inzwischen auf diesem Gebiete in anderer Richtung vorgegangen war. *A. Frank* und *N. Caro* arbeiteten mit der *Siemens & Halske A.-G.* in der Versuchsstation der elektrochemischen Anlage Martinikenfelde bei Berlin an der weiteren Vervollkommnung des Verfahrens. Es gelang bald, die Stickstoffaufnahme durch das Carbid auf 80 bis 85 Proz. zu bringen. Inzwischen hatte *Polzenius*, damals Chemiker der in Liquidation getretenen Akkumulatorenwerke *Polack* in Frankfurt a. M., gefunden, daß man die Reaktionstemperatur von etwa 1000 bis 1100° bei der Azotierung dadurch um 400 bis 500° herabdrücken kann, daß man hochcalciniertes Chlorid ($CaCl_2$) hinzufügt (D. R. P. 163 320). *Frank* und *Caro* bezeichneten ihr Produkt zunächst im internen Geschäftsverkehr als „Frank-Pfleger-Masse" (10 bis 20 Proz. N), dann als „Kalkstickstoff" (14 bis 23 Proz. N); *Polzenius* nannte sein Fabrikat mit ähnlichem Stickstoffgehalt „Stickstoffkalk". Heute macht man diesen feinen Unterschied nicht mehr: man kennt und handelt beide Erzeugnisse unter dem gleichen Namen „Kalkstickstoff".

Das *Polzenius*sche Patent ging auf die *Gesellschaft für Stickstoffdünger, G. m. b. H.* in Westeregeln (Bez. Magdeburg), über, die im Jahre 1905 zuerst mit größeren Mengen Kalkstickstoff (800 t) auf dem Markt erschien. Die Anlage Westeregeln blieb bis 1909 in Betrieb; 1910/11 wurde sie allmählich stillgelegt, nachdem die *Aktien-Gesellschaft für Stickstoffdünger* in Knapsack (Bez. Köln a. Rh.) den Betrieb aufgenommen hatte (gegr. 1906). Das Geschäftsjahr 1908 schloß mit einem Verlust von 36042,32 Mk. ab, der sich 1909 auf insgesamt 223062,29 Mk. erhöhte. Infolge der herrschenden Überproduktion war die Knapsacker Anlage trotz Vergrößerung des Absatzes der Verkaufsvereinigung (s. unten) um 35 Proz., 1909 nur zu einem kleinen Teil ihrer Leistungsfähigkeit beschäftigt. Knapsack nahm 1909 die Fabrikation von schwefelsaurem Ammoniak auf, ist aber in dem genannten Jahre nicht über größere, noch durchaus nicht zufriedenstellende Versuche hinausgekommen. *Caro* hat zuerst festgestellt, daß die Azotierung exothermisch verläuft. Durch Anordnung von Innenheizung und Fortleitung der Reaktion von innen nach außen ist der Apparateverschleiß behoben. Außer der Herabsetzung der Reaktionstemperatur bedingen die Chlorcalciumzusätze keinerlei technischen Effekt; sie erhöhen lediglich die Gestehungskosten um den Chlorcalciumpreis.

Inzwischen war auch die F r a n k - C a r o - G r u p p e nicht müßig gewesen. Die *Società Italiana di Prodotti Azotati* hatte in Piano d'Orta unter Ausnutzung der Wasserkraft der Pescara (Abruzzen) zu arbeiten begonnen (1905). An ihrer Gründung waren die *Cyanidgesellschaft G. m. b. H.*-Berlin und die *Deutsche Bank*-Berlin hauptbeteiligt. Das Werk sollte anfangs nur 4000 t Kalkstickstoff jährlich erzeugen, später ist die Produktion auf 14 000 und 24 000 t (1912/13) erhöht worden. Als erstes deutsches Unternehmen des Frank-Caro-Systems entstanden 1908 die *Bayrischen Stickstoffwerke A.-G.* zu Trostberg (Oberbayern). Die Gesellschaft, die der Deutschen Bank nahesteht, nutzt die Wasserkräfte der Alz (16 000 PS) aus. Sie begann 1915/16 mit dem Ausbau einer zweiten (24 000 PS-)Kraftstufe bei Tacherting-Margarethenberg. Das Geschäftsjahr 1912/13 (Dividende 9 Proz.) war das erste, in dessen Verlauf die Anlagen voll in Betrieb waren. Auch das erzeugte Ammonsulfat konnte größtenteils glatt abgesetzt werden, so daß man bereits 1912/13 unter Erhöhung des Aktienkapitals auf 8 Mill. Mk. an den weiteren Ausbau der Fabrik ging. Die Produktionsmöglichkeit wurde wie folgt angegeben (t Kalkstickstoff):

	1912	1913
Trostberg	15 000	25 000
Knapsack	15 000	25 000 .

Die tatsächlich erzielte Produktion betrug dagegen 1912 insgesamt 22 000 (Trostberg über 20 000 t) und 1913 insgesamt 24 000 t Kalkstickstoff. Die Preise waren folgende:

	Gehaltslage A (17/22 % N) Mk. für 1 kg %		Gehaltslage B (15/16 % N) Mk. für 1 Ztr.	
Notierung Berlin	19 3. 13	13. 12. 13	19. 3. 13	13. 12. 13
Bei 200 Ztr. Ladungen . . .	1,18	1,14	9,40	9,00
„ 100 „ „ . . .	1,20	1,16	9,60	9,20
„ 60 „ „ . . .	1,23	1,19	9,80	9,40
„ weniger	1,26	1,22	10,00	9,60

Die Preise vom Dezember 1913 (frei jeder deutschen Staats- oder Kleinbahnstation) wurden für Frühjahrslieferung 1914 mit dem Bemerken zugrunde gelegt, daß bei Abrufen bis 20. Januar 1914 außerdem noch 40 Mk. für 10 000 kg Lagervergütung gewährt werden sollten.

Seitens der Frank-Caro-Gruppe der *Cyanidgesellschaft m. b. H.*-Berlin wurden die *Ostdeutschen Kalkstickstoffwerke und Chem. Fabriken, G. m. b. H.*-Berlin gegründet, die als Tochtergesellschaft der *Brandenburgischen Carbid- und Elektrizitätswerke A.-G.*-Berlin (1919/20: 7 Proz. Dividende) aufzufassen sind. Letztere nutzen in Mühltal bei Bromberg durch Aufstauung der Brahe 2200 PS, in Steinbusch bei Kreuz 1400 PS, in Borkendorf bei Schneidemühl 2200 PS und in Schneidemühl selbst 500 PS an Wasserkraft, insgesamt 6300 PS aus. Die *Ostdeutschen Kalkstickstoffwerke* (für Kalkstickstoffabrikation waren 2000 PS bestimmt) in Mühltal (jetzt polnisch) sind niemals in geregelten Betrieb gekommen. Die ganze Anlage war viel zu klein, um rentabel arbeiten zu könnnen und ist 1914/15 still gelegt. Seither arbeiten die Werke Steinbusch (lag 1919/20 still) und Mühltal nur auf Carbid, daneben wird natürlich in erheblichem Umfange Strom abgegeben. Dem Konzern der *Brandenburgischen Elektrizitätswerke* gehörte bekanntlich auch die *Norsk Electrokemisk Aktieselskabet* (Carbid usw.) an.

Von der *A.-G. für Stickstoffdünger* in Knapsack wurden 1913 die *Mitteldeutschen Stickstoffwerke G. m. b. H.* begründet, die ihren anfänglichen Sitz von Frankleben bald nach Gr.-Kayna verlegten. An dem Stammkapital von 1 Mill. Mk. ist sowohl die *A.-G. für Stickstoffdünger*, wie der aus rheinischen Finanzleuten bestehende *Michelkonzern* hauptbeteiligt. Die *Mitteldeutschen Stickstoffwerke* Gr.-Kayna kamen 1914/15 wenigstens teilweise in Betrieb und arbeiteten im Geschäftsjahre 1915 zum ersten Male mit einem bescheidenen Nutzen. Der Bericht des Knapsacker Unternehmens bezeichnet den Ende des 1. Halbjahres 1914 eintretenden Preisrückgang auf dem Stickstoffmarkt als einen Niederbruch, der durch die Vergrößerung der inländischen Produktion und durch außerordentliche Zufuhren von ausländischen künstlichen und natürlichen Düngemitteln bewirkt worden ist. Gr.-Kayna ist inzwischen endgültig stillgelegt und 1920 als Kraftzentrale (20 000 KW) an das *Elektrizitätswerk Sachsen-Anhalt A.-G.* (Esag) verpachtet worden.

Für den Verkauf der Produkte bestand vor dem Kriege die *Verkaufsvereinigung für Stickstoffdünger G. m. b. H.* in Berlin, der neben den deutschen Firmen auch englische, französische und italienische Gesellschafter angehörten, sowie das *Internationale Carbidsyndikat*. Beide sind 1914/15 aufgelöst worden, erstere durch Gerichtsbeschluß.

Als der Krieg ausbrach, arbeiteten in Deutschland also im wesentlichen nur die Werke Trostberg und Knapsack, deren damalige Höchstleistungsfähigkeit zu 36 000 bis 60 000 t Kalkstickstoff jährlich angegeben wird. Die beiden Interessentengruppen (Frank-Caro-Prozeß: Trostberg, Mühltal; Polzenius-Verfahren: [Westeregeln], Knapsack, Gr.-Kayna) unterschieden sich, außer in bezug auf das von ihnen ausgeübte Verfahren, auch dadurch voneinander, daß die *Frank-Caro*-Werke von Wasserkraftenergie, die *Polzenius*-Werke dagegen von Kohleenergie (Tagebaubraunkohle des Rheinlands und der Provinz Sachsen) ausgingen, um das erforderliche Calciumcarbid möglichst wohlfeil zu gewinnen. *C. Krauß*, der Direktor der *A.-G. für Stickstoffdünger* in Knapsack, führt die starke Abwanderung der Kalkstickstoffindustrie ins Ausland auf dieses Bestreben zurück, Wasserkräfte auszunützen; er schreibt[1]: „Da man nun bis in die jüngste Zeit die Ansicht vertrat, daß nur auf Grund billiger Wasserkräfte eine rationelle Carbidfabrikation möglich sei, so wurden die von der Frank-Caro- bzw. der Cyanid-Gruppe ins Leben gerufenen Kalkstickstoffabriken fast alle an Wasserkräfte angegliedert, und da Deutschland an solchen Wasserkräften leider sehr arm ist, so ist bedauerlicherweise diese ursprünglich rein deutsche Erfindung in die Hände von Ausländern gekommen, welche große Werke in Norwegen, Italien, Dalmatien und Frankreich errichtet haben, von wo aus sie den deutschen Markt mit Kalkstickstoff überschwemmen.“ Im Frieden konnte man den Preis für das Kilowatt aus oberbayrischer Wasserkraft auf vielleicht $^3/_4$ Pfg. und den bei Erzeugung aus mitteldeutscher Tagebaubraunkohle auf etwa 1 Pfg. veranschlagen.

Mit dem Einsetzen der Befürchtungen hinsichtlich der deutschen Stickstoffversorgung während des Krieges erweiterten die bestehenden Anlagen für Kalkstickstofferzeugung den Umfang ihrer Betriebe: der Bau des Werkes Gr.-Kayna im Geiseltale bei Merseburg wurde beschleunigt, das Kapital der Aktiengesellschaft für Stickstoffdünger wurde im Frühjahr 1915 von 3 auf 8 Mill. Mk., das der bayrischen Stickstoffwerke-München (Anlage Trostberg) 1915 auf 12 Mill. und später auf 18 Mill. Mk. erhöht (1921: 30 Mill.), gleichzeitig begann das Reich sich mit der Stickstoffindustrie zu befassen, wozu die bereits geschilderten Erwägungen der Kriegs-Rohstoff-Abteilung des Kriegsministeriums den Anstoß gaben. Die *Bayrischen Stickstoffwerke-München* errichteten 1915 zunächst eine Zweigniederlassung in Berlin und verlegten ihren Sitz später gänzlich dorthin. Im Auftrage (März 1915) des Reichs[2] übernahmen sie Bau- und Betriebsleitung der 1915/16 in Piesteritz (Bez. Halle a. S.) bei Wittenberg a. Elbe und in Chorzow bei Beuthen (Oberschlesien) erbauten großen *Stickstoffwerke*. Die Bauten wurden für Rechnung des Reiches durchgeführt und der gesamte Gewinn floß dem Reiche zu. Im Interesse einer beschleunigten Fertigstellung der Werke verzichtete man auf die Nutzbarmachung von Wasserkräften und bediente sich zur Energieerzeugung der Kohle. Die Stickstoffwerke Piesteritz (Bauzeit März 1915 bis Weihnachten 1915) beziehen ihren Strom von der etwa 25 km entfernten, auf Tagebaubraunkohle gegründeten Riesenzentrale Golpa-Zschornewitz unweit Bitterfeld, während die Stickstoffwerke Chorzow mit 30 000 KW an die *Oberschlesischen Elektrizitätswerke* angeschlossen sind, deren Großkraftwerk ihnen benachbart ist. Weitere 30 000 KW erzeugt Chorzow in eigener Zentrale. Von den Werken wird unten noch zu sprechen sein; hier mag die Angabe genügen, daß Piesteritz, als weitaus größtes deutsches Werk, täglich 400 bis 450 t Kalkstickstoff nach dem Frank-Caro-Verfahren herstellen kann. Es hatte ursprünglich 8 (330 t Carbid) und erhielt später 10 Carbid-

---

[1] *Ullmann*, a. a. O., Bd. III, S. 206.
[2] Die Vertragsverhältnisse und Einzelheiten des Chorzower Werkes werden im Chem. Trade Journ. and Chem. Engin. vom 22. Mai 1920, S. 665 geschildert.

öfen. Die Verteilung des .Kalkstickstoffs der Reichswerke für den Handel wurde der *Deutschen Landwirtschaftlichen Handelsbank G. m. b. H. Berlin* übertragen. Die Erzeugung der Reichswerke sollte lediglich der Landwirtschaft zugeführt werden. Kalkstickstoff war fürs erste sicherlich der weitaus geeignetste Kunst-Stickstoffdünger, da in ihm der Stickstoff gewissermaßen primär, ohne Zuhilfenahme einer Säure, direkt an Kalk gebunden ist. Es konnte erreicht werden, daß der Landwirtschaft bereits für das Erntejahr 1916/17 insgesamt rund 100 000 t gebundener Stickstoff zur Verfügung gestellt werden konnten ($^1/_2$ des Friedensbedarfs 1913 oder gleich dem Gesamtbedarf 1909). Die allmählich sich verschlechternde Versorgung mit Kohle, Kalk und Kraft verhinderte leider die durchgreifende weitere Besserung dieser Verhältnisse. Diese wurden im Gegenteil seit November 1918 rapid schlechter, so daß sich schließlich für 1919 die bereits oben gebrachte, so sehr bedauerliche Gesamtbilanz ergab und notwendigerweise ergeben mußte. Erst neuerdings haben sich die Aussichten gebessert. Zur Versorgung mit Kalk haben sich die Piesteritzer Fabriken im Harz ein eigenes Kalkwerk (Gewerkschaft Harz-Blankenburg, Anlagen in Hüttenrode und im Kalten Tale bei Rübeland, heutige Firma: Braunschweigische Harzkalkwerke A.-G.) angegliedert, das zunächst auf die Dauer von 10 Jahren gepachtet wurde.

Die Gründung Piesteritz ist 1920 in eine Aktiengesellschaft, die *Mitteldeutschen Stickstoffwerke A.-G.*, umgewandelt worden, deren Kapital 120 Mill. Mk. beträgt. Aus dem Chorzower Unternehmen entstanden die *Oberschlesischen Stickstoffwerke A.-G.* (jetziges Aktienkapital 110 Mill. Mk.). Diese Werke gehören nun, zusammen mit der seit Herbst 1917 reichsfiskalischen Zentrale Golpa, zum Geschäftsbereiche der Abteilung, I: Industrie-Abteilung, des Reichsschatzministeriums in Berlin.

Auch an den oberbayerischen Gründungen der *Bayrischen Stickstoffwerke* ist das Reich finanziell interessiert. Der Geschäftsbericht der Deutschen Bank führt unter dem Stichwort „Bayrische Stickstoffwerke A.-G." für 1917 folgendes aus: „Die Gesellschaft hat von der Bayrischen Regierung die Vorkonzession zur Ausnutzung der Wasserkraft (von rund 200 000 PS) des unteren Innflusses erhalten. Mit hervorragender Beteiligung bayrischer Banken und Firmen hat sich unter unserer finanziellen Führung ein Syndikat zur Vorbereitung dieses Unternehmens gebildet, dessen Durchführung einen Kapitalaufwand von über 150 Mill. Mk. erfordern dürfte." Diese gewaltigen Projekte, die mit anderen Plänen des Reiches (s. unten) hinsichtlich der Elektrizitätswirtschaft, der Aluminiumindustrie usw. zusammenhängen, haben vorläufig zurückgestellt werden müssen. Die Bayrischen Stickstoffwerke (Trostberg) verteilten 1914: 8, 1915: 12, 1916: 14, 1917: 14, 1918: 11 und 1919: 12 Proz, Dividende. 1920 ist eine neue Aktiengesellschaft, die Bayrische Kraftwerke A.-G. in München, mit vorläufig 1 Mill. Mk. Kapital gegründet worden.

Die A.-G. für Stickstoffdünger in Knapsack ist während des Krieges bis auf eine Höchstleistungsfähigkeit von etwa 200 t Carbid oder entsprechend rund 250 t Kalkstickstoff mit 20 Proz. N ausgebaut worden. Sie schüttete

1913: 8, 1914: 6 und 1915: 10 Proz. Dividende aus. In diesem Jahre trat sie in engere Beziehungen zu den *Höchster Farbwerken*, die von Knapsack aus zum Teil mit Ammoniakwasser für Verbrennung zu Salpetersäure versorgt wurden und die schließlich die Aktien zum größten Teil in ihre Hand brachten. Der Knapsacker Geschäftsbericht 1917/18 — für 1915/16 bzw. 1916/17 durfte auf Grund des Kriegszustandes keine Bilanz veröffentlicht werden — weist bei stark erhöhtem Rohgewinn (6 862 402 gegen 1914/15: 1 351 266 Mk.) so wesentlich gestiegene Unkosten (1 073 736 gegen 217 719 Mk. 1914/15) und Abschreibungen auf (5 146 585 gegen 1914/15: 684 081 Mk.), daß sich alles in allem statt einer Dividende, die noch 1916/17 8 Proz. betrug, ein Verlust von 204 318 Mk. ergibt (1919/20 dann wieder 6 Proz.). Die Gesellschaft schob dieses schlechte Ergebnis auf die Kohlensteuer, die hohen Materialkosten, Löhne und Gehälter sowie namentlich auf die verfehlte Preispolitik der Behörde, deren Preisfestsetzung weder für Kalkstickstoff noch für Ammoniak irgendwie mit den wirklichen Verhältnissen im Einklang gestanden hätte. Schon damals war die Verwaltung der Ansicht, daß es ungewiß sei, ob man den Betrieb überhaupt weiter aufrechterhalten könne. Mit der Besetzung der Rheinlande verschlechterte sich diese Sachlage noch mehr. Die *Farbwerke vorm. Meister, Lucius & Brüning* in Höchst a. M. (Höchster Farbwerke) haben nicht nur lebhaftes Interesse an der Ammoniakversorgung seitens der Knapsacker Gesellschaft, sondern auch an der dortigen Carbidfabrikation. In Knapsack erzeugtes Carbid hat während des Krieges in erheblichem Umfange dazu gedient, Aceton für die Kautschuksynthese herzustellen. Das aus Calciumcarbid entwickelte Acetylen geht nämlich durch Anlagerung von Wasser in Gegenwart von Kontaktsubstanzen in Acetaldehyd über, der weiter zu Essigsäure oxydiert wird. Diese liefert, über eine Kontaktsubstanz geblasen, unter Kohlensäureabspaltung Aceton. Der fernere Weg zu künstlichem Gummi sieht bekanntlich zunächst die Reduktion dieses Acetons mittels Aluminiums zu Pinakon vor, das dann in Dimethylbutadien, der Muttersubstanz des Methylkautschuks, übergeführt wird. Die Höchster Farbwerke stellten in Neuanlagen zu Höchst und Knapsack Aceton auf diesem Wege dar; sie und namentlich die *Farbenfabriken vorm. Fr. Bayer & Co.*, Leverkusen, haben solches Aceton weiter auf Methylkautschuk verarbeitet, von dem zuletzt monatlich etwa 150 t erzeugt worden sind. Unter den heutigen Verhältnissen ist, im Wettbewerb mit dem Naturprodukt, die Fabrikation von Kunstkautschuk als unrentabel vorläufig aufgegeben worden. Von der Alkohol- und Essigsäureerzeugung aus Carbid, die eine Zeitlang für die Höchster Farbwerke im Rahmen der Interessengemeinschaft des Anilinkonzerns Sondergebiet war, wird unten noch zu sprechen sein. Die Betonung der Carbidinteressen in Knapsack gab im März 1920 zu folgender Anfrage der Abgeordneten Dr. *Meerfeld, Röhl* und *Sollmann* an die deutsche Regierung Veranlassung: „Die A.-G. für Stickstoffdünger in Knapsack bei Köln hat sicherem Vernehmen nach die Erzeugung von Stickstoffdünger eingestellt und produziert statt dessen nur noch Carbid, das der Gesellschaft größeren Gewinn einbringt. Dadurch wird die ohnehin schwer unter Dünger-

mangel leidende Landwirtschaft noch weiter geschädigt. Was gedenkt die
Reichsregierung zu tun, damit im Interesse der Volksernährung die erwähnte
Gesellschaft die Erzeugung von Stickstoffdünger wieder aufnimmt?" Das
Reichswirtschaftsministerium hat darauf folgendes geantwortet: „Eine
Einschränkung der bisherigen Stickstofferzeugung von Knapsack ist nicht
zu erwarten. Das Werk hat auch nur die Absicht zu erkennen gegeben, die
Kalkstickstofferzeugung einzustellen, und hat diese Einstellung nicht, wie
es in der kleinen Anfrage erscheint, schon vorgenommen. Die von dem Werke
beantragte Erhöhung der Verkaufspreise ist bewilligt worden und die dem
Werke in der Zwischenzeit entstandenen Mehrkosten sind ihm durch die
Ausgleichskasse voll vergütet worden. Ferner ist ihm durch die Ausgleichskasse in Aussicht gestellt worden, daß ihm die etwa noch entstehenden Mehrkosten zunächst bis Mitte Mai auf jeden Fall voll vergütet werden. Es sei
noch hinzugefügt, daß Knapsack, wie die anderen Stickstoffwerke, von jeher
auch etwas Carbid abgegeben hat, das ja für Beleuchtungszwecke ebenfalls
sehr dringend benötigt wird und daß diese Lieferungen auch weiterhin fort-
gesetzt werden." Was die sog. Ausgleichsfonds angeht, so haben wir in
ihnen nach einer Denkschrift des Unterstaatssekretärs *Hirsch* vom Reichswirtschaftsministerium einen bereits während des Krieges unternommenen
Versuch vor uns, das privatwirtschaftlich gebildete Kapital zwangsmäßig
in eine volkswirtschaftlich produktive Verwendung überzuführen. Aus dem
hier in Frage kommenden Ausgleichsfonds der Stickstoffindustrie soll z. B.
zunächst die Betriebsfähigkeit der minder leistungsfähigen Werke aufrechterhalten und dann die Finanzierung der Einfuhr ausländischer Rohstoffe
vorgenommen werden. In Knapsack hat der *Siemens-* und der *Stinnes-*
Konzern im Jahre 1917 die *Rheinische Elektrodenfabrik G. m. b. H.* ins Leben
gerufen, die nun zum Teil die Versorgung der A.-G. für Stickstoffdünger
mit Elektrodenkohle übernommen hat.

Die 1898 gegründete *Elektrizitätswerk-Lonza-A.-G.* in Basel betrieb vor
dem Kriege die Kalkstickstoffgewinnung lediglich in ihrem Werk Gampel
(am Einfluß der Lonza in die Rhone), wo sie nach dem *Polzenius*-Verfahren
arbeitete. Das reichsdeutsche Unternehmen dieser Gesellschaft, die *Lonzawerke, Elektrochemische Fabriken G. m. b. H.* in Waldshut i. Baden, erzeugte
zunächst nur Carbid. Das Deutsche Reich gewährte während des Krieges
einen größeren Kredit, um auch dort die Kalkstickstoffgewinnung, welche
noch in den Anfängen steckte, auszubauen. Abgesehen von diesem deutschen
Werk der schweizerischen Firma, haben auch die übrigen deutsch-schweize-
rischen Carbid- und Kalkstickstoffabriken der eigentlichen Schweiz (Gampel,
Gotthardwerk in Bodio) in erheblichem Umfange an der Versorgung Deutschlands teilgenommen; die Schweiz führte z. B. 1915 von insgesamt 55 413 t
allein 48 634 t Carbid nach Deutschland aus (1916: 46 620 t von 58 010 t,
1917: 37 843 t von 59 448 t).

Die Höchstleistungsfähigkeit der zur Zeit bestehenden deutschen
Kalkstickstoffwerke (Trostberg, Piesteritz, Chorzow, Knapsack, Gr.-Kayna,
Waldshut) beträgt 115 000 t gebundenen Stickstoffs, das sind etwa 600 000 t

Kalkstickstoff. Tatsächlich erzielt sind z. B. 1918 aus den bereits angegebenen Gründen nur etwa 300 000 t. Die allgemeinen Schwierigkeiten in der Rohstoffversorgung und der Fabrikation waren teilweise während des Krieges außerordentlich groß. So lagen beispielsweise die „Mitteldeutschen Stickstoffwerke" in Gr.-Kayna bei Merseburg lange gänzlich still. Sie mußten, nachdem sie endlich im März 1918 die Produktion wieder aufgenommen hatten, den Betrieb kurze Zeit danach wegen abermaligen Mangels an Kohle usw. aufs neue und dieses Mal endgültig einstellen. Dieselben Verhältnisse machten sich u. a. auch beim Kalkbruch Niederehe der A.-G. für Stickstoffdünger geltend. Wir können die deutsche Kalkstickstoffproduktion 1913 zu etwa 24 000 t (dazu noch etwa 20 000 t norwegisches Erzeugnis), die Höchstleistungsfähigkeit zu vielleicht 50 000 t (s. oben) annehmen, die Produktion hat sich also während des Krieges (bis 1918) mindestens auf das 12,5fache, die Höchstleistungsfähigkeit mindestens auf das 12fache erhöht, wenn wir von dem unter politischen Wirrnissen leidenden Jahre 1919 absehen. Eine ähnlich gewaltige Steigerung der Kalkstickstofferzeugung seit 1914 hat nur Frankreich aufzuweisen. Dort betrugen nämlich:

Produktion und Höchstleistungsfähigkeit

| 1914 | 7 500 t | 7 500 t |
| 1918 | 100 000 t | 300 000 t. |

Die Kalkstickstoffweltproduktion für 1918 wird mit rund 1,325 Mill. t (à 20 Proz. N) angegeben und für 1919 auf etwa 1,715 Mill. t (mit 20· Proz. N)' geschätzt; doch dürften letzterer Angabe die Höchstleistungsziffern zugrunde gelegt sein, die bekanntlich nirgends erreicht worden sind. In Wirklichkeit entfielen auf Deutschland als den stärksten Erzeuger bereits im Jahre 1918 22,64 Proz. der tatsächlich erzielten Weltproduktion an Kalkstickstoff.

Mit dem Aufschwung der Kalkstickstoffproduktion in Deutschland ist die rasche Entwicklung der Calciumcarbidindustrie so eng verknüpft, daß es unerläßlich ist, wenigstens etwas auf sie einzugehen, wobei der ausgezeichnete Bericht von *K. Arndt*[1] über die Elektrochemie in den Jahren 1916/18 als Unterlage benutzt wird. Die deutsche Carbidindustrie arbeitete vor dem Kriege mit 20 000 PS aus Wasserkraft und etwa 10 000 PS aus Kohle, ihre Erzeugung belief sich auf etwa 30 000 bis 40 000 t Carbid. Die beiden ältesten deutschen Carbidwerke sind die von Rheinfelden und Lechbruck im Allgäu, welch letzteres seit 1900 in Betrieb ist. Die Bayrischen Stickstoffwerke A.-G. arbeiten auf ihrem Stammwerk Trostberg und Tacherting a. d. Alz heute mit etwa 32 000 PS (Produktion 50 000 t Carbid). Von den unter ihrer Leitung erbauten Reichsstickstoffwerken ist die Anlage Piesteritz (s. oben) mit einer Normalleistung von 10 000 t Carbid pro Monat weitaus die größte aller Carbidfabriken. Erheblich größer ist lediglich die amerikanische Riesenanlage von Muscle Shoals mit 12 Carbidöfen von je 50 t Tagesleistung. Die beiden Carbidwerke in Rheinfelden, die bereits vor dem Kriege bestanden und von denen das eine der *Chem. Fabr. Griesheim-Elektron,* das andere dagegen der *Aluminium-*

---

[1] Chem. Ind. 1914, Nr. 22/23

industrie A.-G. gehört, waren ursprünglich nur dazu gebaut, den Überschußstrom von der Alkalichloridelektrolyse (bis 2000 PS) bzw. der Aluminiumherstellung (bis 5000 PS) aufzunehmen. Von den Carbidwerken Bromberg, Steinbusch und Waldshut i. Baden ist auch bereits die Rede gewesen; Knapsack hatte anfangs ungefähr 10 000 PS zur Verfügung; Lechbruck arbeitet mit 2500 und Freyung vor dem Walde (bei Passau) mit etwa 6000 PS. Die *Pleßsche Bergverwaltung* und die Firma *Friedländer*, an deren Stelle später *Beer, Sondheimer & Co.*, Frankfurt a. M., traten, hat bei Lazisk in Oberschlesien das „Elektroschmelzwerk Prinzengrube" für 20 000 t Carbidjahresleistung errichtet. In Tschechnitz bei Breslau hat der Konzern der *Bosnischen Elektrizitäts-A.-G.* neben dem „Elektrizitätswerk Schlesien" ein Carbidwerk erbaut und für seinen Betrieb die „*Elektrochemischen Werke Breslau G. m. b. H.*" ins Leben gerufen. Das „Lonzawerk" gründete bei Spremberg in der Niederlausitz und die „*Chem. Fabrik v. Heyden*-Radebeul-Dresden" in Hirschfelde bei Zittau je eine Carbidfabrik. Die „Brandenburgischen Carbid- und Elektrizitätswerke" (s. auch oben) setzten eine Neuanlage für Carbidproduktion bei Waldeck in Betrieb. Sehr bedeutend sind die Pläne der „*Dr. Alexander-Wacker-Gesellschaft*" in München, welche die Ausnutzung einer Kraftstufe der Alz bei Burghausen im Bau hat. Augenblicklich beschränkt sich die Produktion noch auf einen Carbidofen, der mit 4000 PS betrieben wird und der seinen Strom vom Saalachwerk bzw. aus Österreich erhält. Die Überleitung der Alz in die Salzach und die Gewinnung von 36 000 PS im neuen Alzkraftwerk ist vorgesehen. Der großzügige Ausbau der oberbayrischen Wasserkräfte hängt z. T. mit den oben bereits geschilderten Zukunftsplänen des Reichsfiskus zusammen. Kleinere Carbidwerke sind außerdem in Wyhlen am Rhein oberhalb Basel und in Horst an der Ruhr gebaut worden.

Wenn wir bedenken, daß auf die deutsche Kalkstickstoffhöchstleistung von rund 600 000 t pro Jahr bei 20 proz. Ware allein rund 480 000 t Carbid kommen, so erscheint die Schätzung der deutschen Leistungsfähigkeit an Calciumcarbid mit 400 000 t bis 450 000 t für 1918 gegenwärtig bereits zu niedrig: sie dürfte etwa 550 000 t betragen. Schon der tatsächlichen Kalkstickstofferzeugung vom Jahre 1918 (300 000 t) entsprechen ja bereits mindestens 240 000 t Carbid. Außer dieser beträchtlichen Eigenproduktion sind übrigens aus der Schweiz (s. oben) und aus Skandinavien noch alljährlich bedeutende Mengen eingeführt worden. Wie sehr sich die Carbidindustrie vergrößerte, das erhellt aus den Zahlen der Vorkriegszeit. Deutschland erzeugte damals vielleicht 45 000 t im Inlande, es führte rund 60 000 t ein und verbrauchte ungefähr 90 000 t jährlich. Daß die Verwendung von Carbid so außerordentlich zugenommen hat, ist nicht allein auf die beträchtliche Steigerung in der Kalkstickstoffherstellung zurückzuführen, sondern auch darauf, daß das Carbid als Desoxydationsmittel an Stelle von Ferromangan in der Eisen- und Stahlindustrie Verwendung finden konnte (D. R. P. 298 847, 300 012, 300 764). Die „Deutsch-Luxemburgische Bergwerks- und Hütten-A.-G." überließ den deutschen Stahlwerken für die Kriegsdauer ein derartiges Verfahren, das sich in ihrem Thomasbetrieb bewährt hatte, zur kostenlosen

Benutzung. Das Carbid wird für diese Zwecke am besten im elektrischen Ofen umgeschmolzen und dem Stahlbade in flüssiger Form zugesetzt. Enthält das Konverter-Roheisen wenigstens 1 Proz. Mangan, so scheint das Carbid den Zusatz von Ferromangan soweit entbehrlich zu machen, daß man vielleicht dauernd auf diese Weise arbeiten wird. Beträchtliche Mengen von Carbid dienen ferner zur Entwicklung von Acetylen, das sowohl in der autogenen Metallbearbeitung, als auch in der Beleuchtungsmittelindustrie hervorragende Anwendung findet. Neben die bekannte Gewinnung von Trichloräthylen usw. aus Acetylen ist während des Krieges die Umwandlung in Acetaldehyd, Alkohol, Essigsäure, Aceton usw. getreten. Die betreffenden Verfahren sind nicht nur für Deutschland, sondern auch für Amerika und die Schweiz von erheblichster Bedeutung geworden. Sie gehen auf die Mitteilung von *Kuscheroff* aus dem Jahre 1884 zurück, daß Acetylen unter intermediärer Bildung von Quecksilberderivaten in Aldehyd übergeführt werden kann. Auf die Möglichkeit einer industriellen Gewinnung von Alkohol oder Essigsäure auf Grund dieser Methode ist frühzeitig hingewiesen worden (so von *H. Erdmann*), ohne daß die Pläne verwirklicht werden konnten. Im Jahre 1908 erschienen die ersten Patentanmeldungen (*H. Wunderling*[1], deutsche Anmeldung W. 27 177 und 29 233) über diesen Gegenstand. Im Februar 1910 reichte *N. Grünstein* seine deutsche Anmeldung G. 31 034 ein, die zur Erteilung des D. R. P. 250 356 (1911) führte, das auf die „*Chem. Fabr. Griesheim-Elektron*" übertragen wurde. Auf der Grundlage dieses Patents arbeitete die genannte Firma nach vielen Schwierigkeiten ihr technisches Verfahren aus. Weitere einwandfreie und wirtschaftlich befriedigende Lösungen des Problems fanden um die gleiche Zeit, aber gänzlich unabhängig voneinander, das „*Consortium für elektrochemische Industrie* in Nürnberg" (jetzt München) und die *Höchster Farbwerke*. Die „*Dr. Alexander-Wacker-Gesellschaft* in München" bzw. Burghausen a. d. Alz und das „*Elektrizitätswerk Lonza*" sind Lizenznehmer des Konsortiums. Sowohl die Höchster Farbwerke, als auch die Wacker-Gesellschaft gelangten im Laufe des Jahres 1916 zur Fabrikation von Carbidessigsäure usw. im großindustriellen Maßstabe (in Knapsack bzw. Burghausen). Es wurde oben bereits gezeigt, daß diese Darstellungsweise eng mit der inzwischen aufgegebenen Kautschuksynthese der Kriegszeit verknüpft war. Die deutsche Carbidessigindustrie soll nach ihrem endgültigen Ausbau 25 000 t Essigsäure im Jahre liefern. Die Leistung von Knapsack und Burghausen an Aceton sollte sich pro laufenden Monat des Jahres 1918 auf 600 t stellen. Diese Zahl ist bisher nie erreicht worden. Deutschlands Carbidproduktion und -verbrauch 1918 mag sich im ganzen etwa folgendermaßen verteilt haben:

> 240 000 t für die Kalkstickstofffabrikation,
> 60 000 t für Beleuchtung, Metallbearbeitung und in der Eisenindustrie,
> 25 000 t für Weiterverarbeitung auf Alkohol, Trichloräthylen usw.

insgesamt 325 000 t.

---

[1] S. a. *Friedländer*, Fortschritte Bd. 9, S. 15.

Die Anlage 10 zum Gesetzentwurf über das Reichsbranntweinmonopol (1918) bringt eine Menge wichtiger Angaben über Carbidalkohol usw. Weitere Einzelheiten sind aus den Denkschriften und Beratungen über das Gesetz ersichtlich, von dem die Höchster Farbwerke bereits im Geschäftsbericht auf das Jahr 1917 ernste Gefahren für ihr Verfahren befürchteten. Für die Gewinnung von 1000 kg oder 1262 l Alkohol sind 2000 kg Carbid oder 8000 kWS, 2500 kg Koks und 7000 kg Kalk nötig. Außerdem werden für die Tonne Alkohol 500 cbm Wasserstoffgas verbraucht. Den Selbstkostenpreis schätzt die amtliche Denkschrift auf Mk. 24 pro Hektoliter nach dem Preisstande 1917/18. Die Reinigung des erzielten Alkohols macht nach den Erfahrungen der Lonzawerke in Visp in der Schweiz nicht mehr Schwierigkeiten als beim gewöhnlichen Gärungsalkohol. Carbidalkohol kann gutem Industriefeinsprit ohne weiteres an die Seite gestellt werden. Die amtlichen Stellen geben die Grenze der Lieferungsfähigkeit der 1917/18 in Deutschland vorhandenen oder im Bau begriffenen Anlagen bei Volleistung auf annähernd 450 000 t Carbid an. Nach Abzug der für Beleuchtung, Metallbearbeitung usw. beanspruchten Mengen (etwa 50 000 bis 60 000 t) würden sich nach einer angestellten Berechnung für die Gewinnung von Düngemitteln oder Alkohol voraussichtlich fast 400 000 t ergeben, aus denen man z. B. theoretisch etwa $2\frac{1}{2}$ Mill. hl synthetischen Alkohol herstellen könnte. 1913/14 erzeugte Deutschland 3 844 000 hl Spiritus (100 Proz.), zu deren Herstellung folgende Rohstoffmengen verbraucht wurden:

2 600 000 t	Kartoffeln,
320 000 t	Getreide (Roggen, Mais, Gerste),
57 800 t	Melasse,
327 000 hl	Stein- und Kernobst,
176 000 hl	Weintrebern und -hefe,
48 000 hl	Traubenweine,
81 000 hl	Brauereiabfälle.

Es ist ohne weiteres ersichtlich, welchen volkswirtschaftlichen Wert der in der Hauptsache aus Kalk, Koks und elektrischer Energie aufgebaute Carbidalkohol diesen Verbrauchsziffern gegenüber hat. Uns interessiert an dieser Stelle noch mehr, wie die amtliche Denkschrift das zukünftige Zusammenarbeiten der Carbidverwertungs- und der Kalkstickstoffindustrie beurteilt: „Ob die zunächst in Form von Kalkstickstoff gewinnbaren 500 000 bis 600 000 t Düngemittel glatten Absatz finden würden, dürfte außer von den Preisen in erster Linie davon abhängen, ob zu diesen Erzeugnissen und der Einfuhr von Chile- und Norgesalpeter noch weitere, vielleicht technisch vorteilhaftere Düngestoffe in den Wettbewerb eintreten. Sollten sich die Vermutungen bewahrheiten, daß nach dem *Haber*schen Verfahren verhältnismäßig billigere Stickstoffdüngemittel zur Verfügung gestellt werden können, als es über Carbid möglich ist, so kann es in Frage kommen, für die großen Carbid- und Kalkstickstoffanlagen in Deutschland auf neue Absatzgebiete Bedacht zu nehmen." Wir begegnen also auch hier einer verhältnismäßig pessimistischen Anschauung, wie wir sie ebenso aus den Geschäftsberichten der A.-G. für Stickstoffdünger in Knapsack (s. oben) herauslesen können. Die

Verwirklichung der Reichsprojekte, nach großzügigem Ausbau der bayrischen Wasserkräfte die gesamten Kalkstickstoffbetriebe an diese Stellen billiger Kraft zu verlegen, wäre daher nur zu begrüßen. Leider steht die schlechte Finanzlage des Deutschen Reiches so riesigen Plänen vorläufig durchaus im Wege. Da die mit der deutschen Volksernährung aufs innigste zusammenhängende Düngestickstoffversorgung bis auf weiteres als erstes Erfordernis zu gelten hat, so ist es, solange diese nicht etwa von anderer Seite übernommen werden kann — und daran ist heute noch nicht zu denken — zwingendste Lebensnotwendigkeit, die bestehenden Kalkstickstoffbetriebe selbst dann aufrechtzuerhalten, wenn sie heute an ungeeigneten Örtlichkeiten arbeiten. *K. Arndt* kommt in seiner bereits herangezogenen Arbeit über die elektrochemische Industrie bei Besprechung der Carbid- und Kalkstickstoffwerke zu folgendem Schluß: „Wie sich das Schicksal dieser Anlagen in den kommenden Jahren gestalten wird, läßt sich zur Zeit noch nicht übersehen. Die mit Wasserkraft arbeitenden Betriebe werden sicherlich dauernd lebensfähig bleiben, die mit Kohle als Energiequelle arbeitenden zumeist nur dann, wenn man auf die übliche Verzinsung der sehr hohen Baukosten verzichtet."

Verwendet man an Stelle von Wasserstoff elektrolytisch entwickelten Sauerstoff bei Gegenwart von Katalysatoren, so erhält man aus Carbidacetaldehyd Essigsäure. Vor dem Kriege wurde technische Essigsäure in Deutschland hauptsächlich aus dem Graukalk der Holzdestillation, verdünnte Essigsäure (Essig) dagegen meist aus Alkohol usw. durch Gärung nach dem „biologischen Schnellessigverfahren" gewonnen. Deutschland besitzt 20 Holzessigfabriken, deren größte der „Verein für Chemische Industrie" in Mainz ist. Eingeführt sind vor 1914 alljährlich etwa 20 000 t Graukalk, hauptsächlich aus den Ver. Staaten, zum Teil aber auch aus Österreich-Ungarn; die eigene Produktion macht etwa 15 000 t aus, so daß zusammen im Frieden etwa 35 000 t Graukalk (i. M. 82 Proz. Calciumacetat) pro Jahr in Deutschland auf Essigsäure, ihre Derivate und Aceton verarbeitet worden sind. Die Gärungsessigindustrie, die in nahezu 1000 kleine Betriebe verstreut ist — Großfirma ist z. B. Kahlbaum-Berlin — und die im Betriebsjahre 1913/14 allein 151 400 hl Reinalkohol (100 proz.) verbrauchte, erzeugt daneben bedeutende Mengen Speiseessig, Bier-, Malz- und Weinessig. Das amtliche Material beziffert demgegenüber die spätere Leistungsfähigkeit der zum Teil noch im Bau befindlichen deutschen Carbidessigsäureanlagen auf 25 000 t Essigsäure im Jahr, wie oben bereis dargetan wurde. Diese Menge übertrifft die als Graukalk eingeführte (20 000 t Graukalk zu 82 Proz. Acetatgehalt = 12 460 t reine Essigsäure) um das Doppelte, so daß sie volkswirtschaftlich sehr wichtig werden könnte. Die amtliche Denkschrift konnte über den Gestehungspreis deutscher Carbidessigsäure und über die Möglichkeit ihrer Konkurrenzfähigkeit gegenüber dem Graukalk naturgemäß noch keine bestimmten Angaben bringen. Auch zur Zeit läßt sich ein abschließendes Urteil darüber um so schwerer gewinnen, als die Wirkungen des Reichsbranntweinmonopols infolge der verworrenen Wirtschaftsverhältnisse noch nicht praktisch in größerem Maße in Erscheinung treten konnten. Neuerdings wollten sächsische Industrielle nach Meldung einer Tageszeitung (Magdeb. Ztg. 20. 6. 1920) in Belgern (Prov. Sachsen) mit 12 Mill. Mk. Kapital eine neue Gesellschaft gründen, um Carbidsprit zu erzeugen. Die Tagesleistung sollte zunächst 15 000 l Spiritus betragen und die Fabrik im Dezember 1920 fertig sein. Es zeigte sich jedoch, daß die Kapitalisten einem Schwindler in die Hände gefallen waren und aus dem Plan ist (glücklicherweise!) nichts geworden.

Die Verwendung von Acetylen als Treibmittel für Explosionsmotore (260 l Acetylen = 0,9 bis 1 kg Carbid auf 1 PS-Stunde) ist nur als Kriegsnotbehelf zu betrachten gewesen. Sie befindet sich in starkem Rückgang.

Nachdem nunmehr die geschichtlichen Entwicklungsgänge und die wirtschaftlichen Grundlagen der deutschen Kalkstickstoffindustrie und der mit ihr genetisch verknüpften Gewerbezweige einigermaßen erschöpfend behandelt sind, soll die Bedeutung der Haberschen Ammoniaksynthese erörtert werden, die den Ruhm für sich in Anspruch nehmen kann, der spezifisch deutsche Ausfluß einer technisch bis aufs höchste gesteigerten Wissenschaftlichkeit und ein Glanzbeispiel mustergültigen Zusammenarbeitens von Theorie und Praxis zu sein.

Gemeinsam mit *van Oordt* stellte sich *Haber* in den Jahren 1903/04 die Aufgabe, das Ammoniakgleichgewicht für bestimmte Temperaturen und Drucke experimentell festzulegen[1]. Aus diesen Untersuchungen ergaben sich die Grundlagen der so bedeutungsvoll gewordenen Synthese des Ammoniaks, die im 3. Teile des vorliegenden Werkes genauer besprochen werden soll. An dieser Stelle interessiert zunächst nur die historisch-wirtschaftliche Entwicklung des *Haber-Bosch*-Verfahrens. Die ausführliche Abhandlung von *F. Haber* und *R. Le Rossignol* in der Zeitschr. f. Elektrochemie 1913, **19**, 53 ff., ist eine gekürzte Fassung des Berichtes der Erfinder an die *Badische Anilin- und Sodafabrik* vom Jahre 1909/10. Die Ausbeute war noch keineswegs glänzend, und es bestand nur geringe Aussicht zur glücklichen Lösung des Ammoniakproblems für die Technik. Trotzdem wandte die *BASF* den Arbeiten ihr vollstes Interesse zu. Die ersten Patentanmeldungen (D. R. P. 223 408, 235 421, 238 450 usw.) reichen bis in das Jahr 1908 zurück. Der wagemutigen Initiative der *BASF* und ihren Chemikern, insonderheit *Bosch* und *Mittasch*, ist es zu danken, daß die *Haber*schen Laboratoriumsversuche nach unsäglichen Schwierigkeiten für den technischen Großbetrieb umgeformt werden konnten[2]. Auf Grund der in gemeinschaftlicher Arbeit gesammelten Kenntnisse und Erfahrungen konnte *F. Haber* am 18. März 1910 in einem Vortrag im Naturwissenschaftlichen Verein Karlsruhe das neue Verfahren praktisch zum ersten Male vorführen. Waren damit nun auch die wesentlichen Grundlagen geschaffen, so blieb noch sehr vieles zu tun übrig, bis der Fabrikbetrieb einwandfrei nach der *Haber*schen Methode arbeiten konnte. Ende 1912

---

[1] Zeitschr. f. anorg. Chem. **43**, 111; **44**, 341; **47**, 42.
[2] Vgl. *Bernthsen*, Chem.-Ztg. 1912, S. 1133.

kam die Versuchsanlage Ludwigshafen (Leistung zu Beginn des Jahres 1911
25 kg NH_3, 1912: 1000 kg NH_3 pro Tag) mit ihrem ersten synthetischen
Ammoniak heraus. Das Verfahren bedeutete eine Revolution auf dem
Gebiete der Apparatetechnik, denn es wäre bisher unerhört gewagt gewesen,
bei hohen Temperaturen (etwa 600°) unter Hochdruck (etwa 200 Atm)
zu arbeiten. Nur unter diesen Bedingungen entsteht bekanntlich aus
einem stöchiometrischen Gemisch von Stickstoff und Wasserstoff ein Abgas
mit rund 10 Proz. Ammoniak. Man kann sich denken, daß die apparativen
Schwierigkeiten außerordentlich große waren. Trotzdem bewährte sich der
Arbeitsprozeß der Versuchsanlage derartig gut, daß man sehr bald an die
Errichtung einer eigenen Ammoniakfabrik in Oppau, unweit Ludwigshafen,
denken konnte. Diese Fabrik kam bereits Ende 1913 in Betrieb. Zunächst
wurde lediglich verflüssigtes Ammoniak produziert, dann aber auch Ammoniumsulfat, das Anfang 1914 auf dem Markt erschien. Das Oppauer Werk
sollte nur Ammonsulfat gewinnen, und zwar war zunächst eine Erzeugung
von 30 000 t im Jahr beabsichtigt. Bei rund 300 Arbeitstagen im Jahr betrug
die damalige Tagesleistung mithin 25 t Ammoniak entspr. 20,6 t Stickstoff
(das wären 7500 t Ammoniak oder 6180 t Stickstoff oder 30 000 t Ammonsulfat im Jahr). *C. Matignon* erklärt, daß ihm der Gestehungspreis pro Tonne
,,synthetischen'' Ammonsulfats zu 150 Frs. (= 121,50 Mk. oder 48,6 Pfg.
pro 1 kg NH_3 bzw. 59,0 Pfg. pro 1 kg N) angegeben worden sei.

Noch im Herbst 1913 traten die ostdeutschen und österreichisch-ungarischen Erzeuger von schwefelsaurem Ammoniak zu einer Besprechung
zusammen, in der die Gründung eines Syndikats beschlossen wurde, das unter
Führung des ,,*Oberschlesischen Kokswerke A.-G.*'' stehen und unter Aufrechterhaltung des bisherigen Einvernehmens mit der ,,*Deutschen Ammoniak-
verkaufsvereinigung G. m. b. H.*, Bochum'' arbeiten sollte, um dem Ammoniak
der Kokereien und Gasanstalten im Kampfe mit dem synthetischen Produkt
auf alle Fälle ausreichenden Absatz zu sichern. Man beabsichtigte, die Preise
soweit herunterzusetzen, daß die mit höheren Selbstkosten arbeitende Synthese die Konkurrenzfähigkeit verlor. Ein Vergleich mit den größten Erzeugern
der Deutschen Ammoniakverkaufsvereinigung zeigt, wie beträchtlich die
Mengenleistung des Oppauer Werks für die damaligen Verhältnisse war.
Die Ammonsulfatproduktion betrug nämlich im Berichtsjahre 1912/13 bei
Zeche

Gelsenkirchen	30 827 t
Deutsch-Luxemburg	24 449 t
Harpen	22 513 t
Phönix	19 928 t
Hibernia	10 804 t
Ammoniak-Verkaufsvereinigung . . . . insgesamt	300 000 t
Oberschlesische Werke . . . . ,,	35 000 t
1912: Deutsche Produktion . . . . ,,	492 000 t
1913: ,, ,, ... ,,	549 000 t .

Im Herbst 1913 schien eine Einigung der übrigen Produzenten mit der
BASF kaum möglich. Diese hatte inzwischen — zum Teil gemeinsam mit

den übrigen Werken des Anilinkonzerns — Unterhandlungen mit dem *Verein Chem. Fabriken A.-G.*, Zeitz, angeknüpft, die Ende 1913 zum Erwerb der Aktienmajorität letzterer Firma führten. Der Zeitzer Verein ist ein Hauptverbraucher für schwefelsaures Ammoniak, von dem er vor dem Kriege bedeutende Mengen als Mischdünger (Ammoniak-Superphosphat usw.) in den Handel brachte. War so mit einem Schlage der *BASF* ein leistungsfähiger Großabnehmer gesichert, so war damit gleichzeitig die Rentabilität der Oppauer Anlage, in der schon damals mehrere Millionen Mark investiert waren, außer Frage gestellt. Die direkte Folge wurde, daß Anfang 1914 auch die so lange vergeblich erstrebte Verständigung zwischen der *BASF* einer- und der Deutschen Ammoniak-Verkaufsvereinigung bzw. den Oberschlesischen Kokswerken andererseits zustande kam. Die politischen Verhältnisse haben verhindert, daß der Abschluß dieses Preiskartells auf dem deutschen Düngemittelmarkt oder im Welthandel sichtbar in Erscheinung getreten ist, denn seit August 1914 arbeitet die Stickstoffindustrie unter gänzlich veränderten Bedingungen. Das Band zwischen *BASF* und Zeitzer Verein ist inzwischen wieder gelöst worden, so daß diese vorübergehende Fusion nur als reine Kampfmaßnahme zu betrachten war.

Um die **Stickstoffversorgung** der Sprengstoffindustrie sicherzustellen, ging die Oppauer Anlage von der reinen Ammonsulfatgewinnung ab und stellte ihren Betrieb auf die Kriegsartikel: Ammonitrat, Kunstsalpeter, Salpetersäure usw. um. Ende 1915 betrug ihre Jahreskapazität bereits 130 000 t Ammonsulfat = rund 26 300 Stickstoff. Für 1917/18 wird die Leistungsfähigkeit wie folgt angegeben:

	t jährlich	t gebundener N.
Ammoniumnitrat	10 000	3 450
Natriumnitrat	130 000	21 410
Salpetersäure (auf 100 proz. Ware bezogen)	40 000	8 890
Ammoniak, flüssig	40 000	32,900,

so daß sie sich gegenüber dem Friedensstand um über das 10fache vergrößert hat. Für 1918 nennen andere ausländische Quellen als Leistungszahlen von Oppau:

> Pro Tag: 250 t NH_3 = 206 t N, d. s. bei 323 Arbeitstagen rund 66 650 t N; ein Teil dieses Ammoniaks wird in Salpetersäure verwandelt (250 t NH_3 = 926,5 t HNO_3); es werden pro Tag 100 t, als 100 proz. Säure berechnet, hergestellt; die Leistungsfähigkeit ist inzwischen auf 200 t (100 proz.) Salpetersäure vergrößert worden; das restliche Ammoniak, d. s. täglich 115 t NH_3, sollte Höchst erhalten.

Ehe nun weiter auf die Entwicklung eingegangen wird, die zur weiteren Vergrößerung der Stickstoffwerke der *BASF* führte, soll kurz die Rentabilität des Prozesses im Vergleich zu anderen Methoden erörtert werden, die auf Mitteilungen von *R. E. Mc Connell, Ch. Parsons, C. Matignon* u. a. zurückgeht. *Parsons* errechnet für das *Haber-Bosch*-Verfahren bei Herstellung von Ammoniak pro 1 t Stickstoff 119 Dollar Betriebskosten (= 499,80 Mk.), das wären 41,3 Pfg. auf das Kilogramm Ammoniak. Zur Bindung dieser Ammoniakmenge mit Schwefelsäure sind etwa 4 kg 60er Säure erforder-

lich; setzt man diese mit 10 Pfg. ein, so ergibt sich aus dem Ammoniak-
und Schwefelsäurepreis ein Materialwert des Ammonsulfats von 132 Mk. pro
Tonne (außer Fabrikationskosten!). Die Übereinstimmung dieses Wertes
mit der *Matignon*schen Zahl (s. oben) von 150 Frs. (= 121,50 Mk.) für die
Tonne Ammonsulfat ist immerhin so weitgehend, daß die *Parsons*sche Ziffer
für die Zeit der Abfassung seines Berichts (30. April 1917), also etwa für
1916/17, richtig gewesen sein dürfte. Nach der *Matignon*schen Angabe beträgt
der Gestehungspreis von 1 kg Ammonsulfat nach *Haber* 12,15 Pfg. Zu seiner
Herstellung sind rund 250 g Ammoniak und 1 kg 60er Schwefelsäure notwendig. Setzen wir diese mit 2,5 Pfg., die Umwandlungskosten von Ammoniak
in Ammonsulfat für diese Verhältnisse (s. unten) mit 1 bis 2 Pfg. pro 1 kg
Ammonsulfat ein, so ergibt sich ein Friedensgestehungspreis des *Haber*-Am-
moniaks von 30 bis 35 Pfg. pro Kilogramm Ammoniak. Der englische
Leutnant *R. E. McConnell*, der während des Waffenstillstandes die Oppauer
Anlage besichtigte, gibt im J. Ind. Eng. Chem. folgendes über dieselbe an:
Die Fabrik beschäftigt 1500 Arbeiter, 3000 Handwerker, 350 Kaufleute und
300 Chemiker; sie verbraucht täglich 1750 t Braunkohle und 500 t Koks (auf
rund 250 t NH_3 oder 206 t N). Unter der Annahme, daß die Fabrik jährlich
$1/_{10}$ der Zeit zwecks Reparaturen stillsteht, kommt *Mc Connell* zu einem Gestehungspreis von $5^1/_2$ d pro 1 Pfd. gebundenen Stickstoffs, das sind 103 Pfg.
auf das Kilogramm N oder 85,0 Pfg. auf das Kilogramm NH_3. Anfang 1918
wurde das Kilogramm *Haber*-Ammoniak ab Erzeugungswerk ausschließlich
Fracht und Zuschlag der Kriegschemikalien-A.-G. mit 0,90 Mk. pro Kilogramm
NH_3 in (Form konzentrierten Ammoniakmessers) gehandelt, so daß dieser
Gestehungspreis der Wirklichkeit nahe kommen dürfte. Wir hätten also
folgende Selbstkosten für 1 kg NH_3 bzw. N nach dem *Haber-Bosch*-Verfahren
ermittelt:

	1 kg NH_3	1 kg N
1913/14	30 bis 35 Pfg.	36,5 bis 42,5 Pfg.
1916/17	41,3 ,,	50,2 ,,
1917/18	85,0 ,,	103,0 ,,

Zum Vergleich seien andere Gestehungspreise herangezogen. *Parsons*
berechnet den Preis für 1 kg N im Kalkstickstoff zu (122 Dollar pro 1 t N)
51,24 Pfg. Diese Zahl entspricht ungefähr auch den deutschen Verhältnissen
der Friedenszeit. Der Friedensverkaufspreis (Ende 1913) belief sich auf
114 Pfg. für das Kilogramm Stickstoff im Kalkstickstoff. Bei einem Preis
von 180 Pfg. im Verkauf, waren die Selbstkosten im Frühjahr 1918 auf etwa
100 Pfg. gestiegen.

Nach Zahlen der *Jul. Pintsch A.-G.*, Berlin, gibt *Bertelsmann*[1] die Wirt-
schaftlichkeitsberechnung einer Anlage zur Herstellung von 10 cbm normalen
Gasmessers in 24 Stunden; für 108 t Ammonsulfat ergeben sich dabei 8837 Mk.
Unkosten, natürlich unter der Annahme, daß das Gaswasser im eigenen
Betriebe als Abfallprodukt, d. h. kostenlos bzw. nur buchmäßig mit Unkosten
belastet, erhalten wird. Die Dampfkosten sind pro t mit 286,6 Pfg., die

---

[1] *Ullmann*, Enzyklopädie Bd. I, S. 414ff.

Kosten für 100 kg Kalk mit 1,60 Mk., die für 60er Schwefelsäure mit 4,50 Mk. pro 100 kg, die für Wasser endlich mit 0,05 Mk. pro cbm und die für den Schichtlohn mit 4,50 Mk. eingesetzt worden. Der Dampfverbrauch pro t Ammonsulfat soll 2,77 t betragen (entspr. 7,98 Mk. Dampfkosten auf die Tonne Ammonsulfat). Es ergibt sich unter diesen Bedingungen ein Gestehungspreis von 8,18 Mk. je 100 kg Ammonsulfat oder 32,73 bzw. 39,76 Pfg. je 1 kg NH_3 oder N für Vorkriegsverhältnisse. Für den Großbetrieb der modernen Kokereien lagen die Verhältnisse natürlich weit günstiger. *H. Koppers* bestimmte den Dampfverbrauch für das direkte Verfahren unter Verwendung von Abdampf zum Betreiben der Destillierapparate auf 0,225 t pro t erzeugtes Ammoniumsulfat. Unter Zugrundelegung dieses Wertes und Annahme eines Preises von 2,50 Mk. für 100 kg 60er Schwefelsäure kommt man zu einem Selbstkostenpreis von 5,45 Mk. je 100 kg Ammonsulfat, entsprechend 21,8 Pfg. auf das Kilogramm NH_3 oder 26,5 Pfg. auf das Kilogramm N.

Legen wir bei der Gaswasserverarbeitung das direkte Sulfatverfahren unter weitgehender Ausnutzung des Abdampfes zugrunde, so ergeben sich Gestehungspreise von 7,45 Mk. pro 100 kg Ammonsulfat, 29,8 Pfg. pro kg NH_3 und 36,2 Pfg. pro kg N. Rechnet man die *Pintsch*-Kalkulation auf die Preisverhältnisse von 1917/18 (1 t Dampf = 20 Mk.; 100 kg Kalk = 5 Mk.; 100 kg 60er Säure 15 Mk.; Schichtlohn 6 Mk.; 1 cbm Wasser 10 Pfg.; erhöhte Reparaturkosten usw.) um, so erhält man folgende Werte: 100 kg Ammonsulfat = 11,25 Mk.; 1 kg NH_3 = 45 Pfg.; 1 kg N = 54 Pfg. Die Umwandlungskosten für Herstellung von 1 kg Ammonsulfat aus Gaswasserammoniak betrugen vor dem Kriege (ohne H_2SO_4-Kosten) nach der *Pintsch*-Aufstellung übrigens rund 1,9 Pfg. Der Durchschnittsverkaufspreis im Jahre 1913 war 28 Mk. pro 100 kg Ammonsulfat (1 kg NH_3 = 1,12 Mk.; 1 kg N = 1,36 Mk.) Am 1. März 1920 wurden die gesetzlichen deutschen Höchstpreise für 1 kg Stickstoff z. B. wie folgt festgesetzt (s. unten):

Im Ammonsulfat, gewöhnliche Ware	9,50 Mk.
,, ,, gedarrt und gemahlen	9,85 ,,
,, Natronsalpeter	12,50 ,,
,, Kalkstickstoff	1,40 ,, ;

dazu wurden damals an Umlagebeträgen erhoben 2,50 Mk. je 1 kg Stickstoff im Ammonsulfat oder Natronsalpeter und 9,30 Mk. je 1 kg Stickstoff im Kalkstickstoff, so daß z. B. das Kilogramm N im gewöhnlichen Ammonsulfat auf 12 Mk., oder im Kalkstickstoff auf 10,70 Mk. zu stehen kam (Natronsalpeter = 15 Mk.).

Der chilenische Salpeter mit i. M. 15,6 Proz. N kostete 1913 222 Mk. die Tonne in Deutschland, das sind 1,42 Mk. pro kg N. 1920 wurde der Zentner in England mit rund 25 sh gehandelt. Bei Umrechnung dieses Satzes in Goldmark ergibt sich pro kg N ein Kostenpreis von 3,27 Mk., der sich unter Zugrundelegung des Devisenstandes (Juni 1920) auf etwa 26,16 Mk. pro kg N erhöht.

In nachstehender Tabelle sind die im einzelnen ermittelten Werte noch einmal zusammengestellt:

Es betrugen die Gestehungskosten in Pfg. für

Verfahren bzw. Produkt	Jahr	1 kg NH₃	1 kg N	Bemerkungen
Gaswasserverarbeitung, Kleinbetrieb . .	1913/14	32,73	39,76	in 100 kg Ammonsulfat . . . = 8,18 M.
„　　　　Waschverfahren. .	„	14,74	17,91	in konz. Ammoniakwasser, 1 t mit 25 Proz.
„　　　　Kleinbetrieb,				[NH₃, Marktpreis = 205,00 M.
direktes Verfahren	„	29,80	36,20	in 100 kg Ammonsulfat = 7,45 „
Kokereibetrieb, direktes Verfahren . . .	„	21,80	26,50	„ 100 „　　　„　　　= 5,45 „
Gaswasserverarbeitung, Kleinbetrieb,				
Waschverfahren	1917/18	45,00	54,00	„ 100 „　　　„　　　= 11,25 „
Ammonsulfat, deutscher Verkaufspreis .	1913	112,00	136,00	„ 100 „　　　„　　　= 28,00 „
„　　　　„　　　　„	1920	1458,08	1200,00	„ 100 „　　　„　　rund = 250,00 „
Ammonsulfat nach *Haber*	1913/14	48,6	59,00	„ 100 „　　　„　　　= 12,15 „
Ammoniak　　„　　„　.	1913/14	30 bis 35	36,5 bis 42,5	bei Darstellung von Ammoniak
„　　　　„　　„	1916/17	41,3	50,2	„　　　„　　　„　　　„
„　　　　„　　„	1917/18	etwa 85,1	etwa 103	„　　　„　　　„　　　„
Kalkstickstoff	1913/14	—	51¼	
„　　.	1917/18	—	etwa 100	
„　　Verkaufspreis	1913/14	—	114	frei deutscher Eisenbahnstation
„　　　„　　.	1917/18	—	180	
„　　　„　　.	1920	—	1070	
Lichtbogenprozesse zum Vergleich . .	1913/14	—	71,4 als HNO₃	nach amerikanischen Quellen
Chilesalpeter, Einkaufspreis Deutschld.	„	—	119	1 t Chilesalpeter = 185,10 Mk. frei Hamburg
			frei deutschem Verbrauchsort: 142	
„　　　　„　　　　„	Mitte 1920	—	2680	Devisenstand 1 Pfd. Sterl. = 160,00 M.
„　　　deutsches Kunstprodukt .	„	—	1500	Verkaufshöchstpreis.

3*

Die hier gebrachten Zahlen zeigen im wesentlichen gute Übereinstimmung mit den Werten von *H. Goldschmidt*, der folgendes angibt:

1 kg N im Kalkstickstoff = 60 Pfg. („Friedenspreis"),
1 „ „ nach *Haber*   65 „ („während des Krieges").

Als Mittelpreis der Tabelle (39,5, 50,2 bis 103,0 Pfg.) berechnet sich nämlich ein Gestehungspreis von 64,2 Pfg. für das Kilogramm Stickstoff im *Haber*-Ammoniak. *H. Goldschmidt* beziffert den Kostenpreis von 1 kg Stickstoff im Chilesalpeter auf rund 100 Pfg., das sind nur 15,60 Mk. pro 100 kg Salpeter. Diesen Preis halte ich für zu niedrig und habe deshalb als Einheitspreis frei Hamburg 18,51 Mk. für 100 kg Chilesalpeter eingesetzt. Selbst dieser Wert ist noch gering. Im deutschen Inlande wurde der Chilesalpeter vor dem Kriege zu etwa 10 bis 11 Mk. pro Zentner gehandelt; eine entsprechende Zahl, nämlich 222 Mk. pro t, ist weiter oben nach *Ost* für die Berechnung des gesamten deutschen Einfuhrwertes an Chilesalpeter 1913 verwendet worden. In England schwankte Chilesalpeter 1920 pro 100 kg zwischen 51 bis 53 sh, das sind rund 3,3 bis 3,4 sh pro kg N (Mitte 1920), in Antwerpen wurde er Ende April 1920 dagegen mit 145 Frs. pro 100 kg, das sind rund 9,30 Frs. pro kg N, angeboten. *Goldschmidt* gibt ferner die Umwandlungskosten von Ammoniak zu schwefelsaurem Ammoniak zu 5 Pfg. auf 1 kg N an, das wären also rund 1 Pfg. auf das Kilogramm Ammonsulfat. Bei der Berechnung des *Matignon*schen Wertes für *Haber*-Ammoniak habe ich 1 bis 2 Pfg. zugrunde gelegt; die *Pintsch*sche Aufstellung rechnet ebenfalls mit 1,9 Pfg. reinen Umwandlungskosten.

Um die Rentabilität der beiden wichtigsten Prozesse gegeneinander abzuwägen, muß man natürlich, vom Standpunkt der Düngemittelversorgung, das *Haber*sche Ammonsulfat mit dem Kalkstickstoff in Parallele stellen, denn es wäre falsch, den Gestehungspreis des freien Ammoniaks mit dem des Kalkstickstoffs zu vergleichen, da ersteres als Düngemittel nicht verwendet werden kann und da seine handelsübliche Form für die Zwecke der Düngung vor dem Kriege ausschließlich das Ammonsulfat war. Dabei ergibt sich, daß der Selbstkostenpreis des Kilogramms Stickstoff 1913/14 im *Haber*schen Ammonsulfat ein wenig über dem des Stickstoffs im Kalkstickstoff lag; für 1917/18 stimmen schon die Stickstoffgrundpreise im NH_3 nach *Haber* und im Kalkstickstoff annähernd überein. Die Gestehungspreise für Stickstoff aus Steinkohle in Form von Ammonsulfat sind ausnahmslos niedriger, als die für die synthetischen Produkte, wenigstens, wenn wir uns auf den Zeitraum beschränken, den unsere Tabelle umfaßt. Später haben sich diese Verhältnisse bekanntlich von Grund auf geändert, so daß es heute unter Umständen recht schwierig sein kann, Steinkohlenammoniak wirtschaftlich auf Ammonsulfat zu verarbeiten. Diese Gestaltung ist jedoch in der Hauptsache nur eine Folge der außerordentlich gestiegenen Schwefelsäurepreise und hat mit der eigentlichen Stickstoffherstellung wenig zu tun. Im übrigen deckt sich das hier gewonnene Resultat, daß der Herstellungspreis für Kokereiammonsulfat niedriger ist, als der für das synthetische Produkt der *BASF*, mit der

Anschauung, welche die Verbände der Produzenten „natürlichen" Ammoniaks vor Abschluß der Verkaufskonvention mit der *BASF* vertraten.

Um aus Kalkstickstoff Ammoniak und Ammonsulfat herzustellen, muß man mit Wasser unter Druck erhitzen und das erzeugte Ammoniakgas in Schwefelsäure einleiten. *Goldschmidt* rechnet für Durchführung dieser Prozesse 30 Pfg. für 1 kg Stickstoff. Diese Zahl war für die Zeit vor dem Kriege entschieden zu hoch gegriffen. Der Gestehungspreis eines Kilogramms Stickstoff im Kalkstickstoff-Ammonsulfat berechnet sich für 1913/14 mit Hilfe dieses Wertes auf $81^1/_4$ Pfg. Diese allerdings zu hohe Zahl zeigt ohne weiteres, daß man zwar noch mit Gewinn verkaufen konnte, daß aber das erzeugte Produkt einen Vergleich mit „natürlichem" oder *Haber*-Ammonsulfat in keiner Weise aushielt.

Der Stickstoffpreis im chilenischen Salpeter, bezogen auf den Verbrauchsort selbst, lag 1913/14 mit 142 Pfg. pro kg bedeutend höher, als in den vorerwähnten Produkten.

Aus dem Gesagten erhellt, daß von den im deutschen Inland hergestellten Stickstoffdüngemitteln bei der traurigen Lage der deutschen Schwefelsäureindustrie der Kalkstickstoff am billigsten ist. Dabei muß allerdings eine Einschränkung gemacht werden: es ist nämlich bisher nichts darüber bekannt geworden, mit welchen Rentabilitätsfaktoren das Gips-Ammonsulfat-Verfahren der *BASF* arbeitet, das ja der Schwefelsäure entraten kann; andererseits liegen auch die Methoden, den Stickstoff und den Schwefel der Steinkohle gleichzeitig in Form von Ammonsulfat nutzbar zu machen, noch allzusehr im Bereich der Zukunft, als daß über ihre wirtschaftlichen Aussichten im Groß- und Dauerbetrieb ein abschließendes Urteil gefällt werden könnte. Die Umwandlung des Kalkstickstoffs in Ammoniak und dessen Überführung, sei es in Ammonsulfat, sei es in Salpetersäure und Nitrate ist wirtschaftlich ungünstiger, als die Verwendung von Kohlen- oder *Haber*-Ammoniak für diesen Zweck, abgesehen einmal davon, daß es wirtschaftlich ein Unsinn ist, ein fertiges Düngemittel (d. i. Kalkstickstoff) zu zerstören, um ein anderes, teureres (d. i. Ammonsulfat oder Nitrat) daraus aufzubauen, solange nicht sehr zwingende Gründe (z. B. Verkaufsschwierigkeiten) für diese Umwandlung maßgebend sind. Der Gestehungspreis des Kohlen-Ammoniaks, als eines reinen Abfallprodukts, wird, soweit wir überhaupt von einem solchen sprechen können, stets niedriger bleiben, als der des *Haber*schen Ammoniaks. Da für Deutschland der Massenbezug von Chilesalpeter auf absehbare Zeit hinaus schon an der Frage der sehr bedeutenden Kosten scheitern dürfte, so liegt eigentlich für einen Kampf auf dem innerdeutschen Stickstoffmarkte, etwa zwischen Kalkstickstoff und *Haber*-Ammoniak, wie ihn manche prophezeien zu müssen glauben, zunächst überhaupt kein Grund vor. Während die *Haber*sche Ammoniaksynthese in ihrer großindustriellen Durchführung auf Kohlenenergie angewiesen bleibt, ist die Ausnutzung der Wasserkraft für das Kalkstickstoffverfahren das Gegebene. Schon aus allgemeinen volkswirtschaftlichen Gründen wäre es im Interesse der deutschen Kohlenvorräte empfehlenswerter, die Kalkstickstoffindustrie an die Orte billiger Wasserkräfte zu verpflanzen, wie das ja auch beabsichtigt ist. Der Aufschwung des *Haber*schen Verfahrens dürfte aus den erörterten Gründen die Zersetzung von Kalkstickstoff zu Ammoniak in der bisherigen Weise in Zukunft verbieten. Die beste Verwendung findet der Kalkstickstoff auf jeden Fall direkt als Düngemittel. Seine billige Weiterverarbeitung auf neuen Wegen ist dabei ein an sich lohnendes Ziel. Während der Kalkstickstoffdünger ohne weiteres der von dem Ernst der Zeit diktierten Forderung, nur aus deutschen Rohstoffen zu bestehen, genügt, ist das für das aus *Haber*-Ammoniak erzeugte Ammonsulfat so lange nicht der Fall, wie das Gipsverfahren nicht umfassend ausgebaut oder nicht genügend Inlandsschwefelsäure verfügbar ist. Das Gipsverfahren selbst führte zu einem vollen Erfolg. Seiner umfassenden Einführung standen anfänglich nur die Zeitverhältnisse im Wege. Die Forderung nach reiner Inlandssäure ist nicht zu erfüllen, da deren Produktion nicht ausreichend ist, um die Auslandskiese ganz entbehren zu können. Die Herstellung von Schwefel oder Schwefelsäure aus Gips (z. B. in Leverkusen in einem Kriegsmonat 1000 t SO_3 aus $CaSO_4$) ist so schwierig, daß z. B. die „Deutsche Claus-Schwefel-Gesellschaft m.b.H. in Bernburg" ihren Betrieb wegen außerordentlich hoch gestiegener Unkosten usw. stillegen mußte, da ausländischer Schwefel weit billiger verkauft werden kann als das deutsche Kunstprodukt. Es ergibt sich also für die *BASF*[1] der Zwang, ihr Gipsverfahren weiter auszubauen. Überlegt man andererseits, daß der Schwefelsäurerest im Ammonsulfat nichts als toter und evtl. sogar schädlicher (Säuerung des Bodens durch Kalkbindung usw.) Ballast ist, so erscheint das Streben der *BASF* angebracht, andere Bindungsformen für ihr Ammoniak zu finden. Zwar stellt das Ammonchlorid auch keinen idealen Ausweg dar, denn der Chlorrest verhält sich zum Schwefelsäurerest ähnlich, wie der Teufel zum Beelzebub, immerhin stehen Salzsäure oder Chloride, die man als Ausgangsmaterial benutzen kann, im Inlande reichlich zur Verfügung, so daß wenigstens einer Forderung der deutschen Wirtschaft genügt ist. Die beste Lösung dieses Problems bietet sich einmal durch Darstellung von Harnstoff, Harnstoffderivaten, Ammoncarbonat usw., also Stoffen, wie sie auch im Stallmist, der Urform der Düngung, die nun in gewaltigem Kreislauf wieder erreicht worden ist, vorliegen, und dann durch Oxydation des Ammoniaks zu Salpetersäure und daran anschließender Gewinnung von Ammonsalpeter, Kunstsalpeter und Mischdüngern. Dieses ganze Gebiet teilt sich das *Haber*-Ammoniak natürlich mit dem Ammoniak der Kokereien und Gasanstalten, mit dessen Herstellung hinwiederum ein anderes Problem verknüpft ist, das der gleichzeitigen Ausnutzung des Schwefels der Kohle. Die deutsche Steinkohlenförderung 1913 (191 Mill. t) repräsentiert bei einem mittleren Ammoniakausbringen von 0,2 Proz. einen Wertinhalt von 382 000 t Stickstoff und, unter Zugrundelegung eines Schwefelgehalts von i. M. 2 Proz., von 3,82 Mill. t Schwefel = 5,85 Mill. t Schwefelsäure. Diese Zahlen haben selbstverständlich nur relativen Wert. Sie zeigen aber, daß die Schwefelmenge mit Sicherheit ausreichen würde, das gleichzeitig sich bildende Ammoniak zu Ammonsulfat zu binden. Von diesem lockenden Ziele

---

[1] Im folgenden stets abgekürzt: *BASF*.

sind wir trotz verschiedener verheißungsvoller Anfänge (*Burkheiser, Feld* u. a.) noch verhältnismäßig weit entfernt.

Für die Lichtbogenverfahren, die auf die Einheit gebundenen Stickstoffs fast das 5fache (nach *Parsons*) der Kraft des Kalkstickstoffprozesses verbrauchen, liegt die Rentabilitätsfrage für Deutschland im allgemeinen ungünstig. Günstig fällt bei ihnen ins Gewicht, daß sie zu Salpetersäure kommen, ohne den Umweg über Ammoniak machen zu müssen und daß sie direkt von Luft ausgehen können. In Deutschland haben sie, wie wir weiter unten sehen werden, im Kriege nur geringe Bedeutung erlangt, da bei ihnen eben der Preis der elektrischen Energie die ausschlaggebende Rolle spielt. Auch in Zukunft können sie nur an Orten mit sehr billiger Wasserkraft, in Deutschland also vielleicht in Oberbayern, bodenständig bleiben oder werden.

Das *Haber-Bosch*-Verfahren, in dessen wirtschaftliche Besprechung die vorstehende Erörterung über die Rentabilitätsfragen eingeschoben war, bringt seinen Ausgangsmaterialien eine bedeutende Wertsteigerung. Nach dem deutschen Verkaufspreis 1913 entspricht 1 kg NH_3 im Ammonsulfat einem Wert von 112 Pfg., während nach einer der ersten Veröffentlichungen der *BASF* das zu seiner Bildung nötige Wasserstoffgas (0,176 kg Wasserstoff = 1,96 cbm) vielleicht 17,5 Pfg., der Stickstoff etwa (0,823 kg Stickstoff = 0,66 cbm) 2,5 Pfg. kostet. Letzterer Preis erscheint übrigens ziemlich hoch.

Parsons, dessen Untersuchungen über die verschiedenen synthetischen Prozesse auf zuverlässigen Quellen beruhen, hebt hervor, daß das *Haber-Bosch*-Verfahren sicher der billigste Prozeß zur synthetischen Gewinnung von Ammoniak ist, da er im ganzen nur wenig Kraft erfordert, also von billiger Energie unabhängig ist. Sein Kohlenbedarf ist dafür größer als der des Kalkstickstoffverfahrens. *Parsons* gibt, gleichlautend mit dem Wert obiger Tabelle, an anderer Stelle einen Gestehungspreis von etwa 4 Cents pro Pfund, also rund 33 Pfg. pro kg reines, wasserfreies, verflüssigtes Ammoniak unter den Verhältnissen der Vorkriegszeit an. Die Apparatur der *Haber-Bosch*-Synthese ist natürlich trotz vorzüglicher Durchbildung infolge ihrer Eigenart ziemlich empfindlich und bedarf häufigerer Reparatur und Überholung. *Parsons* bringt in seinen Kalkulationen 20 Proz. der Baukosten für Reparaturen, Zinsen und Abnutzung als Amortisation beim *Haber-Bosch*-Verfahren in Anrechnung und *McConnell* nimmt bei Besprechung der Oppauer Fabrik an, daß eine solche Anlage in normalen Zeiten, die auch *Parsons* voraussetzt, $^1/_{10}$ des Jahres zu Reparaturen gänzlich stilliegen müßte. Die mit der Länge der Betriebsdauer sich mehrenden Reparaturen bedingten wohl namentlich bei Kriegserweiterungen bzw. Kriegsneuanlagen jenes starke Emporschnellen der Selbstkostenpreise, wie es die Tabelle zum Ausdruck bringt. *W. A. Dyes* kritisiert in seinem Werk „Weltwirtschaftschemie" (1921) die deutsche Stickstoffindustrie, namentlich aber die Kalkstickstoffverfahren sehr scharf (S. XLIII, 126, 587ff.).

Der Ausbau des Oppauer Werkes wurde durch Kapitalaufnahme innerhalb des Anilinkonzerns gefördert, indem zunächst die Firmen des alten Dreiverbandes (*BASF* und *Fr. Bayer & Co.* je 54 Mill.; *Agfa* 19,8 Mill.) ihr Kapital erhöhten (1915/16). Im Jahre 1916 kam dann die erweiterte Interessengemeinschaft zustande, bei welcher der zweite Dreiverband (*Höchster Farbwerke, Leopold Cassella & Co.*; *Kalle & Co.*) sowie die Firma *Weiler-ter Meer* in Ürdingen zum Teil auch unter Kapitalserhöhungen (z. B. bei Höchst) in den Ring eintraten. Dem alten Anilinkonzern der *BASF* usw. blieb einerseits als Reserverecht, daß von der allgemeinen Verteilung ausgeschlossen war, das Gebiet der Ammoniaksynthese nach *Haber* und der Gruppe Höchst usw. andererseits die Herstellung von Kalkstickstoff, Calciumcarbid, Carbid-Essigsäure usw. Die *Chem. Fabr. Griesheim-Elektron*, die 1917 der erweiterten I.-G. beitrat, behielt sich ebenso für manche ihrer Produkte gewisse Sonderrechte vor. Im Jahre 1917 wurden abermals starke Kapitalserhöhungen vorgenommen, die bei der *BASF*, Leverkusen und Höchst je 36 Mill. Mk. (Kapital jetzt je 90 Mill. Mk.), bei der Agfa 13,2 Mill. Mk. (= 33 Mill. Mk.), bei Griesheim 9 Mill. Mk. (= 25 Mill. Mk.), bei Leop. Cassella 15 Mill. Mk. (= 45 Mill. Mk.) und bei Weiler-ter Meer 2,4 Mill. Mk. (= 10,4 Mill. Mk.) ausmachten. Die geschilderte Kapitaltransaktion wurde durch jene vom Jahre 1919 weitaus in den Schatten gestellt. Diese wurde einmal aus dem Bestreben heraus vorgenommen, dem Eindringen des Auslandes entgegenzutreten, ferner mit der herrschenden Geldentwertung Schritt zu halten und dann die nötigen Mittel aufzubringen, den begonnenen Ausbau der Stickstoffindustrie selbst ohne Beteiligung des Reiches zu vollenden und diese Unternehmungen (Oppau und Leuna), in denen bisher mehrere hundert Millionen Mark der I.-G. stecken, zu konsolidieren. Die Ausgabe von Vorzugsaktien mit erhöhtem Stimmrecht war eine reine Kampfmaßnahme gegen das Eindringen ausländischen Geldes, das die Aktienmajorität an sich zu reißen drohte. Die Stammaktien-Neuauflage brachte nach folgendem Verteilungsschema insgesamt 378,4 Mill. Mk. an neuen Mitteln (Zahlen in Mill. Mk.):

	Seitheriges Kapital	Neue Stammakt'en	Neue Vorzugsaktien	Neues Gesamtkapital	1916: Anleihen
Höchst	90	90	72	252	8,74
BASF	90	90	72	252	21,11
Leverkusen	90	90	72	252	25,00
Agfa	33	33	26,4	92,4	7,82
Griesheim	25	20	18	63	4,88
Weiler-ter Mer . . .	10,4	10,4	8,3	29,1	2,56
				Kalle & Co.	3,75
Leop. Cassella . . .	45	45	36	126	10,00
Mill. Mk.	383,4	378,4	304,7	1066,5	83,86

Abgesehen einmal von der rein geschäftlichen Seite dieser riesigen Kapitalaufnahme, liegt in den Zahlen auch ein ideeller Wert. Sie verkörpern das Zutrauen der deutschen chemischen Großindustrie zum finanziellen und technischen Enderfolg der *Haber-Bosch*schen Ammoniaksynthese. Mit dem Perfektwerden der Kapitaltransaktion fielen auch die Reservatrechte innerhalb der I.-G. fort. Der alte Dreiverband der *BASF* gab mit Wirkung vom 1. Januar 1919 seine Sonderrechte an der *Haber*-Synthese auf und die Höchste Gruppe opferte ihr Anrecht auf die Fabrikation von Kalkstickstoff usw., die gegenüber dem *Haber-Bosch*-Verfahren schon lange stark geschmälert war.

Die Sonderansprüche Griesheims liefen erst Ende 1919 ab. Dem wachsenden Kapitalbedürfnis der genannten Großfirmen dienten neben der Vergrößerung ihres Aktienkapitals auch die Neuauflegung von Obligationsanleihen (z. B. *BASF* 50 Mill. $4^{1}/_{2}$ Proz. Anleihe, 1919). Die Firma Leopold Cassella erhöhte übrigens ihr Kapital 1920 um weitere 68 Mill. Mk. auf insgesamt 194 Mill. Mk.

Die tatsächliche Erzeugung des Oppauer Werkes war 1913: 4000 t Stickstoff entsprechend 20 000 t Ammonsulfat. Es sollte bis auf 30 000 t Stickstoff (Höchstjahresleistung entsprechend 150 000 t Ammonsulfat) ausgebaut werden. Infolge der Anforderungen des inzwischen ausgebrochenen Krieges verdoppelte man die Leistung und erhöhte sie später noch weiter. 1918/19 betrug die Produktion in Oppau rund 70 000 t (66 700 t tatsächlich) gebundenen Stickstoffs. Für das Kalenderjahr 1917 wird die gesamte deutsche Erzeugung auf 100 000 t Stickstoff nach *Haber* geschätzt. Da nun damals Leuna-Merseburg noch nicht entscheidend ins Gewicht fiel, dürfte der Hauptanteil an dieser Menge auf Oppau kommen. Ausländische Quellen geben die Baukosten des Oppauer Unternehmens, wie bereits erwähnt, zu 5 bis 10 Mill. Pfd. Sterl. oder 75 Mill. Doll., die Zahl der Arbeiter zu 1500, der Handwerker zu 3000, der kaufmännischen Beamten zu 350, der technischen (Ingenieure, Chemiker usw.) zu 300 und den täglichen Brennstoffverbrauch bei rund 250 t NH_3 Tagesproduktion zu 1750 t Braunkohle und 500 t Koks an. Nach völligem Ausbau[1] — derselbe sollte planmäßig schon Ende 1919 vollendet sein — wird Oppau rund 100 000 t N pro Jahr leisten.

War somit der Anteil des *Haber*schen Ammoniaks der *BASF* an der Stickstoffdeckung Deutschlands, die für 1916 amtlich auf 400 000 t Stickstoff beziffert wurde, bereits sehr erheblich, so genügte die Gesamtmenge doch bei weitem noch nicht, um den außerordentlichen Ansprüchen des sog. H i n d e n - b u r g - P r o g r a m m s vom Jahre 1916 gerecht zu werden. Man begann sich also mit dem Plan zu befassen, eine neue große Fabrik nach dem *Haber-Bosch*-Verfahren anzulegen. Eine noch weitere Vergrößerung der Oppauer Anlage wäre schon aus kriegstechnischen Gründen unangebracht gewesen, denn Oppau lag durchaus im Wirkungsbereich feindlicher Flieger und ist von ihnen wiederholt trotz schärfster Gegenwehr mehr oder weniger erfolgreich angegriffen worden. Wenn auch in solchen gefahrdrohenden Krisen die Kalkstickstoffwerke als Lieferanten für Munitionsstickstoff einspringen konnten, so war dem allgemeinen Wohl infolge der dadurch bedingten Verkleinerung der Kalkstickstoffproduktion für die Landwirtschaft doch sicherlich wenig mit diesem Austausch gedient. Der Wunsch, ein nach dem *Haber-Bosch*-Verfahren arbeitendes leistungsfähiges Werk im deutschen Binnenlande zu haben und sich hierbei der unvergleichlich preiswerten mitteldeutschen Braunkohle zu bedienen, nahm also um so festere Formen an, als man trotz der ungeheuren Anforderungen der Munitionsindustrie die Stickstoffversorgung der Landwirtschaft, der für das Erntejahr 1916/17 100 000 t N (rund 50 Proz. ihres Friedensbedarfs 1913 oder 100 Proz. ihres Bedarfs v. J. 1909) zur Verfügung

---

[1] Verzögert durch die Katastrophe von 1921, die u. a. auch neuen erheblichen Kapitalbedarf der I.-G. nach sich zog.

standen, mit aller Energie bessern wollte. Oppau hatte auf die Herstellung von Ammonsulfat inzwischen so gut wie gänzlich verzichtet, wenigstens werden für 1916/17 als Hauptprodukte nur Ammonnitrat, Natriumnitrat, Salpetersäure und flüssiges Ammoniak angegeben. In Mitteldeutschland bot sich aber eher Gelegenheit, den z. B. am Südharz in mächtigen Mengen vorkommenden Gips zur Fabrikation dieses wichtigen Düngesalzes unter Umgehung der knappen Schwefelsäure auszunutzen. Ende Mai 1916 beschloß die *BASF* die Erbauung eines neuen großen Stickstoffwerkes unweit Merseburg - Corbetha (bei Halle a. S.) auf einem Gelände von rund 6×1 km Größe. Für den Ausbau dieser Anlage sind vom Reich mehrere hundert Millionen Mark zugeschossen worden, die in Gestalt von Abgaben von der ein bestimmtes Jahresquantum übersteigenden Produktion zu verzinsen und abzutragen sind. Um die Braunkohlenversorgung der riesigen Neugründungen sicherzustellen, erwarb die *BASF* nicht nur die Felder und Rechte der Wallendorfer Kohlenwerke, sondern auch ein fertiges Werk, die Dörstewitz-Rattmannsdorfer Braunkohlen A.-G., durch Erwerb ihres ganzen Aktienkapitals allerdings zu sehr hohen Kursen (Wallendorf 400 Proz., Dörstewitz-Rattmannsdorf 300 Proz.). Das Werk Dörstewitz-Rattmannsdorf konnte es trotz langjährigen Bestehens nie auf lohnende Ausbeute bringen, so daß hier, wie im Falle Wallendorf (20 Mill. Mk. für 5 Mill. Aktienkapital), die Abfindung recht beträchtlich erscheint. Das neue Werk (,,*Ammoniakwerk Merseburg*'' oder ,,*Leuna-Werk*'' nach dem Dörfchen Leuna) ist anfangs · nur für 30 000 t N, dann für weitere 100 000 t und schließlich nochmals für 70 000 t, also zusammen 200 000 t N jährlich, in Aussicht genommen. Der Bau wurde derart gefördert, daß man bereits im Frühsommer 1917 Ammoniak erzeugen konnte. Durch Angliederung eigener Gipsbrüche bei Niedersachswerfen am südlichen Harzrand unweit Nordhausen wurde die Versorgung mit Gips für Zwecke der Ammonsulfatherstellung gesichert. Im Jahre 1918 betrug die durchschnittliche Tagesleistung in Leuna 400 t NH_3 oder rund 330 t N, entsprechend etwa 110 000 t N pro Jahr.

Die Wendung in der militärischen Lage Deutschlands und der politische Umsturz im Spätherbst 1918 wurde von verhängnisvollstem Einfluß auf das Arbeiten der Stickstoffindustrie. Bereits Ende November 1918 kam Oppau infolge Kohlenmangels zum Erliegen (bis Juni 1919) und auch der Betrieb in Merseburg-Leuna wurde seit Dezember 1918 durch Streiks und Kohlenmangel gestört und wiederholt unterbrochen. Die Betriebslage gestaltete sich erst allmählich wieder günstiger: Ende Mai 1919 produzierte Leuna täglich 200 t N in Form von konz. Ammoniakwasser, doch war es an der Vollausnutzung seiner Anlagen zum Teil durch die Fabrikationsschwierigkeiten seiner Großabnehmer (Agfa, Höchst, Griesheim, Piesteritz usw.) gehindert. Die Gips-Ammonsulfatanlage hatte anfängliche Betriebsschwierigkeiten zu überwinden, ehe sie in regelmäßigen Gang kam. Anfang Mai 1919 gewann sie rund 50 t pro Tag, im Juli 1919 etwa 200 t pro Tag, doch soll ihre Leistung auf rund 1000 t Sulfat pro Tag = 30 000 t Sulfat pro Monat (= ca. 6000 t N) vergrößert werden. Im großen und ganzen war die 1919 erzielte Stickstoffproduktion im Vergleich zur wirklichen Leistungsfähigkeit aus Gründen äußerer Natur recht kläglich: an die deutsche Landwirtschaft konnten, trotz der überhaupt verschwundenen Sprengstoffindustrie, zwischen 1. Mai 1918 und 31. Oktober 1919 nur 54 400 t N (1. Mai 1917 bis 30. April 1918: 92 334 t N) abgeliefert werden.

Der völlige Ausbau des Merseburger Werkes sollte 1921 beendet sein, dann sollen Oppau und Leuna 300 000 t N pro Jahr erzeugen; heute beträgt ihre Höchstleistungsmöglichkeit rund 200 000 t N pro Jahr. Nach endgültiger Fertigstellung sind über 1000 Mill. Mk. in den beiden Stickstoffanlagen investiert.

Die Belegschaft in Leuna beträgt heute ungefähr 10 000 Arbeiter und 10 000 Bauhandwerker. Durch die Gründung der Leunawerke hat die Industrialisierung des Merseburger Landstriches einen kräftigen Impuls erfahren: 1914 betrug die Belegschaft der Braunkohlengruben des Geiseltals 2464 und 1920: 12 860 Mann. Ende 1920 sind die Ammoniakwerke Oppau und Leuna aus der *BASF* bzw. der I.-G. herausgenommen worden und bilden nun mit 500 Mill. Mk. Kapital eine neue, selbständige G. m. b. H., die in Ludwigshafen beheimatet ist. Die Anteile sind von den acht I.-G.-Firmen nach der Höhe ihrer Quote übernommen worden: auf die *BASF* entfallen z. B. 125 095 000 Mk. Stammeinlage (außerordentliche Gen.-Vers. am 27. Nov. 1920 in Mannheim). Die Auslandspatente, auch das *Haber-Bosch*Verfahren, sind nicht mit in die G. m. b. H. übergegangen, sondern, wie bisher, Reservat der alten I.-G. Ludwigshafen-Leverkusen-Treptow geblieben. Auch die Anlage Knapsack steht außerhalb der neuen G. m. b. H. Die Merseburger Braunkohleninteressen sind wohl zum Teil übernommen worden. Leuna wird auf 200 000 t Stickstoff pro Jahr und Oppau planmäßig auf 100 000 t gebracht bzw. gehalten. Der Anilinkonzern selbst ist bis 31. Dezember 1999 verlängert.

Der enge Zusammenhang zwischen Höchst und der *BASF* kommt übrigens auch dadurch zum Ausdruck, daß Höchst mit 2,81 Mill. Mk. am Erwerb der Gewerkschaft Elise II beteiligt ist, die 1916 aus den Händen der Werschen-Weißenfelser Braunkohlen A.-G. für 9 bis 10 Mill. Mk. an die *BASF* überging. Nächst Ausbaues der Ammonsulfaterzeugung in Oppau und Leuna läßt sich die *BASF* die Herstellung von Ammoniakoxydationsprodukten (in Oppau und auf anderen Werken der I.-G.), zahlreichen Sorten von Mischdüngern (z. B. Kaliammonsalpeter, Ammonsulfatsalpeter), Salmiak, Harnstoffderivaten usw. angelegen sein. Um den Widerstand der Landwirte gegenüber den neuen Stickstoffdüngemitteln zu beseitigen, errichtete die *BASF* 1920 mehrere landwirtschaftliche Beratungsstellen.

Für die Beurteilung des *Haber-Bosch*-Verfahrens sind gelegentliche Mitteilungen interessant, die sich in ausländischen Zeitschriften finden. Eine französische Kommission berichtet, man habe ihr bei der Besichtigung der Anlage Oppau folgendes entgegengehalten: „Wenn sie die Anlagen sähen, würden sie nicht imstande sein, sie nachzumachen, und selbst wenn sie sie erbaut hätten, würden sie sie nicht betreiben können." Auch *R. E. Mc. Connell* und *Edw. C. Worden* erkennen die Überlegenheit des deutschen *Haber-Bosch*-Verfahrens an. Der Vorsitzende der englischen Nitrogen Products and Carbide Company glaubt, daß es unwahrscheinlich sei, daß das Verfahren sich wesentlich über Deutschland hinaus verbreite. Die Benutzung der kostspieligen und verwickelten Anlage setze sehr hohe technische Geschicklichkeit voraus. Außerdem wird das Verfahren stets von dem Schwanken der Kohlenpreise beeinflußt werden. Das amerikanische Verfahren der *General Chemical Co.*, das nach ähnlichen Prinzipien arbeiten wollte, hat Fiasko gemacht, und die Lebenskraft des französischen *Claude*-Prozesses kann zunächst auch nicht als günstig angesehen werden.

Kalkstickstoff- und *Haber-Bosch*-Verfahren liefern, wie Kokerei- und Gasindustrie, wohl Ammoniak, aber keine Salpetersäure. Als daher mit Kriegsausbruch der Bedarf an dieser und an Nitraten sprunghaft stieg, war man plötzlich vor die Notwendigkeit gestellt, Salpetersäure synthetisch herstellen zu müssen. Da die Kraftpreise die Anwendung der direkten Verfahren zur Verbrennung des Luftstickstoffs in Deutschland untunlich erscheinen ließen, wandte sich das ganze Interesse der Ammoniakoxydation zu. Hier war man weit entfernt von irgendwelchen großindustriellen Erfahrungen, gab es doch in Deutschland nur eine unbedeutende Anlage auf der Zeche Lothringen bei Gerthe in Westfalen, die Ammoniak verbrannte. In dem für den Krieg völlig unvorbereiteten Lande bestanden keinerlei Beziehungen zwischen Kriegsministerium oder Feldzeugmeisterei und den bescheidenen Anfängen der Stickstoffindustrie, waren doch den Behörden selbst die Namen der Anlagen Oppau und Gerthe gänzlich unbekannt geblieben! Es mußte also die ganze Industrie von Grund aus neu aufgebaut werden, um den sich ständig steigernden Ansprüchen der Kriegsführung genügen zu können.

Der Elsässer *Kuhlmann* veröffentlichte 1839 als erster [1] eine Arbeit über die Oxydation des Ammoniaks zu Salpetersäure mit Platin als Katalysator. Später nahm *W. Ostwald* in Leipzig diese Versuche wieder auf, die 1901 auf dem Gelände Königswusterhausen der Zentralstelle für wissenschaftlich-technische Untersuchungen, Neubabelsberg, zuerst im technischen Maßstabe ausgeführt worden sind. Im Jahre 1905/06 nahm die Gewerkschaft des Steinkohlenbergwerkes Lothringen in Gerthe bei Bochum in Westfalen, mit *W. Ostwald* Fühlung, um einschlägige Oxydationsversuche mit ihrem Kokereiammoniak auszuführen. Die erste Fabrikanlage ist hier 1908 in Betrieb genommen. *W. Ostwald* arbeitete sein Verfahren in Gemeinschaft mit *E. Brauer* inzwischen weiter durch. In Frankreich, England, der Schweiz, Amerika usw. wurden ihm die nachgesuchten Patente erteilt, während das deutsche Patentamt wegen der *Kuhlmann*schen Vorveröffentlichung die Gewährung eines Schutzrechtes ablehnte. Daher wurde der *Ostwald*-Prozeß in Deutschland als Geheimverfahren ausgeübt. 1910 wurde das Verfahren nach *Vilvorde* in Belgien verpflanzt, wo es 1912 in Betrieb kam. *Ostwald* und *Brauer* richteten ferner eine Versuchsanlage für die Chemische Fabrik Griesheim - Elektron ein. Einzelheiten des Laboratoriumverfahrens sind

---

[1] Ann. de chimie **29**, 281. 1839.

außerdem den Höchster Farbwerken mitgeteilt worden. Ausführliche technische Angaben wurden mit allen Konstruktionseinzelheiten weiterhin der *Berlin-Anhaltischen Maschinenbau A.-G.* übermittelt, von der ein Vertreter den Betrieb in Gerthe einige Tage hindurch beobachtete. Gewisse Mitteilungen sind auch an Interessentenkreise in Frankreich und in den Ver. Staaten von Nordamerika gegeben worden, welche die Gerther Anlage in Bau und Betrieb besichtigt haben. An der großen Entwicklung der Oxydationsverfahren im Kriege haben weder *Ostwald* noch *Brauer* irgendwelchen Anteil gehabt. Die englische *Nitrogen Products · and Carbide Co.* erwarb das *Ostwald*-Verfahren vor dem Kriege für 7,39 Mill. Mk.

Die Ablehnung, welche das Verfahren in der Friedenszeit trotz aller Bemühungen, es einzuführen, erfuhr, ist im wesentlichen auf die damals recht kleine Preisspanne des Stickstoffs im Ammoniak und in der Salpetersäure zurückzuführen. In Deutschland hatte damals einzig die Gewerkschaft Zeche Lothringen unter Verwendung ihres eigenen Kokereiammoniaks eine Basis für die Finanzierung neuer Anlagen gefunden. Daß auch noch andere Gründe (z. B. Landesverteidigung) für die Ausbildung dieses eminent wichtigen Verfahrens vorliegen könnten, ist trotz der mannigfachen Veröffentlichungen und Hinweise von *W. Ostwald*[1] vor dem Kriege leider nicht Allgemeingut entsprechender Stellen in Verwaltung und Technik gewesen. Das *Ostwald*-Verfahren ist auch auf den vorm. Erzherzoglich Friedrichschen Werken in Österreich-Schlesien ausprobiert worden.

Es bleibt das Verdienst des verstorbenen *E. Fischer* in Berlin, zuerst auf die Schwierigkeit der Salpeterdeckung während des Krieges hingewiesen zu haben. Er machte die amtlichen Stellen Deutschlands auf das Vorhandensein der Anlage Gerthe aufmerksam, von der er, laut Mitteilung an Direktor *P. Hilgenstock* von der Gewerkschaft Lothringen unter dem 28. September 1914, übrigens auch nur zufällig Kenntnis erhalten hatte. Erst auf seine Anregung begann der Staat mit der Zeche Lothringen engere Fühlung zu nehmen, da man vorher weder im Generalstab, noch im Kriegsministerium oder in der Feldzeugmeisterei dieser Frage eine derartig einschneidende Bedeutung beigelegt hatte, wie sie ihr tatsächlich zukam. Von einer wirtschaftlichen Kriegsrüstung Deutschlands auf diesen wie auf anderen Gebieten konnte um so weniger die Rede sein, weil man von einer schnellen Beendigung des Krieges durchaus überzeugt war. Man dachte, wie bereits angedeutet wurde, anfänglich an die Einrichtung gewaltiger Anlagen zur Herstellung von Kalksalpeter in der Hochspannungsflamme. Erst auf den Einwand der Fachleute, welche die Unmöglichkeit der Energiebeschaffung sowie die technischen und die Materialschwierigkeiten hervorhoben, ließ man diesen Plan fallen. Es bestand dann weiterhin die Absicht, die ersten Oxydationsanlagen auf die Erzeugung von hochkonzentrierter Salpetersäure einzustellen Die Gewerkschaft Lothringen hat vor der Beschreitung dieses Weges ein-

---

[1] z. B. Zeitschr. d. Ver. deutsch. Ing. 1903; Chem.-Ztg. 1903, S. 457; Berg- u. Hüttenmänn. Rundschau **3**, 71 (1906); Schwäbischer Merkur 1908; s. a. *Schmidt* und *Böcker*, Berichte d. deutsch. chem. Ges. 1906, S. 1366.

dringlich gewarnt und die viel sicheren Methoden der Herstellung von Kunstsalpeter und Ammonnitrat empfohlen, die sich dann auch ausgezeichnet bewährt haben.

Die Anlage Gerthe verarbeitete zunächst nur 25 t Ammoniakgas pro Monat und erzeugte daraus 150 t Salpetersäure von 36° Bé (52,8 Proz. HNO_3), was einer mittleren Ausbeute von rund 83 Proz. entspricht. In Gemeinschaft mit der Gewerkschaft Lothringen hat das Deutsche Reich im Kriege eine G. m. b. H. unter der Firma *Chemische Werke Lothringen G. m. b. H.* in Gerthe (Westfalen) ins Leben gerufen. Von dem 10 Mill. Mk. betragenen Kapital hat das Reich die Hälfte übernommen und hat außerdem der Gesellschaft mehrere Darlehen gewährt. Bereits Ende 1917 verarbeitete Gerthe täglich 40 Kesselwagen Ammoniakwasser der Kokereien mit 16 bis 18 Proz. NH_3 (= 100 t NH_3) und erzeugte daraus rund 160 t Kunstsalpeter und 100 t Ammonsalpeter. Aus diesen Zahlen errechnet sich eine Gesamtstickstoffausbeute von etwa 74,6 Proz. Die Gewerkschaft Lothringen ist 1920/21 in eine Aktiengesellschaft mit 75 Mill. Mk. Kapital umgewandelt worden, da die Gewerkschaftsform für ein derartig großes Unternehmen zu schwerfällig und nicht mehr zeitgemäß war. Die Umwandlung erfolgte in der Weise, daß die Firma der Bergbau A.-G. Mark, deren Aktien sich sämtlich im Besitze von Lothringen befinden, in „Bergbau A.-G. Lothringen" geändert wurde (1. Januar 1921). Mit Wirkung vom 1. Januar 1921 ab haben die Bergbau A.-G. Lothringen, die Firma *Henschel & Sohn* in Kassel und die *Essener Steinkohlen-Bergwerke A.-G.* eine 50jährige I.-G. geschlossen, die zur späteren Fusion führen soll. Der Sitz der „Henschel-Lothringen-Steinkohlen-Vereinigung" ist Bochum. „Lothringen" förderte 1919: 652 375 t und 1920: 826 106 t Steinkohlen und erzeugte 237 596 bzw. 268 242 t Koks (Bericht in der außerordentlichen Gewerkenversammlung 1921).

Während *Ostwald-Brauer* Platinbleche als Katalysatoren verwandten, schlug *K. Kaiser* zuerst die Anwendung von Platingaze war. Er errichtete im Jahre 1912 in Spandau eine Versuchsanlage und arbeitete dort mit Heißluftbeimischung. Die anfangs gefundenen hohen Ausbeuten, die zum Teil über 100 Proz. lagen, konnten letzten Endes auf Analysenungenauigkeiten zurückgeführt werden. Das Verfahren (vgl. D. R. P. 271 517), das 1912/13 auch wiederholt englischen, französischen und amerikanischen Interessenten vorgeführt wurde, hat größere Verbreitung nicht erlangen können. Auf Grund analytischer Feststellungen rechnete *Kaiser* mit 95 bis 97 Proz. Normalausbeute im Verbrennungselement.

Für die Schaffung von Groß-Kriegsanlagen zur Überführung von Ammoniak in Salpetersäure war das schwierig zu erhaltene Platin weitaus zu teuer. Die *BASF* nahm deshalb die älteren Versuche wieder auf, mit Eisenoxyd als Kontaktmasse zu arbeiten. Schon früher hatten sich die Untersuchungen der Elberfelder Farbenfabriken[1] (z. B. D. R. P. 168 272; Franz. Pat. 335 229), *D. Meneghinis*[2] u. a. in ähnlicher Richtung bewegt. Das Verfahren der

---

[1] Chem.-Ztg. 1904, S. 531.
[2] Chem.-Ztg. 1913, Repert. S. 378.

BASF, das durch Beimischung von Wismutoxyd charakterisiert ist, arbeitet mit besseren Ausbeuten und bedeutet deshalb einen großen Fortschritt. Es war bereits vor dem Kriege im kleinen erprobt. Im September 1914 begannen die technischen Großversuche, die im Frühjahr 1915 zur Einrichtung der Fabrikation führten. Oppau war die erste Anlage, welche das neue Verfahren aufnahm und 1918 100 t (als 100 proz.) Salpetersäure pro Tag danach erzeugen konnte. Die Leistungsfähigkeit der Oppauer Anlage wird für Kriegsende zu 200 t Salpetersäure täglich angegeben.

Bald nach Anfang des Krieges begann auch die Interessennahme der *Frank-Caro*-Gruppe an der Ammoniakoxydation. *Frank* und *Caro* hatten in ihrem D. R. P. 224 329 die Oxyde der seltenen Erden, namentlich des Thors und Cers als Katalysatoren vorgeschlagen, jetzt wandten auch sie sich den Platinkontaktmethoden zu. Bezüglich der ersten Verhandlungen lasse ich *Charles L. Parsons*[1] das Wort:

„They gathered together near Berlin some of the best chemical engineers of Germany and of the Scandinavian countries. Fortunately, *W. S. Landis*, a representative of the American Cyanamide Company, was also present. He obtained much important information and secured autoclaves and other machinery which, in spite of great difficulty, he succeeded in bringing to this country (U. S. A.). During the early part of 1915 he installed these autoclaves in an American munitions plant.“

Das *Frank-Caro*-System arbeitet mit Platingazekontakt; nach ihm wird von der *Berlin-Anhaltischen Maschinenbau A.-G.* (Bamag) in Berlin gebaut, die vorher (s. oben) mit dem *Ostwald*schen Verfahren der Zeche Lothringen in Verbindung gestanden hatte. Ende 1915 hatte die Bamag bereits 30 Anlagen mit mehr als 100 000 t Leistung (an Salpetersäure) im Bau oder fertiggestellt, die sich nach den Angaben von *Parsons* wie folgt verteilten (Stand 1915):

Fertige Anlagen: Jahreskapazität 12 Mill. kg NH_3,
Geplante   „   „   17 „   „   „ .

Das *Frank-Caro-Bamag*-Verfahren war zuerst an ganz kleinen Einheiten in Schwefelsäurefabriken (zur Oxydation in den Bleikammern) ausgebildet worden, ehe es in die eigentliche Stickstoffindustrie übertragen wurde. *Schuphaus*[2] machte darüber an Hand von genauen Zeichnungen derartig detaillierte Angaben, daß das Ausland dadurch über alle Einzelheiten des hochwichtigen Verfahrens unterrichtet wurde und das Versagen der deutschen Zensur völlig unerklärlich fand: „It is hard to conceive how the German government could have allowed the publication of this article!“

Die Farbenfabriken vorm. Fr. Bayer & Co. in Leverkusen arbeiten nach dem Eisenkontaktverfahren. Sie stellten monatlich 6000 bis 7000 t Kunstsalpeter oder bzw. und 1000 bis 1500 t Salpetersäure von 40 bis höchstens 47 Proz. Stärke her. Die Farbwerke vorm. Meister Lucius & Brüning in Höchst arbeiten mit Platinkatalysator und erzeugten monatlich bis 8000 t Salpetersäure (auf 100 proz. Säure bezogen). Die Höchster Farbwerke bauten ihre

---

[1] J. Ind. Eng. Chem. **11**, Nr. 6, 1. Juni 1919, S. 541—552.
[2] Metall u. Erz [2] **13**, 22 (1916).

Methode auf den Erfahrungen von *Ostwald* (s. oben) in Gersthofen zum Groß-verfahren aus. Die A.-G. für Anilinfabrikation in Berlin-Treptow bzw. Bitter-feld-Wolfen benutzt Eisenoxydmassen, während die Chem. Fabrik Gries-heim-Elektron, die ja auch früher mit *Ostwald* (s. oben) in Verbindung gestanden hatte, Platinkontakt verwendet. Ein ganz neuartiges Element ist das *Manfried*-Element von *Siegfried Barth* in Düsseldorf. Die außer Platin und Eisenoxyd bisher vorgeschlagenen Kontaktmassen haben sich ausnahmslos im großen nicht bewähren können.

Ist die Kondensation der verdünnten nitrosen Gase für die Ammoniak-verbrennungsverfahren bereits ungeheuer wichtig, so kommt diesem Problem, das eine Zeitlang das Fortbestehen der Verfahren ernstlich in Frage zu stellen schien, für die Lichtbogenprozesse noch stärker gesteigerte Bedeutung zu.

Sämtliche Lichtbogenverfahren gehen letzten Endes auf die alte Beobachtung von *Cavendish* (1781/84) zurück, daß der die Luft durchschlagene elektrische Funken Salpetersäure oder wenigstens Stickoxyde erzeugt. *A. Neu-burger*[1] hat über die Vorgeschichte dieser Methoden wichtige Zusammen-stellungen veröffentlicht. Der Ruhm, zuerst an eine technische Ausnutzung der *Cavendish*schen Beobachtung gedacht zu haben, gebührt der *Madame Lefebre* in Paris, die im Jahre 1859, dem Geiste ihrer Zeit weit voran, das Engl. Pat. 1045 („Manufacture of Nitric acid") anmeldete. *Madame Lefebre* benutzte einen Apparat, der dem von *Muthmann* und *Hofer*[2] ähnelt; sie erkannte eine Beimischung von Sauerstoff als vorteilhaft. Ihrer Patentschrift ist ein Plan zu einer fabrikmäßigen Anlage beigegeben. Der Gedanke konnte damals natürlich noch nicht verwirklicht werden, weil die Elektrotechnik noch völlig in den Kinderschuhen steckte, er bleibt aber im Sinne *Ben Akibas* interessant, weil er bereits die Richtlinien enthält, auf denen die glückliche Lösung des Problems beruht. Die erste technische Anlage war die der *Atmos-pheric Products Co.* in Jersey City N. Y., welche nach dem Vorschlag von *Bradley* und *Lovejoy* 1902 errichtet worden ist, aber bald wieder außer Betrieb kam. Mehr Erfolg war den Arbeiten der norwegischen Erfinder *Birkeland* und *Eyde* beschieden, die seit 1903 die einschlägigen Verhältnisse studierten. Wir wissen aus *O. N. Witts*[3] inhaltsreichem Vortrag über das Verfahren, daß sich der Versuchsbetrieb Ankerlökken bei Christiania und die spätere größere Versuchsanlage Vasmoen bei Arendal derartig bewährten, daß bereits am 2. Mai 1905 der Fabrikbetrieb Notodden eröffnet werden konnte, der später um das Rjukanwerk vergrößert wurde.

Inzwischen hatten auch die deutschen Großfirmen sich mit dem Salpeter-säureproblem näher beschäftigt. Auf Anregung ihres weitblickenden Leiters *H. v. Brunck* begannen Ende der 90er Jahre des vorigen Jahrhunderts die

---

[1] Zeitschr. f. angew. Chem. 1905, S. 1850.
[2] Berichte d. deutsch. chem. Ges. **36**, 438 (1903).
[3] Chem. Ind. 1905, S. 699—707.

Versuche der *BASF*, bei denen *Schönherr*[1] im Jahre 1905 sein Verfahren auffand, das zunächst in Ludwigshafen mit 300 KW ausprobiert und dann auf die größere (1300 KW) Versuchsfabrik in Kristianssand in Südnorwegen übertragen wurde. Der dortige Betrieb begann im Herbst 1907. Bereits Ende 1906 war aber eine Vereinbarung zwischen der *Norsk Hydroelektrisk Kvaelstof-Aktieselskab*, welche in Notodden das *Birkeland-Eyde*-Verfahren ausübt, einerseits und der durch die *BASF* repräsentierten I.-G. der drei größten deutschen Farbenfabriken (*BASF*, *Bayer & Co.*-Leverkusen und *Agfa*) andererseits zustandegekommen. Das *Rjukan*-Werk sollte gemeinsam ausgebaut werden, in dem sowohl das *Birkeland-Eyde* wie das *Schönherr*-Verfahren zur Anwendung gelangen sollte. Das Aktienkapital der Stickstoffunternehmen betrug 18 Mill. Kr., das der Kraftgesellschaft 16 Mill. Kr.; die eine Hälfte übernahm eine französisch-norwegische Gruppe und die andere der Konzern der deutschen Farbenfabriken im Verhältnis ihrer Quoten von 43 : 43 : 14. Wegen des Ausbaues der Ammoniaksynthese nach *Haber-Bosch* haben die norwegischen Beteiligungen an Interesse verloren. Bereits 1912 hat der Dreiverband des Anilinkonzerns die Verträge wieder gelöst und die Liquidation der norwegischen Beteiligungen nahezu restlos durchgeführt.

Während das Verfahren des Freiburger Physikers *Kowalski* und seines Mitarbeiters *Moscicki* für Deutschland keine Bedeutung erlangt hat, hat die Arbeitsweise von *Pauling* Großanwendung gefunden. Die *Salpetersäure-Industrie-Gesellschaft m. b. H.*-Gelsenkirchen erbaute die erste Anlage nach diesem System in Patsch bei Innsbruck, welche jetzt an die Elektrochemische Industrie G. m. b. H. in Köln verpachtet ist. Die Finanzinteressen dieser verschiedenen Gesellschaften sind in der *Internationalen Stickstoff A.-G.* in Wiesbaden vereinigt, die sich mit dem Ausbau des *Pauling*-Verfahrens befaßt. Die Anlage Patsch arbeitet günstig, dagegen hat sich die Unterbilanz der mit 2,068 Mill. Kapital ausgerüsteten Internationalen Stickstoff A.-G. trotz Sanierung von 932 301 Mk. im Jahre 1915 bis auf 986 900 Mk. im Jahre 1917 erhöht. Die Gesellschaft war auch für 1919/20 dividendenlos und hat inzwischen ihre Beteiligungen an der Elektrochemischen G. m. b. H. in Köln veräußert.

Die zwecks Ausgleichs der Spitzenbelastung auf dem Bahnkraftwerk Muldenstein bei Bitterfeld, Prov. Sachsen, eingerichtete *Pauling*-Anlage ist nur ganz kurze Zeit in Betrieb gewesen und dann stillgelegt worden, angeblich wegen zu hoher Betriebskosten. Ein neues *Pauling*-Werk soll in Oberbayern errichtet werden (s. unten).

Um der deutschen Salpetersäureknappheit während des Krieges zu steuern, gründeten die Allgemeine Elektrizitäts-Gesellschaft (A. E. G.) und die Chem. Fabr. Griesheim-Elektron im Jahre 1915 zwei Gesellschaften, die *Elektrosalpeterwerke A.-G.* in Berlin und die *Elektro-Nitrum A.-G.* in Rhina in Baden mit je 3 Mill. Mk. Kapital. Erstere hatten anfangs ihren Sitz in Zschornewitz bzw. Gräfenhainichen bei Bitterfeld. Ihr Werk lag in Zschornewitz und erhielt seinen Strom von den Elektrowerken A.-G. (Berlin) Zschorne-

---

[1] Elektrotechn. Zeitschr. 1909, Heft 16 u. 17.

witz-Golpa (bis 1914/15 unter der Firma: Braunkohlenwerk Golpa-Jeßnitz), welche pro Jahr 240 Mill. KW-Stunden liefern sollten und welche bekanntlich auch die Piesteritzer Werke und die Städte Berlin, Leipzig und Magdeburg versorgen. Die Stromlieferung an die Elektrosalpeterwerke begann im September 1916. Im Geschäftsjahr 1916/17 wurden bereits 53 382 708 KW-Stunden seitens der Elektrosalpeterwerke abgenommen. Die Fabrik wurde durch eine schwere Explosion am 18. Juni 1917 gegen 9 Uhr abends völlig zerstört und ist seitdem nicht wieder aufgebaut worden. Die *Elektro-Nitrum A.-G.* in Rhina i. B. an der Murg unweit Säckingen arbeitet dagegen nach dem gleichen (*Siebert-*) Verfahren — direkte Verflüssigung der gebildeten Stickoxyde — noch heute ohne Störung. Sie erzielte 1918 einen Rohbetriebsgewinn von 2 620 968 (1917: 2 076 646) Mk., durch den sich nach Abschreibung von 1 293 926 Mk. (1917: 1 432 951 Mk.) der Verlustvortrag von 569 987 auf 413 128 Mk. ermäßigte.

Patsch besitzt 15 000 PS, von denen anfänglich nur 6000 zur Herstellung von Salpetersäure Verwendung fanden, für Muldenstein waren 15 000 KW (Solleistung 6000 t etwa 50 proz. Salpetersäure pro Jahr) vorgesehen, und Rhina dürfte, ähnlich Zschornewitz, heute etwa 30 000 KW haben. Aus diesen Zahlen erhellt schon, wie sehr die Bedeutung der Lichtbogenverfahren in Deutschland gegenüber den anderen Methoden zurücktritt, ist doch gegenwärtig allein die Anlage Rhina in Betrieb (30 000 KW = 40 800 PS). Unter der Annahme sehr guter Ausbeuten verbraucht eine Lichtbogenanlage etwa 2,33 PS im Jahr auf die Tonne 35 proz. Salpetersäure, d. h. die gesamte deutsche Produktion an Lichtbogensalpetersäure dürfte nicht viel über 17 500 t 35 proz. Salpetersäure im Jahr (entsprechend rund 6125 t 100 proz. HNO_3 oder 1361 t N) betragen. Der Kraftverbrauch ist so ungünstig — *Ch. L. Parsons* gibt pro t Stickstoff in Form 96 proz. Salpetersäure bei Lichtbogenmethoden 10,8 PS, dagegen beim Kalkstickstoffverfahren oder dem *Haber-Bosch-*Prozeß einschl. Ammoniakoxydation nur 2,3 bzw. 0,3 PS an —, daß diese Methoden für Deutschland nur unter ganz besonderen Verhältnissen (Wasserkraft) wettbewerbsfähig sein können. Sie müssen ihr primäres Produkt, die verdünnte Salpetersäure, außerdem erst an irgendeine Basis binden, ehe sie es als Düngemittel auf den Markt bringen können, und nur diese Verwendung kommt für deutschen Großabsatz gegenwärtig in Frage. Neben Kalk- oder Norgesalpeter wird, da die Kunstsalpeterherstellung, solange sie von Soda ausgehen muß, widersinnig bleibt, lediglich die Absättigung mit Ammoniak zu Ammonnitrat bzw. diesem verwandten Mischdünger hier in Betracht kommen können. Der Vorteil der Ammoniakoxydation ist demgegenüber umso bedeutender, als Kokereiindustrie und *Haber-Bosch-*Verfahren große Mengen billigen Ausgangsmaterials liefern können. Wo aber letzteres genügend vorhanden ist, also z. B. in Deutschland, England und den Ver. Staaten von Nordamerika, da werden die Lichtbogenverfahren große Bedeutung kaum erlangen können. Für diese Länder ist die 1912/13 noch offene Frage, welche synthetische Salpetersäure die billigste ist, fast ausnahmslos zugunsten der Ammoniakoxydationsprodukte entschieden worden. Für Länder, die industriell vielleicht nicht so entwickelt sind, die wenig Kohlen, aber viel Wasserkraft oder sonstige billige Energie

(z. B. Erdgas usw.) haben, für diese sind die Lichtbogenverfahren (gleich dem Kalkstickstoff) die gewiesenen. *Parsons* errechnet für das Kilogramm gebundenen Stickstoffs beim Lichtbogenprozeß einen Friedens-Gestehungspreis von 71,4 Pfg. (im *Haber*-Ammoniak ca. 40 Pfg., im Kalkstickstoff etwa $51^{1}/_{4}$ Pfg.), wobei er für die Kraftanlage 420 Mk. pro PS in Anrechnung bringt und den Kraftpreis pro PS/Jahr auf 42 Mk. veranschlagt. Der an sich niedrige Gestehungspreis der verdünnten Salpetersäure wird bei den Lichtbogenprozessen durch die Schwierigkeit ihrer Konzentrierung oder ihres Transports bzw. durch den Zwang, sie in irgendeine geeignete Form zu bringen, sowie endlich durch den großen Kraftbedarf leider mehr als aufgehoben.

Von den übrigen Methoden der Luftstickstoffbindung verdient besonders das Verfahren von *F. Häusser* Beachtung (vgl. namentlich *O. Dobbelstein*, Glückauf 1912, S. 289—300), der bekanntlich Stickoxyde durch Explosion von Gasgemischen erzielen will. Das Verfahren ist im Werk Nürnberg der Maschinenfabrik Augsburg-Nürnberg ausprobiert und dann 1913 unter Mitwirkung der Kommanditgesellschaft *de Wendel & Co.* in Hayingen von der Deutschen Stickstoff G. m. b. H. in Dortmund auf die *Stickstoffwerke A.-G. Herringen* bei Hamm übertragen worden. Diese, die während des Krieges unter Zwangsverwaltung standen, beantragten bereits 1918 (Unterbilanz Ende März 1917: 396 157 Mk.) die Zusammenlegung ihrer Aktien (1 Mill. Mk.) im Verhältnis 5 : 1 und die Wiedererhöhung um 300 000 Mk. oder gegebenenfalls die Auflösung der Gesellschaft. Aus der Tatsache, daß seitdem nichts über weitere Ergebnisse verlautet ist, darf wohl geschlossen werden, daß das Verfahren bisher von wirtschaftlichem Erfolg nicht begleitet war. Es bleibt aber als das einzige dieser Gruppe, das überhaupt industrielle Beachtung gefunden hat, historisch interessant.

Ähnlich ist das Schicksal des *Serpek*-Verfahrens gewesen, das von Aluminiumoxyd, Kohle und Luftstickstoff ausgeht, um zunächst Aluminiumnitrid zu bilden. Die Internationale Nitridgesellschaft Zürich erbaute im Jahre 1909 die erste *Serpek*-Anlage in Niedermorschweiler bei Mülhausen (Elsaß). Die genannte Firma ging später in der *Société Générale des Nitrures* in Paris auf, mit der sich die *BASF*, die damals auf ähnlichem Gebiete arbeitete, derart einigte (um Patentkollisionen zu vermeiden), daß sie ihr sämtliche in Frage kommenden Schutzrechte übertrug. Die deutschen Interessen an diesem an sich interessanten Verfahren waren damit erschöpft. Die Versuche, die namentlich auf Konstruktion eines brauchbaren Ofens hinauslaufen, scheinen im übrigen ein völlig befriedigendes Ergebnis noch nicht erbracht zu haben.

Obgleich wir das Ammoniak, das uns die Trockendestillation der Steinkohle lieferte, nicht als synthetisch ansprechen können, seien doch diesen Verfahren, denen ja sehr hohe wirtschaftliche Bedeutung zukommt, einige Worte und Bemerkungen gewidmet, weil das von ihnen gelieferte Ammoniak als Rohmaterial für die Oxydationsprozesse gedient hat und dient.

Früher standen als Quellen zur Ammoniakgewinnung nur die Knochen und der Harn zur Verfügung. Diese verhältnismäßig primitiven Darstellungsmethoden wurden vor mehr als 60 Jahren von der Nebenproduktengewinnung bei der Steinkohlendestillation abgelöst. Die Steinkohlen enthalten im Mittel 1,0 bis 1,6 Proz. N je nach Herkunft der Kohlensorte. Nach *Karl Th. Volkmann*[1] hat Kohle aus

Westfalen	England	Schlesien	Böhmen	Sachsen	d. Saargebiet	Braunkohle
1,50	1,45	1,37	1,36	1,20	1,06	0,52 Proz. N.

Bei der Zersetzungsdestillation in Kokereien und Gasanstalten spalten sich $^1/_5$ bis $^1/_8$ dieses Stickstoffs in Form von Ammoniak ab, der Rest verbleibt im Koks, aus dem er übrigens zum Teil durch Wasserdampfbehandlung wiedergewonnen werden kann, destilliert als Blausäure oder in organischer Bindung über bzw. geht als freier Stickstoff verloren, wenn bei steigender Temperatur die Dissoziation des intermediär in Freiheit gesetzten Ammoniaks erheblichen Umfang erreicht. Das Alter der Kohle und die Art des Erhitzens sind von wesentlichem Einfluß auf die Ammoniakausbeute. Kalk- und namentlich Wasserdampfzusatz wirken günstig. Die Hauptentwicklung von Ammoniak findet zwischen 500° und 700° statt, unter 350 bis 450° ist sie sehr unbedeutend. *Bertelsmann*[2] zitiert Versuche von *Mayer* und *Altmayer*[3], nach denen eine Saarkohle mit 1,13 Proz. N bei 800° den Höchstwert der Ammoniakausbeute gab. Von der entwickelten Menge zerfällt ein großer Teil wieder beim weiteren Steigen der Temperatur. Lediglich die Zerfallsträgheit des Ammoniakgases und die Schutzwirkung der gleichzeitig entstehenden Gase und Dämpfe verhindern den gänzlichen Zerfall. Nach *Volkmann*[4] erzeugen nur einige Gasanstalten in Deutschland mehr als 10 kg Ammonsulfat aus 1 t Kohle, meist ist die Ausbeute ungünstiger. Dagegen gewinnen die Kokereien bis zu 15 kg Sulfat. Das Durchschnittsergebnis sämtlicher Zechen im Ruhrgebiet liegt bei 12,5 kg. Im einzelnen ergibt sich pro Tonne Kohle folgende Ausbeute:

Westf. Gaskohle . . .	als Mittel aus 6	Vergasungsversuchen	10,4 kg	Ammoniumsulfat
„ Cannelkohle . .	„ „ „ 3	„	7,7 „	„
„ Kokskohle . .	„ „ „ 9	„	11,0 „	„
Oberschles. Gas- u. Koks-kohle	„ „ „ 9	„	13,5 „	„
Niederschles. Gaskohle	„ „ „ 2	„	7,7 „	„
„ Kokskohle	„ „ „ 3	„	8,4 „	„
Saar-Gas- u. Kokskohle	„ „ „ 6	„	8,2 „	„
Engl. Gaskohle . . .	„ „ „ 3	„	13,4 „	„

Nach Mitteilung von *H. Koppers*-Essen erzeugen die ganz modernen amerikanischen Kokereien — Seabord By Product Company in New Jersey und Carnegie Steel-Company in Clairton — im Mittel 12,5 kg Sulfat pro Tonne eingesetzte Kohle.

Man unterscheidet hinsichtlich der Gewinnung von Ammoniak aus den Gasen der Steinkohlendestillation zwei Methoden, die sog. „Waschver-

---

[1] Chemische Technologie des Leuchtgases; Leipzig 1915, S. 49 ff.
[2] *Ullmann*, Enzyklopädie der Techn. Chemie I (1914), S. 360 ff.
[3] Journ. f. Gasbel. **50**, 49 (1907).
[4] Chem. Technologie des Leuchtgases; Leipzig 1915, S. 49 ff.

fahren" und die „direkten Ammoniakgewinnungsverfahren". Kokereien benutzen das veraltete „Waschverfahren" nur noch selten, während es in Gasanstalten noch allgemein Anwendung findet. Es beruht, wie schon sein Name andeutet, darauf, das Ammoniak aus dem Gase herauszuwaschen und dieses Gaswasser dann sekundär mittels Dampf unter Kalkzusatz abzutreiben. Das Gaswasser enthält in den Gasanstalten bei sehr guter Kühlung bis zu 30 oder 50 g NH_3 im Liter, bei der geringeren Kühlung der Kokereien nur 8 bis 15 g NH_3 im Liter. Das Ammoniak liegt in diesen Wässern sowohl als flüchtige Verbindung in Form des Karbonats und Sulfids wie auch als fixes Salz (insbesondere Chlorid) vor. Das „direkte Ammoniakgewinnungsverfahren" beruht im Gegensatz zu der eben beschriebenen Methode darauf, den ammoniakhaltigen Rohgasstrom durch ein Schwefelsäurebad zu leiten und hier ohne weiteres unter wesentlicher Dampfersparnis usw. Ammonsulfat zu gewinnen. Es zeigte sich sehr bald, daß ein ganz „direktes" Verfahren schon aus dem Grunde nicht gangbar war, weil die Heißabscheidung des Teers sich nur sehr schwer durchführen ließ. Deshalb sind die bedeutendsten Großfirmen, die sich, wie *Heinr. Koppers* in Essen a. Ruhr, *Dr. C. Otto & Co.* in Dahlhausen usw., mit dem Studium dieser Methoden seit mehr als $1\,^1/_2$ Jahrzehnten beschäftigen, zu einem halbdirekten Verfahren gelangt, das etwa von 1909 ab auf vielen Kokereien eingeführt wurde. Man kühlt dabei zunächst das durch Sauger bewegte Gas zwecks Teerscheidung bis auf 30° herunter und erhält mit dem Teer und Naphthalin alles Wasser, alles fixe Ammoniak und eine gewisse Menge des freien bzw. flüchtigen Ammoniaks in Form einer wässerigen Lösung. Die durch Erhitzer wieder auf 60° vorgewärmten, noch stark ammoniakhaltigen Abgase der Kühler gelangen weiter in die Sättiger, wo sich das Ammonsulfat bildet und werden nun, praktisch ammoniakfrei, nach Passieren eines Säureabscheiders direkt den Gasometern oder dem Verbrauchsort zugeführt. Die wässerigen Kühlerkondensate müssen in gebräuchlichen Kolonnen unter Kalkzusatz abgetrieben werden. Das hierbei freiwerdende Ammoniak wird in den Hauptgasstrom zurück- und mit diesem in den Sättiger eingeleitet. Diese „halbdirekte" Methode ist namentlich von *H. Koppers* technisch durchgebildet. Sie verzichtet darauf, alles Ammoniak mit einem Wurf den Kokereigasen zu entziehen, vermeidet aber die Verschmutzung des Ammonsulfats durch Teer sowie das Mitreißen des sehr flüchtigen Naphthalins in die Gasleitungen, das zu dauernden Verstopfungen Veranlassung gab, und führt daneben die Teergewinnung einwandfrei durch. Während früher nur die Kokereien sich dieses Verfahrens bedienten, ist es jetzt auch auf einigen Gasanstalten eingeführt worden (Budapest 1913, Königsberg 1916), seitdem nachgewiesen ist, daß das Leuchtgas durch die Schwefelsäure in keinerlei Weise geschädigt wird. *H. Koppers*[1]) teilt aus der amerikanischen Seabord By Products Company mit, daß das aus den Kühlern abgezogene Ammoniakwasser im Mittel 7 g NH_3 für 1 l, und zwar zur Hälfte als freies und zur Hälfte als gebundenes Ammoniak, enthält.

---

[1] Mitteilungshefte 1919, Nr. 9, und 1920, Nr. 1 sowie Nr. 6.

Die Sättiger haben im Dauerbetrieb 5 Proz. freie Schwefelsäure. Das
Gas vor den Sättigern enthält 8 g NH_3 für 1 cbm und hinter ihnen 16 g
für 100 cbm. Ist schon die Dampfwirtschaft — und diese bildet das Haupt-
kostenmoment — bei den modernen Methoden gegenüber dem Waschverfahren
ungleich vervollkommnet, so kann man durch Vorwärmung des Ammoniakwassers vor der Destillation und durch Betreiben der Destillationskolonnen
mit Maschinenabdampf diese Betriebsökonomie noch bedeutend weiter
steigern. *H. Koppers* gibt darüber folgende

**Zusammenstellung von Dampfverbrauchszahlen für den Ammoniakwasser-Destillierapparat
berechnet auf 1000 kg erzeugtes Ammoniumsulfat.**

a) Für Kokereibetriebe: Dampfverbrauch in t

Waschverfahren	1. Ohne Vorwärmung des Ammoniakwassers	6,300
	2. Mit „ „ „	4,015
Koppers-Verfahren . . .	1. Ohne „ „ „	2,860
	2. Mit „ „ „	1,820
Koppers-Verf., Kolonnen mit Abdampf betrieben	Ohne „ „ „	0,225

b) Für Gasanstalten:

Waschverfahren	1. Ohne Vorwärmung des Ammoniakwassers	4,320
	2. Mit „ „ „	3,170
Koppers-Verfahren . . .	1. Ohne „ „ „	1,510
	2. Mit „ „ „	0,980
Koppers-Verf., Kolonnen mit Abdampf betrieben	Ohne „ „ „	0,225 .

Nach der deutschen Höchstpreisfestsetzung vom 1. März 1920 kosteten 100 kg
Ammonsulfat rund 250 Mk. Für die überschlägliche Rechnung kann man
annehmen, daß zur Herstellung dieser Salzmenge 100 kg 60° Bé-Säure und
25 kg Ammoniak (NH_3) notwendig sind. Nun ist die Lage der deutschen
Schwefelsäureindustrie infolge Rohmaterialschwierigkeiten recht schlecht.
Die Ware selbst ist so knapp, daß die Kokereiindustrie nicht in dem Umfang
beliefert werden kann, wie es vom wirtschaftlichen Standpunkte aus zweck-
dienlich erscheint. Nach der Höchstpreistabelle vom 5. März 1920 kostete
deutsche Inlandssäure von 60° Bé pro 100 kg 60 Mk.; zur Gewinnung von
100 kg Sulfat aus Kokereigas sind nach der eben gegebenen Zusammenstellung
von *Koppers* etwa 200 kg Dampf nötig (1 t Dampf mit 40 Mk. gerechnet
sind das 8 Mk. für Dampf); die Umwandlungskosten von Ammoniak in Ammonsulfat beliefen sich nach einer früher gegebenen Berechnung vor dem Kriege
auf etwa 1,9 Pfg. für 1 kg Ammonsulfat, sie dürften 1920 für 100 kg
auf etwa 29 Mk. zu veranschlagen sein. Aus diesen Daten ergibt sich, daß die
Kokereien bei Versorgung mit Inlandssäure zu dem geltenden Höchstpreis
vorteilhaft arbeiten konnten; mit Auslandskiessäure, die im Mittel 200 bis
250 Mk. pro 100 kg kosten wird, waren sie damals nicht arbeitsfähig.

Andererseits wurde der Ammonsulfathöchstpreis so festgelegt, daß unter
günstigen Umständen, d. h. namentlich bei ganz geringen Transportkosten
für die Schwefelsäure, niedrigen allgemeinen Unkosten und preiswertem Dampf,
auch Anlagen mit billigem synthetischen Ammoniak noch konkurrenzfähig

bleiben. Weiter oben war der Gestehungspreis pro 1 kg *Haber*-Ammoniak 1913/14 zu etwa 32,5 Pfg. angegeben worden. Setzen wir den Preis 1920 mit dem 15fachen, d. h. mit 4,88 Mk. für 1 kg NH_3 ein, so war mit solchem Ammoniak an Ort und Stelle noch Rentabilität zu erzielen. Ungünstiger wird die Sachlage schon, wenn das *Haber*-Ammoniak in Form konzentrierten Ammoniakwassers verschickt werden muß und dabei durch den Weiterverkauf und den Transport nochmals verteuert wird. In diesem Falle ist die Spanne zwischen Erzeugungs- und Verkaufspreis so klein, daß ein derartiges Ammonsulfat nur in besonders günstigen Fällen wettbewerbsfähig bleiben dürfte. Zur Erzeugung von 100 kg Ammonsulfat sind rund 100 l konzentrierten Ammoniakwassers mit 25 g NH_3 für 100 ccm oder 131,6 l mit 19 g NH_3 für 100 ccm notwendig.

In England betrug der Höchstpreis für Ammonsulfat pro 1 t in Säcken frei Bahnstation oder Hafen des Empfängers Juni/Juli 1920: 23 £ 10 sh, das sind für 100 kg nach dem Vorkriegsstand der deutschen Mark 48 Mk., oder nach dem Devisenkurs vom 30. Juni 1920 (1 £ = 155 Mk.) 364,25 Mk. An der New Yorker Börse wurde Ammonsulfat Ende Juni 1920 mit 5 Doll. für 100 lbs gehandelt; 100 kg kosten also in Friedensmark rund 42 Mk. oder heute (1 Doll. = 38 Mk.) 380 Mk. Der französische Preis für 100 kg Ammonsulfat belief sich ab Paris auf 175 Frs., das sind 141,75 Friedens- oder 546,88 jetzige Mark (1 Frs. = 3,125 Mk.). In Schweden kaufte man 100 kg Ammonsulfat mit 95 Kr. oder 106,40 Mk. in deutscher Vorkriegsvaluta (heute 1 Kr. = 8,51 M., das sind 808,45 Mk. für 100 kg Ammonsulfat). Diesen Preisen gegenüber erscheint die deutsche Höchstpreisfestsetzung 1920 mit 250 Mk. recht niedrig.

Die Lage der deutschen Ammonsulfatproduktion war während des Krieges zum Teil so schlecht, daß man um ihren Fortbestand bangte. Durch andere Höchstpreisnormierung haben sich inzwischen, wie die vorstehenden Darlegungen beweisen, diese Verhältnisse gebessert. Geblieben ist dagegen die unregelmäßige Belieferung mit Schwefelsäure, welche nach wie vor die Betriebsführung recht erschwert. Die Absorption des Ammoniaks mit Schwefelsäure hat für die Kokereien den Vorzug der Einfachheit vor allen sonst vorgeschlagenen Methoden voraus. Solange dem so ist, werden diejenigen Bestrebungen, welche sich gegen das Ammonsulfat als Dünger richten, nicht an Boden gewinnen. Dem Ammonsulfat wird vorgeworfen, daß der tote Schwefelsäureballast in ihm zu groß sei und daß diese Schwefelsäure überdies durch weitgehende Kalkbindung im Boden säuernd, d. h. pflanzenschädigend wirken könne. Aber gerade die heutigen Verhältnisse lassen es für die meisten Kokerei- und Gasanstaltsbetriebe tunlich erscheinen, an den altbewährten Methoden und den eingerichteten Apparaturen fürs erste festzuhalten. Begünstigt also der augenblickliche Stand der Dinge durchaus die weitere Verwendung des trotz aller Einwände vorzüglich bewährten Ammonsulfats, so liegt der Ausbau aller derjenigen Methoden, welche den Schwefelgehalt der Destillationsgase zur Bindung des Stickstoffs ausnutzen wollen, durchaus im Sinne der modernen deutschen Rohstoff-Wirtschafts-Politik. Wie beträchtlich der Schwefelinhalt der deutschen Kohlenförderung ist, war bereits gezeigt worden. Leider ist auf diesem Gebiete bislang keinem Verfahren ein endgültiger Erfolg beschieden gewesen. *A. Sander* (1913) hat berechnet, daß allein der Schwefel jener Kohle, die bereits in Kokereien und Gasanstalten „chemisch" verarbeitet wird, mit 510 000 t 60er Schwefelsäure gleichwertig ist, so daß diese Menge sehr beträchtlich ins Gewicht fallen müßte (deutsche Schwefelsäureproduktion 1912: 1,65 Mill. t H_2SO_4 mit 100 Proz.). Das Verfahren von *Burkheiser* (D. R. P. 212 209, 215 907, 217 315, 223 713 usw.) beruht darauf, das teerfreie Rohgas bei 400° z. B. über Raseneisenerz zu leiten, das den Schwefelwasserstoff zu SO_2 bzw. SO_3 verbrennt. Ammoniumsulfit oder -sulfat kann dann aus den Reaktionsgasen ausgewaschen werden. *Bertelsmann*[1] berichtet, daß das Verfahren auf den Gaswerken Hamburg und Berlin-Tegel sowie der Kokerei Flémelle Grande bei Lüttich im Versuchsbetrieb gestanden hat. Dauernd eingeführt ist es noch nirgends. Das Verfahren von *W. Feld*[2] benutzt Thiosulfat- und Tetrathionatlösungen zur Bindung von $NH_3 + H_2S$[3] (vgl. auch D. R. P. 202 349, 237 607, 271 105; engl. Pat. 3061/1909; belg. Pat. 184 598; V. St. Amer. Pat. 1 011 043). Die Versuche mit dem Verfahren auf den Gasanstalten in Hamburg und Königsberg verliefen im allgemeinen günstig. Man ist aber trotzdem von der Absicht, es im großen anzuwenden, abgekommen. Die Kokereianlage Sterkrade i. Westf. der Gutehoffnungshütte ist inzwischen mit dem *Feld*-Verfahren in Betrieb gegangen, ohne daß über das Ergebnis in den letzten Jahren etwas verlautet wäre. Die Firma *Poetter* hat auf der Zeche Viktor in Rauxel ein Verfahren ausprobiert, Koksofengas zur Entfernung des Schwefelwasserstoffs mit Kalkmilch zu waschen. Ähnliche Versuche hat auch die Zeche Lothringen durchgeführt, welche z. B. die Calciumsulfidlauge, die vom Abtreiben des Kokereiammoniakwassers mit Kalkmilch herrührt, durch Kohlensäure zersetzt und den frei gewordenen Schwefelwasserstoff in Claus-Öfen verbrennt. Die Leunawerke der *BASF* gewinnen bei der H_2S-Reinigung von Generatorgas für die *Haber*-Synthese mittels eines Kontaktverfahrens molekularen Schwefel.

Während des Krieges hat das Ammoniak der Kokereien als erstes und längere Zeit wichtiges Rohmaterial für die Verbrennung zu Salpetersäure gedient. Insbesondere wurde die Anlage der Zeche Lothringen in Gerthe auf die Verarbeitung solchen Kokereiwassers eingerichtet. Ende 1917 konnten dort bereits 40 Kesselwagen mit konzentriertem Ammoniakwasser von 16 bis 18 Proz. NH_3 (also etwa 600 cbm Wasser) täglich bewältigt werden (s. oben). Die Zechen waren behördlicherseits gezwungen, das nach dem Waschverfahren anfallende dünne Ammoniakwasser zu konzentrieren. Selbst die nach den direkten Verfahren arbeitenden Anlagen wurden durch eine Verfügung des Wumba („Waffen- und Munitionsbeschaffungsamtes") veranlaßt, mindestens einen Teil ihrer Erzeugung als konzentriertes Ammoniakwasser abzugeben.

---

[1] *Ullmann*, Enzyklopädie der Techn. Chemie I (1914), S. 413.
[2] Zeitschr. f. angew. Chem. 1912, S. 705.
[3] Vgl. auch Chem.-Ztg. 1917, S. 657; *Lunge-Köhler*, Steinkohlenteer und Ammoniak; Braunschweig 1912, S. 165—170; Chem.-Ztg. 1914, S. 747 usw.

Diese Umstände trugen im Verein mit der kritischen Lage der Schwefelsäureversorgung zu einem erheblichen Zurückgehen der deutschen Ammonsulfatversorgung bei. Dagegen wuchs die Produktion an Salmiakgeist und konzentriertem Ammoniakwasser, wie es in Apparaturen der bereits genannten Firmen, Berlin-Anhaltischen Maschinenbau A.-G., Jul. Pintsch-A.-G. in Berlin, Carl Still, Recklinghausen, u. a. m., erzeugt wird.

Die außerordentlich häufig gestellte Frage, wie teuer sich das Ammoniak der Kohlendestillation im Vergleich zum synthetischen stellt, läßt sich schlechterdings nicht beantworten. Bei der Herstellung des synthetischen Ammoniaks liegen die Kosten für die Rohstoffe, Löhne, Amortisationen usw. fest, dagegen ist das eigentliche Ammoniak der Kokerei oder Gasanstalt durchaus Neben- und Abfallprodukt, für das sich eine Kalkulation nicht eigentlich durchführen läßt. In der früher gebrachten Vergleichstabelle der Gestehungspreise ist daher nur Ammonsulfat dieser Herkunft eingesetzt worden. Eine Aufstellung für die hierbei verwendeten Löhne, die Schwefelsäure usw. läßt sich natürlich geben, doch fehlt jede Grundlage für die Angabe über Kosten des Ammoniaks selbst. Dieses ist deshalb zum Werte Null eingesetzt worden. Selbstverständlich geben aber derartige Kostenaufstellungen kein ganz zuverlässiges Bild.

Von gleicher Bedeutung, wie die Versuche von *Feld, Burkheiser* u. a. sind die Arbeiten, nach denen es gelungen ist, das Gipsverfahren der *BASF* direkt auf konzentriertes Ammoniakwasser anzuwenden. Allerdings würde es kaum möglich sein, daß jede einzelne Kokerei oder jede Gasanstalt dieses neue Verfahren für sich ausüben könnte. Es wäre vielmehr zentrale Organisation zu empfehlen[1]. Die Versuche (von *H. Precht* u. a.), Magnesiumsulfatlösungen, Kaliendlaugen usw. zur Bindung des Kokereiammoniaks zu benutzen, haben zu einem industriellen Verfahren bisher nicht geführt[2] (vgl. D. R. P. 292 174, 292 209, 292 218, 294 857, 295 509), obgleich sie sicher in vieler Beziehung recht vorteilhaft sind. An Stelle von Schwefelsäure ist während des Krieges in großem Umfange Natriumbisulfat, das damals als Abfallprodukt der Sprengstoffindustrie reichlich zur Verfügung stand, verwendet worden. Dem Anfressen der Bleisättiger durch eingeschlossene nitrose Gase hat man durch Vorwärmen der Bisulfatlösungen und durch Verdünnen derselben mit Schwefelsäure vorbeugen können. Je nach Ansetzen des Bades fällt dabei nahezu reines Ammonsulfat bis zum Doppelsalz $Na(NH_4)SO_4$ aus.

Der *Deutschen Ammoniakverkaufsvereinigung G. m. b. H.* in Bochum (Stammkapital 1915: 456 300 Mk.) gehören rund 80 Mitglieder, darunter Verbände, wie die *Wirtschaftliche Vereinigung Deutscher Gaswerke A.-G.* in Köln an. Produktionszahlen einiger bedeutender Zechen waren schon gegeben, desgleichen ist das Ergebnis der Verhandlungen zwischen diesen Produzenten und der *BASF* bereits geschildert worden. Vor dem Kriege erfolgte der Verkauf von schwefelsaurem Ammoniak (gehandelt nach verschiedenen Typen: gut grau, gedarrt und gemahlen usw.) ab westfälischen

---

[1] Zeitschr. f. angew. Chem. 1919, II, 807.
[2] Chem.-Ztg. 1917, S. 421.

Stationen durch die oben genannte Vereinigung; derjenige ab ostdeutschen und österreichisch-ungarischen Stationen durch die Oberschlesischen Kokswerke und Chem. Fabriken A.-G. in Berlin NW 40, welche der Bochumer Vereinigung befreundet sind. An Ammonsulfat wurden 1913 und 1914 insgesamt abgeliefert:

1. durch die Gesellschafter der Ammoniak-V.-V.	.	1913:	324 280 t,	1914:	406 476 t
2. „ „ Oberschles. Kokswerke		„	2 508 t	„	1 797 t
3. „ „ BASF (Oppau)		„	—	„	1 450 t
4. „ das Comptoir Belge du Sulfate d'Ammoniaque-Brüssel		„	8 145 t,	„	4 114 t
5. „ Evence Coppée-Brüssel		„	299 t,	„	—

in Summa 1913: 335 232 t, 1914: 413 837 t.

An Ammoniakwasser sind 1913: 2620 t und 1914: 893 t abgesetzt worden. Bald nach Kriegsausbruch wurde die Nachfrage nach schwefelsaurem Ammoniak derart lebhaft, daß das Angebot nicht Schritt halten konnte. Um Preistreibereien seitens der Zwischenhändler auszuschließen, wurden Höchstpreise festgesetzt. Wegen des Ausfuhrverbots von Ende September 1914 mußten die Auslandsverträge, die mit Amerika usw. liefen, gelöst werden. Auch im Jahre 1915, in dem 364 077 t Sulfat (25 Proz. NH_3) abgesetzt wurden (1914: 406 476 t s. oben) war die Nachfrage sehr stark. Die Landwirtschaft erhielt nur wenig Salz, da das meiste an die Fabriken abgeliefert werden mußte, die daraus durch Abtreiben mit Kalkmilch Ammoniakgas für die Salpetersäuredarstellung gewannen. In dem Maße, wie die Hersteller synthetischen Ammoniak in Betrieb kamen, besserte sich die Versorgungsmöglichkeit für die Düngemittelmärkte. Daneben begann die Gewinnung konzentrierten Ammoniakwassers immer wichtiger zu werden. Die Preisgestaltung war damals durchaus ungenügend. Die Produktion stieg allmählich. Im Jahre 1918 wurde etwa die Hälfte der Erzeugung als konzentriertes Ammoniakwasser, die andere Hälfte als schwefelsaures Ammoniak abgesetzt. Bis November 1918 hielt sich die Produktion auf gleichmäßiger Höhe, sie betrug im Oktober 1918 noch 31 000 bis 32 000 t (auf 25 proz. Sulfat umgerechnet) und ist erst seit dieser Zeit außerordentlich stark zurückgegangen. Im Monatsdurchschnitt 1919 belief sie sich auf rund 18 000 t und im April 1919 sogar nur auf 7000 t. Die Steigerung der Arbeitslöhne und die Preise für Rohmaterialien machten nächst den Transportverhältnissen und der Beschaffung der notwendigen Säure usw. derartige Schwierigkeiten, daß nicht allein der Bau neuer Anlagen vollständig unmöglich gemacht wurde, sondern daß auch die Ausbesserung und die Aufrechterhaltung der Betriebe nur unter den allergrößten Anstrengungen zu erreichen war. Die Handelspreise für 100 kg loses Salz mit 25 Proz. NH_3 betrugen vom 1. Januar bis 15. März 1919: 37,06 Mk., vom 16. März bis 30. Juni 53,53 Mk., vom 1. Juli bis 30. September 80,30 Mk., vom 1. Oktober bis 31. Dezember 111,18 Mk. 1920/21 haben sie bekanntlich rund 530 Mk. erreicht. Die Kohlennot blieb von verderblichstem Einfluß. Der bis dahin selbständige Verkauf der erzielten Produkte hörte Anfang August 1919 auf und ging an das inzwischen gegründete Stickstoff-Syndikat G. m. b. H. in

Berlin über (s. unten). Sämtliche Lieferungen von Werken, die dem Syndikat nicht angeschlossen sind, erfolgen aber, soweit sie westlich der Elbe liegen, auch weiterhin nach Anweisung seitens der Deutschen Ammoniak-Verkaufs-Vereinigung in Bochum bzw. bei Gaswerken seitens der Wirtschaftlichen Vereinigung deutscher Gaswerke, Zweigniederlassung Berlin. In Ober-schlesien hat sich Anfang 1920 nach langen Verhandlungen ein Kokerei-Nebenproduktentrust gebildet, dessen Leistungsfähigkeit u. a. 20 bis 30 000 t schwefelsaures Ammoniak umfaßt. Der Anteil Oberschlesiens an der Neben-produktengewinnung Deutschlands ist recht beträchtlich. 1913 entfielen 15 Proz. der Teerproduktion, 9 Proz. der Ammonsulfatgewinnung und 18 Proz. der Benzolerzeugung auf die oberschlesischen Fabriken.

Die Kokerei ohne Nebenproduktengewinnung ist in Deutschland erfreulicherweise stark zurückgegangen. Nach *Ost*, Lehrbuch d. Chem. Techno-logie, 10. Aufl., Leipzig 1919, S. 356, gab es im Ruhrgebiet 1900 (Oberbergamts-bezirk Dortmund) 99 Werke mit 9948 Öfen, von denen jedoch nur rund 30 Proz. Destillationsöfen mit Nebenproduktengewinnung waren, nämlich 1182 nach *Hoffmann-Otto*, 1046 Unterfeuerungsöfen, 346 nach *Brunck* und 390 nach anderen, zusammen 2964. Im Jahre 1912 zählte das Deutsche Reich in 178 Betrieben 20 738 arbeitende Koksöfen, davon 3281 = 16 Proz. (1909: 22 Proz.) ohne Nebenproduktengewinnung. Die Gesamtproduktion betrug damals u. a. an Koks 31,3 Mill. t[1] (Wert 506 Mill. Mk., 1 t = 16,20 Mk.) und an Ammon-sulfat 407 000 t (Wert 99,3 Mill. Mk., 1 t = 244 Mk.). Die deutschen Gas-anstalten (1700) erzeugten 1913 neben 2700 Mill. cbm Leuchtgas, 4,8 Mill. t Koks (Wert 88 Mill. Mk.), 76 000 t Ammonsulfat (Wert 16,2 Mill. Mk.), 1800 t Cyanprodukte (Wert 1,3 Mill. Mk.) usw. Mit einer Jahresleistung von 549 000 t Ammonsulfat marschierte Deutschland 1913 weitaus an der Spitze aller Länder (seit 1910). Die Weltproduktion belief sich 1913 auf 1,41 Mill. t. Wie rasch die deutsche Ammonsulfaterzeugung angestiegen ist, zeigen folgende Zahlen über die Gewinnung pro Jahr in Tonnen:

1896	75 000	1907	287 000
1900	120 000	1908	313 000
1902	135 000	1909	323 000
1903	140 000	1910	373 000
1904	182 000	1911	418 000
1905	203 000	1912	492 000
1906	235 000	1913	549 000

---

[1] Deutsche Steinkohlenproduktion:
      1919: 116,68 Mill. t
      1920: 131,34 „ „ (ohne Saarrevier und Pfalz).
Deutsche Koksproduktion:
      1919: 22,015 Mill. t
      1920: 25,177 „ „ (ohne Saarrevier und Pfalz).
Deutsche Produktion an Steinkohlenbriketts:
      1919: 4 Mill. t
      1920: 4,96 „ „ (ohne Saarrevier und Pfalz).
Vgl. Metallbörse 1921, S. 306.

An diesen Mengen ist die Kokereiindustrie mit im Mittel 85 Proz. beteiligt. Die bereits gebrachten Erzeugungszahlen der Ammoniak-V.-V. beweisen, daß sich die deutsche Produktion an Nebenproduktenammoniak (zuletzt zur Hälfte in Form konzentrierten Ammoniakwassers) während des Krieges auf durchaus erfreulicher Höhe gehalten hat. Dagegen betrug die Ammonsulfatgewinnung (Ammonsulfat mit 25 Proz. NH_3 als Basis) aus Kohlenstickstoff 1919 nur etwa 250 000 t, ist also sehr beträchtlich zurückgegangen.

Die deutsche Ammonsulfatproduktion von 1914 überstieg den Eigenverbrauch zum Teil beträchtlich, denn die einheimische Landwirtschaft verbrauchte

1909	275 000 t
1910	350 000 t und
1911	370 000 t.

Von 1906 ab überwog die Ausfuhr die Einfuhr, die immer weiter zurückgegangen ist. Großbritannien führte noch 1909 30 545 t, 1911 dagegen nur noch 2740 t nach Deutschland ein. Die deutsche Ausfuhr ergab 1912 und 1913 folgendes Bild (in t):

	1912	1913
nach Belgien	19 723	15 774
„ Dänemark	72	455
„ Frankreich	4 313	7 428
„ Italien	3 816	3 550
„ Holland	19 121	18 195
„ der Schweiz	1 447	1 337
„ Spanien	855	2 550
„ Ceylon	43	818
„ Japan	—	—
„ Hawai	—	2 541
„ Java	5 620	16 023
„ den Ver. Staaten von Nordamerika	902	5 629
„ Brasilien	965	428
	56 877	74 738.

Solange England die Führung in der Ammonsulfatindustrie hatte, waren seine Preisnotierungen (1911 z. B. 27,56 Mk. pro 100 kg) allein für den Handel maßgebend. In den letzten Jahren vor dem Kriege besaß jedoch Deutschland auch seine eigenen Preise. Diese betrugen pro 100 kg[1]:

1906	23,83 Mk.
1907	23,65 „
1908	23,92 „
1909	23,29 „
1910	23,32 „
1911	26,85 „
1912	28,35 „
1913	28,06 „

---

[1] z. T. nach *Bertelsmann*, in Ullmanns Enzyklopädie a. a. O.

27. Mai 1915 . . . . 24,30 Mk.
1. Juni 1918 . . . . 37,06 „
31. Dez. 1919 . . . . . rd. 115,00 „
1. März 1920 . . . . . rd. 250,00 „

Höchstpreise; lose Schüttung.

1. Juni 1921 . . . . . rd. 300,00 „
10. Okt. 1921 . . . . . rd. 360,00 „
5. Dez. 1921 . . . . . rd. 530,00 „
8. Febr. 1922 . . . . . rd. 620,00 „

Der Preis für 1 kg Ammoniak in Form konzentrierten Ammoniakwassers war 1910: 79 Pfg., 1911: 80,65 Pfg., 1912: 96,25 Pfg. und 1913: 92,13 Pfg. Die Erzeugung von Salmiakgeist und konz. Ammoniakwasser hat erst im Kriege großen Umfang angenommen. Nach *N. Caro*[1] betrug sie 1900: 580 t, 1902: 1180 t, 1904: 1680 t und 1906: 2500 t. 1913 sind 2620 t und 1914: 893 t abgesetzt worden. Dagegen dürften 1918 nach Angaben der Ammoniak-V.-V. allein von ihren Werken rund 200 000 t NH_3 als konz. Wasser gewonnen worden sein.

Es kann an dieser Stelle nicht meine Aufgabe sein, auf alle diejenigen weiteren Verfahren einzugehen, bei denen Ammoniak als Nebenprodukt erhalten wird, wie bei der Destillation der Knochen, der Melasseschlampe usw. Die Verarbeitung minderwertiger Kohlen (Waschberge usw.) nach dem Mondgasverfahren ist zunächst in England ausgeführt worden. Die Deutsche Mondgasgesellschaft errichtete die erste deutsche Anlage auf der Zeche Mont-Cenis bei Sodingen in Westfalen. Nach *Caro* gewinnt man dort aus 1 t Kohle 40 kg Ammoniumsulfat (70—80 Proz. Stickstoffausbeute) und 3500 cbm Gas von 1100—1200 WE[2]. Aussichtsvoll ist die Ausdehnung dieser Verfahren auf Torf. *A. Frank*[3] gibt die Größe der deutschen Moore wie folgt an:

Provinz Hannover . . . . 100 ☐Meilen
„ Pommern . . . . 55 „
„ Ostpreußen . . . . 35 „
„ Rheinland (Eifel, Venn) . . . . . . 17 „
Bayern . . . . 15 „
Oldenburg . . . . 70 „
Württemberg . . . . 8 „
Übriges Deutschland . . . . 100 „ .

Diese 400 Quadratmeilen oder 2 250 000 ha Moor enthalten im Mittel auf den Hektar bei 3 m Mächtigkeit 4000 t, d. s. also im ganzen 9 000 000 000 t Trockentorf. Die *Oberbayrischen Kokswerke und Fabriken chemischer Produkte A.-G.* in Beuerberg (Isartalbahn) arbeiten nach dem Verfahren von *Ziegler*, das von Preßtorf ausgeht. Ähnlich ist die Gewinnung von Torfkoks nach *Wieland*, der aus 100 kg Torf mit 25 Proz. Wasser 33 kg guten Torfkoks, 4 kg Teer, 0,6 kg Ammonsulfat, 0,5 kg essigsauren Kalk und 0,3 kg Holzgeist erzielt. Von noch größerem Interesse sind die Versuche von *N. Caro* und *A. Frank*[4]

---

[1] Die Stickstofffrage in Deutschland. Berlin 1908.
[2] Vgl. *Ferd. Fischer*, Kraftgas, seine Herstellung und Beurteilung; Leipzig 1911. *F. Muhlert*, Die Industrie der Ammoniak- und Cyanverbindungen; Leipzig 1915.
[3] Chem.-Ztg. 1908, S. 580.
[4] Chem.-Ztg. 1908, S. 580; 1910, S. 1015; 1911, S. 505, 515.

(D. R. P. 238 829) mit gewöhnlichem Stichtorf von etwa 50 bis 60 Proz. Wassergehalt, die in Gemeinschaft mit dem englischen Großindustriellen *Ludwig Mond* durchgeführt wurden. Ergaben schon die in Stockholm und Winnington gewonnenen Resultate die Brauchbarkeit der Methode, so gestaltete sich das Bild nach den Zahlen des Versuchsbetriebes auf der Zeche Mont Cenis bei Sodingen in Westfalen noch günstiger. Es wurden z. B. dort in 24 Stunden 45 t eines Torfes (vom Nordgeorgfehn-Marcard-Moorkanal) mit 42 bis 47 Proz. Wasser vergast, die pro Tonne Trockentorf 2800 cbm Gase folgender Zusammensetzung ergaben (Heizwert 1 cbm/1400 Cal):

17,4 bis 18,8 Vol.-Proz. CO_2	2,4 bis 3,6 Vol.-Proz. CH_4
9,4 „ 11,0 „ CO	42,6 „ 46,6 „ N_2
22,4 „ 25,6 „ H_2	Spuren O_2, kein Teerstaub.

In der mit dem *Prony*schen Zaum abgebremsten Gaskraftmaschine wurden pro Tonne Trockentorf 1000 Nutz-PS-Stunden erzeugt. Der Ausgangstorf hatte, auf Trockensubstanz bezogen, 1,05 Proz. N und 3 Proz. Asche. Erhalten wurden bei den Versuchen bis 40 kg Ammonsulfat auf die Tonne Trockentorf (Stickstoffausbeute 77 bis 80 Proz.) gegen 10 bis 12 kg auf die Tonne Steinkohle. In Stockton lieferte Lebertorf mit 2,8 Proz. N (trocken) sogar 110 kg schwefelsaures Ammoniak (83 Proz. Ausbeute). Betreibt man eine Kraftzentrale von 1000 PS (8 Mill. PS-St. = 6 Mill. KW-St.) mit Torfgas, so errechnet sich (Preise der Vorkriegszeit!) unter Annahme reichlicher Löhne, 15 Proz. Verzinsung und Amortisation der Gestehungspreis für das PS-Jahr zu 40 bis 50 Mk., d. h. er ist ebenso niedrig, wie beim Wasserkraft-PS-Jahr. Eine solche 1000 pferdige Anlage würde in einem Jahre 16 000 t Frisch- = 8000 t Trockentorf verbrauchen und daher 2 ha Moor bei 3 m Mächtigkeit abtorfen. Der Kraft- und Stickstoffinhalt der deutschen Moore ist also außerordentlich groß, zumal sich Grünlandstorf mit seinem höheren Stickstoffgehalt (1,5 bis 2 Proz.) im allgemeinen noch günstiger verhält. Trotz dieser bestechenden Versuchsergebnisse ist die Torfvergasung, die sowohl als Ammoniakproduzent, wie auch als Energielieferant eng mit der Stickstoffindustrie verknüpft erscheint, im Groß- und Dauerbetrieb noch nirgends durchgeführt worden, da die Wirtschaftlichkeit bisher nicht ganz sichergestellt ist. Die Mondgasgesellschaft hat nach den Vorschlägen von *N. Caro* und *A. Frank* 1910 eine 4000-PS-Anlage im Schweger Moor bei Osnabrück erbaut. Der im Kriege stillgelegte Betrieb ist inzwischen wieder aufgenommen worden, arbeitet aber z. Z. nicht auf Ammonsulfat. Die größten Torfzentralen, z. B. im Wiesmoor bei Aurich, verbrennen meist lufttrocknen Maschinentorf direkt unter den Dampfkesseln, wobei sie für 10 000 PS jährlich 50 ha Moor abtorfen müssen. *Gebr. Körting* vergasen nach *Ost* Maschinentorf in Generatoren und betreiben damit Sauggasmotoren. Hier sei gleich angefügt, daß in Carnlough (Irland) eine Anlage nach *Woltereck*[1] arbeitete, die 1909 etwa 5000 t (pro 100 t Trockentorf 5 t Sulfat) Sulfat erzeugt hat. Dagegen hat die 1912 gegründete Wet Carbonizing Ltd.-London den Betrieb nach *Ekenberg* einstellen müssen, da die Unterbilanz sich

---

[1] Chem.-Ztg. 1909, S. 277.

immer mehr vergrößerte. Auf die Vergasung von Seeschlick, sog. Mudde, kann hier nicht näher eingegangen werden (Deutsche Ammoniakwerke, Ludwigshof).

Die Ölschieferdestillation, die in Schottland 1909: 57 000 t Ammonsulfat lieferte, ist neuerdings auch für Deutschland wichtiger geworden. Vor dem Kriege verarbeitete nur die Grube Messel bei Darmstadt kleine Mengen Ölschiefer (40 bis 45 Proz. Wasser, 6 bis 10 Proz. Teer [Rohöl], 40 bis 45 Proz. Rückstände). Aus je 1000 kg bituminösen Schiefers gewinnt sie 135 l Rohöl, 295 l Ammoniakwasser und 59 cbm Schwelgas. Die erst in der rohstoffhungrigen Kriegszeit wieder ausgebeuteten Schiefervorkommen Württembergs sind recht beträchtlich. Sie sollen 10 Milliarden Tonnen umfassen. Auch im Süden der Provinz Hannover und im fränkischen Jura (Jura-Ölschieferwerk Stuttgart) sind bituminöse Schiefer aufgefunden worden[1].

Eine ergiebige Ammoniakquelle wäre der Harn, dessen Harnstoff bald in Ammoncarbonat übergeht. Nach *Ost* liefern 100 000 Personen jährlich 600 t NH_3, nach *Ferd. Fischer*[2] dagegen nur 423,1 t NH_3 im Urin und 59,4 t in den Faeces, d. s. zusammen 482,5 t NH_3. Die Verarbeitung der dünnen Fäkalwässer ist unwirtschaftlich, man begnügt sich daher meistens mit ihrer Ausnutzung in Rieselfeldern. Immerhin gewann man in Frankreich 1905: 13 000 t Ammonsulfat aus Fäkalien, davon allein 10 000 t in Paris. 1913 betrug die französische Produktion 12 000 t und 1917 nur noch 5500 t. Im Anschluß an die Eimerabfuhr verarbeitet man in Kiel die festen Fäkalien zu Pudrette. Aus 14 170 cbm Fäkalien gewann man dort 1913: 1640 t Pudrette mit 6,2 Proz. N, 2,6 Proz. P_2O_5 und 2,7 Proz. K_2O. In Köln ist 1917 eine ähnliche Pudrette-Dünger-G. m. b. H. gegründet worden. Wichtiger noch, als die Nutzbarmachung der menschlichen Abgänge ist die Konservierung der Jauche. Der Harnstoff wird in dieser sehr bald in das leicht flüchtige Ammoniumcarbonat übergeführt. Infolge unzweckmäßiger Aufbewahrung gehen meist bis zu 50 Proz. und mehr dieses Stickstoffinhalts verloren. Durch Arbeiten von *Gerlach* u. a. ist der Wert geeigneter Konservierungsmethoden (durch Zusatz von Kalisalzen, Bisulfat, Superphosphat, Bisulfatgips, Formalin, Torfmull usw.) überzeugend dargetan worden.

Die Frage der Stickstoffgewinnung als Nebenzweig der Kohlendestillation ist auf das engste mit der Steinkohlenförderung, der Tieftemperaturverkokung und der zentralen Zusammenfassung unserer ganzen Kraftquellen verknüpft. Auf diese interessanten Probleme kann natürlich im Rahmen eines Buches, das nur die eigentliche Synthese zu schildern versuchen will, nicht eingegangen werden. Immerhin seien die Zahlen von Deutschlands Steinkohlenförderung (Braunkohlenförderung) mitgeteilt [in Mill. t]:

1913	1914	1915	1916	1917	1918	1919	1920
192	162	147	159	167	160,5	116,5	1,31
(87)	(84)	(88)	(94)	(95)	(100,6)	(93,8)	(111,6)

---

[1] Umschau 1920, S. 408.
[2] Das Wasser; Leipzig 1914.

Die in Klammern beigefügten Produktionsziffern des Braunkohlenbergbaues sind insofern von besonderem Interesse für die Stickstoffindustrie, weil sie zu einem Teil die Industriealisierung der mitteldeutschen Braunkohlenbezirke wiederspiegeln. Über den Verbleib des Stickstoffs bei der Tieftemperaturverkokung haben *W. Gluud* und *P. K. Breuer* gearbeitet[1]. Wie das Institut für Kohlenforschung in Mülheim-Ruhr insonderheit die Steinkohle in den Kreis seiner Untersuchungen gezogen hat, so wendet sich das Braunkohlenforschungsinstitut zu Freiberg i. Sa. in erster Linie der Braunkohle zu, es hat das Studium der Methoden, auch den Stickstoff der Braunkohle nutzbar zu machen, mit auf sein Arbeitsprogramm gesetzt. Ganz außer ordentlich umfangreich ist die Literatur überden Zusammenhang zwischen Heizungs-, Stickstoff- und Brennstoffproblem, denen ja samt und sonders die allergrößte wirtschaftliche Bedeutung zukommt. Nicht nur reizt der riesige Stickstoffinhalt der deutschen Steinkohlenförderung zur Verwertung, sondern die ernsten Zeitverhältnisse fordern schon im Hinblick darauf, daß auch die deutschen Brennstoffvorräte nicht unerschöpflich sind, ein Haushalten mit Kohle und Wärme und eine Zentralisierung der Energieversorgung, die überdies mit Steuerproblemen des Staates eng verknüpft ist. Die Rechnung, daß 192 Mill. t Steinkohlen mit 0,2 Proz. Stickstoffausbeute bei der Destillation rund 384 000 t Stickstoff, entsprechend rund 1,92 Mill. t Ammonsulfat pro Jahr ergeben müßten, ist zwar sehr schnell aufgemacht, aber sehr langsam in die Praxis übertragen, da sie ja geeignet wäre, unser wirtschaftliches und gewerbliches Leben von Grund auf umzuändern. Allein die Fragen nach der Schwefelsäurebeschaffung, nach der Erbauung der notwendigen Anlagen, nach der Zentralisation der Gasfernversorgung, nach der Umgestaltung zahlloser Einzelfeuerungen, die vordem Steinkohle verbrannten und endlich nach der Verwendung des in gewaltigen Mengen anfallenden Kokses oder der sog. restlosen Vergasung erweisen sich als derartig einschneidend, daß auf diesem Wege stets nur Schritt für Schritt vorgegangen werden kann und wird. Der Einwurf, man hätte bei rascher Vervollständigung der Nebenproduktenanlagen überhaupt der Düngerstickstoffsynthese nicht bedurft, erscheint um so weniger berechtigt, als er den großen Gedanken für den ganzen Umfang des Problems vermissen läßt. *P. W. Uhlmann, Ed. Donath, E. R. Besemfelder, A. Naumann, N. Caro, Fr. Schäfer, Gwosdz, H. R. Trenkler, W. A. Dyes, H. Strache, Brabbée, G. Klingenberg, F. Russig* und *Lempelius* haben sich in einer Reihe wertvoller Beiträge zu allen diesen Fragen geäußert[2].

---

[1] Chem. Zentralbl. 1919, IV, 1066.

[2] Vgl. z. B. Chem.-Ztg. 1915, S. 713, 918, 925; 1916, S. 285, 469, 701; 1917, S. 93, 393, 605ff., 625, 721, 737, 785, 799, 806, 853ff.; 1918, S. 281, 320, 404, 489; 1919, S. 11, 281, 455, 521, 604, 865, Chem.-techn. Übersicht 234; 1920, S. 57, 197ff.; Österr. Chem.-Ztg. 1918, S. 151; Zeitschr. d. Ver. deutsch. Ing. 1919, S. 133; Zeitschr. f. angew. Chem. 1919, I, 210ff.; 1920, I, 9; Technik i. d. Landwirtschaft 1919, S. 233; Chem. Zentralbl. 1919, II, 25, 26; IV, 547, 632; Umschau 1920, S. 41, 81, 126. Siehe auch: Die rationelle Ausnutzung der Kohle. Techn. Gutachten zur Vergasung und Nebenproduktengewinnung. Herausgegeben vom Reichsschatzamt. Berlin 1918.

Die Leuchtgasindustrie erzeugt nicht allein Ammoniak als Nebenprodukt. In der ausgebrauchten Gasreinigungsmasse steht ihr auch ein Ausgangsmaterial zur Schwefelsäureherstellung und zur Gewinnung von Cyanverbindungen zu Gebote. Der Schwefelinhalt der Massen wird nach der Höchstpreisfestsetzung vom Frühjahr 1922 mit 66—120 Pfg. pro 1 kg Schwefel bewertet. Die „Wirtschaftliche Vereinigung Deutscher Gaswerke A.-G. in Köln", der am 31. März 1918 bereits 607 Werke angehörten, beziffert die Menge ausgebrauchter Gasreinigungsmasse, die in Deutschland jährlich zum Verkauf gelangt auf 82 bis 90 000 t (d. s. bei rund 45 Proz. S über 30 000 t Schwefel). Übrigens ist auch vorgeschlagen worden, Gasreinigungsmasse und Gaswasser direkt als Pflanzendünger und zum Vertilgen von Unkraut und Schädlingen zu verwenden[1]. Die Gasreinigungsmasse, die, auf krystallisiertes Ferrocyankalium berechnet, 10 bis 12 Proz. Cyan in Form des Berliner Blaus, daneben 1 bis 4 Proz. Rhodanammonium, 1 bis 4 Proz. Ammoniumsulfat und, wie wir bereits sahen, im Mittel 30 bis 40 Proz. Schwefel enthält, läßt sich verhältnismäßig leicht auf Cyanverbindungen aufarbeiten. In der Gasreinigungsmasse ist also bereits das Problem nach einer gleichzeitigen Bindung von Schwefel und Stickstoff der Kohle zu einem Teil gelöst. Neuerdings haben sich auch „nasse Waschverfahren", insonderheit die Ausführungsform nach *Bueb* (D. R. P. 112 459), vielfach eingeführt und bewährt. *Bueb* wäscht bekanntlich das Gas mittels Eisenvitriollösungen. Auf die Einzelheiten kann nicht eingegangen werden; es muß zwecks genaueren Studiums auf die bereits zitierten Buchveröffentlichen von *Volkmann* und von *Muhlert* sowie auf die Fortschrittsberichte von *Waeser* in der Chem. Ztg. 1913, Nr. 110ff.; 1915, Nr. 118/119, S. 741 ff. und 1919, Nr. 131ff., S. 890 usw., verwiesen werden. Sehr wertvoll sind die Kapitel über Cyanverbindungen und über Leuchtgas in *Ullmann*, Enzyklopädie der technischen Chemie[2], die von *W. Bertelsmann* herrühren. Wichtig ist die Gewinnung von Cyaniden durch Vergasung von Melasseschlampe (D. R. P. 86 913 und zahlreiche andere) nach *Reichardt* und *Bueb*, welche 1898 die *Zuckerraffinerie Dessau* zuerst praktisch durchführte. Die *Deutsche Gold- und Silberscheideanstalt A.-G.* in Frankfurt a. M. arbeitet nach einem Verfahren von *Castner*, das von Natrium und Ammoniak ausgeht (D. R. P. 90 999 usw.). Ähnlich ist die ältere Methode der „*Staßfurter Chem. Fabrik vorm. Vorster & Grüneberg A.-G.* in Staßfurt", die auf das D. R. P. 38 012 von *Siepermann* zurückgreift, der Gemische von Alkali und Kohlenstoff bei dunkler Rotglut mit Ammoniak behandelt. Das ähnliche Verfahren von *Beilby* (D. R. P. 74 554) übt die *Cassel Gold Extracting Co.* seit 1892 in Glasgow aus.

Uns interessieren hier die Versuche, den Stickstoff der Luft direkt zum Aufbau der Cyanide zu benutzen, die auf die Arbeiten von *Possoz* und *Boissière*, 1843, zurückzuführen sind, welche mit Alkalilösung getränkte Holzkohle bei Weißglut in senkrechten Retorten mit Rauchgasen behandelten.

---

[1] Chem.-Ztg. 1920, S. 171; Journ. f. Gasbel. 1918, S. 121.
[2] Bd. III (1916), S. 594—628 und Bd. VII (1919), S. 567—610.

Andererseits hat man auch versucht, Blausäure direkt aus den Elementen unter Zuhilfenahme der Energie des elektrischen Lichtbogens aufzubauen. Schon *Dewar* führte 1879[1] derartige Versuche aus, die in neuerer Zeit u. a. durch die D. R. P. 228 539 und 255 073 von *O. Dieffenbach, W. Moldenhauer* und der *Chem. Fabr. Griesheim-Elektron* sowie die D. R. P. 263 692 bzw. 268 277 des *Konsortiums für elektrochemische Industrie G. m. b. H.* in Nürnberg (jetziger Sitz der Firma München) und das D. R. P. 262 325 von *A. Helfenstein* wieder aufgegriffen sind. Das Verfahren von *J. E. Bucher*, das die *Nitrogen Pruducts Comp.*, Providence, U. S. A. aufgenommen hat, verspricht wichtig zu werden. Es beruht darauf, bei etwa 900° Stickstoff über ein Gemisch aus gleichen Teilen Soda, Graphit oder Koks und Eisenpulver zu leiten. Von der interessanten Methode, die eng. mit der Stickstoffindustrie verkettet izt, wird später noch ausführlicher zu sprechen sein (vgl. z. B. D. R. P. 286 086). Eine Arbeitsweise von *A. R. Lindblad* (D. R. P. 293 904), der im elektrischen Ofen aus Pottasche, Kohle und Stickstoff Cyanid usw. erzeugt, ist am Sandsta Elektriska Smältverk ausgearbeitet worden. Die *Aktiebolaget Cyanid* will in Trollhättan das Verfahren im großen ausführen.

Die Cyanidindustrie war, wie die bereits geschilderte Entstehungsgeschichte des Kalkstickstoffverfahrens beweist, die Schule für die eigentliche Industrie des Luftstickstoffs, den sie zum erstenmal bewußt in den Kreis ihrer Arbeiten gezogen hat.

Die **Kalkbewirtschaftung**, die eng mit der Industrie der Stickstoffdüngemittel verknüpft ist, ruht in den Händen des *Deutschen Kalkbundes*, der 1919 gegründet wurde. Der Verteilungsschlüssel sah für April-Juni 1920 z. B. folgende Mengen vor (in t), denen die des 3. Vierteljahres 1920 ähneln:

Verbrauchergruppe	April		Mai		Juni	
	ang. Bedarf	zugeteilt	ang. Bedarf	zugeteilt	ang. Bedarf	zugeteilt
Eisen- u. Stahlindustrie		47 000	115 740	50 000	116 780	50 000
Kalkstickstoff-Industrie		28 000	35 500	32 500	40 500	35 000
Chemische Industrie .		24 000	68 760	24 000	69 540	24 000
Kokereien u. Gasanstalt.		4 000	4 000	4 000	4 000	4 000
Düngekalkversorgung .	768 450	70 000	263 300	25 000	244 400	15 000
Baukalkversorgung . .		46 000	262 820	77 000	329 700	83 000
Kalksandstein-Industrie		10 000	19 550	12 500	20 950	14 000
Schwemmstein- „		6 000	13 000	10 000	14 000	10 000
Gesamt	768 450	235 000	782 670	235 000	839 870	235 000

Auf Verfügung der Reichsregierung wird der Bedarf der Kalkstickstoffabriken in erster Linie gedeckt. Ehe sich nicht die Kohlenversorgung von Grund auf gebessert hat, ist auch an eine höhere Kalkproduktion namentlich für Bau- und Düngezwecke nicht zu denken. Nach den Ermittelungen des Vereins Deutscher Kalkwerke stellte sich der Kalkversand für die Landwirtschaft in früheren Jahren wie folgt:

---

[1] Chem. News **39**, 282.

	Gebrannter Kalk t	Ungebr. Kalk t
1913	2 121 174	1 398 184
1914	1 042 127	947 325
1915	821 313	857 975
1916	837 419	896 529
1917	816 921	789 968

Diese rapide Verschlechterung in der Kalkversorgung läßt es erklärlich scheinen, weshalb der Landwirt kalkhungriger Gebiete sich mit Vorliebe des kalkreichen Kalkstickstoffs bedient, der zwei düngewichtige Komponenten in sich vereinigt. Allerdings muß an dieser Stelle bemerkt werden, daß die Landwirtschaft den Kalkstickstoff wegen seiner stäubenden und ätzenden Eigenschaften vielfach ungern sieht. Es wird also das Bestreben der Industrie bleiben müssen, dem sonst gerühmten Düngemittel diese lästigen Nebenwirkungen zu nehmen. Weiter unten wird gezeigt werden, daß die Ölung, die während der letzten Jahre mangels geeigneter Mineralöle in Deutschland leider nicht ausgeführt werden konnte, sich bisher in dieser Beziehung am besten bewährt hat.

Alles in allem genommen, machte sich in den Kreisen der Landwirtschaft 1920 wachsende Unlust bemerkbar, Stickstoffdünger zu verwenden, da deren Preise allzu beträchtlich gestiegen sind. Die Unmöglichkeit, namentlich aus leichteren Böden das an Erntemehrertrag herauszuholen, was an Dünger hineingesteckt wurde, ist für diese betrübliche Erscheinung verantwortlich zu machen, die andererseits auf das engste mit den arg verteuerten ländlichen Lohnverhältnissen, den stark gestiegenen Kosten für Materialien und Geräte und — last not least — mit den Forderungen nach Aufhebung oder Milderung der Zwangswirtschaft zusammenhängt. Natürlich ist es hierbei durchaus nicht einerlei, ob wir den Klein-, Mittel- oder Großbesitzer betrachten, da deren Existenzgrundlagen auf ganz verschiedener Basis ruhen. Die geschilderten Verhältnisse führten sogar zur Annullierung einzelner Aufträge auf Stickstoffdüngerlieferung. Die Industrie tut gut daran, diese Warnzeichen zu beachten. Die Rentabilität der heutigen Stickstoffindustrie steht und fällt mit den Unkosten für Kohlen, Löhne usw. ebenso, wie der Ertrag der Landwirtschaft mit der Preisfestsetzung seiner Produkte. Bei normalen Verhältnissen hätten sich die von so vielen Faktoren beeinflußten Preise allein schon unter der Wirkung des Gesetzes von Angebot und Nachfrage aufeinander eingestellt; ob sie das heute ohne weiteres tun werden, kann zunächst zweifelhaft erscheinen, so daß während einer gewissen Zwischen- und Übergangszeit auch ein erneuter Eingriff des Staates berechtigt sein würde. Das Reich ist an diesen Dingen in der verschiedensten Weise interessiert. Nicht nur hat es die Verzinsung seiner Kapitalien im Auge, die es in die Stickstoffindustrie hineingesteckt hat, sondern es muß auch der Frage der Verbilligung und Verbesserung des Lebensunterhalts, die mit der Produktivität der Landwirtschaft gleichbedeuten ist, erhöhte Aufmerksamkeit schenken, da hierin eine der Hauptgrundlagen für die Wiedergesundung der deutschen Verhältnisse erblickt werden muß.

Volkswirtschaftlich gebildete Laien meinen, es genüge die Stärkung der Kaliindustrie, da diese ein deutsches Naturprodukt ausbeutet, das für uns vielleicht
billiger ist, als der synthetische Stickstoffdünger. Der Acker gibt aber nur
dann hohen Ertrag, wenn ihm alle Mineralstoffe — Kali, Phosphorsäure, Stickstoff, Kalk usw. — gleichzeitig in genügenden Mengen dargeboten werden.
Infolge des merkwürdigen Gesetzes vom Minimum (*Liebig*) richtet sich
die Ernte nach dem am wenigsten vorhandenen Bestandteil, d. h. eine reichliche Düngung mit Kalisalzen und Thomasphosphatmehl bleibt in ihrer
Wirkung stark zurück, wenn dem Boden der Stickstoff fehlt. Aus diesen
wenigen Darlegungen erhellt schon die ausschlaggebende Rolle der Stickstoffindustrie, die gegenüber der Kriegszeit zwar vertauscht aber nicht minder
wichtig für die Allgemeinheit ist. 1921 hatte sich die Marktlage der deutschen Stickstoffindustrie entschieden gebessert.

Die Interessen des Deutschen Reichs an der Stickstoffindustrie und der mit
dieser zusammenhängenden Groß-Stromversorgung werden neuerdings von der
Industrieabteilung (Abteilung I) des Reichsschatzministeriums vertreten (s. o.).

Die Entwicklung der Stickstoffindustrie war von nachhaltigem Einfluß
auf den Aufschwung, den die Groß - Gastechnik genommen hat. Zur Herstellung von Kalkstickstoff braucht man reinen Stickstoff und zur Durchführung der *Haber*schen Ammoniaksynthese Stickstoff und Wasserstoff.
Die Kalkstickstoffindustrie erzeugte ihren Stickstoff anfangs durch Überleiten
von Luft über glühende Kupferspäne, die periodisch durch reduzierende Gase
regeneriert wurden, sobald sie gänzlich in Oxyd übergegangen waren. Diese
ziemlich primitive Methode ist bald verlassen worden. Heute wird der Stickstoff der Kalkstickstoffabriken fast ausschließlich aus flüssiger Luft durch
Destillation gewonnen. Solche Anlagen baut in Deutschland in erster Linie
die *Gesellschaft für Lindes Eismaschinen A.-G., Abteilung Gasverflüssigung*
in Höllriegelskreuth bei München, ferner die *Gesellschaft für Apparatebau
P. Heylandt m. b. H.* in Berlin-Mariendorf usw. Die gewaltige Steigerung
in der Technik der verflüssigten Gase spiegeln folgende Angaben der Lindegesellschaft über gelieferte bzw. in Ausführung begriffene Anlagen:

	Luft-verflüssigungs-anlagen	Sauerstoffanlagen		Stickstoffanlagen		Wasserstoffanlagen	
		Zahl	Jahresleistung	Zahl	Jahresleistung	Zahl	Jahresleistung
Nov. 1916	95	160	47 Mill. cbm	50	238 Mill. cbm	17	27 Mill. cbm
Okt. 1918	120	209	72,5 „ „	55	310 „ „	18	29 „ „

Bis 1912 waren es erst 81 Sauerstoff-, 22 Stickstoff- und 13 Wasserstoffanlagen!
Während die Trennung des verflüssigten Sauer- und Stickstoffs voneinander
bei ihren verschiedenen Siedepunkten ($-182°$ bzw. $-195°$) durch Fraktionierung verhältnismäßig einfach durchzuführen ist, ist die Gewinnung des
Wasserstoffs nach dem *Linde-Frank-Caro*-Verfahren aus Wassergas immerhin
komplizierter. Aus Wassergas mit im Mittel:

$$48 \text{ bis } 52 \text{ Vol.-Proz. } H_2$$
$$42 \text{ „ } 44 \text{ „ } CO$$
$$5 \text{ „ } 2 \text{ „ } CO_2$$
$$5 \text{ „ } 3 \text{ „ } N_2 \, .$$

neben schwankenden Mengen von Sauerstoff, Methan, Schwefel- und Phosphorverbindungen, wird die Kohlensäure durch Absorption und Stickstoff, Kohlenoxyd sowie die anderen Verunreinigungen durch Verflüssigung unter Kühlung mit flüssiger Luft abgeschieden. Wasserstoff siedet erst bei $-253°$ und bleibt daher gasförmig. Man gewinnt zunächst ein Gas mit 97,0 bis 97,5 Vol.-Proz. H_2, das durch Behandlung mit Natronkalk unter Druck von seinem letzten Rest Kohlenoxyd befreit werden kann und dann 99,2 bis 99,4 Vol.-Proz. H_2 neben nur 0,8 bis 0,6 Vol.-Proz. N_2 enthält.

Der Preis der durch Verflüssigung gewonnenen Gase ist naturgemäß abhängig von den Preisen des Rohmaterials und dem Umfang der Betriebe. Bei einer mittleren Anlage konnte unter normalen Verhältnissen der Vorkriegszeit das Kubikmeter ungereinigten Wasserstoffs zu ungefähr 12 Pfg., das Kubikmeter gereinigten Gases zu 14 Pfg. erhalten werden. Außerordentlich interessant sind die Angaben der Lindegesellschaft über die Gestehungspreise für Stickstoffanlagen der Vorkriegszeit:

	Leistung: cbm stündlich	40	400	4000
Energie: 1 PS-St. = 10 Pfg. . . . . Mk.		3,60		
1 „ = 6 „ . . . . „			9,60	
1 „ = 1 „ . . . . „				9,50
Löhne: 1 Maschinist und 1 Helfer . . . . . . „		2,00	2,00	
1 „ „ 3 „ . . . . . . „				3,80
Verbrauch an Schmieröl . . . . „		0,30	0,50	1,80
„ „ Ätznatron . . . . „		0,10	0,30	2,50
„ „ Chlorcalcium,Wasser,Putzmittel usw. „		0,10	0,40	1,50
Stündliche Betriebskosten . . . . „		6,10	12,80	19,10
Betriebskosten für 1 cbm N_2 in Pfg.		15,20	3,20	0,48

Die großen Linde-Anlagen der Stickstoffindustrie dürften den Kubikmeter Stickstoff noch während der ersten Kriegsjahre zu 1 bis 1,5 Pfg. hergestellt haben. Der Stickstoff kann leicht mit 99,5 Proz. Reinheit erzeugt werden. Bei dem ungeheuren Umfang der Stickstoffindustrie ist die abfallende Sauerstoffmenge sehr groß, so daß man in Zukunft mit diesem Gas als billigem Nebenprodukt zu rechnen hat. *C. v. Linde* selbst hat bereits auf die Verwendung solchen Sauerstoffs in der Technik hingewiesen[1] und in derselben Veröffentlichung von den ersten Versuchen mit „O yxliquit"-S prengstoffen beim Bau des Simplontunnels berichtet. Heute hat sich die Verwendung der flüssigen Luft bzw. des flüssigen Sauerstoffs zum Sprengen von Gesteinen, zum Roden von Baumstubben usw. bereits ein weites Feld erobert (z. B. Verfahren der Sprengluft-Gesellschaft-Berlin).

Von großem Interesse ist das Verfahren der *BASF*, das in seinen technischen Grundlagen später noch genauer besprochen werden wird. Die *BASF* erzeugt einen Teil des benötigten Stickstoffs nach *Linde*, den Rest aus Generatorgas. Generatorgas, Wassergas und Wasserdampf werden in Gegenwart einer Kontaktmasse (Metalloxyde der Eisengruppe) miteinander umgesetzt. So-

---

[1] Zeitschr. d. Ver. deutsch. Ing. 1900, S. 69.

wohl das Kohlenoxyd des Wasser- wie das des Generatorgases reagieren dabei nach

$$CO + H_2O = CO_2 + H_2.$$

Die gebildete Kohlensäure wird mit Wasser unter Druck herausgenommen; das Restgas enthält dann nur nach Stickstoff und Wasserstoff, nachdem der letzte Rest Kohlenoxyd durch Absorption mit ammoniakalischer Kupferoxydullösung o. dgl. völlig entfernt ist. Hat man die Mischung Generatorgas-Wassergas richtig eingestellt, so kann direkt das stöchiometrische Gemenge $N : H_3$ erhalten werden, das die *Haber*-Synthese braucht.

Als Wasserstofflieferanten kommen daneben die Eisenkontaktverfahren zur Zersetzung von Wasserdampf in Frage, die von der Firma *Carl Francke*-Bremen (Verfahren von *Messerschmitt*; die Firma errichtete seit 1914 Anlagen mit einer Gesamterzeugung von 68 Mill. cbm H_2 und 200 Mill. cbm Wassergas pro Jahr) und namentlich von der *Berlin-Anhaltischen Maschinenbau A.-G.-*Berlin (*Bamag-Schacht*-Verfahren) ausgeführt werden. Die Bamag baute bis 1919 in 76 Bestellungen mit häufigen Erweiterungen 120 Wassergasanlagen für Gasanstalten und in 86 Bestellungen usw. 130 Anlagen für Industrie und Luftschiffahrt; die Tagesleistung ihrer Lieferungen erreichte $2^1/_2$ Mill. cbm. Bis zum 1. Juli 1918 sind außerdem in 47 Bestellungen und zahlreichen Erweiterungen 75 Wasserstoffanlagen mit rund 125 Mill. cbm Jahresleistung seitens der Bamag erbaut worden, worunter sich für die *BASF*-Betriebe mit 18 bzw. 1,5 Mill. cbm Jahresleistung befinden. Fetthärtung, Naphthalinhydrierung, autogene Metallbearbeitung usw. verbrauchen sehr bedeutende Mengen Wasserstoffgas.

Die Technik der verflüssigten Gase[1] hat sich, nicht zuletzt unter dem Einfluß der Stickstoffindustrie, zum mächtigen Großbetrieb entwickelt. Auch sonst hat das Arbeiten mit großen Gasmengen die apparative und meßtechnische[2] Seite der chemischen Industrie weitgehend beeinflußt.

Sowohl im Interesse der Landesverteidigung, als auch der Landwirtschaft und der Volksernährung sind die Stickstoffverbindungen sehr bald in den Kreis der staatlichen Bewirtschaftung hineingezogen worden. Es erübrigt sich, einen Überblick über sämtliche hier in Frage kommenden Verordnungen zu geben und genügt, einige wenige Phasen aus der Preisentwicklung herauszugreifen, wie es in der Tabelle geschehen ist. Man unterschied anfangs noch, ähnlich dem Verkauf durch die Ammoniak-V.-V. usw. ein Gebiet I an bzw. westlich und ein Gebiet II östlich der Elbe. Diese Zweiteilung wurde später aufgegeben. Die Bundesratsverordnung vom 11. Januar 1916 ist gewissermaßen grundlegend, da sie den Begriff des kg-Proz. Stickstoffs als einheitliche Basis einführt. Die Düngemittelhändler wurden 1915/16 zur *Deutschen Landwirtschaftlichen Handelsbank G. m. b. H.* in Berlin zusammengefaßt, die 1916 bereits 1200 Mitglieder zählte und die zusammen mit der *Bezugsvereinigung der deutschen Landwirte G. m. b. H.* in Berlin den Absatz der öffentlich be-

---

[1] Vgl. *E. B. Auerbach* in Ullmanns Enzyklopädie, Bd. V (1917), S. 679ff.
[2] Koppers-Mitteilungen 1919, Heft 6 u. 7.

wirtschafteten Düngemittel bewirkte. Durch die Verordnung vom 24. Oktober 1917 wurde beim Kriegsernährungsamt in Berlin eine Preisausgleichstelle für Kalkstickstoff geschaffen, die unter dem 13. März 1919 zu einer Preisausgleichstelle für Stickstoffdüngemittel erweitert worden ist. Die Preisausgleichstelle erhebt eine Umlage, welche die Mittel liefert, erhöhte Gestehungskosten zu ersetzen und verschieden hohe auszugleichen. Mit dieser Umlage, zu deren Zahlung der Erzeuger verpflichtet ist, werden alle aus eigener Erzeugung stammenden Düngemittel belegt. Seit 1. Juni 1921 werden besondere Umlagebeträge für Stickstoffdüngemittel nicht mehr erhoben. Die Tabelle gibt eine gute Übersicht über die verschiedenen Sorten der im Handel befindlichen Düngemittel und läßt erkennen, daß die Preise bis Mitte 1919 ganz normal waren, um erst ab 1. Juli 1919 sprunghaft anzuziehen. Der Höchstpreis versteht sich frachtfrei jeder deutschen Vollbahn- oder Normalspurkleinbahnstation, nur bei Blut- und Hornmehl lauten die Lieferungsbedingungen auf „frachtfrei Waggonstation des Lieferwerks." Beim Weiterverkauf dürfen den Höchstpreisen für 100 kg folgende Beträge zugeschlagen werden: a) bis zu 1 Mk., wenn in Mengen von weniger als 5 t verkauft wird, b) bis zu 1,70 Mk., wenn die Ware vom Lager verkauft oder versandt wird, c) 3 Proz. des Rechnungsendbetrages. Der Hersteller hat dem Händler einen Preisnachlaß bis zu 3 Mk. für je 100 kg Ware zu gewähren. Wird der Kalkstickstoff in Säcken geliefert, so erfolgt die Berechnung Brutto für Netto. Bei verlangter 50-kg-Packung darf ein Aufschlag von 25 Pfg. für den Papiersack berechnet werden. Besondere Verordnungen und Vorschriften regeln außerdem die Herstellung von Mischdüngern. Allen diesen Bestimmungen über Höchstpreise usw. unterliegen auch die aus dem Auslande oder aus den besetzten Gebieten eingeführten Kunstdünger (Verordnung vom 4. Mai 1920). Die Preisfestsetzung, Absatzregelung usw. erfolgt jetzt durch die Veröffentlichungen des Reichswirtschaftsministeriums bzw. der Überwachungsstelle für Ammoniakdünger und phosphorsäurehaltige Düngemittel in Berlin. Eine ganz neue Erscheinung im deutschen Wirtschaftsleben bildet der „Stickstoffausschuß" der von Zeit zu Zeit unter dem Vorsitz des Reichswirtschaftsministeriums zusammentritt und in dem das Reichswirtschaftsministerium, das Reichsschatzministerium, die Gliedstaaten, das Stickstoffsyndikat (s. u.), die verschiedenen Verbände der deutschen Landwirtschaft, der Handel, die Phosphatfabriken und die Arbeitnehmer vertreten sind. Seine Aufgaben bestehen in der Festsetzung der Verkaufspreise, der Umlage, der Lieferungsbedingungen, der Verteilung der Erzeugung auf Landwirtschaft und Handel, der Regelung der Ein- und Ausfuhr und der Belehrung. Die Preiserhöhung vom 1. Oktober 1919 ist bereits durch Beschluß dieses Ausschusses herbeigeführt worden, der dadurch insbesondere die Erzeugung fördern wollte.

Durch die Schaffung dieser Organisationen, die noch durch die Reichsarbeitsgemeinschaft Chemie, die Außenhandelsstelle Chemie usw. vermehrt sind, wurden die im oder kurz nach dem Kriege entstandenen Verwaltungsstellen, so das (1917) *Reichskommissariat für Stickstoffwirtschaft* beim Kriegsamt für die Munitionsstickstoffverteilung (Reichskommissar Dr. *Bueb*), das

Preise der wichtigsten Stickstoff-

Datum oder Jahr	Ammoniumsulfat		Kalkstickstoff	Natrium-ammonium-sulfat	Salzsaures Ammoniak	Ammonium-salpeter
	gewöhnliche Ware 25 % NH₃	gedorrte u. ge-mahlene Ware 25,5 % NH₃				
1913/1914	100 kg rund M. 28,—		1 kg % N = rd. M. 1,16			
1. 6. 1915	100 kg = M. 30,50	Gebiet I: 100 kg = M. 31,— Gebiet II: 100 kg = M. 31,50				
11. 1. 1916	1 kg% N I: M. 1,48 II: M. 1,49	1 kg% N I: M. 1,48 II: M. 1,50	1 kg% N I: M. 1,47 II: M. 1,47	1 kg% N I: M. 1,48 II: M. 1,49		
5. 6. 1916	1 kg% N I u. II s. o.	1 kg% N I: M. 1,51½ II: M. 1,52½	1 kg% N M. 1,40			
16. 3. 1919	1 kg % N M. 1,30 + Umlage M. 0,80	1 kg % N M. 1,86 + Umlage M. 0,80	1 kg % N M. 1,40 + Umlage M. 1,—	1 kg % N M. 1,80 + Umlage M. 0,80		1 kg % N M. 2.— + Umlage M. 0,80
1. 7. 1919	1 kg % N M. 2,90 + Umlage M. 1,—	1 kg % N M. 2,96 + Umlage M. 1,—	1 kg % N M. 1,40 + Umlage M. 2,—	1 kg % N M. 2.90 + Umlage M. 1,—	1 kg % N M. 2,90 + Umlage M. 1,—	1 kg % N M. 3,40 + Umlage: M. 1.—
1. 10. 1919	1 kg % N M. 2,90 + Umlage M. 2,50	1 kg % N M. 2,96 + Umlage M. 2,50	1 kg % N M. 1,40 + Umlage M. 3,45	1 kg % N M. 2,90 + Umlage M. 2,50	1 kg % N M. 2,90 + Umlage M. 2,50	1 kg % N: M. 3,40 + Umlage M. 2,60
1. 3. 1920	1 kg% N M. 9,50 + Umlage M, 2,50	1 kg% N M. 9,85 + Umlage M. 2,50	1 kg % N M. 1 40 + Umlage M. 9,30	1 kg % N · M. 9,50 + Umlage M. 2,50	1 kg % N M. 9,50 + Umlage M. 2,50	1 kg % N M. 11,— + Umlage M. 2,50

düngemittel in Deutschland.

Natrium-ammonium-salpeter	Kalium-ammonium-salpeter	Natriumsalpeter	Knochenmehl-Ammonium-salpeter	Gipsammonium-salpeter oder Kalkammon-salpeter	Ammonium-sulfatsalpeter	Verschiedenes
		Chilesalpeter 100 kg = M. 22,20				
						Knochenmehl 1 kg % N M. 2,10
	1 kg % N M. 2,20 + Umlage M. 0,80	1 kg % N M. 2,75 + Umlage M. 0,80				1 kg % N in Blutmehl M. 2,60, Hornmehl M. 2,20
1 kg % N M. 3,40, mit 40-45 % Steinsalz gem. + Umlage M. 1,—	1 kg % N M. 3,40, hergestellt aus Ammon- salpeter und Chlorkalium, daneben für 1 kg % H$_2$O = M. 0,48 + Umlage M. 1,—	1 kg % N M. 3,40 + Umlage M. 1,—	1 kg % N M. 3,40, mit mindest. 3 % Knochenmehl gemischt + Umlage M. 1,—	1 kg % N M. 3,40, m. etwa 40 % Gips od. Kalk gemischt + Umlage M. 1,—	*) Nachträglich hinzugefügt 1 kg % N M. 3,30 + Umlage M. 1,—	1 kg % N in Blutmehl M. 2,60, Hornmehl M, 2,20
1 kg % N M. 3,40 Steinsalz M. 1,— u. Mischen M. 2,— je 100 kg Ware. + Umlage M. 2,60	1 kg % N M. 3,40 Kalifracht, Mischen usw. M. 3,50 je 100 kg Ware + Umlage M. 2,60	1 kg % N M. 3,40 + Umlage M. 3,10	1 kg % N M. 3,40 Knochenmehl M. 0,60 Mischen: M. 2,— je 100 kg Ware + Umlage M. 2,60	1 kg % N M. 3,40 Gips oder kohlensauren Kalk M. 1,— Mischen M. 2, – je 100 kg Ware + Umlage M. 2,60	1 kg % N M. 3,30 + Umlage M. 2,55	1 kg % N Blutmehl M. 2,60 Hornmehl M. 2,20
1 kg % N M. 11,— + Umlage M. 2,50	1 kg % N M. 11,— + Umlage M. 2,50	1 kg % N M. 13,50 + Umlage M. 2,50	1 kg % N M. 11,— + Umlage M. 2,50	1 kg % N M. 11,— + Umlage M. 2,50	1 kg % N M. 10,50 + Umlage M. 2,50	Blut- und Hornmehl ungeändert Knochenmehl 1 kg % N M. 6,— (29. 3. 1920)

Datum oder Jahr	Ammoniumsulfat		Kalkstickstoff	Natrium-ammonium-sulfat	Salzsaures Ammoniak	Ammonium-salpeter
	gewöhnliche Ware 25% NH_3	gedorrte u. gemahlene Ware 25,5% NH_3				
1. 6. 1921	1 kg % N M. 14,50	1 kg % N M. 14,85	1 kg % N M. 12,90	1 kg % N M. 14,50	1 kg % N M. 14.50	
10. 10. 1921	1 kg % N M. 17,40	1 kg % N M. 18,—	1 kg % N M. 15,50	1 kg % N M. 17,40	1 kg % N M. 17,40	
5. 12. 1921	1 kg % N M. 25,80	1 kg % N M. 26.40	1 kg % N M. 23,—	1 kg % N M. 25.80	1 kg % N M. 25,80	
8. 2. 1922	M. 29,80	M. 30,60	M. 26,50	M. 29,80	M. 29,80	

Bemerkungen: Gebiet I: Orte unmittelbar an der Elbe und westlich der Elbe. Auf $NaNO_3$ bezogen, verhält sich nunmehr der deutsche Preis

Reichsamt für die wirtschaftliche Demobilmachung, Gruppe Chemie (Vorsitzender Geheimrat *Haber*), Unterausschuß für die Düngerindustrie, die Zentralstelle zur Förderung der Düngerherstellung usw., überflüssig. Sie sind daher aufgelöst worden. Die Frachtsätze für Düngemittel wurden 1919/21 mehrfach neu geregelt.

Im Frühjahr 1915 existierten, außer der Oppauer Fabrik der *BASF* nur Kalkstickstoffanlagen in Deutschland, um synthetische Stickstoffprodukte herzustellen. Die Kalkstickstofferzeuger der Deutschen Bank-Gruppe sollen diesen Umstand benutzt haben[1], um der Regierung den Gedanken nahezulegen, ein Stickstoffhandelsmonopol zu schaffen. Sie erhofften davon die Gewähr hoher Preise und günstiger Rentabilität ihrer teuren Anlagen. In der Tat ging bald danach dem Reichstag ein „Ermächtigungsgesetz zur Einführung eines Stickstoff-Handelsmonopols" zu[2], das in einer besonderen Stickstoffkommission eingehend durchberaten wurde, die nicht weniger als 30 Sachverständige anhörte. Mit dem Entwurf beschäftigte sich u. a. der Ausschuß des „Vereins zur Wahrung der Interessen der Chem. Industrie Deutschlands" eine Eingabe der „Ältesten der Kaufmannschaft" in Berlin, die Einsprüche der Handelskammern zu Frankfurt a. M. und Hamburg und vor allem die inhaltsreichen Gegendenkschriften der *BASF*, der Chem. Fabrik vorm. Weiler ter Meer sowie des Vereins Deutscher Düngerfabrikanten[3]. Be-

---

[1] Zeitschr. f. angew. Chem. 1919, II, 154/155.
[2] Chem.-Ztg. 1915, S. 200; Chem. Ind. 1915, Nr. 23/24.
[3] Chem.-Ztg. 1915, S. 372.

Natrium-ammonium-salpeter	Kalium-ammonium-salpeter	Natriumsalpeter	Knochenmehl-Ammonium-salpeter	Gipsammonium-salpeter oder Kalkammon-salpeter	Ammonium-sulfatsalpeter	Verschiedenes
1 kg % N M. 14,50	1 kg % N M. 14,50	1 kg % N M. 17,50	1 kg % N M. 14,50	1 kg % N M. 14,50	1 kg % N M. 14,50	1 kg % N im Blutmehl M. 2,60, im Hornmehl M. 2,20, im Knochenmehl M. 2,—
1 kg % N M. 17,40 mit 40—45 % Steinsalz	1 kg % N M. 17.40	1 kg % N M. 24,—	1 kg % N M. 17,40 mindestens 3 % Knochenmehl	1 kg % N M. 17,40 mit 40 % Gips	1 kg % N M. 17,40	Blutmehl M. 19.—, Hornmehl M. 16,—
1 kg % N M. 25,80 M. 29,80	1 kg % N M. 25,80 M. 29,80	1 kg % N M. 31,20 M. 36,—	1 kg % N M. 25,80 M. 29,80	1 kg % N M. 25,80 M. 29,80	1 kg % N M. 25,80 M. 29,80	Blutmehl M. 19,—. Hornmehl M. 16,—

Gebiet II: Orte östlich der Elbe.
zum Weltmarktspreis knapp wie 1 : 2!

sonders die *BASF* legte eindringlich klar, daß das Monopol lediglich einen Schutz für die unrentabel arbeitende Kalkstickstoffindustrie bedeuten würde, während sie selbst in absehbarer Zeit jede beliebige Menge Ammoniak ohne staatliche Unterstützung billiger würde herstellen können. Daraufhin versuchte die „Nordd. Allgem. Ztg." als offiziöse Stimme, die gegen das Monopol sprechenden Bedenken zu zerstreuen, indem sie schrieb: „Die Auffassung, daß die Monopolvorlage lediglich auf die Erzeugung von Kalkstickstoff zugeschnitten sei, ist irrig. Zweck der Vorlage ist vielmehr, eine für die Bedürfnisse der militärischen und wirtschaftlichen Landesverteidigung ausreichende Erzeugung von Stickstoffverbindungen, einerlei welcher Art, im eigenen Lande gegenüber allen Möglichkeiten sicherzustellen. Gleichfalls irrig ist die Annahme, daß die Reichsregierung bei ihren bisherigen Maßnahmen das *Haber*sche Verfahren der synthetischen Gewinnung von schwefelsaurem Ammoniak unberücksichtigt gelassen und lediglich das *Caro*sche Verfahren der Gewinnung von Kalkstickstoff herangezogen habe. In Wirklichkeit hat die Regierung die Beschleunigung des Ausbaues und die beträchtliche Vergrößerung der nach dem *Haber*schen Verfahren arbeitenden Anlagen durch eine weitgehende finanzielle Mitwirkung veranlaßt, bevor die Verträge mit der angeblich allein berücksichtigten Kalkstickstoffgruppe überhaupt zum Abschluß kamen[1]." In den Kommissionssitzungen betonte Staatssekretär *Helfferich*, daß ausschließlich die Ermächtigung zu einem Monopol für den Großhandel ohne Einschränkung des Kleinhandels in Frage kommen und die Verteuerung der Stickstoff-

---

[1] Chem.-Ztg. 1915, S. 439.

verbindungen ausgeschlossen werden solle. Die Kommission kam darauf in ihrer Sitzung vom 20. August 1915 zu dem einstimmig gefaßten Beschluß, daß sie grundsätzlich bereit sei, im Bedarfsfalle einem Ermächtigungsgesetz für das Stickstoffhandelsmonopol zuzustimmen[1]. Trotzdem sich auch der „Ständige Ausschuß des Deutschen Landwirtschaftsrates" unter gewissen Vorbehalten mit der Annahme des Gesetzes einverstanden erklärte[2], ist dasselbe schließlich doch an den obenerwähnten Einsprüchen gescheitert.

Damit schienen alle Monopolisierungsabsichten beseitigt[3]. Um so überraschter war die Öffentlichkeit, als am 10. April 1919 gemeldet wurde, das Reich sei unter Führung des Reichsschatzamtes mit den Erzeugergruppen seit längerer Zeit in Verhandlungen zur Schaffung eines Stickstoffsyndikats eingetreten (Weimarer Meldung vom 10. April 1919 im „Vorwärts"). Vorher war in Fachzeitungen mehrfach auf die Gefahren der Vergesellschaftung hingewiesen worden[4]. Die deutsche Regierung hat ihren Plan der Nationalversammlung vorgelegt, deren Volkswirtschaftsausschuß sich bereits am 10., 11. und 12. April 1919 eingehend damit beschäftigte. Aus den Verhandlungen, die hier nach dem Bericht der „Magdeburgischen Zeitung" Nr. 275, Abendausgabe vom 12. April 1919, dargestellt werden, sei hervorgehoben, daß allgemein die Festhaltung eines angemessenen Verhältnisses zwischen Stickstoffdüngerpreis und Erlös für die landwirtschaftlichen Erzeugnisse gewünscht wurde. Auf den Einwurf des Abg. Dr. *Maier*-Schwaben, der zum Ausdruck brachte, „der Preis für Stickstoff müsse nach dem der technisch fortgeschrittensten und rentabelsten Werke bemessen werden, nicht etwa nach den Preisen der veralteten Werke, an denen das Reich finanziell beteiligt ist" und auf die Darlegungen verschiedener anderer Redner erwiderte der Reichsminister *Gothein*[5], man möchte wegen der Vertragsgestaltung nicht weiter einen Druck auf die Regierung ausüben, es sei mit den Interessenten monatelang verhandelt worden, um den vorliegenden Vertrag vorzubereiten. Eine nicht gewinnbringende Erzeugung der Reichswerke könne und solle nicht dauernd aufrechterhalten werden. Über die künftige Preisgestaltung lasse sich bei den heutigen Kohlenpreisen (12. April 1919) und den unsicheren Arbeitsverhältnissen nicht gut etwas voraussagen. Mit der Senkung der Kohlen- und Lebensmittelpreise werde auch der Düngestickstoffpreis herabgesetzt werden. Ob dieser Preis in ein gewisses Verhältnis zu dem Preis landwirtschaftlicher Produkte gebracht werden könne, stehe dahin. Auch die Regierung habe das größte Interesse an einer schnellen Belieferung der Landwirtschaft mit Düngemitteln. Die Zufuhr sei allerdings durch die Transportschwierigkeiten sehr erschwert. Der Volkswirtschaftsausschuß hieß schließlich den Gesellschafts- und Syndikatsvertrag einmütig gut und nahm mit großer Mehrheit drei Entschließungen betreffend Preisbildung, schnellste

---

[1] Chem.-Ztg. 1915, S. 404, 653.
[2] Chem.-Ztg. 1915, S. 768.
[3] Zeitschr. f. angew. Chem. 1918, III, 62.
[4] z. B. Zeitschr. f. angew. Chem. 1918, III, 613; Weltwirtschafts-Ztg. 1919, Nr. 16.
[5] Zeitschr. f. angew. Chem. 1919, II, 266.

Stickstoffzufuhr an die Landwirtschaft und endlich Vertretung der Verbrauchergruppen im Syndikat an.

Für die rege Anteilnahme der Allgemeinheit an diesen in der Tat schwerwiegenden Projekten spricht insbesondere ein ausführlicher Artikel im Berliner Börsen-Courier vom 19. April 1919, der hier im Auszug wiedergegeben sei, weil er auf wertvolle neue Gesichtspunkte verweist, um die Gründe zu belegen, die zur Schaffung des Syndikats geführt haben. „Noch bei Einbringung des Ermächtigungsgesetzes von 1915 konnte die Reichsregierung mit Recht gegenüber dem Reichstag betonen, daß sie mit der Vorlage weder ein privatwirtschaftliches noch ein fiskalisches Interesse verfolge, sondern sich lediglich von dem Gesichtspunkt der Landesverteidigung habe leiten lassen, jetzt (d. h. April 1919) fällt dieses Moment fort. Will man die Frage nach den Gründen der neuen Syndikatsbildung beantworten, so wird man daher in der Annahme nicht fehlgehen, daß das Reich jetzt darauf bedacht ist, seine über 100 Millionen betragenden Investitionen zu schützen und gleichzeitig die der *BASF* gewährten Vorschüsse zu konsolidieren. Die *BASF*, die tatsächlich viel rentabler, als die Kalkstickstoffwerke produziert, kann die treibende Kraft zur Verbandsbildung unmöglich sein. Sie dürfte aber, da ihr ein ihrer Leistungsfähigkeit entsprechendes Lieferungskontingent in Höhe von 60 Proz. zugebilligt wird und die Preise nach dem durchschnittlichen, recht hohen Gestehungskosten der Kalkstickstoffwerke sich richten müssen, von der Syndikatsbildung einen nicht unbeträchtlichen Nutzen ziehen. Sie hat danach gar nicht mehr nötig, auf ihren früheren Widerspruch zurückzugreifen.

Von gleichen Erwägungen dürften sich auch die Kokereien und Gaswerke leiten lassen. Ihre Selbstkosten sind ganz geringfügig. Sie richten sich, da die Gewinnung von Ammoniak lediglich ein Abfallprodukt des Fabrikationsprozesses darstellt, nur nach der Art der Buchung. Es muß also angenommen werden, daß die Syndikatsbildung tatsächlich zum Schutze der Kalkstickstoffproduzenten, die mit der Reichsregierung ein gemeinsames Interesse haben, betrieben wird. Im Sinne unserer Volkswirtschaft ist deshalb sehr zu bedauern, daß die Reichswerke seinerzeit nach einem nachweislich unrentablen Verfahren eingerichtet worden sind. Die Folge ist, daß unserer Landwirtschaft heute viel höhere Preise für die Stickstoffdüngemittel abgefordert werden, als dies bei freier Konkurrenz der Erzeugnisse der Fall sein würde. Es liegt aber andererseits auch die Befürchtung nahe, daß neue Erfindungen durch die Verbandsbildung zurückgehalten oder unterdrückt werden könnten. Es müßte daher, wenn die Syndikatsbildung wirklich eine Notwendigkeit ist, wenigstens gewährleistet sein, daß der Entwicklung dieser jungen aussichtsreichen Industrie keine Fesseln angelegt werden. Das Reich darf sich, da es nun einmal durch einen nicht mehr gut zu machenden Fehler Eigentümer von Unternehmungen geworden ist, deren Wirtschaftlichkeit letzten Ansprüchen nicht genügt, keineswegs von gewissen Interessentengruppen zu Schritten verleiten lassen, die geeignet sind, uns den Vorsprung in der Stickstofferzeugung durch andere Staaten zu nehmen. Diese Gefahr liegt aber nahe, denn es muß als sehr wahrscheinlich angenommen werden, daß der Kalkstickstoff dem Wettbewerb des Chilesalpeters ohne Zollschutz nicht gewachsen ist. Die Versorgung unserer Industrie und Landwirtschaft mit Stickstoff kann aber durch eigene Werke nur dann geleistet werden, wenn es gelingt, die Preise erheblich unter dem für Chilesalpeter üblichen Niveau zu halten. Es dürfte auch unmöglich sein, den eigenen Ausfuhrüberschuß abzusetzen, wenn die heimischen Gestehungskosten so hoch sind, daß ein Wettbewerb mit fremden Erzeugnissen aussichtslos wird.

Die Gefahr eines Weltstickstofftrusts ist noch keineswegs beseitigt. Würde in Chile der vor dem Kriege übliche Ausfuhrzoll von etwa 35 Pfg. pro Kilogramm Stickstoff, durch dessen Einnahme fast alle öffentlichen Ausgaben des chilenischen Staates gedeckt werden, plötzlich aufgehoben, so müßte der Preis für Salpeter zweifellos unter die deutschen Stickstoffpreise sinken. Angesichts der Trustneigung, welche von der vorwiegend mit amerikanischem und englischem Kapital gespeisten chilenischen Salpeterindustrie stets bekundet wurde, liegt die Möglichkeit nahe, daß der alte Plan zur Bildung einer Nitrate Holding Co., der sich die großen amerikanischen und englischen Kalkstickstoffproduzenten anschließen würden, wieder auftaucht. Gerade weil wir auf dem Gebiete der Luftstickstoffbindung dem Auslande gegenüber einen Vorsprung errungen haben, ist es nicht unwahrscheinlich, daß dieses Projekt zur Abwehr gegen deutschen Wettbewerb unter dem Schutze der politischen Übermacht gefördert wird. Wir sollten deshalb alles vermeiden, was unsere tatsächlich noch konkurrenzfähige Erzeugung irgendwie verteuern könnte. Das geschieht aber, wenn durch die Syndikatsbildung die Preise nach den durchschnittlichen Gestehungskosten der Kalkstickstoffwerke festgesetzt werden und nicht nach dem wirtschaftlichsten Verfahren. Die fiskalischen Interessen sind nicht so hoch, daß ihr Schutz durch ein Syndikat unbedingt erforderlich wäre.

Am 8. Mai 1919 haben sich die drei großen Erzeugergruppen von Stickstoffdüngemitteln, und zwar:

1. Die *BASF*;
2. die Deutsche Ammoniak-Verkaufs-Vereinigung in Bochum mit den Oberschles. Kokswerken und Chem. Fabriken A.-G. sowie der Wirtschaftlichen Vereinigung deutscher Gaswerke in Köln, endlich
3. die Kalkstickstoffindustrie vertreten durch die Bayrischen Stickstoffwerke in Berlin zu einem Syndikat vereinigt, dessen Geschäftsführung aus Dr. *Brückner* als Vertreter des Reichsfiskus, Direktor Dr. *Bueb* als Bevollmächtigtem der *BASF*, Direktor *Sohn* von der Ammoniak-V.-V. und Geheimrat Prof. Dr. *Caro* als Vertreter der Kalkstickstoffindustrie besteht. Der Einfluß des Reiches ist also sowohl in der Geschäftsführung, wie auch durch die Zusammensetzung des Verwaltungsrates gewährleistet. Das *Deutsche Stickstoffsyndikat, G. m. b. H.*, hat seinen Sitz in Berlin NW 7, Neustädtischekirchstr. 9. Es ist mit rund 360 000 Mk. Kapital gegründet worden, wovon auf den Staat etwa 110 000 Mk., die *BASF* 150 000 Mk., die Kalkstickstoffwerke 50 000 Mk., sowie die Kokereien und Gasanstalten ebensoviel entfallen.

Die nach Ausbau sämtlicher Werke zu erreichende Inlandshöchsterzeugung von 500 000 t Stickstoff pro Jahr verteilt sich wie folgt:

> 300 000 t N　　*BASF*
> 100 000 t N　　Kalkstickstoffwerke und
> 100 000 t N　　Kokereien und Gasanstalten.

Welche gewaltigen Werte in diesen Ziffern stecken, denen ein Friedensgesamtverbrauch (1913) von etwa 222 500 t N gegenübersteht, zeigt sich, wenn man z. B. die Höchstpreiszahlen vom 1. März 1920 einsetzt. Man kann dabei für die Produktion der *BASF* im Mittel 13 Mk. pro Kilogramm Stickstoff, für die Kalkstickstofferzeugung 10,70 Mk. pro kg N und für die Kokereien usw. 12 Mk. pro kg N zugrunde legen. Es ergeben sich dann folgende Jahresproduktionswerte:

> *BASF* . . . . 3,9　Milliarden Mk.
> Kalkstickstoffwerke . . . . . . 1,07　　„　　　　„
> Kokereien usw. . . . . 1,20　　„　　　　„

Über die Organisation des Stickstoffsyndikats verbreitete sich Dr. *Bueb* in der „Chem. Ind." vom 25. November 1919[1] näher. Nach ihm war die Stickstofferzeugung bis Oktober in so erfreulichem Aufstieg begriffen, daß sie über 25 000 t N im Monat betrug. Bei glücklichem Ausgang des Krieges wäre die Höchstleistung von 500 000 t N etwa Anfang 1920 erreicht gewesen! Die Revolution änderte das Bild völlig und erst allmählich machte sich ein Wiederaufschwung geltend, der 1920/21 nach einer Bekanntmachung des Düngestickstoff-Ausschusses zu Stockungen in der Abfuhr der laufend anfallenden Erzeugung führte[2]. Insbesondere zur Überwachung der Lieferung von Werken, die dem Syndikat nicht angehören, ist die „Überwachungsstelle für Ammoniakdünger und phosphorsäurehaltige Düngemittel", Berlin W 8, ins Leben getreten, welche die Kontrolle über diese Lieferungen der Deutschen Ammoniak-V.-V., den Oberschlesischen Kokswerken A.-G., sowie der Wirtschaftl. Vereinigung Deutscher Gaswerke übertragen hat. Die Überwachungsstelle, der allmonatlich Produktionsmeldungen zu erstatten sind, regelt Landabsatz und Selbstverbrauch aller Erzeuger und bestimmt grundlegend, daß 50 Proz. der Produktion direkt an die „Landwirtschaft" und 50 Proz. an den „Handel" gelangen sollen. Dem Syndikat ist ein Düngestickstoffausschuß koordiniert, dessen Zusammensetzung [unter Hinzuziehung noch eines Vertreters des Reichsernährungsamtes] oben bereits angegeben wurde. In der angezogenen Arbeit weist *Bueb* darauf hin, daß der Anteil der Gasanstalten an der Stickstoffwirtschaft von 18 Proz. vor dem Kriege bis auf 5 Proz. gesunken sei. Für sie ist die Herstellung von schwefelsaurem Ammoniak auch in Zukunft das Gegebene, nebenbei sollten sie so viel konz. Ammoniakwasser erzeugen, daß die Ammoniaksodafabriken versorgt werden können. Die Herstellung von Salmiakgeist und reinen Ammonsalzen wird auf die Dauer gänzlich der *BASF* überlassen werden müssen.

---

[1] Zeitschr. f. angew. Chem. 1919, II, 807.
[2] Chem.-Ztg. 1920, S. 404.

Das Syndikat, das den Gedanken eines absoluten Staatsmonopols fallen gelassen hat, bewirtschaftet nur Düngestickstoff, während die Stickstoffprodukte, die für gewerbliche Zwecke benutzt werden, weder der Höchstpreisbeschränkung noch der syndikatlichen Aufsicht unterliegen. Die Tätigkeit des Syndikats hat am 1. August 1919 begonnen.

Außer der sich aus dem Versailler Friedensvertrage herleitenden Monatslieferung von je 2500 t Ammonsulfat an Frankreich (Preise Oktober bis Dezember 1920 je 100 kg frei Waggon französischer Grenze, lose 142 Fr., in starken neuen Säcken, inkl. 147 Fr.) ist 1920 erstmalig der Versuch unternommen worden, größere Stickstoffmengen auszuführen, um dadurch die Inlandspreise wenn nicht herabzusenken, so doch zu stabilisieren. Der Volkswirtschaftsausschuß des Reichstages hat im August 1920 zunächst 25 000 t Stickstoffdüngemittel zur Ausfuhr freigegeben. An den Lieferungen, über deren Wert und Unwert sehr gestritten worden ist, ist das Leunawerk in erster Linie beteiligt. Der beabsichtigte Haupteffekt, die Inlandspreise zu senken, ist nicht eingetreten. Um den noch immer stockenden Absatz im Inland zu heben, ist im Januar 1921 die Stickstoffkredit G. m b H. mit 500 Mill. Mk. Stammkapital bei 25 Proz. Einzahlung gegründet worden. Die Anteile dieses Delcredereinstituts übernimmt hauptsächlich das Stickstoffsyndikat; ferner sind beteiligt: die Deutsche Ammoniak-Verkaufsvereinigung in Bochum, die Oberschlesischen Kokswerke und Chemischen Fabriken A-.G. die *BASF* und die Bayr. Stickstoffwerke. Das Stickstoffsyndikat zieht bei Abnahme von Stickstoffdünger nur die Hälfte des Kaufpreises ein und begnügt sich für den Rest mit Wechseln, die mit Hilfe sämtlicher Bezugs- und Kreditorganisationen und der Stickstoffkredit G. m. b. H. Diskontfähigkeit bei der Reichsbank und privaten Diskonteuren erhalten sollen. — Auch an eine Verknüpfung der Getreidezwangswirtschaft mit der Düngerbelieferung im Wege des sog. Umlageverfahrens wird neuerdings gedacht.

Stellen wir die in der Höchstpreisliste aufgeführten Düngemittel nach ihrem **Stickstoffgehalt** zusammen, so ergibt sich folgendes Bild:

Ammonsulfat	20,5 bis 21,0	Proz.	N
Kalkstickstoff	18	„ 20	„ „
Natriumammoniumsulfat	rund 10	„ „	
Salzsaures Ammoniak	25	„ „	
Ammoniumsalpeter	33 bis 35	„ „	
Natriumammoniumsalpeter	20	„ „	
Kaliumammoniumsalpeter	16	„ „	
Natriumsalpeter	15,6 bis 16	„ „	
Knochenmehl-Ammoniumsalpeter . .	etwa 30 bis 32	„ „	
Gips- oder Kalk- „ . .	20,5 „ 25	„ „	
Ammoniumsulfatsalpeter	27	„ „	

Diese Zahlen sollen natürlich keineswegs als Standardwerte gelten, da die Mischdünger selbstverständlich auch nach anderen, als den hier zugrunde gelegten Mengenverhältnissen zusammengesetzt sein können. Der Harnstoff mit 46,6 Proz. N und das Ammoniumbicarbonat sind in diesen Aufstellungen noch nicht enthalten, da ihnen größere Absatzgebiete im Augenblick noch fehlen. Wegen des hohen Stickstoffgehalts und wegen der gänzlichen Abwesenheit fremder Ballastbestandteile werden beide als Düngemittel sicherlich noch eine Zukunft haben. Der Ammonsalpeter, der ein Haupterzeugnis der Synthese darstellt, eignet sich wegen seiner Zerfließlichkeit zum Massenversand schlecht. Brikettiertes Material kann, abgesehen von sonstigen Nachteilen, vielleicht in der Industrie, weniger dagegen in der Landwirtschaft Verwendung finden, da es dort erst zerkleinert werden müßte. Die neueren Mischdünger, namentlich Kaliumammoniumsalpeter und Ammoniumsulfatsalpeter, die aus Ammonsalpeter und Kalisalzen bzw. Ammonsulfat gewonnen werden, sind nicht mehr hygroskopisch und zeigen nicht mehr die explosiven Eigenschaften, die dem reinen Ammonnitrat anhaften. Das Mischen des Ammonnitrats mit Kalisalzen, Knochenmehl, Gips oder Kalksteinmehl hat den doppelten Vorzug, außer dem Stickstoff noch ein anderes düngendes Agens dem Acker darbieten und den im reinen Ammonsalpeter ziemlich stark konzentrierten Stickstoff auf die gebräuchliche Basis von etwa 20 Proz. bringen zu können. Mischungen von Ammonsalpeter mit Steinsalz sind vielleicht weniger empfehlenswert. Seit Ende 1920 ist Ammonsalpeter selbst aus der Liste der Düngemittel gestrichen und darf nicht mehr als solches gehandelt werden.

Für die Zusammensetzung der Mischdünger muß neben sonstigen chemischen und technischen Gründen einerseits die Herabsetzung allzu hoher Stickstoffgehalte und andererseits die Beibehaltung der frachtlich günstigen Hochwertigkeit maßgebend sein. Der Landmann dosiert seine Düngergaben nach dem altbekannten Chilesalpeter, dem Ammonsulfat oder dem Kalkstickstoff. Diesen Stickstoffwerten müssen sich daher die neuen Mittel wenigstens annähernd anpassen. Je höher ihr Stickstoffgehalt steigt, desto mehr sinken prozentual die Frachtunkosten. Von diesen beiden Gesichtspunkten aus betrachtet, würde der Ammonsulfatsalpeter vielleicht das günstigste „Mischsalz" darstellen, das uns jetzt zur Verfügung steht. Die Düngewirkung des Ammonsalpeters ist insofern sehr günstig, als der Nitratstickstoff schnell, der Ammoniakstickstoff nachhaltiger und langsamer wirkt. Die allzu große Wasserlöslichkeit, die durch Umsetzung mit Kalisalzen, Ammonsulfat usw. etwas herabgedrückt wird, ist dagegen vom Übel, da infolgedessen das Salz oftmals, ehe es überhaupt das Pflanzenwachstum begünstigen kann, aus dem Boden durch Regen herausgewaschen ist. Der im Ammonsalpeter gegenüber dem Chilesalpeter mehr als verdoppelte Stickstoffgehalt verführte den Landmann ganz unbewußt dazu, seinen Acker zu „überdüngen" und damit leicht sehr verderbliche Folgen zu erzielen. Diese Beweggründe haben zur Erzeugung der Mischdünger geführt, von denen namentlich der Kaliammonsalpeter im Handel direkt als „Mischsalz" bezeichnet wird. Chlorammonium, das die *BASF* nach dem Solvayverfahren erzeugt, ist im großen Umfange noch nicht eingeführt. Der Propaganda für diese neuen Stickstoffdünger dienen die bereits erwähnten Beratungsstellen der *BASF* (z. B. in Kassel, München, Ludwigshafen usw.). Der Natriumammoniumsalpeter ist ein Umsetzungsprodukt des Ammonnitrats mit Chlornatrium, sein Stickstoff ist zur Hälfte als Chlorammonium und zur Hälfte in Form von Natriumnitrat gebunden. Der durch Umsetzung von Chlorkalium mit Ammonnitrat gewonnene Kaliumammoniumsalpeter enthält neben Stickstoff noch 23 bis 25 Proz. Kali.

Wie die Tatsache, daß die durch den natürlichen Stickstoffkreislauf der Pflanze gelieferten Düngestickstoffmengen bei intensiver Bodenkultur nicht mehr ausreichen konnten, zu einem Ausbau der *Liebig*schen Lehren in der Praxis führen mußte, braucht hier nicht erörtert zu werden[1]. Es genügt, auf die von *Bueb*[2] gegebenen Zahlen über die Erntevermehrung durch eine Tonne N, die als Dünger in den Acker gebracht wird, hinzuweisen. Sie beträgt nämlich pro Tonne Stickstoff etwa:

18 t Weizenkörner + 40 t Weizenstroh
24 t Gerstenkörner + 30 t Gerstenstroh
24 t Haferkörner + 34 t Haferstroh
129 t Kartoffeln + 40 t Kartoffelkraut
150 t Zuckerrüben + 199 t Zuckerrübenblätter
240 t Futterrüben + 75 t Futterrübenblätter.

Auch *N. Caro* kommt zu dem Schluß, daß jede Tonne Stickstoff die Getreideernte um mindestens 20, die Kartoffelernte um mindestens 100 t vergrößert[3] und daß daher Steigerung der deutschen Stickstoffproduktion allererstes Lebensbedürfnis des deutschen Volkes sei. Wie schlecht die Düngerversorgung der deutschen Landwirtschaft war, das zeigt folgende kleine Statistik[4]; es wurden abgeliefert in Tonnen:

	N	P_2O_5	K_2O	
1. Mai 1913 bis 30. April 1914	210 000	630 000	557 450	dazu 40 000 t N
1. Mai 1917 „ 30. April 1918	92 334	325 800	779 000	für die Industrie
1. Mai 1918 „ 30. April 1919	115 000	230 000	670 000	
1. Mai 1919 „ 30. April 1920	158 000	147 000	756 000	
1. Mai 1920 „ 31. Okt. 1920	83 000	100 700	202 000	

Unter diesen Umständen ist die Notlage der Landwirtschaft, wie sie auf den Jahresversammlungen der Deutschen Landwirtschaftsgesellschaft wiederholt in düsteren Farben geschildert wurde[5], leider nur zu verständlich. Kaum befindet sich die Stickstoffindustrie in so erfreulichem Aufschwung, daß jetzt mit einer normalen Belieferung gerechnet werden kann, so bedroht das Gespenst der allzu hohen Preise die Fortentwicklung. Bereits Prof. *Lemmermann*-Berlin führte auf der 88. Versammlung der Dünger-(Kainit)-Abteilung der Deutschen Landwirtschaftsgesellschaft in Berlin am 19. Februar 1919 folgendes aus[6]: Etwa 75 Proz. der deutschen Äcker werden vom Klein-

---

[1] Siehe Schweiz. Apoth.-Ztg. **57**, 691; Die Technik i. d. Landwirtschaft 1920, Heft 5, S. 260 ff.

[2] 60. Jahresvers. des deutsch. Ver. von Gas- u. Wasserfachmännern, 25./26. Sept. 1919 in Baden-Baden; Chem.-Ztg. 1919, S. 712.

[3] Voss. Ztg., Abendblatt, Donnerstag 11. Dez. 1919; B. Z. am Mittag Nr. 72, 2. April 1919.

[4] Zeitschr. f. angew. Chem. 1919, II, 360; 1920, II, 410; Umschau 1919, S. 157.

[5] Chem.-Ztg. 1919, S. 161, 252; Zeitschr. f. angew. Chem. 1919, II, 158.

[6] Chem.-Ztg. 1919, S. 161.

und Mittelbesitz bewirtschaftet und wurden besonders vor dem Kriege zu wenig mit Stickstoff versorgt. Dieser Teil der Bewirtschafter wird zu einer wesentlich stärkeren Anwendung von Stickstoff nur zu bewegen sein, wenn der Preis des Stickstoffs herabgesetzt wird. Demgegenüber müssen alle Bedenken über die Rentabilität der Fabriken zurückstehen. Weiter ist es notwendig, daß der Kalkstickstoff in leichter anwendbarer Form geliefert wird als vor dem Kriege. So kompetente Fachleute, wie Geheimrat Prof. Dr. *N. Caro* und Unterstaatssekretär a. D. *Friedr. Edler v. Braun* haben nachweisen können[1], daß die Landwirtschaft bei den heutigen inländischen Düngemittelpreisen nicht mehr auf ihre Rechnung kommt und daß die Einfuhr von überseeischen Düngemitteln, wie Chilesalpeter, die im Frühjahr 1920 teilweise durchgeführt ist, in dieser Beziehung noch verderblicher wirken müßte.

Von dieser Sachlage wird natürlich auch die Weiterentwicklung der Stickstoffindustrie stark beeinflußt werden, die man sonst infolge der überall herrschenden Stickstoffnot, als durchaus günstig bezeichnen muß: ein Stickstoffüberfluß dürfte fürs erste noch nicht zu befürchten sein. In dieser Beziehung ist eine Arbeit von *Edward John Russell*, „Künstliche Düngemittel, ihre augenblicklichen und zukünftigen Aussichten", von besonderem Interesse[2]. *Russell* gibt tabellarisch eine Übersicht über die in den Hauptbedarfsländern gebrauchten Düngemittelmengen; diese betrugen in Zentner pro Hektar für

	Stickstoff	Kunstdünger insgesamt
Belgien	1,19	5,38
Luxemburg	0,168	4,05
Deutschland	0,44	3,31
Großbritannien	0,40	1,78
Italien	0,074	1,19
Frankreich	0,047	1,133
Dänemark	0,20	1,136

Aus diesen Zahlen erhellt schon, wie sehr steigerungsfähig die Stickstoffdüngung gerade in Deutschland noch ist. Es kann im Rahmen dieses Buches natürlich nicht näher auf agrikulturchemische Fragen eingegangen werden; verwiesen sei in dieser Beziehung auf die viel zitierten Darlegungen des englischen Chemikers *Sir William Crookes*. Dieser hat den 1. Vortrag später zu einer größeren Schrift über das „Weizenproblem" (1899) erweitert, in dem die lebensnotwendige Rolle des Stickstoffs eingehend geschildert ist. Der Düngewert der einzelnen Düngemittel ist natürlich ganz verschieden. Nach den Untersuchungen von *Gerlach*-Bromberg hat z. B. der Stickstoff des Ammonsulfats im Mittel nur 89 Proz., der des Kalkstickstoffs nur 76 Proz. von der Wirksamkeit des Chilesalpeterstickstoffs[3], dabei ist allerdings zu berücksichtigen, daß die Wirkung des Kalkstickstoffs sich u. a. noch bis zur nächsten Ernteperiode erstreckt. Die Umfragen der Deutschen Landwirtschafts-

---

[1] Chem.-Ztg. 1920, S. 88.
[2] J. Soc. Chem. Ind. **36**, 250—261 (1917).
[3] Chem.-Ztg. 1915, S. 764.

gesellschaft sprachen sich zum großen Teil zufriedenstellend über die Ausgiebigkeit, des Kalkstickstoffs aus. Die Schwierigkeiten beim Streuen sind noch nicht behoben. Ölhaltige Formen haben zwar den gleichen Düngewert, lassen aber, was das geringere Stäuben anbetrifft, in ihren vorteilhaften Eigenschaften sehr bald nach. Empfehlenswert sind gute Düngerstreumaschinen, auch Mischung mit Thomasmehl oder mit Kalisalzen dicht vor dem Ausstreuen ist angebracht. Granulierter Kalkstickstoff zeigt geringere Düngewirkung. Wichtig ist, daß der Kalkstickstoff mindestens 2 bis 3 Wochen vor der Bestellung untergebracht wird, um dem Cyanamidstickstoff Gelegenheit zu geben, sich in Ammoniak und weiter in Salpeterstickstoff umzubilden. Als Kopfdüngung zur Winterung muß der Kalkstickstoff möglichst früh, im Januar-Februar, ausgestreut und kann dann selbst bei schwachen Frösten angewandt werden. Die übliche Gabe ist $1/_2$ bis 1 Zentner auf den Morgen ($1/_4$ ha); namentlich als Herbstdünger bei Weizen hat er sich sehr gut bewährt, ebenso kommt er auch für Gerste in Frage, da er weniger intensiv als Salpeter wirkt und infolgedessen auch eine eiweißärmere Braugerste erzeugt. In einigen Fällen ist er dem Salpeter ebenbürtig. Die günstigste Wirkung zeigt er auf guten Mittelböden, während er sich auf Sand-, Humus- und Moorböden weniger bewähren konnte[1].

Auch der Stickstoff des Ammonsulfats muß sich erst im Boden durch die Tätigkeit nitrifizierender Bakterien in Salpeterstickstoff verwandeln, ehe er von der Pflanze „verdaut" werden kann. Im allgemeinen resorbiert die Pflanze nur den Salpeterstickstoff. Zwar wird auch der Ammoniakstickstoff von den Wurzeln direkt aufgenommen, er zeigt aber den Nachteil, von den Boden- und Humusteilchen absorbiert zu werden, während der Nitratstickstoff stets frei beweglich im Bodenwasser bleibt und mit diesem den Pflanzenwurzeln zugeführt wird. Daraus erklärt sich auch die überraschend schnelle Wirkung des Salpeters, die das Wiesengras üppig hoch schießen läßt und bei den anderen Feldfrüchten namentlich auch zu einer bedeutenden Ertragssteigerung an Kraut und Stroh führt. Salpeterstickstoff findet überall da Anwendung, wo das Wachstum der Pflanzen beschleunigt werden soll, z. B. als Kopfdung für Wintergetreide. Sehr dankbar ist die Rübe für Salpeter, dagegen nutzt die Gerste den Salpeterstickstoff nicht gut aus und auch die Kartoffel ist recht empfindlich gegen Salpeterdüngung. Starke Salpetergaben rufen beim Getreide leicht Lagern hervor.

Sinngemäß wird das schwefelsaure Ammoniak überall dort am besten wirken, wo der Boden und die sonstigen Bedingungen — Luft, Wärme, Feuchtigkeit, Bakterien, Kalk — der Umwandlung in Salpeterstickstoff am günstigsten sind. Daher kommt humoser, gut durchlüfteter, warmer Boden von mittlerem Feuchtigkeits- und Kalkgehalt weit eher in Betracht, wie etwa kalter, sehr nasser Boden mit wenig Humus und Kalk. Ammonsulfatdüngung gibt nicht die Üppigkeit der Salpeterdüngung, dafür aber festere, weniger wasserreiche

---

[1] Vgl. *Möller* und *Seidler*, Künstl. Düngemittel, in Ullmanns Enzyklopädie Bd. IV (1916), S. 223ff.

und schmackhaftere Früchte, was für den Gemüsebau von sehr großem Vorteil ist. Es wird zudem im Boden leichter festgehalten und nicht so stark ausgewaschen wie Chilisalpeter. Saure Moorböden sind für Ammonsulfat gänzlich ungeeignet, das sich dagegen besonders für Lehm-, sandige Lehm- und lehmige, wie auch für ganz leichtdurchlässige Sandböden empfiehlt. Wintersaaten erhalten im Herbst vor dem Aussäen auf den Morgen ($^1/_4$ ha):

Winterweizen . .	15 bis 30 Pfd.	Winterroggen . .	15 bis 35 Pfd.
Wintergerste . .	10 „ 25 „	Winterraps . . .	25 „ 40 „

und im Frühjahr bei aufgehender Witterung so zeitig wie möglich (Februar-April) den Rest als Kopfdünger, der sogar auf eine leichte Schneedecke gestreut werden kann:

Winterweizen . .	35 bis 95 Pfd.	Winterroggen . .	25 bis 65 Pfd.
Wintergerste . .	25 „ 40 „	Winterraps . . .	55 „ 85 „

alles zu Morgen von $^1/_4$ ha.

Zur Düngung der Sommerhalm- und Hackfrüchte wird das schwefelsaure Ammoniak spätestens bei der Saat gegeben. Im einzelnen erfordern pro Morgen (zu $^1/_4$ ha):

Sommergerste	35 bis 75 Pfd.
Hafer	50 „ 100 „
Futterrüben	150 „ 250 „
Zuckerrüben	125 „ 200 „
Kartoffeln	100 „ 150 „
Wiesen und Weiden	50 „ 125 „

Aus der Eigenart des Nitrat- und des Ammoniakstickstoffs läßt sich ohne weiteres ein Rückschluß auf die Wirksamkeit der neuen Düngemittel ziehen. Im Ammonsalpeter wirkt der (NO_3)-Stickstoff sofort, der (NH_4)-Stickstoff erst allmählich, so daß hier an sich eine besonders glückliche Kombination gegeben wäre. Düngeversuche mit Kaliammonsalpeter, über die Prof. *Hoffmann* in den Mitt. der Deutschen Landwirtschaftsgesellschaft berichtet hat, brachten ein günstiges Ergebnis, nur wurde die Neigung des Düngemittels bemängelt, hart zu werden und zu verklumpen[1].

Auf die neuerdings wichtiger werdende Forstdüngung[2] kann hier nur hingewiesen werden. Eichenkulturen brauchen z. B. pro Hektar: 1000 bis 1600 kg Kainit, 1000 bis 1600 kg Thomasmehl und 100 bis 200 kg Chilisalpeter.

Durch Mittelernten werden nach *Ost* einem Hektar jährlich folgende Mengen an Düngemineralstoffen entzogen (in kg):

	P_2O_5	N	K_2O
durch Roggen	25	65	50
„ Zuckerrüben	35	60	150
„ Kartoffeln	30	95	100
„ Heu	35	95	100,

---

[1] Vgl. auch Zeitschr. f. angew. Chem. 1918, III, 488, 489.

[2] Broschüre: „Künstliche Düngung im Forstbetriebe"; s. auch Forstwirtschaftl. Zentralbl. 1906: *Schalk*, Düngeversuche in Forstgärten usw.; Deutsch. Holzmarkt u. Forstanzeiger 30. Juni 1920, Nr. 53.

die durch rationelle Düngung ersetzt werden müssen. Die allgemeine Einführung der Kunstdüngung und die intensive Bodenkultur haben ein sehr erfreuliches Ansteigen der Ertragsziffern zur Folge gehabt, wie es folgende Tabelle[1] beweist:

Deutschlands durchschnittlicher Ernteertrag pro ha in t.

	Anfang des 19. Jahrh.	1879/83	1884/88	1889/93	1894/98	1899/1903	1904/08	1911	1912	1913
Weizen . .	1,028	1,26	1,36	1,39	1,54	1,87	1,98	2,08	2,26	2,35
Roggen . .	0,862	0,93	1,00	1,05	1,19	1,50	1,63	1,78	1,86	1,92
Gerste . .	0,800	1,29	1,30	1,31	1,43	1,85	1,89	1,99	2,19	2,22
Hafer . .	0,564	1,09	1,18	1,15	1,31	1,74	1,82	1,78	1,95	2,19
Kartoffeln	—	8,00	—	—	—	—	—	10,35	15,30	15,86

Desto betrüblicher wird das Bild, das den Rückgang der deutschen (ohne Elsaß-Lothringen) Ernteerträge in Millionen Tonnen seit 1913 anzeigt:

	1913	1914	1915	1916	1917	1918	1919	1920
Roggen	12,5	10,2	9,1	9,0	7,0	8,0	6,1	4,2
Weizen	4,4	3,8	3,75	3,0	2,2	2,4	2,17	2,2
Gerste	3,5	3,0	2,5	2,3	2,0	2,2	1,9	1,7
Kartoffeln	52,8	44,7	52,3	24,6	34,4	29,4	21,5	28,2
Zuckerrüben . . .	20,6	16,8	10,9	10,1	9,9	9,8	5,82	7,9

Wichtiges Zahlenmaterial bringt u. a. die Flugschrift: *Großmann-Bueb-v. Flügge*, Düngemittel im Kriege (Beiträge zur Kriegswirtschaft, Heft 13, Berlin 1917). Aus den dort gegebenen Zusammenstellungen sei wenigstens mitgeteilt, daß man den Stickstoffverlust, der alljährlich durch unzweckmäßige Aufbewahrung und Verwendung der Jauche entsteht, auf 300 Mill. Mk. veranschlagte (1917); daher sind die Versuche von *M. Hoffmann, W. Gerlach* u. a. zur Auffindung geeignete Konservierungsmethoden volkswirtschaftlich äußerst wertvoll. Es enthalten im Durchschnitt:

	kg N	kg P_2O_3	kg K_2O	kg CaO	kg organ. Subst.
1000 kg frischen Stallmistes	4,5	2,0	6,0	4,5	210
1000 kg frische Jauche . .	1,5 bis 2,5	0,1	5,5	0,3	80

Auf die zahlreichen Spezialdünger (Bakteriendünger, Chrysalidendünger, Hasenstutzendünger, Kunstdünger aus Wollabfällen, Kalkdünger, Düngegips usw., vgl. Ch. Ztg. 1919, 132 und Tonind.-Ztg. 1918, 539), die hierher gehören, die aber z. T. nur vorübergehend Bedeutung erlangt hatten, kann nicht eingegangen werden; hingewiesen sei dagegen auf die außerordentlich wichtigen und interessanten Versuche über die Düngung mit Kohlensäure, Hochofenabgasen der Gaskraftmaschinen usw., die nichts Geringeres, als eine vermehrte Ausnutzung der Kohlenenergie darstellen[2].

Es wird sicher manchem meiner Leser scheinen, als sei es nicht gerechtfertigt gewesen, so genau auf die agrikulturchemische und die düngetech-

---

[1] *Ullmann*, a. a. O. S. 225.

[2] Vgl. u. a. Chem.-Ztg. 1919, S. 449ff.; Mitt. d. deutsch. Landw.-Ges. 1919, S. 427, 451, 467 usw.; Stahl u. Eisen 1919, S. 1497; Umschau 1919, S. 809; 1920, S. 265; Die Technik i. d. Landwirtsch. 1920, S. 404, 465—486; Chem.-Ztg. 1920, S. 247; Zeitschr. f. angew. Chem. 1920, II, 224.

nische Seite der Stickstoffindustrie einzugehen. Aber in den Kreisen der Industrie, an die sich mein Buch doch in erster Linie wendet, ist so viel Falsches über das Wesen dieser Dinge verbreitet bzw. herrscht gerade hierüber ein manchmal so erstaunliches Maß von Unkenntnis, daß ich mich zu dieser kleinen Abschweifung glaubte entschließen zu müssen. Daß dieselbe hier im historischen Teil meiner Arbeit ihren Platz gefunden hat, soll der innigen Verschwisterung aller dieser Fragen mit der Entwicklung der allgemeinen Verhältnisse in Deutschland und mit den Zukunftsaussichten der Stickstoffindustrie Rechnung tragen. Auch in dieser Beziehung ist die *BASF* vorbildlich vorangegangen. Sie hat, wie *Bosch* auf der Jahresversammlung 1918 des „Halleschen Verbandes für die Erforschung der Mitteldeutschen Bodenschätze und ihre Verwertung" mitteilte[1] zur Erprobung ihrer neuen Düngemittel eine eigene landwirtschaftliche Versuchsstation mit rund 1000 Versuchsgefäßen und 40 Morgen Versuchsfeldern ins Leben gerufen und darüber hinaus auswärtige Großversuche veranlaßt.

Es ist nicht zum geringsten die schnelle Entwicklung der Luftstickstoffindustrie gewesen, welche die Schaffung großer Kraftzentralen bewirkt hat, auf die insonderheit Flammenbogen- wie Kalkstickstoffverfahren angewiesen sind. Die Synthese der Stickstoffverbindungen basiert in erster Linie auf Wasserkraftenergie (Oberbayern) und auf dem Vorkommen billiger Braunkohle (Kölner Becken und Mitteldeutschland). Der deutsche Braunkohlenbergbau (s. auch oben) hat sich ganz ungeheuer entwickelt. Während nämlich die deutsche Steinkohlenförderung zwischen 1906 und 1913 nur von 127,8 auf 192 Mill. t, d. h. um 52 Proz. (pro Jahr um 7 Proz.) zunahm, stieg die Braunkohlenförderung im gleichen Zeitraum von 47,9 auf 87,1 Mill. t, d. h. um 75 Proz. (jährlich um 10 Proz.)! Während die Steinkohlenproduktion 1919 (116,5 Mill. t) gegenüber der Friedensziffer (1913: 192 Mill. t) recht erheblich zurückgeblieben war, hat der Braunkohlenabbau die Friedenszahlen (1913: 87,1 Mill. t) bereits bedeutend übertroffen (1918: 100,6 Mill. t, 1919: 93,8 Mill. t). Das mitteldeutsche Gebiet, das die Reviere von Kassel über Halle, Altenburg, Magdeburg und die Niederlausitz bis zu den Gruppen Frankfurt a. O., Forst und Görlitz umfaßt ist daran zu etwa $^3/_4$ beteiligt:

| | Braunkohlenförderung | | (in 1000 t) | Brikettherstellung | | |
| | | | Oberbergamtsbezirk | | | Oberbergamtsbezirk |
	Deutschland	Rheinland	Halle a/S.	Deutschland	Rheinland	Halle a/S.
1913	87 116	20 256	46 502	21 392	5825	11 238
1914	83 947	19 480	45 151	21 272	5444	11 312
1915	88 370	20 788	47 718	22 748	5650	12 511
1916	94 332	23 931	50 694	24 061	6121	13 018
1917	95 535	24 218	51 659	22 048	5702	12 053
1918	100 663	26 460	53 220	23 111	6044	12 202
1919	93 800	24 380	65 543	24 281	5640	13 339
1920	111 631	30 884	54 690	24 277	6661	12 264

[1] Zeitschr. f. angew. Chem. 1918, III, 653.

Diese Tabelle[1] zeigt in der Steigerung der Erzeugungsziffern Mitteldeutschlands an Rohförderkohle den Einfluß der Großunternehmen von Golpa-Zschornewitz (für die Stickstoffwerke Piesteritz), Leuna usw. Der mitteldeutsche Braunkohlenbergbau wird voraussichtlich 1920 bei 130 000 Mann Belegschaft (1919: 98 600) 70 Mill. t Rohbraunkohle fördern und 14,5 Mill. t Briketts erzeugen. Die Rentabilität des Braunkohlen-Bergbaues ist leider immer tiefer gesunken[2]. Es betrug nämlich die Leistung pro Kopf und Schicht (rheinische Belegschaft ungefähr 20 000 bis 25 000 (1919) Mann):

		Mitteldeutschland		Rheinland
	1914	4,70 t Kohle	1,50 t Briketts	15,69 t Kohle
3. Vierteljahr	1918	—	—	25,62 t „
4. „	1918	—	—	17,29 t „
1. „	1919	2,2 t „	0,46 t „	11,67 t „
2. „	1919	—	—	12,48 t „
	1920	1,8 t „	0,37 t „	—

Die Löhne betrugen 1914 im Durchschnitt in Mitteldeutschland ungefähr 4,50 Mk. je Schicht und im Rheinland (Mitteilung des Vereins für die Interessen der Rheinischen Braunkohlen-Industrie in Köln) 4,38 Mk. je Schicht (2. Vierteljahr 1919: 15,30 Mk.), heute sind sie z. B. in Mitteldeutschlands Braunkohlenbergbau auf ungefähr 36 Mk. gestiegen. Im Frieden erbrachte dort die Tonne Rohkohle 2,50 Mk.; heute wird sie mit 66 Mk. verkauft, wovon der Zeche nach Abzug der Kohlensteuer, der Aufwendungen für Bergmanns-heimstätten und für Lebensmittelbeschaffung sowie der Rabatte rund 50 Mk. verbleiben. Aus den Abschlüssen von 14 der bedeutendsten Gesellschaften Mitteldeutschlands, die ungefähr 70 Proz. der gesamten Braunkohlenförderungen dieser Bezirke umfassen, ergaben sich je Tonne Förderung folgende Gewinne:

1913	1914	1915	1916	1917	1918	1919
0,44	0,40	0,41	0,51	0,56	0,51	0,51 Mk.

Das waren 1913/14 noch 17 Proz., 1919 dagegen nur 1 Proz. des Erlöses. Das Bild, das speziell die Lage des mitteldeutschen Braunkohlenbergbaues bietet, wird noch betrübender, wenn man bedenkt, wie groß das Risiko der durch Wassereinbrüche oder Tagebaubrände oft äußerst gefährdeten Unternehmen ist und dazu überlegt, daß die Bauwürdigkeit der eigentlich mitteldeutschen Läger in 50 bis 100 Jahren erschöpft sein wird. Da die Interessen der Stickstoff-industrie durch ihre zwei größten Gründungen in Piesteritz bei Wittenberg a. E. und in Leuna bei Merseburg mit dem Geschick des mitteldeutschen Braun-kohlenbergbaues eng verbunden sind, so mußte wenigstens kurz auf die keineswegs rosige Zukunft des letzteren aufmerksam gemacht werden.

Nachdem die Rolle, welche das Bahnkraftwerk Muldenstein (an der Linie Bitterfeld-Wittenberg) für die Versorgung der angeschlossenen Salpeter-säure-Anlage gespielt hat, nur sehr kurz war, ist die riesige Kraftzentrale von Golpa-Zschornewitz zum Mittelpunkt der ganzen Elektrizitätsversorgung der

---

[1] Zeitschr. f. angew. Chem. 1920, II, 142 und Metallbörse 1921, S. 306.
[2] Zeitschr. f. angew. Chem. 1920, II, 257.

Stickstoffindustrie geworden. Das *Großkraftwerk Golpa-Zschornewitz*, dem *Artur Fürst* im Berliner Tageblatt 1916, Nr. 573 und 581 (8. bzw. 12. November 1916) zwei Artikel widmet, ist zur Zeit das größte einheitliche Dampfkraftwerk der Erde. Als ein Zweigunternehmen der zum AEG-Konzern gehörenden Berliner Elektrizitäts-Werke A.-G. sind die Elektrowerke A.-G. (Sitz in Berlin) 1914/15 gegründet worden. Die zunächst mit 5 Mill. Mk. Kapital ausgerüstete Gesellschaft, die vordem Braunkohlenwerk Golpa-Jeßnitz firmierte, begann im Anschluß an den Braunkohlentagebau von Golpa im März 1915 mit dem Bau der Zentrale, aie derartig gefördert wurde, daß bereits am 15. Dezember 1915 Strom in die Fernleitung gegeben werden konnte. Im Geschäftsjahr 1916/17 sind dann insgesamt 360 769 708 KW-St, und zwar 307 387 000 an die durch eine Hochspannungsleitung angeschlossenen 25 km entfernten Reichsstickstoffwerke in Piesteritz und 53 382 708 an die benachbarten Elektrosalpeterwerke Zschornewitz abgegeben worden, die bekanntlich bald durch Explosion zerstört wurden (s. o.). Die Entwicklung von waldstiller Kiefernhaide bis zur modernen Riesenkraftzentrale hat sich um Golpa erstaunlich schnell vollzogen. Damit hat sich vor unseren Augen der Kreislauf jener Energie zum Ring geschlossen, die in vorweltlichen Tagen als Sonnenlicht die Kohlenwälder wachsen ließ, die als Kohle viele Jahrtausende im Schoße der Erde schlief und die nun durch die Wunderwelt der Elektrizität erstaunliche Äußerungen ihres Daseins gibt, damit gleichzeitig das Gesetz von *Robert Mayer* (1842) handgreiflich illustrierend. Selbst in wissenschaftlich-technischen Büchern ermüden allzu große Häufungen von Zahlen, aber hier müssen diese einmal sprechen, um einen richtigen Begriff von jener gewaltigen Anlage zu geben, die für unsere Stickstoffindustrie so überragend wichtig ist und die dem besinnlichen Wanderer immer aufs neue den Beweis liefert, daß auch die moderne Technik schön und poetisch sein kann, wenn man sie nur recht zu schauen versteht.

Aus dem Braunkohlentagebau Golpa fördert eine zweifache Kettenbahn die je 20 hl fassenden Wagen auf den Boden des Brecherhauses. Hier werden die Wagen in Wippern maschinell entleert. Die Kohle gelangt mit Hilfe mächtiger Elevatoren in die Bunker der Kesselhäuser. Die 4 Kesselhäuser enthalten 64 Dampfkessel mit je 500 qm Heizfläche. Gegenwärtig werden für gewöhnlich 40 000 hl, d. s. etwa 6000 t Kohle pro Tag verbrannt, doch ist diese Menge bei Höchstleistung bis 7000 t steigerungsfähig. Der Abführung der Rauchgase dienen 9 Schornsteine von rund 100 m Höhe bei 12 m unterem und 4,5 m oberem, innerem Durchmesser. 8 Turbodynamos sind mit 22 500 KVA auf der Dynamo- und mit 30 000 PS auf der Turbinenseite normiert, d. s. also in Summa 180 000 KVA oder KW bzw. 240 000 PS. Zur Rückkühlung des Wassers, das aus der Mulde heraufgepumpt wird, dienen 11 Kondensatortürme von je 35 m Höhe, durch die stündlich eine Wassermenge von 41 000 cbm hindurchgeführt werden kann. Das Werk arbeitet für gewöhnlich mit 100 000 KW (vgl. ferner *H. Carl* in „Volk und Zeit", Bilder zum „Vorwärts" 21. September 1919). Wegen näherer Angaben muß auf die Arbeiten des Erbauers, Prof. *G. Klingenberg,* verwiesen werden, die Pläne und Abbildungen bringen[1]. Die Kilowattstunde kostete zuerst nur 1 bis 1,5 Pfg. Die Stadt Berlin zahlte bis Anfang 1921 für die ersten 30 000 KW-St 19,7 Pfg., für Mehrverbrauch 23,8 Pfg.

Im Herbst 1917 erwarb das Deutsche Reich die Aktien der Elektrowerke für 45 Mill. Mk. und begann damit seine Betätigung auf dem Gebiete der Elektrizitätswirtschaft. Piesteritz erhielt Drehstrom von 82 000 Volt. Da die Leistungsfähigkeit der Zentrale nach Wegfall der Elektrosalpeterwerke durch die Reichsstickstoffwerke nicht voll ausgenutzt werden konnte, so wurde im Jahre 1918 eine Doppelfreileitung nach Berlin für 110 000 Volt und 30 000 KW in Länge von 132 km gezogen. Die schon im Kriege abgezweigte Leitung bis Bitterfeld wurde 1920 von der vom Reich für den Bau und den Betrieb des Hochspannungsleitungsnetzes gegründeten „Gesellschaft für Kraftübertragung G. m. b. H." nach der Zentrale Gröbers bei Halle weitergeführt, wo nicht nur weite Teile der Provinz Sachsen angeschlossen werden sollen, sondern von wo man auch Leipzig mit 15 000 KW und Magdeburg (1922) versorgen wird. Durch die Verbindung seiner verschiedenen Kraftzentralen durch Ringleitungen wird die Provinz Sachsen binnen kurzem zu den weitgehendst elektrifizierten Landstrichen des Deutschen Reiches gehören. Im Frühjahr 1921 plante man Neuaufstellung einer 9. Turbine in Golpa (= 60 Mill. Mk.), deren Anschaffungskosten den Berliner Strompreis z. B. auf im Mittel 42,2 Pfg. (vorher 22,6 Pfg.) steigern würden.

Seit Ende 1919 ist der Reichsfiskus auch an der niederschlesischen Elektrizitätsindustrie beteiligt, wo die der Aluminiumerzeugung des *Lautawerkes* und der Carbidgewinnung dienenden Kraftzentralen von Lauta-Senftenberg bzw. Spremberg in den Besitz des Reiches übergingen. Von hier aus sollen Hochspannungsleitungen nach Dresden und Sachsen sowie in die Provinz Brandenburg und nach Berlin geführt werden. Mit der Verwaltung aller dieser Unternehmen befassen sich Untergesellschaften, die in der bereits erwähnten Industrieabteilung des Reichsschatzministeriums zusammengefaßt sind.

Ähnlich gewaltige Zentralen sind auch im Rheinischen Braunkohlenbezirk unweit Köln errichtet worden: hier arbeitet insbesondere die Vorgebirgszentrale der *Rheinischen Elektrizitätswerke* in Knapsack bei Köln, neben der die Rheinischen Elektrowerke ein großes Schmelzwerk für Ferrolegierungen usw., das „Goldenberg-Werk", errichtet haben. Die Knapsacker Anlagen der Gesellschaft für Stickstoffdünger sind an die Rheinischen Elektrizitätswerke angeschlossen.

Auch die Leunawerke (und z. T.) Oppau arbeiten mit Braunkohlenenergie, während die Stickstoffwerke Chorzow i. Ob.-Schl. von der Steinkohlenzentrale der „Oberschlesischen Elektrizitätswerke" versorgt werden.

Einen ungefähren Überblick über die Kraftkosten der Vorkriegszeit gibt nachstehende Tabelle. Danach kostete damals 1 KW

---

[1] Zeitschr. d. Ver. deutsch. Ing. 1919, S. 1081, 1113, 1145 und *G. Klingenberg*, Das Großkraftwerk Zschornewitz; Berlin 1920.

in Mitteldeutschland usw.

    aus Braunkohle . . . . 1,0 bis 1,5 Pfg. (1 PS-Jahr etwa 70 bis 100 Mk.),
    „ Oberbayern, Wasserkraft 0,75 „ 1,0 „ (1   „   „   70 „),
    „ Schweden . . . .   0,6 „ (1 KW-Jahr „   50 Kr.),
    im südlichen Norwegen . .   0,3 „ (1 PS-Jahr   „   20 Mk.).

Heute wird die deutsche Kohlenkilowattstunde etwa den 15 bis 20fachen Preis erreicht haben. Nachdem die Hochspannungsstraßen der Elektrizität[1] das ganze Land durchziehen und riesenhafte Kraftzentralen sowie zahlreiche Transformatorenhäuser und -türme sich in den Charakter mancher Gegenden bestimmend hineindrängen, findet die Forderung nach zweckmäßiger und nicht störender Einfügung dieser technischen Werke in das Landschaftsbild immer mehr Beachtung[2]. Die Sozialisierungspläne auf dem Gebiete der Elektrowirtschaft[3] dürften auch die Stickstoffindustrie rückwirkend beeinflussen.

Ehe überhaupt die ersten Methoden zur Bindung des Luftstickstoffs lebensfähig werden konnten, bedurfte es weitgehender Vervollkommnung der Elektrotechnik insonderheit der stromerzeugenden Maschinen und der elektrischen Öfen[4]. Die Gewinnung der für diese benutzten Kohleelektroden ist während des Krieges zur blühenden Industrie geworden (Gebr. Siemens in Berlin-Lichtenberg, Planiawerke in Ratibor i. Ob.-Schl., Gesellschaft für Teerverwertung in Duisburg-Meiderich bzw. Rauxel, C. Conradty in Nürnberg und in Kolbermoor bei Aibling sowie die, dem Siemens- und Stinnes-Ring angehörende neue „Rheinische Elektrodenfabrik" in Knapsack, Bez. Köln).

Daß bei dieser engen Verschwisterung von Nutzbarmachung großer Energiequellen und Stickstoffindustrie auch die Wasserkräfte in der Technologie des Luftstickstoffs eine erhebliche Rolle spielen, bedarf nach dem Vorstehenden kaum noch des Hervorhebens. In der Tat arbeiten auch die Kalkstickstoffanlagen von Trostberg und Waldshut und die Werke von Rhina an der Murgmündung (Oberrhein) mit Wasserkraft. *W. Halbfass* bringt ausführliche Daten über die Wasserkräfte Deutschlands, die, im ganzen genommen, doch einen recht beachtenswerten Betrag darstellen, wenn sie auch nicht entfernt an die Energievorräte anderer Staaten heranreichen. Nach seinen Schätzungen besitzt Deutschland Wasserkräfte im Umfang von etwa 11,4 PS. Davon dürften zunächst in Bayern etwa 20 Proz., im übrigen Deutschland 30 bis 40 Proz., zusammen rund 4 Mill. PS wirklich ausgenutzt werden können[5]. 1910 gewann das Deutsche Reich noch nicht 5 Proz. der durch Maschinen erzeugten Energie durch Wasserkraft, Frankreich dagegen bereits 40 Proz. Nach neueren Anschauungen hat Deutschland eine weit größere Ausnutzungsmöglichkeit, als man früher annahm. Es verfügt im ganzen über 470 Raumkilometer Wasser. Von diesen sind 20 Raumkilometer fließendes

---

[1] Chem.-Ztg. 1918, S. 255.
[2] *W. Franz*, Werke der Technik im Landschaftsbild; Berlin 1917.
[3] Südd. Ind.-Blatt 1919, S. 1991.
[4] Chem.-Ztg. 1918, S. 507; Chem. Zentralbl. 1919, IV, 530, 1038/9.
[5] Wasser **13**, 115ff. (1917); Zeitschr. f. angew. Chem. 1918, III, 142; Südd. Ind.-Blatt 1919, S. 247; *Koehn*, Zeitschr. f. d. ges. Wasserwirtsch. 1919, S. 177.

und 50 Raumkilometer stehendes Wasser und der gewaltige Rest von 400 Raumkilometer ist als Grundwasser vorhanden. Außer den, auf räumlich enger begrenzte Bezirke beschränkten zahlreichen Wasserwirtschaftsverbänden arbeiten an der Erfassung und Nutzbarmachung der deutschen Wasserkräfte vor allem die Deutsche Wasserkraft-G. m. b. H.-Berlin und der Deutsche Wasserkraftverband-Berlin-Charlottenburg[1].

Besonders wichtig ist die Ausnutzung der mächtigen Energiequellen des Oberrheins[2] und Bayerns. Vom Standpunkt der Stickstoffindustrie interessiert hier besonders die Alz, auf die deshalb etwas ausführlicher eingegangen sei[3]. Die Alz ist der nördliche Abfluß des Chiemsees und eigentlich die nördliche Fortsetzung der Tiroler. Ache, die den Chiemsee im Süden speist. Der gewaltige Chiemsee mit seinen 80 qkm Wasserfläche wäre ein ideales Speicherbecken, um die Wasserführung der Alz, die sehr schwankend ist, zu regeln. Leider ist hinsichtlich seines Ausbaues bisher nicht das geringste geschehen. Die Alz führt 15 bis 225 cbm Wasser in der Sekunde, je nachdem, ob Hochwasser herrscht oder nicht. Einige Kilometer nördlich des Chiemsees bei Altenmarkt fließt die Traun in die Alz und vermehrt deren Schwankungen. Abgesehen von den Hochwassern und einigen seltenen Niedrigwassern bei starkem Frost beträgt das durchschnittliche Niedrigwasser der Alz 25 cbm in der Sekunde, einen Teil des Jahres kann man mit 40 cbm und etwa 6 Monate mit 60 cbm/Sek. rechnen. Unmittelbar nördlich von Altenmarkt liegt Trostberg, wo die *Bayrischen Stickstoffwerke* sich seit 1908 ansässig gemacht haben. Zwei Gefällstufen von 5 und 19 m bringen dort bei 50 cbm sekundlicher Wassermenge in der Stunde 16 000 PS. Von dem Endpunkt dieser bereits ausgenutzten Gefällstrecke bei Tacherting bis zu der nur etwa 6 km östlich der Alz fließenden Salzach bei Burghausen besteht ein natürliches Gefälle von rund 100 m. Man hatte seit langem die Absicht, dieses Gefälle durch Überleiten der Alz in die Salzach bei Burghausen auszunutzen, da man hierdurch eine Wasserkraft von 60 000 PS während 6 Monaten und selbst bei Niedrigwasser noch rund 25 000 PS erzeugt hätte. Leider waren die finanziellen Schwierigkeiten, welche sich dem großzügigen Projekt entgegenstellten, unüberwindlich, so daß man jetzt den Ausbau in 2 Stufen vornimmt. Die obere Stufe von Tacherting bis Margarethenberg hat 37 m, die untere von Margarethenberg a. d. Alz bis Burghausen a. d. Salzach 63 m Gefälle. Letztere wird von der „*Dr. Alexander Wacker-Gesellschaft für elektrochemische Industrie*" in Gemeinschaft mit dem Reichsschatzministerium[4] unter dem Namen „Alzwerke G. m. b. H. Burghausen" ausgebaut und liefert bei 60 cbm Wasser in der Sekunde rund 38 000 eff. PS, die der Erzeugung von Calciumcarbid für die Herstellung von Alkohol, Essigsäure usw. dienen sollen. Die Alzwerke selbst

---

[1] Zeitschr. f. angew. Chem. 1919, II, 111; Chem.-Ztg. 1919, S. 187; Die Technik i. d. Landwirtsch. 1920, S. 372/3; vgl. auch *Binz, Leppla* und *Schwappach,* Waldbestände und Wasserkräfte; Braunschweig 1917.

[2] *H. Dröse,* Die Ausnutzung der Wasserkräfte des Oberrheins; Karlsruhe 1919.

[3] Südd. Ind.-Blatt 1920, S. 839.

[4] Zeitschr. f. angew. Chem. 1919, II, 127; Chem.-Ztg. 1919, S. 270.

sollten spätestens 1921 in Betrieb kommen. Die Konzession für die Kraftstufe Tacherting-Margarethenberg erwarben die *Bayrischen Stickstoffwerke,* welche 1916 mit dem Ausbau begannen. Die Alz liefert dort bei 60 cbm Wasserführung rund 22 000 eff. PS, bei 40 cbm rund 15 000 PS und bei Niedrigwasser von etwa 25 PS/Sek. 9500 bis 10 000 PS. Die Bayrischen Stickstoffwerke arbeiten an der Alz mit zusammen 33 500 eff. PS. Die beiden oberen Kraftwerke, I bei Trostberg und II bei Tacherting, sind seit 1908 im Betrieb, das dritte (III) bei Margarethenberg hat 1920 zu arbeiten begonnen. Unmittelbar hinter dem Einlauf des Unterwasserkanals des Kraftwerkes II bei Tacherting ist das Überfallwehr der Kanalanlage des Kraftwerkes III eingebaut. Nach den Angaben von *K. Martin*-München (a. a. O.) wird der erzeugte Strom in 6 Hochspannungskabeln zu den 6 Drehstrom-Transformatoren von je 3000 KVA geführt, in denen die Hochspannung in die Spannung für die Carbidöfen herabtransformiert wird. Das erzeugte Carbid wird zerkleinert und in Spezialwagen auf einer eigenen Industriebahn der Kalkstickstofffabrik Trostberg zugeführt, wo alles in Tacherting bzw. Hart gewonnene Carbid azotiert wird. Die Kraftstation Margarethenberg erzeugt im Mittel 115 Mill. KW-St pro Jahr und die neue Carbidfabrik Hart rund 30 000 t Carbid. In Trostberg können jetzt 9 bis 10 000 t Stickstoff gebunden werden (entsprechend etwa 60 000 t Kalkstickstoff je Jahr).

Die Anlage Margarethenberg und die Alzwerke werden auch zur Stromspeisung in das Netz der bayrischen Überlandzentralen verwendet. Mit der Beteiligung an den Alzwerken hat das Reich Mitte 1918 seine Interessennahme am Ausbau der bayrischen Wasserkräfte begonnen. Die Pläne zur Aufschließung der unteren Isar von Landshut bis zur Donau und des unteren Inn, an denen das Reich führend beteiligt ist, sind aus finanziellen Gründen zwar vorläufig zurückgestellt, doch schweben darüber dauernd Verhandlungen. Diese Projekte sind sowohl mit der Zukunft der jungen Aluminiumindustrie, wie mit dem Riesenprojekt verknüpft, die im Kriege auf Kohle gestellte Kalkstickstoffindustrie einstens nach dort zu verpflanzen[1]. Auch über die Nutzbarmachung des oberen Inn und des mittleren Inn sind bereits von anderen Seiten eingehende Verhandlungen gepflogen (Mitteilung der Korrespondenz *Hoffmann,* 2. und 3. November 1917).

Am 9. Dezember 1918 haben auch die Bauarbeiten am staatlichen Walchenseewerk begonnen[2], das bekanntlich Walchen- und Kochelsee ausnutzt. Die hauptsächlichsten bayrischen Elektrizitätszentralen sollen in dem gewaltigen „*Bayernwerk*" zusammengefaßt werden (vgl. das Kärtchen Fig. 2), das als A.-G. 100 Mill. Mk. Aktienkapital besitzen und eine Obligationsanleihe von 400 Mill. Mk. ausgeben soll.

Bereits im März 1918 legte *O. v. Miller* dem bayrischen Landtag sein Projekt vor, das jetzt nach eingehender Durchberatung und nach teilweiser Finanzierung durch das Reich in Durchführung begriffen ist. Nach der Voll-

---

[1] Zeitschr. f. angew. Chem. 1918, III, 575.
[2] Südd. Ind.-Blatt 1919, S. 2838.

endung, die man gleichzeitig mit der der Walchenseezentrale für Ende 1921 erhofft, wird das Bayernwerk die größte Überlandzentrale der Erde darstellen Eine 100 000-V-Hauptringleitung führt von der Walchenseezentrale Kochel (Wasserkraft) über München (Wasserkraft und Dampf), Eitting (mittlere Isarkraft), Landshut (untere Isarkraft), Maidhof (Braunkohlenzentrale), Amberg, Nürnberg, (Dampfkraft, Großkraftwerk Franken), Meitingen (Lechwerke und Dampf) und München nach Kochel zurück. Eine Abzweigung gewinnt über Arzberg (Zentrale mit böhmischer Braunkohle) und Hof Anschluß an die Stromversorgung Sachsens, eine andere erreicht, mit Nebenleitungen nach Schweinfurt und Bamberg, das Braunkohlenkraftwerk Dettingen. In Meitingen soll später die Wasserkraftzentrale Schongau (Lech) angeschlossen

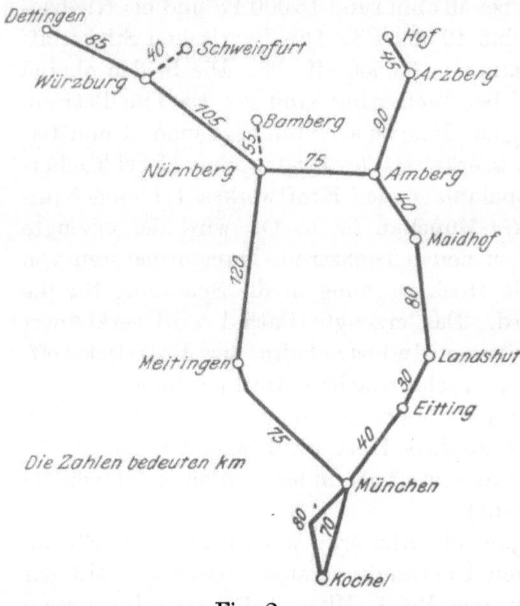

Fig. 2.

werden. In einer Sitzung des bayrischen Ministeriums des Innern vom 3. Dezember 1919 erklärte *Oskar v. Miller*, man könne trotz sehr gestiegener Unkosten (gesamte Baukosten nach dem Stande vom Frühjahr 1921: 500 Mill. Mk.) noch immer mit 3 bis 4 Pfg. Kostenpreis für die Kilowattstunde rechnen. Das Hauptleitungsnetz ist 1020 km lang[1].

Im ganzen besitzt Bayern ausbauwürdig etwa 2 bis 2,5 Mill. PS (= 12 Milliarden PS-St pro Jahr), davon sind bis jetzt 200 000 PS tatsächlich verfügbar, 250 000 sind im Ausbau begriffen und 700 000 PS sind im Stadium des Projekts oder der Konzessionsverhandlungen. Nach einem allgemeinen Verteilungsplan soll $\frac{1}{4}$ der ganzen Energie, d. h. also $1\frac{1}{2}$ Milliarden KW-St, den Rohstoffbetrieben (Hütten, Aluminium-, Carbid-, Stickstoffwerke usw.), das 2. Viertel den zu elektrifizierenden Bahnen und die Hälfte den Gemeinden zugeführt werden. Wenn man überlegt, daß die Zentrale I bei Höllriegelskreuth bereits im Jahre 1894 in Betrieb gekommen ist und daß jedes PS Wasserkraft pro Jahr etwa einen Waggon Steinkohle erspart, so muß man sich wundern, daß bisher auf diesem Gebiete nicht mehr geleistet worden ist. Der auf die Prinzipien des Rohstoffschutzes sehr bedachten Neuzeit bleibt hier ein weites Betätigungsfeld gesichert. Die Frage der Sozialisierung der Wasserkräfte hat in Bayern die Gemüter sehr erregt[2], sicher ist, daß namentlich die kleineren, gewerblich

---

[1] Technik u. Wirtschaft 1919, S. 71ff.
[2] Südd. Ind.-Blatt 1919, S. 2838.

und industriell verwendeten Kräfte durch einen solchen Eingriff schwer getroffen würden, wobei andererseits das Recht des Staates anerkannt werden muß, sich mehr Einfluß als bisher auf die Auswertung der öffentlichen Gewässer[1] zu sichern.

In Bayern ist die obere Donau noch fast ungenutzt und in Baden namentlich der Oberrhein sehr ausbauwürdig, wozu allerdings internationale Abmachungen mit den Grenzstaaten nötig sind. Ein Plan zur Ausnutzung der Triberger Wasserfälle[2] sieht die Gewinnung von 5000 PS vor. Daß sich auch durch Zusammenfassung von zahlreichen kleinen Wasserkräften im ganzen ein stattliches Ergebnis herauswirtschaften läßt, zeigt das Beispiel Württembergs[3]. Es sind dort heute 3600 Wassertriebwerke vorhanden, die etwa 95 000 PS im Jahresmittel erzeugen[4]. Fast 60 Proz. dieser Werke (darunter 2000 unter 10 PS, 1200 unter 50 PS) dienen dem Betrieb von Getreide- und Sägemühlen. Das Gewässeramt hat einen Plan aufgestellt, demzufolge in ganz Württemberg noch etwa 100 000 oder nach großzügigem Bau von Talsperren usw. etwa 150 000 PS zu gewinnen sein würden. Nach dem Preisstande von 1918 kämen bei Ausbau von 15 dieser Werke am Neckar und 5 an der Iller (zusammen etwa 54 000 PS) etwa 1,7 Pfg. Baukosten auf die Kilowattstunde; die jährliche Kostenersparnis betrüge aber nach obigem bereits rund 50 000 Waggons Steinkohle im Jahr. Die Donauversickerung soll 6000 PS geben. Das am 9. Februar 1915 in Betrieb gekommene Kraftwerk Altwürttemberg bei Pleidelsheim am Neckar[5] hat 4 vertikalachsige Francisturbinen von je 1100 PS. Ein für Süddeutschland typisches Dampfspitzenwerk, das die Zusatzkraft zur Wasserenergie zu liefern hat, ist z. B. das Kraftwerk Münster a. Neckar[6]. Die beiden 100 000 Volt-Fernleitungen des Murg- und des Pfalzwerkes sind durch eine Verbindungsstrecke von 12 km Länge zusammengeschaltet.

Nach Berichten der „Wasserwirtschaftlichen Vereinigung für Mittel- und Süddeutschland"[7] sind auch die Aufschlußarbeiten in anderen Landstrichen des Deutschen Reiches nicht liegengeblieben. In den Flußgebieten der Leine, Oker und Bode (Harz) sind für den ersten Ausbau insgesamt 9 Talsperren vorgesehen, die z. T. der Wasserversorgung des Mittelland-(Weser-Elbe-)Kanals dienen sollen und durch welche die hochentwickelte, aber nach der Einschränkung des Bergbaues leider allmählich verfallende Wasserwirtschaft des Oberharzes wiederbelebt wird. In Aussicht genommen sind ferner im Werragebiet 5 Talsperren mit 280 Mill. cbm Stauinhalt, im Fuldagebiet 3 mit 280 Mill cbm, im Maingebiet 1 mit 40 Mill. cbm und im oberen Saaletal 1 bis 2 mit 500 bis 600 Mill. cbm Stauinhalt.

---

[1] Südd. Ind.-Blatt 1919, S. 1779.

[2] Umschau 1919, S. 858.

[3] Südd. Ind.-Blatt 1920, S. 1179ff.

[4] Zeitschr. d. Ver. deutsch. Ing. 1918, S. 838/9.

[5] Südd. Ind.-Blatt 1919, S. 2192.

[6] Südd. Ind.-Blatt 1919, S. 2197. Vgl. *Burkhardt*, Wasserspeicherung und ihre Bedeutung für die Wasserkräfte Württembergs; Stuttgart 1920.

[7] Südd. Ind.-Blatt 1920, S. 1232/3.

Die Kriegszeit hat den Wert der natürlichen Wasserkräfte in das rechte
Licht gerückt. Es ist nicht so sehr die Sorge vor dem Zuendegehen der Kohlenvorräte, die uns heute ja noch wenig zu kümmern braucht, als vielmehr
die Unsicherheit der Kohlenversorgung, ihr hoher Preis und die Tatsache,
daß es für Deutschland bitter not ist, alle seine Rohstoffquellen bis zum letzten
Rest zu erfassen und auszunutzen, um wirksam wiederaufbauen zu können,
was der Krieg vernichtet hat, welche für diese Wertsteigerung der natürlichen
Wasserkräfte maßgebend waren. Vor dem Kriege trugen die bei Wasserkraftzentralen 5-, 6-, ja 10 mal höheren erstmaligen Anlage- und Baukosten dazu bei, mehr Wärmekraftwerke zu bauen, die schneller zu errichten
sind und die für Gemeinden mit nur zeitweise starker Stromabnahme die
Kilowattstunde oftmals billiger abgeben können, als die ersteren, bei denen
überdies die langwierigen Konzessionsverhandlungen viele abschreckte. Man
ging vor dem Kriege allgemein davon aus, daß dort, wo die jährliche Benutzungs-
dauer (1 Jahr = 8760 Stunden) weniger als 4000 bis 5000 Stunden beträgt,
die Wärmekraftkilowattstunde billiger sei, als diejenige der Wasserkraft.
Um gleichmäßige Belastung ihrer Maschinen zu erzielen, ist regelmäßige Stromabnahme erstes Erfordernis und Spitzenbelastung zu gewissen Tageszeiten
sehr schädlich. Um diese auszugleichen[1] hat man vielfach vorgeschlagen,
kleinere elektrochemische Anlagen anzugliedern. Hier interessiert besonders,
daß außer Carbidöfen auch die Methoden der Luftstickstoffoxydation für
diesen Zweck in Vorschlag gebracht sind. Das Bahnkraftwerk Muldenstein
bei Bitterfeld, Prov. Sachsen, hatte z. B. dazu eine Luft-Salpetersäure-
anlage vorgesehen (s. o.). Gerade für Wasserkraftzentralen ist der Anschluß
elektrochemischer Betriebe erstrebenswert, da sie die gleichmäßigsten Strom-
abnehmer sind, die es gibt. Es ist deshalb durchaus kein Zufall, daß das erste
große deutsche Wasserkraftwerk, das von Rheinfelden (1898 : 18 000 PS),
gerade für die Zwecke der elektrochemischen Industrie gebaut worden
ist. Ganz moderne Kraftwerke sind bei Augst-Whylen am Oberrhein,
an der Murg bei Forbach und im Möhnetal in Westfalen entstanden[2].
Bei Kraftübertragung auf große Entfernungen kann übrigens Gleichstrom wieder wirtschaftlicher werden, als Wechsel- oder Drehstrom[3].
In einer kritischen Studie[4] erörtert *W. Halbfass* die vielfachen Vorteile,
die auch der Landwirtschaft durch systematischen Ausbau von Talsperren erwachsen.

Mit der zunehmenden Ausnutzung der „weißen Kohle" gewinnt auch
der Bau von Dampfkesseln an Bedeutung, in denen Wasser durch den elektrischen Strom direkt erhitzt wird. Nach den Angaben der AEG[5], die solche
durch Patente geschützten Kessel baut, erzeugen 10 000 KW in 24 stündigem
Dauerbetrieb 30 t Dampf von 6 bis 8 Atm. In Skandinavien, wo die Elektri-

---

[1] Südd. Ind.-Blatt 1920, S. 857.
[2] Umschau 1920, S. 341 ff.
[3] Umschau 1920, S. 432.
[4] Die Technik i. d. Landwirtsch. 1919, S. 125 ff.
[5] Umschau 1919, S. 75.

zität billig, die Kohle dagegen knapp ist, sind solche elektrischen Dampfkessel bereits seit längerer Zeit in Gebrauch.

Eine interessante Arbeit von *W. Halbfass*-Jena[1] sei hier etwas ausführlicher herangezogen, weil sie den Zusammenhang zwischen Wasserkraft und
Stickstoffbindung von neuen Gesichtspunkten aus beleuchtet. *Halbfass*
empfiehlt nämlich schon Wasserkräfte von 80 PS aufwärts an Orten, die Kalksteinbrüche haben, zur Herstellung von Stickstoffdünger nach *Frank* und *Caro*.
Wenn *Halbfass* der Landwirtschaft vorschlägt, kleine 100 PS-Anlagen zu errichten und zu benutzen, die jährlich 20 bis 25 Waggons Kalkstein verarbeiten
und 1600 bis 2000 Zentner künstlichen Salpeters erzeugen sollen und dazu
nur einen Mann Bedienung gebrauchen, so verkennt er die Schwierigkeiten
der Stickstoffbindung durchaus. Der Ansicht, daß solche kleinen Einrichtungen
dazu dienen könnten, die Landwirtschaft von Großindustrie und Eisenbahn
unabhängig zu machen, kommt also lediglich theoretischer Wert zu. Auch
die Angaben, daß Wasserkräfte den Preis der so gewonnenen Stickstoffdünger
um den dritten Teil herabzusetzen gestatten und daß 1 Mill. PS, die für Stickstoffbindung arbeiten sollen, einen Erntemehrertrag von 2 bis $2^1/_2$ Mill. t
nach sich ziehen, dürften in dieser allgemeinen Form nicht den Tatsachen
entsprechen, wie folgende Überschlagsrechnung beweist:

> 1 kg N im Kalkstickstoff soll zur Bindung 17 kW-St erfordern, d. h. es
> leisten 23 PS pro Jahr 43,8 t Kalkstickstoff = 8,76 t N oder 1 Mill. PS sind
> gleichwertig 1,9 Mill. t Kalkstickstoff bzw. 380 000 t N. 1 t N steigert die
> Ernte um 20 t bei Getreide und um 100 t bei Kartoffeln. 380 000 t N würden
> demnach einen Erntemehrertrag von rechnungsmäßig 7,6 Mill. t Getreide oder
> 38 Mill. t Kartoffeln bewirken.

Von den **Naturkräften**, die als Ersatz für Kohle herangezogen werden
können, beanspruchen Sonnen-, Wellen- und Windmotor in erster Linie
Interesse. Die Ausnutzung von Ebbe und Flut ist praktisch wiederholt angestrebt worden, ohne daß man auf die Dauer Erfolg gehabt hätte. Neuerdings erregen die Versuche und Arbeiten von *Hermann Plauson* in Hamburg
einiges Aufsehen (*H. Plauson*, Gewinnung und Verwertung der **atmosphärischen Elektrizität**, Beitrag zur Kenntnis ihrer Sammlung, Umwandlung
und Verwendung; Hamburg 1920, Boysen & Maasch), der das Potential-
gefälle der Luft ausnutzen will, das in Erdnähe über ebenem Boden im Sommer
etwa 100 Volt/m, im Winter aber 300 Volt/m beträgt, um aus ihm auf je
6 qkm Sammelfläche durch Ballonantennen 1000 KW zu erzeugen. Er weist
in seinen Ausführungen auf die engen Zusammenhänge mit Stickstoffindustrie
und Carbidgewinnung hin. Die Versuche selbst sind im Prinzip nicht neu[2];
es bleibt nur zu wünschen, daß ihnen ein besserer Erfolg beschieden sein möge,
als den früheren. *Böning* hält im Südd. Industrieblatt 1919, 2203/4, die geringe
Elektrizitätsmenge pro Kubikmeter Luft — 0,3 bis 1,5 elektrostatische
Einheiten — entgegen.

---

[1] „Deutschland, nutze deine Wasserkräfte" (Leipzig 1919).
[2] Vgl. z. B. *C. Rudolph*, D. R. P. 98 180 (1898).

Die vorstehend in ihren mannigfaltigen Zusammenhängen betrachtete deutsche Stickstoffindustrie hat ihren Hauptimpuls durch den Ausbruch des großen Krieges im Jahre 1914 empfangen: neu entstanden ist sie damals keineswegs, denn alle die in Frage kommenden Verfahren sind, wenn auch in sehr viel kleinerem Umfange, bereits vor 1914 ausgeübt worden. Während die übrigen Zweige der Luftstickstoffbindung sich völlig international entwickelt haben, ist bisher das *Haber*-Verfahren auf Deutschland allein beschränkt geblieben, da es der Eigenart der hochentwickelten deutschen chemischen Industrie am besten und vollkommensten angepaßt ist.

Die Kraftfrage spielt für die Kalkstickstoffindustrie, die Kohlefrage für den *Haber-Bosch*-Prozeß die wichtigste Rolle. Dadurch, daß die Kokereien und die Gaswerke lediglich auf Steinkohle angewiesen sind, sind sie unmittelbarer als die anderen Zweige der Stickstoffindustrie mit den Nachwirkungen des Versailler Friedensvertrages verknüpft. In Ausführung desselben waren schon bis Ende Mai 1920 2039 t schwefelsaures Ammoniak an die Ententestaaten ausgeliefert worden. Die Erschließung der Torfmoore sowie der Wasserkräfte und die Erforschung neuer Energiequellen erscheint unter der augenblicklichen Wirtschaftslage ganz besonders wichtig. Diese erheischt ferner die Einführung technisch-brauchbarer Methoden, den Schwefel der Steinkohle auszunutzen und den so überaus wertvollen Jauchestickstoff nicht verloren gehen zu lassen.

Nach dem Bericht der „Zentralgenossenschaft zum Bezuge landwirtschaftlicher Bedarfsartikel in Halle a. S." konnte man für den Herbst 1920 zum ersten Male mit ausreichenden Mengen Stickstoffdünger, und zwar namentlich mit Kalkstickstoff, Ammonsulfatsalpeter usw. rechnen. Damit hat die deutsche Stickstoffindustrie nach der durch die Revolution geschaffenen Krise einen recht beachtenswerten Erfolg errungen. Anläßlich der Besprechung über das Stickstoffmonopol und das Stickstoffsyndikat waren bereits die neuesten Absatzschwierigkeiten und die späteren Möglichkeiten angedeutet worden. Diese letzteren gilt es jetzt ins Auge zu fassen; sie heißen in erster Linie: Verbesserung der Rentabilität, Verbilligung der Erzeugnisse zum Wohle der deutschen Allgemeinheit, Umstellung einzelner Industrien auf andere Energiequellen, Durcharbeitung neuer Methoden (Gipsverfahren, Harnstoffgewinnung) und endlich durch Propaganda gestützte Einführung neuartiger Düngemittel von größerer Wirksamkeit.

Bei angemessenen Verkaufspreisen braucht ein Stickstoffüberfluß in Deutschland fürs erste wohl nicht befürchtet zu werden. Im Gegenteil, die Aussichten für den Absatz sind im allgemeinen gute. Ob in naher Zukunft an größeren Export gedacht werden kann, von dem man während des Krieges so gern sprach, läßt sich bei der heutigen, von tausenderlei Faktoren beeinflußten Lage durchaus nicht beurteilen. Das Zustandekommen einer Vertrustung innerhalb der gesamten chilenischen Salpeterindustrie liegt vorläufig in weiter Ferne, zumal der Salpeterabsatz durch die verfehlte Preis- und Verkaufspolitik der zusammengeschlossenen Salpeterproduzenten beeinträchtigt ist (Geschäftsbericht 1919/20 von *H. B. Sloman & Co*, Salpeterwerke in Hamburg). Die Möglichkeit eines Kampfes zwischen chilenischem

Natur- und deutschem Kunstprodukt auf dem innerdeutschen Markte, die stark von Frachtpreisen, Valutaschwankungen usw. abhängig sein würde, ist vorläufig nicht gegeben. Sollte dieser Streit je ausgefochten werden, so wird er, unter Voraussetzung normaler Verhältnisse, wahrscheinlich zu einem Siege der Synthese führen; dabei darf man allerdings nicht übersehen, daß die bis 1914 für „natürliches" Ammonsulfat und für Chilesalpeter gezahlten Preise eigentlich nur durch Verkaufskonventionen künstlich geschaffen waren, so daß sie sich z. T. kräftig senken lassen würden (Kampfpreise).

Die norwegische Stickstoffindustrie.

Die Geschichte der norwegischen Stickstoffindustrie beginnt mit dem 2. Mai 1905, jenem denkwürdigen Tage, an dem die Fabrik Notodden in Telemarken in Dauerbetrieb ging und damit die Lebensfähigkeit des Birkeland-Eyde-Verfahrens auch im Großen bewiesen war. Seit dieser Zeit ist Norwegen zum klassischen Land der Luft-Salpetersäure-Technik geworden.

Christian Birkeland (gestorben 1917), Professor der Physik an der Universität Kristiania, beobachtete 1903 bei Gelegenheit anderer Untersuchungen, daß der Wechselstromlichtbogen im Magnetfelde zu einer Scheibe ausgezogen wird[1]. An den *Birkeland*schen Versuchen, deren Ergebnis sich mit den Befunden älterer Physiker deckte, war insbesondere die neue Feststellung bemerkenswert, daß gerade solche in der Luft zerpeitschten Hochspannungsflammen den Luftstickstoff außerordentlich lebhaft verbrennen. Diesen Gedanken nutzte *Birkeland* und sein Mitarbeiter, Diplomingenieur *Sam. Eyde*, aus, um eine Gewinnungsmethode für Luftsalpetersäure auszubauen. *Sam. Eyde* übernahm die Leitung der zu diesem Zweck gegründeten Gesellschaft; aus ihr ging später die *Norsk Hydroelektrisk Kvaelstof A.-S.* hervor, die *Sam. Eyde* zum Generaldirektor erwählte. Seiner Geburtsstadt Arendal überwies *Eyde* an seinem 50. Geburtstage (29. Oktober 1916) 50 000 Kr., dem *Norsk Ingeniörforening* und dem *Polyteknisk Forening* in Kristiania 20 000 Kr.; die *Norsk Hydro* (wie sie kurz genannt wird) stiftete zu seinen Ehren einen 100 000 Kr. betragenden *Sam. Eyde*-Fonds zur Förderung chemischer und physikalischer Forschung.

An die Stelle des ersten Versuchsbetriebes in Ankerlökken bei Kristiania trat bald eine etwas größere Anlage zu Vasmoen bei Arendal, auf welche dann die Fabrik Notodden folgte. Die Wasserläufe des Hitterdals erweitern sich bei dem Städtchen Notodden zu einem See, der durch eine Reihe von schiffbaren Übergängen schließlich mit dem Skien-Fjord und somit mit dem Meere in Verbindung steht. Der Norgesalpeter-Verschiffungshafen Skien liegt an der Südküste Norwegens und ist in südwestlicher Luftlinie nur rund 100 km von Kristiania entfernt. Dicht bei Notodden bildet der Tin-Elf den Tinfos mit 20 000 PS und 4 km oberhalb den Svälgfos mit 30 000 PS. Unter den damaligen Verhältnissen kostete die elektrische Energie 12 Mk. pro Jahres-PS,

---

[1] *O. N. Witt,* Chem. Ind. 1905, S. 699ff.

d. s. rund 0,19 Pfg. pro 1 KW-St. Bereits Ende 1906 nahm die *Norsk Hydro* mit der *BASF* Fühlung, die inzwischen (seit 1905) die Großversuche nach dem *Schönherr*-Verfahren aufgenommen hatte. Die neu zu erbauende Anlage am Rjukan sollte auf Grund dieser Abmachungen mit Öfen beider Systeme ausgestattet werden.

Die *BASF* setzte im Herbst 1907 ihre Versuchsanlage Fiskaa bei Kristianssand in Betrieb, die von dem 26 km entfernten Kraftwerk Kringsjaa im Saeterstal mit Drehstrom versorgt wurde. Der Ausbau der *Haber*-Synthese und andere Gründe ließen es für die durch die *BASF* vertretene I.-G. zweckmäßig erscheinen, die norwegischen Verbindlichkeiten zu lösen. Die Liquidation war bereits 1912 nahezu beendet. Das 1907 als besondere Aktiengesellschaft mit 200 000 Kr. Kapital errichtete *Fiskaa*-Werk wurde an eine norwegische Gesellschaft verkauft, die es für andere Fabrikationen ausnutzen wollte.

Bald nachdem sich gezeigt hatte, daß Notodden im Dauerbetrieb erfolgreich bleiben würde, begann der Ausbau des *Rjukanfos* durch die *Norsk Hydro*. Der *Rjukan* ist der stärkste Wasserfall Norwegens. Er liegt im Innern Telemarkens; seine natürliche Fallhöhe beträgt 260, seine regulierte Fallhöhe 560 m, die der aus dem See Mjösvand kommende Maan-Elf in 4 gewaltigen Absätzen herunterstürzt. Bei einer sekundlichen Wasserführung von 47 cbm genügt das Gefälle, um 250 000 bis 300 000 elektrische PS zu erzeugen. Der Ausbau erfolgte in 2 Stufen von je 280 m Fallhöhe. Ende Mai 1912 ist der erste Teil der *Rjukan*-Anlage mit 10 Turbinen und 107 000 KW in Betrieb gesetzt worden, der zweite Teil ist während des Krieges hinzugekommen (*Rjukan* II 1916/17), so daß heute die *Rjukan*-Werke über rund 290 000 PS verfügen. Sie stehen durch eine normalspurige Eisenbahn von 46 km Länge und eine Fähre über den 40 km langen Tin-See mit Notodden und Skien in Verbindung. Die Gesellschaft *Rjukanfos* und die *Norsk Transport A.-S* sind Zweiggründungen der Stammfirma *Norsk Hydroelektrisk Kvaelotof-Aktieselskab* (Notodden) mit dem Sitz in Kristiania. Die Ablösung der deutschen Interessen führt dazu, daß diese mächtige Industrie als *Société Norvégienne de l'Azote et de Forces hydro-électriques*-Notodden ganz in die Hände französisch-norwegischer Finanzgruppen überging und daß während des Krieges mehr als 350 000 norwegische PS der Entente zur Verfügung standen[1]. Auf diese Verhältnisse wird weiter unten noch eingegangen werden.

Die Ausnutzung der Wasserkräfte Norwegens hat infolge der starken Entwicklung der Luftstickstoffindustrie sehr zugenommen. Man schätzt die gesamte Energiemenge auf 7,5 bis 8 Mill. PS und die leicht gewinnbare auf mindestens 5 Mill. KW =rund 6,7 Mill. PS. Die Kosten der Aufschließung sind sehr verschieden, man rechnet mit 250 bis 400 Kr./KW (Vorkriegskurs: 280 bis 448 Mk.). Die jährlichen Aufwendungen können einschl. Abschreibungen mit 10 bis 15 Proz. der ursprünglichen Anlagekosten eingesetzt werden, so daß bei Großzentralen das KW-Jahr 1918 auf etwa 45 bis 60 Kr. (Vorkriegs-

---

[1] *C. Matignon*, Revue génér. des Sciences pures et appliqués **28**, **6** u. 50.

kurs: 50,40 bis 67,20 Mk.; d. s. pro 1 KW-St. = rund 0,58 bis 0,77 Pfg.) zu stehen kam. Im westlichen und nördlichen Teil des Landes sind dabei die Kosten meistens geringer, als im Osten und Süden, weil dort die Wasserfälle günstiger gelegen sind. Der eben berechnete Preis versteht sich für Kraftlieferung von nicht weniger als 5 bis 10 000 KW mit 5000 und 15 000 Volt nach den Hafenorten. Befindet sich die Fabrik in direkter Nachbarschaft der Kraftstation, so ist auch der Preis für die Kilowattstunde niedriger. Zwischen 1905 und 1915 sind 863 000 PS erschlossen worden und allein 1917 ist die Nutzbarmachung der Wasserkräfte um $1/_4$ Mill. PS gestiegen. 1913 waren 705 000 PS (davon 400 000 PS für Elektrochemie und Metallurgie) ausgebaut. Der Bezirk von Hardanger vermag allein 900 000 PS zu liefern. Nachfolgende Tabelle gibt einen Überblick über einige der wichtigsten Bauten, die in den letzten Jahren ausgeführt wurden bzw. deren Projekte vorliegen[1].

Firma und Ort	Kraft	Fabrikation
A.-S. *Perclorat, Odda* (Konzessionsgesuch)	23 000 PS, Tyssewasserfall 100 000 PS insgesamt, davon in 1. Bauperiode 20 000 PS, Blaafälle	Perchlorat usw. Carbid
Öyro, Bez. Ryfylken (Ankauf)	70 000 PS, Saudefall Fall von Maarforsen	„ elektrochem. Fabrik
Konsortium in Skien	Jostedals-und Lärdalsfälle im Sognefjord, 200 000 PS	Salpeter, Aluminium, Carbid
A.-S.*Bremanger* Kraft-Selscab in Bergen	Soend Fjord bei Florö 30 000 PS	Carbid, Ferrosilicium, etwas Cyanamid
A.-S. *Bjölvefossen,* Hardanger Fjord	Bjölvefos 20 000 PS, dazu weiter 44 000 PS	Carbid, Cyanamid
Gesellschaft *Titan* (Plan)	Fluß Thorsaa auf Island Gaudefaldene-Wasserfälle 100 000 PS	u. a. Luftsalpeter Carbid usw.

Für eine einheitliche Elektrifizierung des Landes besteht in Norwegen eine Elektrizitätsversorgungskommission[2]. Die 7 Carbidfabriken Norwegens hatten 1915 rund 100 000 PS zur Verfügung.

Die chemische Industrie Norwegens umfaßte im Jahre 1915 ein Aktienkapital von etwa 150 Mill. Kr., das sich größtenteils in ausländischen Händen befand. Neu hinzu kamen 1916: 35 Mill. Kr. und 1917: 40 Mill. Kr. fast durchweg norwegischen Kapitals. Dem Ausbau der deutsch-norwegischen Beziehungen dient der 1919 in Berlin in den Räumen der *Norgesalpeter-Verkaufs-G. m. b. H.* ins Leben gerufene *Deutsch-Norwegische Wirtschaftsverband*[3].

Die *Norsk Hydroelektrisk Kvaelstof A.-S.* verteilte 1914/15: 8, 1915/16: 10, 1916/17: 10 und 1917/18: 12 Proz. Dividende. Neuanlage einer Luftsalpeter-

---

[1] Vgl. *K. Arndt,* Chem. Ind. 1919, Nr. 22/23.
[2] Zeitschr. f. angew. Chem. 1918, III, 391.
[3] Chem.-Ztg. 1919, S. 492.

fabrik in Ranen (Nordland) war geplant; auf der Insel Heröen bei Porsgrund sollte 1917 eine Emballagefabrik erbaut werden. Unter dem Einfluß des Krieges nahm die Herstellung von Salpetersäure und Ammonnitrat sprunghaft zu. Seit Eintritt der deutschen Seesperre stockte jedoch die Ammoniakwasserzufuhr aus England; die norwegischen Werke Odda und Notodden lieferten in kleinerem Umfang synthetisches Produkt, dessen Menge aber durchaus ungenügend blieb, so daß sich die Ammonsalpetererzeugung in Saaheim-Rjukan von Mitte Februar 1917 an um mehr als die Hälfte verminderte. Ende 1918 erfolgte gänzliche Umstellung auf Norgesalpeter. Ammonnitrat wird gegenwärtig nur in kleinerem Umfange gewonnen, nachdem auch Notodden diese Fabrikation aufgegeben hat. Das Werk Odda stellt Kalkstickstoff und Ammoniak her. Die Leistungsfähigkeit der *Norsk Hydro*-Fabriken beträgt jetzt wöchentlich 30 000 Faß Norgesalpeter (d. s. pro Jahr rund 156 000 t) oder 100 000 bis 120 000 t konzentrierte 96 proz. Salpetersäure. Ausgenutzt werden dazu rund 350 000 PS. Das Werk *Rjukan* I ist mit 140 000 PS und einer normalen Tagesleistung von 200 t Norgesalpeter das größte Luftsalpeterwerk der Erde. Um den dortigen Bedarf an Soda zu decken, ist in Rjukan eine Sodafabrik mit einer vorläufigen Jahresproduktion von rund 1000 t erbaut worden. Der Verbesserung der Verfahren dient ein großes Versuchslaboratorium in Kristiania. Die Gesellschaft *Rjukanfos* verteilte (als Tochterunternehmen der *Norsk Hydro*) 1917/18 20 Proz. und die *Norsk Transport A.-S.* 15 Proz. Dividende. Die gesamten Aktien der Gesellschaft beliefen sich auf 191 609 192 Kr. (1919), von denen 86 214 223 Kr. auf die Aktien der 6 Tochtergesellschaften und verschiedene andere Wertpapiere entfielen.

Das Kapital der *Norsk Hydro* betrug 1915 erst 62,54 Mill. Kr., dabei stand der Wasserfall von Svaelgfos (Notodden) mit 3,56 Mill. Kr. und die *Notoddener* Fabrik mit 16,87 Mill. Kr. zu Buche. Zur Vergrößerung ihrer Unternehmen und zur Gründung der Filialen reichte dieses Kapital bei weitem nicht aus, weil allein schon die Beteiligung am *Rjukan*-Werk insgesamt 66,4 Mill. Kr. erforderlich machte. Da die norwegische Gesetzgebung die Ausgabe von Obligationen verbietet, hätte die Gesellschaft ihr Aktienkapital außerordentlich steigern müssen, um allen diesen Anforderungen gerecht werden zu können. Man umging diese Schwierigkeit durch Gründung der französischen *Société Norvégienne de l'Azote et de Forces hydro-électriques* in Notodden, welche in Frankreich, unter Ausbau der auch vorher schon engen Beziehungen zur französischen Hochfinanz, die erforderlichen Obligationen ausgab. Die Aktiven der *Norsk Hydro* bilden das Unterpfand für diese Anleihe, deren Zinsendienst der *Norsk Hydro* durch die *Société de l'Azote* obliegt. In der Bilanz der norwegischen Gesellschaft tritt die französische Gründung mit rund 66$^1/_2$ Mill. auf. Die *Société Norvégienne de l'Azote* betätigt sich neuerdings auch in den Pyrenäen.

Die Fabrik Notodden mit den Kraftanlagen Tinfos und Svaelgfos arbeitet mit rund 50 000 PS, die Fabrik Saaheim - Rjukan wird von der Zentrale Rjukan I mit 140 000 PS und von Rjukan II mit 150 bis 160 000 PS versorgt, so daß die Norsk Hydro insgesamt 340 bis 350 000 PS verwendet.

Anfangs wurde nur Kalk- (Norge-) salpeter mit rund 13 Proz. N erzeugt. Später gelang es im technischen Großbetrieb 98 proz. Salpetersäure herzustellen, die nach Zusatz von 10 Proz. Schwefelsäure in Eisenfässern versandt wird. Im Kriege nahm die Erzeugung von Ammonnitrat aus englischem oder (später) norwegischem Ammoniak (letzteres aus Kalkstickstoff) bedeutenderen Umfang an. Als Nebenprodukt fallen bei der alkalischen Absorption[1] der nitrosen Gase Kunstsalpeter, $NaNO_3$, und Natriumnitrit ab. Die Herstellungskosten für 1 kg HNO_3 im verdünnten Zustand betrügen bei *Norsk Hydro* 1913 etwa 0,20 Kr. (nach der alten Methode aus Chilesalpeter 0,45 bis 0,60 Kr.). Bei Vollbetrieb beschäftigt Notodden etwa 2000 Leute. Die Gesellschaft hat Wohnkolonien in beträchtlichem Umfang errichtet. Der Betrieb hat stets glatt gearbeitet; doch ist es während des Krieges wiederholt zu Streiks gekommen. Die Transporteinrichtungen sind neuerdings durch Errichtung großer Lagerhäuser und Kais in Menstad gegenüber Borgestad großzügig ausgebaut worden. Sehr wertvolle technische Details teilt *E. Kilburn-Scott* mit[2]. Notodden hat 32 *Birkeland-Eyde*-Öfen zu 600 bis 1000 KW je Ofen und Saaheim 8 *Birkeland-Eyde*-Öfen zu 3500 KW je Ofen; außerdem besitzt Saaheim einige *Schönherr-Hessberger*-Öfen von je 1000 KW. Von Interesse ist, daß die *Norsk Hydro* als Repräsentantin französischer Gruppen Anfang 1920[3] mit 50 000 Kr. Kapital eine Filiale in Stockholm eröffnete, um die französischen Kaliwerke des Elsaß in Schweden zu vertreten. Der direkten Einfuhr und dem Vertrieb von Ammonsalpeter, Norgesalpeter und Natriumnitrit der Norsk Hydro in den Ver. Staaten dient die neugegründete Norwegian Nitrogen Products Co. in New York[4].

Im Laufe des Jahres 1918 gründete die *Norsk Hydro* in Gemeinschaft mit der *Norsk A.-S. for elektrokemisk Industri*-Kristiania die A.-S. Labrador mit 2 Mill. Kr. Kapital zur Herstellung von Tonerde und Kalksalpeter durch Behandlung von norwegischem Labradorgestein mit Salpetersäure. Die *Norsk A.-S. for elektrokemisk Industri* gehörte früher zum Konzern der Brandenburgischen Elektrizitätswerke, sie betätigt sich weniger auf dem Gebiete der Stickstoffindustrie, als in der Herstellung von Carbid, Aluminium, Karborund usw. 1918 hatte sie 28,8 Mill. Kr. Kapital und verteilte 1916: 5 Proz. und 1917: 7 Proz. Dividende. Der Gesellschaft gehören u. a. die Anlagen Kragerö und Eydehavn bei Arendal. Von ihren Beteiligungen interessiert hier besonders der Erwerb der Aktienmajorität des *Fiskaa*-Werks in Kristianssand, das bekanntlich eine Gründung der *BASF* ist.

Die *Norsk Nitrid A.-S.* zu Eydehavn bei Arendal, die ursprünglich auf Aluminiumnitrid arbeiten sollte, erzeugt lediglich Aluminium, da die Schwierigkeiten des *Serpek*-Verfahrens anscheinend zu groß sind. Die Gesellschaft steht als *Société Norvégienne des Nitrures* der französischen *Société Générale*

---

[1] Im Kriege hat die Norsk Hydro eine eigene Sodafabrik mit einer Tagesproduktion von 27 t erbaut. Chem. and Met. Eng. 1920, S. 1082.

[2] Journ. Soc. Chem. Ind. **34**, 113—126.

[3] Zeitschr. f. angew. Chem. 1920, II, 92.

[4] Chem.-Ztg. 1920, S. 648.

des Nitrures in Paris, von der sie Tochtergründung ist, sehr nahe. Von den 25 000 PS Wasserkraft, die insgesamt verfügbar sind, sind zunächst 10 000 PS am Boïlefos[1] ausgebaut worden. Das Kapital der norwegischen Gesellschaft beträgt 13 Mill. Frs. Der Geschäftsbericht 1914/15 — die Anlage war Ende 1913 fertig — hatte sich noch recht günstig über das *Serpek*-Verfahren ausgesprochen.

Zu den ersten (1908) Kalkstickstoffabriken überhaupt gehört das Werk Odda (am Hardanger Fjord) der englischen *North Western Cyanamide Company* Ltd. in London, das nach dem System *Frank-Caro* arbeitet (1915 insgesamt 50 000 PS). Die Leistungsfähigkeit betrug 1912: 24 000 t, 1913: 52 000 t Kalkstickstoff. Sie wurde bei Kriegsausbruch zunächst stark eingeschränkt, dann aber auf 90 000 t Carbid entsprechend 112 500 t Kalkstickstoff mit 20 Proz. N vergrößert. Unter Fühlungnahme mit der schwedischen *Alby United Carbide Factories Ltd.* und der *North Western Cyanamide Company* bildete sich 1913 die *Nitrogen Products and Carbide Company Ltd.* London und die Tochtergesellschaft *Nitrogen Fertilisers Co., Ltd.* mit insgesamt 36 Mill. Kr. Aktienkapital. Das Werk Alby der *Alby Carbidfabriks Aktiebolag* ist seit Sommer 1912 in Dauerbetrieb (1913: 15 000 t Kalkstickstoff). Die förmliche Verschmelzung der *Alby United Carbide Factories Ltd.* und der *Nitrogen Products and Carbide Co. Ltd.* hat erst 1919 stattgefunden. Alby ging später in schwedische Hände über (s. u.). Das Werk Odda (Norwegen) bezieht seine elektrische Energie (65 000 PS) von Tyssedal (nutzbar 37 500 Kilowatt), dessen Wasserfälle insgesamt 125 000 PS repräsentieren, von denen jetzt etwa 83 000 PS erfaßt sind. Odda lieferte namentlich während der ersten Kriegsjahre erheblichere Mengen Kalkstickstoff an die englischen *Dagenham*-Werke, die daraus Ammoniak erzeugen wollten, das weiter über Platin zu Salpetersäure verbrannt werden sollte. Das *Dagenham*-Werk hatte große Schwierigkeiten, seine Versorgung zu sichern, als mit Verhängung der deutschen Seesperre die norwegischen Zufuhren immer spärlicher wurden. Es ist schließlich zur Verarbeitung von Gaswasserammoniak übergegangen. Odda hat während des Krieges auch an Notodden für Zwecke der Ammonnitratherstellung Ammoniak geliefert. Zur Produktion von Kalkstickstoff für Düngung besitzt es eine besondere Granulieranlage. Die belgische Gründung Vilvorde wurde bereits 1913 seitens der norwegischen Fabriken mit Kalkstickstoff zur Gewinnung von Ammonsulfat bzw. Ammonnitrat versorgt (s. u.). Die *Nitrogen Products and Carbide Co.* besitzt in Norwegen eine Reihe weiterer Konzessionen zum Ausbau von Wasserfällen (Aura, Mardöl in Romsdalen usw.). Die *Meraker Carbide and Smelting Works* arbeiten nur auf Carbid und Ferrolegierungen.

Die „Ankaufsgenossenschaft der landwirtschaftlichen Gesellschaften" in Norwegen begann im Jahre 1915 den Bau einer eigenen Fabrik für Stickstoffdünger in Angriff zu nehmen. Diese, die *A.-S. Bjölvefossen* in Indre Aalvik in Hardanger, konnte 1918 in Betrieb gehen. Es stehen aus den Bjölvafällen

---

[1] Chem.-Ztg. 1913, S. 303, 646.

36 000 bis 43 000 PS zur Verfügung, außerdem besitzt die Gesellschaft Kalkfelder mit insgesamt 10 Mill. t Kalkstein. Erzeugt können jährlich werden: etwa 36 000 t Kalkstickstoff (4 *Carlson*-Öfen) und als Nebenprodukt 6000 t Ammonsulfat. Das Werk hat 1919/20, aus noch zu erörternden Gründen (wie Odda), die Carbidproduktion eingestellt.

Die *Norsk Superfosfatfabriker* liefern u. a. Kalkdünger. Die *A.-S. Bremanger Kraftselskab* in Bergen baute zunächst 21 000 PS ihrer Wasserkraft in Bremanger aus; ihre Carbidproduktion ist mit 30 000 t pro Jahr in Aussicht genommen, davon soll $^1/_3$ in Kalkstickstoff umgewandelt werden. Das Werk hatte 1916: 5,4 Mill. Kr. Kapital; die Fabriken liegen in Soend Fjord bei Florö und haben bisher hauptsächlich Ferrosilicium geliefert. Die *A.-S. De elektrokemiske fabriker Sodium* in Trondhjem arbeitet auf Alkalien und Chlor. Die *A.-S. Kvina Carbid og Smelteverk*, welche 1915 mit 0,76 Mill. Kapital gegründet ist, errichtete eine Carbidfabrik in Fedefjord bei Flekkefjord. Sie wird seitens der *A.-S. Trälandsfos* in Kvinesdal mit 5000 PS beliefert, an die auch die *A.-S. Carbidindustri* mit 15 000 PS angeschlossen ist. Letztere hat mit 1 Mill. Kr. Kapital die 1916 gegründete *Organokemisk Industri A.-S.* in Frederikstad übernommen. Hier wird aus Carbid nach einem vom Ing. *Sverre Utheim* in Frederikstad herrührenden Verfahren Alkohol, Essigsäure usw. gewonnen. Im Auftrage der *A.-S. Norsk Elektron* in Bergen hat Ing. *Hugo Laurell* unter Einbringung seines Verfahrens in der Nähe eine Carbidfabrik für 20 500 t Jahresleistung erbaut. Die Kraft liefern die Blaafälle. Die *Usines Electrochimiques de Hafslund* bei Sarpsborg stellten während des Krieges Ferrosilicium her. 1919 sind sie nach Abänderung von 3 Öfen wieder zur Carbiderzeugung übergegangen. Sie und die *Norsk Elektrokemisk A.-S.* wurden wegen Kriegslieferungen nach Deutschland von England auf die schwarze Liste gesetzt. Einen besonderen Ammonnitrat-Sicherheitssprengstoff Extra - Nobelit, der stundenlang im Wasser liegen kann, ohne an Sprengkraft einzubüßen, stellt die *Nitroglycerin-Co.* in Kristiania her. Um die Gas- und die Ammoniakausbeute bei der Destillation von Kohle zu erhöhen, haben *Schjelderup* (Bergen), *Helgeby* (Trondhjem) und *Bull* (Bergen) ein neues Verfahren ausgearbeitet[1].

Die Größe der norwegischen Moore wird auf 12 000 qkm (1 200 000 ha) geschätzt. Die Hälfte scheint allerdings für Ausbeutung ungeeignet zu sein; von der anderen Hälfte kommen 3000 qkm am ehesten zur Urbarmachung, 2000 qkm zur Brenntorfproduktion und 1000 qkm zur Herstellung von Torfstreu in Betracht. Um einer Monopolisierung durch ausländische Gesellschaften vorzubeugen, bestimmt das Gesetz vom 25. Juli 1913, daß der Erwerb von Moorstrecken mit mehr als 35 ha Inhalt künftig einer besonderen königlichen Genehmigung bedarf, sofern nicht der norwegische Staat, norwegische Gemeinden oder Staatsbürger die Käufer sind[2]. 1914/15 war in einer Küstenstadt Norwegens übrigens auch die Anlage einer mit Spitzbergen-Steinkohle arbeitenden Kokerei beabsichtigt.

---

[1] Chem.-Ztg. 1919, S. 271.
[2] Chem.-Ztg. 1914, S. 110, 111.

100 kg Norgesalpeter oder sog. „norwegischer Chilesalpeter" kosteten 1918 24 Kr., 100 kg Kalkstickstoffdünger 21 Kr. und 100 kg staubfeiner 18proz. Kalkstickstoff zur Unkrautbekämpfung (Lieferwerk: *North Western Cyanamide Co.* in Odda) 22 Kr. einschl. Sack, fob oder frei Bahn. 100 kg Chilesalpeter kosteten 1919 23 Kr. Stickstoffdünger unterliegt der staatlichen Bewirtschaftung nicht, wohl aber sind Superphosphat und Kali rationiert (1919). Um den Preis der Düngemittel herabzusetzen, zahlt der Staat erhebliche Zuschüsse, und zwar betrugen diese 1918/19 für Luftsalpeter 13,6 Mill. Kr., für Kalkstickstoff 1,0 Mill. Kr. und für Superphosphat 3,6 Mill. Kr. Im Jahre 1919 standen nach Mitteilung des norwegischen Landwirtschaftsdepartements folgende Mengen zur Verfügung: 80 000 t Luftsalpeter, 2500 t staubfeiner Kalkstickstoff, 2500 t granulierter Kalkstickstoff und 43 000 t Superphosphat. Tatsächlich geliefert wurden dagegen[1] nur 50 000 t Norge- und norwegischer Chilesalpeter. Ausgeführt sind 1919 nach Dänemark 10 000 t und nach Schweden 20 000 t Norgesalpeter. Vor dem Kriege betrug der Eigenverbrauch Norwegens nur 6 bis 7000 t Stickstoffdünger jährlich. Aus einer Arbeit[2] von *J. Sebelien* ist die nachfolgende Übersicht entnommen, welche die Verhältnisse der norwegischen Industrie in der Vorkriegszeit schildert:

Jahr	Produktion an Norgesalpeter in t	Inlandsverbrauch an Norgesalpeter in t	Chilesalpetereinfuhr in t für industrielle Zwecke
1905	127	5,4	707
1908	15 000	470	1615
1910	18 569	1860	258
1913	73 214	5500	103

Die Norgesalpeterausfuhr betrug 1912: 51 701 t und 1913: 70 171 t (Wert über 11 Mill. Kr.); an Natriumnitrit, Natrium- und Ammoniumnitrat sind 1912: 13 480 t, 1913: 170 28 t ausgeführt. Der Carbidexport betrug 1910: 50 000 t.

Während des Krieges ging die Chilesalpetereinfuhr (1913: 1337 t; 1914: 783 t) auf nahezu Null zurück (1917: 44 ; 1918: 6 kg). Die Produktion in je 1 Monat 1918 und 1919 belief sich in Norwegen auf (in t)[3]:

	August 1918	August 1919	Jan. bis einschl. Aug. 1918	Jan. bis einschl. Aug. 1919
Ammoniumnitrat . . .	4327,2	562,4	32 008,8	1 038,6
Natriumnitrat	29,9	1844,3	2 264,5	3 498,6
Norgesalpeter	2953,7	3807,9	40 199,0	34 706,4
Salpetersäure	97,8	163,7	468,4	698,5
Ammoniumsulfat . . .	—	70,3	—	199,2
Kalkstickstoff	—	—	0,5	7 981,7
Calciumcarbid	4342,5	525,2	29 423,6	15 571,0
Oxalsäure	54,3	69,1	143,9	189,9

---

[1] Chem.-Ztg. 1920, S. 344.
[2] Chem.-Ztg. 1914, S. 1109.
[3] Chem. Ind. 1920, S. 159; Zeitschr. f. angew. Chem. 1920, II, 113.

Die Tabelle läßt den Rückgang in dem Kriegsprodukt Ammonsalpeter und das Wiederanwachsen der Kalkstickstofferzeugung deutlich erkennen. Die gesamte Ausfuhr Norwegens an Chemikalien erreichte 1917, 1918 und 1919 folgende Werte (in t):

	1917	1918	1919	1. Halbjahr 1913 zum Vergleich: (Auswahl)
Salpetersäure	1621,2	836,7	1 432,8	
Oxalsäure	334,1	206,0	293,4	
Ammonsulfat	50,0	—	232,5	
Ammoniumnitrat . .	63 578,1	49 587,6	5 163,1	4 246,0
Natriumnitrat	22 711,2	2 636,6	13 036,4	
Natriumnitrit	3 536,1	2 097,8	1 893,9	32 950,0
Norgesalpeter	35 932,4	53 625,3	63 880,2	2 764,0
Kalkstickstoff	2 312,9	10,5	9 929,9	11 000,0
Calciumcarbid	46 066,6	41 771,9	25 599,3	
Jod	1,2	5,4	3,0	

Die Werke der *Norsk Hydro* in Notodden und Rjukan leisteten 1915: 38 000 t Kalksalpeter (1914: 75 000 t) und 26 000 t Ammonnitrat (1914: 12 000 t). 1916 sind 86 000 t Norgesalpeter gewonnen worden; von ihnen dienten 64 000 t der Ausfuhr (1913: 70 171 t) und 40 000 t der Befriedigung des eigenen Bedarfs. Die gegenwärtige Höchstleistungsfähigkeit der *Norsk Hydro* beträgt 100 000 bis 120 000 t konz. Salpetersäure (etwa 96/89 proz.) oder mindestens 156 000 t Norgesalpeter (d. s. 30 000 Faß à 100 kg pro Woche). Als freie Salpetersäure sind 1916 noch 4000 t erzeugt. Heute gewinnen Odda und Notodden fast ausschließlich Calciumcarbid, Ammon- und Natronsalpeter, die durch eine Zentral-Verkaufsgesellschaft der *Norsk Hydro* in den Handel gebracht werden.

Wenn alle im Bau begriffenen Anlagen (z. B. *Aura, A.-S. Bremanger* u. a.) fertiggestellt sind und — das ist das wesentliche! — ihre ganze Kraft für die Fabrikation ausnutzen, so dürfte die überhaupt erreichbare Höchstleistungsfähigkeit Norwegens an Kalkstickstoff pro Jahr 700 000 bis 800 000 t ausmachen. Wie sehr die wirkliche Erzeugung (1919/20 Höchstleistungsfähigkeit etwa 250 000 t) hinter dieser Ziffer zurückbleibt, beweist u. a. die kleine Eigenverbrauchsmenge mit zusammen (s. o.) 5000 t (1919) und die geringe Ausfuhr, die Januar bis einschl. August 1919 nur 7981,7 t betrug. Von den Gründen wird noch zu sprechen sein.

An Ammoniak hat Norwegen 1916 (hauptsächlich von England) noch 16 000 t und dazu 7500 t Ammonsulfat eingeführt. 1917 betrug die gesamte Einfuhr an Ammoniak und Ammoniumsalzen 18,164 und 1918 nur 2,684 t. Die Ausfuhr norwegischer Stickstofferzeugnisse nach Schweden und Dänemark ist kräftig gestiegen (in t):

	Norgesalpeter				Ammonnitrat		
	1913	1916	1917	1918	1916	1917	1918
nach Schweden	139	1130	1425	15 605	110	317	560
„ Dänemark	4500	—	—	21 170	—	—	—

Interessant sind einige Einzelheiten des Wirtschaftsabkommens, das zwischen Norwegen und den Ver. Staaten von Nordamerika 1918 abgeschlossen wurde.

Danach mußte Norwegen den Ver. Staaten u. a. pro Jahr 112 000 t Nitrate, 10 000 t Kalkstickstoff und 30 000 t Calciumcarbid liefern, während zur Ausfuhr an die Mittelmächte u. a. nur 10 000 t Calciumcarbid und 8000 t Norgesalpeter freigegeben waren. Den Absatz des norwegischen Salpeters in Deutschland regelt die *Norgesalpeter-Verkaufsgesellschaft* in Berlin.

Der norwegischen Industrie ist die Kriegskonjunktur sehr zustatten gekommen, wie allein schon die rasche Zunahme in der Erschließung der Wasserkräfte (1911 in 1139 elektrischen Anlagen erst 262 095 KW) beweist. Insonderheit sind in die elektrochemischen Unternehmen Norwegens während des Krieges sehr bedeutende Summen gesteckt worden. Diese Industriezweige haben damals mit großen Gewinnen gearbeitet. Das Bild änderte sich, als der Krieg aufhörte. Die kriegführenden Länder hatten große Mengen von Stickstoffprodukten auf Lager, die ursprünglich zur Anfertigung von Munition bestimmt waren. Infolgedessen stockte der Absatz selbst bei so großen Unternehmen, wie *Norsk Hydro*; dazu kam, daß die Preise mit Beginn des Jahres 1919 z. T. ziemlich schnell heruntergingen. Während man trotzdem noch 1919 die Zukunft als aussichtsvoll beurteilte und glaubte, daß namentlich die Stickstoffanlagen günstig dastünden, da sie nach vielleicht 2- bis 3jährigen Betriebseinschränkungen einen neuen Aufschwung verzeichnen würden, zeigte sich bald, daß man zu optimistisch gewesen war. Nicht nur mußte die große Carbidfabrik in Saude bereits im November 1919 400 Mann entlassen, sondern in Odda und Bjölvesfossen ist die Carbidfabrikation überhaupt völlig eingestellt worden. Die Anlagen von Odda und Bjölvesfossen sind aber Norwegens größte Kalkstickstoffabriken. Infolge der Teuerung, der wachsenden Gestehungskosten, der unter Herabsetzung der Arbeitszeit und Rückgang der Leistung stark in die Höhe schnellenden Löhne usw. arbeitet die westnorwegische Großindustrie jetzt unter äußerst schwierigen Verhältnissen, die sich bei einzelnen Unternehmen zur Krisis und zum Zusammenbruch auszuwachsen drohen[1]. Die Ausfuhraussichten sind unter diesen Verhältnissen sehr schlecht, wie schon daraus hervorgeht, daß 1919 in Frankreich Schweizer Carbid mit 700 Frs./t und norwegisches mit 1000 Kr./t fob Hardangerhafen angeboten wurde. Ob unter solchen Umständen der geeignete Moment zur stürmisch geforderten Sozialisierung der Luftstickstoffbetriebe Norwegens[2] gekommen sein dürfte, ist wohl mindestens sehr zweifelhaft. Die Norgesalpeterpreise hatten Mitte 1920 48 Kr./100 kg (1919: 24 Kr.) erreicht, weil der Staat der Salpeterindustrie keine Vergünstigungen (außer halben Frachtraten) mehr gewährt[3].

Die schwedische Stickstoffindustrie.

Auch die schwedische Industrie hat sich in den letzten Jahren sehr entwickelt, wie nachstehende kleine Tabelle beweist, in welche der Produktionswert der elektrochemischen Anlagen nach Friedenspreisen eingesetzt ist:

---

[1] Zeitschr. f. angew. Chem. 1920, II, 10.
[2] Zeitschr. f. angew. Chem. 1919, II, 434.
[3] Metallbörse 1920, S. 1280.

Jahr	Anzahl der elektro-chemischen Werke	Erzeugungswert in Mill. Kr.	Wasserkraft in 1000 KW
1904	8	4,5	9
1908	10	7,5	13
1911	14	11	25
1913	22	20	60
1915	36	31	78
1917	75	55	126

Der schnelleren Gründung großer elektrochemischer Industrien stehen vorläufig noch die ungünstigen Verkehrsverhältnisse in Norrland entgegen. Der Mittelpunkt der elektrochemischen Industrie liegt heute im Süden des Landes bei Trollhättan, wo Ende 1908 105 000 KW zur Verfügung standen, welcher Betrag sich nach Regelung des Vänersees auf 270 000 KW erhöhen dürfte.

Der Ausbau der schwedischen Wasserkräfte hat 1919 einen gewissen Rückschlag erlitten[1]. Die staatlichen Kraftwerke leisteten nachfolgende Energiemengen:

Kraftwerk	Höchste Belastung KW	Energieerzeugung in Mill. KW-St
Trollhättan	78 400	425
Porjus, Dreiphasenstrom	9 400	74
„ Einphasenstrom	8 200	10
Älvkarleby und Motala	52 000	204
Sonstige Kraftwerke	—	2
Zu- bzw. Abnahme gegen 1918 in Proz.	+4	—1,5

Der erste Ausbau des *Motalawerks* soll im Herbst 1921 beendet sein, dagegen werden die Arbeiten bei *Lilla Edet* und *Narspränget* langsamer betrieben. Die Elektrifizierung der schwedischen Bahnen schreitet fort. Von privaten Wasserkraftzentralen leistete *Hemsjö* 37 Mill. KW-St, *Gullspäng-Munkfors* (27 000 PS) 54 Mill. KW-St, *Stora Kopparbergs Bergslags A.-B.* 128,9 Mill. KW-St. Das Stahlwerk *Domnarfvet* arbeitet mit 6500 PS, und der Ausbau von *Forshuvudfersen* soll in der 2. Hälfte 1921 beendet sein. Der Staat plant mit großen Mitteln (1920: 22,705 Mill. Kr.) weitere Erschließung von Wasserkräften bei Harsprang, am Luleaelf-System usw. Neue Energiequellen stehen am Umeaelf. und am Tyttbofall (Dalelf) zur Verfügung. Im Januar 1919 bildeten etwa 35 Eisenwerke und Fabriken des Bezirks Bergslagen zur gemeinsamen Verwaltung und besseren Ausnützung ihrer Wasserenergie die *A. B. Bergslagens gemensamma Kraftförvaltning* mit 1,5 Mill. Kr. Kapital. Die Gesellschaft hat auch die Kvangedsfälle in Norrland erworben.

Die älteste schwedische Luftstickstoffbindungsanlage ist die *Alby Carbidfabriks Aktiebolag*, die in Alby auf Kalkstickstoff nach dem *Frank-Caro*-System arbeitet und, wie Odda in Norwegen, der *North Western Cyanamid Company* gehört. Letztere ist sowohl der *Alby United Carbide Factories Ltd.*-London als auch der *Nitrogen Products and Carbide Co. Ltd.*-London eng liiert, die sich seit 1919 endgültig miteinander vereinigt haben. Bereits vorher (1918) war die Aktienmehrheit der *Alby*-Gesellschaft (Kapital 2,5 Mill. Kr.) und ihres

---

[1] Südd. Ind.-Blatt 1920, S. 1491.

Kraftwerks (110 00 PS), der *Alby Vattenfalls A.-B.*, gegen Bezahlung in Pfund aus englischen Händen in den Besitz der *Stockholms Superfosfatfabriks A.-B.* übergegangen, so daß jetzt nur schwedisches Kapital an der Stickstoffindustrie interessiert ist. Die Interessen der *Alby*-Gesellschaft und der Stockholmer Superphosphatfabrik, die u. a. in Trollhättan eine Carbidfabrik betreibt, laufen schon längere Zeit parallel und haben dazu geführt, daß beide Firmen für den Carbidverkauf das *Svenska Carbidkontoret* in Göteborg (Aktiengesellschaft, 1917: 100 000 Kr. Kapital) ins Leben gerufen haben.

Mit der Aufsaugung der *Alby A.-B.*, der *Nitroglycerin A.-B.* usw. ist der 1920 mit 30 Mill. Kr. Aktienkapital arbeitende Konzern der *Stockholms Superfosfatfabriks A.-B.* zur größten chemischen Gruppe Schwedens geworden. Zur Verwertung der *Carlson*schen Erfindungen sind 1916 die *A.-B. Carlit* (Perchloratindustrie) und die *A.-B. Nitrogenium* (Stickstoffindustrie) als Zweigunternehmen mit je 2 Mill. Kr. Kapital gegründet worden. Die *A.-B. Nitrogenium* stellte z. B. in Bjölvefossen in Norwegen (s. o.) 4 Kalkstickstofföfen nach *Carlson* auf. Heute erzeugt die *Stockholms Superfosfatfabriks A.-B* außer Superphosphat, Kalkstickstoff, schwefelsaurem Ammoniak, Calciumcarbid und Ferrosilicium noch Kalium-, Natrium- und Bariumchlorat, K-, Na- und NH_4-perchlorat, komprimiertes Ammoniak, Natriumnitrit, Natriumsulfat (krystallis. und kalzin.), Wasserglas, Chlorcalcium, Schwefel-, Salpeter-, Fluß- und Überchlorsäure, metallisches Natrium sowie Sprengstoffe (Carltonit, Zündhütchen usw.). Sie besitzt eigene Holzdestillationsanlagen mit Nebenproduktengewinnung, ferner Schwefelkies- und Wolframerzgruben. Die Gesellschaft erzeugt auch, außer in Trollhättan und dem jetzt zu ihr gehörenden Alby, in den neuen *Ljungawerken* Kalkstickstoff. Die *Ljungawerke* tragen ihren Namen nach dem norrländischen Ljunganfluß und haben die Carbidfabrikation im Oktober 1912, die Kalkstickstofferzeugung erst Anfang 1913 aufgenommen. In geringerem Umfange zersetzen sie auch Kalkstickstoff und stellen Ammoniumsulfat her. Sie besitzen sowohl eine kleine Anlage zur Verbrennung von Ammoniak zu Salpetersäure, als auch eine solche nach *Birkeland-Eyde* (übrigens die einzige in Schweden). Der Kalkstickstoff wird in *Carlson*-Öfen gewonnen.

Die Anlage Alby ist seit Sommer 1912 in regelmäßigem Betrieb. Sie ist für etwa 12 bis 15 000 t Kalkstickstoff-Jahresleistung bestimmt. Alby und Trollhättan produzierten 1910: 4307 t und 1911: 3820 t Carbid bei (1911) 134 Arbeitern. Da Alby nahe Sundsvall an der Ausmündung des Ljungan in den Bottnischen Meerbusen liegt, so war die Vereinigung mit den *Ljungawerken* der *Stockholms Superfosfatfabriks A.-B.* von vornherein gegeben. Alby hat 1914 etwa 8000 t Carbid und 9500 t Kalkstickstoff erzeugt. Seine Carbidöfen sind als „Albyöfen" in mancher Beziehung vorbildlich geworden. Der Alby-Wasserfallgesellschaft gehören 2 Kraftwerke am Ljungan mit zusammen 35 000 PS und mehrere Fallgerechtsame[1]. Die schwedische Wasserkraft, die heute in Trollhättan das Kilowattjahr zu etwa 50 Kr. erzeugt,

---

[1] *K. Arndt*, Chem. Ind. 1919, Nr. 22/23.

ist im ganzen genommen um ein weniges teurer, als die in Norwegen. Dieser geringe Preisunterschied und die anderen allgemeinen Industrieverhältnisse Schwedens haben aber bewirkt, daß die Lichtbogenverfahren trotz der Nähe Norwegens bisher keinen Eingang in die Großpraxis haben finden können.

Nachdem ein Versuchsbetrieb im Jahre 1912 erwiesen hatte, daß eine von *Ph. Thorsell* empfohlene Methode, den Luftstickstoff zu binden, brauchbar ist, wurde 1913 mit 1 Mill. Kr. Stamm- und 2 Mill. Kr. Vorzugsaktien die *Aktiebolaget Kväfveindustri* in Göteborg begründet, um eine Fabrik nach diesem Verfahren — es handelt sich um intermediäre Bildung von Cyanid — in Bohus bei Göteborg zu erbauen. Das Kapital ist 1915 auf 3,7 Mill. Kr. und 1916 auf 8 Mill. Kr. erhöht. Nach Überwindung zahlreicher technischer Schwierigkeiten war man endlich so weit (seit Ende 1914), die Großfabrikation aufnehmen zu können, als ein Brand einen erheblichen Teil der Anlagen zerstörte (Dezember 1915). Der Betrieb konnte erst im Frühsommer 1916 wieder aufgenommen werden. Die Materialnöte des Krieges und Betriebsschwierigkeiten machten sich derart fühlbar, daß noch 1918 keine Produkte auf dem Markt erschienen waren. Die Fabrik Bohus war ursprünglich für 4 Systeme zu je 4 Öfen, jeder Ofen für 1500 t Ammoniumverbindungen jährlich, geplant. Anfang 1920 waren von diesen Öfen endlich zwei in Betrieb. Außér Ammonsulfat sollen Alkalicyanide, Oxalsäure und Ammonnitrat bzw. andere Nitrate gewonnen werden. Die Gesellschaft besitzt ein eigenes Ammoniakverbrennungsverfahren. Als Tochtergesellschaft ist 1918 die *A.-B. Nitrat* mit 140 000 Kr. Aktienkapital gebildet. Um der Rohmaterialknappheit zu steuern, hat die *A.-B. Kväfveindustri* auch die Herstellung von Soda nach der alten *Leblanc*-Methode aufgenommen, doch ist bei sinkenden Preisen und vermehrter Einfuhr anzunehmen, daß diese Kriegsindustrie wieder aufgegeben werden muß. Einzelheiten über das *Thorsell*-Verfahren werden sehr geheim gehalten, obgleich seit Ende 1919 und Anfang 1920 größere Mengen Bohus - Ammonsulfat auf dem Markt erscheinen. Die Anlage sollte bald erweitert werden, da die Geschäftsführung erklärte, sie könne die Gestehungskosten so niedrig halten, daß der Wettbewerb mit jedem anderen Stickstoffdünger aufgenommen werden könnte. Die ursprünglich berechnete Ausbeute (nämlich 40 bis 50 Proz. des Stickstoffs der Luft) soll erreicht sein, ohne daß große Wasserkraft oder besonders billiger Heizstoff erforderlich gewesen wäre. Die umfassenden Versuche (seit 1912) haben dazu beigetragen, daß, wie die Verwaltung erklärt, das Verfahren bis zur Vollkommenheit durchgearbeitet werden konnte. Ende 1920 mußte jedoch leider der Betrieb eingestellt werden, da die beschlossene Kapitalerhöhung praktisch nicht durchzuführen war[1].

In die neugegründete *A.-B. Trollhättans Cyanidverk* (1916: 500 000 Kr.) hat die *A.-B. Cyanid* ihr Verfahren eingebracht. Die letztere ist 1915 in Stockholm mit 300 000 Kr. Kapital gebildet worden, um die Versuche von *Lindblad* über die Darstellung von Alkalicyanid, Ammoniak usw. aus Alkali-

---

[1] Zeitschr. f. angew. Chem. 1920, II, 460.

carbonat, Kohle und Stickstoff im elektrischen Ofen (vgl. D. R. P. 293 904), die am *Sandsta Elektriska Smältverk* ausgearbeitet sind, ins Große zu übertragen. Es ist auch an die Erzeugung anderer Stickstoffverbindungen gedacht. Die *A.-B. Trollhättans Cyanidverk* arbeitet mit 2000 KW.

1916 bildete sich in Stockholm die *A.-B. Elektrosalpeter* mit 3,2 Mill. Kr. Kapital, um in Stallbäcken bei Trollhättan eine Fabrik nach der Methode der *Norsk Hydro* (*Birkeland-Eyde*) für zunächst 7000 t konz. Salpetersäure und Natronsalpeter als Nebenprodukt anzulegen. Die schwedische Wasserfalldirektion schloß mit der Gesellschaft einen Vertrag, laut welchem die Elektrosalpeterfabrik ab 1. Januar 1918 von der staatlichen Trollhättanzentrale 12 000 KW erhalten sollte. Die Versuche zeigten jedoch, daß die Unkosten wegen zu teurer Kraft usw. (siehe oben) zu hohe sein würden, um noch Rentabilität zu erzielen; daher wurde Mitte 1918 der Kraftlieferungsvertrag wieder aufgehoben und vom Bau der Fabrik Abstand genommen. Die Pläne, in Schweden eine Luftsalpetersäurefabrikation zu schaffen, sind jedoch keineswegs aufgegeben worden. Im Gegenteil hält der Staat eine Aufmunterung dieser Industrie schon aus Gründen der Landesverteidigung für sehr notwendig. Er hat deshalb der *A.-B. Elektrosalpeter* das Vorzugsrecht auf 56 000 KW beim ersten Ausbau der geplanten Zentrale am Harsprangetfall (105 000 KW) und weitere 18 000 KW beim zweiten Ausbau zugesichert. Die Gesellschaft will dort jährlich 30 bis 35 000 t Kalksalpeter herstellen, um den schwedischen Jahresbedarf decken zu können. Anfang 1920 war noch nicht entschieden, ob die Elektrosalpeterfabrik sich am Harspranget oder bei dem Porjuskraftwerk niederlassen wird. Der erste Ausbau der Harsprangetfälle, der 1923/24 beendet sein sollte und für den für 1924 allein 13 Mill. Kr. gefordert sind, wird anderseits von der Errichtung des Elektrosalpeterwerks abhängig gemacht.

Sog. Konversionssalpeter gewinnt die der *Nitroglycerin A.-B.* gehörende Pulverfabrik Gyttorp. Von neuen Stickstoffverfahren von Dr. *Tissell* und von Dr. *J. Cederberg* hat man außer gelegentlichen Notizen nichts wieder gehört. Auch über die Arbeiten der 1919 gebildeten Sachverständigenkommission zum Studium der Herstellungsmethoden und der Kosten der Kunstsalpeterindustrie in Schweden ist nichts weiteres bekannt geworden.

Eine neue Ammonnitrat-Sprengstoffkomposition hat der Ingenieur *Wulff Normelli* 1915 gefunden (sog. „Normellit"). Wichtiger ist die Neuerung, die *C. Aberg*-Helsingborg einführen will und die bezweckt, das bei der Carbidherstellung entweichende Kohlenoxyd zum Brennen des erforderlichen Kalks zu benutzen. Die Einführung des neuen Systems, das bei 70 Proz. Kohlenersparnis nur geringe Kosten verursacht, soll sich leicht bewerkstelligen lassen[1]. Eine Lösung dieses alten Problems, in das die Fragen einer geeigneten Beschickung der Öfen, ihrer zweckmäßigen Abdeckung und der Entstaubung der Abgase hineinspielen, wäre sicherlich sehr zu begrüßen.

---

[1] Ztschr. f. angew. Chem. 1919, II, 314.

Die 1916 ins Leben gerufene *A.-B. Kväfvegödning*-Stockholm befaßt sich lediglich mit dem Stickstoffdüngerhandel.

Die Industrie künstlicher Kälte und verflüssigter bzw. komprimierter Gase ist in Schweden ziemlich entwickelt; auch mit der Sprengung durch flüssige Luft hat man sich wiederholt beschäftigt. Die *Solleftea Syrgasverk A.-B.* hatte 1917 101 000 Kr. Kapital.

Ganz außerordentlich hat die Gewinnung von Torf zugenommen, an dem Schweden sehr reich ist (52 000 qkm Moor). Allein in Mittel- und Südschweden lassen sich nach Untersuchungen des Torfausschusses 1250 Mill. t lufttrockenes Material gewinnen. Die Ausbeutung der riesigen Moore Norrlands ist wegen der kurzen Dauer des dortigen Sommers schwierig; für die gewaltigen Gebiete von „Vitmossa" in Mittelschweden ist zudem noch keine Verwertungsmethode aufgefunden worden. 1913 verbrauchte Schweden 64 974 t Torf und 2216 t Torfpulver, 1916 bereits 84 330 bzw. 1188 t. 1915 förderten Svea- und Götaland 90 000 t, 1918: 450 000 t und 1919: 350 000 t Torf; dabei entsprechen, was den Heizwert anbelangt, 400 000 t Torf nahezu 180 000 t Stückkohle. In Schweden öffnet sich also für die bisher hier noch kaum. versuchte Torfvergasung ein aussichtsreiches Gebiet. 1918 ist die *Sydsvenska Torfindustriförbundet* in Malmö mit 2 Mill. Kr. Kapital gebildet worden (Moore in Schonen, Smaland). Die schwedische Staatsbahnverwaltung stellt neuerdings Versuche mit einem Torfgasgenerator von *C. G. Halberg* in Helsingborg an, die recht erfolgreich sein sollen[1]. Die Ölschieferdestillation ist u. a. von der mit 5 Mill. Kr. arbeitenden *A.-B. Svenska Skifferverken* bei Lamma (Hidinge, Kirchspiel Nerika) aufgenommen worden, die fürs erste jährlich 50 000 t Schiefer verarbeiten will. Von einer Ammoniaknebengewinnung ist noch nichts bekannt geworden. Die Schieferlager sollen fast unerschöpflich sein. Die Kohlenförderung Schwedens betrug 1913 nur 320 000 t.

Von großem Interesse sind die Angaben über die neuen Anlagen des *Värtagaswerks* in Stockholm, dessen Um- bzw. Neubau im Jahre 1913 beschlossen wurde. Das Ofenhaus ist mit einer Regenerativ-Horizontal-Kammerofenanlage mit Zentralgeneratoren, Bauart *Koppers*, ausgerüstet[2]. Die neue Sulfatanlage verarbeitet in 24 Stunden etwa 60 cbm Gaswasser mit 2 Proz. Ammoniakgehalt. Der schmiedeeiserne Sättiger ist nicht nur verbleit, sondern auch noch mit einer doppelten Lage säurefesten Steinzeugs ausgelegt. Die Abgase liefern durch Verbrennung im *Claus*-Ofen reinen Schwefel. Das Ammonsulfat wird geschleudert und dann mittels eines Kratzertransporteurs in das Salzlager geschafft, das ganz aus Holz gebaut ist und bis zum Dach gefüllt werden kann. Auch der aus den CO_2-Abscheidern abziehende Schwefelwasserstoff wird im Clausofen zu Schwefel verbrannt[3].

Über die Produktion Schwedens in den letzten Jahren gibt folgende Tabelle Auskunft (in t):

---

[1] Chem.-Ztg. 1919, S. 439.

[2] Vgl. Mitteilungshefte der Firma H. Koppers 1920, Nr. 2.

[3] Journ. f. Gasbel. 1918, S. 205ff.

	1913	1914	1915	1916
Kaustisches Ammoniak, als 25 proz. ber.	760,0	729,9	827,3	1 145,8
Ammoniumnitrat	649,3	561,8	618,8	684,1
Ammoniumsulfat	1376,7	1 510,3	1 613,7	1 340,3
Ammoniakwasser	?	3 972,3	3 696,0	5 933,5
Calciumcarbid	?	21 882,9	32 445,8	36 357,1
Kalisalpeter	—	—	—	181,6
Salpetersäure, berechnet mit 100 Proz.	?	2 470,0	1 869,1	1 907,6
Verdichtete Gase	1166,9	?	?	1 486,2

Dazu wurden an Ammonsulfat 1913: 37,8, 1916: 1402,1 t, an Ammoniumnitrat 62,4 bzw. 148,4, an Alkalicyaniden 7,6 bzw. 13,1, an verdichteten Gasen 34,6 bzw. 23,4, an Kalisalpeter 300,2 bzw. 3,5, an Salmiakgeist 194,7 bzw. 282,9 und an Salpetersäure 87,6 bzw. 2729,7 t eingeführt.

Schweden bezog 1912: 35 107 t, 1913: 33 892 t, 1914: 41 694 t, 1918: 1298 t und 1919: 23 219 t Salpeter aus Chile. Es exportierte 1918: 2784 t und vom Januar bis Oktober 1919: 2481 t Carbid bzw. 385 t und 1 t Kalkstickstoff in den gleichen Zeiträumen.

Die Carbidproduktion erreichte in Schweden 1918 51 000 t, davon verbrauchten seine Kalkstickstoffabriken bei rund 27 000 t Jahresleistung 21 000 t. Der Produktionsausschuß schlug vor, die Erweiterung der Kalkstickstoffabriken aufzuschieben, da diese sehr teuer sein und voraussichtlich erst sehr spät fertig werden würde. Die restlichen 30 000 t Carbid stehen für Beleuchtung, Industrie und Ausfuhr zur Verfügung. Da aber der Gesamtverbrauch für diese Zwecke 1918/19 schon 34 700 t betrug, so reicht die Erzeugung bei weitem nicht aus. Um daher die Herstellung zu vermehren, beschlagnahmte der Staat 1918 die Ferrosilicium für Export herstellende Anlage der *Vargöns A.-B.* in Rannum und ließ sie bis 1. August 1918 für Jahreslieferung von rund 12 000 t Carbid umbauen. Demnach dürfte Schwedens Carbidproduktion heute etwa 63 000 t betragen. Ausgeführt wurden vor dem Kriege 1600 t pro Jahr.

Vor dem Kriege erschien norwegischer Salpeter seltener auf dem Markte, da er mit 15 Proz. Einfuhrzoll belastet war. Dieser Zoll ist 1919 aufgehoben. Während der Kriegsjahre gewährleisteten die interskandinavischen Abmachungen eine Jahreslieferung von 10 000 t Norgesalpeter, dazu erhielt die schwedische Landwirtschaft im Durchschnitt pro Jahr 20 000 t Kalkstickstoff und anderen inländischen Stickstoffdünger.

Die Preise wurden vom Volkshaushaltsausschuß kontrolliert. Im November 1919 kosteten 100 kg Norgesalpeter mit 13 Proz. N frei Einfuhrhafen 46 Kr. und 100 kg Chilesalpeter mit 15 Proz. N 55 Kr. Der Preis pro kg Stickstoff beträgt also 3,54 oder 3,67 Kr. Der Chilesalpeterpreis ist 1920 auf 36 bis 39 Kr./100 kg cif Gotenburg oder etwa 47 Kr./100 kg frei Verbrauchsort gesunken. Schwefelsaures Ammoniak kostete 1914 24 Kr. die 100 kg und 1920 bei Selbstverbrauch in der Landwirtschaft 55 Kr. (im Chemikalienhandel bis 95 Kr.). Ammoniumnitrat schwankte zwischen 52 Kr. 1914, 109 Kr. 1917 und 60 bis 62 Kr. 1920 pro 100 kg. Konz. Salpetersäure stieg von 30 Kr. (100 kg) 1914 über 62,70 Kr. 1917 auf 70 Kr. 1920. Interessant ist, daß in Schweden das norwegische Carbid 1918 um die Hälfte teurer war, als das inländische: es kostete $1^1/_2$ Kr. pro 1 kg gegen 1 Kr. für das kg des schwedischen Erzeugnisses.

Für Frühjahrslieferung. 1919 kostete das kg-Proz. Stickstoff im Kalkstickstoff 3,35 Kr., für Herbstverkauf 2,25 Kr. Dabei wird den Herstellern staatlicherseits ein erheblich höherer Preis garantiert, nämlich 4,45 Kr. für 1 kg Stickstoff im Herbst 1919. Die Differenz von 2,20 Kr. zahlt der Staat als Vergütung, was für 100 kg 18 proz. Kalkstickstoffs 39,60 Kr. oder bei etwa 10 000 t Gesamtherbstlieferung rund 4 Mill. Kr. ausmacht. 1920 kostete das kg-Proz. Stickstoff im Kalkstickstoff 2,95 Kr.

Den stark fortgeschrittenen industriellen Aufschwung Schwedens beleuchten auch die Zahlen über Neugründungen während je 6 Monaten der Jahre 1917 und 1918; es sind ins Leben gerufen

in den ersten 6 Monaten des Jahres 1917:
625 neue A.-G. mit etwa 188,075 Mill. Kr. Kapital,
in den ersten 6 Monaten des Jahres 1918:
745 neue A.-G. mit etwa 285,441 Mill. Kr. Kapital.

Die schweizerische Stickstoffindustrie.

Zur Beurteilung der heutigen chemischen Technik in der Schweiz ist in erster Linie die Studie von *F. Winteler* von Interesse, welche zuerst in der „Neuen Züricher Zeitung" 1919, Exportbeilage Nr. 8 (27. Februar 1919) u. ff. erschienen ist[1].

Es ist selbstverständlich, daß die wichtigste Grundlage für eine lebensfähige Luftstickstoffindustrie billige und reichliche Kraft ist und ebenso selbstverständlich, daß für die Schweiz auf diesem Gebiete in der Hauptsache nur die Ausbeutung seiner Wasserfälle in Frage kommen kann, deren zentrale Erfassung deshalb auch vom Staate angestrebt wird.

Die billigsten Kraftanlagen der Schweiz stellten sich vor dem Kriege auf 500 Fr. pro 1 PS, was einem Minimalstrompreis von $62^1/_2$ Fr. pro PS-Jahr entspricht. Diese Zahl ist entschieden richtiger, als diejenige, die *C. Dux* in seinem Buche „Die Aluminiumindustrie A.-G. Neuhausen und ihre Konkurrenzgesellschaften" gibt (13 Fr. pro 1 PS-Jahr bei nur 200 Fr./1 PS Anlagekosten). Bei einem Preis von $62^1/_2$ Fr. pro PS-Jahr kommt die KW-St auf rund 1 Ct. zu stehen. *F. Winteler* veranschlagt zum Vergleich eine norwegische Salpetersäurefabrik von 10 000 KW ausschließlich der elektrischen Stromerzeugungsanlage und des Betriebskapitals, aber einschließlich Grund und Boden, Ingenieurarbeiten, Bauten sowie innerer Einrichtung auf rund 4 Millionen Fr. insgesamt oder etwa 400 Fr. pro KW bzw. 60 Fr. pro KW-Jahr. Die KW-St errechnet sich demnach zu 0,69 Ct., das sind bei 14 000 KW-St, die zur Gewinnung von 1 t konz. Luftsalpetersäure verbraucht werden, 96,6 Fr. Stromkosten. Die Unkosten der Fabrikation, wie Arbeitslöhne, Re-

---

[1] Vgl. auch *F. Winteler*, Die heutige industrielle Elektrochemie (Zürich 1919, Rascher & Co.).

paraturen, Verpackung, Abschreibungen, Verwaltung usw. stellen sich für jährlich 10 000 KW auf zusammen 80 000 Fr. Der Gestehungspreis der Tonne konz. Salpetersäure in Norwegen wird zu 300 Fr. angegeben, so daß etwa $1/_3$ auf die Energiekosten entfallen. Der Verkaufspreis hat in der Vorkriegszeit dagegen 500 Fr. betragen. Die Rentabilität einer solchen Anlage würde demnach erst bei einem 2 Ct. je KW-St übersteigenden Strompreis aufhören. Natürlich treffen die Grundbedingungen heute nur noch angenähert zu; immerhin behalten die angegebenen Werte als Vergleichszahlen ihre Bedeutung, die noch dadurch steigt, daß sich die einzelnen Faktoren z. T. auch auf deutsche Verhältnisse übertragen lassen (2 Ct. = rund 1,6 Pf. Vorkriegskurs oder z. B. 14 Pf. nach dem Devisenstand vom 22. Juli 1920).

Faßt man die Ergebnisse der vorstehenden Rentabilitätsberechnungen zusammen und bedenkt, daß die Verkehrsverhältnisse der Schweiz ungleich günstiger sind, wie diejenigen Norwegens, so kommt man ungezwungen zu dem Schluß, daß unter Umständen selbst die sehr kraftbedürftigen Lichtbogenverfahren in der Schweiz rentabel arbeiten können. Dabei schafft der Weiterausbau der Wasserkräfte zahlreiche neue Möglichkeiten. Aber gerade in der hochentwickelten Schweiz ergeben sich auch mannigfache Schwierigkeiten, indem volkswirtschaftliche Gemeininteressen sich überall mit dem Sinn des Volkes für Naturschönheit, mit heimatlichen Pietätsgefühlen und mit den Interessen der Fremdenindustrie stoßen. Der Rheinfall ist unschwer weiter nutzbar zu machen, der Silsersee im Oberengadin kann verwertet werden, das Hochtal von Andermatt läßt sich durch Aufführung eines Staudammes in einen See verwandeln, vom Aegerisee aus würden durch Untertunnelung des Zuger Bergs nach dem Zuger See hin 300 m Gefälle zu gewinnen sein, der Ritomsee im Kanton Tessin ist leicht auszubauen und ähnlich günstig liegen Mutt-, Lungern- oder Stockhornsee; so lassen sich zahlreiche Beispiele für noch ungenutzte Wasserkräfte anführen. Manche dieser Projekte, wie z. B. die Entleerung des von der Natur als Hochstaubecken gewissermaßen vorbestimmten Silser Sees nach Süden, reichen dabei, was ihre Ergibigkeit oder Großartigkeit angeht, an den Ausbau des Rjukanfos heran. Der alle Teile befriedigende Ausweg zwischen Naturschutzwahrung und volkswirtschaftlich gebotener Kraftausnutzung ist noch nicht gefunden worden und die wenigsten dieser Projekte haben Aussicht, innerhalb der nächsten Zeit ausgeführt zu werden (im Ausbau bzw. fertiggestellt ist allein das Ritomseewerk). Die Kalkulation der Pläne zur Ausnutzung des Aegeri- oder des Silsersees bzw. der Überschwemmung des Andermatter Hochtales kommt zu Preisen von etwa 300 Fr. pro ausgebautes KW (1919), das sind 0,5 bis 0,6 Ct. für die KW-St, während z. B. die neue Zentrale von Eglisau 1200 Fr. pro KW (über 2 Ct. die KW-St) erfordert. *H. E. Fierz*[1] schätzt die überhaupt in der Schweiz gewinnbare Menge Wasserenergie auf etwa 4 Mill. PS und befindet sich damit in Übereinstimmung mit den Angaben des eidgenössischen hydrographischen Amtes[2]. Im übrigen beurteilt

[1] Neue Zürcher Ztg., Exportbeilage Nr. 5, 6. Febr. 1919.
[2] Ebenda Nr. 20, 22. Mai 1919.

er die Zukunft der schweizerischen Luftsalpetersäureindustrie viel weniger optimistisch als *Winteler*. Dem schönen Verfahren von *Serpek*, das auch in der Schweiz durchstudiert wurde, prophezeit „er einen sanften Tod". Es sind erforderlich für

1 t konz. Salpetersäure . . . . (13 000 bis)	14 000 KW-Std
1 t Calciumcarbid	4 500 ,,
1 t Aluminium	35 000 ,,
1 t Natrium	17 000 ,,

Bei dem regen Interesse, dem die ganzen Fragen in der Schweiz begegnen, sind die Jahrbücher des schweizerischen Wasserwirtschaftsverbandes besonders beachtenswert. Die *Bernischen Kraftwerke A.-G.* haben 1917 in Oey-Diemtigen nahe bei ihren Zentralen Spiez und Kandergrund eine Ferrosiliciumanlage errichtet, die später u. U. auf Düngemittelerzeugung umgestellt werden soll. Die gleiche Firma steht jetzt vor einem neuen Riesenunternehmen, dem „Grimselwerk"[1] das die Wasserkräfte der obersten Aare im Haslital bis hinunter nach Innertkirchen erfassen will. Oben wird der natürliche Ablauf des Bächligletschers gesperrt und ein See mit 3,2 Mill. cbm Nutzinhalt aufgestaut. Von dort fließt das Wasser in den großen Grimselsee, der einen Nutzinhalt von nicht weniger als 55,6 Mill. cbm erhalten soll. Dieses größte Sammelbecken der ganzen Anlage entsteht durch Aufführung einer Sperrmauer von 150 m Länge, einer Breite von 3,8 m auf der Krönung und 80 m an der Basis, sowie einer Höhe von 99 m. Die Mauer erfordert 258 000 cbm Material. Das Wasser des Grimselsees fließt dem Kraftwerk Guttannen zu, das auf rund 120 000 PS berechnet ist. Die zweite Ausnutzungsstufe bildet das · Kraftwerk Innertkirchen mit rund 90 000 PS. Besondere Berücksichtigung findet die Möglichkeit, während $4^1/_2$ Monate sog. Saisonkraft abzugeben. Eine weitere große Wasserkraftanlage soll in Obertoggenburg und am Walensee für 26 000 PS erbaut werden. Die Ausfuhr elektrischer Energie ins Ausland regelt eine Bundesratsverordnung vom 15. Mai 1918. Von der Ausbreitung der eine gleichmäßige Stromentnahme gewährleistenden elektrochemischen Industrie erhofft man für die großen Elektrizitätswerke einen Ausgleich der Spitzenbelastung und damit eine zweckmäßige Verwendung von Abfall- und Überschußenergie. Die schweizerischen Kraftwerke haben sich 1920 zur „Schweizerischen Kraftübertragung A.-G." bzw. der „S. A. l'Energie l'Ouest Suisse" zusammengeschlossen.

Die Antrittsvorlesung, welche der Privatdozent Dr. *C. A. Agthe* in Zürich 1918 über „Die Bedeutung der Stickstofffrage und deren Lösung in der Schweiz" gehalten hat, zeichnet in großen Zügen die Entwicklung der schweizerischen Stickstoffindustrie[2]. Bis Kriegsausbruch wurden für die Schweizer Landwirtschaft jährlich 2 bis 4000 t Nitrate (Chilesalpeter 1913: 3328 t, 1914: 2280 t), für die Industrie etwa 1000 t Salpetersäure und 5 bis 600 t Nitrit eingeführt. Man ist verhältnismäßig spät daran gegangen, Stickstoffverbindungen im eigenen Lande herzustellen: Die *Aluminium-Industrie A.-G. Neuhausen* nahm

---

[1] Umschau 1920, S. 215.
[2] Chem.-Ztg. 1918, S. 432.

zuerst in ihrem Werk Chippis die Luftsalpetersäuregewinnung nach dem Verfahren von *Mościcki* auf. Während des Krieges entstand dann das Werk Bodio der *Nitrum A.-G.*, das nach eigenem Verfahren arbeitet und neben Salpetersäure und kleinen Mengen von Nitraten auch Nitrite erzeugt (siehe unten). Bodio (Kanton Tessin) liefert nur verdünnte Salpetersäure, die in Chippis (bei Siders im Rhonetal, Kanton Wallis) bis auf die für die Sprengstofffabrikation erforderliche Stärke gebracht werden muß. Die Produktion beider Werke stand unter Kontrolle der Bundesregierung. Die Bedürfnisse der Munitionsabteilung des Schweizer Militärdepartements konnten glatt gedeckt werden, für die Versorgung der Privatindustrie standen reichlichere Mengen dagegen erst nach 1918 zur Verfügung. Die in der ersten Hälfte des Jahres 1914 ziemlich lebhafte Luftsalpetersäureausfuhr (gleich der früheren Jahreseinfuhr von rund 1000 t!) ist natürlich mit Kriegsbeginn eingestellt worden. Nitrate sind während des Krieges nur in kleinen Mengen hergestellt, obwohl man Kalklager zur Verfügung hatte und auch die Sodaüberproduktion der Zurzacher Fabrik zur Fabrikation von Kunstsalpeter ausnutzen konnte. Während damals unter dem Gesichtspunkte der Landesverteidigung Salpetersäure das Hauptprodukt blieb, haben sich diese Verhältnisse inzwischen gänzlich geändert, so daß man jetzt auch zur Produktion von Nitraten übergegangen ist.

An die Anwendung des *Haber-Bosch*-Verfahrens denkt man vorläufig nicht, weil es mehr Heizmaterial erfordert und weil Elektrizität bei ihm nur eine untergeordnetere Rolle spielt. Ob sich dieses Verfahren in Zukunft auch solchen veränderten Grundbedingungen anpassen lassen wird, bleibe hier dahingestellt.

Das Kalkstickstoffverfahren ist für die Schweiz günstiger, wobei allerdings zu berücksichtigen ist, daß der Koks vom Auslande geliefert werden muß und daß, falls man an die Zersetzung des Kalkstickstoffs in Ammoniak denkt, hierfür erhebliche Dampfmengen gebraucht werden. Solange die Methoden der direkten elektrischen Dampfkesselbeheizung noch nicht vervollkommnet sind, ist auch hierzu wiederum Kohle notwendig Die schlechte Steinkohlenversorgung der Gasanstalten und die mangelnde Einfuhr lassen die synthetische Darstellung von Ammonsulfat oder anderen Ammoniumsalzen für die Schweiz recht erstrebenswert erscheinen.

Nach der Meinung *Agthe*s könnte diese Sachlage unter Umständen dazu führen, den Vorschlag von *Guye* in Erwägung zu ziehen, der Stickoxyde mit Wasserstoff bei 250 bis 300° und Nickel als Katalysator zu Ammoniak reduzieren will[1]. Die Rentabilität dieses Prozesses im Großen müßte allerdings noch bewiesen werden.

Der erste Kalkstickstoffproduzent der Schweiz war die in französischen Händen befindliche *Société des Produits Azotés* in Paris mit der Anlage Martigny an der Rhone (Kanton Wallis), die nach dem *Frank-Caro*-System arbeitet und deren Leistungsfähigkeit 1912/13: 8 bis 12 000 t Kalkstickstoff

---

[1] Helvetica Chimica Acta, Mai 1918; Chem.-Ztg. 1918, S. 273.

betrug. Das *Elektrizitätswerk Lonza A.-G.* hat 1913/14 in Gampel an der Einmündung der Lonza in die Rhone (Kanton Wallis) ein Kalkstickstoffwerk nach dem *Polzenius*-Verfahren errichtet. Die Gesellschaft ist bekanntlich durch die Anlage Waldshut auch mit den Interessen der deutschen Stickstoffindustrie verknüpft. Die *Gotthardwerke, A.-G. für elektrochemische Industrie* in Bodio an der Südrampe der Gotthardbahn (Ticinotal, Kanton Tessin) erzeugen neben Ferrolegierungen auch Carbid.

Namentlich im Hinblick auf die nach dem *Guye*-Verfahren sich unter Umständen erschließende Möglichkeit, Ammoniak und damit Ammonnitrat gewinnen zu können erscheint, die Verwertung des Luftstickstoffs nach dem Lichtbogenverfahren für die Schweiz als das Gegebene. Allerdings ist eine Erweiterung der bestehenden Betriebe notwendig, damit der Schweizer Bedarf an Salpetersäure, Nitraten und Nitriten im Lande selbst gedeckt werden kann. Es sind im ganzen etwa 35 000 PS für diesen Zweck erforderlich. Sollte sich der Bedarf mit den Jahren verdoppeln, so wird man mit etwa 55 000 PS auskommen können, während 1918 alles in allem mehr als 500 000 PS ausgebaut zur Verfügung standen. In Ausführung begriffen waren am 1. Januar 1918 weitere 148 000 PS.

Gerade die Betrachtung der Schweizer Verhältnisse stellt die Lebensfähigkeit des Kalkstickstoffverfahrens in das hellste Licht und zeigt, daß unter solchen Bedingungen, wie sie in der Schweiz, in Norwegen oder Schweden vorherrschen, an die Ausgestaltung der *Haber-Bosch*-Synthese heute kaum gedacht werden kann. Um die Nachfrage nach Ammoniak in diesen Ländern zu befriedigen, bleibt die Destillation des Gaswassers, die Vergasung von Torf, Ölschiefer usw., sowie endlich die Zersetzung von Kalkstickstoff der gewiesene Weg, wenn wir von den *Guye*schen Zukunftsplänen absehen wollen. Die Benutzung elektrisch beheizter und — das ist der springende Punkt! — wirklich rationell arbeitender Dampfkessel oder die Auffindung wärmewirtschaftlich günstigerer Verarbeitungsmethoden (Harnstoffherstellung usw.) wäre für die Industrie des Kalkstickstoffs von gleicher Bedeutung, wie etwa für eines der neuen Cyanidverfahren.

Die *Aluminium-Industriegesellschaft Neuhausen* entstand im Jahre 1888/89 durch Vereinigung der „*Schweizerischen Metallurgischen Gesellschaft*" in Neuhausen am Rheinfall und der unter Führung *Emil Rathenaus* arbeitenden *Allgemeinen Elektrizitäts-Gesellschaft* in Berlin. Die neue Gründung ist 1898 in eine Aktiengesellschaft mit 10 Mill. Fr. umgewandelt worden, deren Kapital 1913/14 bereits 31 Mill. Fr. betrug, um sich während des Krieges auf 52 Mill. Fr. zu erhöhen. Die Werke erzielten in den letzten Jahren gewaltige Reingewinne[1]. Sie erwarben 1905 bedeutende Wasserrechte an der Rhone und ihrem gegenüber von Siders mündenden Nebenflüßchen Navigence. Die Ausnutzung der dortigen Wasserkräfte führte zur Anlage der Fabrik Chippis, der größten der Aluminium-Industrie A.-G. In Chippis stehen allein (nach *K. Arndt*) 100 000 PS zur Verfügung. Im Jahre 1908 nahm die Aluminium-

---

[1] *K. Arndt*, Chem. Ind. 1919, Nr. 22/23.

Industrie A.-G. mit *Ign. Mościcki* Fühlung, um dessen Salpetersäureverfahren
zu erwerben. Im August 1908 wurde ein Vertrag unterzeichnet, in dem sich
Ign. Mościcki zur Erbauung einer Luftsalpetersäurefabrik mit anschließender
Kondensationsanlage für stündlich 2500 cbm Stickoxydabgase der elektrischen
Öfen verpflichtete (*I. Mościcki*, Nouveaux dispositifs d'absorption de grandes
quantités de gaz; Chim. et Industrie; Sonderabdruck S. 4ff.). Nachdem sich
herausgestellt hatte, daß die Anlage (unter Überwindung anfänglicher Schwierigkeiten, gegen Ende 1909) im Dauerbetrieb erfolgreich arbeiten würde, wurde
sie bedeutend vergrößert. Die Konzentrierung der anfallenden verdünnten
Salpetersäure machte große Sorgen, und es ist erst nach verhältnismäßig
langer Zeit gelungen, ein einwandfrei arbeitendes Hochkonzentrationsverfahren
ausfindig zu machen.

Im Jahre 1915 bildete sich in Zürich die *Nitrum A.-G.*, an der deutsche
Fabriken, namentlich *Griesheim-Elektron*, führend beteiligt sind. Die *Nitrum
A.-G.* betreibt heute eine Luftsalpetersäure-Anlage in Bodio, die im Kriege
haupt sächlich verdünnte Salpetersäure erzeugt hat, aber jetzt zur Gewinnung
von Kalksalpeter und Natriumnitrat übergegangen ist (Explosion 1921!). Da
die Fabrikation von Kalkstickstoff auf 1 kg gebundenen Stickstoffs etwa $3^{1}/_{2}$ kg
Koks erfordert, der in die Schweiz eingeführt werden muß, so ist die Erzeugung
der Nitrate aus schweizerischem Kalkstein und Zurzacher Soda in vieler Beziehung günstiger. Das Bodiowerk steigerte gegen Ende des Krieges seine
Produktion durch Benutzung einer Zusatzkraft, welche der Ritomsee liefert.

Die Geschichte der schweizerischen Carbidindustrie[1] reicht bis in das
Jahr 1896 zurück, wo die Aluminiumgesellschaft in Neuhausen den ersten
Carbidofen baute. Die erste Kalkstickstoffabrik entstand in Martigny an
der Rhone. Sie wurde von der französischen *Société des Produits Azotés* in
Paris gegründet und hat 1912 8000 t Kalkstickstoff aus eigenem und fremdem
Carbid erzeugt. 1913 wurde die Produktion auf 12 000 t vergrößert, die übrigens
seit August 1914 eine ganze Zeit unterbrochen war.

Das Elektrizitätswerk *Lonza A.-G.*-Basel ist 1898 gegründet worden. Es
verdankt seine Entstehung der Initiative der *Schuckertwerke* und begann mit
der Carbidfabrikation in Gampel an Lonza und Rhone. Im Verwaltungsrat
der *Lonza A.-G.* sitzen neben 6 Schweizern 3 Reichsdeutsche. 1917/18 betrug
das Aktienkapital 24 Mill. Fr., woran die Schweiz ausschlaggebend beteiligt
ist. Die deutschen Gelder dürften fast sämtlich in den Tochterunternehmen
Waldshut i. B. und Spremberg angelegt sein, während der Rest des Kapitals überwiegend in der Schweiz und daneben in Frankreich untergebracht
ist. 1918 verfügte die Gesellschaft über 75 000 PS, doch soll diese Kraftmenge
bedeutend· erhöht werden[2]. Von den Werken Gampel, Thusis, Visp,
Waldshut und Spremberg dienen Thusis und Spremberg gänzlich der
Carbid gewinnung, Gampel und Waldshut erzeugen daneben Kalkstickstoff

---

[1] Siehe *K. Arndt*, a. a. O.; Schweiz. Industrieztg. 1918, Nr. 23; Zeitschr. f. angew.
Chem. 1818, III, 345.

[2] Zeitschr. f. angew. Chem. 1918, III, 345.

nach dem *Polzenius*-Verfahren und Visp gewinnt überdies beträchtliche Mengen Carbidsprit usw. Während des Krieges wurden schätzungsweise etwa 60 bis 65 Proz. der Lonza-Produktion nach den Mittelmächten ausgeführt. Die Kalkstickstoffabrikation der *Lonzawerke, Elektrochemische Fabriken G. m. b. H.* in Waldshut i. B. ist mit Mitteln des Deutschen Reiches erheblich ausgebaut worden. Die *Lonza A.-G.*-Basel ist daran mit 4,65 Mill. Fr. beteiligt (1915/16). Die Anlagen in Visp sind innerhalb der letzten Jahre unter Inanspruchnahme großer Mittel (9 Mill. Fr.) beträchtlich erweitert. Sie erzeugen seit 1917 bzw. seit 1918/19 Alkohol und Essigsäure aus Carbid nach dem Verfahren des *Konsortiums für elektrochemische Industrie* in München. Die Jahresleistung von 7500 t absoluten Alkohols soll bis auf 10 000 t gesteigert werden. Im September 1919 hat der Verwaltungsrat anläßlich einer Sitzung in Brig die neuen Fabriken besichtigt. Damals waren bereits 100 000 l Alkohol versandfertig. Die *Lonza A.-G.* will der schweizerischen Verwaltung bei einem Kohlenpreise von 45 Fr. in Visp den Industriesprit zu 555 Fr. für 1000 kg absoluten Alkohols liefern. Die Schweizer Bundesregierung hat den Lonzawerken auf zunächst 20 Jahre die Konzession zur Carbidspriterzeugung erteilt. Die Essigsäureherstellung ist seit November 1917 im Gange. Man will monatlich 80 bis 100 t einer Säure von 99 bis 100 Proz. Reingehalt gewinnen. Die *Lonza A.-G.* hatte im Geschäftsjahr 1920 unter Verschärfung der wirtschaftlichen Schwierigkeiten zu leiden, die zu Betriebseinstellungen zwangen. Die Anlage Thusis und die Wassergerechtsame im Kanton Graubünden sind in eine neue Gesellschaft: „Rhätische Werke für Elektrizität in Thusis" eingebracht worden. Visp und der Genfer See sind durch eine Fernleitung verbunden. Die Alkoholherstellung bleibt bei dem ungeheuer gestiegenem Kohlenpreise zunächst eingestellt. Die Fabrikation von Essigsäure usw. arbeitet dagegen gewinnbringend.

Die *Gotthardwerke für elektrochemische Industrie* in Bodio wurden zu gleichen Teilen von der A.-G. Motor in Baden (Schweiz) und einer deutschen Interessengruppe (Südd. Diskonto A.-G und L. Weil & Reinhardt A. G. in Mannheim) finanziert. Sie stellen fast die gleichen Produkte wie die Lonza A.-G. her, nämlich in erster Linie Carbid, Ferrosilicium, künstliche Schleifmittel, Graphit usw. Der weitaus größte Teil ihrer Erzeugung wurde nach Deutschland ausgeführt.

Acetylen diente in Schweizer Gaswerken in Zeiten der ärgsten Kohlennot rein oder mit Holzgas gemischt zur Streckung des Leuchtgases[1]. Die Verwendung von Acetylen als Antriebsmittel für Motore hat in den letzten Kriegsjahren in der Schweiz eine sehr bedeutende Rolle gespielt, ist dann aber wieder zurückgegangen, da sich die flüssigen Brennstoffe, die nach Kriegsende wieder mehr zur Verfügung standen, auf die Dauer besser bewährt haben. *Keel*[2] berichtet, daß sich zuletzt 8 bedeutende Fabriken mit dem Bau von Acetylenmotoren befaßt haben und daß auch die Schweizer Heeresleitung

---

[1] Journ. f. Gasbel. 1918, S. 465.
[2] *C. F. Keel*, Das Acetylen im Automobilbetrieb (Zürich 1919).

dem Studium dieser Fragen reges Interesse entgegenbrachte. Ein vierzylindriger 30-PS-Motor von 100 Umdrehungen verbrauchte je PS-St. 260 l Acetylen oder rund 1 kg Carbid. Es hat sowohl gelöstes Acetylen, als auch Acetylengas Verwendung gefunden, das nach sorgfältigster Reinigung und Filtration direkt aus Calciumcarbid entwickelt ist[1]. *F. Haber* hat über ähnliche Versuche berichtet, die er im Auftrage des deutschen Reichswirtschaftsministeriums ausgeführt hat (25. Hauptversammlung der Deutschen Bunsen-Gesellschaft für angewandte physikalische Chemie zu Halle a. d. S., 21. bis 23. April 1920)[2]. Für die Ausführung von Schweißarbeiten empfiehlt *K. Wolf*-Zürich[3] eine Mischung von Acetylen und verdampften Ölen. Die Eigenerzeugung der Schweiz an Sauerstoff, die 1913/14 etwa 400 000 bis 500 000 cbm betragen hat, ist während des Krieges durch mehrere Neugründungen recht beträchtlich gestiegen[4]. Ein neues Cyanidverfahren ist von *A. V. Lipinski*[5] in Baden (Schweiz) ausgearbeitet worden, das recht günstig sein soll.

Die Schweiz besitzt etwa 250 Moore, von denen jedoch nur wenige einen größeren Umfang aufweisen und von denen ferner eine ganze Reihe bereits abgebaut ist. Die noch ausbeutbare Menge wird auf etwa 65 Mill. cbm oder 13 bis 22 Mill. t lufttrockenen Torfs geschätzt. Die Torfförderung hatte während des Krieges mit starken Schwierigkeiten zu kämpfen, die im Mangel an geeigneten Maschinen (Baggern, Pressen usw.) und an Arbeitskräften begründet lagen. Erst im Frühjahr 1919 hatten sich die Verhältnisse gebessert, so daß 1919 $1\frac{1}{2}$ Mill. cbm oder 300 000 bis 500 000 t Heiztorf mit 10 bis 30 Proz. Wasser erreicht sein werden. Damit sind etwa 17 bis 18 Proz. des schweizerischen Jahresbedarfs an Heizmaterial gedeckt[6]. Die im April 1917 gegründete schweizerische Torfgenossenschaft hat 1918 vom Bundesrat ein verzinsliches Darlehen von 5 Mill. Fr. erhalten, um zunächst 24 größere Moore abzubauen. Neben dieser Genossenschaft bestehen zahlreiche Einzelunternehmen, wie die Aargauische Torfgesellschaft, die Torfgesellschaft „Union" in Bern, die Torfgenossenschaft des Bezirkes Affoltern u. a. m. Seit dem 1. April 1918 ist die Kontrolle über sämtliche Torflager und den gesamten Torfhandel der schweizerischen Inspektion für Forstwesen, Jagd und Fischerei übertragen worden, die Höchstpreise festgesetzt hat. Die Untersuchung von 20 schweizerischen Torfen verschiedenster Herkunft ergab Aschengehalte von 3,0 bis 41,0 und Heizwerte von 1700 bis 4600 Cal. pro kg[7]. Von einer Vergasung des Torfes unter Nutzbarmachung seines Stickstoffgehaltes hat man nichts gehört.

---

[1] Umsch. 1919, S. 815.
[2] Chem.-Ztg. 1920, S. 339.
[3] Chem.-Ztg. 1919 S. 805.
[4] Zeitschr. f. angew. Chem. 1918, III, 509.
[5] Chem.-Ztg. 1917, S. 166.
[6] Neue Zürcher Ztg., 8. Juli 1919; Zeitschr. f. angew. Chem. 1919, II, 147.
[7] Neue Zürcher Ztg., 8. Juli 1919.

Den ungeheuren Aufschwung der industriellen Elektrochemie[1] in der Schweiz kennzeichnen vor allem einige statische Angaben über die Carbidindustrie, die 1901: 4000 t, 1912: 30 000 t, 1913: 35 bis 40 000 t, 1917: 72 000 t und 1918: 95 000 t produzieren konnte. Der Eigenverbrauch der Schweiz ist von 4000 t im Jahre 1912 auf 16 000 t im Jahre 1918 gestiegen. Die schweizerische Landwirtschaft verbrauchte 1918 rund 10 000 t Kalkstickstoff. Der Carbidabsatz ist durch eine Verfügung des schweizerischen Volkswirtschaftsdepartements vom 9. November 1918 geregelt. Die Preise erhöhten sich von 20 Fr. pro 100 kg in der Vorkriegszeit auf 56 bis 59 Fr. 1918 oder 51 bis 55 Fr. 1919, je nach Größe der Lieferung, ohne Verpackung (Trommel 6 bis 10 Fr.), franko Empfängerstation, für Inlandsverbrauch. Die Calciumcarbidausfuhr in den letzten Jahren betrug in t für die verschiedenen Länder:

	1913	1914	1915	1916	1917	1918
nach Deutschland .	25 013,2	29 583,9	48 633,7	46 261,9	37 843,0	44 210,9
„ Frankreich . .	35,7	21,6	9,9	10 360,5	17 108,9	29 870,0
„ Österreich-Ung.	—	242,1	20,0	40,0	3 940,8	—
„ Bulgarien . . .	—	—	39,9	300,0	453,5	630,0
„ Belgien	2 349,7	1 380,5	3 910,2	690,4	—	—
„ d. Niederlanden	2 671,0	3 397,1	2 219,2	20,0	—	700,0
„ Portugal . . .	1 630,0	1 300,0	—	—	—	—
Insgesamt	31 790,4	35 950,5	55 412,5	58 009,8	59 447,6	57837,4

Der Anteil Deutschlands an der Schweizer Carbidausfuhr, der vor 1914 schon sehr stark war, ist, absolut genommen, weiter angestiegen, relativ dagegen zugunsten der Ausfuhr nach Frankreich erheblich zurückgegangen. Frankreich führte vor dem Kriege selbst bedeutende Mengen Carbid aus und ist erst infolge des ungeheuren Kriegsverbrauchs genötigt gewesen, seinen Bedarf durch Einfuhr aus der Schweiz ergänzen zu müssen.

Die Ausfuhrzahlen sind 1919 außerordentlich gesunken:

	Schweizer Ausfuhr in t		
	1913	1918	1919
Aluminium	6 891,1	10 521,6	5 245,7
Calciumcarbid	31 790,4	75 840,0	36 891,6
Ferrosilicium und Ferrochrom	16 175 3	15 666,7	9 741,5

Die schweizerische Aluminiumproduktion betrug 1917 etwa 12 000 bis 15 000 t, wovon 80 Proz. exportiert wurden. Die Fabrikation an Carborund, Siliciumcarbid, Abrasit usw. wurde 1917 auf 3000 bis 4000 t geschätzt.

Salpeter, schwefelsaures Ammoniak, techn. Ammonsalze usw. sind 1917 258,8 t (Wert 201 000 Fr.) und 1918 540,6 t (Wert 540 000 Fr.) eingeführt worden.

Im einzelnen nimmt die schweizerische Handelsstatistik folgende Waren (Mengen in t, Werte in 1000 Fr. in Klammern):

---

[1] *F. Winteler*, Chem. Ztrlbl. 1919, IV, 653.

	Einfuhr:				Ausfuhr:			
	1914	1915	1916	1917	1914	1915	1916	1917
Komprim. Acetylen, flüssig	1,0 (0,7)	1,2 (0,8)	15,4 (120,0)	23,8 (214,0)	3,5 (3,7)	3,7 (3,8)	1,3 (1,3)	— —
Ammoniak, kompr. flüssig	1,7 (3,7)	— —	— —	— —	3,9 (8,4)	6,3 (28,0)	14,3 (44,0)	9,4 (37,8)
Calciumcarbid	37,6 (8,3)	2,6 (1,0)	10,7 (9,1)	— —	35 950,5 (7834,0)	55 412,5 (12 484,0)	58 009,8 (17 378,0)	59 447,6 (20 942,0)
	[1918: 1 (—)]				[1918: 75 837,4 (35 206,0)]			
Kali- u. Natronsalpeter, rein	562,8 (478,4)	13,4 (29,1)	534,9 (753,5)	383,9 (471,0)	1,5 (1,0)	14,5 (22,5)	— —	— —
	[1918: 390,2 (443,0)]				[1918: —]			
Natriumnitrit	31,4 (16,9)	1,1 (0,7)	240,8 (240,0)	416,4 (731,0)	240,9 (80,1)	255,0 (127,5)	143,7 (75,6)	49,4 (41,0)
	[1918: 454,1 (886,0)]				[1918: —]			
Salmiak	219,4 (131,6)	69,4 (45,1)	76,8 (69,1)	119,7 (208,0)	0,7 (0,5)	4,1 (3,5)	0,4 (0,5)	0,1 (0,2)
	[1918: 180,5 (354,0)]				[1918: —]			
Salmiakgeist	135,1 (43,2)	28,7 (11,5)	0,2 (0,1)	31,3 (25,0)	94,9 (32,1)	243,7 (84,3)	74,4 (44,5)	365,2 (208,0)
Salpetersäure	127,7 (48,5)	13,7 (10,3)	294,3 (322,0)	349,0 (361,0)	679,1 (293,8)	660,9 (426,1)	11,0 (8,5)	0,1 (0,1)

Die Kalkstickstoffwerke hatten namentlich 1917 starke Produktion, welche diejenige des Jahres 1916 beträchtlich übertraf. 1918 wurde dagegen bereits über abnehmende Nachfrage geklagt. Die Carbidfabriken waren während der Kriegsjahre voll beschäftigt. Der Absatz hätte sich im allgemeinen noch gewinnbringender gestaltet, wenn nicht die Betriebskosten sehr starke Erhöhungen erfahren und die geringeren Qualitäten der Rohstoffe nicht eine weniger gute Ofenausbeute nach sich gezogen hätten. Man beurteilte zu Ausgang des Krieges die Zukunft der schweizerischen Industrie günstig, wenn man auch befürchtete, daß die Carbidwerke nicht in dem gleichen Maße wie bisher prosperieren würden, da ja der Absatz an die Kalkstickstoffabriken und die Acetylenindustrie sicherlich bei weitem nicht genügen wird, um ihnen auf die Dauer volle Beschäftigung zu gewährleisten. Außerdem ist mit dem ungeheuer gewachsenen Wettbewerb des Auslandes zu rechnen, da infolge des Krieges überall Carbidfabriken entstanden sind.

Die pessimistische Beurteilung der Lage der schweizerischen Carbidindustrie hat sich bisher als richtig erwiesen. Die Fabrikation kann größtenteils nur noch sehr beschränkt aufrecht erhalten werden und eine Anzahl von Werken hat den Betrieb gänzlich einstellen müssen. Koks und Anthrazit fehlen häufig und der Absatz an Carbid stockt ebenfalls. An Ausfuhr ist kaum zu denken. Frankreich belegt Carbid mit einem Zoll von 1500 Fr. für den Waggon und mit 5 Fr. für jede Trommel, so daß ein Waggon Carbid nach Frankreich einen Zoll von 2000 bis 2200 Fr. entrichten muß. Nach Deutschland und Österreich kommt eine Ausfuhr wegen des Valutastandes erst recht nicht in Betracht, sind doch Mitte 1920 100 Kr. = 3 bis 5 Fr.! Eine Wendung läßt sich noch nicht absehen. Erst bei etwaiger Besserung der Auslandsdevisen dürfte die Ausfuhr wieder Erfolg versprechen. Der schweizerische Inlandsverbrauch allerdings ist einer allmählichen Steigerung fähig.

Die „*Schweizerische Agrikulturchemische Anstalt Oerlikon*-Zürich" und die „*Schweizerische Samenuntersuchungs- und Versuchsanstalt Oerlikon*-Zürich" sind seit 1. Januar 1920 unter dem Namen „*Schweizerische landwirtschaftliche Versuchsanstalt Oerlikon*-Zürich" vereinigt. Ihnen obliegt auch das Studium der Düngemethoden.

Die Stickstoffindustrie in den Ländern der vormals österreichisch-ungarischen Monarchie[1].

Die Elektrizitätswirtschaft in Deutsch - Österreich verdient besondere Beachtung, da das Land an sich imstande sein würde, seinen ganzen Energiebedarf selbst zu decken. Nach dem Vorkriegsstande beläuft sich der jährliche Kohlenverbrauch auf rund $12^1/_2$ Mill. t. Die eigene Förderung kann nun zu 2 bis 2,5 Mill. t angenommen werden, so daß ein Rest von etwa 10 Mill. t durch Einfuhr zu decken übrig bliebe, der einer Kraftleistung von rund 1 Mill. PS bei 6000 Betriebsstunden im Jahr entsprechen würde. Diese Kraftmenge ist leicht aus Wasserkraft gewinnbar. Nach den Arbeiten des Studienbureaus beim früheren Eisenbahnministerium hat Deutsch-Österreich allein über 1,3 Mill. PS zur Verfügung, zu deren Ausnutzung 266 Werke zu erbauen wären. Die tatsächliche Leistungsfähigkeit der Alpenwasserkräfte Österreichs an ausbaufähigen Stufen dürfte jedoch fast $2^1/_2$ Mill. PS erreichen. Davon werden bisher nur 250 000 PS oder 10 Proz. ausgebeutet, so daß hier noch ergiebige Energiequellen offen stehen, die sicherlich auch für die Zukunft der Stickstoff- und der elektrochemischen Industrie eine Rolle zu spielen berufen sind. In Steiermark denkt man besonders an die Nutzbarmachung der Wasserkräfte für die Eisenindustrie[2].

Die Organisierung der Elektrizitätswirtschaft ist so gedacht, daß unter Beteiligung des Staates ein gemeinwirtschaftliches Land-Elektrizitätsunternehmen errichtet wird. Um die Heranziehung ausländischen Kapitals zu erleichtern, können Konzessionsverträge mit Bau- und Betriebsgesellschaften abgeschlossen werden. Die eigene Finanzierung ist ausgeschlossen, da es sich um Milliardenaufwand handelt; zudem fehlen dem Lande die Baumaterialien (Zement, Leitungen usw.). Um ein einheitliches Zusammenwirken der Staats- und Länderverwaltungen zu erzielen, wird ein „*Wasserkraft- und Elektrizitäts-Wirtschaftsamt*" (Wewa) ins Leben gerufen[3].

Der Deutsch-Österreichische Staat und die Gemeinde Wien werden die auf 60 000 PS geschätzten Wasserkräfte der Enns mit einem Kostenaufwand

---

[1] Deutsch - Österreich, Ungarn, Tschecho-Slowakei, Jugoslavien und Polen.

[2] Metallb. 1920 S. 1395.

[3] Südd. Ind.-Blatt 1920, S. 1339.

von 80 Mill. Kr. ausnutzen. Die ,,*Steiermärkische Wasserkraft- und Elektrizitäts-A.-G.*", die 1919 gegründet wurde, widmet sich dem Ausbau der steirischen Wasserkräfte. Das Kapital beträgt 20 Mill. Kr., darf aber bis 100 Mill. Kr. vermehrt werden. Die *Tramway- und Elektrizitätsgesellschaft Linz* besitzt seit 1919 die Konzession zur Verwertung von 28 000 PS (Baukostenaufwand 14 bis 15 Mill. Kr.) an der Großen Mühl von Neufelden bis Neuhaus in Oberösterreich. In Gemeinschaft mit der Österr. Waffenfabriks-Ges., dem Lande Oberösterreich und dem Deutsch-Österreichischen Staate ist inzwischen die ,,*Oberösterreichische Wasserkraft- und Elektrizitätsgesellschaft* in Linz" gegründet worden, von deren 50 Mill. Kr. betragendem Kapital der Fiskus $^1/_5$ übernommen hat. Die Kleine Mühl soll mit 200 Mill. Kr. Kapital ausgebaut werden.

In Patsch an der Sill ist im Anschluß an die vom Innsbrucker Elektrizitätswerk ausgenutzten Wasserkräfte (15 000 PS) die erste Luftsalpetersäureanlage nach *Pauling* errichtet worden (siehe oben bei der Besprechung der deutschen Industrie). Der 10 000 Voltstrom wird zunächst zu 4000 Volt herabtransformiert und dient dann dazu, 24 *Pauling*-Öfen mit je 2 Lichtbögen zu betreiben. Immer 3 Öfen bilden eine Gruppe. Zur Bedienung genügt 1 Mann für je 6 Öfen. Die Patscher Anlage der *Luftverwertungsgesellschaft Innsbruck,* die zuerst 70 Mill. KW-St. jährlich vom Innsbrucker Elektrizitätswerk (= etwa 5000 t konz. Salpetersäure) zu einem außerordentlich niedrigen Preise bezog, ist für die Durchbildung des *Pauling*-Verfahrens wertvoll geworden. Dem Innsbrucker Elektrizitätswerk dient die Salpetersäurefabrik andererseits dazu, die in der Zeit der Minderbelastung als Abfallenergie verfügbare Strommenge auszunutzen. Um eine noch bessere Auswertung zu erzielen, bestand vor dem Kriege die Absicht, eine Carbidfabrik mit 8000 t Jahresleistung und eine Kalkstickstoffanlage anzugliedern. Die wirtschaftlichen Erfolge der Patscher Gründung, dessen Lage 1916 als günstig bezeichnet wird, sind, wie aus den Abschlüssen der *Internationalen Stickstoff A.-G.* in Wiesbaden hervorgeht (siehe oben), im allgemeinen nicht bedeutend gewesen. In Matrei, 10 km sillaufwärts von Patsch, arbeitet übrigens ein Werk auf Carbid, Ferrometalle usw.

Die gleichen Gründe, die für Deutschland maßgebend waren, führten auch in Österreich während des Krieges zu einer vermehrten Gründung von Luftstickstoffanlagen, deren erste auf dem Gelände der staatlichen Pulverfabrik Bluau in der Nähe von Wien errichtet wurde. Die Fabrik arbeitet nach dem *Frank-Caro*-Kalkstickstoffverfahren und hat bedeutende Anlagen zur Ammoniakverbrennung. Sie ist, gemeinsam mit einem Teil der Pulverfabrik, neuerdings von einem Konsortium übernommen worden, an dessen Spitze die Wiener Niederlassung der Firma *J. Michael & Co.*, Berlin-Wien, steht. Ein Teil der Werke wird mit Beteiligung des Staates als gemischtwirtschaftliches Unternehmen zwecks Darstellung von organischen Produkten und Farbstoffen usw. (Kapital 6 Mill. Kr.) weitergeführt[1]. Am

---

[1] Metallb. 1920, S. 725.

30. Juli 1920 fand ferner die konstituierende Generalversammlung der von der Pulverfabrik *Skodawerke, Wetzler, A.-G.* gemeinsam mit der Staatsfabrik Blumau errichteten A.-G. statt. Mit 4 Mill. Kr. Kapital werden unter Erpachtung und Umstellung einer Anzahl Werksanlagen der vormals kriegsärarischen Fabrik Blumau anorganisch-chemische Produkte[1] hergestellt.

1916 wurden ferner die „*Österreichischen Stickstoffwerke A.-G.*" von der Niederösterreichischen Eskompte-Ges., der Allgem. Depositenbank, der Bosnischen Elektrizitäts A.-G., der Dynamit Nobel-Ges. und der Prager Eisenindustrie A.-G. mit einem Kapital von 10 Mill. Kr. begründet. Die Kalkstickstoffanlage Maria - Rast bei Marburg (Steiermark) sollte ursprünglich 1917 in Betrieb kommen, nahm jedoch die Produktion erst im Juli 1918 auf. Die Carbidfabrik war Anfang Mai 1918 fertig und wartete seitdem auf die behördliche Zuweisung der Rohmaterialien. Die Baukosten wurden ganz wesentlich überschritten, so daß neue Aktien ausgegeben werden mußten, an denen sich der Staat mit $2^1/_2$ Mill. Kr. beteiligte.

Dem Studium der Stickstoffgewinnung aus Kohle und ähnlicher Fragen dient das Ende 1917 in Wien ins Leben gerufene „*Institut für Kohlenvergasung und Nebenproduktengewinnung*", dessen erstes Mitteilungsheft (1918) einen interessanten Aufsatz von *F. Dörner* über Ammoniak als Nebenprodukt der Kohlenvergasung gebracht hat.

Der Torfindustrie wird in Österreich neuerdings viel Beachtung geschenkt. 1918 sind die „*Salzburgischen Torfwerke, G. m. b. H.*", mit 1 Mill. Kr. Kapital in Lamprechtshausen (Salzburg) gegründet worden. Unter Mitwirkung der Vereinigung der deutsch-österreichischen Industrie hat das Staatsamt für Handel und Industrie, Gewerbe und Bauten dann auf Grund des Abtorfungsgesetzes 1919 die „*Deutsch-österreichische Torfindustriegesellschaft*" mit dem Sitz in Wien ins Leben gerufen. Der Gesellschaft wird insofern eine Monopolstellung eingeräumt, als sie allein das in dem Gesetze festgelegte Enteignungsrecht für Torfmoore besitzt und allein befugt ist, deren Ausnutzung durchzuführen. Als gemischtwirtschaftliches Unternehmen ist die Gründung von der Sozialisierung ausgeschlossen. Von dem Stammkapital von 4 Mill. Kr. sind 1,35 Mill. Kr. in privater Hand. Im Jahre 1920 erwarb die Wiener Firma *Suchy-Werke A.-G.* bedeutende Ölschieferlager in Nordtirol, die monatlich 100 t Rohöl geben sollten.

Der Plan einer Syndizierung der Stickstoffindustrie und die Schaffung eines „*Wirtschaftsverbandes der Kunstdüngerindustrien* (8. Mai 1918) *in Österreich*" gehört der vorrevolutionären Zeit an. In einer an sich recht beachtenswerten Ausführung im „Neuen Wiener Tageblatt" vom 24. Mai 1919 wird einem Carbidmonopol für Deutsch-Österreich unter gleichzeitiger Erfassung aller Abfallenergie und großzügigem Ausbau der Wasserwirtschaft das Wort geredet[2]. Die Carbidrichtpreise der „Zentralpreisprüfungskommission" betrugen am 1. Mai 1918 je nach Umfang der Lieferung, Körnung usw. 85,90

---

[1] Metallb. 1920, S. 1251.
[2] Zeitschr. f. angew. Chem. 1919, II, 385.

bis 90,90 Kr. pro 100 kg. Diesen Preisen war ein Kalkpreis von 6,10 Kr. und ein Kokspreis von 17,52 Kr. für 100 kg zugrunde gelegt. Der Lieferanteil der alpenländischen Werke betrug damals 24 Proz. und derjenige der dalmatischen 76 Proz. Erhöhte sich der Lieferanteil der alpenländischen Werke, so ermäßigten sich die Richtpreise; verminderte sich ihr Lieferanteil, so erhöhten sich die Richtpreise für jedes Proz. Lieferanteil um 10 Heller für 100 kg Carbid. Die letzteren Bestimmungen sind insofern interessant, weil sie ohne weiteres erkennen lassen, daß die alpinen Werke mit kleineren Unkosten arbeiten, als die dalmatischen, was wohl u. a. schon in ihrer verkehrstechnisch günstigeren Lage begründet ist.

Für die Entwicklung der ungarischen Industrie sind die siebenbürgischen Erdgasvorkommen von großer Bedeutung geworden. Sie wurden im Jahre 1908 erschlossen, als man nach Kalisalzen schürfte. Durch Abteufung von Gasbrunnen hat man festgestellt, daß die Gasquellen bei freiem Abstrom täglich 2,4 Mill. cbm Gas liefern können. 1911 ist das Recht der Aufschließung und Ausnutzung staatlich monopolisiert worden. 1912 wollte eine englische Finanzgruppe die Erdgasschätze verwerten, die man nach dem damaligen Stande auf 72 Milliarden cbm von 8000 Cal. schätzte (entspr. 1000 Mill. dz Steinkohle von 6000 Cal.). Die Verhandlungen zerschlugen sich und erst während des Krieges hat die unter Führung der Deutschen Bank in Berlin begründete (1916) *„Ungarische Erdgas A.-G. Budapest"* den inzwischen im kleinen vorbereiteten Aufschluß großzügig verwirklicht. 1916 kostete 1 cbm Leuchtgas aus ungarischen Gasquellen 15 Heller, Haushaltungsgas 10 Heller, Kraftgas für Kleinmotore bis 25 PS 6 Heller und Industriegas 4 Heller am Orte des Verbrauchs. Die Städte Kolozsvár, Medgyes, Dicsöszentmárton, Torda usw. sind durch Fernleitungen an die Gasfelder angeschlossen. Bereits seit Frühjahr 1913 arbeiten die Tordaer Ammoniaksodafabrik und die Tordaer Zementfabrik mit Erdgas. 1917 beabsichtigte man sogar die Verlegung einer 450 km langen Rohrleitung bis nach Budapest.

Eine vom Magyarsároser Gasfelde nach Dicsöszentmárton gelegte Erdgasleitung dient der Versorgung der großen Kalkstickstoffabrik Dicsöszentmarton, welche der 1916 mit zunächst 9, später 15 Mill. Kr. begründeten *„Ungarischen Stickstoffdünger-Industrie A.-G."* gehört. An der Neugründung ist die Holzverkohlungs A.-G. Konstanz mit 750 000 Kr. beteiligt. Die Summe wurde später entsprechend der Kapitalvergrößerung von 9 auf 15 Mill. Kr. erhöht. Die Fabrik hat für die Kriegsversorgung kaum noch eine Rolle gespielt.

Das gleiche gilt von dem *„Ungarnwerk"* in Magyarovar (Ungar.-Altenburg) an der Mündung der Leitha in die Kleine Donau, das ebenfalls zur Gewinnung von Kalkstickstoff und seinen Verarbeitungsprodukten errichtet worden ist. Ungarns Bedarf an Kunstdünger für 1920 ist infolge der Verringerung des Viehstandes überaus groß und die wenigen, wirklich arbeitenden Fabriken sind außerstande, der Nachfrage zu entsprechen. Lieferung vom Ausland kann kaum in Frage kommen. Als einzige Carbidfabrik produziert vorläufig nur das Werk Felsogalla der *Ungarischen Allgemeinen Kohlen-*

bergbau A.-G. (Jahresleistung 80 Waggons), das statt Koks Holzkohle verwendet.

Zum Studium der noch kaum benutzten Wasserkräfte Ungarns ist seitens einer Anzahl von Banken eine Gesellschaft mit 2 Mill. Kr. Kapital ns Leben gerufen worden (1918). Sauerstoffwerke gibt es in Ungarn mehrere (Budapest, Temesvár, Nagyvárad usw.).

Im Jahre 1916 erwarben die „*Buschtiehrader Eisenbahn*" und der „*Österreichische Verein für chemische und metallurgische Produktion*" in Wien bzw. Außig a. Elbe (heute A.-G. für chemische und metallurgische Produktion in Karlsbad) unter Mitwirkung der „*Allgemeinen Österreichischen Bodenkreditanstalt*" die bisher unaufgeschlossenen Lastnerschen Grubenfelder im Falkenauer Revier unweit Karlsbad (*Falkenauer Kohlenbergbau A.-G.*) für 2 Mill. Kr. Es wurde eine neue Aktiengesellschaft mit zunächst 4 Mill. Kr. gegründet, deren Aktien die Buschtiehrader Eisenbahn und der Außiger Verein zu gleichen Teilen übernahmen. Gleichzeitig ging man an die Errichtung einer Kalkstickstoffabrik in Falkenau a. d. Eger, die Anfang 1918 den Betrieb aufnehmen konnte. Die Baukosten wurden 1917 auf 20 bis 22 Mill. Kr. veranschlagt. Späterhin wurde dann nur Carbid produziert, und erst Anfang 1920 ist die Erzeugung bis auf weiteres wieder auf Kalkstickstoff umgestellt, um die tschecho-slowakische Landwirtschaft zu versorgen. Die *Weinmann*schen Werke in Schwaz (Böhmen) gewinnen neuerdings auch Carbid[1], und die Witkowitzer Steinkohlenwerke (Mähren) errichten eine Fabrik zur Erzeugung flüssigen Ammoniaks.

Das rege Interesse, das die jetzt in der Tschecho-Slowakei vereinigten Länder von jeher an der Entwicklung der Stickstoffindustrie genommen haben, bekundete die Böhmische Akademie der Wissenschaften in Prag durch Aussetzung eines Preises von 5000 Kr. (1916) für die beste Arbeit über die Verwertung atmosphärischen Stickstoffs. Neuerdings sollen Versuche der Zuckerfabrik Pecek, den Stickstoffgehalt der Zuckerfabrikabwässer zur Gewinnung von Ammoniak und Salpetersäure auszunutzen, so großen Erfolg gehabt haben, daß man in der Tschecho-Slowakei auf diese Weise jährlich 600 bis 700 Waggons Salpeter gewinnen will. Die vereinigten Teich- und Kondenswässer enthalten vielleicht 65 mg N im Liter (davon 34 mg als Ammoniak und 31 mg in organischer Bindung), und es entstehen bei der Verarbeitung von 1 t Rüben etwa 13 cbm dieser Wässer, die also insgesamt 845 g N entsprechen würden. Die tschecho-slowakische Rohzuckerproduktion mag heute 750 000 t oder etwa 4,65 Mill. t Rüben betragen. Demnach haben die sämtlichen Abwässer der vorgenannten Art etwa 3900 t Stickstoffinhalt. 6000 t Kunstsalpeter enthalten aber rund 950 t Stickstoff. Der gewählte Wert von 65 mg/Liter[2] ist natürlich keinesfalls als Norm anzusehen, da die Zusammensetzung der Abwässer außerordentlich schwankt, wie die von *Ferd. Fischer*[3] mit großer Sorgfalt zusammengetragenen Analysen beweisen. Immerhin zeigt

---

[1] Chem.-Ztg. 1920, S. 264.
[2] Vgl. *Vogel*, Abwasser in Ullmanns Encyklopädie I (1914), S. 41.
[3] Das Wasser (Leipzig 1914), S. 232—252.

die Überschlagsrechnung, daß die Stickstoffbilanz an sich richtig sein kann, wenn man voraussetzt, daß es möglich sein wird, den gebundenen Stickstoff quantitativ als NH_3 abzuspalten und auch die übrigen Umsetzungen verlustlos durchzuführen. Aber selbst wenn das alles zuträfe, dürfte das Verfahren kaum wirtschaftlich arbeiten. Die Abtreibung so dünner Ammoniakwässer ist nämlich an sich sehr wohl möglich — gute Ammoniakkolonnen erzeugen Abwässer mit 1 bis 3 mg NH_3 im Liter —, aber der Dampfverbrauch ist dabei derartig groß, daß das Ammoniak außerordentlich verteuert wird. Solange also keine anderen Verarbeitungsmöglichkeiten für die Praxis gegeben sind, werden solche Verfahren kaum wirtschaftlich arbeiten. Übrigens sind auch anderswo ähnliche Versuche durchgeführt worden, die bleibende Erfolge bis heute nicht aufzuweisen hatten.

Da die Selbsterzeugung an Stickstoffdüngern nicht ausreicht, führt die tschecho-slowakische Republik namentlich für Zuckerrübenbau Chilesalpeter über Hamburg ein. Für die Frühjahrsdüngung 1920 sind insgesamt 14 000 t Chilesalpeter angekauft worden, außerdem wurden für Rübendüngung etwa 5000 t Superphosphat aus inländischem und etwa 6800 t aus ausländischem Rohmaterial geliefert. Superphosphat mit 18 Proz. wasserlöslicher Phosphorsäure muß mit 180 Kr. je 100 kg ab Fabrik bezahlt werden und 100 kg Chilesalpeter kosten ab tschecho-slowakischer Grenzstation 480 bis 500 Kr. brutto für netto.

Der *Außiger Verein* (siehe oben) hat 1919 eine Beratungsstelle für Stickstoffdünger für Landwirte der Tschecho-Slowakei in Jundorf bei Brünn ins Leben gerufen, mit deren Leitung der Dipl.-Landwirt Dr. *H. Lipschütz* betraut ist. Ein 1919/20 zwischen der tschecho-slowakischen Republik und einer nordamerikanischen Firma geschlossener Kompensationsliefervertrag sieht tschecho-slowakischerseits u. a. den Versand von 10 000 t Carbid vor[1]. Die Carbidrichtpreise, die vordem 3,0 bis 3,25 Kr. für 1 kg betragen hatten, sind mit Wirkung vom 1. April 1920 (bis zunächst 31. Juli 1920) wie folgt erhöht worden[2]: bei Waggonabnahme aus den Falkenauer Betrieben 5 Kr. pro 1 kg, aus den Weinmannbetrieben 5,30/1 kg loko Fabrik; im Detailhandel tritt dazu ein Aufschlag von 0,25 bis 0,30 Kr./1 kg und ein 5 proz. Rabatt für Wiederverkäufer.

Die 48 m hohen Wasserfälle der dalmatischen Cetina, die auch bei niedrigem Wasserstande noch etwa 80 000 PS liefern können, werden nur zu etwa 20 000 PS verwertet. Die A.-G. zur Nutzbarmachung der Wasserkräfte Dalmatiens betreibt damit die Herstellung von Carbid und Kalkstickstoff in Almissa bzw. Sebenico. Die genannten Werke sind bereits in der Vorkriegszeit gegründet (*Società anonima per la utilizzazione delle forze idrauliche della Dalmazia*-Triest); sie arbeiten nach dem *Frank-Caro*-System. Die Kalkstickstoffproduktion Sebenicos betrug 1912/13: 5000 t pro Jahr; über Almissa fehlen entsprechende Zahlen. Die Anlagen waren vor dem Kriege die einzigen in Österreich-Ungarn, die Luftstickstoff verwerteten, wenn wir von dem Luftsalpetersäurebetrieb in Patsch bei Innsbruck absehen. Die Dividendenzahlungen der dalmatischen Gesellschaft mußten

---

[1] Zeitschr. f. angew. Chem. 1920, II, 26.
[2] Chem.-Ztg. 1920, S. 455.

während des Krieges eingestellt werden, angeblich wegen der ungünstigen Kalkulationen bei den Lieferungen. Das Kapital ist 1918 von 14 auf 21 Mill. Kr. erhöht worden. Carbid wird neben sonstigen Produkten der elektrochemischen Industrie auch von der Bosnischen Elektrizitäts-Gesellschaft in Jajce hergestellt. Zur Ausbeutung der Bauxitlager in der Gemeinde Bruvno bei Rudopolje in der Lika in Kroatien sollte 1916 eine Aluminiumfabrik gegründet werden, die u. a. jährlich 60000 t Aluminiumnitrid als Nebenprodukt erzeugen wollte. Die Betriebskraft würden die 50 km entfernten Plivitzer Seen liefern. Ueber das Projekt ist bisher nichts weiteres verlautet. 1905 gewann. man in Bosnien 540 000 t Kohle.

Im Jahre 1918 erteilte der Staat die Genehmigung zur Errichtung einer Aktiengesellschaft zur Erzeugung von Stickstoffdünger nach dem Verfahren von *Mościcki* (Krakau). Das Anfangskapital betrug 3,5 Mill. Kr., davon übernahm die staatliche Landeszentrale für die wirtschaftliche Wiederaufrichtung Galiziens 2,0 Mill. Kr. den Rest brachte die galizische Landesbank und einzelne Interessenten auf. Die Fabrik dieser *Galizischen Stickstoffdüngerfabrik Azot A.-G.* (jetzt Towarzystwo Akcyjne „Azot") ist in Bory (Post Jaworzno) im Bau. Jaworzno ist Station der Strecke Szczakowa—Chrzanów (Polen), hat große Steinkohlenbergwerke und liegt etwa 10 km südöstlich Myslowitz. Die Fabrik sollte ursprünglich schon Oktober 1918 in Betrieb gehen, jedoch hat sich die tatsächliche Betriebseröffnung infolge der Ungunst der Verhältnisse bis heute verzögert. Zur Verfügung stehen rund 7000 KW. Es soll Ammonnitrat und konz. Salpetersäure dargestellt werden, und zwar soll die Jahresleistung rund 800 t Stickstoff (= rund 3400 t Ammonnitrat aus Steinkohlenammoniak und Luftsalpetersäure oder = ca. 4000 t bis 4500 t konz. Salpetersäure) betragen. Die *Mościcki*-Öfen der Bory-Jaworznoer Anlage sind im D. R. P. 265 834 beschrieben.

Um ein Beispiel für den Umfang des Warenaustausches im Frieden zu geben, seien einige Aus- und Einfuhrzahlen Österreich-Ungarns aus dem Jahre 1911 mitgeteilt (in t):

	Einfuhr	Ausfuhr
Kohlensäure verflüssigt	85,3	78,4
Ammoniakwasser (Gaswasser)		
angereichert	553,2	18,8
nicht angereichert	—	694,1
Salmiak- und Hirschhorngeist . . .	225,1	92,6
Flüssiges Ammoniak	34,7	125,0
Chilesalpeter	65 781,4	325,4 ⎰[Einfuhr 1913:
Ammoniak, schwefelsaures	8,0	20 026,7 ⎱ 93 025 t]
,, salzsaures	904,1	8,0
,. kohlensaures	79,4	1,8
,, essigsaures	0,1	2,8
Kali- und Natronsalpeter, raffiniert	9,6	64,4
Natriumnitrit	59,5	116,8
Ferro- und Ferricyankalium, Ferro-		
cyankalium	12,7	26,3
Ammoniumsulfid, Ammoniumnitrat	397,2	0,1
Calciumcarbid	3,8	11 723,7

Kohlen und Kokserzeugung erreichten ferner folgende Höhe (in 1000 t):

	1900	1905	1910	1913
Steinkohlen . . .	12 440	13 673	15 171	17 760
Braunkohlen . .	26 668	28 781	32 792	35 878
Koks	1 228	1 400	1 999	2 700

Die französische Stickstoffindustrie.

Hinsichtlich der Ausnutzung seiner Wasserkräfte befindet sich Frankreich in selten günstiger Lage. Ihr Ausbau könnte insgesamt etwa 10 Mill. PS liefern, d. h. bedeutend mehr, als in Norwegen (7,5 Mill. PS), Schweden, der Schweiz oder gar in Deutschland verfügbar sind. Dabei sind in Frankreich 5,9 Mill. PS ohne größere Schwierigkeiten zu erfassen. Der Kraftverbrauch Frankreichs (vor dem Kriege) betrug etwa 3,5 Mill. PS jährlich, die durch Wärmeenergie gedeckt werden mußten. Schon der flüchtige Vergleich zeigt mithin, daß die französischen Wasserkräfte ausreichend sind, den gesamten Energiebedarf des Landes zu befriedigen.

1910 verwertete Frankreich 800 000 PS bzw. es waren dieselben im Ausbau begriffen. Bis 1914 stieg die Zahl nur unbeträchtlich an, wie nachfolgende Aufstellung beweist:

Zahl der 1914 ausgebauten
Wasserkraft = PS

Französische Alpen	610 000 PS (1910: 470 000 PS)
Pyrenäen.	85 000 „
Gebirge der Auvergne . . .	80 000 „
Andere Gebiete	30 000 „
	805 000 PS

In industriellen Unternehmungen, die sich auf Wasserkraft gründen (also insbesondere Kraft- und Lichtindustrie, Elektrochemie und Elektrometallurgie), steckten damals 550 Mill. Fr. Bereits Mitte 1917 waren weitere 532 Mill. Fr. neu investiert und 200 000 PS neu ausgebaut. Die Alpenkraft allein belief sich damals schon auf etwa 20 Milliarden KW-St. Die Regierung hat vielfach helfend eingegriffen, um die Ausnutzung der Wasserkräfte energisch zu fördern, indem sie namhafte Vorschüsse gewährte und auch sonst erhebliche Mittel für diesen Zweck bereitstellte. 1919/20 hat sich die Zahl der ausgebauten Wasserkraft-PS bis auf 1,2 Mill. PS vermehrt, so daß die Zunahme während des Krieges nicht weniger als 400 000 PS betrug. Diesem raschen Ansteigen entspricht auch die Entwicklung der französischen elektrochemischen und Luftstickstoffindustrie.

Die weitaus größte Bedeutung in der Wasserwirtschaft Frankreichs kommt den Alpen zu (Anfang 1916: 663 500 PS). Für elektrochemische Zwecke wurden dort 1910: 66 000 PS und 1916: 110 750 PS ausgenutzt; außerdem waren 1916 27 000 PS im Ausbau begriffen. Es entfielen 1916 rund 38 Proz. der alpenländischen Werke auf elektrometallurgische, 38 Proz. auf Kraft- und Licht- sowie 17 Proz. auf elektrochemische Betriebe. Am 27. Februar 1919 fand in Paris ein Kongreß der „weißen Kohle" statt, der sich insonderheit mit der restlosen Erfassung der Rhonewasserkraft beschäftigte und zur Erreichung dieses Zieles eine besondere Gesellschaft gründen wollte. Schätzungsweise können 800 000 PS gewonnen werden, von denen zur Versorgung der Stadt Paris 200 000 abgezweigt werden sollen.

Der Südosten Frankreichs gehört zu den am reichsten mit „weißer Kohle" ausgestatteten Gegenden Europas. Der Name „weiße Kohle" für die in Gewässern schlummernde Energie soll angeblich auf den Italiener *Cavour* zurückgehen. Von neuem und allgemein eingeführt ist der Begriff jedoch erst durch den französischen Ingenieur *Aristide Bergés*, der 1868 sein erstes Wasserkraftwerk, und zwar zum Betriebe einer Holzschleiferei erbaute[1]. Gering gerechnet können die Alpenflüsse allein $5^1/_2$ Mill. Dampf-PS liefern. Bei vollkommensten Kesseln und Maschinen entsprechen dieser Leistung 45 Mill. t Kohle; dabei ist zu bedenken, daß Frankreich in der Vorkriegszeit eine Eigenförderung von 40 Mill. t und einen Gesamtverbrauch von über 60 Mill. t Kohle hatte, so daß diese $5^1/_2$ Mill. PS Alpenwasserkraft ganz außerordentlich schwer in die Wagschale fallen würden, sobald sie einmal völlig ausgebaut sind. 1910/11 gab es an der Rhone 2 (darunter Chute de la Valserine bei Bellegarde als ältestes Werk überhaupt, 8000 PS), an der Arve 9 (darunter Chedde), und an ihren Nebenflüssen Borne, Giffre, Fier bzw. Chéron weitere 8, am Guier 2, an der Isère 12 (darunter Notre - Dame de Briançon), an ihren Nebenflüssen Doron, Bourne, Furon, Fure, Morge, Roize, Drac, Romanche, Bréda, Gélon, Arc, Arley und Doron insgesamt 50, an der Drôme 2, an der Durance 7 (darunter La Roche de Rame) und endlich im mittelländischen Küstenstrich 9 Wasserkraftwerke zur Elektrizitätserzeugung. In der Aufzählung erscheinen einzelne der 101 Werke mehrfach, weil sie oftmals verschiedene Flußgefälle ausnutzen. Die meisten elektrochemischen Anlagen gewannen 1910/11 Aluminium, Ferrolegierungen, Elektrostahl usw. In Notre - Dame de Briançon (Isère) wurde Calciumcarbid und Kalkstickstoff nach dem *Frank-Caro*-System und in Roche de Rame (Nitrogène; an der Durance) Luftsalpetersäure nach *Pauling* hergestellt.

Die subalpinen Regionen Savoyens und der Dauphiné lieferten im Frühjahr 1919 ungefähr 230 000 PS; auf die großen Binnentäler entfielen 350 000 PS und auf das Nordalpengebiet insgesamt 797 000 PS; dabei kann man unschwer eine Anzahl von Zentren hydroelektrischer Tätigkeit unterscheiden. Solche liegen z. B. an der oberen Arve und am Bonnant, am Zusammenfluß des Arly und des Doron, im mittleren Isèretal, Combe de Savoie, Grésivaudan und Bredabecken, an der Romanche, im Tale von Maurienne und in der Tarentaise. Besonders intensiv wird im Arctal gearbeitet, wo die ersten Anlagen bereits 1891/92 entstanden sind. Die Rückwirkung auf die Entwicklung der in Frage kommenden Landstriche blieb nicht aus. Nicht allein werden dort jetzt über 100 000 Arbeiter beschäftigt, sondern es wuchsen auch die Einwohnerzahlen ehemals kleiner Gemeinden z. T. recht erheblich. Villard - Bonnot zählte 1871: 1022 und 1919: 6000 Seelen, die Bevölkerung Livets nahm von 924 auf 3000 zu, Ugine hat heute 5800 Einwohner gegen

---

[1] Nach *Selter*, Techn. Rundschau, 28. Februar 1917.

2325 vor 15 Jahren. Zwischen Séchilienne und Livet ist durch Errichtung großer Industrieanlagen der Charakter der Landschaft völlig verändert worden. Die Kraftwerke der Tarantaise beliefern Lyon, diejenigen von Oisans versorgen St.-Etienne sowie Roanne und an die von Gap sind Marseille und die Städte der Côte d'Azur angeschlossen[1]. Die Entwicklung der hydroelektrischen Industrie der französischen Alpen, die 1890 mit ganz kleinen Anfängen eingesetzt hat, spiegelt folgende Übersicht:

Jahr	Verfügbare PS
1910	470 000
1914	610 000
Anfang 1916	663 500
Juli 1916	732 000
1918/19	1 045 000
1921/22	voraussichtlich 1 500 000

Durch einen Erlaß des Ministers der Öffentlichen Arbeiten vom 10. Januar 1919 ist ein Ausschuß geschaffen worden, um die Ausnutzungsfähigkeit der Wasserkräfte in ganz Frankreich zu untersuchen. Im Elsaß soll der Rhein von Basel bis Lauterburg fast 1 Mill. PS und zwischen der Schweizer Grenze und Markolsheim bei Straßburg etwa 800 000 PS liefern.

Von großen Gesellschaften, die in den Alpendepartements arbeiten und die sich z. T. auch auf dem Gebiete der Stickstoffindustrie betätigen, seien folgende genannt: Die *Société des Produits Chimiques d'Alais* (*et de la Carmagne*) vorm. *Société A. R. Péchiney & Cie.* in Paris mit 80 Mill. Fr. Kapital und 10 Fabriken, die *Société Chimique des Usines de Rhône* in Paris mit drei Fabriken und die *Société d'Electro-Chimie* mit 15 Mill. Fr. Kapital (1918). Die *Société hydrotechnique de France* will in der Gegend von Grénoble ein hydrotechnisches Laboratorium ins Leben rufen, das späterhin zu einem Forschungsinstitut für die gesamte angewandte Hydraulik ausgebaut werden soll und das in erster Linie die Kraftverluste zu studieren hätte, welche sich in den verschiedenen Betrieben zeigen.

Der riesige Aufschwung der elektrischen Industrie Frankreichs wird zum Abbild der Entwicklung seiner Stickstoffindustrie, die weiter unten mit Zahlen belegt werden soll. Die französische Regierung hat wiederholt erhebliche Beihilfen geleistet, so sind 1915/16 allein 15 Mill. £ ausgeworfen worden, um Fabriken nach dem Cyanamid-Salpetersäureverfahren der englischen *Nitrogen Products and Carbide Co.* zu errichten. 1918 fand eine Ausstellung der *Société d'Encouragement pour l'Industrie nationale* statt und 1920 ist ein Forschungsinstitut für die chemische Industrie Frankreichs gegründet worden.

Vor dem Kriege arbeiteten auf dem Gebiete der Luftstickstoffindustrie nur zwei Gruppen im Groß- und Dauerbetrieb, die *Société des Produits Azotés* in Notre-Dame de Briançon (Savoyen) und die *Nitrogéne*-Gesellschaft in Roche de Rame an der Durance. Die an der Isère liegende Anlage von Notre-Dame de Briançon (Tarentaise) gewann 1912/13 je 7500 t Kalk-

---

[1] Neue Zürcher Ztg., 8. Mai 1919, nach einer Arbeit von *Raould Blanchard* in der Revue de Paris.

stickstoff nach *Frank-Caro*. Der *Société des Produits Azotés* (Preise Frühjahr 1921 z. B. 100 kg granulierter Kalkstickstoff 19 bis 21 Proz. N in Metallfässern 115 Fr., gepulvert in Säcken (17 bis 19 Proz. N) 75 Fr., in Metallfässern 90 Fr.) gehört auch die Fabrik von Martigny in der Schweiz (siehe oben). Die Gesellschaft hat 1920 ihr Kapital von 10 auf 20 Mill. Fr. erhöht und von der spanischen Regierung die Erlaubnis erhalten, eine neue Fabrik für $1^1/_2$ Mill. Fr. zu bauen. Das Werk Roche de Rame arbeitet nach dem *Pauling*-Verfahren auf Luftsalpetersäure.

Die französische Industrie hatte sich vor dem Kriege ganz besonders der Entwicklung des *Serpek*schen Aluminiumnitridverfahrens angenommen. Die *Internationale Nitridgesellschaft Zürich* hatte 1909 die Versuchsanlage Niedermorschweiler bei Mülhausen errichtet und war in der Folge in der neugegründeten *Société Générale des Nitrures*-Paris aufgegangen, an die auch die *BASF* ihre Patente über Silicium- und Titanstickstoffverbindungen abtrat. Am 31. Dezember 1912 besaß die *Société Générale des Nitrures* 283 französische und sonstige Patente, während 87 weitere eingereicht waren. Gleichzeitig begannen die Großversuche in St. Jean de Maurienne im Arctale, über deren technische Schwierigkeiten u. a. der englische Konsul *S. Vicor* in Lyon 1913 ausführlich berichtet hat[1]. Die für die Azotierung erforderliche sehr hohe Temperatur von 1500 bis 1600° ist der Haltbarkeit des Ofens derart schädlich, daß sich bisher noch kein geeignetes Baumaterial hat auffinden lassen und daß alle gewählten Abänderungen sich bis heute nicht bewähren konnten. Das Werk St. Jean de Maurienne sollte im fabrikmäßigen Maßstabe stündlich 1 t Nitrid erzeugen. Der elektrische Widerstandsofen verbrauchte 2500 KW. Die Anlage war 1913 noch im Bau und bewährte sich so schlecht, daß sie bereits Mitte 1915 endgültig auf Nitridgewinnung verzichten mußte. Es bestand damals der Plan, statt dessen Aluminiumnitrid von der *Société Norvégienne des Nitrures* (*Norsk Nitrid A.-S.*) zu beziehen, die in Eydehavn bei Arendal mit zunächst 10 000 PS arbeitete (1913/14). Die Pariser Muttergesellschaft teilt zwar in ihrem Geschäftsbericht 1914/15 recht Günstiges über die neue norwegische Methode mit, doch ist schließlich auch dieses Werk zum Stillstand gekommen. Eydehavn-Arendal sollte jährlich 40 000 t Ammonsulfat mit Hilfe der *Serpek*-Methode darstellen. Die *Société Générale des Nitrures* in Paris übertrug 1913 ihre Hauptpatente an die *Société d'Aluminium Française* sowie eine amerikanische Gruppe für den Preis von 8 Mill. Fr. und gegen Gewinnbeteiligung[2]. Die genannten Firmen beabsichtigten das Verfahren für die Aluminiumindustrie auszunutzen. In Amerika bildete sich zu diesem Zweck aus der *Aluminium Co. of America*, der *Northern Aluminium Co. of Canada* und der *Southern Aluminium Co.* die *American Nitrogen Corporation*. Es dürften indessen weder die Anlagen von Whitnay in Nord-Carolina (Betriebseröffnung 1915: 85 000 PS) auf die Dauer nach

---

[1] Chem. Ind. 1913, S. 713/14.
[2] Vgl. *O. Serpek* in *Ullmann*, Encyklopädie der Techn. Chemie, Bd. I (Berlin-Wien 1914), S. 294.

dem *Serpek*-Verfahren gearbeitet haben, noch ist der Plan einer englischen Gesellschaft, eine Fabrik in Britisch - Indien für 25 Mill. Fr. zu errichten, verwirklicht worden. Von einem auch in Frankreich ausprobierten Prozeß, der dem *Serpek*-Verfahren ähnlich ist und der von *Coutagne* herrührt, hat man seit 1915 nichts mehr gehört. Er dürfte wahrscheinlich das von *H. E. Fierz* (siehe oben) vorausgesagte Schicksal der *Serpek*-Methode teilen

Die erste Anlage, in der überhaupt im größeren Maßstabe versucht worden ist, synthetisches Ammoniak zu Salpetersäure zu oxydieren, war das von *Duché* 1913 erbaute Werk Vilvorde in Belgien, das von norwegischem Kalkstickstoffammoniak ausging. Noch 1913 wurde die Fabrik von der neugegründeten *Nitrogen Products and Carbide Company Ltd.* in London übernommen, die während des Krieges daran arbeitete, den *Ostwald*-Prozeß, der in Vilvorde in der ursprünglichen Form benutzt worden war, zu verbessern. Das neue *Ostwald-Barton*-Verfahren ist dann auf dem englischen Werk Dagenham (siehe unten) zur Verwendung gekommen, um aus Kalkstickstoff hergestelltes Ammoniak zu oxydieren. Die französische Regierung trat mit der führenden *Nitrogen Products and Carbide Co.*-London im Jahre 1915 in Unterhandlungen, und es kam im September zum Abschluß eines Vertrages, nach welchem die englische Firma den Bau entsprechender Anlagen in Frankreich ausführen sollte. Zunächst wurden staatlicherseits 15 Mill. £ für diesen Zweck ausgeworfen. Der erste derartige Betrieb entstand in Angoulême für die staatliche Pulverfabrik. Er kam im September 1916 teilweise in Betrieb. Bis Ende 1918 waren bereits 55 000 £ Lizenzgebühr an die *Nitrogen Products Co.* abgeführt worden, weitere 7 Jahre muß trotz der inzwischen sehr zurückgegangenen Erzeugung eine Mindestgebühr weitergezahlt werden.

Kalkstickstoffabriken wurden u. a. in Sisteron und im Departement Tarn gegründet, wo 30 000 PS geliefert werden sollten. Luftsalpeter wird in Laroquebrou (Cantal; Kraftanlage am Cère), in Bouvillard bei Aiquebelle (Savoyen; Kraftanlagen La Chambre am Arc) und in Terette sur la Creuse bei Balesmes (Indre et Loire) von der Firma *Etablissements Poulenc Frères* usw. erzeugt. In Nanterre, vor den Toren von Paris, arbeitet eine Kalkstickstoffabrik mit 160 Öfen für rund 100 t Kalkstickstoff (oder 16 t Luftstickstoff pro Tag).

Die Industrie der Pyrenäen hat stark zugenommen. Sie ist noch sehr jungen Datums, verfügte sie doch 1910 erst über etwa 20 000 PS, während sie heute nahezu 150 000 KW erreicht hat, die in 20 elektrochemischen bzw. metallurgischen Betrieben ausgenutzt werden. Die sprunghafte Entwicklung der letzten Jahre ist natürlich eine Folge des Krieges und des Kohlenmangels. Die älteste und bedeutendste Carbidfabrik ist die von Anzat am Vicdessos-Fluß, die 1908 erbaut und 1914 an die bereits erwähnte *Société d'Alais* verkauft wurde. Anfang 1920 verfügte sie über 20 000 PS Wasserkräfte[1], die

---

[1] Zeitschr. f. angew. Chemie 1920, II, S. 119/120 Aus Journ. du Four Electrique nach The Min. Journ. v. 11. Februar 1920. Das Original vermerkt, es müßten hinsichtlich der Angaben über die Kalkstickstoffabriken Vorbehalte gemacht werden.

aber noch vermehrt werden sollen. Vier Carbidöfen von je 800 bis 1000 KW erzeugen pro Jahr 4000 t Carbid aus Kalk, Koks oder Holzkohle. Die Werke von Castelet (3000 PS) am Ariège und von Boussens an der Garonne dienen auch der Carbidfabrikation. Die Gewinnung von Kalkstickstoff ist erst während des Krieges aufgenommen worden, z. T. wurde er in Ammoniumsulfat umgewandelt. Verschiedene große Carbid- und Kalkstickstoffabriken sind erst 1919/20 vollendet, so vor allem die von Lannemezan und Marignac. Die Anlage auf der Lannemezan - Hochfläche bezieht ihre Kraft von den Soulomwerken der Südeisenbahngesellschaft. Sie wurde noch während des Krieges von der Regierung erbaut und ist bisher lediglich für Versuchszwecke verwendet worden. Ihre Kraftzentrale versorgt außer dem eigenen Werk die Fabriken von Eget (Südeisenbahngesellschaft) mit 10 000 PS, Saint - Lary (*Peñarroya Co.*) mit 20 000 PS sowie Loudenvielle (Staat) und Arreau (Staat) mit je 10 000 PS. Die Lannemezananlage hat 20 bis 30 große 2000 KW-Öfen für Carbiderzeugung. Der Kalkstickstoffbetrieb arbeitet nach *Frank-Caro* und hat 300 Azotierungsapparate. Der Stickstoff wird nach dem *Claude*-Verfahren in einer Reinheit von 99,8 bis 99,9 Proz. gewonnen. Die Jahresleistung an Carbid dürfte etwa 50 000 t bzw. die an Kalkstickstoff rund 60 000 t betragen.

Die Marignacwerke der *Compagnie de l'Electricité Industrielle* sind noch im Bau. Sie erhalten ihre Kraft von einigen gegenwärtig noch unfertigen Kraftzentralen, von denen je eine von 8000 PS am oberen und unteren Pique liegt. Die übrigen befinden sich in der Nachbarschaft von Luchon und erhalten 25 000 PS aus einem Fall von 800 m Höhe, der aus dem Oo - See kommt. Sie dienen als Zentralverteilungsstelle zur Übertragung des gesamten Stromes, dessen Anfangsspannung von 70 000 Volt auf 150 000 Volt heraufgesetzt wird. Die Marignac - Anlage soll mit 6 Carbidöfen von je 50 cbm Fassungsraum arbeiten. Die Umwandlung des Carbids in Kalkstickstoff wird in einem großen, kontinuierlichen Ofen eigener Bauart erfolgen, während man den Stickstoff wie üblich nach *Claude* darstellt. Die Betriebe sollen 80 t Carbid, 100 t Kalkstickstoff mit 22 Proz. N und 120 t Kalkstickstoff mit 15 Proz. N täglich erzeugen. Statt Koks wird wegen des Kohlenmangels Holzkohle den Carbidöfen zugeführt werden. Die auf gewöhnlichen Kalkstickstoff mit 20 Proz. N umgerechnete Jahresleistung wird nach obigem etwa 60 000 bis 65 000 t betragen. Die *Comp. de l'Electricité Industrielle* gewinnt in einem anderen Werk zu Luchon Carbid in 2 Öfen, von denen der eine mit 800 KW und Zweiphasen-, der andere mit 3500 KW und Dreiphasenstrom arbeitet.

Die *Société des Mines de Carmaux* hat eine große Elektrizitätszentrale von 20 000 KW errichtet. Die Kraft dient zum Betrieb von 8 Einphasen-Carbidöfen von je etwa 2000 kW und von 224 *Frank-Caro*-Azotierungsöfen für jährlich 46 000 t Kalkstickstoff.

Seit einigen Jahren ist in den Pyrenäen auch die Fabrikation von Ferrolegierungen, Elektrostahl, Elektroroheisen, Kieselmangan, Schleifmitteln

(z. B. „Borocarbon“), Aluminium, Chlorat, Chlor; Ätznatron usw. aufgenommen worden.

Die *Société norvégienne de l'Azote et de forces hydroélectriques* in Notodden (siehe oben) hat seitens der Südbahngesellschaft im Jahre 1917 das Recht zur Ausnutzung der Soulom-Wasserkräfte erhalten. Sie errichtete in Pierrefitte-Nestalas eine Luftsalpetersäurefabrik nach ihrem Notoddener Verfahren (*Birkeland-Eyde*). Die Anlage besitzt 4 Öfen von 4000 KW und hat während des Krieges ausschließlich konz. Salpetersäure für Sprengstoffabrikation dargestellt. Heute wird die gesamte Säure in Kalksalpeter umgewandelt, auch wird Natriumnitrat in bescheidenem Umfange erzeugt. Im Jahre 1919 hat die *Société norvégienne* die Fabriken von Pierrefitte-Nestalas im Wert von ungefähr 12 Mill. Fr. als Einlagen in die neue *Société Française de l'Azote* eingebracht, die sich mit 40 bis 50 Mill. Fr. Kapital der Stickstoffindustrie widmen soll. Sie hat ferner ihre Konzession auf die Wasserkräfte des Gave de Gavarnie oberhalb Pierrefitte an die neue Gesellschaft übertragen. Der Ausbau der Wasserkräfte von Luz (Hochpyrenäen) und von Gèdre soll insgesamt 32 000 PS liefern, dabei ist die Energie der Gaves von Héas, Estoubé, Garvanie und Aspe bei 270 m Fallhöhe auf 16 870 PS veranschlagt. Nach Fertigstellung der Kraftzentrale Luz am Gave de Pau wird der Strom nur von dort entnommen werden. Die Soulom-Zentrale wird dann für andere Zwecke frei. An der *Société Française de l'Azote* soll die Gruppe *Kuhlmann-Lambert-Rivière* mit etwa 10 Mill. Fr., ferner die *Comp. nationale des Matières colorantes* und die *Société des Produits azotés* beteiligt sein.

Die 1920 mit 4 Mill. Fr. ins Leben gerufene „*Chaudronneries des Pyrénées Soc. an.*“ dient hauptsächlich den Zwecken der Elektroeisenindustrie.

Die Gesellschaft „*L'Air Liquide*“, die ihr Kapital 1917 von 11 auf 15 Mill. Fr. erhöht hat, besitzt Sauerstoffabriken in Paris, Le Hâvre, Nantes, Ponte-Sainte-Maxence, Audincourt, Lyon, Saint-Chamond, Marseille, Rouen, St. Nazaire, Bordeaux, Nancy und Hénin-Liétard. 1919 hatte sie für die Marineluftschiffahrt zwei bedeutende Anlagen zur Herstellung von Wasserstoff aus Wasserdampf und Eisen im Bau. Ferner errichtete sie für die Arsenale von Cherbourg und Toulon Elektrolytwasserstoffanlagen. Im Auslande ist die Gesellschaft in Kanada (mit Fabriken in Vancouver, London und Sudbury), Belgien (in Ougrée), Italien, Japan und den Ver. Staaten (durch die *Air Reduction Co.*) vertreten. Das *Claude*-Verfahren (daher der vollständige Firmentitel: *L'Air Liquide, Société Anonyme pour l'Etude et l'Exploitation des Procédés Georges Claude*, Paris) der Gewinnung flüssiger Luft unter Leistung äußerer Arbeit, ihrer Fraktionierung usw. ist nächst der *Linde*- und der *Heylandt*-Methode am verbreitetsten (letztere beiden verflüssigen durch innere Arbeit). *M. v. Unruh* gibt darüber für Ende 1919 folgende Zahlen, die annähernd der Wirklichkeit entsprechen dürften[1]:

---

[1] *F. Ullmann*, Encyklopädie der Techn. Chemie, Bd. VII (Berlin-Wien 1919), S. 637.

Verfahren	Leistung in Mill. cbm Sauerstoffgas, Ende 1919.
1. *Ges. für Lindes Eismaschinen A.-G.* Abt. Gasverflüssigung Höllriegelskreuth bei München	45 bis 50 (Nennleistung: 72,5 Mill. cbm)
2. *Heylandt Ges. für Apparatebau m. b. H.* Berlin-Mariendorf	14 „ 15
3. *L'Air Liquide usw.* in Paris	3 „ 4

Die Interessennahme der „*L'Air Liquide*" an der Stickstoffindustrie wurde noch enger, als *G. Claude* sein Verfahren zur direkten Synthese von Ammoniak ausgearbeitet hatte, das dem *Haber-Bosch*-Verfahren gleicht, aber Drucke von 1000 Atm anwenden will, um Gase mit über 40 Proz. NH_3 (statt bisher 13 Proz. bei 200 Atm) zu erhalten. Auf jedes Gramm Katalysatorsubstanz (Temperaturen 500 bis 700°) sollen 6 g NH_3 gegen 0,5 g früher gewonnen werden. Daß Drucksteigerung an sich günstigere Ammoniakausbeuten ergeben würde, war auf Grund der *Haber*schen Arbeiten ohne weiteres vorauszusehen[1]. Auf die *Claude*sche Methode wird weiter unten noch des Näheren eingegangen werden. Außer in zahlreichen anderen Veröffentlichungen[2] hat sich *G. Claude* ausführlich in den Compt. rend. **170,** 174 bis 177 (1920)[3] über die Vorteile seiner Arbeitsweise verbreitet, die er in erster Linie in einer besseren Energiewirtschaft zu erblicken glaubt. Das Ammoniak der Hochdruckapparatur will er ohne Druckverlust flüssig ausscheiden. *Claude* empfiehlt die Weiterverarbeitung desselben nach dem *Solvay*-Prinzip. Aus den hierbei erhaltenen Laugen sollen $NaHCO_3$ und NH_4Cl durch Abkühlung bis auf $+5°$ nacheinander gewonnen werden, wobei die Kälte durch die Verdampfung des flüssigen Ammoniaks aus der *Claude*-Synthese erzeugt wird[4]. Der Gedanke einer Verknüpfung des *Solvay*-Sodaverfahrens mit der Stickstoffindustrie ist nicht neu; beispielsweise hat die *BASF* ein entsprechendes deutsches Patent bereits 1915 angemeldet und auch die *Bayrischen Stickstoff-Werke A.-G.* haben sich 1916 ein ähnliches Verfahren schützen lassen[5]. *Claude* behauptet, mit Drucken von 1000 Atm besser und bequemer arbeiten zu können, als mit solchen von 100 bis 200 Atm. Sein Verfahren soll bereits in der Versuchsanlage La Grande - Paroisse (siehe unten) erfolgreich in Betrieb sein, doch dürfte es sich sicherlich nur um technische Laboratoriumsgroßversuche handeln, wie denn auch *d'Arsonval* Ende 1919 in der Académie des Sciences in Paris mitgeteilt hat[6], *Claude* werde in der nächsten Zeit eine Miniatureinrichtung vorführen können, welche täglich 200 l flüssiges Ammoniak erzeugt.

Bedenkt man, wie schwierig es war, die *Haber-Bosch*-Hochdrucksynthese lebensfähig auszugestalten, so versteht man ohne weiteres, daß sich die deut-

---

[1] Vgl. Zeitschr. f. angew. Chem. 1920, II, 82; Umschau 1920, S. 211.

[2] Compt. rend. **169,** 649, 1039 (1919); Ch. Ztrlbl. 1920, II, 431, 637/8; Engl. Pat. 130 086/1917 usw.

[3] Ch. Ztrlbl. 1920, II, 524.

[4] Siehe auch Chem.-Ztg. 1919, S. 727; 1920, S. 152.

[5] Chem.-Ztg. 1920, S. 152.

[6] Chem.-Ztg. 1920, S. 152.

schen Fachkreise der *Claude*schen Methode gegenüber recht reserviert verhielten. Es will nicht recht einleuchten, wie man mit 1000 Atm technisch leichter und billiger arbeiten soll, als das *Haber*-Verfahren mit 200 Atm[1], selbst wenn man auf dessen apparativen Erfahrungen weiterbaut.

Im Juni 1919 wurde seitens der *l'Air Liquide* und der *Compagnie de Saint-Gobain* die *Société Chimique de la Grande-Paroisse* mit zunächst 20 Mill. und später 34 Mill. Fr. (1920) Kapital begründet, um die Ammoniakfabrikation nach dem Verfahren von *G. Claude* aufzunehmen. Die Gesellschaft *L'Air Liquide* hat zu diesem Zweck die Fabrik Grande - Paroisse bei Montereau, in der während des Krieges flüssiges Chlor hergestellt wurde, zur Verfügung gestellt. Die Kapitalserhöhung von 14 Mill. Fr. soll sowohl dazu dienen, die bisherigen Fabrikationszweige, insbesondere die Verflüssigung von Luft usw., auszubauen, als auch die Ammoniakproduktion nach *Claude* neu aufzunehmen, nachdem längere Versuche durchgeführt worden sind, welche günstig ausfielen (siehe oben). Lizenzen des *Claude*-Verfahrens für Großbritannien, Südafrika, Indien, Australien und Neuseeland hat die *Cumberland Coal, Power and Chemicals Ltd.* im Frühjahr 1920 erworben, um zunächst eine Fabrik in Cumberland zu errichten. In der Versuchsfabrik La Grande - Paroisse soll der Betrieb der ersten wirtschaftlichen Einheit nach dem *Claude*-Verfahren zufriedenstellend arbeiten (siehe oben).

Trotz dieser erfolgversprechenden Anzeichen läßt eine andere Maßnahme darauf schließen, daß man dem *Claude*-Prozeß volle Konkurrenzfähigkeit gegenüber dem *Haber-Bosch*-Verfahren durchaus noch nicht zuerkennt. Die Verhandlungen der französischen Regierung und der *BASF* betreffs Erbauung einer Ammoniakfabrik nach dem *Haber-Bosch*-Verfahren haben nämlich nach längerer Dauer am 11. November 1919 zum Abschluß eines Vertrages[2] geführt. Die französische *Haber*-Anlage soll unter teilweiser Benutzung der Pulverfabrik in bzw. bei Toulouse errichtet werden[3], indem der Staat dabei die Verwertung des Verfahrens einer Privatgesellschaft überläßt (den „*Etablissements Kuhlmann*“). Wenn auch die Lizenzerteilung auf das *Haber-Bosch*-Verfahren durch den Versailler Friedensvertrag gewährleistet und erleichtert ist, so gibt dennoch die Tatsache zu denken, daß nicht das französische *Claude*-, sondern das deutsche Verfahren gewählt wurde, obgleich der französischen Regierung die Wahl frei stand und obwohl sie auch mit der *Claude*-Gruppe verhandelt hat. In der zur Verwertung des *Haber*-Verfahrens gegründeten *Cie. Nationale de l'Azote* ($12^1/_2$ Mill. Fr. Kapital) sind die Mines de Béthune, die Comp. Nationale des Matières Colorantes etc., die Etablissem. Kuhlmann, die Soc. des Produits azotés u. a. vertreten. Im übrigen zeigt Frankreich auch Interesse für die modernen Entwicklungsformen der deutschen Kalkstickstoffindustrie, so daß sich vielleicht auch auf diesem Gebiete ein Zusammenarbeiten der beiderseitigen Werke ergeben könnte[4]. Für Tou-

---

[1] Zeitschr. f. angew. Chem. 1920, II, 111; Chem. Ind. 1920, S. 236.
[2] Zeitschr. f. angew. Chem. 1920, II, 276.
[3] Chem.-Ztg. 1920, S. 564.
[4] Metallb. 1920, S. 1198.

louse denkt man zudem an eine teilweise Mitbenutzung der *Claude*schen Erfahrungen[1].

Die beiden Tochterunternehmen der *L'Air Liquide*, die *Société Algérienne* und *Société Tunisienne de Gaz Comprimés* sind 1919 unter der Bezeichnung *Société Nord-Africaine de Gaz Comprimés* vereinigt worden. Das Kapital der neuen, an der *Soc. Marocaine de Gaz Comprimés* beteiligten Gesellschaft beläuft sich auf 1,4 Mill. Fr. Auf die Betätigung der *L'Air Liquide* auf dem Gebiete der Wasserstoffindustrie ist zweifelsohne die Annäherung der *Stearineries et Savonneries Lyonnaises* zurückzuführen, von der Anfang 1920 berichtet worden ist[2].

Auf dem gleichen Gebiete wie *L'Air Liquide* arbeitet die 1918 gegründete *Société Industrielle de Chimie d'Extrême-Orient* in Paris und die 1920 ins Leben getretene *Société Centrale des Industries de l'Air Liquide et de l'Azote*, welche ihr Kapital 1920 auf 20 Mill. Fr. brachte.

In Frankreich ist namentlich *Camille Matignon*, Professor am Collège de France, zum Vorkämpfer einer Bewegung geworden, die nachzuweisen sucht, daß der Leit- und Grundgedanke der *Haber*schen Arbeiten nicht deutschen Ursprungs ist. *C. Matignon* ist wiederholt in Wort und Schrift für die Richtigkeit seiner Beweisführung eingetreten[3], ohne wirklich stichhaltige Gründe für seine Behauptung anführen zu können. Er verweist zunächst auf das franz. Patent 313 950 (1901) von *Le Chatelier*, das sich auf Versuche mit komprimierten Stickstoff-Wasserstoffmischungen bezieht, die sich unter heftiger Explosion — es war nämlich Luft in das Gasgemisch gekommen — verbanden. *C. Bosch* hat auf der 24. Hauptversammlung der deutschen Bunsengesellschaft, Berlin 1918, die angebliche Priorität *Le Chateliers* treffend kritisiert[4]. *Matignon* und *Haller* machen dann weiter auf das engl. Pat. 1833 aus dem Jahre 1865 aufmerksam, das von *Dufresne* im Namen von *Charles Tellier* angemeldet wurde und das sich als Nebenreaktion bei der Sauerstoffgewinnung die Entstehung von Ammoniak durch direkte Vereinigung von Wasserstoff und Stickstoff mit Hilfe von Eisenschwamm schützen läßt. Das französ. Patent 92 346 (1871) von *Tessie du Motay* gewinnt Ammoniak durch wechselweises Überleiten von Wasserstoff und Stickstoff über erhitzte Titannitride oder, nach dem französ. Patent 138 472 (1881), über fein verteiltes Eisen. In dem entsprechenden D. R. P. 17 070 (1881), das auf den Namen einer von *Tellier* gegründeten Firma lautet, wird auf den Einfluß von Druck aufmerksam gemacht (10 Atm). Das französ. Patent 255 183 (1896) der *La Christiania Mine Comp.* will Stickstoff und Wasserstoff durch eine erhitzte Kammer mit Titankontakt leiten. Außerdem werden von *Matignon* und *Haller* die Arbeiten von *Ramsay* und *Young* (1884) sowie die von *Halvati*

---

[1] Zeitschr. f. angew. Chem. 1920, II, 294.

[2] Zeitschr. f. angew. Chem. 1920, II, 239.

[3] Z. B. Vorträge 19. März 1916 und März 1918; *Hesse-Grossmann*, Englands Handelskrieg und die chemische Industrie, Bd. III (Stuttgart 1919), S. 47 bis 74; Chem.-Ztg. 1918, S. 412; siehe ferner Zeitschr. f. angew. Chem. 1918, III, 282, 358.

[4] Zeitschr. f. angew. Chem. 1918, III, 242.

(1895) herangezogen, um damit ihre Beweisführung zu stützen, die in der Frage gipfelt, ob die *Haber*-Patente überhaupt als gültig zu betrachten sind.

Neben allen sonstigen Bedenken dürfte selbst den Gegnern des *Haber-Bosch*-Verfahrens die Tatsache einleuchten, daß es kaum gelingen wird, die Anlagen Oppau und Leuna nach einem der eben angeführten Patente zu betreiben und daß allein schon damit die Erreichung eines neuen technischen Effekts für das *Haber-Bosch*-Verfahren gegeben ist, der hinwiederum ohne weiteres die Anwendung der §§ 1 und 2 des deutschen Patentgesetzes vom 7. April 1891 nach sich zieht.

Mit einem Kapital von 1,5 Mill. Fr. ist 1919 in Paris die *Société d'Etudes de l'Azote* gegründet worden, um Patente, Konzessionen und Verfahren auf dem Gebiete der Luftstickstoffindustrie zu erwerben. Es handelt sich dabei namentlich auch um Verwertung solcher Rechte, die sich aus dem Versailler Friedensvertrag herleiten (z. B. auf das *Haber*-Verfahren). Die praktische Ausnutzung der angekauften Patente usw. wird von der Studiengesellschaft auf die in Frage kommenden Unternehmen übertragen. Die Gesellschaft vereinigt die Interessen folgender Firmen: *Société de Saint-Gobain, Produits Chimiques d'Alais, L'Air Liquide, Soc. Générale des Nitrures, Usines du Rhône, Le Creusot, Comp. Nationale de Matières Colorantes, Etablissements Kuhlmann, Soc. Gillet et fils de Lyon, Soc. des Produits Azotés, Soc. des Mines de Lens, Soc. d'Electrochimie* und *Soc. des Mines de Béthune,* die also für das Gebiet der Luftstickstoffbindung gewissermaßen in ihr syndiziert sind. Die Gesellschaft hat sich von vornherein und in erster Linie mit dem *Haber-Bosch*-Verfahren beschäftigt. Der Abschluß des Vertrages zwischen der französischen Regierung und der *BASF*, der durch Einbringung eines Gesetzes seitens des Kriegsministers von der Kammer gutgeheißen wurde, dürfte auch auf ihre Initiative zurückzuführen sein.

Die Nebenproduktenkokerei hat sich in Frankreich bei weitem nicht in dem Tempo entwickelt, wie in den übrigen Industrieländern. Es betrug die Ammonsulfatproduktion zwischen 1900 und 1910 z. B. in (in t):

	Deutschland	Großbritannien	Ver. Staaten	Frankreich	Welt
1900	120 000	213 000	58 000	37 000	496 000
1910	373 000	369 000	116,000	56 000	1 057 000
Steigerungsverhältnis	1 : 3,1	1 : 1,73	1 : 2,0	1 : 1,5	1 : 2,13

Die Kriegsereignisse, die gerade die industriell wichtigen Nord- und Ostdepartements trafen, waren von verderblichstem Einfluß. Die Ammonsulfatgewinnung betrug nämlich im einzelnen (in t):

	1913	1917	Weniger in %
aus Gasanstalten	22 000	19 200	rund 12,8
„ Abwässern, Fäkalien usw.	12 000	5 500	„ 54,1
„ Koksöfen	38 500 ⎫		
„ verschiedenen Quellen	3 500 ⎭	9 300	„ 77,8
Gesamt	76 000	34 000	

Der ungeheure Wert der Nebenproduktengewinnung ist in Frankreich erst recht spät erkannt worden; nur so konnte es kommen, daß große Hüttenwerke, wie die von *Creusot*, jahrelang ihre Steinkohle nicht verkokten, sondern direkt den Hochöfen zuführten. Aus dem Bericht, den *L. Tissier* der französischen Kammer am 19. Februar 1918 über den Gesetzentwurf zur Errichtung einer Zentralstelle für chemische Düngemittel unterbreitet hat[1], erfahren wir, daß sich auch inzwischen diese Zustände nicht oder nur wenig gebessert haben. Es ist an sich ein reiner Zufall, daß die französische Rohkohle überhaupt für die Verwendung in Hochöfen geeignet ist, da durchaus nicht jede Sorte für diesen Zweck benutzt werden kann, sondern eine besonders widerstandsfähige, unter dem Druck der Beschickung nicht zerbröckelnde Kohle gefordert wird. Ein mittelgroßer Hochofen liefert in 24 Stunden 100 t Roheisen und verbraucht dabei 150 t Steinkohle, die bei der vorherigen Verkokung allein $150 \times 10 = 1500$ kg Ammonsulfat im Mittel ergeben hätten. Da Frankreichs Roheisenerzeugung 1913 5,1 Mill. t (69,3 Proz. im Osten, 17,1 Proz. im Norden) betrug und man nach obigem annehmen kann, daß ein immerhin erheblicher Teil der Hochofenwerke ohne Kokerei arbeitet, so ist der Gesamtverlust an Ammonsulfat sicherlich beträchtlich. 1919 erreichte die Roheisenproduktion Frankreichs 2,412 Mill. t; davon entfallen 1,112 Mill. t oder 46,1 Proz. auf Elsaß-Lothringen (vor dem Kriege 4 Mill. t) und 469 954 t oder 19,4 Proz. auf Ostfrankreich. Die französische Eisenerzförderung betrug 1920 (1919): 13 871 137 t (9 429 789 t). Die schlechte Lage der Kokereiindustrie und die Tatsache, daß die größte Zahl der produzierenden Werke im besetzten Gebiet lag, macht es andererseits erklärlich, weshalb sich die Luftstickstoffindustrie unter Ausnutzung der reichen Wasserkräfte gerade in Frankreich so überraschend schnell entwickeln konnte.

Die Rückständigkeit der französischen Ko k e r e i i n d u s t r i e wird neuerdings auch von Fachleuten anerkannt, so kommt Prof. *Berthelot* in einem Vortrag vor der *Société de Chimie Industrielle*[2] zu dem Schluß, daß z. B. die Amerikaner in dieser Beziehung weit voran seien. Durch geeignete Dimensionierung der Öfen und Ausfütterung mit Quarzsteinen haben sie es erreicht, bis 20 t Kohle pro Tag und Ofen durchzusetzen, während die Leistung in Frankreich auf 6 bis 8 t stehengeblieben ist. Dabei verhalten sich die Kosten des Baues wie 9 : 8 und die für Arbeit, Unterhaltung usw. wie 3 : 2. Die Anerkennung der amerikanischen Leistungsfähigkeit darf in erster Linie die *Koppers Company* für sich buchen, die bekanntlich die amerikanische Niederlassung der deutschen Firma *H. Koppers* in Essen a. d. Ruhr ist. Nach den Mitteilungen der letzteren[3] sind nämlich gegenwärtig 72 Proz. der amerikanischen Nebenproduktenöfen *Koppers*scher Konstruktion. Die französischen Anlagen verbrauchen viel Heizgas, während deutsche Öfen pro Tonne verkokter Kohle mit 137 kg Koks auskommen und bei ihnen die Kosten für Unterhaltung, Löhne und Kraftbedarf relativ sehr niedrig sind. In England sind die Bienenkorböfen methodisch durch moderne Öfen ersetzt. Die Frage der geeignetsten hochfeuerfesten Steine und der Korrosion der Ofenwandungen

---

[1] Vgl. *Hesse-Grossmann*, Englands Handelskrieg und die chemische Industrie (Stuttgart 1919), S. 37 bis 46.

[2] Metallb. 1920, S. 1160.

[3] Mitteilungshefte 1919, Nr. 9.

durch kochsalzhaltige Kohle ist dort von *Hancock* und anderen erfolgreich bearbeitet worden. *Berthelot* weist am Schluß seines Vortrages auf ein neues Verkokungsverfahren von *Charpy, Godchot* und *Decorps* hin, die ungeeignete Kohle in zwei Stufen verarbeiten wollen.

Bei dem großen Koksdefizit Frankreichs — es produziert knapp 2 Mill. t und verbraucht 12 Mill. t pro Jahr! — wird sicherlich in den nächsten Jahren auf die Steigerung der Leistungsfähigkeit der französischen Kokereiindustrie hingearbeitet werden, so daß man mit größeren Mengen Ammonsulfat aus dieser Quelle wird rechnen können. 1920 ist die *Fours à Coke et Installations métallurgiques* in Paris mit 7 Mill. Fr. Kapital begründet worden.

Die großen „*Etablissements Kuhlmann*" haben ihre in Belgien und Nordfrankreich liegenden Anlagen (z. B. in Loos-les-Lille, Roubaix, Rieme bei Gent usw.) im Mai 1920 wieder in Betrieb gebracht und ihr Kapital im Mai 1920 von 60 auf 100 Mill. Fr. erhöht. Sie haben insgesamt 9 chemische Fabriken, die Schwefelsäure, Sulfate (Ammonsulfat usw.), Chlor- (Eau de Javelle) und Natriumverbindungen sowie Superphosphat herstellen. Die neu aufgenommenen 40 Mill. Fr. sollen zu Neubauten, Wiederherstellungsarbeiten usw. Verwendung finden. Die „*Etablissements Kuhlmann*", deren Gründer die katalytische Verbrennung des Ammoniaks über Platin (siehe oben) entdeckt hat, gehören zur bereits erwähnten *Société d'Etudes de l'Azote* und erwarben neuerdings die Pulverfabrik Toulouse vom Staat, um dort das *Haber-Bosch*-Verfahren zur Durchführung zu bringen.

Die z. T. reichen Torfmoore Frankreichs werden industriell noch sehr wenig ausgenutzt, obwohl wiederholt auf sie aufmerksam gemacht worden ist[1]. In Chateauneuf in der Bretagne wird Torf durch Pressen von 90 Proz. bis auf 60 Proz. Wassergehalt gebracht, dann wird nach dem verbesserten *Ekenberg*-Verfahren überhitzter Dampf bei 160° 25 Minuten lang eingeblasen. Nach abermaligem Pressen wird der Torf getrocknet und als Brennstoff unter dem Namen „Turbon" gehandelt.

Frankreich ist eines der wenigen Länder, in denen wesentliche Mengen Ammonsulfat aus Fäkalien und durch Vergasung von Abwässerklärschlamm gewonnen werden. 1905 beliefen sich dieselben auf 13 000 t (davon 10 000 t aus Paris), 1913 auf 12 000 und 1917 auf 5 500 t schwefelsaures Ammoniak.

Frankreich verbrauchte 1912 folgende Düngemittelmengen:

Superphosphat	1 941 000 t
Thomasschlacke	679 000 „
Chilesalpeter	300 000 „
Synthetische Stickstoffverbindungen	2 400 „
Kalkstickstoff	50 000 „
Schwefelsaures Ammoniak	90 000 „
Gesamtverbrauch an Stickstoff	69 308 „
Schwefelsaures Kali	16 000 „
Chlorkalium	45 000 „
Gesamtmenge an Kali	44 120 „

---

[1] z. B. *C. Galaine* und *C. Houlbert* in der Académie des Sciences, 18. Mai 1918; Chem.-Ztg. 1918, S. 453.

Im Jahre 1917/18 konnten der Landwirtschaft geliefert werden:

Superphosphat	450 000 t
Thomasschlacke	80 000 „
Chilesalpeter	56 000 „
Schwefelsaures Ammoniak	34 000 „
Gesamtmenge an Stickstoff	16 435 „
Chlorkalium	15 000 „
Gesamtmenge an Kali .	11 275 „

L. Tissier (siehe oben) errechnet, daß sich dadurch, daß 1917/18 ein namhafter Teil Frankreichs infolge der Kriegsereignisse für eigene landwirtschaftliche Produktion überhaupt nicht in Frage kam, die nutzbare Bodenfläche um 2,4 Proz., d. h. auf etwa 51,96 Mill. ha verkleinert hat. Unter Berücksichtigung dieser Tatsache ergibt sich bei der Düngemitteldeckung ein Defizit von 76,8 Proz. beim Superphosphat, von 88,2 Proz. bei der Thomasschlacke, von 76,4 Proz. beim Stickstoff und 74,3 Proz. beim Kali gegenüber dem Stande von 1912. Die Hauptmenge der synthetischen Stickstoffverbindungen kam 1917/18 noch der Munitionserzeugung zugute.

1918/19 standen 21 250 t Stickstoff und 1,05 Mill. t Phosphordünger für die Landwirtschaft zur Verfügung. Außer den elsässischen Gruben sollten die 20 000 ha bedeckenden südtunesischen Salzvorkommen jährlich 30 bis 35 000 t Düngesalz mit 30 bis 45 Proz. Chlorkalium liefern. Im Frühjahr 1917 konnten nur etwa 180 000 t Superphosphat erzeugt werden, da weitaus die meiste Schwefelsäure zur Munitionserzeugung diente. Das Munitionsamt hatte damals nur 10 Proz. dieser Säuremenge für den Phosphataufschluß freigegeben. Späterhin ist man dazu übergegangen, an Stelle der Schwefelsäure Natriumbisulfat, von dem die Sprengstoffwerke pro Jahr 500 000 t als Abfall (1 t zu 1 Fr.) liefern konnten, zu verwenden. Trotz des Widerstandes der Superphosphatfabrikanten ist der Bitte des Landwirtschaftsministers auf Unterstützung dieser neuen Industrie entsprochen worden. Auf Anordnung des Kriegsministeriums richteten die Pulverfabriken Angoulême und Toulouse Versuchsanlagen für 1200 t Monatsleistung ein, um Industrie und Landwirtschaft von der Brauchbarkeit der neuen Methode zu überzeugen. So hergestelltes Superphosphat weist nur einen Gehalt von 7 bis 8 Proz. Phosphorsäure auf. Die Schwefelsäurefabriken Frankreichs, die 1913 rund 1 Mill. t gewannen (100 proz.), können heute 2 Mill. t liefern. Im November 1915 ist auf Anregung des Unterstaatssekretärs des Artillerie- und Munitionswesens ein Zusammenschluß der Schwefelsäurefabriken, die *Union des Fabricants d'Acide Sulfurique de France*, zustande gekommen, die fast alle Produzenten mit Ausnahme der *Compagnie de Saint-Gobain* (siehe oben) umfaßt. Letztere war Ende 1915 auf Anregung des Rüstungsministeriums gegründet worden, um die Pyritlager von Saint - Gobain auszunutzen. Trotz Steigerung der Erzeugung (1916: 90 000 t/Monat), genügte die Produktion noch immer nicht, so daß die Union im Auftrage des Staates eine Reihe neuer Schwefelsäurefabriken erbaute, die Anfang 1918 100 000 t/Monat leisteten. Allein im Departement Bouches - du - Rhône kann heute so viel Schwefelsäure gewonnen werden, daß damit der gesamte Friedensbedarf Frankreichs gedeckt werden kann. Die Sprengstofferzeugung stieg von etwa täglich 15 t im Jahre 1913/14 auf täglich 1000 t Ende 1916 (Januar 1915: 150 t/Tag, Frühjahr 1916: 750 t/Tag).

Die jährliche Salpetersäureproduktion betrug 1913/14 etwa 15 000 t. Während des Krieges sind eine solche Anzahl Valentiner Öfen hinzugekommen, daß 1918 30000 bis 50 000 t monatlich fabriziert werden konnten. Aus dieser gewaltigen Zunahme erklärt sich ohne weiteres die große Menge anfallenden Bisulfats, das ja bei der Salpeterzersetzung nach der Gleichung

$$NaNO_3 + H_2SO_4 = NaHSO_4 + HNO_3$$

als Nebenprodukt entsteht.

Die Salpetereinfuhr Frankreichs betrug dem Werte nach (vgl. unten):

1913	8 295 000 Fr. [= 322 115 t; 1914: 297 190 t]
1915	876 333 000 „
1916	405 525 000 „
1917	408 298 000 „
1918	221 147 000 „

1918 bemühte sich die französische Regierung mit allen Kräften, die Salpetereinfuhr zu heben. Sie gestattete z. B. französischen Schiffen mit Chilesalpeterladung als Rückfracht solche Waren zu laden, deren Ausfuhr sonst verboten ist. Bereits während der ersten Kriegszeit wurde vorübergehend eine Lagergebühr für Chilesalpeter erhoben. Diese Gebühr ist 1920 mit 3,60 Fr. für je 100 kg Bruttogewicht wieder zur Einführung gelangt, dagegen will man von einem direkten Zoll auf Chilesalpeterimport absehen.

Nachstehende Tabelle enthält die Zahlen über Höchstleistungsfähigkeit der französischen Industrie 1913 und 1919. Diese Grenzen sind natürlich bei weitem nicht erreicht worden, statt über 3 Mill. t H_2SO_4 von 100 Proz. sind in Wirklichkeit nur 2 Mill. t oder statt 300 000 t Kalkstickstoff nur 100 000 t gewonnen. Es betrug[1] in t:

	1913		1919	
	Erzeugung	Verbrauch	Erzeugung	Verbrauch
Schwefelsäure 58° Bé	1 160 000	1 172 500	2 500 000	1 500 000
„ 66° Bé	58 000	58 000	1 200 000	—
Rauch. Schwefelsäure	6 000	6 000	300 000	25 000
Salpetersäure	2 000	185 000	360 000	20 000
Natriumsalze	625 000	506 000	800 000	650 000
Flüssiges Chlor . . .	300	—	—	—
Calciumcarbid	32 000	28 000	200 000	—
Kalkstickstoff	7 500	8 000	300 000	—
Ammoniumsalze . . .	75 000	95 000	200 000	150 000
Salpeter	—	9 500	250 000	520 000
Natürliche Phosphate.	2 700 000	1 220 000	3 000 000	2 700 000
Superphosphat . . .	1 965 000	1 900 000	2 500 000	2 500 000
Phosphor	300	30	3 600	—

---

[1] Zeitschr. f. angew. Chem. 1920, II, 178.

Die gegebene Tabelle hat im allgemeinen nur eingeschränkten Wert. Die Salpetersäureproduktion (siehe oben) wird an anderen Stellen für 1913 richtiger mit 15 000 t angegeben[1]. Die wirkliche Calciumcarbidgewinnung betrug 1918 etwa 120 000 t[2]. Die neuen Fabriken, die eine Leistungsfähigkeit von 150000 bis 180 000 t haben, sind erst nach Abschluß des Waffenstillstandes zu einem Teil in Betrieb gekommen, so daß die mit 200 000 t eingesetzte Jahreserzeugung 1919 den tatsächlichen Verhältnissen nahe kommen dürfte. Daß 1919 an Kalkstickstoff nur etwa 100 000 t dargestellt sein werden, ist bereits erwähnt worden. Die Zahlen für Ammoniumsalze 1919 lassen, wenn man den Rückgang der Kokereiindustrie mit in Betracht zieht, den Einfluß der Synthese erkennen, da von der 200 000 t betragenden Leistung rund 125 000 bis 150 000 t auf deren Erzeugnisse (Ammonsulfat, Ammonsalpeter) entfallen werden. Nimmt man an, daß von dem verbrauchten Salpeter (1919: 520 000 t) der Landwirtschaft wie im Jahre 1912 300 000 t zur Verfügung gestellt sind und daß der Rest von 220 000 t in (theoretisch) 148 000 t HNO_3 von 100 Proz. umgewandelt ist, so bleibt für 1919 ein Rest von 212 000 t, den die Synthese geliefert haben müßte, der aber augenscheinlich sehr viel zu hoch ist. Natürlich können derartige Rechnungen auf sehr schwankender Basis (unter dem Stichwort „Salpetersäure" weist z. B. keine Notiz auf die Grädigkeit hin, die deshalb hier mit 100 Proz. eingesetzt ist) nur Annäherungswerte liefern; immerhin gestatten sie aber doch einen ungefähren Schluß auf die wahren Leistungen der französischen Stickstoffindustrie, die sich im Kriege außerordentlich stark entwickelt hat. Die prozentuale Zunahme der Kalkstickstoffindustrie ist sogar, auf Grund der Höchstleistungszahlen und der wirklichen Produktion berechnet, größer als in Deutschland, wenn wir die Zeitspanne von 1913 bis 1919 betrachten.

Berücksichtigt man alle einigermaßen zuverlässigen Daten, so dürfte sich für die jährliche Höchstleistungsfähigkeit der französischen Stickstoffindustrie etwa folgendes Bild ergeben:

Luftsalpetersäure und durch Ammoniakoxydation hergestellte Säure, 100 proz.	etwa 50 000 t
Kalkstickstoff	„ 300 000 t
Ammonsalze, synthetisch aus Kalkstickstoff	„ 125 000 t
„ Kokerei	„ 75 000 t
Salpeter und andere Nitrate (Ammonsalpeter, Kalksalpeter)	„ 100 000 t,

wobei allerdings zu beachten bleibt, daß in dieser Statistik manche Produkte mehr als einmal erfaßt sind (z. B. Ammonsalpeter, Ammonsalze aus Kalkstickstoff usw.) und daß die angegebenen Mengen nicht etwa alle gleichzeitig erzeugt werden können, sondern voneinander abhängig sind. Steigt z. B. die Fabrikation des Kalk- oder Ammonsalpeters, so wird sich diejenige freier Salpetersäure entsprechend verringern.

---

[1] z. B. Zeitschr. f. angew. Chem. 1919, II, 502; Chem.-Ztg. 1919, S. 679.
[2] Umsch. 1920, S. 75.

Frankreichs Außenhandel in den hier interessierenden Produkten gestaltete sich 1917 bis 1919 wie folgt[1] (Mengen in t):

	Ausfuhr			Einfuhr		
	1917	1918	1919	1917	1918	1919
Salpetersäure	10,0	140,24	489,3	—	31,7	39,7
Ammoniak	67,8	418,4	84,6	361,6	1 551,3	928,7
Ammonsulfat, roh . . .	83,3	893,7	202,8	7 325,4	13 599,0	20 708,6
„ gereinigt .	257,8	2508,9	142,6	18,9	255,2	1 348,8
AndereAmmoniumsalze,roh	33,0	2788,2	33,8	51 256,7	66 631,5	6 501,0
Kalksalpeteru.Kalkstickst.	—	6395,1	11,0	8 592,0	9 233,2	6 389,2
Kaliumnitrat	20,0	99,4	46,2	2 182,6	2 641,2	2 789,4
Chilesalpeter	—	—	—	249 229,5	453 664,2	118 254,6
Natriumnitrat a. and. Länd.	—	—	—	7 342,5	0,4	37 914,0
Natronsalpeter insgesamt	439,7	7228,4	538,0	256 572,0	453 664,6	156 168,6
Calciumcarbid	1633,0	764,3	1885,2	33 093,8	25 181,3	15 970,3

Die Preise für die wichtigsten Stickstoffdünger betrugen pro 100 kg:

Kalkstickstoff, 17 bis 18 Proz. N	Dez. 1919	70 Fr.
	Jan. 1920	70 „
	März 1920	92 „

Kalksalpeter, 13 Proz. N, in Fässern, netto ab Rouen	Dez. 1919	75 „
	Jan. 1920	75 „
	März 1920	82 „
	Mai 1920	104 „

Natronsalpeter (Dünkirchen), 15 bis 16 Proz. N	Dez. 1919	106 „
	Jan. 1920	120 „
	März 1920	124 „
	Mai 1920	140 „

Ammonsulfat, 20 bis 21 Proz. N, ab Bhf. Paris	Dez. 1919	155 „ [Anfang 1919: 96 Fr.]
	Jan. 1920	155 „
	März 1920	160 bis 165 „
	Mai 1920	175 „

Ammonsalpeter, 33 bis 34 Proz. N	März 1920	150 „ {[Anfang 1919: 145 Fr. gegen 318 Fr. vorher.]

Über die Lieferung von Ammonsulfat auf Grund des Versailler Friedensvertrages fanden am 8. August 1919 in Versailles ausführliche Besprechungen statt. Die Preise für das deutsche Ammonsulfat frei Waggon französische Grenzstation betrugen z. B. für April 1920: 155 Fr. (vgl. auch den Abschnitt über die deutsche Stickstoffindustrie).

Die *Société d'Eclairage, Chauffage et Force motrice par le gaz* in Gennevilliers hat während des Krieges begonnen, Gasreinigungsmasse mit etwa 50 Proz. Schwefelkies in *Herreshoff*-Öfen abzurösten, um die zur Ammoniakbindung nötige Säure herzustellen.

Die Rolle, welche die französische Luftstickstoffindustrie für die Kriegführung gespielt hat, ist sicherlich kaum so entscheidend gewesen, wie man zuerst vermuten möchte. Ein größerer Teil gerade der leistungsfähigsten

---

[1] Vgl. Zeitschr. f. angew. Chem. 1920, II, 261.

Anlagen ist erst nach Abschluß des Waffenstillstandes im November 1918 fertig geworden. Es ist deshalb begreiflich, wenn die Fachpresse klagt: „Was Salpeter anbetrifft, so hofft man, daß die synthetischen Stickstoffabriken, die während des Krieges viel Geld verschlungen haben, endlich einmal tatsächlich zu einer Produktion kommen werden."[1] Andererseits gewinnen heute die Befürchtungen an Boden, die so sehr entwickelte Stickstoffindustrie könne in schwierige Lagen geraten, wenn die Nachfrage nach ihren Produkten nachläßt. Für Frankreich entbehren diese Bedenken nicht der Grundlage. Der Valutastand ist der Chilesalpeterkonkurrenz günstiger, als in Deutschland, der Eigenverbrauch ist bei relativ höherer Produktion eher kleiner und die Frage der Exportmöglichkeit für die synthetischen Erzeugnisse ist überhaupt noch ungeklärt. Die meisten westeuropäischen Länder haben während der Kriegszeit eine nationale Stickstoffindustrie entwickelt und so bleiben in Europa eigentlich nur die heute noch z. T. verschlossenen Länder des Ostens als Großabnehmer übrig. Hier werden aber die französischen Waren den englischen und deutschen begegnen.

Die französische Kohlen- und Koksproduktion verteilte sich wie folgt (1000 t):

	1900	1905	1910	1913	1919
Steinkohlen	23 722	35 218	37 862	40 129	22 000
Braunkohlen . . .	437	683	709	708 ⎱	
Koks	2 289	2 268	2 688	3 060 ⎰	?

Die englische Stickstoffindustrie.

Bis in die allerneueste Zeit hinein ist das Kraftbedürfnis der Industrieanlagen Großbritanniens nahezu ausschließlich durch Dampfkraftanlagen gedeckt worden, die jährlich rund 80 Mill. t Steinkohlen verbrannten. 1919 entfielen nur 0,5 Proz. des gesamten industriellen Kraftbedarfs auf Wasserkraftwerke. Die meisten bisherigen Schätzungen kamen zu dem Schluß, daß sich durch Erfassung der Wasserkräfte nur eine jährliche Ersparnis von 1,2 Mill. t Kohle erzielen lasse. Im Jahre 1919 ist aber ein Bericht erstattet worden, der vorschlägt, die Wasserkräfte Schottlands sofort auszubauen, um schon daraus in 9 Zentralen 183 500 KW oder jährlich rund 1200 Mill. KW-St zu gewinnen[2]. Im Jahre 1917/18 erzeugten die sämtlichen staatlichen und kommunalen Dampfkraftzentralen Großbritanniens bei 7,16 Mill. t Kohlenverbrauch 4628 Mill. t KW-St. Unter der Annahme gleicher Betriebsverhältnisse errechnet sich demnach für 9 schottische Werke eine Jahreskohlenersparnis von 1,85 Mill. t. Der Ausbau ist natürlich jetzt ziemlich kostspielig.

Auch in den übrigen Teilen Großbritanniens sind zahlreichere Wasserkräfte von 100 bis 4000 PS vorhanden, die teils als Einzelanlagen für kleine Ortschaften, teils in Form automatisch arbeitender Gruppenbetriebe vorteilhaft auszubauen sind. Der englische Bericht befürwortet den Erwerb der

---

[1] Chem.-Ztg., 1919, S. 673.
[2] Südd. Ind.-Blatt 1919, S. 3067.

Ausnutzungsrechte der einheimischen Wasserkräfte durch den Staat, während der weitere Ausbau entweder durch die Regierung oder durch öffentliche bzw. private Unternehmen erfolgen soll.

Viel bedeutender als in Großbritannien selbst sind die Wasserkräfte in den Kolonien, die das „*Water Power Committee of the Conjoint Board of Scientific Societies*" zu 50 bis 70 Mill. PS angibt[1] und die zum großen Teil noch des Ausbaues harren, wie folgende kleine Zusammenstellung beweist[2]:

Vorhandene PS

Schottisches Hochland, England, Irland	230 bis 400 000
Indien . . . . z. Zt. verwertet:	7 bis 8000
Ceylon . . . . geschätzt	80 000
Kanada . . . . bis 1918 ausgebaut	1 736 000
noch nicht „	5 680 000
Afrika, Viktoria-Fälle	750 000
„ Goldküste . . . . geschätzt:	250 000
„ Nigeria . . . . „	60 bis 70 000

Das Fehlen natürlicher und ergiebiger Wasserkräfte, die Hoffnung, die Chilesalpetereinfuhr trotz der deutschen Seesperre offenhalten und in Norwegen synthetische Stickstoffprodukte reichlich kaufen zu können sowie endlich das Vorhandensein einer blühenden Kokerei, das alles führte dazu, daß England verhältnismäßig spät zur Entwicklung einer eigenen Luftstickstoffindustrie gekommen ist. Für die Munitionsversorgung ist diese wohl kaum noch entscheidend ins Gewicht gefallen, rechnen doch die *Financial News* für Oktober 1918 nur auf 200 000 t Stickstoff-Jahreserzeugung für England und die Ver. Staaten von Nordamerika zusammen[3], wobei weitaus die Hauptmenge auf letztere entfällt. Der Gewinnung von Carbid, Kalkstickstoff oder Luftsalpetersäure unter Zuhilfenahme von aus Steinkohle erzeugter Energie stand in England das Mißtrauen weiter Industriekreise gegenüber, die — vielleicht nicht mit Unrecht — einwandten, daß eine solche Industrie unter normalen Friedensverhältnissen nicht lebens- und wettbewerbsfähig sein könne. Diese Gründe haben auch dazu geführt, daß man sich mit Eifer dem Studium des ökonomischeren deutschen *Haber-Bosch*-Verfahrens zuwandte, ohne jedoch hier etwas Entscheidendes leisten zu können.

Sehr ernstlich beschäftigt man sich in England mit einer einheitlicheren und besseren Kraftbewirtschaftung. Die englische Kohlenförderung betrug in Mill. t:

1895	1900	1905	1910	1913	1916	1917	1918	1919	1920
192,705	228,795	239,918	268,677	292,044	256,375	248,499	227,749	237,0	228,656

Der Wert der Förderung stieg von 200 Mill. £ 1916 auf 238,24 Mill. £ 1918, der Zechenpreis von 15 s 7,24 d pro Tonne 1916 auf 20 s 11,06 d 1918. Ausfuhr und Inlandsverbrauch stellten sich in Mill. t auf:

	1916	1917	1918
Ausfuhr	55,001	48,729	43,391
Inlandsverbrauch . .	201,374	199,771	184,358

---

[1] Zeitschr. f. angew. Chem. 1918, III, 464.
[2] Zeitschr. d. Ver. deutsch. Ing. 1918, S. 839.
[3] Zeitschr. f. angew. Chem. 1919, II, 154.

Von den zwischen 1873 bis 1918 geförderten 9 192 072 000 t Kohle sind
mehr als 24 Proz., nämlich 2 219 868 000 t ausgeführt worden. Die Kokserzeugung betrug in Mill. t:

1905	1910	1913	1915	1917	1918
17,732	19.642	18,645	20,059	21,995	21,066

1918 wurden 38,220 Mill. t Kohle verkokt; der daraus gewonnene Koks
hatte einen Wert von 35,414 Mill. £. Seit 1899 macht sich ein Rückgang
in der Förderleistung des einzelnen Bergmannes bemerkbar, die von rund
310 t im Jahre 1899 auf etwa 230 t 1919 fiel[1].

Den Fragen der Brennstoffwirtschaft und Wärmeersparnis wird erhöhte
Beachtung geschenkt. Durch Zentralisierung der Kraftversorgung unter Ausnutzung aller Nebenprodukte will man in England einen jährlichen Gewinn
von 2 Milliarden Mark herauswirtschaften, der mit dazu beitragen soll, die
Steuerfrage zu lösen. Die Zahl der elektrischen Zentralen wird 1918 zu 600
angegeben. Ein Ausschuß des englischen Handelsamtes[2] schlägt die Zusammenfassung der kleineren und unwirtschaftlichen Betriebe in 16 Großzentralen vor. Diese müßten an wichtigen Wasserstraßen angelegt werden. Durch
ihren Betrieb können etwa 55 Mill. t Kohlen im Jahre erspart werden. Die
Wasserkräfte von Schottland, Nord-Wales und Irland werden mit in dieses
Programm einbezogen. Bisher dienen sie nur in kleinem Umfange dazu,
Aluminium herzustellen. Eine ähnliche Vereinheitlichung der Elektrizitätsversorgung in 12 Überlandzentralen sieht ein späterer Plan der britischen
Regierung[3] für die Übergangswirtschaft vor. Sämtliche industriellen und
gewerblichen Betriebe werden gezwungen, sich diesen Überlandzentralen an-
zuschließen. Ein Teil der Munitionsfabriken baut Motore nach einheitlichem
Muster und andere Bedarfsartikel für diese Elektrifizierung. Mit der Überwachung der Arbeiten befaßt sich die Gruppe „Kohle und Kraft" der Ausschüsse zum Aufbau der Friedenswirtschaft mit ihren beiden Unterabteilungen
zur Erhaltung der Kohlenvorräte und zur Lieferung von Elektrizität.

Bei Beendigung der Feindseligkeiten betrug die Produktion Englands
rund 100 000 t Salpetersäure und Schwefeltrioxyd, 60 000 t Trinitrotoluol und
35 000 t Cordit (aus Schießbaumwolle und Nitroglycerin bestehend) im Jahr.
Pikrinsäure verursachte etwa 185 £ Fabrikationskosten je t, Ammonnitrat
dagegen nur etwa 50 £ und Trinitrotoluol etwa 100 £ je t. Es wurde deshalb von Anfang an danach getrachtet, Pikrinsäure durch Ammonnitrat zu
ersetzen. Die Forschungsabteilung in Woolwich führte frühzeitig eine Mischung aus 80 Teilen Ammoniumnitrat und 20 Teilen Trinitrotoluol ein. Dieses
„Amatol" ist um 5 Proz. wirksamer, als andere hochexplosive Pikrinsäure-
sprengstoffe, jedoch weniger brisant und schwieriger detonierbar. Die Fabrikationskosten waren natürlich bedeutend niedriger (1 t = 60 bis 65 £), als die
für Pikrinsäure. Das Amatol wurde schließlich in seiner Zusammensetzung

---

[1] Zeitschr. f. angew. Chem. 1920, II, 21.
[2] Zeitschr. f. angew. Chem. 1918, III, 363.
[3] Zeitschr. f. angew. Chem. 1918, III, 453.

so weit verbessert, daß es in großem Umfange als Ersatz für Pikrinsäure
bei der Füllung von Brisanzgranaten dienen konnte. England gab infolgedessen die Pikrinsäurefabrikation im Sommer 1918 vollständig auf[1].

Die Wahl von Amatol als Normalladung für brisante Geschosse erforderte
die Erzeugung von etwa 3000 t Ammonnitrat pro Woche. Ammonnitrat ist
damit das Haupterzeugnis der britischen Stickstoffindustrie geworden. An
die Verbrennung von Ammoniak zu Salpetersäure dachte man zunächst
nicht; erst später, als die Zufuhren von Chilesalpeter stockten, ist das
Werk Dagenham in Betrieb genommen worden. Gleichzeitig richtete
auch eine ganze Reihe von Gasanstalten Verbrennungsanlagen ein, um
direkt Ammoniumnitrat herstellen zu können. Anfangs und noch späterhin wurden jedoch die Hauptmengen (*Brunner, Mond & Co.* usw.) Ammonnitrat nach einem der folgenden Prozesse gewonnen:

$$1. \quad 2\,NaNO_3 + CaCl_2 = 2\,NaCl + Ca(NO_3)_2,$$
$$Ca(NO_3)_2 + (NH_4)_2SO_4 = CaSO_4 + 2\,NH_4NO_3.$$

$$2. \quad NaNO_3 + NH_3 + CO_2 + H_2O$$
$$= NaHCO_3 + NH_4NO_3.$$

$$3. \quad (NH_4)_2SO_4 + NaNO_3 = Na_2SO_4 + 2\,NH_4NO_3.$$

Die Schwefelsäureproduktion des britischen Reiches ist von etwa 1,0 Mill. t
vor dem Krieg auf 1,75 Mill. t (1918/19) angewachsen. Berichte der *Society
of Chemical Industry* legen die Tatsache fest, daß die hochwichtige Ammoniaksynthese aus den Elementen bisher nur in Deutschland als festgegründete
Industrie erscheint und daß die Arbeit, welche in Deutschland geleistet ist,
um die *Haber-Bosch*-Methode praktisch durchzuführen „eine außerordentliche
Leistung bedeutet, wenn man die Kompliziertheit der Anlage bedenkt und
sich überlegt, daß man erst 1913 mit der Fabrikation nach dem Verfahren
begann". Der gleiche Bericht[2] erwähnt übrigens auch, daß man bezweifelt,
ob die Kalkstickstoffindustrie, die in allen Ländern eingerichtet ist, welche
am Kriege beteiligt waren, unter normalen Bedingungen in Wettbewerb zu
treten vermag[3].

Um die gesamte chemische und verwandte Industrie Englands in einer
Organisation zusammenzufassen, ist 1916/17 eine *British Chemical Manufac-
turers Association* begründet worden. Der Düngemittel-, Acetylen-, Ölschiefer-,
Ammonsulfatbewirtschaftung usw. dienen oder dienten besondere staatliche
Ausschüsse. Trotzdem hatte die Kgl. Landwirtschaftliche Gesellschaft wieder-
holt Veranlassung darauf hinzuweisen[4], daß eine größere landwirtschaftliche
Produktion in England so lange nicht erzielt werden könne, wie die Beliefe-
rung mit Schwefelsäure für den Phosphataufschluß mit Salpeter und mit

---

[1] Zeitschr. f. angew. Chem. 1919, I, 297; II, 813.
[2] Zeitschr. f. angew. Chem. 1920, II, 60.
[3] Chem. Ind. 1915, S. 331.
[4] Chem.-Ztg. 1917, S. 322.

Ammonsulfat derartig schlecht bliebe. Mit dem Aufhören des Krieges haben sich diese Verhältnisse naturgemäß von Grund auf geändert.

Im Gegensatz zu der Stagnation in anderen Ländern zeigte das englische Kapital 1919 bedeutend größere Unternehmungslust als 1918. Die Neugründungen machten u. a. aus:

	1918	1919
in der Salpeterindustrie	192 505 £	172 150 £
in Handels- und Industrieunternehmen . .	10 337 139 £	90 091 207 £

Englands Befürchtungen vor der deutschen Ammoniakindustrie[1] verursachten, daß man sich, wie erwähnt, mit aller Energie dem Studium des *Haber-Bosch*-Verfahrens zuwandte (siehe oben).

Das britische Patentamt gewährte 1916 der *Gas Developments Ltd.* in Walsall eine Lizenz zur Verwertung von 3 Patenten der *BASF* auf die Herstellung synthetischen Ammoniaks. Die nachsuchende Firma war ihrer Sache aber so wenig sicher, daß sie den weiteren Antrag stellte, wenn überhaupt, dann nur ein kleines „Royalty" an die Patentinhaber zahlen zu brauchen, da infolge der weder sehr klaren noch sehr eingehenden Patentbeschreibung noch eine große Versuchsarbeit nötig sei, um das Verfahren praktisch verwerten zu können. Das Patentamt behielt sich in diesem Punkt die endgültige Entscheidung vor: es war für 5 Proz. des Verkaufspreises, während die *Gas Developments Ltd.* nur $2^{1}/_{2}$ Proz. anbot. Schon vorher hatten sich die *Mersey Chemical Works Ltd.*-London für 215 £ und 50 Proz. des Gewinnes einige Patente der BASF übertragen lassen, ohne sie jedoch verwerten zu können. Die *Gas Developments Ltd.* hatte schon 1916 1500 £ für Versuche aufgewendet. Sie erklärte 1916, Erfolg gehabt zu haben und in der Folge pro Woche 40 t Ammoniak erzeugen zu können. Die Anlagekosten schätzte ihr Direktor *E. B. Maxted* auf 25 000 £. Später verbreitete sich derselbe auch über die Arbeitsweise selbst[2]. Der Stickstoff wird nach *Pictet* aus Luft in einer Anlage gewonnen, die stündlich 400 cbm liefern kann. Der Wasserstoff wird nach der Eisenmethode aus Wassergas dargestellt. Über den Eisenkatalysator, dem Spuren anderer Stoffe zugesetzt werden, gibt *Maxted* keine näheren Angaben. Das erhaltene Ammoniak wird im Verhältnis 1 : 10 mit Luft gemischt (u. U. auch reiner Sauerstoff von der Fraktionierung der flüssigen Luft) und bei 700° über einem Kontakt verbrannt (nicht Platin). Die vergleichsweise aufgestellten Kalkulationen zwischen diesem Verfahren und der Luftsalpetersäurefabrikation bzw. der Kalkstickstoffherstellung sollen die Brauchbarkeit der angewandten Methode zeigen. Übrigens hat sich die Forschungsabteilung des Munitionsministeriums Einzelheiten eines abgeänderten *Haber*-Prozesses durch 12 Teilpatente schützen lassen, die auf den Namen ihrer Mitglieder lauten.

Trotz alledem scheint das Arbeiten bisher nicht von Erfolg begleitet gewesen zu sein, denn bereits Mitte 1917 versuchte man in England überall

---

[1] Chem. Ind. 1915, S. 479.
[2] J. Soc. Chem. Ind. **36**, 777 (1917).

die (irrige) Behauptung zu verbreiten, das *Haber*sche Verfahren sei rein kommerziell überhaupt unrentabel, da die Ausgaben und das Risiko sehr viel zu groß seien. Das Verfahren sei von Deutschland nur durchgeführt worden, weil es durch die Not des Krieges dazu gezwungen war. An Stelle des *Haber-Bosch*-Verfahrens rühmte man damals eine neue Methode der *International Nitrogen and Powder Co.*-London, die überraschend billig sein und England vom Bezuge chilenischen Salpeters gänzlich unabhängig machen sollte. Nach dem geheimnisvollen Verfahren wollte man bereits vor 10 bis 12 Jahren in Manchester arbeiten, wo Kapitalisten der Bleichereiindustrie damals die Erbauung einer Fabrik beabsichtigten. Der Plan scheiterte aber daran, daß die Öfen und Apparate die notwendige Hitze von etwa 2000° C nicht aushielten[1]. Diese Schwierigkeiten sollten jedoch inzwischen in einer französischen Fabrik überwunden sein, die bereits seit längerem in Betrieb ist. Man geht wohl in der Annahme nicht fehl, daß es sich bei diesem geheimnisvollen Verfahren um die Modifikation eines elektrischen Ofens zur Luftsalpetersäuredarstellung handelt. Nähere Angaben sind späterhin nicht mehr veröffentlicht, dagegen ist bekannt geworden, daß in Manchester eine Fabrik mit 15 000 PS Luftsalpetersäure herstellt[2] und das neue Unternehmen sollte ja ebenfalls in Manchester gegründet werden.

Am 2. Mai 1918 erklärte ein Vertreter des Munitionsministeriums im Unterhause, daß in England seit Juli 1916 z. T. umfangreiche Untersuchungen angestellt worden seien, um das *Haber-Bosch*-Verfahren nachzuahmen, jedoch wäre es erst in den letzten Monaten geglückt, aus dem Laboratoriumsstadium in einen praktischen Versuchsbetrieb überzutreten. 1919 meldete dann die Westminster Gazette, daß der Versuch, Stickstoff auf diese Weise zu binden, aufgegeben sei, nachdem die Regierung dafür 1 Mill. £ ausgegeben habe. Das Blatt verlangt Aufklärung[3], besonders angesichts der Tatsache, daß Deutschland dieses für die Armee und die Landwirtschaft gleich wichtige Problem mit vollem Erfolg gelöst habe.

Am 7. Oktober 1919 bewarben sich *Brunner, Mond & Co., Ltd.*, aufs neue um die Verleihung von Lizenzen für die Benutzung der folgenden zehn englischen Patente der *BASF:* 17 642/09, 17 951/09, 14 023/10, 19 249/10, 19 778/10, 5833/11, 5835/11, 21 151/11, 28 167/11 und 44 509/10. Neun dieser Patente betreffen die Ammoniakherstellung und eins behandelt die Reinigung von Sauerstoff[4]. Auch diese Versuche haben einen Erfolg bisher nicht gehabt, wie der weiter oben angezogene Bericht der *Society of Chemical Industry* in London erkennen läßt, der ausdrücklich betont, daß die Ammoniaksynthese nur in Deutschland als feststehende Industrie vorhanden sei (1920).

Für den Aufbau der Friedenswirtschaft sind 1918, wie bereits erwähnt ist, eine Anzahl von Ausschüssen eingesetzt worden, von denen hier das im Juni 1916 gebildete *Nitrogen Products Committee* besonders interessiert. Seine

---

[1] Chem.-Ztg. 1917, S. 888.
[2] Zeitschr. f. angew. Chem. 1918, III, 152.
[3] Zeitschr. f. angew. Chem. 1919, II, 625.
[4] Zeitschr. f. angew. Chem. 1919, II, 787.

Aufgabe ist, die verschiedenen Verfahren der Luftstickstoffindustrie kritisch zu untersuchen, ihre Vorteile für die englische Wirtschaft in Krieg- und Friedenszeiten gegeneinander abzuwägen, sowie endlich Versuche über die einzelnen Fabrikationsmethoden in die Wege zu leiten. Das erste vorläufige Gutachten erstattete der Ausschuß[1] im Jahre 1917; an seinen Sitzungen nahm auch Sir *William Crookes* teil, der als erster die Frage des Stickstoffproblems vor der Kulturmenschheit aufgerollt hat[2]. Im endgültigen Bericht vom Januar 1920[3] spricht sich der Stickstoffausschuß für die unverzügliche Aufnahme der Kalkstickstofferzeugung (60 000 t/Jahr) und für sofortigen Bau einer *Haber-Bosch*-Anlage für jährlich 10 000 t NH_3 aus. Beide Werke sollen in erster Linie Zwecken nationaler Sicherung dienen. Die Jahresproduktion von 60 000 t Kalkstickstoff entspricht etwa einem Achtel der Ammonsulfatherstellung. Die Kalkstickstoffabrik soll entweder als Privatunternehmen, nötigenfalls mit Unterstützung der Regierung oder direkt als staatlich-öffentliche Gründung arbeiten. Gewinnt man die nötige elektrische Energie aus Wasserkräften Schottlands, so kostet die Gesamtanlage etwa 1,68 Mill. £, baut man eine Dampf-Kraftzentrale, so wird diese allein 0,8 Mill. £ erfordern. Die Kosten der *Haber-Bosch*-Anlage werden zu 0,6 Mill. £ oder bei Ausdehnung auf die Fabrikation synthetischen Ammonsulfats zu 0,78 Mill. £ berechnet. Nach Ansicht des Ausschusses ist es vorteilhaft, die noch ganz unfertige Fabrik[4] Billingham - on - Tees für diesen Zweck zu benutzen. Die Ammoniakoxydationsverfahren sollen in einem Ausmaß aufgenommen werden, das genügt, um jährlich 10 000 t konz. Salpetersäure oder die entsprechende Menge Nitrate gewinnen zu können. Für diesen Zweck wären 0,12 Mill. £ aufzuwenden. Weitere Vorschläge beziehen sich auf Weiterführen von fabrikmäßigen Versuchen und Forschungsarbeiten, Festhalten an einer zielbewußten Politik zur Sicherung des zukünftigen Stickstoffbedarfs, Einsetzen beratender Körperschaften in allen Teilen des Landes, Sammlung und Veröffentlichung umfassender Statistiken über Stickstoffindustrie und Kohlenverbrauch sowie Förderung der Stickstoffindustrie in den Kolonien, von denen Kanada und Indien sowohl hinsichtlich leichter Produktionsmöglichkeit, wie starken Absatzes für die Landwirtschaft die besten Garantien bieten würden. In vielen Teilen des Reiches werden Stickstoffdüngemittel noch kaum benutzt. Das würde sich jedoch mit einem Schlage ändern, wenn das Angebot reichlich und billig wäre.

In den letzten Kriegsjahren hatte sich die englische Regierung entschlossen, den Bau einer eigenen Ammoniakfabrik in die Hand zu nehmen. Es handelte sich um einen Versuch mit dem *Haber*-Verfahren bzw. mit der von *Maxted* in der *Gas Developments Ltd.* in Walsall (Staffordshire, unweit Birmingham) ausgearbeiteten Modifikation desselben. Der Vorschlag der

---

[1] J. Soc. Chem. Ind. 1917, S. 1196.

[2] Vgl. *Hesse-Grossmann*, a. a. O., Bd. III, S. 99 ff.; Chem. Trade Journ. 1. 12. 1917.

[3] Engineering **110**, 218 (1920); Neue Zürcher Ztg. 1920 (bes. 15. 7. 20); Chem. Ind. 1918, S. 1653; 1920, S. 261.

[4] Zeitschr. f. angew. Chem. 1920, II, 301.

Regierung wurde jedoch in viel größerem Umfang in die Tat umgesetzt, als es eigentlich beabsichtigt war[1]. Bei Abschluß des Waffenstillstandes (11. Februar 1918) waren die 109,78 ha bedeckenden Fabrikanlagen in Billingham, unweit Stockton - on - Tees (Yorkshire; der Tees mündet südlich West-Hartlepool in die Nordsee), noch vollkommen unfertig[2]. Sie sind 1920 an *Brunner, Mond & Co., Ltd.*, verkauft worden (siehe unten). Eine nationale Stickstoffabrik, wie sie von vielen gefordert wird, besteht zurzeit in England nicht und die z. T. sehr optimistisch gehaltenen Berichte und Auslassungen englischer Regierungsmänner[3] haben bis heute der Wirklichkeit nicht entsprochen.

Der 162 Seiten umfassende, in der Londoner Times vom 9. Februar 1920 im Auszug mitgeteilte Bericht der Kommission zum Studium der deutschen chemischen Industrie beschäftigt sich u. a. eingehend mit der Entwicklung der Stickstoffabrikation während des Krieges.

Die Reste der noch in Frankreich befindlichen Munitionsbestände sind seitens der englischen Regierung an ein englisch-französisches Konsortium verkauft, das insgesamt 2 Mill. £ für dieselben bezahlt hat. Das Ammonnitrat der Sprengstoffe[4] wird für Düngemittelherstellung benutzt und die Metallteile werden eingeschmolzen. Auch in Deutschland werden bekanntlich Sprengmittel auf Dünger aufgearbeitet. Die Kontrolle darüber unterliegt hier der Überwachungsstelle für Ammoniakdünger.

Englands Interessen an der chilenischen Salpeterindustrie sind sehr beträchtlich (vgl. das Kapitel über die chilenische Industrie); nicht nur haben zahlreiche Salpetergesellschaften in London ihren Sitz, sondern die englischen Kaufleute nehmen auch im Salpeterhandel eine hervorragende Stellung ein, seit sich die Energie des im Jahre 1871 aus Yorkshire nach Chile gekommenen *Colonel North* den Ehrennamen eines „Salpeterkönigs" verschafft hatte. Die Versorgung mit Chilesalpeter litt eine Zeitlang sehr erheblich unter den Wirkungen des deutschen Seekrieges, bis man diesen begegnen konnte. Von dem im letzten Salpeterabkommen zwischen der chilenischen Regierung und der Salpeterexekution der Verbandsmächte (am 3. Oktober 1918 in London unterzeichnet) festgelegten Mengen (bis Ende 1918: 680 000 t, davon 320 000 t im September und je 120 000 t in den drei folgenden Monaten; Preis pro Zentner 13 bis 13$^1/_2$ s) hat der für Europa bestimmte Teil meist glücklich die Häfen erreicht. Ein Bericht des englischen Munitionsministeriums über die Herstellungskosten der Salpetersäure aus Chilesalpeter setzt (deutsche Friedensvaluta) für raffin. Salpeter als Grundpreis 480 Mark je t und für Schwefelsäure 140 Mark je t an[5]. Der Preis der Salpetersäure schließt die Kosten des Bisulfats jedoch ohne Fracht und Wagenmiete ein. Am billigsten arbeitete die große Gretnafabrik mit etwa 960 Mark Herstellungskosten

---

[1] Chem.-Ztg. 1920, S. 134.
[2] Zeitschr. f. angew. Chem. 1919, II, 538.
[3] Zeitschr. f. angew. Chem. 1918, III, 131, 464; 1919, II, 392; Chem.-Ztg. 1919, S. 503.
[4] Metallb. 1920, S. 1318.
[5] Chem.-Ztg. 1919, S. 340.

pro t Salpetersäure, die höchsten Kosten hatten die Werke von Queens Ferry mit 1122 Mark und die von Litherland mit 1100 Mark. Die Ausbeute an Stickstoff erreichte 95,8 Proz. Um das Natriumbisulfat los zu werden, sind schon in den Jahren 1915/16 größere Versuche in den Fabriken zu West Riding, Yorkshire, und anderswo durchgeführt worden. Man verwandte daraufhin das Bisulfat an Stelle von Schwefelsäure bei der Fettgewinnung aus Wollseifenwässern, zum Reinigen von Fett, zum Abziehen und Färben von Lumpen in der Shoddy-(Lumpen- oder Kunstwoll-)Industrie und wohl auch in der Gerberei zum Einsalzen von Häuten.

Es ist bereits erwähnt worden, daß sich die englische Schwefelsäureindustrie unter dem Einfluß des Krieges erheblich entwickelt hat. Im Jahre 1913 wurden rund 7000 t ein- und 8500 t ausgeführt. Die einheimische Erzeugung diente in der Hauptsache zur Herstellung von Ammoniumsulfat und Superphosphat (1913: 438 932 t Ammonsulfat und 820 000 t Superphosphat), ferner zur Fabrikation von Chemikalien, zur Raffinierung von Ölen und endlich in kleineren Mengen zum Anfertigen von Sprengstoffen. Mit dem Ausbruch des Krieges änderte sich das Bild; die Sprengstoffindustrie verbrauchte jetzt den Löwenanteil, und die übrigen Gewerbezweige mußten sich mit geringeren Mengen begnügen. In der Folge wurden deshalb die vorhandenen Anlagen zunächst stark erweitert und neue im Anschluß an staatliche Sprengstoffabriken erbaut. Die heutige Erzeugungsmöglichkeit Englands geht weit über seinen Friedensverbrauch hinaus. Diese Überproduktion hofft man dadurch nutzbar machen zu können, daß man die Ammonsulfatgewinnung steigert. Indessen dürfte sich das kaum in einem solchen Maße durchführen lassen, wie es der Schwefelsäuremenge entspricht. Die Ausfuhr von Ammonsulfat, die früher in erster Linie nach Japan, Spanien, Java und den Ver. Staaten von Nordamerika ging, wird infolge der stark gestiegenen Weltproduktion schwieriger. Gleichzeitig sinkt auch der Verbrauch an Schwefelsäure für Herstellung von Salpetersäure aus Chilesalpeter, da sich die synthetischen Methoden immer mehr ausbreiten. Die Lage und die Zukunft der englischen Schwefelsäureindustrie ist also keineswegs besonders günstig. Das katalytische Verfahren hat in den Neuanlagen weniger Anwendung gefunden. Das englische Munitionsministerium gibt eine interessante Aufstellung über die Gestehungskosten für rauchende Schwefelsäure, wobei der reine Schwefelgehalt der Kiese und des Rohschwefels mit 260 Mk. die Tonne (deutsche Friedensvaluta) als Grundlage gewählt ist. Das Verfahren des Vereins Chem. Fabriken in Mannheim kam in den Anlagen von Queens Ferry, Gretna und Oldbury zur Verwendung. Die Ausbeute der Grillo-Anlagen betrug im Mittel 94 Proz., die Mannheim-Anlagen arbeiteten etwas besser, dagegen erzielte die Tentelew-Anlage nur 86,2 Proz. Die gesamten Gestehungskosten pro Tonne rauchender Säure betrugen bei[1]

den 4 Grillo-Anlagen . . . . 155 bis 167 Mk.
den 3 Mannheim-Anlagen . . . . 210, 232 und 340 ,,
der Tentelew-Anlage in Pembrey . . . . 210 ,,

---

[1] Chem.-Ztg. 1919, S. 340.

Die Kaskadenkonzentrationsanlagen kamen im Mittel mit 57 Mk. die Tonne aus. Der Verlust an Schwefelsäure wurde zu 0,098 Proz. angegeben. Bei der Konzentrierung nach *Gaillard* waren die Kosten sehr verschieden. Die Mannheim-Anlagen Queens Ferry, Gretna und Oldbury sowie die Grillo-Anlagen in East Greenwich wurden Ende 1918 stillgelegt.

Die Ammonsulfatproduktion Englands belief sich auf (in t):

1900	213 000 t	
1910	369 000 t	
1913	438 932 t	(Ausfuhr: 323 000 t)
1914	427 756 t	(Ausfuhr: 313 431 t)
1915	426 267 t	(Ausfuhr: 294 308 t)
1916	433 703 t	
1917	458 617 t	(Ausfuhr: 62 960 t)
1918	262 140 t	(Ausfuhr 1918: 19 044 t)
1919	380 000 t	(Ausfuhr 1919: 94 473 t)

Die Friedensausfuhr verteilte sich, wie erwähnt, in der Hauptsache auf Spanien und Portugal (1913: 55 910 t), Japan (1913: 114 684 t), die Ver. Staaten (1913: 37 064 t) und Java (1913: 38 046 t); 1918/19 nahm Frankreich erheblicher daran teil, das 1912 nur 7665 und 1913 8964 t erhalten hatte:

Englands Ammonsulfatausfuhr in t

nach	1918	1919
Frankreich	7693	17 593
Spanien	0	5 591
Italien	3351	2 767
Niederländisch-Ostindien, Java .	0	12 854
Japan	0	39 668
andere Länder	8000	16 000

Deutschland führte aus England 1912: 1843 und 1913 9388 t ein. Seit 1920 ist die englische Ausfuhr in weiterem Steigen begriffen. Im Januar und Februar 1920 sind z. B. 20 147 t gegen 5867 t im Jahre 1919 ausgeführt worden; die Zahlen für Juni geben folgendes Bild:

Bestimmungsland	Juni 1919	Juni 1920	1.Jan./1.Dez. 1919	1.Jan./1.Dez. 1920
Frankreich	360 t	0 t	—	—
Spanien und kanar. Inseln	568 t	550 t	—	—
Italien	825 t	0 t	—	—
Java	1200 t	0 t	—	—
Japan	0 t	1875 t	—	—
Antillen	302 t	1785 t	—	—
Andere Länder	1440 t	986 t	—	—
Gesamt	4695 t	5196 t	79 972 t	99 613 t

Japan, Java und Spanien sind fürs erste die vorzüglichsten Abnehmer geblieben, dagegen sind die Ver. Staaten, die ihre Industrie mächtig entwickelt haben, in Wegfall gekommen. Mit dem Aufhören des Stickstoffhungers in allen Ländern und dem Stabilerwerden der politischen Verhältnisse wird die Wirkung der gesteigerten Produktion synthetischer Erzeugnisse immer stärker zur Geltung kommen. In Spanien, Italien, Deutsch-Österreich, der

Schweiz, Holland, Polen, der Tschecho-Slowakei, Jugoslavien und Ungarn arbeiten, wenn auch z. T. nur in bescheidenem Umfange, eigene Luftstickstoffabriken. Denjenigen europäischen Ländern, die, wie die nordischen Staaten, Frankreich, Deutschland und England, in Zukunft mit einem größeren Stickstoffexport rechnen können, erwächst die Aufgabe, ihren Inlandsabsatz zu heben und sich neue Märkte zu erschließen. Der gewiesene Weg führt nach Osten. Solange, wie Stickstoffnöte einer- und Produktionshemmungen andererseits herrschen, wird diese Entwicklung verborgen bleiben, mit dem Eintritt normaler Verhältnisse wird sie jedoch zur brennenden Wirtschaftsfrage werden. Für Vertrieb, Einfuhr, Ausfuhr und Lagerung von Ammonsulfat, zur Förderung seines Absatzes, zum Studium verbesserter Herstellungsverfahren usw. ist 1920 die *British Sulphate of Ammonia Federation, Ltd.-* London gegründet worden[1]. Im Juli 1920 wurde über starke Absatzstockungen namentlich aus Japan geklagt, dessen Läger überfüllt sind und das sich neuerdings auch in den Ver. Staaten einzudecken beginnt[2].

Der englische Eigenverbrauch an Ammonsulfat betrug 1913: 105 000 t (1914/15: 128 000 t), davon entfielen 60 000 t auf die Landwirtschaft. An der Erzeugung 1914/15 war Schottland mit rund 120 000 t und Irland mit 3000 t beteiligt.

Die Gewinnung aus Gasfabriken ist zwischen 1911 und 1916 mit 170 000 bis 180 000 t Ammonsulfat pro Jahr annähernd konstant geblieben. Die Eisenwerke lieferten 15 000 bis 20 000 t, die Schieferdestillation ist mit rund 60 000 t einzusetzen und auch der Anfall aus Generatoranlagen usw. ist mit etwa 30 000 t annähernd gleich geblieben. Die Leistung der Kokereien ist dagegen zwischen 1911 bis 1916 um rund 50 000 t gestiegen. Sie belief sich 1905 auf 30 000 t und 1917 auf 166 354 t. Im einzelnen ergibt sich folgendes Bild über die Herstellung von Ammoniumsulfat in t (1919: 632 Werke mit Ammonsulfatgewinnung):

	1914 (abgerundet)	1915	1916	1917	1918	1919
Gasanstalten	176 000	173 675	172 269	188 478	173 541	173 501
Eisenhütten	16 000	15 142	15 154	13 621	12 717	10 877
Ölschieferdestillation .	63 000	58 826	57 988	60 560	58 311	48 618
Kokereien		145 406	159 506	166 354	164 448	144 367
Generatorgasanlagen usw. (Verkohlungsöfen)	171 000	33 218	28 786	29 604	23 534	20 150
(rund)	426 000	426 267	433 703	458 617	432 551	397 513

1917 gab es in England 742 (1916: 722) Werke, die schwefelsaures, salzsaures sowie verflüssigtes Ammoniak herstellten. 27 Werke nahmen die Gewinnung von flüssigem Ammoniak auf und 7 stellten die Ammonsulfatproduktion ein. Die Ammonsulfatlagerbestände waren Ende 1914: 25 000 t und Ende 1915: 26 000 t.

Die Koksproduktion (1918: 38,220 Mill. t Steinkohle verkokt; siehe oben) 1917 und 1918 verteilte sich wie folgt (in Mill. t):

---

[1] Zeitschr. f. angew. Chem. 1920, II, 303.
[2] Chem.-Ztg. 1921, S. 631.

	1917	1918
Gasanstalten	8,440	7,945
Kokereien	13,555	13,121
	21,995	21,066

1918 arbeiteten 1415 Gaswerke. Die Kokereien waren z. T. veraltet und hatten vielfach keine Möglichkeit, die Nebenprodukte auszunutzen. Noch 1911 zählte England 143 000 Bienenkorb- (5,6 Mill. t Koks) und nur 6524 Destillationsöfen (8,2 Mill. t Koks oder 60 Proz.). Man veranschlagte die jährlich verlorengehende Menge auf 70 000 t Ammoniumsulfat, 250 000 t Teer und 54 000 bis 68 000 cbm Benzol. 1915 waren von 211 Kokereien 116 mit Nebenproduktenöfen ausgerüstet. Im ganzen waren 16 574 Koksöfen in Betrieb, für welche die verschiedenartigsten Bauarten in Anwendung waren. Es gab:

	1914	1915
Bienenkorböfen	9210	7521
Coppée-Öfen	1538	1343
Simon-Carrès-Öfen	1354	1766
Otto-Hilgenstock-Öfen	1589	2034
Semet-Solvay-Öfen	1134	1251
Koppers-Öfen	866	1241
Simplex-Öfen	428	486
Hüssener-Öfen	384	404
Bauer-Öfen	43	40
Collins-Öfen	95	171
Mackey-Seymour-Öfen	32	32
Sonstige Öfen	302	285
	7765 ⎫ 16 975	9053 ⎫ 16 574
	9210 ⎭	7521 ⎭

Ende 1914 wurden in 7813 Nebenproduktenöfen 15 Mill. t Kohle durchgesetzt, d. h. pro 1 Ofen und Jahr 1900 t; Ende 1918 verarbeiteten 9827 Nebenproduktenöfen 21 Mill. t Kohle oder 2130 t pro Jahr und Ofen. 1918 hatten von 201 Kokereien 116 Nebenproduktenanlagen (1917: 123). Die Nebenproduktenkokereien verbrauchten dabei aber 21 Mill. t und die anderen nur 2,6 Mill. t Kohle (Gasanstalten 14,6 Mill. t), so daß praktisch nahezu sämtliche Kohle bereits unter gleichzeitiger Erfassung der Nebenprodukte verkokt wird. Mit der erstaunlichen Kriegsentwicklung der amerikanischen Kokerei verglichen, ist die englische sehr stark zurückgeblieben. England selbst war kurzsichtig genug, sich diese Konkurrenz groß zu ziehen. Es hat den Ver. Staaten derartig hohe Preise für seine Produkte gezahlt, daß es die amerikanische Industrie in den Stand setzte, die Neuanlagen binnen 1 bis 2 Jahren abschreiben und dauernd mit den modernsten und rentabelsten Einrichtungen arbeiten zu können.

Da die Herstellung von Koks die Nachfrage wahrscheinlich beträchtlich übersteigen wird, wenn wieder normale Verhältnisse eingetreten sein werden, so haben sich die Kokserzeuger von Yorkshire, Derbyshire, Staffordshire, Wales und Lancashire zu gemeinsamem Verkauf zusammengeschlossen. Diese *Blast-Furnace Coke Sales Association* (1919) regelt auch die sonstigen Fabrikationsfragen. Besonders lebhaft ist die Entwicklung der Nebenproduktenindustrie im Kohlenbezirk von Cumberland in der nordwestlichen Ecke Englands. Anfang März 1919 gab es dort 380 Nebenproduktenöfen, die jährlich 650 000 t Koks, 12 000 t Ammonsulfat, 40 000 t Teer und 3 Mill. t Rohbenzol erzeugen können. In Halifax gewann man 1907 bis 1917 durchschnittlich 11,6 kg und 1918: 13,8 kg Ammonsulfat pro 1 t Kohle.

Auf die englischen Arbeiten, die sich mit der Tieftemperaturverkokung der Kohle in England beschäftigen, kann hier nur kurz eingegangen werden. Auch diese Frage ist von einem Regierungsausschuß durchgeprüft worden, der die wirtschaftliche Bedeutung des Problems hervorhebt. Nach einem Vortrag von *Edgar C. Evans* (Jahresvers. 1918 der *Society of Chemical Industry*)[1] sind die Arbeiten und Patente von *Becker* und *Serle* aus dem Jahre 1681 (erstes engl. Patentgesetz von *Jakob I.*, 1623) von *Scott Moncrieff* 1890, *Parker* (engl. Patent 67/1890; 14 365/1906), *Wheeler, Lomax, Stopes, Hickling, Renault, Bertrand, White, Jeffreys* und *Thiessen* wichtige Vorläufer in dieser Richtung. Die erfolgreiche Lösung wird in England durch drei Gruppen von Vorschlägen angestrebt, die sich durch die verwendeten Ofentypen unterscheiden.

1. Diskontinuierliche Beschickung von Retorten, die von außen beheizt werden,
2.   „   „   „   „   „   „ innen   „   „ und
3. kontinuierliche   „   , indem die Kohle automatisch durch die Retorte vorwärts bewegt wird; die Erhitzung geschieht entweder nach 1 oder 2 oder auf beide Arten.

Die Retorten des „Coalite"-Systems der Bauart 1 waren ein Mißerfolg, weil die Zusammensetzung der Kohle noch nicht genügend erkannt war. Erst als diese in dünnen Schichten Verwendung fand, war das Ergebnis befriedigend. Bei den *Tozer*-Retorten der *Tarless-Fuel Co.* ist die Kohleschicht nie dicker als 10 bis $12^1/_2$ cm. Die Beschickungen sind größer, die Arbeitskosten geringer und die Ausbeuten besser. Das Verfahren der *Tarless Fuel Co.* muß seine Vorzüge im Großbetrieb allerdings noch beweisen. Die *Barnsley Smokeless Fuel Co.* arbeitet mit Vertikalretorten aus feuerfestem Ton. Das *Simpson*-Verfahren wendet Vakuum (50 bis 65 cm Quecksilber) an, was chemisch viele Vorteile, technisch aber manche Nachteile hat[2].

Die *Coalite Co., Ltd.* gewann bei ihren Versuchen aus 200 t Kohle $3^1/_4$ t Ammonsulfat. Sie ist 1919 von der mit 1,2 Mill. £ arbeitenden *Low Temperature Carbonisation Ltd.* aufgenommen worden, die nach ihrem Verfahren der Tieftemperaturverkokung pro Tonne Kohle folgende Mengen Nebenprodukte gewinnen will: 1. 72 bis 77 l Öl für Brenn-, Leucht- oder Schmierzwecke; 2. 13 bis 18 l Motorbrennstoff, der Benzin an Güte übertrifft; 3. etwa 200 cbm Leuchtgas (6230 Cal.); 4. 9 kg Ammonsulfat und 0,71 t rauchloses Feuerungsmaterial, das der Rohkohle für Hausbrand und Kesselfeuerung in

---

[1] Chem.-Ztg. 1918, S. 606, 610.
[2] Vgl. *Bertelsmann* in *F. Ullmann*, Encyklopädie der Techn. Chemie, Bd. 7 (Berlin und Wien 1919), S. 234ff.

jeder Weise überlegen ist. In den *Tozer*-Retorten der *Tarless Fuel Co.* gibt
die Tonne Kohle bei 380 bis 540° C: 1. 113 bis 169 cbm Leuchtgas (5785 Cal.);
2. 6,8 bis 10,0 kg Ammonsulfat; 3. 80 bis 100 l Teeröl und 4. 0,7 bis 0,75 t
Koksrückstand, der weder leicht zerreibbar ist, noch gleich zerfällt und
9 bis 12 Proz. flüchtige Bestandteile enthält. Das sog. „*Carbocoal*"-Verfahren[1]
gibt pro 1 t Kohle (mit 30 Proz. flüchtigen Bestandteilen) bei 427 bzw. 982° C
außer den Gasen: 1. 0,75 t Koksbriketts, sog. „Carbocoal"; 2. 11,4 l Motor-
sprit; 3. 4,5 l leichte und 4. 9 l schwere Naphtha; 5. 19,3 l Teersäure; 6. 28,4 l
Brennöl (zusammen 72,6 l Öle usw.) und 7. 15,6 kg Ammonsulfat. Die Ver-
dampfversuche, welche die *Pennsylvania Railroad Co.* mit der Carbocoal
durchführte, ergaben für diese bei 86,2 Proz. Heizkraftausnutzung 11,1 fache
Verdampfung, während mit Rohkohle gleichen Ursprungs bei 81,1 Proz. Ausnutzung nur 10,87 fache Verdampfung erzielt wurde. Es wurden pro Stunde
auf 1000 qcm Rostfläche 80,7 kg Carbocoal rauchlos verbrannt. Die *Mid-
land Coal Products Co., Ltd.* (100 000 £ Kapital) ist eine Art Studiengesellschaft auf praktischer Grundlage, die in ihren großtechnischen Versuchsanlagen
besonders die Fragen der Tieftemperaturverkokung verfolgt. Das 1913 gegründete *Carboyl Syndicate Ltd.* (Kapital 500 000 £) hat ein Verfahren ausgearbeitet, um auf die Herstellung von Koks und Briketts ganz verzichten
zu können und Kohlenabfälle nur auf Öle und Ammonsulfat zu verarbeiten.
Der Bericht des vom Munitionsamte eingesetzten Ausschusses errechnet im
Durchschnitt auf je 20 Mill. t verkokter Kohle eine Ausbeute von 1 bis
1¼ Mill. t Öl. Im März 1918 hat *J. T. Dunn* vor der *Coke-Oven Managers
Association* einen Vortrag über die verschiedensten Verkokungsverfahren
gehalten[2].

Dem Studium der einschlägigen Fragen dient u. a. auch die Versuchsstation East Greenwich, welche im Anschluß an das Werk der *South
Metropolitan Gas Co.* errichtet wurde[3]. Auch in den englischen Gasanstalten
hatte die Kohlenknappheit, die schlechtere Beschaffenheit der Kohle und die
Auswaschung des Benzols eine beträchtliche Verminderung des Heizwertes im
Leuchtgas zur Folge, der dadurch von 560 British Thermal Unit (B.T.U.)
= 4984 Cal. auf 500 und sogar auf 420 britische Wärmeeinheiten (= 3965 Cal.)
heruntergesetzt wurde. Man mischte dem Leuchtgas meistens blaues Wassergas (bis 33 Proz.), in einzelnen Fällen aber auch Verbrennungsgase ($CO_2 + N$)
bei (30 bis 40 Proz.) und wird sich vielleicht auch in Zukunft mit dem Festhalten von 4450 WE als mittlerem Heizwert begnügen[4]. Das ganz moderne
Gaswerk Birmingham benutzt 7 t-Retorten und hat eine Cyanidanlage
nach dem *Williams*-Verfahren, die täglich 283 000 cbm Gas verarbeitet. Die
Rhodanammoniumausbeute beträgt 90 Proz. Durch Einblasen von Wasserdampf in die Retorten kann die Ausbeute an Ammoniak und Teer noch erhöht werden. In England gewinnen die Bestrebungen an Boden, aus dem

---

[1] Chem.-Ztg. 1919, S. 7, 36; 1920, S. 25.
[2] Chem.-Ztg. 1918, S. 431.
[3] Journ. f. Gasbel. 1918, S. 210.
[4] Journ. f. Gasbel. 1918, S. 49.

Leuchtgas durch direkte Kondensation Äthylen herzustellen. Man will dabei eine Ausbeute von 98 bis 99 Proz. erzielt haben und hat ausgerechnet, daß das in England auf diese Weise leicht gewinnbare Äthylen ausreichen würde, um jährlich rund 680 000 cbm Alkohol von 90 Proz. darstellen zu können (1 Gallone = 4,54 l = 1 s 3 d). Der Alkohol bildet in 50 proz. Mischung mit Benzol einen vorzüglichen Brennstoff. Da in dem wasserkraftarmen England der Weg über Calciumcarbid immerhin nicht gerade sehr bequem erscheint, so könnte diese Methode bedeutungsvoll werden. Leuchtgas enthält 4 bis 5 Proz. Äthylen[1], Kokereigas wesentlich mehr, amerikanisches Ölgas 15 bis 16 Proz., an manchen Orten sogar 19,5 bis 22,5 Proz. Aus gewaschenen Gasen gewinnt *P. Fritzsche* das Äthylen durch Behandlung mit konz. Schwefelsäure (D. R. P. 89 598)[2]. *Ellrodt* berichtet[3] über die Weiterverarbeitung der Äthylschwefelsäure durch Erhitzen mit Wasser unter Regenerierung der Schwefelsäure nach dem Formelbild:

$$C_2H_4 + H_2SO_4 = C_2H_5 \cdot O \cdot SO_3H,$$

$$C_2H_5 \cdot O \cdot SO_3H + H_2O = C_2H_5 \cdot OH + H_2SO_4,$$

daß diese Prozesse schon in den Jahren 1825 bis 1828 von *Faradays* Mitarbeiter *Hennel* entdeckt seien, der „Weinschwefelsäure" aus Leucht- und Ölgas erhielt. *M. Berthelot*[4] arbeitete 1855 genauer über die Reaktion, mit der sich dann später *P. Fritzsche*[5] vom technischen Gesichtspunkt beschäftigt hat. Nach seinen Untersuchungen absorbieren 100 kg heiße Schwefelsäure 14 kg Äthylen, aus denen man 18 kg 100 proz. Alkohol gewinnen kann. Die praktische Ausbeutung des Verfahrens scheiterte damals an dem großen Säureverbrauch (450 kg für 1 hl Alkohol). Durch Verbesserung oder Veränderung der Arbeitsweise dürfte sich hier ein günstigeres Ergebnis erzielen lassen, zumal die Methode eigentlich das Interesse aller Länder mit großen Steinkohlenschätzen finden müßte (England, Deutschland, Amerika usw.).

Während des Krieges hat Prof. *Cobb* in England ein Verfahren ausgearbeitet, um den Schwefelgehalt der Kohle zur Ammoniumsulfatgewinnung auszunutzen[6]. Das Gas geht in einen zentrifugalen Waschapparat und wird dort mit einer Zinksulfatlösung behandelt. Der Zinksulfidniederschlag wird abfiltriert und die sich bildende Ammonsulfatlösung eingedampft (Verdampfkosten?). Das Zinksulfid wird abgeröstet. Die Röstgase bilden mit einer Suspension von Zinkoxyd in Wasser Zinksulfat zurück. Teerbestandteile stören bei der Abröstung natürlich nicht, da sie verbrennen; die Zinkoxydabbrände dienen aufs neue zur Zinksulfatfabrikation. Das Verfahren hat sich im Laboratorium und in kleinen Betrieben gut bewährt. Seit Ende 1919 ist eine größere Anlage für 1 t Ammonsulfaterzeugung täglich im Gange. —

---

[1] Siehe auch *G. Cohn* in *F. Ullmann*, Encyklopädie der Techn. Chemie, Bd. II (Berlin und Wien 1915), S. 9.

[2] Chem. Ind. 1912, S. 637.

[3] In *F. Ullmanns* Encyklopädie der Techn. Chemie, Bd. I (1914), S. 637.

[4] Compt. rend. **40**, 102; Ann. de Chim. [3] **43**, 385.

[5] a. a. O. und Chem. Ind. 1897, S. 266.

[6] Chem.-Ztg. 1919, S. 806.

Bereits bei Besprechnung der norwegischen und der schwedischen Kalkstickstoffindustrie war ausführlicher von den Werken Odda und Alby die Rede gewesen, welche von der *Nitrogen Products and Carbide Co.* in London bzw. ihren Zweiggesellschaften an sich gebracht sind. Die *Nitrogen Fertilisers Co., Ltd.* erwarb, nachdem sie 1912 mit 200 000 £ gebildet war, eine Lizenz der *North Western Cyanamide Co., Ltd.* in Odda[1]. Die *Nitrogen Products Co.* selbst ist im Mai 1913 entstanden[2]. Sie hat 1913 auch die von *Duché* erbaute Fabrik Vilvorde in Belgien übernommen, die zuerst versuchte, norwegisches Kalkstickstoffammoniak nach *Ostwald*s katalytischem Prozeß auf Ammonnitrat zu verarbeiten. Ebenso sind die Ausübungsrechte des *Ostwald*-Verfahrens, welche der *Nitrate Products Ltd.* gehörten (Wert 7,39 Mill. Mk.), 1913 auf die *Nitrogen Products Co.* übergegangen. Odda wurde mit Kriegsausbruch stillgelegt, hatte aber im Dezember 1914 den Betrieb bereits zu 40 Proz. wieder aufgenommen. Das Granulierwerk erzeugt „Granular nitrolim", granulierten Kalkstickstoff, für die Landwirtschaft. Es ist 1915 beträchtlich erweitert worden. Die Fabrik Vilvorde (nordöstlich Brüssel) wurde 1914 bald von den Kriegsereignissen berührt und schied demzufolge aus der Produktion aus. Schon vorher hatte sich jedoch gezeigt, wie schwierig es ist, Kalkstickstoffammoniak einwandsfrei zu verbrennen. Dieser Mißerfolg führte zur Aufgabe der Absicht, an der Themse und in Manchester 2 Salpetersäurefabriken anzulegen, um auf diese Weise aus norwegischem Kalkstickstoff Salpetersäure für die englische Sprengstoffindustrie zu gewinnen. Man ging vielmehr dazu über, Ammoniumperchlorat für solche Zwecke zu fabrizieren. Trotzdem ist später auch der erste Plan wieder aufgegriffen worden. 1916 schloß nämlich das britische Munitionsministerium einen Vertrag mit der *Nitrogen Products Co.* auf Lieferung von Ammonnitrat (dem Vernehmen nach 8000 t pro Jahr) und von Salpetersäure. Für die Beschaffung der Apparatur usw. wurden 50 000 £ als Darlehen zu 5 Proz. gewährt, das durch Abzüge vom Preis der gelieferten Waren zurückzuzahlen ist. Die Neuanlage wurde in Dagenham (hier arbeitet die *Nitrogen Products Co.* seit 1913) errichtet; sie ist 1916/17 in Betrieb gekommen. Trotz der anfänglichen guten Nachrichten hat sie außerordentliche Schwierigkeiten gehabt. Zunächst wurde das ursprüngliche *Ostwald*-Verfahren von dem Vorsitzenden der *Nitrogen Products Co., A. E. Barton,* abgeändert, ohne jedoch damit allen Erwartungen zu entsprechen. Mit dem Stocken der norwegischen Kalkstickstoffzufuhren war man gezwungen, den Betrieb der Verbrennungsanlage auf teureres Gasanstaltsammoniak umzustellen. 1917 hatte sich der Betriebsverlust bereits auf etwa $1\frac{1}{2}$ Mill. Mk. vergrößert. Trotzdem gelang es nicht, irgendein Produkt in nennenswerten Mengen herzustellen, so daß das Munitionsministerium schließlich 1918 die Hergabe weiterer Regierungsgelder verweigerte. Inzwischen waren von der *Nitrogen Products Co.* auch Lizenzen an Frankreich, Italien und die Ver.

---

[1] Chem. Ind. 1912, S. 294.
[2] Chem.-Ztg. 1913, S. 703.

Staaten abgegeben worden bzw. man unterhandelte über die Erteilung von solchen. Die französische Fabrik in Angoulême kam noch vor den Dagenhamwerken in Betrieb (siehe oben); sie soll störungsfrei arbeiten. Eine italienische Anlage soll 1917 im Bau gewesen sein, doch ist näheres darüber nicht mitgeteilt.

Seit 1918 laufen die Bestrebungen, die *Nitrogen Products and Carbide Co.* und die *Alby United Carbide Factories*, die praktisch das gleiche Geschäft betreiben und durch zahlreiche finanzielle Bande seit langem miteinander verknüpft sind, auch offiziell zu vereinigen. Die Bedingungen der norwegischen Regierung erschwerten die Fusionierung, die daher erst am 11. November 1919 in London durch Generalversammlungsbeschlüsse zur Tat wurde. Damit waren endlich die Schwierigkeiten beseitigt, welche sich dadurch ergeben hatten, daß die *Alby United Carbide Factories* vertragsmäßig verpflichtet war, einen großen Teil ihrer Carbiderzeugung an die Cyanamidfabrik der *Nitrogen Fertilisers Co., Ltd.* in Odda in Norwegen zu liefern, die hinwiederum eine Tochtergesellschaft der *Nitrogen Products Co.* ist. Die im Mai 1913 begründete *Nitrogen Products etc. Co.* wurde von der *Alby-Gesellschaft* aufgenommen und verschwand damit als selbständige Firma. Die Anlage Vilvorde stand 1918/19 mit 138 100 £, das Werk Odda weiter unter Wert zu Buch. Die Schadenersatzforderungen der *Nitrogen Fertilisers, Ltd.* für die Zerstörungen, die in Vilvorde usw. angerichtet wurden, sind von der deutschen Regierung mit 270 000 £ anerkannt. Lizenzeinnahmen wurden im Geschäftsbericht 1918/19 nur seitens der französischen Anlage in Angoulême ausgewiesen, woraus zu entnehmen sein dürfte, daß der geplante Verkauf (siehe oben) des Verfahrens an Italien und die Ver. Staaten wohl kaum perfekt geworden ist. Den Verlust in Dagenham führt der Geschäftsbericht auf die Tatsache zurück, daß die Anlage gezwungen war, mit dem sich teuerer stellenden Ammoniakwasser der Gasanstalten zu arbeiten. Hierdurch wurden endlose Mißstände in dem dafür nicht geeigneten Betrieb hervorgerufen und das Endprodukt war nicht so billig, wie der auf das preiswerte Kalkstickstoffammoniak zugeschnittene Vertrag mit der Regierung es verlangte. Diese machte außerdem Schwierigkeiten hinsichtlich des Bezuges von Gaswasser, dessen Erzeugung im Kriege von ihr kontrolliert wurde. Die *Nitrogen Products etc. Co.* verteilte in den letzten Jahren 6 und 9 Proz. Dividende. Die *Alby Factories* schütteten 1918 $5^1/_2$ bzw. 6 Proz. Dividende aus. Die *North Western Cyanamide Co.* in Odda arbeitete mit wiederum 15 Proz. Dividende. Die *Nitrogen Fertilisers Ltd.* hat ihren Anteil am *Alby*-Werk mit gutem Gewinn abgestoßen, am Odda-Werk blieb sie jedoch hauptbeteiligt. Die *A.-S. Meraker* erzeugte auch weiterhin nur Ferrolegierungen. Elektrodenfabrikation wird in einer neuen Fabrik in Helsburn on Tyne betrieben. Eine Reihe wertvoller Patente (z. B. für komprimiertes Acetylen) ist an Zweiggesellschaften übertragen worden. Die Alby-Gesellschaft hatte seit 1914 unter Betriebsschwierigkeiten und den Nachwirkungen eines ungünstigen Carbidlieferungsvertrages mit langen Fristen zu leiden. Sie konnte daher in den ersten drei Kriegsjahren nur je 5 Proz. und im Jahre 1917 überhaupt keine Dividende zahlen.

Die Vereinigung der beiden Hauptgesellschaften — *Nitrogen Products and Carbide Co.* und *Alby United Carbide Factories Ltd.* —, deren Besitzrechte vorstehend aufgeführt sind, erfolgte in der Weise, daß die *Alby-Gesellschaft*, deren Kapital aus 82 916 £ Vorzugs- und 643 084 £ Stammaktien bestand, 1 607 916 £ neue Stammaktien ausgab, von denen 1 499 965 £ zum Aufkauf der Aktien der *Nitrogen Products Co.* Verwendung fanden. Da die *Alby-Gesellschaft* schon vorher 500 035 £ Aktien dieser Firma besaß, so ist damit deren gesamtes Kapital von 2 Mill. £ in ihre Hände gelangt. Die *Nitrogen Products Co.* liquidierte.

Die vereinigten Gesellschaften verfügen heute über 700 000 PS Wasserkraft, und zwar 65 000 in Odda, 250 000 in Aura (beide in Norwegen) und mindestens 400 000 PS (noch ungenutzt) am Dettifoß in Island. Die Fabrik Alby ist gegen Ende des Krieges zusammen mit dem Alby - Vattenfalls-Kraftwerk gegen Bezahlung in £ (Alby-Aktienkapital 2,5 Mill. Kr.) in die Hände der rein schwedischen *Stockholms Superfosfatfabriks A.-B.* übergegangen.

Die englische Gesellschaft verspricht sich besonders viel von einer Hebung der Stickstoffdüngung und glaubt, daß sich gerade der Kalkstickstoff in Form ihres Oddaer Erzeugnisses als „Granular nitrolim“ (deutsche Gutachten über granulierten Kalkstickstoff sind bisher ungünstig gewesen) wegen seines Kalkgehaltes ausgezeichnet einführen würde, da einmal die englische Landwirtschaft den Vorteil der Kunstdüngung jetzt eingesehen habe und da zweitens der Kalk des Kalkstickstoffs erwünscht sein müßte, um ein Äquivalent gegenüber dem Ammonsulfat usw. zu schaffen, das dem Acker ja Säure zuführe. Für Reis- und Zuckerrohrkultur kommen nach *Harrison*[1] nur Kalkstickstoff und Ammoniumsalze als Düngergaben in Betracht. Allein in Indien beträgt aber die Reisanbaufläche im Mittel 312 000 qkm und die Zuckeranbaufläche rund 10 100 qkm, so daß sich hier riesige · Absatzgebiete öffnen, die in dieser Beziehung noch wenig erschlossen sind. Java und Hawaii erzeugen mit künstlicher Stickstoffdüngung 4 bzw. 9 t Zucker pro 1 acre von 40,5 a, während man in dem rückständigeren Indien nur etwas über 1 t von der gleichen Fläche erntet. Die vereinigten englischen Gesellschaften wollen alle diejenigen Fabrikationen, die wenig oder gar keine Kohle beanspruchen, ihrem norwegischen Werk angliedern. Neue Forschungen sollen dazu beitragen, die Gestehungskosten für Carbid- und Kalkstickstoff erheblich zu verbilligen. Auch phosphor- und stickstoffhaltige Düngemittel hofft man auf elektrischem Wege herstellen zu können. Über die geeignetste Herstellung von Cyaniden sind Versuche im Gange.

Von noch größerem Interesse, als die vorstehend skizzierten Zukunftspläne der *Nitrogen Products Co.* sind ihre Bestrebungen, die Kalkstickstoffindustrie nach England selbst zu verpflanzen. Nach *C. R. Darling*[2] kann man zur Erzeugung von 1 t Carbid 4000 KW-St rechnen, die in Norwegen rund

---

[1] Zeitschr. f. angew. Chem. 1918, III, 333.
[2] Zeitschr. f. angew. Chem. 1918, III, 618.

25,50 Mk. (1 KW-St = 0,64 Pfg.) und in England bei Herstellung aus Kohle (1918) 118,32 Mk. (1 KW-St = 2,96 Pfg.) kosten würden. Daher ist die Carbiderzeugung in England nur schwer wettbewerbsfähig mit dem Auslande. *Charles Bingham*[1] empfiehlt, die Hoch- bzw. Koksöfenabgase zur Carbidfabrikation auszunutzen. Über die geplante Durchführung hat der Vorsitzende der *Nitrogen Products Co.* bereits auf der Generalversammlung vom 8. Mai 1918 folgende Mitteilungen gemacht[2]: „Um England völlig unabhängig von dem im Frieden wie im Kriege gleich wichtigen Stickstoffbezuge zu machen, ist die Erzeugung genügender und billiger elektrischer Kraft unerläßlich." Die Gesellschaft hat während der letzten beiden Jahre in dieser Hinsicht Forschungen und Versuche angestellt und dazu 1000 t Kohlen karbonisiert. „Das hat zu dem Schluß geführt, daß diese Industrien in England nur dann geschaffen werden können, wenn die verschiedenen Prozesse derart miteinander verbunden werden, daß die Nebenprodukte des einen als die Rohstoffe des anderen benutzt werden. Wesentlich ist auch, daß die Kraft und diese Prozesse sich in den gleichen Händen befinden und unter einer Leitung betrieben werden. Billige elektrische Energie kann nur durch Erwerbung einer großen Kohlenzeche gewonnen werden, deren Kohle in umfassendem Maßstab bei hoher Temperatur karbonisiert werden muß, so daß alle Nebenprodukte gewonnen und die reichen Gase zur Kesselfeuerung für Dampfturbinen zwecks Elektrizitätserzeugung benutzt werden. Die Gewinnung der Nebenprodukte — Benzol, Toluol, Naphtha, Carbol- und Kresolöle, Kreosot und Anthracenöle — sollte mindestens den halben Inlandsbedarf decken. Ein Teil des Toluols könnte zur Gewinnung von Sprengstoffen dienen. Für diesen Plan würden 120 000 PS nötig sein, die benutzt werden würden, um Calciumcarbid, Kalkstickstoff und Ferrolegierungen herzustellen sowie um Zinkkonzentrate zu behandeln. Man behauptet, daß die erfolgreiche Durchführung eines solchen Projekts England vollständig unabhängig von der Salpetereinfuhr machen würde, da alle Salpetersäure, Ammoniak usw. für militärische und Handelszwecke aus dem billigeren einheimischen Kalkstickstoff erzeugt werden würde. Der Landwirt aber würde einen Stickstoffdünger erhalten, der ebenso wirksam wie Salpeter und preiswerter wäre. Die Verwirklichung dieser Gedanken erfordert große Mittel und ist z. Zt. (Mai 1918) unmöglich. Doch werden alle Unterlagen für eine Anlage mit 120 000 PS ausgearbeitet, um im Frieden gegebenenfalls sofort zur Erbauung einer solchen schreiten zu können." Anfang 1919 erwarb die *Nitrogen Products Co.* die *St. Helens Coal and Firebrick Co., Ltd.* durch Zahlung von je 12 £ für je 5 £ ausgegebenes Aktienkapital sowie ferner große, benachbarte Kalksteinbrüche in **Eskett** und **Rowah**. Die *St. Helens*-Kohlenzeche liegt in **Workington (West - Cumberland)**, einem kleinen Hafen am Ausgang des **Solway Firth** in die Irische See, und hat eine Batterie von 40 Koksöfen. Im Anschluß an dieses Werk wird dem Vernehmen nach gegenwärtig[3] eine

---

[1] a. a. O.
[2] Nach Zeitschr. f. angew. Chem. 1918, III, 333 bzw. Financial News 9. 5. 1918.
[3] Chem.-Ztg. 1920, S. 152.

neue Kalkstickstoffanlage errichtet, die vollkommen dem oben gegebenen Projekt entsprechen soll. Es sollen täglich 3 000 t Kohle verarbeitet werden, wobei alle Nebenprodukte zu erfassen und zu verwerten sind. Man will bei hoher Temperatur destillieren, verzichtet also von vornherein auf die Möglichkeit der Urteergewinnung. Gas und Koks dienen unter Dampfkesseln, in Gasmaschinen bzw. in den elektrischen Öfen zur Erzeugung von Kraft, von Calciumcarbid und von Kalkstickstoff. Die Turbinen leisten 120 000 PS. Das aufzuwendende Kapital beläuft sich auf $5^1/_2$ Mill. £. Der Bau des Werkes, das schließlich 4000 Arbeiter beschäftigen soll, ist auf $2^1/_2$ Jahre veranschlagt, so daß es etwa 1921/22 fertiggestellt sein dürfte. 120 000 PS geben im Jahr rund 180 000 t Carbid, so daß die Leistung eine recht bedeutende ist. Die Anlage soll Großbritannien vom Bezug ausländischer Stickstoffdünger unabhängig machen. Man darf auf das praktische Ergebnis des Fabrikbetriebes (*Cumberland Coal, Power and Chemical Co., Ltd.*, Workington) um so mehr gespannt sein, weil er interessante Rückschlüsse auf sich auch in Deutschland ergebende neue Möglichkeiten erlaubt. Die *Cumberland Co.* besitzt übrigens auch das Ausübungsrecht des *Claude*-Verfahrens (siehe unten).

Die *British Cellulose and Chemical Manufacturing Co.* hatte 1918 eine Anlage zur Herstellung synthetischen Aldehyds und Alkohols, synthetischer Essigsäure usw. im Bau.

Auf dem Gebiete der Stickstoffindustrie hat sich die 1881 gegründete *Brunner, Mond & Co., Ltd.* lebhaft betätigt, die 1917 30 Mill. Mk. Vorzugs- und 58 Mill. Mk. gewöhnliche Aktien hatte. Das gesamte nominelle Kapital betrug damals rund 100 Mill. Mk., die Durchschnittsdividende der letzten Jahre 30 bis 35 Proz. Nach den Angaben von *Wilh. A. Dyes*[1] bewertete die Börse das Unternehmen schon 1916/17 mit mehr als 200 Mill. Mk. Diese bedeutende Firma hat sich in England zuerst mit der Ammonnitratherstellung im Großen beschäftigt. Als das englische Munitionsministerium 1915 erkannte, daß der Sprengstoffbedarf sich durch Trinitrotoluol und Lyddit allein nicht decken ließe, sondern daß man auf Ammonnitrat angewiesen sei, wurde dieses in England überhaupt nicht dargestellt. Das Munitionsministerium kaufte zuerst Norgesalpeter, den die Firma *Brunner, Mond & Co.* nach den bereits mitgeteilten Reaktionen mit Ammonsulfat in Ammonsalpeter umsetzte. Diese Mengen erwiesen sich jedoch nach sehr kurzer Zeit als völlig unzureichend. *Brunner, Mond & Co.* arbeiteten dann eine andere Methode aus, die dem Ammoniaksodaprozeß nachgebildet war und von Chilesalpeter ausging. Nach ein paar Monaten genügte auch diese nicht mehr und man ging zur direkten Umsetzung von Natronsalpeter mit Ammonsulfat über. Dieses Verfahren wurde nun in den Werken der Firma und in einem beträchtlichen Teil der Anlagen einer anderen Firma ausgeübt. Nach ihm sind täglich Hunderte von Tonnen Ammonnitrat gewonnen worden. Schließlich war man auch in der Ausarbeitung eines synthetischen Prozesses erfolgreich, der, größtenteils wohl unter Benutzung von Steinkohlenammoniak,

---

[1] Chem.-Ztg. 1917, S. 235.

vielleicht aber in kleinstem Umfange auch nach einem modifizierten *Haber*-Verfahren, sowohl Ammonnitrat wie auch Salpetersäure (durch Verbrennung von Ammoniak) liefern sollte. Im Auftrage der Regierung übernahmen *Brunner, Mond & Co.* die Erbauung eines Teils der großen staatlichen Fabrik in Billingham-on-Tees, die für eine Wochenproduktion von 2000 t Ammonnitrat nach diesem Verfahren eingerichtet werden sollte. Auf Grund eines vom Munitionsministerium mitgeteilten Planes setzten 1918 auch andere Werke, namentlich eine Reihe von Gasanstalten, das Ammoniakoxydations-verfahren in Betrieb. Man rechnet für das Ammoniumnitrat auf guten Friedensabsatz in der Landwirtschaft, da es ja mit 35 Proz. N sehr stickstoff-reich ist. *Brunner, Mond & Co.* stellten auch ein Versuchselement für Ammoniakverbrennung nach dem amerikanischen *Jones-Parsons*-Typ auf, der später in der amerikanischen Riesenanlage *Muscle Shoals* Verwendung fand.

Das Komitee des Munitionsministeriums befürwortete stets die Errichtung von Nebenprodukten- und „synthetischen" Anlagen, um England in bezug auf Stickstoffversorgung möglichst unabhängig zu machen. Man beschloß deshalb, die Arbeiten an der beim Abschluß des Waffenstillstandes noch völlig unfertigen Fabrik Billingham weiterzuführen und bot demzufolge diese Anlagen 1919 zum Verkauf an Private an. Die angestellten Erwägungen hatten ergeben, daß durch unschwierige Veränderung des Planes die Herstellung synthetischen Ammoniaks auch in industrieller Weise ermöglicht werden kann. Der Verkauf der staatlichen Werke wurde unter der Bedingung ausgeschrieben, daß der Käufer die Verpflichtung übernimmt, die Fixierung des Luftstickstoffs erfolgreich zu entwickeln und genügende Mengen Salpetersäure zur Herstellung von Sprengstoffen für Heer und Marine herzustellen. Die Regierung behielt sich gleichzeitig die Kontrolle über die Fabrik und einen gewissen Einfluß auf die Besetzung der leitenden Posten vor[1].

Unter Zugrundelegung dieser Bedingungen wurde der Verkauf Anfang 1920 bewerkstelligt. Die *Brunner, Mond & Co. Ltd.* übernahm die Anlagen, indem sie dazu mit 5 Mill. £ die *Synthetic Ammonia and Nitrates Ltd.* begründete[2]. Die Fabrik soll zunächst für eine Tageserzeugung von 100 t NH_3 eingerichtet, dann aber schnell auf 300 t NH_3 täglich (entsprechend 150 000 bis 450 000 t Ammonsulfat pro Jahr) erweitert werden. Neben Ammonsulfat soll das Haupterzeugnis aus Ammonchlorid bestehen, das nach dem *Solvay*-Sodaprozeß erhalten wird. Man hofft, daß die Landwirtschaft sich mit dem Salmiak als Düngemittel befreunden wird, da er ihr sehr billig zur Verfügung gestellt werden kann. Die *Explosives Trades, Ltd.* hat sich verpflichtet, ihren Ammoniakbedarf von den neuen Werken zu beziehen und Verbrennungsanlagen zur Überführung in Salpetersäure zu erbauen. Die Firma *Brunner, Mond & Co.* hat eine eingehende Besichtigung der Oppauer Werke, der amerikanischen Regierungsfabrik Sheffield, Ala., der *General*

---

[1] Zeitschr. f. angew. Chem. 1920, II, 301.
[2] Zeitschr. f. angew. Chem. 1920, II, 249.

Chemical Co. in Laurel Hill, N.-Y., sowie der Versuchsanlage nach *G. Claude*
in La Grande-Paroisse vornehmen lassen. Der bereits erwähnte Versuchsbetrieb von Dr. *E. B. Maxted* auf der *Gas Developments, Ltd.*, nebst
allen dazugehörigen Patenten usw. wurde käuflich erworben. Die Gesellschaft
will nach einem abgeänderten *Haber-Bosch*-Prozeß arbeiten, der gänzlich ohne
deutsche Hilfe aufgefunden sein soll. Die englische Regierung hat diejenigen
Patente fremder (deutscher) Staatsangehöriger, die in Betracht kommen,
gegen eine Lizenz zur Verfügung gestellt, welche auf die sich aus dem Versailler Friedensvertrag ergebende Wiedergutmachungssumme angerechnet
wird. Die *Synthetic Ammonia and Nitrates, Ltd.* in Billingham bei Stock-
ton-on-Tees, Durham, übernimmt das gesamte Personal der Stickstoff-
abteilung der Firma *Brunner, Mond & Co., Ltd.* und organisiert einen großen
technischen Stab.

Brunner, Mond & Co. stellten auf der *British Scientific Products Exhibition* 1918 u. a. Ammonnitrat aus[1]. Sie kontrollierten 9 verschiedene Fabriken
zur Gewinnung von Ammonnitrat, die zusammen 378 395 t herstellten (für
Fabrikation von „Amatol"). Die englische Wochenproduktion überstieg zuletzt 5000 t Ammonnitrat, das zum weitaus überwiegenden Teil aus Natriumnitrat durch Umsetzung mit Ammoniumbicarbonat oder nach einer der oben
erwähnten Reaktionen hergestellt wurde. Die Hauptfabrik war in Lostok
bei Northwich. Die großen Victoria-Werke in Wincham, Cheshire,
lieferten Calciumnitrat (aus Luftsalpetersäure) zur Überführung in Ammonsalpeter. Das Sandbach-Werk der *Brunner, Mond & Co* verwandte die
Umsetzung von Ammoniumsulfat mit Natriumnitrat, um Ammonsalpeter
darzustellen. *Brunner, Mond & Co.* sind neuerdings auch mit der *Castner-
Kellner-Alkali Co., Ltd.* (gegr. 1895; 1917: 15 Mill. Mk. Aktienkapital, 3,8 Mill.
Mk. Obligationen) fusioniert.

In den Fabriken der *Salt Union* in Weston Point reinigt man Natronsalpeter nach einem neuen Verfahren.

Den *Claude*-Prozeß hat die *Cumberland Coal, Power and Chemical Co.,
Ltd.*, von der als Gründung der *Nitrogen Products Co.* bereits ausführlich die
Rede war, erworben. Ihr Lizenzgebiet umfaßt Großbritannien, Südafrika,
Indien, Australien und Neuseeland. Die Workington-Anlage in Cumberland wird zunächst etwa 12 000 t NH_3 pro Jahr nach *Claude* herstellen, das
z. T. nach dem *Solvay*-Prinzip in Salmiak übergeführt, z. T. zu Ammonsulfat
verarbeitet werden soll.

Auf dem Gebiete der Cyanindustrie arbeiten die *Cassel Cyanide Co.* in
Glasgow und die *British Cyanides Co.* in London. Die erstere hat ihr Kapital
während des Krieges verdoppelt und 1920 vorgeschlagen, dasselbe von
3,5 Mill. Mk. (Friedenskurs) allmählich auf 12,0 Mill. Mk. zu bringen; zu
diesem Zweck sollen zunächst für 3,5 Mill. Mk. neue Aktien aufgelegt werden.
In 20 Jahren (bis 1916) sind 860 Proz. Dividende gezahlt worden, und zwar
1913/14: 80 Proz.; 1914/15: 55 Proz., 1915/16: 60 Proz. (1917/18: 60 Proz.,

---

[1] Chem. Ztg. 1918, 599.

1918/19: 40 Proz.). Die *British Cyanides Co.* in London erhöhte ihr Kapital 1920 auf 9 Mill. Mk. (Friedenskurs). Die Gesellschaft hat ihre Fabriken in Pope Lane und Tat Bank umgebaut und erweitert, wodurch sich die Leistungsfähigkeit verdoppelt bzw. verdreifacht haben soll. Außerdem ist ein Forschungslaboratorium errichtet. Man beabsichtigt, eine Anlage zur Verwertung des Luftstickstoffs zu erbauen.

Deutschlands Ausfuhr an Cyankalium bzw. Cyannatrium betrug 1910 bis 1913: 6300 bis 6700 t und hatte einen Wert von $8^1/_4$ bis $9^1/_4$ Mill. Mk.; $^1/_4$ bis $^1/_3$ dieser Menge ging nach Südafrika (Gesamtcyanideinfuhr 1914: $7^1/_4$ Mill. Mk.). Die südafrikanische Goldindustrie geriet mit dem Aufhören der deutschen Cyanideinfuhr 1914 zunächst in eine schwierige Lage[1]. Gleichzeitig setzten aber die Bestrebungen ein, die englische Cyanidausfuhr zu heben und eine eigene Industrie zu schaffen. 1913 exportierte England 7000 t Cyanid, 1914: 8000 t und 1915 schon 11 270 t[2]. Die beiden führenden britischen Fabriken haben sich in Südafrika und Rhodesia den Markt durch einen nach Friedensschluß laufenden 5jährigen Kontrakt gesichert. Schon 1916 erklärte man, daß Deutschland schwerlich die verlorenen Absatzgebiete wieder gewinnen könnte; man fürchtet dagegen die stark gewachsene amerikanische Konkurrenz, die u. a. ganz Mexiko versorgt. Trotzdem hofft die *Cassels Cyanide Co.* auch auf eine allmähliche Besserung des mexikanischen Absatzes. Die englischen Fabriken konnten im Verlaufe des Krieges jeder Nachfrage genügen, die allerdings im ganzen um etwa 20 Proz. gesunken ist. Die deutschen Erwartungen auf eine starke Verminderung der südafrikanischen Golderzeugung infolge Wegfallens der deutschen Cyanidlieferungen haben sich nach einer Erklärung auf der Generalversammlung der *Cassels Cyanide Co.* am 12. Dezember 1918[3] nicht erfüllt. Allerdings dächten die südafrikanischen Gruben vorläufig nicht an die Aufnahme des Vollbetriebs mit minderwertigen Erzen. Die Erweiterung der Betriebsanlagen der *Cassels Cyanide Co.* ist regierungsseitig so gefördert worden, daß die Leistungsfähigkeit die Bedürfnisse des Marktes übersteigt. Auf der *British Scientific Products Exhibition 1917* war die *British Cyanides Co.* mit englischen Kaliprodukten: K_2CO_3, $KHCO_3$, KCl, $KMnO_4$, K_4FeCy_6 usw. vertreten. Zum Studium der Verfahren, den Luftstickstoff zu binden, ist von den Direktoren der *British Cyanides Co.*, der *Nobels Explosives Co.* und *Chance & Hunt* 1918 in London das *National Research Syndicate* ins Leben gerufen worden.

H. N. Morris & Co., Ltd., Middlewich, die eine Chlornatriumelektrolyse betreiben, wollen den abfallenden Wasserstoff zur Ammoniakherstellung verwenden. Die in Manchester mit 15 000 PS arbeitende Luftsalpetersäurefabrik ist bereits angeführt worden. Mitte 1917 haben *Joseph Sankey & Sons, Ltd.* in Bilston, Staffs., ein Verfahren zur Gewinnung molekularen Stickstoffs aus Luft ausgearbeitet, das sie nun auch auf Herstellung von Düngemitteln usw. anzuwenden suchen. Auf dem Gebiete der Stickstoff-

---

[1] Chem.-Ztg. 1914, S. 1113.
[2] Chem.-Ztg. 1917, S. 237.
[3] Zeitschr. f. angew. Chem. 1919, II, 15.

industrie betätigen sich ferner noch folgende neue Firmen und Gesellschaften: *Organic Ammonia Co., Ltd.* (1915); *Nitrogen Recovery Co.* (1916); *Capron Neutral Sulphate of Ammonia Syndicate, Ltd.* (1917: „Capron"-Verfahren); *Tinogen Products Co., Ltd.* (1917); *Nitro-Fixation Syndicate Ltd.* (1918: Forschungsgesellschaft); *Fertilisers Manufacturers Association, Elstree Chemical Works, Ltd.* (1920); *Gasonite Co., Ltd.* (1920); *Anglo-American Nitrogen Comp., Ltd.* (1920); *Adams, Webster & Co., Ltd.* (1920); *Fertilisers Co., Ltd.* (1920); *British Sulfate of Ammonia Federation Ltd.* (1920) u. a. m.

Die erste englische Fabrik für flüssige Luft ist erst 1907 errichtet. 1918 existierten 8 solcher Anlagen und ferner 2, die bisher mit Bariumoxyd zur Sauerstoffherstellung arbeiteten. Die zwei alten Bariumoxydfabriken der *British Oxygen Co.* sind jetzt für Erzeugung von Elektrolytsauerstoff umgebaut. Die Gesamtsauerstoffproduktion ist 1917 um etwa 25 Proz. erhöht worden. 1919 gab es 12 Fabriken, die täglich 118 t flüssige Luft erzeugten. 85 Proz. davon werden zur Gewinnung von Sauerstoff für Schweißarbeiten und 15 Proz. für medizinische Zwecke benutzt. In Deutschland erzeugen einzelne Anlagen schon für sich allein täglich 100 t. Die Sprengung mit verflüssigten Gasen ist in England noch in der Entwicklung.

Wasserstoff fabriziert u. a. die bereits erwähnte *Gas Developments Ltd.* in Walsall[1] nach einem Verfahren ihres Direktors *Maxted*. Sie baut Ölhärtungsfabriken und hat bekanntlich (siehe oben) als erste Großversuche nach dem Prinzip des *Haber-Bosch*-Verfahrens angestellt. Wasserstoffanlagen erbauen ferner *R. & J. Dembster, Ltd.* in Manchester. Die 1919 mit 50 000 £ gegründete *Hydrogen Oxygen and Plant Co. Ltd.*, hat Patente von *White* und *Jaubert* (z. B. D. R. P. 194 327, 223 246, 241 712, 241 929, 243 367, 262 635, 262 728, 272 609; engl. Pat. 12 427/1911, 5005/1913; franz. Pat. 454 616) zur Darstellung von Sauerstoff- und Wasserstoffgas erworben; sie arbeitet z. T gemeinsam mit der *Société l'Oxylithe*. Apparate für elektrolytische Darstellung von Sauerstoff bzw. Wasserstoff baut die mit 16 000 £ gebildete *Integral Oxygen Co., Ltd.* in London. Für die S u n l i g h t - Seifenfabriken liefert die *Knowles Oxygen Co.* in Wo l v e r h a m p t o n Wasserstoff in großen Mengen.

Das *Liquid Air and Rescue Syndicate Ltd.* in P a r k R o y a l hatte 1919 beträchtlichen Überschuß an flüssiger Luft. Es stellte deshalb kostenfrei Proben zu Versuchen zur Verfügung, um das Anwendungsgebiet in der chemischen Industrie zu erweitern. Die mit 300 000 £ gebildete *Sparklets Ltd.*-London übernahm 1919 die *Aerators Ltd.* zur Herstellung von flüssigen oder verdichteten Gasen. Kompressoren usw. liefert die Nash Engineering Co. in South Norwalk, Conn.

In England, wo das *Mond*-Gasverfahren bereits seit längerer Zeit eingebürgert ist[2], sind auch die ersten Versuche zur Vergasung von Torf unter Gewinnung von Ammonsulfat usw. ausgeführt worden. *N. Caro* und *A. Frank* (D. R. P. 238 829, 255 291) traten an den englischen Großindustriellen *L. Mond* heran, um ihn für diese Angelegenheit zu interessieren (siehe oben). Auf den

---

[1] Chem.-Ztg. 1918, S. 244.
[2] Chem. Ind. 1912, S. 294.

*Mond*schen Werken in Stockton ergaben sich dann Ausbeuten von 2,8 kg Ammonsulfat und 250 cbm Kraftgas von 1300 Cal. Heizwert pro 100 kg wasserfreier Torfmasse (1 Proz. N). Eine zweite Anlage arbeitete in Winnington und lieferte auf die Tonne Trockentorf 55 kg Ammonsulfat neben 1780 cbm Gas von 1360 Cal. Die Kilowattstunde stellte sich bei Benutzung dieses Gases auf noch nicht $^1/_2$ Pfg. In Stockton brachte Lebertorf mit 2,8 Proz. N in der Trockensubstanz sogar 110 kg schwefelsaures Ammoniak pro Tonne Trockentorf (83 Proz. N-Ausbeute)[1].

Das in Irland in einer Fabrik ausgeübte *Woltereck*-Verfahren beruht darauf, Torfziegel in Retorten zu erhitzen und wasserdampfgesättigte Luft einzublasen, wobei die Temperatur keinesfalls über 550° C steigen darf[2]. Die Verbrennung erfolgt ganz langsam ohne Feuererscheinung. *Woltereck* meint, daß bei seinem Verfahren der Luftstickstoff z. T. durch katalytische Wirkung des Torfs in Ammoniak verwandelt wird. *Caro*[3] ist mit Recht gegenteiliger Ansicht. Trotzdem *Woltereck* neben Kraftgas und Düngeasche noch Paraffin, Aceton, Essigsäure usw. gewinnt, ist seinem Verfahren ein größerer und bleibender technischer Erfolg bis heute nicht beschieden gewesen.

M. Ekenberg arbeitete 1903 ein Verfahren zur Herstellung von Torfkohle aus[4]. Er wurde anfangs von der schwedischen Regierung unterstützt, bis 1906 die Methode als unlohnend aufgegeben wurde. Nach Vervollkommnung der Erfindung wurde dann im April 1907 in London die *International Carbonizing Ltd.* mit 41 000 £ gegründet, die gegen 6 d Abgabe für 1 t Produktion das Verwertungsrecht übernahm. Seit März 1909 arbeitet das *Ekenberg Peat Fuel Syndicate Ltd.* mit ihr zusammen, das auf dem Dumfries-Moor in Schottland ein größeres Werk errichtete (35 000 7proz. Vorzugs- und 1400 Stammaktien, Kapitalaufnahme inzwischen weitere 50 000 £). Nach *Ekenberg*s Tode wurde im Dezember 1910 von *N. Testrup* und *E. Bowran* die *Peat Coal Investment Co., Ltd.* gebildet, um die Patente des Nachlasses zu erwerben. Die *International Carbonizing Ltd.* und das *Ekenberg Peat Fuel Syndicate* sind in der am 2. April 1912 begründeten *Wet Carbonizing Ltd.* aufgegangen, die sich lebhaft betätigte (siehe z. B. D. R. P. 264 002, 268 720, 268 721, 269 333, 269 741, 275 091 (161 676, 169 117, 172 102); franz. Pat. 451 687, 451 711, 455 896)[5] und u. a. das dänische Moor Aamosen erwarb[6] (Tochtergesellschaft Aamosen Ltd.-London). Die Werke in Ironhurst, Dumfriesshire, erhielten neue Maschinen; sie sollten 1913/14 in vollen Betrieb kommen. Nach Festsetzung des tatsächlichen Gestehungspreises für die Torfkohlenbriketts sollte das ganze Unternehmen zu einer neuen Gesellschaft mit 5 Mill. £ Aktienkapital zusammengefaßt werden. Dazu ist es jedoch nicht mehr gekommen. Obgleich die gewonnenen Briketts sich recht

---

[1] Vgl. Chem.-Ztg. 1908, S. 580; 1910, S. 1015; 1911, S. 505, 515.
[2] Chem.-Ztg. 1908, S. 189, 941, 1143; 1909, S. 277; siehe auch 1912, S. 1403.
[3] Chem.-Ztg. 1909, S. 350, 413, 483, 541; 1910, S. 1334; 1911, S. 5, 133, 207, 734, 789.
[4] Chem.-Ztg. 1913, S. 247.
[5] Chem.-Ztg. 1913, S. 247.
[6] Chem.-Ztg. 1913, S. 219.

gut zur Feuerung wie zur Gasherstellung eigneten und das schwefelsaure Ammoniak in befriedigender Ausbeute erhalten worden sein soll, ist es nicht gelungen, das Verfahren wirtschaftlich auszugestalten. Das *Dumfries-Moor-Werk* in Ironhurst ist bereits 1916/17 stillgelegt worden, nachdem 506 283 £ Aktienkapital auf einen Rest von 2725 £ heruntergewirtschaftet waren[1].

Zur Untersuchung der irischen Torfmoore[2] ist 1917 ein Regierungsausschuß eingesetzt worden. Die Torfmoore Irlands, das jährlich etwa $5\frac{1}{2}$ Mill. t Torf verbraucht, nehmen mehr als $\frac{1}{7}$ der Gesamtfläche der Insel ein (12 150 qkm von etwa 84 000 qkm). Etwa $\frac{3}{7}$ der Moore liegen in Gebirgsgegenden und enthalten ascheärmeren und heizkräftigeren Torf. Der gesamte Torfvorrat Irlands berechnet sich auf mehr als 100 Mill. t; nächstdem finden sich in Schottland größere Moore, während England selbst deren nur verhältnismäßig wenige zählt. — Im Jahre 1918 wurde mit 20 000 £ die *Osmosis-Co., Ltd.* in London begründet, um vom Treuhänder- und Handelsamte unter dem Schutz der Kriegsgesetze Zwangslizenzen auf das Engl. Pat. 10 024/1907 und etwa 40 andere Patente der ,,*Elektroosmose A.-G. (Graf Schwerin-Gesellschaft)*'' zu übernehmen. Die Elektroosmose-Verfahren der Torfentwässerung[3] spielten in der Industrie eine wichtige Rolle.

Die Schieferölindustrie Schottlands, die schon vor dem Kriege recht bedeutend war, hat sich unter dem Einfluß des seit 1914 stark gestiegenen Rohstoffmangels überraschend entwickelt, wie folgende kleine Übersicht beweist:

Erzeugnisse	1871 51 Fabriken	1893 13 Fabriken	1916 6 Fabriken
Verarbeiteter Schiefer . t	800 000	1 948 000	3 500 000
Rohöl . . . Mill. Liter	113,5	221,1	365,5
Brennöle . . . ,, ,,	51,1	92,9	181,3
Schmieröle. . . ,, ,,	11,4	39,8	49,9
Paraffin . . . . . Liter	26 332	86 850	124 850
Ammoniumsulfat, roh . t	2 350	28 000	59 400 (ger. 57 988 t)

Die Preislage der Erzeugnisse hob sich entsprechend:

	1871	1893	1916
Brennöl . 1 Gall. = 4,54 l	17 d	5 d	18 d
Rohöl . . . . 1 t	19,10 £	5 £	28 £
Paraffin . . . . . 1 Pfd.	10 d	5 d	6,5 d
Ammonsulfat . . . . 1 t	19,10 £	9,15 £	15 £

Die Produktion an Ammonsulfat betrug 1910: 54 864 t und 1912: 62 207 t; 1917 sind 3 117 658 t (Wert 1 280 007 £) und 1918: 3 080 867 t Ölschiefer (Wert 1 528 584 £) gefördert worden. Das mittlere Ausbringen belief sich auf rund 110 l Rohteer, 90,8 l Öl und 20 kg Ammonsulfat pro 1 t Schiefer. 1916/17 war zwecks eiliger Erhöhung der Erzeugung ein besonderer Ausschuß eingesetzt. 1918 bildeten die Schieferölgesellschaften Schottlands (*Broxburn, Oakbank, Pumpherstone, Youngs*) mit 100 000 £ Aktienkapital die *Scottish Oil Agency Ltd.* in Glasgow zum gemeinsamen Verkauf ihrer Erzeugnisse.

---

[1] Chem.-Ztg. 1917, S. 101.
[2] J. Soc. Chem. Ind. 1920 [39], 213.
[3] Vgl. Zeitschr. f. Elektrotechnik 1913, S. 739.

Auf dem englischen Chemikalienmarkt zeichnete sich das Jahr 1914 durch die sehr niedrigen, seit 1898 bzw. 1901 nicht mehr dagewesenen Ammonsulfatverkaufspreise aus, die im September mit 10 £ 6 s 3 d pro 1 t den Tiefstand erreichten (100 kg = 21,07 Mk. Friedenskurs; 1911: 27,56 Mk.). Das Ausscheiden Deutschlands und Belgiens am Ausfuhrmarkte bewirkte seit Oktober 1914 ein dauerndes Anziehen der Preise, die zum Schluß 12 £ 2 s 6 d fob Hull notierten. Bei Kriegsausbruch hatte sich die Ware zunächst wegen schwieriger Verschiffung und stockenden Absatzes in den Lägern gehäuft. Erst allmählich besserten sich die Verhältnisse. Ende 1914 waren 25 000 t, Ende 1915 26 000 t auf Lager. Im Juni 1915 notierte Ammonsulfat (25 proz., pro 1 t) in London 13 £ 2 s 6 d bis 13 £ 10 s, in Hull (24 proz. 13 £ 15 s bis 13 £ 16 s 3 d, in Liverpool 13 £ 17 s 6 d bis 14 £ und in Leith (in Säcken) 14 £ 2 s 6 d. 1917 waren die Liverpooler Preise bis $15^3/_4$ £ gestiegen. Die Preise hielten sich 1918 ungefähr auf der gleichen Höhe und zogen Anfang 1919 bis $16^3/_4$ £ an. Im Laufe des Jahres 1919 hat dann das Landwirtschaftsamt mit den Fabrikanten neue Höchstpreise für Inlands-Ammonsulfatlieferungen zwischen Oktober 1919 und Mai 1920 vereinbart. Die Preise sind bedeutend höher, weil die den Erzeugern von der Regierung während des Krieges gewährte Beihilfe jetzt in Wegfall gekommen ist und die neuen Preise den erheblich gestiegenen Kosten für Kohle, Rohstoffe und Löhne Rechnung tragen müssen. Der Verdienst für die Hersteller wird als mäßig bezeichnet. Die Preise verstehen sich für Posten von mindestens 2 t frei nächster Bahnstation des Käufers mit einem kleinen Nachlaß für Händler usw. Die Preise stellen sich je t netto Kasse in Säcken auf 20 £ 10 s für Oktober 1919 und steigen bis auf 22 £ für März, April und Mai 1920. Sie gelten für einen Ammoniakgehalt von 24,5 Proz. und steigen für jedes weitere $^1/_4$ Proz. NH_3 um 4 s die t und um weitere 5 s die t, wenn Gewähr dafür übernommen wird, daß der freie Säuregehalt 0,25 Proz. nicht überschreitet. Bei sinkendem Ammoniakgehalt gehen die Preise um je 4 s für 0,25 Proz. NH_3 pro t zurück. Für Kleinlieferungen unter 2 t treten gering bemessene Zuschläge in Kraft[1]. Die Ausfuhrpreise hielten sich bis Ende 1919 je nach Bestimmungsland zwischen 21 £ 10 s bis 32 £ die t. Es herrschte gute Nachfrage. Erlaubnisschein zur Ausfuhr ist nötig. Das Höchstpreisabkommen ist 1920 unter Zugrundelegung eines in 2 Ztr.-Säcken gehandelten Salzes mit 24,75 Gew.-Proz. NH_3 für Inlandsverbrauch, bei Abnahme über 4 t, frei Bahnstation des Käufers usw., unter Einschluß eines Handelsgewinnes auf folgende Sätze festgelegt worden (Preise je t, netto Kasse):

Juni	1920	23 £ 10 s
Juli	1920	23 £ 10 s
August	1920	24 £ —
September	1920	24 £ 10 s
Oktober	1920	25 £ —
November	1920	25 £ 10 s
Dezember	1920	26 £ 10 s
Januar	1921	26 £ 10 s
Februar	1921	27 £ —
März/Mai	1921	27 £ 10 s

---

[1] Chem. Ind., 15. 9. 1919.

Die Preise für Sulfat, das mehr Ammoniak und weniger als 0,025 Proz. (!) freie Säure enthält oder das besonders gemahlen ist, erhöhen sich je $^1/_4$ Proz. NH_3 um 5 s 6 d bzw. 7 s 6 d pro 1 t Salz. Die Exportpreise betrugen im Februar 1920 30 £/t, im März/April für die Kolonien 43 £ und für das sonstige Ausland 30 bis 35 bzw. 50 bis 55 £ je t. Sie sind Mitte 1921 bis 12 £ je t gesunken. Neuerdings haben in England die Bestrebungen an Boden gewonnen, ein Ausfuhrverbot für Düngemittel zu erlassen[1]. Es kann allerdings zweifelhaft erscheinen, ob sich eine solche Maßnahme auch auf das Ammonsulfat erstrecken wird, bei dem England auf die Ausfuhr angewiesen ist. Die englische Industrie hofft übrigens durch tunlichste Herabsetzung der freien Säure im Ammonsulfat ein unbedingt lagerbeständiges Salz zu erzielen.

Die Chilesalpeterpreise (siehe dort) waren während des Krieges infolge der hohen Frachten (noch 1919: je 1 t 100 bis 110 s) sehr hoch, doch sanken sie allmählich bis auf etwa 24 £ 5 s für gewöhnlichen und 24 £ 15 s für raffinierten Salpeter pro 1 t Mitte 1920. Die neue Zentralverkaufsstelle der chilenischen Gruben mußte die Preise herabsetzen, da nur geringe Abnahme erfolgte und die Läger sich immer mehr füllten. Der Überschuß des englischen Munitionsministeriums ist den Landwirten 1919 mit 20 £ die t angeboten worden.

Die Londoner Chemikalienbörse notierte am 27. Juli 1920 Ammoncarbonat mit $7^1/_2$ d pro 1 lb, Salmiak prima mit 110 s, secunda mit 105 s und gemahlen mit 115 s pro 100 kg, endlich englischen, raffinierten Kalisalpeter mit 77 bis 79 s pro 100 kg bzw. 10 proz. bengalischen Kalisalpeter mit 48 s pro 100 kg.

Während des Krieges hat sich die Anbaufläche für Getreide in England vergrößert, während die Wiesen und Grasländereien an Umfang entsprechend abgenommen haben:

	vor dem Kriege	nach dem Kriege
Land für Getreidebau usw. . .	54 270 qkm	68 850 qkm
Wiesen und Grasländereien . .	134 865 „	120 285 „

Die englische Landwirtschaft verbrauchte 1913 etwa

$$100\ 000 \text{ t Ammonsulfat} = 20\ 000 \text{ t N und}$$
$$\underline{80\ 000 \text{ t Chilesalpeter} = 12\ 480 \text{ t N}}$$
$$32\ 480 \text{ t N.}$$

Mit Weizen, Roggen, Gerste, Hafer und Kartoffeln waren damals 30 670 qkm bestellt (in Deutschland 1913: 178 920 qkm und rund 210 000 bis 220 000 t N!). Nach Sir *Charles Fielding* sollen 194 400 qkm ausreichen, um den gesamten Bedarf Englands an Lebensmitteln zu erzeugen, wenn man den Verbrauch an Ammonsulfat oder Salpeter um weitere 300 000 t (also etwa = 50 000 bis 55 000 t N), den an Superphosphat um 900 000 t und den an basischer Schlacke um 1,2 Mill. t jährlich steigert. Diese Schätzung erscheint mit den deutschen

---

[1] Metallb. 1920, S. 1198.

Verhältnissen verglichen außerordentlich niedrig. Die deutsche Ackerfläche 1913 betrug ungefähr 260 152 qkm, auf die damals z. B. mindestens 210 000 bis 220 000 t Stickstoff entfielen. 1918 hat ein aus Regierungsvertretern, Industriellen und Landwirten bestehender gemischter Ausschuß auf das nachdrücklichste gefordert, daß ein intensiver landwirtschaftlicher Betrieb und eine angemessene Verwendung von Düngemitteln in England erzwungen werden müsse.

Im März 1917 erzeugte England 28 mal soviel Sprengstoff, wie im März 1915[1]. Die Calciumcarbideinfuhr Großbritanniens gestaltete sich 1915 und 1916 wie folgt (in t, abgerundet):

	1915	1916
Aus Schweden	4 000	2 200
„ Norwegen	18 000	17 000
„ Italien	1 100	800
„ Kanada	1 900	4 000
Insgesamt	24 000	26 000

Der mittlere Jahresverbrauch Großbritanniens an Chilesalpeter betrug in den letzten Jahren vor dem Kriege etwa 120 000 t (davon über 80 000 t für die Landwirtschaft). Eingeführt wurden dagegen an Natronsalpeter (in t) insgesamt:

1915	1916	1917	1918	1919
131 520*)	20 896**)	1680	300	24 485

*) davon 129 453 t aus Chile, 2039 t aus Norwegen.   **) 20 807 t Chile, 11 t Norwegen.

Die Kalisalpeterausfuhr britischer Verarbeitung belief sich auf (in t, abgerundet):

1918	1919
820	2800

während die Einfuhr 1916: 21 000 t und 1917: 19 000 t überstiegen hat.

Die Stickstoffindustrie in den übrigen europäischen Ländern.

Belgien. In Belgien, nämlich in der von *Duché* 1912/13 erbauten Anlage Vilvorde, ist zum ersten Male versucht worden, das aus (norwegischem Odda-) Kalkstickstoff erhaltene Ammoniak nach dem *Ostwald*schen Platinkontaktverfahren zu verbrennen. Es ist bereits erwähnt worden, daß diese Versuche ungünstig ausfielen und daß die ganze Anlage 1913 in den Besitz der englischen *Nitrogen Products Co., Ltd.* bzw. der *Nitrogen Fertilisers Co., Ltd.* in London überging. Die Fabrik fiel im September 1914 in die Hände der vorrückenden deutschen Armeen. Sie stand im Abschluß 1918/19 der *Nitrogen Products Co.* mit 138 100 £ zu Buche. Für angerichtete Schäden usw. hat die deutsche Regierung die Zahlung von 270 000 £ anerkannt.

Belgien erzeugte im Frieden etwa 40 000 t Ammonsulfat jährlich. Einzelne seiner Werke waren vor 1914 mit der Deutschen Ammoniak-Verkaufs-Vereinigung liiert (s. d.). Die Kohlenförderung betrug 1913: 22,846 Mill. t, die Kokserzeugung 3,816 Mill. t.

1919 hat Belgien einen 3 jährigen Vertrag mit den chilenischen Lieferwerken auf jährlichen Bezug von 300 000 t Salpeter abgeschlossen. Seine Einfuhr 1913 betrug 304 136 t.

---

[1] Chem.-Ztg. 1918, S. 1.

Die Salpeterpreise standen im September 1919 am Antwerpener Markt auf 123 Fr. pro 100 kg, für Frühjahrslieferung 1920 auf 150 Fr., im Mai 1920 auf 155 Fr. und im Juli 1920 auf 103 Fr. bzw. 115 Fr. für Frühjahrslieferung 1921. Ammonsulfat kostete im September 1919: 170 Fr. und im Juli 1920: 150 Fr. pro 100 kg; Hirschhornsalz notierte Juli 1920: 400 bis 410 Fr./100 kg, Salmiak 300 bis 350 Fr./100 kg und blausaures Kalium bzw. Natrium 850 oder 810 Fr./100 kg (Mai 1920).

Italien. Für Italien ist die Frage der Kraftbeschaffung von besonderem Interesse, da einheimische Steinkohle völlig fehlt. Der normale Friedensbedarf an solcher betrug 12 Mill. t. Es ist während des Krieges gelungen, die Braunkohlenförderung beträchtlich zu steigern (1913: 664 000 t). Es werden jetzt jährlich etwa $1^1/_2$ Mill. t gewonnen, doch hofft man allmählich auf 3 Mill. t zu kommen. Der Ausbau der Wasserkräfte, an dem eifrig gearbeitet wird, erfordert immerhin mehr Zeit. Aussichtsreich ist daneben noch die Heranziehung des Torfs, die der Generalkommissar für Brennmaterialien durch Unterstützung von Privatunternehmen und durch Untersuchung der großen Torfmoore von Sondrio und Lucca bedeutsam gefördert hat. 1916 gab es auf diesem Gebiete 40 Gesellschaften, 1917 waren es bereits 108 und am 1. Juni 1918 sogar 149. 1910 wurden 67 000 t und 1917 150 000 t Torf gewonnen; für 1918 wird die Ausbeute auf 300 000 t geschätzt. Auch die italienischen Militärbehörden beschäftigten sich mit der Torfgewinnung. In Italien wird Torf auch als Dünger benutzt. Nach dem *Mond*-Gasverfahren arbeitet die *Società Per l'Utilizzazione Dei Combustibili Italiana* in Mailand bzw. Pontedera (Tagesverbrauch 90 t Kohle; Leistung 9000 PS). Die Gesellschaft betreibt die Torfvergasung seit etwa 13 bis 14 Jahren, nachdem die in Winnington (England) auf Grund des *Frank-Caro*schen Vorschlages in *Mond*-Generatoren ausgeführten Vergasungsversuche die Geeignetheit ihres Rohmaterials dargetan hatten. Der italienische Torf enthielt im Mittel 40 Proz. Wasser; seine Zusammensetzung im wasserfreien Zustande war die folgende:

15,20 Proz. Asche,
43,80 „ flüchtige Substanz,
1,62 „ Stickstoff,
56,30 „ Gesamtkohlenstoff,
34,20 „ fixer Kohlenstoff,
5620 Cal. Heizwert.

In Winnington wurden insgesamt 650 t verarbeitet, die pro 1 t Trockensubstanz 55 kg Ammonsulfat und 1780 cbm Kraftgas von 1360 Cal. erzeugten, welch letzteren in der Gaskraftmaschine 480 PS-Stunden (effektiv) entsprechen. Die Stickstoffausbeute erreichte etwa 70 Proz.; die Reinigung des Gases (1 cbm = 0,016 g Teer) machte nicht die geringsten Schwierigkeiten, der Wasserstoffgehalt desselben schwankte nur um etwa $^1/_2$ Proz. und die Kalkulation ergab, daß sich die PS-St in Form elektrischer Energie sogar dann noch auf unter $^1/_2$ Pfg. stellte, wenn man vom Gewinn aus dem Verkauf des Ammonsulfats völlig absah.

Die italienische Gesellschaft beutet den Torf aus, der sich im früheren Bientinasee gebildet hat. Ihre Kraftzentrale liegt bei Orentano, 8 Meilen von Pontedera. Die Torfvergasungsanlage lieferte bis 1913 etwa 2000 KW jährlich; sie sollte 1913/14 vergrößert werden.

Die Ammoniumsulfatfabrik „*Ammonia*" in Mailand, die ein Aktienkapital von 10 Mill. Lire hat, änderte ihre Firma 1919 in „*Società Italiana per le Ligniti e Torbe*" (Gesellschaft für Braunkohlen und Torf) um.

Der Ausschuß für die chemischen Industrien hat beim Handelsministerium 1918 beantragt, daß bei zukünftigen Konzessionen zur Ausnutzung von Wasserkräften jene Anträge bevorzugt werden sollen, welche einen beträchtlichen Teil der Energie zur Erzeugung von Stickstoff verwenden wollen. Auf einer Sitzung des Verbandes italienischer Aktiengesellschaften in Rom 1918 betonte *Nitti* die Notwendigkeit der Gründung einer Großbank für die Finanzierung von Ausfuhrgeschäften und von Anlagen zur Nutzbarmachung der italienischen Wasserkräfte. Die *Società Generale Elettrica dell' Adamello*-Mailand arbeitet mit 100 Mill. Lire. Eine große Wasserkraftanlage bei Domaso am Lido war 1918 geplant. Dazu soll bei der Brücke von Dagri 700 m über dem Meere ein Stauwehr errichtet werden, um das Flußwasser in einem Kanal längs der Berge bis unterhalb des Dorfes Caino in 300 m Seehöhe zu führen.

Dadurch, daß Italien in bezug auf seine Kohlenversorgung überwiegend von England abhängt, ist die Kohlenkrise eigentlich seit dem italienisch-türkischen Kriege 1913 dauernd latent geblieben, da die Lieferanten damals die Verträge auf Grund der Kriegsklausel annulierten. Der Preis der englischen Gaskohle stellte sich vor 1913 auf 25 bis 35 L. die t frei Gasanstalt. Er stieg bis Juli 1914 auf 50 bis 60 L. und kletterte dann sprunghaft weiter hinauf. 1916 waren 200 bis 220 L. erreicht[1]. Man ging in Italien infolgedessen zum Kohlenbezug aus Nordamerika über. Zahlreiche Gaswerke stellten während des Krieges ihren Betrieb ein. 1916 hatte sich der Kubikmeterpreis des Leuchtgases bereits auf das 3- bis 4fache erhöht, zugleich wurde die öffentliche Beleuchtung sehr eingeschränkt. Die gesamte Teererzeugung war zum Höchstpreise von 45 L. die t für Heereszwecke beschlagnahmt. Da die Destillationsanlage *Borgo San Donino* sich aber als zu klein erwies, diese ganzen Mengen zu verarbeiten, so wurde die Beschlagnahme zum Teil wieder aufgehoben. Alle Gaswerke mit mehr als 1 Mill. cbm Jahreserzeugung wurden veranlaßt, Anlagen zur Gewinnung von Benzol und Toluol aufzustellen, wobei Erleichterungen für die Abschreibung dieser Apparaturen in 5 Jahren vorgesehen wurden. Der Kokspreis hatte sich 1916 gegenüber dem Vorkriegsstand auf das 2 bis $2^{1}/_{2}$fache, der Ammonsulfatpreis auf das Doppelte erhöht. Die finanzielle Lage der italienischen Gaswerke wurde alles in allem als denkbar schlecht bezeichnet.

Mit bemerkenswertem Erfolg hat sich Italien während des Krieges bemüht, seine chemische Industrie zu fördern, die vor dem Kriege recht unbedeutend war. Von im (1920) ganzen 11 782 905 381 Lire, die das Kapital von 4414 Aktiengesellschaften darstellten, entfielen auf die chemische In-

---

[1] Journ. f. Gasbel. 1916, S. 426.

dustrie 83 Unternehmen mit 174 319 000 Lire Kapital. Dazu kommen ungefähr 30 Großhändler mit 38 848 000 Lire. Der jährliche Produktionswert der chemischen Industrie betrug vor dem Kriege etwa 200 Mill. L., dabei kam der Hauptteil auf die Fabrikation von Superphosphat in 87 Betrieben, von denen die 35 bedeutendsten in einem Trust zusammengefaßt sind[1]. Italien führte folgende Rohphosphatmengen (in t) ein:

1905	240 100
1912	466 100
1913	259 800
1914	514 000

und gewann daraus fast 1 Mill. t Superphosphat, so daß nur ein kleiner Bruchteil durch Einfuhr zu decken blieb (Zahlen in t):

	Superphosphat		
	Erzeugung	Einfuhr	Verbrauch
1905	480 000	30 000	510 000
1912	1 050 200	37 000	1 087 200
1913	972 500	74 700	1 040 000
1914	925 000	38 200	960 000

Der Phosphataufschluß erforderte große Schwefelsäuremengen, die aus einheimischen Quellen gedeckt werden konnten. 1917 sind für Zwecke der Schwefelsäurefabrikation 500 000 t Pyrit gefördert worden; auch die Schwefelgewinnung belief sich auf insgesamt etwa 500 000 t (1913: 394 000 t, davon 345 000 t in Sizilien). Die Schwefelsäuremengen, welche gewonnen wurden, waren die folgenden:

1905	302 100 t
1912	634 521 t
1915	625 943 t

Schwefelsäure aus Schwefel stellten die *Colla e Concimi* in Portici und Barletta her. Rauchende Schwefelsäure für Sprengstoffabrikation erzeugten die Anlagen in Bolognano, Avigliano und Cengio. Die Herstellung von Kupfervitriol (1905: 26 212 t, 1916: 41 272 t), von sulfuriertem Ricinusöl für die Textilindustrie und die Fabrikation von Wein- und Citronensäure war ziemlich bedeutend. Im westlichen Ligurien, in der Gegend von Pavona und Albenga gibt es besonders zahlreiche chemische Werke.

Die Gesamteinfuhr in chemischen Produkten erreichte vor dem Kriege einen Jahreswert von 180 Mill. L. Die Entwicklung der chemischen Industrie wurde durch Mangel an geeigneten Apparaten und maschinellen Einrichtungen sowie durch das Fehlen technisch ausgebildeter Chemiker und Ingenieure im allgemeinen außerordentlich erschwert. Die Elektrolytchlorindustrie ist an Umfang gewachsen. Die Herstellung von Benzol, Toluol, Phenol, Naphthalin, Farben, Schwefelkohlenstoff, Elektrostahl, ätherischen Ölen usw ist neu aufgenommen und verbessert worden.

---

[1] Vgl. auch über den „Verband der italienischen Superphosphatwerke und Fabriken chemischer Produkte" Zeitschr. f. angew. Chem. 1920, II, 438.

Die erste Luftstickstoffanlage Italiens war die *Società Italiana per la Fabbricazione di Prodotti Azotati*, die von der *Cyanidgesellschaft m. b. H.*, Berlin und der Deutschen Bank ins Leben gerufen wurde. Ihr Werk Piano d' Orta ist im Jahre 1905 in Betrieb gekommen. Es bedeutete die erste Anwendung des *Frank-Caro*-Kalkstickstoffverfahrens in der Großpraxis, das hier seine hauptsächlichste Ausgestaltung erfuhr. Piano d' Orta arbeitet mit der Wasserkraft der Pescara in den Abruzzen. Die Produktion, die anfänglich nur 4000 t Kalkstickstoff betrug, ist später auf 14 000 t vergrößert worden. Das Kapital der *Società Italiana per la Fabbricazione di Prodotti Azotati* ist 1918 von 6,6 auf 9,9 Mill. L. erhöht. Die *Società Italiana per il Cáburo di Calcio* in Terni (in Umbrien) nutzt die drei mächtigen, zusammen 200 m hohen Fälle des Velino aus, mit denen dieser in die Nera mündet, welche 7 km unterhalb (bei Terni) den Römischen Apennin verläßt. Die Produktionsmöglichkeit an Kalkstickstoff wird für 1912/13 zu 24 000 t angegeben. In Saint Marcel im Tal der Dora Baltea, 11 km östlich von Aosta, ist die *Società Piemontese per la Fabbricazione del Carburo di Calcio e Prodotti Affini* ansässig (Kapital 2 Mill. L.). Mit Wasserkraft der Dora Baltea betreibt sie 2 Carbidöfen von 1000 und 2000 KW und gewinnt jährlich 2400 t Carbid. Die mögliche Kalkstickstoffproduktion wird 1912/13 auf 3500 t beziffert. Der Kalk stammt aus den Brüchen von Meana di Susa. Die *Società Italiana Prodotti Esplodenti* in Mailand gewinnt in Vado Ligure salpetersaures Ammoniak bzw. Cyanprodukte und in Cengio Salpetersäure, Sprengstoffe usw.

Die großen Wasserkräfte der Südhänge der Alpen sind frühzeitig in den Dienst der Carbidfabrikation gestellt worden (Aostatal, Provinz Brescia usw.). Die größten italienischen Fabriken gehören der *Società Italiana per il Carburo di Calcio*, die bereits erwähnt wurde, und arbeiten in Collestate und Papignano bei Terni. Insgesamt erzeugte Italien mit etwa 50 000 PS rund 65 000 t Carbid (1914), wovon rund 10 000 t exportiert sind. 1913 wurden über 50 000 t hergestellt; ausgeführt wurden 1913: 11 037 t und 1916: 4215 t. Ein Spezialprodukt gewinnt man durch Überziehen mit Glukose. Der Carbidverbrauch selbst unterliegt einer Steuer. Die Carbidindustrie ist durch den Krieg mächtig belebt worden.

1914 wurden etwa 4700 t Kalkstickstoff auf Ammonsulfat weiter verarbeitet. 1917 wurde unter Beteiligung ausländischer Kalkstickstoffkonzerne mit 12,5 Mill. L. die *Soc. per lo Sviluppo della Cianamide e di altri prodotti chimici* in Rom (Kontor in Turin) neu gebildet. Aus den Berichten der englischen *Nitrogen Products and Carbide Co., Ltd.* ist bekannt, daß eine italienische Firma eine Anlage nach dem katalytischen Ammoniakverbrennungs- und Ammonnitratverfahren der Gesellschaft 1916/17 im Bau hatte.

Die *Officine Elettrochimiche Dott. Rossi* in Legnano und Vergiate arbeitet nach dem *Pauling*-Verfahren (18 Öfen von je 500 KW) und erzeugte 1913: 1200 t Luftsalpetersäure zwischen 36° und 42° Bé. Da vor dem Kriege kein Ammonnitrat in Italien hergestellt worden war, so übernahmen nach Kriegsausbruch die elektrochemischen Werke „*Rossi*" in Legnano im Auftrage der Regierung seine Fabrikation. Um die Luftsalpetersäuregewinnung steigern zu können, kauften sie 1916 die Anio - Kraftzentrale Ponte Mammolo bei Rom auf. Diese kam nach bedeutender Erweiterung im Januar 1917 in Betrieb, um Ammoniumnitrat und andere elektrochemische Produkte darzustellen; gleichzeitig brachte das Stammhaus sein Aktienkapital von 1 auf 8 Mill. L. 1918 ist dasselbe nochmals auf 20 Mill. L. erhöht worden. Im Jahre 1913 gewannen die Werke ferner noch 570 t Kaliumchlorat und 160 t Kaliumnitrat. In Domodossola ist 1920/21 eine Fabrik für eine Jahresleistung von 100 000 dz Kalkstickstoff gegründet worden[1].

Die *Società Prodotti Chimici Colla e Concimi*, Rom, hat 1918: 8 Mill. L. neu aufgenommen (Kapital 20 Mill. L.) und ist u. a. in engere Verbindung zur *Società Industria Italiana* getreten, die an der Gewinnung von Luftsalpetersäure interessiert ist. Ebenso sind mit der Elektrodenfabrik der *Società Italiana carboni elettrici* Abmachungen getroffen. Die bedeutendste Erzeugung an Schwefelsäure und Salpetersäure weist die *Unione Concimi*, Mailand, auf, die im Kriege große Erweiterungsbauten ausführen ließ (Kapital 1916: 35 Mill., 1918: 40 Mill., 1919: 50 Mill. L.).

Die *Unione Italiana fra Consumatori e Fabbricanti di Concimi e Prodotti Chimici*, welche die hauptsächlichsten Superphosphaterzeuger usw. mit zusammen 70 Mill. L. Kapital in sich vereinigt (siehe oben), hat sich 1920 mit der eben erwähnten *Società Prodotti Chimici Colla e Concimi* in Rom verschmolzen. Weiterhin sollen die vereinigten Gesellschaften von der Bergwerks-A.-G. *Montecatini* in Mailand aufgesogen werden, die zu diesem Zweck ihr Kapital von 140 auf 200 Mill. L. bringen will[2]. Die *Unione* hat einen großzügigen Plan zur Anlage einer 180 000 qm großen Düngemittelfabrik (Schwefelsäure, Superphosphat usw.) ausgearbeitet, die an dem neu zu erbauenden Industriehafen von Venedig mit einer 400 m langen Front am nördlichen Industriekanal ihren Platz finden soll.

1916 hat die *Anonima Fabbricca Italiana di Solfato Ammoniaco* in Mailand ihr Kapital von 1,1 auf 5 Mill. L. erhöht. Von neuesten Gründungen oder Erweiterungen seien des ferneren noch genannt die *Società Anonima Industrie Chimiche Agricole*-Rom, die *Soc. Agraria di Domodossola*-Rom, die *Industrie Chimiche Conti* - Florenz, die *Fabbrica Concimi Chimici del Sannino*, die *Ossinitrica* - Genua. Die Anlagen der *Unione Concimi* in Nogaro wurden im Kriege völlig zerstört.

Die Luftsalpetersäurefabrikation war vor 1914 sehr schwach vertreten; 1911 existierten nur einige kleine Versuchsbetriebe[3]. Neuerdings wird aus Rom gemeldet (Juni 1920), daß es dem Prof. der Chemie *H. Casale* nach langjährigen Bemühungen gelungen sei, ohne Kohle synthetisches Ammoniak aus Luft und Wasser herzustellen. „Die hierzu benutzte Maschinerie soll

---

[1] Chem.-Ztg. 1921, S. 212.

[2] Chem.-Ztg. 1920, S. 588.

[3] Chem.-Ztg. 1911, S. 1185. — Unter Beteiligung Schweizer Kapitals (Elektrobank Zürich) soll mit 25 Mill. Lire eine Kalksalpeterfabrik in Südtirol (Etschwerke-Meran) angelegt werden (Jahresproduktion: 5600 t 16 proz. Kalksalpeters).

ohne Aufwendungen für Aufsicht oder Zutaten automatisch arbeiten und drängt eine Mischung von Stickstoff und Wasserstoff mit einem Druck von 250 Atm durch besonders konstruierte Röhren, wo beide Gase in reines Ammoniak verwandelt werden, das fast nichts kostet. Die Erfindung wird bereits von einer Gesellschaft ausgebeutet, die sich zu diesem Zweck bedeutende Wasserkräfte gesichert hat. Man rechnet damit, daß die Werke genügend Ammoniak nicht nur für italienische Abnehmer, sondern sogar für den Export erzeugen werden." Der endgültige Erfolg dieses modifizierten *Haber-Bosch*-Verfahrens bleibt abzuwarten. In Rom soll sich 1920 ferner ein Syndikat gebildet haben, um Stickstoff an Stelle des Benzols zum Antrieb von Motoren zu benutzen. Es sind nur geringfügige Änderungen am Vergaser nötig. Nach den bisher angestellten Versuchen[1] betragen die Brennstoffkosten für einen Wagen von 25 bis 30 PS bei einstündiger Fahrt über 60 km 53 c. Die Carbid- und Kalkstickstofferzeugung wurde während des Krieges regierungsseitig kontrolliert. Gewonnen wurden im Monatsdurchschnitt 1918 und 1919: 4,759 Mill. lbs. Carbid[2]. „Die heute in Italien arbeitenden Cyanamid-fabriken können monatlich 12 346 000 lbs. Cyanamid herstellen. Erzeugt wurden in den Jahren 1918 und 1919 jedoch nur durchschnittlich 3 968 300 lbs. Hiervon gelangten 3 174 600 lbs. auf den Markt, während der Rest für die Fabrikation von Ammoniumsulfat Verwendung fand. Weder Calciumcarbid noch Cyanamid sind in größeren Mengen in den letzten Jahren eingeführt worden. Um die große Nachfrage nach Ammoniumsulfat zu befriedigen, für die Italien vor dem Kriege ebenfalls fast völlig von der Auslandszufuhr abhängig war, wurde durch erhöhte Ausnutzung der Abfallprodukte der Gasanstalten und Koksfabriken die inländische Ausbeute erheblich gesteigert. Im Jahre 1914 betrug die inländische Produktion an Ammoniumsulfat nur 2 535 000 lbs., 1918 dagegen waren es bereits 7 275 000 lbs., wovon 2 622 000 in Gaswerken gewonnen wurden, 880 000 lbs. kamen aus Koksfabriken, 660 000 lbs. aus Cyanamidanlagen, 113 000 aus Torfdestillationsanlagen. Die Einfuhr von Ammoniumsulfat ist seit 1913 von 48 000 000 lbs. auf 5 500 000 lbs. 1918/19, d. h. ganz gewaltig gesunken. Es ist möglich, daß, wenn wieder normale Verhältnisse einsetzen, sich die Zufuhr an Ammoniumsulfat wieder steigern wird. Jedoch dürfte sie die hohe Ziffer von 1913 wohl nie erreichen."

Italiens Verbrauch an Kunstdünger pro ha bebauter Bodenfläche betrug in der Vorkriegszeit:

Phosphate	Kali	Stickstoff	Insgesamt
52,65	3,8	0,65	60,0 kg.

1913 sind 1586 t Pottasche, 7061 t Chlorkalium, 458 t Kalisalpeter und 9454 t Kaliumsulfat eingeführt worden. Die Chilesalpetereinfuhr belief sich auf:

im Jahre 1913	1914	1915	1619
t 67 417	58 849	71 729	85 649

---

[1] Zeitschr. f. angew. Chem. 1920, II, 131.
[2] Vgl. Metallb. 1920, a. v. Stellen.

Kalisalpeter wurden 1913 insgesamt 1600 t gewonnen: die Kalkstickstoffproduktion belief sich auf:

im Jahre 1912	1913	1914	1915
t 10 304	14 982	15 556	25 292.

1914 sind 11 800 t Calciumcarbid azotiert worden. Die wirkliche Leistungsfähigkeit der italienischen Kalkstickstoffanlagen dürfte heute etwa 60 000 bis 70 000 t erreicht haben, nachdem sie 1913/14 etwa 45 000 t betragen hat. In Mailand ist ein „Institut für die Förderung von Düngungsversuchen" tätig.

An Salpetersäure wurden 1913: 13 010 t erzeugt und 600 t eingeführt. Während des Krieges ist die Produktion stark erhöht worden, da sich die Luftsalpeterindustrie zu größerer Bedeutung entwickelt hat. Die *Dinamitificio Cengio* ist hier hauptbeteiligt. 1913 gewannen die *Rossi*-Werke erst 1200 t Säure von etwa 40° Bé. Zuverlässige Angaben über die Höhe der heutigen Salpetersäure- bzw. Ammonnitratherstellung waren nicht zu erlangen.

Sauerstoff gewinnen verschiedene Werke sowohl nach *Linde*, wie nach *Claude* oder *Pictet*. Aluminiumnitrid soll in kleinem Umfange erzeugt werden. Die Kohle ist übrigens 1918 Staatsmonopol geworden.

Der Bedarf Italiens an Düngemitteln wird amtlich wie folgt beziffert:

100 000 t Chilesalpeter [Einfuhr 1913 aus Chile: 67 417 t],
25 000 t schwefelsaures Ammoniak,
25 000 t Kalidüngemittel,
600 000 t Phosphate und
100 000 t Thomasschlacke.

Während des Krieges war die Düngemittelnot z. T. recht groß. Erst Anfang 1919 sind regierungsseitig alle Schritte getan worden, um die Belieferung der Düngemittelfabriken sowohl mit einheimischen, als auch mit ausländischen Rohstoffen und mit den aus den Heeresbeständen frei werdenden Mengen salpetersaurer Salze sicher zu stellen und zu fördern. Die Phosphatversorgung gestaltete sich jedoch insofern sehr schwierig, als Frankreich die Phosphoritausfuhr aus Algier und Tunis Anfang 1919 stark beschränkte. Die plötzliche und unvorhergesehene Bekanntmachung dieser französischen Maßnahme hat in Italien sehr viel böses Blut erregt, da die freigegebene Menge geringer sein sollte, als die während des Krieges aus Algier und Tunis bezogene, die nicht einmal entfernt $^1/_3$ des italienischen Friedensbedarfes zu decken vermocht hat.

Spanien. Die Elektrizitätswirtschaft im wasserkraftreichen Spanien ist während des Krieges sehr schnell aufgeblüht, nachdem schon vorher verheißungsvolle Anfänge geschaffen waren. Seitens der 9 großen Gesellschaften, die Spanien mit elektrischer Energie versorgen, werden rund 500 000 von den 5 Mill. PS ausgenutzt, die überhaupt zur Verfügung stehen. Die A. E. G. und die Siemens-Gruppe stehen an der Spitze der deutschen Unternehmen in Spanien. Spanien produziert heute in 13 elektrochemischen Werken zirka 15 000 t Carbid (1916: 34 522 000 lbs. Carbid und 3 285 000 lbs. Ammonsulfat). 1913 ist Carbid bzw. Ammonsulfat noch nicht erzeugt worden.

Die chemische Industrie Spaniens ist trotz des Reichtums an Boden-
schätzen aller Art (Erze, Stein- und Braunkohle, Salze usw.) recht wenig
entwickelt. Neue Schwefelsäurefabriken entstanden während des Krieges
nur wenig, man begnügte sich damit, die alten zu erweitern. 1914 sind 36 t,
1915: 3000 und 1916 fast 7000 t nach Frankreich ausgeführt. Bedeutende
Kohlenlager finden sich in Asturien und in den Tälern von Ujo, Puertollano,
Valencia (Anthrazit), Bojador, Utrillos, Figols usw. Das Pyrenäenbecken
birgt reiche Braunkohlenflöze. Im allgemeinen fehlt es jedoch fast überall
an guten Transportwegen. Die gesamte Kohlenförderung stieg von 2,583 Mill. t
1900 auf 3,783 Mill. t 1913. Sehr große, aber ziemlich arme (6 bis 12 Proz.
Öl) Ölschieferlager erstrecken sich über Kastilien und Andalusien. Sie werden
erst in bescheidenem Umfang ausgebeutet. 1918 gab es im wesentlichen 19
rein spanische Unternehmen der eigentlichen chemischen Industrie mit
53,695 Mill. Pesetas nominellen und 43,668 Mill. Pesetas tatsächlich ein-
gezahltem Aktienkapital. Die *S. A. Minera de Peñarroya* und die *Union
Española de Fabricas de Abonos* (Fabriken in Málaga, Alicante, Valencia
und Sevilla; 1913: 167 000 t Superphosphat, 1917: 66 000 t Schwefelsäure, 84 500 t Superphosphat) arbeiten mit französischem Kapital und
die *Superfosfatos* ist englisch. Für Harzerzeugnisse besteht ferner die wichtige *Union Resinera Española* mit 20 Mill. Pesetas Kapital, zahlreichen Fabriken und Zweigniederlassungen. Die Ausbeutung einiger wertvoller Phosphoritlager wurde durch mangelhafte Eisenbahnverbindungen bisher verhindert, immerhin genügten die geförderten einheimischen Mengen, um die Versorgung sicher zu stellen. Die Förderung des Kalisalzbergbaus der Provinzen
Barcelona und Lerida, auf den sich u. a. das deutsche Kalisyndikat bereits
vor dem Kriege einigen Einfluß gesichert hatte, hat sehr wenig Fortschritte
gemacht, was im Interesse der spanischen Düngemittelversorgung recht zu
bedauern ist. 1913 wurden 23 052 t chemische Erzeugnisse nach Spanien
eingeführt, die meist aus Deutschland, Frankreich und England stammten.
Während der Kriegsjahre haben sich insbesondere die Ver. Staaten, Frankreich und England bemüht, eine maßgebende Stellung auf dem spanischen
Chemikalienmarkt zu erringen. Jetzt ist Deutschlands Einfluß wieder stark
im Steigen.

1919 waren 3 Fabriken zur Herstellung von Luftsalpeter im Bau, die
eine in Viana mit 8000 PS hydroelektrischer Energie, die andere in Lerida,
die zunächst 25 000, später 75 000 PS zur Verfügung hat und die dritte in
Corcubion. Bereits 1913 hatte die *Norsk Hydro* für 1 Mill. Fr. und jährliche Abgabe eine Lizenz ihres Verfahrens an ein unter Leitung der *Banco
de Castilla* stehendes Finanzkonsortium verkauft, die dasselbe in Spanien und
Portugal verwerten wollte[1]. Es wurde zu diesem Zweck die *Sociedad Ibérica
del Azoe* gegründet. Da man aber den *Schönherr*-Ofen für leistungsfähiger
hielt, als den *Birkeland-Eyde*schen, so wollte man mit diesem arbeiten[2].

---

[1] Chem.-Ztg. 1913, S. 1387.
[2] *F. A. Bühler*, Chem.-Ztg. 1913, S. 1509.

Die Anlage in Viana (Navarra) nutzt einen Wasserfall des Ebro aus. Sie wird von der *Compania Navarra de Abonos Quimicos de Pamplona* betrieben bzw. gebaut. Die Kosten der Wasserbauten und elektrischen Anlagen waren auf 5 Mill. Pes. und diejenigen für die Fabrik auf 3 Mill. Pes. veranschlagt. Während des Krieges ist dort kein Kalksalpeter mehr erzeugt worden, da das Werk noch 1920 zum Teil im Bau begriffen war. Die Lerida-Anlagen sind noch weiter zurück. Bei Zugrundelegung von 35 000 PS wird die Luftsalpetersäureproduktion Spaniens in den nächsten Jahren sich bis auf etwa 15 000 t konz. Salpetersäure steigern lassen.

Die im Jahre 1913 mit 0,2 Mill. Pes. gegründete *Sociedad Electrometalurgico del Astillero* in Santander hat den im Januar 1914 eröffneten Betrieb ihrer Carbidfabrik vorübergehend einstellen müssen. In Pamplona vereinigten sich Ende 1919 bedeutende Finanzleute aus den baskischen Provinzen und Navarra, um eine neue Gesellschaft für chemische Produkte „*La Biurdana*" zu gründen, welche den Salzüberfluß der genannten Provinzen ausnutzen soll. Durch Erwerbung eines Wasserfalles in der Nähe von Pamplona soll Energie zur Versorgung einer elektrolytischen Anlage zur Zerlegung von Kochsalzlösung usw. gewonnen werden. Man denkt auch an Luftstickstoffverwertung. 1920 erhielt die französische *Société des Produits Azotés* von der spanischen Regierung die Konzession zur Errichtung einer Kalkstickstoffabrik für $1^1/_2$ Mill. Fr. Nebenbei sollen noch Schwefelsäure, Phosphorsäure usw. gewonnen werden. Es handelt sich dem Vernehmen nach[1] um ein neues Verfahren zur Erzeugung von Cyanamidderivaten.

Vor Kriegsausbruch wurden jährlich 1150 t Benzol in 4 Anlagen hergestellt. Seit 1914 sind 3 Neuanlagen und eine Erweiterung hinzugekommen, so daß heute etwa 2200 t Benzol gewinnbar sind. Die *Siderúrgica del Mediterráneo* ist außerdem dabei, eine weitere Anlage für eine Jahresleistung von 600 t zu erstellen.

Die *Altos Hornos de Vizcaya* befaßten sich bereits lange vor Kriegsbeginn mit dem Plan, die Abgase ihrer Koksöfen (6 Batterien) in geeigneter Weise zu verwerten. Eine deutsche Firma war mit den Lieferungen der Apparatur und mit dem Bau betraut worden, der Ende 1914 übergeben werden sollte. Teilzahlungen waren bereits geleistet, doch konnte die Anlieferung der inzwischen fertiggestellten Apparate und Maschinen infolge des Kriegsausbruches nicht mehr erfolgen. Wegen der immer empfindlicher werdenden Benzolknappheit beschloß die Gesellschaft, die Betriebe mit ihren eigenen Mitteln auszubauen. Sie übertrug die Ausführung den in ihren Fabriken Barracaldo und Sestao beschäftigten Ingenieuren *Bollard*, Vater und Sohn. Am 24. November 1918 konnten die Neuanlagen in Benutzung genommen werden, die zur Lieferung von Benzol, Naphthalin, schweren Ölen, schwefelsaurem Ammoniak und Salmiak eingerichtet sind. Die jährliche Erzeugung an erstklassigem Benzol beträgt etwa 700 t, die an Naphthalin rund 140 t. Bei mangelhafter Kohlenbelieferung produzieren Barracaldo und Sestao

---

[1] Chem.-Ztg. 1920, S. 547.

300 t, unter günstigeren Verhältnissen etwa 400 t Ammonsulfat pro Jahr. Salmiak kann täglich 150 kg hergestellt werden. Er wird in der eigenen Fabrik bei der Herstellung von Weißblech weiter verwendet. Naphthalin kostete in Barcelona Mitte 1919 etwa 850 Pes. pro t, Ammonsulfat 1500 Pes. die t (gegen 2000 Pes./t im Jahre 1918) und Salmiak 2 Pes. je kg.

Düngemittel braucht Spanien hauptsächlich für den Reisbau in der Gegend von Valencia. Der Jahresbedarf beträgt 60 000 bis 70 000 t schwefelsauren Ammoniaks. Aus Florida kamen im Frieden 100 000 t Phosphat und aus Algerien 200 000 t; die Eigenförderung erreichte 16 000 bis 18 000 t geringwertige Sorten. Sämtliches Phosphat wird zu Superphosphat verarbeitet. Die Regierungshöchstpreise waren Ende 1920 wie folgt festgesetzt: Superphosphat mit 13/15 Proz. P_2O_5 (Phosphorsäure) 16,00 Pes. je 100 kg ab Werk; 15/17 Proz.: 19,00 Pes.; 16/18 Proz.: 20,25 Pes. Die Chilesalpetereinfuhr belief sich 1913 auf 35 235 t, diejenige an Ammonsulfat auf rund 203 Mill. lbs. (1918 nur noch 270 584 lbs.), von denen 55 Mill. lbs. aus Deutschland und 117 Mill. lbs. aus England kamen.

Ende Juli 1920 (deutscher Valutastand 692,50) wurden in Spanien folgende Preise bezahlt[1]:

	pro 100 kg	
Ammoniak, wässerig, handelsübliche Form, in Ballons	170 Pes.	
Ammoniak, prima, in Ballons	220 „	
Salpetersäure, 40°, prima, farblos in Ballons	140 „	
Ammonsulfat, 20 bis 21 Proz. N	130 „	[Ende 1920 nur 90 Pes.]
Chilesalpeter, 15 bis 16 Proz. N	68 „	

Auch in Portugal denkt man an die Errichtung von Carbidfabriken[2].

Dänemark. Eine Luftstickstoffindustrie gibt es bis heute in Dänemark nicht, da die ungenügenden Kraftquellen des Landes nicht zur Gründung einer solchen ermutigen. 1919 hat man den Plan erwogen, Dänemark im allergrößten Maßstabe mit norwegischer Elektrizität zu versorgen, was durch Verlegung von Starkstromkabeln usw. technisch sehr wohl ausführbar ist.

Mit aller Energie suchte man den Torf nutzbar zu machen (3000 qkm Moor). Die Zahl der maschinellen Anlagen hat von 57 im Jahre 1916 auf 162 im Jahre 1917 und die Erzeugung von 22 000 t auf 56 000 t (= 168 000 cbm) luftgetrockneten Maschinentorfs zugenommen. 1917/18 wurden 200 000 Kr. Staatsbeihilfe an 225 Fabriken bezahlt. Bei einem Durchschnittspreis von 18 Kr. auf 1 cbm Torf ergibt allein die maschinelle Erzeugung eine Ausbeute von 3 Mill. Kr. Nach anderen Meldungen[3] soll die gesamte Herstellung von Rohtorf in Dänemark 1917: 9,5 Mill. t (= 27,5 Mill. Kr.) betragen haben (?). Die Versuche mit dem Verfeuern von Torf auf Lokomotiven haben bei Anwendung verschiedener Feuerungsmischungen ein günstiges Ergebnis gehabt. 1916/17 ging das *Vestre Gasvärk* in Kopenhagen dazu über, das Steinkohlengas mittels Torfgas zu strecken. Die Vergasung einer Mischung von 70 Proz. Kohle und 30 Proz. Torf erwies sich als unzweckmäßig, wohingegen sich die Retortenfüllung mit 80 Proz. Kohle und 20 Proz. Torf (aus dem kommunalen Moore Viksö) gut bewährte. Auch Mischungen aus Torf-, Steinkohlen- und Wassergas haben Verwendung gefunden, um der drückenden Kohlenknappheit zu steuern. Auf der großen Werft und Dieselmotorenfabrik *A.-S.*

---

[1] Metallb. 1920 S. 1198.
[2] Zeitschr. f. angew. Chem. 1920, II, 108.
[3] Chem.-Ztg. 1918, S. 376.

Burmeister & Wains, Maskin & Skibsbyggeri in Kopenhagen, ist 1917 eine Methode zum Betreiben von Dieselmotoren mit Torfgas an Stelle des fehlenden Öles ausgearbeitet worden. Eine Anzahl dänischer Staaten ist dazu übergegangen, einen Teil ihrer Kraftmaschinen in den Elektrizitätswerken aus Ölmangel nach diesem System umbauen zu lassen. In Jütland sind ferner erfolgreiche Versuche ausgeführt worden, um Torfkohle in Meilern zu verbrennen. Die erzeugte Kohle soll 6000 Cal. Heizwert haben und sich für Schmiedearbeiten aller Art gut bewähren. Torfvergasungsanlagen unter Gewinnung von Ammonsulfat usw. gibt es in Dänemark bisher noch nicht.

1918 war mit 800 000 Kr. eine Aktiengesellschaft in der Bildung begriffen, welche nach einem Verfahren von *Malling* aus den Tangmassen des Meeres durch Pressen in Brikettform und rasches Trocknen bei hoher Temperatur einen hochwertigen Brennstoff (4700 Cal.) fabrizieren will. Der Tang findet sich sowohl an der Ostseeküste als auch im Wattengebiet der Nordsee. Die Gewinnung solcher Tangbriketts soll nicht teurer oder komplizierter sein, als das Ausstechen und Trocknen des Torfes.

Im Jahre 1918 begannen die Vorarbeiten zur Prüfung des Planes, in Dänemark eine Salpeterfabrikation anzulegen, festere Form anzunehmen. Nicht nur beabsichtigte damals die *A.-S. Christiansholms Fabriker* in Kopenhagen eine derartige Gründung, sondern ein dafür eingesetzter Staatsausschuß erhielt auch von der *Dänischen Düngemittel-Genossenschaft* 80 000 Kr. für die Errichtung einer Versuchsfabrik unter der Bedingung, daß die Betriebskosten durch staatlichen Zuschuß gedeckt würden. Der Ausschuß ersuchte deshalb die Regierung um Bereitstellung von je 20 000 Kr. während dreier Jahre. Vorversuche wurden von *Raaschou* und *Meyer* in der Polytechnischen Lehranstalt-Kopenhagen ausgeführt. Zur Gründung einer Fabrik ist es bis heute nicht gekommen.

Komprimiertes Acetylen hat vielfach zum Betreiben von Kraftwagen gedient, und die Acetylenbeleuchtung hat im Kriege einen breiten Raum eingenommen. Sämtliches Carbid wurde eingeführt (nordische Länder).

Die Industrie der komprimierten bzw. verflüssigten Gase ist in Dänemark relativ bedeutend. 1913 gab es eine Fabrik für Kohlensäure und zwei für Wasser- und Sauerstoff mit zusammen 30 Arbeitern, die 435 t flüssige Kohlensäure, 76,5 t (= 77 000 Kr.) Sauerstoff und 20,2 t Wasserstoff gewannen. Eingeführt wurden dazu weitere 46,6 t Kohlensäure und für 39 000 Kr. Sauerstoff. Die *Aktieselskabet Dansk Ilt- og Brintfabrik*-Kopenhagen arbeitet nach dem *Linde*-Verfahren auf Sauer- und Wasserstoff. Sie hatte März 1915 eine Explosion. Eine Zweigfabrik besteht in Aarhus. Kunsteisfabriken gab es mehrere. Die *Jydsk Iltfabrik A.-S.* in Horsens, Jütland zur Herstellung von Sauerstoff, Schweißapparaten und Zubehör kam 1919 neu in Betrieb.

In den Jahren 1918 und 1919 wurden eingeführt:

	1918	1919
Kohle	1,75 Mill. t	1,96 Mill. t
Rohphosphat	—	35 698 t
Superphosphat	—	66 864 t
Luftstickstoffdünger	19 947 t	36 588 t [Kunstsalpeter 19,6 bzw. 33,3 t]
Chilesalpeter	116 t	48 108 t
Kainit	508 t	1 021 t
Andere Kalisalze	33 869 t	107 696 t [Kalisalpeter 12,0 bzw. 292,0 t]

Der Gesamtwert der Düngemitteleinfuhr machte 78,33 Mill. Kr. aus, der Ausfuhrwert an Düngemitteln dänischer bzw. fremder Herkunft belief sich auf 0,13 Mill. bzw. 0,78 Mill. Kr. Der Carbidjahresverbrauch 1913 betrug 900 t, 1916: 2200 t.

Infolge des Fehlens einer regelmäßigen Zufuhr von Chilesalpeter seit 1914 war Dänemarks Düngemittelversorgung schwierig. Norgesalpeter und Kalkstickstoff aus Schweden oder Norwegen fanden daher guten Absatz. Die Chilesalpeterversorgung übernahmen die *Danske Gödningskompagni* und die *Ostasiatisk Kompagni* in Kopenhagen, welch letztere sich auch neuerdings den Besitz einiger Chilesalpetergruben (s. d.) gesichert hat. Die im Sommer 1916 gegründete landwirtschaftliche Organisation *Dansk*

Andels-Gödningsforretning af 1916 wollte ihren Mitgliedern bereits für 1917 genügende Mengen Chilesalpeter liefern, ohne dieses Versprechen infolge der politischen Verhältnisse voll einlösen zu können. Im November 1916 wurden nachstehende Höchstpreise festgesetzt: 100 kg bei direktem Verkauf an die Verbraucher 37 Kr. zuzüglich der Transportkosten und eines Zuschlages von 0,50 Kr. bei Verkauf ab Lager. Im Jahre 1919 gab der Staat der *A.-S. Dansk Svovlsyre- & Superfosfatfabrik*-Kopenhagen Einfuhrerlaubnis für Chilesalpeter unter Festlegung eines Höchstverkaufspreises von 55 Kr. pro 100 kg brutto, einschl. Sack, frei Waggon oder fob Einfuhrhafen (einschl. 1 Kr. Gewinn für den Zwischenhändler). Anfang 1917 war das Ausstreuen von schwefelsaurem Ammoniak und anderen Stickstoffkunstdüngern zeitweilig verboten, bis eine allgemeine Regelung der dafür erlassenen und maßgebenden Bestimmungen erfolgte.

Bis Herbst 1916 kam Carbid ganz regelmäßig aus Schweden und Norwegen. Als aber die teilweise Umstellung der norwegischen Fabriken auf Ferrosilicium begann und auch Schweden nur halb soviel wie früher lieferte, da der eigene Verbrauch anstieg, wurde die Versorgung Dänemarks, das keine Carbidfabrik besitzt, sehr schlecht. Um der Beleuchtungsnot zu steuern, wären 1917: 10 000 t notwendig gewesen, während für den Winter 1917/18 im ganzen nur 400 bis höchstens 1200 t zur Verfügung standen. Der Kilopreis war früher 0,30 Kr., 1917 im Kleinhandel mindestens 1,35 Kr. und ab 26. Juni 1918 1,27 bis 1,40 Kr., je nach Menge (ab Grossist an Kleinhändler 1,17 Kr. pro 1 kg in Trommeln). Seit 1. November 1917 erfolgte der Verkauf des Carbids an Verbraucher nur gegen besondere Carbidmarken des Brennölamtes.

Island ist an Wasserkräften reicher, als das dänische Mutterland. Die *Fosseaktieselskabet Island* will nach dem Vorschlag, den sie 1917 der isländischen Regierung einreichte, die Sogfälle, den Abfluß des Thingvalla-Vata, 45 km von Reykjavik, auf mindestens 50 000 PS ausbauen und eine Luftsalpetersäurefabrik zur Versorgung der isländischen und dänischen Landwirtschaft anlegen. Außerdem soll eine Eisenbahn gebaut und der südliche Teil der Insel mit billiger elektrischer Kraft versorgt werden. Dänisches Großkapital ist führend beteiligt. Der neuen Gesellschaft gehören auch die Eigentums- oder Nutzungsrechte an mehreren anderen Wasserfällen Islands (so dem Gullfos). Die norwegisch-isländische Gesellschaft „*Titan*" hat 1918 eingehende Pläne zur Ausnutzung des Flusses Thorsaa ausgearbeitet[1]. Es sollen längs desselben 6 Kraftwerke eingerichtet werden, die schätzungsweise 1,114 Mill. PS Höchstleistung ergeben werden. Ein Teil der Kraft soll nach Reykjavik geleitet werden. Beabsichtigt ist ferner der Bau einer Bahnlinie nach dort, gemeinsam mit den daran interessierten Behörden. An Ort und Stelle soll Luftsalpeter erzeugt werden. Die Gesellschaft „*Titan*", an der die *Norsk A.-S. for elektrokemisk Industri*-Kristiania beteiligt ist, erhöhte 1919 ihr Kapital von 4 auf 6 Mill. Kr.; sie setzt großes Vertrauen auf Islands Zukunft als Industrieland, das aber ohne Unterstützung von außen seine Hilfsquellen nicht entwickeln könne. Wie weit die beiden benachbarten isländischen Gesellschaften mit z. T. gleichen Plänen (Bahnbau, Überlandleitung) zusammenarbeiten werden, steht noch dahin. 1920 beschloß die Stadt Reykjavik, sofort am Ellidarelf ein Elektrizitätswerk für 1000 PS Leistung und 2 Mill. Kr. Kosten zu errichten.

Niederlande. Eine eigentliche Luftstickstoffindustrie haben die Niederlande bis heute nicht entwickelt, wohl aber sind die Ansätze zu einer solchen vorhanden.

Auf die niederländische chemische Industrie hat der Krieg wie ein Schutzzoll gewirkt, der die Entwicklung außerordentlich begünstigte. Der Kapitalbedarf in Gestalt von neu ausgegebenen Wertpapieren belief sich in der chemischen Industrie Hollands auf 15,623 Mill. Gulden zwischen September 1915 und September 1918, gegen nur 20 000 Gulden in den Jahren 1912 und 1913. In der Metallindustrie betragen diese Werte vergleichsweise 32,132 Mill. bzw. 6,716 Mill. Gulden. Man befürchtet unter diesen Umständen beim Wiederaufleben des ausländischen Wettbewerbs und beim Sinken der Kriegspreise kritische Wirtschaftslagen. Verschiedene Einrichtungen, wie Messen und Vereine (Messe in Utrecht usw.; *Maatschappij van Nijverheid*; *Bureau voor Handels-*

---

[1] *Frank*, Technik u. Wirtschaft 1919, S. 631.

inlichtingen; *Nederland'sch Fabrikaat*) haben die Aufgabe, für die heimischen Erzeugnisse zu werben und ihren Absatz zu heben. Die Hilfe des Staates ist der holländischen Industrie nicht in Verfolgung einer Schutzzollpolitik erwünscht, sondern vielmehr in einer Unterstützung durch Beseitigung hemmender Einflüsse, durch Bau von Kanälen, Einrichtungen von Handelskammern, nachdrücklichste Interessenvertretung im Ausland usw. Der hohe Kursstand des Guldens erleichterte den Auslandserzeugnissen den Wettbewerb auf dem holländischen Markt und erschwerte zugleich die Ausfuhrmöglichkeit. Bereits Anfang 1919 klagten die niederländischen Düngemittelhersteller über die Nachteile einer allzu reichlichen Einfuhr von Chilesalpeter.

Desto größer war die Stickstoffnot während des Krieges! Vor 1914 wurden jährlich 100 000 t Chilesalpeter und 40 000 t Ammoniumsulfat eingeführt. In den Kriegsjahren stand im wesentlichen nur die kleine Inlandserzeugung der Gaswerke von etwa 4000 t Ammonsulfat pro Jahr zur Verfügung. Die Steinkohlenförderung in Limburg wurde zur Koks- und Nebenproduktengewinnung kaum ausgenutzt. Sie ist von 1,873 Mill. t 1913 auf 3,079 Mill. t 1917 gestiegen. (Preis 8 bis 10 Gulden 1913, 16 bis 20 Gulden 1917 für 1 t). Es besteht ein Lieferungsmonopol. Erst 1917/18 ging man daran, in Limburg eine Kokerei zu erbauen, die monatlich u. a. 135 t Ammonsulfat liefern soll und 1919 ist mit 4 Mill. Gulden eine Gesellschaft gegründet worden, um einen Kokereibetrieb am Rotterdamer Wasserweg (= Nieuwe Waterweg, kanalisierter Maasarm zwischen Rotterdam und der Nordsee) ins Leben zu rufen. Die holländische Regierung erstrebt mit Macht den weiteren Ausbau ihrer Steinkohlenzechen und der Transportanlagen für Kohlenbeförderung. Sie hat zu diesem Zweck der 2. Kammer im August 1920 eine Kreditvorlage über 30 Mill. Gulden unterbreitet. Die 2000 qkm umfassenden Torfmoore werden chemisch noch nicht ausgenutzt.

Selbst wenn man die Produktion der Limburger Kokerei, die 1918 noch nicht in Betracht kam, mit einrechnet, wurden (1918) nur etwa 1,5 Proz. der in Holland verbrannten Kohlen auf Nebenprodukte verarbeitet. Durch den Mangel an Viehfutter nahm auch die Stallmistmenge merklich ab, mit der im Frieden jährlich etwa 20 000 t Stickstoff ungenützt verloren gingen. Unter solchen Umständen war es nur natürlich, daß dem holländischen Wirtschaftsminister eine ganze Reihe von Plänen auf Erbauung einer nationalen Stickstofffabrik vorgelegt wurden.

Auf einer Sitzung des Groninger „Landbouwbond" schlugen *G. J. van Swaay*, Professor an der Technischen Hochschule in Delft, und *J. Verheijen*-Rosendaal, Mitglied des Aufsichtsrates der Nordbrabanter Elektrizitätsgesellschaft, vor, eine Kalkstickstofffabrik im Anschluß an die elektrische Zentrale Gertruidenberg zu erbauen. Die Jahresproduktion sollte 20 000 t betragen, der Preis wurde auf 750 Gulden für 1 t geschätzt. Er müßte jedoch auf 390 Gulden ermäßigt werden, damit das Produkt mit dem Chilesalpeter konkurrieren kann. Wenn die niederländische Regierung auf ein Jahr die gesamte Produktion zu 750 Gulden/t übernehmen würde, müßte sie dafür 7,2 Mill. Gulden aufwenden, vorausgesetzt, daß sie das Produkt zu 390 Gulden/t glatt absetzen kann. Außerdem ginge dabei das Betriebsrisiko mit 5 bis 6 Mill. Gulden zu Lasten des Staates. Würde die Regierung andererseits Garantie für einen Erlös von 750 Gulden die Tonne und für billige Kohlen leisten, so wäre die Gesellschaft bereit gewesen, das Betriebsrisiko zu tragen. Mit *J. Verheijen* wurde zunächst ein Vorvertrag abgeschlossen (Gesetzentwurf vor dem holländischen Unterhause; 1918). Die niederländische Stickstoffkommission, der u. a. *J. H. Aberson*, *S. Hoogewerff*, *A. ter Horst*, *D. Knuttel*, *J. C. A. Simon Thomas* und *G. H. Voorhoeve* angehörten, sprach sich über das Verfahren an sich zwar günstig, über die wirtschaftlichen Grundlagen jedoch ungünstig aus; die Regierung lehnte es daraufhin trotz der großen Stickstoffnot im Hinblick auf die geringe Konkurrenzfähigkeit des Unternehmens nach dem Kriege ab, diesem oder einem ähnlichen Plan näher zu treten.

Zu einem besseren Ergebnis führten die Verhandlungen mit einem Syndikat, das die Verwertung eines von *L. Hamburger* ausgearbeiteten Verfahrens ins Auge gefaßt hat. *L. Hamburger* arbeitet, wie *Bucher* in Amerika, nach dem Natriumcyanid-Ammoniak-Verfahren. Es wurde eine Aktiengesellschaft unter dem Namen „*N. V. Stickstofbindungs-*

industri Nederland" gegründet, von derem Gesamtkapital von 10 Mill. Gulden bei der Bildung 3 Mill. Gulden eingezahlt wurden. Das Abkommen zwischen der Regierung und dieser Gesellschaft erhielt die Genehmigung der 2. Kammer (1918). Der Staat verpflichtete sich, 6 Jahre hindurch bestimmte Mengen gebundenen Stickstoffs, und zwar im Minimum 2500, im Maximum 5000 t zu festen Preisen abzunehmen. Er sagte außerdem folgende Prämien zu:

für Lieferung von Ammonsulfat vor April 1919 . . . . 6 fl/100 kg
„   „   „   „   vom 1. Mai bis 31. Aug. 1919 . .   4 fl/100 kg
„   „   „   „   zwischen 1. Sept. bis 31. Dez. 1919   2 fl/100 kg

Die Sachverständigenkommission beurteilte das Verfahren sehr günstig. Der Bau der Fabrik in Dordrecht wurde sofort in Angriff genommen, da man 1919 versuchsweise in Betrieb zu gehen hoffte. Die Gesamtproduktion soll zunächst 12 500 t schwefelsaures Ammoniak betragen, um den dringendsten Bedarf der holländischen Landwirtschaft zu befriedigen. Das Kapital zerfällt in 9,95 Mill. Gulden Stamm- und 50 000 Gulden Vorzugsaktien. Bei der Gründung im Jahre 1918 sind die letzteren und 2,95 Mill. Gulden Stammaktien eingezahlt worden. Inzwischen[1] hat man mit den Versuchen in Dordrecht günstige Ergebnisse erzielt und rechnet damit, die noch bestehenden Schwierigkeiten bald überwinden zu können.

Vor der „*Niederländischen Chemischen Gesellschaft*" hat *L. Hamburger*-Utrecht am 13. Juli 1918 einen umfassenden Vortrag über die Stickstofffrage vom holländischen Standpunkt gehalten. Im Jahre 1919 veranlaßte die Unterkommission für die Stickstofffrage der „*Wetenschappelijke Commissie van Advies en Anderzoek in het Belang van Volkswelvaart en -weerbaarheid*" den niederländischen Wirtschaftsminister, Untersuchungen über die Möglichkeit einer Sammlung von Harn- und Torfmulldüngern durch den Direktor *de Bruyne* (Rotterdam) vom „*Kantoor vor Afvalproducten voor den Landbouw*" anstellen zu lassen. Dem Vorschlage der Kommission, das für Umsetzung von Ammoniak in Salpetersäure nötig gebrauchte Platin staatlicherseits zu beschlagnahmen, wurde zugestimmt.

1918 beschlossen ferner sechs der größten Firmen der Rübenzuckerindustrie, eine Fabrikanlage zur Gewinnung von Stickstoffverbindungen aus Luft zu schaffen. Vorläufig wurden dafür 50 000 Gulden ausgeworfen. Gleiche Absichten hatten die „*Naamlooze Vennootschap Amsterdamsche Superfosfaat-Fabriek*" und die „*Vereenigde Chemische Fabrieken*". Die Fabrik soll für gemeinsame Rechnung betrieben werden. Die Superphosphatgesellschaft erhöhte gleichzeitig ihr Kapital von 3 auf 6 Mill. Gulden. Sie stellt übrigens seit Kriegsausbruch auch Salz- und Salpetersäure her (außer Schwefelsäure und Superphosphat). Die „*Mij. van Zwavelzuurbereiding v. h. G. T. Keljen en Co.*" Amsterdam gewinnt Schwefelsäure nach dem Bleikammer- und dem Kontaktverfahren. Hauptsächliche Herstellerin von Ammoniak usw. ist die *N. V. Ammoniakfabriek v. h. Van der Elst en Matthes* in Weesp, die sowohl rohes Ammoniakwasser, wie reinen Salmiakgeist in den Handel bringt und außerdem Ammonsulfat, -carbonat und -nitrat erzeugt. Die Ausstellung von anorganisch-chemischen Präparaten auf der 2. Utrechter Messe 1918[2] zeigte u. a. auch Ammoniakverbindungen aus Tierkohle.

Die Arnhemer Gasanstalt fabriziert viel Ammoniumverbindungen. Bis 1914 begnügte man sich dort damit, Ammoniakwasser und Ammonsulfat herzustellen, später ging man zur Gewinnung von flüssigem Ammoniak für die Kühlindustrie über. Es wurde nicht nur eigenes Gaswasser, sondern auch fremdes Ammoniakwasser anderer Gasanstalten verarbeitet. Außerdem wird Salmiak erzeugt.

Neu gegründet wurden u. a. die *N. V. Zuurstoff-Fabriek „De Alblas"* und die „*N. V. Acetyleengas Maatschappij*"; außerdem plante man, bei den Limburger Kohlengruben eine Carbidfabrik zu errichten (1918). Vor dem Kriege wurden in Holland 100 kg Carbid mit 18 Gulden, 1918 das Kilo mit 1,35 Gulden bezahlt.

---

[1] Zeitschr. f. angew. Chem. 1920, II, 404.
[2] Zeitschr. f. angew. Chem. 1918, III, 384/5

Im englischen Unterhause bezifferte man 1917 die gesamte Düngemitteleinfuhr Hollands in den Jahren 1911 bis 1913 auf 1,301 Mill. t im Jahresmittel. Nach Abzug aller Wiederausfuhr blieben im Durchschnitt 556 000 t pro Jahr für den eigenen Verbrauch übrig. Tatsächlich eingeführt sind dagegen 1916 alles in allem nur 157 000 t. Hinsichtlich der wichtigsten Düngemittel stellte sich der Einfuhrüberschuß in den Jahren 1912 und 1913 wie folgt [in t]:

	1912	1913
Chilesalpeter	74 406	82 490
Ammonsulfat	7 958	12 475
Guano	2 344	11 345
Thomasphosphat	185 485	240 259

Das zwischen den Niederlanden und der Entente abgeschlossene Abkommen sah die Lieferung folgender Düngemittelmengen für 1918/19 vor: 45 000 t Chilesalpeter und 40 000 t Rohphosphat. Schon die Gegenüberstellung dieser Zahlen und der obigen zeigt, wie schlecht es mit der Versorgung Hollands während des Krieges bestellt gewesen ist [1]. Die Chilesalpetereinfuhr erreichte 1913: 203 585 t.

1919 wurde ein Verkaufsvertrag zwischen der holländischen Regierung und dem chilenischen Finanzministerium abgeschlossen, laut welchem der Salpeterindustrielle *Don Jorge Sabioncello* 22 000 t Chilesalpeter an Holland zum Preise von 13 s 6 d pro Ztr. verkaufte. Es gelang auch, den nötigen Frachtraum auf holländischen Schiffen zur Verfügung zu stellen und so konnten bereits im 1. Vierteljahr 1919 namhafte Salpetermengen eingeführt werden (bis Ende April 1919: 80 000 t). Der Frachtsatz belief sich auf 59 bis 75 Gulden je Tonne. Am 18. Juli 1919 hat der holländische Wirtschaftsminister den Handel mit Chilesalpeter, Norgesalpeter, Kalkstickstoff und ausländischem Ammonsulfat freigegeben. Am 1. Jan. 1920 waren bei der Kunstmestcommissie 27 000 t Chilesalpeter vorhanden. Es wurden im Laufe der nächsten Monate weiter 56 188 t eingeführt, so daß allein für die Frühjahrsdüngung 1920 bereits mindestens 83 188 t verfügbar waren, während vor dem Kriege im ganzen Jahr nur 100 000 t verbraucht worden sind. Die Einfuhrmengen stiegen weiter und haben im Sommer 1920 bereits 125 000 t überschritten. Die Preise für Chilesalpeter sind sehr zurückgegangen. Sie betrugen an der Rotterdamer Börse am 15. März 1920 noch 60 bis 62 Gulden pro 100 kg, am 18. Mai 1920 nur noch 20 Gulden und am 6. Juli 1920 18 bis 20 Gulden.

Im Jahre 1919 haben sich unter Führung der „*N. V. Ammoniakfabriek voorheen Van der Elst & Matthes*" eine Reihe niederländischer kommunaler Gasanstalten zu einer Interessengemeinschaft für den Verkauf von schwefelsaurem Ammoniak zusammengeschlossen, die 85 Proz. der holländischen Erzeugung umfaßt. Dem Verkauf dient das neue „*Verkoopkantoor voor zwavelzuren ammoniak*" in Amsterdam. Eine Ausfuhr findet nicht statt. Der Marktpreis beträgt etwa 34 bis 35 Gulden pro 100 kg.

In Rotterdam kosteten 100 kg [1. Juli 1920] Ammoniak: 18 bis 20 Gulden, Calciumcarbid: 20 bis 22 Gulden, blausaures Kali oder Natron: 235 bis 275 bzw. 200 bis 225 Gulden, Schwefelsäure 60° Bé: 13 bis 14 Gulden.

Rußland ist mangels einer eigenen größeren Luftstickstoffindustrie vorläufig ganz auf Einfuhr, auf sein Kokereiammoniak und auf seine natürlichen Hilfsquellen angewiesen. Kleinere Salpeterlager sind im Altai (Sibirien), bei Jalutorowska (Sibirien) und am persischen Urmiasee aufgefunden worden. An letzterem Ort wurden 1915/16 etwa 32,8 t gewonnen, von denen die Hälfte an das Arsenal der persischen Regierung abzuführen war. Vor dem Kriege entfielen von 30 Milliarden investierten Industriekapitals (Produktionswert pro Jahr 7 bis 8 Milliarden Rubel) rund 3 Milliarden (entspr. 600 Millionen Rubel) auf die chemische Industrie, deren Arbeiterzahl sich während des Krieges verdoppelt hat (= 400 000).

Die Chilesalpeterversorgung Rußlands (Einfuhr 1913: 43 359 t) wurde bald nach Kriegsausbruch sehr schwierig, da nur Wladiwostok als Einfuhrhafen in Betracht kam. Im Frühjahr 1915 waren die Chilesalpetervorräte um 80 Proz. kleiner, als im Jahre 1913

---

[1] Chem. Ind. 1916, S. 174.

und um 444 Proz. teurer. Superphosphat war damals um 93 Proz., Kalidüngesalz um 27 bis 35 Proz. und Kalk um 40 Proz. im Preise gestiegen. Nur die Ammonsulfatpreise waren gefallen, da die Ausfuhr fehlte. Vom Herbst 1915 an verschwanden Phosphate (Eigenproduktion 1913: 11,2 Mill. Pud, 1916: 3,5 Mill. Pud à 16,3805 kg; Einfuhr 1913: 23,2 Mill. Pud), Kalk, Chile- und Norgesalpeter sowie Kalisalze (Einfuhr 1913: 5 Mill. Pud) überhaupt gänzlich vom Markte. In der Gegend von Moskau kosteten 100 kg Chilesalpeter Anfang 1915 schon etwa 66 Mk. gegen rund 24 Mk. 1914. Die chemischen Fabriken beantragten darauf zollfreie Einfuhr für ihren Bedarf und errichteten eine besondere Einkaufsorganisation in Chile. Im Jahre 1916 beschlagnahmte Rußland alle Verschiffungen nach Wladiwostok, und zwar raffinierten Salpeter zum Preise von rund 300 Mk. die Tonne und Rohsalpeter für 240 Mk. die Tonne. Von der Beschlagnahme befreit blieben nur jene Mengen, welche mit Erlaubnis des russischen Regierungskomitees in London verladen worden sind. Große Phosphoritlager sind in den Gouvernements Perm und Kostroma aufgefunden worden. Die Nitratproduktion Rußlands erreichte 1916 300 000 Pud à 16,3805 kg.

Trotz des mächtig entwickelten Steinkohlenbergbaues und der ziemlich bedeutenden Kokerei waren Ammoniumsalze 1915 schon knapp. Es betrugen [in 1000 t]:

	1855	1895	1900	1905	1910	1913
Kohlengewinnung . .	155,7	9099	16 157	18 668	23 927	30 745
Kokserzeugung . . .	—	—	2 244	2 301	2 750	3 816

Die Torfindustrie Rußlands (380 000 qkm Moor) steckt noch in den primitivsten Anfängen. Die z. T. reichen Naturgasvorkommen Südrußlands (93,66 Proz. CH_4, 0,2 Proz. CO, 1,08 Proz. H_2, 1,10 Proz. O_2, 3,35 Proz. CO_2, 0,61 Proz. Rest; Heizwert 8969 WE) werden für Zwecke der chemischen Industrie noch kaum ausgenutzt, ebensowenig ist bisher von einer Nutzbarmachung der Wasserkräfte in den gebirgigen Teilen die Rede. In neuester Zeit spielt die „Vereinheitlichung" der Kraftmittel eine wichtige Rolle.

Im Jahre 1919 genehmigte die Omsker Regierung die Ausnutzung des brennbaren Schlammes im Schiwakisch-See. Der Schlamm soll bei Vergasung Teerprodukte, Cyanide, Ammoniak usw. geben. Der Bau einer Anzahl von Fabriken sollte 1919 in Angriff genommen werden. Carbidfabriken besitzt u. a. die *A.-G. „Perun"*.

1917 bildete sich in Petersburg eine Gesellschaft, um nahe dem Weißen Meer eine Luftsalpetersäurefabrik nach dem *Birkeland-Eyde*-Verfahren mit der *Norsk Hydro* zusammen zu erbauen. Die weitere Gestaltung der politischen Verhältnisse hat den Bau verhindert. Erst 1919/20 sind die Pläne wieder aufgenommen worden. Der Oberste Wirtschaftsrat beschloß, mehrere Fabriken zur Herstellung von Salpeter zu errichten. Die erste Fabrik dieser Art sollte Anfang 1920 im Bau und der Einrichtung schon so weit vorgeschritten sein, daß sie den Betrieb damals bald aufnehmen konnte. Man rechnet hier zunächst auf eine jährliche Erzeugung von mindestens 16 000 bis 22 000 kg Salpeter (s. u.). Auch sonst läßt sich die Sowjetregierung die Förderung der chemischen Industrie vorzugsweise angelegen sein; so hat der Oberste Wirtschaftsrat vorgeschlagen, dem Bau von Phosphorfabriken für die Zündholzfabrikation besondere Aufmerksamkeit zu schenken. 1913 wurden 43 359 t Chilesalpeter eingeführt.

Die Sektion für Mineraldüngemittel bei der russischen Regierung hat 1917 fo gende Mengen abliefern können:

1000 t Superphosphat von Ochta,
1000 t　　　　„　　　　„ Samara,
2500 t　　　　„　　　　„ Wladiwostok,
900 t Ammoniumsulfat und
200 t Chilesalpeter.

Es wurden damals Lehrkurse in der Anwendung der künstlichen Dünger abgehalten.

Im Jahre 1919 hat die Landwirtschaftliche Abteilung des Zentralrats der Sachverständigen die Frage der Versorgung Rußlands mit stickstoffhaltigen Düngemitteln eingehend geprüft. Man kam dabei zu dem Ergebnis[1], daß die russische Landwirtschaft in nächster Zeit auf den Bezug stickstoffhaltiger Düngemittel nicht rechnen könne, weil Rußland eine Luftstickstoffindustrie nicht habe (deren Schaffung im übrigen sehr empfohlen wird), weil ferner das deutsche Ausfuhrverbot noch bestehe und weil endlich die außerordentlichen Transportschwierigkeiten verhinderten, Chilesalpeter über Wladiwostok hereinzubekommen. In Wladiwostok sollen noch alte Vorräte liegen. Mit einer Einfuhr aus Norwegen rechnet man wegen der hohen Preise und der unbedeutenden Menge, die in Frage käme, nicht. Der Ausschuß rät, die vorhandenen Stickstoffvorräte (Stalldung, Torf, Wirtschaftsabfälle) sorgfältig zu verwerten, die Kultur der stickstoffsammelnden Leguminosen zu pflegen und die industriellen Methoden der Stickstoffgewinnung beschleunigt auszubauen. Als solche werden in erster Linie genannt: Kokerei, Gasanstaltsbetrieb, Vergasung von Torf usw. Für die Gewinnung des Luftstickstoffs wird ein Verfahren von Prof. *Meiner* als das wertvollste angesehen, das auf den *Skodawerken* in Pilsen Verwendung finden soll. Eine Studienkommission ist 1919 ausgeschickt worden, um dasselbe an Ort und Stelle kennenzulernen.

Von sehr großem Interesse sind die Ausführungen des Bureaus für in- und ausländischen Handel der Ver. Staaten, die vom Standpunkt einer späteren wirtschaftlichen Durchdringung Rußlands, wie sie zuerst 1920 von *Vanderlip* angebahnt wurden, geschrieben sind.

„Rußland besitzt riesige Phosphoritlager, doch ist das Mineral nicht hochwertig. Vor dem Kriege produzierte man 300 Mill. Pud (= je 16,3805 kg) Roheisen und nicht ganz die gleiche Menge Koks (s. o.). Bei einer Steigerung auf 1 Milliarde Pud ließen sich 6 Millionen Pud Ammonsulfat als Nebenprodukt gewinnen. Rußland besitzt 17 Mill. Desjatinen (= rund 1,09 ha) Torfflächen allein in Europa. Bei der Torfvergasung würden sich billige Kraftgase und Ammonsulfat ergeben. Man berechnet auf 5000 Desjatinen Torfmoor von 2 bis 3 m Mächtigkeit 24 Mill. Pud Ammonsulfat und etwa 1,5 Mill. PS à $^1/_4$ bis $^1/_2$ Kopeke.

Eine Tonne trockener Torf soll 2 bis $2^1/_2$ Pud Ammonsulfat geben. Die Kombination des *Caro*-Verfahrens mit dem *Gering-Viland*-Verfahren, bei dem Teer und Ammoniak als Nebenprodukt der Gewinnung von Koks aus Torf für metallurgische Zwecke erhalten werden, würde Rußland mit billiger Kraft in solcher Menge versehen, daß man daran denken könnte, Salpetersäure aus Luft, Calciumcarbid und Aluminium herzustellen, sowie die Zellstoff-, Holz- und metallurgische Industrie zu entwickeln.

Für die Gewinnung von Salpetersäure aus Luft hat man am Kiwatschfall der Suna eine Fabrik eingerichtet, die mit 25 000 PS jährlich 400 000 Pud Salpeter herstellen kann. Zur Gewinnung von 24 Mill. Pud Salpeter wären Kraftanlagen von 400 000 PS nötig, die leicht mit den im Altai, im Kaukasus und im Murmangebiet vorhandenen Wasserkräften betrieben werden könnten. In weiterer Zukunft dürfte die Entwicklung anderer Industrien liegen, deren Produkte Rußland vor dem Kriege in größerem Maßstabe einführte: 1. Calcinierte Soda (Import vor dem Kriege 200 000 Pud aus Deutschland und Finnland), 2. künstliche Kohle und Graphit, 3. Aluminiummetall (etwa 300 000 Pud vor dem Kriege importiert), 4. Magnesium, Natrium und Phosphor.

Zur Herstellung dieser Artikel in ausreichendem Maße (500 000 Pud calc. Soda, 1 Mill. Pud künstl. Kohle und Graphit, 500 000 Pud Aluminium, 10 000 Pud Magnesium, 5000 Pud Natrium und 7000 Pud Phosphor) wären Kraftstationen von insgesamt 470 000 KW Leistung nötig, wovon 300 000 KW aus 1500 bis 2000 Desjatinen Torf und 170 000 KW durch Ausnutzung von Wasserkräften gewonnen werden könnten.

Man sieht, alles in allem, daß es sich um riesige wirtschaftliche Möglichkeiten handelt."

Finnland. Mehr als 12 Proz. seiner Oberfläche entfallen auf Binnenseen, deren große Zahl dem finnischen Staate die Benennung „Land der tausend Seen" eingetragen hat. Unter diesen Verhältnissen sind die gebirgigen Teile des Landes natürlich auch reich an Wasserkräften. Wo das Saimawasser den Landrücken Salpausselkä durch-

---

[1] Zeitschr. f. angew. Chem. 1919, II, 402.

bricht, liegen die bedeutenden Imatrafälle, die durch den Vuoksenstrom mit dem Ladogasee in Verbindung stehen. Von den 373 612 qkm Gesamtfläche entfallen

> 47 829,3 qkm auf Seen und
> 65 000,0 „   auf Moore.

Im Jahre 1918 wurde das erste Konzessionsgesuch zur Anlage eines großen Kraftwerkes an den Imatrafällen eingereicht. Die Kosten dieser Kraftzentrale sahen frühere Pläne mit 25 bis 30 Mill. Mk. vor, 1918 rechnete man jedoch mit 100 Mill. Mk. Die Höhe der Fälle erreicht an einigen Stellen 21 m. Das Kraftwerk sollte ursprünglich die Stadt Petersburg versorgen, heute will man jedoch seine 118 000 Turbinen-PS zur Begründung einer nationalen Luftstickstoffindustrie nutzbar machen. Der Gewinn auf 1 PS und Jahr wurde 1918 auf 100 finn. Mk., der Gesamtgewinn demnach auf rund 10 Mill. finn. Mk. beziffert. Die Vuoksen-Wasserfälle sollen sogar 500 000 PS liefern können. Die Wasserkräfte des Kymmeneälf werden bereits z. T. ausgenutzt.

Vor der *Finska Kemistsamfundet, Helsingborg* hat *J. Palmen* auf Grund des Berichtes von *Charles L. Parsons* an die amerikanische Regierung am 9. Okt. 1918, einen allgemein zusammenfassenden Vortrag über das Stickstoffproblem gehalten[1]. In der anschließenden Aussprache hat *Aschan* mitgeteilt, daß er bei seinem Besuch in Deutschland das *Haber-Bosch*-Verfahren als das aussichtsreichste habe rühmen hören. Der Cyanidprozeß der amerikanischen Industrie wäre damals noch unbekannt gewesen. Man einigte sich dahin, diesen für ein Privatunternehmen in Finnland zu empfehlen und ihn jedenfalls im finnischen Zentrallaboratorium durcharbeiten zu lassen. Für eine Fabrik nach dem *Haber-Bosch*-Verfahren solle man von deutschem Kapital Gebrauch machen, die Fabrik selbst aber später unter Staatskontrolle stellen. Die Entsendung einer Stickstoff-Studienkommission nach Schweden, Norwegen und Deutschland und die Bildung eines Ausschusses, der sich mit der Frage der Salpetersäureversorgung der finnischen Sprengstoffindustrie beschäftigen soll, wurde beschlossen. Daraufhin haben dann die finnischen Sachverständigenkreise mit der deutschen Stickstoffindustrie Fühlung genommen.

Die *Elektrometallurgiska Aktiebolaget* betreibt in Vuoksenniska bzw. Nokia die Carbidfabrikation. Das Erzeugnis wird der schnell wachsenden Carbidlampenindustrie zu Beleuchtungszwecken zugeführt. Der Großhandel mit Carbid liegt in den Händen der *Järnkontoret A.-B.* in Helsingfors.

Die finnische Holzindustrie, die sonst, als wichtigstes Ausfuhrgut, dem Lande rund 100 Mill. finn. Mk. jährlich einbrachte, litt durch den Krieg schwer. Der Nutzbarmachung der Moore hat man erhöhte Aufmerksamkeit geschenkt. Die Herstellung von Torfpulver ist neu aufgenommen worden. Mit der Verwendung als Heizmittel für Lokomotiven hatte man bereits 1914/15 gute Erfolge erzielt, so daß sich das Erzeugnis der Torfpulverfabrik Richimjäki dauernd für diesen Zweck eingeführt hat. Die finnische Zeitschrift „Jeknillinen Aikakanslehti" in Helsingfors gab 1920 ein Sonderheft über die Brenntorfindustrie heraus.

Durch Bekanntmachung vom 4. Okt. 1919 sind u. a. Chile- und Norgesalpeter, Ammonsulfat, Kalidüngesalze, Kalkstickstoff usw. von den Einfuhrzöllen frei. —

Die Moore Kurlands und Livlands (von 47 000 kqm sind 3840 qkm Moor) sind recht bedeutend, wenn sie auch, was die Gesamtfläche anbetrifft, naturgemäß an diejenigen Finnlands nicht heranreichen. In Estland[2] will das englische *Carboyl-Syndicate* Ölschiefervorkommen bei Wannamois am Paddafluß ausbeuten.

Bulgarien gewinnt in Peruschtitza Carbid und Kunstdünger.

Für die Stickstoffindustrie Europas ergibt sich auf Grund der in den vorstehenden Kapiteln gegebenen Schätzungen folgendes Bild über die

---

[1] Chem.-Ztg. 1919, S. 403.
[2] Chem. Ind. 1921, S. 76.

Leistungsfähigkeit der Anlagen in den einzelnen Ländern nach dem Stande von 1919/20 (die Zahlen stellen selbstverständlich nur Annäherungswerte dar):

	1 Kalkstickstoffverfahren in t Kalkstickstoff	2 Salpetersäure nach den Flammenbogenmethoden, dem katalytischen Verfahren usw., soweit nicht unter andern Spalten enthalten; als t Kalksalpeter	3 Ammoniak-Cyanidverfahren und Ammoniak aus Kalkstickstoff (nicht in der 1. Spalte enthalten) Ammonsulfat	4 Kokerei usw. Ammoniak (Gasanstalten) t Ammonsulfat	5 Cyanide aus Luftstickstoff t KCN	6 Hab.-Bosch-Verfahren usw. t Ammonsulfat	7 t N insgesamt
a) Deutschland . .	500 000	nur gering	—	300 000	5000	750 000	311 100
b) Norwegen . . .	250 000	156 000	10 000	—	—	—	78 625
c) Schweden . . .	75 000	—	5 000	—	—	—	16 000
d) Schweiz.	30 000	10 000	—	—	—	—	7 700
e) Frankreich . . .	300 000	75 000	—	75 000	—	—	88 000
f) England.	—	10 000	—	380 000	3000	—	78 358
g) Belgien	—	—	—	40 000	—	—	8 000
h) Italien -	70 000	25 000	—	—	—	—	18 325
i) Holland.	—	—	12 500	—	—	—	2 500
k) Österreich - Ungarn bzw. die Länder, die es früher bildeten	75 000	15 000	—	—	—	—	17 600
l) Andere Länder Europas insgesamt (außer a, e, f und g)	—	—	—	175 000	—	—	35 000
Insgesamt	1 300 000	291 000	27 500	970 000	8000	750 000	
Stickstoffinhalt in t N	260 000	50 000	5 500	194 000	1700	150 000	

Gebundener Stickstoff insgesamt | 661 200 t

Von dieser Menge sind 1919 aus den mehrfach erörterten Gründen nur $^1/_2$ bis $^1/_3$ tatsächlich erzeugt worden. Dazu kommen allerdings noch etwa 12 000 t Cyanid, Blutlaugensalze usw. aus Gasreinigungsmasse usw. ($=$ 1700 t N), so daß sich rechnerisch eine gesamte Stickstoffausbeute von jährlich 662 900 t ergibt.

Die Entwicklung der Stickstoffindustrie in den Vereinigten Staaten von Nordamerika[1].

In bezug auf die Ausnützungsmöglichkeit natürlicher Kraftquellen übertreffen die Ver. Staaten alle anderen Länder. Seit längerer Zeit stehen die gewaltigen Niagarafälle im Dienst der elektrochemischen Industrie. 1894 wurde bereits die erste Kraftzentrale am Niagara angelegt. Der östliche Teil des Niagarafalles, der ,,Amerikanische oder Fort-Schlosser-Fall" ist 326 m breit und in der Mitte 47 m hoch, der westliche ,,Große oder Hufeisenfall"

---

[1] s. insbes. Journ. of Ind. and Eng. Chem. 1919, II, 231; Chem. Ind. 1919, 243.

hat bei 574 m Breite eine Höhe von 44 m. Die in beiden Fällen in der Sekunde in die Tiefe stürzenden Wasser werden durchschnittlich auf 6000 cbm geschätzt. Man nimmt an, daß man dem Niagara 7 Mill. PS entnehmen könnte, wollte man ihn ganz ausnützen. Heute werden auf der amerikanischen Seite 265 000 PS und auf der kanadischen 388 500 PS gewonnen. Im Interesse der Naturschönheit der Fälle bestimmt ein im Mai 1910 in Kraft getretener Vertrag zwischen den Ver. Staaten und Kanada-Großbritannien, daß die Ver. Staaten sekundlich 20 000 Kubikfuß (= 560 cbm) und die kanadischen Werke 36 000 Kubikfuß (= 1019 cbm) Wasser für Krafterzeugung entziehen dürfen, das sind im ganzen 26,4 Proz. des sekundlichen Wasserzuflusses überhaupt. Da das frühere *Burton*-Gesetz nur 15 600 Kubikfuß (= 441,5 cbm) auf der amerikanischen Seite zuließ, so ist die Industrie während des Krieges an die Bundesregierung herangetreten, um die bisher immer verweigerte Konzession für die restlichen 4400 Kubikfuß zu erhalten (= 80 000 PS).

Am Niagarafall sind mit den senkrechten Wellen, welche durch Turbinen in der Tiefe angetrieben werden, oben dosenförmige Stromerzeuger verbunden. Die billige elektrische Energie des Niagarafalles hat *C. G. Acheson* zuerst in den Stand gesetzt, sein Graphitverfahren technisch durchzubilden und *Willson* seinen ersten Carbidofen von nur 200 PS entwickeln helfen. Heute werden am Niagarafall alle großtechnischen Produkte der elektrochemischen Industrie erzeugt.

Die gesamte am St.-Lorenzfluß bei Niedrigwasser zur Verfügung stehende Energie beträgt 1,8 Mill. PS.

In den Ver. Staaten gab es 1912: 5221 und 1917: 6541 Elektrizitätsanlagen. Die Gesamteinnahmen betrugen 1917: 527 Mill. und die Ausgaben 427 Mill. Doll. Gewonnen wurden 1917: 12,8 Mill. PS, davon 8,4 Mill. PS durch Dampf und 4,4 Mill. PS durch Wasserkraft. Die durchschnittliche Pferdekraftstärke der Dampfmaschinen stieg von 334 PS im Jahre 1907 auf 631 im Jahre 1912 und 1124 im Jahre 1917. 85 Proz. der gesamten elektrischen Krafterzeugung entfallen auf öffentliche Anlagen. Wird bei der Ausnutzung von elektrischen Anlagen die jährliche Belastung auf 90 oder mehr Proz. heraufgebracht, so erniedrigen sich die Stromkosten entsprechend. In Deutschland gibt es nur wenige Anlagen mit einem jährlichen Belastungsfaktor von 70 bis 80 Proz., dagegen beträgt die Ausnutzung bei der

Niagara Falls Power Co., mit jährlich 2 Milliarden KW-St. 92,2 Proz., der
Ontario Power Co., mit 1,6 Milliarden KW-St. . . . . 81,9 „ und bei der
Toronto Power Co., mit 0,9 Milliarden KW-St. . . . . 81,9 „ .

1918 wurde eine in Aluminium verlegte Überlandleitung von 90 km Länge durch die *Montana Power Co.* wieder entfernt und durch Kupferleitungen ersetzt. Das Aluminiumkabel war 15 Jahre benutzt worden. Es hatte aber zu vielen Reparaturen Veranlassung gegeben, die in den Eigenschaften des Aluminiummetalls begründet liegen. Das Aluminium ist weicher und schwächer als das Kupfer, es kommen daher besonders an den Verbindungspunkten leicht Verletzungen des Metalls vor. Aluminium hat einen niedrigen Schmelzpunkt, verbrennt leicht und wird daher bei Kurzschluß oder Blitzschlag sehr gefährdet. Bei der Befestigung von Aluminiumdrähten an Hängeisolatoren ist die Windeinwirkung zu berücksichtigen, die das leichte Aluminium in oft gefährliche Schwingungen versetzt. Feuer und Gefahr für Menschenleben sind bei Aluminium bedeutend größer als bei Kupfer.

Der Ausbau der amerikanischen Wasserkräfte macht rasche Fortschritte. Man befürchtet sogar, daß man bald überschüssige Kraft zur Verfügung haben wird, wenn völlig normale Verhältnisse eingetreten sein werden und denkt daran, diese Energie in erster Linie für eine vermehrte Entwicklung der Stickstoffindustrie zu verwenden.

E. J. Pranke von der *American Cyanamide Company* hat mehrere zusammenfassende Arbeiten über die Entwicklung einzelner Gebiete der amerikanischen Stickstoffindustrie veröffentlicht [1]. Die Methoden der Darstellung von Salpetersäure aus Chilesalpeter sind so weit vervollkommnet, daß man jetzt mit 92—94% mittlerer Stickstoffausbeute gegen 78—80% früher rechnen kann (s. u.). Die Retortenheizung ist ganz wesentlich verbessert worden. An Stelle der Steinzeugretorten und Kondensationsanlagen werden jetzt solche mit Ferrosiliciumlegierungen, wie *Duriron* und *Tantiron*, verwendet. Die Ver. Staaten gewannen 1913 etwa 89000 t Säure, auf 100proz. HNO_3 bezogen. Als Ausgangsmaterial diente ausschließlich Salpeter, da die vorhandenen Luftsalpetersäureversuchsanlagen überhaupt nicht ins Gewicht fielen. Während des Krieges hat sich die Erzeugung von Salpetersäure allein durch Oxydation von Ammoniak auf 225000 t 100proz. Säure pro Jahr belaufen, dazu sind weitere 650000 t 100 proz. Säure aus Salpeter hergestellt worden. *E. J. Pranke* [2] schätzt die Weltproduktion an Kalkstickstoff auf 275000 t, davon entfielen auf die Niagarafälle 64000 t. 1916 bezifferten die Militärbehörden die Mindestmenge Salpetersäure, welche die Ver. Staaten für ihre Eigenversorgung im Kriegsfalle brauchen, auf 180000 t konzentrierte Salpetersäure. Unter Verwendung der Bogenprozesse würden für ihre Erzeugung 540000 PS erforderlich sein, während der Kalkstickstoffprozeß (mit Überführung in Ammoniak, das zu Salpetersäure verbrannt wird) nur 100000 PS beansprucht. Die Düngemittelindustrie der Ver. Staaten verbrauchte vor dem Kriege jährlich 85000 t Stickstoff, die Industrie an Salpetersäure etwa 20000 t Stickstoff. Demgegenüber wird der Stickstoffbedarf für 1920 auf etwa 210500 t Stickstoff berechnet (siehe unten). Von diesen können 84000 t durch die Nebenproduktenkoksöfen und 37650 t von der Luftstickstoffanlage Muscle Shoals gedeckt werden. Die fehlenden 88850 t N (rund) müssen eingeführt werden. Die *American Chemical Society* hat sich in ihren Sitzungen seit 1914 wiederholt und eingehend mit den Stickstoffragen beschäftigt. In Amerika hat man eingesehen, daß die Düngemittelindustrie das Rückgrat der ganzen Luftstickstoffbindung ist, da ja ein großer Absatz für Kriegs- und Rüstungszwecke nicht die Regel

---

[1] J. Ind. Eng. Chem. 1918, S. 830; Chem. Trade Journ. 1918, S. 341; Chem. Met. Eng. 1918, S. 395; Ch. Ztrlbl. 1919, II, 243, 659; IV, 72.
[2] J. Ind. Eng. Chem. 1914, S. 415.

bilden kann. Als Preismesser für die Rentabilität der synthetischen Verfahren betrachtet man das Kokereiammoniak. Um technisch erfolgreich zu sein, muß sich ein Stickstoffbindungsprozeß die Erzeugung von Kaliumnitrat, Ammoniumnitrat oder Ammoniumphosphat zu billigem Preis als Ziel setzen.

Die amerikanischen Landwirte gebrauchten vor dem Kriege viel zu wenig Düngemittel, wie die ständig zunehmende Einfuhr und Verteuerung der Lebensmittel erkennen läßt. Die Preise der letzteren stiegen zwischen 1896 und 1912 um 80 Proz. In Deutschland stiegen die durchschnittlichen Bodenerträge in den letzten 20 Jahren um 60 Proz., in den Ver. Staaten dagegen nur um 20 Proz.

Die amerikanische Fachwelt hat sich stets zugunsten der Ammoniakbildungsprozesse bzw. ihrer Vorstufen, der Kalkstickstoff- und Cyanidgewinnung, ausgesprochen. Die Lichtbogenverfahren müssen sich, soweit amerikanische Verhältnisse in Frage kommen, darauf beschränken, Salpetersäure zu erzeugen, da die Nitraterzeugung sich für sie nicht bezahlt machen würde. Andererseits können beliebige Mengen Salpetersäure nach dem katalytischen Verfahren aus Ammoniak dargestellt werden. Die führende Rolle unter den Synthesen ist in Amerika den Kalkstickstoffverfahren zugefallen und das schon aus dem einen Grunde, weil ihr Primärprodukt direkt ohne Weiterverarbeitung in den Verbrauch übergehen kann und weil aus ihm leicht Ammoniak, Harnstoff und Cyanide zu fabrizieren sind.

Naturgemäß hat man sich mit der Verwendung des Kalkstickstoffs als Düngemittel lebhaft beschäftigt. Die Düngungsversuche (z. B. in der Versuchsstation Rothamsted) sind durchwegs günstig ausgefallen. Die gegen Cyanamid erhobenen Einwände sind in erster Linie folgende: a) Carbidgehalt, b) Stickstoffverlust beim Lagern und c) Stäuben. Der Carbidgehalt wird jetzt in den amerikanischen Fabriken, wie in den deutschen, durch Wasserbehandlung auf ein ganz kleines Maß herabgedrückt. Die Gewichtsveränderung beim trockenen Einlagern beträgt im Mittel nach amerikanischen Feststellungen pro Jahr nur 1 Proz., der Rückgang im Stickstoffgehalt unter gleichen Bedingungen nur 0,036 Proz. Die Verätzung der Haut durch Stäuben kann durch Einfetten, durch Verwendung dichtschließender Düngerstreuer, durch Enthaltsamkeit gegen Alkoholgenuß usw. ganz vermieden werden. Von geöltem Kalkstickstoff, wie ihn die deutschen Fabriken empfehlen[1], berichten die amerikanischen Quellen nichts, dagegen betonen sie[2], daß sich granulierter, staubfreier Kalkstickstoff infolge des höheren Preises nicht hat einführen können. Es wird ferner besonders darauf hingewiesen, daß sich die Ergebnisse kleiner Feld-Topfkulturen durchaus nicht immer mit der Praxis im freien Ackerland zu decken brauchen. Dies gilt insonderheit für Kalkstickstoffmischdünger, die meist zu reichlich angewandt werden und daher ätzen oder die sich öfters wie organische Stickstoffkörper verhalten und daher mit den üblichen anorganischen Düngemitteln nicht in Parallele gestellt werden können. Die Praxis hat außerdem ergeben, daß Mischungen ver-

---

[1] Vgl. z. B. *Siebner*, Umsch. 1920, S. 488 ff.
[2] *E. J. Pranke*, J. Ind. Eng. Chem. 1914, S. 415.

schiedener Stickstoffdünger meist einen einzelnen an Ausgiebigkeit übertreffen. Am besten geeignet für die amerikanischen Böden ist eine Gabe von 90 kg Kalkstickstoff pro Morgen oder eine entsprechende Menge Mischdünger mit gelegentlichen Zusätzen anderer Stickstoffverbindungen. Für saure, leichte Sandböden werden 112 kg Kalkstickstoff mit Kalkzumischung empfohlen.

Es gilt in Deutschland als Regel, Kalkstickstoff und Superphosphat überhaupt nicht zu mischen und auch ein Zusammenbringen mit Thomasschlacke nur unmittelbar von dem Ausstreuen zu bewirken[1]. Demgegenüber wird Kalkstickstoff in Amerika fast nur in Mischung mit saurem Phosphat und für Sandböden auch in Mischung mit wenig Thomasmehl verwendet. Im Boden gehen dabei folgende Umsetzungen vor sich:

$$CaCN_2 + 2\,H_2O = CaO + CO(NH_2)_2,$$

$$CaH_4(PO_4)_2 + CaO = 2\,CaHPO_4 + H_2O,$$

wobei sich ein Dicalciumphosphat und Harnstoff bildet, der entweder sofort assimiliert wird oder sich mit Bodenbestandteilen zu schwer löslichen, nicht leicht auswaschbaren und darum ausgiebigen Ammoniumdoppelsalzen umsetzt. Beachtet man das richtige Mischungsverhältnis — in den Handelsmischdünger kommen auf 453 kg trockenes Superphosphat nur 36 bis 68 kg Kalkstickstoff, also relativ sehr geringe Stickstoffmengen —, so ist die Bildung citratunlöslicher Phosphorsäure nicht zu befürchten. Es entsteht ein Mono-Dicalciumphosphat, dessen Phosphorsäure glatt ausgenutzt werden kann. Beim Mischen mit Thomasphosphatmehl soll dessen Eisen- und Mangangehalt (15 bis 18 Proz. FeO und Fe_2O_3, 5 Proz. MnO) katalytisch auf die Bildung von Harnstoff wirken. Als besondere Vorteile der Kalkstickstoffmischdünger werden gerühmt: der niedrige Preis, das Trockenvermögen gegen hygroskopische Bestandteile der Dünger, die Säurebindung, der Kalkgehalt und die Benutzbarkeit an Stelle der teuren organischen Dünger (Blut- oder Knochenmehl usw.).

Die *American Electrochemical Society*[2] beschäftigt sich in einer Eingabe an den Präsidenten, den Kriegs- und den Marinesekretär ausführlich mit der Frage der Stickstoffversorgung. Es wird darin folgendes empfohlen:

1. Sofortige Einfuhr und günstige Einlagerung von solchen Mengen Chilesalpeter, daß der Kriegsbedarf auf 18 Monate gedeckt ist;
2. eine Studienkommission einzurichten, um alle die in Frage kommenden Verfahren der Stickstoffindustrie gegeneinander abzuwägen;
3. man solle den Privatunternehmen die Ausübung der geeigneten Verfahren überlassen, von der sofortigen Errichtung einer Regierungsanlage absehen, dagegen aber die Verwertung der natürlichen Wasserkräfte in größerem Umfang als bisher ermöglichen und
4. die Forschungsarbeiten auf das Studium der Gewinnung von Ammoniak und der Tätigkeit der stickstoffsammelnden Bakterien hinzulenken.

---

[1] Vgl. z. B. *W. Möller* und *L. Seidler*, „Düngemittel, künstliche", in *F. Ullmann*, Encyklopädie der Techn. Chemie, Bd. IV (Berlin und Wien 1916), S. 275.

[2] Chem.-Ztg. 1916, S. 847.

Es wird weiter unten des näheren auseinanderzusetzen sein, wie alle diese Verhandlungen und Eingaben dazu beigetragen haben, den Aufschwung einer großzügigen einheimischen Stickstoffindustrie in den Ver. Staaten zu fördern, um sowohl die Düngemittelversorgung[1], als auch die nationale Verteidigung sicherzustellen. Ende 1919 ist vom Senator *Wadsworth* ein Antrag beim Kongreß eingebracht worden, der die Gründung einer sich selbst erhaltenden Bundesstelle für Gewinnung von Luftstickstoffprodukten usw. für militärische, Versuchs-, Düngungs- und andere Zwecke forderte[2]. Es sollten Forschungslaboratorien und Versuchsanlagen dafür vorgesehen werden.

Schon die wenigen bisher gegebenen Zahlen kennzeichnen den ungeheuren Aufschwung der chemischen Industrie der Ver. Staaten seit 1914. Das Interesse der Amerikaner an der chemischen Industrie ist mächtig belebt worden, wozu nicht wenig die Ausstellung ihrer Produkte beigetragen haben mag, die von Zeit zu Zeit in den verschiedensten Teilen des Landes stattfand. Die Nationalausstellung der chemischen Industrien in New York vom 20 bis 25. September 1915 war bereits von 80 Ausstellern beschickt, obgleich sich damals die großen Chemikalienfabriken meist noch sehr zurückhielten. Zur Erklärung chemischer Fabrikationen und zur Hervorhebung des wirtschaftlichen Wertes jener Gewerbezweige werden neuerdings Filmvorführungen veranstaltet. In erster Linie betätigt sich hier die *Jordan Scientific Society of Bates College* in Lewiston, die u. a. Filmaufnahmen der Nebenproduktengewinnung an Koksöfen, der Herstellung von Kalkstickstoff und des Entstaubungsverfahrens von *Cottrell* besitzt[3].

Über die Anlage von Neukapitalien in der chemischen Industrie der Ver. Staaten gibt folgende kleine Tabelle eine Übersicht[4]:

seit August 1914	16 800 000	Doll.
1915	65 565 000	„
1916	99 244 000	„
1917	146 160 000	„
1918	73 403 000	„
1919	112 173 000	„ ,

das sind insgesamt über 513,3 Mill. Doll. Die von der amerikanischen Regierung während dieser Zeit in chemischen Fabriken investierten Gelder sollen 300 Mill. Doll. betragen, von denen allein 116 Mill. Doll.[5] auf die Stickstoffindustrie entfallen. Ein Bild von der bei Friedensschluß eingetretenen Entwertung der Kriegsgründungen gibt die Tatsache, daß eine Firma die für 100 Mill. Doll. erbauten Anlagen für 6 Mill. Doll. verkaufen wollte. Im Jahre 1914 sind für 6 Mill. Doll., im Jahre 1917 für etwa 803 Mill. Doll. Sprengstoffe ausgeführt worden. Ende 1918/Anfang 1919 wurde eine ganze Anzahl von Sprengstoffabriken geschlossen. Bei Kriegsausbruch hatten die

---

[1] Ernähr. d. Pflanze 1916, S. 149.
[2] Zeitschr. f. angew. Chem. 1920, II, 13.
[3] Chem.-Ztg. 1919, S. 701.
[4] Zeitschr. f. angew. Chem. 1920, II, 59; Chem.-Ztg. 1920, S. 296.
[5] Zeitschr. f. angew. Chem. 1920, II, 419.

Ver. Staaten nur 6 Farbenfabriken, darunter nur eine für Anilinfarbenerzeugung, im Laufe der letzten Jahre sind etwa 100 chemische Fabriken neu entstanden, von denen 22 Anilin- bzw. Teerfarbstoffe herstellen (Einfuhrwert vor 1914: 10 bis 15 Mill. Doll./Jahr). Die Teerfarbenfabriken leisteten 1919/20 etwa 13 600 t. Der Wert der gesamten Farbstoffausfuhr belief sich 1914 auf 350 000 Doll. und 1918 auf 17 Mill. (1917: 12 Mill.) Doll. Der Schwefelsäureexport hob sich von 5400 t 1914/15 auf 31 000 t 1917/18. Ätznatron und ähnliche Erzeugnisse, die vor 1914 kaum ausgeführt wurden, sind 1917/18 in Mengen von 56 700 t exportiert worden.

Diesen Ausfuhrzahlen entspricht natürlich auch die Produktion selbst. 1914 gewannen die Ver. Staaten 6 Mill. t Chemikalien im Werte von 2,5 Mill. Doll.; 1917 waren es 46 Mill. t im Wert von 57 Mill. Doll. Die Schwefelsäureproduktion, die vor dem Kriege schon 2,71 Mill. t ausmachte, hatte 1917 3,3 Mill. t überschritten. die gesamte Leistungsfähigkeit der Schwefelsäurefabriken hat sich zwischen 1914 und 1920 nahezu verdoppelt (1919: 4,95 Mill. t). Die Herstellung von Benzol belief sich 1917 auf 152 760 cbm, die von Toluol auf 38 760 cbm. Synthetisches Phenol, das vor 1914 überhaupt nicht hergestellt ist, erzeugte man 1917 in 15 Betrieben (29 000 t = 23,7 Mill. Doll.). Die Ver. Staaten verbrauchten in der Landwirtschaft 1910: 244 911 t, 1913: 231 690 t, 1914: 152 499 t und 1915: 5 046 t Reinkali aus Deutschland (dazu z. B. 1913: 11 411 t K_2O in der Industrie). Ihre mit großer Energie ins Leben gerufene eigene Kaliindustrie erzeugte 1915: 900 t, 1916: 8 800 t, 1917: 30 400 t und 1918: 50 000 bis 60 000 t K_2O, wobei Salze, Solen, Alunit, Feldspat, der Flugstaub der Zement- und Hochöfen, Wollschweiß, Melasse und Tangasche als Rohmaterialien dienten. Die Preisgestaltung begünstigt auch neuerdings wieder den Aufschwung der amerikanischen Kaliindustrie. Deutsches Kali kostete vor dem Kriege im amerikanischen Hafenort 40 Doll. die t, im Herbst 1919: 90 Doll. und Mitte 1920: 122 Doll. in Säcken und 117 Doll. fob deutschen Häfen in Ladungen mit 12 Proz. Skonto für Juli- und 7 Proz. für August-Septemberlieferungen. Für den amerikanischen Verbraucher kommen noch Frachtspesen von 5,50 bis 6,50 Doll. pro t hinzu. Der Preis des deutschen Kalis in Amerika hat sich seit 1914 in amerikanischer Währung etwa verdreifacht oder in deutscher Währung über verdreißigfacht. Nebraska-Kalidünger wird dagegen in den Ver. Staaten bis einschl. Dezemberproduktion zu 112,50 Doll. die t verkauft[1]. Würde sich daher die Leistung der amerikanischen Kaliindustrie rasch steigern lassen, so wären die Aussichten des deutschen Kalis heute schon als schlecht zu bezeichnen. Die national-amerikanische Kaliindustrie hat aber unter mehr als 10fach gestiegenen Unkosten zu leiden und es wird günstigstenfalls Jahre dauern und Millionen Dollars erfordern, ehe ihre Produktion als Wettbewerb ernstlich ins Gewicht fallen kann, wenn man von technischen Schwierigkeiten usw. einmal gänzlich absieht[2].

---

[1] Metallb. 1920., S. 1280.
[2] Zeitschr. f. angew. Chem. 1918, III, 520.

Die Verhältnisse der deutschen chemischen Industrie haben insbesondere *Irving A. Keene* von der (chemischen Fabrik der) *Keene Comp.*-London und *J. Bebie* von den *Monsanto Chemical Works*-St. Louis im Auftrage der amerikanischen Handelskammer in London näher studiert und sind dabei zu Resultaten gekommen, die für die deutschen Aussichten in der nächsten Zukunft recht betrüblich sind[1]. Die Ausstellung, die im September 1919 in Chicago stattgefunden hat und die von der chemischen Industrie stark beschickt war, hat gezeigt, daß die Ver. Staaten als kräftige Nebenbuhler auf dem Weltmarkt eine wichtige Rolle spielen werden[2], zumal sie ihre Industrie mit allen Kräften zu fördern bemüht sind. Der Pflege von industriellen und Handelsbeziehungen zwischen Deutschland und den Ver. Staaten dient die 1920 in New York gegründete *Techno-Service Corporation*[3], die sich u. a. mit der Verwertung und dem Ankauf von Patenten, der Vertretung auswärtiger Firmen oder der Erleichterung des Geschäftsverkehrs befaßt.

Zur Beurteilung der Absatzmöglichkeiten der amerikanischen Düngemittelindustrie sind einige Mitteilungen von großem Interesse, welche der Präsident der *National Fertilizer Association* auf der Jahresversammlung 1920 in Sulphur Springs gemacht hat[4]. Für den Ackerbau sind im ganzen 3,4425 Mill. qkm geeignet, davon sind gegenwärtig 2,025 Mill. qkm unter dem Pflug und der Rest harrt späterer Urbarmachung oder Melioration. Die Weststaaten verbrauchen bisher sehr wenig Kunstdünger, anders ist es mit dem tabakbauenden Osten, dem Baumwolle liefernden Süden und den kartoffelreichen Nordoststaaten, die alles in allem recht beträchtliche Mengen aufnehmen. Baumwolle und Tabak sind ja neben den Zuckerrüben typische „Kalifresser“. Man rechnet im Durchschnitt 200 lbs. Kunstdünger auf den Acre (das sind 90 kg auf 40,5 a oder auf rund 1,6 preuß. Morgen); da nun die gegenwärtige Produktion und Einfuhr an Stickstoffdüngern etwa 6,4 Mill. t beträgt, so können damit rund 288 000 qkm gedüngt werden, während der Rest von 1,737 Mill. qkm (= 38,6 Mill. t Stickstoffdünger!) ohne Düngung bleiben muß. *H. Lipman* von der New Jersey-Ackerbauversuchsstation schätzt die stickstoffbedürftigste Anbaufläche auf insgesamt 498 150 qkm. Sie verteilt sich nach seinen Angaben (a. a. O.) in der Hauptsache wie folgt:

Südstaaten:	149 850 qkm	Baumwolland,
	81 000 „	Kornland;
mittlerer Westen:	24 300 „	Weizenland,
	40 500 „	Haferland,
	81 000 „	Kornland,
	40 500 „	Wiesenland;
nordatlantische Staaten:	4 050 „	Wiesenland,
	8 100 „	Weizenland,
	12 150 „	Haferland,
	4 050 „	Kartoffelland.

---

[1] Chem.-Ztg. 1919, S. 663; Zeitschr. f. angew. Chem. 1919, II, 648.
[2] Chem.-Ztg. 1919, S. 832.
[3] Zeitschr. f. angew. Chem. 1920, II, 299.
[4] Metallb. 1920, S. 1280.

Pro Acre mit 200 lbs. Stickstoffdünger gerechnet, ergibt sich ein Mindestbedarf von 11,07 Mill. t, von dem jetzt, wie erwähnt wurde, nur 6,4 Mill. t gedeckt werden können. Der Vergleich der drei Zahlen, 6,4 Mill. t für die augenblickliche Versorgung, 11,07 Mill. t für den zunächst zu deckenden allerwichtigsten Bedarf und 38,6 Mill. t für die spätere Intensivierung des gesamten Pfluglandes, läßt im Verein mit der doch einmal Tatsache werdenden zukünftigen Inangriffnahme der Bewirtschaftung von insgesamt mindestens 1,4175 Mill. qkm (= weitere 31,5 Mill. t Stickstoffdünger!) Ur- und Ödland erkennen, wie ungeheuer steigerungsfähig die Stickstoffindustrie in den Ver. Staaten ist, was bei der Größe derselben (mit Alaska: 9,212 Mill. qkm) ja nicht verwunderlich erscheinen kann.

Schon bei der Besprechung der chilenischen Salpeterindustrie (siehe dort) waren die riesigen Verschiffungen nach den Ver. Staaten erwähnt worden, die noch 1918: 2 018 000 t betrugen und die erst 1919 auf 440 000 t zurückgingen. Trotz dieser erheblichen, die Friedenseinfuhr (1914: 552 440 t) ganz bedeutend überragenden Mengen, war Mitte 1918 die Nachfrage nach Chilesalpeter für Munitionserzeugung größer, als Eingang und Vorrat. Das *War Industries Board* und das *War Department* verständigten deshalb das *Department of Agriculture*, daß eine Abgabe von Chilesalpeter an die Landwirtschaft nicht in Frage kommen könnte und daß sich diese ohne solchen behelfen müsse. Die Erzeugung der Sprengstoffindustrie nahm dahingegen gewaltig zu, wie schon folgende Zusammenstellung der Ausfuhrwerte 1914 und 1916 beweist:

	1914	1916
Patronen	6 567 122 Doll.	55 103 904 Doll.
Dynamit	1 213 600 „	4 173 175 „
Schießpulver	289 893 „	263 423 149 „
Andere Munition	1 966 972 „	392 875 078 „
Zusammen	10 037 587 Doll.	715 575 306 Doll.

Bei Eintritt des Waffenstillstandes waren die Salpeterlagerbestände der amerikanischen Regierung recht erheblich. Sie betrugen Anfang 1919: 226 000 t in Amerika und 120 000 t in Chile. Außerdem besaßen die Sprengstoffwerke selbst sehr bedeutende Vorräte. 151 000 t dieser Regierungsläger wurden Anfang 1919 durch das Ackerbauministerium an die Landwirte verteilt (rund 90 Doll. die Tonne). Am 30. Juni 1919 ist die Regierungskontrolle über den Salpeterhandel aufgehoben worden. Von amerikanischen Firmen arbeitet in Chile hauptsächlich die *du Pont Nitrate Co.*, die, wie schon ihr Namen sagt, ein Zweig-Unternehmen der großen Sprengstoffgesellschaft *du Pont de Nemours Powder Co.* darstellt. Letztere hat im Krieg Riesengewinne gemacht[1] und verwertet diese jetzt zur Aufnahme der Farbenfabrikation größten Stils.

Man hat in den Kriegsjahren wiederholt den Versuch gemacht, einheimische Salpetervorkommen auszubeuten. Im Jahre 1917 ließ das geo-

---

[1] Man behauptet, die Firma verfüge über 1 Milliarde Dollars flüssiger Gelder: Zeitschr. f. angew. Chem. 1920, II, 5.

logische Amt der Ver. Staaten erklären, daß nach sorgfältiger, zweijähriger Untersuchung in allen Teilen des Landes die Nitratvorkommen sich, praktisch genommen, als wertlos für eine technische Verwertung erwiesen haben und daß ihnen höchstens lokale Bedeutung zukomme. Solche Salpeterlager bedecken im Staate Colorado 360 000 ha. In Presido County schließt die *Texas Nitrate and Fertilizer Company*, Alpine (Tex.), andere Vorkommen auf. Die *American Nitrate Co.*, Boise (Idaho), arbeitet im östlichen Oregon. Die Funde im Amargosa Valley, Inyo County (Kalif.), sind typisch für die amerikanischen Nitratlager. Nach Prüfung seitens des *Geological Survey* liegt die Caliche hier in durchschnittlich 13 cm dicker Schicht etwa 23 cm unter der Oberfläche. Neben $NaNO_3$ findet sich besonders $NaCl$. Die reichsten Felder würden auf 68 ha bei restloser Aufarbeitung erst 1795 t Nitrat ergeben.

Es war bereits erwähnt worden, daß die Ver. Staaten im Jahr 1913/14 78 589 t Salpetersäure verschiedener Grädigkeit und 112 124 t Mischsäure aus Salpeter gewonnen haben. Diese Mengen entsprachen ungefähr 89 000 t 100 proz. Säure. Zu ihrer Herstellung waren 160 000 t Salpeter nötig, von dem damals 550 000 bis 560 000 t jährlich eingeführt wurden. Gegen Ende des Krieges verbrauchte man in den Ver. Staaten über 1 Mill. t Salpeter allein zur Salpetersäureherstellung, die sich 1918 auf rund 650 000 t 100 proz. Säure belief. Von dieser Menge dienten nahezu $^5/_6$ zur Sprengstofffabrikation[1].

Auf einige der wichtigsten Verbesserungen der alten Methode der Salpeterzersetzung mittels Schwefelsäure nach

$$NaNO_3 + H_2SO_4 = NaHSO_4 + HNO_3$$

wurde schon oben aufmerksam gemacht. Die holländischen Öfen unter den Retorten wurden durch moderne Feuerungen ersetzt, wodurch der Kohlenverbrauch um 25 Proz. zurückging. Zum Bau der Retorten und der Kondensatoren dienten Duriron- oder Tantironlegierungen (Fe + Si). Die Leistungsfähigkeit der Kondensationstürme wuchs damit um 40%. Die durchschnittliche Beschickung der Retorte wurde von rund 2250 kg auf 3400 kg gesteigert. Die modernen Retorten arbeiten jetzt rotierend. Im Mittel erzielen die neuesten Anlagen mit allen diesen Verbesserungen jetzt etwa 92 bis 94 Proz. Stickstoffausbeute gegen 78 bis 80 Proz. früher; außerdem konnte die Zahl der Arbeitskräfte verringert werden. Die Wiedergewinnung der bei verschiedenen Nitrierungsprozessen entweichenden nitrosen Gase ist erheblich vervollkommnet worden.

Die Ver. Staaten von Nordamerika nehmen in der Geschichte der Luftsalpetersäuretechnik insofern eine bevorzugte Stellung ein, als sie die ersten waren, in denen industriell versucht worden ist, Luft im elektrischen Flammenbogen zu HNO_3 zu verbrennen. *C. S. Bradley* und *R. Lovejoy* gründeten im Jahre 1902 die *Atmospheric Products Co.* in Jersey City, N. Y., mit einem Kapital von 1 Mill. Doll., um ihr Verfahren ins Große zu übertragen[2] (Engl.

---

[1] Zeitschr. f. angew. Chem. 1919, II, 115.
[2] Chem.-Ztg. 1902, S. 1018.

Pat. 8230/1901; V. St. Amer. Pat. 709867, 709869; Österr. Pat. 12300; Schweiz. Pat. 24298). *Bradley* und *Lovejoy* arbeiteten mit Gleichstrom von 8000 Volt Spannung. Ihr Apparat erwies sich im Vergleich zu seiner Leistung als zu kostspielig und zu unverlässig, um dem Unternehmen dauernden Erfolg verbürgen zu können. Die Öfen waren sehr klein. Sie verarbeiteten pro Stunde nur 19,5 cbm Luft[1]. Die Ausbeute selbst war allerdings eine ungleich bessere, als bei früheren Versuchen[2]: es konnte in der kleinen Anlage in Niagara Falls 1 kg etwa 50 proz. Salpetersäure mit 15,4 PS-St. erzielt werden. Die Säure, wie auch die daraus gewonnenen Salze, waren aber salpetrigsäure- bzw. nitrithaltig. Auch diese Verunreinigungen traten einer weitergehenden Verwendung bzw. einem Verkauf hemmend entgegen. Schließlich blieb der *Atmospheric Products Co.* nichts anderes übrig, als ihren Betrieb stillzulegen. Damit schieden die Ver. Staaten fürs erste aus der Luftsalpetersäureindustrie aus und die Führerrolle auf diesem Gebiete fiel Norwegen und Deutschland zu. Später beschäftigte man sich nur mehr in Versuchsanlagen mit dem Problem der direkten Luftsalpetersäuregewinnung. So nahm 1912 die *Southern Electrochemical Co.* in New York in ihrem Werk Nitrolee (Südcarolina) die Kleinfabrikation nach einer derartigen Methode (*Pauling*) auf[3]. Die gleiche Fabrik hatte 1915 in Great-Falls (Südcarolina) eine Anlage für 3000 PS am Catowba-Fluß im Bau, die zunächst täglich 4 t Säure erzeugen sollte. Der Plan der *du Pont Co.*, welche die Lizenzen des *Birkeland-Eyde*-Verfahrens für Amerika besitzt, eine große Luftsalpetersäurefabrik zu erbauen, ist nicht verwirklicht worden. Dagegen hat sich 1916/17 in Seattle unter Teilnahme norwegischer Einzelinteressenten und der *Norway Pacific Constructions & Drydock Company* die *American Nitrogen Products Co.* mit zunächst 0,75 Mill. Doll. Kapital gebildet, um das Verfahren von *F. H. A. Wielgolaski* (D. R. P. 258052, 270758, 272853; norweg. Pat. 24195) auszunutzen. Das Kapital, das zum größten Teil norwegischen Ursprungs ist, wurde zwecks Erbauung der ersten Einheit in La Grande (Wash.) 1917 auf 1,25 Mill. Doll. erhöht. Der Staat genehmigte das Konzessionsgesuch auf Ausbau der großen Wasserfälle in Snohomish County (Wash.), die insgesamt auf 230000 PS geschätzt werden. Die erste Fabrik La Grande wurde im Herbst 1916 begonnen und 1917 fertiggestellt; der Betrieb wurde versuchsweise noch im gleichen Jahre aufgenommen. Man verwandte nur Maschinen- und Apparate-Konstruktionen, die sich in Norwegen bereits bewährt hatten und beabsichtigte in erster Linie die Herstellung von Kunstsalpeter, ferner die von reinem Ammoniumnitrat usw. Den ersten Strom lieferte das Werk der Stadt Tacoma. Erst in den ersten Monaten des Jahres 1918 waren indessen die Versuche beendet bzw. die Schwierigkeiten im wesentlichen aus dem Wege geräumt, so daß man mit der Großfabrikation und dem Verkauf der Erzeugnisse durch die Agentenfirma *Marden, Orth & Hastings Corporation* in New

---

[1] Zeitschr. f. angew. Chem. 1906, S. 37 bis 38.
[2] Zeitschr. f. angew. Chem. 1906, S. 977 ff.
[3] Chem. Ind. 1912, S. 294.

York beginnen konnte. Damit hatte die neue Fabrikation an der Westküste der Ver. Staaten endgültig festen Fuß gefaßt. Bisher ist lediglich Natriumnitrat in einer Jahresmenge von 1000 t hergestellt worden. Die Gesellschaft hatte jedoch 1918 die Absicht, ihre Betriebe unter Ausbau der verfügbaren Energiemengen (230 000 PS) zu erweitern, da die nötigen Vorbedingungen für gedeihliches Arbeiten, namentlich billiger Strom und große Kalksteinlager, in ausgedehntem Maße vorhanden sind. Die Kriegskonjunktur, die den Natriumnitratpreis bis auf 45 bis 110 Cents das kg heraufschraubte, war dem Aufblühen des neuen Unternehmens hervorragend günstig. In Kanada soll eine neue Fabrik für 250 000 Doll. und 2000 t $NaNO_3$-Jahresleistung errichtet werden. Darüber hinaus denkt man auch an die Produktion von Kalkstickstoff, Norgesalpeter usw.

Die tatsächliche Leistung aller dieser Flammenbogenanlagen hat 1918 an Salpetersäure im ganzen nur 2000 bis 3000 t betragen (100 proz.), so daß sie gegenüber den Riesenproduktionsziffern der sonstigen Stickstoffbetriebe gar nicht ins Gewicht fällt.

Weitaus die wichtigste Privatgesellschaft, die sich auf dem Gebiete der Luftstickstoffindustrie betätigt, ist die *American Cyanamide Co.*, die 1907 gegründet worden ist und die 1916/17 über ein Kapital von $3^1/_4$ Mill. Doll. Vorzugs- und $2^1/_2$ Mill. Doll. gewöhnlicher (entspr. Zahlen 1920: 8 Mill. und 6,5 Mill. Doll. in runden Zahlen) Aktien verfügte. Die Dividenden auf die Vorzugsaktien wurden bis 1914 regelmäßig bezahlt, die gewöhnlichen Aktien gingen bis dahin leer aus. Die Gesellschaft arbeitet nach dem *Frank-Caro-*Kalkstickstoffverfahren. Unter ihren europäischen Direktoren der Vorkriegszeit waren *N. Caro-*Berlin und *E. Mackay Edgar-*London. 1916/17 wurde die Neuausgabe von 12 Mill. Doll. Vorzugsaktien gestattet. Die Reingewinne, die herausgewirtschaftet werden konnten, geben ein Bild der Kriegskonjunktur. Sie betrugen nämlich:

(1. Juli) 1912/13 (30. Juni)	189 000 Doll.				
1913/14	324 000	„	(Verkauf 38 000 t Kalkstickstoff usw.)		
1914/15	58 500	„	(„ 23 000 t „ „)		
1915/16	376 000	„	(„ 42 772 t „ „)		
1916/17	638 000	„			
1917/18	1 601 410	„			
1918/19	1 048 752	„			
1919/20	1 716 360	„			

Mit Hinzurechnung des aus dem Geschäftsjahr 1917/18 stammenden Vortrages waren am 30. Juni 1919 insgesamt 1 723 529 Mill. Doll. verfügbar.

Die erste Kalkstickstoffanlage der *American Cyanamide Co.* kam 1909/10 in Niagara Falls (Ontario) in Kanada (die 8 alten Carbidöfen sind im Mai 1920 durch 2 neue ersetzt worden) in Betrieb. Sie hatte damals 12 000 t jährliche Leistungsfähigkeit und isolierte den Stickstoff aus der Luft nach dem alten Kupfer-Kupferoxydverfahren, das erst während des Krieges zugunsten der Rektifikation flüssiger Luft aufgegeben worden ist (Anfang 1917). Die Anlagen wurden 1912/13 auf eine Produktion von 32 000 t und 1913/14 auf eine solche von 64 000 t pro Jahr vergrößert. Im Jahr 1919 arbeiteten alle Betriebe mit Höchstleistung. 1914/15 waren noch 80 Proz. der gesamten Produktion in Form von Kalkstickstoff verkauft worden und nur ein sehr kleiner Teil desselben wurde weiter in Ammoniak, Harnstoff und Cyanid übergeführt. Schon bei der Besprechung der Entwicklung der deutschen Stickstoffindustrie ist darauf hingewiesen worden, daß *W. S. Landis* von der *American Cyanamide Co.* an verschiedenen Sitzungen der *Frank-Caro*-Interessenten teilnahm und daß er damals Gelegenheit nahm, sich genau über die Autoklavenzersetzung des Kalkstickstoffs zu unterrichten. Die Folge war, daß schon während der ersten Monate des Jahres 1915 in den Ver. Staaten eine ähnliche Anlage vorerst noch in kleinem Maßstabe erbaut werden konnte. Die *American Cyanamide Co.* erwarb 1916/17 das ganze Aktienkapital der *Ammo-Phos-Corporation*, die an der New - Jersey - Seite des New Yorker Hafens eine neu erbaute Anlage zur Herstellung von Ammoniumphosphat betrieb. Sie ist ferner durch ihre Tochtergesellschaft, die *Amalgamated Phosphate Co.* zur *Virginia Carolina Chemical Co.* in engere Beziehungen getreten und Mitglied des Phosphatausfuhrverbandes von Florida geworden. Die Nachfrage nach Ammoniak stieg während des Krieges dauernd, so daß es schließlich 1917 zur Unterzeichnung eines Vertrages mit der Regierung kam, laut dem die Gesellschaft sich verpflichtete, ihre ganze Erzeugung an synthetischem Stickstoff nur in Form von Ammoniak zur Ablieferung zu bringen. Um diesem Zweck zu genügen, wurde nicht nur die Kalkstickstoffzersetzeanlage in Niagara - Falls, sondern auch die auf den *Ammo-Phos-Werken* in Warners (N. J.) z. T. erheblich vergrößert. In der zweiten Hälfte 1917 steigerte sich die Nachfrage nach Ammoniak noch mehr, und man konnte nur durch Betriebsverbesserungen einen Ausgleich zwischen Bedarf und Produktionsfähigkeit schaffen. Im Jahr 1919 wurden 14 728 t NH_3 gewonnen. Ende 1917 bis Anfang 1918 war die normale Produktion in Niagara Falls durch unberechtigte Kraftstromvorenthaltung seitens der Ontario-Kraft-Gesellschaft behindert; der Zustand besserte sich erst Ende April 1918. Die Herstellung eines für die Goldlaugerei besonders geeigneten geringhaltigen Cyanids aus dem Kalkstickstoff ist 1917 weiter vervollkommnet worden. Eine der großen amerikanischen Bergbaugesellschaften arbeitet mit diesem Erzeugnis. Auch Harnstoffderivate sind 1917 auf den Markt gebracht worden. Der eigentliche Handelsverkehr war jedoch vom Sommer 1917 bis Dezember 1918 durch das erwähnte Abkommen mit der Regierung gehemmt. Die *American Cyanamide Co.* erzeugt als Nebenprodukt auch Argon für Glühlampenfüllung und ähnliche Zwecke.

Die *Ammo-Phos-Werke* in Warners, N. J., sollten zunächst nur Ammoniumphosphat herstellen, das unter dem geschützten Namen „Ammo-Phos" mit etwa 13 bis 20 Proz. Ammoniak und 47 Proz. größtenteils wasserlöslicher Phosphorsäure in den Handel kam. Sie bezogen Kalkstickstoff von Niagara Falls und zersetzten ihn damals in Autoklaven, die täglich je 30 t NH_3-Gas liefern konnten. *Niagara Falls* hat seit 1915 die Kalkstickstoffzersetzung zuerst im kleineren, später im größeren Umfange selbst aufgenommen, doch wird die Anlage **Warners** noch heute nach wie vor mit Kalkstickstoff beliefert, den sie selbst erst in Ammoniak umwandelt. In **Warners** ist im Juli 1916 die erste amerikanische Fabrikanlage zur katalytischen Oxydation von Ammoniak in Betrieb gekommen. Das dort benutzte Verfahren ist von *Landis* ausgearbeitet und beruht darauf, das Ammoniakgas-Luft-Gemisch von oben nach unten (*Frank-Caro*: unten nach oben!) durch ein Platinnetz zu leiten und es vor dem Durchtritt durch die Katalysatorzone abzukühlen. Die erste Anlage in **Warners** umfaßte 6 Katalysatoreinheiten, von denen jede 6,4 kg Salpetersäure in der Stunde liefern sollte. Durch verschiedene Verbesserungen ist diese Leistung bis auf 18,1 kg Salpetersäure gesteigert worden. Als Katalysator dient ein feines, elektrisch geheiztes Platindrahtnetz mit einer Oberfläche von etwa 1858 qcm. Zwei solcher Elemente haben zwei Jahre hindurch den Salpetersäurebedarf der 60 000 t Schwefelsäure-Kammer-Anlage der Werke gedeckt. Das zur Verbrennung gelangende Ammoniak wird direkt den Kalkstickstoffautoklaven (je 30 t Ammoniakgas in 24 Std.) entnommen. Die Nachfrage nach Ammonphosphat war 1920 sehr groß.

Die Schwefelsäureerzeugung der *Ammo-Phos-Corp.* wurde z. T. dazu benutzt, das Phosphat aufzuschließen, das für die Herstellung von Ammonphosphat zur Verwendung kommt. Ein anderer Teil ist mit Hilfe von Kalkstickstoffammoniak direkt in Ammonsulfat übergeführt worden. Als der Vertrag zwischen der *American Cyanamide Co.* und der amerikanischen Regierung im Sommer 1917 in Kraft trat, wurde die Fabrikation von Ammoniumphosphat und Ammoniumsulfat stillgelegt. Außer Ammoniak wurden nur kleine Mengen Salpetersäure für eigenen Bedarf gewonnen. Auch die gesamte Erzeugung der Schwefelsäurefabrik wurde staatlicherseits zum Zersetzen von Salpeter und damit zur Ammoniumnitratgewinnung in Anspruch genommen. Mit Unterzeichnung des Waffenstillstandsvertrages wurden diese Ammoniak- und Schwefelsäurelieferungen eingestellt. Die Herstellung von Ammoniumphosphat und Ammoniumsulfat konnte in **Warners**, N. J., sehr bald wieder aufgenommen werden, da sich rasch neue und reiche Absatzgebiete im Aus- und Inland eröffneten. Die Phosphatförderung der Grube in **Brewster** (Florida) nahm neuen Aufschwung; die Grube war bis Anfang Mai 1919 im vollen Betrieb; ein Streik störte in diesem Monat die Produktion zeitweise recht empfindlich. Die Aussichten für die Phosphatausfuhr wurden als sehr günstig bezeichnet. Der Verlust der *Amalgamated Phosphate Co.* betrug noch 1917/18 164 000 Dollar.

1919 gewann die *American Cyanamide Co.* in **Niagara Falls** bzw. in **Warners** weniger Kalkstickstoff, als Ammoniak, dessen Salze und Cyanid. Ein vom 1. Dez. 1919 ab gültiges Abkommen stellt auf die Dauer von 10 Jahren den Cyanidabsatz (Selbstkosten + 20 Proz. Aufschlag) sicher. Da auch langfristige Phosphatlieferungsverträge laufen und die Gesellschaft Ende November 1919 für 4,43 Mill. Dollar unerledigte Aufträge vorliegen hatte, so ist die Lage recht günstig.

Die *Ammo-Phos-Corporation* ist auch Hersteller für konzentriertes Ammoniakwasser. Sie wird neuerdings auch von *Muscle Shoals* mit Kalkstickstoff versorgt. Unter dem Namen „Soilime" werden die Rückstände der Kalkstickstoffzersetzung für die Landwirtschaft in den Handel gebracht. Sie enthalten 50 Proz. CaO größtenteils in Form von Carbonat und Hydroxyd.

In der zweiten Hälfte des Jahres 1917 wurde die *Air Nitrate Corporation* gegründet, um als Agentin der amerikanischen Regierung für Errichtung von Anlagen zur Herstellung von Ammoniumnitrat mittels des Kalkstickstoffverfahrens zu dienen. Das gesamte Kapital der *Air Nitrate Corporation*, das nur nominell ist, gehört der *American Cyanamide Co.*, die eine Lizenzabgabe für die Benutzung ihrer Patente erhält. Die Regierung zahlt der *Air Nitrate Corporation* für den Bau und den Betrieb der staatlichen Fabriken eine Abgabe.

Die *Southern Power Co.* in Chester (U. S.) hatte 1912 in einer Versuchsanlage zeitweilig die Fabrikation von Kalkstickstoff aufgenommen[1]. Ein zweiter kleiner Versuchsbetrieb befand sich damals auch in Baltimore. Man hat neuerdings vorgeschlagen,. die Gasquellen des Fraser-Tals in Britisch-Columbien, die aus fast reinem Stickstoff bestehen, für Zwecke der Kalkstickstoff-Fabrikation auszunutzen, was sich um so leichter bewerkstelligen ließe, weil an der pazifischen Küste auch große Kraftquellen (z. B. Stave Lake) zur Verfügung stehen.

In den Ver. Staaten hat die *Union Carbide Co.*, als ehemalige Besitzerin des *Willson*-Patents, so geschickte Handelsabmachungen getroffen, daß sie das Monopol der Carbidfabrikation in der Hand hat. Sie hat sich neuerdings mit der *National Carbon Co.* und der *Carbide Air Reduction Co.* vereinigt. Die Hauptwerke liegen am Niagarafall und in Sault Ste. Marie, Mich., und erzeugten vor dem Kriege etwa 80 000 t Carbid, wovon rund 10 000 t nach Südamerika ausgeführt wurden. 1914/15 betrug die gesamte Carbidausfuhr 16 000 t, 1915/16: 17 000 t. Weil die Energiekosten und die Arbeitslöhne in Norwegen billigere sind, als in den Ver. Staaten, hat die *Union Carbide Co.* ein drittes großes Werk bei Saude in Norwegen angelegt. Der Kalkstickstoffverbrauch der Ver. Staaten stieg zwischen 1911 und 1916 von 5000 t auf 40 000 t.

Im Frühling 1916 stellte die *American Cyanamide Co.* in Niagara Falls, Ontario, den ersten elektrisch geheizten (*Landis-*) Kontaktapparat zur Oxydation von Kalkstickstoffammoniak auf; im gleichen Jahre, aber mehrere Monate später, ging dann die erste fabrikmäßige Anlage in Warners, N. J., in Betrieb. Das *Ostwald-Barton*-Verfahren der englischen *Nitrogen Products and Carbide Co., Ltd.*, ist in der ursprünglichen Form in den Ver. Staaten nicht zur dauernden Einführung gelangt. Auf Anregung von *Ch. L. Parsons* erhielt die *Semet-Solvay Co.* in New York und das *Bureau of Mines* am 10. Aug. 1916 regierungsseitig den Auftrag, endgültig

---

[1] Chem. Ind. 1912, S. 294.

festzustellen, ob man Kokereiammoniak in wirtschaftlicher Weise verbrennen könne oder nicht. Um diese Frage zu entscheiden, wurde eine kleine Versuchsanlage in Syracuse, N. Y., erbaut. Obgleich sich bei den vom *Bureau of Mines* gemeinsam mit der *Semet-Solvay Co.* ausgeführten Laboratoriumversuchen erwiesen hatte, daß sich auch andere metallische und nichtmetallische Katalysatoren statt des Platins bewähren, hielt man schließlich doch an der Verwendung von spiralig aufgerollten Platindrahtnetzen fest. Von der elektrischen Erhitzung kam man ganz ab. Die Apparatekonstruktion bewährte sich so gut, daß auch die *Brunner, Mond Co.* in England ein solches Element des *Jones-Parsons*-Typs zur Probe aufstellte und daß ferner die amerikanische Regierungsanlage Nr. 2 in Muscle Shoals größtenteils mit Verbrennungselementen dieses Systems ausgerüstet wurde. Die Anlage der *Semet-Solvay Co.* in Syracuse ist später bis zu einer Tagesleistung von mehreren Tonnen Nitrat und Nitrit vergrößert worden. Das *Serpek*-Verfahren hat trotz verschiedener Versuche, es einzuführen (s. o.), keine Bedeutung erlangen können.

Die bereits erwähnte *Air Nitrate Corporation* erbaute die Regierungsanlage Nr. 1 in Sheffield, Alabama, deren Salpetersäure-Höchstleistungsfähigkeit 15 000 t 100 proz. Salpetersäure pro Jahr beträgt. Die Anlage arbeitet mit den *Landis*-Elementen der *American Cyanamide Co.* Sie hat 6 Katalysatorhäuser mit je 4 Reihen Elementen à 29 Stück, d. s. im ganzen 696 Einheiten. Jedes Element enthält 143 g Platin. Da die Ammoniakerzeugungsanlage (s. u.) sich nicht bewährte, hat Sheffield während des Krieges kein Ammonnitrat abliefern können. Später sind aus fremdem Ammoniak 15 000 Pfund produziert.

Muscle Shoals soll 90 000 t 100 proz. Salpetersäure jährlich leisten. Eine kleine Anlage in Long Island City soll auch nach dem Platinnetzverfahren arbeiten.

Die Höchstleistungsfähigkeit der überhaupt gebauten bzw. der vor der Vollendung stehenden Kontaktanlagen wird für Frühjahr 1919 zu 225 000 100 proz. Salpetersäure angegeben. Da außerdem (s. o.) in den Ver. Staaten 650 000 t HNO_3 aus Chilesalpeter erzeugt werden können, so stünden bei Vollausnutzung aller Anlagen jährlich nicht weniger als 875 000 t 100 proz. Salpetersäure zur Verfügung. Diese Erzeugung ist nun mehr als 9 mal so groß, wie der Verbrauch vor dem Kriege. 1913/14 nahm die Sprengstoffindustrie etwa 50 000 t auf, während für alle übrigen Zwecke etwa 40 000 t gebraucht wurden. Selbst wenn man den Verbrauch der amerikanischen Farbenindustrie zu 30 000 bis 40 000 t HNO_3 im Jahr ansetzt, wird sich der Friedensbedarf erst auf 120 000 bis 130 000 t belaufen. Da die Produktionsfähigkeit fast 7 mal größer ist, so wird die Salpetersäureherstellung selbst dann erheblich eingeschränkt werden müssen, wenn bedeutende Mengen Säure zur Fabrikation von Nitratdüngern herangezogen werden.

In einem auf der Ausstellung der amerikanischen chemischen Industrie (siehe oben) gehaltenen Vortrag verbreitet sich *E. J. Pranke* eingehender über die Zukunftsaussichten der Ammoniakoxydationsverfahren in Amerika[1] im Hinblick auf ihre Rentabilität gegenüber den alten Methoden. Bestimmte Vorhersagen lassen sich schlechterdings hier schwer machen. „Die Kosten der Überführung von Natriumnitrat in konzentrierte Salpetersäure sind annähernd ebenso hoch, wie die der Darstellung von Salpetersäure aus gasförmigem Autoklavenammoniak. Ammoniakgas ist allerdings eine billigere Form des Stickstoffs, als Natriumnitrat. Es ist billiger um den Betrag der Schwefelsäure, der zur Fixierung des Ammoniakgases in Form von Ammonsulfat erforderlich ist; denn Natriumnitrat und Ammonsulfat sind früher stets annähernd zum gleichen Preise, bezogen auf das Kilogramm Stickstoff, verkauft worden (z. B. in Deutschland 1913: 1 kg N im Chilesalpeter, frei Hamburg, 138 Pfg.; 1 kg N im schwefelsauren Ammoniak, frei Bord Hamburg, 138,20 Pfg.). Falls sich späterhin ein Preisunterschied zeigen sollte, wird wahrscheinlich die Ammoniakform billiger sein. Die Differenz zwischen den Preisen für Ammoniakgas und Ammoniumsulfat wird etwa 15 bis 20 Proz. in bezug auf den Salpetersäurepreis zugunsten der Ammoniakoxydation ausmachen. Die Tatsache, daß die Fabriken, welche Salpetersäure aus Salpeter herstellen, während des Krieges abgeschrieben sind und für die Friedenslieferung günstig liegen, während neue Oxydationsanlagen zur Vermeidung hoher Transportkosten erst an diesen Orten gebaut werden müßten, ist nur von unwesentlichem Einfluß auf die Preisgestaltung, da der Amortisationsbetrag nur etwa 4 Proz. des normalen Salpetersäurepreises ausmacht. Entscheidend für den Erfolg des neuen Verfahrens dürfte vor allem die Frage sein, ob in Amerika genügend Initiative zum Ausbau der neuen Industrie vorhanden sein wird."

Die Fragen der Stickstoffindustrie waren für Amerika, als der Krieg ausbrach, noch ziemlich ungeklärt. In dem Maße, wie das Interesse an der synthetischen Darstellung von Stickstoffverbindungen wuchs, nahm sich die Regierung in vorbildlicher Weise der objektiven Prüfung der auf diesem Gebiete um die Palme ringenden Verfahren an. Es wurde ein besonderer Ausschuß für Salpeterversorgung eingesetzt, dem u. a. *A. N. Noyes, L. H. Baekeland, G. Dunn, Ch. H. Herty, W. K. Lewis, M. J. Pupin, Th. W. Richards, E. Thompson* und *W. R. Whitney* angehören. Das Komitee ließ es sich angelegen sein, noch weitere Fachleute heranzuziehen, unter denen sich *Charles L. Parsons*, der leitende Chemiker des *Bureau of Mines* und Mitglied des oben erwähnten Ausschusses besonders auszeichnete. *Parsons* trat im Jahre 1916 eine Studienreise durch englische, italienische, französische, norwegische und schwedische Stickstoffwerke an, um die Vor- und Nachteile der einzelnen Darstellungsmethoden kritisch gegeneinander abzuwägen. Er erstattete seinen ersten Bericht am 27. Jan. 1917[2] und kommt darin zu dem Schluß, daß die Regierung zur eigenen Munitionserzeugung im Frieden 20 000 t Salpetersäure und im Kriege 180 000 t jährlich gebrauche.

Parsons weist natürlich in erster Linie auf die Überführung von Kokereiammoniak in Salpetersäure hin, welche den gangbarsten Weg für die amerikanische Selbstversorgung darstelle. Auf die sehr zuverlässigen Angaben von *Parsons* über die einzelnen Verfahrengruppen sei wenigstens ganz kurz eingegangen. Die Lichtbogenprozesse stehen außer im südlichen Norwegen (mit 250 000 PS) nirgends im eigentlichen Großbetrieb. Die

---

[1] Chem. Trade Journ. Nr. 1642 (1918), S. 341 bis 342; Zeitschr. f. angew. Chem. 1919, II, 115/6.

[2] Chem. Trade Journ., 13. u. 20. Okt. 1917, S. 299 bis 301; J. Ind. Eng. Chem., Sept. 1917, S. 833 bis 839; *Hesse-Grossmann,* Englands Handelskrieg und die chemische Industrie, Bd. III (Stuttgart 1919), S. 75 bis 98.

Kosten eines PS-Jahres stellen sich dort auf weniger als 20 Mk. Auch wenn sie 40 Mk. erreichen, kann die so erzeugte Säure noch den Vergleich mit der aus anderen Verfahren stammenden aushalten. Starke Salpetersäure kann jedoch nur in Aluminiumtankwagen oder als Mischsäure mit H_2SO_4 zusammen in Eisenkesselwagen transportiert werden. Sie eignet sich schlecht zur Düngemittelfabrikation, da sich von ihren Salzen weder Calcium- noch Ammoniumnitrat glatt in solche Mischdünger verwandeln lassen, wie sie die amerikanischen Landwirte verlangen. Eine Lichtbogenanlage verbraucht pro Tonne schwacher Salpetersäure 2,33 PS-Jahre unter der Annahme so guter Ausbeuten, wie sie in Norwegen erzielt werden. Zur Deckung des Friedensbedarfes der amerikanischen Regierung wären also mindestens 50 000 PS notwendig, während im Kriege 440 000 PS erforderlich sein würden. Praktisch erhöhen sich diese Minimalzahlen auf 75 000 bzw. 555 000 PS. Die direkte Vereinigung der Luftsalpetersäureerzeugung mit der Sprengstoffherstellung in einer Fabrik wäre anzuraten, wobei auf die Frachtkosten für Benzol, Toluol, Alkohol, Glycerin, Aceton, Schwefelsäure, Baumwolle usw., ebenso wie auf den bequemen Abtransport der fertigen Sprengmittel bei der Auswahl der in Betracht kommenden Örtlichkeit gebührend Rücksicht zu nehmen wäre. Eine Lichtbogenanlage, die groß genug ist, um den Ansprüchen der amerikanischen Eigenversorgung während des Krieges mit Sicherheit genügen zu können, müßte in der Friedenszeit zum größten Teil still liegen.

Das *Haber-Bosch*-Verfahren wird in dem *Parsons*schen Bericht als das billigste der damals technisch ausgeübten Prozesse zur Synthese von Ammoniak geschildert. Das Pfund (= 453,6 g) flüssiges, wasserfreies Ammoniak soll in Deutschland vor dem Kriege zu 4 Cents (= 16,8 Pfg.) hergestellt worden sein. Zu den wesentlichen Ausgaben gehört die Herstellung und Reinigung des Wasserstoffes. „Die technische Kontrolle des *Haber*-Verfahrens erfordert eine so große Erfahrung und Geschicklichkeit, daß es bei Verlust der gegenwärtig leitenden Kräfte der *BASF* viele Monate erfordern würde, andere Kräfte heranzubilden, welche ebenfalls imstande wären, das Verfahren technisch durchzuführen. Gegenwärtig wird es außerhalb Deutschlands infolge mangelnder Erfahrungen bezüglich der Fabrikanlage und der Arbeitsweise und auch infolge der hohen Lizenz, die von der *BASF* verlangt wird, nicht ausgeübt. Es erscheint jedoch mehr als wahrscheinlich, daß die *BASF* nach Beendigung des Krieges selbst nach diesem Verfahren außerhalb Deutschlands arbeiten wird. Der Prozeß ist unabhängig von billiger Kraft, da bei ihm die Kraftkosten nur wenig ins Gewicht fallen."

Das Kalkstickstoffverfahren verlangt niedrigen Energiepreis. Es erfordert gegenüber dem Lichtbogenprozeß nur etwa $^1/_5$ der PS, um 1 t Stickstoff zu binden. Die Kosten für die Gewinnung des Ammoniaks aus Kalkstickstoff würden sich bei rund 33 bis 34 Mk. pro PS-Jahr (entsprechend den Kraftpreisen einer etwaigen Regierungsanlage) pro Pfund Ammoniak (= 453,6) um 1 bis 2 Cents (= 4,2 bis 8,4 Pfg.) höher stellen, als beim *Haber*schen Prozeß. Da aber die Lizenzverhältnisse hier ungleich günstiger liegen und es bauerfahrene Ingenieure und Fachleute genug gibt, die eine solche Anlage einrichten können, so würde die Kalkstickstoffindustrie damals als günstigste anzusprechen gewesen sein. „Wenn eine elektrische Wasserkraftanlage durch die Regierung der Vereinigten Staaten errichtet und diese Energie zur Bindung des Stickstoffs benutzt werden sollte, so besitzt das Kalkstickstoffverfahren Vorteile gegenüber allen bis jetzt zur Ausführung gelangten Methoden und sollte daher bei der Bindung des Stickstoffs als das beste Verfahren zur Ausnutzung elektrischer Energie aus Wasserkraft zur Annahme gelangen." „Gemahlener Kalkstickstoff ist ein sehr staubendes, unangenehmes Produkt und muß mit Öl oder nach einem besonderen Granulierverfahren behandelt werden, um als Düngemittel Verwendung zu finden. Hierdurch werden die staubenden Eigenschaften des Produkts wesentlich herabgesetzt." Kalkstickstoff hat sich bei den amerikanischen Verbrauchern trotz seiner guten Düngewirkung keine Beliebtheit erworben; außerdem eignet er sich alles in allem verhältnismäßig schlecht als Zusatz zu Mischdüngen (siehe oben), wie sie die amerikanische Landwirtschaft wünscht. In Europa kann er mit mehr Erfolg gestreut werden, weil es die billigeren Arbeitskräfte dem Landwirt dort ermöglichen, jedes Düngemittel für sich und zu seiner Zeit auf den Acker zu bringen. Um 20 000 t bzw. 180 000 t

Salpetersäure liefern zu können, müssen 11 000 bzw. 99 000 PS in den Dienst der Kalkstickstoffindustrie gestellt werden. „Wenn Kalkstickstoff in Ammoniumsulfat umgewandelt werden soll, so stellen sich die Kosten für die Überführung des Stickstoffs in Ammoniak v o r der Absorption in Schwefelsäure auf etwa 1 Cent (= 4,2 Pf.) pro Pfund (= 453,6 g). Die Notwendigkeit, aus dem Kalkstickstoff erst einmal Ammoniak zu gewinnen, wenn man Salpetersäure braucht, führt zu einem erheblichen Teil die Differenz in den Gestehungskosten zwischen dem Kalkstickstoff- und dem *Haber-Bosch*-Verfahren herbei.“

Die Gewinnung von Ammoniak (bzw. seinen Salzen) als Nebenprodukt der Kokereiindustrie ist wirtschaftlich außerordentlich aussichtsreich. Die Ammoniakmenge, die sich auf diese Weise erzielen läßt, hat in den Ver. Staaten in den letzten zwei Jahren in einem Tempo zugenommen, wie man es noch vor kurzem nicht für möglich gehalten hätte (siehe unten). Ende 1917 werden 115 000 t NH_3 = 450 000 t schwefelsaures Ammoniak verfügbar gewesen sein. Für militärische Zwecke würden aber bereits 6000 t bzw. 55 000 t NH_3 (im Kriege) ausreichen. In den letzten 12 bis 13 Monaten (vor Januar 1917) sind mehr als 50 Mill. Dollar in Nebenproduktenanlagen neu investiert worden. Ammoniak aus Koksofengas muß stets erst gereinigt werden, bevor es weiter zu Salpetersäure oxydiert werden kann. Die Kosten dieser Reinigung sind sehr gering. Wo Reinigungsapparate bei der ursprünglichen Ammoniakabsorptionsanlage vorhanden sind, betragen die Unkosten nur einen Bruchteil eines Cents pro Pfund gegenüber den Gewinnungskosten für rohes Ammoniakwasser. Es handelt sich hauptsächlich um die Befreiung von CO_2, H_2S und HCN. Verbrennungsanlagen lassen sich unschwer den Kokereien angliedern; da diese sich aber über verschiedene Teile Amerikas erstrecken, so läge in der Dezentralisation verteidigungstechnisch ein großer Vorteil. Dagegen hat die Verwendung von Kokereiammoniak zur Verbrennung zu Salpetersäure den großen Nachteil, daß der Verkaufspreis für Ammoniak an sich hoch ist. Die Verwendung solchen Ammoniaks käme also solange kaum in Frage, wie nicht besondere Preiskonzessionen von der Regierung gemacht werden. Für Kalkstickstoff- und *Haber*-Ammoniak liegt die Sache insofern günstiger, als es sich hier um eigene Regierungsanlagen handeln würde, bei denen die Zwecke der Landesverteidigung in erster Linie maßgebend sein müssen. Die gegenwärtigen Kosten für reines Ammoniak als Nebenprodukt der Verkokung sind jedoch weit niedriger, als die Kosten irgendeines anderen Verfahrens, das gleichfalls Ammoniak liefert.

Mit dem sehr interessanten Cyanidprozeß (siehe unten) beschäftigt sich erst der zweite Bericht von *Parsons* (30. April 1917) näher (siehe unten). Im ersten Gutachten wird nur hervorgehoben, daß sich der durch rotglühende Mischungen von Soda, Koks usw. gebundene Stickstoff billiger stellen dürfte, als der nach den sonst bekannten synthetischen Methoden. Kleine Anlagen arbeiteten bereits (1916/17) nach dem Verfahren, doch müssen die mechanischen Schwierigkeiten der Großproduktion noch überwunden werden. Für billiges Cyanid ist die amerikanische Hüttenindustrie stets aufnahmefähig.

Die Ammoniakoxydationsverfahren sind zunächst in der von *Landis* (*American Cyanamide Co.*; in N i a g a r a F a l l s und W a r n e r s; s. o.) und von *Ostwald-Barton* (*Nitrogen Products and Carbide Co.*) gefundenen Form zur Verwendung gelangt. Nach *Parsons* ist letztere Methode nach dem Stande von 1916/17 hinsichtlich Wirtschaftlichkeit und Bedeutung allen Konkurrenzverfahren, .auch der deutschen *Frank-Caro*-Methode, unstreitig überlegen.

„Durch die Oxydation des Ammoniaks werden Stickoxydgase von weit höherer Konzentration erhalten, als nach den Lichtbogenprozessen. Infolgedessen braucht man eine weit geringere Fläche für die Absorption in den Türmen, und es läßt sich in diesen direkt eine weit stärkere Säure erhalten. Bei dem Lichtbogenverfahren ist die Hochkonzentration einer Turmsäure mit 30 bis 35 Proz. HNO_3 entspr. 22,5 bis 26,0° Bé notwendig, während die Ammoniakverbrennung Turmsäure von 50 bis 55 Proz. HNO_3

oder 34,6 bis 37,0° Bé zu liefern vermag, deren Weiteranreicherung entsprechend einfacher ist."

Parsons machte weiterhin einige Angaben über eine in Schweden ausgebildete Methode, Ammoniak oder Cyanamid in Lösung zu Ammonnitrat zu oxydieren, das dann durch Eindampfen des Elektrolyten als solches gewonnen oder in freie Salpetersäure übergeführt werden kann. Einzelheiten über den Prozeß kann er nicht geben. Eine Anlage in der Nähe von Gothenburg sollte im Sommer 1917 in Betrieb gehen und nahe Berlin plante man angeblich eine zweite, größere Anlage.[1]

Was diesen Nachrichten zugrunde gelegen hat, kann nicht nachgeprüft werden. Tatsache ist, daß zumindest die große Anlage bei Berlin nicht gebaut ist. Daß sich aber Ammoniaklösungen unter gewissen Bedingungen zu Ammonnitrat oxydieren lassen, ist an sich nicht neu, da über diese Elektrooxydation bereits von *E. Müller, Spitzer, Brochet, Boiteau* u. a. gearbeitet worden ist.[2]

Zusammenfassend kommt *Parsons* für Amerika zu dem Schluß, daß „das wichtigste Problem das ist, für die Sicherung einer ausreichenden Reserve von Salpeter Anstalten zu treffen, die zweckmäßigste Methode zur Ammoniakoxydation zu beherrschen und die notwendigen Hilfskräfte beim Bau und der Durchführung aller Operationen in diesen Ammoniakoxydationsanlagen in der richtigen Weise heranzubilden".

„Die Kosten der Salpetersäure an sich, ohne Rücksicht auf die Konzentrierung der Säure, stellen sich am niedrigsten bei dem Lichtbogenprozeß, der Wasserkraftenergie (1 PS-Jahr höchstens 40 Mk.) zur Verfügung hat. Die Schwierigkeit für den Transport, der große Kraftbedarf und andere wirtschaftliche Gründe machen jedoch dieses Verfahren für amerikanische Verhältnisse unanwendbar.

Die Kosten der Salpetersäuregewinnung durch Oxydation von Ammoniak richten sich nach dem Ammoniakselbstkostenpreis. Dieser aber steht gegenwärtig in keiner Beziehung zum Verkaufspreis. Die Unkosten für die Gewinnung und Reinigung des Ammoniaks aus den Gasen der Kokerei stellen sich niedriger, als bei jedem anderen Verfahren. Der Verkaufspreis für dieses Nebenproduktenammoniak ist gänzlich abhängig vom Wettbewerb mit den übrigen Stickstoffverbindungen, er ist daher in der Vergangenheit fast ausschließlich vom Chilesalpeterpreis bestimmt worden. „Selbst wenn Ammoniak nach dem *Haber*-Verfahren zu einem Preis von 4 Cent das Pfund auf den Markt gebracht werden sollte, so wird das Kokereiammoniak bei einem solchen Preise den Produzenten noch immer einen Gewinn lassen können. Der Kostenpreis stellt sich hier im wesentlichen als eine Buchungsfrage dar. Der Verkaufspreis wird in Zukunft ebenso wie früher vom Wettbewerb mit anderen Stickstoffverbindungen abhängen. Das *Haber*-Verfahren kann Ammoniak auf synthetischem Wege billiger, als jeder andere synthetische Prozeß liefern, was auch bereits geschieht. An zweiter Stelle steht dann das Cyanamidverfahren. Wenn die mechanischen Schwierigkeiten, die jetzt noch beim Cyanidprozeß (Januar 1917) zu überwinden sind, gelöst werden, wird dieses Verfahren das Ammoniak noch billiger, als das *Haber*- oder das Kalkstickstoffverfahren zu liefern vermögen. Damit ist auch Konkurrenzfähigkeit gegenüber dem Kokereiammoniak gewährleistet."

Als *Parsons* seinen ersten Bericht (27. Jan. 1917) schrieb, war er überzeugt, daß sich der *Haber*- und der Cyanidprozeß über kurz oder lang in Amerika durchsetzen, und daß es demnach unzweckmäßig sein würde,

---

[1] Diese Information ist falsch.

[2] Zeitschr. f. Elektrochem. 1905, S. 917; B. d. chem. Ges. 1906, S. 166; Zeitschr. f. Elektrochem. 1909, S. 937; Chem.-Ztg. 1909, S. 629.

große Aufwendungen für die kostspieligen Lichtbogen- oder Kalkstickstoff-verfahren zu machen. Er schlug daher zusammenfassend vor, die Ammoniakoxydationsanlagen auszubauen und sich genügende Vorräte an Chilesalpeter und Platin zu schaffen.

Die Entwicklung der Stickstoffindustrie in den Ver. Staaten machte nun so rasche Fortschritte, daß sich *Parsons* bereits am 30. April 1917 zur Erstattung eines zweiten Berichts an die Regierung veranlaßt sah.[1] Inzwischen hatte sich nicht nur die Oxydationsanlage in Syracuse (siehe oben) recht befriedigend entwickelt, es war auch erfolgreich versucht worden, an Stelle von Platin in Laurel Hill andere Kontaktkörper zu benutzen. Von noch größeren Erfolgen berichtete insbesondere die *General Chemical Company*, auf deren Arbeiten *Parsons* denn auch ausführlich eingeht. Die genannte Gesellschaft beschäftigte sich seit 1913 mit der Durchführung einer Ammoniaksynthese nach Art der *Haber*schen direkt aus den Elementen. Im April 1917 war ein Versuchsbetrieb nach ihrer Methode in vollster Tätigkeit. Die außerordentlich gestiegenen Baumaterialpreise und sonstige Schwierigkeiten verhinderten die *General Chemical Company*, sofort die Errichtung einer Großanlage in die Hand zu nehmen. Der Vorsitzende, *William H. Nichols*, stellte jedoch der amerikanischen Regierung die Überlassung der Pläne und der Versuchsergebnisse in Aussicht. Daraufhin fanden zwischen ihm und dem *Bureau of Mines* bzw. dem Kriegsministerium im April 1917 eingehende Besprechungen statt, die das Ergebnis zeitigten, daß die *General Chemical Co.* ihr Material dem Staate vertraulich und kostenlos überließ und versprach, bei dem Bau einer Fabrik mitzuwirken. Es wurden zwei Pläne vorgelegt, der eine für eine Anlage zur Herstellung von täglich 27 t NH_3 und der andere für nur 6,8 t Tagesleistung. Man war allgemein der Ansicht, die 27 t-Anlage für 3 Mill. Doll. erbauen zu können. Die Ammoniakselbstkosten würden sich dabei unter 4 Cents pro Pfund halten lassen, wenn man den Betrag von 5 Doll. pro Tonne für Reparaturen in Anrechnung bringt und $12^1/_2$ Proz. der Kosten für Zinsen und Abschreibungen berechnet. Die Ausgaben für Reparaturen, Zinsen und Abschreibungen wurden im ganzen zu 50 Proz. des Ammoniakselbstkostenpreises angesetzt; auf allgemeine Ausgaben und besondere Unkosten rechnete man weiter 3 Doll. pro Tag. Die kleine 6,8 t-Anlage sollte etwa (1917) 1,1 Mill. Doll. kosten (einschl. Terrain und Gebäude) und jährlich 2450 t NH_3 oder bei 85 proz. Stickstoffausbeute 7900 t 96 proz. Salpetersäure liefern. Ihr Kraftverbrauch dürfte etwa 500 PS erreichen.

Auf Grund dieser von der *General Chemical Co.*, die übrigens vor dem Kriege zur *BASF* in Beziehungen stand, vorgelegten Projekte machte *Parsons* der Regierung folgenden Vorschlag: Die Regierung solle die 27 t-Anlage erbauen lassen, indem das Kriegsministerium dafür 3,5 Mill. Doll. auswirft und einen Vertrag mit der *General Chemical Co.* abschließt, der u. a. zu bestimmen hätte, daß eine Abgabe pro Tonne gebundenen Stickstoffs an die *General Chemical Co.* nur dann in Frage kommt, wenn der Staat das gewonnene Ammoniak nicht für seine eigenen Zwecke benutzen will, sondern es verkauft. Als Platz für die neue Fabrik wird ein in der Nähe von Schwefel- und Kohlengruben liegender Ort des südwestlichen Virginien oder ein solcher im angrenzenden West-Virginia empfohlen.

Der *Parsons*sche Bericht beschäftigt sich des weiteren mit dem Cyanidverfahren von *J. E. Bucher* (siehe unten), über das sich *Edward E. Arnold*, Präsident der *Nitrogen Products Co.*, recht zuversichtlich äußerte. Die *Nitrogen Products Co.* hatte 1917 zwei Versuchsanlagen im Gange, die eine in Saltville, Va., arbeitete mit einem durch Kohle beheizten und die andere in Niagara Falls mit einem elektrischen Ofen. Beide Anlagen sind durch eine Kommission der Regierung im April 1917 besichtigt worden. Die *Nitrogen Products Co.* bot dem Staate für seinen eigenen Bedarf das Cyanidverfahren zu den gleichen Bedingungen an, wie es die *General Chemical Co.* getan hatte. *Parsons* glaubte aber von der Erbauung einer Großanlage im Augenblick noch abraten zu müssen und neue Versuche abzuwarten. Er empfahl die regierungsseitige Weiterführung der

---

[1] J. Ind. Eng. Chem. **9**, 839 bis 884 (1917); *Hesse-Grossmann* III, a. a. O. S. 92/98.

Versuche im großen in einem in Saltville, Va., unter Auswerfung von 200 000 Doll. zu erbauenden Betrieb.

Zum Schluß seines Gutachtens bringt *Parsons* eine Schätzung über Bau- und Betriebskosten nach den verschiedensten Verfahren und dem Stande von 1917. Die Tabelle ist hier mit den Originalzahlen wiedergegeben (Angaben pro 1 t N):

Produkt	Lichtbogen 35%ige HNO_3	Kalkstickstoff NH_3	Haber 35%iges NH_3	Gen. Chem. Co.[1] NH_3
Erforderliche Kraft in PS	10,5	2,2	0,2	0,2
Investiertes Kapital . . .	1410[2]	440[2]	540	300
Betriebskosten[3] in Dollar.	170	150[4]	119	97
		16%ige Salpetersäure		
Erforderliche Kraft in PS	10,8	2,3	0,3	0,3
Investiertes Kapital[5] . . .	1550	670	570	520
Betriebskosten[6] in Doll. .	220	270	239	217

[1] Die Schätzungen bei der *General Chemical Co.* beruhen auf den Baukosten 1917, die übrigen Angaben beziehen sich auf normale Preise.

[2] Hierbei ist die Kraftanlage mit 100 Doll./PS in Anrechnung gebracht.

[3] Die Amortisation beim Kalkstickstoffprozeß gründet sich auf Angaben verschiedener Gesellschaften. Beim *Haber*-Verfahren sind 20 Proz. der Baukosten für Reparaturen, Zinsen und Abnutzung in Rechnung gestellt. Amortisation beim Lichtbogen- und modifizierten *Haber*-Prozeß: 12 Proz. für Zinsen und Abschreibung + 5 Doll. pro Tonne für Reparaturen.

[4] Die Kalkstickstoffproduktion erfordert 122 Doll., die Ammoniakherstellung daraus 28 Doll.

[5] Abgesehen vom Lichtbogenverfahren, ist hierbei eine NH_3-Anlage mit in der Berechnung enthalten. Für Kraft sind weitere 10, für Oxydation und Absorption 140, für Konzentration 40 und für eine Dampfanlage 40 Doll. in Anrechnung gebracht.

[6] Abgesehen von den Lichtbogenprozessen sind ebenfalls die Kosten für eine NH_3-Anlage in den Zahlen enthalten. Für Oxydation sind 50 Doll., für Konzentration 70 Doll. berechnet. Die Kosten für nicht oxydiertes Ammoniak blieben unberücksichtigt.

Mit dem Vergleich der verschiedenen Stickstoffverfahren beschäftigten sich des ferneren *F. S. Washburn, W. S. Landis, E. K. Skott* u. a.[1] *Skott* gibt folgende Zahlen für die gesamte Ausbeute pro 1 KW-Jahr (1 t Kohle ist = 1500 bis 1600 KW-St. gesetzt):

    a) Lichtbogenprozeß: 1 KW-Jahr gibt 130 kg gebundenen Stickstoff,
    b) Kalkstickstoffprozeß: 1   „   „ 380 „   „   „
    c) *Haber*-Prozeß: 1   „   „ 830 „   „   „

Die Lichtbogenverfahren liefern pro KW-Jahr 600 kg Salpetersäure (= 130 kg N), das Kalkstickstoffverfahren verbraucht für 1 t gebundenen N: 2 KW-Jahre an elektrischer Energie und 3 bis 3,5 t Kohle, und das *Haber*-Verfahren für die gleiche Stickstoffmenge 6,5 bis 7 t Kohle einschließlich derjenigen Menge, welche die Herstellung des Wasser- und Stickstoffs erfordert. *Landis* stellt die jährliche Bindungsfähigkeit der Anlagen aller Länder zusammen; es leisteten die

	1913:	1915/16:
Kalkstickstoffanlagen	59 490 t N	190 000 t N,
Flammenbogenanlagen	16 915 t N	27 570 t N
Anlagen für synthet. Ammoniak .	7 300 t N	54 430 t N
Zus.	83 705 t N	272 000 t N.

Um 180 000 t konzentrierte Salpetersäure erzeugen zu können, sind nach *Landis* und *Washburn* an elektrischer Energie 540 000 PS und an Anlagekapital 80 Mill. Doll. nach

---

[1] Vorträge von der American Chemical Society bzw. der Society of Chemical Industry. J. Soc. Chem. Ind. 1917, S. 771; Chem.-Ztg. 1915, S. 643; 1916, S. 971.

dem Lichtbogensystem und nur 100 000 PS bzw. 30 Mill. Doll. nach dem Kalkstickstoffverfahren nötig, wobei die Baukosten pro PS zu 100 Doll. eingesetzt sind. In den Ver.
Staaten kostete 1916/17 1 Jahres-PS aus Wasserkraft 12 bis 20 Doll. gegen 3 bis 6 Doll.
in Norwegen. Aus diesen Gründen hat sich die Union Carbide Co. Wasserkräfte in Norwegen gesichert. Die meisten großen und wohlfeilen Wasserkräfte der Ver. Staaten
hatte 1916/17 die *Aluminium Co. of America* bereits für sich mit Beschlag belegt.

Die mit großer Sachkenntnis geschriebenen Gutachten von *Charles
L. Parsons* wurden zur Grundlage für die Schaffung einer staatlichen Stickstoffindustrie in Amerika. *Ch. L. Parsons* ist inzwischen von seinem Posten
als leitender Chemiker des *Bureau of Mines* zurückgetreten, um sich in
Zukunft völlig seinen Pflichten als Sekretär der *American Chemical Society*
zu widmen[1].

Im Jahre 1916 studierte auch der norwegische Ingenieur *Eystein Berg*
im Auftrage der Regierung der Ver. Staaten die Verfahren der europäischen
Stickstoffindustrie. In der zweiten Hälfte des Jahres 1917 bildete sich die
Air Nitrate Corporation als Tochtergründung der *American Cyanamide Co.*
(s. o.), die vom Staate unter Vorstreckung von zunächst 20 Mill. Dollar
den Auftrag erhielt, Anlagen für Gewinnung von Kalkstickstoff und Ammoniumnitrat zu erbauen und zu betreiben. Die Errichtung von drei staatlichen Werken wurde ins Auge gefaßt, von denen eines bei Muscle Shoals
am Tenesseeflusse in Nord-Alabama, ein zweites bei Cincinnati (Ohio)
und das dritte bei Toledo (Ohio) liegen sollte. Man schätzte 1917 die Baukosten für alle drei Fabriken auf 75 Mill. Dollar, die voll von der Regierung
übernommen wurden bzw. werden sollten. Die Erfahrungen der *Cyanamide
Co.* wurden im ganzen Umfange verwertet. Diese hatte, wie schon ausgeführt wurde, seit Frühjahr 1915 angefangen, beträchtliche Mengen Kalkstickstoff in Ammoniak und weiter in Ammonnitrat zu verwandeln, um
später (1917/18) diese Umsetzungen im großen auszuüben. Die einschlägigen Patente über Kalkstickstoffzersetzung wurden sämtlich von der
American Cyanamide Co. kontrolliert. Aus den vom *Ordnance Department*
1917 eingeforderten Plänen ging zweifelsfrei hervor, daß es nach dem Kalkstickstoffverfahren möglich sein müsse, binnen 12 Monaten große Anlagen
zu errichten. Die Baukosten machten dabei nur einen Bruchteil der für
Ausbau entsprechender Kokereianlagen mit Nebenproduktengewinnung
notwendigen Summen aus. Die erste Anlage, deren Errichtung in Angriff
genommen wurde, war die *U. S. Nitrate Plant No.* 2 in Muscle Shoals.
Westinghouse, Church, Kerr & Co. erstellten als Baufirma die Gebäude, die
J. G. White Engineering Co. führte die Kraftzentrale aus, während die
Chemical Constr. Co. den Hauptteil der Apparatur lieferte. Muscle Shoals
war als Bauplatz ausgesucht worden, weil es von der Küste weit genug
entfernt war, um gegen alle Angriffe gesichert zu sein. Frachtlich ist seine
Lage sowohl für den Bezug von Kohle und Koks, als auch für den Absatz
seiner Produkte in Form von Düngemitteln im Frieden sehr günstig. Die
Möglichkeit, die Wasserkraft des Tenesseeflusses auszunutzen, war von
vornherein gegeben. Man kann aus ihm 90 000 KW normal und 180 000 KW

---

[1] Chem.-Ztg. 1920, S. 36.

maximal gewinnen. Durch die Ausführung eines Staudammes kann diese Kraftmenge sogar bis auf 500 000 KW gesteigert werden. Weil aber dieser Ausbau zumindest 4 bis 5 Jahre erfordert hätte, ist zunächst eine eigene Dampfkraftzentrale und eine Ringleitung nach dem Werk der *Alabama Power Comp.* angelegt worden, die späterhin als Reserven wertvoll sein werden. Die benachbarten Orte Cheffield, Florence und Tuscumbia hatten zusammen nur 10 000 Einwohner. Man errichtete daher zur Unterbringung der 20 000 beim Bau beschäftigten Leute eine umfassende Barackenstadt und begann sofort mit der Erbauung einer bleibenden Wohnkolonie für 12 000 Einwohner auf einer Fläche, wo noch eben Baumwollstauden gestanden hatten.

Der Bau des Werkes wurde am 16. Nov. 1917 fest beschlossen, am 20. Dez. 1917 nahmen die Materiallieferungen ihren Anfang, der 16. Febr. 1918 sah den ersten Spatenstich und am 25. Nov. 1918 wurde das erste Ammonnitrat fertiggestellt. Der Strom mußte freilich damals noch von der *Alabama Co.* bezogen werden, da die eigene Zentrale noch nicht fertig war und überhaupt ein großer Teil der Fabrikbetriebe ihre Volleistungsfähigkeit noch nicht erreicht hatte.

Das Werk liegt 35 m über dem Fluß, nur die Zentrale befindet sich in einer Schlucht 11 m über dem Wasserspiegel. Die Kohlenwaggons fahren oben in das Kesselhaus hinein und die Asche kann unten abgezogen und zur Ausfüllung des Geländes benutzt werden. Das Werk zerfällt in folgende 10 Einzelbetriebe, die jeder eigene Verwaltungsräume, Materiallager, Laboratorien usw. haben: 1. Zentrale, 2. Carbidrohmaterialbetrieb, 3. Carbidöfen, 4. Carbidmühlen, 5. Stickstoffanlage, 6. Kalkstickstoffherstellung, 7. Kalkstickstoffmühlen, 8. Ammoniakgewinnung, 9. Salpetersäureherstellung, und 10. Ammonsalpeterfabrikation. Auf manche Einzelheiten wird im technischen Teil noch eingegangen werden[1]. Bis zum 15. Nov. 1918 betrugen die Baukosten 18,6 Mill. Dollar, doch war der Bau damals noch nicht beendet. Die Belegschaft zählte am 15. Nov. 1918 34 000 Mann. Die Leistung beträgt 110 000 t Ammonsalpeter pro Jahr (oder rd. 90 000 t 100 proz. HNO_3); tatsächlich abgeliefert sind jedoch vor Abschluß des Waffenstillstandes einigermaßen erhebliche Mengen Salpeter nicht mehr.

Bei Abschluß des Waffenstillstandes lagen die Pläne für drei weitere Anlagen fertig vor, von denen zwei für die Versorgung des Heeres bestimmt waren und bei Cincinnati bzw. Toledo (Ohio) erstehen sollten. Jede von ihnen sollte die Hälfte der Jahresproduktion von Muscle Shoals aufweisen. Zunächst war der Bau des Werkes bei Cincinnati für 25 Mill. Dollar geplant. Die Weiterführung dieser Pläne ist aufgegeben worden. Außerdem beabsichtigte das Marineamt in Indian Head, Md., eine Anlage nach dem System der *General Chemical Co.* für eine Jahresleistung von 30 000 t Salpetersäure ausführen zu lassen; auch dieses Projekt ist nicht mehr verwirklicht worden.

---

[1] Vgl. Chem. and Met. Eng. 1919, S. 9; Electr. World 1919, S. 677, 729; Ch. Ztrlbl. 1919, II, 836/37.

Auf Grund des vom *Nitrate Supply Committee of the War Department* eingeforderten und von *Ch. L. Parsons* erstatteten Berichts (s. o.) wurden, noch vor der Beschlußfassung über den Bau der Anlage Muscle Shoals, der *General Chemical Co.* 20 Mill. Dollar zur Errichtung einer Ammoniakfabrik nach ihrem modifizierten *Haber*-Verfahren zur Verfügung gestellt. Die Anlage entstand als *U. S. Nitrate Plant No.* 1 in Sheffield, Ala.; sie wurde für eine Jahresleistung von 22 000 t NH_3 eingerichtet und hat 12 Mill. Dollar gekostet. Das Verfahren machte derartige Schwierigkeiten, daß das Werk nach sehr kurzer Betriebsdauer und mancherlei vergeblichen Versuchen stillgelegt werden mußte. Es hat Ammoniak überhaupt nicht liefern können (s. o.). Anfang 1919 beschloß man, eine Kommission von Fachleuten nach Deutschland zu entsenden, um in den besetzten Gebieten (Oppau) Einzelheiten in der Ausführung des *Haber-Bosch*-Verfahrens kennenzulernen und nach Amerika zu übertragen. Sheffield besitzt außer den Betrieben, in denen Ammoniak hergestellt werden sollte, eine umfangreiche Ammoniakoxydationsanlage für eine Jahresleistung von 15 000 t Salpetersäure (100 proz.), die mit den *Landis*-Elementen der American Cyanamide Co. arbeitet (s. o.). Die Elemente haben ungeheizte, aus mehreren Schichten, stellenweise miteinander verlöteter Platindrahtnetze bestehende (in Zylinderform aufgerollte) Katalysatoren. Die Geschwindigkeit des Ammoniak-Luft-Gemisches kann bei solchen Apparaten um ein Mehrfaches größer sein, als bei elektrisch beheizten Kontakten. Die Reaktion wird zuerst durch Wärmezufuhr eingeleitet und bleibt dann von selbst im Gange. Das Nitratwerk 1 war 1918 betriebsfähig, die Verbrennungsanlage mußte aber, da kein eigenes Ammoniak erzeugt werden konnte, mit fremdem Ammoniak arbeiten.

Der amerikanische Staat hat bis heute im ganzen etwa 116 Mill. Dollar in die Stickstoffindustrie gesteckt. Er hatte ursprünglich die Absicht, den Bau aller geplanten Anlagen trotz Abschluß des Waffenstillstandes zu Ende zu führen, um die Landwirtschaft zu versorgen, ist aber von diesem Plan bereits im Dezember 1918 abgekommen. Seither sind nur die beiden Werke 1 und 2 teil- und zeitweise in Betrieb geblieben. In Muscle Shoals rechnete man 1918 mit 16,7 bis 17,0 Cents Herstellungskosten pro Pfund Ammoniak, wenn die Elektrizität aus Kohle, oder mit 13,0 Cents, wenn sie aus Wasserkraft erzeugt wird. Voraussetzung dabei ist aber, daß keinerlei Abschreibungen auf das Anlagekapital vorgenommen werden brauchen. Dieses beträgt einschließlich der Kosten für Landerwerb, Koloniebau usw. etwa 30 Mill. Dollar. Der Normalverkaufspreis pro Pfund Ammoniak wurde 1918 zu 24,0 Cents angenommen. Auf Anregung des Kriegsamtes hat übrigens auch das *U. S. Department of Agriculture* sich auf dem Gelände der Versuchsfarm Arlington (Virginia) mit der Durchführung der *Haber*-schen Ammoniaksynthese beschäftigt. Angeblich sollen die Erfolge gut gewesen sein[1].

---

[1] Umsch. 1919, S. 7.

Senator *Wadsworth* hat im Kongreß Ende 1919 einen Antrag (s. o.) eingebracht, eine Bundesstelle für die Stickstoffindustrie mit Forschungslaboratorium usw. zu schaffen, um in Kriegsfällen vorbereitet zu sein. Anfang 1920 ist dem Senat und Repräsentantenhaus eine Vorlage seitens des *Department of War* unterbreitet worden, die noch viel weitgehender ist. Zur Gewinnung und Verwertung von Luftstickstoff für militärische, landwirtschaftliche und industrielle Zwecke soll eine *United States Fixed-Nitrogen Corporation* gegründet werden. Die Regierung soll nach dem Entwurf ausschließlich das Kapital hergeben. Die Gesellschaft hat den Zweck, die Salpeteranlagen der Regierung zu Sheffield und Muscle Shoals zu kaufen, betreiben und auszubauen. Die gleichen Rechte würden ihr hinsichtlich des Erwerbs des Untersuchungslaboratoriums in Washington, des *Waco Limestone Quarry* in Alabama und der elektrischen Kraftanlage der *Warrior River Station* der *Alabama Power Co.* verliehen werden. Auch die Wasserkraftanlage Muscle Shoals würde ihr nach der Vollendung angegliedert werden. Die Gesellschaft soll ferner einschlägige Patente und Verfahren erwerben und den in den Ver. Staaten nicht abzusetzenden Überschuß ihrer Produkte in das Ausland exportieren[1]. Die Absicht der Regierung, ihre Stickstoffanlagen in dieser Weise auszunützen und auf Düngemittelerzeugung (spez. Ammonsulfat) umzustellen, hat den lebhaftesten Protest der amerikanischen Düngemittelfabrikanten hervorgerufen[2]. Um ihren Standpunkt zu verteidigen, führen sie folgendes aus: „Die Verwendung der elektrischen Turbinenkraftanlage von 120 000 PS in Muscle Shoals und der Ausbau der Zentrale *Wilson Dam* (ebenda) von zunächst 100 000 PS auf 275 000 PS zur Herstellung von Düngemitteln aus Luftstickstoff würde einen unlauteren Wettbewerb seitens des Staates darstellen, weil die Staatsbetriebe von der Allgemeinheit unterhalten werden und deshalb nicht die Abschreibungen für Abnutzung, Verzinsung usw. vorzunehmen brauchen, wie private Unternehmungen; überdies würden sie auch von allen Steuern frei sein. Abgesehen hiervon, sei aber jetzt ohnedies genug Ammonsulfat am Markte und es sei in Zukunft aus Europa immer so viel zu haben, wie man in Amerika brauche. Daher sei es Geldverschwendung, die Kraftanlagen weiter auszubauen. Der Staat solle sich damit begnügen, Chilesalpeter in solchen Mengen auf Lager zu legen, wie im Kriegsfall nötig sein würden. Statt die private Düngemittelindustrie, die bei einem Kapital von über 300 Mill. Dollar im Jahr 1919 7 Mill. t Absatz hatte, durch verkehrsfeindliche Gesetzgebung zu schädigen, solle der Staat lieber die Entwicklung derselben unterstützen!"

Das Werk Muscle Shoals konnte kurz vor Ausgang des Krieges etwa 270,0 t Ammonsalpeter täglich gewinnen. Noch bedeutender ist die Ammonsalpeterfabrik Perryville Md., die von der *Atlas Powder Co.* mit Unterstützung des Staates errichtet wurde. Sie ging nach einer Bauzeit von nur 100 Tagen am 20. Juli 1918 in Betrieb. Die Anlage beschäftigte 100 An-

---

[1] Chem.-Ztg. 1920, S. 204.
[2] Metallb. 1920, S. 961.

gestellte sowie 1800 Handwerker und Arbeiter und lieferte während der
kurzen Betriebszeit — sie ist bei Abschluß des Waffenstillstandes stillgelegt worden — täglich 300 t Ammonsalpeter mit durchschnittlich 94 Proz.
NH_4NO_3 und 2 Proz. Feuchtigkeit. Das Ammoniumnitrat wird in Perryville durch Umsetzung von 300 t $(NH_4)_2SO_4$ (Kokerei) mit 350 t Chilesalpeter gewonnen. Das angewandte Verfahren von *Freeth* und *Cocksedge*
(amerik. Pat. 1 051 097; 1913) ähnelt demjenigen (amerik. Pat. 864 513;
1917; D. R. P. 184144; 1905), nach dem die deutsche Firma *R. Wedekind & Co.*
bereits vor 12 Jahren etwa 1000 t Ammoniumnitrat jährlich herstellte. Die
Umsetzung bildet übrigens den Gegenstand zahlreicher Patente[1] und wird
auch von der Brunner, Mond Co. in England technisch ausgenützt (s. England).

Zum Reinigen des Chilesalpeters und zum Neutralisieren des Am-
moniumsulfats wurden in Perryville täglich 4,5 t calcinierte Soda verbraucht. Die Gebäude bestehen aus Beton und Hohlziegeln, die Fußböden,
die mit Ammonsalpeter in Berührung kommen (Pumpen- und Filtrations-
abteilungen usw.), sind mit Plättchen belegt. Die Rohstofflager sind 10-
und 8eckige Gebäude mit spitzen Pyramidendächern, auf denen je ein
Becherwerk zum First ansteigt. Die beiden größten fassen rund 1000
Waggons Chilesalpeter. Der ankommende Rohsalpeter wird auf einer 6-
herdigen *Dorr*-Klassiermaschine mit *Oliver*-Filter raffiniert. Die „Umsetz-
Abteilungen" sind in zwei Gebäuden untergebracht, zwischen denen die Mutter-
laugenbütten stehen. Jede Abteilung enthält eine Batterie von 8 liegenden,
hintereinander geschalteten Umsetzungszylindern, die zusammen 450 t Lösung fassen. Das Gefälle zwischen den einzelnen Kesseln, von denen sich
die 3 letzten als überflüssig erwiesen, beträgt etwa 0,5 m. Dem Zylinder 1
werden pro Minute 225 kg Natriumnitrat und Ammoniumsulfat durch automatische Wagen zugeführt. Unter Einblasen von Dampf wird mit heißer
Mutterlauge innigst verrührt. Packungen und Pumpen bereiteten große
Schwierigkeiten; Siliciumeisen bewährt sich wegen seiner erheblichen
Brüchigkeit nicht; als geeignetes Dichtungsmaterial erwies sich graphitiertes
und leicht mit Seife überzogenes Asbestgeflecht. Die umgesetzten
Salzlösungen werden in Vakuumapparaten eingedampft. Das sich ausscheidende (bei unter 33° entsteht wasserhaltiges Salz) wasserfreie Natriumsulfat wird auf 20 kontinuierlichen *Oliver*-Tauchsaugfiltern abfiltriert.
Der rotierende Zylinder der Filter ist mit Aluminiumdrahtgeflecht von
6 mm Maschenweite überzogen, darüber liegt ein Wollfiltertuch, das durch
starken Draht aus Monelmetall (*Oxford Copper Co.*: 70 Proz. Ni, 28,9 Proz.
Cu, 1 Proz. Fe) festgehalten wird (in Abständen von 4 mm umwickelt).
Baumwolltücher werden sofort zerstört, Wolltücher halten etwa eine Woche
und kosten 67 Dollar pro Filter. Das Aluminium und das Monelmetall
halten dauernd. Das abgeschiedene Sulfat wird mit destilliertem Wasser
gewaschen, nochmals filtriert und mittels eines Transportbandes in die

---

[1] Vgl. *Bertelsmann*, Ammoniumverbindungen, in *F. Ullmanns* Encyklopädie der
Techn. Chemie, Bd. I (Wien u. Berlin 1914), S. 401/02.

Lagerräume geschafft. Auch zum Fördern des Salpeters, Ammonsulfats und der Soda bewährten sich die Transportbänder ausgezeichnet. Die aus den *Oliver*filtern kommende Lauge fließt in die Krystallisieranlage, die 2 Gebäude füllt. Jedes Gebäude ist in 4 Abteilungen geteilt, von denen jede 15 Reihen von 8 übereinander angeordneten eisernen Krystallisierbehältern zu je 1,13 cbm Inhalt besitzt. Stündlich werden etwa 120 dieser Kästen gefüllt. In jeder Abteilung sind 4 *Carrier*-Regulatoren aufgestellt, welche die Temperatur und den Feuchtigkeitsgehalt der Luft genau regulieren. Die Temperatur der Krystallisierkästen muß über 20° gehalten werden, da sich bei niedrigerer Temperatur auch die Natriumsalze abscheiden würden. Die Mutterlauge gelangt aus den Kästen in Vorratsbütten. Sie wird in 3 Vakuumverdampfern von je 25,5 cbm Fassung konzentriert und kehrt dann in den Betrieb zurück. Die Ammonnitratkrystalle werden mit Kondenswasser gewaschen und mittels eines Transportbandes 32 *Tolhurst*-Zentrifugen mit Untenentleerung zugeführt. Durch Schleudern wird der Wassergehalt auf höchstens 2 bis 3 Proz. gebracht. Von den Zentrifugen fällt der nun versandfertige Ammonsalpeter auf ein Band, das ihn in hochgelegene Silos befördert, aus denen er in die Eisenbahnwaggons abgezogen wird. Ammonsalpeter wird auch in Amerika neuerdings als Düngemittel empfohlen. Bei den teuren Frachten der Jetztzeit ist er wegen seines hohen Stickstoffgehaltes als Tropendünger recht geeignet[1].

Die *General Chemical Co.* in New York ist neben der *du Pont Co.* das bedeutendste chemische Unternehmen der Ver. Staaten. Nachdem sie im Dezember 1919 die Anlagen der *Western Chemical Co.* in Denver für 2 Mill. Dollar erworben hat, gehören ihr gegenwärtig Fabriken in folgenden Orten: Baltimore (Maryland); Bay Point (Calif.); Bayonne (N. J.); Buffalo (N. J.); Chicago (Ill.); Camden (N. J.); Chicago Heights (Ill.); Claymont (Del.); Cleveland (Ohio East); St. Louis (Ill.); Easton (Pa.); Edgewater (N. J.); Laurel Hill (N. Y.); Newell (Pa.); Passaic (N. J.); Pulaski (Va.) und Denver (Col.). Die *General Chemical Co.* hat sich unter ihrem Präsidenten *W. H. Nichols* schon während des Krieges namhaften Einfluß auf die *National Aniline and Chemical Company* gesichert, die ihren Ursprung von deutschen Kapitalien herleitet[2]. Im Jahre 1920 ist es dann zur förmlichen Verschmelzung der *General Chemical Co.*, der *Barrett Co.*, der *Semet-Solvay Co.* und der *National Aniline Co.* gekommen. Die neue Gesellschaft soll ein Kapital von 350 Mill. Dollar haben[3]; ihre jährlichen Einnahmen werden rund 30 Mill. Dollar erreichen, von denen etwa 12 Mill. Dollar auf die *National Aniline* entfallen.

Auf dem Werk Laurel Hill (N. Y.) der *General Chemical Co.* haben die ersten Versuche nach dem modifizierten, mit niedrigeren Drucken auskommenden *Haber*-Prozeß stattgefunden, der sich dann in der Regierungs-

---

[1] Chem. Met. Eng. **20**, 320/26 (1919); Ch. Ztrlbl. 1919, IV, 430.
[2] Chem.-Ztg. 1919, S. 562.
[3] Zeitschr. f. angew. Chem. 1920, II, 299.

anlage Sheffield (Ala.) sehr schlecht bewährt hat (s. o.). In Laurel Hill wird auch Ammoniak katalytisch oxydiert. Der weitere Fortgang der Arbeiten ergab eine so große Menge von Berührungspunkten mit der in Syracuse (N. Y.) über Ammoniakverbrennung arbeitenden *Semet-Solvay Co.* (s. o.), daß 1920 seitens der *General Chemical Co.* und der *Solvay Process Co.* (mit 5 Mill. Dollar) eine neue Gesellschaft, die *Atmospheric Nitrogen Corporation (of Manhattan)* gegründet wurde, die zunächst für 1 Mill. Dollar eine große Versuchsanlage in Syracuse errichten (50 Acres) wollte. Man glaubte 1920, inzwischen so weit gekommen zu sein, daß man schon 1921 einwandfrei nach dem synthetischen Verfahren der *General Chemical Co.* würde produzieren können, das von *de Jahn* ausgearbeitet worden ist[1] und sich eng an die *Haber-Bosch*sche Methode anlehnt. Die Anlage Syracuse sollte täglich 9 t NH_3 herstellen. Die elektrische Energie liefert die *Niagara, Stockport and Ontario Power Co.* Bis heute (Ende 1921) ist jedoch kein Erfolg erzielt worden.

Bei der Besprechung der *Parsons*schen Kritiken wurde auf diejenigen Methoden aufmerksam gemacht, die den Luftstickstoff durch Alkalien, Kohle und Eisen bei hoher Temperatur in Form von Cyanid binden wollen. Die *Nitrogen Products Company* hat 2 Versuchsanlagen in Saltville (Va.) und Niagara Falls (Ontario) in Betrieb (s. o.), die nach dem Verfahren von *J. E. Bucher* arbeiten[2]. Saltville ist in der zweiten Hälfte 1918 für Zwecke der Gaskriegführung auf eine Leistung von 10 t NaCy pro Tag erweitert und ausgebaut worden. Der Methode haften im Betrieb noch immer technische Schwierigkeiten an, und die optimistische Anschauung von *Parsons* (s. o.) hat noch nicht vollinhaltlich bestätigt werden können. Das *Bucher*sche Verfahren bleibt bei der Erzeugung des Cyanids bekanntlich nicht stehen, sondern zerlegt dieses mit Wasserdampf unter Druck weiter nach der Formel:

$$NaCN + 2\,H_2O = H \cdot COONa + NH_3.$$

Auch die *Air Reduction Co.* in Jersey City, N. J., hat ein ähnliches Verfahren zur Luftstickstoffbindung entwickelt, nach dem sie Cyanid, Ammoniak, Ammonsalze, Formiate, Ameisensäure und deren Ester bereits im Großen gewinnt. Einen Teil des Formiats führt man in Oxalsäure bzw. in Natriumoxalat über:

$$2\,NaOOC \cdot H = Na_2C_2O_4 + H_2$$

und erhält Wasserstoff als Nebenprodukt. In einem Sonderbericht der amerikanischen Tarifkommission[3] wird ausgeführt, „daß die Ausgestaltung dieser ganzen Betriebszweige während des Krieges dadurch behindert wurde, daß sie vom Kriegsamt als nicht wesentlich bezeichnet wurden und es ihnen daher an Rohstoffen und Arbeitskräften mangelte; die Ver. Staaten sollten sich jedoch dadurch eine vom Ausland unabhängige Ameisen- und Oxal-

---

[1] Chem.-Ztg. 1920, S. 596, 720.
[2] J. Ind. Eng. Chem. 1917, S. 233; Eng. Min. Journ. 1917, S. 53.
[3] Chem.-Ztg. 1920, S. 583.

säureindustrie schaffen, daß sie insbesondere das Natriumformiat mit einem entsprechend hohen Zoll belegen" (gegenwärtig $1^1/_2$ Cents/Pfd.). Im Rechnungsjahr 1913/14 (bis 30. Juni) haben die Ver. Staaten 508 t Ameisensäure eingeführt (davon 85,7 Proz. aus Deutschland); in den 3 folgenden Jahren ist die Einfuhr erheblich zurückgegangen, sie betrug nämlich 1914/15: 242,68 t, 1915/16: 59,88 t und 1916/17: 174,64 t. Der durchschnittliche Wert hat sich in dieser Zeit nahezu versechsfacht. An technischem Natriumformiat sind 1913/14 fast ausschließlich aus Deutschland 836 t eingeführt worden.

Nach gelegentlichen Zeitungsnotizen[1] betätigen sich u. a. noch folgende Gesellschaften auf dem Gebiete der Luftstickstoffindustrie: Die *Standard Electric Power and Chemical Co.* in Vancouver, Wash., am Deschutesflusse; die *International Nitro-Fix Co.* in Wilmington, Del.; die *Arnold-Hoffmann Co.* in Providence (Rhode Island) und die *Mathieson Alkali Company* an den Niagarafällen. Letztere beiden Firmen wollen synthetisches Ammoniak gewinnen. Ihre Verfahren sind von *Edw. E. Arnold* bzw. von *M. J. Chaley* ausgearbeitet worden, der Chefchemiker der *Mathieson*-Gesellschaft ist. Die an den Niagarafällen im Bau befindliche Fabrik soll bis zu 10 t NH_3 täglich darstellen.

Die rasche Entwicklung der Luftstickstoffindustrie wird übertroffen von dem großen Aufschwung, den die Kokerei - Nebenprodukten-gewinnung genommen hat[2]. Die Kohlenförderung der Ver. Staaten betrug:

Jahr	Hartkohle short tons	Weichkohle short tons
1916	88 000 000	503 000 000
1917	100 000 000	552 000 000
1918	99 000 000	579 000 000
1919	88 000 000	458 000 000
1920	89 000 000	557 000 000

Im Jahre 1892 wurde die erste Koksofenanlage mit Nebenprodukten-gewinnung von der *Solvay Co.* in Betrieb genommen, die sich dadurch das für die Ammoniaksodafabrikation notwendige Ammoniak sichern wollte. Wie sich seit jenen Tagen die Ammonsulfatproduktion gehoben hat, das zeigt folgende Übersicht:

Jahr	Ammonsulfatproduktion in t
1900	58 000
1910	116 000
1911	115 000
1912	149 700
1913	176 900
1914	166 014
1915	220 000
1919	303 100

Den Anstoß zu dieser außerordentlichen Entwicklung hat indirekt England gegeben, das durch den Krieg die Ver. Staaten in der Konkurrenz

---

[1] Chem.-Ztg. 1917, S. 480; 1918, S. 531; 1919, S. 806; 1920, S. 8, 583.
[2] Metallb. 1921, S. 401.

auf dem Weltmarkte so stark wie möglich werden ließ und sich damit selbst einen scharfen Wettbewerber heranzog. England zahlte den Ver. Staaten außerordentlich hohe Preise für alle Produkte und setzte die amerikanische Industrie dadurch in den Stand, ihre Neuanlagen binnen 1 bis 2 Jahren nach der Errichtung gänzlich abzuschreiben. Man rechnet heute damit, daß die amerikanischen Fabrikanten die gewaltigen Mengen Benzol und Toluol auf die Dauer nicht absetzen können. Die günstige Verdienstlage während der Kriegsjahre ermöglicht es ihnen aber, diese Nebenprodukte zu äußerst billigen Preisen auf den Weltmarkt zu werfen, da die meisten Anlagen, wie erwähnt, sehr niedrig zu Buche stehen und der Verkauf von Koks, Gas und Ammonsulfat die Fabrikationsunkosten reichlich hereinbringt. Den günstigen Stand der amerikanischen Kokereiindustrie kennzeichnet ein Vergleich zwischen den in den Hauptländern 1913/14 bzw. 1919 erzeugten Jahresmengen an Kokerei (usw.)-Ammonsulfat:

	England	Vereinigte Staaten	Deutschland
1913/14 (rd.)	425 000 t	175 000 t	500 000 t
1919 (rd.)	380 000 t [1918: 262 140]	300 000 t [1918: 468 525]	250 000 t [1918: 500 000]
Differenz	—45 000 t = —10,6%	+125 000 t = +71,5%	—250 000 t = —50%.

Im einzelnen verteilen sich diese Mengen, was die amerikanische Industrie anbetrifft, wie folgt [t]:

	1913	1914	1915	1916
Koksöfen	138 799	126 552	159 655	264 754
Gasanstalten, Kohlenbrennereien	38 102	29 463	39 916	48 081
	176 901	156 015	199 571	294 835

An synthetischem Ammoniumsulfat (aus Kalkstickstoff usw.) sind 1916 in den Ver. Staaten nicht mehr, als etwa 7 000 t gewonnen worden; in den späteren Jahren ist dieser Betrag noch mehr gesunken, weil das synthetische Ammoniak größtenteils zu Salpetersäure verbrannt wurde. Einen Überblick über den Werdegang der amerikanischen Kokereiindustrie gibt folgende Tabelle[1], bei der die Kokserzeugung (in net tons) nach Nebenprodukten- und Bienenkorböfen getrennt ist (1 net tons = etwa 0,9 mt):

Jahr	Kokserzeugung in Nebenproduktenöfen 1000 t	%	Kokserzeugung in Bienenkorböfen 1000 t	%	Gesamterzeugung 1000 t
1880			3 338,3	100,0	3 338,3
1885			5 106,7	100,0	5 106,7
1890			11 508,0	100,0	11 508,0
1893	12,9	0,1	9 464,7	99,9	9 477,6
1900	1 075,7	5,2	19 457,6	94,8	20 533,3
1905	3 462,3	10,7	28 768,8	89,3	32 231,1
1910	7 138,7	17,1	34 570,1	82,9	41 708,8
1913	12 714,7	27,5	33 584,8	72,5	46 299,5
1914	11 219,9	32,5	23 336,0	67,5	34 555,9
1915	14 072,9	33,8	27 508,3	66,2	41 581,2
1916	19 069,0	35,0	35 464,0	65,0	54 533,0
1917	22 439,0	40,3	33 167,0	59,7	55 606,6
1918	25 998,0	46,0	30 480,0	54,0	56 478,0
1919	25 171,0	56,0	19 650,0	44,0	44 821,0.

[1] Mitteilungshefte der Firma *Koppers* 1919, Nr. 9; Chem.-Ztg. 1920, S. 31, 631 usw.

Im Jahre 1916 verarbeiteten 44 Nebenproduktenkokereien 29 Mill. t
Kohle; 18 weitere Anlagen für eine jährliche Kohlenmenge von 15 Mill. t
waren im Bau (1917 sind insgesamt 83,75 t Kohle auf 55,61 t Koks
verarbeitet). In Nebenproduktenöfen sind 1916 fast 20 Mill. Koks
(gegen noch nicht 5 Mill. t 1906) erzeugt. Etwa 60 Proz. des Kokereigases
sind für andere Zwecke verfügbar[1]. 1915 gewannen 30, 1916: 39 und 1917
bereits 47 Anlagen Benzol[2]. 1917 gab es insgesamt 7298 Nebenproduktenöfen (1915: 6036; 1918: 8137). Es wurden in Nebenproduktenöfen 59 Proz.
mehr Koks hergestellt als 1915. Die Koksausbeute in solchen Öfen schwankte
1917 zwischen 60 und 77 Proz. (i. M. 71,2 Proz.) und in Bienenkorböfen
(1918: 59 661), bei denen bekanntlich sämtliche Nebenprodukte verlorengehen, zwischen 50 und 75 Proz. (i. M. 63,5 Proz.). Während bei den
ersteren die Ausbeute im wesentlichen von der Zusammensetzung des
Kohlegemisches abhängt, richtet sie sich bei den Bienenkorböfen nach dem
Abbrand. Ein und dieselbe Kohle gibt im Nebenproduktenofen etwa
11 Proz. mehr Koks, als im Bienkorbofen[3]. 1918 hat sich die Leistung
der Bienenkorböfen gegenüber 1917 um 8 Proz. verringert, während die
der Nebenproduktenöfen um 17 Proz. gestiegen ist[4]. Der Rückgang, der
infolge Nachlassens der Nachfrage 1919 eintrat, entfällt charakteristischer-
weise fast ganz auf die Bienenkorböfen (36 Proz.)[5]. Außerdem ist 1919
die Produktion der Destillationsöfen zum ersten Male größer gewesen,
als die der Bienenkorböfen. Im Jahre 1919 wurden in den Ver. Staaten
1228 neue Nebenproduktenöfen vollendet, so daß deren Gesamtzahl Ende
1919 rund 11 200 Stück betrug. Von den hinzugekommenen 1228 Öfen
waren 718 Neuanlagen und 510 Erweiterungen. Am 1. Jan. 1920 waren
850 Nebenproduktenöfen im Bau[6]. Die Jahresproduktion der Destillationsöfen beträgt bei Volleistung 1919: 33,7 Mill. t Koks und 1920: 39,5 Mill. t
Koks. Die amtliche Schätzung der Nebenprodukten-Höchstgewinnung ergibt für 1919 (a. a. O.) folgendes Bild:

303 100 t   Ammonsulfat, Ammoniak usw.,
951 290 cbm Teer,
321 392 ,, rohes Teeröl,
10 413 Mill. cbm Gas.

1916 wurden bereits 79,6 Mill. l und 1917: 140,2 Mill. l Reinbenzol erzeugt. An Toluol sind 1917 rund 28 Mill. l hergestellt worden. Der Gesamtwert der Nebenprodukte belief sich 1916 auf 137,3 Mill. und 1917 auf
mehr als 206,3 Mill. Dollar. 1920 (1919) erzeugten die Bienenkorböfen
insgesamt 20,833 t[7] (19,650 t).

---

[1] Journ. f. Gasbel. 1917, S. 479.
[2] Chem.-Ztg. 1920, S. 31.
[3] Chem.-Ztg. 1920, S. 631.
[4] Zeitschr. f. angew. Chem. 1919, II, 287.
[5] Chem.-Ztg. 1920, S. 546.
[6] Metallb. 1920, S. 879.
[7] Metallb. 1921, 401.

Von allen Bauformen, die bei Nebenproduktenöfen Anwendung finden, hat sich in den Ver. Staaten der deutsche *Koppers*-Ofen am meisten eingeführt, gab es doch im August 1919 in den Ver. Staaten und Kanada nicht weniger als 6416 solcher Öfen, die im Betrieb oder im Bau waren. Anfang 1915 hat die *H. Koppers Co.* ihren Sitz von Chicago nach Pittsburg verlegt und hier ein großzügiges Organisationszentrum geschaffen. Anfang 1918 waren 9282 Nebenproduktenöfen in Betrieb. Zwischen 1908 und 1918 sind 5483 Stück neu errichtet worden, von denen 4996, das sind 91 Proz., *Koppers*-Öfen sind. 72 Proz. der gesamten Nebenproduktenöfen des Landes sind damit *Koppers*scher Konstruktion. 1920 hat die *Koppers Co.* einen neuen Ofentyp auf den Markt gebracht[1]. Von der Großzügigkeit amerikanischer Nebenproduktenbetriebe geben die Beschreibungen der Anlagen der *Seaboard By Product Company* in New-Jersey (165 Öfen) und der *Carnegie Steel Company* in Clairton (768 Öfen, u. a. täglich 147 t Ammonsulfat) einen Begriff, die im *Koppers*schen Mitteilungsheft 1919, Nr. 9 nach amerikanischen Quellen wiedergegeben sind[2]. Die Zeche von *Newton, Chambers & Co. Ltd.* leistet 220 t Koks pro Tag[3] und die Neuanlage der *Providence Gas Co. III.* hat 40 *Koppers*sche Regenerativöfen[4]. Die *Illinios Steel Co.* in Gary (Ind.) hat 700 Koksöfen[5]. Die Neuanlage der *Sloss-Sheffield Steel and Iron Co.* setzt in Birmingham (Ala.) täglich 2500 t Kohle durch (rd. 30 t Ammonsulfat).

Zwischen den amerikanischen und deutschen Kokereianlagen besteht insofern ein wesentlicher Unterschied, als jene sämtlich in der Nähe der Hüttenwerke, diese dagegen bei den Kohlengruben errichtet werden[6]. In Amerika hat der Hochofenchef die Aufsicht über den Kokereibetrieb und sorgt dafür, daß er den Koks bekommt, den er braucht. Die Kohlen werden für den Betrieb gründlichst vorbereitet; nach dem Waschen werden sie bis auf 9 bis 8 Proz. Wassergehalt gebracht, fein gemahlen und erforderlichenfalls mit andern Sorten vermischt. Folgende Zusammenstellung zeigt, daß auch die technische Entwicklung der Kokereiindustrie mit der wirtschaftlichen gleichen Schritt gehalten hat:

| | Ende 1914 | | | Ende 1918 (rund) | | |
	Deutschland	Ver. Staaten	England	Deutschland	Ver. Staaten	England
Jährl. Kohlendurchsatz in Nebenproduktenöfen, Mill. t	35	26,5	15	41	50	21
Anzahl der Nebenproduktenöfen	20 173	6438	7813	22 003	9940	9827
Jährl. Kohlendurchsatz für 1 Ofen in t	1750	4100	1900	1800	5030	2130

---

[1] Chem.-Ztg. 1920, S. 631.
[2] Siehe auch Zeitschr. f. angew. Chem. 1918, II, 470.
[3] Chem. Ztrlbl. 1919, II, 515; siehe auch ebenda S. 193.
[4] Ch. Ztrlbl. 1919, IV. 1069.
[5] Zeitschr. f. angew. Chem. 1918, III, 482.
[6] Zeitschr. f. angew. Chem. 1917, II, 774.

Der Vorsprung Amerikas in Verbilligung der Koksgewinnung durch weitgehende Mechanisierung der Betriebe und Erhöhung der Leistung pro Ofeneinheit ist sehr beträchtlich. Es liegen in dem Vorgehen der amerikanischen Industrie die Richtlinien für die anzustrebende Vervollkommnung der deutschen und englischen Kokerei ohne weiteres vorgezeichnet. Man sollte auch hier vom Bau kleiner Kokereianlagen vollständig abgehen und stets danach trachten, nur große Werke zu schaffen bzw. bereits bestehende kleinere zu solchen zu vereinigen und zusammenzulegen. Höchste Wirtschaftlichkeit läßt sich auf dem Gebiet der Kokerei lediglich in solchen Großbetrieben erzielen, bei deren Erbauung man nicht falsche Sparsamkeit obwalten läßt.

Die *People Gas Co.* in Chicago, die größte Gasanstalt der Welt, reicherte bisher Wassergas durch Gasöl an. 1918 war sie dabei, eine Kokerei zu errichten, die jährlich 500 000 t Koks mit Nebenerzeugnissen liefern soll. Fernleitungen für Koksofengas liegen z. B. zwischen den Clairton - Kokswerken und einem Pittsburger Stahlwerk (17,7 km lang; Fernleitung der Stadt Barmen 47 km).

Charles H. Smith hat ein interessantes Verfahren zur Tieftemperaturverkokung von Kohle ausgearbeitet, das auch in England (s. d.) Anwendung gefunden hat. Die pulverisierte Kohle wird zunächst in Retorten mit Rührwerk bei etwa 425 bis 475° C 1 bis 2 Stunden erhitzt, wobei eine reiche Ausbeute an Gas und Teer anfällt. Der kohlenstoffreiche Rückstand, die „semicarbocoal", wird mit Pech gemischt, das aus dem Teer erhalten wird, und zu Briketts geformt, die in Retorten bei etwa 980° C 4 bis 5 Stunden hindurch einem zweiten Vergasungsprozeß unterworfen werden, um das Endprodukt „Carbocoal" zu geben. Auf 1 t Rohkohle werden 9,5 kg Ammonsulfat, 169 cbm Gas bei der ersten und 113 cbm bei der zweiten Vergasung, sowie 110 l flüssige Bestandteile (leichte, mittlere und schwere Öle, Kreosotöle, Pech) gewonnen. Die *Pennsylvania Railroad Co.* hat bei der Verbrennung von Carbocoal unter ihren Dampfkesseln tadellose Verdampfungsziffern erzielen können. Die Carbocoal ist schwer zerreiblich und verträgt den Transport sehr gut. Nachdem auch Versuche des Marinedepartments günstig ausgefallen waren, ist 1919 zwischen der *Fuel Administration* und dem *Ordnance Bureau* die Errichtung einer Carbocoal-Anlage in den Ver. Staaten vereinbart worden, die jährlich etwa 1,5 Mill. t bituminöser Kohle verarbeiten kann[1]. Das englische *Carboyl Syndicate Ltd.* (s. d.), das 1913 gegründet wurde, hat ein Verfahren ausgearbeitet, das keinen Koks gibt, sondern die Kohle restlos in Ammoniumsulfat und Öl überführen soll[2]. Ausgangsmaterial ist dabei nicht mehr hochwertige Kohle, sondern Kohlenabfall jeder Art. Zwecks Abgabe einer Lizenz und Erbauung einer Anlage hat sich das *Carboyl Syndicate Ltd.* inzwischen mit der amerikanischen *Vulcan Trading Corporation* ver-

---

[1] Chem.-Ztg. 1920, S. 25; 1919, S. 7, 36; Zeitschr. f. angew. Chem. 1918, III, 490.
[2] Zeitschr. f. angew. Chem. 1920, II, 164.

bunden und gibt für 500 000 £ neue Aktien aus. Nicht verkokbare, unterbituminöse Kohle von Nordost-Colorado will die *American Coal Refining Co.*, Denver, in rauchlosen, anthrazitähnlichen Brennstoff, Gasteer und Ammoniak umwandeln.

In Amerika ist zur Nutzbarmachung der reichen Torfvorräte, die auf 14 Milliarden Tonnen geschätzt werden (40 000 qkm), bisher wenig geschehen. 1912 sind z. B. 47 380 t und 1918: 151 521 t Torf (davon 20 567 t zu Heizzwecken) verbraucht worden. Erst neuerdings trat hierin Wandel ein. *H. Philipp* bringt im *Chemical and Metallurgical Engineering* Bd. 20, S. 693 bis 696 (14. April 1920) ausführliche Angaben über die Torfgewinnung seit 1908, über Analysen und über den Entwicklungsgang der amerikanischen Torfindustrie überhaupt. Die Regierungen von Maine und Massachusetts haben der Erforschung und Aufschließung der Torfvorräte besonderes Interesse zugewandt. Das *U. S. Geological Survey* hat in einem Flugblatt Unterweisungen über die Verwendung von Torf in Gaserzeugern und für andere Zwecke gegeben. Schwarzer Torf dient in steigendem Umfang als Düngemittel. Er enthält mehr Stickstoff und weniger Fasern als der braune. Die Bauwürdigkeit der Torflager in Minnesota wird auf 1,33 Milliarden t geschätzt. Es sind dort besondere Gesetze betreffs Ausnutzung der Torfmoore erlassen worden. Man denkt in erster Linie an Herstellung von Torfkohle.

Auch die Erdgasfelder werden zur Versorgung der chemischen Industrie mit Brennstoff herangezogen, so hat sich u. a. die *Anaconda Copper Mining Co.* an die Gasvorkommen von Sweet Grass angeschlossen[1]. Die Verarbeitung von Ölschiefern, die reicher sind, als die schottischen, ist in Colorado und Utah aufgenommen worden[2].

Die Verarbeitung von Kelp liefert nicht nur Kalisalze, Jod, Aceton usw., sondern auch Ammoniak bzw. Ammoniumsalze. In der Versuchsanlage des Staates in Summerland (Kalifornien) ist festgestellt, daß der Stickstoff des Kelps fast völlig in Form von Ammoniak gewonnen werden kann. Die Fabrik der *Hercules Powder Co.* in Potash bei San Diego (Kalifornien), die 6 Mill. Dollar gekostet hat, ist nach Abschluß des Waffenstillstandes vorläufig geschlossen worden.

Auf dem Gebiete der verflüssigten Gase usw. arbeitet die *Linde Air Products Co.*, New York, nach dem *Linde*-Verfahren und die *Air Reduction Co.*, New York, nach dem System *Claude*. Letztere hat sich 1917 mit der *National Carbon Co.* und der *Union Carbide Co.* fusioniert, um die Stickstoffherstellung zu betreiben. 1918 ist andererseits zwischen der *National Carbon Co.*, der *Union Carbide Co.*, der *Presto-O-Lite Co.* und der *Linde Air Products Co.* ein Vertrag abgeschlossen worden, um in Youngstown (Ohio) eine Fabrik zur Erzeugung von Carbid und andern gasentbindenden Substanzen ins Leben zu rufen.

---

[1] Zeitschr. f. angew. Chem. 1918, III, 29.
[2] Chem.-Ztg. 1917, S. 179; Zeitschr. f. angew. Chem. 1918, III, S. 263. 526, 550.

Die *Linde Air Products Co.* und die *Air Reduction Co.* sind beide an der ersten Entwicklung der amerikanischen Heliumindustrie beteiligt. Eine Erdgasquelle in Petrolia (Texas) enthält nämlich 0,4 bis 1,0 Proz. Helium. Das Gas dient u. a. zur Versorgung der 160 km entfernten Stadt Fort Worth (täglich 560 000 cbm). Im November 1917 begann man in Fort Worth mit der Errichtung von 2 Anlagen zur Gewinnung von Helium aus diesem Naturgas. Die *Linde Air Products Co.* erhielt den Auftrag, rund 141,5 cbm 90 proz. Helium täglich herzustellen, während die *Air Reduction Co.* 85 cbm liefern sollte. Beide Betriebe nahmen im März 1918 die Produktion auf. Die *Linde*-Anlage brachte das 72 proz. Rohgas auf einen Gehalt von 92 bis 93 Proz. Die Anlagen arbeiteten im Versuchsstadium etwa 2 Monate und wurden dann außer Betrieb gesetzt. Die Anlage I (*Linde*) ist sogleich abgerissen worden, während die Anlage II (*Air Reduction Co.*) noch eine kurze Zeit hindurch an der Verbesserung der Methode weiter arbeitete. Bei Abschluß des Waffenstillstandes waren etwa 5660 cbm Heliumfüllgas erzeugt, von dem etwa 4150 cbm in Zylindern zur Verschiffung bereit lagen. Inzwischen hatte das *Navy Department* unter Leitung von *R. B. Moore* (Juni 1918 bis Juni 1919) eigene Versuche in Petrolia ausführen lassen, die die Geeignetheit eines dritten Verfahrens ergaben, das von *F. E. Norton* ausgearbeitet und vom *National Research Council* eingehend durchprobiert worden ist. *Norton* wendet Triple-Expansionsmaschinen an. Die Flüssigkeit wird gedrosselt, Wärmeausgleich bzw. Fraktionierung erfolgen nach neuer Konstruktion. Der Kraftbedarf für die Gaskompression wird auf ein Mindestmaß herabgesetzt. Die Verfahren von *Claude* und *Jefferies-Norton* unterscheiden sich bekanntlich vom *Linde*schen dadurch, daß sie das Gas vor (*Claude*) oder nach (*Jefferies-Norton*) der Verflüssigung in ein oder mehreren Expansionsmaschinen Arbeit verrichten lassen, während das *Linde*-System auf diesen Arbeitsgewinn verzichtet und frei mittels Drosselventils expandieren läßt. Die *Linde*sche Konstruktion vermeidet komplizierte, leicht zur Vereisung neigende bewegliche Teile, arbeitet aber dafür mit äußerst hohen Anfangsdrucken (100 bis 200 atm) und ist vielleicht wärmeökonomisch nicht so vollkommen, wie die andern Systeme. Über die Art der Rektifikation des verflüssigten Erdgases ist Näheres nicht bekannt geworden[1]. Die Übertragung des *Jefferies-Norton*-Verfahrens in den Großbetrieb machte derartige Schwierigkeiten, daß die Petrolia-Anlage erst im März 1919 in Betrieb gehen konnte. Das erzeugte Helium war zunächst nur 21 proz. Das Marineamt entwarf noch 1919 den Plan für eine neue Großanlage in Fort Worth (2 Mill. Dollar Kosten) mit einer Tagesleistung von 850 cbm[2]. Während des Krieges hatte man das Gas aus Furcht vor Spionage als Argon bezeichnet. Argon selbst erzeugt u. a. die *American Cyanamide Co.* als Nebenprodukt. Die Bedeutung des Heliums für Zwecke der Luftschiff-

---

[1] Umsch. 1919, S. 487.
[2] Zeitschr. f. angew. Chem. 1919, II, 736.

fahrt liegt in seiner Unverbrennlichkeit, der gegenüber sein, im Vergleich zu Wasserstoff (0,0899 g/l) etwas höheres spez. Gewicht (0,1708 g/l) nicht erheblich ins Gewicht fällt. Der frühere Erzeugungspreis von 60 000 Dollar pro cbm Helium soll auf $3^{1}/_{2}$ Dollar gesunken sein. Der parlamentarische Ausschuß, der zum Studium der industriellen Heliumerzeugung, in welche die Ver. Staaten insgesamt 6 Mill. Dollar gesteckt haben, eingesetzt ist, hat trotz dieser Erfolge Anfang 1920 recht ungünstig berichtet. Nach seinen Ausführungen übersteigen die Gewinnungskosten einer solchen Heliummenge, wie sie zur Füllung eines Luftschiffes ausreicht, dessen Baukosten. Der Ausschuß hat daher von weiteren Ausgaben abgeraten, so lange nicht billigere Herstellungsverfahren aufgefunden sind[1]. Die Ausfuhr von Helium soll nach einer neuen Gesetzvorlage trotzdem verboten und unter hohe Strafen gestellt werden, da die Quellen, die für Heliumerzeugung verfügbar sind, nur beschränkte Mengen liefern können.

An Stickstoffdüngemitteln verbrauchten die Ver. Staaten 1914 folgende Mengen:

Ammoniakhaltige Stoffe	1 463 278 t
Baumwollsamenmehl	325 234 t
Schlachthausabfälle u. and. stickstoffhaltige Materialien	887 934 t
Fischabfälle usw.	250 110 t
Ammoniumsulfat	149 924 t
Kalkstickstoff	25 911 t
Salpeter	147 150 t

Dabei ist zu bemerken, daß ein großer Teil der Baumwollsamen-, Fleisch- und Fischmehle als Futtermittel verbraucht sein wird. Ende Dezember 1915 schätzte die Regierung den Stickstoffdüngemittelverbrauch wie folgt ein:

Salpeter	70 000 t
Ammoniumsulfat	215 000 t
Baumwollsamenmehl	1 000 000 t
Blutmehl	40 000 t
Schlachthausabfälle	10 000 t
Fischabfälle	70 000 t

Die außerordentlich interessante Arbeit von *Alfr. H. White*[2] bringt u. a. folgende Bilanzen:

I. Versorgung der Ver. Staaten mit gebundenem Stickstoff 1913.

a) Vorräte. Einfuhr und Erzeugung:

Chilesalpeter	636 047 t =	98 884 t Stickstoff
Einfuhr an Ammoniumsalzen, berechnet als Sulfat	59 670 t =	12 292 t „
Produktion an Ammonsulfat aus Kokereien und Gasanstalten	176 900 t =	36 469 t „
Kalkstickstoff der *Amer. Cyanamide Co.*	15 000 t =	3 000 t „
		150 645 t Stickstoff

[1] Zeitschr. f. angew. Chem. 1920, II, 138.
[2] Chem. Met. Eng. 1920, S. 369/71.

b) Verbrauch:

Eingeführter Chilesalpeter in t:

Düngemittel 249 339
Sprengstoffe 289 371
Chemische Industrie usw. 97 337

636 047 t = 98 884 t Stickstoff

Ammoniak usw:

Ammonsulfat für Düngung . . . . . 117 935 t = 24 312 t Stickstoff
Kalkstickstoff . . . . 15 000 t == 3 000 t   „
Ammoniak für industrielle Zwecke . . . . 27 216 t   „

153 412 t Stickstoff

II. Stickstoffversorgung der Ver. Staaten im Jahre 1920.

Voraussichtlicher Bedarf . . . . 210 468 t Stickstoff
Produktion der Kokereien, Gasanstalten und der *Amer.*
Cyanamide Co. . . . . 84 097 t   „

Differenz   126 371 t Stickstoff

Mögliche Produktion der *U. S. Nitrate Plant* **2** in
Muscle Shoals . . . . 37 648 t   „

Bleiben durch Einfuhr zu decken   88 723 t Stickstoff,

d. s. 42,1 Proz. des gesamten Bedarfs oder 546 150 t Chilesalpeter
(wenn Muscle Shoals fortfällt, sind 60,4 Proz. des Bedarfs oder
entspr. 721 400 t Chilesalpeter einzuführen).

Für 1925 und 1930 wird die Deckung voraussichtlich noch ungünstiger,
wenn der Verbrauch normal weiter steigt und keine neuen Produzenten
synthetischer Stickstoffverbindungen hinzukommen. Die *U.S.Nitrate
Plant No.* 1 in Sheffield ist dabei mit 7710 t N pro Jahr eingesetzt. Bei
einem gesamten Bedarf von 415 675 t N im Jahr 1913, einer Erzeugung
aus Kokereien, Gasanstalten, privaten Kalkstickstoffanlagen usw. von
117 935 t N sowie einer Produktion der Regierungsanlagen mit (37 648
+ 7710) t N, müßten 1,625 Mill. t Chilesalpeter eingeführt werden, um
den Fehlbetrag an Stickstoff zu decken. Unter der Voraussetzung, daß
die *White*schen Zahlen für die Zukunft Gültigkeit haben, würde die Ab-
hängigkeit der Ver. Staaten von Chile so groß, daß schon aus diesem Grunde
allein die inländische Stickstoffindustrie mit allen Mitteln gefördert werden müßte.

Das *Geological Survey* weist für 1917 erstmalig eine Eigenerzeugung
von Natriumcyanid bzw. anderen Cyaniden und Natriumnitrat nach, und
zwar betrug diese (short tons):

	1917	1918	1919
Natriumcyanid usw.	10 548	9077	9196
Natriumnitrat, gereinigt . .	781	—	6512
Natriumnitrit	—	1701	431

Die Cyanideinfuhr war 1916/17 unbeträchtlich. Die sehr großen Einfuhrmengen von chilenischem Salpeter sind bereits bei der Besprechung der
Industrie Chiles angegeben worden.

Die Schwefelsäureindustrie der Ver. Staaten (s. o.) hat sich beträchtlich vergrößert; ihre Produktion ist zwischen 1913 und 1919 von 2,71 auf 4,95 Mill. t gestiegen (100 proz. Säure). Anfangs 1918 konnten 5,124 Mill. t von 50° Bé, im November 9 Mill. t erzeugt werden (short tons = 907,19 kg); davon entfielen auf die Regierungsfabriken 1,04 Mill. t, auf die Sprengstoffgesellschaften 1,12 Mill. t und auf die übrigen 7,44 Mill. t. Für Düngemittelherstellung werden über $2^1/_2$ Mill. t erfordert.

Die wirkliche Leistungsmöglichkeit der bedeutendsten Stickstofffabriken beträgt gegenwärtig etwa:

Kokerei usw. . . . . 300 000 t Ammonsulfat = rd. 61 500 t N
American Cyanamide Co.: . . 64 000 t Kalkstickstoff = „ 12 800 t N
U. S. Nitrate Plant Nr. 1 (*Haber*-Verfahren),
   versch. Stickstoffprodukte . . . . =   7 710 t N (= 37 625 t
U. S. Nitrate Plant Nr. 2 (Kalkstickstoffverfahren),   Ammonsulfat)
   versch. Stickstoffprodukte . . . . = „ 37 650 t N (= 183 730 t
Lichtbogenverfahren, 10 000 t HNO_3 . . . . = „ 2 220 t N Ammonsulfat)
Cyanidverfahren und Cyanid aus anderen Quellen,
   10 000 t Cyannatrium (bzw. Cyankalium) . . . . = „ 2 850 t N
Zus.   124 730 t N.

Die Leistungsfähigkeit der Anlagen zur Herstellung von Salpetersäure aus Chilesalpeter und Schwefelsäure erreichte im Frühjahr 1919 rund 650 000 t Salpetersäure und die der Ammoniakoxydationsanlagen 225 000 t (100 proz. Säure). Da die Chilesalpetereinfuhr 1918 rund 1,6 Mill. t = rd. 249 600 t N betragen hat, so ergibt sich eine gesamte Stickstoffproduktion der Ver. Staaten 1918/19 zu etwa

127 580,0
249 600,0
—————
377 180,0 t N.

W. S. Landis von der *American Cyanamide Co.* gibt die Höchstleistungsfähigkeit unter Einrechnung der als Cyanid, Ammoniak bzw. seinen Salzen, Kalisalpeter, Kalkstickstoff usw. eingeführten Mengen und Berücksichtigung der in organischen Düngern steckenden Stickstoffmengen zu etwa 460 000 t N an[1]. Die Einfuhr in t belief sich 1918 und 1919 auf:

	1918	1919
Cyankalium	64,4	553,4
Kalisalpeter, roh	4 239,0	17 079,0
Cyannatrium	31,3	2 347,0
Chilesalpeter	1 673 784,0	369 230,0
Ammoniak, salzsaures	129,3	914,0
„ schwefelsaures . .	2 714,2	2 149,2
Calciumacetat, -chlorid, -carbid und -nitrat . . . . }	21 269,3*)	30 089,5
Kalkstickstoff	237 686,0*)	563 371,0 *) ab 1. Juli

Ausgeführt wurden u. a. in t:

	1918	1919
Salpetersäure	459,5	227,7
Calciumcarbid	8 231,0	10 842,4

---

[1] Zeitschr. f. angew. Chem. 1919, II, 794.

Den außerordentlich großen Umfang des amerikanischen Außenhandels
überhaupt beleuchten folgende Zahlen[1] (vom 1. Juli bis 1. Juli):

	Einfuhrwert	Ausfuhrwert	Ausfuhrüberschuß	
1917/1918	2 945 655 403	5 919 711 371	2 974 055 968	Dollar
1918/1919	3 095 876 582	7 224 744 785	4 128 871 681	,,
1919/1920	5 239 000 000	8 111 000 000	2 872 000 000	,,

Den Anfang 1920 in den Ver. Staaten verbreitet gewesenen Gerüchten
einer behördlichen Preisbeschränkung für Ammoniakdünger trat das Landwirtschaftsamt mit dem Bemerken entgegen[2], daß die freie Preisbildung für
Ammonsulfat usw. nur erwünscht sei. Mitte des Jahres 1920 wurden die
wichtigsten Produkte zu folgenden Preisen gehandelt (deutsche Devise
24. Juli 1920: 44,50):

Ammoniakwasser, konz. . . . . lb.	$8^3/_4$ bis $10^3/_4$ cts.	
Ammoniak, wasserfrei . . . . lb.	33 ,, 38	,,
Salmiak, granul., weiß . . . . lb.	16 ,, 18	,,
Ammoniumcarbonat . . . . lb.	16 ,, $16^1/_2$	,,
Ammoniumnitrat . . . . lb.	10 ,, 11	,,
Ammonsulfat, im ganzen . . . . . . 100 lbs.	5,50 Doll.	
Calciumcarbid . . . . lb.	$4^1/_2$ bis $5^1/_2$ cts.	
Kalisalpeter, granuliert . . . . lb.	$13^1/_4$,, $14^1/_2$	,,
Cyannatrium, techn. . . . . lb.	28 ,, 30	,,
Chilesalpeter . . . . 100 lbs.	3,85 Doll.	
Natriumnitrit, 96 bis 98 proz. . . . . lb.	15 bis $15^1/_2$ cts.	
Salpetersäure, 42° Bé . . . . cwt.	8,00 ,, 8,50 Doll.	
,, 36° Bé, in Korbflaschen . cwt.	6,50 ,, 7,00 ,,	

Die Stickstoffindustrie Kanadas.

Kanada ist an Wasserkräften reich. Es hat mindestens 14 Mill. PS,
die verhältnismäßig leicht zu erfassen sind und rund 19 Mill. PS überhaupt.
Es entfallen davon auf Ontario 5,8 Mill., auf Quebec 6 Mill. und auf Britisch-Columbien 3 Mill. PS. 1918 wurden insgesamt 1,8 Mill. PS, 1920
etwa 2,3 Mill. PS ausgenutzt, während 1 Mill. PS im Ausbau begriffen
waren.

Die Ausdehnung der Moore der Ver. Staaten wird auf 40 000 qkm
geschätzt; Kanada besitzt demgegenüber an erforschten Moorflächen allein
37 000 qkm, die sich vielfach durch die bedeutende Mächtigkeit der Moor-
schicht auszeichnen. Nach Forschungen der kanadischen Regierung befinden sich allein in der näheren Umgebung von Ottawa[3] vier Torfgebiete,
die zusammen etwa 25 Mill. t Brennstoff enthalten. Die Moore wurden
vor dem Kriege kaum ausgenützt, trotzdem die Entwicklung einer ratio-
nellen Moorkultur unter Verwertung dieser ungeheuren Brennstoffvorräte
Kanada von der nordamerikanischen Kohleneinfuhr unabhängig machen

---

[1] Zeitschr. f. angew. Chem. 1920, II, 309.
[2] Zeitschr. f. angew. Chem. 1920, II, 71.
[3] Chem. Ind. 1912, S. 294.

könnte. 1912 war eine Regierungsanlage in Alfred damit beschäftigt, Brennstoff zu gewinnen (30 t pro Tag) und eine Gesellschaft zur Förderung der Moorkultur, die *Canadian Peat Society*, hatte sich gebildet.

Die Kohlenförderung Kanadas betrug im Jahre 1900: 5,088 Mill. t und im Jahre 1913: 14,706 Mill. t. Lehrreich ist eine Statistik, welche eine kanadische Regierungskommission aufgestellt hat, um die Rentabilität großer Kraftzentralen gegenüber der Zersplitterung in kleinen Werken überzeugend darzutun; es war nämlich der Kohlenverbrauch in t für das PS-Jahr bei Kraftstationen

$$
\begin{array}{lr}
\text{unter 1000 KW} \ \ldots \ldots & 25,0 \ \text{t,} \\
\text{von} \ \ 1\,000 \ \text{bis} \ \ 5\,000 \ \ ,, \ \ldots \ldots & 14,0 \ \text{t,} \\
,, \ \ \ \ 5\,000 \ \ ,, \ \ 10\,000 \ \ ,, \ \ldots \ldots & 13,3 \ \text{t,} \\
,, \ \ 10\,000 \ \ ,, \ \ 50\,000 \ \ ,, \ \ldots \ldots & 9,32 \ \text{t und} \\
,, \ \ 50\,000 \ \ ,, \ 100\,000 \ \ ,, \ \ldots \ldots & 6,57 \ \text{t.}
\end{array}
$$

Auf der kanadischen Seite des Niagarafalls liegen die Werke der *American Cyanamide Co.* (s. o.), die *Canadian Aloxite Co.*, die *Acheson Graphite Co.* und andere mehr. Die älteste elektrochemische Industrie Kanadas ist die Aluminiumfabrikation gewesen. Die früher *Pittsburgh Reduction Co.*, jetzt *Northern Aluminium Co.* genannte Gesellschaft nutzt zu diesem Zweck 50 000 bis 60 000 PS aus (hauptsächlich in Shawinigan). Calciumcarbid erzeugen die *Willson Carbide Co.*, St. Catherines (Ont.), die *Shawinigan Carbide Co.*, Shawinigan Falls, und die *Union Carbide Co. of Canada, Ltd.*, Welland (Ont.). Die *Canadian Electrode Co.* stellt große Kohleelektroden her und hat eine normale Tageserzeugung von etwa 15 t. Die *Shawinigan Electro-Metals Co.* gewinnt u. a. metallisches Magnesium von 99,5 Proz. Mindestreinheit (2500 PS). Die *Prest-O-Lite Co.* komprimiert Acetylengas, das sie von der *Canada Carbide Co.* kauft. Die *Canada Cement Co.* in Montreal befaßt sich neuerdings mit der Gewinnung von Kali aus Abgasen. Zur Weiterentwicklung des Bergbaus in New-Ontario sind 130 000 PS aus dem Niagarafall zur Verfügung gestellt worden.

Im Jahre 1915 wurde in St. Johns (Neufundland) eine Industrie-gesellschaft gegründet, um in Bay of Islands in Verbindung mit der Bearbeitung von Bauhölzern Cellulose, Calciumcarbid, Ammoniumphosphat, Ammoniak und Zement herzustellen. Das Kapital war auf 21 Mill. Dollar festgesetzt. Die *Quebec Development Co., Ltd.*, beabsichtigte, dem Beispiel der *Southern Electro-Chemical Co.* in New York folgend, 1916 eine Luftsalpetersäurefabrik in der Nähe des St. John-Sees am Saguenay-Fluß zu errichten.

Der rasche Aufschwung der Gasindustrie für die Versorgung der Schweißerei mit Sauerstoff, Acetylen, Wasserstoff usw. hat in den Ver. Staaten zu einer starken Dezentralisation der Betriebe geführt. Die Haupterzeuger unterhalten im ganzen Lande eine Reihe kleinerer Fabriken, um nach allen Orten hin möglichst frachtgünstig liefern zu können. In der Industrie der komprimierten Gase, wo die Stahlflasche das Gewicht des

Gasinhalts um ein Vielfaches übertrifft, bildet ja die Herabsetzung der Frachtkosten eine der ersten Grundlagen für eine erfolgversprechende Kalkulation. Eine ähnliche Entwicklung bereitet sich jetzt in Kanada vor, wo die neugegründete *National Electro-Products Co.* eine Sauerstofffabrik in Toronto und fünf weitere Anlagen in Nordamerika errichten will. Daneben beabsichtigt auch die *Dominion Oxygen Co., Ltd.*, die Erbauung von fünf großen Fabriken für Sauerstoff, Argon und Stickstoff in den Hauptindustriezentren des Landes in die Hand zu nehmen. Sie ist ein Tochterunternehmen der *Union Carbide and Carbon Corporation*, die 36 verschiedene Gesellschaften in den Ver. Staaten und in Kanada kontrolliert.[1]

Aus kleinen Anfängen entwickelte sich während des Krieges die *Chemical Products, Ltd., of Canada* (Kapital 1920: 3 Mill. Dollar) zu erhöhter Bedeutung. Die Gesellschaft erwarb Anfang 1920 die Anlagen der *British Chemicals, Ltd.* zu Trenton (Ontario), welche für Zwecke der Sprengstoffherstellung vom Reichsmunitionsamt für 3,5 Mill. Dollar errichtet worden waren. Die *Chemical Products Ltd.* wird sich in Zukunft außer mit der schon früher betriebenen Fabrikation pharmazeutischer Präparate (Aspirin usw.) mit der Herstellung weiterer chemischer Produkte, wie Schwefelsäure, Salpetersäure, Superphosphat, raffiniertem Natronsalpeter, Ammoniak, Koksofennebenerzeugnissen usw., beschäftigen.

Ende 1919 hat die kanadische Regierung durch ihre statistische Abteilung einen Führer für die kanadische Industrie herstellen lassen, der vollständige Angaben bis zum Jahre 1919 enthält. Es werden in ihm 634 Firmen nach ihrem Namen und den von ihnen erzeugten Produkten alphabetisch aufgeführt. Ebenso enthält er eine vollständige Übersicht der chemischen Industriezweige und der innerhalb der letzten sechs Jahre abgewickelten Geschäfte.

Die *Canadian Electro Products Co., Ltd.* in Shawinigan Falls hat unter Leitung von *H. W. Matheson* ein Verfahren ausgearbeitet, um Essigsäure, Aceton usw. aus Acetylen herzustellen. Zu Anfang des Krieges war namentlich nach Aceton große Nachfrage, welche die Lieferungsmöglichkeit weit überstieg. Die *Canadian Electro Products Co.*, die ihre elektrische Energie von der *Shawinigan Water and Power Co.* bezieht, trat auf Veranlassung des britischen Kriegsamts der Frage näher, Aceton aus Calciumcarbid zu erzeugen. Sie begann im Mai 1916 mit dem Bau einer entsprechenden Anlage und konnte bereits im November/Dezember 1916 das erste Aceton absetzen. Die Fabrik zählt gegenwärtig zwölf Gebäude; sie hat etwa 2 Mill. Dollar gekostet und wird als die größte derartige Anlage der Welt bezeichnet. Ein Jahr hindurch wurde das Acetylen ausschließlich in Aceton verwandelt. Dann stieg die Nachfrage nach Essigsäure derartig, daß die Fabrikation von Aceton überhaupt aufgegeben wurde. Die Essigsäure wurde ausschließlich für das *Imperial Munitions Board* geliefert. Da auch die Ver. Staaten großes Interesse für die neuen Verfahren zeigten, so ist die Washingtoner Regierung mit den Shawi-

---

[1] Zeitschr. f. angew. Chem. 1920, II, 211; Metallb. 1920, S. 840.

nigan-Werken in Verbindung getreten. Die Betriebe wurden daraufhin erheblich vergrößert. Die Lieferungen an die Ver. Staaten sind im Oktober 1918 aufgenommen worden. Die heutige Erzeugung der Anlagen soll größer sein, als die aller Fabriken der Erde nach dem alten Verfahren[1] (Graukalk).

Nach dem Beispiel der Ver. Staaten (s. o.) wollte man auch die Gasquellen Kanadas zur Heliumfabrikation ausnutzen. Schon seit 1903 weiß man, daß viele der dortigen Naturgasvorkommen Helium enthalten. Im Frühjahr 1916 fanden sich in der ergiebigsten kanadischen Gasquelle, Bow Island in Alberta, etwas über 0,36 Proz. Helium. Man hat danach ausgerechnet, daß aus den mit Erdgas gespeisten Öfen von Calgarny täglich für 50 Mill. Dollar Helium (Wert der Vorkriegszeit) entweichen. Zur Aufnahme der Fabrikation ist es in Kanada noch nicht gekommen.

Auch die Ausnutzung der aus fast reinem Stickstoff bestehenden Gasquellen des Fraser-Tals in Britisch-Columbien (s. o.) oder der Inseln im Golf von Georgia ist noch ein Zukunftsproblem. Da man am Stave Lake Wasserenergie zur Verfügung hat und sich auch Kalk und Kohlen finden, so denkt man dort an die Gründung einer Kalkstickstoff- und Cyanidindustrie. Die Salpetereinfuhr betrug 1912/13: 36 406 und 1913/14: 12 047 t.

Vor dem Kriege hat Kanada, was die Carbidausfuhr angeht, nur schwierig auf dem britischen Markte mit Norwegen konkurrieren können. Während des Krieges sind jedoch verhältnismäßig bedeutende Mengen Carbid aus Kanada nach England verschifft. 1915 wurden zum ersten Male 1772 t nach England ausgeführt, 1916 waren es bereits 3707 t und 1917: 2644 t. Großbritanniens normale Friedenseinfuhr belief sich jährlich auf 26 000 t, davon kamen 18.000 t aus Norwegen. Es läßt sich nicht ohne weiteres vorhersagen, ob Kanada imstande sein wird, diese Ausfuhr nach Großbritannien dauernd fortzusetzen. Der außerordentliche Hochstand der Frachten ist seinem Wettbewerb nicht gerade günstig.

In 15 Fabriken mit insgesamt 3,064 Mill. Dollar Kapital sind 1918 75 671 t Düngemittel im Wert von 2,161 Mill. Dollar gewonnen; davon entfielen auf stickstoffhaltige Stoffe 10 934 t und 481 947 Dollar.

Stickstoff- und verwandte Industrien im übrigen Amerika (außer Chile).

In Havana auf Kuba hatte die *Cuban Air Reduction Co.* eine Acetylenanlage für 100 000 Dollar bei Kriegsende im Bau.

In Mexiko herrscht für den Zucker- und Tabakbau erheblicher Mangel an Düngemitteln, namentlich an Kali, da der deutsche Export von rund 2000 t seit 1914 wegfiel. Die größte Schwefelsäurefabrik ist die von Dinamita, Dgo., die einheimischen Schwefel und Pyrit verarbeitet. Aus Chilesalpeter gewinnt sie auch eine bescheidene Menge Salpetersäure.

---

[1] Vgl. Zeitschr. f. angew. Chem. 1918, III, 617.

Die mexikanische chemische Industrie ist aussichtsreich, da sich große Lager von bituminöser Kohle, von Petroleum, Schwefel, Rohsoda, Natriumsulfat usw. finden und auch Wasserkräfte vorhanden sind.

Peru hat natürliche Salpeterlager, doch haben sich bisher die von Zeit zu Zeit ausgestreuten Nachrichten über sehr ergiebige Ablagerungen von Kalisalpeter nie bewahrheitet.

Auch in Bolivien und Honduras finden sich kleinere Salpeterläger, deren Aufschluß zum Teil bereits in Angriff genommen ist[1]).

Die chilenische Salpeterindustrie ist bereits ausführlich besprochen worden (s. d.). In Quilqué stellte eine Fabrik Sauerstoff her und die *Cia. Industrial ,,El Volcan"* plante die Errichtung einer Carbidfabrik. Chile führte 1914 rund 100 t wasserfreies bzw. wässriges Ammoniak ein.

In Argentinien erzeugten (1920)[2] vier Fabriken 253022 kg Salpetersäure pro Jahr, vier Fabriken 9,72 Mill. kg Schwefelsäure, zwei Fabriken 34120 kg wässriges und eine Fabrik 8673 kg wasserfreies Ammoniak, eine Fabrik 15000 kg Natriumcyanid, zwei Werke 15200 kg Calciumnitrat, zwei weitere 590000 kg Natriumnitrat, zwei Fabirken 50000 kg Ammoniumchlorid usw. In Argentinien wird, wie in Chile, wasserfreies Ammoniak hauptsächlich von den Fleischgefrieranlagen verbraucht, davon es 1915/16 neun gab; eine zehnte war im Bau und drei weitere waren geplant. 1913 sind 560 t wasserfreies Ammoniak eingeführt; davon kam die Hälfte aus den Ver. Staaten und nur etwa eine Menge von 70 t aus Deutschland. Ammoniakwasser führte Argentinien dazu etwa 67 t ein. Neuerdings beschäftigt man sich viel mit den Plänen, die Ignazu-Fälle nutzbar zu machen, die 600 bis 700 Meilen von Buenos-Aires und Tucuman, dem Mittelpunkt des Zuckergebietes, entfernt sind. Die Ignazufälle liegen an einem Nebenfluß des Parana in der Provinz Misiones und sind mit ihren sich über 4 km erstreckenden Wasserstürzen, von denen der höchste 65 m herunterfällt, den Niagarafällen ähnlich. Außerdem besitzt Argentinien die bereits in Betrieb befindliche hydroelektrische Anlage der *Compania Hydro-Electrica de Tucuman* mit 4500 PS, die der Stadt Tucuman und den Zuckerfabriken der Umgegend den Strom liefert.

Brasilien hat zehn große Wasserfälle, die auf 26 Mill. PS geschätzt werden. Die kleinsten können 250 000 PS und mehr erzeugen. Während es an Erdöl nicht so reich ist, wie etwa Mexiko, hat es umfangreiche Ablagerungen von ,,Turfa", die dem Ölschiefer nahesteht. Solche Turfa findet sich besonders im Camamu-Becken in der Provinz Bahia. 1 t Turfa soll bei der Destillation im Mittel 306 l Rohöl und 2,95 kg Ammonsulfat liefern, während 1 t mittleren schottischen Schiefers nur etwa 99 l Rohöl gibt. Die Erdölvorkommen Brasiliens sollen sich nur im Staate Alagoas als ergiebig erwiesen haben. Die Natronsalpetervorkommen des Staates Pianhy sollen mehr als 600 qkm bedecken. Der Rohsalpeter

---

[1] Chem.-Ztg. 1920, S. 172.
[2] Zeitschr. f. angew. Chem. 1920, II, 318.

liefert an manchen Stellen bis zu 80 Proz. KNO_3. Die Lager sind durch Eisenbahn mit dem Hafen von Camocim, oberhalb Ceara in Nordbrasilien, verbunden.

Die *Cia. Brazilia Carbureto de Calcio* hat 1916 61 000 Trommeln Carbid erzeugt. Der brasilianische Bedarf an Ammoniak ist vor dem Kriege durch Deutschland, Großbritannien, Belgien und Österreich-Ungarn gedeckt worden. Während der Kriegsjahre lieferte im wesentlichen nur Nordamerika.

Die Regierung von Uruguay hat eine Anleihe von 100 000 Dollar bei einer Privatbank aufgenommen und eine staatliche Schwefelsäurefabrik in Capurro bei Montevideo errichtet. Zinsendienst und Tilgung der Anleihe obliegen dem *Instituto de Quimica Industrial* in Montevideo, das 1916 für 20 000 und 1919 für 50 000 Dollar chemische Präparate verkaufte[1]. Außerdem wurden 32 000 Dollar für die Errichtung von Versuchsanlagen zur Gewinnung von Ätznatron, Alkohol und Ammoniak ausgeworfen. Eine Salpetersäurefabrik für 10 bis 15 t Tagesleistung war geplant[2].

Die Stickstoffindustrie in den afrikanischen Ländern

ist naturgemäß noch sehr schwach entwickelt, obgleich der Düngemittelbedarf vielerorts recht erheblich ist.

Die Kanarischen Inseln brauchten 1919 zur schnellen Wiederherstellung ihrer Bananenpflanzungen 3500 t schwefelsaures Ammoniak, 3500 t Kalksuperphosphat, 1500 t Blutmehl und 3500 t Kali.

1919 ist in London die *Egyptian Power and Nitrogen Syndicate, Ltd.* mit 20 000 L gegründet worden, um Düngemittel und Carbid herzustellen. Man hat neuerdings den bereits vor dem Kriege gefaßten Plan wieder aufgenommen, am Staudamm von Assuan eine Luftsalpeterfabrik anzulegen, welche die dortige Wasserkraft ausnutzen soll.

Die Gründung elektrochemischer Industrien in Südafrika schlug 1916 der Ausschuß der Südafrikanischen Gesellschaft von Elektroingenieuren vor, um Calciumcarbid, Kalkstickstoff, Cyanid usw. fabrizieren zu können. Billige elektrische Kraft, Kohlen und Kalkstein sind im Lande vorhanden. Der Carbidbedarf ist ziemlich bedeutend. Die Goldgruben verbrauchten 1919 allein 4500 bis 5000 t Calciumcarbid (Gesamteinfuhr 1913: 4749 t). 3000 t lieferte Kanada, 1500 bis 2000 t erzeugten die Gruben in ihrer während des Krieges entstandenen Carbidfabrik Lünburg in Transvaal. Man rechnet in Zukunft mit der gefährlichen Konkurrenz Australiens, dessen Carbidfabriken schon 1919/20 etwa 80 bis 100 t täglich gewinnen sollten. 1918 ist in Germiston bei Johannisburg die Carbiderzeugung aufgenommen worden (2 bis 3 t pro Woche). 1919 ist die *South*

---

[1] Zeitschr. f. angew. Chem. 1920, II, 379.
[2] Chem. Ind. 1921, S. 13.

African Carbide and By-Products Company, Ltd., in London mit einem nominellen Kapital von 307 500 L gegründet worden. An dem Unternehmen ist die *Chemico-Electric Company* hauptbeteiligt; außerdem sind u. a. die *Westminster Public Works Co.*, die *Associated Portland Cement Manufacturers*, die *White's South African Cement Co.*, die *General Electric Co.* und die *Bingham Calcium-Carbide Co.* in gewisser Weise interessiert. Die Fabrik wird mit einem ungefähren Kostenaufwande von 252 200 L auf der Ballengeich-Grube an der Bahnlinie Durban—Johannisburg erbaut. Es sollen nicht nur Carbid (4186 t pro Jahr), sondern auch Nebenprodukte der Steinkohlen- und Schiefertonverarbeitung (Teeröl, Benzol, Öle usw.) erzeugt werden. Die Jahresleistung an Ammonsulfat ist auf 2126 t veranschlagt.

Die südafrikanische Landwirtschaftsverwaltung hat 1918 die Ergebnisse ihrer Untersuchungen über den Düngemittelbedarf südafrikanischer Böden veröffentlicht[1]. Mit Ammonsulfat hatte man nur in Natal gute Erfolge, wo es sich zusammen mit Kalidüngesalzen und Superphosphat beim Anbau von Kartoffeln gut bewährt hat. In den übrigen Teilen des Landes entsprachen die Ernten nicht den hohen Erwartungen. Die Landwirtschaftsverwaltung schiebt dieses Versagen des Ammonsulfats auf den Kalkmangel der meisten südafrikanischen Böden und anderseits darauf, daß hier die Stickstoffarmut nicht so groß ist, wie anderswo. Mit Kalkstickstoff müßten sich demgemäß bessere Resultate erzielen lassen.

In Vrijheid vergast man eine Art Anthrazit in *Mond*-Generatoren. Man erhält keine Teererzeugnisse, sondern nur Gas und Ammoniumsulfat (250 bis 350 t monatlich). Das Gas entweicht, mit Ausnahme des kleinen Teils, der zur Kesselheizung dient, vorläufig noch unverbrannt in die Luft. Versuche, Schwefelsäure aus dem Schwefelkies des Randgebietes zu gewinnen, hatten vorerst nur bescheidenen Erfolg. Der Plan, im Kohlenrevier von Natal eine großzügige Entwicklung der Nebenproduktenkokerei ins Leben zu rufen, hat erst 1919 festere Formen angenommen.[2] Die Treefontein-Zeche will ihre[3] ärmere Kohle auf Nebenprodukte verarbeiten. Sie verzichtet dabei aber auf Koksöfen und bedient sich vielmehr des Systems *Lyme Rambush*, eines verbesserten *Mond*-Verfahrens, das die Kohle völlig in Gas und Ammonsulfat neben wenig sonstigen Erzeugnissen verwandelt. Eine Johannisburger Firma stellt zur Deckung des Eigenbedarfs Südafrikas seit 1918 flüssiges Ammoniak her. Die Kohlenförderung Natals betrug übrigens 1905 erst 1,148 Mill. t.

1919 ist die *South African Nitrate and Potash Corp.* begründet worden, die zunächst mit 160 000 £, später mit 500 000 £ arbeiten will, um die Lager natürlichen Salpeters in der Nähe der Asbestosberge zwischen

---

[1] Zeitschr. f. angew. Chem. 1918, III, 307.
[2] Zeitschr. f. angew. Chem. 1919, II, 537.
[3] Zeitschr. f. angew. Chem. 1920, II, 87.

Prieska und Griquatown auszubeuten, die recht ergiebig sein sollen[1]. Es handelt sich um Kalisalpeter.

Das phosphathaltige Gestein an der Saldanha - Bai verarbeitet die *Salphos Fertilizer Co.* nach einem Verfahren von *Tromp* auf Dünger[2].

Die *Victoria Falls and Transvaal Power Co., Ltd.*, wird für die Stromversorgung in Zukunft sehr wichtig werden.

Die Stickstoffindustrie in Asien

ist noch im Werden begriffen und hat bedeutendere Erfolge bisher eigentlich nur in Japan zu verzeichnen.

Vor dem Kriege war die Düngemittelherstellung Japans ziemlich unbedeutend. Ihr Schwergewicht lag in der Aufschließung von Rohphosphaten. Außerdem sind kleine Mengen Ammonsulfat und Kalkstickstoff gewonnen worden. Die Düngemitteleinfuhr war dagegen ziemlich bedeutend. Doch handelte es sich in der Hauptsache um organische Futter und Dünger, wie Bohnenkuchen, Rapssamenkuchen, Baumwollsaatkuchen, Reiskleie, Knochen, Knochenmehl, Fischölkuchen usw., die von der Mandschurei, aus China, Korea usw. bezogen wurden. Die Hauptquelle für Stickstoff sind die menschlichen Faeces mit einer Stickstoffmenge von rund 260 000 t. Die Einfuhr von schwefelsaurem Ammoniak hielt sich vor dem Kriege auf durchschnittlich 80 000 bis 110 000 t, die fast ausschließlich aus England gekauft wurden. Mit Kriegsbeginn hörte die Einfuhr allmählich auf, zudem England später ein Ausfuhrverbot erließ. Japan war daher einerseits auf eine erhöhte Verwendung organischer Düngemittel angewiesen, anderseits ging es aber daran, die Anfänge seiner Stickstoffindustrie auszubauen. Insbesondere wurde die Fabrikation von schwefelsaurem Ammoniak bedeutend gefördert. 1915 sind schon 31 855 t hergestellt worden und im Jahr 1918 hat die Leistungsfähigkeit etwa 70 000 t erreicht. Da der Eigenbedarf an Ammonsulfat aber mindestens 80 000 bis 120 000 t pro Jahr beträgt, so bleibt noch ein Fehlbetrag von rund 50 000 t durch Einfuhr zu decken. Die Preise für Ammonsulfat waren bis Herbst 1919 steigend (1 Pikul = rd. 60 kg kostete kurz vor dem Kriege 8,1 Yen = 16,9 Mk., im März 1917: 13,5 Yen oder 28,2 Mk., im Herbst 1919: 31,8 Yen oder 66,5 Mk.), um dann wieder zu fallen. Die Herstellung von Kalkstickstoff wird zu durchschnittlich 3000 t das Jahr angegeben, so daß demnach die Betriebe in Osaka und Hokkaido, wenn sie voll gearbeitet haben, beträchtliche Mengen Kalkstickstoff in Ammonsulfat umgewandelt haben müssen. Der Wert (1913: 26 726; 1914: 24 425 t) der Chilesalpetereinfuhr betrug 1916 etwa 12,9, 1917: 20,3 und 1918 rund 23,6 Mill. Mk. Vor dem Kriege verbrauchte Japan etwa 30 000 t Chilesalpeter im Jahr, dagegen hat es 1920: 200 000 t aufgekauft, um sich eine genügende Reserve für landwirt-

---

[1] Zeitschr. f. angew. Chem. 1919, II, 362, 431.
[2] Chem.-Ztg. 1920, S. 172.

schaftliche und industrielle Zwecke zu schaffen. 1917 kostete die Tonne Salpeter in Japan 194 Yen (Friedensstand = 405,50 Mk.) gegen 117 Yen (= 244,50 Mk.) im Jahre 1913.

Das japanische Ackerbauministerium hat 1918 einige statistische Angaben veröffentlicht, die allerdings nur bis Ende 1916 reichen[1]. Ende 1916 gab es 24 335 Hersteller von Düngemitteln und 45 470 Düngemittelhändler. Die Gesamterzeugung hatte damals einen Wert von 126,5 Mill. Mk., davon entfielen auf

Mischdünger	26,96 Mill. Mk.,
tierische Dünger	18,86 „ „
pflanzliche Dünger	39,30 „ „
mineralische Dünger	41,38 „ „
insgesamt	126,50 Mill. Mk.

Die Düngemitteleinfuhr hatte 1916 einen Wert von 71 Mill. Mk. und 1917 einen solchen von 163 Mill. Mk. Die Düngemittelausfuhr ist zuerst im April 1915 und dann nochmals seit September 1917 wegen der Knappheit im eigenen Lande stark beschränkt worden; sie erreichte 1916: 8,4 Mill. Mk. an Wert und 1917 4,2 Mill. Mk. Die 11 größten Düngemittelgesellschaften Japans gewannen (an Superphosphat usw.) bzw. verkauften:

1916 rund	452 000 t,	
1917 „	610 000 t,	
1918 „	611 000 t und	
in der 1. Hälfte 1919 „	460 000 t Düngemittel.	

Anfangs 1920 gestaltete sich das Geschäft auf dem japanischen Düngemittelmarkt außerodentlich lebhaft, denn die Kaufkraft der Landwirtschaft wurde durch das ständige Anziehen der Notierungen für Reis und andere Lebensmittel so stark angeregt, daß die immerhin recht erhebliche Steigerung der Düngemittelpreise sich zunächst nicht entsprechend geltend machen konnte. Die Spekulationssucht der Händler führte dann aber in Erwartung noch weiterer Preiserhöhungen zu einer derartig großen Einfuhr, daß zu Ende des ersten Vierteljahrs 1920 der Düngemittelmarkt Japans vollständig übersättigt war. In diesem Zeitabschnitt sind für etwa 85 Mill. Yen (= 177,7 Mill. Mk. Friedensparität) Düngemittel importiert, d. s. für rund 52 Mill. Yen (= 108,7 Mill. Mk.) mehr als im ersten Quartal 1919 oder fast ebensoviel wie im ganzen Jahr 1913. Januar bis März 1920 sind allein an Chilesalpeter für 8 Mill. Yen (= 16,7 Mill. Mk.), an Bohnenkuchen für 48 Mill. Yen (= 100,3 Mill. Mk.), an Phosphaten für 4 Mill. Yen (= 8,4 Mill. Mk.) und an Ammoniumsulfat für 11 Mill. Yen (= 32 Mill Mk.) eingeführt worden. Die Hoffnung der Spekulanten, bei dem Absatz dieser großen Vorräte bedeutende Gewinne zu erzielen, ist enttäuscht worden, da die inzwischen eingetretene Wirtschaftskrise und die Überfüllung des Marktes einen plötzlichen Preissturz nach sich zogen[2].

---

[1] Zeitschr. f. angew. Chem. 1918, III, 534.
[2] Chem.-Ztg. 1920, S. 596.

Zur Bekämpfung von Übererzeugung und gegenseitigen Preisunterbietungen haben sich dann[1] die *Osaka Kasaku Hiryo Co.* und die *Nippon Seimi Seizo Co.*, die beide auf Superphosphat arbeiten, zu einer neuen Gesellschaft, der *Nippon Kasaku Hiryo Co.* zusammengeschlossen. Der gemeinsamen Versorgung mit Pyriten und Phosphaten dient die gleichzeitig ins Leben gerufene *Seikoku Ryusan Hiryo Co.*

Die Soda- und Ätznatronindustrie Japans beschäftigte vor Kriegsausbruch nur zwei Fabriken mit einer Jahresleistung von 5000 t Soda; 1919 gab es 20 Fabriken mit einer Produktion von 150 000 t. Infolge Preisrückgangs für die Fertigprodukte und Preissteigerungen für Salz und Kohle wird die Lage der Sodaindustrie 1919 als schlecht geschildert[2].

Die Steinkohlenförderung Japans erreichte 1919: 30,3 Mill. t[3]; weitere 1,1 Mill. t sind ein- und 1,7 Mill. t ausgeführt. Der Industriebedarf betrug 15,5 Mill. t. Die Kokerei spielte bis vor wenigen Jahren nur eine geringe Rolle. Sie benutzte anfangs ausschließlich Bienenkorböfen[4]. Die erste moderne Anlage von 21 *Solvay*-Öfen errichtete die *Osaka Semi Kogyo Kabushiki Kaisha* in Osaka, die 1914 20 weitere Oefen einrichtete. Das Regierungsstahlwerk Yawatamachi nahm 1907/08 die Nebenproduktengewinnung mit 150 *Solvay*-Öfen auf. Staubkohle wird in Omuta in 90 *Koppers*-Öfen und auf der Zeche Tagawa mittels einer *Mond*-Gasanlage verarbeitet. Die *Mitsuibishi Goshi Kaisha* hat 25 *Solvay*-Öfen bei Tobota in Betrieb und plante 1914 den Bau einer Nebenproduktenanlage in Korea nördlich Soeul (bei Kenjiho) mit Öfen deutschen Typs. Damals beabsichtigte der Kohlengrubenbesitzer *Aso* die Aufstellung von 25 *Solvay*-Öfen und die Südmandschurische Eisenbahngesellschaft wollte bei der Fushun-Kohlenmine eine *Mond*-Gas- und Gasmaschinenanlage in Betrieb setzen. Die Firma *Mitsui* errichtete schon vor dem Kriege eine Schule für Gastechnik in Omuta, die 1913/14 von 200 Schülern besucht war. Die damals vorbereitete Entwicklung hat dann in der Kriegszeit zu dem großen Aufschwung der Kokerei-, Nebenprodukten- und Ammonsulfatindustrie geführt, der oben bereits angedeutet wurde.

England exportierte 1913: 108 238 t und 1914: 107 759 t Ammoniumsulfat nach Japan. Die japanische Inlandserzeugung bzw. die Leistungsfähigkeit seiner Anlagen wuchs von 20 000 bis 30 000 t 1914/15 auf 50 000 t 1917, 70 000 t 1918, 83 000 t 1919 und 113 000 t 1920. Eingeführt wurden 1919 etwa 50 000 t[5]. Die japanischen Fabriken machen sehr große Anstrengungen, ihr minderwertiges Erzeugnis zu verbessern, um auf diese Weise den Wettbewerb ausländischer Ware zu verhindern. Es gab 1919 120 Gasanstalten in Japan, welche die Nebenprodukte größtenteils gewannen.

---

[1] Zeitschr. f. angew. Chem. 1920, II, 284.
[2] Zeitschr. f. angew. Chem. 1919, II, 570.
[3] Chem.-Ztg. 1920, S. 547
[4] Chem.-Ztg. 1914, S. 40.
[5] Chem.-Ztg. 1920, S. 171.

Wenn die angegebenen Höchstzahlen tatsächlich erreicht werden, dürfte der japanische Markt sich in absehbarer Zeit selbst versorgen können. Daß man daneben immer noch mit Einfuhr erheblicher Mengen rechnet und auch an das deutsche Erzeugnis denkt[1], zeigt, wie günstig man die Entwicklung der japanischen Landwirtschaft und auch die Aussichten einer Wiederausfuhr und Versorgung Koreas und der Mandschurei beurteilt. Die großen Anstrengungen, die dauernd gemacht werden, um mit weitgehender staatlicher Unterstützung die Landwirtschaft zu fördern, haben das Endziel, Japan in bezug auf Lebensmittel und gewisse Rohstoffe (Zuckerrüben, Viehfutter usw.) vom Ausland unabhängig zu machen[2].

Einen Teil der Ammoniumsulfaterzeugung decken die Kalkstickstofffabriken. Die *Nippon Tisso Hiryo Kabushiki Kaisha* in Osaka (Stickstoffdünger A.-G.), die nach dem *Frank-Caro*schen System arbeitet, hatte 1912/13 eine jährliche Leistungsfähigkeit von 12 000 t Kalkstickstoff. Neben dieser „Japanischen Stickstoffdünger A.-G." gewinnt auch die „Japanische Elektrochemische Gesellschaft" (*Electro Chemical Co.* in Tokio) in Hokkaido Kalkstickstoff. Die Überführung in Ammonsulfat gestaltete sich eine Zeitlang so gewinnbringend, daß die bei Anfangsversuchen und Mißerfolgen eingebüßten Gelder reichlich eingebracht wurden. Aus dem Jahre 1918 wird berichtet, daß damals drei neue Kalkstickstoffabriken (z. B. bei Fukui) im Bau bzw. geplant waren. Die *Electro Chemical Co.*-Tokio hat 1918 ein Carbidwerk in Fushan errichtet, das daneben Kalkstickstoff-Ammoniumsulfat gewinnen sollte[3]. Auch in der Mandschurei beabsichtigt die Firma Kalkstickstoff-Ammonsulfatfabriken zu errichten.

Die große Nachfrage nach Ammonsulfat im In- und Auslande (Ausfuhr nach Java, Indien usw.) gestattete den Anlagen ein gewinnbringendes Arbeiten. Um die heimischen Preise zu erniedrigen, wurde Anfang 1918 eine Hafensperre für Ammonsulfat verhängt. Die Folge war, daß die Fabriken es vorzogen, ihr Carbid nicht zu azotieren, sondern es als solches auszuführen. Die Tonne wurde damals mit 380 Yen (= 794,20 Mk.) bezahlt. Vor dem Kriege deckte Japan seinen Carbidverbrauch fast ausschließlich durch Einfuhr. 1917 gab es jedoch bereits 15 Carbidfabriken mit 26 489 t Jahresproduktion; 1918 stieg die Leistungsfähigkeit auf rund 32 000 t. Während 1915 noch wenig Carbid ausgeführt wurde, sind zwischen 1. Januar und Ende November 1917 fast 2100 t exportiert worden. Die amerikanischen Zufuhren haben dagegen so gut wie ganz aufgehört. Im einzelnen sind die Ausfuhrziffern folgende:

	kin (zu 0,6 kg)	im Werte von
1915	752 000	48 200 Yen
1916	2 102 000	263 300 „
1917	5 442 000	853 800 „
1918	21 633 500	5 476 000 „
1919	2 549 900	525 200 „
1920 bis Februar . . .	336 600	66 100 „

[1] Zeitschr. f. angew. Chem. 1919, II, 735.
[2] Chem.-Ztg. 1920, S. 48.
[3] Chem.-Ztg. 1918, S. 479.

Die erste japanische Carbidfabrik überhaupt war die von Koriyama, die 1901 mit einer Normalmonatsleistung von 50 bis 60 t in Betrieb ging. Später nahm eine zweite Fabrik in Sendai und eine dritte in Nagaoka die Produktion auf; aber auch deren Erzeugung blieb sehr gering, so daß die Einfuhr den Hauptbedarf decken mußte. Den Markt beherrschte in der Vorkriegszeit ein Syndikat. Erst nach Kriegsbeginn wurde die Entwicklung einer kräftigen, eigenen Carbidindustrie lebhafter. Besonders stellte eine Anzahl von Kraftstationen Carbidöfen auf, um in der Zeit geringer Belastung den Stromüberschuß unterbringen zu können. Diese Arbeitsweise hat sich so bewährt, daß Anlagen der beschriebenen Art noch 1918[1] mehrfach im Bau waren. Auch die Zementfabriken wandten sich der Carbidfabrikation zu. Vor dem Kriege betrugen die Herstellungskosten von 100 kg Carbid in Japan 13 bis 15 Mk., 1918 waren sie auf etwa 20 bis 21 Mk. gestiegen. In der Vorkriegszeit wurde Carbid mit 16 bis 20 Mk. je t gehandelt, 1918 kostete es etwa 60 Mk. für Inlandsverbrauch und 79 bis 80 Mk. für Ausfuhr (s. o.). Diese geht in der Hauptsache nach Australien, den Philippinen, Java und Indien. Die Ware ist mit 55 bis 67 Proz. Reingehalt oft minderwertig, während die Konkurrenz mit 80 bis 85 proz. Carbid auf den Markt kommt.

Die Wasserkraftnutzung macht in Japan nur langsam Fortschritte. 1919 ist der *Taisho Suiryoku Denki Kaisha* (Taisho hydroelektrische Gesellschaft) die Konzession erteilt worden, ein hydroelektrisches Kraftwerk von 16 000 PS an der Quelle des Totsugawa anzulegen. An Kapital sind 10 Mill. Yen (= 20,9 Mill. Mk.) verfügbar. Die Kraftzentrale ist rund 75 Meilen von Kobe entfernt. Die Firma *Suzuki & Co.* war 1919 mit der Errichtung neuer Eisenwerke in Oita, Kyushu, beschäftigt, wo die ersten elektrischen Hochöfen in Japan aufgestellt werden sollen. Die Anlagen sollen 141,75 a bedecken und werden hydraulisch erzeugte Elektrizität verwenden. Ganz neu sind die Pläne eines amerikanischen Aluminiumkonzerns, der zusammen mit japanischem Kapital (je $^1/_2$) eine Gesellschaft gründen will[2], um von der Regierung die Wasserfallgerechtsame der Präfektur Toyama verliehen zu erhalten.

Das japanische Parlament hat im Sommer 1918 263 000 Yen (= 549 670 Mk.) für Ausführung experimenteller Arbeiten auf dem Gebiete der Stickstoff- und besonders der Luftsalpetersäureindustrie bewilligt. In Sugamo bei Tokio erbaute die Regierung ein Untersuchungslaboratorium für diesen Zweck, das im Frühjahr 1919 seine Arbeiten aufnahm. Die Flammenbogenverfahren werden bisher in Japan nicht ausgenutzt und auch die katalytische Ammoniakverbrennung spielt kaum eine Rolle. Dagegen hat *J. Takamine* bereits 1918 das Ausübungsrecht der Synthese der amerikanischen *General Chemical Co.* für Japan erworben, um dort eine Fabrik nach diesem Verfahren zu erbauen. Die Methode bewährte sich bekanntlich nicht, und so ist es auch zu einer Gründung in Japan

---

[1] Chem.-Ztg. 1918, S. 472.
[2] Chem.-Ztg. 1920, S. 24.

bisher nicht gekommen. Nach amerikanischen Nachrichten[1] ist Mitte 1919 unter Führung von *Takamine* eine Gesellschaft gegründet worden, die mit 20 Mill. Yen (= 41,8 Mill. Mk.) an die Verwirklichung des Planes gehen will und der sowohl amerikanische, wie japanische Finanzleute nahestehen. Inzwischen sind ja auch japanische Interessenten mit der deutschen *BASF* in Fühlung getreten, um sich über die Möglichkeiten der Verpflanzung des *Haber-Bosch*-Verfahrens nach Japan zu unterrichten. Für März 1921 plante Japan übrigens die Veranstaltung einer großen Ausstellung pharmazeutisch-chemischer Erzeugnisse. In Kobe ist auch eine Gesellschaft zur Ausbeutung des *Claude*-Verfahrens gegründet worden.

Die *Société d'Oxygène et d'Acetylène du Japon* erhöhte 1918 ihr Kapital von 0,8 Mill. auf 2 Mill. Fr. Die japanische Firma *Okura*[2] beschäftigt sich mit dem Gedanken der Errichtung einer großen Düngemittelfabrik in Wiju (Nordkorea) mit 3 Mill. Yen Kapital (= 6,27 Mill. Mk.). Neben Bohnenkuchen soll Bohnenöl hergestellt werden.

Um die heimische Industrie zu schützen, wird der Einfuhrzoll für Farbstoffe und chemische Produkte beträchtlich erhöht werden[3]. Man hofft infolge der billigen elektrischen Kraft Stickstoffdünger in Zukunft nach Südafrika, Indien, Java usw. ausführen zu können. Auch die Sodaindustrie glaubt gegenüber dem starken Wettbewerb Englands und Amerikas bestehen zu können. Die japanische Einfuhrstatistik zeigt erhöhte Ziffern für Natriumcyanid, Ammoniumcarbonat, Salmiak usw.[4]

Die oben bereits geschilderte Überfüllung des Marktes steigerte sich Mitte 1920 bis zur Krisis. Die Düngemittelfabrikanten hielten in Tokio eine Versammlung ab und haben sich an die Regierung gewandt, damit diese die Landleute zu umfangreichen Düngemittelkäufen anrege und sie dabei unter Umständen finanziell unterstütze. Salpetersäure kostete 19 Yen (= 39,70 Mk.) die 100 lbs[5]. Europäisches und amerikanisches Ammoniumnitrat wird neuerdings in beträchtlichen Mengen eingeführt und mit 215 Yen (= 449,35 Mk.) je t gehandelt (ab Ankunftshafen). Ammonsulfat englischer Herkunft kostet 470 Yen (= 982,30 Mk.) je t, solches amerikanischer Abstammung dagegen nur 430 Yen (= 898,70 Mk.). In beiden Produkten ist der Absatz sehr gering, da die Landwirte nicht kaufen und die Händler im Innern des Landes große Vorräte in Händen haben.

Die Wasserkräfte Koreas will die *Oriental Development Company* mit einem Kapital von 10 Mill. Yen (= 20,9 Mill. Mk.) ausnutzen, indem sie zunächst den Ausbau des Hwangsü-won, eines Nebenflusses des Yalu, in Angriff nimmt. Eine neue Düngemittelfabrik (s. o.) wird in Heijo, Pyeng-Yang, errichtet.

---

[1] Zeitschr. f. angew. Chem. 1920, II, 92.
[2] Chem.-Ztg. 1920, S. 143.
[3] Metallb. 1920, S. 1280.
[4] Zeitschr. f. angew. Chem. 1920, II, 248.
[5] Zeitschr. f. angew. Chem. 1920, II, 318.

Java hat wegen seines starken Zuckerbaues großen Bedarf an Stickstoffdünger. Auch die japanische und sogar die südafrikanische Stickstoffindustrie rechnen mit etwaiger Ausfuhrmöglichkeit nach Java. Im östlichen Java gab es 1915 neun Fabriken, die Jod und Jodpräparate aus den dortigen jodhaltigen Quellen darstellten; zwei weitere Fabriken gewannen Natriumbisulfit für Zucker- und Kautschukindustrie; zwei andere erzeugten Sauerstoff und flüssige Luft nach dem *Linde*-Verfahren; auch flüssige Kohlensäure und Schwefeldioxyd wird fabriziert. Die *Batavische Petroleum Maatschappij* röstet japanischen Schwefel zu Schwefelsäure ab, doch ist der hohe Preis des Ausgangsprodukts der Entwicklung dieser Industrie sehr hinderlich.

Die Zufuhren von schwefelsaurem Ammoniak nach Java und überhaupt nach Niederländisch-Indien waren während des Krieges unregelmäßig und stockend; 1919 wurden sie zum Teil ganz eingestellt[1], weil Europa, Australien und Japan kaum noch lieferten. Da auch die früher sehr erheblichen Chilesalpeterzufuhren nicht so reichlich ausfielen, so litten die Zuckeranpflanzungen oft unter erheblichem Düngemittelmangel.

Daher wurde bereits während des Krieges versucht, eine einheimische Stickstoffindustrie ins Leben zu rufen. Die Pläne scheinen jedoch erst jetzt festere Gestalt anzunehmen. Ein Norweger hat die Konzession erworben, die Wasserkraft des Moesi - Flusses oberhalb Bankoelen zur Erzeugung synthetischer Stickstoffprodukte usw. auszunutzen. Er hat gleichzeitig das Recht auf Abbau der nötigen Kohlen und Kalksteine im Bereich der Kraftzentrale und die Erlaubnis zum Bau einer Verbindungsbahn nach dem Hafen erhalten[2]. Da auch auf Celebes große Wasserkräfte vorhanden sind, plant man auch dort die Errichtung elektrischer Kraftzentralen und Herstellung von Kunstsalpeter bzw. von anderen Stickstoffdüngern[3].

Mitte 1919 ist zwischen chilenischen und javanischen Interessenten ein Vertrag über Lieferung von zunächst 900 000 t Salpeter abgeschlossen worden.

1916 wurde auf Java ein Versuchsunternehmen zur Herstellung von Calciumcarbid gegründet. Trotz guter technischer Erfolge der Versuche mit einheimischem Kalkstein und Koks konnte sich diese Industrie damals nicht weiter entwickeln, weil die Einrichtungskosten für einen Großbetrieb unerschwinglich hoch gewesen wären und weil außerdem die Konkurrenz einer neu zu errichtenden Regierungsfabrik drohte[4]. Diese ging 1917 in Poerworedje (Ost-Java) in Betrieb, der auch trotz vieler Schwierigkeiten aufrechterhalten werden konnte. Produziert werden etwa 6000 kg monatlich, doch soll die Leistungsfähigkeit auf das 10- bis 15fache gesteigert werden[5]. Die Einfuhr Niederländisch-Indiens an Carbid betrug 1913:

---

[1] Zeitschr. f. angew. Chem. 1919, II, 633.
[2] Zeitschr. f. angew. Chem. 1920, II, 164.
[3] Chem.-Ztg. 1920, S. 172.
[4] Zeitschr. f. angew. Chem. 1918, III, 257.
[5] Zeitschr. f. angew. Chem. 1920, II, 170.

1081,9 t; 1914: 1040,7 t; 1915: 1265,4 t; 1916: 1333,6 t; 1917: 762,1 t
und 1918: 2132,1 t. Wird die Leistung der Poerworedjefabrik auf etwa
1000 t pro Jahr erhöht, so ist sie in der Lage, einen erheblichen Teil
des Bedarfs der Kolonie befriedigen zu können. Es ist allerdings noch die
Frage, ob das Java-Carbid die Konkurrenz ausländischer Ware vertragen
wird. Nach den bisherigen, noch unter den Nachwirkungen des Krieges
leidenden Verhältnissen läßt sich ein abschließendes Urteil über die Zukunftsaussichten schwer fällen. Der Markt war natürlich 1920 unter dem
Einfluß starker Zufuhren aus Japan ziemlich flau bei nachlassenden Preisen.

Die Romanitfabrik in Batavia, die Sicherheitssprengstoffe herstellt,
war bei Kriegsausbruch erst seit kurzem in Betrieb. Sie ist seitdem wesentlich vergrößert worden.

Die Aussichten für das Aufblühen einer Luftstickstoffindustrie in
Niederländisch-Indien sind nicht schlecht, da der Bedarf an Stickstoffdünger sehr groß ist und die Kraftpreise pro KW-Stunde sich selbst
heute noch unter 1 Pf. halten sollen.

Die Regierung Indiens hat 1918/19 eine systematische Untersuchung
der im Lande vorhandenen Wasserkräfte vorgenommen, um die Grundbedingungen für die Erteilung von Konzessionen festzulegen. Die gesamten
Kraftanlagen Indiens umfassen einschl. der Reserveanlagen 111 860 PS.
Hiervon entfallen auf die Tata-Gesellschaft 67 000 PS, auf die Unternehmen am Cauveryfluß 22 650 PS, auf das Ihelum-Kraftwerk
5360 PS, auf Mussoorie 2400 PS, auf Gokak (Western Ghato) 2100 PS,
auf Simla 1680 PS und auf die *Madras Government Cordite Factory* 1350 PS.
Alle übrigen Zentralen erzeugen unter 1000 PS. Im Bau befanden sich
1920[1] die Andhratalanlage mit 68 000 und später 90 000 PS, die Burma-
Mines-Anlage in den nördlichen Shan-Staaten mit 9750 PS und das
Projekt der Firma *Burn & Comp.* in Sikkim. Außerdem sind weitere
36 Stellen größerer Wasserkräfte für bauwürdig befunden, aber noch nicht
in Angriff genommen. Die bedeutendsten dieser Wasserkräfte liegen im
Koynatal mit 300 000 PS, bei Bhakri-Dam im Pandschab mit etwa
81 000 PS und am Nila Mula in den Western Gaths mit 75 000 PS.

Die Kalisalpeterlager Indiens, die von alters her ausgebeutet
werden, sind recht bedeutend und haben im Kriege eine wichtige Rolle
gespielt. Sie finden sich in der Hauptsache in Bengalen und Patna,
wo sie durch lebhafte Verwesung organischer Stoffe auf kalihaltigen
Böden entstanden sind. Das Vorkommen von Salpeter in Indien (ähnlich,
aber nicht so ergiebig auch in Ägypten und Arabien) ist von entschei-
dendem Einfluß nicht nur auf die Geschichte der Stickstoffindustrie, sondern überhaupt auf die Kultur der Menschheit gewesen (s. o.). Für Kalisalpeter wurde bald nach Kriegsausbruch ein Ausfuhrverbot erlassen.
Lizenzen wurden nach Großbritannien nur erteilt, wenn der Fob-Preis
der Ladung 28 £ 10 s für 1 t 5 proz. bzw. 26 £ 15 s für 1 t 10 proz. Salz

---

[1] Chem.-Ztg. 1920, S. 47.

nicht überschritt und der Verkauf durch die Hände der Firma *Charles Wimble, Sons & Co.* in London erfolgte. Für Australien und Neuseeland bestand eine ähnliche Regelung in der Lizenzerteilung; auch Gesuche von anderen Ländern konnten unter Umständen bewilligt werden, wenn sie gewissen Bedingungen entsprachen.

Die Kalisalpetererzeugung betrug 1914: 15 500 und 1915: 18 098 t. Die Ausfuhr belief sich 1914/15 auf 16 399 t, 1915/16 auf 20 702 t und 1916/17 auf 25 750 t. 80 Proz. davon bezog Großbritannien. Nahezu die gesamte Produktion diente der Munitionsherstellung, nur Australien und Neuseeland verwandten kleine Mengen zur Dosenfleischkonservierung. Der Hauptausfuhrhafen ist Kalkutta.

Die Phosphoritvorkommen in Ghatsila, Midnapur, sollen reich und ausgedehnt sein. Ihre Ausnutzung ist in Angriff genommen. Auch an die Aufnahme des *Serpek*-Prozesses (s. o.) ist eine Zeitlang gedacht worden.

Die *Bengal Chemical and Pharmaceutical Works Ltd.* in Kalkutta gewannen u. a. Magnesiumsulfat und Salpetersäure. Die Konzession zur Ausnutzung der Wasserkräfte im Koynatal (s. o.) zwischen Mahableshwar und Helvek ist 1917 der Firma *Tata, Sons & Co.* erteilt worden, die dort Aluminium, Salpeter und andere Kunstdünger herzustellen beabsichtigt. Die *Indian Iron & Steel Comp., Ltd.*-Kalkutta, hat beschlossen, in Asansol, im Kohlengebiet von Bengalen, zwei Hochöfen von je 350 t, eine Kokerei mit 1000 t Tagesleistung und eine Schwefelsäurefabrik zu errichten. Die Einrichtungen zu den beiden letztgenannten Anlagen werden aus England bezogen.

Unter Kombinierung mit dem *Mond*-Gasverfahren will man jetzt auch die Gewinnung von Carbid und Kalkstickstoff in Burhar im Staate Rewah aufnehmen[1]. Es sollen jährlich 6000 t Carbid erzeugt werden, wovon je 1000 t in Indien bzw. auf den östlichen Märkten abgesetzt werden sollen. 4000 t sollen azotiert werden und 5000 t Kalkstickstoff ergeben, die zu 4600 t als Dünger verkauft und zu 400 t in Cyannatrium übergeführt werden sollen. Das *Mond*-Gas soll als Nebenprodukt Ammonsulfat liefern. Die Unkostenaufstellung sieht folgende Posten vor (jährlich):

für Erzeugung der elektrischen Kraft aus *Mond*-Gas
unter Gewinnung von Nebenprodukten-Ammon-
sulfat . . . . 19 000 £
für Rohstoffe . . . . 99 493 „

Die Baukosten der Kraftstation sind auf 104 000 £, die für die Carbidanlage auf 30 000 £, für die Kalkstickstoffabrik auf 50 000 £ und für die Cyanidanlage auf 5000 £, d. s. insgesamt auf 189 000 £ veranschlagt.

Im Anschluß an ein *Central Imperial Chemical Research Institute* in Delhi sollen zur Förderung der chemischen Industrie Provinzialinstitute errichtet werden[2]. Die Aufgabe des Zentralinstituts soll darin be-

---

[1] Chem.-Ztg. 1919, S. 806.
[2] Metallb. 1920, S. 1159.

stehen, neue chemische Industrieen ins Leben zu rufen und solche zu fördern. Die Provinzialinstitute sollen die Verbindung mit den Chemikern ihres Bezirks aufrechterhalten.

Die neueste Entwicklung Indiens als Industrieland, die das „Süddeutsche Industrieblatt" 1920, S. 1759 und 1801, zum Gegenstand einer kleinen Studie gemacht hat, ist durch den Aufschwung der Stahlindustrie gekennzeichnet. Die Kokereien der bedeutendsten Werke in Jamshedpur und im westlichen Indien gewinnen an Nebenprodukten Teer, Benzol, sowie Ammoniak und besitzen z. T. eigene Schwefelsäurefabriken, um das letztere gleich in Sulfat überführen zu können. — Die Kohlenförderung Britisch-Indiens erreichte 1913: 14,9 Mill. t.

In der Türkei, Syrien usw. beschränkt sich die geringfügige Nebenproduktengewinnung auf einige Gasanstalten. Interessant ist ein neues Projekt der Energiegewinnung am Toten Meer[1], dessen Spiegel bekanntlich 394 m unter dem des Mittelmeers liegt. Das Projekt eines norwegischen Ingenieurs, das aber nur die Umarbeitung eines alten Planes bedeutet, beabsichtigt nun, dieses Gefälle auszunutzen. Durch einen 37 engl. Meilen langen Tunnel soll das Wasser des Mittelmeeres unter teilweiser Benutzung eines alten Jordanbettes nach dem Toten Meere geleitet werden. Das nutzbare Gefälle soll rund 365 m betragen. Die Kosten werden auf 60 Mill. £ veranschlagt. Der Strom soll der Elektrisierung, Bewässerung usw. in Palästina dienen.

Die Stickstoffindustrie in Australien

ist noch im Werden begriffen. In der Umgegend von Sydney sind in den Kriegsjahren 1233 Koksöfen in Betrieb gesetzt worden, die 1917 456 000 t Koks und eine beträchtliche Menge an Nebenprodukten, wie Teer, Benzol, Ammonsulfat usw. gewannen. Die Kohlenförderung belief sich 1913 in den Ländern des Australischen Bundes auf 10,8 Mill. t und in Neuseeland auf 2,2 Mill. t. Die Jahresausbeute an Ammonsulfat erreichte 1920 etwa 6000 t.

Wegen der Knappheit an Carbid ist der Verbrauch seit 1914 wesentlich zurückgegangen, während die Preise sich bis 1918 versechsfacht haben (die t 90 £). Skandinavisches Carbid war 1918 nicht auf dem Markte; die einzigen Carbidlieferanten waren damals Kanada und Japan. Eingeführt sind im Jahresdurchschnitt 1903 bis 1913 je 10 878 t. Um dem immer drückender werdenden Mangel abzuhelfen und in Zukunft wenigstens einigermaßen gedeckt zu sein, begann man 1916/17 mit dem Bau einer eigenen Carbidfabrik bei North West Bay nahe Hobart (Tasmanien) (15 engl. Meilen von Hobart entfernt). Die *Hydro-Electric Power and Metallurgical Co., Ltd.*, Melbourne, erzeugt dort in Electrona seit 1918 5000 t Carbid pro Jahr, während der Jahresverbrauch Australiens

---

[1] Metallb. 1920, S. 1243.

13 000 t ausmacht. Die Baukosten beliefen sich auf über 32 000 £. Kalkstein wird in eigenen Brüchen gewonnen, Elektroden und Blechtrommeln für den Versand werden auch an Ort und Stelle hergestellt, so daß die Selbstkosten recht gering sind. Man denkt an die Vergrößerung des Werkes auf zunächst 10 000 t, sobald die Kraftstation der Regierung am Great Lake, welche den Strom liefert, weiter ausgebaut ist. Es ist beabsichtigt, mit eigenen Schiffen den Export nach Südafrika (s. d.) und Neuseeland aufzunehmen. Um die junge Industrie zu schützen, ist die Einfuhr von Überseecarbid so lange verboten, wie nicht die gesamte australische Produktion abgesetzt ist. Zollabgaben sind nicht vorgesehen, doch soll die Einfuhr untersagt bleiben, bis jene Bedingung voll erfüllt ist.

Die *Australian Oxygen Co.* in Melbourne gewinnt flüssige Kohlensäure, Sauerstoff nach *Linde* und Wasserstoff durch Wasserelektrolyse.

Die Luftstickstoffindustrie der Erde

hat ihren Schwerpunkt in Europa, die Kokereiammoniakindustrie in Europa und den Ver. Staaten von Nordamerika und die Industrie der natürlichen Nitrate in Südamerika, speziell in Chile.

Über die europäische Industrie ist ein Überblick bereits gegeben.

In Amerika beherrschen die Ver. Staaten einer- und Chile anderseits die Märkte. Die Leistungsfähigkeit der einzelnen Industriezweige und Länder dürfte folgendes Bild ergeben (Stand 1919/20):

	1 Kalkstickstoffverfahren in t Kalkstickstoff	2 Salpetersäure nach den Flammenbogenmethoden, dem katalytischen Verfahren usw., soweit nicht unter den anderen Spalten enthalten; als t Kalksalpeter	3 Ammoniak-Cyanidverfahren und Ammoniak aus Kalkstickstoff (nicht in der 1. Spalte enthalten); in t Ammonsulfat	4 Kokerei-Ammoniak (Gasanstalten) in t Ammonsulfat	5 Cyanide aus Luftstickstoff in t KCN bzw. NaCN	6 *Haber-Bosch*-Verfahren usw. in t Ammonsulfat	7 t N insgesamt
a) Ver. Staaten von Nordamerika . .	64 000	13 000 u. Spalte 1,3,4,6	183 730*)	300 000	10 000	37 625	124 730
b) Kanada	—	2 000	—	5 000	—	—	1 341
c) Chile	Leistungsfähigkeit = 3 Mill. t Salpeter (einschl. Peru, Bolivien usw.)						468 000
d) Übrige Länder Südamerikas . .	—	—	—	10 000	—	—	2 000
Amerika	64 000	15 000	183 730	315 000	10 000	37 625	
Stickstoffinhalt t N	12 800	2 561	37 650	64 500	2 850	7 710	
Gebundener Stickstoff insgesamt							128 071
Chilenischer Salpeter usw.							468 000
Amerika insgesamt							596 071

*) Muscle Shoals usw.; zunächst als Kalkstickstoff gewonnen.

	1	2	3	4	5	6	7
	Kalkstickstoffverfahren in t Kalkstickstoff	Salpetersäure nach den Flammenbogenmethoden, dem katalytischen Verfahren usw.. soweit nicht unter den anderen Spalten enthalten; als t Kalksalpeter	Ammoniak-Cyanidverfahren und Ammoniak aus Kalkstickstoff (nicht in der 1. Spalte enthalten; in t Ammonsulfat	Kokerei-Ammoniak (Gasanstalten) in t Ammonsulfat	Cyanide aus Luftstickstoff in t KCN bzw. NaCN	Haber-Bosch-Verfahren usw. in t Ammonsulfat	t N insgesamt
e) Südafrika . . .	—	—	—	7 500	—	—	rd. 1 500
f) Afrika sonst . .	—	—	—	2 500	—	—	rd. 500
Afrika	—	—	—	10 000	—	—	—
Stickstoffinhalt t N	—	—	—	rd. 2 000	—	—	—

Gebundener Stickstoff insgesamt	rd. 2 000
Natürlicher Salpeter 10 000 t	rd. 1 000
Afrika insgesamt	3 000

	1	2	3	4	5	6	7
g) Japan	5 000	—	s. Spalte 4	113 000	—	—	rd. 23 600
h) Britisch-Indien .	—	—	—	5 000	—	—	rd. 1 000
i) Asien sonst (Niederl. - Indien, Korea, China usw.)	—	—	—	10 000	—	—	rd. 2 000
Asien	5 000	—	—	128 000	—	—	—
Stickstoffinhalt t N	1 000	—	—	25 600	—	—	—

Gebundener Stickstoff insgesamt	26 600
Natürlicher Salpeter 25 000 t	3 500
Asien insgesamt	30 100

	1	2	3	4	5	6	7
k) Australien . .	—	—	—	6 000	—	—	1 200

Welterzeugung in t N: 1 293 271

Somit erteilt sich die Weltproduktion wie folgt [Stand 1919/20]:

	t Kalkstickstoff	t Kalksalpeter (Flammenbogenprozeß, katalyt. Verbrennung, soweit nicht in den andern Spalten geführt)	Ammoniak aus Cyanid und insbesondere aus Kalkstickstoff in t Ammonsulfat	Ammoniak aus Kokereien und Gasanstalten usw. in t Ammonsulfat	Cyanide aus Luftstickstoff und Gasreinigungsprozessen in t	Haber-Bosch-Ammoniaksynthese und Verwandtes in t Ammonsulfat	Natürliche Vorkommen in t Salpeter	t N insgesamt
Europa .	1 300 000	291 000	27 500	970 000	20 000	750 000		662 900
Amerika .	64 000	15 000	183 730	315 000	10 000	37 625	3 000 000	596 071
Afrika . .	—	—	—	10 000	—	—	10 000	3 000
Asien . .	5 000	—	—	128 000	—	—	25 000	30 100
Australien	—	—	—	6 000	—	—		1 200
Welt . .	1 369 000	306 000	211 230	1 429 000	30 000	787 625	3 035 000	1 293 271
t Stickstoffinhalt	273 800	52 561	43 150	287 300	6 250	157 710	472 500	1 293 271
Anteil an der Weltproduktion in Proz.	21,17	4,06	3,33	22,21	0,48	12,19	36,53	—

Auf die einzelnen Länder entfallen dabei nachstehende Stickstoffmengen (Stand 1919/20):

	t N	% der Weltproduktion
Deutschland	311 100	**24,05**
Norwegen	78 625	**6,08**
Schweden	16 000	1,23
Schweiz	7 700	0,59
Frankreich	88 000	**6,80**
England	78 350	**6,06**
Belgien	8 000	0,62
Italien	18 325	1,42
Holland	2 500	0,19
Österreich-Ungarn usw.	17 600	1,36
Andere Länder Europas	35 000	2,70
Dazu Cyanidproduktion	1 700	0,13 (Deutschland, England, Frankreich)
Europa	662 900	51,27 Proz.
Ver. Staat. v. Nordamer.	124 730	**9,64**
Kanada	1 341	0,10
Chile	468 000	**36,11**
Übrige amerikan. Länder	2 000	0,15
Amerika	596 071	46,09 Proz.
Südafrika	1 500	0,11
Übrige afrikan. Länder .	500 (+ Naturprod.: 1000 t N)	0,03 (+ 0,07)
Afrika	3 000	0,23 Proz.
Japan	23 600	1,82
Britisch-Indien	1 000	0,07
Übrige asiat. Länder . .	2 000 (+ Naturprod.: 3500 t N)	0,15 (+ 0,27)
Asien	30 100	2,32 Proz.
Australien	1 200	0,09 „

Die gegebenen Zahlen werden sich in wenigen Jahren beträchtlich erhöhen, da sowohl in Deutschland, wie in England, Spanien, den Ver. Staaten, Indien usw. Stickstoffanlagen von z. T. beträchtlichem Umfang im Bau bzw. in Vorbereitung sind. In Deutschland wird die Kokerei bei Eintritt normaler Verhältnisse ihre frühere Ammonsulfatproduktion von 500 000 t Ammonsulfat (+ 200 000 t) wieder erreichen, die Kalkstickstofferzeugung wird dann 600 000 t (+ 100 000 t) betragen, und die *Haber-Bosch*-Anlagen werden nach Vollausbau 1 500 000 t Ammonsulfat (= 300 000 t N oder + 150 000 t N) leisten. Die Stickstoffjahresleistung der deutschen Fabriken beträgt dann 521 100 t N oder gegenüber 1919/20: 210 000 t N mehr. England hat voraussichtlich die Leistung seiner Kokereien in der gleichen Zeit um weitere 100 000 t Ammonsulfat vermehrt. Das Projekt der *Cumberland Co.* sieht die Gewinnung von 225 000 t Kalkstickstoff und der Ausbau der Billingham-Anlage diejenige von 150 000 t Ammonsulfat (bzw. anderen Ammoniumsalzen) vor, so daß sich die Stickstofferzeugung Englands in ein paar Jahren um etwa 95 000 t N jährlich vergrößern dürfte. Da nun auch in den übrigen Ländern Europas (z. B. in Spanien, Frankreich usw.) weitere Stickstoffabriken im Bau sind, so wird binnen wenigen Jahren Europa etwa (662 900 + 350 000) = 1 012 900 t N erzeugen können, wenn seine Anlagen alle mit voller Kraft arbeiten. Die Ausdehnungsfähigkeit der amerikanischen Kokereien kann für die nächste Zukunft mit etwa 200 000 t Ammonsulfat jährlich in Rechnung gestellt werden. Veranschlagt man die Zunahme, welche die verschiedenen Verfahren in den Ver. Staaten und in den übrigen Ländern des Erdballs innerhalb der nächsten Jahre bringen werden, auf weitere 20 000 t N, so ergibt sich eine gesamte **Stickstoffweltproduktion** von 1 703 271 t N, die etwa im Jahre 1925 erreicht sein dürfte.

In dem genannten Jahre wird die Produktion voraussichtlich betragen an:

Kalkstickstoff	etwa 1,80 Mill. t,	
Kalksalpeter usw.	„ 0,36 „ „	
Ammonsulfat aus Cyaniden, Kalkstickstoff usw.	„ 0,26 „ „	
Ammonsulfat der Kokereien und Gasanstalten	„ 2,03 „ „ und an	
Ammonsulfat nach *Haber* usw.	„ 1,72 „ „	

An der **Weltproduktion** 1925 mit 1,703 Mill. t N wird Deutschland mit 30,6 Proz. beteiligt sein, während auf die gesamten natürlichen Nitratvorkommen nur 27,7 Proz. entfallen werden. Die gesamte Produktionsmöglichkeit bei VQlleistung aller Anlagen wird sich dann wie folgt gestalten:

Natürliche Vorkommen von Nitrat	472 500 t N
Kokerei usw.	407 300 „
Kalkstickstoffverfahren	358 800 „
Haber-Bosch-Synthese usw.	342 710 „
Lichtbogenverfahren usw.	62 561 „
Ammoniak aus Kalkstickstoff, Cyanid usw.	53 150 „
Cyanidverfahren	6 250 „
	1 703 271 t N

W. S. Landis[1] gibt für die Luftstickstoffindustrie der Welt folgende Zahlen:

	1913	1916
Kalkstickstoffanlagen	59 490	190 000 t N
Flammenbogenanlagen	16 915	27 570 „
Synthetisches Ammoniak	7 300	54 430 „
	83 705	272 000 t N

Die Gesamtstickstoffgewinnung war nach dem Stande von Mitte 1914 und dem gleichen Autor[2] die folgende:

Chilesalpeter	368 000 t N
Ammonsulfat, Kokerei	260 000 „
Flammenbogenverfahren usw.	10 000 „
Kalkstickstoffanlagen	28 000 „
Synthetisches Ammoniak	11 000 „
Welterzeugung 1914:	677 000 t N

---

[1] Chem.-Ztg. 1916, S. 971.
[2] Zeitschr. f. angew. Chem. 1919, II, 794.

Für 1919 werden 1 200 000 t angegeben: eine Zahl, die mit der oben errechneten befriedigend übereinstimmt, wenn man die Unsicherheit mancher Angaben bedenkt und berücksichtigt, daß flüchtige Beurteiler nur zu leicht dazu neigen, eine und dieselbe Stickstoffmenge unter Umständen doppelt zu führen (z. B. als Kalkstickstoff und als daraus gewonnenes Ammonsulfat).

Von anderer Seite[1] werden folgende Zahlen über die Weltproduktion an Stickstoff veröffentlicht:

	1918	1919 (geschätzt)
als Kalkstickstoff	265 000	343 000 t N
„ synthetisches Ammoniak	109 000	109 000 „
nach den Lichtbogenmethoden . . .	15 000	15 000 „
Kokerei usw.	350 000	360 000 „
Chilesalpeter	500 000	520 000 „
Insgesamt	1 239 000	1 347 000 t N

Die „Revue des Produits Chimiques" stellt die Ziffern für die Kalkstickstofferzeugung 1911 und 1918 einander gegenüber[2] und kommt dabei zu nachstehendem Ergebnis:

Kalkstickstoffproduktion*

1911		1918	
Frankreich	7 000 t	Frankreich**	300 000 t
Algerien u. frz. Kolonien (?) .	9 000 t	Deutschland**	510 000 t
England (?)	8 900 t	Ver. Staaten***	220 000 t
Rußland (?)	3 000 t	Kanada†	64 000 t
Belgien (?)	1 000 t	Italien	60 000 t
Schweiz	100 t	Japan	50 000 t
Spanien (?)	1 000 t	Norwegen, Schweden . .	220 000 t
Balkanländer (?)	3 000 t		
Italien (?)	8 000 t		
Portugal (?)	1 000 t		
Österreich (?)	6 000 t		
Deutschland	30 000 t		
Holland (?)	2 000 t		
Skandinavische Länder . . .	7 000 t		
	87 000 t		1 424 000 t

    * Größtenteils nicht Produktions-, sondern Verbrauchszahlen.
    ** Tatsächliche Leistung 100 000 t bzw. etwa 300 000 t.
    *** In dieser Zahl ist die Produktion von Muscle Shoals als Kalkstickstoffmenge enthalten.
    † *American Cyanamide Co.* ist amerikanisch.

Zuverlässiger sind folgende Tabellen über die Kalkstickstoffproduktionsfähigkeit in t bzw. die tatsächlich erzielten Mengen[3] (nicht eingeklammerte Ziffern):

[1] Chem.-Ztg. 1919, S. 896.
[2] Zeitschr. f. angew. Chem. 1920, II, 119.
[3] Vgl. Chem.-Ztg. 1915, S. 655.

	1912	1913	1914
Deutschland	22 000	24 000	(36 000)
Österreich-Ungarn	5 000	(7 500)	(24 000)
Ver. Staaten von Nordamerika	(14 000)	31 000	(64 000)
Frankreich	(7 500)	(7 500)	(7 500)
Italien	10 304	14 982	22 500
Japan	5 199	(7 500)	(7 500)
Norwegen	13 892	22 111	(23 500)
Schweden	6 043	17 000	(17 000)
Schweiz	(7 500)	(7 500)	(7 500)
Insgesamt	(91 438)	(139 093)	(209 500)

Die Welterzeugung an Kokereiammonsulfat usw. belief sich

1910	auf	1 057 000 t
1911	,,	1 181 000 t
1912	,,	1 256 426 t
1913	,,	1 412 032 t.
1914	,,	(1 293 770 t).

Bei Betrachtung aller dieser Statistiken darf nicht aus den Augen verloren werden, daß es sich stets um Höchstzahlen handelt und daß die wirkliche Erzeugung oft beträchtlich darunter bleibt. So wird die tatsächliche Weltstickstoffproduktion 1919 sich vielleicht auf 750 000 t N belaufen haben, da allein Deutschland um rund 200 000 t N gegen seine eigentliche Leistungsfähigkeit zurückgeblieben ist.

Den gesamten Stickstoffumlauf zeigen die Tabellen insofern eigentlich nicht, als ja dann auch die sehr beträchtlichen Mengen organischer, stickstoffhaltiger Dünger mit aufgenommen werden müßten, die bisher noch keine Statistik erfaßt hat. Wir wissen aber, daß sie dem Ackerbau zum Teil lange nicht in dem Umfange zur Verfügung stehen, wie sie es zur Erzielung großer Ernten sollten. Diese Tatsache berechtigt, im Verein mit dem Zwang, die landwirtschaftliche Produktion derart intensiv zu betreiben, daß sie mit der Vermehrung der Menschheit Schritt halten kann, dazu, eine Übererzeugung an Stickstoffdüngemitteln auch dann nicht befürchten zu müssen, wenn selbst die Ausbeute der natürlichen Lagerstätten in absehbarer Zeit kaum sinken sollte.

Technischer Teil.

1. Die Kalkstickstoffindustrie. [1]

Im geschichtlich-wirtschaftlichen Teil des vorliegenden Werkes ist bereits gezeigt worden, daß die Gewinnung von Ammoniak aus Kalkstickstoff und dessen Aufbau aus dem Stickstoff der Luft die älteste Methode ist, um NH_3 synthetisch darzustellen [2].

Die erste Stufe der Kalkstickstoff-Ammoniak-Synthese bildet die Erzeugung eines gut azotierfähigen Calciumcarbids, über die in der neuesten Zeit besonders *R. Taussig* in *F. Ullmanns* „Encyklopädie der Technischen Chemie", Bd. III, Wien und Berlin 1916, S. 177 bis 205, berichtet hat [3].

Das Calciumcarbid, kurz Carbid genannt, ist in reinem Zustande farblos, durchsichtig krystallinisch, und hat bei 18° ein spez. Gewicht von 2,22. Es ist in allen bekannten Lösungsmitteln unlöslich. Das unreinere technische Produkt hat krystallinischen Bruch, der bei hochprozentigen Sorten lebhaft irisiert, aber durch Wasseranziehung bald verwittert und unansehnlich grauweiß wird. Frisches Ofencarbid ist grau oder braungelb bis schwarz. Von den mannigfachen Reaktionen des Carbids finden vor allem die Zerlegung mit Wasser in Acetylen und Kalk und die Bindungsfähigkeit für Luftstickstoff das Interesse der Praxis. Das Calciumcarbid wirkt auf die meisten Metalloxyde stark reduzierend, indem die reinen Metalle oder die Metallcarbide entstehen. Auf dieser Eigenschaft des Carbids beruht die Verwendung, die es während des Krieges in der Stahlindustrie gefunden hat. Die *Deutsch-Luxemburgische Bergwerks- und Hütten-A.-G.* in Bochum hat ihr Desoxydationsverfahren für Flußeisen und Stahl den deutschen Stahlwerken für die Kriegsdauer kostenlos zur Verfügung gestellt, da es nur dadurch möglich war, den Ferromanganmangel in etwas zu beheben. Im D. R. P. 300 012 beschreibt die genannte Gesellschaft ihr Verfahren näher. Der Frischprozeß wird so geführt, daß beim Zusatz von CaC_2 ein gewisser Mangangehalt (aus den Eisenerzen usw.) nicht unterschritten wird (etwa 0,2 Proz.). In diesem Falle ist das CaC_2 beim *Thomas-* und *Siemens-Martin*-Prozeß ein volles Ersatzmittel für Ferromangan. Die Höhe des Calciumcarbidzusatzes erreicht etwa 0,5 Proz. Nach dem D. R. P. 298 847 schmelzen die *Röchlingschen Eisen-*

---

[1] Siehe auch *W. Moldenhauer*, Die Reaktionen des freien Stickstoffs (Berlin 1920).

[2] Vgl. *F. Muhlert*, Die Industrie der Ammoniak- und Cyanverbindungen (Leipzig 1915), S. 204 ff.

[3] Vgl. auch *R. Meingast*, Chem.-Ztg. 1920, S. 873 ff.

und Stahlwerke, G. m. b. H. und *W. Rodenhauser* in Völklingen a. d. Saar das Calciumcarbid vorher in einem besonderen Ofen nieder und setzen es dem zu desoxydierenden Flusse im geschmolzenen Zustand zu (vgl. ferner D. R. P. 300 012). *S. Zuckschwerdt* will nach dem D. R. P. 300 764 Kalkstickstoff statt Carbid zur Desoxydation von Eisen verwenden.

Das D. R. P. 138 368 der *Chem. Fabr. Griesheim-Elektron* in Frankfurt a. M. beschreibt die Umsetzung von Carbid mit Alkalifluorid in der Hitze, die zu reinem Alkalimetall führt:

$$CaC_2 + 2\,KF = CaF_2 + K_2C_2,$$
$$K_2C_2 \qquad\quad = 2\,K + 2\,C.$$

Auf diesem Wege wird Kaliummetall dargestellt.

Interessant sind die D. R. P. 112 416 und 174 846 von *A. Frank*, welche die Zerlegung von Acetylen bzw. Calciumcarbid mit CO, CO_2, Halogenen, H_2S usw. zum Gegenstand haben (Amerik. Pat. 682 472). Bei Temperaturen zwischen 200 und 250° bildet sich aus C_2H_2 glatt graphitischer Kohlenstoff:

$$C_2H_2 + CO = H_2O + 3\,C\,[1].$$

F. J. Bergmann hatte sich im D. R. P. 96 427 die Umsetzung von Acetylen oder Carbid mit Wasserstoffsuperoxyd schützen lassen:

$$C_2H_2 + H_2O_2 = C_2 + 2\,H_2O,$$

deren Durchführbarkeit *Caro* bezweifelt [2].

Rossel[3] erzeugt durch Erhitzen von Carbid mit Magnesium an der Luft unter lebhaftem Glühen der Masse Magnesiumnitrid:

$$CaC_2 + 3\,Mg + 2\,N + 5\,O = CaO + Mg_3N_2 + 2\,CO_2.$$

Dem Magnesium ähnlich verhalten sich u. a. Eisen, Zink und Kupfer. *Jacobson* reduziert Nitrat zu Nitrit durch Carbid (D. R. P. 86 254).

Davy[4] hat vermutlich als erster Calciumcarbid in Händen gehabt. *Moissan* hat in einer Sitzung der Académie des Sciences am 12. Dez. 1892 über die Gewinnung von Carbid im elektrischen Ofen gesprochen und seine weiteren Arbeiten 1893 und 1894 veröffentlicht. *Th. L. Willson*, der Leiter der *Willson Aluminium Co.*, S p r a y (Nordkarolina) hat schon früher durch einen Zufall Carbid erhalten, als er durch Reduktion von Kalk mit Kohle im elektrischen Ofen Calciummetall herstellen wollte. Er hat seine Beobachtungen u. a. in einem Briefe vom 16. Sept. 1892 an Lord *Kelvin* in Glasgow niedergelegt. Das erste Patent auf diesem Gebiete — Amerik. Pat. 492 377, 21. Febr. 1893 — rührt von *Willson*, das zweite von *Mois-*

---

[1] Vgl. ferner D. R. P. 92 801; Engl. Pat. 23 957/1847; D. R. P. 132 836; *Caro, Ludwig* u. *Vogel*, Handbuch für Acetylen (Braunschweig 1904), S. 18; *J. H. Vogel*, Das Acetylen (Leipzig 1911), S. 30, 32, 229.

[2] Journ. f. Gasbel. 1898, S. 689; Handbuch für Acetylen, S. 180.

[3] Compt. rend. **121**, 941.

[4] Liebigs Annalen 1836, S. 144.

sans Assistent *L. M. Bullier* — D. R. P. 77 168, 20. Febr. 1894, erteilt im Juli 1894, erloschen 14. Juni 1898 — her. Aus diesen Anfängen[1] hat sich die Carbidindustrie entwickelt.

Der elektrothermischen Darstellungsweise gegenüber sind alle übrigen Methoden an Bedeutung zurückgetreten. *Wöhler* hat Carbid aus einer Zinkcalciumlegierung und Kohle[2], *Winkler* durch Reduktion von $CaCO_3$ mit Magnesium[3] und *Travers*[4] aus $CaCl_2$, Natrium und Graphitpulver erhalten. *De Kay-Thompson, Gonzalez* und *Blake*[5] haben die *Moissan*-Methode, in eine Lösung von Calcium in flüssigem Ammoniak Acetylen einzuleiten, nachgeprüft und erklären sie für die beste aller reinchemischen Bildungsweisen.

Da neuerdings Sauerstoff als Abfallprodukt[6] erhalten wird und man nach einer geeigneten Verwendung sucht, so sei auf die Arbeit von *Borchers* verwiesen[7], der kohlensauren Kalk und Kohle mit Sauerstoff verbrennt. Nach *Taussig*[8] hat man diesen Versuchen auch schon früher technische Bedeutung zuerkannt. *Borchers* ordnet in einem Graphittiegel abwechselnde Schichten von Kalk und überschüssiger Holzkohle an und preßt durch zwei Magnesitdüsen am Boden vorgewärmte Luft von 35 bis 50 Proz. Sauerstoff ein. Nach den Berechnungen von *Mallard* und *Le Chatelier* ergeben sich folgende Temperaturen:

mit reinem	Sauerstoff	. . . . . .	$3100°$,
„ 50 proz.	„	. . . . .	$2200°$,
„ 35 „	„	. . . . . .	$1800°$ und
„ Luft	. . . .		$1206°$.

Bei Anwendung von reinem Sauerstoff entsteht leicht geschmolzenes Carbid, mit 50 bis 60 proz. Sauerstoff bildet sich ziemlich viel krystallinisches Carbid und mit 35 proz. Sauerstoff entsteht keine Spur von Carbid. Es ist wohl möglich, daß diese reinchemische Darstellungsmethode einmal wichtig werden wird. Die Kalkstickstoffwerke fraktionieren sämtlich flüssige Luft und erhalten dabei große Mengen von Sauerstoff, die vielfach noch verloren gehen. Es wäre sicherlich zweckmäßig, diesen Sauerstoff in der angedeuteten Weise auszunutzen und dadurch erstens einen Teil des teuren Stromes zu ersparen bzw. zweitens statt Rohkohle für Stromerzeugung besser Koks zu verbrennen, der fraglos die Holzkohle der *Borchers*schen Versuche ersetzen kann. Bei seinen Versuchen, das Aluminium rein elektrothermisch herzustellen, erhielt übrigens *Askenasy* neuerdings Calciumcarbid als Nebenprodukt.

---

[1] Compt. rend. **117**, 679; **118**, 591; **138**, 243.
[2] Liebigs Annalen 1863, S. 120.
[3] B. **23**, 120 (1890).
[4] Proc. Chem. Soc. **118**, 15 (1893).
[5] Met. Chem. Eng. **12**, 779 (1914).
[6] Chem.-Ztg. 1921, S. 74 u. 94.
[7] Zeitschr. f. Elektrochemie 1902, S. 349.
[8] a. a. O.

Für die Vorgänge im elektrischen Ofen sind im wesentlichen vier Gleichungen maßgebend:

$$CaO + 3\,C = CaC_2 + CO,$$
$$CaO + C \;\;= Ca + CO,$$
$$CaC_2 \qquad \rightleftarrows Ca + 2\,C \quad \text{und}$$
$$CaO + 3\,C \rightleftarrows CaC_2 + CO,$$

von denen die erste vorherrschen soll, da sie Strom- und Materialausbeute bestimmt. Die Strombelastung und damit die Ofentemperatur sowie die Mischungsverhältnisse der Beschickung müssen so eingerichtet werden, daß sie für die erste Gleichung ein Optimum darstellen. Die Bildungswärme des Carbids bestimmte *Forcrand*[1]. Sie beträgt — 7250 Cal., wenn das Ausgangsmaterial Diamant, und — 650 Cal., wenn es amorphe Kohlen ist. Der endotherme Vorgang der technischen Carbidbildung aus Kalk und Kohle bzw. Koks entspricht der Formel:

$$CaO + 3\,C = CaC_2 + CO - 105\,350\;\text{Cal.}$$

Rothmund[2] hat bei etwa 1620° einen Umkehrpunkt für diese Reaktion gefunden, und zwar so, daß sich unterhalb dieser Temperatur kein Carbid bildet und daß bei etwa 1560° feingepulvertes Carbid durch Kohlenoxyd in Kalk und Kohle aufgespalten wird (s. o. die D. R. P. 112 416 und 174 846 von *A. Frank* usw.). Bei der Carbidbildung entspricht jeder Temperatur ein bestimmter Kohlenoxydpartialdruck. *Arndt*[3] hat gefunden, daß die Carbidbildung schon unterhalb 1600° einsetzt. Durch das Schmelzen des Kalks bei 1900°, der das CaC_2 löst, wird die Weiterführung der Reaktion erleichtert. Das Carbid ist zunächst teigig und wird erst bei höheren Temperaturen — im Ofen werden 3000 bis 4000° erreicht — dünnflüssig. Um örtlicher Überhitzung im Ofen vorzubeugn, muß das Kalk-Koksgemisch regelmäßig nachgetragen werden. Die Einhaltung einer richtigen Stromdichte ist sehr wesentlich, da sich das Carbid bei zu hoher Temperatur zersetzt und das „Ofendampfen" hervorruft, von dem unten noch zu sprechen sein wird. *Hansen*[4] hat den Eintrittspunkt der Carbidreaktion schon auf 1275° festgelegt. In der neuesten Zeit hat namentlich *O. Ruff* wichtige Mitteilungen über Zusammensetzung und Temperaturbeständigkeit der Carbide veröffentlicht.[5]

Wenn das Calciumcarbid den Zwecken der Leuchtmittelindustrie dienen soll, muß es möglichst rein sein, namentlich soll es keine Phosphide, Silicide oder Arsenide enthalten. Die Verunreinigung durch Arsenverbindungen kommt nur so selten vor, daß von ihr füglich nicht die Rede sein braucht. Dagegen enthält der zur Carbidfabrikation dienende Kalk

---

[1] Compt. rend. 1895, S. 682.
[2] Zeitschr. f. anorg. Chem. **31**, 136.
[3] Siehe bei *Taußig*, a. a. O.
[4] Siehe bei *Taußig*, a. a. O.
[5] Chem.-Ztg. 1918, S. 200; 1919, S. 160.

häufig Phosphat, Silicat, Sulfat, Magnesia, Tonerde, Eisenoxyd usw. Aus dem Phosphat entsteht im elektrischen Ofen Phosphorcalcium, das bei der späteren Zersetzung des fertigen Carbids mit Wasser den gefährlichen und unter Umständen selbstentzündlichen Phosphorwasserstoff erzeugt. Nach den Normen des Deutschen Acetylenvereins darf der Phosphorwasserstoffgehalt des Acetylens 0,04 Proz. nicht übersteigen. Ein Kalkstein mit mehr als 0,006 Proz. P sollte zur Carbidfabrikation niemals benutzt werden. Die Methoden zur Reinigung des Acetylens müssen auf die beigemengten Phosphor- und Arsenverbindungen besondere Rücksicht nehmen[1]. Magnesium- und Aluminiumoxyd machen das Carbid zähflüssig, erschweren das Abstechen und geben lästige Schlacken. Magnesia erhöht außerdem die Menge des Flugstaubes. Kieselsäure und Silicate sind weniger schädlich. Bei Abwesenheit von Al_2O_3 und MgO sind 5 bis 6 Proz. SiO_2 im Kalkstein zulässig, ohne daß dadurch der Prozeß wesentlich gestört wird. Bei der Carbidentstehung wird SiO_2 z. T. bis zu Siliciummetall reduziert, das verdampft und dadurch aus dem Ofen entfernt wird; der größte Teil bildet aber mit dem Eisengehalt des Kalkes Ferrosilicium, das die Ofensau bildet. *Rathenau*[2] schlägt sogar vor, zu diesem Zweck von vornherein Eisen zuzuschlagen. Große Mengen von Ferrosilicium gefährden die Ofensohle und setzen den Wert des Marktcarbids herab. Sie werden von den Carbidwerken als Abfallprodukt verkauft. Der Gips des Kalkes wird bei der Carbidbildung in Sulfid übergeführt und gibt unter Umständen bei der Acetylenherstellung zur Entstehung von Schwefelwasserstoff Veranlassung.

Die Verunreinigungen des Carbids sind für die Kalkstickstoffindustrie namentlich dann von großer Bedeutung, wenn der Kalkstickstoff auf Ammoniak weiter verarbeitet wird und dieses zu Salpetersäure verbrannt werden soll. Bei dem katalytischen Oxydationsprozeß wirken namentlich die flüchtigen Phosphor- und Siliciumverbindungen schon in Spuren als arge Kontaktgifte. Der bei der Kalkstickstoffzersetzung alkalisch reagierende Autoklaveninhalt zerlegt die Siliciumwasserstoffe größtenteils, so daß als die charakteristischsten und gefährlichsten Verunreinigungen die Phosphorabkömmlinge übrig bleiben. *J. H. Vogel*[3] und *N. Caro*[4] erwähnen wiederholt, daß neben einfachen Körpern auch organische, komplexe Schwefelverbindungen, die z. T. noch Phosphor und Stickstoff enthalten, organische Phosphorverbindungen, Kondensationsprodukte zwischen Schwefelwasserstoff, Phosphorwasserstoff und Acetylen, sowie endlich solche von Siliciumwasserstoffen mit Acetylen usw. als Verunreinigungen des Acetylens auftreten können. Auch bei der Ammoniakdarstellung aus Kalkstickstoff spielen solche Körper, die größtenteils ihrer näheren Zusammensetzung nach noch unbekannt sind, eine wichtige Rolle (s. u.).

---

[1] Siehe *J. H. Vogel*, Das Acetylen, S. 53ff.

[2] Nach *Taußig*, a. a O.

[3] a. a. O.

[4] Handbuch für Acetylen, a. v. Stellen.

Nicht nur der Kalk, sondern auch der Koks kann Fremdkörper in das Calciumcarbid einschleppen. Namentlich sind Phosphor- und Schwefelgehalt des Kokses ausschlaggebend, so daß sich für die Carbidbetriebe der großen Kalkstickstoffwerke als Norm herausgebildet hat, den Koks bestimmter Zechen und Gegenden, den man einmal als tauglich erkannt hat, auf die Dauer zu bevorzugen. Holzkohle kommt für die Carbidofenbeschickung selten, Anthrazit dagegen häufiger in Betracht.

Die beiden Rohmaterialien, gebrannter Kalk und Koks, werden vor dem Einbringen in den Carbidofen in Brechern zerkleinert, nachdem der Koks durch Trocknung in Trommeln von seinem Wassergehalt befreit ist. Man verwendet Stückenkalk bis Faust- und Koks von Haselnußgröße. Die Beschickung wird meist auf das Verhältnis 90 Gewichtsteile Kalk zu 55 Teilen Koks eingestellt, mechanisch gemischt, automatisch gewogen und dann den Öfen durch ein Förderband oder sonst in geeigneter Weise zugeführt. Die Einbringung von feingemahlenem Material in den Ofen hat sich durchaus nicht bewährt[1].

Die Güte des Carbids wird nach der Menge Acetylen bemessen, die aus einem Kilogramm durch Wasser entwickelt wird. Genauere Darlegungen darüber bringt *E. v. Drathen* in der Chem. Ztg. 1921, 447. Die Leuchtmittelindustrie verlangt ein möglichst reiches Carbid, das pro 1 kg mindestens 300 bis 310 l Rohacetylen von 15° und 760 mm Druck entwickeln soll, während reines Carbid rund 348 l Acetylengas ergeben müßte. Die Azotierfähigkeit des Calciumcarbids ist ganz verschieden. Sie ist abhängig von dem Grade der Verunreinigung und dem Reingehalt des Carbids, von der Temperatur, bei dem dieses gewonnen und abgestochen wurde, von der Azotierofenkonstruktion, von der Azotierdauer und -temperatur, von der Reinheit des Stickstoffs, vom Alter des zur Azotierung verwendeten Carbids sowie endlich von der Feinheit seiner Mahlung. Es läßt sich stets für einen bestimmten Koks und Kalk unter gleichbleibenden Betriebsverhältnissen am Carbid- und Azotierofen (d. h. stets der gleiche Ofentyp, gleiche Strombelastung, gleiche Azotierungsverhältnisse usw.) ein Carbid herausfinden, dessen Litrigkeit (Acetylen in Litern pro 1 kg Carbid) die günstigste Ausbeute an hochprozentigem Kalkstickstoff ergibt. Eine Norm für diese Zahl läßt sich schlechterdings nicht geben. Chemisch reines Carbid verhält sich bei der Azotierung ungünstiger, als nicht ganz so hochprozentiges, weil bei ersterem anscheinend die Stickstoffbindung derart stürmisch verläuft, daß die plötzlich freiwerdenden Wärmemengen große Anteile des Carbids zum Schmelzen bringen und dadurch die ganze Carbidmasse so fest verkitten, daß die Stickstoffeinwirkung und der Stickstoffdurchgang äußerst nachteilig beeinflußt werden. Ein Carbid von kleinerer Literzahl, das also gewissermaßen durch freien Kalk, überschüssigen Kohlenstoff usw. verdünnt ist, reagiert langsamer mit Stickstoff, die Wärme kann sich daher besser verteilen und kommt nicht so stürmisch

---

[1] *Birger-Carlson*, Zeitschr. f. Elektrochemie **6**, 324.

zur Geltung. Carbid mit Literzahlen von etwa 275 bis 280 (Liter Acetylen pro 1 kg Carbid) wird sich also meistens günstiger verhalten, als solches mit einer Literzahl von 310 bis 348; aber allgemeingültige Werte lassen sich wie gesagt nicht geben. Die Eigenschaften der Carbide sind noch ziemlich mangelhaft durchforscht. Am Beispiel des Magnesiumcarbids[1] konnte neuerdings gezeigt werden, daß sich durch geeignete Weiterbehandlung, wie längeres Erhitzen usw., gewisse Umlagerungen einleiten lassen, die sich in der veränderten Natur der mit Wasser oder Säuren entwickelten Kohlenwasserstoffe zeigen. Es mag sein, daß ähnliche Veränderungen in der Zusammensetzung sich auch beim Calciumcarbid einstellen, wenn es längerer Erhitzung auf verschiedene Temperaturen oder sonst geeigneter Behandlung namentlich bei Gegenwart überschüssigen Kalks oder freien Kohlenstoffs unterworfen wird und daß solche substantiellen Änderungen einmal den Azotierprozeß beeinflussen und dann in der Art der Verunreinigung des später entbundenen Kalkstickstoff-Ammoniaks zum Ausdruck kommen. Wenn es richtig ist, daß namentlich Schwermetalle die Azotierung stören, dann könnte die elektromagnetische Aufbereitung des Carbidmehls vor dem Azotieren von günstigem Einfluß sein, da sie den größten Teil der eisenhaltigen Körper (Ferrosilicium, Carboferrosilicium, Ferrosilicid, Carboferrosilicid usw.) entfernen müßte.

Beim Blockbetrieb arbeitet man mit Carbidöfen, in denen zunächst ein möglichst großer Block aus geschmolzenem Carbid erzeugt wird. Dann wird der Prozeß unterbrochen, der entstandene Block aus dem Ofen entfernt und nun dieser von neuem beschickt. Der moderne Abstichbetrieb arbeitet im Gegensatz dazu stets kontinuierlich: oben wird dauernd frische Mischung eingefüllt und unten wird das flüssige Carbid von Zeit zu Zeit abgestochen (vgl. auch D. R. P. 326 229).

Zu der ersten Gruppe von Verfahren gehören die Konstruktionen von *Bullier*, *Gin* und *Leleux*, Meran, *Schuckert*, Jajce, Lonza und Hafslund; *Siemens & Halske*, Lechbruck usw. Die Anlage Vallorbe hatte z. B. ursprünglich *Bullier*-Öfen; mit dem Nürnberger Blockofen von *Schuckert* arbeitete man in Gampel, Jajce und Hafslund bis 1906. Im Prinzip sind alle diese Ofentypen einander ähnlich. Sie bestanden[2] meistens aus fahrbaren, kastenartigen Eisentiegeln, deren Böden mit Kohleplatten oder Kohleziegeln ausgekleidet waren, während die Fugen und die stromleitende Verbindung zwischen Auskleidung einer- und Tiegel anderseits durch ein Gemisch von Graphit- oder Kohlepulver mit Teer hergestellt wurde. Um den Teer zu verkohlen und die ganze Masse im Interesse einer tadellosen Stromüberführung aufs innigste zu vereinigen, wurden die Tiegel in einem besonderen Ofen „gebrannt". Der auf ein niedriges, die untere Stromzuleitung bildendes Wägelchen gesetzte Tiegel wurde in einen etwa 2 m hohen

---

[1] Vgl. den Vortrag von *Fr. Fischer*: „Die Kohle als Quelle neuer chemischer Rohstoffe", Hauptvers. des Vereins deutsch. Chemiker, 9. Sept. 1920, Hannover; Brennstoff-Chemie 1920, S. 51.

[2] Nach *R. Taußig*, a. a. O.

Mauerschacht eingefahren, der mit Öffnungen für die Rohmaterialzufuhr und die Gasabsaugung versehen war. Die Gegenelektrode wurde, an einem Flaschenzug beweglich, von oben in den Tiegel eingehängt. Die verschiedenen Ofensysteme unterscheiden sich eigentlich nur durch die Art der unteren Stromanklemmung. Gewöhnlich waren mehrere Carbidöfen hintereinander geschaltet. In Jajce speiste ein 1000 PS-Drehstromgenerator drei Öfen, und zwar jede Phase einen Ofen. Die Fig. 3 zeigt einen alten Nürnberger Blockofen, wie er in Jajce Verwendung fand. Der Elektrode E wird von der oberen Kupferschiene, *ob. CuSch.*, durch ein Kabel, CuK

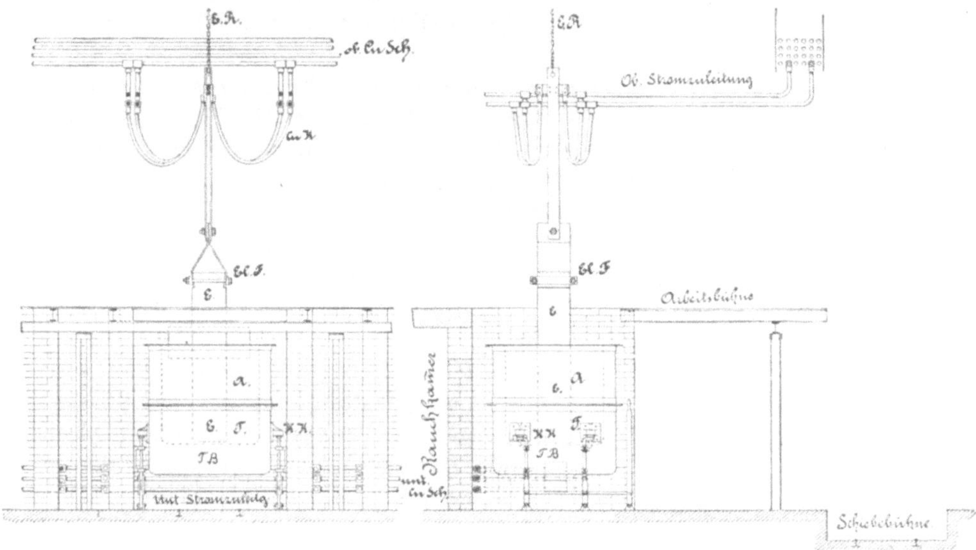

Fig. 3.

Strom zugeführt. Die Elektrode E ist in $El.\,F$ befestigt und durch $E.\,R.$ heb- und senkbar. Sie reicht in die Höhlung A des Tiegels T hinein, dessen Boden TB die Gegenelektrode darstellt, welche mit Hilfe der Kegelkupplung KK von der unteren Schiene, *unt. CuSch.*, mit Strom versorgt wird. Das 1898 erbaute Carbidwerk Jajce hatte bis 1906 sechs Ofenblöcke von je sechs Öfen (s. Fig. 4). Beim Arbeiten mit 8000 PS waren 24 Öfen in Betrieb und 12 in Reserve. 1906 sind die 36 Öfen durch einen modernen Ofen von 8000 PS ersetzt worden, der nur ein Sechstel des Platzes der alten Öfen beansprucht.

Der Blockbetrieb verwandte anfangs nur Öfen von 100 bis 300 PS und im Jahre 1897 galten Kapazitäten von 300 bis 400 PS je Ofen als große Einheiten. Die Nachteile des Blockofens lagen in den hohen Arbeitslöhnen, häufigen Reparaturen, schlechter Wärmewirtschaft, großem Materialverbrauch (Ofendampfen) und schlechter Stromausbeute, die höchstens 3,5 bis 4,2 kg Carbid pro KW/Tag betrug. Da man aber im

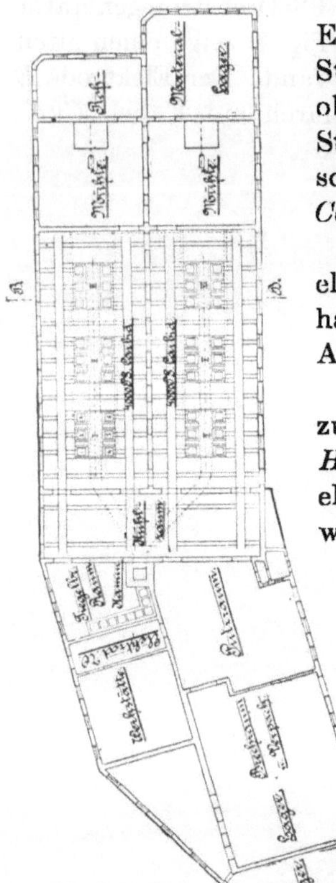

Fig. 4.

Fig. 5.

Blockofen ein sehr schönes, durch und durch krystallinisches Produkt erhielt, das zudem im Ofen selbst eine Art Saigerung durchgemacht hatte, so beherrschte der Blockofen viele Jahre die Fabrikation.

Einen wesentlichen Fortschritt bedeutete die Einführung der Serienöfen, bei denen die untere Stromzuführung weggelassen wurde und zwei von oben in den Tiegel hineinragende Elektroden den Stromtransport bewirkten. Der von *Haber* beschriebene[1] *Horry*-Ofen (D. R. P. 98 974) der *Union Carbide Co.* ist ein Serienofen.

Der von *Erlwein* und *Engelhardt* empfohlene elektrodenlose Induktionsofen (D. R. P. 206 175) hat sich nicht einführen können, da er nicht die Anwendung großer Aggregate gestattet.

Das Verdienst, den kontinuierlichen Betrieb zuerst lebensfähig ausgestaltet zu haben, gebührt *Helfenstein*, der in Jajce sein Abstichverfahren mit elektrischer Aufschmelzung ausbildete. In Jajce wurde 1906 ein *Helfenstein*-Ofen zu 8000 PS (s. o.) aufgestellt. Der große offene Ofen wird für hohe Belastung nur als Dreiphasenofen gebaut. Er besteht im wesentlichen (s. Fig. 5) aus einem Ofenschacht, dessen Seitenwände C aus Chamotte aufgeführt sind, während die Fundamente z. B. aus Kieselgur bestehen. In den Ofenschacht ist am Boden eine graphitierte Kohlenmasse B fest eingestampft, welche die eine Elektrode bildet. Von oben her sind drei Elektrodenpakete E_2 bis E_3 regulierbar in den Ofenschacht eingesetzt, die mit den drei Phasen belastet werden. Diese Anordnung ist *Bertholus* in Bellegarde (Frankreich) durch ein französisches Patent geschützt worden. Der Ofenschacht selbst ist außen meist von einem Eisenmantel mit entsprechenden Versteifungen umgeben. Dreiphasenöfen mit niedrigem Schacht, Bauart *Tophani*, für eine Maximalbelastung bis 3000 PS sind in Frankreich, Italien und Kanada in Verwendung.

Die beschriebene Form des *Helfenstein*-Ofens kann als typisch angesehen werden, wenn auch die Einzelausführung wechselt (z. B. die Lage

---

[1] Zeitschr. f. Elektrochemie **9**, 358.

der Transformatoren zum Ofen usw.). Die größte Belastung pro Elektroden-paket ist 3000 KW, doch ist es möglich, die Ofenkapazität durch Ancin-anderreihen von Dreiphaseneinheiten in einem Schacht beliebig zu steigern. In Hafslund arbeitet man beispielsweise mit einem 24 000 PS-Ofen, der zwei Dreiphaseneinheiten in einem Ofen enthält. Höhere Strombelastung als 3000 KW pro Elektrodenpaket ist unzulässig, weil die Wärmeentwicklung sonst allzuhoch werden und die Rauchentstehung immer unangenehmere Formen annehmen würde.

H. Goldschmidt[1] gibt folgende Zahlen für einen in der Schweiz be-nutzten modernen *Helfenstein*-Ofen. Dieser ist oben offen, etwa 9 m lang, 2,5 m tief und 3,5 m breit. Die Elektroden sind 1,8 m lang, 1,5 m breit und 0,5 m dick; die Breite der mittelsten beträgt 2 m. Die drei Elektroden stehen in einer Geraden und werden mit 40 000 Amp. belastet. Bei 50 000 bis 60 000 Amp. ist der Aufenthalt auf der Plattform des Ofens kaum noch möglich. Die Spannung beträgt zwischen 120 und 160 Volt. Zum Heben und Senken der Elektroden dient eine elektromechanische Einrichtung, die unter Umständen automatisch so reguliert werden kann, daß trotz des zunehmenden Abbrands der Elektroden stets ein bestimmter Abstand zwischen Boden- und Einhängeelektrode gewahrt bleibt. Diese Entfernung beträgt im Mittel 20 bis 50 cm.

Die Beschickung des Ofens läßt sehr zu wünschen übrig. Sie wird fast ausschließlich von Hand ausgeführt, indem auf der Ofenplattform stehende Arbeiter das Mischgut mit Schaufeln in den Ofen werfen. Kohlen-oxydstichflammen müssen sofort durch Bedecken mit den Einsatzstoffen beseitigt werden. Die Plattform wird gut ventiliert. Eine leistungsfähige „Beschickungsmaschine" ist noch nicht erfunden worden (s. u.).

Die Elektrodenpakete sind aus 3 bis 4 Einzelteilen zusammengesetzt, die durch Zapfen und durch Graphit-Wasserglaskitt miteinander verbunden werden. Ein normales Elektrodenbündel besteht z. B. aus drei Einzelelek-troden von 500 $\times$ 500 $\times$ 1000 mm. Bei einer Belastung von 8 bis 10 Amp. auf 1 qcm Querschnitt werden die Elektroden glühend, deshalb soll diese Belastung im Großbetrieb nie überschritten werden. Einer Mitteltempe-ratur von 2400 bis 3000° für den Carbidbildungsprozeß im Ofen entspricht eine Elektrodenstromdichte von 1 bis 2 Amp./1 qcm. Diese geringe Strom-dichte ist jedoch nur bei 30 bis 35 Volt Spannung möglich, während man heute mit 90 Volt als unterster Grenze rechnet. Um eine bestimmte Herd-temperatur zu erhalten, muß die Stromdichte mit steigender Spannung erhöht, mit fallender herabgesetzt werden. Der Carbidofen des Groß-betriebes ist sowohl Lichtbogen- wie Widerstandsofen.

Acheson-Graphit ist als Elektrodenmaterial selbst in den Ver. Staaten von Nordamerika zu teuer. Man arbeitet statt dessen mit gewöhnlichen Kohleelektroden, von denen sowohl weiche, wie harte Arten Verwendung und Verfechter ihrer Vorzüge finden. Es ist nicht zum mindesten dem

---

[1] Zeitschr. d. Ver. deutsch. Ing. 1919, S. 877.

Aufschwung der Carbidindustrie während des Krieges zu verdanken, daß sich in Deutschland eine blühende Elektrodenkohlenindustrie entwickeln konnte[1], die heute durch die Werke von *Gebr. Siemens & Co.* in Berlin-Lichtenberg, die *Planiawerke* in Ratibor (Oberschlesien), die *Gesellschaft für Teerverwertung m. b. H.* in Duisburg-Meiderich bzw. Rauxel, die Firma *C. Conradty* in Röthenbach bei Nürnberg bzw. Kolbermoor bei Aibling (Oberbayern) und die *Rheinische Elektrodenfabrik G. m. b. H.* in Knapsack (Bz. Köln)[2] vertreten ist (vgl. allgemein auch D. R. P. 322 043). Im Dreiphasenofen werden die drei Elektrodenpakete verschieden beansprucht: Die Lebensdauer an der ersten und zweiten Phase beträgt im Mittel etwa 50, die an der dritten oder toten Phase etwa 70 Brennstunden. Der Umfang des Elektrodenabbrandes[3] ist verschieden groß. Im Journal of the Society of Chemical Industry, August 1919, geben *Allmand* und *Williams* 50 kg Elektrodenkohlenverbrauch pro 1 t Carbid an; in der amerikanischen Anlage Muscle Shoals rechnet man[4] mit rund 35 kg pro metrische t und *E. R. Besemfelder*[5] beziffert den Elektrodenverschleiß nach dem *Frank-Caro*-Verfahren für deutsche Verhältnisse insgesamt auf etwa 55 kg. Der Blockofen verzehrte 90 kg Elektrodenkohle auf 1 t Carbid. Es wird überhaupt schwer sein, einen allgemeingültigen Wert zu finden, da dieser natürlich von zahlreichen Faktoren, wie Höhe der Belastung, Güte des Materials, Sorgfalt der Arbeiter usw., maßgebend und bestimmend beeinflußt wird. Je homogener das Elektrodenpaket ist, desto geringer wird z. B. der Verlust sein. Die *Gesellschaft für Teerverwertung* in Duisburg-Meiderich hat deshalb im D. R. P. 294 135 vorgeschlagen, die Einzelelektroden vor dem Brennen zum Paket zu vereinigen und dann erst zu „graphitieren".

Unterhalb jeder der drei Elektroden befindet sich ein Abstichloch (siehe Fig. 5. A_1 bis A_3), das durch eine Hilfselektrode aufgeschmolzen wird. Zum Abstich großer Öfen verwendet man eine Hilfskohleelektrode von 10 bis 20 cm Durchmesser, die mit 50 bis 80 Volt Spannung und 2000 bis 4000 Amp. belastet ist. Sie wird mittels eines beweglichen Ständers an das Abstichloch von etwa 20 cm Durchmesser herangefahren, das auch breiigen Massen den Auslauf gestattet. Der Strom für die Hilfselektrode wird meistens von einer Phase des Ofens abgenommen, so daß dessen Produktion dadurch geschädigt wird. Nur bei Öfen mit großer Mengenleistung fällt der Kraftverbrauch der Hilfselektrode, der 150 bis 300 PS beträgt, kaum ins Gewicht. Die Hilfselektrode erweicht durch Lichtbogen- und Widerstandserhitzung den Inhalt des Abstichlochs, das nun mit einer langen Eisenstange, die von 4 bis 6 kräftigen Männern bedient werden muß, durchstoßen wird. Der Kohleverbrauch der Hilfselektrode erreicht 1 bis 2 kg pro 1 t Carbid. Das flüssige Carbid fließt über eine luftgekühlte

---

[1] Vgl. *K. Arndt*, Chem. Ind. 1919, Nr. 22/23.

[2] Vgl. Chem.-Ztg. 1919, S. 883, und *O. Dietsche*, ebenda 1920, S. 36.

[3] Siehe die Arbeit von *Schläpfer*.

[4] Chem. Met. Eng. 1919, S. 8 ff.

[5] Chem.-Ztg. 1919, S. 522; siehe auch S. 281, 604, 865.

Gußeisentülle, die durch eine Umhüllung mit festem Carbid geschützt ist, in flache Gußeisenpfannen und gelangt dann durch Krane oder Wägelchen in luftige Kühlhallen, in denen es 24 Stunden abkühlt. Jede Pfanne faßt im Mittel etwa 500 kg.

In der Carbidfabrik spielen die Elektrodenfassungen, welche den Stromübergang vom Kabel nach dem Kopf der Elektrode vermitteln, eine sehr große Rolle. Bei den früheren, kleinen Öfen war die Stromzuführung einfach durch seitliches Anschrauben von Kupfer- und Eisenlamellen an den Kopf zu bewirken. Heute benutzt man bei den großen Öfen wassergekühlte Backen aus Gußeisen, die zu ganzen Kühlsystemen vereinigt sind. Die Montage dieser Backen und der Elektrodenpakete überhaupt muß sehr sorgfältig geschehen. Die Kontaktflächen werden trotz der Kühlung nur mit 4 bis 6 Amp. pro 1 qcm und die Kupferleitungen zur Fassung mit 1 Amp. auf 0,5 bis 1 qcm Querschnitt belastet. Die Stromzuführung durch Zangen ist noch teurer. *Jul. Baumann* vom Österr. Verein für chem. und metallurg. Produktion in Schwaz (s. o. bei Österreich) hat in der Chem. Ztg. 1920, S. 33 bis 35, die verschiedenen Arten der Elektrodenfassungen besprochen und hat dabei auf die häufig übersehene Tatsache hingewiesen, daß das Kühlwasser mitunter ganz erhebliche Stromverluste durch Ableitung bedingen kann. Die Mengen Wasser, die zur ausreichenden Kühlung erforderlich sind, sind sehr beträchtlich. Bei einer großen Carbidanlage mit etwa 300 bis 350 t Tagesleistung können sie auf 100 000 cbm pro Tag veranschlagt worden. *Jul. Baumann* hat vorgeschlagen, das alte Problem einer gutgekühlten Elektrodenfassung durch Streudüsenaufspritzung zu lösen[1]. In der angezogenen Arbeit verbreitet er sich des weiteren eingehend über die verschiedenen Gründe eines erhöhten Elektrodenverbrauchs und über die Aufarbeitung der abfallenden Elektrodenstümpfe. Er gibt ferner eine elektrothermische Bilanz des Carbidprozesses, der für 100 kg eines 80 proz. Erzeugnisses (Gasfähigkeit oder Litrigkeit: 300 bis 310 l) theoretisch rund 360 KW-St. verbraucht; praktisch kann man wegen der Strahlungsverluste mit 400 KW-St. rechnen.

H. Goldschmidt[2] gibt als Energieverbrauch für 1 kg Carbid 3,5 bis 4 KW-St. und *R. Taußig*[3] nimmt folgende Zahlen an:

1 KW-Tag erzeugt Carbid von 305 l bei 760 mm und 15°

im kleinen Blockofen	3,5 kg	[1 kg Carbid	= 6,86 KW-St.],		
„ „ Abstichofen	4,2 „	[1 „	„	= 5,71	„],
„ 4000 PS-Ofen	5,6 „	[1 „	,	= 4,28	„],
„ 6000 „ - „	6,0 „	[1 „	„	= 4,00	„].

In großen Öfen entsprechen einem PS-Jahr durchschnittlich 1,5 t Carbid. Carbid mit geringerer Litrigkeit kann natürlich mit besserer Stromausbeute

---

[1] Vgl. Chem.-Ztg. 1920, S. 34.
[2] Zeitschr. d. Ver. deutsch. Ing. 1919, S. 877.
[3] In *F. Ullmann*s Encyklopädie der Techn. Chemie, Bd. III, S. 202.

erzeugt werden. *R. Taußig*[1] bringt als Beleg dafür ein interessantes Diagramm von *Keller*, auf das verwiesen sei.

Für die Beurteilung der Ökonomie des Prozesses sind auch die Angaben über den Rohmaterialverbrauch in einem kleinen Blockofen und im Abstichofen von über 1000 PS Kapazität bezogen auf 1 t Carbid von gleichem Reingehalt wichtig. Es sind aufzuwenden

Blockofen		Abstichofen
800 bis 1050 kg	an Koks	600 bis 700 kg
800 „ 1050 „	„ Anthrazit	640 „ 700 „
1200 „ 1500 „	„ Holzkohle	800 „ 950 „
1080 „ 1200 „	„ Kalk	920 „ 1050 „
40 „ 70 „	„ Elektroden	10 „ 40 „

Unter Zugrundelegung der Preise von 1913/14 beliefen sich also die Gesamtkosten für 100 kg Carbid im kleinen Ofen hiernach auf 15 bis 17 Mk. und im Abstichofen auf 12,75 bis 13,50 Mk. Deutsche Verhältnisse zwingen heute, mit dem Index 25 bis 30 zu rechnen.

Der aus verschiedenen Gründen heute noch verhältnismäßig wenig verbreitete gedeckte Ofen (s. u.) arbeitet billiger. Nach *R. Taußig*[2] gesteht die Tonne Carbid, fertig verpackt, am Werk, zu 132,69 Mk. für den offenen, und zu 112,25 Mk. für den geschlossenen Ofen, wenn die Preise der Vorkriegszeit eingesetzt werden. Es werden nach seiner Kalkulation für die Tonne Carbid folgende Rohmaterialien verbraucht:

im offenen Ofen		im geschlossenen Ofen
670 kg	Anthrazit	670 kg
1030 „	Kalk	950 „
32,9 „	Elektroden	20 „
170 KW-Tage	Strom	158 KW-Tage.

Das PS-Jahr ist gleichmäßig mit 40 Mk. beziffert worden; an Löhnen usw. werden beim geschlossenen Ofen gegenüber dem offenen (pro 1 t Carbid) 43,6 Proz., an Kleinmaterialien 74,5 Proz. erspart.

Da für die Carbidbildung lediglich die Stromwärme in Betracht kommt, ist es theoretisch gleichgültig, ob man mit Gleich- oder Wechselstrom arbeitet. Der Gleichstrom besitzt sogar gewisse Vorteile, da er keine Phasenverschiebung und somit bei hoher Ampèrezahl nur niedrige Spannung besitzt. Aber er ist teurer zu erzeugen und kann nicht transformiert werden, bedingt dem nach höhere Unkosten für die Leitung. Für die großen Öfen ist Drehstrom das Gegebene, den man hochgespannt dem dicht am Ofen stehenden Transformator zuführt. Durch die drei Phasen ist die Unterteilung in drei Herde vorgezeichnet. Die Schwierigkeiten, die hierbei die Phasenverschiebung bietet, sind durch Vergrößerung der Generatoren und andere Maßnahmen in ihrer Wirkung abgeschwächt worden. Nach *R. Taußig*[3] beträgt der Nutzeffekt bei *Helfenstein*-Öfen, $\cos\varphi$,

---

[1] a. a. O.

[2] a. a. O.

[3] a. a. O.

maximal 0,8 bei 50 Perioden, wobei je Phase 40 000 bis 50 000 Amp. bei einer Herdspannung von 85 bis 90 Volt hindurchgehen. Für Drehstrom und große Aggregate stellt der dreiherdige Ofen die ungezwungenste Lösung dar, während die Öfen für Gleich- oder Einphasenstrom am besten zweiherdig ausgeführt werden sollten. Nur bei ganz kleinen Strommengen wird man einherdig bauen. Die beigegebene Figur 6 zeigt eine moderne 12 000 PS-Anlage.

An sich gibt es kein Material, das der großen Hitze des elektrischen Lichtbogens auf die Dauer widerstehen kann. Aber die sehr hohe Temperatur bleibt auf einen so kleinen Raum beschränkt, daß Ofenwandungen,

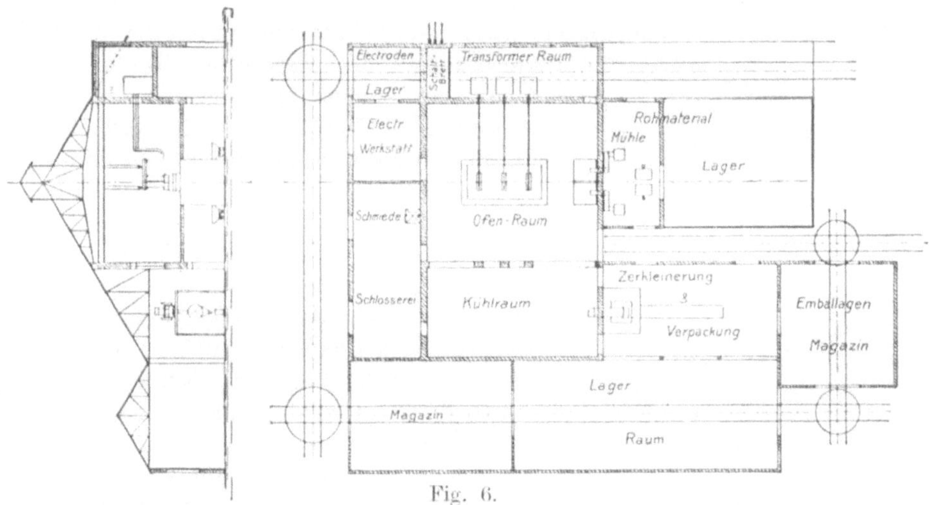

Fig. 6.

die 1 m von den Elektroden entfernt sind, kaum noch unter dem zerstörenden Einfluß der Hitze zu leiden haben. Die großen Öfen werden fast ausnahmslos mit rechteckigem Querschnitt ausgeführt. Um wechselnden Stromverhältnissen bei Betriebsstörungen usw. nachkommen zu können, werden die Ofentransformatoren häufig mit verschiedenen Spannungsstufen gebaut, so daß man durch einfaches Umschalten die kleinste Stromdichte erhalten kann. Den gleichen Effekt erzielt man auch durch Einhängung kleinerer Elektrodenpakete. Solche Hinab- und Heraufschaltungen kommen namentlich auch dann in Betracht, wenn die Carbidöfen allein aus dem Grunde an Elektrizitätszentralen angeschlossen sind, um dort die Spitzenbelastung auszugleichen. Kürzere Betriebsunterbrechungen schaden dem Ofen selbst nicht, wiederholte längere Unterbrechungen können verderblich wirken und beeinflussen auf alle Fälle die Güte des erzeugten Carbids, das dann sehr ungleichmäßig anfällt. Bei Dreiphasenöfen, namentlich bei solchen von gedeckter Bauart, kann das Auswechseln und Erneuern der Elektrodenpakete in der Weise erfolgen, daß die in

Frage kommende Phase ausgeschaltet wird und die anderen reduziert
weiter arbeiten.

In neuerer Zeit beschäftigten sich nur einige wenige Patente mit dem
Carbidbildungsprozeß selbst, z. B. das D. R. P. 283 276 der *Bosnischen
Elektrizitäts-A.-G.*, Wien; zahlreicher sind schon solche Patente, welche die An-
ordnung von Stromleitungen an den Öfen (so D. R. P. 292 109 der gleichen
Firma) und die Elektrodenfassungen betreffen (so D. R. P. 313 852 der
Bayrischen Stickstoff-Werke A.-G., Berlin). Von der ausschlaggebendsten
Bedeutung sind jedoch die Fragen nach einer haltbaren Abdeckung der
Öfen, mit der das Problem der CO-Ausnutzung der Abgase eng verknüpft
ist, und nach einer zuverlässigen Beschickungsvorrichtung. Es kann hier
selbstverständlich nicht auf alle Einzelheiten eingegangen werden, erwähnt
sei jedoch, daß die Zukunft des elektrischen Carbidofens eng mit der Wieder-

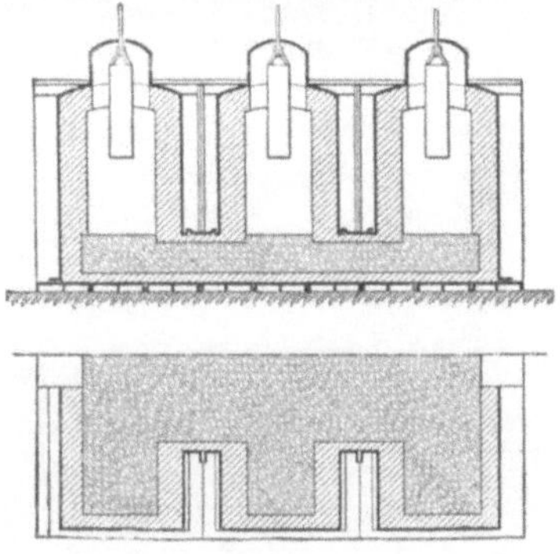

Fig. 7.

verwendung der wertvollen Kohlenoxyd-
abgase zusammenhängt. Der gedeckte Ofen
erlaubt diese Nutzbarmachung, erleichtert
die Bewältigung großer Massen, verhindert
das äußerst verderbliche Ofendampfen und
arbeitet, wie die weiter oben bereits gegebene Vergleichskalkulation beweist, mit
geringeren Gestehungskosten und wirtschaftlicher, als der offene Ofen. Leider
ist technisch die Frage nicht einfach zu
lösen. Es gelang bisher noch nicht, eine
einwandfreie Großdeckenkonstruktion zu
finden, die bei der beträchtlichen Spann-
weite haltbar genug wäre, um auf die Dauer

der enormen Wärmestrahlung des Ofens zu widerstehen. Nach verhältnismäßig kurzer Betriebsdauer erfolgte immer ein Einbrechen der Decke.
Am glücklichsten ist bislang *Helfenstein* gewesen, der in den D. R. P. 224878,
226 956, 229 302 und 235 061 entsprechende Ofenkonstruktionen für gedeckte Bauart und Beschickungsvorrichtungen angibt. Der elektrische
Ofen verliert hinsichtlich der Stromzuführung nicht an Einfachheit, wenn
er aus mehreren getrennten Ofenschächten hergestellt wird, wie es die
Fig. 7 zeigt. Die Bodenelektrode ist allen drei Herden gemeinsam. Die
Abdeckung der einzelnen kleinen Schächte ist dann natürlich viel leichter
auszuführen und wird durch Verwendung wassergekühlter Eisenträger
(D. R. P. 235 061) noch unterstützt. Nach dem D. R. P. 224 878 können
die Einzelherde auch dreiecksförmig angeordnet sein und dann unter Umständen auf verschiedenes Material, z. B. Carbid und Ferrosilicium usw.,
arbeiten. *R. Taußig*[1] gibt weitere Einzelheiten und eine Reihe von Abbildungen. Die D. R. P. 223 509 und 238 976 von *A. Petersson* betreffen
besondere Ausführungsformen des elektrischen Ofens für Carbidgewinnung.

---

[1] a. a. O.

A. Walter (D. R. P. 321 127) macht die Ofengase im Ofen selbst zum Brennen von Kalkstein nutzbar.

Der Herstellungspreis des Carbids ist abhängig von der guten Ausbeute, von der Billigkeit der elektrischen Energie und von der Höhe der Löhne. *H. Goldschmidt*[1] gibt bei billiger Wasserkraft, sehr guter Ausbeute und niedrigen Arbeitslöhnen den Gestehungspreis für die Tonne Carbid vor Kriegsausbruch zu 80 Mk. an. Nach seinen Informationen sollen bayrische Carbidwerke auch noch im Kriege, aber wohl ohne Abschreibungen und Verzinsung, auf diesen Preis gekommen sein: Für Dampfkraft schätzt er die Kosten auf 120 Mk. die Tonne; er befindet sich mit diesen Angaben in Übereinstimmung mit den schon oben angeführten Zahlen von *Taußig*, die einschl. Verpackung gelten. Seit Einführung des Achtstunden-Arbeitstages sind die Selbstkosten natürlich erheblich gestiegen und durch die maßlose Verteuerung aller Materialien noch empfindlicher beeinflußt worden (s. o.).

Die erste Vereinigung von Carbidfabrikanten war das *Comptoir Français du Carbure*, dem die Gründung eines italienischen Syndikats und des Nürnberger Syndikats folgte, welch letzteres die Produzenten aus der Schweiz, Österreich, Deutschland und den skandinavischen Ländern umfaßte. Abmachungen zwischen den drei Gruppen regelten den internationalen Carbidhandel. Mit Kriegsausbruch sind die meisten dieser Vereinbarungen hinfällig geworden und 1915 wurde das Carbidsyndikat aufgelöst. Betreffs weiterer Angaben über die Produktionszahlen der einzelnen Länder, Zollabgaben usw. muß auf die Arbeit von *Taußig*[2] verwiesen werden. In Deutschland gibt es zurzeit die „Vereinigten deutschen Carbidfabriken, G. m. b. H. in Berlin" und den „Verband der Carbidgroßhändler Deutschlands in Böblingen bei Stuttgart". Die Beschlagnahme des Carbids ist seit 1. Aug. 1920 aufgehoben und der Preis auf 350 bis 370 Mk. die 100 kg netto herabgesetzt (je nach Körnung)[3] [ab Fabrik bzw. frei Verbraucherstation].

Reines Carbid besteht aus 62,5 Proz. Ca und 37,5 Proz. C. Handelscarbid für Acetylenerzeugung enthält 10 bis 14 Proz. Verunreinigungen. Für ein Carbid zur Kalkstickstoffgewinnung gibt *N. Caro* folgende Analyse[4]:

CaC_2	82,30 Proz.
C	1,20 ,,
CaO	14,60 ,,
CaSi	0,06 ,,
Ca_3P_2	0,07 ,,
CaS	0,13 ,,
FeSi	0,72 ,,
Unbestimmbar	0,80 ,,

---

[1] a. a. O.

[2] a. a. O.

[3] Zeitschr. f. angew. Chem. 1920, II, 298, 451; Chem.-Ztg. 1920, S. 568, 583, 892; Metallb. 1920, S. 1279, 1950, 2103.

[4] Zeitschr. f. angew. Chem. 1909, S. 179.

Für die Verwendung in der Leuchtmittelindustrie wird das Carbid der Kühlhallen — der CaC_2-Reingehalt geht schon hier um ein weniges zurück, namentlich dann, wenn das Wetter feucht ist — in Brechern granuliert, sortiert und in am besten verbleite Eisentrommeln verpackt (vgl. D. R. P. 300 586). Für die Zwecke der Kalkstickstoffabrikation (s. u.) muß das Carbid sehr fein gemahlen werden. Zu diesem Zweck werden die für Hartzerkleinerung allgemein üblichen Einrichtungen benutzt.[1] Das evtl. grob zerschlagene Pfannencarbid der Kühlhallen wird am besten mittels eines Kranes den Brechern zugeführt, die es vorbrechen; es passiert dann zweckmäßig einen Hartgußwalzenstuhl und gelangt weiter in Kugelmühlen, die es äußerst fein zerkleinern. Der ganze Transport des Carbids erfolgt in den großen und modernen Anlagen vollkommen mechanisch durch Conveyer usw. unter Zwischenschaltung von Bunkern, die als Vorrats- und Ausgleichbehälter dienen. Die Vermahlung des Carbids geschieht bis zur Staubfeinheit. Diese außerordentlich feine Zerkleinerung ist notwendig, um eine gute Azotierung zu gewährleisten. Es ist jedoch geboten, in die Mühlen während des Arbeitens ein inertes Gas einzuleiten (am besten Stickstoff), um auf diese Weise die mit Luft allzu erhebliche Explosionsgefahr des Carbidstaubes herabzusetzen. (D. R. P. 211 067). Etwaige Brände können mit Tetrachlorkohlenstoff gelöscht werden. Die Firma *G. Polysius* in Dessau empfiehlt zum Zweck der Luftvertreibung, Abgase von Kalköfen (D. R. P. 312 685). Das Mahlgut gelangt dann meistens durch Transportschnecken an den Ort der Azotierung.

Ehe auf diese eingegangen werden soll, seien einige Angaben über das Problem der Rauchbeseitigung in den Carbidfabriken gemacht, die sich dem Auge schon von weitem durch die hohe Rauchsäule verraten, welche von den Öfen aufsteigt.

Jul. Baumann[2] unterscheidet im Carbidrauch gemeiniglich zwei Komponenten. Der Staub, der rein mechanisch durch das Zerkleinern von Koks und Kalk entsteht, wird im Ofen vom Lichtbogen fortgeblasen, ehe er schmilzt. Dieses Fortblasen erfolgt um so heftiger, je höher die Ofenspannung ist; es ließ beim Herabsetzen der Spannung von 75 Volt (nach *Schuckert*) auf 40 Volt ganz wesentlich nach (*Baumann*, 1903). Die Menge dieses Staubes läßt sich durch passende Einrichtung der Zerkleinerungs- und Transportanlagen (Absiebvorrichtungen, die nur stückiges Material zur Verwendung kommen lassen) ganz wesentlich verringern, zudem ist er durch Zyklone und ähnliche Apparate abscheidbar. Gefährlicher ist die zweite Art des Ofenstaubes. Bildungs-, Schmelz- und Zersetzungstemperatur des Carbids liegen leider ziemlich dicht beieinander. Es kann also namentlich bei zu hoher Ofenbelastung der Fall eintreten, daß bereits gebildetes Carbid in Calcium und Kohlenstoff dissoziiert und damit bedeutender Energieverlust eintritt. Der Kohlenstoff verbleibt im Carbid und macht dieses zähflüssig und geringwertig. Beim Zersetzen mit Wasser gibt solches Carbid nicht wie das normale Produkt einen nahezu weißen Kalkschlamm, sondern einen grauen bis schwarzen oder durch schwarze Körner verfärbten Rückstand. Das abgeschiedene Calciummetall verdampft und verbrennt oberhalb des Ofens unter Freiwerden einer erheblichen Wärmemenge und eines fettigen, schweren, dicken und nicht kondensierbaren Qualmes, der

---

[1] Siehe *C. Naske*, Zerkleinerungsvorrichtungen und Mahlanlagen. 3. Aufl. (Leipzig 1921).

[2] Chem.-Ztg. 1920, S. 33 bis 35.

aus Calciumoxyd besteht. Bisher sind alle Versuche, auch die elektrostatischen Methoden, fehlgeschlagen, als es galt, diesen Staub in irgendeiner Weise zurückzuhalten. Nach den *Baumann*schen Ausführungen bleibt nur übrig, die Menge dieses Anteiles von vornherein durch rationelle Arbeit im Ofen auf ein Mindestmaß herabzusetzen. Es muß im Ofen jede örtliche Überhitzung vermieden werden, was sich lediglich durch passende Querschnittsbelastung der Elektroden erreichen läßt. Ein von *Baumann*[1] mit einer Graphitelektrode angestellter Versuch beweist schlagend, daß die Temperatur des Schmelzherdes und damit der Rückgang in der Wertigkeit des Carbids bzw. die CaO-Rauchentwicklung zunehmen muß, wenn die Energiebelastung der Elektrode wächst.

Über die Zusammensetzung der Carbidofenabgase und des Ofenstaubes verdanken wir *P. Schläpfer*[2], dem Direktor der Eidgenössischen Prüfungsanstalt für Brennstoffe in Zürich, eingehende Mitteilungen, während im übrigen nur wenige Veröffentlichungen über dieses Thema vorliegen.

Eine Reihe von Gasanalysen, die sich auf einen mit Magerkohle bzw. Anthrazit beschickten Dreiphasenofen beziehen, beweist zunächst, daß die Gase in ihrer Zusammensetzung um so leuchtgasähnlicher werden, je weiter entfernt von der Reaktionszone sie entnommen sind. Der Kohlenoxydgehalt schwankte in vier Proben zwischen 16,33 und 84,64 Proz. Nach dem Werk von *Charles Bingham*, The Manufacture of Carbide of Caicium, teilt *Schläpfer* die Abgasanalyse eines geschlossenen Ofens mit:

$$CO_2 \quad \ldots \ldots \ldots \ldots \ldots \quad 0,0 \text{ Vol.-Proz.}$$
$$CO \quad \ldots \ldots \ldots \ldots \ldots \quad 65,8 \quad \text{,,}$$
$$H_2 \quad \ldots \ldots \ldots \ldots \ldots \quad 30,9 \quad \text{,,}$$
$$CH_4 \quad \ldots \ldots \ldots \ldots \ldots \quad 2,0 \quad \text{,,}$$
$$N_2 \quad \ldots \ldots \ldots \ldots \ldots \quad 1,3 \quad \text{,,}$$

Koksbeschickte Carbidöfen haben im Innern Gase von 90 Proz. Kohlenoxydgehalt. Diese Gase steigen aus der Reaktionszone, in der auf je 64 kg reines CaC_2 theoretisch 28 kg CO entstehen, rasch empor und verbrennen im offenen Ofen, sobald sie mit Luft in Berührung kommen, indem sie sich gleichzeitig erheblich verdünnen. An der Oberfläche des Ofens ist kaum noch Kohlenoxyd nachzuweisen; 1 m über derselben war die Zusammensetzung dreier Proben folgende:

	I	II	III
CO_2	2,4	2,4	2,4 Vol.-Proz.
O_2	19,4	18,0	18,0 ,,
CO	0,0	0,0	0,0 ,,

Theoretisch müßte sich ein CO_2-Gehalt von 23 bis 27 Vol.-Proz. ergeben. Die Verdünnung ist so erheblich und die Verbrennung der giftigen Bestandteile, wie Kohlenoxyd, Arsen-, Phosphor- und Schwefelwasserstoff erfolgt so glatt, daß die Gase an sich nicht vegetationsschädigend sind. Die Messungen zeigen aber, daß es ausgeschlossen ist, die Abgase des offenen Ofens noch zu Brennzwecken zu benutzen, da sie kaum noch CO enthalten. Ihre Wärme ließe sich höchstens für Trockenzwecke oder zur indirekten Vorwärmung ausnutzen. Ganz anders liegt die Sache allerdings bei den geschlossenen Öfen, denen schon aus diesem Grunde die Zukunft gehören dürfte.

Schläpfer bringt drei Analysen von Flugstaub, den er in einer Carbidofenanlage an verschiedenen Stellen entnommen hat, und zwar

1. aus dem Schlammbassin der Berieselung einer *Körting*-Reinigungsanlage,
2. aus dem großen Staubabsaugerohr oberhalb der ersten Berieselungsanlage, und
3. aus einem Koksturm, der zur Filtration der Carbidofengase diente.

---

[1] a. a. O.
[2] Zeitschr. f. Elektrochemie 1919, S. 409 ff.

Die Proben gaben folgende Analysen (in Proz.):

A. In Salzsäure löslich:

	Schlammbassin	Staubabsaugrohr	Koksturm
Magnesiumcarbonat . . .	4,27	4,62	3,03
Calciumcarbonat	72,28	39,45	12,54
Calciumoxyd	7,33	15,44	24,44
Calciumsulfat	1,96	8,55	3,09
Eisenoxyd	5,29	4,82	4,66
Kieselsäure SiO_2	4,86	4,66	3,77
	95,99	77,54	51,53

B. In Salzsäure unlöslich:

	Schlammbassin	Staubabsaugerohr	Koksturm
Asche	1,52	7,29	9,58
Kohlenstoff	2,77	2,88	34,84
Wasserstoff	0,04	0,14	0,49
Schwefel und Sauerstoff .	0,19	0,17	2,11
	4,52	10,48	47,02

Die vorhandenen Alkalisalze wurden nicht mitbestimmt. Sie sind übrigens aus der Probe aus dem Schlammbassin durch Wasser herausgelöst worden. Der in den Abgasen anfangs suspendierte freie Kalk ist im Schlammbassin und im Staubabsaugerohr schon weitgehend durch die Kohlensäure der Gase in Carbonat verwandelt. Bei dem frischeren Flugstaub des Koksturmes ist diese Absättigung noch nicht so weit vorgeschritten. Der salzsäureunlösliche Anteil enthält die brennbaren Anteile, die im Frischstaub nicht mehr als höchstens 10 Proz. ausmachen werden. In der Koksturmprobe sind Flugstaub und Koksstaub des Filterturmes miteinander vermischt. *Bingham*[1] gibt folgende Carbidstaubanalyse:

$$CaCO_3 \ldots \ldots \ldots \ldots \ldots \ldots \quad 36,4 \text{ Proz.}$$
$$CaO \ldots \ldots \ldots \ldots \ldots \ldots \quad 36,3 \quad \text{,,}$$
$$Al_2O_3 \ldots \ldots \ldots \ldots \ldots \quad 8,0 \quad \text{,,}$$
$$Fe_2O_3 \ldots \ldots \ldots \ldots \ldots \quad 6,0 \quad \text{,,}$$
$$SiO_2 \ldots \ldots \ldots \ldots \ldots \ldots \quad 4,0 \quad \text{,,}$$
$$CaSO_4 \ldots \ldots \ldots \ldots \ldots \quad 1,6 \quad \text{,,}$$
$$C \ldots \ldots \ldots \ldots \ldots \ldots \ldots \quad 7,0 \quad \text{,,}$$
$$MgO \ldots \ldots \ldots \ldots \ldots \quad \text{Spuren}$$
$$H_2O \ldots \ldots \ldots \ldots \ldots \ldots \quad 0,4 \quad \text{,,}$$
$$\overline{\qquad\qquad 99,7 \text{ Proz.}}$$

Hat der Kalk viel Magnesia, so findet sich diese vorzugsweise im Flugstaub wieder, soweit sie nicht mit Kieselsäure verschlackt. *Bingham* rechnet pro Tonne Carbid bei niedriger Spannung 5 kg Flugstaub (siehe a. *Schläpfer*). Die Flugstaubmenge wächst übrigens rasch mit dem Ansteigen der Ofenspannung und der Ofengröße. Sie ist von der Art des Kokses und des Kalkes abhängig. Grobkörniger Kalk veranlaßt die geringste Staubentwicklung.

Schläpfer[2] stellt in seiner Arbeit folgende Stoffbilanz für die Gewinnung von 1 t Carbid auf:

1. Zugeführte Stoffe: 1000 kg Kalk,
    600 ,, Koks,
    28 ,, Elektrodenkohle.
2. Gewonnen: 1000 kg 85 proz. Carbid.

---

[1] a. a. O.
[2] Vgl. auch Schweiz. Chem.-Ztg. 1919, Nr. 29/30; Ch. Ztrlbl. 1920, II, 276.

3. Nicht ausgenutzte Abfallstoffe (Abfälle vom Brechen, Flugstaub usw.):

    121 kg Kalkstaub,
     60 ,, Koksasche,
     23 ,, Koksstaub.

4. Gasförmig entweichende Stoffe:

    372 kg Kohlenoxyd,
     24 ,, Sauer-, Wasser- und Stickstoff sowie Schwefel (aus
            Anthrazit oder Koks),
     28 ,, Kohlenstoff der Elektroden.

Diese Stoffbilanz gibt natürlich nur Annäherungswerte; die aufgestellte Wärmebilanz zeigt darüber hinaus, daß bei der technischen Carbidgewinnung bedeutende Wärmemengen verlorengehen. Die Gase des geschlossenen Ofens erzeugen beim Verbrennen so viel Wärme, daß diese ausreichen würde, um die Hälfte des Kalks, den man für die Fabrikation benutzt, zu brennen (*C. Aberg*-Helsingborg errechnet 70 Proz. Kohlenersparnis[1]). Der elektrische Ofen selbst eignet sich übrigens für den Brennprozeß nicht; es wäre ja sonst das einfachste, ihn statt mit gebranntem Kalk direkt mit Kalkstein zu beschicken.

Es sind in den letzten Jahren vielfache und z. T. umfangreiche Versuche angestellt worden, um des Carbidofenstaubes Herr zu werden, da für ihn nicht das über die Schädlichkeit der Abgase Gesagte gilt. Flugstaubkammern und Luft- bzw. Gasfilter versagten bald den Dienst und auch die Waschung mit Wasser, sowie die elektrostatische Entstaubung haben sich nicht völlig bewährt. Für kleinere Anlagen und geringer belastete Öfen ist die Arbeitsmethode der *Lonzawerke* in Thusis (Schweiz) noch am empfehlenswertesten. Die Entstaubungsanlage soll dort seit dem Sommer 1919[2] recht befriedigend arbeiten. Der Rauch der Carbidöfen wird mittels eines zerstäubten Wasserstrahls aufgefangen und in einen Kamin abgeleitet. Die Eigenart der Konstruktion bedingt, daß die Berührung zwischen den Staubteilchen des Rauches und dem versprühten Wasser eine derart innige ist, daß der Staub nahezu gänzlich niedergeschlagen wird. Aus dem Kamin entweicht zum Schluß nur wenig klardurchsichtiger Rauch und Dampf, während das Spritzwasser reichlich mit Schmutz gesättigt abfließt. Der Wasserverbrauch wird ziemlich beträchtlich sein und außerdem dürfte die Abführung der Schmutzwässer in dichter besiedelten Gegenden die Anlage umfangreicher Klärbecken bedingen. Die Gase werden ebenso in wasserberieselten Kokstürmen zu entstauben versucht[3], auch *Kubierschky*-Kolonnen sind für diesen Zweck in Vorschlag gebracht worden.[4] Diese Vorrichtungen leiden jedoch unter den gleichen Nachteilen, wie die an sich sehr intensiv wirkenden Desintegrator- oder Zentrifugalgaswascher von *E. Theissen*-München, der Maschinenfabrik *Zschocke* in Kaiserslautern usw. Die ungeheure Menge der mitgeführten festen Be-

---

[1] Zeitschr. f. angew. Chem. 1919, II, 314.
[2] Umsch. 1919, S. 236.
[3] Vgl. *Schläpfer*, a. a. O.
[4] Chem.-Ztg. 1917, Chem.-techn. Übers. S. 54; Engl. Pat. 7958/1913.

standteile verursacht nämlich bald und häufig Verstopfungen, wenn nicht umfangreiche Staubkammern davorgeschaltet werden. Die abgelagerten Staubmassen können unter Umständen mit Wasser zu zementartig festen Krusten erhärten, die sich nur schwierig entfernen lassen. Sog. Thermalfilter empfiehlt *W. D. Bancroft*.[1] Es würde den Rahmen des vorliegenden Buches weitaus überschreiten, wenn eine Aufzählung der Vorrichtungen gegeben werden sollte, die bisher für die Zwecke der Gasreinigung und -entstaubung in Vorschlag gebracht worden sind. Es sei in dieser Beziehung auf die Fortschrittsberichte über anorganische Großindustrie bzw. über ihr Apparatewesen verwiesen, die in der Chem. Ztg. 1915, Nr. 118ff, und 1919, Nr. 59, veröffentlicht worden sind. Beiträge zu dieser wichtigen Frage finden sich ferner in *A. v. Jhering*, Maschinenkunde für Chemiker (Leipzig 1906), S. 298 bis 303; *C. Naske*, Zerkleinerungsvorrichtungen und Mahlanlagen (Leipzig 1911), S. 168 bis 184; *H. Rabe*, Entnebelungseinrichtungen; derselbe, Entstaubungsanlagen, in *F. Ullmann*, Encyklopädie der Technischen Chemie, Bd. IV (Berlin und Wien 1916), S. 562 bzw. 564; *H. Rabe*, Gasfilter; derselbe, Gasreiniger; derselbe, Gaszentrifugen, in *F. Ullmann*, Encyklopädie der Technischen Chemie, Bd. VI (Berlin und Wien 1919), S. 1, 25 und 26. In der letztgenannten Veröffentlichung ist (auf S. 27) ein *Theissen*scher Gegenstromwascher nach Desintegratorbauart abgebildet. Das Prinzip der elektrostatischen Entstaubung von Gasen nach *Cottrell* u. a. beruht darauf, die zu reinigenden Gase einen zylindrischen Raum passieren zu lassen, in dem hochgespannter Gleichstrom (bis 100 000 Volt) aus einer zentrisch in der Zylinderachse angebrachten Drahtkorbelektrode ausströmt. Die Gegenelektrode bildet die Wandung des zylinderförmigen Gasraumes. Auf ihr schlagen sich die Staubteilchen unter der elektrostatischen Wirkung des Gleichstromes nieder und die staubfreien Gase strömen am anderen Ende des Raumes ab. Die Methode hat sich zur Entfernung des Flugstaubes von Metallhütten namentlich in Amerika gut bewährt. Es scheint jedoch, als ob sie der Riesenmenge des Carbidofenstaubes wenigstens in ihrer ursprünglichen Form nicht ohne weiteres gewachsen ist. Das hier rein alkalische Fluidum dürfte vielleicht von Einfluß sein. Der Stromverbrauch ist ziemlich hoch. *E. Bahlsen* gibt in seiner Arbeit über das Blei[2] Zeichnungen und nähere Literaturangaben über die *Cottrell*sche Methode[3], die in neuester Zeit von *O. Johannsen*[4] ausführlich besprochen worden ist. Die weitere Vervollkommnung der elektrostatischen Staubfällungsmethode hatten in den letzten Jahren u. a. folgende deutschen Patente der *Siemens-Schuckertwerke G. m. b. H.* in Siemensstadt bei Berlin und anderer Erfinder zum

---

[1] Ch. Ztrlbl. 1920, IV, 554.

[2] In *F. Ullmann*, Encyklopädie der Techn. Chemie, Bd. II (Berlin u. Wien 1915), S. 644; vgl. auch vorhergehende und folgende Seiten.

[3] Vgl. auch die bereits zitierten Fortschrittsberichte der Chem.-Ztg. 1915 u. 1919.

[4] Umsch. 1920, S. 399; Ch. Ztrlbl. 1919, II, 912; IV, 68, 445, 1043; 1920, II, 663, 775; Zeitschr. f. angew. Chem. 1920, I, 99; Stahl u. Eisen 1919, S. 1377, 1423, 1511, 1546.

Gegenstand: D. R. P. 312 049, 314 014, 314 030, 314 171, 314 626, 314 775, 314 947, 315 534, 315 931, 316 498, 316 703, 316 790, 318 432, 318 433, 318 896 und 322 188, während sich die D. R. P. 291 744, 303 831, 306 853, 307 579, 307 890, 313 026, 313 127, 314 170, 314 259, 316 901, 319 936 und 324 443 mit nichtelektrischen Methoden befaßten.[1] Die Entstaubungsverfahren sind für die Reinigung der Hochofengase von großer Wichtigkeit. Wie aus der Arbeit von *O. Johannsen* entnommen werden kann[2], sind auf diesem Gebiete die mechanischen Methoden herrschend. Das *Cottrell*-Verfahren, das *O. Johannsen* auf die Versuche von *Hohlfeld* in Leipzig (1814) und *Oliver Lodge* in London und Wales (1854) zurückführt, hat hier keine Erfolge erringen können, obgleich man es in Amerika für Zwecke der Kaligewinnung aus Gicht- oder Zementofenstaub lebhaft propagiert hat. Das erste Werk, das die bis dahin übliche Entstaubung der Hochofengase in Berieselungstürmen und Schleuderwaschern durch die trockne Reinigung mittels Tuchfilter ersetzte, war die Halbergerhütte (Saarbezirk), die gemeinsam mit der Firma *Beth* in Lübeck ein heute sehr viel angewendetes Verfahren zur Gichtgasfiltration ausarbeitete. *Kenneth M. Chance* gibt im Hinblick auf die mögliche Kaligewinnung folgende Analyse eines typischen *Halberg-Beth*-Gichtstaubes[3]:

Löslich in Wasser:		Löslich in Salzsäure:		Ferner:	
KCN	5,58	Fe_3O_4	11,68	SiO_2	8,91
K_2CO_3	14,66	ZnS	2,23	C	2,18
$KHCO_3$	23,23	$CaCO_3$	10,39		
KCNS	Spur	MgO	1,05		
K_2SO_4	1,13				
$KHCO_2$	3,66				
KCl	10,90				
Na_2CO_3	3,97				
$Fe(CN)_2$	0,48				
ZnS + PbS	0,36				

Im Zusammenhang mit der Tatsache des bisherigen und teilweisen Versagens der *Cottrell*-Methode auf dem Gebiete der Gichtgasreinigung ist bemerkenswert, daß auch hier, wie im Carbidofenstaub, saure Bestandteile fehlen. Das unbefriedigende Arbeiten der elektrostatischen Anlagen mag daher auch für die Carbidindustrie auf die Ungeeignetheit des ganzen Prinzips für derartige Gase zurückzuführen sein. Die gute Entstaubung der Ofenabgase ist für die Zukunft der Carbidgewinnung von hoher Bedeutung, denn die Abgase des geschlossenen Ofens können nur dann störungsfrei verbrannt und ausgewertet werden, wenn sie genügend staubfrei sind. Vom volkshygienischen Standpunkt muß die restlose Lösung der Entstaubungsfrage ebenso gefordert werden, wie sie aus anderen Gründen (z. B. Vegetationsschädigungen) wertvoll erscheint.

---

[1] Vgl. auch Chem.-Ztg. 1919, S. 805.
[2] Umsch. 1919, S. 583.
[3] Ch. Ztrlbl. 1919, II, 910.

Das während des Krieges überall stark hervorgetretene Bestreben, nach Möglichkeit alle Abfallprodukte zu verwerten, lenkte die Aufmerksamkeit auch auf die Rückstände der Acetylenherstellung, auf den sog. Carbidkalk. Während er als Düngemittel wenig geeignet ist, erwiesen Versuche, daß man ihn zum Anrühren von Mörtel recht gut benutzen kann. Die Untersuchungen, welche von der Bayrischen Landesgewerbeanstalt (1917), von *K. Schumann* und von *G. Hartmann* angestellt wurden, hatten günstige Ergebnisse[1], so daß der Magistrat der Stadt Nürnberg die Verwendung von Carbidrückständen zur Herstellung von Luftmörtel widerruflich genehmigte und empfahl.

Die Herstellung von **Kalkstickstoff**[2] erfolgt in der Technik nach zwei Methoden, und zwar hauptsächlich nach der von *A. Frank, N. Caro* und ihren Mitarbeitern zuerst herausgebrachten, und in zweiter Linie nach der von *Polzenius* angegebenen Vorschrift. *Polzenius* hat einen Zusatz von Chlorcalcium zum Azotiercarbid vorgeschlagen, um die Azotierungstemperatur herabzusetzen (D. R. P. 163 320). Aus diesen beiden ursprünglichen Verfahren sind inzwischen verschiedene Varianten entstanden, die sich vor allem durch die Einrichtung der Azotieröfen voneinander unterscheiden. Die Grundzüge des *Frank-Caro*-Verfahrens sind in den D. R. P. 88 363, 92 587, 108 971, 116 087, 116 088 und dem engl. Pat. 25 475/1898 enthalten, die den Werdegang der Idee vom Versuch Cyanid zu gewinnen bis zur bewußten Herstellung von Cyanid widerspiegeln. Die zahlreichen weiteren Patente bezeichnen z. T. die *Cyanidgesellschaft m. b. H.* in Berlin als Inhaber, so das Düngemittelpatent D. R. P. 152 260, das die Verwendung des Kalkstickstoffs als Düngemittel zuerst ausspricht. Von grundlegender Bedeutung sind die D. R. P. 227 854, 228 925 und 241 852, die dem ersten Fabrikbetrieb in Piano d'Orta ihre Entstehung verdanken und die das Prinzip des modernen Verfahrens enthalten, das zu azotierende Carbid nur an einer Stelle zu erhitzen (sog. Initialzündung: D. R. P. 227 854) und den Stickstoff von außen durch die Carbidschicht dem beheizten Teile zuzuführen (D. R. P. 228 925). Im D. R. P. 241 852 ist die Apparatur für diesen Prozeß beschrieben. Die Arbeiten von *C. Krauß*[3], Direktor der A.-G. für Stickstoffdünger in Knapsack (Bz. Köln), von *E. O. Siebner*[4], Direktor der Bayrischen Stickstoffwerke in Trostberg (Oberbayern) und von *B. Waeser*[5] schildern die Entwicklung der Kalkstickstoffindustrie seit ihren ersten Anfängen.

Ursprünglich arbeitete man so, daß man das gemahlene Carbid in eine Retorte einfüllte und diese in ihrer ganzen Länge in einem mit Holz oder Kohle beheizten Ofen erwärmte. Man versuchte zunächst, mit Tem-

---

[1] Südd. Ind.-Blatt 1920, S. 646.
[2] Vgl. *F. Muhlert*, a. a. O. S. 204 ff.
[3] In *F. Ullmann*, Encyklopädie der Techn. Chemie, Bd. III (Berlin u. Wien 1916), S. 205 bis 222.
[4] Chem.-Ztg. 1913, S. 1075, 1073; Techn. Rundsch. des Berl. Tagebl. 1921, Nr. 4.
[5] Chem.-Ztg. 1913, Nr. 110 ff.; 1915, Nr. 118 ff.; 1920, Nr. 102 ff.

peraturen von 700 bis 1000° auszukommen. Der Stickstoff wurde anfangs (in Piano d'Orta bezw. Trostberg; in Niagara Falls sogar bis in die Kriegsjahre hinein) durch Überleiten von Luft über hocherhitzte Kupferspäne gewonnen. Diese befanden sich in Zylindern, die von außen durch direkte Feuerung erhitzt wurden und die batterieweise geschaltet waren, so daß eine Serie stets auf Stickstoff arbeiten konnte, während in der zweiten das oxydierte Kupfer durch Überleiten reduzierender Gase regeneriert wurde. *B. Waeser* bringt in seinem Bericht in der Chem.-Ztg. 1913, Nr. 110ff., eine Skizze der sehr einfachen Vorrichtung. Auch das Schema einer Zersetzungsanalage für Kalkstickstoff ist dort wiedergegeben. Der Kalkstickstoff liegt in einem Reaktionstürmchen auf Siebböden ausgebreitet, während von unten her überhitzter Wasserdampf eingeblasen wird, der, mit Ammoniak beladen, weiter einem Schwefelsäureabsorber zuströmt.

Das Prinzip der heute in *Frank-Caro*-Anlagen allgemein verwendeten Azotierofeneinrichtung (über Maßzahlen usw. vgl. die weiter unten gegebene Beschreibung der Anlage Muscle Shoals), wie sie sich aus den angezogenen Patenten ergibt, ist in der nebenstehenden Figur 8 skizziert. Das feingemahlene Carbid bzw. die Azotiermischung wird in große, korbähnliche, aus gelochtem Blech hergestellte Einsätze *A* eingefüllt, die mit Wellpappe ausgekleidet sind, um zu verhindern, daß das Carbidmehl wieder herausfällt. Die Einsätze werden durchschnittlich mit 750 kg Carbid beschickt, so daß sie nach dem Azotieren rund 1 t Kalkstickstoff enthalten.

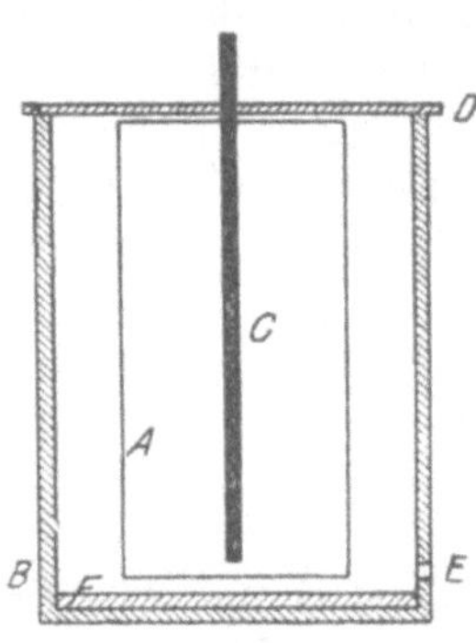

Fig. 8.

Ein Laufkran bringt sie in die Azotierofenhalle, wo sie in den zisternenartigen, aus feuerfestem Material (Chamotte) aufgebauten, wärmeisolierten und eisenummantelten Azotierofen *B* eingesetzt werden. Im Inneren des Einsatzes *A* ist ein Papprohr angeordnet, in das ein Kohle-Heizstab *C* von etwa 1 cm Durchmesser eingeführt wird. Das Ganze wird durch einen Deckel *D* dicht verschlossen. Die Stickstoffzufuhr erfolgt bei *E*. Die Beheizung geschieht dadurch, daß die Hilfselektrode *C* an eine Stromquelle angeschlossen wird. Die Gegenelektrode bildet der Boden *F*. Die Widerstandserhitzung bringt Füllung und Ofen bald auf so hohe Temperaturen, daß die Pappeinsätze verkohlen und nunmehr jede Trennwand wegfällt. Den Stickstoff erzeugen die modernen Anlagen fast ausschließlich durch Rektifikation flüssiger Luft. Er soll trocken und möglichst rein, namentlich frei von Sauerstoff sein (Reingehalt im Durchschnitt um 99 Proz.). Sowie nun die geeignete Reaktionstemperatur erreicht ist, wird mit dem Einleiten von Stickstoff begonnen. Der Heizstrom kann abgestellt werden, da die Reaktionswärme genügt, um die Azotierung glatt zu Ende zu führen. Dieses Ende wird an den Manometern erkannt, die sich an jedem Ofen befinden. Dieselben zeigen dann nämlich ein Aufhören des Unterdrucks im Ofen, der bis dahin den

Stickstoff in sich hineingesaugt hat. Die Reaktion ist im Durchschnitt nach 24 bis 35 Stunden beendet. Die Wärmeentwicklung bei der Stickstoffaufnahme ist so groß, daß das Carbid örtlich zum Schmelzen kommt und der ganze Inhalt des Einsatzes nachher eine harte, zusammengesinterte Masse bildet, deren Volumen zugenommen hat. Die Einsätze werden noch heiß mittels eines Kranes aus dem Azotierofen herausgenommen und in eine geräumige Kühlhalle geschafft, wo sie mindestens 24 Stunden sich selbst überlassen bleiben. Der eiserne Einsatzmantel ist z. T. mit dem Kalkstickstoff so fest verbunden, daß es starken Hämmerns oder einer kräftigen Pressung bedarf, um die Füllung herauszustürzen; an anderen Stellen wieder hat die verkohlte Papphülle als gute Zwischen- und Isolierlage gewirkt und der Kalkstickstoffkern löst sich anstandslos ab. Der Verschleiß an Einsätzen ist daher z. T. recht bedeutend. Er wird noch dadurch erhöht, daß das Eisenblech des Mantels unter der Einwirkung von Hitze, Stickstoff und Kohle tiefgreifende chemische Veränderungen erleidet und mit der Zeit brüchig wird. Der in großen, steinharten Brocken gewonnene Kalkstickstoff wird einem Zerkleinerungsprozeß unterworfen, auf den später eingegangen werden soll.

Über den Mechanismus des Azotierungsvorganges in der Technik gibt es eigentlich nur wenige Veröffentlichungen. Aus den Patenten ist bekannt, daß die Stickstoffanlagerung nach

$$CaC_2 + N_2 = CaCN_2 + C$$

beim Bariumcarbid zwischen 700 bis 800° und beim Calciumcarbid zwischen 1000 bis 1100° vor sich geht, sowie daß sich im Falle der Verwendung des ersteren überwiegend Cyanid:

$$BaC_2 + N_2 = Ba(CN)_2$$

bildet. Das hier und da beobachtete Auftreten von Paracyan, $(C_2N_2)_2$, als einer amorphen, dunklen Masse, die durch starkes Erhitzen wieder in Dicyan verwandelt wird und die sich in Kalilauge als cyansaures Kalium löst, spricht dafür, daß, mindestens unter Umständen und neben der Hauptreaktion, auch die Azotierung des Calciumcarbids in zwei Stufen erfolgen kann:

$$CaC_2 + N_2 = Ca(CN)_2$$
$$Ca(CN)_2 + N = CaCN_2 + CN.$$

Die Azotierungsreaktion ist nach *N. Caro*[1] schon bei 1360° C reversibel, so daß die Temperaturspanne, in welcher der Azotierofen am günstigsten arbeitet, verhältnismäßig klein ist. Das Optimum der Temperatur in der eigentlichen, allerdings jeweils engbegrenzten Reaktionszone dürfte um 1100 bis 1200° zu suchen sein.

Zahlreiche weitere Patente betreffen die Fortentwicklung und Ausgestaltung der an dieser Stelle nur in ihren technischen Grundzügen ge-

---

[1] Zeitschr. f. angew. Chem. 1909, S. 179; Chem.-Ztg. 1911, Repert. S. 32.

schilderten Methode. Insbesondere richtet man sein Augenmerk darauf, dem zur Azotierung gelangenden Carbid Zusätze zu geben, um die Reaktion zu begünstigen, die verderbliche Überhitzung abzuschwächen und das Zusammenbacken zu verhindern. Nach dem D. R. P. 212 706 gibt man einen Zusatz von Fluorid. In dem D. R. P. 203 308 (vgl. auch D. R. P. 227 854, 228 925) schlägt die *Cyanidgesellschaft m. b. H.*-Berlin vor, dem Carbid eine kleine Beimengung von bereits vorgebildetem Calciumcyanamid (Kalkstickstoff) zu geben, da dieses die Aufnahmefähigkeit des Carbids für Stickstoff ganz bedeutend heraufsetzt. Nach dem Patentbeispiel mischt man z. B. 100 kg Carbid mit 10 kg gepulvertem Kalkstickstoff und erhält bei 900° in schneller Reaktion ein Endprodukt mit 20 bis 24 Proz. Stickstoff. Die Menge dieser Zuschläge ist in der Praxis natürlich auch von der Güte des angewandten Carbids abhängig. Um ein besonders gleichmäßiges Erzeugnis zu erzielen, ordnen die *Stickstoffwerke G. m. b. H.*, Berlin, die dem Konzern der *Bayrischen Stickstoffwerke* angehören bzw. nahestehen, nach dem D. R. P. 258 342 eine poröse Schicht um das Carbid an. Um den Verbrauch an Einsätzen zu verringern, hat sich *P. Dienemann* im D. R. P. 309 173 ein besonderes Arbeitsverfahren schützen lassen.

Die Zusammensetzung des rohen Kalkstickstoffs ist nach *N. Caro*[1] folgende:

$$52 \text{ Proz. } CaCN_2$$
$$21 \text{ „ } CaO$$
$$14 \text{ „ } C$$
$$2 \text{ „ } SiO_2$$
$$4 \text{ „ } Eisenoxyd, Tonerde usw.$$

Im amerikanischen Patent 1 155 797 wird folgende Analyse gegeben:

$$57 \text{ Proz. } CaCN_2$$
$$3 \text{ „ } CaC_2$$
$$18 \text{ „ } CaO$$
$$12 \text{ „ } \text{freier } C$$
$$5 \text{ „ } CaCO_3$$
$$5 \text{ „ } \text{verschiedene Verunreinigungen, wie Eisenoxyd, Tonerde, } SiO_2 \text{ usw.}$$

Aus der Beschreibung der Anlage Muscle Shoals[2] ist ferner nachstehende Analyse entnommen worden:

$$63 \text{ Proz. } CaCN_2$$
$$2 \text{ „ } CaC_2$$
$$13 \text{ „ } CaO$$
$$1 \text{ „ } CaS$$
$$11 \text{ „ } \text{freier } C$$
$$3 \text{ „ } SiO_2$$
$$2 \text{ „ } MgO$$
$$2 \text{ „ } Fe_2O_3 + Al_2O_3$$
$$3 \text{ „ } \text{verschiedene Verunreinigungen.}$$

[1] Chem. Met. Eng. 1919, S. 8 und oben.
[2] Vgl. Chem.-Ztg. 1911, Repert. S. 32.

Die Zusammensetzung des erzielten Primärprodukts schwankt natürlich mit der Art der verwandten Rohstoffe. Sie zeichnet sich jedoch stets durch einen relativ hohen, im Mittel etwa 1,5, manchmal jedoch 2 bis 3 Proz. betragenden Restgehalt an nicht azotiertem Carbid aus. Von der Entfernung dieses Carbids wird weiter unten noch zu sprechen sein. Der Stickstoff findet sich im frischen Kalkstickstoff praktisch nur in Form des Calciumcyanamids, $CaCN_2$, das rein 35 Proz. N enthält. Die drei Kalkstickstoffproben, deren Analysen hier vorliegen, haben also der Reihe nach 18,20, 19,25 und 22,05 Proz. Stickstoff.

Außer in den bereits zitierten Arbeiten finden sich in verschiedenen Arbeiten von *A. Frank* und *N. Caro*[1] zusammenfassende Darstellungen der angewandten Methode. *E. O. Siebner* hat zuletzt in der „Umschau"[2] einen kurzen Überblick über das *Frank-Caro*-Verfahren gegeben, der mit zwei Ansichten des Trostberger Werkes geschmückt ist. *Siebner* gibt die Jahresleistungsfähigkeit der drei großen *Frank-Caro*-Werke Deutschlands für 1920 wie folgt an:

Werk Piesteritz	35 000 t Stickstoff,
„ Chorzow	20 000 t „
„ Trostberg	16 000 t „
	71 000 t Stickstoff,

gegenüber 100 000 bis 110 000 t Stickstoff nach den Kalkstickstoffverfahren in Deutschland überhaupt. Der Rest verteilt sich mit etwa 30 000 bis 40 000 t Stickstoff auf die Werke von Knapsack und Gr.-Kayna (Kapazität: zusammen 28 000 t N) sowie auf die *Lonzawerke* in Waldshut (Kapazität: 12 000 t N).

In der Artikelfolge über die rationelle Ausnutzung der Brennstoffe[3] finden sich in den Arbeiten von *N. Caro* und *E. R. Besemfelder* eine Reihe von Angaben über den Verbrauch an Brennstoff für die Gewinnung von Calciumcarbid, die für die Beurteilung des Gestehungspreises von ausschlaggebender Bedeutung sind. Zunächst gibt *N. Caro*[4] folgende Zahlen über den Brennstoff- bzw. Kraftaufwand pro 1 kg gebundenen Stickstoffs:

> 2,5 kg Koks,
> 17,0 „ Staubkohle, bzw. nur rund
> 1,0 „ Steinkohle, wenn die Elektrizität durch Wasserkraft erzeugt wird.

Im Laufe der entstandenen Kontroverse berichtigt *N. Caro* diese Ziffern in 3,3 kg Koks oder 2,5 kg Koks und 0,9[5] bzw. 1,0 kg Steinkohle[6] neben der elektrischen Kraft und teilt außerdem mit, daß dieser Verbrauch durch

---

[1] Zeitschr. f. angew. Chem. 1906, S. 1569; Chem.-Ztg. 1903, S. 543; 1905, S. 1046; 1906, S. 449.

[2] 1920, S. 488.

[3] Chem.-Ztg. 1915, 1916, 1917, 1918, 1919.

[4] Chem.-Ztg. 1919, S. 282.

[5] Chem.-Ztg. 1919, S. 604.

[6] Chem.-Ztg. 1919, S. 865.

Vervollständigung der Anlagen auf insgesamt 2,8 kg Koks sinken würde[1]. In der Flugschrift „Aus Luft durch Kohle zum Stickstoffdünger usw." (Oldenburg-Berlin 1920) beziffert er den gesamten Brennstoffverbrauch pro 1 kg Stickstoff im Kalkstickstoff auf 3,5 kg, wenn die elektrische Energie — 15 bis 17 KW-St. je kg Stickstoff — durch Wasserkraft erzeugt wird.

Im Gegensatz zu diesen Angaben bringt *E. R. Besemfelder* folgende Aufstellung[2], die er auf Mitteilungen aus der Praxis stützt:

Brennstoffverbrauch je kg Stickstoff im Kalkstickstoff:

2,740 kg Koks bei der Carbiderzeugung,
0,220 „ Elektrodenkohle für Carbiderzeugung,
1,200 „ Kohle zur Gewinnung von gebranntem Kalk für Carbid,
0,015 „ Elektrodenkohle für Azotierung,
0,170 „ Teeröl für die Entstaubung des Kalkstickstoffs,
0,075 „ Koks und Briketts zur Trocknung des Flußspates und zur Gewinnung von CO_2.
____
4,420 kg Brennstoff und 15,9 KW-St.

M. Novak[3] kombiniert die Zahlen von *Caro* und *Besemfelder* und errechnet sogar 5,055 kg Brennstoff für 1 kg Stickstoff im Kalkstickstoff. Da die Verhältnisse natürlich schwanken, wird man im Mittel mit einem Verbrauch von 3,5 bis 4,0 kg Brennmaterial und 16 KW-St. auf jedes Kilogramm gebundenen Stickstoffs rechnen können.

Es war schon weiter oben darauf hingewiesen worden, daß man bei der Azotierung dem Carbid gewisse reaktionsfördernde Zuschläge gibt. Gebräuchlich waren anfangs und insbesondere etwa 10 Proz. feingemahlener Flußspat[4]. Man ist jedoch später in Deutschland und in anderen Ländern (Ljunga arbeitet mit, Alby ohne Flußspat[5]) mehr und mehr von diesem Flußspatzusatz abgekommen.[6] *M. Novak*[7] schreibt dazu: „Mit den Erfahrungen bezüglich der Nichtverwendung von Flußspat hat es seine besondere Bewandtnis. Bis 1917, also noch während des vorletzten Kriegsjahres, als die Bahnen noch nicht so überlastet und die Frachtsätze billiger waren, wurde in Trostberg noch Flußspat zur Kalkstickstoffherstellung benutzt. Dieser und ähnliche Zusätze waren sehr wohl begründet[8], man erhielt in Trostberg einen Kalkstickstoff mit 19,5 bis 20,0 Proz. Stickstoffgehalt. Auch für die Werke Piesteritz und Chorzow wurden 1915 die erforderlichen Apparate und Maschinen zur

____

[1] Chem.-Ztg. 1919, S. 604.
[2] Chem.-Ztg. 1919, S. 521/22.
[3] Chem.-Ztg. 1919, S. 865.
[4] *H. Goldschmidt*, Zeitschr. d. Ver. deutsch. Ing. 1919, S. 877ff.; *F. Carlson*, Chem.-Ztg. 1906, S. 1261.
[5] Chem.-Ztg. 1912, S. 1297; 1913, S. 143.
[6] *N. Caro*, Chem.-Ztg. 1919, S. 604.
[7] Chem.-Ztg. 1919, S. 865.
[8] Zeitschr. f. Elektrochemie 1907, S. 69, 101, 605.

Mitverarbeitung von Flußspat angeschafft, aber die neuen dort aufgestellten Carbidöfen lieferten ein derartiges Carbid, daß an eine „Verdünnung" desselben mit Flußspat nicht zu denken war." Wie dem auch sei,
die Kalkstickstoffindustrie kann heute jedenfalls recht gut ohne den Flußspatzusatz auskommen.

Der Stromverbrauch für das Anheizen der Azotieröfen (vgl. unten
bei der Beschreibung des amerikanischen Werkes Muscle Shoals) ist
infolge der geringen spezifischen Wärme des Carbids gering. Es hat aber
nicht an Versuchen gefehlt, die eine bessere Wärme- und Kraftökonomie
des ganzen Prozesses angestrebt haben, der zwei schwierige Mahlungen
(1. das Azotiercarbid, 2. den Rohkalkstickstoff) vorsieht und dessen Wärmebilanz keineswegs ein Ideal darstellt. Das heiße Ofencarbid gibt seinen
hohen Wärmeinhalt nutzlos an die Luft der Carbidkühlhalle ab und wird
dann im Azotierofen von neuem auf 1000 bis 1200° gebracht; der entstandene Kalkstickstoff verliert nach dem Azotieren diese Wärme wiederum
unverwertet und muß schließlich nochmals auf 100 bis 200° erwärmt werden, wenn Ammoniak aus ihm dargestellt werden soll.

Ganz abgesehen von der letzteren Frage, die man eine Zeitlang einfach dadurch lösen zu können glaubte, daß man das ungebrochene, heiße
Azotiergut in großen Brocken direkt mit Wasser oder Dampf zersetzen
wollte, hat es nicht an Versuchen gefehlt, wenigstens die Temperatur des
Ofencarbids auszunutzen. Der alte *Erlwein*sche Vorschlag, Kalk und
Kohle im elektrischen Widerstandsofen zwischen Kohleelektroden zu erhitzen und in die hoch erhitzte Masse Stickstoff einzublasen, ist von *Siemens & Halske* verwirklicht.[1] Das Verfahren ist mit Vervollkommnung der Carbidfabrikation völlig unrentabel geworden und hat
überdies nie hochwertiges Cyanamid geliefert. Die gewonnene *Siemens*-
Masse enthielt im Höchstfall 12 bis 14 Proz. Stickstoff. Wenn man bedenkt, daß die Carbidbildung nach dem oben Gesagten erst bei rund1600°
eintritt und daß die Azotierung am lebhaftesten bei 1100 bis 1200° verläuft, bei 1360° dagegen schon umkehrbar ist, so wird es ohne weiteres
einleuchten, wie außerordentlich schwierig es ist, die beiden Vorgänge in
zweckentsprechender Weise miteinander zu verbinden. Trotzdem ist der
*Erlwein*sche Gedanke im amerikanischen Patent 1 021 445 von *A. Bon-
nington* und *G. Ackers* nochmals aufgegriffen worden. Das D. R. P. 242 989
will dem noch feuerflüssigen Ofencarbid reaktionsfördernde Substanzen,
wie Chlor- oder Fluorcalcium, zusetzen, ein wenig abkühlen lassen und dann
die noch hellrotglühende Masse in einer passend konstruierten Mühle mit
Stickstoff behandeln. Nach *C. Krauß*[2] ist auch dieses Verfahren bisher
aus dem Versuchsstadium nicht hinausgekommen, da die Zerkleinerung
des glühenden Carbids technisch große Schwierigkeiten bereitet. Wenn
man direkt glühendes Ofencarbid verarbeiten will, so wäre die unbedingte

---

[1] Zeitschr. f. angew. Chem. 1903, S. 535; Zeitschr. f. Elektrochemie 1906, S. 551, 665.
[2] In *F. Ullmann*, Encyklopädie der Techn. Chemie, Bd. III (Berlin u. Wien 1916),
S. 214.

Beherrschung der Abstichtemperatur erstes Erfordernis; hinderlich ist auch der langsame Verlauf der Stickstoffaufnahme durch das Carbid. Auch das Verfahren von *M. Zollenkopf* (D. R. P. 293 258) ließe sich unter Umständen auf die Verwendung von Abstichcarbid anwenden. Der Genannte benutzt die Eigenschaft feurigflüssiger Thomasschlacke Carbid zu lösen, läßt die Mischung beider sich abkühlen und bringt bei der geeigneten Temperatur in eine Mühle, durch deren hohle Achse Stickstoff unter Druck eingeführt wird. Man erzielt unter Ausnutzung der Wärme der Schmelze ein cyanamidhaltiges Calciumphosphat.

Die Tatsache, daß das *Frank-Caro*-Verfahren mit kleinen Azotierofeneinheiten arbeiten muß, hat frühzeitig den Gedanken darauf gelenkt, eine bessere Apparatur zu finden, die ein kontinuierliches Azotieren gestattet. Für ein modernes Werk mit 400 bis 450 t Kalkstickstofftagesleistung ist die Zahl der Azotieröfen natürlich sehr beträchtlich und dürfte im Mittel 700 bis 1000 Stück betragen. Mannigfache Gründe, die sich zwingend aus der ganzen Entwicklungsrichtung der modernen Technik ergeben, sprechen gegen ein diskontinuierliches Arbeiten mit kleinen Einheiten. Aber für den Fall der Carbidazotierung ist die *Frank-Caro*-Apparatur den Eigenheiten des Materials und den Erscheinungen der Reaktion recht zweckmäßig angepaßt. Die Verfechter der kontinuierlichen Verfahren haben bis heute einen ähnlichen Erfolg nicht aufzuweisen und die weite Verbreitung des *Frank-Caro*-Systems spricht für die Zweckmäßigkeit der benutzten Apparatur. Daß diese verbesserungsfähig ist und daß ein vollkommen kontinuierliches Verfahren unter Ausnutzung der natürlichen Wärme des Ofencarbids noch immer das erstrebenswerte Endziel bleibt, wird von niemandem auch nur einen Augenblick bestritten werden können. Aber das angefeindete Wort von Goethe, der nun einmal überall zitiert sein muß, daß alle Theorie grau ist, gilt in seinem vollen Umfange auch hier.

Ein, wenn wir wollen, halbkontinuierliches Verfahren ist dasjenige von *Polzenius*. In dem grundlegenden D. R. P. 163 320 weist *Polzenius* zunächst nach, daß die Azotierung der Metallcarbide durch einen Zusatz von Chloriden der Alkalien, Erdalkalien oder der anderen Metalle ganz wesentlich befördert wird. Es gelang ihm bei etwa 700 bis 800°, aus einem Gemisch von 62 g Calciumcarbid und 18,7 g Chlorcalcium unter außerordentlich lebhafter Absorption des Stickstoffs 100 g eines Produkts mit 19,3 Proz. Stickstoff zu erzeugen, das er zuerst „Stickstoffkalk" nannte. Die *Gesellschaft für Stickstoffdünger, G. m. b. H.*, Westeregeln (Bz. Magdeburg) hat auf dem Gelände der dortigen Consolidirten Alkaliwerke die ersten Versuche nach dem *Polzenius*-Verfahren aufgenommen und dasselbe weiter entwickelt (D. R. P. 242 989). 1905 ist sie, als erste deutsche Fabrik überhaupt, mit ihrem synthetischen Stickstoffkalk auf den Markt gekommen.

Über die Wirksamkeit solcher „katalytischer" Zusätze zum Azotiercarbid, zu denen auch der bereits erwähnte Flußspat gehört, berichten

u. a. *Kühling*[1], *Polzenius*[2], *Bredig*[3], *Foerster* und *Jacoby*[4], *Rudolfi*[5], sowie *Pallacci*[6].

Die Veruchsstation Westeregeln wurde bald aufgelöst und die „Gesellschaft für Stickstoffdünger" ist in der *A.-G. für Stickstoffdünger* in Knapsack (Bz. Köln) aufgegangen, deren Direktor *C. Krauß* eingehend über das *Polzenius*-Verfahren berichtet hat[7], das auch von den *Mitteldeutschen Stickstoffwerken*, Gr.-Kayna bei Merseburg, und von den *Lonzawerken* in Basel usw. verwendet wird, also an Verbreitung dem *Frank-Caro*-System weitaus nachsteht (vgl. die oben angegebenen Leistungszahlen). Nach den Mitteilungen von *Krauß* wird Calciumcarbid mit 10 Proz. seines Gewichts an hochkalziniertem Chlorcalcium in Kugel- oder Rohrmühlen sehr fein vermahlen. Die Mühlen werden, um die Explosionsgefahr auszuschließen, mit Stickstoff gefüllt. Das fertige *Polzenius*-Gemisch wird in etwa 30 cm hohe, leicht zerlegbare Eisenkästen mit perforiertem Boden eingetragen, die hier die Stelle der *Frank-Caro*schen Azotierofeneinsätze vertreten. Die Kästen werden auf eisernen Plateauwägelchen etagenförmig aufgebaut und nun in einen Kanalofen eingefahren (D. R. P. 282 213, 285 699; franz. Pat. 464 750). Der Kanalofen besteht in sich aus vier Abschnitten, wie es die beigegebene Figur 9 veranschaulicht. In der Vorwärmezone wird das *Polzenius*-Gemisch durch die heißen Ofengase angeheizt, in der Heizzone nimmt es die erforderliche Reaktionstemperatur an, im Reaktionsraum geht die Azotierung vor sich, und in der Kühlzone wird das fertige Endprodukt so weit heruntergekühlt, daß es bequem

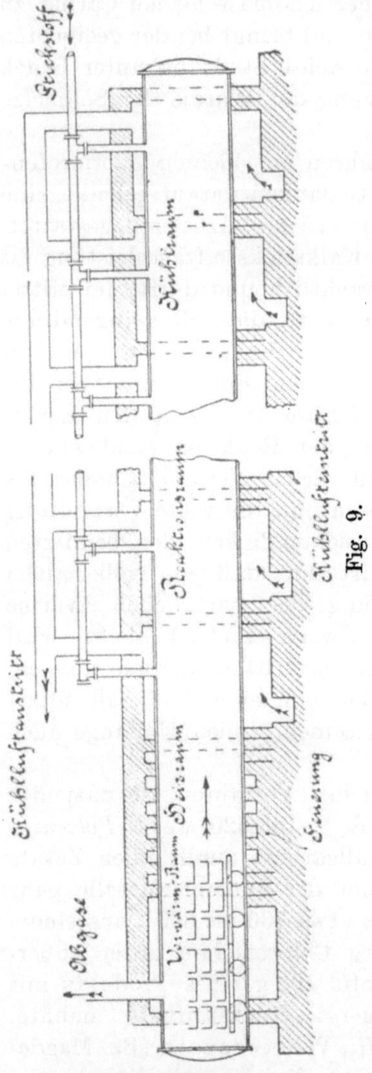

[1] B. 1907, S. 310.
[2] Chem.-Ztg. **31**, 958.
[3] Zeitschr. f. Elektrochemie **13**, 69, 605.
[4] Zeitschr. f. Elektrochemie **13**, 101, 820.
[5] Zeitschr. f. anorg. Chem. 1907, S. 170.
[6] Zeitschr. f. Elektrochemie **14**, 565.
[7] In *F. Ullmann*, a. a. O., Bd. III, S. 210ff.

herausgeholt und der Weiterverarbeitung zugeführt werden kann. Der Stickstoffstrom bewegt sich entgegengesetzt der Transportrichtung des Materials, so daß hierdurch eine Art Temperaturausgleich bewirkt wird. Der Stickstoff wärmt sich im Kühlraum vor und die heißen Abgase, die aus überschüssigem Stickstoff, Acetylen, Helium, Argon usw. bestehen, geben den größten Teil ihres Wärmeinhaltes in der Vorwärmezone an das frische *Polzenius*-Gemisch ab. Auch die Beheizung in der sog. Heizzone erfolgt weitgehend durch die hier noch sehr heißen Abgase des Reaktionsabschnittes. Die äußere Erhitzung durch direktes Feuer oder Elektrizität erfordert demnach nur geringen Aufwand an Brennstoff bzw. an Energie. Der Heizraum ist gewissermaßen nur Wärmeregulator. In der Reaktionszone findet ein Temperaturausgleich zwischen den kalten Frischgasen, den vom Kühlraum kommenden vorgewärmten Gasmengen und dem heißen *Polzenius*-Gemisch statt, so daß dieses mit Sicherheit das Temperaturoptimum der Azotierung durchschreiten muß.

Es würde einen großen Überschuß an kaltem Stickstoff erforderlich machen, wenn man durch ihn allein die Ofentemperatur regulieren wollte. Deshalb ist der Ofen noch von einem äußeren Kühlraum umgeben und der Innenmantel ist aus wärmedurchlässigem Material gebaut. Wenn die Meßinstrumente ein gefahrdrohendes Ansteigen der Temperatur im Innern des Ofens anzeigen, kann sofort durch kühle Luft oder andere Gase die Temperatur von der Kühlkammer aus geregelt werden. Die Stickstoffzuführung ist anderseits so eingerichtet, daß man auch den Stickstoffstrom durch Zweigleitungen über die ganze Reaktions- und Kühlzone des Ofens verteilen kann, so daß man auch durch Öffnen der entsprechenden Rohrstränge einer lokalen Überhitzung schnell Herr wird.

Der gewonnene Kalkstickstoff (die Bezeichnung „Stickstoffkalk" ist bald aufgegeben worden) besteht aus steinharten Blöcken, die je nach der Größe der verwendeten Kästen 100 und mehr Kilogramm schwer sind. Im normalen Betrieb enthält das Frischprodukt nur 0,25 Proz. Carbid, dessen Gehalt nur dann steigen kann, wenn der Ofen zu kalt oder zu heiß gegangen ist bzw. wenn Stickstoffmangel geherrscht hat. Die Kalkstickstoffblöcke werden in Brechern und Mühlen ganz nach der Art des *Frank-Caro*-Verfahrens weiter verarbeitet (s. u.).

Angaben über das heute wirklich ausgeübte Arbeitsverfahren und die Größe der Apparatur können aus den bereits erwähnten Bericht (betr. Knapsack) von *A. J. Allmand* und *E. R. Williams* entnommen werden.[1] Das Ofencarbid der Kühlhallen ist etwa 77 proz. und gibt im Mittel pro 1 kg 270 l Acetylen. Dasselbe wird in Preßmörsern grob zerkleinert und dann in Rohrmühlen gemahlen. Der Stickstoff wurde sowohl in Knapsack, wie auch in Gr.-Kayna-Frankleben, noch 1913/14 ausschließlich nach dem alten Kupfer-Kupferoxydverfahren gewonnen (s. o.), das sich in bezug auf Reinheit des erzeugten Gases mit der *Linde*schen

---

[1] Chem.-Ztg. 1919, S. 804/833.

Methode wohl messen konnte. Erst später ist man dann zur billigeren, da ohne Kupfer arbeitenden, Rektifikation nach *Linde* übergegangen. Die horizontalen, gußeisernen Kanalöfen sind von zylindrischer Bauart. Sie sind etwa 45,75 m lang und 1,83 m breit. Die Öfen sind zur Hälfte in Ziegel eingemauert. Ein Gleis für die Carbidwagen führt an ihnen entlang. Die Öfen von Knapsack haben Gasfeuerung. Die Rohrleitungen für Heizgas, Kühlluft und Stickstoff befinden sich am hinteren Ende des gemauerten Mantels. Die Stirnseiten der zylindrischen Ofenkammer werden durch Gußeisentüren luftdicht verschlossen. Das Carbid bzw. das *Polzenius*-Gemisch wird in mit Zeitungspapier ausgelegte Eisenblechkästen von etwa 76×50×33 cm Ausmaß gefüllt. Die Karren, die je 14 solcher Kästen aufnehmen, werden mechanisch angetrieben. In den Ofen werden pro Charge 28 Kästen frisch eingebracht. Ist der Ofen fertig beschickt, dann werden die Türen geschlossen und die Beheizung mit Gas fängt an. Sobald das Carbid genügend heiß ist, hört die weitere Anwärmung auf, indem gleichzeitig der Ofen unter Stickstoff gesetzt wird. Die Absorption beginnt dann sofort und die Temperatur des Carbids steigt sehr schnell. Der ganze Vorgang des Heizens und des Azotierens nimmt etwa 28 Stunden in Anspruch. Nach beendeter Reaktion werden die Öfen geöffnet und die beladenen und fertig azotierten Karren auf die Kühlgleise gefahren, während entsprechende frische Carbidchargen in den Ofen kommen. Die abgekühlten Blöcke [mit etwa 20 Proz. Stickstoffgehalt] werden gebrochen, zerstampft und gemahlen. Durch das Vorheizen entsteht infolge Oxydation ein kleiner Carbidverlust. Die Blöcke bekommen einen geringen Überzug von Kalk, der jedoch entfernt werden kann, ehe die Zerkleinerung des Kalkstickstoffs beginnt.

An der Verbesserung der Azotierungsmethoden ist außerordentlich viel gearbeitet worden, ohne daß bisher eine restlose Lösung gefunden worden wäre. Die schwedischen *Ljungawerke* und die norwegische *A.-B. Bjölvefossen* verwenden *Carlson*-Öfen, über welche *Frederik Carlson* selbst aus dem *Ljungawerk* (15. Mai 1917) einige Mitteilungen macht.[1] Die schwedischen *Carlson*-Öfen sind stehende Hochöfen, die in mehrere Etagen unterteilt sind (s. norweg. Pat. 20 777). Das feingemahlene Carbid wird durch Rührarme von Etage zu Etage bewegt und kommt währenddessen mit dem aufsteigenden Stickstoff in innige Berührung. Die Beheizung der Öfen erfolgt elektrisch mit Hilfe von *Plania*- oder *Höganäs*-Elektroden mit 350 mm Durchmesser. Die Elektrodenstücke gehen nicht verloren, da die Elektroden dauernd verlängert werden. Der Elektrodenverbrauch beträgt im Mittel 3,75 bis 5,5 kg auf die Tonne Kalkstickstoff, der Carbidverbrauch auf die gleiche Menge Fertigprodukt bezogen 725 kg. Der Ofenkalkstickstoff fällt in einer porösen, leichtgemahlenen Form an, die einen durchschnittlichen Stickstoffgehalt von 19 bis 20 Proz. hat, sehr gleichmäßig und unschwer weiter zu vermahlen ist. Bei einer etwaigen kür-

---

[1] Chem.-Ztg. 1917, S. 562.

zeren Störung in der Kraftstromversorgung leidet der Betrieb der *Carlson*-Hochöfen lange nicht in dem Maße, wie derjenige anderer Azotiereinrichtungen. Durch den Abbruch des Betriebes wird keine größere Kalkstickstoffmenge verdorben. Die Öfen sind bis in alle Einzelheiten durchgearbeitet und sehr betriebssicher.

So weit der Erfinder! *M. Dolch*[1] behauptet dagegen, der *Carlson*-Ofen sei nicht konkurrenzfähig und böte in Anbetracht des hohen Elektrodenverbrauchs und der erhaltenen niedrigprozentigen Ware keine wirtschaftlichen Vorteile. Auf die sich anschließende Kontroverse zwischen *M. Dolch* und *S. E. Rodling*, der den *Carlson*-Ofen verteidigt, sei verwiesen[2]. Das praktische Ergebnis auf den *Ljungawerken* scheint für den *Carlson*-Ofen zu sprechen.

Einen kontinuierlichen Ofen eigener Konstruktion benutzen die *Marignacwerke* in den Pyrenäen.

C. Krauß[3] bespricht eine Reihe weiterer Bauarten an Hand der Patentliteratur (Ital. Pat. 101 994, 112 336; D. R. P. 149 594, 246 077, 254 015,

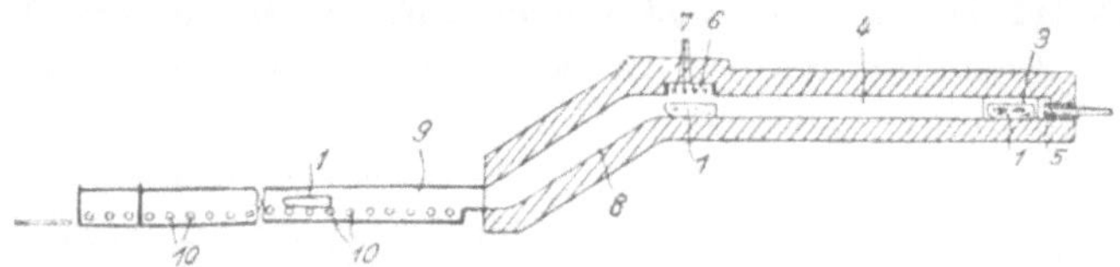

Fig. 10. Azotierofen nach *V. Thrane*, D. R. P. 302 583.

273 111, 274 472; amerik. Pat. 999 071, 1 004 509, 1 004 705, 1 021 445; engl. Pat. 28 524/1913). Die meisten Erfinder lassen die eigenartigen Verhältnisse, welche den Gang der Azotierung bestimmen, ganz außer Betracht oder tragen ihnen wenigstens nicht entsprechend Rechnung. Von ausschlaggebender Wichtigkeit ist nämlich erstens die Tatsache, daß das Carbid bei der Stickstoffaufnahme zähflüssig wird und zweitens der Umstand, daß die Azotierungsreaktion keineswegs sehr schnell verläuft. *V. Thrane* beschreibt in seinen D. R. P. 302 583 und 312 088 zuerst einen Kanalofen, (Fig 10), in dem Reaktionswägelchen 1 durch den Raum 4 mechanisch (Kolben 5) vorwärts bewegt werden, bis sie im elektrisch beheizten (7) Reaktionsraum 6 weit genug angeheizt sind, um die Stickstoffaufnahme lebhaft werden zu lassen. Über die Schräge 8 rutschen sie dann schnell aus der Reaktionszone heraus damit jede Überhitzung vermieden wird und werden durch 9 entfernt (Rollen 10). Die Azotiertemperatur liegt nach *Thrane* zwischen 900 und 1300°. Im D. R. P. 312 088 gibt er ferner einen zur Durchführung der Azotierung geeigneten Ringofen an, in welchem eine auf Rollen laufende Ringplatte auf einer Unterlage aus indifferentem Material — am besten aus bereits fertigem Kalkstickstoff — das Azotier-

---

[1] Chem.-Ztg. 1917, S. 376.
[2] Chem.-Ztg. 1917, S. 764, 873; 1918, S. 129.
[3] a. a. O.

carbid trägt. Der Ofen wird elektrisch beheizt. Der Stickstoff strömt kontinuierlich der sich drehenden Ringscheibe entgegen, von welcher das fertig azotierte Produkt mittels eines mechanisch bewegten Messers abgenommen wird. *M. Novak* (D. R. P. 305 061, 305 532) führt Azotiergefäße mit elektrischer Innenheizung auf Transportwägelchen durch einen Kanalofen hindurch, so daß seine Konstruktion gewissermaßen eine Kombination zwischen dem *Frank-Caro-* und dem *Polzenius-*System darstellt. Im D. R. P. 312 934 des Elektrizitätswerks *Lonza* in Basel bzw. Gampel ist ein Drehrohrofen gezeichnet, bei dem der überschüssige Stickstoff im Kreislauf durch außerhalb des Ofens liegende Heiz- bzw. Kühlvorrichtungen wieder in den Ofen zurückkehrt. Dadurch wird die Reaktionstemperatur desselben dauernd auf der geeigneten Höhe gehalten und die Wärmewirtschaft ist eine sehr gute. Die Lonzawerke sollen mit diesem oder einem ähnlichen Ofen befriedigend arbeiten.

Den Gedanken von *Tofani* (D. R. P. 246 077) nehmen *Det Norske Aktieselskab for Elektrokemisk Industri* und *Norsk Industri-Hypotekbank* in Kristiania im D. R. P. 314 363 wieder auf, indem sie vorschlagen, das staubförmige Carbid durch ein Stickstoffgebläse in geeigneter Weise in einen Ofen einzuführen, dessen erste Beheizung durch Flammenbögen erfolgt. *Karl, Prinz zu Löwenstein,* und *F. Hauff* zerlegen nach ihrem D. R. P. 318 286 zunächst Methan durch Erhitzen usw. in Wasserstoff und Kohlenstoff. Den Wasserstoff verbrennen sie mit Luft und gewinnen dabei Stickstoff, während sich der Kohlenstoff nach ihren Angaben außerordentlich gut zur Herstellung von Stickstoffbindungsgemischen aus Bariumcarbonat oder aus Kalk und Kohle eignet. Das Patent stellt somit einen Übergang zu den später zu besprechenden Cyanidverfahren dar. Die Reaktionsmassen werden brikettiert und im Revolverofen mit Stickstoff behandelt. Bei 1200 bis 1400° sollen sich Cyanide und Cyanamide bilden. *A. Lang* (D. R. P. 319 798) bläst wiederum Carbidstaub mittels Stickstoffs in den Reaktionsraum ein, der dieses Mal allerdings nicht beheizt ist. Die erforderliche Temperatur wird dadurch erzielt, daß der Stickstoff für sich hoch genug erhitzt wird. — Die Compagnie d'électricité industrielle errichtet übrigens in ihrem Marignacwerk einen kontinuierlichen Ofen mit 20 bis 30 t Kalkstickstoffleistung je Tag.[1]

J. H. Lidholm und die *Dettifoss Power Company, Ltd.* in London wollen so vorgehen, daß sie einem drehbaren Trommelofen[2] Stickstoff und Carbid im Gegenstrom zuführen, der einen guten gegenseitigen Wärmeaustausch gewährleistet. Charakteristisch ist bei ihrer Arbeitsmethode, daß sie den Stickstoff unter Druck[3] (5 bis 10 Atm.) einleiten und ihn gleichzeitig als Triebkraft für die Rotation ausnutzen (D. R. P. 321 618; Franz. Pat. 469045, 469 046). Um das Eintreten der Sinterung zu verhüten, wird von vornherein mit nur 55 bis 60 proz. Carbid gearbeitet oder es wird dem höher-

---

[1] Chem.-Ztg. 1921, S. 188.
[2] Siehe bei *C. Krauß,* a. a. O.
[3] Metallb. 1920, S. 1202.

prozentigen Carbid ein indifferenter Stoff, wie Sand od. dgl., beigemengt.
Es hat sich gezeigt, daß es für jeden Stickstoffdruck einen bestimmten
Verdünnungsgrad gibt, der stets genau innegehalten werden muß und durch
Versuche leicht festzustellen ist. Bei einem Überdruck von 1 Atm. gibt
60 proz. Carbidgemisch einen Kalkstickstoff mit 20 Proz. N und der Stickstoffverlust beträgt nur 20 Proz. des gesamten Verbrauches. Im franz.
Pat. 469 046 (vgl. auch engl. Pat. 28 524/1913; D. R. P. 274 472), das sich
von der eben beschriebenen Methode ein wenig unterscheidet, behaupten
die Patentnehmer übrigens, die Azotierung erfolge bei 1500° C augenblicklich und man könne am besten azotieren, wenn man einen Carbidstaub-
regen in 2000° heißes Stickstoffgas einführe. Mit diesen Temperaturangaben
befinden sie sich im Gegensatz zu allen sonstigen Befunden. Die *A.-B.
Nitrogenium* beschreibt im D. R. P. 325 152 einen Rührer für Kalkstickstofföfen.

Das, was *C. Krauß*[1] über den Vorschlag von *G. Scialoja* (D. R. P.254015)
sagt, gilt sinngemäß auch für das amerik. Pat. 1 126 000 von *Tuneichi Fuji-
yama*-Tokio, nach dem man die Reaktionstemperatur durch Verbrennen
eines Teils des Carbids in Luft erreichen soll, deren unverbrannter Rest
dann die Stelle des reinen Stickstoffs vertritt. Einen Widerstandsofen für
möglichst verminderten Druck beschreibt *L. G. Patrouilleau* im franz.
Pat. 475 195. *H. W. Lamb* will nach dem amerik. Pat. 1 123 763 aus
Eisenoxyd mit Koks, Kohle oder Pech Eisencarbid, FeC_2, erzeugen, das
bei hoher Temperatur glatt Stickstoff aufnimmt und Nitride und ähnliche
Körper bildet, die sich mit Wasserdampf in Eisencarbonat und Ammoniak
zersetzen lassen sollen. *Barzano* und *Zanardo* machen die Darstellung
pulverförmigen Kalkstickstoffs direkt im Azotierofen zum Gegenstand ihres
franz. Pat. 456 826. Mit der Kalkstickstoffindustrie bzw. mit den diese
berührenden Fragen befassen sich ferner das D. R. P. 149 594 der *Ampère
Electrochemical Co.*, die D. R. P. 200 986 und 235 662 der *BASF* und das
amerik. Pat. 982 288.

Das nach dem *Polzenius*-Verfahren gewonnene Endprodukt kennzeichnet
sich vor dem *Frank-Caro*-Kalkstickstoff durch einen Gehalt an Chlor.
C. Krauß[2] stellt folgende Analysen einander gegenüber:

	Kalkstickstoff nach	
	Polzenius	*Frank-Caro*
N	etwa 20 bis 21 Proz.	20 bis 21 Proz.
C	„ 17 „	17 „ 18 „
Cl	„ 5 „	—
CaO	„ 54 „	56 „ 57 „

Von theoretischen Arbeiten seien, außer den schon erwähnten, diejenigen
von *O. Kühling* und *O. Berkold*[3], *M. Le Blanc* und *M. Eschmann*[4], *G. Erl-*

---

[1] a. a. O.
[2] a. a. O.
[3] Chem.-Ztg. 1908, Repert. 109; 1909, Repert. 109.
[4] Chem.-Ztg. 1911, Repert. 151.

wein, *C. Warth* und *R. Beutner*[1], *J. Pranke*[2], *E. J. Briner* und *A. Kühne*[3], *G. Bredig*[4] sowie die von *P. Dolch*[5] genannt.

Die Weiterverarbeitung des im *Frank-Caro-* oder im *Polzenius*-Ofen gewonnenen Kalkstickstoffs ist einander gleich. Die Einsätze oder Kästen kühlen zunächst ab und werden dann entleert. Das in großen Brocken erhaltene Produkt wird meist durch Brecher grob und dann durch Kugel- mühlen fein zerkleinert. Die Mühlenkonstruktion weicht von derjenigen nur unerheblich ab, die in der Zementindustrie allgemein verwendet wird. Die Maschinenfabrik *Gebr. Pfropfe* in Hildesheim empfiehlt z. B. ihre Quadruplar-Urmühlen zum Vermahlen von Kalkstickstoff und die *Siemens-Schuckert*-Werke, G. m. b. H., in Siemensstadt bei Berlin haben sich einen besonders konstruierten Brecher für diese Zwecke schützen lassen (D. R. P. 316 605). Auch die Kalkstickstoffmühlen müssen, wie die Carbidmühlen, mit einem inerten Gas gefüllt werden, wenn der mehr oder minder beträchtliche Carbidgehalt nicht zu Explosionen Veranlassung geben soll. An Stelle von reinem Stickstoff benutzt man für diese Zwecke häufig Verbrennungs- oder Rauchgase, die ja im wesentlichen auch nur Kohlensäure und Stickstoff und nicht den gefährlichen Sauerstoff ent- halten.

Der schließlich gewonnene, sehr stark stäubende, mehlfeine, frische Kalkstickstoff ist in den wenigsten Fällen direkt für die Weiterbenutzung oder den Verkauf geeignet. Das Erzeugnis der *Frank-Caro*-Azotieröfen hat manchmal 2 bis 3 Proz. und dasjenige des *Polzenius* schen Prozesses im günstig- sten Fall 0,25 Proz. Carbid, bei irgendwelchen Störungen jedoch bedeutend mehr. An der Luft, bei der Verladung und Lagerung, entwickelt dieses Carbid mit der natürlichen Feuchtigkeit der Atmosphäre Acetylen, das durch Selbstentzündung oder durch äußere Ursachen explodieren kann. Auf dem norwegischen Dampfer „Snorre" ist eine solche Explosions- katastrophe tatsächlich vorgekommen. Durch norwegisches Gesetz wurde daraufhin der Höchstgehalt von Carbid im Kalkstickstoff auf 0,2 Proz. festgesetzt. *E. Simonsen*[6] bemängelt diesen Gehalt als zu hoch und redet einer Bestimmung das Wort, den Versand von Kalkstickstoff nur in solchen Blechtrommeln zuzulassen, wie sie beim Transport von Carbid Verwendung finden. Nach seinen Mitteilungen ergibt seine Explosionsmethode (20 g Substanz im 250 ccm-Kolben mit 10 ccm Wasser angerührt, darf nach zwei Stunden Stehen kein durch die Streichholzflamme explodierendes Gas- gemisch geben) genauere Ergebnisse, als das gasvolumetrische Verfahren von *Caro*, der Acetylen mittels kochsalzgesättigtem Wasser entbindet, das Gas über Kochsalzlösung auffängt und das endgültige Volumen nach 15 Mi-

---

[1] Chem.-Ztg. 1911, Repert. 180.
[2] Chem.-Ztg. 1913, Repert. 333, 503.
[3] Chem.-Ztg. 1913, S. 665.
[4] Chem.-Ztg. 1913, S. 831.
[5] Zeitschr. f. Elektrochemie 1920, S. 455.
[6] Chem.-Ztg. 1915, S. 123.

nuten Wartezeit abliest. Die Bestimmung des Acetylens mit Kupferchlorür-
lösung verwirft er ganz.

Eine gewisse „Entgasung" des Kalkstickstoffs tritt nun schon in den
Kühlhallen und Mühlen ein; sie genügt jedoch nicht, um den Carbidgehalt
weit genug herabzusetzen. Man bedient sich dazu sog. Hydromixer-
Apparate, die zumeist aus doppelwandigen Trommeln bestehen, in die durch
Düsen Wasser eingestäubt wird, während eine Transportschnecke den pulverförmigen Kalkstickstoff durch den Raum hindurchbewegt. Solche Entgasungstrommeln können nach Bedarf serienweise vereinigt werden, damit
das Material den Apparat bestimmt mit ganz geringem Carbidgehalt verläßt.
Der Wasserzufluß durch die Zerstäubungsdüsen ist verstellbar und richtet
sich nach der Höhe des Carbidgehaltes im Kalkstickstoff. Bei der Reaktion

$$CaC_2 + 2\,H_2O = Ca(OH)_2 + C_2H_2$$

werden erhebliche Mengen Wärme frei. Jedes Gramm Carbid entwickelt bei
der Zersetzung mit 20- bis 50fachem Wasserüberschuß durchschnittlich
406 Cal. bei Anwendung in größeren Stücken und 377 Cal. bei kleineren
Körnern von 1 bis 5 g Gewicht. Für 1 g Reincarbid ergibt sich somit eine
Wärmeentwicklung von 414,6 Cal.[1] Diese Wärmemenge muß aus den Ent-
gasungs-Hydromixern unbedingt abgeführt werden, wenn tiefgreifende Veränderungen des Kalkstickstoffs, also namentlich die Bildung von Dicyandiamid und die Abspaltung von Ammoniak, vermieden werden sollen. Der
Doppelmantel der Trommeln wird deshalb zum ausgiebigen Kühlen benutzt
oder man verwendet einfach Trommeln, die von außen mit Kühlwasser
berieselt werden. Hydromixoren, die auch als gedeckte und offene Tröge
ausgeführt werden können, liefert u. a. die Maschinenfabrik *Gebr. Pfropfe*,
Hildesheim. In der amerikanischen Anlage Muscle Shoals[2] sind die Entgasertröge 0,91 m breit und 11 m lang. Sie sind oben offen und enthalten
eine Welle, die 50 Touren in der Minute macht und 408 mm lange Rührarme trägt. Dem Carbidgehalt entsprechend, zerstäubt man über den Trögen
eine gewisse Wassermenge. Der Kalkstickstoff durchläuft den Apparat mit
15 m Geschwindigkeit pro Minute, erwärmt sich dabei gelinde und fällt vollkommen trocken heraus. Das in Freiheit gesetzte Acetylen geht verloren.

Die *A.-G. für Stickstoffdünger* in Knapsack, Bez. Köln, bringt
eine entsprechend dosierte Menge Wasserdampf auf den Kalkstickstoff zur
Einwirkung (D. R. P. 260 469; franz. Pat. 450 435). Die Temperaturregu-
lierung wird bei diesem Verfahren noch schwieriger. *F. W. Mac Mahon* will
den zu entgasenden Kalkstickstoff nach dem franz. Pat. 456 765 mit 30 bis
40 Proz. Wasser unter guter Kühlung verrühren. Diese Dosis Wasser erscheint
für normale Verhältnisse allzu hoch: sie dürfte zu einem Verklumpen führen
und den Stickstoffgehalt des Endprodukts durch den mitzuschleppenden
Wasserballast unerwünscht herabsetzen.

---

[1] *J. H. Vogel,* Das Acetylen. Leipzig 1911, S. 81.
[2] Chem. and Metall. Eng. 1919, S. 8 ff.

Der entgaste Kalkstickstoff wird manchmal noch einem Mischprozeß unterworfen, um ihn auf einen bestimmten Stickstoffgehalt einzustellen oder ihn zu ölen. Für ersteren Zweck werden geringwertige Sorten mit hochprozentigen vermischt oder es werden indifferente Stoffe zugeschlagen; für letzteren gibt man ihm zur Beseitigung des Stäubens (s. unten) eine Beimengung von 3 bis 4 Proz. schwerem Steinkohlenteeröl. Entgasung, Mischung und Ölung will nun *G. Zarniko* in einem Arbeitsgang vornehmen, indem er eine Löschmühle mit Wasserberieselung anwendet, die, wie auch die übrigen Entgasungsapparate, mit inertem Gas gefüllt wird. Durch den Einlaufzapfen, welcher der Kalkstickstoffzuführung dient, wird gleichzeitig mittels Brause die gewählte Flüssigkeit eingestäubt. Zahnstangenartige Mischleitern im Innern der Entgasungstrommeln dienen der innigen Mischung des Gutes, das vor dem Auslauf durch einen zylindrischen Rost abgesiebt wird (D. R. P. 294 993). *Kenneth F. Cooper* und die *American Cyanamide Company*, Nashville (Tennessee), behandeln ein Rohmaterial mit 3 Proz. Carbid in einem rotierenden Kühlzylinder mit 10 bis 15 Gewichtsprozent Wasser, dem außerdem etwas Öl oder ein sonst geeignetes Bindemittel zugefügt wird. Das Acetylen entweicht und ganz trockner, entgaster und entstaubter Kalkstickstoff kann aus der Trommel abgezogen werden (amerik. Pat. 1 155 797).

Der Kalkstickstoff ist durch sein großes Stäuben ausgezeichnet. Hygienische Gründe haben es schon lange als lockendes Ziel erscheinen lassen, ihm diese lästige Eigenschaft zu nehmen, um seine Verwendbarkeit in der Hand des Landwirts zu erhöhen. Am 1. April 1915 hat der preußische Minister für Landwirtschaft, Domänen und Forsten ein ausführliches Preisausschreiben über folgende zwei Fragen erlassen[1]: 1. Welche Wirkung hat der Kalkstickstoff als Düngemittel bei Anwendung zu verschiedenen Jahreszeiten, auf den verschiedenen Bodenarten, bei verschiedener Bestellung und den verschiedenen Früchten, sowie 2. Verbesserung der Streufähigkeit des Kalkstickstoffs. Das Preisrichterkollegium zur Beurteilung der Einsendungen zu 2 bildeten *Ramm* - Berlin, *Vibrans* - Calvörde, *Albert* - Münchenhof, *Günther* - Berlin und *N. Caro* - Berlin. *N. Caro* hat über die zu 2 eingereichten Lösungen und die damit in Zusammenhang stehenden Fragen in der Chem. Ztg. 1920, S. 53ff. erschöpfend berichtet. Er legt seiner Betrachtung folgende Mittelanalyse zugrunde:

58 bis 60	Proz.	Calciumcyanamid, $CaCN_2$,	
9 „ 12	„	freier Kohlenstoff, hauptsächlich in Form von Graphit,	
3 „ 5	„	in Säuren unlösl. Verbindungen (außer C),	
20 „ 28	„	freien Kalk, CaO,	
0,5„ 1,5	„	Carbid, CaC_2,	
0,5„ 1	„	sonstige Bestandteile.	

Die staubenden und ätzenden Eigenschaften des Kalkstickstoffs sind im wesentlichen auf die Anwesenheit von Carbid und namentlich auf freien Kalk

---

[1] Chem.-Ztg. 1915, S. 301.

zurückzuführen. Das reine $CaCN_2$ zeigt nur schwache Ätzwirkung. Es zerfällt unter dem Einfluß von Feuchtigkeit in Monocalciumcyanamid und freien Ätzkalk:

$$2\,CaCN_2 + 2\,H_2O = Ca(HCN_2)_2 + Ca(OH)_2,$$

der in diesem Zustand besonders stark ätzend wirkt. Auf dem Gehalt an CaC_2 und freiem Kalk beruht die Eigenschaft des Kalkstickstoffs, Feuchtigkeit und CO_2 anzuziehen, sein Volumen beim Lagern zu vergrößern und relativ an Stickstoffgehalt abzunehmen. Auch Calciumcyanamid an sich ist hygroskopisch.

Die frühesten Vorschläge, den Kalkstickstoff zu entstauben und ihn weniger ätzend zu machen, liefen darauf hinaus, den Kalk mit Wasser abzulöschen und gleichzeitig das Carbid zu zersetzen (Entgasung; s. o.). Um 20 bis 28 Proz. CaO und 0,5 bis 1,5 Proz. CaC_2 in $Ca(OH)_2$ zu verwandeln, muß man dem Kalkstickstoff rund 7 bis 10 Teile Wasser zusetzen, und zwar etwa 6,5 bis 9 Teile zur Hydratisierung des freien Kalks und 0,5 bis 1 Teil zur Zersetzung des Carbids. Die Methode brachte praktisch leider keinen Erfolg. Es zeigte sich nämlich, daß der freie Kalk sich im Kalkstickstoff im sog. „totgebrannten" Zustande befindet, in dem er nur sehr langsam mit Wasser reagiert. Das CaC_2 wird augenblicklich zerlegt, aber aus dem freien CaO entsteht nur ganz allmählich $Ca(OH)_2$, welches das überschüssige Wasser unter Bildung komplexer Hydrate an sich anlagert. Diese Hydrate geben ihren Wasserballast nach und nach an das freie CaO und an das $CaCN_2$ ab. Alle diese Reaktionen spielen sich unter Freiwerden von Wärme ab. Beim Behandeln kleiner Kalkstickstoffmengen mit Wasser ist es wohl möglich, die Erwärmung durch zweckmäßige Außenkühlung auszugleichen, beim Entstauben großer Massen erscheint dieses Vorgehen ausgeschlossen bzw. unrentabel. Man hat deshalb beim Lagern angefeuchteten Kalkstickstoffs mit der gleichzeitigen Einwirkung von örtlicher Reaktionswärme und von Wasser auf das Calciumcyanamid zu rechnen. Die Folge davon sind höchst verderbliche Umwandlungen desselben, die entweder nach a) oder nach b) erfolgen:

$$\text{a) } 2\,CaCN_2 \qquad\quad + 2\,H_2O = Ca(HCN_2)_2 + Ca(OH)_2$$
$$Ca(HCN_2)_2 + 2\,H_2O = \underset{\text{Cyanamid}}{H_2CN_2} \qquad\quad + Ca(OH)_2$$
$$2\,H_2CN_2 \qquad\qquad\quad = (H_2CN_2)_2 \;\text{Dicyandiamid}$$
$$\text{b) } 2\,CaCN_2 \qquad\quad + 2\,H_2O = Ca(HCN_2)_2 \qquad + Ca(OH)_2$$
$$Ca(HCN_2)_2 + 5\,H_2O = CaCO_3 + CO_2 + 4\,NH_3.$$

Das Dicyandiamid wirkt schädigend auf den Düngemittelwert und das entweichende Ammoniak bedingt Stickstoffverlust Die zahlreichen Vorschläge, die darauf hinauslaufen, dem Kalkstickstoff direkt Wasser zuzusetzen, ihn als plastische Masse zu granulieren oder zu pressen, ihm einen Zusatz von feuchten Kolloiden zu geben, hygroskopische Salze (Chlormagnesium, Chlorcalcium) zuzuschlagen, ihm Torfmull beizumengen oder ihn mit Sulfitcelluloseablauge zu versetzen, haben sämtlich mit den vorgenannten Übelständen zu rechnen. Von den rund 125 Bewerbungen, die auf das erwähnte Preisausschreiben eingingen, haben sich sehr viele mit ähnlichen Methoden beschäftigt, ohne daß eine von ihnen in die Praxis Eingang gefunden hätte. Kalkstickstoffpreßlinge hat eine amerikanische Fabrik nach dem D. R. P. 231 646 der *Bayrischen Stickstoffwerke* gewonnen; dauernder Erfolg blieb jedoch aus. Auch in Deutschland sind Versuche mit gekörntem Kalkstickstoff vorgenommen worden, die aber eine Beeinträchtigung der Düngewirkung ergeben haben. Nach Mitteilungen aus Odda[1] hat die dortige Granulierungsanlage der *North Western Cyanamide Co.* eine Leistungsfähigkeit von rund 350 t täglich. Der granulierte Kalkstickstoff mit 16 Proz. hat sich dort als recht gut erwiesen; er enthält den Kalk in gelöschter Form und wirkt auf keimende Pflanzen so wenig ätzend, daß er als Kopfdünger Verwendung finden kann. Hautschädigungen treten bei ihm nicht mehr auf. Die Reaktionen, die beim gewöhnlichen Kalkstickstoff erst im Boden stattfinden (gemeint ist in erster Linie die Ammoniak- bzw. Harnstoffbildung), sind beim neuen Produkt bereits eingeleitet und vorbereitet, so daß der Stickstoff schneller resorbierbar wird. Vergleichssiebproben ergaben folgende Werte:

Maschen pro Quadratzoll	Geölter Kalkstickstoff	Granulierter Kalkstickstoff
14 bis 34	26 Proz.	63 Proz.
34 „ 175	30 „	28 „
Staub	44 „	9 „

Staubförmigen Kalkstickstoff mit 20 bis 21 Proz. N bringt die *North Western Cyanamide Co.* daneben als Unkrautvertilgungsmittel in den Verkehr.

A. Stutzer (D. R. P. 242 522) fand, daß gewisse Kolloide, wie Eisenoxyd, entstaubend und im Sinne einer Harnstoffbildung fördernd wirken können. Am günstigsten ist das Verfahren des D. R. P. 225 297, das die Ölung empfiehlt. Man arbeitet in der Praxis vorläufig allein nach dieser Methode, indem man den entgasten Kalkstickstoff in besonderen Mischern mit 3 bis 4 Proz. schwerem Steinkohlenteeröl (Paraffinöl) durcharbeitet. Phenolhaltige Öle schädigen, da sie Phenolkalke bilden, die für die Bodenmikroben giftig sind. Ein geöltes Material zieht zwar Wasser an, läßt aber lokale Temperaturerhöhung kaum zu, verhindert die Abspaltung von Ammoniak und setzt das Stäuben ganz bedeutend herab. *Carlson* (D. R. P. ·235 754) will den freien Kalk durch Behandlung mit CO_2 und Wasser unschädlich machen, *Stutzer* (D. R. P. 226 340, 252 164) erzeugt durch Melasse Saccharate oder setzt Sulfitablauge zu bzw. arbeitet mit Mischungen von Kalkstickstoff und Norgesalpeter, die Ostdeutschen Kalkstickstoffwerke (D. R. P. 241 995) benutzen trocknen, fein gemahlenen Asphalt, *H. Schröder* (D. R. P. 243 226) empfiehlt Magnesium- oder Calciumchlorid als Zusatz und *M. Müller* (D. R. P. 262 473) Sulfitcelluloseablauge. *A. P. Zamore* und *O. F. Carlson* (amerik. Pat. 1 042 746) behandeln Kalkstickstoff zwecks Entstaubung mit Salpetersäure. Nach dem norweg. Pat. 23 064 (*Carlson*) wird Kalkstickstoff mit so viel 3 bis 25 proz. Salpetersäure gemischt, daß die Säure 15 bis 20

---

[1] Chem.-Ztg. 1915, S. 320.

Gewichtsprozente desselben ausmacht. Dem norweg. Pat. 23 063 des gleichen Erfinders zufolge unterwirft man den Kalkstickstoff der gleichzeitigen Einwirkung von Wasser und nicht trocknendem Öl oder von Wasser (0,5 bis 10 Proz.), Kohlensäure (5 bis 50 Proz.) und gewissen Fetten (1 bis 5 Proz.).

F. Winterfeld verspricht sich eine besonders günstige entstaubende Wirkung durch einen Zusatz von Dolomitsand (D. R. P. 295 142), *O. Neuß* und *H. Stiegler* vermischen mit Torfstreuprodukten, die mit Chlormagnesiumlösung getränkt sind (D. R. P. 298 200), *F. Steimmig* gibt einen Zusatz von Glaubersalz (D. R. P. 303 079), *W. Schwarzenauer* einen solchen von Schieferöl (D. R. P. 304 965) und *Th. Waage* preßt Kalkstickstoff mit gepulverten Phosphaten, die mit Kalisalzlösung befeuchtet sind, zusammen (D. R. P. 313 414). Eine geeignete Preßvorrichtung beschreibt die Maschinenfabrik *F. Kilian* im D. R. P. 300 801. Nach dem amerik. Pat. 1 098 651 brikettiert man zunächst und vermahlt dann aufs neue. Im amerik. Pat. 1 135 639 schlägt *F. S. Washburn* vor, je 17 Teile Kalkstickstoff mit 100 Teilen Schlachthausabfällen zu vermengen, während das franz. Pat. 474 882 wiederum einen Körnungsprozeß zum Gegenstand hat.

Die teils niedrigprozentigen, teils wenig haltbaren Gemische aus Kalkstickstoff, Thomasmehl oder Kalisalzen empfehlen sich weniger für die Industrie, als für den Landmann, der sie an Ort und Stelle sofort verwendet.

Die Ölung des Kalkstickstoffs konnte in Deutschland während des Krieges leider kaum ausgeführt werden, da der Rohstoffmangel zu groß war. Ein Zusatz von Teer — empfohlen werden 15 Proz.[1] — leistet nicht die gleichen Dienste.

Der Gedanke, den freien Kalk an eine Säure zu binden, erscheint besonders ausbaufähig, wenn die gleichzeitige Wirkung eines etwaigen Wasserüberschusses vermieden oder in irgendeiner Weise ausgeglichen wird. Salpetersäure empfiehlt sich von vornherein, weil sie stickstoffhaltig ist, also den Stickstoffinhalt des Endprodukts nicht oder nur wenig herabsetzt. Die Wirkung der Säure bleibt anderseits nie beim Auflösen des freien Kalks stehen, sondern sie dehnt sich auch auf das Calciumcyanamid aus, das dabei in Calciumsalz und Harnstoff- bzw. Ammoniumsalz (vgl. *Stutzer*, D. R. P. 242 522) zerfällt. Auf die Möglichkeit einer Calcium-Humatbildung ist bereits im D. R. P. 298 200 (s. o.) aufmerksam gemacht worden. Es sollte daher versucht werden, mit einer Humussäuresubstanz, die etwa aus Torf oder aus Braunkohle dargestellt ist, zu arbeiten, indem der Kalkstickstoff direkt mit der hochvoluminösen und durch große Adsorptionsfähigkeit ausgezeichneten Masse trocken gemischt wird. Man hat ferner neuerdings durch Versuche festgestellt, daß sich stark stäubende Pulver dadurch in ihrer Oberflächenbeschaffenheit wesentlich verändern, daß sie in ein elektrisches Feld zwischen zwei Elektroden gebracht, d. h. ganz ebenso behandelt werden, wie zu entstaubende Gase nach dem *Cottrell*-Verfahren. Die Teilchen werden elektrostatisch beeinflußt und sollen nach der Einwirkung des hochgespannten

---

[1] Umsch. 1919, S. 192.

Stromes nicht mehr so stark stäuben wie vorher. Auch in dieser Richtung empfehlen sich vielleicht Versuche mit Kalkstickstoff. Ob die *Plauson*sche Kolloidmühle[1] für die Ölung oder die Homogenisierung des Kalkstickstoffs mit irgendeinem Mittel (z. B. Humussäure) Erfolg verspricht, müssen Versuche lehren.

Über die physiologischen Wirkungen des Kalkstickstoffs infolge seiner ätzenden und namentlich seiner stäubenden Eigenschaften ist ziemlich viel gearbeitet worden. Höchst bemerkenswert sind insonderheit die merkwürdigen Erscheinungen, die beim Einatmen von Kalkstickstoffstaub nach oder vor Alkoholgenuß auftreten und die sich in dunkelblauroter Färbung des Gesichts und der oberen Körperteile, in Atemnot, Beklemmungen, Herzklopfen usw. äußern. Das typische Krankheitsbild (Kalkstickstoffkrankheit) hält meistens nur 1 bis 2 Stunden an, ohne daß weitere Nachwirkungen oder schädliche Folgen zu konstatieren sind. Es dürfte hier ein ursächlicher Zusammenhang mit den echten Cyanvergiftungen bestehen, nur sind diese ungleich gefährlicher. Über alle diese Fragen hat *Siebner*[2] zusammenhängend berichtet. Die verhältnismäßig reiche Literatur ist von ihm ausführlich zusammengestellt und benutzt worden. Die Hygiene der Kalkstickstoffindustrie hat ferner eingehende Bearbeitung durch *F. Koelsch*[3] erfahren. *Van Husen*[4] beschreibt die Formen der Hautentzündung durch Kalkstickstoffdünger und *Schlier*[5] die allgemeinen Gesundheitsschädigungen, die beim Umgehen mit Kalkstickstoff eintreten können.

Die Umwandlungen, die der Kalkstickstoff beim Entstauben durch Wasserzusatz erleidet und die sich ebenso bei unrichtiger Ausführung der Entgasung vorbereiten können, führen unter Umständen auch zu einer tiefgreifenden Zersetzung beim Lagern unter Zutritt von Luftfeuchtigkeit. Wasser- und Kohlensäureaufnahme bewirken eine Gewichtsvermehrung und damit schon an und für sich einen Rückgang des prozentualen Stickstoffgehalts. Bei näherer Untersuchung zeigt sich, daß darüber hinaus Stickstoffverluste durch Ammoniakentbindung eingetreten sind und daß sich oft recht erhebliche Mengen Calciumcyanamid unter der Einwirkung von Wasser im Sinne der oben angeführten Gleichungen in freies Cyanamid umgewandelt haben, das dann sekundär zu Dicyandiamid polymerisiert ist. Die Wirkung des Dicyandiamids auf den Organismus der Pflanze ist umstritten, doch überwiegen jene Stimmen, die es in größeren Mengen für schädlich halten[6]. *H. Kappen* hat einen alten Kalkstickstoff untersucht, bei dem nur noch 115,4 mg N auf 1 g Kalkstickstoff im Wasserauszug vorhanden waren; als Cyanamid war kein Stickstoff mehr nachzuweisen, als Dicyandiamid fanden

<hr>

[1] Chem.-Ztg. 1920, S. 553, 565.

[2] Chem.-Ztg. 1920, S. 369, 382; s. a. Umsch. 1920, S. 488ff.

[3] Zeitschr. f. öffentl. Gesundheitspflege 1917, **47**, Heft 4; Zentralbl. f. Gewerbehygiene 1917, S. 103ff.; Zeitschr. f. angew. Chem. 1920, I, 1ff.

[4] Münch. med. Wochenschr. 1919, S. 750.

[5] Öffentl. Gesundheitspflege **4**, 201 (1919).

[6] Z. B. *Hager* und *Kern*, Zeitschr. f. angew. Chem. 1916, I, 221; *L. Moller*, Biochem. Zeitschr. 1918, S. 85.

sich über 73 Proz. Stickstoff.[1] *J. P. van Zyl* analysierte einen $2^1/_2$ Jahre hindurch offen in einer Scheune zu ebener Erde lagernden Kalkstickstoff und fand in ihm pro 1 g Substanz 131,3 mg Gesamt-N, 99,5 mg Cyanamid-N und 2,1 mg Dicyandiamid-N.[2] Dieses Material hat sich also im Gegensatz zum vorigen bemerkenswert gut gehalten. Der Stickstoffrest ist wohl in beiden Fällen als Harnstoff vorhanden.[3]

Die Bestimmung des Dicyandiamids kann nach der ursprünglichen Vorschrift von *Caro*[4] oder nach den verbesserten Methoden von *H. Kappen*[5], *G. Hager* und *J. Kern*[6], *A. Stutzer*[7] sowie von *F. W. Dafert* und *R. Miklauz*[8] erfolgen. Nach den Feststellungen von *G. Hager* und *J. Kern* verträgt Kalkstickstoff im allgemeinen einen Wasserzusatz bis zu 10 Gewichtsprozent, erst mit 15 Proz. Wasserzusatz macht sich eine steigende Zunahme im Dicyandiamidgehalt bemerkbar.

Über die Arbeiten von *D. Meyer, R. Gorkow,* F. *Weiske, P. Mazé, Vila, M. Lemoigne* und *M. Popp,* die sich sämtlich mit den Umwandlungsprodukten von lagerndem Kalkstickstoff oder Düngungsergebnissen mit verdorbenem Kalkstickstoff befassen, referiert das Chem. Zentralbl. 1920, IV, 123. Beiträge zur Frage der Untersuchung von dicyandiamidreichem Kalkstickstoff bzw. Kalkstickstoff überhaupt[9] bringen *M. Hene* und *A. v. Haaren*[10], sowie *P. Liechti* und *E. Truninger*[11].

Auf die Verwendung des Kalkstickstoffs als Dünger kann hier nicht näher eingegangen werden. Man rechnet je nach der Gehaltslage des Kalkstickstoffs sowie dem Stickstoffbedürfnis des Bodens und der Pflanze 20 bis 100 kg pro $^1/_4$ ha (= 1 preuß. Morgen). Neben dem Kalkstickstoff muß genügend Phosphorsäure- und Kalidünger gegeben werden, und zwar kann Kalkstickstoff unbedenklich mit Kalisalzen, Thomasmehl, Kalk und Knochenmehl vor der Verwendung gemischt bzw. mit diesen zusammen gestreut werden. Einem Mischen mit Superphosphat ist zu widerraten. Der Kalkstickstoff wird vor der Saat gleichmäßig gestreut und alsbald mit Egge, Pflug od. dgl. untergebracht. Für Herbstdüngung empfehlen sich Gaben von 15 bis 25 kg pro $^1/_4$ ha. Als Kopfdünger ist Kalkstickstoff nur für Wintersaaten und Wiesen vor Erwachen der Vegetation brauchbar. Für Unkrautvertilgung rechnet man 20 bis 25 kg pro $^1/_4$ ha. Beim Ausstreuen des Kalkstickstoffs sind gewisse Vorsichtsmaßregeln nie außer acht zu lassen; unbedeckte Körperteile sollen eingefettet werden; dichtschließende Kleider und

---

[1] Zeitschr. f. angew. Chem. 1918, I, 32.
[2] Zeitschr. f. angew. Chem. 1918, I, 203.
[3] Vgl. *F. Muhlert*, a. a. O., S. 245 bis 247.
[4] Zeitschr. f. angew. Chem. 1910, S. 2405.
[5] Zeitschr. f. angew. Chem. 1918, I, 31.
[6] Zeitschr. f. angew. Chem. 1916, I, 221, 309; 1917, I, 53.
[7] Ebenda 1916, I, 417.
[8] Zeitschr. f. landw. Versuchsw. in Österreich 1919, S. 1.
[9] Vgl. *C. Krauß* a. a. O.
[10] Zeitschr. f. angew. Chem. 1918, I, 129.
[11] Chem.-Ztg. 1916, S. 365, 812.

gute Stiefel sind erstes Erfordernis; es ist stets mit dem Wind zu streuen usw. Für die Verwendung von Kalkstickstoffdünger im großen gibt es besondere Streumaschinen (z. B. D. R. P. 299 954 des *Elektrizitätswerkes Lonza A.-G.*).[1]

Was die Düngewirkung anbetrifft, so sei insbesondere auf die zahlreichen Beiträge, Versuche und Arbeiten von *Stutzer, Immendorff, Gerlach, Wagner, Tacke* u. a. aufmerksam gemacht, die neuerdings in der praktischen Anleitung von *E. Linter* und *A. Münzinger*: „Kalkstickstoff als Düngemittel"[2] zusammengefaßt sind. Auch *Lipschütz* berichtet im Zusammenhang über seine Erfahrungen mit Kalkstickstoff (Wien und Leipzig 1917). Eine Reihe wichtiger Mitteilungen enthalten daneben die Propagandaschriften der früheren *Verkaufsvereinigung für Stickstoffdünger, G. m. b. H.* in Berlin und zahlreiche Einzelveröffentlichungen[3], auf die hier nicht eingegangen werden kann.

Die Eigenschaften des Kalkstickstoffs haben dazu geführt, daß man seit langem nach einer Veredelung desselben sucht. Wenn es gelingt, einen wirksamen, haltbaren und harmlosen neuen Dünger aus ihm auf billige Weise herzustellen, so hat man selbstverständlich die Probleme der Entstaubung, Erhöhung der Lagerbeständigkeit usw mit einem Schlage auf allerdings sehr radikale Weise gelöst[4] und aus der Welt geschafft. Auf den Vorgang der Ammoniakdarstellung aus Kalkstickstoff soll erst weiter unten zurückgekommen werden, hier seien einige andere Verarbeitungsmethoden vorweggenommen. Erwähnenswert ist vor allem die Umwandlung von Kalkstickstoff in Harnstoff, die z. B. nach folgendem Schema glatt vor sich geht:

$$CaCN_2 + H_2O + CO_2 = CaCO_3 + CN \cdot NH_2,$$
$$CN \cdot NH_2 + H_2O \quad = NH_2 \cdot CO \cdot NH_2.$$

Es war bereits darauf aufmerksam gemacht worden, daß die Harnstoffbildung auch im alternden Kalkstickstoff Platz greifen kann und zudem haben *P. Mazé, Vila* und *M. Lemoigne*[5] nachgewiesen, daß eine ganze Reihe von Bodenbakterien (namentlich B. prodigiosus, B. coli und B. cloacae) befähigt ist, den Stickstoff des Kalkstickstoffs in Harnstoff überzuführen. Dieser setzt sich auf fruchtbaren Böden rasch, auf sterilen und sauren langsam weiter in Ammoncarbonat um. Ausführlich hat namentlich *H. Kappen*[6] über die Gewinnung von Harnstoff aus Kalkstickstoff gearbeitet.

Man trägt zweckmäßig Kalkstickstoffpulver unter Vermeidung jeder Erwärmung (Dicyandiamid- und Ammoniakbildung!) in kaltes Wasser ein,

---

[1] Vgl. auch Chem. Ind. 1918, Nr. 13/14 (Dokumente) und Technik i. d. Landwirtschaft 1920, S. 697.

[2] Berlin 1915, Preisschrift auf Grund des oben genannten Preisausschreibens, Teil 1; Chem.-Ztg. 1915, S. 30, 773.

[3] Z. B. Chem.-Ztg. 1915, Repert. 219; 1916, Repert. 221, 273; 1917, Repert. 73; 1920, Chem.-techn. Übers. 81.

[4] Chem.-Ztg. 1920, S. 158.

[5] Compt. rend. 169, S. 921 (1919).

[6] „Die Katalyse des Cyanamids"; Habilitationsschrift, Universität Jena, 1913.

leitet Kohlensäure hindurch, bis aller Kalk ausgefällt und alles Cyanamid in Lösung ist und nutscht dann in gewöhnlicher Weise ab (vgl. z. B. D. R. P. 302 495 der *Lonza A.-G.*). Das klare Filtrat wird z. B. mit Schwefelsäure schwach angesäuert und darauf in Gegenwart von Mangansuperoxyd, Zinnsäure und ähnlichen Kolloiden auf rund 70° erwärmt. Unter diesen Umständen erfolgt glatt Wasseranlagerung an das Cyanamid, und es entsteht Harnstoff, der durch Eindampfen der wässerigen Lösung in langen Nadeln erhalten werden kann; Cyanamidlösung wird anderseits in Gegenwart von Schwefelwasserstoff und Schwermetallsulfid (auch Antimonsulfid usw.) in Thioharnstoff $CS(NH_2)_2$ übergeführt (vgl. *Immendorf* und *Kappen*, D. R. P. 254 574, 256 524, 256 525, 257 642, 257 643, 257 827, 267 206, 267 207). Mit dem Studium des Verhaltens von Cyanamidlösungen beschäftigten sich ferner *Baumann*[1], *Jona*[2], *Kappen*[3], *Reis*[4], *Ulpiani*[5], *Löhnis*[6], *Krüger*[7] und *E.Schmidt*[8].

Um den chlorcalciumhaltigen Knapsacker Kalkstickstoff auf Harnstoff aufzuarbeiten, leitet die *A.-G. für Stickstoffdünger* (D. R. P. 267 514, 299 132, 301 262/3) in die Kalkstickstoffaufschlämmung nur soviel Kohlensäure vorsichtig ein, bis aus dem Calcium-Cyanamid cyanamidkohlensaurer Kalk als unlösliches Zwischenprodukt entstanden ist. Die ganze Masse wird dann abfiltriert; auf dem Filter verbleiben alle Rückstände der Kalkstickstoffaufschlämmung und cyanamidkohlensaurer Kalk, im Filtrat ist im wesentlichen nur Dicyandiamid und Chlorcalcium vorhanden. Der Filterrückstand wird nach dem Auswaschen aufs neue in Wasser suspendiert·und durch abermaliges Einleiten von Kohlensäure in $CaCO_3$ und freies Cyanamid zerlegt, dessen wässerige Lösung von den Rückständen abgenutscht wird. Die *Stockholms Superfosfat Fabriks A.-B.* (D. R. P. 239 309) tragen Kalkstickstoffmehl bei unter 50° in eine Säure ein, die ein unlösliches Kalksalz bildet, filtrieren ab, setzen Kreide zu, filtrieren ein zweites Mal und gewinnen schließlich eine reine Harnstofflösung. Der *Österreich. Verein für chemische und metallurgische Produktion* in Außig a. E. (jetzt: A.-G. für chem. und metallurg. Produktion in Karlsbad) dampft nach dem D. R. P. 285 259 die erhaltene Cyanamidlösung vorsichtig bis zur Sirupkonsistenz ein und versetzt in der Kälte unter sorgfältigster Kühlung mit Salpetersäure von 40° Bé. Die Cyanamidlösung darf beim Eindampfen nie alkalisch werden, es werden deshalb geringe Mengen freier Säure (HNO_3, H_2SO_4 usw.) zugegeben. Die Mischtemperatur von Cyanamid und Salpetersäure darf + 20° keinesfalls überschreiten, da sonst Gasentwicklung einsetzt. Ist die Bildung von salpetersaurem Harnstoff richtig erfolgt, so erstarrt die ganze

---

[1] B. **6**, 1371.
[2] Ch. Ztrlbl. 1908, I, 516.
[3] Ch. Ztrlbl. 1910, I, 1626.
[4] Ch. Ztrlbl. 1910, II, 377.
[5] Ch. Ztrlbl. 1910, II, 1239.
[6] Ch. Ztrlbl. 1915, I, 567.
[7] Dissertation.
[8] Zeitschr. f. angew. Chem. 1918, II, 148.

Lauge zu einem dicken Brei. Das Nitrat wird abgenutscht und mit konzentrierter wässeriger Harnstofflösung gedeckt.

Die *Farbwerke vorm. Meister Lucius & Brüning* in Höchst a. M., die Knapsacker Kalkstickstoff verarbeiten, fanden, daß der aus diesem hergestellte Harnstoff fast immer kleine Mengen von Ammoniumsalzen enthielt, die zwar seine Düngewirkung nicht beeinflußten, aber die Streufähigkeit des Produktes stark herabsetzten, weil die Harnstoff-Ammoniumdoppelsalze sehr hygroskopisch sind. Mischt man jedoch diesen Harnstoff mit den gepulverten, trocknen Calciumcarbonatrückständen, wie sie sich aus der Fabrikation ergeben, so erhält man auch beim Lagern streufähig bleibende Dünger und hat es in der Hand, den hohen Stickstoffgehalt von 40 bis 46 Proz. unter Umständen auf das praktisch brauchbare und gewohnte Maß von etwa 20 Proz. herabzusetzen, ohne fremde Materialien verwenden zu müssen (D. R. P. 304 184). In den D. R. P. 311 018 und 311 019 beschäftigt sich die genannte Firma des näheren mit den Einzelheiten der Harnstoffherstellung aus Cyanamidlösungen. Die Katalysatoren, z. B. Mangansuperoxydhydrat, Zinndioxyd aus Pinksalz $SnCl_4 \cdot NH_4Cl$, Bleisuperoxyd, Chrom- oder Eisenhydroxyd, werden in Mengen benutzt, die weit unterhalb der Gewichtsmenge des in der Lösung vorhandenen Cyanamidstickstoffs liegen. *G. Zarniko* nimmt die Zersetzung des Kalkstickstoffbreies mit Kohlensäure in einer Mahltrommel mit Mahlkörpern, Hubzähnen und Hubleisten vor und führt durch den einen Stirnzapfen Kalkstickstoff und Wasser ein, durch den anderen den zersetzten Schlamm ab (D. R. P. 300 632).

Die Überführung des Kalkstickstoffs in Harnstoff findet seit langem das lebhafte Interesse der Praxis. Die *A.-G. für Stickstoffdünger* in Knapsack bzw. die *Höchster Farbwerke* haben nach den Methoden von *Immendorff* und *Kappen* gearbeitet. Mit dem hochstickstoffhaltigen (rein: 46,6 Proz. N) Harnstoff wäre das Urbild der animalischen Stickstoffdünger im Kreislauf wieder erreicht. Harnstoff kann, wie vorstehend gezeigt ist, leicht in streubare Form oder auf die gebräuchliche Basis von 20 Proz. N gebracht werden, wenn dieses tunlich erscheint. Wegen seines hohen Stickstoffinhalts stellt er sich frachtlich sehr günstig. Vom Pflanzenorganismus[1] wird er restlos resorbiert, so daß diese Veredelungsform des Kalkstickstoffs zahlreiche lockende Vorteile bietet. Auch *M. Dolch*[2] sieht in einer Aufarbeitung des Kalkstickstoffs auf Harnstoff weitere Zukunftsmöglichkeiten, „nachdem die Umwandlung in Ammonsulfat heute als überholt gelten kann". Die *BASF*, die auf einem ganz anderen Wege zu Harnstoff kommt, hat eine Anlage zu seiner fabrikatorischen Erzeugung im Bau.

Trotz der großen Vorteile, welche eine Verwendung von Harnstoffdünger unstreitig bieten müßte, kommt *Jul. Baumann* vom „Österr. Verein" in Außig a. E. zu dem Schluß, daß der Kalkstickstoff — Harnstoff zwar für gewisse Zwecke eine bevorzugte, jedoch im ganzen eine nur untergeordnete

---

[1] Vgl. *H. Kappen*, Chem.-Ztg. 1915, Repert. 286.
[2] Chem.-Ztg. 1917, S. 376.

Rolle spielen wird. Er fährt dann fort: „Wer den Umfang der Kalkstickstofffabrikation kennt und eine Vorstellung vom apparativen Teil einer Anlage für Harnstoff hat, wird zugeben, und sei er selbst der Vater eines der in Betracht kommenden Verfahren, daß die Überführung des Kalkstickstoffs in Harnstoff keine radikale Lösung der Veredelungsfrage sein kann."[1]

Dadurch, daß man gezwungen ist, ziemlich dünne Harnstofflösungen zum Schluß einzudampfen, leidet die Wirtschaftlichkeit des ganzen Prozesses. Das Verfahren des D. R. P. 285 259 ersetzt diese Verdampfung durch eine Vorkonzentrierung der Cyanamidlösung, verbraucht also ähnliche Dampfmengen. Vielleicht kann man die Doppelverbindungen des Harnstoffes mit Salzen — bekannt ist z. B. das Harnstoff-Chlornatrium: $CO(NH_2)_2 + NaCl + H_2O$ — benutzen, um ihn in solcher Form zu isolieren. Versetzt man die Harnstofflaugen mit Kalisalzen, Magnesiumsalzen usw., die z. T. erhebliche Mengen Krystallwasser binden können, so erspart man Eindampfkosten und erhält Stickstoff-Kali-Doppelverbindungen. Bei der Katalyse des Cyanamids können an die Stelle der Schwefelsäure natürlich auch Salz- oder Salpetersäure treten oder es können Salze Verwendung finden, die diese Säuren leicht abspalten. Im norweg. Pat. 31 431 werden Mischdünger aus Harnstoff und Kalkstickstoff empfohlen.

Das Cyanamid (D. R. P. 164 724) $N : C \cdot NH_2$[2] ist durch eine Reihe weiterer interessanter Reaktionen ausgezeichnet. Erhitzt man es z. B. mit Salmiak in alkoholischer Lösung auf 100°, so entsteht aus ihm nach[3]:

$$NH_2 \cdot C : N + NH_3 \cdot HCl = (H_2N)_2C : NH, \; HCl$$

salzsaures Guanidin. Durch Vereinigung von Methylglycocoll oder Sarkosin mit Cyanamid gelangt man zu Kreatin[4]:

$$CN \cdot NH_2 + NH(CH_3) \cdot CH_2 \cdot COOH = H_2N(NH)C \cdot N(CH_3) \cdot CH_2 \cdot COOH.$$

N. Caro hat ein Verfahren angegeben[5], um aus Dialkalicyanamid und Phenylglycin Indigo herzustellen und die *Farbenfabriken vorm. Fr. Bayer & Co.* in Leverkusen benutzen Cyanamid zur Gewinnung von Cyanacetylcyanamid (D. R. P. 151 597). Allen diesen Umsetzungen kommt größeres technisches Interesse kaum zu, wenn auch an eine Verwendung des außerordentlich stickstoffreichen, in Wasser ziemlich schwer löslichen, also wenig auswaschbaren und daher vermutlich recht ausgiebigen Guanidinnitrats $CN_3H_5 \cdot NO_3H$ als Düngemittel gedacht worden ist.

Das Cyanamid selbst, das einige Reaktionen zeigt, nach denen es als Carbodiimid, $NH = C = NH$, aufzufassen wäre, kann aus Kalkstickstoff in der vorbeschriebenen Weise gewonnen werden (D. R. P. 252 272). Wenn man es ganz rein erhalten will, muß man bei seiner Darstellung höhere Tem-

---

[1] Chem.-Ztg. 1920, S. 159; vgl. a. *W. O. Herrmann*, Chem.-Ztg. 1916, S. 915, und norweg. Pat. 30 858.

[2] Zeitschr. f. angew. Chem. 1918, II, 148.

[3] Vgl. *A. Frank*, Zeitschr. f. angew. Chem. 1903, S. 543 usw.

[4] *J. Volhard* 1869; *A. Frank*, Zeitschr. f. angew. Chem. 1903, S. 538.

[5] Zeitschr. f. angew. Chem. 1906, S. 839.

peratur vermeiden und am besten die wässerige Lösung ausäthern, da sich das Cyanamid schon bei nur unwesentlich höheren Temperaturen, namentlich wenn gewisse Katalysatoren mitwirken, rasch polymerisiert. Reines Cyanamid bildet eine farblose, in Wasser, Alkohol und Äther sehr leicht lösliche Krystallmasse, die bei 40° schmilzt. Mit ammoniakalischem Silbernitrat fällt $CN \cdot NAg_2$ als gelbes Salz. Mit dem Cyanamid beschäftigt sich u. a. das amerik. Pat. 1 093 749.

Die erste Polymerisationsstufe bildet das Dicyandiamid $(CN \cdot NH_2)_2$, das, auf 150° erhitzt, in Melamin oder Cyanuramid

$$
\begin{array}{c}
NH_2 \\
| \\
C \\
\diagup \diagdown \\
N \quad\quad N \\
\| \quad\quad\quad | \\
H_2N \cdot C \quad\quad C \cdot NH_2 \\
\diagdown \diagup \\
N
\end{array}
$$

und Melam, $C_6H_9N_{11}$, übergeht.

Das Dicyandiamid[1], auch Param oder Cyanguanidin[2] genannt, bildet sich schon bei längerem Stehen von Cyanamidlösungen oder beim Eindampfen dieser (neutralen oder alkalischen) Lösungen. Es reagiert selbst neutral, schmilzt bei 205° und hat folgende Konstitution:

$$
NH:C\diagdown{\diagup}^{NH_2}_{NH \cdot CN}.
$$

Schon *Erlwein* vermochte zu zeigen[3], daß sich Dicyandiamid beim ergiebigen Behandeln von Kalkstickstoff mit heißem Wasser bildet:

$$2\,CaCN_2 + 4\,H_2O = 2\,Ca(OH)_2 + (CN \cdot NH_2)_2.$$

Es krystallisiert aus der heißen Lauge in weißen Blättchen aus. Der *Österr. Verein für Chem. und Metallurg. Produktion* in Außig a. E. (D. R. P. 252 273; österr. Pat. 45 885/1910) versetzt den wässerigen Auszug des Kalkstickstoffs mit einer Ammoniakmenge, die der Hälfte des gelösten Cyanamids entspricht, und leitet Kohlensäure ein. Beim Eindampfen des Filtrats resultiert reines Dicyandiamid. *Immendorff* und *Kappen* erhitzen eine alkalische Cyanamidlösung in Gegenwart von Cyanamidverbindungen der Schwermetalle und erhalten auf diese Weise quantitativ Dicyandiamid (D. R. P. 257 769[4]).

Die *Stickstoffwerke, G. m. b. H.*, Spandau, die der Interessengruppe der *Bayrischen Stickstoffwerke* nahestehen, mischen Kalkstickstoff mit der vierfachen Menge Wasser in Autoklaven. Die Temperatur erhöht sich von selbst auf 80 bis 90°. Das etwa schon in Freiheit gesetzte Ammoniak wird abgeleitet und aufgefangen. Im Rührwerksautoklav ist der Anmaischprozeß nach kurzer Zeit beendet. Man stellt dann das Rührwerk ab, läßt absitzen, hebert vom Schlamm ab und bringt die klare, heiße Lauge zur Krystalli-

---

[1] Ch. Ztrlbl. 1920, IV, 725.

[2] Vgl. *F. Muhlert*, a. a. O., S. 42.

[3] Zeitschr. f. angew. Chem. 1903, S. 520.

[4] Vgl. auch D. R. P. 279 133; Chem.-Ztg. 1914, Repert. 518, 537, und engl. Pat. 25 629/1912.

sation. Es scheidet sich eine große Menge Dicyandiamid ab, das durch Zentrifugieren getrocknet wird. Die Krystall-Mutterlauge wird im Kreisprozeß zum Auslaugen neuer Kalkstickstoffmengen benutzt oder sie wird mit dem Schlammrückstand zusammen im Autoklaven auf Ammoniak verarbeitet (D. R. P. 318 136). Nur alkalische Dicyandiamidlösungen zersetzen sich unter Druck glatt nach[1]:

$$(CN \cdot NH_2)_2 + 2\,Ca(OH)_2 + 2\,H_2O = 4\,NH_3 + 2\,CaCO_3.$$

Nach *A. Frank*[2] benutzt man Dicyandiamid und noch mehr dessen Derivat Nitrodicyandiamidin als „kühlendes" Mittel bei der Herstellung rauchloser Pulversätze. Beim Zusammenschmelzen von Dicyandiamid mit Alkaliamid oder -carbonat und unter Umständen auch Kohle erhält man nach dem D. R. P. 252 156 von *E. A. Ashcroft* Alkalicyanamid und bzw. oder Alkalicyanid. Diese Reaktion des Dicyandiamids erscheint genetisch verknüpft mit der Herstellung von Cyaniden aus Kalkstickstoff oder (durch Verschmelzen mit Kochsalz) Harnstoff.[3] Wie Cyanamid kann auch Dicyandiamid zum Aufbau von Guanidin und Guanylharnstoff oder Dicyandiamidin $(H_3N_2)CNHCONH_2$ dienen.

Dicyandiamidin ist ein krystallinischer, stark basischer Körper, der u. a. durch Einwirkung verdünnter Säuren auf sein Nitril, das Dicyandiamid, oder auf Cyanamid selbst erhalten wird. Er bildet sich ferner durch Schmelzen eines Guanidinsalzes mit Harnstoff[4] und gibt eine charakteristische rote Kupfer- bzw. eine gelbe Nickelverbindung, $Me(N_4H_5OC_2)_2 + H_2O$, die bekanntlich in der analytischen Chemie Verwendung finden[5].

Die *Dynamit A.-G. vorm. Alfr. Nobel & Co.* in Hamburg bringt Ammonsalpeter für Sprengladungen dadurch in gießbare Form, daß sie nach dem D. R. P. 305 567 Dicyandiamid als Flußmittel zusetzt. Ammonsalpeter schmilzt unter beginnender Zersetzung bei 152° und Dicyandiamid bei 205°, die Mischung von 85 Teilen Ammonsalpeter und 15 Teilen Dicyandiamid ist jedoch schon bei 115° flüssig. Nach Versuchen von *J. Baumann* kann man Mischungen von Dicyandiamid mit Ammonsalpeter oder Kaliumchlorat (1 : 3 bzw. 1 : 2)

$$(CN \cdot NH_2)_2 + 4\,NH_4NO_3 = 2\,CO + 6\,N_2 + 10\,H_2O,$$
$$3\,(CN \cdot NH_2)_2 + 4\,KClO_3 = 6\,CO + 6\,H_2O + 6\,N_2 + 4\,KCl$$

direkt als Sprengmittel benutzen[6].

Kalkstickstoff kann für sich oder in Mischung mit anderen indifferenten Salzen zur Einsatzhärtung von Stahl Verwendung finden. Bekannt ist das aus Kalkstickstoff hergestellte Härtemittel „Ferrodur", dessen Wirkung auf seinen Gehalt an graphitischem Kohlenstoff, bei gleichzeitiger Anwesenheit

---

[1] Vgl. dazu *F. Muhlert*, a. a. O., S. 108.

[2] Zeitschr. f. angew. Chem. 1906, 839; 1907, 1684; Chem.-Ztg. 1907, S. 939; engl. Pat. 25 715/1903.

[3] *Freudenberg*, Zeitschr. f. angew. Chem. 1903, S. 753; *Erlwein*, ebenda, S. 535.

[4] Berl. Ber. **7**, 446.

[5] Berl. Ber. **39**, 3356.

[6] Chem.-Ztg. 1920, S. 474, 615.

von molekularem und von Cyan-Kohlenstoff, zurückzuführen sein dürfte[1]. Der Kalkstickstoff vermag in den Härtemitteln das sonst gebräuchliche gelbe Blutlaugensalz zu ersetzen.

Nach den D. R. P. 116 087 und 116 088 von *A. Frank* und *N. Caro* kann man Kalkstickstoff durch Erhitzen mit Kohle und Alkalicarbonat fast quantitativ in Cyanide überführen. Beim Einschmelzen mit Kochsalz bildet sich ein 30 proz. Cyanid[2]. Die D. R. P. 265 892 und 267 595 der *Chem. Fabr. von Heyden* in Radebeul bei Dresden betreffen die Darstellung von Natrium-cyanamid oder Dinatriumdicyanamid aus Cyanamid bzw. seinem Polymeren und Natrium oder Ätznatron. Die Ampére Elctrochemical Co. will Barium-cyanamid (D. R. P. 149 594)[3] in Aceton umwandeln, indem sie es in gut verschlossenen Apparaten mit verdünnter Essigsäure behandelt. Es entsteht Blausäure, die mittels Ätzalkalien absorbiert wird, und eine Lösung von Bariumacetat, das bei der trocknen Destillation unter Rückbildung von Bariumcarbonat Aceton abspaltet. Dasselbe soll sehr rein und billig sein. Das Verfahren, das *A. Neuburger* einer Besprechung unterzieht[4], ist prak-tisch nie oder nur vorübergehend ausgeübt worden. Die *BASF* behandelt Bariumcyanamid bei 600 bis 800° mit Acetylen, um Cyanbarium zu er-zeugen[5].

O. Ungnade und *E. Nolte* (D. R. P. 268 882) wollen Kalkstickstoff mit einem Gemisch von Phosphor- und Schwefelsäure zersetzen, um einen Phosphor-Stickstoff-Mischdünger zu erzielen.

Ganz neue, aussichtsreiche Wege schlagen *E. Hene* und *A. van Haaren* ein. Nach ihrem D. R. P. 302 535 erhitzen sie Monoalkalicyanamid mit Wasser oberhalb 120° C. Monoalkalicyanamid kann aus Kalkstickstoff z. B. durch doppelte Umsetzung mit Alkalisalzen gewonnen werden. Bei Tem-peraturen über 120° zersetzt sich seine wässerige Lösung glatt nach:

$$2 \, KHCN_2 + 5 \, H_2O = K_2CO_3 + 4 \, NH_3 + CO_2.$$

Die Zerlegung erfolgt schneller und leichter, als jene der entsprechenden Calciumverbindung. Das gleichzeitig entstehende CO_2 kann durch Zusatz einer Base oder durch Waschen der Abgase oder sonst in geeigneter Weise zurückgehalten werden. Das Verfahren verläuft um so schneller, je höher die Laugenkonzentration und die Temperatur ist. In dem späteren D. R. P. 311 596 schlagen die Genannten vor, in eine Alkalicyanamidlösung Kohlen-säure einzuleiten. Das Dicyandiamid kann während des Eindampfens von der starken Carbonatlauge getrennt werden. Die Alkalicyanamidlauge kann auch mit Salpetersäure ohne wesentliche Verluste umgesetzt werden, wenn bei unterhalb 60° gearbeitet wird und der Säuregehalt nie 4 bis 8 Proz. über-schreitet. Durch Eindampfen und Krystallisieren scheidet sich der Salpeter

---

[1] Zeitschr. f. angew. Chem. 1907, S. 351.
[2] Chem.-Ztg. 1903, S. 520, 533, 543.
[3] Chem.-Ztg. 1904, S. 364.
[4] Zeitschr. f. angew. Chem. 1905, S. 1810.
[5] Chem.-Ztg. 1907, Repert. 97.

von den Stickstoffprodukten (Harnstoff usw.). Wird die Alkalicyanamidlauge mit Salpetersäure neutralisiert und während einiger Stunden auf 60 bis 80° erwärmt, dann wieder auf 4 Proz. freie Säure gebracht und nun bei 55° 12 Stunden hindurch unter dauerndem Ergänzen der verschwindenden Salpetersäure sich selbst überlassen, so bildet sich neben Salpeter das sehr stickstoffreiche Dicyandiamidinnitrat. Der Salpeter wird durch Krystallisation rein erhalten, während man durch direktes Zurtrocknedampfen der Laugen hochwertige Mischdünger gewinnt. — Zum Haltbarmachen von Viskoselösungen benutzt man nach dem D. R. P. 312 392 Kalkstickstoff oder Abkömmlinge desselben.

Die älteste und industriell am längsten ausgeübte Methode zur durchgreifenden Veredlung des Kalkstickstoffs ist seine Überführung in Ammoniumsalze. Es sind auf diese Weise in der Tat in den verschiedensten Ländern viele tausend Tonnen Ammoniak gewonnen worden. Trotzdem ist auch diese Gruppe von Verfahren nicht als ideale Lösung zu betrachten. An sich ist es überhaupt ein Unding, ein fertiges Düngemittel, nämlich den Kalkstickstoff, zu zerstören, um ein anderes aus ihm darzustellen. Selbst wenn man diesen prinzipiellen Gesichtspunkt außer Betracht läßt, haften jedoch der Methode der Ammoniakgewinnung aus Kalkstickstoff eine ganze Reihe von Nachteilen an, die *M. Dolch* zu seiner Ansicht brachten, daß „heute die Umwandlung in Ammonsulfat als überholt gelten könne"[1]. Der Dampfverbrauch für die Ammoniakabspaltung ist ziemlich beträchtlich. Er erreicht im Großbetriebe zwar nicht den von *Jul. Baumann*[2] ermittelten Wert von 331 kg Dampf auf 100 kg Kalkstickstoff, sondern bleibt ganz erheblich dahinter zurück, ist aber dennoch groß genug, um den Gestehungspreis des erhaltenen Ammoniaks ganz wesentlich zu beeinflussen. Als man in Deutschland die Tonne Dampf für wenige Mark erhalten konnte, war die Sache noch nicht so schlimm. Verderblicher macht sich heute dieser Faktor geltend, wo es darauf ankommt, im Wettbewerb mit Kokerei- und *Haber*-Ammoniak und aus allgemeinen wirtschaftlichen Gründen zu einem möglichst billigen Ammoniak zu gelangen. Die auf ein Vielfaches gestiegenen Dampfkosten fallen hier höchst unangenehm ins Gewicht. Bei der Zersetzung des Kalkstickstoffs ergeben sich große Mengen Carbonatrückstände, deren Wiederbenutzung für irgendeinen Zweck bisher nicht gelungen ist und die sich zu lästigen Halden häufen, wenn die Ammoniakdarstellung im großen auf die Dauer durchgeführt werden soll. Das Nächstliegende war, das Kalkstickstoffammoniak · in der alten Weise an Schwefelsäure zu binden, um Ammonsulfat erzustellen. Auf diese Weise ist vor, während und nach dem Kriege schwefelsaures Ammoniak in verhältnismäßig großem Umfange erzeugt worden. Die Schwefelsäureknappheit und der hohe Preis für Schwefelsäure lassen auch dieses Verfahren nicht gerade rationell erscheinen. Das Gips-Ammonsulfatverfahren läßt sich natürlich auch auf Kalkstickstoff-Ammoniak anwenden.

---

[1] Chem.-Ztg. 1917, S. 376.
[2] Chem.-Ztg. 1920, S. 293 bis 294.

Es dürfte zumindest für die nächste Zukunft unwahrscheinlich sein, daß man in Deutschland den Kalkstickstoff weiterhin und dauernd auf Ammonsulfat verarbeiten wird. Es wäre aber falsch, diese Tatsache ohne weiteres zu verallgemeinern. Länder, für welche die Schwefelsäurefrage nicht so ernst ist und die außerdem weder mit der Konkurrenz von Kokerei- noch mit der von *Haber*-Ammoniak rechnen müssen, können auch in Zukunft den Kalkstickstoff rationell auf Ammoniumsulfat verarbeiten. Wenn ihre örtliche Lage so günstig ist, daß Wasserkraft und Kalk billig zur Verfügung stehen, wird auch der Gestehungspreis für den Kalkstickstoff und damit auch für das Ammoniak niedrig sein. Wesentlich verbessert würde die Lage der Kalkstickstoff-Ammoniakindustrie in solchen Ländern, die nach dem früher Ausgeführten schon von vornherein für die Erzeugung von Kalkstickstoff prädestiniert sind, noch durch eine weitere Vervollkommnung der Dampferzeugung in elektrisch beheizten Kesseln (z. B. D. R. P. 319 519, 319 520, 319 568). Da auf diesem Gebiete jetzt lebhaft gearbeitet wird und man schon recht ansehnliche Erfolge als Aktivum buchen kann, so ist zu hoffen, daß es allmählich gelingen wird, die Kohle zur Dampfkesselbeheizung für die wasserkraftreichen Länder auszuschalten.

Ammonsulfat ist an und für sich kein ideales Düngemittel, da der Schwefelsäurerest lediglich Ballast ist und nutzlos mitgeschleppt werden muß, um das Ammoniak transportabel zu machen. Man sucht daher nach neuen Verwendungsformen. Von Harnstoff und anderen Cyanamidderivaten, wie Guanidin- und Dicyandiamidinnitrat, war bereits die Rede, von der Möglichkeit der Erzeugung anderer Stickstoffverbindungen wird noch zu sprechen sein.

Auf dem grundlegenden D. R. P. 134 289 von *A. Frank* und *N. Caro*, in dem zum erstenmal nachgewiesen wurde, daß es gelingt, Kalkstickstoff mit Wasser oder Wasserdampf unter Druck nach der Gleichung:

$$CaCN_2 + 3\,H_2O = CaCO_3 + 2\,NH_3$$

zu zersetzen, bauen sich alle weiteren Erfindungen in dieser Richtung auf.

Die epochale Bedeutung dieses Patentes liegt darin, daß nach ihm überhaupt zum ersten Male Ammoniak aus Luftstickstoff und dem Wasserstoff des Wassers synthetisch aufgebaut werden konnte. Der Besitz dieses Verfahrens und der *Ostwald*schen Verbrennungsmethode hätte bereits genügt, das Schreckgespenst, das *Crookes* der Menschheit gemalt hatte, in seiner Wirkung zu entkräften; daß späterhin die Kenntnis der Flammenbogen- und der *Haber-Bosch*-Synthese noch hinzugekommen ist, hat unser Wissen wohl schätzbar vertieft und es in anderer Beziehung weit gefördert, von fundamentaler Bedeutung ist sie jedoch nicht mehr gewesen.

Die *Frank-Caro*sche Idee ist u. a. in den D. R. P. 243 797 und 247 451 weiter ausgebaut[1] bzw. von neuem aufgegriffen worden. *F. Muhlert* hat in seinem Werk: „Die Industrie der Ammoniak- und Cyanverbindungen" (Leipzig 1915) Seite 107 bis 109, eine kurze Zusammenstellung der in Frage

---

[1] Vgl. *H. Sulzer*, Chem.-Ztg. 1912, Repert. 405.

kommenden Patente gegeben. Die *A.-G. für Stickstoffdünger* (D. R. P. 198 706) hat bei der Zersetzung des Kalkstickstoffs mit Wasser die gleichzeitige Anwesenheit von Chlorcalcium als sehr reaktionsfördernd erkannt. Nach dem österr. Pat. 36 444 formt man aus Kalkstickstoff und der gleichen Menge konzentrierter Chlorcalciumlösung Kuchen und erhitzt diese in Retorten. Die *Stickstoffwerke G. m. b. H.*, Spandau, mischen dem Kalkstickstoff direkt saure Salze bei und gewinnen so direkt Ammoniumsalze (D. R. P. 219 932). Die *Bayrischen Stickstoffwerke* schlagen im D. R. P. 236 705 einen Gegenstrom-Kolonnenapparat zur Zersetzung vor. Der *Österr. Verein für Chem. und Metallurg. Produktion* in Außig a. E. ordnet die Zersetzerbatterie im Kreise an, so daß der Brüden des ersten Zersetzungsgefäßes die anderen der Reihe nach durchstreichen muß. Auf diese Weise soll der Prozeß dampfökonomischer arbeiten (D. R. P. 251 934; österr. Pat. 52 440)[1]. Nach dem österr. Pat. 42 810 der gleichen Firma erhitzt man mit Wasser auf 180°. Das D. R. P. 244 452 erhitzt Kalkstickstoff mit Nitraten (insbesondere Kalksalpeter) und Wasser zusammen. *J. H. Lidholm* schlägt im D. R. P. 277 525 vor, bei Gegenwart von Alkalihydroxyden oder -carbonaten zu zersetzen, die reaktionsbeschleunigend wirken. *Morani* (ital. Pat. 115 959) will den Kalkstickstoff vor der Wasserdampfzersetzung mit Kalkmilch durchkneten. Die *Chem. Fabr. Kalk, G. m. b. H.*, in Köln a. Rh. macht bei der Zersetzung von Kalkstickstoff oder anderen Cyanamiden den Gehalt an freiem Kalk dadurch nutzbar, daß sie Ammoniumsalze zusetzt. Der freie Kalk zersetzt diese und erzeugt freies Ammoniak, das auf diese Weise ohne besondere Wärmezufuhr mit dem Kalkstickstoffammoniak zusammen gewonnen wird. Der Prozeß gebraucht weniger Wärme, da die Austreibung von Ammoniak aus Ammoniumsalz endotherm, die aus Kalkstickstoff exotherm verläuft (D. R. P. 301 321, 302 461). Um die Kalkstickstoffzersetzung mit gespanntem Dampf in Kolonnen kontinuierlich durchführen zu können, verwenden *Dr. C. Otto & Co., G. m. b. H.*, Dahlhausen a. d. Ruhr, eine sog. Rührwerkskolonne (D. R. P. 303 842; 299 621). *R. Mewes* erhitzt den Kalkstickstoff zusammen mit der Lösung eines Alkali- oder Magnesiumsalzes bis auf die Sublimationstemperatur der entstandenen Ammoniumverbindungen. Mit Chlorkalium oder -natrium erhält man z. B. absublimierendes Ammonchlorid und Soda oder Pottasche im Rückstand (D. R. P. 305 082). *E. Wiedemann* hat eine schneckenartige Rührvorrichtung konstruiert (D. R. P. 311 959, 321 204), um Kalkstickstoff im Gegenstrom bei 150 bis 250° mit gespanntem Wasserdampf behandeln zu können. Im D. R. P. 321 204 wird für denselben Zweck ein Etagenofen angegeben, so daß man damit auf die allererste Form der Zersetzungsapparate zurückgekommen wäre. Dem ersten *Wiedemann*-schen Apparat ähnelt die im franz. Pat. 445 576 angegebene Vorrichtung.[2]

Das amerik. Pat. 1 149 653 von *W. S. Landis* vermeidet die bei der Zersetzung infolge Dicyandiamidbildung auftretenden Stickstoffverluste durch Zuschlag von Alkalisalzen, insbesondere von Sulfaten und Carbonaten. Die

---

[1] Chem.-Ztg. 1920, S. 294.
[2] Vgl. ferner das D. R. P. 268 185 von *H. Koppers*.

gesamte Stickstoffausbeute beträgt dann bis zu 98 Proz. Nach dem amerik. Pat. 1 163 095 von *W. S. Landis* und der *American Cyanamide Co.* wird Kalkstickstoff mit Alkalihydrat zusammengemischt und in dieser Form mit Heißdampf im Autoklaven behandelt. Das amerik. Pat. 1 183 885 von *W. S. Landis* und der *Ammo-Phos Corporation* stellt eine geeignete Zersetzungsapparatur unter Schutz. *W. S. Landis* hat überhaupt wiederholt eine genaue Beschreibung der Ammoniakgewinnung aus Kalkstickstoff mit jener Freimütigkeit gegeben, welche die amerikanischen Veröffentlichungen von jeher ausgezeichnet hat.[1]

Die *American Cyanamide Co.*, deren technischer Leiter *Landis* ist, verwendet danach zur Zersetzung des Kalkstickstoffs Stahlautoklaven von 1,8 m Durchmesser bei 6,4 m Höhe, die auf 20 Atm Höchstbetriebsdruck geprüft sind und die an einer zentralen Welle ein kräftiges Rührwerk tragen. Jeder Autoklav wird zunächst mit 5,5 cbm Betriebslauge bzw. das erste Mal mit der entsprechenden Menge Wasser gefüllt. Der Kalkstickstoff wird allmählich unter beständigem Rühren eingetragen: seine Menge beträgt die Hälfte bis ein Drittel vom Flüssigkeitsgewicht. Das aus dem Carbid (etwa 1 Proz.!) des Kalkstickstoffs stammende Acetylen entweicht während des Chargierens, das etwa 1 Stunde in Anspruch nimmt, in solcher Verdünnung, daß es nicht mehr explosiv ist. Man gibt zum Schluß Soda und gelöschten Kalk hinzu, die sich unter Bildung von Ätznatron miteinander umsetzen und die dadurch die Stickstoffausbeute erhöhen, daß sie die Bildung schwer zersetzlicher Cyanamidpolymerer verhindern. Man schließt jetzt den Autoklaven und läßt 15 Minuten lang Dampf ein, bis der Druck auf 3 bis 4 Atm gestiegen ist (133 bis 143°). Unter diesen Bedingungen wird die Ammoniakentwicklung lebhaft und der Druck steigt auf 12 bis 15 Atm bei geöffnetem Ausgang für das in Freiheit gesetzte Ammoniak-Wasserdampfgemisch. Die Entbindung nimmt dann langsam an Heftigkeit ab und ist nach $1\frac{1}{2}$ Stunde größtenteils beendet. Die Flüssigkeit hat noch eine Menge Ammoniak gelöst; um auch dieses auszutreiben, leitet man von neuem Dampf mit 6 bis 8 Atm Spannung ein und läßt das Ammoniak-Dampfgemisch, das sich jetzt noch ansammelt, während weiterer $1\frac{1}{2}$ Stunden langsam in die Kondensationsapparatur abströmen. Eine sich anschließende dritte Dampfbehandlung mit 6 bis 8 Atm Druck gibt noch 2 Proz. Ammoniak. Nach beendigter Behandlung wird der Schlammbrei von $CaCO_3$, C usw. durch ein Bodenventil abgelassen und auf geräumige Nutschen gebracht, auf denen er in einen festen Rückstand einer- und eine klare Betriebslauge anderseits geschieden wird, die in den Prozeß zurückkehrt und zum Anmaischen neuer Kalkstickstoffmengen Verwendung findet. Der geleerte Autoklav nimmt sofort eine frische Beschickung auf. 15 Autoklaven liefern täglich 34 t Ammoniak.

W. Grahmann[2] hat die Abspaltung von Ammoniak aus Kalkstickstoff zum Gegenstand systematischer Untersuchungen gemacht und ist dabei zu dem Ergebnis gekommen, daß der Zusatz von Soda und Natriumhydroxyd im Sinne einer Natriumcyanamidbildung beschleunigend wirkt, indem er die OH-Konzentration erhöht. Die entsprechenden Kaliumverbindungen wirken nicht ganz so günstig, so daß auch die Art des Kations eine gewisse Rolle spielen dürfte[3].

In einer großen Munitionsfabrik im südwestlichen Frankreich hat man den Betrieb von der Ammoniakverbrennung auf die Erzeugung von Kalk-

---

[1] Met. and Chem. Eng. 1916, S. 87; J. Ind. Eng. Chem. 1916, S. 156.

[2] Zeitschr. f. Elektrochemie **24**, 385 (1918); Vortrag auf der 24. Hauptversammlung der Deutschen Bunsen-Gesellsch. vom 8. bis 10. April 1918 in Berlin; Ch. Ztrlbl. 1919, II, 405/406.

[3] Vgl. ferner Chem.-Ztg. 1914, Repert. 230, 518.

stickstoff-Ammonsulfat umgestellt. Man ist dabei zu der Überzeugung gelangt, daß es nicht ohne weiteres angebracht ist, Munitionsanlagen auf Düngemittelgewinnung umzustellen[1].

Ausführlich wird in der Rev. des produits chim. *22*, 587 (1919); *23*, 1 (1920) und 89 (1920) über den Kalkstickstoff und seine Überführung in andere Ammoniumverbindungen berichtet[2].

Die Verunreinigungen des Carbids, von denen schon oben die Rede war, finden sich im Kalkstickstoff wieder; insonderheit handelt es sich dabei um Schwefelverbindungen, um Phosphide und Silicide. Diese Körper geben bei der Zersetzung des Kalkstickstoffs mit Wasser Anlaß zum Entstehen von gasförmigen Abkömmlingen, Schwefelwasserstoff, Phosphorwasserstoff usw., welche auch in das Ammoniak[3] übergehen und mit diesem in statu nascendi komplexe Verbindungen bilden können. Es wird weiter unten gezeigt werden, daß sich die Verunreinigungen des Kalkstickstoff-Ammoniaks namentlich dann sehr unliebsam bemerkbar machen, wenn dasselbe katalytisch zu Salpetersäure verbrannt werden soll. Man ist gezwungen worden, besondere Reinigungsmethoden für das so erzeugte Ammoniakrohgas auszuarbeiten, ehe man den Dauerbetrieb erfolgreich durchführen konnte.

Die Stickstoffausbeute bei der Zersetzung des Kalkstickstoffs bewegt sich in gut geleiteten Betrieben, die störungs- und unterbrechungsfrei bei regelmäßiger Versorgung mit Hochdruckdampf arbeiten können, um 96 bis 98 Proz.[4] Der Kalkschlamm der Zersetzungsautoklaven enthält höchstens noch 0,1 bis 0,3 Proz. unaufgeschlossenen Stickstoff, dagegen findet sich eine ganze Menge Stickstoff als Rhodansalz in den Filterlaugen der Nutschen. *Jul. Baumann* weist darauf hin, das es möglich ist, dieses Rhodan in Rhodankalium überzuführen und durch Einengen der Flüssigkeit zum Krystallisieren zu bringen. Durch Umkrystallisieren aus alkoholischer Lösung kann das Salz leicht vollig rein erhalten werden. Als technisches Nebenprodukt wird es bisher noch in keinem Kalkstickstoffbetriebe gewonnen. Vielleicht würde es sich aber lohnen, den Schwefelgehalt des Kalkstickstoffs absichtlich zu erhöhen, um größere Mengen dieses Körpers zu erhalten[5]. Übrigens enthält auch der frische Nutschenschlamm oft erhebliche Mengen Rhodanverbindungen in löslicher und in komplexer Form.

Mit dem Problem, die Kalkstickstoff-Ammoniakfabrikation und die *Solvay*-Sodaindustrie organisch zu verbinden, beschäftigen sich im wesentlichen zwei Arbeiten: das D. R. P. 303 843 der *Bayrischen Stickstoffwerke A.-G.* und *N. Caro*, sowie die Veröffentlichung von *Jul. Baumann* in der Chem.-Ztg. 1920, 158, der nach seiner Angabe bereits im Dezember 1911 derartige Kalkulationen aufgestellt hat. Der Leitgedanke bei beiden ist, die Entstehung der Chlorcalciumablaugen der Sodafabriken zu verhüten und

---

[1] Ind. chimique **6**, 43; Ch. Ztrlbl. 1919, IV, 536.
[2] *Nitricus*, Ch. Ztrlbl. 1920, II, 401, 687; IV, 36.
[3] Vgl. *Jul. Baumann*, Chem.-Ztg. 1920, S. 275.
[4] Chem.-Ztg. 1920, S. 275.
[5] Chem.-Ztg. 1920, S. 275/276.

das Ammoniak statt an die teure Schwefel- oder Salpetersäure an das billige Chlor zu binden. Das D. R. P. 303 843 schlägt folgenden Weg ein: der beim Brennen von Kalkstein entstandene Kalk dient im Carbid- und Azotierofen zur Darstellung von Kalkstickstoff, welcher wiederum in Ammoniakgas oder -wasser übergeführt wird. Die Kalkofen- bzw. Calcinierofenkohlensäure verwandelt Ammoniak und Kochsalz in Natriumbicarbonat und Chlorammoniumlösung. Das Bicarbonat wird durch Calcinieren in Soda und Kohlensäure zerlegt, während aus der Salmiaklösung in geeigneter Weise festes Salz erzeugt wird.

Jul. Baumann gibt zwei Varianten, nach denen man auf Grund seines Vorschlags arbeiten kann. Man führt das Ammoniak in den gewöhnlichen Gang des Solvay-Prozesses ein und kocht die Natriumbicarbonatfilterlaugen, die im Mittel pro Liter 170 g NH_4Cl, 86 g NaCl und 56 g $NaHCO_3$ enthalten. Dabei entweicht das durch doppelte Umsetzung entstehende Ammoniumcarbonat und kann aufgefangen werden. Die Restlaugen haben je Liter 135 g NH_4Cl und 124 g NaCl. Durch weiteres Eindampfen ist eine glatte Trennung dieser beiden Salze möglich. Der zweite Vorschlag geht von den Sodaablaugen aus, die neben Chlorcalcium erhebliche Mengen Kochsalz mit sich führen. Diese Ablaugen werden mit Kalkstickstoffammoniak und Kohlensäure behandelt und dadurch in ausfallenden kohlensauren Kalk und in reine Lösung von Salmiak und Kochsalz zerlegt. Beide Salze können wie oben durch Konzentrieren der Laugen voneinander geschieden werden.

Der *Solvay*-Sodaprozeß treibt Raubbau an den Schätzen natürlicher Rohstoffe: er gibt das gesamte Chlor des umgesetzten Chlornatriums verloren, schickt 30 Proz. Kochsalz überhaupt unverändert in das Abwasser und läßt diejenige Kalkmenge, welche dem gewonnenen Natriumbicarbonat äquivalent ist, als Chlorcalciumlösung ungenutzt wegfließen. Die Kombination der Kalkstickstoff- und *Solvay*-Sodaindustrie wäre· also volkswirtschaftlich nur zu begrüßen; sie befreite die Sodafabriken von ihren Abwässern, brächte eine rationelle Ausnutzung des Kochsalzes und uminge die Schwefelsäure zur Bindung des Ammoniaks. Die Stelle der Chlorcalciumablaugen würden jetzt die Calciumcarbonatschlämme der Kalkstickstoffzersetzung vertreten; wenn·diese in den Prozeß zurückkehren könnten, wäre der Kreislauf in sich selbst geschlossen. *Jul. Baumann* bringt[1] eine Kalkulation seiner Vorschläge, die recht günstig aussieht; er empfiehlt im übrigen die Fabrikation von Ammoniumbicarbonat aus dem Kalkstickstoffammoniak, dessen Trockenherstellung einige Schwierigkeiten bereitet (österr. Pat. 72 870; D. R. P. 313 827). Auch die *BASF* beschäftigt sich mit der Fabrikation von Salmiak nach dem *Solvay*-Prinzip und von Ammoniumbicarbonat (s. u.). Die Landwirtschaft verhielt sich anfänglich allgemein ablehnend gegenüber der Anwendung von Ammoniumchlorid, obgleich sie in den Kalisalzen seit langem mit Chlorverbindungen arbeitet; erst neuerdings bereitet sich hier ein Wandel vor. *Baumann*[2] kann zudem zeigen, daß sich das Chlorammonium vorzüglich zum Mischen mit Superphosphat eignet.

Die in Amerika verwendete Kalkstickstoffzersetzungsapparatur geht, wie im wirtschaftlichen Teil bereits angedeutet wurde, auf deutsche Konstruk-

---

[1] a. a. O.
[2] a. a. O.

Additional information of this book

(Die Luftstickstoff-Industrie; 978-3-663-14712-1) is provided:

http://Extras.Springer.com

tionen der *Frank-Caro*-Gruppe zurück Heute liefert die Firma *A. Borsig* in Berlin-Tegel vollständige Anlagen zur Gewinnung von Stickstoff, Kalkstickstoff und Ammoniak daraus. Die Fig. 11 (Tafel I) stellt eine Anlage zum Zersetzen von Kalkstickstoff dar, die 75 000 t Kalkstickstoff in 350 Tagen verarbeitet und die auf Grund eines Projekts für die *A.-G. für Stickstoffdünger* in K n a p s a c k angefertigt worden ist. Der an Carbid meist sehr arme (0,01 bis 0,06 Proz.) Knapsacker Kalkstickstoff wird von der Kalkstickstoffanlage aus durch eine horizontale Schnecke, die im Schnitt *L—M* gut sichtbar ist, nach mehreren Silos befördert. Ein Becherwerk hebt ihn von hier aus in kleine Zwischenbehälter, welche die über den Zersetzern laufenden Schnecken und die dort eingebauten automatischen Wagen bedienen. Auf der Zeichnung sind insgesamt 40 Autoklaven dargestellt, von denen je 5 an einer gemeinsamen Chargierungsschnecke hängen (Schnitt *J—K*). Die Autoklaven werden in der bereits beschriebenen Weise von Hochbehältern aus mit Wasser oder Umgangslauge gefüllt, dann wird allmählich Kalkstickstoff in bestimmten Mengenverhältnissen eingetragen. Der Kalkstickstoffstaub und die Acetylengase werden dabei durch Absaugen entfernt. Die Ammoniakabgase, die sich während der eigentlichen Zersetzungsperiode entwickeln, werden, wie aus dem Längsschnitt deutlich ersichtlich ist, zunächst in 4 Kühlern vor- und in 4 Kühlern nachgekühlt. Die dabei anfallenden Kondensate werden 4 tieferstehenden Abtreibern zugeführt, die sie verdampfen; auch das hierbei entstehende Ammoniakgas strömt den Kondensationssystemen zu, um schließlich in 4 Zellenkühlern als konzentriertes Ammoniakwasser erhalten zu werden. Die Zellenkühler entleeren ihren Inhalt in 4 Lagerkessel, von denen aus das gewonnene Ammoniakwasser in große Vorratsbehälter nach *Intze* gepumpt wird. Von hier aus wird es entweder in Kesselwagen zum Versand abgefüllt oder sonstiger Verwendung zugeführt.

Der zersetzte Autoklaveninhalt wird aus den Rührwerksautoklaven in Schlammtröge abgelassen, die ihren Inhalt auf Kippnutschen entleeren. Zu diesen gehören Vakuumkessel und -pumpen. Dén trockengesaugten Schlammrückstand kippen die Nutschen direkt auf darunterstehende Wagen, die ihn auf die Halde abfahren.

Während in der eben beschriebenen Zeichnung auf Reinigung des Ammoniaks der Kalkstickstoffzersetzer kein Wert gelegt ist, stellt die Anlage der *Berlin-Anhaltischen Maschinenbau A.-G.* eine komplette Apparatur mit weitgehender Reinigung des Rohgases dar (siehe Fig. 12). Das Rohgas strömt einem Abtreibeapparat *a* zu, der durch den Ablauftopf *b* das ammoniakfreie Abwasser abfließen läßt. Die Ammoniakwasserdämpfe durchstreichen einen wassergekühlten Röhrenkondensator *c* und einen ähnlich eingerichteten Nachkühler *d*. Die Kondensate dieser Kühler fließen direkt oder in Siphonrohren in den Abtreiber *a* zurück. Die Abgase des Nachkühlers werden in einem Schleuderwascher *e* mit (z. B.) Natronlauge gewaschen. Nachdem sie in einem Abstreifturm *f* von mitgerissenen Tröpfchen befreit sind, durchstreichen sie nacheinander 3 Holzkohlenfilter *g*, um, nunmehr völlig rein und

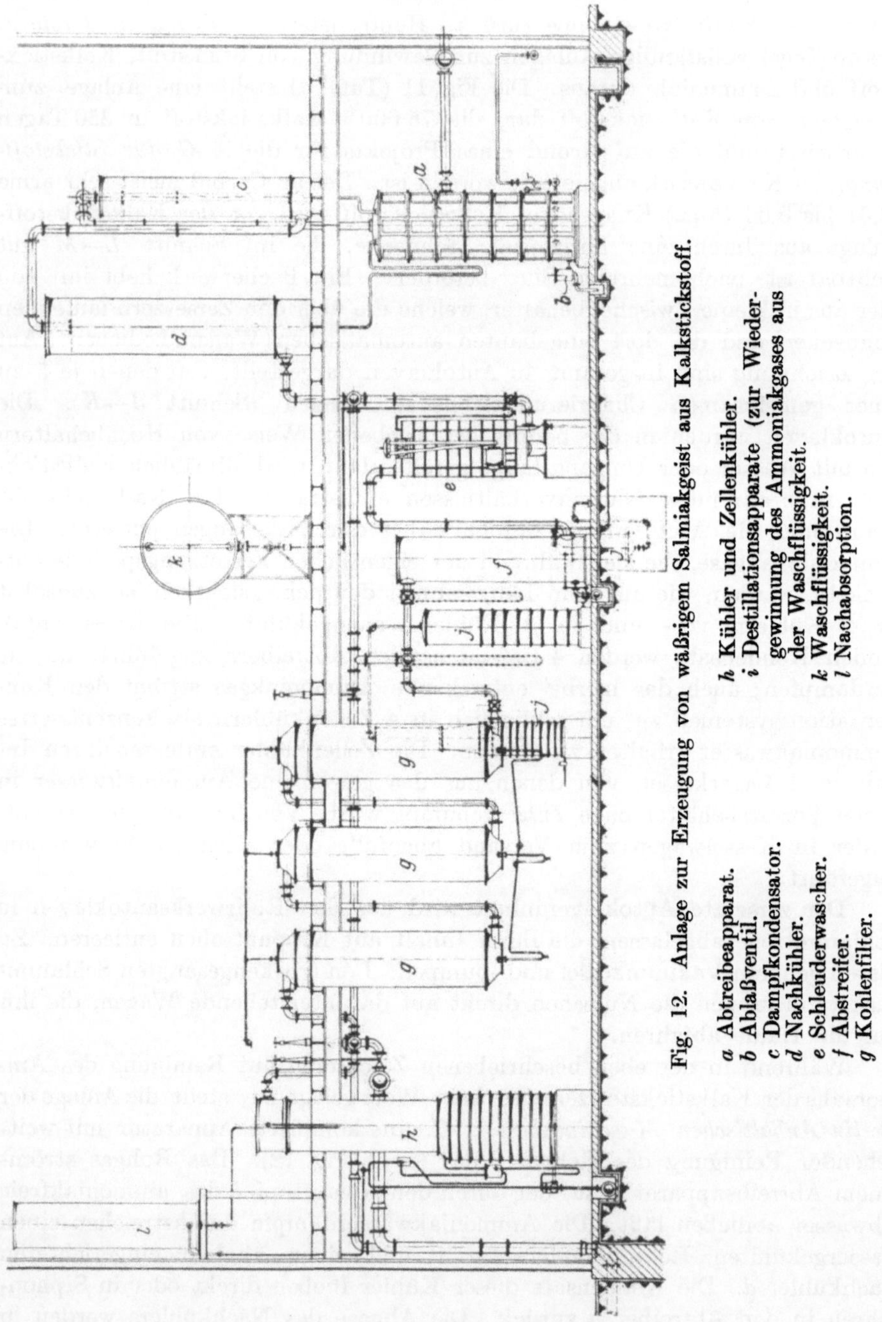

Fig. 12. Anlage zur Erzeugung von wäßrigem Salmiakgeist aus Kalkstickstoff.

a Abtreibeapparat.
b Ablaßventil.
c Dampfkondensator.
d Nachkühler.
e Schleuderwascher.
f Abstreifer.
g Kohlenfilter.
h Kühler und Zellenkühler.
i Destillationsapparate (zur Wiedergewinnung des Ammoniakgases aus der Waschflüssigkeit.
k Waschflüssigkeit.
l Nachabsorption.

fast trocken, in der vereinigten Kühler-Zellenkühler-Apparatur *h* durch Berieseln mit Wasser in konz. Ammoniakwasser oder in Salmiakgeist verwandelt zu werden. Der Kessel *k* enthält die Waschlauge; in dem Destillationssystem *i* wird die aufgebrauchte Waschflüssigkeit von ihrem Gehalt an freiem Ammoniak befreit. Die verschiedenen Belüftungsleitungen für die Apparatur sind in einem Nachabsorptionsturm *j* zusammengeführt, der mit Wasser berieselt wird, um Verluste an entweichendem Ammoniakgas auszuschließen. Auf die Einzelkonstruktion der Abtreiber, Schleuderwascher, Zellenkühler usw. braucht hier nicht eingegangen zu werden. Sie unterscheidet sich von den sonst üblichen nicht und ist in der Literatur[1] öfters beschrieben.

Das Ammoniakgas der Zersetzerautoklaven kann durch Absorption mit Schwefelsäure direkt auf Ammonsulfat verarbeitet werden, wenn man nicht vorzieht, das gereinigte Gas für diesen Zweck zu verwenden. Die hier bei-

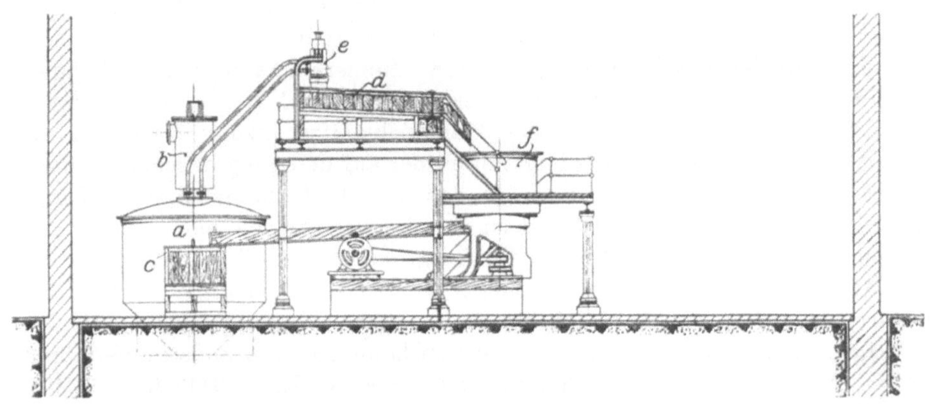

Fig. 13.   Anlage zur Herstellung von ca. 20 t schwefelsaurem Ammoniak in 24 Stdn. aus Ammoniakgas von Kalkstickstoff.

a Sättiger	*d* Abtropfbühne mit Laugekasten.
b Säurefänger.	*e* Auspufftopf.
c Säureansatzkasten.	*f* Salzzentrifuge.

gefügte Zeichnung (Fig. 13) zeigt eine einfache Apparatur der *Berlin-Anhaltischen Maschinenbau A.-G.* Die Gase treten in den Bleisättiger *a*, mit aufgesetztem Säurefänger *b*, ein, während die Säure im Kasten *c* angesetzt wird. Das sich als Krystallbrei ausscheidende Sulfat wird durch Ejektoren dem Topf *e* und der Abtropfbühne *d* zugeführt. Die Lauge kehrt von hier aus in den Sättiger zurück, während das Salz in der Zentrifuge *f* trockengeschleudert wird.

E. Berl hat über ein von ihm ausgearbeitetes Verfahren Mitteilung gemacht, das folgende Reaktionen nacheinander ausführen will[2]:

$$2\,CaCN_2 + 2\,H_2O = Ca(OH)_2 + Ca(HCN_2)_2$$

$$Ca(OH)_2 + Ca(HCN_2)_2 + 2\,NaHSO_4 = 2\,CaSO_4 + 2\,H_2O + 2\,NaHCN_2$$

$$[NaHCN_2 + 3\,H_2O = NaHCO_3 + 2\,NH_3;\ 2\,NaHCO_3 = Na_2CO_3 + H_2O + CO_2]$$

$$2\,NaHCN_2 + 2\,Ca(OH)_2 + 4\,H_2O = 2\,NaOH + 4\,NH_3 + 2\,CaCO_3.$$

---

[1] Z. B. *F. Muhlert*, a. a. O., Ullmanns Enzyklopädie, Bd. I usw.

[2] Chem.-Ztg. 1920, S. 742.

Nach dem Prozeß soll also die Kalkstickstoffzersetzung so geführt werden, daß unter Zuschlag von Natriumbisulfat Ätznatron entsteht. Das abgespaltene Ammoniak ist im Gegensatz zum direkt aus Kalkstickstoff gewonnenen Produkt sehr rein und ohne weiteres zur Verbrennung über Platinkontakt geeignet. In den ersten Kriegsjahren standen in Deutschland monatlich 60000 bis 70000 t Natriumbisulfat zur Verfügung, die von der Zersetzung des Kunstsalpeters mit Schwefelsäure herrührten. Mit der Ausbildung der Hochkonzentrationsverfahren für die verdünnte Säure der katalytischen Verbrennung nahm die Menge anfallenden Bisulfats immer mehr ab. Während der *Berl*sche Prozeß in der Zeit des Natriumbisulfatüberschusses, den man dringend zu beseitigen wünschte, für Deutschland sehr beachtenswert gewesen wäre, hat er heute, wo kaum noch Bisulfat in größeren Mengen hergestellt wird, leider an Bedeutung verloren. Immerhin kann er für die Länder, die Chilesalpeter auf Salpetersäure verarbeiten, wohl Bedeutung erlangen.

Die gewöhnliche Methode der Kalkstickstoffzersetzung hinterläßt als Autoklavenrückstand einen Schlammbrei, der auf den Saugnutschen in einen festen Rückstand und eine klare, in den Kreislauf zurückkehrende Lauge geschieden wird. Für die Filtration der Zersetzungsschlämme haben sich übrigens auch die Trommelfilter oder Saugtrockner der Firma *R. Wolf A.-G.* in Magdeburg-Buckau, Werk Ascherslebener Maschinenfabrik, bestens bewährt, da sie große Mengen Schlamm in verhältnismäßig kurzer Zeit bewältigen können und ohne Filtertücher auskommen. Ein anderes Verfahren teilt *Th. Steen* im D. R. P. 315 553 mit (s. a. D. R. P. 314 043, 314 595, 323 297, 324 866).

Es ist natürlich oft daran gedacht worden, die in gewaltigen Mengen abfallenden Schlamm-Massen in irgendeiner Weise nutzbar zu machen. Während des Krieges sind relativ bedeutende Posten als Kalkdünger von den Erzeugungswerken abgestoßen. Die *Agrikulturchemische Kontrollstation* Halle a. d. S. gibt folgende Analysen von Kalkrückständen der Piesteritzer Werke bekannt[1]:

a) Wassergehalt im frischen, nutschenfeuchten Material . . . 37,4 bis 37,95 Proz.
     „ durch Lagern halbgetrockneten Material. . . . . 25,74 „
     „ abgelagerten Material 1   „

b) Analytische Untersuchung:

Gesamtkalk	32,7 bis 48,20 Proz., i. M. 38,5 Proz.			
$CaCO_3$	30,23 „	51,60 „	„ 40,88 „	
Gesamtstickstoff (N)	0,14 „	0,84 „	„ 0,422 „	
Rhodan (CNS) 0,53; 1,24; 1,45; Spuren;	0,0 „			

Der Rhodangehalt verschwindet bei längerem Lagern unter der Einwirkung der Atmosphärilien. Düngewichtig ist neben dem sehr geringen Stickstoffgehalt nur der kohlensaure Kalk. Wegen des Rhodanvorkommens ist übrigens Vorsicht bei der Anwendung geboten, die lediglich im Herbst erfolgen sollte. *P. Keßler* mischt dem Schlamm noch gebrannten Kalk bei (D. R. P. 307 244).

---

[1] Chem.-Ztg. 1917, S. 855; s. auch Chem.-Ztg. 1914, S. 43.

Ein Marktbericht vom 12. August 1919[1] bringt folgende Durchschnittsanalyse:

$$CaCO_3 \quad 35 \text{ bis } 40 \text{ Proz.}$$
$$N \quad 0{,}25 \quad \text{,,}$$
$$Ca(OH)_2 \quad 15 \text{ bis } 20 \quad \text{,,}$$
$$C \quad 6 \quad \text{,,}$$
$$Fe_2O_3 \quad 1 \quad \text{,,}$$

und nennt als Handelspreis ab Lieferwerk 180 Mk. für 100 kg.

Bei forciertem Betrieb der Kalkstickstoffzersetzung erfordert die Schlamm-
beseitigung einen bedeutenden Aufwand an Arbeitskraft und Löhnen. Es
müssen für diesen Zweck besondere Eisenbahnwagen und Lokomotiven in
Dienst gestellt werden und die schwarzen Rückstände häufen sich nach gar
nicht langer Zeit zu lästigen und viel Platz beanspruchenden Halden. Diese
Umstände haben dazu geführt, daß örtlich günstig gelegene Werke dazu
übergegangen sind, die Autoklaveninhalte direkt ohne jede Filtration mit
Mammutpumpen in natürliche Bodensenken, alte Steinbrüche oder Tage-
baue abzuführen und dort versickern zu lassen. Es findet dann eine natürliche Filtration durch den gewachsenen Boden statt und der $CaCO_3$-usw.-
Rückstand sammelt sich in Form trocknender Massen an, allmählich alle
Vertiefungen ausfüllend. Der in den Laugen noch steckende Stickstoff
(Rhodansalze, komplexe organische Verbindungen usw.) geht bei diesem
rohen Verfahren natürlich restlos verloren.

Nächst der Verwertung als Düngemittel war die Wiederbenutzung des
Kalks als Rohstoff für den Carbidofen das lockendste Ziel. Hätte man dieses
erreichen können, so wäre der Kalk im Kalkstickstoffprozeß nur Zwischen-
träger gewesen, um stets im Kreislauf den Prozeß von neuem zu durchlaufen.

Wenn *Jul. Baumann* berichtet[2], daß die Anlage Vilvorde in Belgien,
welche schon vor dem Kriege Kalkstickstoff aus Odda zersetzte, ihren Betrieb stillegen mußte, weil ,,sie buchstäblich im Rückstandsschlamm er-
stickte‘‘, so ist das durchaus nicht allein der Grund für den Mißerfolg in
Vilvorde gewesen, der mehr noch in der Schwierigkeit der katalytischen
Verbrennung des erzeugten Ammoniaks zu suchen ist.

Um das Abfallprodukt für die Wiederverwendung im Carbidofen geeignet zu machen, muß es zunächst gebrannt werden. Im Drehofen gewinnt
man dabei ein kleinstückiges Brenngut. Über die im Carbidofen erzielten
Ergebnisse berichtet *Jul. Baumann*[3] wie folgt: ,,Versuche einer rheinlän-
dischen Kalkstickstoffabrik haben kein erfreuliches Resultat gehabt, weil
der erhaltene Kalk wegen seiner feinpulverigen Beschaffenheit im Lichtbogen
des Carbidofens zum großen Teil herausgeblasen wurde und dadurch zu sehr
starker Rauchbelästigung Veranlassung gab. Der Schmelzprozeß selbst ist
ebenfalls nicht normal verlaufen. Übrigens ist es eine altbekannte Erfahrung,
daß es niemals gut ist, in einem chemischen Prozeß eine der Komponenten

---

[1] Chem.-Ztg. 1919, S. 540.
[2] Chem.-Ztg. 1920, S. 562.
[3] Chem.-Ztg. 1920, S. 275.

fortwährend zirkulieren zu lassen, da sich hierbei in dieser die verschiedenen
Verunreinigungen anhäufen und den Prozeß sehr bald ungünstig beeinflussen."
G. Polysius-Dessau setzt dem im Drehofen zu brennenden Kalkschlamm
Bindemittel, wie Kalium- oder Natriumchlorid bzw. -carbonat, Kaliglimmer,
Schönit, Polyhalit oder andere Kalisalze zu. Die Temperaturen des Ofens
liegen zwischen 900 und 1200°. Die schmelzenden Salze verkitten die Kalk-
teilchen und bewirken, daß das erhaltene Endprodukt in stückiger Form
fällt (D. R. P. 313 595).

Die gleiche Firma hat im Auftrage von *Jul. Baumann*[1] einen Versuch
durchgeführt, um nach dem Vorgange des österr. Pat. 78 662 vom *Österr.
Verein für chemische und metallurg. Produktion* in Außig Zement aus diesen
Rückständen zu gewinnen. Die verwendeten Rohmaterialien gaben folgende
Analysen (Muster bei 100° getrocknet):

Kalkstickstoffschlamm		Ton
3,55 Proz.	SiO_2	69,40 Proz.
2,05 „	$Fe_2O_3 + Al_2O_3$	24,33 „
43,85 „	CaO	4,17 „
Spur „	MgO	1,73 „
0,98 „	H_2SO_4	—
15,00 „	freier C	—
34,67 „	Glühverlust	—

Es wurden 4,71 Gewichtsteile des getrockneten Schlamms vorstehender Zusammensetzung mit 1 Gewichtsteil Ton vermahlen und im Versuchsschacht-
ofen bei Weißglut gebrannt, bis durchgehende Sinterung erfolgt war. Es
wurde ein vollkommen brauchbares Material erhalten, dessen hydraulischer
Modul 2,09 betrug; die Analyse entsprach mit rund 60 Proz. CaO, $22^1/_2$ Proz.
SiO_2 und 8 Proz. Al_2O_3 ganz dem Bild eines normalen Portlandzementes.
Die Volumbeständigkeit war eine vollständige und die Festigkeitsprüfung
der ersten 7 Tage ergab im Mittel 15 kg/qcm. Da die Frage einer erfolgreichen Veredelung des Kalkstickstoffs sehr eng mit der Weiterverarbeitung
der Zersetzungsschlämme verknüpft ist, so könnte dieses Verfahren der Ze-
mentherstellung, dessen technische Durchführungsmöglichkeit bewiesen ist,
wohl einmal wichtig werden. Die *Farbenfabriken vorm. Fr. Bayer & Co.*
(D. R. P. 320 442) pressen $Ca(OH)_2$-Schlamm zu Formlingen und brennen
diese.

Bei dem Brenn- und Zementierungsprozeß spielt der im Schlammrückstand enthaltene Kohlenstoff nur insofern eine wichtige Rolle, als er Brennstoff sparen hilft und die Masse auflockert[2]. Dieser Kohlenstoff ist schon
von *Frank* (D. R. P. 174 846) als Graphit bezeichnet worden, da er ihn vollständig zu Graphitoxyd oxydieren konnte. *A. Remelé* und *B. Rassow* unter-
suchten nun den aus Piesteritzer Zersetzerschlamm isolierten Kohlenstoff
näher, um seine Identität noch schärfer zu beweisen[3]. Das spez. Gewicht
der aus Kalkstickstoff isolierten Substanz betrug 2,250 gegen 2,255 beim

<hr>

[1] Chem.-Ztg. 1920, S. 562.
[2] Chem.-Ztg. 1920, S. 562.
[3] Zeitschr. f. angew. Chemie 1920, I, 139.

Ceylongraphit. Auch die Bestimmung der elektrischen Leitfähigkeit, des Entflammungspunktes, des Verhaltens gegen Kaliumchlorat, konz. Salpetersäure, geschmolzenes Ätzkali usw. erbrachte den sicheren Beweis, daß es sich bei dem nach der Reaktion

$$CaC_2 + N_2 = CaCN_2 + C$$

entstandenen Kohlenstoff, der sich unverändert im Schlamm der Kalkstickstoffzersetzung wiederfindet, tatsächlich um hochdispersen Carbidkohlenstoff mit rein graphitischen Eigenschaften handelt. Bekanntlich betreffen ja auch die D. R. P. 112 416 und 174 846 von *A. Frank* die Darstellung von Graphit aus Carbid.

In dem D. R. P. 297 412 betont die *Chem. Fabrik Griesheim-Elektron*, daß sich der aus Kalkstickstoffschlämmen gewonnene Graphitkohlenstoff ausgezeichnet zur Verwendung als Depolarisationsmasse von Trockenelementen eignet. Er übertrifft in dieser Beziehung den besten natürlichen Graphit an Ergiebigkeit.

Durch Homogenisierung des Kalkstickstoffschlammes mit Ölen etwa in der *Plauson*schen Kolloidmühle[1] ließe sich vielleicht der Graphitgehalt auch zu Schmier- und sonstigen Zwecken ausnutzen.

Um zum Schluß einen Maßstab für die Größe moderner Kalkstickstofffabriken zu geben, seien einige Zahlen aus dem ersten Bauplan der Piesteritzer Werke mitgeteilt, die eine mittlere 24-Stundenproduktion von etwa 330 t Carbid oder 430 t Kalkstickstoff haben. 8 Carbidöfen verbrauchen 60 000 KW an elektrischer Energie, 32 Waggons gebrannten Kalk und 22 Waggons Koks. 4 Walzenstühle, 4 Brecher, 2 Conveyor, 8 Mühlen und 4 Transportschnecken dienen dazu, das Ofencarbid zu zerkleinern und es den 720 Azotieröfen zuzuführen. 6 *Linde*-Kompressoren und 6 dazugehörige Trennungsapparate gewinnen aus 210 000 cbm Luft 150 000 cbm reinen Stickstoff, um rund 435 t Rohkalkstickstoff von 18 bis 20 Proz. N zu erzielen. In 4 Brechern, 4 Walzenstühlen, 6 Mühlen, 8 Elevatoren, 12 Entgasern und 6 Mischtrommeln wird dieses Rohprodukt auf rund 430 t marktgängige Ware gebracht. Das Werk durchfließen täglich mehr als 100 000 cbm Kühlwasser. Den Strom liefert die 25 km entfernte Riesenzentrale Golpa, die 1920 eine Hypothek von 72 Mill. Mk. eintragen ließ, um eine weitere Turbo-Dynamo aufzustellen und entsprechende Nebenanlagen zu schaffen. Die Hypothek lautet auf Reichsmark, gehört aber nach dem Auslande.

20 Zersetzer spalten in Piesteritz täglich 210 t Kalkstickstoff und erzeugen daraus 50 t Ammoniakgas, das in 10 Sättigern auf 200 t Ammonsulfat verarbeitet oder in einer Apparatur aus 6 Abtreibern, 18 Kondensatoren und 6 Zellenkühlern in 200 t 25 proz. Ammoniakwasser verwandelt werden kann. Andererseits kann das gereinigte Ammoniakgas 96 katalytischen Verbrennungselementen zugeführt werden, um dort und in der anschließenden Turmkondensation zu einem Teil Salpetersäure zu liefern und durch diese weiter in 50 t Ammonsalpeter und 100 t Kunstsalpeter verwandelt zu werden.

---

[1] Chem.-Ztg. 1920, S. 553, 565.

Die *A.-G. für Stickstoffdünger* in Knapsack hat[1] 7 Carbidöfen, die bei Höchstleistung mit 5000 bis 6000 KW belastet werden können und pro Tag 200 t Carbid erzeugen. Wegen näherer Einzelheiten, genauer Dimensionierung usw. sei auf die angegebene Literatur verwiesen. Das gewonnene Carbid ist 77 proz., es wird gekühlt, in Preßmörsern zerkleinert und in Rohrmühlen gemahlen. Der Stickstoff wird durch Rektifikation flüssiger Luft nach *Linde* hergestellt. Die Azotieröfen in Kanalbauart sind bereits beschrieben worden. Der Zersetzung des Kalkstickstoffs dienen 40 Autoklaven von je etwa 12 cbm Inhalt, die etwa 210 t Kalkstickstoff täglich zu zerlegen gestatten. Das Ammoniakgas kann in der schon früher geschilderten Kondensationsapparatur auf konzentriertes Ammoniakwasser verarbeitet werden.

Vor dem Kriege bestanden nach *Siebner*[2] Anlagen zur Kalkstickstoffzersetzung und Ammonsulfatgewinnung in Terni, Piano d'Orta in Italien, bei Paris, in Vilvorde in Belgien, in Knapsack, Trostberg und Japan. Während des Krieges sind namentlich die großen deutschen Werke von Piesteritz und Chorzow[3] und ähnliche Gründungen in Frankreich und namentlich in Amerika (*American Cyanamide Co.* in Niagara Falls, die vor dem Kriege keine Zersetzeranlage hatte; Werk Muscle Shoals usw.) entstanden.

Die französischen *Lannemezan*-Werke haben 20 bis 30 Carbidöfen von je etwa 2000 KW und 300 *Frank-Caro*-Azotieröfen. Der Stickstoff wird aus flüssiger Luft nach *Claude* dargestellt. Die *Marignac*-Werke besitzen 6 Carbidöfen und azotieren in einem kontinuierlichen Ofen (s. oben) eines Sondertyps. Es werden pro 24 Stunden 100 t Kalkstickstoff mit 22 Proz. und 120 t mit 15 Proz. N erzeugt. Den Stickstoff liefert das *Claude*-Verfahren. Die *Société des Mines de Carmaux* hat 8 Einphasencarbidöfen von je rund 2000 KW und 224 *Frank-Caro*-Azotieröfen für eine Jahresproduktion von 46 000 t Kalkstickstoff.

Die genaueste Beschreibung liegt von der amerikanischen Großanlage Muscle Shoals[4] vor; sie ist sehr ausführlich gehalten und mit zahlreichen Abbildungen und Schnittzeichnungen ausgestattet[5], so daß hier nur ein ganz kleiner Auszug gegeben werden kann.

Die Kraftzentrale, die mit einem mittleren Leistungsfaktor von 90 Proz. rechnet, erhält 30 000 KW von den 135 km entfernten Regierungswerk Gorgas in den Alabamakohlenfeldern und erzeugt 60 000 bis 70 000 KW selbst. In der Carbidmaterialabteilung wird die Kohle für die Kalköfen gemahlen, der Kalk gebrannt und Koks und Kalk getrocknet bzw. gebrochen. Der Kalkstein enthält:

---

[1] Chem.-Ztg. 1919, S. 810.

[2] Chem.-Ztg. 1913, S. 1074.

[3] Beschreibung des letzteren Werkes und Einzelheiten des Vertrages zwischen dem Reich und den *Bayr. Stickstoffwerken* s. The Chemical Trade Journal and Chem. Eng. 22 .5. 1920, S. 665.

[4] Schöne Abbildungen von *J. Clyde Marquis*, Made-in-America Fertilizies, in „The Country Gentleman" 13. 3. 1920.

[5] *Andrew M. Fairly*, Metall. Eng. 1919, S. 8; *E. E. Wolls* und *C. F. Mitchell*, Electr. World 1919, S. 677, 729.

$$CaCO_3 \ldots \ldots \ldots \ldots \ldots \ldots \ldots 98{,}23 \text{ Proz.}$$
$$MgCO_3 \ldots \ldots \ldots \ldots \ldots \ldots 0{,}97 \text{ „}$$
$$SiO_2 \ldots \ldots \ldots \ldots \ldots \ldots \ldots 0{,}49 \text{ „}$$
$$Al_2O_3 + Fe_2O_3 \ldots \ldots \ldots \ldots 0{,}30 \text{ „}$$
$$\text{Feuchtigkeit, Verlust} \ldots \ldots \ldots 0{,}07 \text{ „}$$
$$\underline{}$$
$$100{,}06 \text{ Proz.}$$

Dieser Kalkstein wird in 7 Rotieröfen gebrannt, die Kohlenstaubfeuerung haben und von denen jeder pro 24 Stunden 100 t gebrannten Kalk liefert. Das Rohmaterialgemisch für die Carbidöfen wird durch 2 automatische Wagen nach gehöriger Vorbereitung (Trocknen und Mahlen) genau eingestellt und läuft dann durch Schnecken in das Carbidofenhaus. Hier stehen 12 Öfen von $3{,}66 \times 6{,}7$ m Querschnitt und 1,83 m Höhe. Sie sind oben offen und in üblicher Weise mit Elektroden usw. ausgerüstet. Die fertige Elektrode wiegt 3080 kg. Die Öfen werden mit 130 Volt und 15 000 bis 20 000 Amp. betrieben. Jeder Ofen hat Transformatoren, die je 8325 KW von 12 200 (Dreiphasenstrom, 60 Perioden) auf 130 Volt umformen. Die Charge wird von Hand in den Ofen gebracht, sie besteht aus einem Gemisch von 1000 kg Kalk auf 600 bis 620 kg trocknem Koks. Nach 6 Stunden wird mittels Hilfselektrode zum ersten Male abgestochen, dann alle 45 Minuten. Die Carbidkühlpfannen fassen je etwa $^1/_2$ t und werden von einer elektrischen Lokomotive in die Carbidkühlhalle gefahren. Das Rohcarbid gibt folgende Mittelanalyse:

$$CaC_2 \ldots \ldots \ldots \ldots \ldots \ldots 82{,}30 \text{ Proz. (301 l)}$$
$$C \ldots \ldots \ldots \ldots \ldots \ldots \ldots 1{,}20 \text{ „}$$
$$CaO \ldots \ldots \ldots \ldots \ldots \ldots 14{,}72 \text{ „}$$
$$CaSi \ldots \ldots \ldots \ldots \ldots \ldots 0{,}06 \text{ „}$$
$$Ca_3P_2 \ldots \ldots \ldots \ldots \ldots \ldots 0{,}07 \text{ „}$$
$$CaS \ldots \ldots \ldots \ldots \ldots \ldots \ldots 0{,}13 \text{ „}$$
$$FeSi \ldots \ldots \ldots \ldots \ldots \ldots 0{,}72 \text{ „}$$
$$\text{Rest} \ldots \ldots \ldots \ldots \ldots \ldots \ldots 0{,}80 \text{ „}$$

Das Mahlwerk enthält 3 Brecher, die das Carbid auf etwa 32 mm Korngröße bringen. Die gewonnenen Massen hebt ein Becherwerk in einen Silo, aus dem 3 Mühlen versorgt werden, welche die Zerkleinerung so weit treiben, daß 80 Proz. durch ein 40-Maschensieb (Quadratzoll) und die Reste durch ein 10-Maschensieb gehen. Die Feinzerkleinerung wird in 3 Rohrmühlen durchgeführt, aus denen das Carbidpulver in 8 Stahlvorratsbehälter abgezogen wird. 85 Proz. dieses Carbidmehls gehen durch ein 200-Maschensieb. Die Mühlensysteme sind mit Stickstoff gefüllt.

Der Stickstoff wird nach dem Verfahren *Claude* aus flüssiger Luft gewonnen. Auf die Einzelheiten dieser Anlage wird weiter unten eingegangen werden. Der Stickstoff hat 99,9 Proz. Reingehalt.

Der Azotierofenraum ist 76×169 m groß und liegt südlich der Carbidmühle. 16 Reihen enthalten dort je 96 Azotieröfen, das sind zusammen 1536 Öfen. Dieselben sind in 2 Gruppen angeordnet, welche auf je 30,5 m Breite 8 Reihen zu je 96 Öfen zählen. Ein Mittelgang von 15 m Breite durchzieht den ganzen Raum und enthält das Lager für die Pappbehälter und -rohre. Die Azotieröfen selbst haben 1320 mm äußeren und 870 mm inneren Durchmesser; ihre Höhe beträgt 1630 mm, so daß sie in ihren Ausmaßen dem gebräuchlichen Typ entsprechen. Sie bestehen im wesentlichen aus einem Stahlmantel, der eine 225 mm starke Ausmauerung von feuerfesten Ziegeln trägt. In den 870 mm weiten Innenraum von rundem Querschnitt wird ein Pappzylinder (kein Eisenblech, wie bei dem deutschen System) von etwa 770 mm Durchmesser eingesetzt, der an den Seiten also je 50 mm Spielraum läßt. In die Mitte des Pappeinsatzes wird eine Papphülse eingeführt, welche die Heizelektrode von 16 mm Durchmesser bei 2000 mm Länge aufnimmt. Der Einsatz wird mit 730 kg Feincarbid gefüllt. Jeder Ofen ist durch doppelte Deckel verschlossen, von denen der äußere mit Sand usw. verschmiert wird. Der Stickstoff wird einer 200er Rohrleitung entnommen, die sich zwischen je 2 Ofenreihen hindurchzieht. Für jede Ofeneinheit sind zwei 38er Leitungen vorgesehen, von denen jede ein Absperrorgan trägt. Die Leitung 1 ist am Boden in den Ofen eingeführt, während die zweite seitlich 150 mm höher mündet. Der Stickstoffüberdruck beträgt 75 bis 100 mm Wassersäule.

Zum Beheizen der Azotieröfen dient Einphasenstrom von 100 Volt und 200 bis 250 Amp., der zunächst 20 Minuten lang hindurchgeschickt und dann für die Dauer von 12 Stunden auf 100 bis 150 Amp. und 50 Volt herabgesetzt wird. Die exothermische Reaktion läuft ohne äußere Wärmezufuhr noch 28 Stunden weiter; die Temperatur erreicht 1100°. Zur Ofenbedienung fahren kleine Benzollokomotiven auf Schmalspurgleisen durch die Azotierhalle. Der rohe Kalkstickstoff hat folgende Zusammensetzung:

$$
\begin{aligned}
&CaCN_2 \ \dots\dots\dots\dots\dots\dots \ 63 \text{ Proz.}\\
&CaC_2 \ \dots\dots\dots\dots\dots\dots \ 2 \ \text{''}\\
&CaO \ \dots\dots\dots\dots\dots\dots \ 13 \ \text{''}\\
&CaS \ \dots\dots\dots\dots\dots\dots \ 1 \ \text{''}\\
&C \ \dots\dots\dots\dots\dots\dots \ 11 \ \text{''}\\
&SiO_2 \ \dots\dots\dots\dots\dots\dots \ 3 \ \text{''}\\
&MgO \ \dots\dots\dots\dots\dots\dots \ 2 \ \text{''}\\
&Fe_2O_3 + Al_2O_3 \ \dots\dots\dots\dots \ 2 \ \text{''}\\
&Verschiedenes \ \dots\dots\dots\dots \ 3 \ \text{''}
\end{aligned}
$$

Der Kalkstickstoff gelangt vom Azotierofenhause zunächst in die 15,2×116,6 m große, am Südende des ersteren liegende Kalkstickstoffkühlhalle, die von zwei 20 t-Laufkränen befahren wird. Die Kalkstickstoffmühlenanlage gleicht vollkommen dem entsprechenden Teil des Carbidbetriebes. Die Zerkleinerung der harten, vorgebrochenen Kalkstickstoffblöcke wird soweit getrieben, daß 95 Proz. durch ein 200-Maschensieb gehen. Die Mühlen sind mit Stickstoff gefüllt. Der fertig gemahlene Kalkstickstoff wird in die 9 großen Betonbehälter (von 17×17 m Grundfläche und 23,3 m Höhe) der Kalkstickstofflagerhalle am Südende der Kalkstickstoffmüllerei überführt.

Von hier aus geht das Material in die Entgaserei, die 15,3×24,4 m Bodenfläche bedeckt. Den Transport bewerkstelligt eine Schnecke und ein Elevator, der durch weitere Schnecken die Fülltrichter von 3 Hydromixortrögen versorgt. Diese Apparate sind 0,91 m breit und 11 m lang, sie sind oben offen und tragen in der Mitte eine Welle, die 50 Touren in der Minute macht und 408 mm lange Rührarme trägt. Über den Trögen wird eine solche Menge Wasser zerstäubt, wie sie dem Carbidgehalt entspricht. Der rohe Kalkstickstoff durchläuft den Hydromixor mit einer minutlichen Geschwindigkeit von 15 m, erwärmt sich und fällt, vollkommen trocken, direkt in die Transportschnecken, die ihn in die 91,5 m weiter südlich liegende Zersetzeranlage befördern. Das Acetylen der Entgasertröge entweicht in die Luft.

Die Zersetzeranlage besteht aus dem Autoklavenhaus, dem Kesselhaus und der Filteranlage. Die Ammoniakkolonnen stehen im Freien vor dem Zersetzerhaus. Das Kesselhaus hat 4 Babcock-Kessel, die ganz unabhängig von der großen Dampfzentrale sind und dauernd Hochspannungsdampf von 11 bis 12 Atm liefern. Das Gebäude der Zersetzeranlage ist 24,7×77 m groß und enthält 56 Autoklaven aus 38 mm starken Stahlwänden; sie sind zylindrisch und haben 3,44 m Durchmesser bei 6,1 m gesamte Höhe. Die senkrechte, zentrisch angeordnete Rührwelle macht 12 Touren in der Minute. Der entgaste Kalkstickstoff wird durch ein Becherwerk einem auf dem obersten Boden aufgestellten, eisernen Behälter zugeführt und von dort in 14 Fülltrichter abgezogen, die nach automatischen Wagen führen. Ein System von 127er Schnecken ist so angeordnet, daß sie den abgewogenen Kalkstickstoff abwechselnd in 16 Stück 300er Transportschnecken hineinspeisen. An jeder dieser letzteren hängen 4 Autoklaven.

Die ganze Einrichtung entspricht also völlig der auf der schon früher erläuterten Zeichnung der *Borsig*-Anlage dargestellten Bauart, während die modernsten deutschen Werke statt der Schneckensysteme transportable und auf stationären Wagen zur Verwiegung kommende Silos besitzen, die mit Kalkstickstoff gefüllt und mittels eines Kranes über dem zur Füllung bestimmten Autoklav aufgehängt werden.

Vor der Chargierung wird jeder Autoklav zu einer Tiefe von rund $2^3/_4$ m mit 2 proz. Natronlauge und 136 kg Soda beschickt. Der freie Kalk des Kalkstickstoffs setzt die

Soda allmählich auch zu Ätznatron um, so daß die Lösung schließlich 3 Proz. NaOH
enthält. In diese Lösung werden allmählich 3,6 t Kalkstickstoff eingeschneckt. Das in
Freiheit gesetzte Acetylen (2 Proz. Carbid) entweicht durch ein besonderes Rohrnetz.
Der Autoklav wird nun verschlossen und unter Dampfdruck gebracht. Es genügt zur
Einleitung der exothermischen Reaktion:

$$CaCN_2 + 3\,H_2O = CaCO_3 + 2\,NH_3,$$

20 Minuten hindurch Dampf von 11 bis 12 Atm einzuleiten. Der Druck steigt infolge
der lebhaften Ammoniakentbindung schnell auf rund 18 Atm. Ist diese Druckstufe erreicht, dann beginnt man mit dem allmählichen Abblasen des Ammoniak-Dampfgemisches.
Erst nach 3 Stunden sinkt der Druck. Man schließt dann die Gasableitungen wieder
und läßt von neuem Dampf einströmen, wodurch die Zersetzung in $1^1/_2$ Stunde beendigt
wird. Der Prozeß wird auf das sorgfältigste beobachtet, damit kein Ammoniak durch
die Sicherheitsventile usw. verloren geht. Das Abgas der Autoklaven enthält im Mittel
25 Proz. NH_3 auf 75 Proz. Wasserdampf.

Es tritt zunächst in eine Ringleitung, die es durch 7 Schlammfänger in 7 Ammoniak-
abtreiber einführt, welche im Freien aufgestellt sind. Diese Abtreiber sind je 7,6 m hoch
bei rund 3 m Durchmesser. Sie haben 16 horizontale Glockenböden, die wiederum mit
100 mm großen Durchbrechungen und Glockentellern versehen sind. Das Rohammoniak-
gas der Abtreiber durchstreicht je 2, das sind in Summa 14, Röhrenkühler, in denen der
Wasserdampf niedergeschlagen wird. Der Ammoniakgashauptstrang (rund 711 mm ⊘)
teilt sich in 2 Zweigleitungen von rund 500 mm ⊘, von denen die eine etwa 55 Proz.
der gesamten Gasmenge der Verbrennungsanlage zur Umwandlung in Salpetersäure
zuführt (unter Zwischenschaltung von 2 Gasometern mit je rund 550 cbm Inhalt), während
die andere direkt in die Ammonnitratfabrik geht, um diese mit der zur Neutralisation
dienenden Ammoniakmenge zu versorgen (45 Proz. des gesamten Ammoniaks). Die
Ammoniakanlage kann wöchentlich 100 t NH_3 abgeben. Die Einrichtungen der Salpeter-
säure- und der Ammonnitratanlage sollen in späteren Kapiteln besprochen werden.

Der zersetzte Autoklaveninhalt wird durch einen 228er Ablaßschieber und -rohr-
strang mit Dampf- oder Preßluftdruck in den Nutschenraum hinübergedrückt. Dieser
ist 46×47,8 m groß und enthält zunächst 4 Schlammtröge mit Rührwerken und je einem
Satz von 5 Oliverdrehfiltern, von denen demnach insgesamt 20 Stück vorhanden sind.
Die Oliverfilter, die sich u. a. bei der Cyanid-Goldlaugerei gut bewährt haben, sind des
näheren in F. Ullmanns Enzyklopädie der Technischen Chemie, Bd. VI, S. 327 beschrieben.
Das Vakuum wird durch 12 Vakuumpumpen auf 507 mm gehalten. Die filtrierte Lauge
wird mit einem Gehalt von 2 Proz. NaOH abgesaugt und in 2 Vorratsbehältern gesammelt.
7 Zentrifugalpumpen von je 2,5 cbm Minutenleistung drücken die Lauge von hier aus
durch Filter in die Kühltanks, die sowohl die ,,Flüssige Luft-Anlage'' mit Waschlauge,
als auch die 7 Meß-Hochgefäße der Zersetzeranlage mit Umgangslauge versorgen, welche
im Kreislauf wieder in die Autoklaven zurückkehrt. Der Schlammrückstand wird nicht
verwertet.

Schon im wirtschaftlichen Teile war auseinandergesetzt worden, daß die
Carbid-Kalkstickstoffindustrie genetisch mit jenen Verfahren verknüpft ist,
welche eine Weiterverarbeitung des Carbids auf andere hochwertige Produkte,
in Sonderheit organischer Natur, bezwecken. Nachdem die wirtschaftliche
Bedeutung dieser Fragen gestreift wurde, soll an dieser Stelle ein ganz kurzer
Überblick über die wichtigsten technischen Neuerungen der letzten Zeit gegeben werden.

Die erste Stufe in der Weiterverarbeitung des Calciumcarbids auf organische Körper bildet die Entwicklung von Acetylen[1], für die eine solche
Menge von zweckentsprechenden Bauformen aufgekommen ist, daß hier

---

[1] S. auch Chem.-Ztg. 1920, S. 965 ff.

nur auf die D. R. P. 297 815, 300 858, 301 513, 301 802, 303 729, 305 776, 309 912, 312 190, 313 241, 313 242, 313 392, 313 966, 317 180, 318 108, 319 412, 323 253, 325 410, 326 245 und das norweg. Pat. 30 593 verwiesen werden kann. *J. H. Vogel* hat sich in der Literatur eingehend mit der Besprechung der Acetylenentwicklungsapparate befaßt und auch sonst wichtige Beiträge zur Technologie des Acetylens geliefert[1]. Die großen Vorzüge des Acetylens in der Kleinbeleuchtung verführten anfangs dazu, daß sich jeder Klempnermeister befähigt und berechtigt glaubte, Entwicklungsapparate zu bauen. Erst im Laufe der Zeit lernte man die gefährlichen Eigenschaften des Acetylens kennen, die z. B. jede Verwendung von Kupfer oder kupferhaltigen Legierungen an den Apparaten ausschließen, die eine sorgfältige Reinigung des Gases erforderlich machen und was derartige, jetzt durch Verordnungen und Gesetze geregelte Vorsichtsmaßregeln[2] mehr sind.[3] Den nach der Zersetzung übrigbleibenden Kalkschlamm will man als Baukalk und für sonstige Zwecke nutzbar machen[4]. Für die autogene Metallbearbeitung erfreut sich das Acetylen größter Beliebtheit[5].

Die Carbidalkoholindustrie (*Lonzawerke* in der Schweiz; Burghausen a. d. Alz; Skandinavien; Kanada) geht letzten Endes auf folgende Reaktionen zurück:

$$CaC_2 + 2\,H_2O = Ca(OH)_2 + C_2H_2$$
Acetylen

$$C_2H_2 + H_2O \text{ (saure Lsg., Quecksilberkatalysator)} = CH_3 \cdot COH$$
Acetaldehyd

$$CH_3 \cdot COH + H_2 = C_2H_5 \cdot OH$$
Äthylalkohol

$$CH_3 \cdot COH + O = CH_3 \cdot COOH$$
Essigsäure

$$CH_3 \cdot COOH, \text{ katalytisch} = (CH_3)_2CO + CO_2 + H_2O,$$
Aceton

die sämtlich im großen durchgeführt werden.[6] Auf Grund der schweizerischen Betriebsergebnisse in Visp ergibt sich pro 1 t absoluten Alkohols ein Verbrauch von 2 t Carbid und 500 cbm Wasserstoff.[7] Zur Carbid- und Wasserstoffgewinnung dienen 4000 kg Kalkstein, 2500 kg Kohle und 11 000 KW-st. Der Alkohol wird an die *Schweizer Monopolverwaltung* für 35,17 M. (Vorkriegsparität) pro 1 hl geliefert. Selbst unter den außerordentlichen günstigen Kraftverhältnissen der *Lonzawerke* wird es schwierig sein, bei Eintritt normaler Bedingungen mit dem Carbidsprit wettbewerbsfähig zu bleiben. Man hörte schon im Herbst 1920 von erheblichen Betriebseinschränkungen. Unter

---

[1] „Das Acetylen", Leipzig 1911; ferner *F. Ullmann*, Enzyklopädie der Technischen Chemie, Bd. I, Wien und Berlin 1914, S. 130 ff.

[2] Ch. Ztrlbl. 1919, IV, 388.

[3] Vgl. bei *J. H. Vogel*, S. 245 ff.

[4] Südd. Ind. Blatt 1920, S. 646; Zeitschr. f. Abfallverwertung 1918, S. 8/9.

[5] Ch. Ztrlbl. 1919, IV, 110.

[6] Chem.-Ztg. 1916, S. 979; Zeitschr. f. angew. Chem. 1918, III, 492; Zeitschr. Spirit.-Ind. 1919, S. 16; Ch. Zrtlbl. 1919, IV, 281; Umsch. 1920, S. 114; Ch. Ztrlbl. 1920, IV, 366; Chem.-Ztg. 1920, S. 487.

[7] Chem.-Ztg. 1920, S. 487.

solchen Umständen dürfte die Rentabilität einer bei Torgau i. d. Prov. Sachsen zu errichtenden Carbidspritanlage doppelt in Frage gestellt sein. Man will dort aus C_2H_2 zunächst Äthylen und dann Äthylschwefelsäure erzeugen. Der Plan ist inzwischen wieder fallengelassen worden. Nach *A. Janke*[1] verbraucht die Spriterzeugung pro Hektoliter Reinalkohol folgende Brennstoffmengen:

aus Kartoffeln	680 000 Cal.
„ Sulfitablauge	1 100 000 „
„ Holz	500 000 „
„ Calciumcarbid ohne Wasserkraft	4 580 000 „
„ „ mit „	1 400 000 „

Unter den Patentnehmern der letzten Jahre (D. R. P. 297 442, 298 851, 301 274, 305 125, 305 997, 309 103, 309 104, 310 242, 314 210, 315 290, 317 589, 317 703, 318 898, 319 368, 319 476, 321 567, 322 600; französ. Pat. 467 515, 479 656 und Zusatz 20 217/1915; norweg. Pat. 24 803, 30 251, 30 326, 30 419, 30 490, 30 906, 30 907, 30 948, 30 949, 31 377) ragen *Fr. Bayer & Co.*, die *Lonzawerke*, das *Konsortium für elektrochemische Industrie G. m. b. H.* in München, die *Chem. Fabrik Griesheim-Elektron* und *N. Grünstein* hervor.

Nach dem D. R. P. 294 794 gewinnt die *Chem. Fabrik Buckau* Propylen aus Acetylen und Methan. Die *Farbwerke vorm. Meister Lucius & Brüning* in Höchst bauen Fettsäureester (D. R. P. 315 021) dadurch auf, daß sie auf ein äquimolekulares Gemisch von Fettsäure und Alkohol bei Gegenwart mineralsaurer Quecksilbersalze und erhöhter Temperatur Acetylen einwirken lassen. Die *Chem. Fabrik Griesheim-Elektron* (D. R. P. 300 122; s. auch 324 202) erzeugt Glykol aus Äthylen und dieses wiederum aus Acetylen und Wasserstoff. *H. P. Kaufmann* berichtet in seiner Habilitationsschrift[2] über die Einwirkung der dunklen elektrischen Entladung auf Acetylen und *G. Kirchhoff*[3] über die Darstellung von Thiophen aus Acetylen. *A. Wohl* und *K. Bräunig* zeigen, daß man unter gewissen Bedingungen von Acetylen aus durch vorsichtige Ozonoxydation zu Glyoxal gelangen kann[4]. *R. Meyer* und *K. Taeger* bringen einen Beitrag über die pyrogene Kondensation des Acetylens[5], während *P. Ruggli* sich mit Derivaten des Diamidoacetylens beschäftigt[6]. Wenn man daneben erwägt, daß in der Großtechnik bereits bedeutende Acetylenmengen auf Chlorverbindungen (Tetrachloräthan, Trichloräthylen usw.) verarbeitet werden[7], so erweist sich, welche bedeutenden Zukunftsmöglichkeiten in der Tat im Acetylen und damit im Carbid ruhen, das die Synthese organischer Verbindungen aus Kohle und den Elementen des Wassers ohne. weiteres auch im größten Maßstabe ermöglicht.

---

[1] a. a. O.
[2] Jena 1916: Chem.-Ztg. 1917, Repert. 321.
[3] Dissertation, Zürich 1916: Chem.-Ztg. 1917, Repert. 321.
[4] Chem.-Ztg. 1920, S. 157.
[5] Berl. Ber. 1920, **53**, 1261.
[6] Chem.-Ztg. 1920, Chem.-techn. Übers. 222.
[7] Vgl. auch *K. Arndt*, Chem. Ind. 1919, Nr. 22/23.

Neuerdings bemüht man sich namentlich in Frankreich darum, eine andere Quelle für Alkohol ausfindig zu machen, die durch das Vorkommen von Äthylen im Leucht- und Kokereigas gekennzeichnet ist (4 bis 5 Proz. im Leuchtgas, noch mehr im Kokereigas, 15 bis 16 Proz., manchmal sogar 19,5 bis 22,5 Proz. im amerikanischen Ölgas; s. auch oben). Die schon von *Berthelot* beobachtete Absorption von Äthylen durch konz. Schwefelsäure, die Äthylschwefelsäure liefert, kann nach den Untersuchungen von *Lebeau* und *Damiens*[1] durch Zugabe von Vanadin-, Uran-, Wolfram- und Molybdänsäure bei Gegenwart von Quecksilber derartig beschleunigt werden, daß man sie mit der Absorption von CO_2 durch Kalilauge vergleichen kann. Die bei der Spaltung der Äthylschwefelsäure abfallende verdünnte Schwefelsäure benutzt man nach *E. de Loisy*[2] z. T. zur Gewinnung von Ammonsulfat und verwertet die Wärme der Abgase zur Konzentrierung eines anderen Teils der Säure[3].

Eine zur Aufspeicherung von verdichtetem Acetylen besonders geeignete poröse Füllmasse gewinnt die *Svenska A.-B. Gasaccumulator* nach dem D. R. P. 302 929, während man nach dem D. R. P. 302 122 der *A.-B. Lux* eine Lösung von Acetylen (1600 l) in 95 bis 97,5 proz. Spiritus (100 l; 1,5 Atm Druck) herstellt (s. auch D. R. P. 323 712).

Über die Verwendung des Acetylens als motorisches Treibmittel ist sicher das letzte Wort noch nicht gesprochen worden, wenngleich die praktischen Ergebnisse in der Schweiz vorläufig nicht ermutigend sind[4]. Auch auf die namentlich in der Schweiz geübte Streckung des Leuchtgases mit Acetylen[5] ist bereits im wirtschaftlichen Teil aufmerksam gemacht worden. Man ist inzwischen dazu übergegangen, Acetylenzimmerheizungen einzurichten. Im Palasthotel zu Lausanne ist seit Anfang 1920 eine Acetylenanlage in Betrieb, die einen Block von 5 Gebäuden mit Heizgas versorgt[6]. Im strengen Winter sind 800 kg Carbid = 400 000 Cal. täglich verbraucht worden, während an milderen Tagen nur 100 bis 200 kg nötig waren. Das *Bulletin de la Société Suisse de l'Acétyléne*[7] betont die großen wirtschaftlichen Vorzüge der Acetylenbeheizung vor derjenigen mit Kohlengas und glaubt, daß mit der Carbidverwendung für diesen Zweck eine neue Entwicklungsperiode im Heizungswesen eingeleitet wird. Ein stationärer, mit allen Sicherheitseinrichtungen versehener Entwicklungsapparat, der sehr einfach zu bedienen ist, erzeugt das Gas, welches nach der Vermischung mit Luft in einem Rohrschlangensystem (nach Art der Gasbadeöfen) verbrannt wird.

---

[1] Ch. Ztrlbl. 1913, I, 1229.

[2] Compt. rend. **170**, S. 50 (1920); Ch. Zrtlbl. 1920, II, 445, 734.

[3] S. auch „Das Branntweinmonopol", Jahrg. 1921, Nr. 12.

[4] Vgl. den wirtschaftlichen Teil und Techn. Rundsch. des Berl. Tagebl. 1919, S. 78 (Nr. 12); Dingl. polyt. Journ. 1919, S. 50 (334); Chem.-Ztg. 1920, S. 339; Umsch. 1920, S. 333; Zeitschr. f. Abfallverw. 1920, S. 66; Technik i. d. Landwirtsch. 1920, S. 646, 715; Ch. Ztrlbl. 1920, IV, 232.

[5] Ch. Ztrlbl. 1919, IV, 847.

[6] Umsch. 1920, S. 581.

[7] a. a. O.

Das gesamte Zirkulationswasser für den Häuserblock konnte innerhalb 20 Minuten auf 70 bis 80° erwärmt werden.

Bei der technischen Darstellung von Ruß spielt Acetylen eine wichtige Rolle. Man kann es nämlich entweder als Brenngas für Lampenrußgewinnung verwenden oder man kann es selbst in Kohlenstoff und Wasserstoff aufspalten[1].

Die Verwertungsverfahren für Carbid und Acetylen erscheinen um so beachtenswerter, weil von mancher Seite die Carbiderzeugung als das gegebenste Mittel betrachtet wird, das Problem des Spitzenausgleichs in großen elektrischen (namentlich Wasserkraft-) Zentralen zu lösen (vgl. den wirtschaftlichen Teil). In der Tat bedeutet die Erschmelzung von Calciumcarbid eine lagerbeständige und haltbare Akkumulierung oder Aufspeicherung der elektrischen Energie. In 1 kg des hergestellten Produkts ruhen immerhin bedeutende Energiemengen auf sehr kleinem Raum beieinander, die sich nach Entbindung als Acetylen in der verschiedensten Weise verwerten lassen. Die zukünftige Entwicklung der Kalkstickstoffindustrie ist daher aus mehr als einem Grunde mit dem Aufschwung der Carbid- und Acetylenverwertung verknüpft.

Die Nitridverfahren[2].

Keines der im folgenden zu besprechenden Verfahren wird bisher technisch im großen Maßstabe ausgeübt, die angestellten Versuche und die hierüber veröffentlichten Arbeiten und Patente sind aber für die Technologie der Stickstoffverbindungen so hervorragend wichtig, daß sie wenigstens in großen Zügen zur Erörterung kommen müssen, zumal namentlich die Akten über den *Serpek*-Prozeß wohl noch nicht geschlossen sind[3].

Aluminiumnitrid, AlN, hatten vor *Serpek* schon zahlreiche Forscher in Händen gehabt[4], ohne daß sie an eine technische Verwendung gedacht hätten. *O. Serpek* war der erste, der die Verwirklichung der Reaktion:

$$Al_4C_3 + Al_2O_3 + 6\,N = 6\,AlN + 3\,CO$$

im großen anstrebte (D. R. P. 116 746, 181 991, 181 992, 183 702, 206 588, 216 748, 231 886, 235 213, 235 669). Trotz der mancherlei Verbesserungen, die *Serpek* einführen konnte, ist es nicht gelungen, die Reaktion technisch lebensfähig zu machen, weil die apparativen Schwierigkeiten allzu große waren.

---

[1] Vgl. *F. Ullmann*, Enzyklopädie, Bd. VII, 1919, S. 76 bis 77; bzw. die bereits erwähnten Patente von *A. Frank*.

[2] S. auch *W. Moldenhauer*, Die Reaktionen des freien Stickstoffs; Berlin 1920.

[3] Vgl. im allgemeinen *O. Serpek*, „Aluminiumnitrid" in *F. Ullmann*, Enzyklopädie der Technischen Chemie, Bd. I, Berlin und Wien 1914, S. 287 bis 295; *F. Muhlert*, Die Industrie der Ammoniak- und Cyanverbindungen, Leipzig 1915, S. 109 bis 119; *H. Goldschmidt*, Zeitschr. d. Ver. Dtschr. Ing. 1919, S. 877 ff.; *K. Arndt*, Chem. Ind. 1919, Nr. 22 u. 23; *B. Waeser*, Metallbörse 1920, S. 1193.

[4] Vgl. *O. Serpek*, a. a. O.

Mehner (D. R. P. 88 999), *Willson* (engl. Pat. 21 und 755 v. J. 1892)
und *Chalmot* (amerik. Pat. 741 396) hatten schon früher eine allgemeine
Methode angegeben, um Metalloxyde durch Kohle in der Hitze des Lichtbogens zu reduzieren und gleichzeitig Stickstoff einzublasen, damit sich aus
den Metallen die entsprechenden Nitride bildeten. Bei der Nachprüfung der
angegebenen Verfahren fand *Serpek*, daß unter den gewählten Bedingungen
überhaupt kein Nitrid entsteht, da diese Nitride bei den Flammenbogentemperaturen sämtlich nicht mehr beständig sind. Aus Tonerde und Kohle
entsteht auf diese Weise und überhaupt bei Temperaturen über 2000° eine
geschmolzene Masse, die wohl Carbid und flüssige Tonerde, aber kaum
Spuren von Stickstoff enthält.

Dagegen fand *Serpek*, daß sich die Stickstoffaufnahme eines Tonerde-
Kohlegemisches schon bei Temperaturen vollziehen kann, bei denen, würde
man nicht in einer Stickstoffatmosphäre arbeiten, weder Aluminiummetall
durch Reduktion seines Oxydes entstehen, noch die Tonerde zum Schmelzen
gebracht werden würde (D. R. P. 224 628). In einer Versuchsapparatur[1]
konnte er feststellen, daß im elektrischen Widerstandsofen die Nitridbildung
bei 1600° einsetzt und bei 1700° energisch wird. Das freiwerdende Kohlenoxyd

$$Al_2O_3 + 3\,C + 2\,N = 2\,AlN + 3\,CO$$

ist der raschen Durchführung der Nitrifikation bei 1600° verderblich. Durch
zweckmäßige Wahl des Ofens, der die Diffusion der gebildeten Reaktionsgase ($CO + CO_2$) in den frischen Stickstoff hinein unmöglich macht, hat
Serpek den Eintrittspunkt der Azotierung auf 1450° herabsetzen können.
Unter diesen Verhältnissen verläuft die Stickstoffaufnahme bei 1500 bis
1550° bereits sehr rasch. Die *BASF* hat im D. R. P. 243 839 eine Reihe von
Zusätzen angegeben, welche die Azotierungstemperatur herabsetzen. Eine
kleine Beimischung von Wasserstoff zum Stickstoff bewirkt das erste Eintreten der Nitridbildung schon bei 1250° (franz. Pat. 448 924, 450 140).

Alle diese Katalysatoren — ausgenommen das Eisen — erniedrigen
zwar die Reaktionstemperatur, erhöhen aber die Reaktionsgeschwindigkeit
nicht. Da für den Großbetrieb jedoch nur ein rasch verlaufender Bindungsprozeß am Platze ist, so verwendet *Serpek* namentlich bei Verarbeitung von
eisenhaltigem Bauxit und von Generatorgas Temperaturen um 1600° als
Optimum.

Mit dem Chemismus und den thermischen Verhältnissen der Reaktion
haben sich außer *Serpek* noch viele andere Wissenschaftler beschäftigt. Insbesondere gibt *J. W. Richards* folgendes Formelbild[2]:

$$Al_2O_3 + 3\,C + 2\,N = 2\,AlN + 3\,CO$$
$$-\,391\,600\ \text{Cal.} \qquad +\,90\,900\ \text{Cal.} \qquad +\,87\,480\ \text{Cal.}$$
$$=\,-\,213\,220\ \text{Cal.,}$$

---

[1] *Serpek*, a. a. O.
[2] Chem.-Ztg. 1913, S. 1331.

d. h. die Reaktion ist stark endothermisch. Sie tritt unterhalb 1500° in merklichem Umfange kaum ein. Für 1 t Aluminiumnitrid verbraucht die Durchführung der Reaktion an sich rund $^1/_3$ KW-Jahr. Im praktischen Fabrikbetrieb ist dieser Verbrauch natürlich bedeutend größer (etwa doppelt so hoch). *Serpek* selbst bezeichnet im D. R. P. 224 628, das die wissenschaftlichen Grundlagen des Verfahrens enthält, als Anfangstemperatur (augenscheinlich zu niedrig!) der Stickstoffbindung durch das Tonerde-Kohlegemisch 1100°. Bei 1800 bis 1850° soll die Stickstoffaufnahme unter Bildung eines Nitrids mit 30 Proz. N stürmisch erfolgen. *W. Fraenkel*[1] bestimmte den Eintritt der Nitridbildung zu unter 1400°; bei 1500° ist nach ihm die Reaktion schon sehr lebhaft[2]. Der Grund, daß die verschiedenen Verfasser so weit auseinanderliegende Temperaturen fanden, ist in der Verwendung verschiedener Kohlensorten zu suchen. *P. Askenasy* berichtete über seine und *W. Fraenkels*[3] Untersuchungen in dieser Richtung. Ruß (Acetylenruß) erwies sich als besonders reaktionsfähig, dann folgt Holzkohle sowie Graphit und am trägsten ist Koks. Der Alkaligehalt der Holzkohle wirkt reaktionsbeschleunigend, und zwar wird die Azotierungsgeschwindigkeit auch bei absichtlich zugesetzten größeren Alkalimengen und Verwendung von gewöhnlichem Koks überraschend gesteigert. Im Anschluß an Arbeiten von *F. Fichter*[4] hat *Joh. Wolf*[5] die Bedingungen für die Darstellung des Aluminiumnitrids aus den Elementen studiert. Er erhielt bei schnellem Erhitzen im elektrischen Widerstandsofen zwischen 1990 bis 2000° innerhalb einer Stunde weißes, nahezu chemisch reines Nitrid mit bis zu 33,7 Proz. N. Die Verdampfung desselben beginnt bei 1850° unter Dissoziation. Das Nitrid war stets krystallinisch oder deutlich hexagonal krystallisiert. Mit steigender Temperatur wächst die Größe der Krystalle, deren Schmelzpunkt unter 4,3 Atm Druck bei 2150 bis 2200° liegt. *F. Fichter* und *G. Oesterheld* führen die Entstehung der im technischen Aluminiumnitrid häufig auftretenden prächtigen Krystalldrusen auf die Sublimation des Nitrids zurück. Im Wolframrohrvakuumofen beginnt das Aluminiumnitrid unter 14 mm Stickstoffdruck bei 1870° C ($\pm$ 20° C) und partieller Dissoziation zu sublimieren und verflüchtigt sich bei 1890° C ($\pm$ 20° C) völlig. Das Sublimat enthält neben krystallisiertem Nitrid an den kälteren Stellen des Rohres Aluminiummetall[6].

Mit dem Aluminiumnitrid beschäftigen sich ferner die Dissertationen von *A. Spengel*, Basel 1913 und von *W. Koblenzer*, München 1915.

Über das Verfahren berichten außer *O. Serpek*[7] selbst *S. A. Tucker, H. L. Read, J. W. Richards* und *W. O. Herrmann*[8]. Auf weitere Arbeiten von

[1] Zeitschr. f. Elektrochemie 1913, S. 362.

[2] S. auch Chem.-Ztg. 1913, S. 334.

[3] Chem.-Ztg. 1915, S. 807.

[4] Chem.-Ztg. 1913, S. 356; Zeitschr. f. anorg. Chem. **54**. 322 (1907).

[5] Chem.-Ztg. 1914, S. 103; Zeitschr. f. anorg. Chem. **87**, 120 (1914).

[6] Zeitschr. f. Elektrochemie 1915, S. 50.

[7] Chem.-Ztg. 1913, S. 270, 1196; Zeitschr. f. angew. Chem. 1913, III, 165; Österr. Chem.-Ztg. 1913, S. 104 — s. auch Chem.-Ztg. 1912, S. 50, Repert. 252, 405, 481, 505, 514.

[8] Chem.-Ztg. 1912, S. 1144; 1913, S. 594, 935; 1914, S. 103.

F. Fichter und *A. Spengler*[1], sowie von *N. Czako*[2] und *W. Fraenkel*[3] sei verwiesen. Ganz eingehend kritisieren *C. Matignon*[4] und *E. Herre*[5] den *Serpek*-Prozeß in seiner industriellen Ausführungsform[6].

Im Jahre 1909 hat die *Internationale Nitridgesellschaft*, Zürich, eine *Serpek*-Versuchsanlage in Niedermorschweiler bei Mühlausen i. Els. errichtet. Die Gesellschaft ist dann in der *Société Générale des Nitrures* aufgegangen, welche damit das *Serpek*-Verfahren erworben hat. Die Mehrzahl der folgenden Patente rührt deshalb auch von dieser Gesellschaft her oder ist in Gemeinschaft mit *O. Serpek* angemeldet worden.

Es war von vornherein klar, daß die Hauptschwierigkeit des chemisch ja sehr einfachen und durchsichtigen Prozesses in der Wahl einer geeigneten Ofenkonstruktion liegen würde. Diesem Punkte wandte sich daher die Patenttätigkeit von Anbeginn zu und an der Nichterfüllung der hier gestellten Anforderungen ist das Verfahren auch bis heute gescheitert.

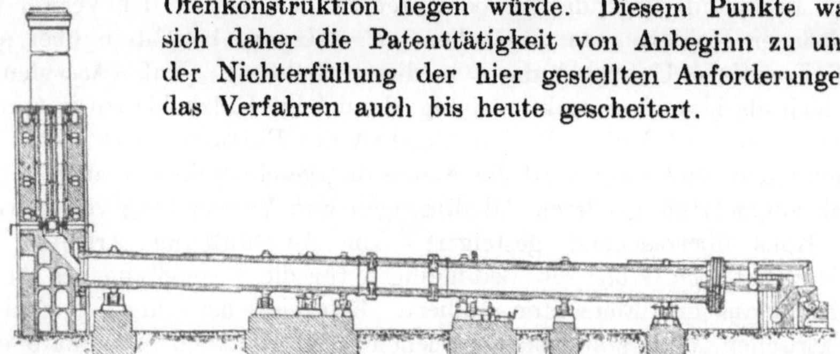

Fig. 14.   Drehofen.

Das D. R. P. 236 044 geht von dem Prinzip der räumlich getrennten Vorwärmung von Tonerde und Reduktionsmittel aus und findet seine erste praktische Form (D. R. P. 239 909) in einem aus 2 übereinander angeordneten, gegeneinander geneigten Trommelteilen bestehenden Ofen. Der Verwaltungsbericht der *Société Générale des Nitrures* an die Generalversammlung vom 30. Juni 1914 besagt, daß die Versuche mit diesem Ofentyp nicht günstig ausgefallen sind[7]. Die Ofenkonstruktion ist später unter Ersatz der oberen Trommel durch einen Turm vereinfacht worden; trotzdem hat man diese Ofenform bald verlassen. Das D. R. P. 273 463 beschreibt die Innenheizwandung eines solchen elektrischen Widerstandsofens, die aus keilförmigen, gegeneinander versetzten Bausteinen besteht. Den modernsten Drehofen von 60 bis 80 m Länge und 3 bis 4 m Durchmesser zeigt die Fig. 14. Der Ofen ist ähnlich konstruiert wie die bekannten Zementdrehöfen, nur ist die Heizung hier elektrisch und in der Mitte angeordnet (D. R. P. 238 340 und 240 403).

---

[1] Chem.-Ztg. 1913, S. 356; 1914, Repert. 63.
[2] Ebenda 1914, S. 445.
[3] Ebenda, 1913, S. 334, 443.
[4] Chem.-Ztg. 1914, S. 894, 909.
[5] Chem.-Ztg. 1914, S. 317, 341.
[6] Ch. Ztrlbl. 1920, IV, 620.
[7] Mittlg. der *Aluminium-Ind. A.-G.* in Neuhausen, Chem.-Ztg. 1914, S. 1266.

Mit der richtigen Durchführung der elektrischen Beheizung beschäftigen sich
u. a. die D. R. P. 204 403, 244 651, 246 334, 246 931, 246 932 und 248 054.
Man hat zunächst besondere Widerstandskörper verwendet, ist aber schließlich zu der einfachsten Beheizungsform übergegangen, die nämlich das Bauxit-
Kohlegemisch selbst als Widerstandskörper benutzt. Die Fig. 15 stellt die
Konstruktion dieses elektrischen Teiles dar. A und B sind mächtige Kohleelektroden, die aus mehreren Einzelteilen zusammengesetzt sind und die je nach
der verfügbaren Stromspannung 5 bis 8 m weit voneinander entfernt sind.
Zwischen ihnen liegt das Tonerde-Koksgemisch, das nun als Widerstandsmasse
wirkt und sich während des Stromdurchganges auf die zu erzielende Reaktionstemperatur erhitzt. Die Neigung des Ofens beträgt etwa $1^1/_2$ Proz. und seine Um-
drehungsgeschwindigkeit wird so geregelt, daß die Masse ungefähr 1 Stunde

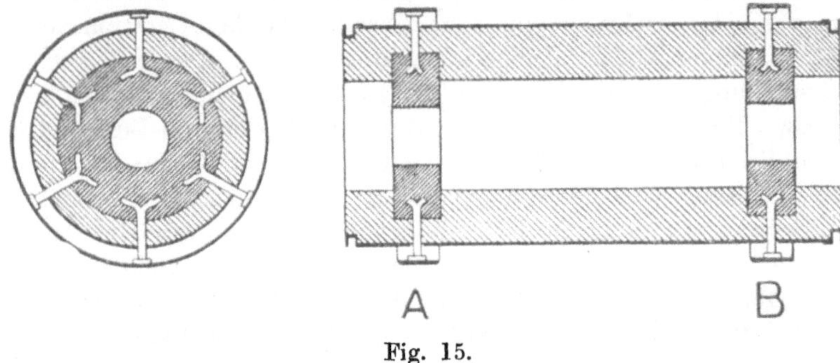

Fig. 15.

braucht, um den elektrischen Teil des Ofens zu durchwandern. Hinter der Reaktionszone kühlt sich das Nitrid an dem ihm entgegenströmenden Frischgase ab
und kann dem Ofen ziemlich kalt entnommen werden. Die Frischgase wärmen
sich gleichzeitig vor, so daß sie hocherhitzt in den Reaktionsraum eintreten. Das
diesen verlassende Gas enthält 60 bis 70 Proz. CO. Es hat natürlich sehr hohe
Temperatur, die es z. T. an die im Gegenstrom eingeführte Mischung von Tonerde
und Koks abgibt; das Gas wird schließlich verbrannt, um die Beschickung noch
mehr vorzuwärmen und den eingesetzten Rohbauxit im obersten Ofenteil zu
calcinieren. Die Öfen werden für 2000 bis 8000 KW bei Betriebsspannungen von
200 bis 250 Volt gebaut. Um die Leitfähigkeit der Masse in der Reaktionszone zu
erhalten, müssen 30 Proz. Koks oder Kohle mehr zugeschlagen werden, als dem
eigentlichen Mengenverhältnis entspricht. Das Nitrid selbst ist auch bei hohen
Temperaturen nur ein schlechter Leiter. Der nicht für die Aluminiumoxydreduk-
tion verbrauchte Kohlenstoff wird dem die Mittelzone verlassenden Nitrid durch
Einblasen von Luft entzogen, dabei bildet sich gleichzeitig das Stickstoff-
Kohlendioxydgemisch (Generatorgas), das für die Azotierung gebraucht wird.

Die Ofenausfütterung besteht im heißesten Teil aus Nitrid selbst, das
als krystallisierte Masse für diesen Zweck in einem kleinen elektrischen
Spezialofen erschmolzen wird[1].

---

[1] Vgl. *O. Serpek* in *F. Ullmanns* Enzyklopädie, a. a. O., S. 292, Abb. 103.

Der in den Einzelheiten recht gut durchkonstruierte Ofen hat sich trotzdem im Dauerbetrieb nicht bewähren können, da das Baumaterial sich als nicht genügend widerstandsfähig gegenüber derartig hohen Temperaturen erwies.

Zunächst bemühte man sich, die Reaktionstemperatur und die Reaktionsdauer durch Zusatz geeigneter Katalysatoren (s. oben) abzukürzen (D. R. P. 231 886, 235 213, 235 669, 236 044; franz. Pat. 450 178, 457 109, 457 650, 457 723). In der Tat gelang es schließlich, durch Ausgehen von wasserstoffhaltigem Stickstoff (franz. Pat. 448 924, 450 140) eisenhaltige Tonerde schon bei 1250° zu azotieren und im amerik. Pat. 1 078 313 wird angegeben, daß sich das Aluminiumnitrid in einem Gemisch aus 30 Teilen Wasser- und 70 Teilen Stickstoff schon bei 1400 bis 1450° bildet. Trotzdem ist nach dieser modifizierten Methode nicht im großen gearbeitet worden.

Man versuchte vielmehr eine brauchbarere Ofenkonstruktion zu finden, ohne daß man hier bisher erfolgreich gewesen wäre. Der Leitgedanke bei diesen Bestrebungen ist der, in einem erhitzten (Flammenbögen, Widerstandsheizung usw.) Reaktionsraum zunächst durch Einblasen von Luft und Kohlepulver eine Stickstoffatmosphäre zu erzeugen und in diese hinein eine genau regelbare Mischung von Bauxit und Kohlenstoff einzuführen, welche dann den Stickstoff aufnimmt und sich in Aluminiumnitrid umwandelt. Auf diesem Prinzip beruhen u. a. die folgenden Patente: D. R. P. 266 862 (246 419); franz. Pat. 462 464 (463 390), 465 242, 473 918, 474 233, 474 820; amerik. Pat. (1 060 640) 1 143 482, 1 217 842; engl. Pat. 27 030/1913, 101 091/1916.

Aus einer Mischung von 10 Teilen Aluminiumoxyd (als Bauxit) mit 2,5 Teilen Kohle sowie 1,5 Teilen Mangancarbonat und Eisenoxyd soll man in einer Atmosphäre von 9 Teilen Stickstoff und 1 Teil Wasserstoff schon innerhalb einer Stunde bei 1500° ein Nitrid mit 27,07 Proz. N erzielen können.

Das bei niedriger Temperatur aus Aluminium und Stickstoff gewonnene Nitrid ist im reinen Zustande weiß und amorph. *Wolk*[1] hat ein unreines und daher graues Produkt aus Aluminium und Ammoniak erhalten. Das Drehofennitrid ist kleinkörnig und, wenn von reiner Tonerde ausgegangen wurde, kohlefrei und weiß. Das bei höherer Temperatur gewonnene technische Aluminiumnitrid zeigt häufig grüne und blaue Farben. Seine Krystalle sind durchsichtig, hexagonal und optisch aktiv. Das spez. Gewicht (im Laboratorium nach *Fichter*: 2,88; technisch: 3,18) steigt mit der bei der Erzeugung angewandten Temperatur. Unter atmosphärischem Druck schmilzt das Nitrid nicht, sondern sublimiert unter Dissoziation nach *Serpek* gegen 2300°, nach anderen (s. oben) bei 1850 bis 1890°.

Wasserstoff, Kohlenstoff, Bor, Silicium, Phosphortrichlorid, schweflige Säure und Schwefelwasserstoff wirken selbst bei höherer Temperatur nicht auf das Nitrid ein. Chlor zerlegt es dagegen in der Wärme in Aluminiumchlorid und Stickstoff, ebenso wirkt Schwefelchlorür. Bromdampf greift nur

---

[1] Dissertation, Nancy 1910.

wenig an. Salzsäure spaltet allmählich in Aluminiumchlorid und Salmiak und Kohlendioxyd endlich oxydiert bei 1200° zu Aluminiumoxyd.

Technisch von Bedeutung ist allein die Zerlegung mit kochendem Wasser:

$$2\,AlN + 6\,H_2O = 2\,NH_3 + 2\,Al(OH)_3.$$

Nach dem Vortrag *Serpeks* vor dem Verein Österreichischer Chemiker am 4 Febr. 1913[1] vollzieht sich diese Reaktion praktisch rasch genug, wenn man sie im Rührwerksautoklav unter 2 bis 4 Atm Druck ausführt. Das in Freiheit gesetzte Ammoniak destilliert unter diesen Umständen nahezu quantitativ ab. Geringe Mengen Alkalialuminat wirken dabei stark beschleunigend. Der zersetzte Autoklaveninhalt, der, außer dem unlöslich abgeschiedenen Aluminiumhydroxyd, sämtliche Verunreinigungen des Ausgangsbauxits sowie die Katalysatoren enthält, welche jenem zur Beschleunigung der Azotierung zugesetzt wurden, wird durch Dekantieren vom Hauptteil der Flüssigkeit getrennt und dann auf Nutschen oder Drehfiltern filtriert. Der Alkaligehalt wird durch Waschen nach Möglichkeit entfernt. Ein kleiner Rest schadet nicht, da er, im Sinne der oben gebrachten Darlegungen, mit Kohle oder Koks zusammen azotierungsbegünstigend wirkt. Der Filterrückstand wird aufs neue mit entsprechenden Koksmengen gemischt und in den Drehrohrofen eingesetzt, um in vollkommenem Kreislauf wiederholt mit Stickstoff beladen zu werden. Die durch Dekantieren gewonnene Hauptflüssigkeitsmenge wird mit dem Filtrat und den Waschwässern vereinigt und zum Zersetzen frischer Nitridmengen benutzt. In dieser Weise durchgeführt, genügt das Verfahren auf das Idealste jener Grundforderung der modernen Technologie, keinen wertlosen Abfall zu geben. Das Aluminiumoxyd erschöpft sich, abgesehen von den unvermeidlichen Fabrikationsverlusten, nicht und wirkt nur als Stickstoffüberträger.

Ganz neuartige Gesichtspunkte ergeben sich jedoch, wenn man auf die Kreisführung des Prozesses verzichtet und die Aluminiumhydroxydschlämme in anderer Weise nutzbar zu machen sucht. Es ist bekannt, daß die Aluminiumindustrie als Ausgangsprodukt für die Darstellung des Metalls sehr reine Tonerde braucht, die aus Bauxit nach verschiedenen Methoden, insbesondere nach dem *Bayer*-Verfahren (grundlegende D. R. P. 43 977 und 65 604) gewonnen wird. Es war nun ein sehr glücklicher Gedanke *Serpeks*, auf die Verbindung der Aluminiumnitriderzeugung mit der Fabrikation reiner Tonerde hinzuweisen, also Aluminium- und Stickstoffindustrie miteinander zu verbinden. In dieser Kombination liegt heute die Zukunft des ganzen Verfahrens, das als reiner Stickstoffbindungsprozeß durch die überraschende Entwicklung der übrigen Methoden sicherlich in den Hintergrund gedrängt ist, das aber als Lieferant reiner Tonerde in Form eines Nebenprodukts auch heute vielleicht noch aussichtsreich ist. Wenn sich die Praxis noch dauernd mit der Weiterentwicklung des Verfahrens beschäftigt, so geschieht es eben in der Hauptsache aus letzterem Grunde.

---

[1] Chem.-Ztg. 1913, S. 270/271.

Soll die Nitridzersetzung so geführt werden, daß reine Tonerde entsteht, so wird der Autoklav statt mit reinem Wasser mit einer Natriumaluminatlösung von 20° Bé beschickt. Mit dieser Lösung wird dann das Aluminiumnitrid unter einem Druck von 2 Atm während 2 bis $2^1/_2$ Stunde gekocht. Das während dieser Operation entweichende Ammoniak ist sehr konzentriert und kann natürlich in beliebiger Weise auf ein geeignetes Ammoniumsalz verarbeitet werden, wie das bereits am Beispiel des Kalkstickstoffs erläutert und gezeigt worden ist.

Im Zersetzungsautoklaven findet sich nach dem Abblasen des Ammoniakgases eine konzentrierte Aluminatlauge, welche die bei der Reaktion aus Aluminiumnitrid entstandene Tonerde gelöst enthält. Von den ungelöst gebliebenen Verunreinigungen und Fremdsubstanzen kann die klare Lauge durch Dekantieren getrennt werden; die Aluminatlauge wird dann in der Art des *Bayer*-Prozesses auf reines Aluminiumoxyd, das als Rohstoff für die Aluminiumgewinnung dient, verarbeitet.

Es ist klar, daß diese Methode gestattet, aus einem sehr unreinen, d. h. namentlich ziemlich eisen- und siliciumhaltigen Bauxit ein tadelloses Aluminiumoxyd auf verhältnismäßig einfache Weise ohne Verbrauch größerer Mengen teurer Chemikalien herzustellen. Den schwierigen Punkt bildet allein die Ofenfrage. *Serpek* bezeichnet seine Kombinationsmethode (D. R. P. 241 339) als *Bayer*-Nitridprozeß. Gegenüber dem eigentlichen *Bayer*-Verfahren kommt er mit dünneren Aluminatlaugen aus (20° gegen 40° Bé), arbeitet mit bedeutend niedrigeren Drucken, setzt schneller um und vermeidet die schädliche Verdünnung durch Waschwässer, die hier sogar vorteilhaft und notwendig sind. *Serpek*[1] schätzte 1913/14 die Kosten der Erzeugung von 1 t reiner Tonerde nach

Bayer auf 100,— Mk. und nach
Bayer-Nitrid auf 50,— Mk,

wobei im ersten Fall der Bauxit und im zweiten das Nitrid unberechnet blieb. Die Ausbeute eines Kilowattjahres beziffert er auf 2 t reine Tonerde und 500 kg Stickstoff in Form von Ammoniak (*Goldschmidt* rechnet dagegen für 1 kg Stickstoff im Kalkstickstoff etwa 17 KW-st.) Die Ammoniakselbstkosten betrugen damals etwa 24 Pfg. je kg.

Während die franz. Pat. 474 322, 474 330, 474 365, 476 121 und die engl. Pat. 11 091/1913, 21 366/1913 der *Société Générale des Nitrures* in Paris eine Fortentwicklung des Aluminiumnitridverfahrens im Sinne einer Verbesserung der eigentlichen Darstellungsmethode bringen (aus Ferroaluminium bei z. B. 1250°), haben die franz. Pat. 367 124, 415 252, 454 430 und die D. R. P. 241 339 bezw. 272 674 die Ammoniakspaltung unter Rückgewinnung reiner Tonerde zum Gegenstand.

Dem Vorbilde des *Serpek*-Verfahrens folgend, haben sich mit ihm zugleich noch eine Reihe anderer, ähnlicher Methoden entwickelt, ohne daß bisher eine von ihnen wirklich wichtig für die Praxis geworden wäre.

---

[1] In *F. Ullmanns* Enzyklopädie, a. a. O.

Die *BASF*, die sich auch mit dem Studium anderer Nitride (s. unten) befaßt hat, ist in ihren D. R. P. 235 300, 235 765, 235 766, 235 868, 236 395, 237 436 und 243 839 seit 1909 des näheren auf die Herstellung und Verarbeitung des Aluminiumnitrids eingegangen. Die Arbeiten der *BASF* zeigten namentlich, daß es gelingt, die Azotierung durch bestimmte oxydische Zuschläge zum Tonerde-Kohlegemisch zu erleichtern und das Nitrid durch milde Behandlung mit Säuren einer Art Reinigung zu unterwerfen. Durch Einwirkenlassen von konzentrierteren Säuren oder geeigneten Salzlösungen kann man auch direkt Ammoniumsalze gewinnen:

$$6\ AlN + Al_2(SO_4)_3 + 24\ H_2O = 8\ Al(OH)_3 + 3\ (NH_4)_2SO_4.$$

Bei der Herstellung von Ammoniak und Tonerde wendet die *BASF* bestimmte Reinigungsverfahren an. Die *BASF* hat dann, als ihre anderweiten Interessen auf dem Gebiete der Stickstoffindustrie dies tunlich erscheinen ließen, ihre sämtlichen Nitridpatente einschließlich derjenigen, welche die Weiter-verarbeitung auf Ammoniak betreffen, an die Inhaberin der *Serpek*-Patente, die *Société Générale des Nitrures* in Paris, abgetreten, um den sonst unvermeidlichen und für sie zwecklosen Patentkollisionen aus dem Wege zu gehen. Die französische Gesellschaft übertrug ihr und dem ihr nahestehenden Kreis der I.-G. zum Ausgleich die Ausübungslizenzen des *Serpek*-Verfahrens.

Dem Prinzip dieses letzteren ist die Methode von *G. Coutagne* verwandt (franz. Pat. 457 992, Zus. 18 022, 462 462, 466 986, 472 465; D. R. P. 322 285, 324 867), die auch im großen durchgeprobt worden ist. *G. Coutagne*[1] überzieht z. B. Carborundstücke in dünner Schicht mit Tonerde und leitet bei der Hitze des elektrischen Widerstandsofens Stickstoff, CO und (z. B.) Naphthalindampf darüber. Vgl. ferner D. R. P. 325 474.

Die Herstellung von Silicium- und Aluminiumnitriden sowie die Gewinnung von Ammoniak aus denselben beschreibt die *Norsk Nitrid A.-B.* in den norweg. Pat. 23 290, 23 312 und 23 472. Nach dem dän. Pat. 19 449 behandelt sie ein Ferroaluminiumpulver mit 40 Proz. Aluminium bei etwa 1250° 3 Stunden hindurch mit Stickstoff und erhält ein Endprodukt mit etwa 20 Proz. N. Hat man aus einem unreinen Bauxit mit 60 Proz. Al_2O_3 ein durch Titan- oder Siliciumoxyde verunreinigtes Ferroaluminium hergestellt und verarbeitet dieses in der vorbeschriebenen Weise, so resultiert ein Nitridgemisch mit 18 bis 20 Proz. N. Im D. R. P. 280 686 und dem franz. Pat. 458 519 beschreibt *W. Zänker* einen Tunnelofen mit Reaktionswägelchen, der sich zur Nitridbildung eignen soll; nach dem franz. Pat. 459 093 des gleichen Erfinders zerlegt man Nitride unter Entbindung von Ammoniak. Im D. R. P. 284 531 und dem entsprechenden französ. Pat. 463 232 gibt die *G. m. b. H. Gebr. Giulini* in Ludwigshafen a. Rh. ein Verfahren zur Darstellung von Aluminiumnitrid unter äußerer Beheizung aus einer Mischung von Tonerde usw., Kohle und Stickstoff bei Zusatz der Oxyde, Hydroxyde oder Salze der Alkali-, Erdalkali- oder ähnlich wirkender Metalle an. Das D. R. P. 295 573 enthält die Zeichnung und Beschreibung eines für

---

[1] Chem. Eng. and the Works Chemist. **3**, 103 (1913).

die Reaktion geeigneten Ofens mit Regenerativbefeuerung. Nach dem franz. Pat. 451 405 schlägt man bei der Azotierung Natrium zu. *Gebr. Giulini*, die zu den wichtigsten deutschen Tonerdeproduzenten gehören, wollen auch das gewonnene Aluminiumnitrid auf reine Tonerde und Ammoniak verarbeiten. Gerade bei Verwendung von unreineren Bauxiten aus Ungarn, Dalmatien oder Deutschland (z. B. am Vogelsberg) wäre die Azotierungsmethode höchst wertvoll.

E. Herman verwendet bei der Azotierung einen Überschuß methanhaltigen Stickstoffs und beheizt seinen Ofen mit Gas (z. B. Erdgas): D. R. P. 319 046. *R. W. Wallace* und *E. Waßmer* haben sich im D. R. P. 321 617 ein Verfahren schützen lassen, um im Kreislauf Ammoniak aus Metallnitriden herzustellen. Nach dem D. R. P. 323 523 kann man Gegenstände aus geschmolzener Tonerde fabrizieren. Hinsichtlich des *Serpek*-Verfahrens sei ferner auf die engl. Pat. 25 630/1913, 29 430/1909 und die franz. Pat. 465 265, 465 679, 465 807 und 474 503 von *C. Ellis, I. Margoles, L. C. E. Gautrelet* und der *Aluminium-Industrie A.-G.*, Neuhausen, verwiesen. Letztere (franz. Pat. 465 807) zeigte z. B., daß die Nitridbildung auch noch oberhalb 2000° erfolgen kann, wenn man für sehr reichliche Stickstoffzufuhr sorgt.

S. Peacock und die *International Agricultural Corporation* in New York verschmelzen feingepulverte Silicatgesteine mit Koks im stickstofferfüllten Reduktionsofen bei 1400 bis 1600° und erhalten Nitride und Carbonitride, die mit Wasserdampf unter 5 Atm Druck zersetzt werden (amerik. Pat. 1 129 505, 1 129 721):

$$2\,AlN + 3\,H_2O = Al_2O_3 + 2\,NH_3,$$
$$Al_2C_3N_6 + 9\,H_2O = Al_2O_3 + 3\,CO_2 + 6\,NH_3.$$

Das amerik. Pat. 1 143 132 von *S. Peacock* betrifft dann die Aluminiumnitriderzeugung allein. Auch nach den amerik. Pat. 1 188 651 und 1 344 153 kann man Aluminiumnitrid darstellen.

Man ist nicht dabei stehen geblieben, nur die Bindung von Stickstoff an Aluminium zu studieren, sondern hat auch die übrigen Metalle bzw. Metalloide in den Kreis der Betrachtungen[1] gezogen, wie die allgemeinen Patente von *Mehner, Borchers* und *Beck, Roth* sowie der *Comp. Bordelaise des Produits Chimiques* beweisen (D. R. P. 88 999, 196 323, 197 293; franz. Pat. 440 217). Insbesondere hat man sich mit den Stickstoffverbindungen des Siliciums beschäftigt, da hier die Billigkeit des Ausgangsmaterials verlockend war. *A. Sinding-Larsen* und *O. I. Storm* verwenden entweder flüssige Siliciumlegierungen oder Siliciumdampf bzw. sie gehen direkt von kieselsäurereichen Mineralien aus, die sie im elektrischen Ofen mit Stickstoff behandeln (D. R. P. 217 037, 229 638, 231 090; schwed. Pat. 36 205). *A. Kolb* (D. R. P. 222 237) azotiert Calciumsilicid bei über 1000°. Ausführlicher hat sich die *BASF* mit der Herstellung und Zerlegung von Stickstoff-Siliciumverbindungen befaßt (D. R. P. 234 129, 236 342, 236 892, 237 436, 241 510). Bei der Herstellung im elektrischen Ofen wirken Zuschläge von Metalloxyden usw. stark be-

---

[1] Vgl. *F. Muhlert*, a. a. O., S. 14 ff., 109 ff.

schleunigend im Sinne einer nachhaltigeren Stickstoffaufnahme. Die Siliciumnitride sind nicht so leicht zersetzlich, wie die Erdalkalicyanamide, sie müssen erst mit stark alkalischen Lösungen gekocht oder noch besser mit Ätznatron bei 400° unter Darüberleiten von Wasserdampf verschmolzen werden, ehe sie allen Stickstoff in Form von Ammoniak abspalten.

Mehner erwähnt in seinem grundlegenden Nitridpatent, D. R. P. 88 919, bereits die Herstellung von Siliciumnitriden, die er direkt als Dünger verwendet wissen will. Die Einführung in die Landwirtschaft ist ihm jedoch nicht gelungen, weil der Herstellungspreis einmal sehr hoch war und weil ferner die Ammoniakentbindung im Boden sehr langsam vor sich ging[1]. Ähnlich empfahl auch *O. Frank* (D. R. P. 248 697) siliciumnitridhaltige Gemische als Düngemittel.

G. Tofani geht bei der Bindung von Stickstoff durch Silicium von Ferrosilicium aus[2]. Die Herstellung von Siliciumnitriden betreffen auch die amerik. Pat. 1 093 813 und 1 123 585, nach denen z. B. Doppelnitride wie $Al_4N_4 \cdot Si_3N_4$ durch Zusammenschmelzen von Feldspat, Phosphoriten und Kohle im stickstoffreichen Gasstrom bei 1600 bis 2000° C erhalten werden. Der Verein Chem. Fabriken in Mannheim erhitzt (D. R. P. 311 767) z. B. 10 Teile gebrannten Kalk, 10 Teile wasserfreies Chlorcalcium und 3 Teile 90 proz. Ferrosilicium in trockner Stickstoffatmosphäre 2 Stunden hindurch auf 850°. Darauf wird durch kochendes Wasser der Gesamtstickstoff als Ammoniak abgetrieben.

Vielfach hat man sich auch mit den Titanstickstoffverbindungen beschäftigt. Schon *Tessié du Motay* fand (franz. Pat. 92 346) im Jahre 1871, daß Titannitride im Wasserstoffstrom Ammoniak abgeben, indem sie dabei in stickstoffärmere Körper rückverwandelt werden, die durch erneute Stickstoffaufnahme wieder in die früheren Nitride übergehen. Die *BASF* hat insbesondere versucht, das sog. Cyanstickstofftitan, $Ti_{10}C_2N_8$, das sich auch in den Hochofenschlacken findet, wenn titanhaltige Erze verhüttet werden, auf Ammoniak zu verarbeiten. Die Titanstickstoffverbindungen sind äußerst beständig. Sie müssen mit Alkalien energisch verschmolzen oder noch besser mit Oxydationsmitteln (D. R. P. 202 563) behandelt werden, wenn sie ihren Stickstoffgehalt quantitativ als Ammoniak abgeben sollen. Sind dabei gleichzeitig Kontaktkörper anwesend, so bilden sich aus dem Ammoniak weiter Stickoxyde (D. R. P. 203 748). Beim Kalkstickstoff hat man sich bisher vergeblich bemüht, eine Methode zu finden, um die Stickstoffabspaltung sofort mit der Oxydation zu Stickoxyden zu verbinden: es ist eben bisher kein Katalysator bekannt, der den Luftsauerstoff intensiv genug auf das Ammoniak überträgt, um schon bei den niederen Temperaturen der Ammoniakabspaltung aus Kalkstickstoff wirksam zu sein.

Ähnlich wie Cyanstickstofftitan verhält sich auch das von der *BASF* künstlich hergestellte Titannitrid, das leicht aus 80 Teilen Titansäure, 20 Teilen Holzkohle und 2 Teilen Natriumsulfat im Stickstoffstrom erhalten wird

---

[1] Zeitschr. f. angew. Chem. 1905, S. 1762; 1910, S. 1843.
[2] Chem.-Ztg. 1914, Repert. 310.

(D. R. P. 203 750; norweg. Pat. 20 198). Solches Titannitrid gibt beim Verschmelzen mit Oxydationsmitteln (D. R. P. 204 204), beim Behandeln mit Wasserdampf in Gegenwart alkalischer Mittel (D. R. P. 204 475) oder durch Säuren (D. R. P. 204 847) leicht Ammoniak bzw. seine Salze. Vgl. auch D. R. P. 204 563.

Praktische Anwendung finden weder die Silicium- noch die Titannitride, weil die Verarbeitung noch komplizierter und schwieriger ist, wie die des Aluminiumnitrids[1]. Titansauerstoffverbindungen, wie sie sich zur Weiterverarbeitung auf Nitride eignen, gewinnen die *Norske A.-S. for Elektrokemisk Industri* und die *Norsk Industri Hypotekbank in Kristiania* z. B. nach der Vorschrift des D. R. P. 300 898. Mit den Titannitriden hat sich u. a. *Fr. Faye* ausführlich beschäftigt[2]. Aus den Nitriden des Titans, Bors usw. stellt *E. Podszus* nach den D. R. P. 282 748, 286 992 und 301 540 zusammenhängende Massen, Schmelztiegel für Metalle, Glühkörper usw. her. *S. Peacock* und die *du Pont de Nemours Powder Company* (amerik. Pat. 1 088 359) erzielen Titancyanonitride aus Titandioxyd, Kohle und Stickstoff unter Druck bei 2000°, z. B. nach:

$$\mathrm{TiO_2 + 6\,C = TiC_4 + 2\,CO,}$$
$$\mathrm{TiC_4 + 2\,N_2 = TiC_2N_4 + 2\,C.}$$

Carbonitrile ganz verschiedener Zusammensetzung (s. u.), z. B. $\mathrm{Si_3N_4(C_3N_4)_2}$, beschreibt *S. Peacock* im franz. Pat. 458 168.

Die Patente der *BASF*, welche sich mit den Nitriden des Molybdäns und Wolframs beschäftigen (D. R. P. 246 554, 250 377, 259 647, 259 648, 259 649, 260 010, 265 294) gehören zum Teil schon in das Gebiet der Hochdruckammoniaksynthese von *Haber-Bosch* (s. u.).

Der Borstickstoff ist früh in den Kreis der Untersuchungen gezogen worden[3]. Seine Darstellung aus Borsäure oder Boraten mit Kohle im Stickstoffstrom bei Rotglut ist im engl. Pat. 4338/1879 von *Basset* und im D. R. P. 13 392 von *Tucker* beschrieben. *Lyons* und *Broadwell* (amerik. Pat. 816 928) elektrolysieren geschmolzenen Borax unter Verwendung einer Kohlenanode, die sich in einem Graphitrohr befindet. Durch dieses wird Stickstoff eingeleitet. Der entstandene Borstickstoff soll sich schon bei 600° durch Wasserdampf glatt nach der Gleichung:

$$\mathrm{2\,BN + 3\,H_2O = B_2O_3 + 2\,NH_3}$$

zerlegen lassen. *A. Stähler* und *I. Elbert*[4] azotieren Borsäure-Kohlegemische bei 1500 bis 1700° und 70 Atm Druck. Das erzeugte Endprodukt hat über 85 bis 87 Proz. BN. Die *Comp. Française pour l'Exploitation des Procédés Thomson-Houston* (franz. Pat. 377 683 und Zusatz 17 669/1913, 456 488) erhitzt Borsäureanhydrid mit (z. B.) Alkalicyanid im elektrischen Wider-

---

[1] *Serpek*, Chem.-Ztg. 1913, S. 1197.
[2] Dissertation, Aachen 1916.
[3] S. auch in *F. Ullmanns* Enzyklopädie der Techn. Chemie, Bd. II (1915), S. 729.
[4] Berl. Ber. 1913, S. 2060 und Dissertation; Chem.-Ztg. 1913, Repert. 447, 528.

standsofen auf etwa 2000°; ein anderes Darstellungsverfahren geben *R. Heyder* und die *General Electric Co.* im amerik. Pat. 1 077 712 an. Auf die Vorschläge von *E. Podszus*, aus Bor- oder Titannitrid zusammenhängende Körper darzustellen (D. R. P. 282 748, 286 992, 301 540) ist bereits hingewiesen worden. Bornitrid, das für diesen Zweck äußerst rein sein muß, erzeugt man nach dem D. R. P. 282 701 von *Ehrich & Graetz* und *E. Podszus* aus Borsäure, Kohle und Ammoniak bei etwa 1800°.

Über die nach den vorstehend angeführten Patenten verwirklichte Herstellung von Gefäßen aus Borstickstoff berichtet *W. Schmandt*[1]:

Wasserfreie, durch Schmelzen bei 1500° gewonnene und durch Aufgießen auf Metallplatten abgekühlte Borsäure wird zerkleinert und in einer luftdicht verschlossenen Stahlmühle feinst gemahlen. Es wird dann Zuckerkohle und Paraffin als Bindemittel zugesetzt und nochmals gut durchgemahlen, indem man leicht erwärmt. Die gewonnene Masse ist äußerst plastisch. Man formt aus ihr die gewünschten Gegenstände und unterwirft diese in einem Ofen mit stark vermindertem Druck einer zweistündigen Sinterung bei 900 bis 1000°. Vor dem Herausnehmen aus dem Ofen werden die Gegenstände kurze Zeit mit Ammoniak behandelt, wobei sich eine dünne Oberflächenschicht von Borstickstoff bildet, die gegen Feuchtigkeit schützt. Die Körper kommen dann in den eigentlichen Azotierofen, wo sie nochmals 30 bis 40 Stunden lang bei 1000° der Einwirkung von Ammoniak ausgesetzt bleiben. Nach Ablauf dieser Zeit ist die gesamte Borsäure in Borstickstoff umgewandelt und es sind klingend harte, sehr feste und je nach der Art der Formung auch mehr oder weniger dünnwandige Körper entstanden, die nur in ganz geringem Grade durch Eisen verunreinigt sind. Die Ammoniakbehandlung kann dadurch abgekürzt werden, daß man bei 12 Atm. und 1200° arbeitet. Die Nitridbildung ist dann in der Hälfte der Zeit beendet.

Man hat dünne Stäbchen aus Borstickstoff infolge ihrer hohen Isolierfähigkeit als Träger für die Drähte in Glühlampen benutzt. Siedegefäße aus Borstickstoff haben sich gegen schmelzende Leichtmetalle (Natrium) als durchaus widerstandsfähig gezeigt. In Borstickstoffrohren lassen sich im elektrischen Ofen Dauertemperaturen von 1800° erzielen. Nicht nur gegen derartig hohe Temperaturen, sondern auch gegen Temperaturschwankungen ist Bornitrid sehr widerstandsfähig, wenn auch nicht in dem Maße, wie Quarz. Wasserdampf ruft bei Weißglut jedoch heftige Zersetzung hervor und muß ferngehalten werden.

Reines Bornitrid bildet ein weißes, leichtes, amorphkörniges, sich talkartig anfühlendes Pulver, das beim Erhitzen in Sauerstoff, Wasserstoff, Schwefelwasserstoff und Joddampf völlig unverändert bleibt. In Berührung mit einer Flamme phosphoresziert BN grünlichweiß. Beim Erhitzen mit Wasser auf 200° oder beim Schmelzen mit Ätzkali entsteht aus Borstickstoffpulver glatt Borsäure und Ammoniak. Beim Glühen reduziert Bornitrid Schwermetalloxyde, indem sich Stickstoffoxyde bilden, so daß sich mit Hilfe von Borkontakten der Luftstickstoff glatt in Salpetersäure überführen läßt. Die Reaktionsfähigkeit des Bornitrids wird sehr gesteigert, wenn man bei der Darstellung die Temperatur möglichst niedrig gehalten hat. Bornitrid dissoziiert[2] erst über 2000° C, im Wasserstoffstrom sublimiert es oberhalb

---

[1] Techn. Rundsch. des Berl. Tagebl. 1919, Nr. 39.
[2] Chem.-Ztg. 1915, Repert. S. 108; s. auch 1916, S. 957ff.

2000°, im Ammoniak- oder Stickstoffstrom ist es dagegen noch bei 3000° beständig. Der Dissoziationsdruck beträgt bei 1220° 9,4 mm[1].

F. Fichter[2] arbeitete über Berylliumnitrid, *R. Brandt*[3] über Calciumnitrid, *K. Kaiser*[4] über Zinknitrid und *W. Moldenhauer*[5] über Eisen- und Chromnitrid. Am Cercarbid zeigten *F. Fichter* und *Ch. Schölly*, daß dasselbe mit Stickstoff bei 1250° keine cyanamidähnlichen Körper und auch kein Cyanid liefert, sondern daß der Stickstoff einfach den Kohlenstoff im CeC_2 verdrängt. Sie folgern daraus, daß die Fähigkeit unter diesen Bedingungen Cyanamide und Cyanide zu bilden durch die Natur des Metalls bedingt ist[6].

Zur Stickstoffbindung an oder unter Zuhilfenahme von Eisen sind in den amerik. Pat. 1 120 682 und 1 123 763 Verfahren angegeben (s. a. *Bucher*-Prozeß unter ,,Cyanidverfahren"). *F. Schreiber* leitet (D. R. P. 257 188) stickstoffhaltige Kohlenstoffverbindungen (Pyridinsulfosäuren z. B.) bei 150 bis 200° über eisenoxydhydrathaltige Massen, um Ammoniak zu erhalten, während *O. Rowlands* (engl. Pat. 7740/1913) Wollabfälle oder ähnliche stickstoffhaltige Materialien in 5 proz. Natronlauge einträgt und dann an Eisenelektroden bei 100° mit 25 Amp. pro Quadratfuß elektrolysiert. Unter der gleichzeitigen Wirkung von Elektrolytwasserstoff und Eisenkontakt entsteht glatt Ammoniak. Geschmolzenes Eisen selbst nimmt nur sehr geringe Mengen Stickstoff auf, nach *Strauß*[7] nicht über 0,04 Gewichtsprozent. Dagegen kann man durch Ausglühen von Eisen in Ammoniak zwischen 600 bis 800° bis zu 11,1 Proz. N, entsprechend der Verbindung Fe_4N_2, einführen[8].

Das Magnesiumnitrid[9], Mg_3N_2, kann aus Stickstoff und Magnesium oder aus Magnesia und Kohle im elektrischen Stickstoffofen dargestellt werden. Nach *Matignon* und *Lassieur*[10] beginnt die Stickstoffaufnahme durch das Magnesiummetall bereits bei 670°. *R. W. Wallace* und *E. Waßmer* verwenden die Magnesiumnitride zur Ammoniakdarstellung, indem sie mittels Wasserdampf aufspalten (franz. Pat. 464 692). *F. Fichter* und *Ch. Schölly* fanden[11], daß die Einwirkung von Kohlendioxyd auf das Nitrid im Sinne einer einfachen Verbrennung nach folgendem Schema verläuft:

$$Mg_3N_2 + 3\,CO_2 = 3\,MgO + 3\,CO + N_2.$$

Leitet man dagegen bei 1250° Kohlenoxyd über das Magnesiumnitrid, das sorgfältig von den letzten Spuren CO_2 befreit ist, so findet in der Hauptsache folgende Zersetzung statt:

---

[1] Chem.-Ztg. 1914, S. 358.

[2] Chem.-Ztg. 1915, S. 500.

[3] Chem.-Ztg. 1914, Repert. S. 505.

[4] Zeitschr. f. angew. Chem. 1914, S. 481.

[5] Chem.-Ztg. 1914, S. 747.

[6] Chem.-Ztg. 1920, chem.-techn. Übers. S. 229.

[7] Zeitschr. f. angew. Chem. **27**, 633.

[8] *Ullmanns* Enzyklopädie, IV (1916), S. 337.

[9] *Ullmanns* Enzyklopädie, VII (1919), S. 682.

[10] Chem.-Ztg. 1912, S. 30; Bull. Soc. Chim. [4], **11**, 262 (1912).

[11] Chem.-Ztg. 1920, chem.-techn. Übers. S. 229.

$$Mg_3N_2 + 3\,CO = 3\,MgO + N_2 + 3\,C.$$

Magnesiumnitrid dissoziiert bei 1500° unter vermindertem Stickstoffdruck.

Eigenartige Verhältnisse zeigt das Calcium, das darin dem Verhalten des Lithiums folgt. Aus Calciummetall und Wasserstoff bildet sich bekanntlich das Hydrid sehr glatt (z. B. D. R. P. 188 570), das als technisches Produkt[1] neben etwa 90 Proz. CaH_2 stets etwa 10 Proz. CaO und Ca_3N_2 enthält. Das Calciumhydrid reduziert bei dunkler Rotglut NO_2 zu NH_3. Mit Stickstoff bildet es Nitrid und Ammoniak; andererseits geht das Nitrid bei 600 bis 800° im Wasserstoffstrom in Hydrid und Ammoniak über, so daß sich folgende Gleichgewichte einstellen:

$$Ca_3N_2 + 3\,H_2 \rightleftarrows 3\,CaH_2 + N_2 \quad \text{und}$$
$$Ca_3N_2 + 6\,H_2 \rightleftarrows 3\,CaH_2 + 2\,NH_3.$$

Über Calciumnitrid bzw. Calciumhydrid kann man also die Elementarsynthese von Ammoniak verhältnismäßig einfach bewerkstelligen (*Haber* und *van Oordt*[2], *Erdmann* und *van der Smissen*[3], *Mayer* und *Altmayer*[4]). Auch *S. Reich* und *O. Serpek*[5] haben das Calciumhydrid zum Gegenstand eingehender Untersuchungen gemacht. Sie fanden dabei, daß die Einwirkung von Kohlenoxyd derart verläuft, daß sich neben Methan und Wasserstoff noch beträchtliche Mengen Formaldehyd bilden. Auch bei der Reduktion der Carbonate der Alkalien und alkalischen Erden mittels CaH_2 entstehen teilweise Formiate. Für die Stickstoffumsetzung wird folgende Gleichung aufgestellt:

$$3\,CaH_2 + N_2 = Ca_3N_2 + 3\,H_2.$$

Kaiser hat in seinem D. R. P. 181 657 auch vorgeschlagen, Bariumhydrid mit Stickstoff zu behandeln, wobei Bariumnitrid unter Abspaltung von Wasserstoff entstehen soll, während Calciumhydrid dabei neben Nitrid Ammoniakgas gibt. Nach dem franz. Pat. 350 966 verhält sich das Magnesium wie das Barium.

Eine Synthese, die von dem teuren Calciummetall ausgehen muß, würde natürlich von vornherein unrentabel arbeiten. Daher bedeutete die Idee von *Kaiser* einen großen Fortschritt, statt des Calciums Calciumcyanamid zu verwenden (Deutsche Anm. K. 35 962/1908[6]). Man behandelt nach ihm z. B. Kalkstickstoff bzw. reines Calciumcyanamid unter Ausschluß von Feuchtigkeit und Sauerstoff unter Erhitzen in einem Strom von Stickstoff oder Wasserstoff, indem man entweder die beiden Gase gleichzeitig oder nacheinander hinüberleitet. Nach *Kaisers* Behauptung erhält man einen regelmäßigen und dauernden Strom von Ammoniakgas. *Dafert* und *Miklauz*[7] widersprechen

---

[1] Ch. Ztrlbl. 1906 I, 1481.
[2] Zeitschr. f. anorg. Chem. 1904, S. 341.
[3] Liebigs Annalen **361**, 32.
[4] Berl. Ber. 1908, S. 3074; *Ullmanns* Enzyklopädie III (1916), S. 227, 229.
[5] Chem.-Ztg. 1920, chem.-techn. Übers. S. 229.
[6] *Keler*, Zeitschr. f. angew. Chem. 1909, S. 1445.
[7] Wiener Monatshefte 1913, S. 1685.

der Ansicht von *Kaiser*, die sie auf einen Irrtum zurückführen wollen. Sie
fanden bei der Behandlung von Erdalkalinitriden mit Wasserstoff Doppelverbindungen $(M)_3N_2H_4$; nur im Falle des Bariums konnten sie den entsprechenden Körper nicht rein erhalten, da er sofort nach

$$Ba_3N_2H_4 + H_2 \rightarrow 3\,BaH_2 + N_2$$

zerfällt. Bariumnitrid gibt beim Überleiten von Wasserstoff stets Ammoniak
und Hydrid, das mit neuen Stickstoffmengen wieder in Nitrid übergeht.
Auf diese Reaktionen wollen *Dafert* und *Miklauz* eine neue Ammoniaksynthese gründen, wie sie sich ganz ähnlich der Verein Chemischer Fabriken,
Mannheim, in seinem D. R. P. 311 234 hat schützen lassen.

Die Frage des Widerspruches zwischen *Kaiser* einer- und *Dafert* und
Miklauz andererseits bedarf noch der Aufklärung. Wenn man nach dem
*Kaiser*schen Vorschlag tatsächlich von Kalkstickstoff und damit von Carbid
ausgehen kann, so wäre damit in dieser Richtung ein sehr beachtenswerter
Erfolg erzielt. Von einer industriellen Durchführung der *Kaiser*schen Ideen
hört man nichts mehr, obgleich *F. Muhlert*[1] 1914/15 berichtete, daß sich in
Berlin unter dem Namen „Azot" eine Gesellschaft zur Ausbeutung der in
Frage kommenden Verfahren gebildet hätte. *F. W. Dafert* und *R. Miklauz*
haben im franz. Pat. 474 994 und dem entsprechenden engl. Pat. 16 597/1914
ihre Methode des näheren beschrieben. Calciumhydrür gewinnt man u. a.
nach dem D. R. P. 311 987 von *A. Kiesewalter*, während *S. Peacock* (amerik.
Pat. 1 147 184) dadurch Calciumnitrid darstellt, daß er Kalk-Kohlebriketts
in Gegenwart von Wasserstoff und Stickstoff auf 900 bis 1000° erhitzt.
Carbonitrile, wie $Ca_3N_2 \cdot C_3N_4$ behauptet er nach den amerik. Pat. 1 134 411,
1 134 412, 1 134 413, 1 134 414 und dem franz. Pat. 458 168 (s. o.) z. B.
aus Kalk, 30 Proz. Kohlenüberschuß, Stickstoff unter Minderdruck und
Temperaturen von 1400 bis 1600° glatt nach:

$$3\,CaO + 6\,C + 3\,N_2 = Ca_3N_2 \cdot C_3N_4 + 3\,CO.$$

erhalten zu können. Die flüchtigen Verbindungen können durch Kondensation leicht in fester Form niedergeschlagen und gewonnen werden. Mit
Wasser unter Druck bei 200° spalten sie sich ohne weitere Schwierigkeiten auf:

$$Ca_3N_2 \cdot C_3N_4 + 9\,H_2O = 3\,CaCO_3 + 6\,NH_3.$$

E. A. Ashcroft will Stickstoff an Natrium in Gegenwart fein verteilten Kohlenstoffs unter Drucken zwischen 50 und 200 Atm anlagern. Er will hierbei
die Verbindung Dinatriumcyanid beobachtet haben:

$$N_2 + 2\,C + 4\,Na = 2\,Na_2CN,$$

die mit Ammoniak Wasserstoff entwickelt und dabei in Natriumcyanamid
übergeht, das mit Wasserdampf in bekannter Weise gespalten wird:

$$2\,Na_2CN + 2\,NH_3 = 2\,Na_2N_2C + 3\,H_2,$$
$$Na_2N_2C + 3\,H_2O = Na_2CO_3 + 2\,NH_3.$$

---

[1] a. a. O., S. 114/5.

Beim Verschmelzen mit Ferrocyanannatrium entsteht Natriumcyanid neben metallischem Eisen (amerik. Pat. 1 186 367):

$$Na_4Fe(CN)_6 + 2\,Na_2CN = 8\,NaCN + Fe.$$

S. Peacock verwendet nach dem amerik. Pat. 1 123 584 Schwefel als Stickstoffträger. Schwefel oder Schwefelerze werden derart abgeröstet, daß die Röstgase etwa 80 Proz. N und 20 Proz. Schwefeloxyde enthalten. Diese Gase werden dann bei etwa 800° über glühende Kohle geleitet (?):

$$3\,SO_2 + 12\,C + 6\,N_2 = S_3N_4(C_3N_4)_2 + 6\,CO$$
$$3\,SO_2 + 18\,C + 8\,N_2 = S_3N_4(C_3N_4)_3 + 9\,CO.$$

Die erhaltenen, gasförmigen Reaktionsprodukte werden mit Kalkwasser unter Druck bei hoher Temperatur zersetzt:

$$S_3C_6N_{12} + 18\,H_2O = 12\,NH_3 + 6\,CO_2 + 3\,SO_2$$
$$S_3N_{16}C_9 + 24\,H_2O = 16\,NH_3 + 9\,CO_2 + 3\,SO_2.$$

Mit Säuren entstehen direkt die betreffenden Ammoniumsalze, während SO_2 und CO_2 entweichen.

H. Goldschmidt[1] kritisiert das *Serpek*-Verfahren mit folgenden Worten: „Meine Kenntnisse, die ich kurz vor dem Kriege erhielt, stammen von Prof. *Matignon*, der das Verfahren von *Serpek* zu begutachten hatte. Prof. *Matignon* äußerte sich zwar sympathisch über das Verfahren im allgemeinen, gab aber offen zu, daß ein praktischer Erfolg nicht erzielt war. Auch *Héroult* und *Richards* waren derselben Meinung. Für das Verfahren ist große Reklame gemacht worden. Die Aktien der *Société Générale des Nitrures* in Paris wurden anfangs zu fabelhaften Kursen gehandelt. Auf dem letzten internationalen Chemikerkongreß in New York 1913 ist sehr viel Unrichtiges von interessierter Seite veröffentlicht worden, so daß es notwendig erscheint, das Verfahren vorläufig noch als im Versuchszustand befindlich hinzustellen, wenn nicht in letzter Zeit tatsächlich Erfolge erzielt worden sind, von denen man aber sicher gehört haben würde."

Die Haber-Bosch-Synthese des Ammoniaks[2].

Eine ganze Anzahl solcher Patente und Arbeiten, die im vorigen Kapitel über die Nitridverfahren besprochen sind, leiten bereits zu den rein synthetischen Verfahren über, die ihren vollkommensten Ausdruck in der Methode von *Haber-Bosch* gefunden haben.

Man hielt früher die direkte Elementarsynthese des Ammoniaks für undurchführbar. *Graham-Otto* gibt in seinem Lehrbuch der anorganischen Chemie vom Jahre 1881 an (Bd. II, S. 79), daß sich Stickstoff und Wasserstoff weder durch Druck, noch durch Wärme oder durch Vermittelung von

---

[1] Zeitschr. d. Ver. Dtsch. Ing. 1919, S. 877 ff.

[2] Siehe auch *W. Moldenhauer*, Die Reaktionen des freien Stickstoffs, Berlin 1920.

Platinschwamm miteinander verbinden lassen[1]. Nur durch Funken- oder dunkle elektrische Entladung konnten *Regnault, Morren, Perrot, Chabrier* und *Donkin*[2] die Vereinigung der beiden Elemente in ganz geringem Umfange bewirken. 1862 dachte *Fleck* zuerst daran, die Reaktion durch katalytisch wirksame Metalle zu beeinflussen[3]. Er leitet Luft über rotglühende Holzkohle und führt das aus Stickstoff und Kohlenoxyd bestehende Abgas über erhitztes Calciumhydroxyd, das unter Abspaltung von Wasser die Ammoniakbildung begünstigen soll. Das erste technische Verfahren rührt wohl von *P. R. de Lambilly* (D. R. P. 74 274; s. a. D. R. P. 78 573 und engl. Pat. 2200/1903) her, der angibt, daß sich Wasserstoff und Stickstoff dann leicht vereinigen, wenn einmal geeignete Kontaktsubstanzen, wie Bimsstein, Knochenkohle oder Platinschwamm zugegen sind und andererseits durch Hinzufügen von Wasserdampf, Kohlenoxyd oder Kohlendioxyd Gelegenheit zur Bildung von ameisensaurem oder kohlensaurem Ammoniak gegeben ist. Die Reaktion

$$N + H_3 + CO_2 + H_2O = CO\!\!<\!\!{}^{O \cdot NH_4}_{OH}$$

soll sich schon bei 40 bis 60° und die entsprechende mit Kohlenoxyd

$$N + H_3 + CO + H_2O = H \cdot COO \cdot NH_4$$

bei 80 bis 130° vollziehen. *Mackey* und *Hutcheson* (engl. Pat. 13 315/1894) blasen heiße Luft in einen mit Pottasche und Kohle beschickten Ofen, nähern sich also damit dem Prinzip der Cyanidsynthesen (vgl. *Mehner*, D. R. P. 92810; amerik. Pat. 607 943; schweiz. Pat. 13 884). *Davy* beobachtete bei der Elektrolyse lufthaltigen Wassers zwischen Platinelektroden am negativen Pol Ammoniakbildung und am positiven das Auftreten von Salpetersäure. *Nithack* (D. R. P. 95 532) wollte diese Idee in die Praxis umsetzen, indem er Wasser unter hohem Druck mit Luft sättigte und es dann der Einwirkung des elektrischen Stroms unterwarf. Der gebundene Stickstoff wurde unter stets gleichbleibendem Druck kontinuierlich durch neuen ersetzt. Im kleinen soll diese Methode ganz befriedigende Ergebnisse geliefert haben, im großen traten jedoch durch zunehmende Wasserzersetzung bald ungeheure Stromverluste auf (s. a. amerik. Pat. 791 194; franz. Pat. 368 585). Nach *Ch. P. Steinmetz* (amerik. Pat. 1 062 805) entsteht aus Wasserdampf und Luft im elektrischen Flammenbogen glatt Ammonnitrat und Ammonnitrit. *F. Hlavati* (franz. Pat. 453 207) ionisiert das Stickstoff-Wasserstoffgemisch — z. B. von CO befreite Generatorgase — durch elektrische Entladungen und leitet es dann über Kontaktsubstanzen, wie Platinasbest. An die Stelle der elektrischen Vorbehandlung kann auch die Belebung des Katalysators durch radioaktive Substanzen (Uranpecherz usw.) treten. Auch die Westdeutschen Thomasphosphat-Werke A.-G. (D. R. P. 157 287, 179 300) behandeln Generatormischgase bei nur 60 bis 80° mit dunklen elektrischen

---

[1] Vgl. *F. Muhlert*, Die Industrie der Ammoniak- und Cyanverbindungen, Leipzig 1910, S. 119ff.

[2] *Waeser*, Chem.-Ztg. 1913, Nr. 110ff.; *Neuburger*, Zeitschr. f. angew. Chem. 1905, S. 1763.

Entladungen von 15 000 Volt und 2 bis 2,5 Amp.; sie wollen dadurch etwa 20 Proz. des Stickstoffs bzw. 8 Proz. des Mischgases in Ammoniak überführen. Bei Gegenwart von Platinschwamm wird ferner aus Dowsongas und Stickoxyden:

$$\begin{array}{rl}
12\ \text{Vol.-Proz.} & H_2 \\
40\quad ,, & NO \\
44\quad ,, & CO \\
4\quad ,, & CO_2
\end{array}$$

unter Reduktion der letzteren bei etwa 80° C ein Gas mit 12 Vol.-Proz. Ammoniak erzeugt.

Mehr Erfolg als allen den besprochenen Vorschlägen ist dem Verfahren von *H. Ch. Woltereck*[1] (D. R. P. 146 712) beschieden gewesen. Er fand, daß die erhitzten Oxyde des Eisens, Chroms oder Wismuts die Eigenschaft haben, stöchiometrische Gemische von Stickstoff und Wasserstoff in Ammoniak überzuführen. Für Eisenoxyd liegt das Temperaturoptimum bei 300 bis 400°. Das Oxyd wird durch die Gase zunächst reduziert und dann oxydiert. Der Wechsel wiederholt sich beliebig oft, und es hat sich gezeigt, daß gerade die Gegenwart der oxydischen Verbindungen besonders belebend auf die Tätigkeit des Katalysators zurückwirkt. Man leitet über den Katalysator z. B. ein Gemisch von 26 l Luft und 25,48 l Leuchtgas, das vorher nahezu siedendes Wasser durchstrichen hat und daher mit Wasserdampf voll gesättigt ist. Der Katalysator ist 300 bis 400° heiß und besteht aus gekörntem, krystallinischem Eisenoxyduloxyd, das in einem Eisenrohr von 2 cm innerem Durchmesser liegt. Als geeignetste Geschwindigkeit des Gasstroms ergibt sich der Wert von 310 ccm je Minute. Das Reaktionsprodukt wird in Schwefelsäure aufgefangen. In $2^1/_2$ Stunde waren insgesamt 0,408 g NH_3 erzeugt worden. Daraus errechnet sich, auf den Wasserstoffgehalt (50 Proz.) des Leuchtgases bezogen, eine Ausbeute von 6,3 Proz. In Nordirland soll ein mit 600 000 M. errichtetes Werk das *Woltereck*-Verfahren praktisch ausprobiert haben, ohne daß es zum Dauerbetrieb gekommen wäre. *Woltereck*[2] hat auch eine Methode angegeben (s. o.), um Torfziegel unter Einblasen wasserdampfgeschwängerter Luft zu vergasen, wobei die Temperatur unter 550° gehalten wird. Die Verbrennung erfolgt unter diesen Bedingungen langsam ohne jede Feuererscheinung. Es entsteht ein Gas, das bei der Verarbeitung wertvolle organische Körper und Ammoniak gibt. *Woltereck* behauptet nun, daß auch bei diesem Prozeß ein Teil des Luftstickstoffs sich katalytisch in Ammoniak verwandelt, während *Caro* dieser Ansicht mit Recht widerspricht[3]. Praktisch soll man in der Tat derart gearbeitet haben, daß man Stickstoff und Wasserstoff über überhitzten Torf als Kontaktkörper leitete. Je 100 t Torf sollen rund 5 t Ammonsulfat ergeben haben. Stündlich sind 60 t Torf zur Verarbeitung gekommen und die Herstellungs-

---

[1] Chem.-Ztg. 1908, S. 189.

[2] Chem.-Ztg. 1908, S. 189, 941, 1143; 1909, S. 277.

[3] Chem.-Ztg. 1909, S. 350, 413, 483, 541; 1910, S. 1334; 1911, S. 5, 133, 207, 734, 789.

kosten für das Ammonsulfat sollen noch nicht die Hälfte des Marktpreises erreicht haben. Trotzdem ist die Methode längst aufgegeben worden.

Es kann hier nicht meine Aufgabe sein, alle die Vorläufer der *Haber-Bosch*-Synthese — seien es nun rein wissenschaftliche Untersuchungen oder fertig ausgearbeitete Verfahren — in den Kreis der Betrachtungen zu ziehen. Ich begnüge mich deshalb damit, auf die Namen *Regnault*, *Perrot*, *Deville*, *Berthelot*, *Hemptinne*, *Findlay*, *Young*, *Briner* und *Mettler*, *Baur*, *Müller* und *Geisenberger*, *Johnson*, *Wright*, *Baker*, *Mulders*, *Loew*, *Brunnel* und *Woog*, *Lipski*, *Billiter*, *Dafert* und *Miklauz*, *Mc. Dermott*, *Le Chatelier*, *Matignon*, *Tessié du Motay*, *Tellier* u. a. sowie endlich auf die Zusammenstellungen zu verweisen, die *Donath-Frenzel*[1] und *E. Herre* gegeben haben.

Mit den thermochemischen Verhältnissen der Bildung bzw. des Zerfalls von Ammoniak hatten sich bereits *Ramsay* und *Young*[2] 1884 sowie später *Perman*[3] beschäftigt, der u. a. die Rolle der Katalysatoren hervorhob.

Auf Grund dieser sehr zahlreichen und sorgfältigen Arbeiten glaubte man um die Jahrhundertwende, daß es aussichtslos wäre, die direkte Vereinigung von Stickstoff und Wasserstoff anzustreben.

So lagen die Verhältnisse, als *F. Haber* und seine Schüler mit ihren Arbeiten über die Ammoniaksynthese begannen. Wir wollen es hier dahingestellt sein lassen, inwiefern eine Anfrage[4] aus der Technik, ob es möglich sei, einen Katalysator zu finden, der die Gewinnung des Ammoniaks aus den Elementen im großen gewinnbringend erscheinen ließe oder eine Mitteilung der Brüder *Margulies*[5], welche im Jahre 1903 die Aufmerksamkeit *Habers* auf den Ammoniakaufbau aus den Elementen lenkten und dann bis 1907 mit ihm zusammenarbeiteten, bestimmend dafür gewesen ist, daß *F. Haber* und *G. van Oordt* sich 1903/04 die Aufgabe stellten, das Ammoniakgleichgewicht für bestimmte Temperaturen und gegebenen Druck aufs neue festzulegen. Die Resultate der Arbeiten sind in der Ztschr. für anorganische Chemie[6] veröffentlicht worden.

Haber und *van Oordt* gingen zunächst so vor, daß sie einen durch Ätzkalk getrockneten Ammoniakgasstrom, der einen Blasenzähler passierte, in eine Porzellanröhre eintreten ließen, welche im elektrischen Ofen auf hohe Temperaturen erhitzt wurde. An der heißesten Stelle des Rohres lag der Katalysator und das Ende des Thermoelements. Das Ammoniakgas spaltet sich bei dieser Temperatur fast völlig (s. u.) in seine Elemente und das Gleichgewicht stellt sich ein. Das Abgas durchstrich weiter eine *Volhard*sche Absorptionsflasche mit $^1/_{50}$ oder $^1/_{100}$ normaler Schwefelsäure, wurde aufs neue sorgfältig getrocknet und dann in ein zweites Porzellanrohr zurückgeführt, das ebenso beschickt und ausgerüstet war, wie das erste und sich in demselben Ofen befand. Das neugebildete Ammoniak wurde durch Schwefelsäure absorbiert und der Gasrest durch Auffangen in einem Gasometer bestimmt. Damit man nun das Ammoniakgleichgewicht sowohl von der Bildungs-, wie von der Zersetzungsseite aus mit hinreichender Genauigkeit hätte fest-

---

[1] Die techn. Ausnutzung des atmosphärischen Stickstoffs; Leipzig 1907, S. 175 ff.
[2] In *F. Ullmanns* Enzyklopädie, Bd. I (1914), S. 382 ff.
[3] Chem. News **90**, 13, 182 (1904).
[4] *Jost*, Dissertation, Berlin 1908, S. 17.
[5] Österr. Chem.-Ztg. 1918, **21**, 27.
[6] Zeitschr. f. anorg. Chem. **43**, 111; **44**, 341; **47**, 42.

legen können, hätte das im zweiten Rohr gebildete Ammoniak stets dem nicht zersetzten Gasrest des ersten Rohres entsprechen müssen. Die Versuche zeigten diese Übereinstimmung kaum und blieben aus verschiedenen Gründen ziemlich ungenau. Als Katalysatoren dienten fein verteiltes Eisen und Nickel, und zwar wirkte letzteres bedeutend träger als ersteres. Unter gewöhnlichem Druck ergab sich z. B., daß beim Durchleiten von 15,706 l Gas (Normalzustand) im Temperaturintervall 1000 bis 1020° von 1000 Teilen NH_3 nur 0,20 unzerfallen blieben und daß sich statt 1000 Teilen nur 0,26 Teile NH_3 bildeten. *Haber* schloß aus seinen Versuchen, daß sich das Ammoniak mit seinen Zerfallsprodukten bei 1020° im Gleichgewicht befindet, wenn von 1000 Mol. 999,76 zerfallen sind. Für die Konstante $\sqrt{k}$ bei 1020° ergibt sich durch Einführung der Partialdrucke[1]:

$$\sqrt{k}_{1020°} = \frac{(p_{N_2})^{1/2} \cdot (p_{H_2})^{3/2}}{p_{NH_3}} = \frac{0,25 \cdot 0,75^{3/2}}{0,12 \cdot 10^{-3}} = 2706.$$

Das Ammoniakgleichgewicht über Eisen berechnet sich schließlich für bestimmte Temperaturen wie folgt:

Temperatur	Volumenprozente		
	Wasserstoff	Stickstoff	Ammoniak
27°	1,12	0,37	98,51
327°	68,46	22,82	8,72
627°	74,84	24,95	0,21
927°	75	25	0,024
1020°	75	25	0,012.

Es war bereits bekannt, daß sich gewisse Metallnitride durch Wasserstoff[2] in die Hydride und u. U. in Ammoniak verwandeln lassen und daß man umgekehrt einzelne Hydride durch Stickstoffaufnahme wieder in Nitride überführen kann[3] (s. auch oben), so daß es möglich erschien, durch aufeinanderfolgende Behandlung mit Stickstoff und Wasserstoff die betreffenden Metalle als hochwirksame Überträger zu benutzen. Für Mangan gelang dies innerhalb sehr bescheidener Grenzen zuerst *Prellinger*[4]. *Haber* und *van Oordt* dehnten nun ihre Versuche außer auf dieses Metall auch auf Calcium aus (s. o.). Sie fanden, daß die Reaktion zwischen Calciumnitrid — aus Calcium und Stickstoff — und Wasserstoff:

$$Ca_3N_2 + 3\,H_2 \rightleftarrows 3\,CaH_2 + N_2,$$

$$Ca_3N_2 + 6\,H_2 \rightleftarrows 3\,CaH_2 + 2\,NH_3$$

schon bei 600° zu einem Gleichgewicht führt, das bei 800° vollkommen ist, ohne daß die Ausbeute an Ammoniak überhaupt einen nenneswerten Betrag erreicht hätte; und selbst diese bescheidene Ammoniakbildung ließ sich nur durch Behandeln von Calciumnitrid mit Wasserstoff im Sinne obiger Gleichungen, nicht aber durch Azotierung von Calciumhydrid erzielen. Für Mangan liegen die Verhältnisse ähnlich ungünstig, wie ja auch später *O.* und *R. Margulies*[5] sowie *F. Ruß*[5] bei der Untersuchung der Nitride des Lithiums bzw. des Magnesiums zu gleich betrüblichen Ausbeuten und Ergebnissen kamen.

Haber und *van Oordt* faßten schließlich das Resultat ihrer Untersuchungen in der Forderung zusammen, daß es gelingen müsse, zur praktischen Durchführung der Elementarsynthese des Ammoniaks einen Stoff zu finden, von dem schon bei etwa 300° Nitrid und Hydrid erhebliche Dissoziationsdrucke und Dissoziationsgeschwindigkeiten besitzen.

---

[1] Vgl. auch *Haber*, Thermodynamik technischer Gasreaktionen, 1905.
[2] *Moisson*, Compt. rend. **127**, 4071 (1898).
[3] *Guntz*, Compt. rend. **132**, 963 (1901).
[4] Monatshefte für Chemie **15**, 395 (1901).
[5] Zeitschr. f. Elektrochemie **15**, 189 (1909); *Waeser*, Chem.-Ztg. 1913, Nr. 110ff.

J. Lipski[1] untersuchte das Cernitrid nach diesen Gesichtspunkten und fand dessen Maximaltension bei 600 bis 700° zu 34 bis 40 cm Quecksilber. Die Reaktionen

$$3\,H_2 + CeN = CeH_3 + NH_3 \quad \text{und}$$

$$N_2 + CeH_3 = CeN + NH_3$$

verlaufen zwischen 200 und 300° glatt, ohne daß sich die Nebenreaktion:

$$3\,H_2 + 2\,CeN = 2\,CeH_3 + N_2$$

störend bemerkbar macht. Das Abgas hat einen Gehalt von über 1 Volumproz. NH_3. Feuchtigkeit und Sauerstoffgegenwart machen sowohl das Hydrid wie auch das Nitrid unwirksam. Auch bei Ausschluß dieser Substanzen tritt nach einiger Zeit ein Nachlassen der Kontaktwirkung ein, doch stellt sich diese durch Ausruhenlassen des Katalysators von selbst wieder her. Es ist dabei gleichgültig, ob das als Ausgangsmaterial dienende Cerdioxyd ganz rein oder nur technisches Produkt ist. Die *Lipski*schen Resultate werden von *Haber, Herre, Dafert* und *Miklauz* sowie *Billiter* nicht bestätigt[2].

W. *Nernst*[3] hat eine Methode angegeben, um chemische Gleichgewichte aus thermischen Messungen (Wärmetönung für Ammoniak, Zimmertemperatur, 12 000 Cal. nach *Thomsen*) zu berechnen. Im Falle des Ammoniakgleichgewichts stieß man nun auf eine auffallend große Abweichung von den *Haber-van Oordt*schen Zahlen, während sich an zahlreichen sonstigen Beispielen tadellose Übereinstimmung der berechneten und der praktisch ermittelten Werte ergab; für die Konzentration $1,2 \cdot 10^{-2}$ Proz. NH_3 folgte z. B. rechnerisch eine absolute Temperatur von 893°, während *Haber* und *van Oordt* dafür nur $(1020 + 273 =)$ 1293° festgestellt hatten. Die hohe wissenschaftliche und wirtschaftliche Bedeutung, welche die zuverlässige Festlegung des Ammoniakgleichgewichtes billig beanspruchen kann, bewog nun im Jahre 1906/07 *W. Nernst* und *F. Jost*, diese Frage erneut einer Nachprüfung zu unterziehen. Die Resultate ihrer sehr sorgfältigen Messungen sind in der Ztschr. f. Elektrochem. **13,** 521; 14, 373 und der Ztschr. f. anorgan. Chem. **57,** 414 zur Veröffentlichung gelangt. Sie bilden ferner den Gegenstand der Doktordissertation von *F. Jost*[4], die als einer der wichtigsten Marksteine in der Entwicklungsgeschichte der direkten Elementarsynthese des Ammoniaks bezeichnet werden muß. Charakteristisch ist für diese Versuche besonders der Umstand, daß die Untersuchungen bei höheren Drucken ausgeführt wurden, da ja nach dem Massenwirkungsgesetz die Steigerung des Druckes eine Erhöhung der Ammoniakkonzentration und eine schnellere Einstellung

---

[1] Zeitschr. f. Elektrochemie **15,** 189 (1909); *Waeser,* Chem.-Ztg. 1913, Nr. 110 ff.

[2] Siehe *F. Ullmann,* Enzyklopädie, Bd. I (1914), S. 391; Zeitschr. f. Elektrochemie **19,** 54 (1913); Monatshefte für Chemie **33,** 911 (1912); Nernst-Festschrift, Halle 1912, S. 86.

[3] *Jost,* Dissertation, Berlin 1908, S. 19.

[4] Berlin, 15. April 1908.

des Gleichgewichts bewirken muß. *E. Maurer*[1] hat daher mit seiner Kritik recht, in der er sagt, daß in den von *Jost* im Laboratorium von *Nernst* gefundenen Zahlen eigentlich schon alles enthalten gewesen ist, um die technische Synthese des Ammoniaks wissenschaftlich begründet erscheinen zu lassen. Die *Jost*schen Befunde sind später von *Haber* selbst vollinhaltlich bestätigt worden, der dann durch noch größere Drucksteigerung zur Ausarbeitung seines praktischen Verfahrens gekommen ist. Bei Abschluß der *Jost-Nernst*schen Arbeiten war der Effekt, der sich bei gesteigerter Druckerhöhung mit zwingender Notwendigkeit herausstellen mußte, ohne weiteres vorauszusehen; man glaubte jedoch allgemein, daß die verhältnismäßig niedrigen Ammoniakkonzentrationen und die Anwendung von Drucken, die hier schon 74,5 Atm erreichten, das Verfahren der direkten Synthese für die Praxis unbrauchbar machen würden. In der Tat zeigte die Technik damals kein Interesse für die *Jost-Nernst*schen Veröffentlichungen und erst der energischen Arbeit der *BASF*, welche die beiden kongenialen Köpfe *F. Haber* und *C. Bosch* zusammenführte, ist die Erzielung des glänzenden Ergebnisses zu verdanken, das wir heute in den Riesenwerken von Oppau und Merseburg-Leuna praktisch vor uns sehen.

Zunächst arbeiteten *Nernst* und *Jellinek* mit dem von ersterem angegebenen elektrischen Druckofen[2], der Druck bis 100 Atm und Temperaturen von 1200° anzuwenden gestattet. Die Messungen ergaben, daß der von *Haber* angegebene Wert für das Ammoniakgleichgewicht ungefähr viermal zu hoch war. Inzwischen hatten auch *Haber* und *Le Rossignol*[3] ihre Arbeitsmethode verbessert und waren zu richtigeren Zahlen gelangt, die unter sich besser übereinstimmten und eine weit geringere Ammoniakausbeute, als die anfänglich unternommenen Versuche sie auswiesen, zeigten. *F. Jost*[4] führte nun eine Menge von genauen Messungen aus, indem er an der Apparatur von *Jellinek* noch weitere Verbesserungen anbrachte.

Durch Einbau einer feinen Porzellancapillare ist dafür gesorgt, daß das Gasgemisch rasch aus der Gleichgewichtszone abgeführt werden kann. Der vordere Teil des Reaktionsporzellanrohres ist außerdem mit reiner Asbestfaser angefüllt, so daß ein Verschleudertwerden des Katalysators durch den Gasdruck in den kalten Rohrteil hinein mit Sicherheit vermieden wird. Das Stickstoff-Wasserstoffgemisch (1 : 3) wird hergestellt, indem man aus einer Stickstoffbombe von 100 Atm Druck 20 Atm in eine Wasserstoffbombe, die unter 60 Atm Druck steht, übertreten läßt. Der Stickstoff muß absolut frei von Sauerstoff sein; deshalb wird er im Gemisch mit dem Wasserstoff durch eine etwa $1/_2$ m lange Kupferröhre mit auf 300° erhitztem Platinasbest geführt. Das gebildete Wasser hält ein Kupferrohr mit Chlorcalcium zurück. Der Druck wird mit einem Manometer gemessen, das durch Vergleich mit einem Normalinstrument von *Schaeffer & Budenberg* in Magdeburg geeicht ist. Das entweichende Gasgemisch wird durch eine Schwefelsäurevorlage hindurchgeführt, in einer pneumatischen Wanne über Wasser aufgefangen und von Zeit zu Zeit analysiert, um die Zusammensetzung des Gasrestes festzulegen. Die Schwankungen des Heizstromes für den Widerstandsofen können durch Verschieben der vorgelegten Gleitwiderstände so weit ausreguliert werden, daß die Ofentemperatur sich nur innerhalb $\pm 5°$ ändert.

---

[1] Zeitschr. f. anorg. u. allgem. Chem. 1919, S. 273.
[2] Zeitschr. f. Elektrochemie 1907, S. 521.
[3] Berl. Ber. **40**, 2144.
[4] Dissertation, Berlin 1908.

Die Versuche ergaben folgendes Bild (Auszug aus 63 Einzelbestimmungen):

Temp.	Strömungsgeschwindigkeit in ccm pro Minute	Katalysator	Zusammensetzung des Gases	Gebildetes NH_3 in %	Druck P in Atm.	$\sqrt{k} = \dfrac{p_{H_2}{}^{3/2} \cdot p_{N_2}{}^{1/2}}{p_{NH_3}} P$
685°	48,0 bis 4,8	Mn	$0,765\ H_2 + 0,235\ N_2$	0,896 bis 0,849	49,6 bis 49,1	1 796 bis 1 875
809°	179,0 „ 7,4	Mn	$0,76\ H_2 + 0,24\ N_2$	0,530 bis 0,494	57,4 bis 57,0	3 515 „ 3 802
809°	92,1 „ 4,0	Mn	$0,765\ H_2 + 0,235\ N_2$	0,346 bis 0,331	40,2 bis 40,4	3 770 „ 3 939
836°	64,3 „ 3,0	Mn	$0,765\ H_2 + 0,235\ N_2$	0,436 bis 0,396	56,8 bis 57,0	4 210 „ 4 721
876°	75,0 „ 13,8	Pt	$0,65\ H_2 + 0,35\ N_2$	0,236 bis 0,254	44,5 bis 48,2	5 582 „ 6 280
920°	54,0 „ 9,3	Pt	$0,82\ H_2 + 0,18\ N_2$	0,273 bis 0,250	62,0 bis 69,0	7 220 „ 7 813
920°	63,0 „ 16,5	Pt	$0,75\ H_2 + 0,25\ N_2$	0,221 bis 0,230	53,0	7 483 „ 7 790
920°	74,0 „ 6,9	Pt	$0,78\ H_2 + 0,22\ N_2$	0,290 bis 0,325	69,5 bis 74,5	7 393 „ 7 728
1000°	37,5 „ 8,3	Pt	$0,82\ H_2 + 0,18\ N_2$	0,182 bis 0,176	58,3 bis 56,3	10 020 „ 10 260
1000°	120,5 „ 9,3	Pt	$0,65\ H_2 + 0,35\ N_2$	0,151 bis 0,175	48,7 bis 59,8	10 000 „ 10 970
1000°	146,0 „ 22,6	Pt	$0,75\ H_2 + 0,25\ N_2$	0,053 bis 0,061	16,4 bis 18,8	10 050 „ 10 100
1040°	186,0 „ 8,8	Pt	$0,78\ H_2 + 0,22\ N_2$	0,179 bis 0,182	68,0	12 080 „ 12 270.

p sind darin die Partialdrucke der einzelnen Gase und P ist der im Ofen herrschende Druck in Atmosphären. Als Katalysator diente Platinfolie und feinverteiltes Eisen oder Mangan. Das Eisen wurde durch Reduktion von Eisenoxyd im Wasserstoffstrom gewonnen. Das benutzte Mangan wurde nach der Methode von *Prellinger*[1] dargestellt, indem Mangansulfat mit einer Quecksilberkathode elektrolysiert und das Manganamalgam nach dem Trocknen im Vakuum durch Destillation im Ammoniakstrom in Mangan und Quecksilber zerlegt wurde. Die günstigsten Ergebnisse mit 0,896 Proz. NH_3 erbrachte der Versuch bei 685° mit Mangankatalysator unter 49,6 Atm Druck.

---

[1] Monatsh. f. Chemie **14**, 353.

Von der weiteren Auswertung der ermittelten Ziffern durch thermodynamische Berechnung, wie sie in der *Jost*schen Dissertation und in der Ztschr. f. Elektrochem. 32 (1907), 521 gegeben ist, muß an dieser Stelle abgesehen werden. Die immerhin noch beträchtlichen Unterschiede in den Resultaten von *Haber-Le Rossignol*[1] und *Jost* zeigt folgende kleine Tabelle:

| | Vol.-Proz. NH_3, Druck 1 Atm. | |
Temperatur	*Haber-Rossignol*	*Jost*
700°	0,0221	0,0174
750°	0,0152	0,0119
800°	0,0108	0,00867
850°	0,00906	0,00645
930°	0,00650	0,00427
1000°	0,00481	0,00320

Auch die 1907/08 ausgeführten weiteren Bestimmungen über die Einstellung des Ammoniakgleichgewichts unter erhöhtem Druck, die *Haber* und *Le Rossignol* ausführten[2], brachten keine Klärung der Frage, worauf die Abweichungen von den *Jost*schen Zahlen zurückzuführen waren, sie wurden aber der Ausgangspunkt für das Zusammenarbeiten mit der *BASF*.

F. Haber, *S. Tamaru* und *Ch. Ponnaz* haben später das Ammoniakgleichgewicht unter 30 Atm Druck noch einmal neu bestimmt[3], indem sie dabei das Temperaturintervall 560 bis 950° berücksichtigten und zum Teil von beiden Seiten aus einstellten. Die Ergebnisse standen wieder im Einklang mit den früheren Werten von *Haber* und *Le Rossignol*. Für die spezifischen und die Bildungswärmen fand *Haber* experimentell[4]:

°C	Spezifische Wärme berechnet	gefunden
309	10,2	10,3
422	11,0	11,0
523	11,86	11,8

	Bildungswärme berechnet	gefunden
0	10 950	10 950
466	12 840	12 670
503	12 940	12 700
554	13 063	12 900
659	13 255	13 150.

Auch *F. G. Keyes* und *H. A. Babcock*[5] haben die thermochemischen Konstanten des Ammoniaks einer Nachprüfung unterzogen, wobei sie allerdings in erster Linie das flüssige Ammoniak berücksichtigt haben, dessen spezifische Wärme in 15°-Calorien beträgt:

zwischen 0 bis 20°: 1,152 und

„ 20 „ 50°: 1,172.

---

[1] Berl. Ber. **40**, 2144.
[2] Zeitschr. f. Elektrochemie **14**, 181, 513.
[3] Zeitschr. f. Elektrochemie **21**, 89 (1915).
[4] Chem.-Ztg. 1915, S. 24.
[5] Journ. Am. Chem. Soc. **39**, 1524 (1917).

Nach *E. B. Sudlam*[1] wird das Ammoniakgleichgewicht durch Salzsäure erheblich beeinflußt.

Die weiteren Untersuchungen von *Haber* und *Le Rossignol* sind insbesondere durch die Anwendung immer höherer Drucke und die Auswahl geeigneter Katalysatoren ausgezeichnet. Bereits seit dem Jahre 1908 wurden die Arbeiten durch engere Fühlungnahme mit der *BASF* nach technischen Gesichtspunkten geleitet. Die grundlegende Veröffentlichung von *Haber* und *Le Rossignol* über die Darstellung von Ammoniak aus seinen Elementen in der Ztschr. f. Elektrochemie Bd. 19 (1913), S. 53ff. ist die gekürzte Wiedergabe des Berichts an die *BASF* aus dem Jahre 1909/10. Auch *Haber*[2] selbst schildert in interessanten Darlegungen den Werdegang seines Verfahrens bis zur Übertragung ins Große durch *C. Bosch* und seine Mitarbeiter.

An Hand dieser beiden Veröffentlichungen sei eine kurze Schilderung der wissenschaftlichen Fundamentaluntersuchungen gegeben, auf denen das stolze Gebäude der *Haber-Bosch*-Synthese ruht. Zur Kennzeichnung ihrer wirtschaftlichen Bedeutung genügt es, die Preisverhältnisse nach dem Stande von 1909/10 miteinander zu vergleichen: 1 kg Ammoniak hatte damals in Form des Ammonsulfats etwa 89 Pfg. Wert, während der zu seiner Bildung erforderliche Stickstoff $2^1/_2$ Pfg. und der Wasserstoff etwa $17^1/_2$ Pfg. kostete.

Bei gewöhnlichem Druck und gewöhnlicher Temperatur würden Stickstoff und Wasserstoff nahezu quantitativ nach der Gleichung:

$$N_2 + 3\,H_2 \rightleftarrows 2\,NH_3$$

reagieren, allein man kann sie praktisch nicht zur Vereinigung bringen. Bei heller Rotglut gelingt es andererseits leicht, Stickstoff und Wasserstoff aneinander zu binden, der Vorgang kommt jedoch schon nach Bildung sehr geringer Ammoniakmengen zum Stillstand. Aus den Gesetzen für das chemische Gleichgewicht ergibt sich für einen bestimmten Druck und eine bestimmte Temperatur, daß die Ausbeute an Ammoniak dann am günstigsten sein muß, wenn man von dem stöchiometrischen Gasgemisch $1\,N_2 : 3\,H_2$ ausgeht. Der bei einer gegebenen Temperatur erreichbare Ammoniakgehalt steigt annähernd proportional dem Druck des Gasgemisches. Um zu befriedigenden Ausbeuten zu gelangen, müßte man nach den bereits mitgeteilten Befunden von *Haber* und *van Oordt* auf 300° C hinabgehen können. Man kennt nun aber keinen Katalysator, der bei dieser Temperatur die Reaktion einleitet. Es bleibt also praktisch kein anderer Weg übrig, als einen Katalysator zu suchen, der bei möglichst niedriger Temperatur hochwirksam ist und durch Drucksteigerung dafür zu sorgen, daß die zu erreichende Ammoniakendkonzentration möglichst hoch wird. In diesen Richtlinien birgt sich das Prinzip der modernen Hochdruck-Ammoniaksynthese. Technische Gesichtspunkte müssen des ferneren sowohl für die Festsetzung des höchsten Arbeitsdruckes, als auch für die Auswahl des Katalysators maßgebend sein.

---

[1] Chem. Trade Journ. 15. XII. 1917.
[2] Chem.-Ztg. 1914, S. 742.

Die unterste Temperaturgrenze, bei der sich Reaktionszeiten und Katalysatormengen in praktisch brauchbaren Größen und Grenzen bewegen, dürfte etwa 500° sein. Bei über 700° stellen sich zwar die Gleichgewichte erheblich schneller ein, jedoch kommt es leicht zu Schädigungen des Katalysators und das Gleichgewicht nimmt eine ungünstige Lage an. Theoretisch sind etwa folgende Ammoniakausbeuten erreichbar:

Temperatur	500°	550°	600°	650°	700°	
Druck 100 Atm.	11,0	7,0	4,5	3,0	3,2	Vol.-Proz. NH_3
„ 200 „	18,0	12,0	8,0	6,0	4,0	„ „

Das Ammoniak läßt sich im Kleinversuch den Reaktionsgasen leicht durch Verflüssigung mit einem Äther-Kohlensäuregemisch entziehen. Die zum Kontaktofen zurückströmenden Gase dienen, wie unten noch gezeigt werden wird, in einem Kälteregenerator zum Vorkühlen der frischen Reaktionsgase.

Die wichtigsten Versuchsergebnisse, die ausnahmslos mit einem Gasgemenge $1 N_2 : 3 H_2$ erzielt worden sind, sind in folgender Übersicht zusammengestellt:

Katalysatoren	Überdruck Atm.	Temperatur °C	Strömungsgeschwindigkeit in l per Std.	% NH_3 im Abgas	
Cer, Cer-Lanthan, Cer-Eisen, Cer-Mangan	50	700 bis 800	wechselnd	0,19 bis 0,33	
1,3 g Manganpräparat, aus Manganamalgam im Vakuum (s. oben)	163	665	6,0	3,30	
	163	610 bis 620	6,0	2,60	
Uran, direkt im elektrischen Ofen gewonnen, im $N_2 + H_2$-Strom von selbst in ein lockeres Pulver zerfallend	190	etwa 600	20,0	5,80	Dauer
	190	580	3,0	7,00	$1^1/_2$ St.
	125	570	3,2	5,65	
	125	505	25,7	6,54	
	125	496	9,5	9,10	
Dauerversuche	125	503 bis 493	2,0	11,00 bis 11,90	
Wolframmetall aus dem Chlorid		Günstige Ergebnisse.			
Ruthenium		Nicht besonders vorteilhaft, da sehr teuer.			

Als sehr guter Katalysator erwies sich das feinverteilte Osmium. Seine Wirksamkeit steigerte sich sogar während der Beanspruchung noch einige Zeit hindurch. Der Kontakt war z. B. nach $2^1/_2$tägigem Dauerversuch kaum verändert. Um in der Zeiteinheit eine möglichst große Ammoniakmenge zu erzeugen, wurde mit 30 l stündlicher Gasgeschwindigkeit bei 610° C und 169 Atm Druck gearbeitet, wobei das Abgas 3,65 Proz. NH_3 enthielt. Bei 521° C und kleiner Gasgeschwindigkeit wurden mehr als 9 Proz. NH_3 im Abgas erreicht. Bei Dunkelrotglut und 175 Atm Druck ergaben sich leicht Ammoniakkonzentrationen von 8 Vol.-Proz. Osmium wäre, trotz seiner ausgezeichneten Wirkung[1] als Überträger in der Technik schlecht brauchbar gewesen, da die Vorräte an Osmium beschränkt und sein Preis ein recht hoher ist. Man suchte deshalb weiter nach anderen Katalysatoren und fand

---

[1] Zeitschr. f. Elektrochemie 1913, S. 69.

solche z. B. im Molybdän und im Eisen, das heute, in besonders präparierter Form, den Katalysator der Großindustrie bildet. Über Ruthenium können schon unterhalb 100 Atm Druck, bei 450°, Ammoniakkonzentrationen von 11 bis 12 Vol.-Proz. erreicht werden: aber Ruthenium ist noch seltener und teurer wie Osmium.

Die langjährigen und ausführlichen Experimentaluntersuchungen bereicherten unsere Kenntnisse über das Verhalten der Kontaktsubstanzen und der Kontaktgifte ganz wesentlich. *A. Bernthsen*[1] glaubt, daß die negativen Resultate früherer Forscher, die über die Ammoniakbildung unter Vermittlung unedler Kontaktmetalle gearbeitet haben, vermutlich zu einem erheblichen Teil auf die Verwendung nicht giftfreier Metallüberträger oder Gase zurückzuführen sein werden. In der später zu besprechenden Patentliteratur nimmt deswegen die Wiederbelebung und Reinigung erschöpfter Kontaktmassen einen breiten Raum ein.

In dem Vortrag, den *C. Bosch*[2] auf der 86. Versammlung Deutscher Naturforscher und Ärzte in Bad Nauheim am 20. Sept. 1920 gehalten hat, beleuchtete er noch einmal alle jene Schwierigkeiten, welche sich der gedeihlichen Entwicklung der Hochdrucksynthese anfänglich entgegenstellen wollten, seit die *BASF* im Jahre 1908 ihre ersten orientierenden Versuche aufnahm. Das Arbeiten mit sehr hohen Drucken, die 200 Atm erreichten, unter Aufrechterhaltung von Temperaturen um 500 bis 600° bedeutete ein Novum und ein bis dahin unerhörtes Wagnis für die Industrie. Die ersten großen Versuche mit Osmium als Überträger fanden durch eine Explosion des Kontaktapparates ein jähes Ende. Es zeigte sich bei der näheren Untersuchung, daß der Apparat völlig zermürbt war und daß das Osmium sich gänzlich aufgezehrt und zu Osmiumsäure oxydiert hatte: ein Zeichen, daß die Gase nicht sauerstofffrei gewesen sein konnten. Auch das Uran zeigte in der Praxis große Schwierigkeiten. Man ging also zunächst daran, einen technisch brauchbaren Katalysator aufzusuchen, wozu unzählig viele systematische Versuche angestellt werden mußten; dann stellte man sich die Aufgabe, Mittel ausfindig zu machen, welche verhüten, daß die heißen Gase die Eisenwandungen der Apparatur mit der Zeit zerstören. Es wurden zu diesem Zwecke umfangreiche Versuchseinrichtungen aufgestellt und eine eigene Spezialwerkstätte für Hochdruckapparaturen eingerichtet. Fast zwei Jahre hindurch wurde die zerstörende Wirkung des Wasserstoffs auf Stahl und andere Metalle eingehend untersucht, bis es gelang, durch spezielle Konstruktionen und Auswahl besonderer Materialien Apparate herzustellen, die bei den herrschenden Bedingungen widerstandsfähig und betriebssicher bleiben. Viele Tausende von Einzelversuchen ergaben schließlich im geeignet vorbereiteten und mit bestimmten Substanzen gemischten Eisen einen guten Katalysator. Neben der Lösung dieser wichtigen Fragen mußte namentlich die Wasserstoffbeschaffung eingehend studiert werden[3].

Die erste technische Versuchsanlage der *BASF* zu Beginn des Jahres 1911 lieferte täglich etwa 25 kg NH_3; die Produktion wurde 1912 auf 1000 kg täglich gesteigert; im Sommer 1913 kam dann die Großanlage Oppau mit 30 t Tagesleistung an Ammoniak in Betrieb.

Auf die für die grundlegenden Versuche von *Haber, van Oordt, Le Rossignol* und der *BASF* benutzten Laboratoriumsapparate sei wenigstens kurz eingegangen, da sich auf ihrem Vorbild die von *Bosch* in Gemeinschaft mit *Mittasch* u. a. herausgebildete Großapparatur sinngemäß aufbaut.

---

[1] Zeitschr. f. angew. Chem. 1913, I, 10.

[2] Chem.-Ztg. 1920, S. 721; s. auch *A. Bernthsen*, Chem.-Ztg. 1912, S. 1133; *F. Haber*, Chem.-Ztg. 1910, S. 345; 1913, S. 584; *E. Herre*, Chem.-Ztg. 1914, S. 317, 341.

[3] Vgl. *F. Haber*, Chem. Ind. 1920, S. 350; Chem.-Ztg. 1920, S. 913.

Die Anordnung[1] ist ohne weiteres verständlich. Ein dünnwandiges Eisenrohr von 9 bis 13 mm lichter Weite ist über einer Lage Asbestpapier mit Nickelindraht umwickelt und kann auf diese Weise elektrisch beheizt werden. Im Innern des Eisenrohrs steckt ein oben eingesiegeltes Glas- oder Quarzrohr, das über einer Verjüngung am unteren Ende den Katalysator trägt. In das innere Glasrohr wird oben das Stickstoff-Wasserstoffgemisch eingeleitet. Die Verjüngung dieses Rohres findet ihre natürliche Fortsetzung in einer Stahlcapillare, durch die das Abgas den Ofen verläßt. Das in ihm enthaltene Ammoniak wird entweder durch Abkühlung direkt ausgeschieden oder durch ein Absorptionsmittel, wie Wasser oder Säure, herausgewaschen. Der Gasrest kehrt in den Prozeß zurück.

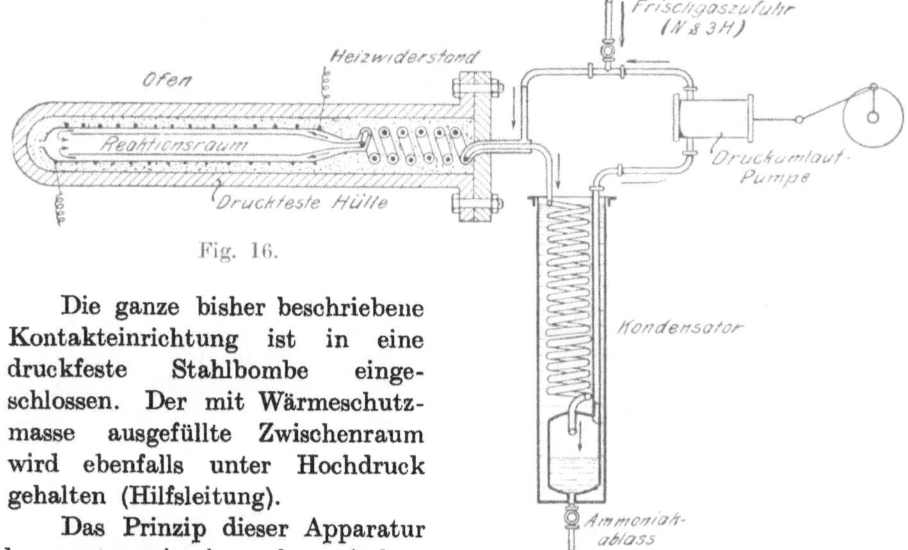

Fig. 16.

Die ganze bisher beschriebene Kontakteinrichtung ist in eine druckfeste Stahlbombe eingeschlossen. Der mit Wärmeschutzmasse ausgefüllte Zwischenraum wird ebenfalls unter Hochdruck gehalten (Hilfsleitung).

Das Prinzip dieser Apparatur begegnet uns in einer schematischen Darstellung wieder, die aus der Arbeit von *E. Herre*[2] entnommen ist (Fig. 16) und die auf eine später zurückgezogene deutsche Patentanmeldung D. R. P. a. 45 523 IV/12 g (1910) der Firma *Kunheim & Co.* in Berlin zurückgeht. Die Gefahr des Aufreißens der Gefäße ist wiederum dadurch beseitigt, daß der Druckreaktionsraum von einem unter gleichem Druck stehenden Gasschutzmantel umgeben ist, dessen druckfeste Außenhülle auf geeignete Weise gekühlt werden kann.

Die nächste Figur (Fig. 17) zeigt die kleine Versuchsanlage, welche *Haber* zur ersten öffentlichen Demonstration seines Verfahrens am 18. März 1910 vor dem Naturwissenschaftlichen Verein in Karlsruhe benutzt hat. I ist der Kontaktofen, der dem obigen (Fig. 16) entspricht, II der Verflüssiger mit Kälteaustauscher und Ammoniakstandglas, III die Hochdruckumlaufpumpe, IV die Frischgaszuführung, V der Ammoniakablaß und VI ein

---

[1] Siehe *F. Muhlert,* a. a. O., S. 122/3.
[2] In *F. Ullmanns* Enzyklopädie, Bd. I (1914), S. 386.

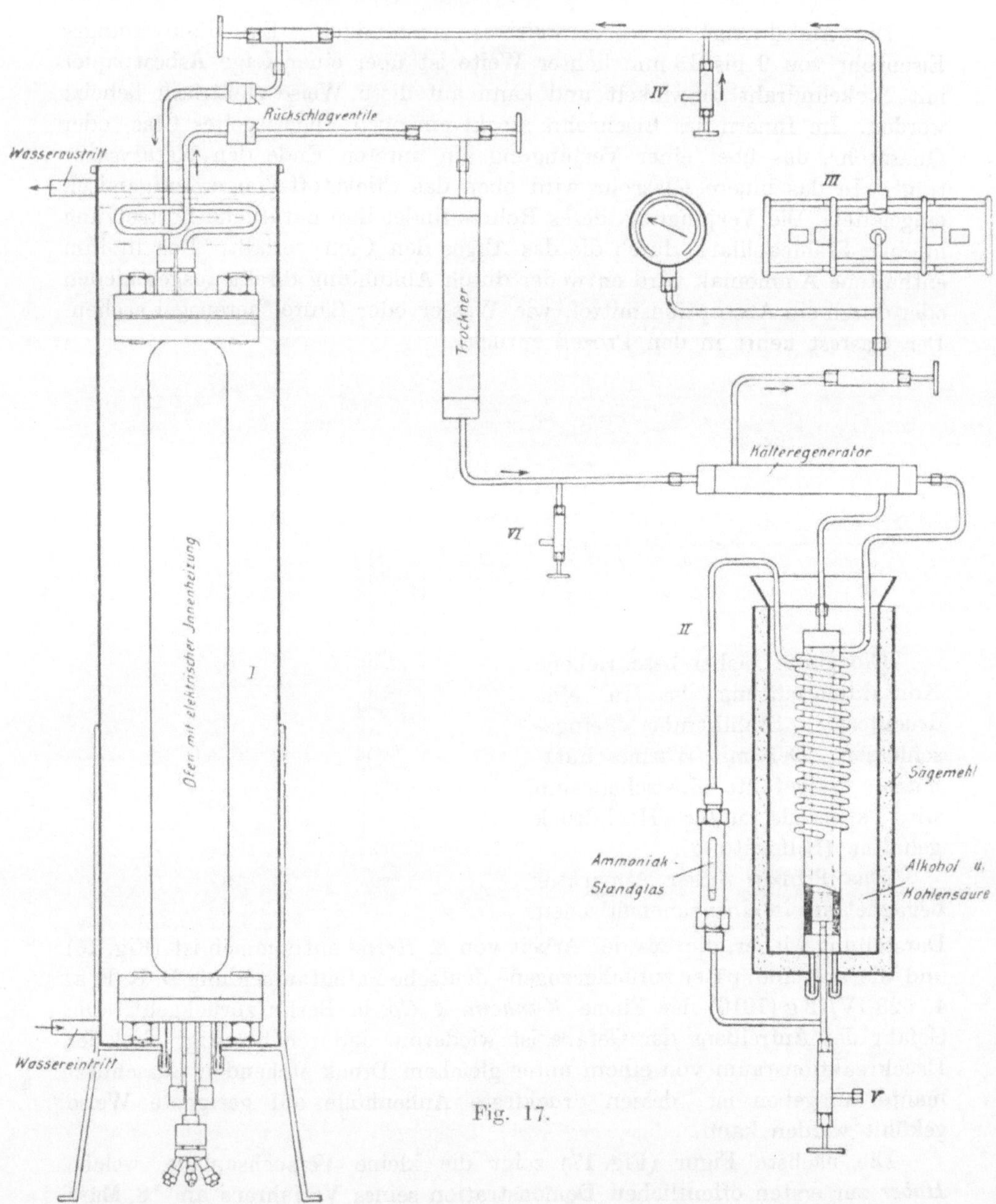

Fig. 17.

Probehahn, der jederzeit gestattet, den Ammoniakgehalt des Gasgemisches festzustellen.

Die Patentliteratur des in Rede stehenden Gebietes ist außerordentlich umfangreich und weiter erscheinende Patentanmeldungen zeigen, daß die Forschungsarbeiten noch nicht zum Abschluß gelangt sind. Die Patente lauten meistens auf den Namen der *BASF* oder *Haber* als Eigentümer und gehen bis in das Jahr 1908 zurück.

Nachdem *Haber* und *Le Rossignol* gezeigt hatten[1], daß es tatsächlich gelingt, Stickstoff und Wasserstoff unter Drucken von 150 bis 200 Atm bei etwa 500 bis 600° und Gegenwart eines Katalysators zu Ammoniak zu vereinigen, begannen die Untersuchungen, einen möglichst wirksamen und dabei doch wohlfeilen Katalysator zu finden. Daß gewisse Nitride reaktionsbeschleunigend wirken, war bekannt (D. R. P. 229 126, 238 450). Im Osmium (D. R. P. 223 408, 272 637), Ruthenium (D. R. P. 292 242) und Uran (D. R. P. 229 126) sowie im Eisen (D. R. P. 247 852; franz. Pat. 425 099) fand man späterhin ähnlich geeignete Überträger. Mit Osmium wurden schon bei 550° und 175 Atm Druck Konzentrationen von 8 Vol.-Proz. NH_3 erhalten; auch Uran gab bei 100 Atm Druck und 500° Gase mit 10,8 Proz. NH_3 gegen solche mit 0,48 Proz. NH_3 bei 1 Atm Druck und gleicher Temperatur. Reines Eisen erzeugte *Haber* zuerst aus Oxalat. Mit solchem Kontakt erzielt man nach *Bernthsen*[2] bei 200 Atm Druck und 650 bis 700° mit einer Gasgeschwindigkeit von 250 l/St. je Liter Kontaktraum leicht 250 g Ammoniak. Das Eisen bzw. Eisennitrid wird nach dem D. R. P. 247 852 zweckmäßig aus reinem Eisenoxyd bei 600° durch Erhitzen im Stickstoff-Wasserstoffgemisch gewonnen (D. R. P. 256 855) oder es werden Eisenoxyde nach dem D. R. P. 259 702 bei 800 bis 900° reduziert. In späteren Patenten (s. u.) wird gezeigt, daß gerade die Wirksamkeit der Eisenkatalysatoren durch gleichzeitige Anwesenheit von sog. Aktivatoren stark erhöht wird. Dem als Katalysator zu verwendenden Eisen sollen auch 5 Proz. Aluminiumborat oder -phosphat zugefügt werden (D. R. P. 260 992, 261 507, 276 133). Für alle Kontaktprozesse wird jedoch empfohlen, den Stickstoff und den Wasserstoff vor der Einführung in den Hochdruckkontaktraum von Wasserdampf und wasserbildenden Bestandteilen (Sauerstoff) restlos zu befreien (D. R. P. 259 871).

Aus Molybdänoxyden bilden sich in reduzierender Atmosphäre mit Stickstoff unter Druck Molybdännitride, die sich ganz besonders als Kontaktkörper eignen sollen (D. R. P. 246 554, 246 377, 250 377, 259 648, 260 010). Mangan ist dagegen als Katalysator nur geeignet, wenn das Gasgemisch völlig frei von Sauerstoff ist (D. R. P. 254 006).

Die D. R. P. 250 756, 259 647, 259 996, 260 756 und 261 819 (engl. Pat. 1161/1913) beschäftigen sich mit der Herstellung und Verwendung von Wolframkontakten und von Wolframnitrid. *Haber* fand, daß, ähnlich wie beim Eisen, das erzeugte Wolfram nur wirksam ist, wenn es mit Wasserstoff unter 600° oder mit Ammoniak über 600° hergestellt wird.

Dem Eisen als Katalysator gleichwertig sind Nickel und Kobalt (D. R. P. 259 649). Verschiedene Mischungen empfiehlt das D. R. P. 262 823; als solche kommen z. B. in Betracht: Cer + 2 Proz. KNO_3; Osmium + Osmiumoxydhydrat + 10 Proz. Kaliumosmat; Bariummetall (oder Lithium, Lithium-

---

[1] Chem.-Ztg. 1910, S. 345.
[2] Zeitschr. f. angew. Chem. 1913, I, 10; Chem.-Ztg. 1912, S. 1133.

nitrid usw.) $+ 3$ Proz. KNO_3. Im D. R. P. 259 872 wird vorgeschlagen, Carbide der seltenen Erden als Kontaktkörper zu benutzen.

Durch die Untersuchungen der *BASF* wurde zuerst die Rolle aufgeklärt, die gewisse Stoffe als Aktivatoren[1] bei der Erhöhung der Wirksamkeit der gewöhnlichen Ammoniakkatalysatoren spielen. Von günstigstem Einfluß sind die Oxyde und Hydroxyde der Alkalien, Erdalkalien oder Erden; schädlich sind dagegen alle solche Körper, die Schwefel, Selen, Tellur, Phosphor, Arsen, Bor oder ähnliche Metalloide in irgend einer Form auf das Kontaktmetall übertragen können (D. R. P. 249 447). Besonders deutlich reagieren die Metalle der Eisengruppe auf den Zusatz derartiger Aktivatoren und Gifte. Während geringe Beimengungen einzelner fremder Metalle unter Umständen günstig wirken können, sind die durch Wasserstoff leicht reduzierbaren Verbindungen der niedrig schmelzenden Metalle, wie Blei, Zinn, Zink oder Wismut, fernzuhalten (D. R. P. 258 146; franz. Pat. 425 099). Die Aktivatoren werden entweder den fertigen Katalysatormassen direkt beigemengt oder man geht von Mischungen aus, die Aktivator und Katalysator in irgend einer Form, z. B. als Oxyd, enthalten und reduziert diese dann gemeinsam, nachdem sie bis zum Schmelzen erhitzt worden sind (D. R. P. 254 437). Auch in der im D. R. P. 262 823 (s. o.) gegebenen Vorschrift wirken KNO_3 usw. als Aktivatoren. Ferner hat sich gezeigt, daß man bei Verwendung von Metallmischungen dann besonders gute Resultate erzielt, wenn man die Mischungen so wählt, daß solche Stoffe nebeneinander vorhanden sind, von denen die einen in der Hauptsache Wasserstoff, die andern vornehmlich Stickstoff enthalten oder aufzunehmen vermögen. Es wird beispielsweise (D. R. P. 286 430) Ammoniummolybdat schwach erhitzt, so daß ein Teil des Ammoniaks entweicht. Die porösen Körner werden mit einer konzentrierten Palladiumnitratlösung (20 Proz. Palladiumnitrat auf das Molybdat gerechnet) getränkt, dann wird zur Zersetzung des Nitrats calciniert und nunmehr mit Wasserstoff reduziert oder die Masse wird direkt in den Kontaktofen eingefüllt. Dem Palladiumnitrat kann auch noch Urannitrat beigegeben werden.

Die Wirkung der Aktivatoren[2] führt *Bernthsen*[3] darauf zurück, „daß sich die Beimengungen beim Erhitzen in dem Metalloxyd lösen bzw. fein verteilen und daß hierdurch bei der nachherigen Reduktion ein im übrigen kaum wahrnehmbares Skelett innerhalb der Metallmasse entsteht, das ein Zurückgehen der Oberfläche und der katalytischen Eigenschaften in wirksamster Weise verhindert." Je nachdem, ob man es mit beschleunigend oder lähmend wirkenden Zusätzen zu tun hat, kann man von positiven oder negativen Aktivatoren sprechen.

Die negativen Aktivatoren wirken vergiftend. Man kannte die Wirkung solcher Kontaktgifte schon vom Studium der katalytischen Fabrikation von SO_3 her. Auf den dort zur Verwendung gelangenden Platinkontakt wirkt

---

[1] *Bernthsen*, a. a. O.

[2] Siehe *Haber*, Zeitschr. f. angew. Chem. 1914, S. 321, 473; Zeitschr. f. Elektrochemie **20**, 597 (1914); **21**, 89, 128, 191 (1915).

[3] a. a. O.

namentlich das Arsen schon in geringen Spuren äußerst schädigend, indem
es wahrscheinlich das Platin mit einer glasigen, sehr schwer flüchtigen Schicht,
einer Verbindung von As_2O_3 und SO_3, überzieht. Andererseits war bei der
Anhydriddarstellung unter Verwendung von Eisenoxyd als Kontaktkörper
die Gegenwart von Arsen sogar nützlich. Zeigten schon diese Beispiele, wie
kompliziert das Gebiet der Katalyse[1] war, so ließ das Studium der Ammoniaksynthese sehr bald erkennen, daß hier das Bild noch bunter und die
Reihe der Kontaktgifte noch weitaus länger ist. Zu den bereits in den
D. R. P. 249 447 und 258 146 aufgezählten Substanzen kommen namentlich
noch gewisse Kohlenstoff- und Sauerstoffverbindungen (z. B. SO_2) hinzu.
Nach *Bernthsen*[2] genügen schon ganz außerordentlich geringe Mengen dieser
Kontaktgifte, um die Wirkung der Katalysatoren sehr beträchtlich zurückgehen zu lassen. Eisen aus Eisenoxyd mit einem Gehalt von $1^0/_{00}$ Na_2SO_4 ist
unbrauchbar geworden, 0,1 Proz. Schwefel bewirkt das gleiche und selbst 0,01
Proz. Schwefel lähmt die Wirksamkeit schon sehr stark. Es erweisen sich oft so
geringe Spuren der Kontaktgifte als verderblich, wie sie bei der chemisch-quali-
tativen Prüfung der Ausgangsmaterialien kaum noch aufgefunden werden.

Um Störungen durch das Auftreten dieser Kontaktgifte auszuschließen,
müssen die Katalysatormassen äußerst sorgfältig vorbereitet und die Reaktionsgase peinlichst gereinigt werden. Vergiftete und daher unbrauchbar
gewordene Katalysatoren können dadurch wiederbelebt werden, daß man
sie und die Aktivatoren in einer Sauerstoff- oder sauerstoffabgebenden Atmosphäre erhitzt (D. R. P. 263 612). Der zur Verwendung gelangende Stickstoff und der Wasserstoff müssen absolut frei von Kontaktgiften, wie Schwefel,
Phosphor, Arsen und ihren Verbindungen, Kohlenoxyd usw., in den Kontaktraum eingeführt werden (D. R. P. 254 344). Ein Schwefelgehalt[3] (D. R. P.
302 555, 303 292) von 1 : 1 000 000 wirkt schon nachteilig. Der Wasserstoff
wird, wie weiter unten gezeigt werden soll, einer besonderen Reinigung
unterworfen. Schmieröltröpfchen, welche die Gase in den Kompressoren
mit Vorliebe verunreinigen, müssen sorgfältigst zurückgehalten werden.
Man leitet die Gase daher vor dem Eintritt in den Kontaktofen durch Gasfilter, wäscht sie mit den geeigneten Mitteln oder führt sie zur Entgiftung
bei hoher Temperatur über die gleichen Katalysatoren, mit denen sie später
im Hochdruckapparat in Berührung kommen.

Es waren nach Mitteilung von *A. Bernthsen*[4] viele Tausende von Einzelversuchen nötig, ehe man das dunkle Gebiet der Katalysatorwirkungen beherrschen lernte. Das Verdienst, diese außerordentlich wichtige und für den
technischen Dauererfolg ausschlaggebende Vorarbeit geleistet zu haben, gebührt *A. Mittasch*[4].

---

[1] Siehe *G. Bredig* in *F. Ullmann*, Enzyklopädie d. techn. Chem., Bd. VI (1919),
S. 665 bis 688 und z. T. auch *R. Bauer-Wieland*, Reduktion und Hydrierung organischer Verbindungen; Leipzig 1918.

[2] a. a. O.

[3] Vgl. *F. Muhlert*, a. a. O., S. 126.

[4] a. a. O.

Waren somit die eigentlich wissenschaftlichen Grundlagen für die praktische Durchführung der *Haber*schen Ammoniaksynthese bereits gegeben, so blieb die nicht minder wichtige Frage, eine arbeitssichere und dauerhafte Großapparatur zu finden, noch zu lösen.

Das Wagnis, unter den Bedingungen, welche die Synthese erfordert, nun auch im großen zu arbeiten, war so unerhört, daß die meisten Fachleute[1] dem Unternehmen reichlich skeptisch gegenüberstanden. Um so größer wurde der Triumph der *BASF*, als es nach außerordentlich mühsamer, langwieriger und gründlicher Arbeit, die sich über viele Jahre ausdehnte und die unauflöslich mit dem Namen von *C. Bosch* und seinen Mitarbeitern verknüpft ist, gelang, das große Ziel dennoch glücklich zu erreichen.

Die Großapparatur lehnt sich im Prinzip eng an das Wesen der Laboratoriumseinrichtungen an, die bereits geschildert worden sind. Die ersten Beschreibungen geben das engl. Pat. 17951/1909, die D. R. P. 235 421, 252 275, das franz. Pat. 406 943 und das österr. Pat. 45 010. Die Apparatur wurde zunächst so geschaltet, daß die Gaszirkulation unter dauerndem Hochdruck stattfand. Bildungsgefäß, Abscheider und Umlaufpumpe sind in einem Kreis ebenso hintereinander geschlossen, wie es z. B. die *Haber*sche Demonstrationsapparatur zeigt. Durch künstliche Abkühlung wurde der jeweils gebildete Ammoniakanteil in flüssiger Form abgeschieden. Dieser Teil mußte natürlich durch frische Gase ersetzt werden; im übrigen durchliefen diese die ganze Apparatur vollkommen kontinuierlich. Dabei war gleichzeitig die Anordnung so getroffen, daß eine Wärmeübertragung von dem ammoniakhaltigen auf das frische Gas stattfinden konnte. Später zeigte sich jedoch, daß die Vorteile des Wärmeaustausches und der kontinuierlichen Zirkulation dann nicht ausschlaggebend sind, wenn man unter Drucken von 150 bis 200 Atm und bei Temperaturen von 650 bis 700° arbeitete. Heute verzichtet man allgemein auf die direkte Gewinnung flüssigen Ammoniaks, wäscht dieses vielmehr durch Wasser als konzentrierte Ammoniakflüssigkeit aus (D. R. P. 270 192).

Bei der Fortsetzung der Arbeiten mit Hochdruckapparaten zeigte sich nun bald, daß die Gase unter den herrschenden Verhältnissen die Gefäßwandungen so stark angreifen (s. o.)[2], daß es zur völligen Vernichtung derselben kommen kann. Bei der näheren Untersuchung[3] erwies sich, daß kohlenstoffhaltiger Stahl, also gerade unser bestes Apparatebaumaterial, unter den im Kontaktofen herrschenden Druck- und Temperaturverhältnissen seinen Kohlenstoff durch die dauernde Einwirkung des Wasserstoffs verliert und dabei seine Druckfähigkeit völlig einbüßt. Auch reines Eisen wird unter solchen Verhältnissen verändert und ist überhaupt für Wasserstoff weitgehend durchlässig[4]. Die D. R. P. 254 571, 256 296, 259 870, 265 295, 281 926, 291 582, 298 199, 306 333; die franz. Pat. 456 963, 458 218, 466 303; das engl. Pat. 29 260/1913 und das amerik. Pat. 1 202 995 enthalten im wesent-

---

[1] Z. B. *Serpek*, Zeitschr. f. angew. Chem. 1914, S. 43.
[2] *C. Bosch*, Chem.-Ztg. 1920, S. 721.
[3] *Bernthsen*, a. a. O.
[4] Vgl. *Mathesius*, Eisenhüttenwesen, Leipzig 1916.

lichen die Beschreibung der Maßnahmen, mit deren Hilfe es gelungen ist, diese Schwierigkeiten zu beseitigen, so daß man jetzt mit einer zwar noch empfindlichen, aber doch völlig betriebssicheren Apparatur arbeiten kann. Wie schon bei der Besprechung der Versuchs- und Laboratoriumsvorrichtungen erwähnt wurde, trennt man Reaktionsgefäß und äußeren Druckmantel, indem man das erstere in einen druckfesten Raum einschließt. Die verhältnismäßig dünne, heiße Wandung, welche bei dieser Anordnung die eigentliche Reaktions-zone umschließt, ist von innen und außen mit gleich starkem Druck belastet; die den eigentlichen Druck tragende Außenwand kann kühler gehalten werden und ist daher bedeutend widerstandsfähiger.

Als Baumaterial für die der direkten Einwirkung der heißen Gase aus-gesetzten Teile kann eisenummanteltes Nickel, kohlenstofffreies Eisen oder ein ähnliches Metall Verwendung finden. Empfohlen wird auch kohlenstoff-haltiger Stahl mit 18 Proz. Wolfram und 3 Proz. Chrom. Um die druck-tragende, eiserne Gefäßwand zu schützen, hat sich ein Gasmantel aus Stick-stoff als besonders vorteilhaft erwiesen. Die weiteren Untersuchungen der *BASF* zeigten dann, daß sich auch die kohlenstoffreien bzw. kohlenstoff-armen, legierten Edel- oder Spezialstähle für den Bau solcher Hochdruck-apparate vorzüglich eignen. Sofern nicht zu geringe Mengen der zugesetzten Metalle, wie z. B. Chrom, Vanadin, Wolfram, Molybdän usw., vorhanden sind, bleibt die Festigkeit der Apparate selbst bei Temperaturen über 450° und auch dann erhalten, wenn beim Gebrauch infolge der Einwirkung des Wasserstoffs der Kohlenstoff ganz oder zum Teil in gasförmige Verbin-dungen übergeführt und entfernt worden ist. Spezialstähle von 2,0 Proz. Chrom neben 0,2 Proz. Kohlenstoff oder von 5 Proz. Wolfram neben 5 Proz. Nickel können vorzüglich benutzt werden, um die heißen, drucktragenden Arbeitsbehälter aus ihnen herzustellen. Man ist heute in der Tat nicht mehr auf die Verwendung des kohlenstoffreien Eisens angewiesen, sondern arbeitet mit diesen Spezialstählen unter Vereinfachung und Verbilligung der ganzen Kontaktapparatur.

In den bisher besprochenen Patenten findet sich noch nichts über die Art der Beheizung der Kontaktöfen. Die Anordnung einer Heizanlage würde die Apparatur noch mehr komplizieren. Bei der näheren Durchprüfung der Verhältnisse ergab sich nun, daß die bei der Bildung des Ammoniaks freiwerdende Wärmemenge hinreichend ist, um die nötige Zahl von Calorien zu liefern, wenn nur für gute Wärmeregeneration gesorgt wird (D. R. P. 259 870). Bei Inbetriebsetzung des Verfahrens wird Luft oder anderes sauerstoffhaltiges Gas mit Wasserstoff gemischt über dem Kata ysator im Hochdruckapparat selbst verbrannt und die eigentliche Synthese dann erst eingeleitet, wenn die richtige Temperatur erreicht ist. Trotz guten Wärmeaustausches treten natür-lich während der katalytischen Vereinigung von Stickstoff und Wasserstoff zu Ammoniak im Laufe der langen Betriebsdauer eines Kontaktapparates oft Temperaturschwankungen auf, die in ähnlicher Weise dadurch ausgeglichen werden können, daß man dem umlaufenden Stickstoff-Wasserstoffgemisch vor dem Eintritt in den Ofen geringe Mengen Luft zuführt.

Aus den Darlegungen *Bernthsens*[1] wissen wir andererseits, daß man besondere Sorgfalt darauf verwenden muß, Sauerstoff oder Luft in größeren Mengen fernzuhalten, da bei den hohen Drucken die Explosionsgrenze sehr rasch erreicht ist. Besondere Registrier- und Alarmvorrichtungen dienen zur Überwachung in dieser Hinsicht; die Zusammensetzung der Gase wird überdies durch dauernde Kontrollanalysen laufend geprüft. Unter diesen Verhältnissen ist das oben angegebene Verfahren der nachträglichen Wärmezufuhr durch absichtliche Beimischung kleiner Luftmengen sehr mit Vorsicht auszuführen, oder durch eine andere indirekte Vorwärmung der im Kreisprozeß durch die Kontaktapparatur gehenden Gase zu ersetzen.

Auf alle Fälle ergibt sich, daß die zuzuführende Wärmemenge außerordentlich geringfügig und die Hauptarbeit die Kompression der Gase auf den hohen Druck ist. Nach *Haber*[2] beträgt der zu diesem Zweck erforderliche Kraftaufwand bei 150 Atm Druck nicht viel über $^1/_2$ KW-St. je 1 kg gebundenen Stickstoffs. Für die Rentabilität des *Haber-Bosch*-Verfahrens ist deshalb in erster Linie der Gestehungspreis des Wasserstoffs maßgebend. Es kann sehr billiger Kraftquellen viel eher entraten, als etwa der Kalkstickstoff- oder gar der Lichtbogenprozeß.

Die außerordentlich eingehenden Studien über die Verwendbarkeit der verschiedensten Katalysatoren haben im ganzen unser Wissen über die Art und den Mechanismus ihrer Wirkung kaum gefördert. Man ist geneigt anzunehmen, daß es intermediäre Bildung von unbeständigen Nitriden oder Hydriden ist, welcher die Entstehung von Ammoniak ihr Dasein verdankt. Wir begegnen deshalb in zahlreicheren Patenten dem Gedanken, solche Nitride als Katalysatoren direkt zu verwenden (z. B. D. R. P. 246 554, 250 377, 259 648, 260 010, 259 647, 261 819). Die D. R. P. 246 554 und 265 294 betreffen dabei das abwechselnde Hinüberleiten von Stickstoff und Wasserstoff über das Nitrid. Die Arbeitstemperatur wird im allgemeinen unter 600° gehalten, doch ist es zweckmäßig, dem Stickstoff etwa 1 bis 3 Proz. Wasserstoff beizumischen.

Für die heutige Ausübungsform des *Haber*-Verfahrens ergibt sich nach allem folgendes Bild. Das stöchiometrische Stickstoff-Wasserstoffgemisch wird in die Kontaktapparate eingeführt, nachdem es in drei Stufen auf rund 200 Atm Druck komprimiert ist. Die eigenartigen Betriebsverhältnisse der *Haber*-Synthese ließen es zweckmäßig erscheinen, von der bisher bewährten Autoklavenform abzugehen und an ihre Stelle unter enger Anlehnung an das Vorbild der Kleinapparatur lange, rohrartige Körper mit großen Wandstärken zu setzen. Auch von anderer Seite sind übrigens ähnliche Vorschläge gemacht worden, wie das entsprechende Beispiel des Ingenieurs *C. E. Stromeyer* von der *Manchester Steam Users Association*[3] oder die Konstruktionsform der Hochdruck-Röhrenautoklaven der *A.-G. Kühnle, Kopp & Kausch* in Frankenthal (Pfalz)[4] beweist. In der ersten Zeit war man darauf angewiesen,

---

[1] a. a. O.
[2] Chem.-Ztg. 1913, S. 584.
[3] Chem.-Ztg. 1918, S. 311.
[4] Prospektblätter dieser Firma.

die Kontaktöfen aus kohlenstoffreiem Eisen zu bauen, während man heute die drucktragenden Apparate besser und zweckmäßiger aus den bereits erwähnten Spezialedelstählen herstellt. Die Innenzone der Kontaktöfen ist mit dem Eisenkatalysator angefüllt, dessen Zubereitung aus der Patentliteratur in großen Zügen zu ersehen ist, dessen Zusammensetzung im einzelnen jedoch als strengstes Geheimnis gehütet wird. Nachdem die Kontaktapparatur auf die Reaktionstemperatur vorgewärmt ist, erzeugt die Exothermie des synthetischen Bildungsvorganges die nötige Wärme von selbst; dabei ist die Apparatur so gebaut, daß ein möglichst vollkommener Wärmeaustausch dauernd gewährleistet bleibt. Die Umhüllung des eigentlichen Reaktionsofens mit einem Außenmantel, durch den die Frischgase hindurchströmen, bezweckt zunächst, die Wärme des Ofens auf die Gase zu übertragen, die dabei gleichzeitig die Wandungen des Reaktionsraumes kühlen und so einer schädlichen Überhitzung derselben vorbeugen. Außerdem werden die heißen Abgase des Kontaktofens in Gegenstromvorwärmern an den kalten Frischgasen vorbeigeführt, so daß hierbei abermals ein wirksamer Wärmeaustausch stattfindet. Die Abgase haben im Mittel 10 Proz. Ammoniak, wenn sie den Kontaktraum verlassen. Sie werden nach guter Kühlung, noch immer unter Hochdruck stehend, mit Wasser in Berührung gebracht. Es bildet sich ein 20 bis 25proz., sehr reines Ammoniakwasser, das aus den Wäschern abgelassen, in Vorratsbehältern gelagert, in Kesselwagen versandt oder im eigenen Betriebe weiter verarbeitet wird. Die aus den Hochdruckwäschern kommenden Gase enthalten nur noch Stickstoff und Wasserstoff. Wenn das Mengenverhältnis dieser beiden Gase nicht mehr das richtige ist, so werden sie durch Zumischung des fehlenden Bestandteiles aufgefrischt, der durch NH_3-Bildung entfernte Teil wird ersetzt, und die Gase kehren dann im Kreislauf in den Prozeß zurück. Eine ausführliche Darlegung über die Oppauer Apparatur mit Übersichtsskizzen findet sich in der Chem. Ztg. 1921, S. 529 u. 553 ff. nach Chem. Met. Eng. **1921, Bd. 24**, 305, 347, 391, La Technique Moderne **1920,** 449 und L'Ind. Chim. **Bd. 8,** 44, 86 und 122 (1921).

In der beschriebenen Form ist die *Haber-Bosch*-Synthese des Ammoniaks verwirklicht worden. Es ist das große Verdienst *Habers*, daß er auf den Grundlagen seiner eigenen Laboratoriumsuntersuchungen und auf den nicht minder wichtigen fundamentalen Ergebnissen der *Jost-Nernst*schen Druckversuche zu einer Zeit weitergearbeitet hat, als die zahlenmäßigen Ausbeuten und die Schwierigkeiten des Verfahrens entmutigend schienen. Er ist nicht bei der Erforschung der Gleichgewichtsverhältnisse stehengeblieben, sondern hat zielbewußt angestrebt, die Ammoniakbildung unter der Wirkung systematisch aufgesuchter, geeigneter Katalysatoren, Drucke und Temperaturen derart zu beschleunigen und die Ammoniakkonzentrationen der Endgase dadurch so weit zu steigern, daß die synthetische Methode praktisch brauchbar wurde. Es ist sein Glück gewesen, daß er bei diesen Bemühungen und Arbeiten in der *BASF* (und hier besonders in *C. Bosch*) von vornherein einen Partner gefunden hat, der mit traditioneller Gründlichkeit weder Mühe noch Unkosten scheute, um den schönen Gedanken auch großtechnisch zum wirtschaftlichen Erfolge zu führen.

Außer den bereits genannten haben noch die folgenden Patente das *Haber*-Verfahren der *BASF* zum Gegenstand: D. R. P. 275 156, 277 526; franz. Pat. 449 010, 466 303; engl. Pat. 1161, 8617, 9842 und 25 259 sämtlich von 1913. Ehe auf die Methoden der Weiterverarbeitung des gewonnenen Ammoniaks eingegangen wird, sollen diejenigen Verfahren der Ammoniaksynthese besprochen werden, welche von anderer Seite unter Patentschutz gestellt bzw. veröffentlicht worden sind, wobei vorausgeschickt sein mag, daß das *Haber-Bosch*-Verfahren bis auf den heutigen Tag das einzige geblieben ist, welches industriell im großen angewandt wird. Die Methoden von *de Jahn* und der *General Chemical Co.* in Amerika, von *Maxted* und der *Brunner, Mond Co.* in England sowie von *Claude* in Frankreich haben das Versuchsstadium bislang noch nicht überschritten. *E. B. Maxted*[1] ist es gelungen Ammoniak (engl. Pat. 114 663/1917) in Mengen über 1 Proz. auch bei Atmosphärendruck zu erhalten, indem er das Bildungsgemisch sehr plötzlich abschreckte. Die hohe Temperatur wurde dadurch erreicht, daß man das Stickstoff-Wasserstoffgemisch in eine Knallgas- oder in eine elektrische Hochspannungsflamme einblies. Die Abschreckung geschah durch Brennenlassen der Flamme unter Wasser. Es ist bei dieser Versuchsanordnung nicht ersichtlich, weshalb die Vereinigung von Stickstoff und Wasserstoff bei derartig hohen Temperaturen vor sich gehen soll, bei denen das Ammoniak längst nicht mehr beständig ist. Bei Versuchen, Eisennitrid aus fein zerteiltem Eisen und Stickstoff unter 100 Atm Druck und 500 bis 700° herzustellen, entstand keine Spur Nitrid. Weitere Versuche mit auf andere Weise erzeugtem Eisennitrid zeigten, daß es überhaupt unmöglich ist, unter den gegebenen Bedingungen Eisennitrid aus den Elementen aufzubauen. *M. Guichard* und Mitarbeiter[2] lieferten Beiträge zum Studium der Ammoniaksynthese auf Grund eigener Versuche. Sie durchprüften eine Reihe von Katalysatoren und richteten einen kleinen Probebetrieb ein, der stündlich 3 kg NH_3 erzeugte. Allgemeine Mitteilungen über die Hochdrucksynthese des Ammoniaks bringt auch *J. Catala*[3].

Die *Société Générale des Nitrures* in Paris verwendet als Katalysatoren beim Aufbau von Ammoniak Zink oder Zinklegierungen (D. R. P. 250 085) bzw. Wolfram (D. R. P. 254 934). Als Optimaltemperatur werden 500 bis 800° genannt. Der Kontaktkörper soll eine möglichst große Oberfläche haben, dagegen braucht das Frischgas nicht notwendig das Mengenverhältnis 1 : 3 innezuhalten. Nach dem D. R. P. 258 146 der *BASF* wirkt übrigens Zink als Kontaktgift! Recht zahlreich sind die Arbeiten der *Centralstelle für wissenschaftlich-technische Untersuchungen G. m. b. H.* in Neubabelsberg, die im D. R. P. 252 997 Ruthenium als Überträger vorschlägt. Bei einem Druck

---

[1] J. Soc. Chem. Ind. **37**, 105 (1918); Ch. Ztrlbl. 1919, II, 491; Chem. Ind. 1918, Nr. 13/14, „Dokumente".

[2] Bull. Soc. encour. ind. nationale **132**, 71 (1920); Ch. Ztrlbl. 1920, IV, 467.

[3] Chem.-Ztg. 1914, S. 429.

von 175 Atm sollen die Abgase 20 Vol.-Proz. NH_3 enthalten. Im D. R. P.
286 666 wird angegeben, daß in ein drucktragendes Eisengefäß hinein zuerst
ein dünnwandiges, gut passendes Aluminiumrohr und in dieses wieder ein
an sich ebensowenig stabiles Rohr aus kohlenstoffarmem Eisen in geeigneter
Weise eingeführt werden soll. Setzt man diesen Apparat unter Hochdruck,
so werden Eisen- und Aluminiumrohr an die Wandung des Eisengefäßes an-
gepreßt und erzeugen dort eine gegen Stickstoff (Eisen) und Wasserstoff
(Aluminium) schützende, dichte Hülle. Das gleiche Verhalten wie Aluminium
zeigt Silber (D. R. P. 287 958). Bei einem 14 tägigen Dauerversuch mit
Stickstoff-Wasserstoffgemisch von 150 Atm Druck und 85 Proz. Wasserstoffgehalt waren in einem Eisenrohr mit Silberauskleidung keine Verluste an
Wasserstoff nachzuweisen. Dazu ist Silber beständig gegen Ammoniak, was
beim Aluminium nicht der Fall ist. Nach den Angaben der D. R. P. 286 853
und 290 877 wird in ein äußeres druckfestes Gefäß zunächst geschmolzenes
*Wood*sches Metall eingefüllt und dann das innere Reaktionsgefäß aus Eisen
eingesetzt. Die *Wood*sche Legierung ist Zwischenschicht und verhindert zugleich das Diffundieren der Gase an die Wandung des Druckgefäßes. Träger
der Kontaktmassen sind meistens Magnesia oder Magnesiumcarbonat (10 bis
20 fache Menge des Katalysators). Weitere Versuche der „Centralstelle"
haben nun gezeigt, daß sich reines Chromoxyd (durch Glühen reiner Chromsäure) noch besser als Kontaktträger eignet. Man tränkt nach dem D. R. P.
288 496 das Chromoxyd mit der wässrigen Lösung eines Kontaktmetalls und
trocknet in einem reinen Strom von Stickstoff und Wasserstoff. Gegenüber
anderen Kontaktträgern, wie Uranoxyd, Asbest, Ceroxyd usw., soll bei Verwendung von Chromoxyd die Ausbeute um das 10- bis 20 fache steigen. Die
Wirkung der Magnesia oder des Magnesiumcarbonats als Kontaktträger ist
eine ganz eigenartige (D. R. P. 289 105). Verbindungen der Platinmetalle,
z. B. Rutheniumchlorid, Rhodiumchlorid und Iridiumchlorid, welche, wenn
sie für sich allein in den Kontaktofen gebracht werden, keine katalytische
Wirksamkeit zeigen, werden, falls sie auf der 10- bis 20 fachen Menge MgO
oder $MgCO_3$ ausgebreitet sind, zu sehr guten Katalysatoren. Die Leistungsfähigkeit bereits katalytisch wirksamer Körper, wie z. B. des ruthenium-
sauren Kaliums, kann dadurch bedeutend gesteigert werden. Um beispielsweise Rutheniumchlorid auf Magnesia zu präparieren, fällt man aus der
wässrigen Rutheniumchloridlösung durch Magnesia oder ein anderes Alkali
das Ruthenium, mischt das gefällte und ausgewaschene Produkt feucht mit
der 10 fachen Menge MgO und trocknet das Präparat im Stickstoff-Wasser-
stoffstrom.

N. Caro empfiehlt als Kontaktkörper (D. R. P. 272 638) Natron- oder
Kalikalk mit Zusatz von Eisen, Titan oder Vanadin. *F. Hlavati* (D. R. P.
275 343, 275 663, 277 054, 283 447; franz. Pat. 453 207) ionisiert das Stickstoff-Wasserstoffgemisch vor dem Überleiten über den Kontakt durch elektrische Funken. Als wirksamstes Kontaktgemisch bezeichnet er die Zusammenstellung von 48,1 Gewichtsteilen Titan und 195,2 Gewichtsteilen Platin. Die
erzielten Ammoniakausbeuten waren regelmäßig größer, wenn die Metalle in

dem Verhältnis ihrer Atomgewichte gemischt waren, als wenn andere Gemenge vorlagen. Mit der im Atomgewichtsverhältnis zusammengesetzten Kontaktmasse erreicht man fast die doppelte Ausbeute wie mit einer solchen, die Titan und Platin in ungefähr gleichen Mengen enthält. *Hlavati* arbeitete auch mit wechselnden Temperaturen, dabei zeigte sich, daß bei hohen Temperaturen der Ausbeuteunterschied nicht so groß war als bei niederen. Mit Cernitrid kommen *Kunheim & Co.* (D. R. P. 276 986) bei etwa 100 Atm Druck und Gasgeschwindigkeiten von 60 l je Stunde für einen Kontaktraum von nur 4 ccm Inhalt zu Ammoniakkonzentrationen von $1^1/_2$ bis 2 Vol.-Proz. *J. Wolff* (D. R. P. 281 317) will CO, N und Wasserdampf vereinigen.

Die *Farbenfabriken vorm. Fr. Bayer & Co.* machen ausführliche Angaben über einen Katalysator, den sie aus ferri- oder ferrocyanwasserstoffsauren Alkali- oder Erdalkalisalzen herstellen (D. R. P. 285 698, 286 719; s. auch franz. Pat. 460 859), indem sie diese unter möglichster Vermeidung des Luftzutritts, z. B. im bedeckten Tiegel oder in einem sauerstoffreien Gasstrom, erhitzen und dann über die entstandenen Zersetzungsprodukte Stickstoff und Wasserstoff leiten. Man glüht z. B. Ferrocyankalium bei 600 bis 700° unter gewöhnlichem Druck im Wasserstoffstrom aus, bringt das grauschwarze Röstprodukt in einen Kontaktapparat und läßt nun das Stickstoff-Wasserstoffgemisch unter 150 Atm Druck bei 430° eintreten. Dadurch erzielt man dauernde Ammoniakkonzentrationen von 15 Vol.-Proz. Einen noch geeigneteren Katalysator erhält man, wenn man Bariumferrocyanid im Hochdruckapparat unter Überleiten eines Stickstoff-Wasserstoffgemisches bei höheren Drucken erhitzt; schon bei 300° bildet sich der Kontaktkörper unter gleichzeitigem Auftreten von Ammoniak, dessen Bildung bei 430° und 180 Atm Druck so lebhaft ist, daß eine dauernde Ammoniakbildung von 17 bis 18 Vol.-Proz. erreicht wird.

A. Classen (D. R. P. 289 795) will die direkte Vereinigung von Stickstoff und Wasserstoff dadurch erreichen, daß er das Gasgemisch in Gegenwart von Kontaktstoffen bei Temperaturen von 25 bis 90° der Einwirkung dunkler elektrischer Entladungen aussetzt. Er gibt z. B. folgende Vorschrift für die Darstellung geeigneter Kontaktkörper. Man versetzt eine Lösung von Platinchlorwasserstoffsäure mit Gelatose in konzentrierter wäßriger Lösung und reduziert das Platin mit Hydrazinhydrat oder anderen Reduktionsmitteln. Die das Platin dann in kolloidaler Form enthaltende Lösung wird unter Zusatz geeigneter Mengen eines Trägers, z. B. Asbest, geschüttelt oder durch Eindampfen konzentriert und getrocknet. Um Chrom, Ferrochrom, Ferrosilicium, Chromnickel oder andere Metalle usw. in eine sehr feinverteilte Form überzuführen, bringt man sie nach etwaigem Anätzen mit Säuren und Basen mit einer hinreichenden Menge einer 60 proz. Gelatoselösung in eine Kugelmühle mit Kugeln aus Stahl oder Granit und läßt die Mühle mehrere Tage oder Wochen laufen (mit Vorteil findet auch Plauson's Kolloidmühle Verwendung). Die Gelatose geht dabei in eine voluminöse, schaumartige Masse über, welche das feinverteilte Metall einschließt. Durch Eintragen von indifferenten Stoffen entsteht eine Mischung, welche nach dem

Trocknen und Glühen als Kontaktkörper geeignet ist. Bei Benutzung von Stahlkugeln enthalten die geglühten Massen auch Eisenoxyd, das sowohl als Verteilungsmittel wie auch als Kontaktkörper wirkt. Die Oxyde des Nickels, Urans und Wolframs verhalten sich ähnlich. *H. Harter* und *H. Braun* (D. R. P. 310 623) verwenden als Kontaktmaterial für die Hochdrucksynthese Eisen (auch Elektrolyteisen! Anm. d. Verf.) in Form von Stäben oder Röhren, die in gewöhnlicher Weise durch Ziehen, Walzen oder Gießen hergestellt sind. Das Eisen wird zuvor einer derartigen Behandlung unterworfen, daß Eisen, Eisenoxydul und Eisenoxyd nebeneinander vorkommen. Man arbeitet stets unter solchen Bedingungen, daß sich Wasserstoffsuperoxyd bilden kann, dessen Entstehung durch Zusatz beschleunigend wirkender Metalle gefördert wird. Das Kontaktmittel füllt man in verhältnismäßig enge Rohre, durch welche das Gasgemisch geleitet wird und vereinigt eine Anzahl solcher Rohre in einem weiteren Rohre. Die Geschwindigkeit der Reaktionsgase soll durch dieses Verfahren bedeutend erhöht werden, weil der freie Querschnitt der Einzelrohre sehr klein ist. Bei Anwendung von niederen Drucken ergibt sich eine hohe Ammoniakausbeute, wobei zugleich die Anlage vereinfacht und ihre Abnutzung verringert wird. Vgl. im übrigen die D. R. P. 276 718 und 276 953. *H. Hampel* und *R. Steinau* machen den Vorschlag[1], Wasserstoff in statu nascendi mit Stickstoff zur Vereinigung zu bringen. Sie leiten zu diesem Zweck Salmiakdämpfe bei erhöhter Temperatur über Eisen, das wie folgt reagiert:

$$\text{I.} \quad Fe + 2\,NH_4Cl = FeCl_2 + 2\,NH_3 + H_2.$$

Wenn nun gleichzeitig Stickstoff unter erhöhtem Druck anwesend ist, so bindet dieser den Wasserstoff zu Ammoniak:

$$\text{II.} \quad 3\,Fe + 6\,NH_4Cl + N_2 = 3\,FeCl_2 + 6\,NH_3 + 2\,NH_3.$$

Es entstehen mithin zwei neue Moleküle Ammoniak neben den sechs alten, die als Salmiak in den Prozeß eingeführt worden sind. Das Ferrochlorid wird nach der Gleichung:

$$\text{III.} \quad 3\,FeCl_2 + 6\,NH_3 + 6\,H_2O = 3\,Fe(OH)_2 + 6\,NH_4Cl$$

umgesetzt. Das NH_4Cl kehrt nach Gleichung I in den Prozeß zurück, und das Eisenhydroxyd wird durch Behandlung mit reduzierenden Gasen in metallisches Eisen übergeführt, das dann nach Gleichung I verwendet werden soll. Trotz der Angabe, daß die Apparaturabnutzung sehr gering ist und bei einem Druck von 50 Atm und 300° ein Gasgemisch erzielt wird, das etwa 98 bis 99 Proz. NH_3 enthält, ist das Verfahren nie im Großen ausgeübt worden. 75 Proz. NH_3 kehren jedesmal im Kreislauf in den Gang des Verfahrens zurück, und der Rest steht für andere Zwecke zur Verfügung. *J. Fischler*[2] glaubt in der Gleichung I die intermediäre Bildung von Eisennitrid vermuten zu sollen: eine Annahme, die nach dem, was oben über die

---

[1] Chem.-Ztg. 1918, S. 594.
[2] Chem.-Ztg. 1919, S. 11.

Schwierigkeit der Eisennitridbildung gesagt wurde, sich kaum aufrechterhalten lassen wird.

Matignon verwendet als Katalysator bei der Ammoniaksynthese Wolfram oder seine Legierungen und schlägt vor, bei 25 bis 50 Atm und 300° zu arbeiten (amerik. Pat. 1 089 241). *Peacock* benutzt Eisenhydrüre (amerik. Pat. 1 092 167). Von *F. W. de Jahn* und der *General Chemical Co.* in New York rühren eine ganze Anzahl von Patenten her. Nach den amerik. Pat. 1 141 947 und 1 141 948 wird z. B. Bimsstein mit Kobaltnitratlösung getränkt und dann mit Wasserstoff reduziert. Auf den so vorbereiteten Kontaktträger wird in einer Wasserstoffatmosphäre metallisches Kalium oder Natrium aufgetragen, dann wird in einem Ammoniakgasstrom auf 300° erhitzt bis Gewichtskonstanz eingetreten ist. Der Katalysator muß in einer trocknen Ammoniakgasatmosphäre aufbewahrt werden. Er ist schon bei 80 bis 90 Atm Druck wirksam. An Stelle von Kobalt kann auch Nickel, Eisen oder Molybdän verwendet werden oder es können Äquivalente von Magnesium, Cer, Bor, Titan, Uran oder Silicium eintreten. Nach dem amerik. Pat. 1 143 366 tränkt man 175 g mit Salzsäure gereinigten trocknen Bimsstein in kleinen Stücken mit einer wäßrigen Lösung von 257 g Nickelnitrat. Die Stücke werden getrocknet und auf 550° erhitzt. Entweichen keine Dämpfe mehr, so erhitzt man bei gleicher Temperatur im Wasserstoffstrom 11 Stunden hindurch bis sich kein Wasser mehr bildet. Dann fügt man 20 g Natriummetall hinzu und verteilt es im geschmolzenen Zustande auf der Masse. Man verdrängt weiter die Wasserstoffatmosphäre durch eine solche von trocknem Ammoniak und erhitzt bis auf 450°, wobei Stickstoff gebunden wird. Den Katalysator bewahrt man in einer Ammoniakatmosphäre auf. Im Stickstoff-Wasserstoffgemisch wird er bei 520 bis 540° und 80 bis 90 Atm wirksam und gibt Konzentrationen bis 4,5 Vol.-Proz. NH_3. Nach dem Vorschlag des amerik. Pat. 1 159 364 verwendet man nur Bimsstein und Natriummetall bei 550 bis 600° und 85 Atm Druck ($= 5$ Vol.-Proz. NH_3-Konzentration) als Überträger, während man nach dem amerik. Pat. 1 159 365 wiederum metallisierten Bimsstein (vgl. 1 141 947/8) als Grundkörper und Natrium oder Kalium nur als Oberflächenschicht wählt. Es kommen für den Katalysator in Frage: Kobalt als Nitrat, Mangan, Titan, Cer, Uran, Silicium als Chlorid und Bor in elementarer Form. Die Mengenverhältnisse der Mischungen sollen den Atomgewichten entsprechen. Die Katalysatoren geben bei 520 bis 540° und 90 bis 80 Atm Konzentrationen von 4,5 Vol.-Proz. NH_3.

M. Pier empfiehlt in den amerik. Pat. 1 090 874 und 1 119 534 Rutheniumsalze als Kontaktkörper, insonderheit das Kaliumrutheniat $K_2RuO_4(+H_2O)$, das Perrutheniat $KRuO_4(+ H_2O)$ sowie das Hydrat $RuO(OH)_3$. Bei 450° und einem Druck von 80 Atm wird ein Gas mit 11 bis 12 Vol.-Proz. NH_3, bei 175 Atm ein solches mit 20 Proz. NH_3 erhalten. *C. C. Meigs* (amerik. Pat. 1 120 960) will Stickstoff und Wasserstoff durch elektrische Entladung vereinigen. *C. Ellis* (amerik. Pat. 1 167 280 und 1 184 839) schmilzt gewaschenes Ceroxyd, wie es als Nebenprodukt bei der Glühstrumpfherstellung abfällt einschließlich der hier günstig wirkenden Beimengungen von Lanthan, Yttrium usw.

nieder und verstäubt es in einem Drehofen durch plötzliche Einwirkung eines hochgespannten Wasserstoffstromes auf gekörnte Cocosnußkohle, die vorher mit verdünnter Salzsäure und Wasser gewaschen und in einer Wasserstoffatmosphäre auf etwa 300° erhitzt ist. Bei Drucken von 60 bis 80 Atm und Temperaturen von 350 bis 450° soll der Katalysator hochwirksam sein. Vgl. im übrigen auch das amerik. Pat. 1 083 703.

F. Perry will Gas aus *Mond*-Generatoren unter Umständen in Mischung mit Dampf bei 650 bis 700° über erhitztes Eisen oder erhitzten Koks leiten und dadurch synthetisches Ammoniak bilden (engl. Pat. 103 148/1916). Von der *G. Claude*schen Hochdrucksynthese (vgl. auch engl. Pat. 130 086/1917) ist bereits in dem Abschnitt über die Stickstoffindustrie Frankreichs die Rede gewesen. Neuerdings soll auch in Kobe[1] in Japan eine Gesellschaft gegründet worden sein, um diese Methode ins Große zu übersetzen. In den Compt. rend., Bd. 170, Nr. 3 (19. Jan. 1920), S. 174 bis 177[2], verbreitet sich *G. Claude* eingehend über sein Verfahren. Er wirft der deutschen Methode vor, daß sie unter den dort herrschenden Bedingungen, nämlich 536° und 200 Atm, die Gase sehr häufig im Kreislauf dem Katalysator wieder zuführen müsse, um bei jedesmaligem Umlauf Konzentrationen von 10 bis 12 Proz. NH_3 und schließlich 80 bis 90 Proz. Gesamtumsatz zu erreichen. *G. Claude*[3] untersuchte deshalb zunächst, wie sich die Ammoniakkonzentrationen ändern, wenn die Drucke weiter erhöht werden und fand dabei folgende Endkonzentrationen:

Haber-Bosch:	536° bis	200 Atm.	12,5 Proz.	NH_3
	536° „	400 „	21,0 „	„
	536° „	600 „	28,5 „	„
	536° „	800 „	36,0 „	„
	536° „	1000 „	41,0 „	„
	607° „	1000 „	30,0 „	„
	672° „	1000 „	20,0 „	„
	740° „	1000 „	14,0 „	„ .

Die Optimaltemperatur liegt unter 1000 Atm. wie unter 200 Atm. zwischen 500 bis 700°. Unterhalb 500° ist die Reaktionsgeschwindigkeit zu gering. Bei den günstigsten Versuchsbedingungen ergeben sich je Gramm Katalysator stündlich 6 g Ammoniak. *G. Claude* will unter 1000 Atm Druck nur noch dreimal über den Katalysator leiten, um quantitative Umsetzung zu erzielen. Die Kompressionsmehrarbeit soll durch die größere Billigkeit der kleinen Kontaktapparate, sowie die Leichtigkeit ihrer Herstellung und Bedienung mehr als aufgewogen werden. In einer Behandlungsstufe hat das Abgas 25 Proz. NH_3. Dieses hochprozentige Abgas kann schon durch äußere Wasserkühlung verflüssigt werden, während das nicht so konzentrierte Gas der *Haber-Bosch*-Apparate zu diesem Zweck auf — 40° gebracht werden müßte. Während die *BASF* die direkte Isolierung als verflüssigtes NH_3 aufgegeben hat und

---

[1] Chem.-Ztg. 1920, S. 804.
[2] Ch. Ztrbl. 1920, II, 524; Chem. Ind. 1920, S. 128.
[3] Chem.-Ztg. 1920, S. 592.

alles Ammoniak durch Wasser absorbieren läßt, will *Claude* sein Ammoniak direkt in verflüssigter Form ausscheiden. Er schlägt weiterhin eine Kombination mit dem *Solvay*-Sodaprozeß vor, so zwar, daß Natriumbicarbonat und Salmiak aus den Laugen durch Anwendung von Kälte ($+5°$) nacheinander abgesondert werden. Die nötige Kälte erzeugt *Claude* durch das Verdampfenlassen des flüssigen Ammoniaks, das die Hochdrucksynthese ihm liefert. Man spart auf diese Weise das Verdampfenmüssen des Ammoniakwassers, wie es das *Haber-Bosch*-Verfahren erhält, und gewinnt unter Verzicht des Ammoniakabtreibens alles Ammoniak des *Solvay*-Prozesses als Salmiak. Bei der Auswaschung des Ammoniaks aus den *Haber-Bosch*-Kontaktöfen mit Wasser tritt eine Druckverminderung von 10 bis 20 Atm ein, die durch erneute Kompression ausgeglichen werden muß. *Claude* arbeitet demgegenüber so, daß das Stickstoff-Wasserstoffgemisch bei 1000 Atm und etwa 500 bis 600° eine sehr kleine Zahl (3) von Kontaktapparaten durchströmt. Hinter jedem Apparat wird das Abgas (25 Proz. NH_3) durch äußere Wasserkühlung von seinem Gehalt an Ammoniak befreit, das sich ohne Druckverlust flüssig ausscheidet. Die Nebengewinnung von Argon ist leichter und die ganze Energiewirtschaft besser.

So weit *G. Claude* in der angezogenen Arbeit. Die praktischen Ergebnisse sind dem *Claude*-Prozeß bisher nicht günstig gewesen, und es ist nicht recht einzusehen, wie ein Verfahren dadurch besser und betriebssicherer werden soll, daß es mit derart extrem hohen Drucken arbeiten will. *H. Hampel* und *R. Steinau*[1] kritisieren schon das *Haber-Bosch*-Verfahren wie folgt: „Die Schwierigkeiten liegen vor allen Dingen auf technischem Gebiete, nämlich in der überaus komplizierten und kostspieligen Apparatur, die noch dazu einer ziemlich erheblichen Abnutzung unterworfen ist. Nur eine dauernde sorgfältige und bis in die Einzelheiten gehende technische Überwachung ermöglicht einen wirtschaftlichen Betrieb." Wieviel mehr treffen nicht diese Ausführungen auf die 1000 Atm-Hochdrucksynthese von *G. Claude* zu!

Einzelheiten der Apparatur beschreiben u. a. die engl. Pat. 130 086 und 130 087/1917. Über die Kombination mit dem *Solvay*-Sodaprozeß berichtet *G. Claude*[2] selbst. Auch *L. Hamburger* behandelt das gleiche Thema[3]. *R. W. Wallace* und *E. Wassmer* verwenden Magnesium, Aluminium oder Titan als Überträger (D. R. P. 321 617). Allgemein vgl. noch das franz. Pat. 466 102 von *B. Lepsius*.

Die Hochdrucksynthese gibt direkt freies Ammoniak; dieses ist für sich kein Düngemittel, sondern muß in ein geeignetes Salz übergeführt werden, um praktisch für den Landwirt verwendbar zu sein. Deshalb hat sich die *BASF* von vornherein dem sorgfältigsten Studium der Ammoniakbindungsprozesse zugewandt. Auch hierbei ist sie auf chemische und apparative Schwierigkeiten gestoßen, die denen an die Seite zu stellen sind, welche hinsichtlich der Ammoniaksynthese selbst zu überwinden waren. *C. Bosch* ist

---

[1] Chem.-Ztg. 1918, S. 594.
[2] Ch. Ztrbl. 1919, IV, 450.
[3] Ch. Ztrbl. 1920, IV, 279.

sowohl auf der 24. Hauptversammlung der Deutschen Bunsengesellschaft[1] (Berlin, 8. bis 10. April 1918) als auch auf der 86. Versammlung Deutscher Naturforscher und Ärzte[2] (Bad Nauheim, 19. bis 25. Sept. 1920) auf diese Dinge zu sprechen gekommen.

In ersterem Vortrag weist *C. Bosch* zunächst die Prioritätsansprüche der Franzosen zurück und geht dann auf die Verarbeitung des Ammoniaks zu Düngesalzen ein. Bei der Durchführung scheinbar einfacher Prozesse im großen Maßstab treten oft unvorhergesehene Schwierigkeiten auf. Schon sehr geringe Änderungen der Arbeitsweise beeinflussen oft den Reaktionsmechanismus, wenn es sich um die Herstellung von vielen hundert Tonnen eines Stoffes handelt. Im allgemeinen nimmt man an, daß die Großfabrikation billiger ist, als die Gewinnung in kleinem Umfange. Die Erfahrungen der Groß-Stickstoffindustrie lehren jedoch z. T. das Gegenteil.. Das Bestreben, die menschlichen Arbeitskräfte durch mechanische Einrichtungen zu ersetzen, zwingt dazu, umfangreiche und teure Apparate aufzustellen, die sich meistens bald als verbesserungsbedürftig erweisen. Dann kommt es zu Umänderungen während des laufenden Betriebes, und es entstehen sehr häufig Verluste. Daher treten die Vorteile der Großfabrikation vor dem Kleinbetrieb oft erst nach sehr langer Versuchszeit in Erscheinung. Namentlich während des Krieges ist man nur zu häufig gezwungen gewesen, Verfahren ins Große zu übertragen, die nicht schrittweise durchprobiert werden konnten. Bei diesen häuften sich die Schwierigkeiten. Beim Bau neuer Anlagen berücksichtigt der Ingenieur meist nur die mechanische und weniger die chemische Seite der Fragen. Es wird daher dringend notwendig, daß sich der Chemiker mit dem Wesen der Ingenieurwissenschaften vertraut macht, da es für den Ingenieur umgekehrt noch schwieriger ist, sich das nötige chemische Verständnis anzueignen. Nur das innige Zusammenarbeiten von Ingenieurwissenschaft, Chemie und Physik hat die Ammoniakhochdrucksynthese praktisch lebensfähig gemacht.

Die ersten Ammonsulfatsättiger, in denen freie Schwefelsäure direkt mittels synthetischen Ammoniaks neutralisiert wird, sollten 100 bis 120 t Salz pro 24 Stunden liefern, während bisher die Kokereien nur mit 10 bis 20 t Tagesleistung pro Sättiger gerechnet hatten. „Während[3] nun in der Kokerei das Ammoniak quantitativ absorbiert wurde, war bei der großen Anlage, die nach dem Muster der Gasindustrie gebaut war, die Absorption geringer; es zeigte sich, daß die aus Blei gefertigten Sättigerglocken zerfressen und durchlöchert wurden und daß auch die Phosphorbronzeteile der Pumpen zerstört wurden, Erscheinungen, die vorher nicht beobachtet waren. Die Annahme, daß vielleicht das Kokereiammoniak Körper enthält, die das Blei schützen, erwies sich als nicht stichhaltig; eine Lösung brachten erst die Untersuchungen über das Verhalten von Blei gegen saure, alkalische und neutrale Ammoniumsulfatlösungen. Es zeigte sich, daß die Ursache der unliebsamen Erscheinungen in dem örtlichen Ammoniakalischwerden der Ammoniumsulfatlösung zu suchen war. Durch die infolge der Erhöhung der Kapazität notwendig gewordenen größeren Glocken arbeiteten diese unregelmäßiger, es konnten bedeutendere Ammoniakmengen entweichen, und die Ammonsulfatlösung wurde ammoniakalisch. Mit Hilfe einer besseren Bewegung durch Rührer wurde dieser Nachteil beseitigt. Das Angegriffenwerden der aus Phosphorbronze bestehenden Pumpenteile war durch eine etwas höhere Temperatur der umlaufenden Flüssigkeit verursacht und konnte durch entsprechende, nicht zu rasche Abkühlung beseitigt werden."

Um Deutschland vom Bezug ausländischer Schwefelkiese unabhängig zu machen, wurde versucht, den Schwefel der Gipslager auszunutzen, selbst unter Hintansetzung eines geldlichen Vorteils. Es kam zunächst der Gips in Betracht, der sich in gewaltigen Mengen im Muschelkalkgebiet des Neckar findet. Die große Anlage Neckarzimmern, die in stehenden Öfen Gips und Kohle zu Schwefel usw. umsetzen wollte, arbeitete höchst unrationell. Die Verluste, die durch Kohlenoxysulfidbildung auftraten, waren sehr be-

---

[1] Zeitschr. f. Elektrochemie **24**, 361 bis 369 (1918).

[2] Chem.-Ztg. 1920, S. 721/722.

[3] Zeitschr. f. angew. Chem. 1918, III, 242; Ch. Ztrlbl. 1919, II, 411.

deutend, und die Öfen erwiesen sich als so wenig haltbar, daß das neuerbaute Werk, in das sehr beträchtliche Kapitalien gesteckt waren, außer Betrieb gesetzt werden mußte, obwohl man gerade anfing, etwas besser zu arbeiten. Als geeigneter zeigte sich ein indirekter Weg. Man setzte nämlich Gips durch Einleiten von Ammoniak und Rauchgas in die wäßrige Lösung (unter anfänglicher Zugabe einer kleinen Menge Schwefelsäure zur Einleitung der Reaktion) bzw. in die Suspension glatt in Ammonsulfat und kohlensauren Kalk um und brauchte nur zu filtrieren und einzudampfen, um das Ammonsulfat völlig rein zu erhalten. „Auf diese Weise ist es möglich, die Rauchgase auszunutzen und gleichzeitig die Schädigungen zu beseitigen, die diese der Landwirtschaft zufügen. Um Ammoniakverluste zu vermeiden, mußte mit wenig Waschwasser ausgewaschen und ein besonderes Filtrationsverfahren ausgearbeitet werden. Die Neigung des Calciumcarbonats, sich in festen Krusten an den Apparaten anzusetzen und sie zu verstopfen, läßt sich überwinden, wenn man in großen Gefäßen arbeitet. Ein drittes Verfahren ist die Vereinigung von Ammoniak mit schwefliger Säure zu Ammoniumbisulfit und dessen Umlagerung zu Sulfat. Im großen Maßstabe schien diese Reaktion unmöglich durchzuführen, weil die Zersetzung des Bisulfits explosionsartig vor sich ging, doch konnte bei niedriger Temperatur durch Zusatz von Schwefel oder von Selen als Katalysator die Reaktion mit Erfolg durchgeführt werden." Das Ammoniak kann auch durch Superphosphat gebunden werden. „Ein Ammoniumsalz, das in der Landwirtschaft noch nicht ausgedehnte Verwendung gefunden hat, eine solche aber künftig erlangen soll, ist das Chlorammonium, das nach einem abgeänderten *Solvay*-Prozeß erhalten wird. Neben dem Ammoniumsulfat hat nur der Salpeter in der Landwirtschaft eine große Rolle gespielt, und man mußte bestrebt sein, den Natronsalpeter aus Ammoniak darzustellen. Man hat zunächst das Ammoniak zu Salpetersäure oxydiert und gelernt, das Kontaktplatin erfolgreich durch Eisen zu ersetzen. Die Darstellung von synthetischem Salpeter wurde stark beschleunigt, um Ersatz für den fehlenden Chilesalpeter zu schaffen. Die im Mai 1915 dafür in Betrieb genommene Anlage in Oppau lief jedoch erst nach harten Monaten zur Zufriedenheit. Nachdem nun aber die „Kinderkrankheiten" überwunden sind, ist diese Fabrik ein gesicherter Besitz der Technik. Der Kunstsalpeter ist reiner als der Chilesalpeter. Die Darstellung des Nitrats unter Umgehung der Soda gelingt beim Ausgehen von Ammoniumnitrat. Die größte Schwierigkeit bietet hier das Eindampfen von Ammoniumnitrat, da das Schmiedeeisen der Gefäße unter der Einwirkung der heißen konzentrierten Lauge sofort in eine spröde Modifikation übergeht. Eisen, das forciert wurde, unterliegt besonders leicht dieser Umwandlung, für die ein Grund bisher nicht bekannt ist. Die Ammonnitratlösungen werden daher in Gußeisenapparaten eingedampft. Es gelingt jedoch nur unter besonderen Bedingungen, eine weiße Ware zu erhalten. Mit geeigneten Zusätzen vermischt (Chlorkalium bzw. Chlornatrium), gibt das Ammonnitrat einen ausgezeichneten Ersatz für Chilesalpeter; das Produkt ist dann an sich weder zerfließlich noch explosiv; es ist leicht streubar und wird bereits im großen Maßstab erzeugt (Kalk-Ammonsalpeter, Gips-, Knochenmehl-, Kali- und Natron-Ammonsalpeter sowie Ammonsulfatsalpeter). Das Calciumnitrat besitzt zwar hohen Düngewert, ist aber leider sehr hygroskopisch. Es gibt dagegen ein gutes Düngesalz, wenn seine 4 Moleküle Krystallwasser durch Harnstoff ersetzt werden. Die Herstellung des Harnstoffs selbst ist einfach. Ammoniumcarbonat unter Druck auf 130 bis 140° erhitzt, bildet in großer Menge Harnstoff. Es muß aber beachtet werden, daß die Reaktionswärme des Carbaminates sehr bedeutend ist. Schwierigkeiten bietet hier auch die Metallfrage, denn nur Blei und Silber sind gegen Carbaminate beständig.

Vor dem Landwirtschaftlichen Verein des Kreises Randow hielt der Agrikulturchemiker der *BASF*, Dr. *Frese*, in Stettin am 20. Okt. 1915 einen Vortrag über „Das Ammoniakverfahren der *BASF* und die von ihr hergestellten Stickstoffdüngemittel". Nach seinen Ausführungen[1] gewann

---

[1] Auf Grund persönlicher Informationen.

die *BASF* damals an neuen Düngemitteln (z. T. nur in kleinstem Maßstabe zum Versuch):

Harnstoff . . . . rein mit 46,6 Proz.	N		
Salpetersauren Harnstoff . . . „ „ 34,15 „	„		
Chlorammonium . . . . „ „ 26,42 „	„		
Kunstsalpeter . . . . „ „ 16,5 „	„		
Harnstoff-Kalksalpeter,			
Ammonsalpeter . . . . „ „ 35 „	„ und		
Harnstoff-Superphosphat.			

Zur Erprobung der Wirkungsweise dieser Düngemittel hat die *BASF* in der Nähe von Ludwigshafen eine agrikulturchemische Versuchsstation mit den modernsten Einrichtungen erstellt, deren Vegetationshaus 1000 Einzelgefäße enthält. Die landwirtschaftlichen Beratungsstellen in Ludwigshafen, München, Stuttgart, Köln, Kassel, Münster, Hannover, Kiel, Berlin, Halle a. d. S., Stettin, Dresden und Breslau dienen der Propagierung der neuen Dünger und nehmen an allen Orten Deutschlands Freilanddüngeversuche vor.

Die Vortragenden, Dr. *Frese* und Dr. *Störmer*, beide von der *BASF*, führten in der betreffenden Sitzung vom 20. Okt. 1915 aus, daß der Staat anfangs keine Subventionen für die *BASF* verfügbar hatte und daß er das Stickstoffmonopol nur habe schaffen wollen, damit seine Kalkstickstoffanlagen wettbewerbsfähig blieben. Nach dem Bekanntwerden der Tatsache, daß die Kalkstickstoffindustrie in großzügigster Weise vom Staate gestützt würde, habe sich auch die *BASF* mit gleichem Ansuchen an die Regierung gewandt, um 30 Mill. M. garantiert zu erhalten. Als Gegenleistung war versprochen, bis zu einem bestimmten Termin 300 000 t Ammonsulfat abzuliefern. Die Regierung, die bis dahin weder an die *BASF* herangetreten war, noch mit ihr sonst irgendwie Fühlung genommen hatte, ließ darauf sehr lange Zeit nichts von sich hören, dann fragte sie jedoch eines Tages telegraphisch an, ob die *BASF* die in Aussicht gestellte Ammonsulfatmenge um weitere 150 000 t erhöhen könnte. Da man binnen einer Stunde telegraphische Antwort verlangte, so führten die überstürzten Verhandlungen nicht zum Ziel, denn es war selbstverständlich unmöglich, eine derartig tiefgreifende Entschließung in so kurzer Zeit treffen zu können. Die Folge war, daß zunächst Oppau mit eigenen Geldern ausgebaut wurde. Unter dem Druck der Verhältnisse ist dann der Staat von seinem ablehnenden Standpunkt zurückgekommen und hat der *BASF* namhafte Kapitalien vorgestreckt, um besonders die Gründung der Ammoniakwerke Merseburg-Leuna in die Wege zu leiten (s. o.).

Das Werk Oppau[1] leistete seit Sommer 1913 zunächst 25 bis 30 t Ammoniak pro Tag und ist im Verlauf der Kriegsjahre auf eine Jahresproduktion von 70 000 t Ammoniak gebracht worden. Merseburg-Leuna[1] ist im Jahre 1917 in Betrieb gekommen und wird in nächster Zeit eine Jahresleistung von 200 000 t NH_3 erreichen. Nach ganz vollendetem Ausbau können beide Werke zusammen jährlich 300 000 t Stickstoff herstellen. Für 1918 wird die Tagesproduktion von Merseburg-Leuna zu 400 t NH_3[2] angegeben. Oppau[2] gewann damals etwa 100 t Salpetersäure pro Tag (100 proz.). Seine Ammoniakverbrennungsanlage (Eisenoxydkontakt) ist jedoch seither[2] derartig vergrößert worden, daß es heute 500 t HNO_3 täglich

---

[1] Direkte Mitteilung der *BASF*.
[2] Zeitschr. f. angew. Chem. 1919, II, 749.

gewinnen könnte und noch genügend Ammoniak übrig hat, um die *Höchster Farbwerke* usw. zu versorgen. Ende 1920 sind die beiden Ammoniakfabriken Oppau und Leuna sowie die dazugehörigen Gipswerke in eine selbständige G. m. b. H. mit 500 Mill. Mk. Kapital umgewandelt worden, an der u. a. die *BASF* mit 125,095 Mill. Mk. beteiligt ist und die „*Ammoniakwerke Merseburg-Oppau G. m. b. H. in Ludwigshafen a. Rh.*“ firmieren (s. o. im wirtschaftlichen Teil).

Von den heute in Oppau und Leuna fabrizierten Produkten verdienen außer den bereits genannten noch folgende Erwähnung. Das Gips-Ammonsulfatverfahren ist sowohl in Oppau wie auch in Merseburg in Betrieb. Zur Versorgung des letzteren Werkes hat die *BASF* einen eigenen Gipsbruch bei Niedersachswerfen am südlichen Harzrand unweit Nordhausen erworben. Die Darstellung des Ammonsulfats auf diesem Wege litt unter anfänglichen Schwierigkeiten, von denen schon oben die Rede war. Hinsichtlich der Filtration der $CaCO_3$-Schlämme kam man zur Verwendung von sog. Tauchsaugfiltern, die sich sehr gut bewährten. Mitte 1919 betrug die Tagesleistung der Leunawerke etwa 200 t Sulfat, doch soll die Produktion bis auf 1000 t je Tag gesteigert werden. Ausgezeichnet ist das Gips-Ammonsulfat durch seine völlig neutrale Reaktion. Ammoniumbicarbonat wird in ziemlich großem Umfange hergestellt und findet u. a. als Backpulver Verwendung, da es vor dem sonst benutzten Hirschhornsalz erhebliche Vorzüge voraus hat. Chlorammonium wird direkt aus Kochsalz nach dem *Solvay*-Verfahren gewonnen. Für den Harnstoff verspricht man sich wegen des hohen Stickstoffgehalts und der völligen Abwesenheit fremder Bestandteile eine große Zukunft. Eine Anlage zu seiner Herstellung aus Ammoniak und Kohlensäure ist im Bau.

Die katalytische Oxydation des Ammoniaks wird ausnahmslos über Eisenoxydkontakten durchgeführt[1]. Die hierbei erhaltenen nitrosen Gase werden in großen Reaktionstürmen mit Wasser bzw. Sodalösungen berieselt, wobei Salpetersäure oder Natronsalpeter erhalten wird. Die gewonnene, etwa 50 proz. Salpetersäure wird in besonderen Apparaten mittels Schwefelsäure konzentriert.

Ammonsalpeter würde ein ideales Düngemittel darstellen, wenn er nicht so leicht zerfließlich und deshalb wenig lagerbeständig wäre. In düngechemischer Hinsicht kommt in ihm die augenblickliche Wirkung des Nitratstickstoffs und die allmählichere des Ammoniaks zum Ausdruck. Wegen des hohen Stickstoffgehalts stellt er sich auch frachtlich sehr günstig. Andererseits ist der Landmann gewohnt, mit den beiden altgebräuchlichen Düngemitteln Chilesalpeter (rein: 16,47 Proz. N) und Ammonsulfat (rein: 21,2 Proz. N) zu rechnen und nach diesen seine Düngermenge zu bemessen. Man hat daher von der Verwendung reinen Ammonnitrats als Dünger Abstand genommen und ist dazu übergegangen, dem Ammonsalpeter Substanzen beizumengen, die seinen Stickstoffgehalt erniedrigen und seine große Hygroskopität herab-

---

[1] *C. Bosch*, Chem.-Ztg. 1920, S. 721/722.

setzen. Es erschienen Knochenmehl-, Gips- und Kalk-Ammonsalpeter auf dem Markte. Später hat man durch Umsetzen mit Kochsalz, Chlorkalium oder Ammonsulfat den Natron- oder Kali-Ammonsalpeter bzw. den Ammonsulfatsalpeter hergestellt. Diese sind nicht mehr explosiv und nicht hygroskopisch. Der Landmann will sich nur schwer mit diesen neuartigen Mischdüngern befreunden. Er zieht, wie schon ausgeführt wurde, chemisch einheitliche Düngemittel vor, deren Dosierung er selbst willkürlich und den Verhältnissen seines Grund und Bodens entsprechend abändern kann. Die Gewinnung von Chlorammonium und Ammonnitrat bzw. Ammonnitratmischdüngern ist in der Chem. Ztg. **1921**, S. 557 beschrieben. Die konzentrierte Ammonnitratlauge wird in Oppau danach in flachen Rührgefäßen mit Chlorkalium oder Ammonsulfat gemischt. Die gebildete Paste wird durch eine Transportschnecke entleert und auf Förderbändern und Becherwerken rotierenden Trockenöfen und weiter zwei Vorratsräumen von je 100 m Länge zugeführt. Der technische Ammonsulfatsalpeter enthält etwas mehr Ammonsulfat, als der Formel

$$2\,NH_4\,NO_3 \cdot (NH_4)_2\,SO_4$$

entspricht. Im Kaliammonsalpeter kommen 40 Teile Chlorid auf 60 Teile Ammonsalpeter. Zahlreiche Versuche zeigten, daß Mischungen mit unter 60 % Ammonnitrat nicht mehr explosiv waren. Der Ammonsulfatsalpeter wurde aus den Lagersilos im Dauerbetrieb ausgesprengt. Die Explosivität, die auch im reinen Ammonsalpeter nur auf starke Initialzündung (2—3 g Knallquecksilber) ausgelöst wird, ist in den Mischdüngern nahezu verschwunden. Infolge Wasseranziehung werden sie jedoch beim Lagern steinhart. Im Ammonsulfatsalpeterlager der Fabrik Oppau ereignete sich am 21. September 1921, morgens $^1/_2$ 8, eine furchtbare Explosion von 4500 t Ammonsulfatsalpeter, die an 600 Menschenleben und Hab und Gut im Umkreis von vielen Kilometern vernichtete. Es ist nicht klar erkennbar, ob die Ursachen der Katastrophe in besonders starken Initialzündungen oder in Selbstzersetzungen des lagernden Salzes zu erblicken sind[1], die sich nach Ausführungen des Abgeordneten *Brey* durch Verfärbung des anfangs weißen Salzes und Temperatursteigerung auf 50 — 60° warnend bemerkbar machten.[2] Der deutsche Reichstag bildete sofort einen „Parlamentarischen Untersuchungsausschuß zur Untersuchung der Oppauer Katastrophe" (34. Ausschuß der 1. Wahlperiode 1920/21), der zahlreiche Sachverständige zu seinen Sitzungen hinzuzog. Auch in den Tageszeitungen wirbelte das furchtbare Unglück viel Staub auf.[3] Der beim Reichsministerium für Ernährung und Landwirtschaft bestehende „Düngestickstoffausschuß" gab auf Grund von Sachverständigengutachten das Urteil ab, daß eine Gefahr für den Landmann bei der Verwendung und Kleinlagerung von Ammonsalpetermischdüngern nicht gegeben sei. Von Sprengen im landwirtschaftlichen Betrieb sollte man jedoch stets absehen.

---

[1] Siehe Chem. Ztg. **1921**, 937, 965; Chem. Ind. **1921**, 406; Metallb. **1921**, 2092; Techn. i. d. Landw. Jahrg. 1921.

[2] Reichstagssitzung vom 28. September 1921.

[3] Vgl. z. B. „B. Z. am Mittag" 26. Sept. 1921.

Die *Badische Anilin- und Sodafabrik* handelt heute folgende Stickstoff-dünger:

1. Schwefelsaures Ammoniak *BASF* mit etwa 20,5 Proz. N.
2. Natronsalpeter *BASF* (deutscher Salpeter) mit etwa 16 Proz. N, frei von pflanzen-schädlichen Bestandteilen.
3. Ammonsulfatsalpeter *BASF* mit etwa 27 Proz. Gesamtstickstoff, davon etwa 8 Proz. Salpeter- und etwa 19 Proz. Ammoniakstickstoff.
4. Kaliammonsalpeter *BASF* mit etwa 16 Proz. N, je zur Hälfte Ammoniak- und Salpeterstickstoff und etwa 25 bis 27 Proz. Kali.

Wie bedeutend u. U. die Frachtersparnis sein kann, das lehrt z. B. ein Vergleich zwischen Ammonsulfat und Harnstoff. Von ersterem hat 1 t etwa den gleichen Stickstoffinhalt wie $^1/_2$ t vom letzteren.

Die hohe Stickstoffproduktion der Werke von Oppau und Leuna bildet einen Hauptfaktor in der deutschen Stickstoffindustrie, deren Jahres-leistungen *P. Ehrenberg*[1] in seinem inhaltsreichen Vortrag: „Der Stickstoff-bedarf der Kulturpflanzen und seine Deckung" auf der 86. Versammlung Deutscher Naturforscher und Ärzte in Bad Nauheim (19. bis 25. Sept. 1920) wie folgt beziffert:

1918:   92 000 t Stickstoff
1919:   115 500 „   „
1920: rund 134 500 „   „

Ehrenberg verbreitet sich dann des weiteren über die verderblichen Absatzstockungen, die sich seit Mitte 1920 in der deutschen Stickstoffindustrie bemerkbar machen. Daß dieselben nicht auf Mangel an Absatzmöglichkeit zurückzuführen sind, das zeigt die überschlägliche Rechnung, wonach die 6 Hauptnutzungsarten: Roggen, Weizen, Sommer-gerste, Hafer, Kartoffeln und Wiesenheu einschließlich der im Boden verbleibenden Stoppel- und Wurzelrückstände im Jahre 1918 annähernd 1 Mill. t Stickstoff verbraucht haben. „Da nun weiter Verluste und Minderausnutzung durch Witterungs- und sonstige Hindernisse hinzugerechnet werden müssen, so ergibt sich für eine nicht einmal große, sondern unter den Folgen des Krieges bereits erheblich zurückgegangene Ernte der Bedarf von $1^1/_3$ Mill. t Stickstoff für die 6 Hauptnutzungsarten." Dieser Stickstoff-verbrauch muß durch folgende Zufuhren gedeckt werden: Niederschläge, Tätigkeit von Bodenbakterien, Stall- und Abfalldung, Stickstoff der Kohlendestillation und Luftstick-stoffdünger. Da andererseits die Wirkung der Stickstoffdüngemittel längst einwandsfrei feststeht, so zwar, daß 1 t Stickstoff in leicht wirksamer Form etwa das 20fache an Weizen- oder Roggenkörnern, mehr noch an Hafer- oder Gerstenkörnern, das 200fache an Kartoffeln und endlich das 300fache an Rüben erzeugen kann, so ist die Schwierig-keit des Absatzes doppelt zu beklagen. Die Gründe, welche die Landwirtschaft zu dieser Zurückhaltung drängen, liegen nach *Ehrenberg* darin, daß Düngemittel leider noch immer als Saisonware betrachtet werden, daß die Preise der Stickstoffsalze (und der anderen Düngemittel), nicht im richtigen Verhältnis zu den Verkaufspreisen mancher Haupt-produkte stehen (z. B. war bis 1920 die Steigerung bei Getreide mit Einrechnung der Frühdruschprämie nur 8fach) und daß endlich Zwangswirtschaft, Arbeiterverhältnisse, allgemeine Lage usw. ein gewichtiges Wort mitsprechen. „Die Absatzstockungen sind so erheblich, daß sich auf den Werken die Notwendigkeit einer kostspieligen und vielfach gar nicht durchführbaren Lagerung der erzeugten Düngemittel ergibt und dazu die viel schlimmere Befürchtung an Boden gewinnt, daß die Anwendung des hauptsächlichsten Steigerungsmittels unserer kommenden Ernten nicht in dem wünschenswerten und möglichen Umfange stattfinden wird." Wenn die deutsche Ernte geringer ausfällt, muß ein um so größerer Überschuß an Lebensmitteln unter dem Druck der schlechten Valuta aus dem

---

[1] Chem.-Ztg. 1920, S. 722.

Auslande dazugekauft werden, denn die bedenkliche Ernährungslage des deutschen Volkes läßt eine weitere Herabsetzung seiner Versorgung durchaus nicht zu. Der Versailler Frieden hat die Erntefläche des Deutschen Reiches im Norden, Osten und Westen erheblich beschnitten, daher muß desto mehr angestrebt werden, die Ernteerträgnisse des verbliebenen Bodens möglichst zu steigern. Die Absatzstockungen in der Stickstoff-, Kali- und Superphosphatindustrie sind in dieser Hinsicht jedoch ein sehr bedenkliches Symptom. *Ehrenberg* fordert deshalb ein Eingreifen des Staates, um ein Senken der Düngemittelpreise herbeizuführen.

Die Maßnahme, welche der Volkswirtschaftsausschuß des Reichstages genehmigt hat, daß nämlich 25 000 t (s. auch unten) Stickstoff[1] unter Befreiung von der Ausfuhrabgabe exportiert werden dürfen, darf in diesem Zusammenhang nur mit gemischten Gefühlen begrüßt werden. Einerseits kann zwar der erzielte Überschuß tatsächlich ein erster Schritt auf dem Wege sein, eine Stabilisierung und Senkung der Inlandspreise herbeizuführen, andererseits aber würden durch die Verwendung dieser 25 000 t im eigenen Lande ungeheure Werte an ausländischen Lebensmitteln erspart werden.

Auf der Generalversammlung der *Bayrischen Stickstoffwerke* 1920 ist ebenfalls auf die ernsten Absatzschwierigkeiten hingewiesen worden. Obgleich sich viele amtliche Stellen in dieser Richtung bemüht haben und obwohl der Reichsernährungsminister *Hermes* in der 3. Vollsitzung des Reichswirtschaftsrates vom 22. Juli 1920 ausdrücklich ausgeführt hat, daß die notwendige Erniedrigung der Lebensmittelpreise die Senkung der Verkaufspreise für Dünge- und Futtermittel zur direkten Voraussetzung hat, war bis Anfang 1921 noch keinerlei Besserung zu bemerken. Erst das Frühjahrsgeschäft 1921 hat sich wieder etwas belebt. Für Ende 1921 kann man den Absatz als normal bezeichnen. Selbst der Hinweis darauf, daß das Stickstoffsyndikat[2] für die Augustablieferung 1920 eine Lagerungsbeihilfe von 40 Pfg. je 100 kg zahlen wollte und daß für alle Abladungen bis 31. Oktober eine Vergütung versprochen war, die einer 8 bis 10 proz. Verzinsung des Rechnungsbetrages bis zu diesem Termin gleichkam, vermochte Mitte bis Ende 1920 nicht die Käufer zum schnelleren Bezuge zu bewegen.

Die Bemühungen des Reichsministeriums für Ernährung und Landwirtschaft, die Düngemittelpreise zu senken, sind bisher ohne Erfolg geblieben. Im Gegenteil mußten die Umlagebeträge im großen Umfang herangezogen werden, um die Erhöhung der Kohlenpreise, der Arbeitslöhne und der Rohmaterialpreise auszugleichen, eine Preisstabilisierung für Düngemittel herbeizuführen und eine weitere Steigerung sicher zu verhüten. Ohne die Zuschüsse aus der Umlage, die lange Jahre hindurch neben den Höchstpreisen erhoben wurde, hätten einzelne größere Werke sogar die Fabrikation einstellen müssen.

Wenn so das Bild, das die deutsche Stickstoffindustrie um die Jahreswende 1920/21 bot, ein durch die ernste Gesamtlage Deutschlands sehr getrübtes war, so darf doch andererseits nicht verkannt werden, daß es sich in erster Linie nur um Schwierigkeiten handelte, welche einmal in der Saison und dann in der Unsicherheit sowie der geringen Ausgeglichenheit der all-

---

[1] Zeitschr. f. angew. Chem. 1920, II, 331; ausgeführt sind 1920 z. B. an Ammonsulfat 26093,5 t (Wert 126.657 Mill.), davon 222,8 t nach Frankreich und 13690,5 t nach den Niederlanden.

[2] Metallbörse 1920, S. 1239.

gemeinen Wirtschaftsverhältnisse Deutschlands begründet lagen. Die wenigen
hier gegebenen Statistiken zeigen schon, wie sehr ausdehnungsfähig der
Stickstoffabsatz an sich ist. Produktion und Verkauf müssen sich jedoch
zunächst einander anpassen und das Wirtschaftsleben muß gesünder werden,
ehe an einen wirklichen und bleibenden Aufschwung der Stickstoffindustrie
zu denken ist. Wenn die Ernährungslage des ganzen Volkes es erheischt,
muß der Staat durch Subventionen die Düngemittelpreise künstlich senken,
denn es ist, um mit *Ehrenberg* zu sprechen, besser und richtiger, „eine halbe
Milliarde oder mehr aufzuwenden und unsere eigenen Volksangehörigen damit zu bezahlen, als das vier- und mehrfache an Ausländer fortzuwerfen".
Von diesem großen Gesichtspunkte ist auch der Einwurf zu betrachten, der
manchmal erhoben wird und der glaubt, die Luftstickstoffbindung entzöge
dem deutschen Volke eine derartige Menge Kohlen, daß es besser sein würde,
Chilesalpeter zu kaufen, sich mit dem Ammonsulfat der Kokereien und Gasanstalten zu begnügen und im übrigen die ersparte Kohlenmenge zur Stärkung anderer und namentlich der Exportindustrie zu verwenden. Gewiß
liegen diesem Gedankengange teilweise richtige Ansichten zugrunde, aber
wenn man die Bilanz aufstellt, so ergibt sich mit zwingender Deutlichkeit,
daß es richtiger ist, heimische Kohle aufzubrauchen, um inländische Stickstoffdünger herzustellen und diese zur Besserung der Ernährungslage heranzuziehen, ohne dem valutagünstigen Auslande dafür tributpflichtig zu werden.
Außerdem übersieht jene Beweisführung zudem, daß im Kriege bei der Errichtung der Stickstoffanlagen ganz andere Gesichtspunkte maßgebend gewesen sind als heute und daß wir aus der Not eine Tugend machen, wenn
wir die vorhandenen Großanlagen höchstmöglichst für friedliche Zwecke ausnutzen.

Max Rubner[1] hat auf der 86. Versammlung Deutscher Naturforscher und
Ärzte in Bad Nauheim (19. bis 25. Sept. 1920) die hohe physiologische Bedeutung des Stickstoffs für die Ernährung der Tiere und Menschen hervorgehoben,
und *J. Bueb*[2] verbreitete sich eingehend über die künftige Entwicklung des
Ammoniakmarktes.

Von der *BASF* sind der Deutschen Landwirtschafts-Gesellschaft größere
Posten salzsaures Ammoniak (23 Proz. N), Kunstsalpeter (16 Proz. N), Ammonsulfatsalpeter (27 Proz. N) und Harnstoff (46 Proz. N) zur Vornahme
größerer Düngeversuche zur Verfügung gestellt worden. Die Deutsche Landwirtschafts-Gesellschaft forderte die Praktiker zum Anstellen solcher Versuche auf[3], indem sie dabei auf die schönen Erfolge verschiedener landwirtschaftlicher Versuchsstationen hinwies. Die Anwendung des Chlorammoniums
gleicht genau derjenigen des schwefelsauren Ammoniaks. Kunst- und Ammonsulfatsalpeter finden in gleicher Weise Verwendung wie Chilesalpeter;
auch Harnstoffdünger kann sämtlichen Feldfrüchten gegeben werden.
Dabei ist der höhere Stickstoffgehalt und die Art der Bodenbeschaffen-

---

[1] Chem.-Ztg. 1920, S. 723.
[2] Ch. Ztrlbl. 1920, II, 236; Technik in der Landwirtschaft 1920, S. 306.
[3] Landwirtschaftliche Umschau der Magdeburgischen Zeitung, 5. Aug. 1920.

heit mit in Betracht zu ziehen. Je leichter und durchlässiger der Boden ist, um so geringer muß die Düngergabe im Herbst bei der Winterung bemessen werden. Man dünge im Herbst höchstens mit einem Drittel der beabsichtigten Menge; nur auf besseren, absorptionsfähigen Böden kann man unter Umständen die ganze Mengen schon im Herbst geben. Die Stickstoffdünger sind flach kurz vor der Saat einzueggen.

Der Weg, den die *BASF* hier einschlägt, die landwirtschaftliche Praxis selbst für die Vornahme von Großdüngeversuchen und die Einführung ihrer neuen Düngemittel zu interessieren, erscheint außerordentlich glücklich.

Die *Ammoniakwerke Merseburg*, kurz *Leuna-Werke* genannt, sind seit 1916 in den Gemarkungen von fünf kleinen Landgemeinden entstanden und beschäftigen alles in allem etwa 18 000 Arbeiter. Die fünf Gemeinden haben sich, um die ihnen erwachsenen riesigen Aufgaben, insbesondere auf polizeilichem Gebiete, zu erfüllen, zu einem Zweckverbande zusammengeschlossen, der Mitte 1920 schon 30 Beamte und Angestellte mit einem Gesamtjahresgehalt von 360 000 Mk. beschäftigte. Auch die Ausgaben für Bauten, Schulen, Friedhofsanlagen, Armenlasten usw., an denen die *BASF* zum Teil freiwillig Anteil nimmt, sind stark emporgeschnellt. Industriebahnen und Wohnsiedelungen haben der ganzen Gegend ein völlig verändertes Gepräge gegeben. Das Fabrikgelände der Leunawerke mißt etwa 6×1 km. Die Lagerungsmöglichkeit für Ammoniakwasser beträgt etwa $5 \times 5000 = 25\,000$ cbm. Im Jahre 1919 sind nur etwa 200 t Stickstoff pro Tag in Form konzentrierten (20 proz.) Ammoniakwassers gewonnen worden, während die Leistungsfähigkeit bedeutend höher gewesen wäre. Nach vollendetem Ausbau sollen insgesamt 200 000 t Stickstoff je Jahr erzeugt werden. Die Gips-Ammonsulfatanlage ist seit etwa Anfang Mai 1919 in Betrieb und stellte damals 50 t pro Tag her. Die Kohlenversorgung für die Verdampfanlagen, Kessel usw. ist befriedigend, da eigene Gruben dicht am Werk liegen.

Die beiden Ammoniakwerke O p p a u und L e u n a sind, wie erwähnt, neuerdings (Ende 1920) aus der Badischen Anilin- und Sodafabrik A.-G. herausgenommen und in eine selbständige G. m. b. H. mit einem Kapital von 500 Mill. Mk. eingebracht worden. Die 500 Mill. Mk. Anteile der G. m. b. H. werden nach dem Schlüssel der Interessengemeinschaft des Farbenkonzerns von jeder der acht „I.-G.“-Firmen nach ihrer Quote übernommen. Oppau soll auf 100 000 t N und Leuna stufenweise auf 130 000 t und 200 000 t N Jahresleistung ausgebaut werden[1].

A. Sander[2] bringt wichtige Mitteilungen zur Geschichte des Gips-Ammonsulfatverfahrens, aus denen hervorgeht, daß man die Umsetzung von kohlensaurem Ammoniak mit Gips zu Ammonsulfat bereits vor mehr als 100 Jahren in Österreich (k. k. Salmiakfabrik Nußdorf 1807/09) industriell benutzt hat. Für die Kokerei und Gasindustrie ist der Prozeß dann 1910 durch das D. R. P. 253 553 der *Société Industrielle de Produits Chimiques* in C u i s e - L a motte in Vorschlag gebracht worden. Die *BASF*

---

[1] Chem.-Ztg. 1920, S. 844.
[2] Chem.-Ztg. 1919, S. 661.

fand (s. auch D. R. P. 270 574) dann bei ihren Versuchen bald, daß sich zwar Calciumsulfat oder Gips mit Ammoncarbonatlösungen leicht zu Ammonsulfat und Calciumcarbonat umsetzt, daß aber große Schwierigkeiten auftreten, wenn es gilt, den feinen Kalkschlamm von der Ammoniumsulfatlösung zu trennen und das Ammoniumsulfat vollständig aus dem Schlamm zu gewinnen. Die Trennung gelang erst durch Verwendung von Tauchsaugfiltern (D. R. P. 281 174) nach Art der bei der Goldextraktion benutzten. Der $CaCO_3$-Schlamm überzieht das Filter mit einer gleichmäßig durchlässigen Schicht, die auch bei dem nachfolgenden Auswaschen diese Eigenschaft beibehält. Es wird auf diese Weise mit geringen Mengen Waschwasser eine praktisch vollständige Befreiung des Calciumcarbonatschlammes von Ammoniumsulfat erreicht. Unter Tauchsaugfiltern oder Tauchfiltern werden Vorrichtungen verstanden, bei denen sich der Niederschlag vermöge der Druckdifferenz an einen in die zu filtrierende Suspension ein- oder untergetauchten Filterkörpern anlagert. Später hat sich gezeigt, daß das Filtrieren selbst mit den besten Einrichtungen nicht zu überwindende Schwierigkeiten bietet, wenn unreiner Gips zur Verwendung gelangt, der ja vornehmlich in Betracht kommt. Man kann aber durch Vorbrennen des Gipses bei 300° oder darüber das Filtrieren bedeutend erleichtern. Man brennt dazu zweckmäßig körnigen oder pulvrigen Gips im Drehrohrofen (D. R. P. 300 724). Die Trennung des Kalkschlammes von der Ammoniumsulfatlösung wird dadurch in etwa der Hälfte der Zeit oder gar noch rascher bewirkt, ohne daß bei der Umsetzung selbst Störungen auftreten.

Die Nutzbarmachung des Schwefels natürlicher Sulfate, insbesondere des Gipses, betreffen u. a. die D. R. P. 301 682, 302 433, 302 471, 305 123, 306 312 und 306 313. Es handelt sich hier um das in Neckarzimmern ausgeübte Verfahren (s. o.). Im D. R. P. 300 763 schlägt die *BASF* ferner vor, 50 kg Magnesiumsulfathydrat unter allmählichem Zugeben von 3 kg Kokspulver unter Erwärmen zu entwässern und die zurückbleibende poröse Masse auf 600 bis 700° zu erhitzen. Es entweicht Schwefeldioxyd und der Glührückstand enthält im wesentlichen Magnesia mit nur 5 bis 10 Proz. unzersetztem Magnesiumsulfat. Nachdem die *BASF* im D. R. P. 298 491 bereits ein Verfahren angegeben hatte, um mittels des Umweges über Ammonsulfat (durch Glühen mit Natriumsulfat) Schwefelsäure aus Gips darzustellen, hat sie diese Methode im D. R. P. 315 622 sinngemäß auf die Gewinnung von Ammoniumbisulfat aus Ammoniumsulfat übertragen. In einen Drehrohrofen von etwa 15° Gefälle wird am oberen Ende Ammoniumsulfat eingeführt, das beim Durchgang durch den Ofen durch die wasserdampfhaltigen Verbrennungsgase einer Leucht- oder Kraftgasflamme so stark und so lange erhitzt wird, bis etwa 80 bis 90 proz. Ammoniumbisulfat als dünne Schmelze am unteren Ende abfließt. Außer Ammoniak führen die Heizgase noch etwas sublimierendes Bisulfat fort, das in der Vorlage mit aufgefangen wird. Die heiße Bisulfatschmelze kann ohne weiteres verwendet oder in eine wäßrige Lösung übergeführt werden, die zum Aufschluß von Phosphat dienen kann. Die Stickstoffverluste sind nur gering. Da man Ammonsulfat direkt aus Gips herstellen kann, so zeigt sich hier ein neuer Weg, die Auslandskiessäure beim Phosphataufschluß und für ähnliche Zwecke auszuschalten. Im übrigen ist die leichte Überführbarkeit des neutralen Ammonsulfats in das Bisulfat, namentlich in wasserdampfreicher Atmosphäre, der Grund, weshalb der Säuregehalt des gewöhnlichen Sulfats beim Trocknen oft zunimmt, sobald die Temperatur örtlich zu hoch steigt.

Die Umwandlung von Ammoniumsulfit in -sulfat haben die D. R. P. 273 315 und 276 490 der *BASF* zum Gegenstand. Es wird beispielsweise ein Druckgefäß, das mit Manganhydroxyd bedeckte poröse Tonstücke enthält, mit konzentrierter, etwas ammoniakalischer Ammoniumsulfitlösung beschickt, dann wird bei 80° mit 20 Atm Überdruck Luft hindurchgepreßt. Ammoniumbisulfit wird z. B. in Gegenwart von etwas Schwefel bei 90° im geschlossenen Gefäß unter Rühren glatt in Sulfat übergeführt (D. R. P. 273 306 und auch 270 379).

Das D. R. P. 290 747 der *BASF* hat eine Methode zum Gegenstand, Chlorammonium darzustellen, indem man z. B. 843 Teile Schwefelsäure mit 36,2 Proz. H_2SO_4 und 368 Teile feingemahlenes Kochsalz unter Rühren mit Ammoniakgas sättigt. Das sich ausscheidende Natriumsulfat wird heiß filtriert, während aus der Mutterlauge ohne weiteres beim Abkühlen Salmiak ausfällt. Die Endlauge wird wiederum mit Schwefelsäure und Kochsalz versetzt und die Reaktion mit Ammoniak beginnt von neuem. Heute ist dieses umständliche Verfahren durch die Anwendung eines modifizierten *Solvay*-Prozesses verdrängt, dem folgendes Schema zugrunde liegt:

$$NaCl + NH_3 + CO_2 + H_2O = NH_4Cl + NaHCO_3.$$

Nach dem D. R. P. 318 236 der *BASF* kann man Ammoniumcarbamat-Carbonatgemische aus Ammoniak, Wasserdampf und Kohlensäure in einer Apparatur herstellen, die aus mehreren Kammern besteht, in denen gekühlte Körper rotieren. Von diesen wird die entstandene feste Verbindung fortlaufend durch Schabevorrichtungen entfernt. Für die Carbamatdarstellung sind die Einführungsrohre für Kohlensäure, Ammoniak und Wasser oder Wasserdampf so in die Kammer eingebaut, daß die drei Komponenten in der Nähe eines gekühlten Walzenpaares zusammentreffen. Auf diesen scheidet sich das feste Salz ab, wird abgekratzt und fällt von den Schabemessern auf ein Förderband, das es aus der Reaktionskammer hinausträgt. Um die gleichzeitige Ausscheidung des Salzes an den Wänden der Kammer zu verhindern, werden diese mit Wärmeisolierung oder mit Heizung versehen. So gewonnenes carbaminsaures Ammoniak bildet eine Vorstufe in der Fabrikation von Harnstoff, der sich daraus leicht beim Erhitzen unter Druck bildet:

$$NH_2 \cdot CO \cdot O \cdot NH_4 = H_2O + NH_2 \cdot CO \cdot NH_2.$$

Nach Überwindung der praktischen Schwierigkeiten scheint die Reaktion die beste zu sein, um Harnstoff großtechnisch zu gewinnen[1]. Es tritt dabei ein Gleichgewichtszustand ein, indem sich 30 bis 40 Proz. Harnstoff bilden, die

---

[1] *Cohn* in *F. Ullmanns* Enzyklopädie. Bd. VI (1919), S. 392.

man leicht vom Ausgangsmaterial trennen kann[1]. Nach dem D. R. P. 292 337 leitet man NH_3 und CO_2 gleichzeitig in Solventnaphtha oder ein anderes indifferentes Mittel (Petroleum) und erhitzt unter Druck bis auf die Umlagerungstemperatur.

Als Düngemittel empfehlen sich nach dem D. R. P. 286 491 der *BASF* in Sonderheit phosphorsaure Harnstoffe, die durch Eintragen einer entsprechenden Menge festen Harnstoffs in eine konzentrierte etwa 50 proz. Lösung von Phosphorsäure unter Erwärmen dargestellt werden. Man filtriert ab und erhält beim Abkühlen unter Umständen nach dem Animpfen krystallinisches Salz, das leicht zu trocknen ist. Ein größerer Phosphorsäureüberschuß ist unbedingt zu vermeiden. Das D. R. P. 295 548 beschreibt interessante Doppelverbindungen von Harnstoff mit Kalksalpeter, die streufähig und nicht hygroskopisch sind. Man erhält solche Doppelverbindungen, wenn man die einem Molekül entsprechende Menge Calciumnitrat mit der vier Molekülen entsprechenden Menge Harnstoff innig mischt und den entstandenen Brei zur Trockne eindampft. Man kann auch in einer konzentrierten Kalksalpeterlösung geeignete Mengen von Harnstoff auflösen, worauf beim Abkühlen das Doppelsalz auskrystallisiert. Das D. R. P. 299 284 stellt die aus Harnstoff oder Harnstoffnitrat und Superphosphat erhältlichen Produkte unter Schutz, die im frischen Zustande völlig trocken und streufähig sind. Nur bei längerem Lagern werden sie unter Umständen feucht. Doch kann dieser Mangel leicht dadurch beseitigt werden, daß man die Verbindungsgemische so lange mit Ammoniakgas behandelt, bis sich keine saure Reaktion mehr zeigt (D. R. P. 299 855). Das Ammoniak kann auch in Form von Ammoniumsalzen flüchtiger Säuren, z. B. als Carbonat, verwandt werden, auch kann man gleichzeitig trockne Luft darüberleiten. Das D. R. P. 299 942 ist eine Erweiterung des vorigen, während man nach dem D. R. P. 308 659 den Harnstoff-Superphosphatmischungen Zuschläge von erdigem, sandigem oder kohligem Material, wie feinverteilte Ackererde, Gesteinsmehl, feinen Sand, Kieselgur, Asche, Torfmull, gemahlenen Koks u. dgl. gibt. Hierdurch erfolgt eine Trocknung bzw. eine Trockenhaltung der Mischung. Die Säure wird gebunden und die Feuchtigkeit aufgesaugt, so daß die erzielten Endprodukte gut streufähig sind.

Das amerik. Pat. 1 173 550 von *C. Bosch* und der *BASF* betrifft wiederum die Herstellung von Harnstoff aus kohlensaurem Ammoniak durch Erhitzen in einem geschlossenen Kessel und Destillation des Reaktionsgemisches bei Temperaturen, die 80° nicht übersteigen. Die Harnstoffbildung ist fast quantitativ und die nicht umgewandelten Ammonsalze sind bequem zurückzugewinnen[2].

Alkali- bzw. Erdalkaliamide werden nach dem D. R. P. 323 656 der *BASF* dadurch bei Temperaturen um 275 bis 300° erzeugt, daß man trockenes Ammoniak in die Lösung der Alkali- oder Erdalkalimetalle in wasserfreien Ätzalkalien einleitet.

---

[1] Berl. Ber. 1911, S. 3473; Bulletin de la Soc. chim. de France [3] **17**, 474 (1897); J. Amer. Chem. Soc. **34**, 1517 (1912).

[2] Vgl. ferner D. R. P. 294 793, 295 075, 301 751, 303 929 der *BASF*.

Die vorstehenden Ausführungen haben gezeigt, wie wichtig die Rolle der Schwefelsäure bei der Bindung des Ammoniaks im Augenblick noch ist. Daher kann es nicht wundernehmen, daß auch andere Erfinder und Firmen sich neben der *BASF* auf dem Gebiete der Nutzbarmachung von Gips, Magnesiumsulfat usw. zur Schwefel- bzw. Schwefelsäurefabrikation betätigt haben und betätigen. Hier seien von den neusten Patenten zum Aufschluß von Gips nur[1] die D. R. P. 299 034, 300 715, 300 762, 301 712, 301 791, 303 233, 303 333, 303 922, 304 231, 305 103, 313 122, 318 221 und 319 651 erwähnt. Die Anlage Neckarzimmern der *BASF* ist ein Mißerfolg gewesen und die Werke Walbeck sowie Bernburg der früheren Kriegschemikalien-A.-G. sind wegen Unrentabilität geschlossen worden; auch der Drehofenbetrieb der *Farbenfabriken vorm. Fr. Bayer & Co.* in Leverkusen hatte anfangs mit größeren Schwierigkeiten zu kämpfen, arbeitet heute jedoch glatt. Die Verfahren zur Nutzbarmachung des Schwefelgehalts der Gase der Kohlendestillation sind auch noch nicht weiter gediehen[2], so daß wir hier erst im Anfange einer zukünftigen Entwicklung stehen. Aber gerade diese Verfahren werden späterhin sehr wichtig werden; die Kokereien und Gasanstalten werden dann vielleicht teilweise Ammonsulfat aus dem Schwefel und dem Stickstoff der Kohle gewinnen, teilweise Ammoniak zu Salpetersäure verbrennen und Ammonsalpeter bzw. seine Mischdünger herstellen. Im Sinne des weiter oben mitgeteilten Verfahrens der *BASF* zur Umwandlung von Ammonsulfat in Ammoniumbisulfat kann ersteres künftighin auch in vielen Fällen (z. B. Phosphataufschluß) die freie Schwefelsäure ersetzen.

Es schien anfänglich leichter zu sein, statt Gips den Kieserit oder entsprechende Rohkalisalze als Ausgangsmaterial für die Schwefel- oder Schwefelsäurefabrikation zu wählen. Aber auch auf diesem Gebiete ist man nicht viel weiter gekommen (D. R. P. 300 716, 307 042, 307 752, 312 775). *H. Hiller*[3] hat das Verfahren des D. R. P. 256 400, das im Prinzip darauf beruht, die schweflige Säure der Feuerungsabgase in Gegenwart von Tonerdehydrat zu binden und mittels Einblasens von Luft in Schwefelsäure überzuführen, einer wissenschaftlichen Nachprüfung unterzogen, die recht günstige Resultate erbrachte. Die Absorption kann sowohl mit SO_2-armen wie -reichen Gasen ausgeführt werden, wenn man nur im Gegenstrom arbeitet. Auch beim Regenerationsprozeß kommt nur dieser in Frage. In den Rauchgasen stehen auf alle Fälle gewaltige Vorräte an schwefliger Säure zur Verfügung.

Praktisch bewährt hat sich im Dauerbetrieb von allen jenen Methoden, die darauf hinauslaufen, einen Ersatz für Pyrit-Schwefelsäure aufzufinden, bisher nur die Methode der *Farbenfabriken vorm. Fr. Bayer & Co.* und das Gips-Ammonsulfatverfahren, über das, nächst der *BASF*, auch

---

[1] Vgl. die Jahresberichte Chem.-Ztg. 1913, Nr. 110ff.; 1915, Nr. 118ff.; 1916, S. 337; 1919, Nr. 131ff.; siehe auch Chem.-Ztg. 1920, S. 390; Ch. Ztrlbl. 1919, IV, 1109; vgl. ferner das D. R. P. 298 552.

[2] Siehe z. B. Chem.-Ztg. 1920, S. 742.

[3] Z. Ver. Gas- u. Wasserfachm. 7, 310, 321 (1917); Zeitschr. f. angew. Chem. 1918, II, 331.

von anderer Seite gearbeitet worden ist. Nach dem D. R. P. 299752 von der *Chem. Industrie A.-G.* und *Fr. Wolf* in Bochum kann man Ammonsulfat aus Gaswasser, Gips und Kohlensäure gewinnen, wobei gleichzeitig freier Schwefelwasserstoff erhalten wird. Man bringt z. B. 200 kg feingemahlenen Rohgips von 77 Proz. $CaSO_4$ mit 201 Liter Gaswasser (19,2 Proz. NH_3) und 200 Liter Wasser bei 50° im Druckgefäß zusammen, leitet bei $^1/_2$ bis 2 Atm Überdruck Kohlensäure ein und überläßt unter diesen Bedingungen 5 Stunden sich selbst. Die Umsetzung ist dann beendigt und der Autoklaveninhalt kann nach etwaigem Abtreiben freigemachten Schwefelwasserstoffs filtriert und auf Ammonsulfat verdampft werden bzw. im Kreislauf in den Prozeß zurückkehren, um sich anzureichern. *C. Matignon*[1] bringt einige Beiträge zur Frage der Ammonsulfatfabrikation aus Gips. *Margueritte* machte demzufolge bereits 1864 darauf aufmerksam, daß der chemische Vorgang:

$$(NH_4)_2CO_3 + CaSO_4 \cdot 2\,H_2O = CaCO_3 + (NH_4)_2SO_4 + 2\,H_2O$$

durch Zusatz einer kleinen Menge Chlorcalcium wesentlich erleichtert wird. *N. Basset* und *Tucker* gingen ebenfalls vom Gips aus, ohne daß ihre Vorschläge jemals praktische Bedeutung erlangt hätten[2].

Eine ganze Reihe von Patenten beschäftigt sich damit, Ammoniak durch Magnesiumsalze zur Bindung zu bringen. Bei der Wechselzersetzung zwischen Ammoniak und Magnesiumchlorid bildet sich nach teilweiser Ausfällung der Magnesia ein Doppelsalz, das bei etwa 21 Proz. Salmiak, 37 Proz. Chlormagnesium und 42 Proz. Wasser nur 5,5 Proz. Stickstoff enthält, das also als Düngemittel nicht in Frage kommen kann. Auch nach teilweiser Entwässerung ist der Stickstoffgehalt erst auf 9 bis 10 Proz. gestiegen. *H. Precht* verarbeitet nun nach den Angaben seines D. R. P. 292174 das Ammonium-Magnesiumchlorid derart, daß er z. B. 100 Teile dieses Doppelsalzes in 55 Teilen Wasser von Siedetemperatur löst. Beim Erkalten krystallieren 30 bis 40 Proz. des vorhandenen Salmiaks aus. Die Mutterlauge gibt nach dem Eindicken eine Krystallisation des ursprünglichen Doppelsalzes und schließlich eine Endlauge, die nur noch Chlormagnesium enthält. Die *Kaliwerke Großherzog von Sachsen A.-G.* und *K. Hepke* lassen sich im D. R. P. 292209 die Absorption von Ammoniak durch Chlormagnesiumendlauge in Rieseltürmen schützen. Im D. R. P. 292218 schlägt *H. Precht* vor, Magnesiumsulfat in besonderer Weise durch Ammoniak zu zerlegen, damit die Bildung des Doppelsalzes Ammoniummagnesiumsulfat möglichst vermieden wird. Ammoniaküberschuß, Konzentration und Zeitdauer der Einwirkung wirken günstig im Sinne einer weiteren Zerlegung dieses Doppelsalzes in Magnesiumhydroxyd und Ammonsulfat. Im D. R. P. 294857 beschäftigt sich *H. Precht* mit diesem Doppelsalz näher, das er aus 264 Gewichtsteilen Ammonsulfat und 95 Gewichtsteilen Chlormagnesium (wasserfrei) erhält:

$$MgCl_2 \cdot 6\,H_2O + 2\,(NH_4)_2SO_4 = 2\,NH_4Cl + (NH_4)_2SO_4 \cdot MgSO_4 \cdot 6\,H_2O.$$

---

[1] La Techn. moderne **8**, 350 (1914); Chem.-Ztg. 1915, Repert. S. 73.

[2] Vgl. im übrigen D. R. P. 268497, 270532, 279953, V. St. Amer. Pat. 1052797, 1072840, franz. Pat. 427065.

Wird die theoretische Menge des Magnesiumsalzes hinzugefügt, so erfolgt die Ausscheidung des Doppelsalzes als feines Krystallmehl nahezu vollständig. Erwärmt man die Lösung, so erhält man nach Abkühlung schöne große Krystalle in kurzen Säulen oder dicken Tafeln des monoklinen Systems, die mit Kaliummagnesiumsulfat isomorph sind. Aus der etwas eingedampften Mutterlauge krystallisiert schließlich Ammoniumchlorid aus. Das Ammonium-magnesiumsulfat ist verhältnismäßig schwer löslich (20 Teile in 100 Teilen Wasser), nicht hygroskopisch und als Pflanzennährstoff recht tauglich. An Stelle von reinem Chlormagnesium verwendet man praktisch meist chlor-magnesiumhaltige Kalisalze. Im D. R. P. 295 509 gibt *H. Precht* dann ein Verfahren an, um auch das Ammoniummagnesiumchlorid durch Ammionak weiter zu zerlegen. Er löst beispielsweise 100 Gewichtsteile des Doppelsalzes in 100 Gewichtsteilen Wasser von gewöhnlicher Temperatur und mischt 90 Gewichtsteile Ammoniakwasser von 0,91 spez. Gewicht bei. Nach etwa zehnstündiger Einwirkung trennt man das ausgeschiedene Magnesiumhydroxyd (= 8,38 Gewichtsteile Magnesia) vom Doppelsalz. Da in diesem ursprünglich 15,5 Proz. Magnesia enthalten waren, so sind 54,1 Proz. des vorhandenen Magnesiumchlorids zerlegt worden. Durch Erhöhung des Ammoniaküber-schusses und des Drucks kann der gleiche Zersetzungsgrad in erheblich kürzerer Zeit erreicht werden.

Die *Salzwerke Heilbronn A.-G.* lassen auf die über 150° erhitzten oder die schmelzflüssigen Chloride in Gegenwart von Wasserdampf Ammoniak oder ammoniakhaltige Gase einwirken, um Salmiak zu gewinnen (D. R. P. 306 354). Unterstützt wird der Umsatz durch Kohlendioxyd, Eisenpulver, Eisenoxyd, Tonerde oder dgl.

In den „Gesammelten Abhandlungen[1] zur Kenntnis der Kohle" berichtet auch *H. Niggemann* über seine Versuche, Ammoniak in konzentrierter Magnesiumchlorid-lösung aufzufangen. Beim Einleiten eines Ammoniakluftstromes in eine Lösung von 50 g krystallisiertem Chlormagnesium in 50 ccm Wasser bei 90° beginnt das Ausfallen der Magnesia nach etwa $1/_2$ Stunde. Nach der Absättigung der Lösung mit Ammoniak waren noch 40,5 g des krystallisierten Chlormagnesiums in Lösung. Das Filtrat enthielt 0,52 g freies und 1,709 g gebundenes Ammoniak. Beim gleichzeitigen Einleiten von Ammoniak und Kohlensäure beginnt die Ausscheidung des Magnesiumcarbonats sofort. Für die Ammoniakabsorption dürfte die Reaktion technisch jedoch nicht verwendbar sein.

In einer ausführlichen Arbeit[2] verbreitet sich *H. Hampel* über die Ge-winnung von Kalisalpeter und Ammonsulfat aus Kalirohsalzen. Er legt seinem Arbeitsschema unter Zusammenziehung der Gips-Ammonsulfat-herstellung und der Chlormagnesium-Salzsäurezersetzung folgende Gleichungen zugrunde:

$$1. \quad MgSO_4 + CaCl_2 = MgCl_2 + CaSO_4,$$
$$2. \quad CaSO_4 + 2\,NH_3 + CO_2 + H_2O = CaCO_3 + (NH_4)_2SO_4,$$
$$3. \quad CaCO_3 + 2\,HCl = CaCl_2 + H_2O + CO_2 \quad \text{und}$$
$$4. \quad MgCl_2 + H_2O = MgO + 2\,HCl.$$

---

[1] 1917, I, 289; Ch. Ztrlbl. 1919, II, 615.
[2] Chem.-Ztg. 1919, S. 634/5.

Hampel will also den Schwefelsäurerest des Magnesiumsulfats zur Ammoniakbindung und Gewinnung von Ammonsulfat ausnutzen. Nach der Art der
Umsetzung 2 ist dies bekanntlich nicht möglich, weil $MgCO_3$ in Ammonsalzlösungen nicht oder nicht vollständig ausfällt. Als bestes Ausgangsmaterial
werden sulfathaltige Kalirohsalze empfohlen. Als Endprodukte würden sich
dann Magnesia, Ammonsulfat und Kalisalze ergeben, die man bequem weiter
verarbeiten kann.

Die für die praktische Durchführung der *Haber-Bosch*-Synthese sehr
wichtige Herstellung der beiden Gaskomponenten wird zum Gegenstand einer
späteren, kurzen Zusammenstellung gemacht werden.

Die Cyanidverfahren.

Die Erzeugung von Cyanverbindungen aus Luftstickstoff soll hier nur
so weit in Betracht gezogen werden, wie sie als Zwischenstation auf dem
Wege zum Ammoniak und zu anderen stickstoffhaltigen Körpern anzusehen
ist. Auf diejenigen Methoden, welche lediglich die Erzeugung von Cyaniden
zum Endzweck haben, braucht daher hier nicht eingegangen zu werden,
zumal sie im Rahmen dieser Sammlung bereits von *F. Muhlert*[1] ausführlich
besprochen worden sind. *W. Moldenhauer*[2] hat in einer verdienstvollen Arbeit
über die Reaktionen des freien Stickstoffs auch über den geschichtlichen
Werdegang der Cyansynthesen berichtet.

Muhlert[1] teilt die Methoden, welche darauf ausgehen, Cyanverbindungen
unter Heranziehung des atmosphärischen Stickstoffs aufzubauen, in folgende
Unterabteilungen:

    a) Blausäure aus Stickstoff, Kohlenstoff, Wasserstoff oder Kohlen-
       wasserstoffen;

    b) Cyanide aus Stickstoff, Kohle oder Kohlenstoffverbindungen und
       Metalloxyden, und endlich

    c) Kalkstickstoff.

Morren[3] war der erste, der im Jahre 1859 ,,synthetische Cyanverbindungen‘‘
— es war die Blausäure (a) — erhielt, als er einen elektrischen Lichtbogen
zwischen Kohlenelektroden in einer Stickstoffatmosphäre überspringen ließ.
Bedeutend früher (nämlich 1828) hatte *Desfosses*[4] die Beobachtung gemacht,
daß Stickstoff von glühender, mit Alkalien durchtränkter Holzkohle reichlich aufgenommen wird, indem sich ein Alkalicyanid bildet (b). Mit diesen
beiden Beobachtungen war der Grundstein zu einer neuen chemischen Industrie gelegt worden; gleichzeitig hatte man praktisch zum ersten Male
den Versuch unternommen, den Luftstickstoff in nutzbarer Form zu binden.
Der Absatz für Cyanide, die man außerdem leicht aus der Gasreinigungsmasse herstellen konnte, war um die Mitte des vorigen Jahrhunderts sehr

---

[1] *F. Muhlert*, ,,Die Industrie der Ammoniak- und Cyanverbindungen‘‘, Leipzig 1915.
[2] *W. Moldenhauer*, ,,Die Reaktionen des freien Stickstoffs‘‘, Berlin 1920.
[3] Compt. rend. **48**, 342 (1859).
[4] Ann. de Chim. et Phys. **38**, 158.

gering. So erlahmte die erfinderische Tätigkeit auf diesem Gebiete sehr bald, obgleich namentlich *Margueritte* und *Sourdeval* 1862[1] zu recht befriedigenden Ergebnissen gekommen waren. Erst als sich mit der Einführung der Cyanidlaugerei des Goldes der Cyanidmarkt belebte, begann sich das Interesse wieder den synthetischen Methoden zuzuwenden. *Scheele*[2] (1782) wußte bereits, daß sich Gold in Cyanidlösungen auflöst. Für Zwecke der Galvanotechnik ist dann diese Reaktion 1840 in Großbritannien erstmalig geschützt worden. 1844 hat *Elsner* ausführliche Daten darüber veröffentlicht. 1867 erwarb *J. H. Rae* das erste Schutzrecht (V. St. Amerika) auf eine Verwendung der Cyanidlösungen zum Aufbereiten von Golderzen. Das heute übliche Verfahren ist sodann von *J. S. Mac Arthur, R. W. Forrest* und *W. Forrest* 1886 in Glasgow ausgearbeitet worden. Die erste industrielle Anlage entstand 1889 in Karangahake auf Neuseeland, die erste südafrikanische in Johannisburg, Transvaal, 1890; in der Folge breitete sich das Verfahren schnell auch in Amerika aus.

Anfang der 90er Jahre des vorigen Jahrhunderts begannen *Frank, Caro* und ihre Mitarbeiter (s. o.) die Reaktionen des Calciumcarbids zu studieren, um durch Stickstoffbindung an CaC_2 technisch Cyanid zu erhalten. Ihre Resultate wurden der Öffentlichkeit zuerst in den D. R. P. 88 363 (vom 31. März 1895) und 95 660 (vom 1. Jan. 1896) mitgeteilt. Sie befanden sich lange in dem Glauben, tatsächlich Cyanide erhalten zu haben, bis nähere Untersuchungen lehrten, daß hier ein neuer Stoff, das Calciumcyanamid, vorlag (D. R. P. 108 971 vom 16. Juni 1898), den wir bereits oben als Muttersubstanz des Kalkstickstoffs (c) kennengelernt hatten. Damit war ein anfänglich ungewollter Effekt erreicht: man hatte ein technisch verhältnismäßig leicht durchführbares Stickstoffbindungsverfahren entdeckt, die gesuchte Cyanidsynthese jedoch nicht gefunden. Bei der näheren Untersuchung der Eigenschaften des Calciumcyanamids entdeckte man, daß man es durch Verschmelzen mit Oxyden oder Carbonaten der Alkalien (D. R. P. 116 087, 116 088) bzw. mit Kochsalz leicht in die gewünschten Cyanide überführen kann (D. R. P. 246 064).

Diese Prozesse haben als Cyanidbildner technisch keinerlei Bedeutung, sie waren aber die Ursache, daß man sich mit der Absorption atmosphärischen Stickstoffs zu Cyaniden oder Cyanderivaten mehr als bisher beschäftigte. Doch auch jetzt war diesen Verfahren noch kein endgültiger Erfolg beschieden. Zwar gelang es *Dieffenbach, Moldenhauer* und der *Chem. Fabrik Griesheim-Elektron* zu einer verbesserten Blausäuresynthese[3] zu kommen, die auch technisch wichtig zu werden verspricht (siehe z. B. D. R. P. 228 539, 229 057, 255 073, 260 599), allein die Verknüpfung der Cyanid- und der Luftstickstoffindustrie war praktisch damit noch nicht gegeben. Erst in aller-

---

[1] Siehe die vorstehend angeführten Buchveröffentlichungen sowie *Bertelsmann,* „Cyanverbindungen", in *F. Ullmann,* Enzyklopädie der techn. Chemie, Bd. III (1916); daselbst auch Literaturverzeichnis.

[2] *K. Nagel,* „Gold", in *F. Ullmanns* Enzyklopädie, Bd. VI (1919).

[3] Siehe auch *Lipinski* und *Moscicki,* Zeitschr. f. Elektrochemie 1912, S. 729.

neuster Zeit ist das Problem, Ammoniak und andere Stickstoffverbindungen über dem Umweg „Cyanid" aus Luftstickstoff aufzubauen, technisch erfolgreich gelöst worden, da die zu überwindenden Schwierigkeiten doch nicht so harmlos waren, wie man anfangs annahm. Zahlreiche Patente und Arbeiten, die in gewissem Sinne als Vorläufer der heute industriell verwirklichten Methoden von *J. E. Bucher* und von *Th. Thorssell* zu betrachten sind, werden in den angezogenen Buchveröffentlichungen und in den Fortschrittsberichten der Chemikerzeitung besprochen. Auf sie alle sei an dieser Stelle[1] verwiesen; ihr Hauptziel war und ist die Gewinnung von Cyanalkalien als solchen und nicht der Aufbau höherwertiger Stickstoffverbindungen aus gewissermaßen intermediär gebildetem Cyanid.

John E. Bucher[2] gibt unter dem Titel „The Fixation of Nitrogen" im Journal of Industrial and Engineering Chemistry, März 1917, S. 233 bis 253, eine ausführliche Darstellung seines Prozesses, wie er sie auf der 9. Jahresversammlung des American Institute of Chemical Engineers, 10. bis 12. Jan. 1917, vorgetragen hat. Ich wiederhole seine einleitenden Worte in der Ursprache:

"The herein described process for the fixation of nitrogen differs primarily from all those now in commercial use in fixing nitrogen in the form of alkali cyanides instead of in the form of oxides of nitrogen, calcium cyanamide, nitrides, or ammonia. It is further characterized by operating at very moderate temperatures such as 900 to 950° C so that it is not dependent upon cheap electric power and, it can, because of this moderate temperature, be operated in iron retorts. It is of the utmost simplicity, uses iron, which is the cheapest metallic catalyzer, and does not require pure materials such as nitrogen but can use air or producer gas just as well. It requires no special apparatus and can hence be operated at once with what can be found in practically every manufacturing community. It does not require skilled labor to operate it, and it is preeminently a method which can be installed quickly in an emergency for the preparation of cyanides, ammonia and nitric acid. — These statements are based on a very large amount of chemical and engineering work, most of which was done three to five years ago, and which has appeared only in the form of patents from time to time. I have not heretofore published anything regarding any part of this work. ... The popular idea seems to be that it is necessary to have cheaps hydro-electric power to provide such quantities of nitric acid together with a costly plant which would require considerable time for its construction. The data already accumulated in my work show that electric power is not necessary and that the process can be installed in a short time on any scale desired and at comparatively small expense. I had not intended to publishing anything on my nitrogen fixation work for a few years more until I could complete some further important engineering work connected with it. The above considerations, however, led me to the conclusion that I could not in justice delay action any longer, and hence your kind invitation to present this paper was accepted with the hope of completing the work as opportunity offers."

Nach *Bucher* beschäftigte man sich in den Jahren 1840 bis 1847 besonders lebhaft mit der Frage einer Cyanidbildung aus Luftstickstoff. *L. Thompson* veröffentlichte[3] im Januar 1839 eine Experimentaluntersuchung,

---

[1] Siehe diese und Chem.-Ztg. 1913, Nr. 110ff.; 1915, Nr. 118ff.; 1919, Nr. 131ff.; 1920, Nr. 102ff., bes. S. 839ff.

[2] Vgl. auch J. Ind. Eng. Chem. **11**, 946 (1919); Ch. Ztrlbl. 1920, IV, 707.

[3] „Improvement in the Manufacture of Prussian Blue": Mechanics Magazine Nr. 822, 11. Mai 1839, S. 92; Dinglers polytechnisches Journal N. F. **23**, 281 (1839). Siehe auch *W. Moldenhauer*, a. a. O., S. 98ff.

in der er zeigte, daß es leicht ist, aus einem Gemisch von 2 Teilen Pottasche, 2 Teilen Koks und 1 Teil Eisenspäne bei Rotglut unter Luftzutritt große Mengen Cyanid zu erhalten. *Thompson* erzeugte auf diese Weise $2^4/_5$ Unzen Berliner Blau ($= 79,4$ g) aus 1 Pfund ($= 453,6$ g) Kaliumcarbonat. Die schönen *Thompson*schen Arbeiten wurden von der Society of Arts mit der goldenen „Isis"-Medaille ausgezeichnet. Sie sind recht eigentlich das Fundament der heute zur Bedeutung gelangten Methoden, obgleich ihre Resultate vielfach bezweifelt wurden und den Gegenstand wissenschaftlicher Diskussionen zwischen *Berzelius*[1], *Erdmann* und *Marchand*[1], *Fownes* und *Young*[1] ,*Langlois*[2] ,*Rieken*[1], *Delbrück*[1] sowie *Bunsen* und *Playfair*[1] gebildet haben.

1840 bzw. 1843 unternahm *Newton*[3] die ersten Großversuche, um industriell nach dem *Thompson*schen Vorschlag zu arbeiten. In Newcastle-on-Tyne legte er eine kleine Fabrik an, die über 1 t gelbes Blutlaugensalz in 24 Stunden und im Dauerbetrieb erzeugte. Die Kosten betrugen 1,86 Fr. je Pfund. Er leitete Luft durch Retorten, die mit pottaschegetränkter Holzkohle beschickt waren, mußte aber, da er die Vorschriften von *L. Thompson* über den katalytischen Einfluß des Eisens nicht beachtete bei Weißglut arbeiten. An diesen hohen Temperaturen und den mit ihrer Anwendung verbundenen apparativen Schwierigkeiten scheiterte sein Prozeß im Jahre 1847, der als erster technisch benutzter unser besonderes Interesse beansprucht.

Zwischen 1881 bis 1885 nahm *V. Alder* in Wien[4] einige Patente, in denen er u. a. auf die beschleunigende Wirkung von Mangan, Chrom, Nickel und Kobalt hinweist, im übrigen aber ein solches Durcheinander von wahren und falschen Angaben bringt, daß seine Vorschläge nie praktisch verwirklicht worden sind (D. R. P. 12 351, 18 945).

Bucher zieht ferner die V.St. Amerik. Pat. 577 837 (1897) und 1 019 002 (1912) von *Castner* bzw. *Acker* heran, um an ihrem Beispiel zu zeigen, wie vollkommen die Befunde *Thompsons* inzwischen vergessen worden waren.

An Hand des *Muhlert*schen Buches (s. o.) und anderer Quellen ist hierunter eine kurze Zusammenstellung der wichtigsten Patentliteratur des in Frage kommenden Gebietes gegeben, soweit es an dieser Stelle nicht ausführlich berücksichtigt werden wird:

Moermann und *Laubuhr* . . .	Franz. Pat. 108 037.
L. und *A. Brin*	D. R. P. 15 298.
Mond	D. R. P. 21 175.
Fogarthy	V. St. Amer. Pat. 598 918, 615 266.
de Lambilly	D. R. P. 63 722, 69 316; Franz. Pat. 199 977, 202 700, 210 365.
Hunt	Engl. Pat. 16 700/1893.
Mc Donnall	Engl. Pat. 772/1894.
Gilmour	D. R. P. 73 816.

---

[1] Siehe *W. Moldenhauer*, a. a. O., S. 98ff.

[2] Ann. chim. phys. [3] **1**, 117.

[3] *Bertelsmann*, „Die Technologie der Cyanverbindungen"; Berlin 1906, S. 85.

[4] Ebenda, S. 90 bis 91.

Pfleger	D. R. P. 88 115.
Aitken und *Fallkirk*	D. R. P. 84 078.
Readmann	Engl. Pat. 6021/1894; Franz. Pat. 243 129.
Swan und *Kendall*	Engl. Pat. 3509/1895; D. R. P. 87 780, 244 496.
Mehner	D. R. P. 91 814, 94 493, 151 644, 227 320.
Petschow	D. R. P. 94 114.
Feld	D. R. P. 149 803.
BASF	D. R. P. 190 955, 197 394, 200 986, 235 662.
Kaiser	Franz. Pat. 454 237, 454 238.
Castner	Engl. Pat. 12 218/1894.
Moïse	D. R. P. 91 708.
Schmidt	D. R. P. 176 080, 180 118.
Ampère Electrochemical Comp.	D. R. P. 149 594.
Erlwein	D. R. P. 199 973.
Nitrogen Company	D. R. P. 261 508.
Caro	D. R. P. 212 706.
Gros, Grissedet u. a.	Franz. Pat. 460 684.
Acker	V. St. Amer. Pat. 1 072 373; D. R. P. 270 662.

Die ersten Untersuchungen von *Bucher* erstreckten sich auf die Bildung und Zersetzung von Magnesiumnitrid und brachten keine wesentlichen neuen Ergebnisse.

Wichtiger ist der Versuch, Alkalimetall in Cyanid umzuwandeln:

$$2\,Na + 2\,C + N_2 = 2\,NaCN + 46{,}200\ \text{Cal.}$$

Die *Bucher*sche Versuchsapparatur besteht aus einem $^1/_2$-zölligen Eisenrohr von 30 Zoll Länge mit $^1/_8$-zölligen (1 Zoll = 25,4 mm) Gasaus- und -einlässen an jedem Ende. Dieses innere Reaktionsrohr ist von einem weiteren Rohr umgeben, durch das ein Strom von Wasserstoff oder Stickstoff geleitet wird, um zu verhindern, daß Kohlensäure von außen durch das heiße Innenrohr diffundiert und dort mit dem Alkalimetall Carbonat bildet. Die ganze Vorrichtung wird in einem gewöhnlichen Verbrennungsofen erhitzt. Das Reaktionsinnenrohr wird zunächst mit Ruß, also ganz reinem, aschefreien Kohlenstoff, gefüllt, der zunächst bei Weißglut im Wasserstoffstrom ausgeglüht wird. Dann werden 14 g metallisches Natrium hinzugefügt und nun wird 25 Stunden hindurch bei Rotglut im Stickstoffstrom erhitzt. Die Cyanisierung geht langsam vor sich. Das erkaltete Rohr enthält noch 0,5 g Natriummetall neben 23,7 g Cyannatrium (79 Proz. Ausbeute). Mit feingepulvertem Achesongraphit und 12 g Natrium werden bei Rotglut im Stickstoffstrom nach 20 Stunden 58 Proz. Cyanid erhalten. Ändert man die Beschickung nach sorgfältigem Ausglühen im Stickstoffstrom, indem man jetzt ein Gemisch aus 120 g feingepulvertem, mit Alkohol gereinigtem Eisen, 12 g gut ausgeglühten Lampenruß und 7 g Natriummetall einführt, so geht die Stickstoffabsorption bereits bei Temperaturen unterhalb dunkler Rotglut so lebhaft vor sich, daß es zur Vakuumbildung im Reaktionsrohr kommen kann. Es entweicht nur Argon und 94 Proz. des Natriums werden in Cyanid verwandelt. Der Inhalt des Rohres ist frei von Kohlenstoff, er besteht im wesentlichen aus einem silberweißen, porösen Eisenkern, der so dehnbar ist, daß man ihn im Mörser breit klopfen kann. Geschmolzene Eisenkügelchen verraten, daß die Innentemperatur lokal stark gestiegen sein muß. Ein Versuch, 4 g Natrium in Mischung mit Lampenruß in einem Kupferrohr zu cyanisieren, scheiterte: nur 10 ccm Stickstoff wurden von der Beschickung aufgenommen, ein Zeichen, daß bei der Anordnung der ersten Versuche die katalytische Wirkung des Eisenrohres eine wichtige Rolle gespielt hat. Die Versuche haben also gezeigt, daß Eisen als sehr guter Katalysator zu betrachten ist, daß die Cyanidbildung stark exotherm verläuft, daß man Argon auf diese Weise darstellen und Argon und Stickstoff in der Gasanalyse so voneinander trennen kann.

    Bucher macht sodann auf die merkwürdige Tatsache aufmerksam, daß das Eisen, während es als Katalysator wirkt, sich in weitgehendem Maße reinigt. Es verliert seinen

Gehalt an Kohlenstoff gänzlich und den an Phosphor, Schwefel, Silicium, Mangan usw.
sehr weitgehend, wird silberweiß und weich, kurz es zeigt alle jene Eigenschaften, die
wir beim Elektrolyteisen zu sehen gewohnt sind. Wenn man bedenkt, daß es in Deutschland nur der teure Strompreis und die Umständlichkeiten der Elektrolyse gewesen sind,
die zum Verschwinden der Elektrolyteisenindustrie geführt haben, wenn man ferner
erwägt, daß diesem ausgezeichnete elektrische und mechanische Eigenschaften zukommen,
so öffnet sich hier vielleicht ein neuer Weg, um das Abfalleisen der Cyanidsynthese ausgezeichnet nutzbar zu machen. *Bucher* hat kompakte Eisenstücke durch Behandeln
in Alkalidampf und Stickstoff silberweiß und weich machen können. Je nach der Länge
der Behandlung wandelt sich dabei das ganze Eisenstück durch und durch oder nur seine
Oberflächenschicht in die reine, kohlenstoffreie Modifikation um. *Bucher* untersucht
dann die Reaktion:

$$2\,NaCN + \text{Rein-Eisen} \rightleftarrows 2\,Na + N_2 + \text{Kohlenstoff-Eisen}$$

näher. Von der Tatsache, daß Cyanide mit Eisen im Sinne links nach rechts reagieren,
macht man ja bei der Einsatzhärtung mittels Cyaniden (auch Kalkstickstoff) seit langem
Gebrauch. *Bucher* zeigt nun, daß man durch Erhitzen von Cyannatrium mit reinem
Eisenpulver in einem Eisenrohr in der Tat leicht größere Mengen Natriummetall (und
auch Kalium) erhalten kann. Geschmolzenes Eisen und Cyanalkalien reagieren ebenso.
Bucher hat bisher diese neuen Methoden nicht weiter verfolgt.

Die industrielle Verwendung von Alkalimetallen ist weder billig noch empfehlenswert, deshalb ist *Bucher* bestrebt, die altbekannte Bildung von Alkalimetall intermediär
mit der Cyanisierung zu verknüpfen:

(1) $$Na_2CO_3 + 2\,C \rightleftarrows 2\,Na + 3\,CO,$$
(2) $$2\,Na + 2\,C + N_2 = 2\,NaCN.$$

Die früheren Versuche haben gezeigt, daß die Gleichung (2) sich schon bei Rotglut durchführen läßt, wenn Eisen als Überträger zugegen ist. *Bucher* schließt nun, daß, wenn auch
nur Spuren Alkalimetall nach (1) bei Temperaturen von etwa 860 bis 980° C entstehen,
man eine glatte Cyanidbildung erreichen muß, da nach dem Massenwirkungsgesetz sofort neue Alkalimetallmengen frei werden, sobald die vorhandenen im Sinne der Gleichung (2) aufgezehrt sind. Notwendig ist dabei, daß bei den erwähnten Temperaturen
die Gleichung (1) in der Tat rasch und merkbar genug verläuft.

Bucher zeigt im weiteren Verlauf seiner Untersuchung die Richtigkeit seiner Schlußfolgerung. Er erhitzt 10 g feingepulverten Graphit mit 5 g Soda 50 Minuten lang auf
920 bis 940° C und kann in der Tat das Auftreten geringer Mengen freien Natriums
feststellen, während Cyanid beim Arbeiten in einem Kupferrohr unter diesen Verhältnissen nicht oder kaum gebildet wird. Aus 30 g feinverteiltem Eisen und 5 g Soda entsteht im Stickstoffstrom (50 Minuten) bei 920 bis 1000° C keine Spur Natrium. Sein
darauf sich aufbauender, schon 1912 ausgeführter grundlegender Versuch ist dann der
folgende[1]: eine Mischung von 10 g Graphitpulver, 10 g feingepulvertem Eisen und 5 g
Soda wird in einem $^1/_2$-Zoll-Eisenrohr 50 Minuten lang unter Durchleiten eines Stick-
stoffstromes auf 920 bis 940° C erhitzt. Es entweicht brennbares Kohlenoxyd und von
dem Inhalt des Rohres gehen 60 Proz. der Soda in Cyanid über.

Damit ist die Bedeutung des Eisenzusatzes im Sinne der *Thompson*schen Ausführungen gezeigt und zugleich erwiesen, daß die Reaktion technisch verwertet werden
kann. *Ewan* gibt in *Thorpe*, Dictionary of the Applied Chemistry, Revised Edition,
Bd. II, S. 196 (1912) an, daß die ersten Kaliumdämpfe aus Mischungen von Pottasche
und Holzkohle erst bei 1350° auftreten, während die Bildung von Cyankalium bei dieser
Temperatur sehr langsam verläuft. Nach *Bucher* kann man dagegen bei 860 bis 950°
mit Gemischen aus Eisen, Soda und Kohle recht befriedigend arbeiten. *Bucher* hat seinen
Befund in Hunderten von Versuchen nachgeprüft. Er benutzt dabei gepulverte Holzkohle, Koks, Lampenruß, Soda, Pottasche, sowie die Carbonate und Hydroxyde des

---

[1] Siehe Experiment 5 der angezogenen Originalveröffentlichung, S. 236.

Cäsiums, Rubidiums und Bariums. Unter den horizontal liegenden Versuchseisenrohren, die bis zu einem Durchmesser von 6 Zoll bei 10 Fuß Länge verwendet wurden, bewährten sich die 2-Zoll-Rohre von 10 Fuß Länge am besten ($\varnothing$ = 50,8 mm, Länge = 3048 mm). In den Reaktionsmassen findet sich nur Cyanid und kein Alkali in anderer Form (100 Proz. Reinheit). Beim Eindampfen der wäßrigen Auszüge im Vakuum erhält man ohne weiteres Massen mit mehr als 95 Proz. Cyannatrium.

Zu lösen bleibt noch die Frage der technischen Durchführung des Prozesses. Es ist keineswegs angenehm, ein pulvriges Material bei so hohen Temperaturen mit einem Gas zu behandeln. Deshalb ist frühzeitig an die Brikettierung des Einsatzgutes gedacht. *Bucher* hat zunächst Briketts dadurch hergestellt, daß er die Mischung von Soda, Koks und Eisen bis zum Schmelzen der Soda erhitzt. Es entstehen dann durch geringen Druck sehr haltbare Briketts, die in einem Stickstoffstrom schon nach 10 Minuten alles Alkali als Cyanid enthalten, also hochaktiv sind. Trotz dieser verlockenden Eigenschaften und der Möglichkeit, die heiß hergestellten Briketts direkt cyanisieren zu können, ist dieser Weg wegen technischer Schwierigkeiten aufgegeben worden.

Krystallsoda, $Na_2CO_3 \cdot 10$ aq, beginnt oberhalb 30° Krystallwasser zu verlieren und in das Monohydrat überzugehen. Bei 35° ist diese Umwandlung vollständig; $Na_2CO_3 \cdot$ aq bleibt bis 104,75° bestehen. *Bucher* mischt also seinen Ansatz aus calcinierter Soda, Kohle und Eisen mit heißem Wasser bei möglichst hoher Temperatur und trocknet schnell, so daß für die Brikettierung ein Zwischenraum von rund 70° zur Verfügung steht. Nachdem sich diese Methode in kleinen Mischern ausgezeichnet bewährt hatte, übertrug sie *Bucher* ins Große. Die Masse wird in einer dampfummantelten Knetmaschine zu einem Teig zusammengemischt und dann zur Brikettierung, noch heiß, in eine gewöhnliche kleine Fleischhackmaschine mit Kraftantrieb überführt. Diese letztere besitzt ein zylindrisches Gewinde mit einer Stahlscheibe von $3^1/_2$ Zoll Durchmesser, welche 37 kreisrunde Löcher von je $^1/_8$ Zoll Durchmesser aufweist. Das Messer der Maschine ist so eingestellt, daß es die erzielten „Brikettstreifen" in ungefähr 1 Zoll Länge abschneidet. Die fertigen Briketts stellen demnach kleine Zylinder von $^1/_8$ Zoll Durchmesser und 1 Zoll Höhe ($\varnothing$ = 3,18 mm; h = 25,4 mm) dar. Die 9-Gallonen- (= 40,86 Liter) Knetmaschine erzeugt 7200 Pfund Briketts je 24 Stunden mit 15 Minuten pro Charge. Ihre Leistung kann bei 5 Minuten je Charge auf 21 000 Pfund erhöht werden. Die sehr kleine Fleischhackmaschine brikettiert im Dauerbetrieb 5000 Pfund je 24 Stunden, im forcierten Betrieb fast dreimal so viel.

Die so hergestellten Brikette müssen schnell getrocknet werden, damit sie erhärten und damit sich das Salz „$Na_2CO_3 \cdot 10$ aq" nicht oder nur wenig bilden kann, das die Briketts auseinander treibt und beim Lagern sehr bald zum Zerfallen bringt. Für das Trocknen eignen sich heiße Abgase oder ein Backofen oder ein besonderer aus Mauersteinen und Eisen aufgeführter Trockner. Im heißesten Teil der Bunsenflamme lassen sich die Briketts im Laboratorium innerhalb weniger als 2 Minuten gut trocknen.

Das zur Herstellung der Briketts verwandte Eisenpulver wird aus Eisenspänen, Eisenhammerschlag, Magnetit, Hämatit usw. durch Vermahlen in einer eisernen Kugelmühle mit Manganstahlkugeln gewonnen. Die Feinheit muß so groß sein, daß es durch ein 100-Maschen-Sieb (Quadratzoll) hindurchgeht. Der Koks wird für sich auf die gleiche Teilchengröße gebracht und dann dem Eisenpulver zugefügt. Die Mischung von Eisen und Koks (1 : 1) muß mit außerordentlicher Sorgfalt hergestellt werden; es ist deshalb nötig, beide Teile mindestens eine Stunde gemeinsam zu vermahlen. Dann wird die calcinierte Soda zugeschlagen und noch 5 Minuten weiter gemahlen. Durch den Zusatz von Wasser bei der Brikettierung und durch das Schmelzen der Soda im Ofen wird die vorzüglichste Mischung gewährleistet. So vorbereitete Briketts geben Massen mit 28 Proz. Cyannatrium. Statt des metallischen Eisens können auch Eisenoxyde Verwendung finden. Sie werden während der ersten Charge reduziert und wirken bei späterer Verwendung, da sie sich in feinster Verteilung befinden, besonders intensiv.

Wenn das Eisen als Überträger wirken soll, so muß seine Oberfläche mit dem Stickstoff in innige Berührung kommen können. Es ist deshalb ohne weiteres ersichtlich, daß ein großer Überschuß an Soda ungünstig wirken wird, da er den Kontakt des Eisens mit dem Stickstoff erschwert. Es muß einen bestimmten Prozentgehalt an Soda geben, der praktisch am tauglichsten ist. Die folgenden Versuche kennzeichnen diese Verhältnisse im einzelnen:

1. Mischungsverhältnis Eisen-Koks-calcinierte Soda 2 : 2 : 1. 150 g dieser Brikette im 1zölligen Eisenrohr und Stickstoffstrom, t = 600 bis 1000°. Reaktion lebhaft und augenblicklich. Die abgekühlten, fertig cyanisierten Briketts enthalten 13,7 Proz. Cyannatrium, entsprechend 85 Proz. Reinheit.

2. Mischungsverhältnis 1 : 1 : 1. 150 g dieser Briketts unter den gleichen Verhältnissen, t = 600 bis 1030°, Dauer 30 Minuten, da die Reaktion viel langsamer erfolgt. Die erhaltenen Briketts' haben 20 Proz. Cyannatrium bzw. 95 Proz. Reinheit.

3. Mischungsverhältnis 1 : 1 : 2 (50 Proz. Soda gegen 20 Proz. im Versuch 1!). 150 g Briketts unter gleichen Bedingungen, t = 600 bis 1090°, Dauer 1 Stunde, da Reaktion träge. Erhalten: Briketts mit 14 Proz. Cyannatrium; Reinheit 80 Proz.

Die Reaktionsschnelligkeit nimmt also mit der Zunahme des Sodagehalts (20 Proz. bis 35 Proz. bis 50 Proz.) rasch ab. Der Verlust an Alkali ist bei hohem Sodagehalt und entsprechend höherer Cyanisierungstemperatur größer als bei niedrigerem.

Wenn die Briketts das horizontale Reaktionsrohr nicht ganz anfüllen oder wenn sie, was infolge des Schmelzens unvermeidlich ist, während der Cyanisierung zusammensintern, dann ist die Stickstoffaufnahme durch das Gemisch nicht mehr gleichmäßig, sondern schichtenweis verschieden. In Rohren von $^1/_2$ bis 1 Zoll Durchmesser fallen diese Erscheinungen noch nicht derartig ins Gewicht, wie etwa in weiteren Rohren. *Bucher* füllt, um diese Wirkung zu zeigen, 25 Pfund der 2 : 2 : 1-Briketts in ein 6-zölliges Eisenrohr, das horizontal in einem Ofen liegt, und behandelt 1 Stunde und 20 Minuten lang bei 1000 bis 1080° mit Stickstoff. Während der Versuchsdauer hat sich das Beschickungsgut' um $^1/_2$ Zoll gesenkt. Der Stickstoff hat dadurch einen halbmondartig geformten Kanal gefunden, den er ungehindert durchstreichen kann; die Folge ist, daß die Stickstoffbindung seitens der Masse schlecht ausfällt. Der Gesamtgehalt an Cyannatrium beträgt nur 3,5 Proz. In der Rohrmitte liegt unter einen kleinen Oberschicht mit 12,5 Proz. NaCN eine dicke Mittellage mit 3 Proz. NaCN, unter der ein Rest am Rohrboden mit nur 1,4 Proz. NaCN folgt. In senkrecht im Ofen stehenden Rohren (6 Zoll ∅) gestaltet sich die Sache günstiger.

Ein solches Rohr wird mit 50 Pfund 1 : 1 : 1-Briketts gefüllt und im schnellen Stickstoffstrom auf 1000 bis 1090° erhitzt. Der Versuch dauert 1 Stunde und 10 Minuten und gibt eine Masse, die nach dem Abkühlen oben 24 Proz. und unten 20 Proz., das sind im Mittel 22 Proz. NaCN enthält (= 10 Pfund Cyanid). Aus dem Rohr brennt das Kohlenoxyd während der Reaktion in einer 4 bis 5 Fuß hohen, gelben Flamme heraus.

Aus diesen Versuchen, denen sich zahlreiche weitere anschließen, ergibt sich die Notwendigkeit, im Großen in stehenden Retorten zu arbeiten.

Zur Feststellung des Einflusses der Flüchtigkeit der Alkalimischung wiederholt *Bucher* den letzten Versuch, indem er ein 6-Zoll-Eisenrohr mit 55 Pfund Briketts beschickt, die aus 22 Pfund Eisen, 24 Pfund Koks und 9 Pfund calcinierter Soda bestehen. Er erhitzt 2 Stunden hindurch auf 1000 bis 1100°. Nach dem Abkühlen hat die oberste Lage der Briketts 28 Proz. Cyannatrium, entsprechend 87 Proz. Ausbeute. Die tieferen Schichten durchlaufen nacheinander folgende Prozentgehalte an Cyannatrium: 16, 14, 12 und 10 Proz. (entsprechend 90 bis 93 Proz. Reinheit). Der unterste Teil besteht in seiner Mitte aus mäßig festen 12proz. Briketts (100 Proz. Reinheit), die von einer ringförmigen Schicht solcher Briketts umgeben sind, welche nur 7 Proz. Cyannatrium enthalten und daher gänzlich zu feinem Pulver zerfallen sind. Die Tatsache, daß in den untersten Partien alles Alkali in Form von Cyanid vorliegt (daher die sog. „Reinheit" 100 Proz.), zeigt, daß die Hitze und der rasche Stickstoffstrom einen großen Teil der Alkalien verflüchtigt haben: die obersten Schichten sind daher entsprechend reich an freiem Alkali (daher hier „Reinheit" nur 87 Proz.).

Es gibt zwei Methoden, die angewandt werden können, um diese Nachteile auszugleichen. Man muß 'die Brikette entweder so aktiv machen, daß sie unter so niedrigen Temperaturen cyanisiert werden können, bei denen die Flüchtigkeit der Alkalien noch keine Rolle spielt oder man muß einen kontinuierlichen Ofen konstruieren, bei dem die Flüchtigkeit sogar erwünscht sein kann.

Um die Reaktionsfähigkeit der Briketts festzulegen, sind einige recht interessante und bemerkenswerte Versuche ausgeführt worden (je 25 g Briketts, $1/_2$-Zoll-Eisenrohr, horizontal im Ofen liegend). Zunächst werden $2 : 2 : 1$-Eisen-Koks-Na_2CO_3-Briketts 13 Minuten hindurch auf 710 bis 920° erhitzt. Der anfangs sehr lebhafte CO-Strom ist nach 6 Minuten, noch ehe die Temperatur 900° erreicht hat, verschwunden. Das Endprodukt hat 15,2 Proz. NaCN von 92 Proz. Reinheit. Man kann auf Grund dieses Befundes unbedenklich behaupten, daß $2 : 2 : 1$-Briketts innerhalb 10 Minuten bei Temperaturen unterhalb 920° schon Massen mit 15 Proz. Cyanid von über 90 Proz.

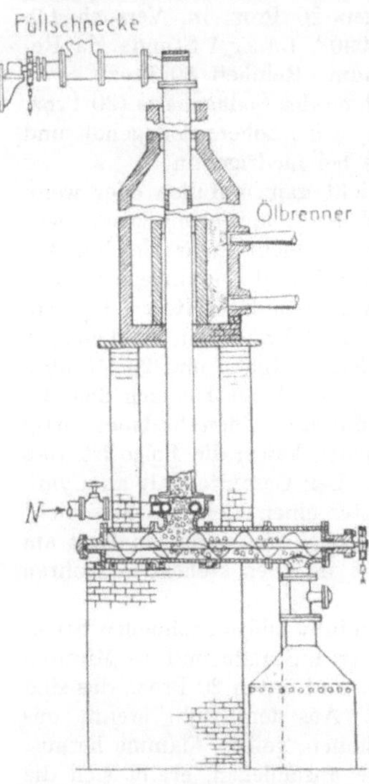

Fig. 18. Cyanisierungsofen nach *Bucher*.

Reinheit ergeben müssen. Die Briketts werden ausgewaschen und dann wird dem feuchten Filterkuchen von Eisen und Koks so viel calcinierte Soda zugefügt, daß z. B. die Mengenverhältnisse der $1 : 1 : 1$-Briketts erreicht sind. Diese neuen Briketts geben beim Erhitzen auf 620 bis 920° nicht mehr die stürmische Kohlenoxydentwicklung, jedoch dauert die Gasentbindung fast während der ganzen Versuchsdauer von 28 Minuten stetig an. Die erzielten Massen zeigen einen Gehalt von 30 Proz. Cyannatrium in 87 Proz. Reinheit. Sogar zwischen 560 und 820 Grad werden aus $2 : 2 : 1$-Briketts noch Massen mit 11,5 Proz. Cyannatrium ($= 61$ Proz. Reinheit) erzielt. Kupferrohre, die sich nicht leicht oxydieren, können ohne weiteres benutzt werden. Sehr wichtig ist, daß die ausgelaugten Briketts aufs neue mit Soda in der Knetmaschine durchgearbeitet werden können. Die neugeformten Briketts werden wie die alten verwendet.

Bucher wendet sich in seiner ausführlichen Beschreibung dann den Ofenkonstruktionen zu. Die kontinuierliche Cyanisierung hat viele Vorteile. Alkaliverluste werden ganz vermieden, weil die in den heißesten Teilen verdampfenden Alkalien in den kälteren Teilen von der Beschickung selbst kondensiert und festgehalten werden. Der erste Versuch wurde mit einem 8zölligen Eisenrohr von 8 Fuß Länge ausgeführt, das senkrecht in einem Ofen stand und mittels eines T-Rohres mit einer unmittelbar darunterliegenden Förderschnecke verbunden war. Zuerst ging die Cyanisierung tadellos, aber als die heißen Briketts in die Schnecke gelangten und dort erhärteten, versagte diese gänzlich. Besser bewährte sich folgender Ofen.

Ein 14 Fuß langes Gußeisenrohr (vgl. V. St. Amer. Pat.. 1 120 682) ist senkrecht in einem Ofen so aufgestellt, daß unterhalb des durch Ölbrenner beheizten eigentlichen Reaktionsraumes ein Kühlraum von (Fig. 18) etwa 4 Fuß Länge freibleibt. Hier können sich die aus der Reaktionszone weißglühend austretenden plastischen Briketts unter der Wirkung des eingepreßten kalten Stickstoffstroms (N) und der Außenluft abkühlen. Die Kühlung kann durch Einleiten von Wasser in den Außenraum oder durch Umwickeln mit feuchten Tüchern noch intensiver gestaltet werden. Die Briketts werden kalt und hart; sie passieren nun die Austrageschnecke ohne Störung. Sie treten weiter in einen Kühl- und Vorratsbehälter, aus dem sie nach Bedarf entnommen werden können. In ihrer äußeren Beschaffenheit gleichen die aus diesem Ofen herausgekommenen cyanisierten Briketts ganz denen, die in frischem Zustand von der oberen Transportschnecke dem Ofen zugeführt werden.

Da jedoch die Briketts oft in den Rohren stecken bleiben, besonders wenn diese nicht völlig glatt sind, so wird vorgeschlagen (V. St. Amer. Pat. 1 120 682), entweder das ganze Reaktionsrohr oder doch seinen untersten Teil konisch auszuführen. Man kann sich auch dadurch helfen, daß man größere Briketts verwendet, die schwerer sind oder daß man in den äußeren Ring, der den Rohrwandungen zunächst liegt, alkaliarme Briketts oder Koksstücke hineingibt, während nur den inneren Teilen die normalen Briketts zugespeist werden. Einfach ist es auch, den gekühlten Teil aus einem weiteren Rohr herzustellen, wie es die Fig. 19 zeigt.

Eine volle Lösung dieser Schwierigkeit glaubt *Bucher* dadurch zu erreichen, daß er die Kühlzone so weit macht, daß die heißen Frischbriketts (in der Fig. 19 weiß gezeichnet) sich völlig abkühlen, ehe sie mit den Wandungen in Berührung kommen können. Die schon abgekühlten (schwarzen) Briketts schützen in diesem Fall die Wandung. *Bucher* hat nur beobachten können, daß bereits festgewordene Briketts stecken bleiben, die heißen passierten das Ofenrohr stets glatt und einwandsfrei. Die Störungen, die am obersten Ende des eigentlichen Reaktionsraumes manchmal auftreten, lassen sich unter gewissen Bedingungen leicht vermeiden.

Eine 22 Fuß lange und 8 Zoll im Durchmesser haltende Eisenröhre nimmt im Versuch je 500 Pfund Briketts auf und setzt pro 24 Stunden 3000 Pfund durch.

Später ist der Ofen mannigfach verbessert worden. Er besteht z. B. jetzt aus einem Doppelkamin mit einer dünnen Scheidewand zwischen den beiden Abteilungen. Die Flamme eines Öl- oder noch besser Gasbrenners brennt in dem ersten Raum von oben nach unten und tritt dann durch Feuerzüge in den zweiten Raum über, in dem das 22-Fuß-Rohr angeordnet ist, das jetzt von der Flamme umspült wird. Durch die Kontrolle des Zuges am oberen Ende wird die Wirksamkeit des Ofens ebenso gefördert, wie die Gleichmäßigkeit seiner Temperatur durch Einblasen von Luft durch Schlitze in die Flamme reguliert wird. Der ganze Ofen ist so angeordnet, daß das Reaktionsrohr durch Hochziehen mittels eines Kranes leicht und rasch ausgewechselt werden kann, wenn es notwendig ist.

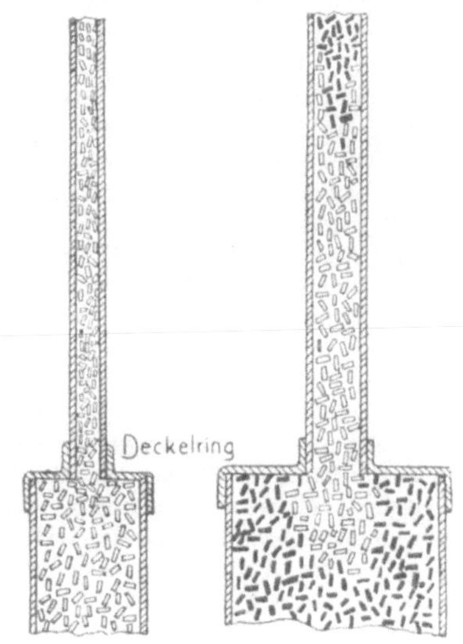

Fig. 19. Cyanisierungsofen nach *Bucher*.

Bucher beschreibt in seiner Arbeit des ferneren die von ihm konstruierten und benutzten elektrischen Öfen, welche in ihrer einfachsten Form aus einem Stück eines $1^1/_2$-zölligen galvanisierten Eisenrohres bestehen können, das mit Stromzuführungen versehen und, durch dicke Schichten von Magnesiaasbest isoliert, in einen gemauerten Schacht gesetzt ist. In einem solchen einfachen Ofen sind Briketts mit 22 Proz. NaCN erzeugt worden. Bezüglich der weiteren Einzelheiten muß auf das Original verwiesen werden, das genaue Angaben und Figuren enthält, aus denen die wesentlichsten Details hervorgehen. Interessant ist z. B. ein Ofen, dessen Einsatz aus flüssigem Eisen und Koks besteht, durch die Natriumdampf und Stickstoff hindurchgepreßt werden. Neben Kohlenoxyd entweicht dann ein ständiger Strom von Cyannatriumdampf.

In dem Bestreben, alle Teile des Prozesses möglichst aufzuklären, macht *Bucher* auch Temperaturmessungen an seinen Öfen. Er beschickt ein senkrechtes 4-Zoll-Rohr aus Eisen mit 8 Pfund 2 : 2 : 1-Eisen-Koks-Soda-Briketts und führt in die Mitte der Charge ein Pyrometer ein. Die Beheizung erfolgt durch einen Ölbrenner, dessen Flammentemperatur mittels eines Pyrometers kontrolliert wird. Folgende Tabelle zeigt die außerordentlichen Differenzen in den gleichzeitigen Ablesungen:

	außen	innen
÷	+ 1030° C	+ 150° C
nach 40 Min.:	+ 1080° C	+ 880° C
„ 20 „	+ 1080° C	+ 1010° C.

Die Hitze überträgt sich also sehr langsam, was schon aus dem Grunde verständlich erscheint, weil 138.500 Calorien aufgenommen werden müssen, um die Reaktion durchzuführen. Erhalten ist schließlich ein Endprodukt mit 17 Proz. Cyannatrium und 99 Proz. Reinheit. Der Versuch erweist, daß die gleichmäßige Erhitzung einer 6- oder 8-Zoll-Säule von Briketts lange Zeit in Anspruch nehmen wird, so daß sich eine Vorwärmung auf alle Fälle empfiehlt.

Sehr vorteilhaft ist natürlich die elektrische Innenheizung des Gemisches. In solchen Öfen kann *Bucher* nach seinen Ausführungen kleine Mengen innerhalb 1 Minute und selbst viele Pfunde in wenigen Minuten cyanisieren.

Um die Frage zu entscheiden, ob es notwendig ist, die Cyanisierung mit reinem Stickstoff vorzunehmen, hat *Bucher* eine Anzahl von Versuchen mit Luft angestellt, die er vorher über heißen Koks geleitet hat. Er arbeitet für den Versuch so, daß er sein horizontales Reaktionsrohr im vorderen Teil mit Koksstückchen füllt, eine poröse Trennwand einschiebt und nun die andere Hälfte der Röhre mit Briketts in gewohnter Weise beschickt. Die Luft wird durch das im Ofen hocherhitzte Rohr in dem Sinne durchgeblasen, daß sie zunächst über den glühenden Koks streichen muß, ehe sie an die Briketts gelangt. Die Cyanisierung war stets ebensogut wie die mit reinem Stickstoff, die Entwicklung von Kohlenoxyd natürlich stärker. An Stelle von Luft können ebenso auch Leuchtgas, Verbrennungsgase usw. Verwendung finden. Interessant ist ein Parallelversuch, bei dem ein 6- und ein 4 -Zoll-Eisenrohr nebeneinander in dem gleichen Ofen erhitzt sind. Beide Rohre stehen aufrecht, sind am unteren Ende verschlossen und mit einer Koksschicht von etwa 1 Fuß Höhe gefüllt, über der dann die 72-Pfund-Beschickung in Brikettform liegt. Durch je 1 Rohr wird einmal Stickstoff, das andere Mal Luft in die Rohre eingeleitet. Das Ergebnis ist folgendes: die Masse hat 19 Proz. Cyannatrium bei der Verwendung von Luft und 18 Proz. bei jener von Stickstoff, d. h. der Grad der Cyanisierung ist praktisch der gleiche.

Für die Versuche ist reiner Stickstoff leicht durch Überleiten von Luft über Kupfer in der bekannten Weise und periodisches Reduzieren des gebildeten Kupferoxydes herzustellen. Es ist auch möglich, Wasserstoff mit Luft in feuerfest ausgekleideten Eisenrohren zu verbrennen und den dabei entstehenden Wasserdampf einfach zu kondensieren.

Bei der Aufarbeitung der cyanisierten Briketts ist es unzweckmäßig, die Massen auszulaugen und dann die Lösungen zu verdampfen. Viel gangbarer erscheint der Weg, das gebildete Cyanid durch Destillation zu gewinnen. Die dabei angewandten Temperaturen dürfen 1120° nicht überschreiten, da sonst, unter teilweiser Schmelzung des Eisens, eine Zerstörung der katalytisch wirksamen Oberfläche stattfindet. Die Erreichung dieses kritischen Punktes wird durch Verwendung des Vakuums verhindert. Aus Briketts, die in ein Kupferrohr eingeschlossen sind, läßt sich das Cyannatrium bei 1000° unter 2 mm Druck quantitativ als klare Schmelze herausdestillieren. Der Rückstand enthält nur noch Spuren Alkali. Das überdestillierte Cyanid hat 99,9 Proz. Reinheit. *Bucher* zeigt durch Einsetzen eines Schmelzröhrchens mit Kochsalz, daß die Vakuumdestillation des Cyannatriums oder Cyankaliums bei Temperaturen unterhalb 792 bis 820° vor sich gehen muß. Blutlaugensalze, $K_3Fe(CN)_6$ und $K_4Fe(CN)_6$, geben bei der Vakuumdestillation reines Cyankalium neben einem Rückstand von sehr fein verteiltem Eisen und Kohlenstoff, die beide mit Vorteil für die Cyanisierung Verwendung finden können.

Wenn man die nach dem Abdestillieren des Cyanids verbleibenden Rückstände der Briketts immer wieder in den Prozeß zurückführt und ihnen neue Mengen Soda und Koks zuschlägt, so muß sich die Asche des letzteren bald derartig stark anreichern, daß die Cyanisierung erschwert und schließlich verhindert wird. Man kann aschefreien Kohlenstoff, der sich natürlich für diesen Zweck weitaus am besten eignen würde, z. B. nach folgender Reaktion herstellen:

$$2\,CO \rightleftarrows C + CO_2 + 38.080 \text{ Cal.,}$$

deren Gleichgewicht bei 1050° im Sinne einer fast ausschließlichen Bildung von Kohlenoxyd und bei 500° im Sinne einer solchen von Kohlendioxyd verschoben ist. *Bucher* hat nun versucht Kohlenoxyd in Kohlendioxyd und reinen Kohlenstoff zu zerlegen, indem er Katalysatoren anwandte. Beim Überleiten von Kohlenoxyd über gepulverten Koks und Erhitzen entsteht kaum Kohlendioxyd. Führt man jedoch Kohlenoxyd über erhitztes, feinverteiltes Eisen, das sich in einem Verbrennungsrohr befindet, so tritt alsbald Zerlegung in freien Kohlenstoff und Kohlendioxyd ein, von dem das entweichende Gasgemisch 40 Proz. enthält. In Verbindung mit der Cyanisierungsreaktion öffnet sich ein verheißungsvoller Ausblick. Es muß möglich sein, auf diese Weise an der Eisenoberfläche der Eisen-Koks-Soda-Briketts hochaktiven, feinst verteilten Kohlenstoff erzeugen zu können. Diesen Untersuchungen gelten die weiteren Versuche *Buchers*.

Mond[1] hat gefunden, daß 15 Teile Nickel 85 Teile Kohlenstoff niederschlagen. *Bucher* beobachtet andererseits nie höhere Gaskonzentrationen als 43 bis 45 Proz. CO_2 und vermutet, daß sich über dem Eisen bei diesem Punkt ein Gleichgewichtszustand herausbildet. Er belegt seine Ansicht durch Mitteilungen aus der Literatur, die ihm zeigen, daß bei gleichzeitiger Anwesenheit von CO_2, CO, Fe und C ein bestimmter Wert erreicht wird, bei dem die Kohlensäure das Eisen zu Eisenoxydul zu oxydieren beginnt. Über metallischem Eisen ist der Gleichgewichtszustand erreicht, wenn etwa 42 Proz. CO_2 neben 58 Proz. CO bei rund 680° C vorliegen. Nickel wird nicht so leicht oxydiert als Eisen. Daher ist es möglich, Kohlenoxyd durch Überleiten über 300 bis 400° heißes Nickel fast quantitativ in Kohlenstoff und CO_2 zu zersetzen, das in 98 proz. Reinheit entweicht. Das Bedenken, die Eisenrohre des Cyanisierungsofens könnten sich oxydieren, scheint nicht gerechtfertigt. Bei 150° genügt einmal schon ein Gehalt von 25 Proz. CO_2, um diese Oxydation zu verhindern, und dann wirken z. B. der Stickstoff und die unter Umständen durch die Rohrwandung diffundierenden Verbrennungsgase in gewisser Beziehung schützend. Kupfer und Nickel sind gleich haltbar.

Die katalytische Wirksamkeit des Eisens erklärt sich *Bucher* dadurch, daß er annimmt, der im Eisen gelöste Kohlenstoff sei in erster Linie maßgebend.

Das entweichende Kohlenoxyd hat im Mittel 75 Proz. Reingehalt. Beim Arbeiten im Laboratorium ist es möglich, den gesamten Stickstoff restlos zu absorbieren und ein Abgas mit 100 Proz. CO zu bekommen.

Ganz eigenartig ist das Verhalten von Generatorgas, das an Stelle von Stickstoff Verwendung findet. Fertig cyanisierte Briketts enthielten bei einem Versuch bei Rotglut 19 Proz. Cyannatrium; als man sie dann im Gasstrom abkühlen ließ, hatten sie nach dem Erkalten nur noch 3 Proz. Cyannatrium, ein Zeichen, daß eine lebhafte und schnelle Rückwärtszersetzung stattgefunden hat. Stellt man den Generatorgasstrom ab und läßt die cyanisierten Briketts in Luft oder Stickstoff oder sonst einem inerten Gas erkalten, so wird das Zurückgehen des Cyannatriumgehalts vermieden. *Bucher* führt dieses merkwürdige Verhalten auf die Wirkung der Kohlensäure zurück, die über Eisen aus Kohlenoxyd entsteht. Da die CO_2-Konzentration bei 600 bis 700° besonders hoch ist, so ist die Zerstörung der cyanisierten Briketts bei diesen Temperaturen am intensivsten. Zwischen 950 bis 1000° ist kaum Kohlensäure vorhanden und die Zerlegung des Cyanids tritt nicht ein.

In seinem kontinuierlichen Ofen passieren die frischen Briketts zunächst eine Vorwärmezone, in welcher sie durch die Abgase des Ofens beheizt werden. An den kühlen Flächen werden die Dämpfe von Alkali und von Cyanid aus den heißeren Teilen des Ofens niedergeschlagen. Allmählich werden die Briketts rotglühend. Das aus der Cyanisierungszone kommende Kohlenoxyd beginnt sich am Eisenkontakt zu zersetzen:

$$2\,CO \rightarrow C + CO_2 + 38.080 \text{ Cal.},$$

indem äußerst wirksamer Kohlenstoff sich abscheidet und eine bedeutende, für die Cyanisierung sehr wichtige Wärmemenge frei wird. Diese unterstützt die Cyanisierung wesentlich:

$$2\,Na_2CO_3 + 4\,C + N_2 = 2\,NaCN + 3\,CO - 138.500 \text{ Cal.},$$

---

[1] J. Amer. Chem. Soc. **57**, 749 (1890).

Der unterste Ofenteil wärmt den Stickstoff vor, der gleichzeitig eine gute Kühlung der Briketts bewirkt. Generatorgas kann unter Umständen durch Waschen mit Alkalilauge von seinem Gehalt an Kohlensäure befreit werden: es ergeben sich dann aber ganz neue Gesichtspunkte. In einem 14 Fuß langen, 6 Zoll im Durchmesser haltenden Eisenrohr bilden sich nur 5 Proz. Cyanid (statt der erwarteten 20 Proz.), wenn 2000 Pfund Briketts, oder nur um 1 Proz., wenn 1000 Pfund Briketts täglich durchgesetzt werden; die Rückwärtszersetzung ist also sehr beträchtlich.

Für die Konstruktion eines kontinuierlichen und mit Generatorgas betriebenen Ofens ist die Beachtung dieser Gesichtspunkte von ausschlaggebender Wichtigkeit. Es hat sich jedoch gezeigt, daß man alle Schwierigkeiten überwindet, wenn man das Generatorgas an der Basis der heißesten Zone eintreten läßt. Die Kohlensäure ist bei den hier herrschenden Verhältnissen unbeständig und geht in Kohlenoxyd über. Die sich abkühlenden Briketts sinken nach unten und werden der schädlichen Einwirkung des Generatorgases sofort entzogen. Der untere Teil des Ofenrohres muß allerdings absolut dicht sein, damit die Gase nicht einen falschen Weg finden können. Die hier beigegebene Darstellung (Fig. 20) zeigt einen Ofen im schematischen Schnitt, der sowohl mit Generatorgasen mit Hilfe einer Pumpe als auch mit reinem Stickstoff betrieben werden kann. In beiden Fällen ergeben sich Briketts mit 25 Proz. Cyannatrium.

Im *Bucher*-Prozeß wird die Schnelligkeit des Arbeitens durch die „Aktivität" der Briketts sowie durch den Grad des Eindringens von Stickstoff und von Wärme in die ganze Beschickung begrenzt. Die Briketts selbst reagieren in 1 bis 2 Minuten, und der erforderliche Stickstoff passiert eine z. B. 6 Fuß lange, 6 Zoll im Durchmesser haltende, vertikale Eisenröhre innerhalb 10 Minuten. Das Heizen nimmt dagegen 2 Stunden in Anspruch. Aus diesen Angaben wird der ungeheure Einfluß ersichtlich, den eine verbesserte Beheizung auf die Ökonomie des Prozesses ausüben muß. Die elektrische Innenheizung und die Verwertung des Kohlenoxyds im Sinne der Zerlegung in $C + CO_2 + 38.080$ Cal. ist daher sehr wesentlich. Je länger die Heizzone ausgeführt wird, desto wirtschaftlicher arbeitet der Ofen. Um das Rutschen der Briketts zu erleichtern, kann den Rohren z. B. eine schwache Neigung gegeben werden.

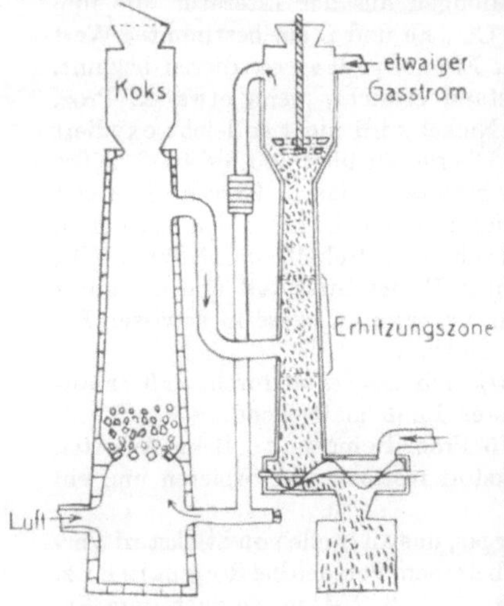

Fig. 20. Kontinuierlicher Cyanisierungsofen nach *Bucher*.

Für die Aufarbeitung der cyanisierten Briketts haben wir bereits zwei Methoden kennengelernt. Die einfache Laugung und die Vakuumdestillation. Bei der Laugung dürfen nun bestimmte Vorsichtsmaßregeln nicht außer acht gelassen werden, wenn der erwünschte Effekt erzielt werden soll. Laugt man die cyanisierten Briketts nämlich mit wenig heißem Wasser, bringt dann die ganze Masse in ein Rührwerksgefäß und behandelt mit Dampf, so findet folgende Umsetzung statt:

$$6\,NaCN + Fe + 2\,H_2O = Na_4Fe(CN)_6 + 2\,NaOH + H_2,$$

d. h. es entsteht statt des erwarteten Cyannatriums glatt Ferrocyannatrium und Wasserstoff entweicht in Strömen, während freies Ätznatron sich bildet. Nach mehrstündigem Erhitzen kann die heiße Masse filtriert werden. Der Rückstand von Eisen- und Kokspulver kehrt in den Prozeß zurück.

Das heiße Filtrat scheidet Ferrocyannatrium beim Abkühlen aus; bei weiterem Konzentrieren kann auch der letzte Rest gewonnen werden, indem eine konzentrierte Lösung von Ätznatron übrig bleibt, die für sich in irgendeiner Weise verarbeitet oder carbonisiert und in den Prozeß zurückgeführt werden kann.

Cyannatrium krystallisiert unterhalb 35° als $NaCN \cdot 2\,H_2O$, oberhalb 35° bleibt es dagegen als wasserfreies Salz gelöst. Laugt man deshalb die cyanisierten Briketts rasch mit Wasser von eben über 35° aus und filtriert sofort vom Rückstand ab, so erhält man eine reine Lösung von Cyannatrium, da die Ferrocyannatriumbildung viel langsamer vor sich geht und höhere Temperaturen erfordert. Die Lösung wird im Vakuum eingedampft und gibt ein für die meisten Zwecke genügend reines Cyanid (s. o.). Zur weiteren Reinigung kann es im Vakuum destilliert werden. Um etwaige Soda zu zerstören, wird Kalk hinzugefügt: beide, $NaOH$ wie Na_2CO_3, wirken übrigens der sonst in wäßrigen Lösungen auftretenden Dissoziation

$$NaCN + H_2O \rightleftarrows NaOH + HCN$$

entgegen. Chlorcalciumzusatz gibt Kochsalz:

$$Na_2CO_3 + CaCl_2 = CaCO_3 + 2\,NaCl,$$

das mit dem Cyanid nach dem Eindampfen eine marktgängige Mischung bildet.

Die Reaktionen des Cyannatriums sind sehr interessant und technisch wichtig. In kochenden Lösungen geht z. B. folgende Umsetzung vor sich:

$$NaCN + 2\,H_2O = H \cdot COONa + NH_3.$$

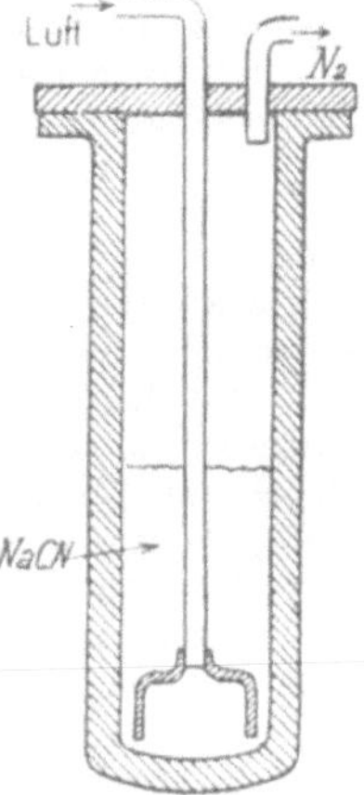

Fig. 21. Gefäß zur Herstellung von Harnstoff aus Cyanid nach *Bucher*.

Beim Siedepunkt der Lösung wandelt sich indessen für gewöhnlich nur ein sehr geringer Teil des Cyanids im Sinne dieser Reaktionsgleichung um, es überwiegt die Abspaltung freier Blausäure. Fügt man jedoch Ätznatron hinzu oder erzeugt dieses durch Kalkzugabe in der Lösung selbst, so erhöht sich der Siedepunkt, die Dissoziation wird verhindert und es findet eine lebhafte Bildung von ameisensaurem Natrium statt, das in Gegenwart des freien Alkalis ausgesalzen wird, da seine Löslichkeit in alkalischen Flüssigkeiten rasch abnimmt. Die Operationen werden zweckmäßig am Rückflußkühler ausgeführt. Das entweichende Ammoniak ist nach dem Trocknen über Ätznatron völlig rein. Das ameisensaure Natron kann in den Prozeß zurückkehren. Man kann es auch durch Erhitzen im Vakuum in das Oxalat überführen. Aus dem Formiat bzw. dem Oxalat sind leicht die entsprechenden Säuren darzustellen.

In einem mit Flanschen versehenen Gußeisengefäß (Fig. 21) von 3 Zoll Durchmesser und 12 Zoll Tiefe, das durch einen Deckel gut verschlossen werden kann, sind 2 Rohre zum Gaseinleiten und -abführen eingesetzt, deren eines sich in zwei 2-Zoll-Rohre gabelt. In diesem Gefäß wird Cyannatrium gerade über seinen Schmelzpunkt erhitzt, indem ein lebhafter Strom von Luft eingeleitet wird. Es entsteht glatt Natriumcyanat und Stickstoff entweicht:

$$NaCN + Luft = NaCNO + 2\,N_2.$$

Der Stickstoff kann in den Cyanisierungsofen zurückgeführt werden. Es werden 4 Atome auf 2 Atome frei, die an Soda gebunden werden, so daß sogar ein Überschuß an freiem Stickstoff vorhanden ist. Beim Erhitzen mit Wasser zersetzt sich das Cyanat weit unterhalb des Siedepunktes der Lösung in Natriumbicarbonat und Ammoniak:

$$NaCNO + 2\,H_2O = NaHCO_3 + NH_3.$$

Das $NaHCO_3$ kehrt in den Prozeß zurück und das Ammoniak kann mit einem zweiten Teil Natriumcyanat auf Harnstoff verarbeitet werden:

$$NaCNO + NH_3 + H_2O + CO_2 = NaHCO_3 + NH_4CNO; \quad NH_4CNO = CO(NH_2)_2.$$

Als Kohlensäurequelle dient dabei wiederum der Cyanisierungsofen. Die Umsetzungen ähneln dem Ammoniaksodaprozeß:

$$NaCl + NH_3 + H_2O + CO_2 \rightleftarrows NaHCO_3 + NH_4Cl.$$

Die Gruppe (CNO) ist an die Stelle des Chloratoms getreten. Die Harnstoffreaktion ist nicht umkehrbar und erfolgt daher an sich viel glatter als die Ammoniaksodabildung. *Bucher* empfiehlt den stickstoffreichen Harnstoff als hochwirksamen Dünger. Schwefelsäure wird durch ihn dem Boden nicht zugeführt. Düngeversuche fielen günstig aus und erwiesen, daß der Harnstoffstickstoff dem Kaliumnitratstickstoff ebenbürtig ist. Das Harnstoffnitrat $CO(NH_2)_2 \cdot HNO_3$ ist in Wasser schwerer löslich.

Geschmolzenes Cyannatrium kann durch den elektrischen Strom leicht in Natrium und Cyan geschieden werden. Der Schmelzpunkt des Cyannatriums liegt niedriger und seine Zersetzungsspannung ist nach *Bucher* geringer, so daß es vor dem geschmolzenen Kochsalz eine Reihe von Vorzügen voraus hat.

Das freie Cyangas ist sehr reaktionsfähig. Es wird sehr schnell von Salzsäure (44 proz.) aufgenommen und in Oxamid übergeführt:

$$(CN)_2 + 2\,H_2O = C_2O_2(NH_2)_2.$$

Die Salzsäure konzentriert sich dabei so stark, daß sie z. T. gasförmig entweicht, während sich das Oxamid als schweres, rein weißes Pulver abscheidet. Salzsäure, deren Gehalt wesentlich unter 44 Proz. sinkt, gibt die Reaktion überhaupt nicht mehr.

Das Oxamid hat nahezu 32 Proz. N und ist fast unlöslich in Wasser. Als Düngemittel ist es nach den Untersuchungen von *Hartwell* von der *Rhode Island Agricultural Experiment Station* recht wertvoll. Im Düngeeffekt ähnelt es dem ausgiebigen Blutmehl mehr, als dem sehr schnell wirkenden, aber dafür nicht vorhaltenden Salpeter.

Wird das Oxamid nur 1 Minute mit der konzentrierten Salzsäure erhitzt, so wird es augenblicklich in Oxalsäure übergeführt, die, völlig frei von allen Salzen, direkt auskrystallisiert:

$$C_2O_2(NH_2)_2 + 4\,H_2O + 2\,HCl = (COOH)_2 \cdot 2\,H_2O + 2\,NH_4Cl,$$

indem gleichzeitig Salmiak entsteht. Beim Erhitzen mit Glycerin wandelt sich Oxalsäure rasch in Ameisensäure um:

$$(COOH)_2 = H \cdot COOH + CO_2.$$

Die wichtigsten Punkte, welche bei der Durchführung des *Bucher*-Prozesses beachtet werden müssen, sind also:

1. Ohne Eisen findet keine Cyanisierung statt.
2. Die Bestandteile der Briketts müssen ausgezeichnet gemischt werden.
3. Die Briketts dürfen nicht zu hoch erhitzt werden, da sonst das Eisen schmilzt und die wirksame Katalysatorfläche zerstört.
4. Die Retorten müssen stets senkrecht im Ofen stehen.
5. Das Abkühlen der cyanisierten Briketts im Generatorgasstrom ist zu vermeiden.
6. Sauerstoffgehalt der Gase ist sehr schädlich.
7. Um die Erhitzung möglichst gleichmäßig und tief genug in die Briketts eindringen zu lassen, ist es notwendig, die Beheizungszone lang genug zu machen

Der Prozeß ist sehr leicht im Versuchsbetrieb auszuführen, da namentlich der elektrische Cyanisierungsofen im Laufe weniger Stunden in einen solchen Ausmaß aufzubauen ist, daß er 150 Pfund Cyannatrium oder über 200 Pfund Ferrocyannatrium in 24 Stunden gibt. Die einfachste Art der Brikettherstellung ist bereits beschrieben. Bei den damals — die in Rede stehende Veröffentlichung stammt aus der Brown - Universität, Providence, Rhode Island, März 1917; der Vortrag selbst ist im Januar 1917 gehalten — herrschenden Preisen ($ 2,00 bzw. $ 1,25 je 1 Pfd. Cyannatrium oder Ferrocyannatrium) sind die Kosten des Ofens (etwa $ 100) sehr bald abgeschrieben.

Die Durchführung der Reaktion:

$$Na_2CO_3 + 4\,C + N_2 = 2\,NaCN + 3\,CO - 138.500\ \text{Cal.},$$

würde theoretisch 35 000 PS erfordern, wenn sie 180 000 t Salpetersäure liefern soll (Ausbeute der Ammoniakoxydation 85 Proz.). Die 3 Moleküle Kohlenoxyd geben beim Verbrennen nach folgender Gleichung:

$$3\,CO + 3\,O = 3\,CO_2 + 200.000\ \text{Cal.}$$

50 000 PS, so daß der gesamte Prozeß als solcher exothermisch verläuft:

$$Na_2CO_3 + 4\,C + 3\,O + N_2 = 2\,NaCN + 2\,CO_2 + 61.500\;Cal.$$

und keine elektrische Kraft erfordert.

Im Vergleich mit den Lichtbogen- und den Cyanamidverfahren liegen hierin sehr große wirtschaftliche Vorzüge. Vor dem *Haber-Bosch*-Prozeß zeichnet sich die Cyanidmethode durch die Einfachheit und Billigkeit ihrer Apparatur aus. Die erzeugten Produkte sind recht vielseitig.

Die ausführliche Arbeit von *Bucher* kann als die grundlegendste Veröffentlichung über die Lösung des technischen Problems, Cyanide aus Luftstickstoff aufzubauen und diesen dadurch in andere, wichtigere Substanzen überzuführen, betrachtet werden.

Erst erheblich später folgte die zweite wichtige Arbeit von *Th. Thorssell*[1], die aus einem Vortrag (20. April 1920) vor der chemischen Abteilung der Technischen Gesellschaft in Gotenburg hervorgegangen ist. Aus der von *Thorssell* gegebenen historischen Übersichtstabelle seien folgende Daten herausgegriffen:

- 1835: *Dawes* beobachtet das Auftreten von Cyankalium in Hochöfen.
- 1839: *Thompson* kann Stickstoff durch Mischungen von Alkalicarbonat, Kohle und Eisen unter Bildung von Cyanid absorbieren.
- 1843: *Possoz* und *Poissière* gewinnen Cyanide aus Alkalicarbonat und Kohle im kontinuierlichen Schachtofen.
- 1847: *Bunsen* stellt eingehende Untersuchungen über die Stickstoffbindung durch Alkalicarbonat-Kohlegemische an.
- 1862: *Margueritte* und *Sourderal* führen Baryt als Base ein.
- 1880: *Alder* läßt sich die Cyaniddarstellung aus Stickstoff, Alkalicarbonat, Kohle und Eisen patentamtlich schützen.
- 1882: *Mond* cyanisiert Bariumcarbonat-Kohlebriketts im Ringofen.
- 1890: *Breneman* gibt einen Bericht über die bis zu jener Zeit ausgeführten Versuche der Cyanidsynthese.
- 1895: *Frank* und *Caro* schlagen vor, Stickstoff durch ein Gemisch von Bariumcarbid und KOH zu binden.
- 1898/99: *Mehner, Rothe, Freudenberg, Frank* und *Caro* klären die Stickstoffbindung durch Calciumcarbid.
- 1899: *Täuber* beweist neuerdings die Bedeutung des feinverteilten Eisens für die Cyanidsynthese aus Alkali, Kohle und Stickstoff.
- Um 1910: *Th. Thorssell* beginnt seine Versuche. 1912 Versuchsbetrieb der neugegründeten *A. B. Kväfveindustri* in Bohus bei Göteborg. 1914 Anfang der technischen Großfabrikation, die sehr bald infolge Rohstoffschwierigkeiten und eines Fabrikbrandes unterbrochen wurde.
- 1911/12: Erste Versuche von *J. E. Bucher*. 1912 erste Patente der *Nitrogen Products Co.*, Providence, Rhode Island, nach diesem Verfahren.

Thorssell erblickt die Hauptschwierigkeiten der Cyanidverfahren in der Art der Wärmezufuhr, die durch äußere Beheizung kontinuierlich oder diskontinuierlich betriebener Retorten, durch Brennen in Ringöfen, durch elektrische Widerstandserhitzung usw. erreicht wird. Bei *Mehners* Versuch (1899) mit einem 500 PS-Ofen wurden die Ofenwände selbst leitend. *Thompson* empfiehlt nur Eisen als Aktivator, *Alder* (1880) dagegen auch Mangan und Nickel. Um die gute Durchdringung der Reaktionsmasse mit dem Stickstoff zu erreichen, wird letztere nach *Monds* erster Anregung (1860) brikettiert oder gekörnt.

---

[1] Zeitschr. f. angew. Chem. 1920, I, 239, 245, 251.

Die Reaktionsgeschwindigkeit bei der Cyanisierung vermindert sich proportional dem Ansteigen des Kohlenoxydgehalts im Reaktionsraume und dem Wachsen der Cyanidmenge; außerdem ist sie abhängig von der Temperatur des Ofens. Steigende Kohlenoxydkonzentration ist besonders ungünstig. Sie läßt sich am leichtesten und einfachsten dadurch umgehen, daß man mit bedeutendem Stickstoffüberschuß arbeitet. Bie der Cyanisierung eines Bariumcarbonat-Kohlegemisches sind folgende Kurven[1]) (Fig. 22—24) aufgenommen worden, die den Einfluß von Kohlenoxyd und Stickstoffüberschuß zeigen. Die Reaktion selbst erfolgt schematisch nach:

$$BaCO_3 + 4\,C + 2\,N = Ba(CN)_2 + 3\,CO.$$

In dem gleichen Maße, wie die Menge des entstehenden Cyanids im Verhältnis zum vorhandenen Carbonat zunimmt, verlangsamt sich die Reaktionsgeschwindigkeit. Um nun zu verhüten, daß sich die beiden Faktoren, CO-Gehalt und Cyanidmenge, nicht summieren, ist es notwendig, so zu arbeiten, daß dort, wo der Cyanidgehalt am größten ist, auch der Partialdruck des Stickstoffs den höchsten Wert erreicht. In kontinuierlich beschickten Retorten oder Öfen mit Stickstoffgegenstrom wird diese Forderung zwanglos erfüllt.

Den Zusammenhang zwischen Reaktionsgeschwindigkeit und Temperatur zeigt das nächste Kurvenbild[1] (Fig. 25): die Reaktionsgeschwindigkeit nimmt mit steigender Temperatur zu; Druckerhöhung begünstigt die Reaktionsgeschwindigkeit direkt proportional.

[1] Siehe Zeitschr. f. angew. Chem. 1920, I, 240.

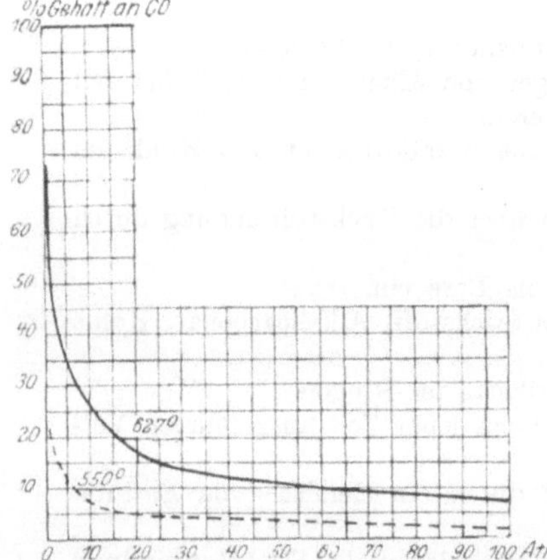

Fig. 22.

Fig. 23.

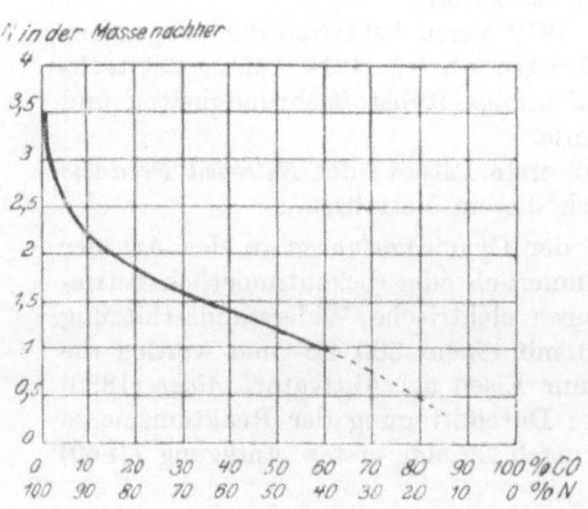

Fig. 24.

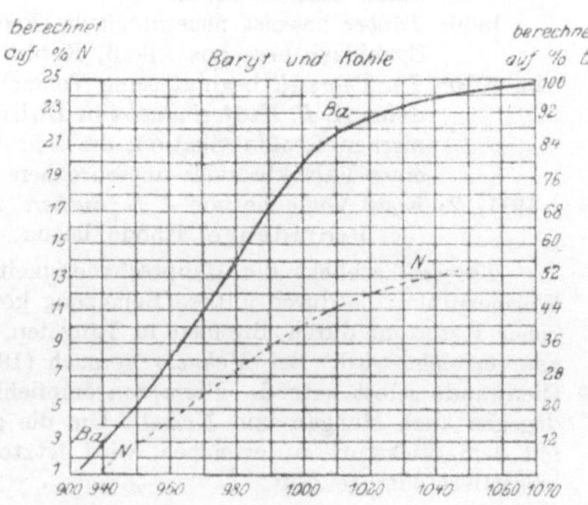

Fig. 25.

Die Reaktionsmassen müssen fein gepulvert werden, doch ist es nach *Thorssell* beim Arbeiten mit kohlensaurem Baryt und Kohle nicht notwendig Eisen als Katalysator zuzusetzen, da Eisen hier keinen Einfluß ausübt. Bariummetall entsteht aus Bariumcarbonat und Kohle intermediär beim Cyanisierungsvorgang nicht, wohl aber Natrium aus $Na_2CO_3 + C$. Dieses metallische Natrium soll sich dann mit Eisen legieren, und da Eisen außerdem Kohlenstoff aufnimmt, so ist die enge Berührung und damit das Miteinanderreagieren gegeben. Bei Gegenwart von Eisen ist die Reaktionsgeschwindigkeit bei etwa 930° ebenso groß, wie ohne Eisen bei 1000 bis 1100°. Soda ist deshalb nur bei gleichzeitiger Anwesenheit von Eisen brauchbar, weil schon bei 1000° Bildungs- und Verflüchtigungstemperatur des Cyannatriums allzunahe beieinander liegen würden.

Die Koksasche enthält gemeinhin: Kieselsäure, Tonerde, Kalk, Magnesia, Kali und Natron. Von diesen Substanzen sind Kali und Natron für den Cyanisierungsprozeß völlig unschädlich. Kieselsäure und Tonerde bilden dagegen Silicate und Aluminate mit den Alkalien oder Erdalkalien der Reaktionsmischung sowie mit Kalk und Magnesia. Eine Anreicherung dieser schädlichen Verunreinigungen wird unfehlbar dann eintreten, wenn dauernd im Kreisprozeß gearbeitet wird. *Thorssell* weist auf die Bedeutung dieses Punktes hin und rät, näher auf seine Lösung einzugehen. Die Arbeit von *Bucher* gibt in dieser Hinsicht viel bessere Fingerzeige. Der Stickstoff sollte auch möglichst rein sein.

Da man, um die Volumenkonzentration an Kohlenoxyd möglichst gering zu halten, gezwungen ist, mit einem reichlichen Stickstoffüberschuß zu arbeiten, so muß dieses Gas billig sein. Die Kupfermethode ist viel zu umständlich und auch die Rektifikation der flüssigen Luft ist nach *Thorssell* (2 bis 5 Pfg. je 1 cbm vor dem Kriege; gerechnet mit 10fachem Überschuß gibt das allein 20 bis 50 Pfg. Stickstoffkosten im gebundenen Zustand) zu kostspielig.

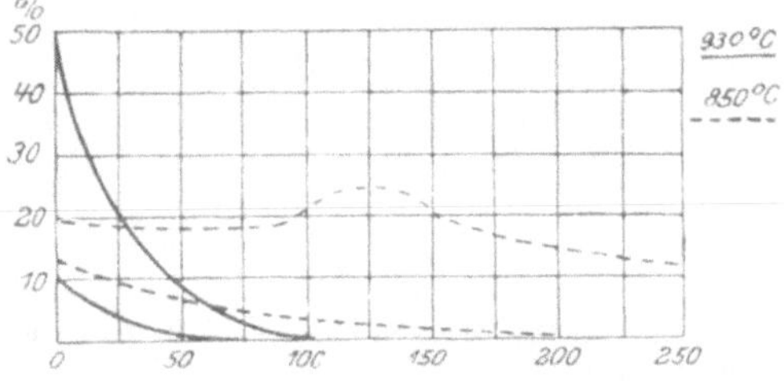

Fig. 26.

Es ist deswegen in Gotenburg eine Methode ausgearbeitet worden, um Sauerstoff aus Luft durch hocherhitzten Eisenschwamm herauszunehmen. Dabei hat sich gezeigt, daß nur die durch Brikettierung von gepulvertem Eisenschwamm und Soda als Binde- und Aktivierungsmittel erhaltenen Massen geeignet sind, die Sauerstoffbindung praktisch einwandfrei durchzuführen. Die eisenoxydhaltigen Massen werden durch Wassergas wieder reduziert, so daß sich ein vollständiges Kreislaufverfahren ergibt. Beim Ausgehen von atmosphärischer Luft werden je 1 kg Stickstoff 0,24 kg Koks und beim Verwenden von Abgasen mit z. B. nur noch 5 Proz. Sauerstoff 0,05 kg Koks je 1 kg erzeugten Stickstoffs verbraucht.

Die Abgase der Cyanisierungsöfen enthalten neben Kohlenoxyd stets noch Kohlensäure. *Thorssell* gibt dafür folgende Kurve[1] (Fig. 26) über die Abgase. Die ausgezogenen Linien bedeuten den Kohlenmonoxyd- und den Kohlensäuregehalt bei einer auf 930° erhitzten Soda-Kohlemischung und die gestrichelten die gleichen Gehalte beim Betrachten einer solchen Mischung unter 850°. Die ersteren Kurven zeigen das rasche Einsetzen der Reaktion und die schnelle Abnahme, während die anderen den allmählichen Verlauf erkennen lassen.

Im kontinuierlichen Großofen des Fabrikbetriebes liegt das Verhältnis Kohlensäure zu Kohlenmonoxyd im Mittel zwischen 1 : 3.

In dem Augenblick, wo man den Cyanisierungsprozeß im Kreislauf vor sich gehen läßt, führt man statt der reinen Carbonate auch Hydrat und Formiat in den Ofen zurück, die sich infolge von Nebenreaktionen und der sekundären Zersetzung des gebildeten Cyanids mit Wasser in Ammoniak bilden. Wird Bariumcarbonat als Ausgangsmaterial gewählt, so geht die Reaktion glatt bis zur Bildung eines basischen Cyanids $(BaO \cdot Ba(CN)_2)$

---

[1] Zeitschr. f. angew. Chem. 1920, I, 247.

vor sich, während die praktisch unnötige Bildung des normalen Cyanids viel langsamer erfolgt.

Für die Einzelphasen der Cyanisierung von Bariumcarbonat-Kohlegemischen im Kreisprozeß ergibt sich nach *Thorssell* folgendes Bild:

Verläuft bis zu einem Grade von:	Reaktionsschema:
42 Proz.	$10\ Ba(HCO_2)_2 + 18\ C + 10\ N = 5\ BaO \cdot Ba(CN)_2 + 7CO_2 + 21CO + 10\ H_2$. Absorbiert 442 Cal. je g-Mol.
3 Proz.	$10\ Ba(HCO_2)_2 + 4\ C = 10\ BaO + 10\ H_2 + 6\ CO_2 + 18\ CO$. Absorbiert 24 Cal.
13 Proz.	$10\ BaCO_3 + 20\ C + 10\ N = 5\ BaO \cdot Ba(CN)_2 + 5\ CO_2 + 15\ CO$. Absorbiert 130 Cal.
2 Proz.	$10\ BaCO_3 + 6\ C = 10\ BaO + 4\ CO_2 + 12\ CO$. Absorbiert 15 Cal.
35 Proz.	$10\ Ba(OH)_2 + 22\ C + 10\ N = 5\ BaO \cdot Ba(CN)_2 + 3\ CO_2 + 9\ CO + 10H_2$. Absorbiert 251 Cal.
5 Proz.	$10\ Ba(OH)_2 + 8\ C = 10\ BaO + 2\ CO_2 + 6\ CO$. Absorbiert 25 Cal.

Zusammen 887 Cal. für 137,4 g Ba oder 126 g gebundenen Stickstoff, d. h. die Reaktion absorbiert theoretisch 7040 Cal. je 1 kg N oder 8,2 KW-Stunden bzw. 1,76 kg Kohle. Die entweichenden Brenngase haben $840 + 54 + 133 + 16 + 406 + 50 = 1499$ Cal. oder je 1 kg N = 11900 Cal. Heizwert.

Die Ofentemperatur ist so niedrig, daß es sehr leicht ist, die Abgase in vollkommener Weise zur Dampferzeugung, Trocknung oder für sonstige Zwecke nutzbar zu machen. Schon bei 60 Proz. Energieausnützung bekommt man effektiv ebenso viele Calorien heraus, als die Einleitung der Cyanisierung erfordert. Man erhält, mit anderen Worten, die Wärme, welche man zur Durchführung der Reaktion gebraucht, in einer solchen Form und Menge wieder zurück, daß man damit den Wärmebedarf der ganzen Fabrik decken kann.

Für die Aufarbeitung der Soda-Koks-Eisenmassen nach der Cyanisierung auf Cyanid ist wichtig, daß sich bei der Auslaugung unter gewissen Bedingungen Ferrocyannatrium bildet. Auch dieses kann mit Wasser nach

$$Na_4Fe(CN)_6 + 11\ H_2O = 6\ NH_3 + 4\ Na \cdot OOC \cdot H + FeO + 2\ CO$$

reagieren; es entsteht jedoch Eisenoxydul, das auf Kosten von Kohlenstoff und Energie erst im Ofen wieder zu Eisen reduziert werden muß, ehe es aufs neue an der Stickstoffbindung teilnehmen kann. Diese Menge Eisenoxydul ist indessen ganz unbedeutend. Unter der Annahme, daß die Cyanisierung mit 80 Proz. Ausbeute verläuft, ergibt sich für die Betrachtung des Soda-Koks-Eisengemisches folgende Übersicht:

Verläuft bis zu einem Grade von:	Reaktionsschema:
73 Proz.	$10\ NaHCO_2 + 16\ C + 10\ N = 10\ NaCN + 5\ H_2 + 4\ C + 4\ CO_2 + 12\ CO$. Absorbiert 453 Cal. je g-Mol.
7 Proz.	$10\ NaHCO_2 + 2\ C = 5\ Na_2O + 5\ H_2 + 3\ CO_2 + 9\ CO$. Absorbiert 37 Cal.
3 Proz.	$5\ Na_2CO_3 + 17\ C + 10\ N = 10\ NaCN + 9\ CO + 3\ CO_2$. Absorbiert 17 Cal.
7 Proz.	$5\ Na_2CO_3 + 3\ C = 5\ Na_2O + 2\ CO_2 + 6\ CO$. Absorbiert 35 Cal.
4 Proz.	$10\ NaOH + 18\ C + 10\ N = 10\ NaCN + 2\ CO_2 + 6\ CO + 5\ H_2$. Absorbiert 17 Cal.
6 Proz.	$10\ NaOH + 4\ C = 5\ Na_2O + 3\ CO + CO_2 + 5\ H_2$. Absorbiert 20 Cal.

Zusammen 579 Cal. für 230 g Na oder 112 g gebundenem Stickstoff, d. h. die Reaktion absorbiert theoretisch 5160 Cal je 1 kg N oder 6 KW-St. bzw. 1,52 kg Kohle. Die entweichenden Brenngase haben $797 + 64 + 19 + 29 + 49 + 30 = 988$ Cal. oder je 1 kg N = 8820 Cal. Heizwert. Als Verbrauch kommt noch die geringe Menge Kohle hinzu, welche die erwähnte Reduktion der Eisenoxyde erfordert.

Die hier errechneten Zahlen für den Energieverbrauch lassen sich praktisch nicht erreichen. Sie setzen chemisch reine Materialien voraus und schalten Verluste gänzlich aus. Verunreinigungen, namentlich Feuchtigkeit, bewirken höheren Kohlenverbrauch; Wärmeverluste entstehen durch die erhöhte Temperatur der Abgase und der cyanisierten Massen, durch Strahlung, durch Ableitung in die Ofenteile usw. Insbesondere der Strahlungsverlust wird dann am kleinsten, wenn man mit möglichst großen Ofeneinheiten arbeitet. Andererseits geben bei den niedrigen Arbeitstemperaturen nur verhältnismäßig kleine Öfen gute Resultate.

Der Wärmeverlust durch Abgase ist gering, da die Temperatur bedeutend unter 100° liegt. Auch die Abgabe von Wasserdampf ist nicht erheblich.

„Wir sind dazu gekommen, daß man einen Energieverbrauch von 10 KW-St. und darunter je kg gebundenen Stickstoffs erreichen kann, abgesehen von den Ofenverlusten. Es dürfte wohl keinen nennenswerten praktischen Schwierigkeiten begegnen, einen Ofen mit 25 bis 50 Proz. Strahlungsverlusten zu konstruieren, wobei der Energieverbrauch auf 12 bis 15 KW-St. je kg gebundenen Stickstoffs bliebe.“

Hinsichtlich der Auswahl der Base sind Baryt und Natron einander ebenbürtig. Baryt erfordert eine um etwa 100° höhere Cyanisierungstemperatur, ist aber gegen Überhitzung weniger empfindlich, da die gebildete Verbindung $BaO \cdot Ba(CN)_2$ sehr beständig ist. Infolge der geringeren Alkalität der Bariumverbindungen kann man leichter haltbare Ofenmaterialien finden, als bei Soda. Der unter Umständen große Ungelegenheiten bereitende Eisenzusatz fällt beim Arbeiten mit Bariumcarbonat weg. Will man außerdem nur Ammoniak gewinnen, so ist Baryt auf jeden Fall vorzuziehen. Natron ist andererseits in der Verarbeitung des cyanisierten Produkts ungleich vielseitiger, da man, von ihm ausgehend, leicht zu reinem Cyannatrium, zu Ferrocyanid, Formiat, Oxalat, Ameisensäure, Oxalsäure, Formalin, Oxamid usw. gelangen kann.

Betrachtet man den Cyanidprozeß als Stickstoffbindungsmethode und als Ammoniaklieferant, so stellt er einen in sich geschlossenen Kreis dar, in den Stickstoff, Kohle und Wasser ein- und aus dem dafür Ammoniak, Kohlenoxyd und Wasserstoff herausgebracht werden. Die beiden letzteren Gase verbrennen wieder und dienen zur Wärmeerzeugung. Es handelt sich also praktisch um eine Synthese des Ammoniaks aus Stickstoff und dem Wasserstoff des Wassers, die parallel mit einem Wassergasprozeß schematisch wie folgt verläuft:

$$Na_2CO_3 + 4\,C + 2\,N = 2\,NaCN + 3\,CO,$$
$$2\,NaCN + 4\,H_2O = Na_2CO_3 + H_2 + CO + 2\,NH_3$$
$$\overline{4\,C + 2\,N + 4\,H_2O = H_2 + 4\,CO + 2\,NH_3.}$$

Nach *Thorssells* Ansicht ist das Cyanidverfahren bedeutend billiger und ungleich betriebssicherer als die *Haber-Bosch*-Methode. Besonders bemerkenswert sind die im Vergleich zu anderen Stickstoffbindungsprozessen sehr niedrigen Anlagekosten. Außerdem ergibt sich bei ihm die wertvolle Möglichkeit, Nebenprodukte in Gestalt wichtiger Kohlenstoffverbindungen zu erhalten, die ebenso synthetisch erzeugt werden, wie etwa das Ammoniak selbst. Der Cyanisierungsvorgang liefert nicht Stickstoffverbindungen oder organische Körper wie das Calciumcarbid, er gibt Stickstoffverbindungen und organische Substanzen unter Aufwendung viel geringerer Energiemengen.

Bei der Herstellung von Stickstoff durch Überleiten von Luft über erhitzten Soda-Eisenschwamm hat *Thorssell* beobachtet, daß sich in der Reduktionsphase oft Massen von Kohlenstoff ausschieden, die gemäß der Gleichung

$$2\,CO = CO_2 + C$$

entstanden waren. Auf *Buchers* (s. o.) gerade in dieser Hinsicht sehr ausführliche Arbeiten nimmt *Thorssell* dabei keinen Bezug. Beim Öffnen solcher Retorten fand er dann stets einen mehr oder weniger starken Ammoniakgeruch. Die Ammoniakentbindung rührt einfach davon her, daß die mit feinverteiltem Kohlenstoff bedeckte Grundmasse (Soda-Eisen) mit Stickstoff augenblicklich Cyanid bildet, das beim Öffnen und Entleeren der noch sehr heißen Retorte mit dem Wasserdampf der feuchten Außenluft sofort im Sinne einer Ammoniakabspaltung reagiert. *Thorssell* greift die Möglichkeit, Ammoniak auf diese Weise kontinuierlich aus Kohlenoxyd und Wasserdampf durch Überleiten über einen Soda-Eisenkontakt herzustellen, auf, um seinen ursprünglichen Prozeß zu verbessern. Die Arbeitsweise nach dem neuen Schema muß so sein, daß die Ausbeuten und die Reaktionsgeschwindigkeiten überhaupt einen ökonomischen Betrieb ermöglichen. Die Ammoniakherstellung muß unterhalb 600° stattfinden, da sonst der Zerfall des gebildeten Ammoniaks beträchtlich wird. Andererseits muß auch die Kohlenausfällung bei der gleichen, niedrigen Temperatur vor sich gehen. *Thorssell* hat festgestellt, daß sie durch hohen Druck in folgender Weise beeinflußt wird:

Druck	$t=627°$ % an CO	$t=550°$ % an CO
1 Atm	57	20
10 „	24	7
100 „	8	2 .

Nun wird der Ammoniakspaltung durch Druckerhöhung entgegengearbeitet und die Cyanisierung beschleunigt, also muß der ganze Prozeß unter Druck viel besser vor sich gehen. Es ergibt sich alles in allem folgendes Reaktionsschema:

$$1. \quad Na_2CO_3 + 4\,C + 2\,N = 2\,NaCN + 3\,CO[\text{Fe-Kontakt}],$$
$$2. \quad 2\,NaCN + 4\,H_2O = Na_2CO_3 + H_2 + CO + 2\,NH_3,$$
$$4\,CO = 2\,CO_2 + 2\,C$$
$$\overline{}$$
$$3. \quad 2\,C + 2\,N + 4\,H_2O = H_2 + 2\,CO_2 + 2\,NH_3.$$

Zu lösen bleibt einzig und allein die Frage, wie es bewirkt werden kann, daß der Vorgang 1, der eine um einige hundert Grad höhere Temperatur (etwa 950°) erfordert, schon bei 500 bis 600° ebenso rasch verläuft, wie die beiden anderen Reaktionen der Kohlenoxydzersetzung und Ammoniakfreimachung.

H. *Lundén* hat im Laboratorium der *A.-B. Kväfveindustri* bzw. in derem Auftrag die Cyanisierungstemperaturen für andere Alkalien bzw. Erdalkalien untersucht. Er hat gefunden, daß diese Temperaturen direkt proportional den Siedepunkten der betreffenden Metalle und umgekehrt proportional zu ihren Atomgewichten zu sein scheinen. Ein Zusammenhang zwischen den Cyanisierungstemperaturen und den Schmelzpunkten der angewandten Salze, wie er früher angenommen wurde, hat sich nicht feststellen lassen. *Thorssell* gibt über *Lundéns* Versuche folgende Tabelle:

	Li	Na	K	Rb	Cs	Ca	Sr	Ba
Siedepunkt des Metalles · · ·	1400	880	760	696	670			ca.1000
Reaktionstemperatur · · · ·	1100	930	830	700?	600?	1600	1400	1050
Produkt · · · · · · · · · ·	Cyanid		Cyanid		—	Cyanamid	Cyanamid + Cyanid	
Energieverbrauch (KW-Stunde pro kg N · · · · · · · ·	—	10	10	9?	8?	16	15	13
Cyanidflüchtigkeit · · · · ·	900	1000	1000	?	?	?	?	1150
Kann das Metall durch Reduktion mit C dargestellt werden · · · · · · · · ·	nein	ja	ja	ja	ja	nein	nein	nein
Carbidbildung, Temperatur ·	700	—	Auf trockenem Wege nicht darstellbar			1800	?	1600

Diese Tabelle läßt darauf schließen, daß die Cyanisierung beim Rubidium und Caesium auch bei niedrigeren Temperaturen rasch genug verlaufen wird, um den oben angedeuteten Plan verwirklichen zu können. Die hier mitgeteilten Temperaturen mit einem ? sind noch nicht experimentell nachgeprüft worden. Bekanntlich hat auch *Bucher* bei seinen Anfangsversuchen mit Rubidium gearbeitet.

Thorssell ist seinem Beispiel ferner hinsichtlich der elektrolytischen Zerlegung von geschmolzenem Natriumcyanid gefolgt. Er verwandelt das Natriummetall mit Kohle und Stickstoff wieder in Cyanid und führt das Cyangas in das dünngewichtige Oxamid mit 30 Proz. N über.

Von seinen Mitarbeitern nennt er am Schlusse seiner Veröffentlichung: *A. Kristenson, H. Lundén, G. Frisell, E. Ljunggren, Göransson, T. Holmgren, Chr. Beck-Friis, O. Troell, E. Edlund* und *E. Karlsson.*

Von *J. E. Bucher* und der *Nitrogen Products Co.* in Providence, Rhode Island, rühren zahlreiche Patente her[1]. Nach dem franzöz. Pat. 455 799 bläst man Luft bei 780° zur Entfernung des Sauerstoffs über Holzkohle, die in einem Muffelofen liegt, und führt den reinen Stickstoff weiterhin über ein erhitztes Gemisch von Graphit, feinverteiltem Eisen und Soda. Das franzöz. Pat. 453 086 beschäftigt sich mit den Zersetzungsreaktionen so erzeugter Cyanide. Das D. R. P. 286 086 vom 15. Dez. 1912 schildert das Prinzip der ganzen Fabrikation (vgl. amerik. Pat. 1 116 559). Nach dem amerik. Pat. 1 116 559 kann auch so gearbeitet werden, daß die Cyanisierung und die Abdestillierung des gebildeten Cyanids aus den Reaktionsmassen unter Vakuum im gleichen Apparat erfolgt. Das amerik. Pat. 1 120 682 enthält die Beschreibung des oben bereits ausführlich besprochenen Reaktionsofens. Im amerik. Pat. 1 138 190 wird empfohlen, die Dämpfe eines Alkalimetalls im Stickstoffstrom bei über 500° über Eisen-Kohlenstoff-katalysatoren streichen zu lassen, um auf diese Weise Cyanid zu erhalten. Das amerik. Pat. 1 138 191 beschreibt insbesondere die Ammoniakabspaltung aus Cyaniden und in den amerik. Pat. 1 241 919, 1 241 920 ist die Darstellung von Harnstoff aus Alkalicyanat, Ammoniak und Kohlensäure geschildert[2]. Nach der amerikanischen Statistik des Jahres 1919[3] sind folgende Mengen an Soda und Cyanid usw. produziert worden:

	1918		1919		Ausfuhr in sh. t	
	sh. t	Mill. Doll.	sh. t	Mill. Doll.	1918	1919
Natriumcarbonat Na_2CO_3	1 390 628	35,635	981 354	29,824	119 217	50 481
Natriummonohydrat +						
Sesquicarbonat . . .	22 678	0,483	30 796	0,711	—	—
Dasselbe mit 10 H_2O . .	82 465	2,020	74 200	22,082	6 358	5 563
Natriumcyanid u. -super-						
oxyd	9 077	5,361	9 196	4,558	—	—

Die *A.-B. Kväfveindustri*, Göteborg (Schweden); hat im D. R. P. 321 662 ein Verfahren angegeben, um die Verunreinigungen, welche sich beim Arbeiten im Kreisprozeß durch die Aschenbestandteile der Kohle in den Reaktionsmassen ansammeln, zu entfernen (s. o.). Nach dem Zersetzen dieser Massen und der Austreibung des Ammoniaks sind die sauren Bestandteile, wie Tonerde, Kieselsäure usw. fest an die Alkalien oder Erdalkalien gebunden. Man zerlegt diese Körper zweckmäßig durch eine stärkere Säure, die nur C, H, O und N enthalten darf, oder man kaustiziert, falls es sich um Alkalien handelt,

---

[1] Vgl. Ch. Ztrlbl. 1919, II, 740, IV, 360.

[2] Siehe oben und Metall. Chem. Eng. **17**, 661 (1917); vgl. ferner Zeitschr. f. angew. Chem. 1918, II, 98.

[3] Chem.-Ztg. 1920, S. 812.

mit Kalk und scheidet Kieselsäure, Tonerde usw. unlöslich ab, während die löslichen Bestandteile wieder in den Prozeß zurückkehren. Am meisten empfiehlt sich die Kohlensäure oder, wenn Erdalkalien in Frage kommen, Ameisen- bzw. Essigsäure zur Reinigung. Nach dem D. R. P. 325 878 setzt man das Eisen in Form von Oxalat oder Hydroxyd zu.

In seinem vor dem Technischen Verband in Göteborg am 20. April 1920 gehaltenen Vortrag[1] betont *Thorssell*, daß im elektrischen Ofen nur 12 KW-St. zur Bindung von 1 kg Stickstoff notwendig sind. Die *A.-B. Kväfveindustri* hat den fabrikmäßigen Betrieb 1920 aufgenommen. Die Leistungsfähigkeit war jedoch im April 1920 noch so gering (da erst ein sehr kleiner Teil der Anlage in Betrieb genommen war), daß man Zahlen noch nicht nennen konnte. Damals bestand auch Mangel an Kraft. Inzwischen sind die Produkte der Göteborger Anlage auf dem Markt erschienen. „Inwieweit das von dieser hergestellte Düngemittel die Erzeugnisse der *Norsk Hydro·* vom schwedischen Markt verdrängen kann, wird natürlich von seinem Wert und seinem Preise abhängen." Nach dem D. R. P. 300 812 bestehen die Reaktionsmassen aus 50 Gewichtsteilen Cyanbarium, 40 Gewichtsteilen Bariumoxyd und 12 Gewichtsteilen Kohlenstoff. Beim Eintragen in Wasser krystallisiert zunächst das überschüssige Barythydrat aus und die hinterbleibende Cyanbariumlösung wird bei hoher Temperatur im Autoklaven zerlegt.

Die anhaltend hohen Brennstoffpreise sind die Ursache gewesen, daß man zur Benutzung elektrischer Öfen übergegangen ist. Wie die *A.-B. Kväfveindustri* in einem Bericht[2] erwähnt, ist durch ein Gutachten ausländischer Fachleute bestätigt, daß ein rationeller Betrieb mit den verwandten Öfen gewährleistet werden kann. In Zukunft wird das Cyanidverfahren mit den übrigen Methoden der Stickstoffbindung sicherlich in erfolgreichen Wettbewerb treten können. Die weiteren Überlegungen der Gesellschaft haben zu einem Zusammenschluß mit der *A.-B. Trollhättan Cyanidverk*[3] geführt. Diese verfügt über Anlagen und Fabriken in Trollhättan, die sich für die chemische Behandlung von Cyaniderzeugnissen, wie sie von der *A.-B. Kväfveindustri* gewonnen werden, eignen. Sie besitzt außerdem 2050 KW elektrischer Energie. Mit Erwerb dieses Werkes hofft man die Fabrikation in Göteborg noch mehr vereinfachen zu können. Verschiedene Patente der Trollhättangesellschaft auf dem Gebiete der Stickstoffindustrie sind zudem für die *A.-B. Kväfveindustri* wichtig und wertvoll. Nach dem Zusammenschluß werden beide Werke nach dem *Thorssell*-Verfahren arbeiten; außerdem soll jedoch die Gewinnung von Ammoniumsulfat, die Veredelung von Natriumcyanid und die Darstellung von Nebenerzeugnissen aufgenommen werden. An Neukapital sind 6,5 Mill. Kr. erforderlich, von denen 4 Mill. durch Neuemission aufgebracht werden sollten. Da es sich als unmöglich erwies, diesen

---

[1] Siehe oben und Chem.-Ztg. 1920, S. 815.

[2] Zeitschr. f. angew. Chem. 1920, II, 414.

[3] Gegründet mit 500 000 Kr.: Chem.-Ztg. 1916, Chem.-techn. Übers. S. 825.

Betrag zusammenzubringen — gezeichnet wurden nur 700 200 Kr. —, so ist die *A.-B. Kväfveindustri* einstweilen stillgelegt worden[1].

Im wirtschaftlichen Teil des vorliegenden Buches ist ferner von der Gründung einer holländischen Anlage nach einer Cyanidmethode (*Stikstof-bindings-Industrie „Nederland"*) die Rede gewesen. Aus einem Bericht[2] über die Lage der chemischen Industrie Hollands im zweiten Quartal 1920 ist ersichtlich, daß die Versuche in dieser Anlage recht günstige Erfolge hatten und daß man die noch entgegenstehenden Schwierigkeiten bald überwinden zu können hoffte. Den aus dem Prozeß als Nebenprodukt abfallenden Sauer-stoff sucht man gegenwärtig in größerem Umfange abzusetzen. Die ersten Betriebs-schwierigkeiten sind noch nicht über-wunden[2].

In Stockholm hat sich außerdem die *A.-B. Cyanid*[3] mit 300 000 Kr. Kapital gebildet, um ein Verfahren *A. R. Lindblad* im großen auszuüben, das von *Sandsta Elektriska Smältverk* ausgearbeitet ist und die Erzeugung von Alkalicyanid, Am-moniak usw. zum Gegenstand hat. Im D. R. P. 293 904 (norweg. Pat. 30 880) hat *Lindblad* einen elektrischen Ofen be-schrieben, um die Synthese des Cyanids aus Pottasche, Kohle und Stickstoff auszu-führen. Der Ofen soll insonderheit das Aus-schmelzen der Alkalien aus der Beschickung verhindern. Die Abbildung (Fig. 27) zeigt

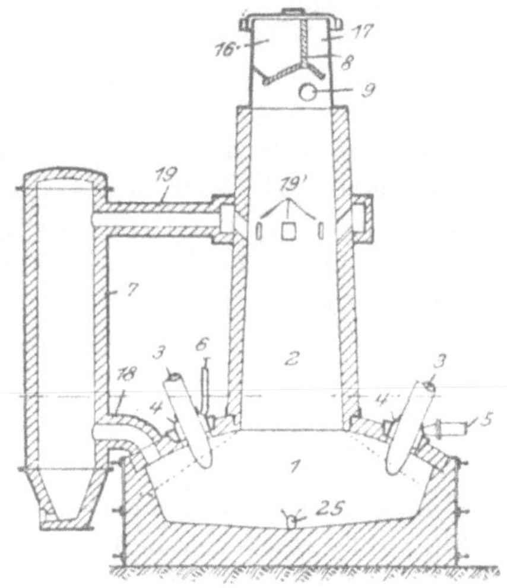

Fig. 27.

den Ofen im senkrechten Schnitt. Der Schmelzraum 1 geht nach oben zu in einen Schacht 2 über. Die Stromzufuhr erfolgt durch die Elektroden 3, die an den Stellen, an denen sie das Mauerwerk durchbrechen, mit wasser-gekühlten Rahmen 4 umgeben sind. Die Rohrleitungen 5 und 6 dienen zum Einblasen von Gas. Das mit den Abgasen abziehende dampfförmige Cyanid kondensiert sich in 7. Durch 8 erfolgt die Beschickung, während 9 einen Gasabzug darstellt.

Die Kaliumcyanidherstellung verläuft beispielsweise wie folgt. Ausgangs-materialien sind K_2CO_3 oder KOH und Holzkohle. Der Stickstoff wird am einfachsten durch Fraktionierung flüssiger Luft gewonnen. Durch die größere Abteilung 16 des Beschickungstrichters 8 wird die Holzkohle und durch die kleinere 17 das Kali eingefüllt. Der Stickstoff wird an der gleichen Seite, wie z. B. die Pottasche, nämlich durch Rohr 5, eingeblasen, das in eine die Elektrode kreisförmig umgebende Öffnung mündet, um ohne jeden Energie-verlust gleichzeitig eine wirksame Kühlung der Elektrode hervorzurufen.

<hr>

[1] Metallbörse 1920, S. 2063; Zeitschr. f. angew. Chem. 1920, II, 460.
[2] Metallbörse 1920, Nr. 45, S. 1759; Zeitschr. f. angew. Chem. 1920, II, 454.
[3] Chem.-Ztg. 1915, S. 600.

Die Elektroden 3 werden mit der Beschickung an den Stellen in Berührung
gebracht, wo diese weder an der Innenwandung noch am Gewölbe des Ofens
anliegt. Dadurch wird der Strom verhindert, sich einen Weg durch das
Mauerwerk zu suchen, das bei den Temperaturen der Cyanisierung leitend wird.
Man erhitzt so weit, daß das sich nach der Gleichung

$$K_2CO_3 + 4\,C + 2\,N = 2\,KCN + 3\,CO$$

bildende Cyanid sofort verdampft und mit dem Kohlenoxyd flüchtig weggeht.
Es gelangt durch die Leitung 18 in den Kondensator 7. Hier scheidet sich
KCN aus und wird gesammelt. Die Gase werden direkt abgeführt oder durch
die Züge und Düsen 19 bzw. 19′ in den Ofen zurückgeleitet. Die Holzkohlen-
asche und etwa sich bildende Schlacken sollen durch 25 entfernt werden.
Zur Gewinnung von NaCN wird der gleiche Ofen benutzt, während für das
höhere Hitzegrade verlangende Bariumcyanid andere Vorrichtungen mehr
am Platze sind. Nach dem D. R. P. 311 864 gibt man der Beschickung einen
Zuschlag von Kalk oder kalkhaltigen basischen Verbindungen und verwendet
als Alkaliquelle Feldspat oder ähnliche Gesteine. Um Alkalicyanid aus Feldspat zu gewinnen, wird dieser zerkleinert und mit Kohle sowie mit soviel
Kalk gemischt, daß eine leichtflüssige Schlacke erhalten wird. Mit dieser
Mischung wird ein elektrischer Ofen beschickt. Ein Teil des Kalis wird nach
der Gleichung:

$$K_2O + C = 2\,K + CO$$

reduziert. Das freigewordene Kalium verbindet sich mit Kohlenstoff und
Stickstoff unter Entstehung von Cyankalium, das mit den Gasen flüchtig
weggeht und durch Kondensation erhalten wird. Tonerde und Kieselsäure
des Feldspats bilden mit Kalk Schlacken, die in üblicher Weise abgelassen
werden.

In der Schweiz[1] hat *A. V. Lipinski*-Zürich eine kleine Versuchsfabrik (in
Baden, Schweiz) zur Herstellung von Cyankalium nach seinem elektrochemischen Verfahren errichtet, über das bisher nichts näheres bekannt geworden
ist. Es sollte aber, da die bisherigen Ergebnisse günstig waren, 1917 mit der
Fabrikation begonnen werden.

Außerordentlich interessant und im Hinblick auf die von *Thorssell* an-
geregten Untersuchungen besonders wichtig sind die Befunde von *A. Stähler*[2]
über die Cyanidsynthese im elektrischen Druckofen. Im elektrischen Druckofen, mit dem Temperaturen von etwa 2500° und Drucke von rund 500 Atm
zu erreichen sind, läßt sich die direkte Synthese von Cyanid aus Alkali- bzw.
Erdalkalioxyden oder -carbonaten, Kohle und Luftstickstoff besonders glatt
durchführen. Mischungen von Alkalicarbonat und Kohle (etwas mehr, als
die berechnete Menge) reagieren beim Erhitzen unter gewöhnlichem Druck
kaum unter Cyanidbildung. Drucksteigerung auf 60 Atm bewirkt aber, daß
sich 95 Proz. des Carbonats in Cyanid umwandeln. *Stähler* erzeugte auch

---

[1] Chem.-Ztg. 1917, S. 166.
[2] Ber. d. D. Chem. Ges. **49**, 2292 (1916).

Lithiumcyanid, wobei sich 80 Proz. der angewandten Lithiumverbindung umsetzten.

A. Lang (D. R. P. 287 006) preßt aus 87 Teilen Bariumnitrat und 32 Teilen Kohle eine Patrone, die angezündet werden kann. Es findet dann folgende Umsetzung statt:

$$8\,C + Ba(NO_3)_2 = 5\,CO + BaO + 3\,C + N_2.$$

Wenn der oberste Teil der Patrone abgebrannt ist, streicht das Gemisch von Stickstoff und Kohlenoxyd aus dem noch brennenden Rest über den glühenden Rückstand von BaO und C. Es bildet sich Cyangas bzw. Cyanid, das zum Ausräuchern geschlossener Räume usw. Verwendung finden soll.

Karl Prinz zu Löwenstein und *F. Hauff* schlagen im D. R. P. 318 286 vor, den Kohlenstoff, der durch Erhitzen aus Methan ausgeschieden wird, mit (z. B.) Bariumcarbonat zu mischen, dann zu brikettieren und diese Briketts in Revolveröfen bei 1200 bis 1400° mit Stickstoff zu behandeln. Die Spaltung des Methans liefert neben Kohlenstoff auch Wasserstoff, der, mit Luft verbrannt, sofort heißen Stickstoff erzeugt.

Die Alkaliamide (siehe z. B. D. R. P. 316 137) dienen seit langem dazu, Cyanide fabrikatorisch herzustellen. *O. Matter* hat nun gezeigt (D. R. P. 302 561), daß man aus Natriumamid durch Behandeln mit Stickoxydul auch Natriumacid mit über 90 Proz. Ausbeute gewinnen kann.

Im D. R. P. 261 508 beschreibt die *Nitrogen Co.*, Ossining, die Erzeugung von Alkalicyanid aus Barium, Kohlenstoff, Stickstoff und einem Alkalimetall. *Ch. J. Greenstreet* gewinnt nach dem amerik. Pat. 1 052 815 Stickstoffverbindungen, wie Cyanide, aus rotglühendem Erdalkalihydrid, Stickstoff, Kohle und Chlornatrium oder Eisenchlorid. *O. Frank* und *O. Fincke* leiten Stickstoff bei 700 bis 1000° über eine innige Mischung von Eisen und Silicium (oder Bor) mit Kalk, Magnesia oder Baryt (amerik. Pat. 1 101 424). Durch das Vorhandensein mehrerer Basen soll die Reaktionsmasse unter Wirksamerhaltung ihrer Oberfläche am Schmelzen verhindert werden. Aus Calciumcyanamid erzielt man nach dem amerik. Pat. 1 112 893 durch Umschmelzen mit Schwefelnatrium, Chlornatrium und Kohle Massen, die zur Golderzlaugung vorteilhaft zu benutzen sind. 10 g $CaCN_2$, 5 g Na_2S, 5 g NaCl und 2 g Kohlepulver geben beim Erhitzen unter Luftabschluß auf 800 bis 1000° Reaktionsprodukte mit 55 Proz. Cyanid nach:

$$2\,NaCl + Na_2S + 2\,CaCN_2 + 2\,C = CaCl_2,\ CaS + 4\,NaCN.$$

Um rohes Cyanid zu reinigen, empfiehlt *H. Freeman* im amerik. Pat. 1 143 952 Umsetzung mit frischgefälltem Ferrohydroxyd nach dem Schema:

$$6\,KCN + Fe(OH)_2 = K_4Fe(CN)_4 + 2\,KOH.$$

Das Ferrocyanid wird durch Umkrystallisieren gereinigt und dann in einem mit geschmolzenem Blei gefüllten Kessel mit Alkalimetall behandelt, z. B.:

$$Na_4Fe(CN)_4 + 2\,Na_2 = 6\,NaCN + Fe.$$

B. Broch stellt Alkalicyanid aus Alkalimetall, Stickstoff und Kohle her (norweg. Pat. 31 292).

Auf die Versuche zur direkten Flammenbogensynthese des Blausäuregases war bereits hingewiesen worden. *E. Briner* und *A. Baerfuß* haben neuerdings mit Gemischen aus Stickstoff und Methan gute Ergebnisse erzielen können[1]. Die *South Metropolitan Gas Comp.* hydrolysiert Ammoniumsulfocyanid, um Ammoniak zu gewinnen (D. R. P. 321 661).

Cyanide und Blausäure spielen in der Bekämpfung tierischer und pflanzlicher Schädlinge eine wichtige Rolle[2].

Ch. L. Parsons hat sich in seinen sehr objektiven und durch große Sachkenntnis ausgezeichneten Berichten (1917) durchaus für das Cyanidverfahren eingesetzt. Er ist der Ansicht[3], daß „der Stickstoff in dieser Form billiger gebunden werden kann, als nach irgend einem anderen synthetischen Prozeß" und glaubt, „daß dieses Verfahren für den Stickstoffmarkt der Welt noch einmal sehr in Betracht kommen und daß es dann den übrigen Methoden wegen der Einfachheit der Arbeitsweise und den niedrigen Baukosten starke Konkurrenz machen wird, daß aber andererseits der Ofen noch verbesserungsbedürftig ist" (1917). Die *Nitrogen Products Co.* arbeitet unter *Edw. E. Arnold* an der Ausgestaltung des *Bucher*-Verfahrens. 1917 gab es zwei kleine Versuchsanlagen, die eine in Saltville, Va., die mit einem kohlebefeuerten Ofen arbeitet, und die andere in Niagara Falls mit einem elektrischen Ofen. Beide Betriebe sind im April 1917 von einer amerikanischen Regierungskommission besichtigt worden.

Auch *M. J. F. Haarsma* kommt im Chem. Weekblad[4] **16**, 270 (1919) zu einem günstigen Urteil über die Cyanidverfahren, die mit außerordentlich niedrigen Gestehungskosten arbeiten und durchaus konkurrenzfähig sein sollen.

Die Gewinnung von Stickstoff und Wasserstoff.

Wenn eine Besprechung der Verfahren der Stickstoffindustrie auch nur einigermaßen erschöpfend sein soll, so darf sie an den Darstellungsmethoden für die als Ausgangsmaterial dienenden Gase nicht vorübergehen.

Kalkstickstoff-, Nitrid- und *Haber-Bosch*-Verfahren sind gezwungen, von reinem Stickstoff auszugehen, während die Cyanidsynthese unter gewissen Bedingungen mit Generatorgasen und ähnlichen auskommen kann. Bei der Zerlegung der Primärprodukte, das sind in erster Linie Kalkstickstoff, Aluminiumnitrid und Cyanid, mit Wasser dient dessen Wasserstoff dazu, das Ammoniak aufzubauen. Demgegenüber braucht die direkte *Haber-Bosch*-Synthese auch noch freien Wasserstoff, um diesen mit elementarem Stickstoff zu Ammoniak vereinigen zu können. Für die Stickstoffindustrie kommt daher die Erzeugung von reinem Stickstoff und reinem Wasserstoff nach möglichst billigen Methoden in Betracht. Die später noch zu besprechenden

---

[1] Chem.-Ztg. 1920, Chem.-techn. Übers. S. 86.

[2] Zeitschr. f. angew. Chem. 1919, I, 162; 1920, I, 85, 111, 117.

[3] *Hesse-Grossmann*, Englands Handelskrieg usw., Bd. III (1919), S. 85, 96.

[4] Siehe Engineering, 30. Jan. 1920, S. 157.

synthetischen Prozesse, also die Salpetersäurebildung im elektrischen Lichtbogen, in Explosionsflammen und jene durch Ammoniakverbrennung über Katalysatoren, benutzen direkt Luft bzw. bereits gebildetes Ammoniak als Ausgangsmaterial, so daß für sie eine weitere Vorbereitung unnötig ist.

Sowohl in dem Kapitel über die Kalkstickstoffindustrie, wie in jenem
über die Cyanidverfahren ist bereits von einigen Herstellungsmethoden für
Stickstoff durch Überleiten von Luft über glühendes Kupfer oder hocherhitzte Eisen-Sodabriketts bzw. durch Verbrennen von Wasserstoff mit
Luft die Rede gewesen. Die modernste und, wenn es sich um große Mengenleistung handelt, wohl auch die billigste Methode der Stickstoffherstellung ist
die Rektifikation der flüssigen Luft. Natürlich kann an dieser Stelle auf
Einzelheiten nicht eingegangen werden: es muß genügen einen kurzen Überblick zu geben und einige der neuesten Patente und Arbeiten zu erwähnen,
zumal ja u. a. auch *Muhlert*[1], *v. Unruh*[2] sowie *Auerbach*[3] im Zusammenhang
und daneben Fortschrittsberichte[4] laufend über dieses Gebiet berichtet haben.

Am 24. Dez. 1877[5] berichtete *Cailletet*[6] der Pariser Akademie, daß er
durch (adiabatische) Expansion hoch komprimierten und mittels schwefliger
Säure auf — 29° C vorgekühlten Sauerstoffs in einem Glasrohr nebelförmige
Niederschläge dieses Gases erzielt habe. Gleichzeitig wurde eine telegraphische
Benachrichtigung von *Pictet* vorgelegt, wonach es ihm gelungen sei, Strahlen
von flüssigem Sauerstoff aus einem Gefäße ausströmen zu lassen. Er hatte
durch zweistufige Verdampfung (SO_2 und CO_2) Sauerstoff tief gekühlt, unter
200 Atm Druck gebracht und dann aus dem Gefäß austreten lassen. Diese
ersten Versuche hatten zwar die Gewißheit gebracht, daß es möglich ist,
Sauerstoff zu verflüssigen, allein es war noch nicht gelungen, größere Mengen
davon zu gewinnen, flüssig zu erhalten und ihre Eigenschaften zu studieren.
Obwohl *Cailletet* später[7] zur Vorkühlung Äthylen verdampfen ließ (— 105°),
kam er nicht wesentlich weiter. 1883 beschrieben dann *v. Wroblewski* und
Olszewski[8] ihren verbesserten Apparat, bei dem sie durch Verdampfung von
Äthylen unter 2,5 cm Druck auf — 139° C Vorkühlung kamen. Auch
Cailletet[9] brachte im gleichen Jahre seinen kontinuierlich wirkenden Apparat
heraus. Alle diese beruhten nunmehr ausschließlich auf der stufenweisen
Kondensation und der Verdampfung flüchtiger Stoffe — Kohlensäure,
Äthylen, Sauerstoff — und machten es möglich, die zahlreichen Unter-
suchungen über das physikalische Verhalten der verflüssigten Gase durch-
zuführen, die wir insbesondere *Olszewski* und sodann *Dewar* verdanken, der

---

[1] Die Industrie der Ammoniak- und Cyanverbindungen, Leipzig 1915, S. 46 bis 54.
[2] In *F. Ullmanns* Enzyklopädie, Bd. VII (1919), S. 637 bis 667.
[3] Ebenda, Bd. V (1917), S. 679 bis 702.
[4] Z. B. Chem.-Ztg. 1913, Nr. 110ff.; 1914, S. 494; 1915, Nr. 118ff.; 1919, Nr. 131 ff.;
1920, Nr. 102ff., bes. S. 847ff.
[5] Nach *C. Linde.*
[6] Compt. rend. **85**, 1216.
[7] Compt. rend. **94**, 1224.
[8] Compt. rend. **97**, 1115.
[9] Compt. rend. **96**, 1140 und Wiedem. Ann. Bd. XX, 243.

seit dem Jahre 1884 den vorerwähnten Experimentatoren gefolgt war und der — den auf dem gleichen Prinzip beruhenden — Verflüssigungsapparaten wohl die größte Leistungsfähigkeit gegeben ist. *C. Linde* ist in seiner kleinen, zusammenfassenden Veröffentlichung: „Maschine zur Erzielung niedrigster Temperaturen, zur Gasverflüssigung und zur mechanischen Trennung von Gasgemischen" des näheren auf die *Dewar*schen[1] Konstruktionsformen (1884) eingegangen. Im Jahre 1895[2] führte *Olszewski* die Ermittlung der kritischen Daten von Wasserstoff durch. Flüssigen Wasserstoff in Substanz erhielt *Dewar* 1899[3]. In der Chemikerzeitung 1920[4] ist neuerdings auf noch weiter zurückgehende Arbeiten von *Perkins* (vor 1823) über die Luftverflüssigung aufmerksam gemacht worden.

Die von *Cailletet, Pictet, Olszewski* und *Dewar* benutzten Laboratoriumsapparaturen waren für ein Arbeiten im großen, an das man schon sehr bald dachte, völlig ungeeignet. Die Lösung der sich hierbei ergebenden Aufgaben ist von hervorragenden Technikern versucht worden. *E. Solvay* erhielt im Jahre 1885 ein Patent auf „einen Apparat zur Erzeugung äußerster Temperaturen", mit dem er Kälte erzeugen und Gase verflüssigen wollte. Sein Arbeitsprinzip ist identisch mit demjenigen, für das *W. Siemens* bereits 1857 eine vorläufige Patentbeschreibung eingereicht hatte. Es handelt sich stets um die Kombination einer Kaltluftmaschine üblicher Zusammensetzung mit einem Wärmeaustauscher, der die von adiabatischer Expansion herrührende Temperaturerniedrigung im Arbeitszylinder auf die komprimierte und zur nächstfolgenden Expansion bestimmte Luft überträgt. Dieses Prinzip ist nicht nur von *Solvay*, sondern auch von verschiedenen anderen Patentnehmern beibehalten bzw. neu erfunden worden. Theoretisch ist der Gedankengang auch vollkommen richtig, praktisch wird sich jedoch immer das herausstellen, was *Solvay* im Dezember 1895 durch *Cailletet* der Pariser Akademie[5] erklären ließ: „Die niedrigste Temperatur, bis zu der es mir zu kommen gelang, war — 95°, da weiterhin die Kälteverluste die Kälteleistung überwogen."

Ende Mai 1895 hat *C. Linde* vor einem Kreis von Physikern, Chemikern und Technikern in München eine Maschine im Betrieb vorgeführt und erläutert, die, nur aus einem Luftkompressor und zwei Wärmeaustauschapparaten bestehend, stündlich mehrere Liter flüssiger Luft zu liefern vermochte. Die Wirkungsweise der neuen *Linde*schen Apparatur beruht darauf, daß den zu verflüssigenden Gasen durch Leistung innerer Arbeit Wärme entzogen wird, bis die Abkühlung die kritische Temperatur unterschreitet und die Kondensation erreicht ist.

Das Prinzip des *Linde*-Verfahrens ist in dem D. R. P. 88 824 vom 5. Juni 1895 und den ausländischen Patenten: Engl. Pat. 12 528/1895; amerik. Pat.

[1] Phil. Mag., Bd. XVIII, 212.
[2] Wiedem. Ann. 1895.
[3] Chem. News **18** (1899), S. 132.
[4] S. 265.
[5] Compt. rend. 1895, 1241.

727 650, 728 173 und schweiz. Pat. 10 704 zuerst niedergelegt und gegen die erwähnten Vorläufer von *Siemens* (engl. Pat. 2064/1857) und *Solvay* (D. R. P. 39 280/1883) abgegrenzt worden. Als Gegenstand der Erfindung ist „ein Arbeitsverfahren und eine Maschine zur Verflüssigung von Luft bezeichnet worden, wesentlich zu dem Zweck, die Trennung von Gasgemischen, z. B. Luft, durchzuführen". Dieses Ziel hat *Linde* zuerst ausgesprochen. Auf das *Linde*-Verfahren wird weiter unten noch einzugehen sein.

Gleichzeitig[1] und unabhängig von *Linde* hat *Hampson* den *Joule-Thomson-*Effekt und das Gegenstromverfahren als Grundlage seines technischen Verfahrens gewählt (engl. Pat. 10 165/1895; amerik. Pat. 620 312). Der *Hampson-*Apparat spielt für die Großindustrie ebensowenig eine Rolle, wie der sehr handliche Demonstrationsapparat von *Heylandt* (s. a. unten), der im D. R. P. 236 454/1909 beschrieben ist.

Den bisher geschilderten Apparaten und Verfahren zur Verflüssigung von Luft durch innere Arbeit stehen diejenigen gegenüber, welche diese Verflüssigung unter Leistung äußerer Arbeit durchführen. Die Gase können nach diesem System nur dadurch expandieren, daß sie z. B. den Kolben einer Expansionsmaschine betreiben oder eine Turbine in Rotation versetzen. Die für diesen Arbeitsvorgang nötige Kraft wird den expandierenden Gasen als Wärmeäquivalent entzogen, so daß sie sich abkühlen müssen. Die hierbei gewonnene mechanische Arbeit stellt einen Teil der zur Kompression aufgewandten Arbeit dar und kann als „Arbeitsgewinn" zur Steigerung des Nutzeffekts der ganzen Anlage verwendet werden.

Nach vielen vergeblichen Versuchen[2] ist es zuerst *G. Claude* gelungen, eine Maschine zu bauen, die (mit Petroläther als Schmiermittel usw.) bei — 140° bis — 150° einwandsfrei arbeitete. Die Drucke erreichen maximal 45 Atm, die Luft braucht nicht viel tiefer, als ihre kritische Temperatur beträgt (— 141°), gekühlt zu werden. Die Grundzüge des Verfahrens sind in dem französ. Pat. 296 211 und Zus. 2885, dem engl. Pat. 12 905/1900 und dem österr. Pat. 8305 enthalten. In Deutschland ist nach diesem Verfahren bisher nur wenig gearbeitet worden, dagegen hat die »*L'air Liquide, Société anonyme pour l'Etude et l'Exploitation des Procédés Georges Claude*« in Paris den Prozeß in Frankreich, Italien, Amerika usw sowohl zur Fabrikation flüssiger Luft, wie auch von Sauerstoff, Stickstoff, Argon usw. mit gutem Erfolge einführen können. Die *Linde*-Gesellschaft erwarb für Deutschland das alleinige Ausführungsrecht für *Claude*-Anlagen. Eine Lizenz hat außerdem die *Chem. Fabrik Griesheim-Elektron.*

Einem ähnlichen Grundprinzip folgt das Verfahren von *Mewes*, das durch sehr viele Patente geschützt ist (das erste ist das D. R. P. 119 943/1901, das auf den Namen Metz lautet). Eine Versuchsanlage[3] lieferte 1913 nach einer Anfahrzeit von 2 bis $2\frac{1}{2}$ Stunde mit 87 PS pro Stunde 14 bis 15 l flüssige

---

[1] Nach *M. v. Unruh*, a. a. O., S. 652ff.

[2] Siehe namentlich *Kausch*, Herstellung, Verwendung und Aufbewahrung flüssiger Luft. 5. Aufl., Weimar 1919.

[3] Zeitschr. f. Sauerstoff und Stickstoff 1914, S. 23, 47.

Luft, wobei ein Arbeitsgewinn der Expansionsmaschine von 10 bis 12 PS erzielt werden konnte.

Die Konstruktionen von *Pictet* zur Verflüssigung (D. R. P. 162 702, 165 268/1901 usw.) und zur Rektifikation (D. R. P. 169 564 usw.) von Luft haben sich auf die Dauer nicht zu halten vermocht. Es sind in Deutschland und im Auslande von der *Sauerstoff-Industriegas A.-G.*-Berlin mehrere *Pictet*-Anlagen (Borsigwalde, Hannover) gebaut und in Betrieb gesetzt worden. Nach der Liquidation dieser Gesellschaft sind jedoch die Anlagen nach dem *Linde*schen System umgebaut worden.

Während *Linde* und *Hampson* nur Entspannungsventile, *Claude*, *Pictet* und *Mewes* nur Expansionszylinder anwenden, verbindet *Heylandt* beide Methoden zu ,einem äußerst wirkungsvollen Verfahren mit innerer und äußerer Arbeit. Ausschlaggebend ist daran die bis dahin praktisch für unausführbar gehaltene Konstruktion des Expansionsmotors (D. R. P. 191 659/1906, 270 383/1908 usw.). Die Apparate werden von der *Gesellschaft für Apparatebau P. Heylandt m. b. H.*, Berlin-Mariendorf, geliefert. Die erzeugte flüssige Luft hat 80 bis 85 Proz. O. *Bernstein*[1] stellt folgende Zahlen eines 24-Stunden-Dauerversuches einander gegenüber:

Heylandt-Anlage:	Leistung 25 l flüss. Luft/Std. mit 85 % O	Energieaufwand pro 1 l	1,4—1,5 KW-Std.
Linde-Anlage:	gleichgroße Leistung		2,6—2,8 „ „

Die Überlegenheit des *Heylandt*schen Systems vermindert sich bei den Sauerstoff- oder Stickstoffgewinnungsanlagen etwas, bei denen der Kraftbedarf nur um 20 bis 25 Proz. geringer ist, als bei gleichgroßen *Linde*-Apparaten.

Als Maßstab für die industrielle Verbreitung der gebräuchlichsten Systeme gibt *M. v. Unruh*[2] für 1919 folgende Zahlen:

Sauerstoffproduktion in Kubikmetern in Deutschland pro Jahr

um 1900	etwa	30 000
„ 1909	„	2 000 000
„ 1913	„	13 000 000
„ 1919	„	65 000 000

Jahresleistung der Anlagen nach *Linde*		45 bis 50 Mill. cbm Sauerstoff
„ „ „ „ *Heylandt*	14 „	15 „	„	„
„ „ „ „ *Claude*	4 „	5 „	„	„

Die *Gesellschaft für Lindes Eismaschinen A.-G.*, Abteilung Gasverflüssigung, in Höllriegelskreuth bei München hat nach ihren Angaben bis Oktober 1918 im ganzen geliefert bzw. es waren z. T. noch im Ausbau begriffen: 209 Sauerstoffanlagen (Jahresleistung 72,5 Mill. cbm), 55 Stickstoffanlagen (310 Mill. cbm), 18 Wasserstoffanlagen nach *Linde-Frank-Caro* (s. u.) für 29 Mill. cbm und 120 Luftverflüssigungsanlagen.

Im folgenden soll ganz kurz und in großen Zügen über die *Linde*sche Verflüssigungs- und Rektifikationsmethode berichtet werden[3].

---

[1] Glückauf 1915, Nr. 51.

[2] a. a. O., S. 637.

[3] Nach Angaben der *Linde*-Gesellschaft usw.

Ausgangsmaterial ist atmosphärische, möglichst staubfreie Luft, die im Mittel und in runden Zahlen 21 Proz. Sauer- und 79 Proz. Stickstoff enthält. Die kritische Temperatur der Luft ist — 141°. Die Siedepunkte des flüssigen Sauerstoffs (— 183°) und des flüssigen Stickstoffs (— 195,8°) liegen weit genug auseinander, um die flüssige Luft in einer Rektifikationssäule in diese Bestandteile trennen zu können. Die Zerlegungsprodukte werden für sich unter teilweiser Wiedergewinnung der zur Verflüssigung aufgewendeten Kälte verdampft und bis auf Zimmertemperatur erwärmt.

Die Luft wird zunächst auf den nötigen hohen Druck gebracht, der zu Anfang 120 bis 200 Atm erreicht und der im Beharrungszustande so weit herabgesetzt werden kann, daß die Kälteverluste gerade gedeckt werden (40 bis 80 Atm). Nach Entziehung der Kompressionswärme durch Kühlwasser wird die komprimierte Luft durch ein Drosselventil auf Atmosphärendruck entspannt. Da infolge der Abweichung von den Gesetzen der idealen Gase die komprimierte Luft einen geringeren Wärmeinhalt besitzt, als entspannte Luft bei gleicher Temperatur, so tritt bei einer Abdrosselung, die eine Wärmeaufnahme aus der Umgebung ausschließt, eine Abkühlung ein (*Joule-Thomson*-Effekt), die, wenn man von Zimmertemperatur und 200 Atm Anfangsdruck ausgeht, ungefähr 40 bis 50° (etwa 0,25° je 1 Atm Druckdifferenz) beträgt. Indem nun die entspannte kalte Luft in einem Gegenstromwärmeaustauscher der eintretenden komprimierten Luft entgegengeführt wird und ihre Kälte auf letztere überträgt, gelangt die Luft mit immer tieferer Temperatur zum Drosselventil. Entsprechend fällt aber auch die Temperatur hinter dem Drosselventil immer tiefer, bis schließlich die Verflüssigungstemperatur erreicht wird. Die jetzt durch die Ausströmung hervorgerufene Kälteleistung dient zur Verflüssigung eines Teiles der Luft.

Das Zerlegungsverfahren gründet sich, wie erwähnt, auf die Verschiedenheit der Siedepunkte von Sauer- und Stickstoff. Unterwirft man flüssige Luft einer allmählichen Verdampfung, so erhält man in den zuerst gebildeten Dämpfen Mischungen, die mehr Stickstoff enthalten, als die Ausgangsflüssigkeit, deren Sauerstoffgehalt entsprechend wächst. Es ist jedoch weder möglich, auf die Weise reinen, sauerstofffreien Stickstoff zu erzeugen, noch einen praktisch reinen Sauerstoff in solcher Ausbeute zu gewinnen, daß das Verfahren wirtschaftlich wird. Um die erforderliche Reinheit des Sauerstoffs zu erreichen, muß die Eindampfung vielmehr so weit getrieben werden, daß nur mehr ein kleiner Bruchteil des ursprünglich vorhandenen Sauerstoffs rein zurückbleibt.

Eine praktisch vollkommene Zerlegung wird erst durch Anwendung des *Linde*schen Rektifikationsverfahrens ermöglicht (D. R. P. 173 620). Man wäscht danach die bei der Verdampfung der flüssigen Luft auftretenden Dämpfe mit flüssiger Luft in einer Kolonne. Dadurch werden einerseits die abziehenden Dämpfe bis auf denjenigen Gehalt an Sauerstoff ausgewaschen, der dem Gleichgewicht über der eintretenden Flüssigkeit entspricht — bei flüssiger Luft etwa 7 Proz. Sauerstoff —, während andererseits die herabrieselnde Flüssigkeit durch die Wechselwirkung mit den aufsteigenden Dämpfen auf dem Wege nach unten immer stärker an Sauerstoff angereichert wird, bis schließlich die gewünschte Reinheit erreicht ist.

Um auch den restlichen Sauerstoffgehalt von 7 Proz. in den abziehenden Dämpfen zu beseitigen, wird nach den D. R. P. 180 014 und 203 814 an Stelle von flüssiger Luft nahezu reiner flüssiger Stickstoff, der durch eine unter höherem Druck stattfindende Vorrektifikation gewonnen wird, als Waschflüssigkeit auf die Rektifikationssäule gegeben (Zweisäulenapparat). Durch diese Anordnung wird es ermöglicht, Stickstoff von beliebiger Reinheit bis zu 99,9 Proz. zu erzeugen; andererseits läßt sich, wenn die Gewinnung von Sauerstoff den Hauptzweck der Zerlegung bildet, der als Nebenprodukt anfallende Stickstoff bis auf mehr als 97 Proz. Reinheit bringen und somit eine äußerst günstige Ausbeute an Sauerstoff erzielen. Der Sauerstoff wird in der Regel mit einem Gehalt von 98 Proz. hergestellt. Seine Reinheit läßt sich aber bis auf 99,8 Proz. steigern.

Zwischen der eintretenden Luft und dem austretenden Sauer- und Stickstoff findet ein praktisch vollkommener Wärmeaustausch statt, so daß die Zerlegungsprodukte den Trennungsapparat mit fast der gleichen Temperatur verlassen, mit der die komprimierte Luft eintritt. Im Beharrungszustand, d. h. wenn der Apparat einmal mit Flüssigkeit gefüllt ist, braucht daher nur so viel Kälte erzeugt zu werden, als zur Deckung der unvermeidlichen Verluste infolge von Einstrahlung oder Leitung aus der wärmeren Umgebung erforderlich ist. Für diese geringere Kälteleistung genügt ein niedrigerer Kompressionsdruck als zur Abkühlung erforderlich ist. Bei größeren Apparaten kann daher im Beharrungszustand der Kompressionsdruck bis auf 30 Atm erniedrigt werden. Anstatt die gesamte Luftmenge auf diesen Druck zu bringen, wird bei einer in bezug auf den Energieverbrauch besonders günstigen Anordnung nur ein Teil der Luft auf hohen Druck von 100 bis 200 Atm gepreßt, während der größere Teil dem Apparat nur mit einem Druck von 5 Atm, wie er zur Zerlegung erforderlich ist, zugeführt wird (Anlagen mit getrennter Hoch- und Niederdruckluft).

Vor dem Eintritt in die Verflüssigungsapparate muß die Luft von Kohlensäure und Wasserdampf befreit werden; diese Verunreinigungen scheiden sich bei tiefer Temperatur in fester Form ab und würden, wenn sie nicht entfernt werden, zu einer vorzeitigen Verstopfung der Rohre führen. Das Herauswaschen der Kohlensäure erfolgt durch Natronlauge. Der Wasserdampf wird durch Absorption mit Chlorcalcium oder durch Vorkühlung der Luft abgeschieden. Diese Vorkühlung verfolgt außer der Trocknung der Luft noch einen zweifachen Zweck: die Verringerung der Abkühlungszeit im Trennungsapparat und die Vergrößerung der Kälteleistung bzw. bei gegebener Leistung der Anlage die Verkleinerung des Energiebedarfs (infolge der Zunahme der Kühlwirkung mit sinkender Eintrittstemperatur).

Eine Anlage zur Stickstoff- bzw. Sauerstoffherstellung nach dem System *Linde* besteht demnach im wesentlichen aus folgenden Teilen:

1. Dem Verflüssigungs- und Trennungsapparat,
2. der Kompressionsanlage,
3. den Einrichtungen zur Reinigung und Trocknung der Luft sowie
4. der in den meisten Fällen angewandten Vorkühlung.

Der Verflüssigungs- und Trennungsapparat enthält den Gegenstromwärmeaustauscher und die Rektifikationssäule. Beide bestehen hauptsächlich aus Kupfer und Bronze, als den einzigen für so tiefe Temperaturen in Frage kommenden Baustoffen. Sie sind mit einer starken Schicht wärmeisolierenden Materials (z. B. Seide) umhüllt und in einen kräftigen Holzmantel eingebaut.

Zur Luftkompression dienen mehrstufige Kompressoren mit (je nach dem erforderlichen Enddruck) 2 bis 5 Kompressionsstufen; nach jeder Stufe wird die Luft zur Entziehung der Kompresssionswärme mit Wasser gekühlt. Die Absorption der Kohlensäure wird entweder durch Einschaltung eines Rieselturmes in die Luftsaugleitung bewirkt, der mittels einer Zentrifugalpumpe mit Natronlauge beschickt wird, oder die Luft durchstreicht unter höherem Druck einen druckfesten, mit Natronlauge gefüllten Eisenbehälter.

in dem geeignete Einbauten eine wirksame Berührung zwischen Luft und Lauge gewährleisten.

Die Vorkühlung der Luft erfolgt durch eine Ammoniakverdampfungs-Kältemaschine, die in einem Doppelröhrenapparat (Vorkühler) die verdichtete Luft bis auf etwa — 30° durch Verdampfung flüssigen Ammoniaks abkühlt. Das verdampfte Ammoniak wird wieder angesaugt, komprimiert und unter Wasserkühlung erneut verflüssigt. Bei der Abkühlung scheidet sich der in der Luft enthaltene Wasserdampf als Eis aus, das an den Wänden haften bleibt. Wenn nach einer gewissen Zeit die Rohre des Vorkühlers sich mit Eis zusetzen, muß er außer Betrieb genommen und angewärmt werden. Für ununterbrochenes Arbeiten sind daher zwei Vorkühler zur abwechselnden Benutzung erforderlich.

Im übrigen sind die Anlagen für Dauerbetrieb eingerichtet. Unterbrechungen sind, abgesehen von den zur Revision der Maschinen erforderlichen zeitweiligen Betriebsstillständen, in regelmäßigen Zwischenräumen, die je nach der Größe der Anlage und der Wirksamkeit der Reinigungsvorrichtungen eine oder mehrere Wochen betragen, notwendig. Dann ist namentlich das sich im Trennungsapparat ansammelnde Eis und das feste Kohlendioxyd zu entfernen, was etwa 24 Stunden erfordert und durch Anwärmen geschieht. Die Reinigungsvorrichtungen wirken niemals quantitativ und so häuft sich meist im Laufe der Betriebsperiode eine ziemliche Menge von H_2O und CO_2 an. Zur Abkürzung der Betriebspause sind daher erforderlichenfalls zwei Apparate anzuordnen, die abwechselnd arbeiten. Für vollkommen kontinuierlichen Betrieb sind auch Maschinenreserven aufzustellen. Die großen Stickstoff-*Linde*-Anlagen der modernen Großfabriken haben mindestens ein komplettes Aggregat in Reserve.

Die gebräuchlichsten Größen der Stickstofferzeugungsanlagen sind mit Angabe des Energie- und Kühlwasserbedarfs sowie des ungefähren Gewichts der gesamten Apparatur (je 1 Aggregat ohne Reserven an Apparaten, Vorkühlern usw.) in nachfolgender Zahlentafel zusammengestellt:

Größe der Anlage (Katalogbezeichnungen)	D 3	H 6	H 8	H 10	H 12	H 14	N 12	N 14	N 20
Leistung in cbm Stickstoff/St.	40	120	200	400	800	1600	800	1600	4000
Arbeitsbedarf in PS_e gesamt	36	60	85	160	305	580	210	400	950
Arbeitsbedarf in PS_e /1 cbm N_2	0,9	0,5	0,43	0,40	0,38	0,36	0,26	0,25	0,24
Verbrauch an Kühlwasser cbm/St.	1	3	4	7	13	25	12	24	55
Ungefähres Gesamtgewicht in t	11	16	24	37	68	100	64	105	180
Ausführungsart		A. Hochdruckluft allein					B. Hoch- und Niederdruckluft.		

Wegen der etwas komplizierten Anordnung der Hoch- und Niederdruckluftanlagen kommt der Vorteil der Energieersparnis, den sie aufweisen, erst bei größeren Leistungen zur Geltung. Die angegebenen Energieverbrauchszahlen stellen die an den Wellen der Maschinen gemessenen Werte dar; für das Kühlwasser ist eine Zulauftemperatur von 15° angenommen.

Bei der in der zweiten Querspalte angegebenen Leistung ist die Gasmenge in Kubikmetern bei gewöhnlicher Raumtemperatur (17° C) und unter dem gleichen Druck angenommen, mit dem die Luft den Kompressoren zugeführt wird, also in der Regel dem jeweils herrschenden atmosphärischen Druck. Die Gewichtsmengen des gewonnenen Sauerstoffs und Stickstoffs ändern sich naturgemäß, wenn Temperatur und Druck Abweichungen von den Normalwerten aufweisen, wenn also z. B. die Luft mit sehr hoher Temperatur angesaugt wird oder ein niedriger Barometerstand herrscht. Wird in solchen Fällen die Erzeugung derjenigen Gewichtsmenge Sauerstoff oder Stickstoff gewünscht, welche die betreffende Anlage unter normalen Verhältnissen ergeben würde, so ist durch Einschaltung eines Gebläses in die Saugleitung des Luftkompressors der Saugdruck auf 1 Atm zu erhöhen bzw. eine Kühlung der angesaugten Luft vorzusehen.

Die Reinheit des Stickstoffs beträgt im Mittel 99,5 Proz. Die *Linde*-Anlagen gestatten ohne weiteres die Reinheit der Erzeugnisse innerhalb ziemlich weiter

Grenzen zu verändern. Hiermit ist gleichzeitig eine Änderung der Ausbeute verknüpft, in der Weise, daß z. B. statt 100 cbm Sauerstoff von 98,0 Proz. 110 cbm mit 95 Proz. oder etwa 95 cbm mit 99 Proz. Reinheit gewonnen werden können. Die Verunreinigungen der Gase bestehen lediglich aus Sauerstoff, Stickstoff und Argon. Die Natur des Gewinnungsverfahrens schließt andere Verunreinigungen aus; vorteilhaft ist die absolute Trockenheit der Gase.

Der bei der Gewinnung von Sauerstoff abfallende Stickstoff weist in der Regel eine Reinheit von 94 bis 98 Proz. auf (bei Anlagen bis ausschließlich Größe 4: 92 bis 93 Proz.), der als Nebenprodukt bei der Stickstofferzeugung erzeugte Sauerstoff besitzt 60 bis 80 Proz. Sauerstoffgehalt. Es können jedoch mit verhältnismäßig geringen Mehrkosten die Trennungsapparate so gebaut werden, daß gleichzeitig reiner Stickstoff und reiner Sauerstoff erhalten wird. Bei Stickstoffanlagen lassen sich bis zu 20 Proz. der Stickstoffleistung an reinem Sauerstoff als Nebenprodukt gewinnen. Da die Betriebskosten durch die gleichzeitige Gewinnung der beiden Komponenten keine nennenswerte Erhöhung erfahren, so erzeugt man die Nebenprodukte fast kostenlos. Erforderlichenfalls können neben der normalen Fabrikation auch beschränkte Mengen Sauerstoff und Stickstoff in flüssigem Zustand abgezogen werden.

Im folgenden ist eine kleine Aufstellung über die Betriebskosten einer *Linde*-Stickstoffanlage nach dem mittleren Preisstand des Jahres 1915 gegeben:

Leistung in cbm/St.		40	400	4000
Energiekosten: 1 PS-St. = 10 Pfg.	Mk.	3,60	—	—
1 „ = 6 „	„	—	9,60	—
1 „ = 1 „	„	—	—	9,50
Löhne: 1 Maschinist und 1 Helfer	„	2,00	2,00	—
1 „ „ 3 „	„	—	—	3,80
Verbrauch an: Schmieröl	„	0,30	0,50	1,80
Ätznatron	„	0,10	0,30	2,50
Chlorcalcium, Wasser, Putzmittel und sonstiges	„	0,10	0,40	1,50
Betriebskosten pro Stunde	„	6,10	12,80	19,10
Betriebskosten für 1 cbm N_2	Pfg.	15,2	3,2	0,48.

Eine genaue Berechnung der Gestehungskosten ist natürlich nur auf Grund der besonderen Verhältnisse möglich. Die angegebenen Zahlen enthalten weder die Abschreibung und Verzinsung der Anlage noch die Kosten einer etwaigen Kompression der erzeugten Gase. Mit den Zahlenwerten der 4000 cbm-Anlage werden die großen Stickstoffwerke des mitteldeutschen Bezirks rechnen. Heute sind die entsprechenden Ziffern mindestens mit dem Index 25 bis 30 zu multiplizieren. 1917/18 konnte man am Orte des Verbrauchs noch mit Gestehungspreisen von 1,5 bis 2 Pfg. pro 1 cbm Stickstoff rechnen.

Die beigefügten Schnittzeichnungen zeigen das Prinzip der *Linde*schen Luftverflüssigung und der Rektifikation. Der Kompressor (Fig. 28) läßt die Luft unter 200 Atm Druck am oberen Ende des Gegenstromapparates eintreten. Sie durchläuft das innerste Rohr von oben nach unten und wird am Ende desselben durch ein Regulierventil *a* auf den Zwischendruck von 20 bis 50 Atm entspannt. Dann kehrt sie durch den ringförmigen

Raum zwischen Innen- und Außenrohr wieder nach oben zurück, wird abermals komprimiert und beginnt den Kreislauf von neuem. Durch Ventil b wird im Beharrungszustand die gleiche Luftmenge unter Atmosphärendruck abgeführt, die aus der Atmosphäre in den

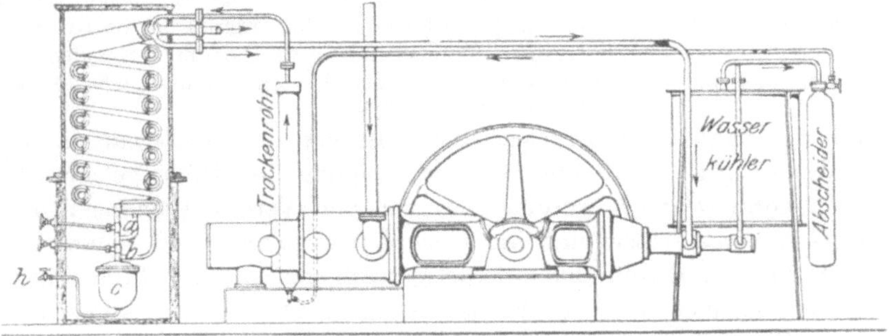

Fig. 28. Luftverflüssigungsanlage.

Kreislauf eintritt. In c sammelt sich die verflüssigte Luft, die durch h entnommen werden kann.

Die nächste Figur (Fig. 29) zeigt eine *Linde*sche Rektifikationskolonne zur Darstellung von Sauerstoff oder Stickstoff. Die komprimierte und im Gegenstromapparat A annähernd auf Kondensationstemperatur abgekühlte Luft tritt in die Heizschlange D ein, die in einem Bad einer mit Sauerstoff angereicherten Flüssigkeit liegt, und wird darin verflüssigt. Die Flüssigkeit verdampft dabei teilweise. Die Dämpfe steigen in der Säule B empor. Die flüssige Luft wird durch das Regulierventil H auf den in der Säule herrschenden Druck (3 bis 5 Atm) entspannt und rieselt den Dämpfen entgegen. Die Dämpfe werden dadurch bis auf 10 Proz. von ihrem Sauerstoffgehalt befreit. Sie steigen in der Säule weiter auf und kondensieren sich im Kondensator F, der im Verdampfungsgefäß E der zweiten Säule in flüssigem, unter atmosphärischem Druck siedenden Sauerstoff liegt. Das Kondensat fließt nun z. T. auf die erste Säule zurück und reinigt die aufsteigenden Dämpfe von Sauerstoff bis auf etwa 4 Proz. Die herabrieselnde Flüssigkeit reichert sich dabei auf rund 50 Proz. Sauerstoff an und fließt nach C. Sie wird durch das Ventil O auf atmosphärischen Druck entspannt und gelangt etwa in die Mitte der zweiten Säule G. Der Rest des Kondensates (mit nur 4 Proz. Sauerstoff) wird durch das Ventil N auf Atmosphärendruck gebracht und oben auf die zweite Säule geführt. Durch die Kondensation der stickstoffreichen Dämpfe der ersten Säule verdampft Sauerstoff aus E und steigt in G empor. Der erzeugte Sauerstoff wird bei f aus E herausgelassen und tritt in den Gegenstromapparat ein, während der Stickstoff bei e aus der Säule G austritt, um ebenfalls nach dem Gegenstromapparat zu fließen.

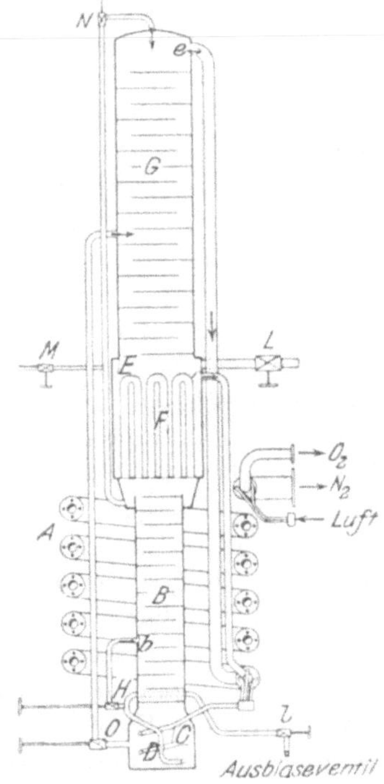

Fig. 29.

Der in dieser Form arbeitende Apparat dient zur Darstellung von Sauerstoff. Soll er zur Darstellung von Stickstoff Verwendung finden, so wird in beiden Rektifikationssäulen das Verhältnis von Dampf- zu Flüssigkeitsmenge verringert, wodurch eine vollständigere Auswaschung des Sauerstoffs erzielt wird. Bei der Drucksäule geschieht dies durch Vergrößerung der in die Säule zurückfließenden Flüssigkeitsmenge; bei der oberen Säule erreicht man den gleichen Zweck, indem man einen größeren Anteil der Dämpfe durch das Sauerstoffrohr unter der Säule fortgehen läßt. Der abziehende Sauerstoff hat in diesem Fall eine Reinheit von 60 bis 80 Proz. Baumaterial für die Kolonnen ist ausschließlich Kupfer und Bronze, die unter Verwendung von Lötzinn verbunden werden; nur diese Metalle sind bei den in Frage kommenden Tieftemperaturen zähe genug. Als Isolierung dienen Schlackenwolle und Seidenabfälle.

Von den zahlreichen Druckschriften, die von der *Gesellschaft für Lindes Eismaschinen A.-G.*, Abteilung Gasverflüssigung, in Höllriegelskreuth bei München herausgegeben wurden bzw. von den Veröffentlichungen des Erfinders *C. v. Linde* selbst, sind am bemerkenswertesten und neuesten: eine Broschüre mit der Beschreibung derartiger Anlagen und mit ihren Wartungsvorschriften (München 1918, als Manuskript gedruckt); die kleine Schrift: „Lowest Temperatures in Industry"; die Buchveröffentlichung: *C. v. Linde*, Technik der tiefen Temperaturen (München 1913); die Arbeit in der Zeitschr. d. Ver. Dtsch. Ing. 1900, S. 69 und die Vorträge vor der 43. Hauptversammlung dieses Vereins in Düsseldorf 1902 bzw. auf der 4. Jahrestagung des „Deutschen Museums, München" in Berlin 1907.

Das Bändchen: „Lowest Temperatures in Industry" ist von der *Linde*-Gesellschaft den Teilnehmern des III. Internationalen Kältekongresses in Chicago 1913 überreicht worden. Es findet an dieser Stelle doppeltes Interesse, weil es eine gute Abbildung der Stickstoffanlagen in Trostberg und in Odda, sowie eine landschaftlich ausgezeichnete Gesamtaufnahme letzteren Werkes bringt.

Schon in seiner Arbeit über die Anwendbarkeit der flüssigen Luft in der Technik, die im Jahre 1900 in der Zeitschr. d. Ver. Dtsch. Ing.[1] erschienen ist, hat *C. Linde* u. a. auf die Verwendung sauerstoffreicher Luft zum Betreiben von Generatoren usw. aufmerksam gemacht. Wenn der Sauerstoff billig genug erhalten werden kann, so glaubt er „hierin die wertvollste unter allen Anwendungen der Luftverflüssigung erblicken zu sollen". Er erinnert an die Vorschläge, welche *Hempel*[2] in dieser Beziehung gemacht hat und weist auf das Preisausschreiben hin, das der Verein zur Förderung des Gewerbefleißes in Preußen[3] im Anschluß an einen dieser Vorschläge erlassen hatte. Die Anregungen fußen auf der Voraussetzung, daß 1 cbm 50 proz. Sauerstoffgases für 1,2 Pfg. herstellbar ist (Vorkriegsparität; Betriebskosten für 1 cbm Rein-O_2 im 1000 cbm/St.-Aggregat, 1915: 1,91 Pfg.). In der angezogenen Veröffentlichung von *Linde* ist ein Generator für die Vergasung minderwertigen Brennstoffs unter Zuhilfenahme von sauerstoffreicher Luft dargestellt. Heute gewinnen diese Verfahren doppeltes Interesse, da Sauerstoff durch die Entwicklung der Stickstoffindustrie ein Abfallprodukt[4] geworden ist, nach dessen Verwertung man sucht.

---

[1] a. a. O., S. 69.

[2] Chem. Ind. 1899, Nr. 1.

[3] Sitz.-Ber. 1899, S. 92: „Untersuchung der mit konzentriertem Sauerstoffe — *Linde*-Luft — gewonnenen Generatorgase".

[4] Südd. Ind.-Blatt 1919, S. 2805; Chem.-Ztg. 1919, S. 859; 1920, S. 39; 1921, Nr. 9 ff.

Moderne Großstickstoffwerke verarbeiten pro 24 Stunden oft über 200 000 cbm Luft, aus der sie dann etwa 150 000 cbm reinen Stickstoff und 60 000 cbm 60 bis 70 proz. Sauerstoff gewinnen. Letzterer entweicht vielfach ganz oder z. T. ungenutzt in die Luft. Die autogene Metallbearbeitung, die Industrie der Sauerstoffatmungsapparate und andere Gewerbezweige gebrauchen mehr oder minder große Sauerstoffmengen. Auf seine Verwendung in sonstigen Industrien sei verwiesen[1], da hier eine Fülle verheißungsvoller Anregungen sowohl hinsichtlich einer intensiveren Beleuchtung[2], als auch einer Benutzung in der Metallurgie[3] und zur Erschmelzung von Aluminium, Calciumcarbid[4] usw. vorliegt, ohne noch einmal der bereits erwähnten Ausnutzung sauerstoffreicher Luft bei der Vergasung minderwertiger Brennstoffe zu gedenken.

Die deutschen Kalkstickstofffabriken gewinnen ihren Stickstoff wohl ausnahmslos nach *Linde*, während die Werke Oppau und Leuna daneben z. T. andere Methoden in Betrieb haben, auf die weiter unten bei der Besprechung der Wasserstoffherstellung noch eingegangen werden soll.

Eingehendere Würdigung der Kälteindustrie und nähere Charakterisierung der Patentliteratur über Kältemaschinen usw. verbietet sich an dieser Stelle. Es muß genügen auf einige Studien über das *Linde*sche Verflüssigungsverfahren[5] und auf die neuesten D. R. P. 281 761, 289 106, 295 654, 301 940, 301 941, 302 674, 319 344, 319 992 und 321 241 der *Linde*-Gesellschaft zu verweisen, welche Erzeugung und Rektifikation flüssiger Luft betreffen.

Eine Beschreibung (nebst Schnittzeichnung und Abbildung) eines *Heylandt*-Apparates veröffentlicht *Albrecht* in der „Technischen Rundschau"[6], Beilage zum Berliner Tageblatt. Zahlreiche weitere Patente der letzten Zeit rühren von *R. Mewes, H. Runge, H. Barschall*, der *Sprengluft-G. m. b. H.* in Charlottenburg, der *Industriegas-G. m. b. H.* in Berlin u. a. her (vgl. D. R. P. 282 665, 286 764, 290 809, 294 485, 312 286, 312 639, 313 800, 317 889, 321 819, 322 138, 324 661 usw.). Um im kleinen ganz reinen Stickstoff zu erzielen, schlägt die *Siemens & Halske A.-G.* vor (D. R. P. 286 514), eine Stickstoff-Alkalimetallverbindung, wie Stickstoff-Kalium im Gemisch mit Tantalpulver stark zu erhitzen. Im D. R. P. 314 171 empfehlen die *Siemens-Schuckert-Werke G. m. b. H.* zur Gasreinigung und -trennung die Anwendung hochgespannter elektrischer Ströme. *E. Herman* (D. R. P. 303 881) verbrennt Methan mit soviel Luft, daß Kohlendioxyd, Stickstoff und, aus der pyrogenen Spaltung von Methan herrührend, Wasserstoff erhalten wird.

Von den Versuchen, den Stickstoffgehalt von Verbrennungsgasen nutzbar zu machen, beanspruchen diejenigen von *Frank* und *Caro* besonderes

---

[1] Chem.-Ztg. 1920, S. 848.
[2] Chem.-Ztg. 1915, Repert. S. 297.
[3] *W. Mathesius*, Die physikalischen und chemischen Grundlagen des Eisenhüttenwesens. Leipzig 1916, S. 277/8; siehe auch Ch. Ztrlbl. 1920, IV, 604.
[4] Zeitschr. f. Elektrochemie 1902, S. 349.
[5] Journ. Franklin. Inst. **177** (1914), 305; Chem.-Ztg. 1915, Repert. S. 299.
[6] 29. Sept. 1920, Nr. 21.

Interesse, da sie zur Durchführung eines interessanten Großverfahrens geführt haben. *N. Caro*[1] (D. R. P. 183 702, 204 882) berichtet darüber: „Es werden die bei Verbrennung von Koks und Kohle unter dem Kessel gewonnenen Verbrennungsgase, die aus einem Gemisch von Stickstoff, CO_2, CO, O_2 und Kohlenwasserstoffen bestehen, durch Überleiten über Kupfer-Kupferoxyd nach einer besonderen Methode in ein Gas verwandelt, das ausschließlich CO_2 und N enthält. Dieses Gas wird unter Druck mit Wasser ausgewaschen, wobei sich die CO_2 in Wasser löst, während reiner Stickstoff ungelöst entweicht." *J. Muchka* will ein sauerstoffarmes Gasgemenge von Stickstoff und Kohlensäure aus den Gasen eines Verbrennungsmotors erzeugen (D. R. P. 311 438). *L. P. Basset* scheidet (engl. Pat. 20 667/1913) die schweflige Säure und die CO_2 aus Ofengasen durch Natriumsulfit, Natriumcarbonat usw. aus.

Auf die Bestrebungen der *Lonza A.-G.*, die leichte Oxydierbarkeit des Ammoniumsulfits zur Fabrikation von Luftstickstoff auszunutzen, war bereits hingewiesen worden. Das Verfahren soll im Großen ausgeübt werden. Es ist in den D. R. P. 302 671 und 316 502 näher beschrieben. Aus Kalkstickstoffammoniak entsteht mit Pyriröstgasen Ammoniumsulfit, dessen Lösung zwischen 70 bis 75° C durch Einleiten von Luft glatt oxydiert werden kann. In sechsstündiger Arbeit sind z. B. 48 kg Sulfit in Sulfat verwandelt und dabei 22,4 kg Stickstoff mit einem Gehalt von 0,1 bis 0,2 Proz. Sauerstoff erhalten worden. Auch die *BASF* hat sich in den D. R. P. 273 315, 276 490 und dem engl. Pat. 12 845/1912 ein ähnliches Verfahren schützen lassen. Sie leitet beispielsweise durch einen mit konzentrierter, etwas ammonjakalischer Ammoniumsulfitlösung und mit Manganhydroxyd bedeckten porösen Tonscherben bei 80° und 20 Atm Druck Luft: *A. Stutzer* (D. R. P. 255 439) will die Oxydation mit reinem Sauerstoff bei 100° durchführen: sein Vorschlag kommt also hier nicht in Betracht. Der Gedanke des *Lonza*-Patentes begegnet uns in dem D. R. P. 283 161 von *E. Collett* bzw. dem D. R. P. 283 618 der *Höchster Farbwerke* in etwas veränderter Form wieder. Auch *H. Hultman* hat sich eine ähnliche Methode (norweg. Pat. 30 822) schützen lassen.

Von der *Air Liquide*[2] in Paris (s. o.) rühren u. a. her: D. R. P. 321 241; französ. Pat. 471 162; engl. Pat. 15 053/1914. Die Gesellschaft (nach dem *Claude*-Verfahren arbeitend) hat in Frankreich außer den alten Fabriken in Paris, Le Hâvre, Nantes, Pont-Ste. Maxence, Audincourt, Lyon, St. Chamond und Marseille weitere Sauerstoffanlagen in Rouen, St. Nazaire, Bordeaux, Nancy und Hénin-Liétard neu errichtet. Sie ist auch außerhalb Frankreichs stark vertreten. In Amerika steht ihr die *Air Reduction Co.* nahe, die sich mit der *National Carbon Co.* und der *Union Carbide Co.* fusioniert hat, um mit einem Gesamtkapital von 200 Mill. Dollar u. a. die Erzeugung verflüssigter Gase gemeinsam zu betreiben.

---

[1] Aus Luft durch Kohle zum Luftstickstoffdünger usw., 1920, S. 17.

[2] Vgl. *L. Kolbe*, Flüssige Luft, Sauerstoff, Stickstoff, Wasserstoff. (Übersetzung und Erweiterung nach *J. Claude*.) Leipzig 1920.

Das Werk Muscle Shoals ist mit einer Anlage nach *Claude* ausgerüstet. Ihr Gebäude[1] ist 30,5×175 m groß und liegt 400 m östlich der Kalkstickstoffabrik, um stets reine Luft zu haben. Diese wird durch Zentrifugalgebläse durch zwei 914 mm-Leitungen angesaugt, die nördlich und südlich der Ostseite des Gebäudes in je 490 m Entfernung ins Freie münden. Die angesaugte Frischluft wird durch 8 Sätze von je 2 Schrubbertürmen (Höhe = 9,15 m; Durchmesser = 2,44 m) gepreßt, welche mit 152 mm-Spiralringen gefüllt sind und mit 17° Bé-Natronlauge berieselt werden. Die verbrauchte Natronlauge wird im Ammoniakbetrieb regeneriert. Die Verflüssigungsanlage selbst besteht aus 15 Zwillingsduplexkompressoren, welche die Luft mit 25 Atm in 30 Stickstoffkolonnen hineindrücken. Die Kompression erfolgt in 3 Stufen: 2,5, 10 und 25 Atm. 24 Kolonnen sind in Betrieb, 6 stehen in Reserve. Die Kolonnen haben ovalen Querschnitt, 1,38 m Durchmesser und 2,32 m Höhe. Sie enthalten eine Anzahl horizontaler, mit flüssiger Luft gefüllter, 38 mm tiefer Schalen, durch die das expandierende Gas perlt. Die komprimierte Luft wird auf etwa 6 Atm entspannt. Sie leistet dabei Arbeit, indem sie einen kleinen 4 bis 5 PS-Motor antreibt. 90 Proz. treten mit — 140° C in den Rektifikator und 10 Proz. mit 25 Atm direkt in die Kolonne, um dort den abgekühlten Rest zu verflüssigen, der sich am Boden der Kolonne ansammelt. Das an Stickstoff angereicherte Gas wird vom Kolonnenkopf aus mit flüssigem Stickstoff berieselt und verläßt den Apparat mit einem Stickstoffgehalt von 99,9 Proz. und einem Druck von 254 mm Wassersäule. Der Sauerstoff gelangt durch einen Wärmeaustauscher direkt ins Freie. An die Verflüssigungsanlage ist eine Druckluftzentrale mit 5 zweistufigen *Sullivan-Compound*-Luftpumpen angegliedert, die Luft durch eine 760er Leitung ansaugen und mit 8 Atm Druck über das ganze Werk verteilen. In der Minute werden 930 cbm Luft komprimiert.

In der Schweiz mußten die Fabriken für flüssige Luft in Luzern, Bern, Turgi, Lenzburg, Rumlang, Schaffhausen usw. ihre Jahresproduktion, die vor dem Kriege 400 000 bis 500 000 cbm Sauerstoff betrug, infolge der großen Nachfrage verdoppeln. Neu hinzu kamen die Sauerstoffwerke in Basel, Vevey usw.

In England wurde 1907 die erste Anlage zur Herstellung flüssiger Luft gebaut. Anfang 1918 gab es erst acht solcher Anlagen und ferner zwei, die über Bariumsuperoxyd Sauerstoff gewannen. 1919 produzierten zwölf Betriebe täglich 118 t flüssige Luft (in Deutschland gibt es Anlagen, die allein rund 260 t in 24 Stunden verflüssigen), von der 85 Proz. zum Schweißen und 15 Proz. für medizinische Zwecke weiter verarbeitet wurden. Auch in Ungarn, Dänemark, Schweden, Norwegen, Holland, Rußland, Australien, Japan usw. hat die Industrie der flüssigen Gase festen Fuß gefaßt.

Eine *Claude*-Anlage (300 cbm N_2/St.) steht[2] in St. Jean de Maurienne bei der *Soc. Gén. des Nitrures*, 16 weitere von je 400 cbm N_2/St. sollen für Zwecke der Kalkstickstofffabrikation in Betrieb sein. In Odda hatte die erste *Linde*-Anlage 375 cbm und in Trostberg 700 cbm Stundenleistung. Für die Kalkstickstofffabrikation sind vor dem Kriege 6 weitere Anlagen mit je 125 cbm Stundenleistung errichtet.

Von den zahlreichen Anwendungen, welche die flüssige Luft und die aus ihr hergestellten Produkte in der Technik[3] gefunden haben, interessieren hier in erster Linie die Sprengluftverfahren[4], die in Sonderheit Veranlassung

---

[1] Chem. Met. Eng. 1920, 8 (1919).
[2] Alle Angaben nach *Muhlert*, Die Industrie des Ammoniaks usw. 1915, S. 48/49.
[3] Chem.-Ztg. 1918, S. 483.
[4] Z. B. Chem.-Ztg. 1920, S. 743, Chem.-techn. Übers. S. 219; Ch. Ztrlbl. 1919, IV, 696.

dazu gaben, die Aufbewahrungs- und Verschickungsmethoden für verflüssigte Luft oder für flüssigen Sauerstoff zu verbessern.

1 cbm trockne atmosphärische Luft enthält nach *H. Erdmann*[1] 9,4 l = 16,76 g Argon und daneben:

$$
\begin{aligned}
0{,}012 && \text{l Neon} &&= 0{,}011 \text{ g} \\
0{,}004 && \text{l Helium} &&= 0{,}0007 \text{ g} \\
0{,}00005 && \text{l Krypton} &&= 0{,}00019 \text{ g und} \\
0{,}000006 && \text{l Xenon} &&= 0{,}000035 \text{ g}.
\end{aligned}
$$

Durch das Aufkommen elektrischer Glühlampen[2] mit Edelgasfüllung ist die Gewinnung dieser Gase[3] als Neben- oder Hauptprodukte der Luftverflüssigung lohnend geworden. Die *American Cyanamide Co.* stellt z. B. Argon als Nebenerzeugnis ihrer Stickstoffanlage her[4] und bringt es seit Dezember 1914 in den Handel.

Die *Chem. Fabrik Griesheim-Elektron*[5] verbrennt nach der Vorschrift ihres D. R. P. 295 572 Handelssauerstoff über einem Katalysator (Cu, Pt, Pd) mit (z. B.) Wasserstoff. Das zurückbleibende Argon wird von Stickstoff durch Absorption mit Magnesium oder durch fraktionierte Rektifikation befreit. In den D. R. P. 301 940 und 311 958 gibt die *Linde*-Gesellschaft ein Verfahren zur Argonherstellung an. In der normalen Rektifikationskolonne sammelt sich im oberen Teil des Kondensators (*F* in Fig. 29, S. 423) ein Teil der in der Luft enthaltenen Edelgase an, was ein Steigen des Druckes in der Drucksäule zur Folge hat. Man muß dann einen meist (fälschlich) mit „Helium" bezeichneten Hahn öffnen, um die Gase entweichen zu lassen und normalen Druck herzustellen. *R. Brandt* behandelt den Gasrest zur Reindarstellung der Edelgase mit Calcium (D. R. P. 314 907). *G. Claude*[5] gewinnt bei der Destillation der flüssigen Luft als mittlere Fraktion ein argonreiches Gemisch von Sauer- und Stickstoff. Dieses Gemisch wird bei geeignetem Druck durch ein Bad flüssigen Sauerstoffs unter Rückfluß der entstehenden Flüssigkeit verflüssigt. Hierbei entweicht der Stickstoff als der flüchtigste Bestandteil. Dem gewonnenen Flüssigkeitsgemisch wird durch Rektifikation dann das Argon entzogen, das in dieser Form 75 bis 80 Proz. neben 1 bis 2 Proz. Stickstoff und neben Sauerstoff enthält. Von diesen ist es chemisch leicht zu trennen (s. o.). *M. Bodenstein* und *L. Wachenheim*[6] haben eine interessante Laboratoriumsmethode auf Grundlage des erwähnten D. R. P. 295 572 ausgearbeitet. Die *Hydroxygen A.-G.* in Budapest hat die Argonherstellung 1916 aufgenommen und das *Bureau of Yards and Docks, Navy Dep.*, Washington, hatte 1919 eine derartige Anlage für 430 000 Dollar im Bau[7].

---

[1] Lehrbuch der anorganischen Chemie. 5. Aufl., 1910, S. 234.

[2] Ch. Ztrlbl. 1918, II, 90; 1919, IV, 139; Elektrotechn. Zeitschr. 1919, S. 149.

[3] *W. Ramsay* und *G. Rudorf*, Die Edelgase. Leipzig 1914/18; Zeitschr. f. Sauerstoff- u. Stickstoff-Ind. **10** (1918), 2, 9; Ch. Ztrlbl. 1920, IV, 360/1, 363.

[4] Chem.-Ztg. 1915, S. 113, 220.

[5] Siehe auch Umsch. 1920, S. 739 und Chem.-Ztg. 1918, 429.

[6] Berl. Ber. **51** (1918), 265.

[7] Chem.-Ztg. 1916, S. 139; 1919, S. 632.

Auf die Gewinnung des Neons, das zur Füllung von sog. Glimmlampen[1] dient, kommt *Ph. Siedler* in der „Umschau"[2] zu sprechen.

Daß bei der Gewinnung von Helium aus Gasquellen usw. die Kältetechnik eine sehr wichtige Rolle spielt, war oben schon bei der Besprechung der Stickstoffindustrie der Ver. Staaten kurz erwähnt worden, wo man die ersten Versuche zur industriellen Durchführung veranstaltet hat[3].

L. Bock läßt sich im D. R. P. 305 916 eine Vorrichtung zur Verflüssigung von Ammoniak schützen und *W. Greaves* gibt eine zusammenfassende Übersicht über die Herstellung flüssigen Ammoniaks[4].

Die ersten *Linde* schen Verflüssigungsapparaturen wurden auf den Ausstellungen in Nürnberg 1896, in München 1898 und in Paris 1900 vorgeführt. 1901 wurde mit 150 PS in Höllriegelskreuth eine größere Versuchsanlage errichtet, um die Rektifikation der verflüssigten Luft eingehender zu studieren, 1903 entstand ebenda die erste industrielle Sauerstoffanlage mit einer Stundenleistung von 10 cbm. Die Stundenleistung der gesamten deutschen Werke betrug Ende 1903: 20 cbm und Ende 1913: 835 cbm Sauerstoff. Die *Linde*-Anlagen der ganzen Erde konnten 1913 15,104 Mill. cbm Sauerstoff herstellen (s. o.). Das Wasserstoffverfahren der *Linde*-Gesellschaft hat sich viel später entwickelt, als die Methode zur Sauerstoff- oder Stickstoffgewinnung.

A. Frank, N. Caro und *A. R. Frank* haben im D. R. P. 174 324 ein Verfahren angegeben, um vorgetrocknetes Wassergas auf reinen Wasserstoff zu verarbeiten. Sie leiten es bei höherer Temperatur über Calciumcarbid und gewinnen dabei aus einem Gas folgender Zusammensetzung:

$$
\begin{array}{rcl}
50 & \text{Proz.} & H_2 \\
40 & „ & CO \\
5 & „ & CO_2 \\
4,5 & „ & N \\
0,5 & „ & O
\end{array}
$$

in einem Arbeitsgang ein Abgas mit 99 bis 99,6 Proz. H_2; N wird als Cyanamid und CO, CO_2 sowie O unter Bildung von CaO bzw. $CaCO_3$ und Graphit gebunden. Während diese Methode für die Praxis keine Bedeutung erlangt hat, fiel die Anregung, die *A. Frank* im Jahre 1909 an die *Linde*-Gesellschaft weitergab und die bezweckte, Versuche zu machen, kältetechnische Methoden auf die Herstellung von Wasserstoff aus Wassergas anzuwenden, auf sehr fruchtbaren Boden. In gemeinsamer Arbeit und später noch mit Unterstützung der *Berlin-Anhaltischen Maschinenbau A.-G.* in Berlin wurde das *Linde-Frank-Caro*-Verfahren ausgearbeitet, das u. a. durch die D. R. P. 254 043 und 261 735 sowie das schweiz. Pat. 56 594 geschützt

---

[1] Zeitschr. f. angew. Chem. 1918, III, 245; Chem.-Ztg. 1918, S. 187; Elektrotechn. Zeitschr. 1919, S. 186; Umsch. 1919, S. 152; Ch. Ztrlbl. 1920, IV, 673.

[2] Umsch. 1920, S. 466.

[3] Chem.-Ztg. 1919, S. 271, 527, 604, 767, 799, 867, 887; Ch. Ztrlbl. 1920, IV, 431; Umsch. 1920, S. 141; Ch. Ztrlbl. 1920, IV, 603, 673.

[4] Ch. Ztrlbl. 1919, IV, 177.

ist und über das nächst der *Linde*-Gesellschaft *F. Pollitzer*[1] und *F. Linde*[2] berichtet haben. Bis Oktober 1918 sind 18 Wasserstoffanlagen für eine Jahresgesamtleistung von 29 Mill. cbm Wasserstoff erbaut worden (s. o.). Eine genauere Übersicht über die Entwicklung des Verfahrens wird weiter unten gegeben werden.

Wassergas hat im Mittel folgende Analyse:

$$
\begin{array}{lllll}
48 & \text{bis } 52 & \text{Vol.-Proz.} & H_2 \\
42 & „\ \ 44 & „ & CO \\
5 & „\ \ \ 2 & „ & CO_2 & \text{und} \\
5 & „\ \ \ 3 & „ & N_2 \ .
\end{array}
$$

Es enthält daneben schwankende Mengen von Sauerstoff, Methan, Schwefel- und Phosphorverbindungen. Die Siedepunkte des Wasserstoffs (20,4° abs.) und des Kohlenoxyds (82° abs.) liegen weit genug auseinander, um, falls es sich nicht um besonders ungünstige Löslichkeitsverhältnisse handelt, eine Zerlegung durch fraktionierte Kondensation durchführbar erscheinen zu lassen. Wenn ein Gemisch von 50 Proz. Wasserstoff und 50 Proz. Kohlenoxyd bei atmosphärischem Druck auf die Siedetemperatur der flüssigen Luft abgekühlt wird, so findet keine Trennung statt. Erst unterhalb — 197° C, entsprechend dem Partialdruck des Kohlenoxyds = 0,5 Atm, beginnt sich ein Teil des Kohlenoxyds in flüssiger Form abzuscheiden. Bei — 205° beträgt der Dampfdruck flüssigen Kohlenoxyds noch $^1/_7$ Atm. Das abziehende Gas würde dann noch 14 Proz. Kohlenoxyd enthalten. Um weitergehende Trennung zu erzielen, muß man entweder mit der Temperatur noch mehr heruntergehen oder das Gasgemisch unter höheren Druck bringen. Komprimiert man das Wassergas auf beispielsweise 50 Atm, so wird der Partialdruck des Kohlenoxyds bei — 197° 0,5 Atm betragen. Der Wasserstoff steht dabei unter 49,5 Atm Druck: es wird demnach der Kohlenoxydgehalt des Wasserstoffs auf $\dfrac{0,5}{50} = 1$ Proz. herabgedrückt. Erst bei — 205° und 50 Atm Druck wird der Wasserstoff bis auf einen Gehalt von 0,3 Proz. Kohlenoxyd rein sein.

Es ist nicht möglich, Wassergas durch bloße Expansion nach *Linde* so weit herunterzukühlen, wie es bei der Luft gelingt. Das Gas hat nämlich infolge seines hohen H_2-Gehaltes nur einen sehr geringen *Joule-Thomson*-Effekt, d. h. es kühlt sich nur äußerst wenig ab, wenn der Druck erniedrigt wird. Man muß daher, wie bei der Kondensation des Wasserstoffs, flüssige Luft als Kühlmittel einführen.

Die Fig. 30 stellt den Verflüssigungsvorgang im Schema dar. Das komprimierte Wassergas tritt bei *a* in den Apparat ein und wird im Gegenstrom durch die abziehenden kalten Gase auf die erforderliche tiefe Temperatur gebracht. Kohlenoxyd scheidet sich dabei in flüssiger Form ab und sammelt sich im Gefäß *b* an. Es wird dann mittels des Ventils *d* entspannt und verläßt bei *e* den Apparat mit Zimmertemperatur. Der Wasserstoff wird druck-

---

[1] Zeitschr. d. Ver. Dtsch. Ing. 1912, S. 1540 ff.

[2] Zeitschr. f. angew. Chem. 1913, III, 814.

entlastet und tritt durch c bei g aus. Die zur Abkühlung auf die tiefe Temperatur sowie zur Deckung des Kälteverlustes gebrauchte flüssige Luft befindet sich — schematisch angedeutet — in $h\,i$. Die unterhalb der Siedetemperatur der flüssigen Luft liegenden Kältegrade werden durch Expansion des komprimierten Gases oder durch Kühlung mit Luft, die unter sehr geringem Druck siedet, erreicht. In der Großapparatur befinden sich die mit Wolle oder Seide gut isolierten Gegenstromschlangen und Flüssigkeitsgefäße im Innern eines Holzmantels.

Mit dem Kohlenoxyd (Sp. — 192°) verdichten sich die Reste der andern Verunreinigungen sowie der Stickstoff (Sp. — 196°) größtenteils, gasförmig bleibt im wesentlichen der Wasserstoff (Sp. — 253°), der etwa in folgender Zusammensetzung erhalten wird:

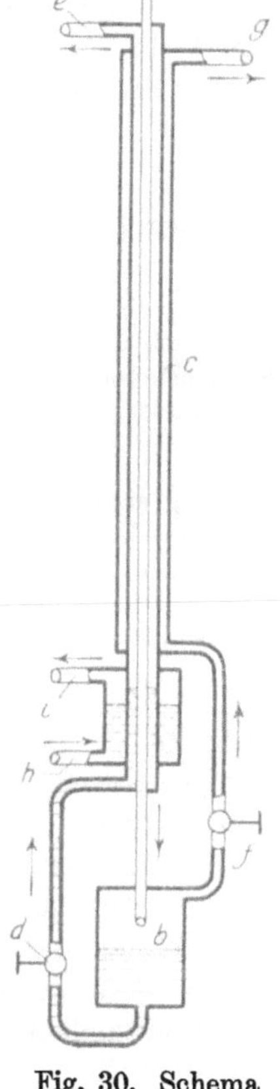

Fig. 30. Schema einer Vorrichtung zum Trennen von Kohlenoxyd und Wasserstoff.

CO_2, O_2, CH_4 und schwere Kohlenwasserstoffe: 0,0 Vol.-Proz.
CO: 2,0 bis 1,7 „
N_2: 1,0 „ 0,8 „
H_2: 97,0 „ 97,5 „

Der Kohlenoxydanteil hat einen Reingehalt von 80 bis 85 Proz. Er wird in einer Gasmaschine verbrannt und deckt den Arbeitsbedarf der Anlage.

Statt die extrem tiefe Temperatur dadurch zu erzielen, daß man flüssige Luft als solche anwendet, ist es noch wirtschaftlicher, flüssigen Stickstoff unter Vakuum sieden zu lassen. Unumgänglich notwendig ist die Vorreinigung des Wassergases zwecks Entfernung der Kohlensäure. Um an Natronlauge zu sparen, ist man hier dazu übergegangen nach einer Anregung von *Bedford* den Hauptteil der Kohlensäure mit Wasser unter Druck auszuwaschen. Man erhält dadurch ein Gas mit 0,3 bis 0,5 Proz. Kohlensäure, das nun in gewöhnlicher Weise, aber unter Druck, mit Natronlauge, Kalk usw. behandelt wird.

Schon bei Anlagen mit einer Wasserstoffstundenleistung von 100 cbm an genügt die anfallende Kohlenoxydgasmenge zur Deckung des Energiebedarfes. In größeren Anlagen bleibt sogar ein Kraftüberschuß, der u. a. auch dazu benutzt werden kann, die für die Durchführung des Verfahrens gebrauchte flüssige Luft in demselben Trennungsapparat durch Rektifikation auf reinen Sauerstoff oder Stickstoff zu verarbeiten. Diese Kombination ist für Zwecke der Ammoniaksynthese oder der Metallschweißung besonders wertvoll.

Der gewonnene Wasserstoff mit 0,094 spez. Gewicht ist für die meisten Zwecke der Metalltechnik, Metallurgie oder Luftschiffahrt rein genug. Er läßt sich durch Überleiten über Natronkalk unter Druck von seinem restlichen Kohlenoxydgehalt quantitativ befreien und hat dann neben 0,6 bis

0,8 Proz. Stickstoff einen Reingehalt von 99,2 bis 99,4 Vol.-Proz. Sein spez. Gewicht ist 0,077 bis 0,079 gegenüber 0,070 bei chemisch reinem Gas.

Der Preis des Wasserstoffs nach dem Verfahren *Linde-Frank-Caro* ist naturgemäß von den Unkosten für Rohmaterialien, Kraft usw. sowie der Größe der Anlagen abhängig. Bei einer mittleren Anlage kostete unter normalen Verhältnissen der Vorkriegszeit 1 cbm des unreineren Wasserstoffs (0,094) 12 Pfg. und 1 cbm des gereinigten Gases etwa 15 Pfg. (0,077). Die völlige Entfernung der katalytisch wirksamen Gifte ist für Zwecke der Ölhärtung oder der Ammoniaksynthese äußerst wertvoll. Die nachfolgende Übersicht enthält einige Angaben über Kraft- und Materialverbrauch.

Größe der Anlage	I	II	III	IV	V
A. Nur für Wasserstoffgewinnung:					
Leistung cbm H_2/St.	25	50	100	200	500
Verbrauch an cbm Wassergas/St.	70	125	250	500	1250
Koksverbrauch kg/St.	50	80	160	320	780
Kühlwasserverbrauch cbm/St.	2,25	3,80	7,60	13,50	32,50
B. Daneben auch für Darstellung von O_2 bzw. N_2:					
Leistung cbm H_2/St.	10	20	40	100	—
Leistung cbm O_2/St.	3	5	10	25	—
Verbrauch an Wassergas cbm/St.	50	80	150	300	—
Koksverbrauch kg/St.	40	55	95	190	—
Kühlwasserverbrauch cbm/St.	1,30	2,10	3,30	6,50	—

In der Fig. 31 ist eine Gesamtanlage nach *Linde-Frank-Caro* schematisch dargestellt[1]. Das im Generator *A* erzeugte, in Skrubbern *B* und im Trockenreiniger *C* vorgereinigte Wassergas wird im Gasbehälter *D* gesammelt. Aus ihm werden die Kompressoren *E* gespeist, die das noch etwa 3 Proz. Kohlensäure enthaltende Gas nach der ersten oder zweiten Kompressionsstufe durch Wasserwaschtürme *F* führen. Den Rest der Kohlensäure absorbiert die Natronlauge der Gefäße *H* nach der letzten Kompressionsstufe. Das Wassergas wird in den beiden Verflüssigern H_1 und H_2 getrennt, von denen im kontinuierlichen Arbeitsverfahren jeder eine Woche in Betrieb ist. Der Wasserstoff entströmt den Apparaten mit etwa 50 Atm Druck, so daß der Abfüllkompressor *J*, der das Gas in die Stahlflaschen *K* hineinpreßt, einen großen Teil Arbeit spart. Der 5-Stufenkompressor *L* mit Vorkühler *M* dient zur Luftverflüssigung. Die Luft wird mittels des Ammoniakkompressors *N* und des Kondensators *O* mit flüssigem Ammoniak gekühlt.

Das abfallende Kohlenoxyd kann z. B. durch Bindung an Ätznatron in ameisensaures Natrium übergeführt oder einfach verbrannt werden. Eine Anlage zur Stundenerzeugung von 200 cbm Wasserstoff bei einer Wassergaskompression von 60 Atm verbraucht einschließlich der Verluste 260 PS, während das gleichzeitig abfallende Kohlenoxyd 280 PS_e liefern kann (Überschuß + 20 PS!). Die Arbeitsweise der Wasserstoffanlagen ist sehr einfach und meist maschinell, so daß sie für mittlere Größe mit 2 bis 3 Arbeitern auskommen können. Nach *Pollitzer* beträgt der Gestehungspreis für 1 cbm

---

[1] Vgl. *F. Pollitzer*, a. a. O.

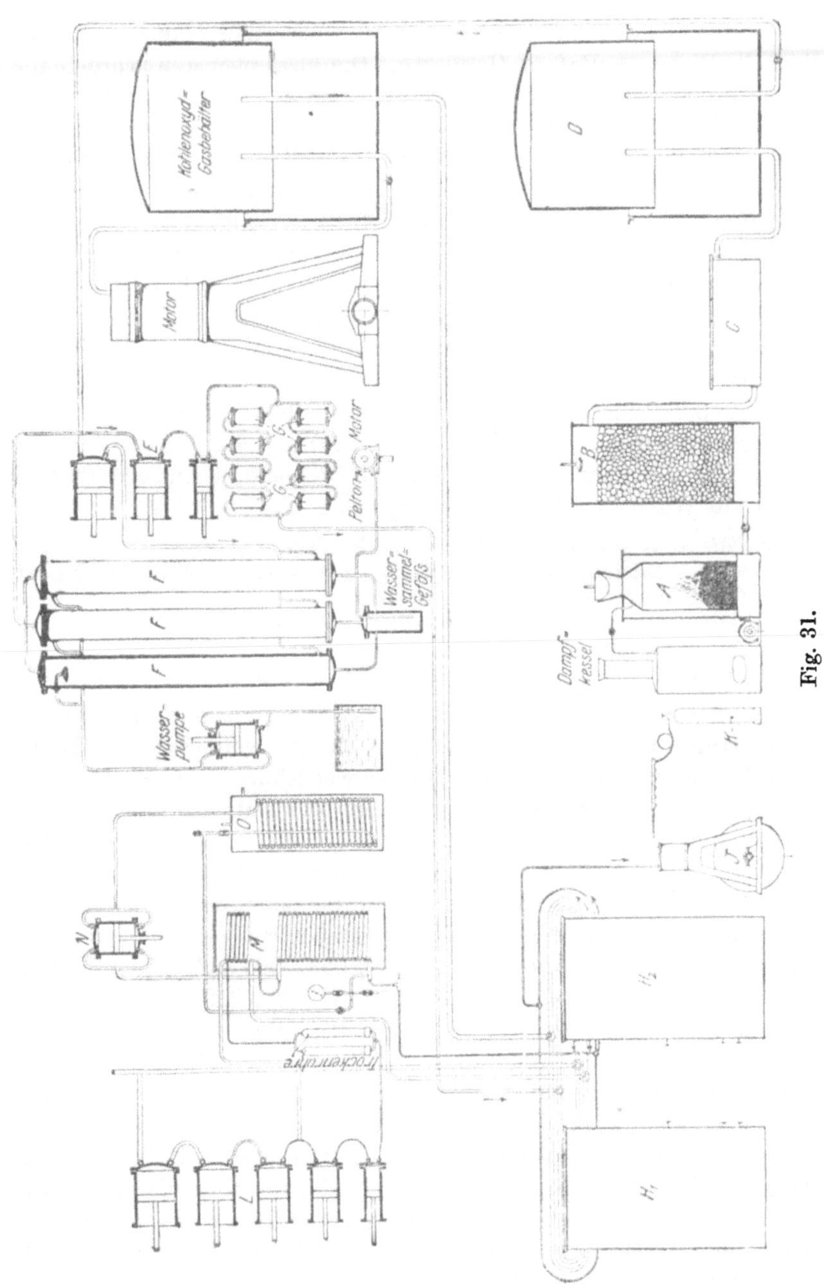

Wasserstoff einer 200 cbm-Anlage (Stundenleistung) und dem Preisstande von 1912: 8 bis 9 bzw. 10 bis 13 Pfg. Das *Linde-Frank-Caro*-Verfahren verbraucht 1,8 kg Kohle und Koks je 1 cbm Wasserstoff, das Eisen-Verfahren der *Intern. Wasserstoff-A.-G.* etwa 2,5 kg bei gleicher Reinheit des Wasserstoffs.

Die erste Anlage nach dem neuen System erbaute die Reederei und Schiffswerft *Blohm & Voß* in Hamburg. Die zwei nächsten wurden für die *Linde*-Gesellschaften in Wien und Tegel errichtet. Dann folgten Betriebe, welche den Wasserstoff zur Fetthärtung benutzen wollten: *Wolgasche A.-G.* „*Salolin*“, St. Petersburg, 100 cbm/St.; dieselbe in Nischni-Nowgorod, 30 cbm/St.; *Bremen-Besigheimer Ölfabriken*, Bremen, 200 cbm/St.; *Ver. Seifenfabriken*, Rotterdam, 200 cbm/St.; *Ardol Co. Ltd.*, Leeds, 500 cbm/St. Für die Versorgung der Hochdruck-Ammoniaköfen stellte die *BASF* zunächst zwei kleine Versuchsanlagen auf und erst als diese sich bewährt hatten, wurde für O p p a u eine Großapparatur[1] ausgeführt, die im Sommer 1913 in Betrieb genommen worden ist. 1912 waren insgesamt 7 *Linde-Frank-Caro*-Anlagen mit einer Jahresleistung von 2 Mill. cbm Wasserstoff in Betrieb, 5 weitere für 5,5 Mill. cbm im Bau und 1 in Bestellung. Vgl. auch D. R. P. 272 086, ferner die französ. Pat. 453 187, 475 297 und 475 346 der *Air Liquide*.

In der Chemikerzeitung 1919, S. 745 wird folgende Übersicht über andere Verfahren zur Wasserstoffherstellung gegeben:

> *Elektrizitäts-A.-G. vorm. Schuckert & Co.* in Nürnberg:
> Leistung der von ihr erbauten Anlagen: 18 Mill. cbm H_2/Jahr,
> Firma *Carl Francke*-Bremen (*Messerschmitt*):
> Leistung der von ihr seit 1914 erbauten Anlagen: 68 Mill. cbm H_2/Jahr.
> *Berlin-Anhaltische Maschinenbau-A.-G.* (Bamag-Schachtverfahren):
> Leistung der von ihr bis Anfang 1917 erbauten Anlagen: 110 Mill. cbm H_2/Jahr.

Die Fortschritte der Wasserstoffgewinnung sind in zahlreichen Berichten[2] zusammenhängend geschildert worden, auf die hier verwiesen sei. Man kann Wasserstoff im großen aus Eisen und Schwefelsäure, Zink und gelöschtem Kalk, Silicium und Natronlauge, Aluminium und Natronlauge, Ferrosilicium und Natronlauge oder Natronkalk, Calciumhydrür, durch Wasserelektrolyse, aus Acetylen, durch Zersetzen von Wasserdampf mit Eisen usw. herstellen.

Für die Versorgung der Ammoniaksynthese hat neben dem *Linde-Frank-Caro*-System nur letztere Methode Bedeutung. Das Verfahren von *Messerschmitt*, das u. a. durch die D. R. P. 258 053, 263 390, 263 391, 266 863, 267 594, 268 062, 268 339, 274 870, 276 132, 276 719, 277 500, 284 532, 290 869, 291 603, 291 902, 297 900, 306 314, die französ. Pat. 444 105, 444 106, 461 480 und das engl. Pat. 18 028/1913 geschützt ist, beruht auf einer abwechselnden Oxydation metallischen Eisens durch Wasserdampf und nachfolgender Reduktion der gebildeten Oxyde. Die Methode ist von *F. Müller*[3] ausführlich besprochen worden. Die besten Ergebnisse wurden mit Siegerländer Brauneisenerz erzielt. Rostspat, Kiesabbrände oder Gemische beider bewährten sich weniger gut. Ein Generator von 250 cm äußerem Durchmesser faßt 3000 bis 3500 kg Eisenerz. Die Reduktion des-

---

[1] Nach *Claude*, Mém. Soc. Ing. Civ. 1913, S. 65 für eine Stundenleistung von 2000 cbm H_2.

[2] Chem.-Ztg. 1913, Nr. 110ff.; 1915, Nr. 118ff.; 1919, S. 745ff.; 1915, S. 144 usw.; Ch. Ztrlbl. 1920, IV, 385/6.

[3] Zeitschr. kompr. flüss. Gase **20**, 4 (1919/20); Chem.-Ztg. 1920, Chem.-techn. Übers. S. 258.

selben wird durch Wassergas einer *Dellwik-Fleischer*-Anlage bewirkt. Die Anheizung des Generators auf 700 bis 900° erfolgt auch durch Wassergas; sie dauert erstmalig 7 bis 8 Stunden, jedoch im laufenden Betrieb nur 17 bis 19 Minuten. Wenn die ganze Füllung vollkommen reduziert ist, spült man 5 bis 10 Sekunden hindurch mit überhitztem Wasserdampf aus, um die letzten Reste von Wassergas und Luft zu entfernen und schaltet nun um. Der Wasserdampf, der jetzt eintritt, durchströmt die glühende Eisencharge in umgekehrter Richtung, indem folgende Reaktion stattfindet:

$$Fe + H_2O = FeO + H_2.$$

Die Dampfperiode dauert 8 Minuten. Unmittelbar danach wird Luft (3 bis 5 Minuten) eingeleitet, um den abgeschiedenen Kohlenstoff (unter Umständen auch Schwefel) unter starker Wärmeentwicklung zu verbrennen. Nun folgt wiederum das Reduzieren mit Wassergas. Die 3 bis 3,5 t-Generatorfüllung erzeugt in den ersten Betriebstagen 70 bis 75 cbm Wasserstoff bei jeder Dampfung (das sind bei 47 Dampfungen/24 St.: 3400 cbm H_2); durch Verkleinerung der Reaktionsoberfläche infolge Sinterung der Erzmasse geht aber die Ausbeute allmählich auf 30 bis 40 cbm Wasserstoff je Dampfung oder 1650 cbm je 24 Stunden zurück. Mit einer guten Erzfüllung (3 bis 3,5 t) lassen sich im ganzen 60 000 bis 100 000 cbm Wasserstoff von durchschnittlich 98,9 Gew.-Proz. Reinheit herstellen. Das Rohgas wird in einem Wäscherturm auf 80° C abgekühlt und hierbei z. T. von CO_2 und H_2S gereinigt; es geht durch einen Druckausgleichbehälter (200 cbm) und gelangt in mehrere Trockenreiniger, die teils mit Luxmasse, teils mit gelöschtem Kalk gefüllt sind. Der so gereinigte Wasserstoff enthält nur noch geringe Mengen CO, CH_4 und N.

Dem *Messerschmitt*-Verfahren ähnelt das *Bamag*-Schachtverfahren der *Berlin-Anhaltischen Maschinenbau A.-G.*, die auf diesem Gebiete z. T. nach Patenten der *BASF* (nur für Großanlagen von kontinuierlicher, 1000 cbm-Stundenleistung an) arbeitet und die bis 1. Juli 1918 in 47 Bestellungen und häufigen Erweiterungen insgesamt 75 Wasserstoffanlagen für rund 125 cbm Jahresleistung und in 162 Bestellungen sowie Erweiterungen 250 Wassergasanlagen mit rund $2^1/_2$ Mill. cbm Tagesproduktion erbaut hatte. Die der *BASF* bis Anfang 1917 gelieferten Apparate haben eine Jahresleistung von $18 + 1,5 = 19,5$ Mill. cbm Wasserstoff.

Der erhaltene Wasserstoff kann bis auf 99,6 Proz. Reinheit gebracht werden. Er ist frei von nachweisbaren Schwefel-, Arsen- und Phosphorverbindungen.

Das *Bamag*-Schachtverfahren (siehe D. R. P. 267 944, 300 711; französ. Pat. 465 474 usw.) arbeitet im Gegensatz zu dem erwähnten *Messerschmitt*-Prozeß mit beliebigen Eisenerzen, z. B. mit Kiesabbränden. Die Periode der Wasserstoffentwicklung dauert im Mittel 6 Minuten. Die Umstellung von Reduktions- auf Oxydationsphase usw. erfolgt automatisch durch vorgezeichnete und zwangsläufig eingestellte Schieberegulierung. Wasserstoffgas mit 90 Proz. Gehalt ist in allen solchen Generatoren sehr einfach zu erhalten, mit zunehmender Reinkonzentration steigt die Schwierigkeit der Fabrikation. Die sehr betriebssicheren *Bamag*-Anlagen können im Dauerbetrieb trotzdem glatt 98,5 proz. Gas liefern, dessen Reinheit gegebenenfalls noch zu steigern ist (s. o.). Während des Krieges haben übrigens die beiden an der Wasserstoffindustrie hauptbeteiligten Firmen: *C. Francke* in Bremen und die *Berlin-Anhaltische Maschinenbau A.-G.* in Berlin gewisse Vereinbarungen miteinander getroffen, um eine Kollision ihrer Interessen zu vermeiden.

Mit und in diesen Darstellungsmethoden ist die alte *Lavoisier*sche Reaktion (1783) zu neuem Leben erweckt worden. Auf die zahlreichen Patente, die sich des ferneren mit diesen Vorgängen beschäftigen (z. B. *S. Elworthy* und *H. Williamson*, D. R. P. 164 721; *Dellwik-Fleischer - Wassergas-Ges.*, D. R. P. 229 406; *O. Dieffenbach* und *W. Moldenhauer*, D. R. P. 232 347; *Internationale Wasserstoff A.-G.*, D. R. P. 244 732; *N. Caro*, D. R. P. 249 269 usw.) kann hier nur verwiesen werden[1].

Die *Chem. Fabrik Griesheim-Elektron* schlägt vor (D. R. P. 284 816), Wasserdampf bei 10 Atm Druck und 600 bis 800° über ein Gemisch aus Kalk und Kohle zu leiten:

$$C + 2\,H_2O = CO_2 + 2\,H_2,$$
$$CO_2 + CaO = CaCO_3,$$
$$CO + H_2O = CO_2 + H_2.$$

Die Harburger Chemischen Werke *Schön & Co.* und *W. Daitz* (D. R. P. 298 911) empfehlen, das aus Wassergas durch Ausfrierung erhaltene Kohlenoxyd mit soviel Luft zu verbrennen, daß dabei reiner Stickstoff übrig bleibt, den sie auf diese Weise herstellen wollen. *S. Fränkel* wäscht aus Gasgemischen Kohlenoxyd durch Gemische von Schwefel- und Chromsäure aus, die durch Quecksilber-, Silberoxyd usw. aktiviert sind (D. R. P. 303 931). *J. Weise* und *F. Riecke* wollen Ätznatron mit kohlensäurefreiem Generatorgas behandeln, wobei sich unter Entstehung von Formiat reiner Stickstoff als Nebenprodukt bildet. Wird das Formiat erhitzt, so geht es in Oxalat über und Wasserstoff wird frei, der zwecks Durchführung der Ammoniaksynthese mit dem Stickstoff vereinigt wird (amerik. Pat. 1 098 139). Um bestimmt zusammengesetzte Gemische aus Stickstoff und Wasserstoff zu erhalten, kann man nach dem amerik. Pat. 1 123 394 Ammoniak und Luft bei 720° über Kupferdrehspäne leiten: es entsteht unter Zerfall des Ammoniaks H_2O, N_2 und H_2. *G. de Grahl* läßt sich ein Verfahren zur Krafterzeugung durch Wasserstoffverbrennung schützen (D. R. P. 319 763).

Die *BASF* verwendet zur Darstellung von Stickstoff und Wasserstoff den *Linde*-Prozeß, die *Frank-Caro-Linde*-Methode und das *Bamag*-Schachtverfahren; außerdem hat sie jedoch eigene, kombinierte Systeme ersonnen, die den Gegenstand zahlreicher Patente bilden.

Nach den engl. Pat. 26 770/1913 und 27 117/1913 wird Wasserstoff aus Kohlenoxyd und Wasserdampf bei Gegenwart eines Katalysators, erhöhter

---

[1] Siehe auch *O. Kausch*, Chem. Apparatur 1915, II, 125; engl. Pat. 147 235/1918 usw.

Temperatur und unter Druck gewonnen. Um den Wasserstoff, bevor er in die Kontaktöfen kommt, völlig von schädlichen Schwefelverbindungen und Kohlenoxyd zu befreien, wird er mit 10 bis 15 proz. Natronlauge bei 150 bis 225° C und 50 Atm Druck gewaschen (D. R. P. 254 344, 279 954; engl. Pat. 14 509/1913; französ. Pat. 439 262 und Zusatz 18 699).

Im D. R. P. 279 582 werden weitere Einzelheiten der katalytischen Umsetzung:

$$CO + H_2O = CO_2 + H_2$$

beschrieben (vgl. D. R. P. 268 929, 271 516). Man fällt z. B. ein Gemisch von 15 Teilen Eisennitrat und 15 Teilen Chromnitrat mit Ammoniak, trocknet und formt das Hydroxydgemenge. Dann füllt man es in den Kontaktofen, wo schon bei 400 bis 450° die Reaktion zwischen dem übergeleiteten Wasserdampf und dem Kohlenoxyd stattfindet. Kohlensäure ist durch Absorption leicht zu entfernen. Eine andere Kontaktmasse enthält die Oxyde des Eisens, Ammonchromat und Thoriumnitrat. Aus Methan und ähnlichen Kohlenwasserstoffen entsteht bei 700° unter Einwirkung eines Nickelkatalyten reiner Wasserstoff (französ. Pat. 463 114).

Die Kontaktmethode[1] der *BASF* arbeitet einwandfrei und ergibt einen Wasserstoff mit über 98 Proz. Reingehalt. Geht man dabei von geeignet eingestellten Generatorgas-Wassergas-Wasserdampfgemischen aus, so gelingt es mit Hilfe dieses Prozesses Gasgemenge aus Stickstoff und Wasserstoff in einem solchen Mengenverhältnis zu erhalten, daß sie direkt für die Ammoniaksynthese (D. R. P. 292 615) brauchbar sind. Wichtig ist jedoch stets, daß die Katalysatoren von Chlor- und Schwefelverbindungen frei sind. Spuren dieser Gifte kann man durch Zusatz von Alkali zum Kontaktträger binden (s. auch D. R. P. 302 555, 303 292).

Die Entfernung der letzten Kohlenoxydteilchen gelingt oft weder nach der Kontaktmethode, noch nach dem *Frank-Caro-Linde*-Verfahren einwandsfrei. Deshalb hat die *BASF* ein Verfahren ausgearbeitet, um Wasserstoff mit Kupferoxydullösungen zu waschen (s. u.).

Nach dem D. R. P. 282 849 sind Mischungen aus Eisen-Nickel-Chromoxyden bei 400 bis 500° für die Umsetzung von CO mit H_2O-Dampf besonders geeignet; nach dem D. R. P. 284 176 wirken auch Cerverbindungen günstig; das D. R. P. 293 585 verwendet Mischungen aus Zinkoxyd und Chromoxyd. Im D. R. P. 292 615 ist die Herstellung von Katalysatoren der Eisengruppe des näheren beschrieben. Nach dem D. R. P. 297 258 tränkt man Tonscherben, Bauxit, Asbest usw. mit 50 Proz. Nickelnitrat und leitet bei 500 bis 600° C vorgereinigtes Wassergas-Wasserdampfgemisch darüber. Nach den D. R. P. 292 615, 293 943, 297 258 und 303 718 kann man übrigens aus Kohlenoxyd und Wasserdampf über Nickelkontakt auch Methan erzeugen (vgl. auch norweg. Pat. 24 576 und dän. Pat. 18 827). Nickeloxyd oder Nickel begünstigt auch die Umsetzung zwischen Kohlenwasserstoffen

---

[1] Chem.-Ztg. 1915, Repert. S. 299.

einer- und Wasserdampf andererseits bei Dunkelrotglut (D. R. P. 296 866). Nach dem D. R. P. 300 032 erzielt man einen besonders wirksamen Katalysator dadurch, daß man z. B. ein engmaschiges Eisendrahtnetz in Röllchenform, ein oder mehrere Male mit konzentrierter Eisennitratlösung anätzt und mäßig erhitzt. Ein so hergestellter Kontaktkörper ist bei 500° hoch wirksam. Nickelkatalysatoren setzen bei höheren Temperaturen und Konzentrationen auch Methan und Kohlensäure nach dem Schema:

$$CH_4 + CO_2 = 2\,CO + 2\,H_2$$

um (D. R. P. 306 301).

Im D. R. P. 285 703 gibt die *BASF* ein Verfahren zum Ausfrieren des Kohlenoxyds aus Wassergas an. Im D. R. P. 282 505 werden die Grund-

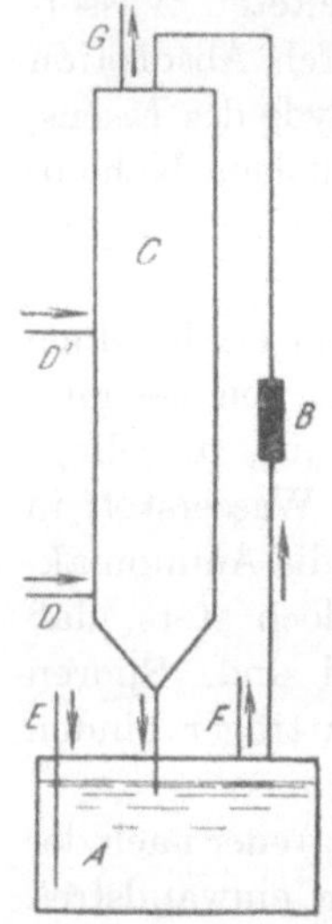

Fig. 32.

züge des Absorptionsverfahrens durch Kupferlösungen auseinandergesetzt. Wenn die verwandten Lösungen nicht wesentlich mehr als 60 g Ammoniak in Form von freier Base oder von Carbonat enthalten, findet eine Schädigung eiserner Apparate im Betrieb auch unter Druck nicht statt. Die Entfernung des aufgenommenen Kohlenoxyds erfolgt im Dauerbetrieb durch Evakuieren. Ist die Lösung durch längere Benutzung kupferoxydhaltig geworden, so läßt man sie vor Austreibung des Kohlenoxyds ruhig stehen: das Kohlenoxyd wirkt dann Reduktion zu Oxydulsalz. Eine geeignete Kupferlösung erhält man z. B. durch Zusammenbringen von 200 kg Kupferchlorür, 250 kg Ammoniumchlorid, 500 kg 25 proz. Ammoniakwasser und 500 kg Wasser. Beim Arbeiten unter 100 Atm Druck und mehr werden in kürzester Zeit auch die kleinsten Kohlenoxydmengen aus Wasserstoff herausgenommen. Das verdunstende Ammoniak muß kontinuierlich ersetzt werden. Da bei dieser Arbeitsweise manchmal eine Abscheidung metallischen Kupfers eintritt, so ist es nach dem D. R. P. 288 450 zweckmäßig, den Gasen oder der Waschflüssigkeit kleine Luftmengen beizumischen. Im D. R. P. 288 843 ist die Apparatur an Hand einer Skizze (s. Fig. 32) näher beschrieben. Aus dem Laugenbehälter *A* gelangt die schon im Betrieb gewesene Kupferlösung durch die Pumpe *B* kontinuierlich in den Absorptionszylinder *C*, in den bei *D* der kohlenoxydhaltige Wasserstoff und bei *D'* etwas Luft eingeleitet wird. Die zur gelinden Oxydation notwendige schützende Luft kann auch bei *E* zu- und bei *F* abgeführt werden. Das bei *G* austretende Wasserstoffgas ist frei von Kohlenoxyd und kann von seinem Kohlensäuregehalt leicht und vollständig durch alkalische Absorption oder durch Druckwasserberieselung befreit werden. Die Kohlenoxydauswaschung soll zweckmäßig unter Druck stattfinden; in diesem Fall ist zwischen *C* und *A* ein Entspannungsbehälter vorzusehen. Es ist zweckmäßig, die Kupferlauge auf 30 bis 60° vorzuwärmen. Die Kupferchlorürlösungen greifen eiserne Apparate mit der Zeit an. Besser bewähren sich folgende Lösungen: 40 Teile Kupferoxydul werden mit 100

Teilen Ammoncarbonat und wäßrigem Ammoniak unter geringem Luftzutritt gerührt (D. R. P. 289 694[1]).

Katalysator- und Kontaktmassen betreffen weiterhin noch die D. R. P. 312 726 und 313 192 sowie das französ. Pat. 478 739.

Die *BASF* hat zur völligen Entfernung von Schwefelwasserstoff aus Wasserstoff und anderen Gasen ein besonderes Reinigungsverfahren ausgearbeitet und in den D. R. P. 302 555 bzw. 303 292 unter Schutz gestellt. Man behandelt die Gase zunächst mit Aufschlämmungen von Eisen-Sauerstoffverbindungen in Wasser oder neutralen Salzlösungen und hierauf behufs völliger 'Entschwefelung mit alkalischen oder alkalisch wirkenden Aufschlämmungen bzw. Lösungen ebensolcher Körper. Die erste Lauge kann durch Lufteinwirkung besonders leicht wiederbelebt werden. Den Lösungen wird zweckmäßig soviel Oxalsäure oder Weinstein zugesetzt, daß das Eisen nicht gänzlich gelöst wird. Die *BASF* erzeugt als Nebenprodukt ihrer Gasreinigung größere Mengen Schwefel im laufenden Betrieb.

Um noch Spuren von Sauerstoff in Wasserstoff bestimmen zu können, wendet die *BASF* (D. R. P. 303 986) eine sehr interessante Methode an. Sie leitet nämlich das zu untersuchende Gas über einen Katalysator und mißt die durch den Verbrennungsvorgang bewirkte Temperaturerhöhung. Die Methode gestattet auch die automatische Kontrolle von Großapparaturen. Ähnlich ist auch der Vorgang von *R. Naumann* im D. R. P. 313 858. Auch die Vorschrift von *E. K. Rideal* und *H. S. Taylor*[2] zur Bestimmung ganz geringer Kohlenoxydmengen bedient sich physikalisch-chemischer Arbeitsweisen. Um kleine Mengen Phosphorwasserstoff (1 : 15 000 bis 1 : 40 000) in Wasserstoff mit Sicherheit zu bestimmen, verbrennt *J. Soyer*[3] 2 bis 20 l Gas mittels einer Platinspitze in einem schwach nach unten geneigten Quarzrohr, dessen unterer Teil durch einen nassen Lappen gekühlt wird, und fängt die gebildete Phosphorsäure in wenig Wasser und zwei vorgelegten Waschflaschen auf.

Im Großbetriebe geht die *BASF* (abgesehen vom *Linde*- und dem *Linde-Frank-Caro*-Verfahren) von Generatorgas aus, das zusammen mit Wassergas mittels Dampf in Gegenwart einer Kontaktsubstanz umgesetzt wird. Das Kohlenmonoxyd des Generator- und Wassergases geht dabei nach der Formel:

$$CO + H_2O = CO_2 + H_2O$$

in Kohlensäure über, die durch Wasser unter Druck herausgewaschen wird. Bei passender Beimischung von Wassergas kann direkt das erforderliche stöchiometrische Verhältnis $N : H_3$ gewonnen werden. Der Rest von Kohlenoxyd, der bei der katalytischen Umsetzung im Gase verbleibt, wird nach Wegnahme der Kohlensäure durch Absorption mit ammoniakalischer Kupferoxydullösung od. dgl. völlig entfernt. Auf dieses neueste Wasserstoffverfahren legt die *BASF* nach

---

[1] Vgl. in etwas auch *A. R. Lamb*, Ch. Ztrlbl. 1920, IV, 640/1.

[2] Ch. Ztrlbl. 1919, IV, 521; siehe auch *J. J. Graham*, J. Soc. Chem. Ind. **38**, 10 (1919); Ch. Ztrlbl. 1920, IV, 661.

[3] Ch. Ztrlbl. 1919, IV, 311.

Mitteilungen von *Haber*[1] heute den größten Nachdruck und Wert. *C. Bosch*[2] bringt darüber nähere Mitteilungen. Wassergas und Wasserdampf reagieren über einem Eisen- bzw. Eisenoxydkontakt bei 400 bis 500° unter Bildung eines Endgasgemisches von 1 bis 2 Proz. Kohlenoxyd neben Kohlensäure und Wasserstoff. Mit Generatorgas wird das Gemisch 1 : 3 eingestellt, dem zunächst durch Waschen unter 25 Atm Druck mit Wasser die Kohlensäure und dann mit Kupferoxydullösungen bei 200 Atm Druck die letzten Spuren Kohlenoxyd entzogen werden. Letztere Hochdruckwaschung ist auch für das *Linde-Frank-Caro*-Gas notwendig, das von der ersten Großversuchsanlage Oppau erzeugt wird. Elektrolytwasserstoff kommt wegen hohen Kraftpreises nicht in Frage und Wasserstoff nach dem „Eisenverfahren" ist im allgemeinen zu unrein, um etwa direkt Verwendung finden zu können. Die ausgewaschene Kohlensäure wird übrigens für die Herstellung von Ammonsulfat aus Gips weiterbenutzt[3]. Das neue *BASF*-Wasserstoff-Verfahren arbeitet für Zweck der Ammoniaksynthese wirtschaftlicher, als die bis zu seiner Einführung verwendeten Systeme, die dadurch in den Betrieben der *BASF* in den Hintergrund gedrängt sind.

Auch außerhalb der *BASF* ist man bestrebt (s. auch oben), den Stickstoffgehalt von Verbrennungsgasen nutzbar zu machen. In Österreich hat das *Kitzinger*-Verfahren zur Gewinnung von Stickstoff neben Kohlensäure weiteren Eingang gefunden. Die Verbrennungsgase, die einen Überschuß an Sauerstoff enthalten, werden in einer Kammer abgekühlt und durch eine Anzahl Reiniger geschickt, um den Staub abzuscheiden. Dann werden sie in einer Retorte, die mit katalytischem bzw. absorbierendem Material ausgesetzt und erhitzt ist, einem Strom von Generatorgas entgegengeführt. Es findet vollständige Verbrennung des noch vorhandenen Sauerstoffs statt. Die entweichende Gasmischung enthält in der Hauptsache Stickstoff, Kohlensäure und Wasserdampf. Letzterer wird kondensiert; die Trennung von der Kohlensäure erfolgt in einem Absorptionsturm. Der Stickstoff ist genügend rein, um sofort Verwendung finden zu können; Spuren von Kohlensäure entzieht man ihm durch Kalkbehandlung[4].

Die bisherigen Verfahren zur Salpetersäuregewinnung[5] aus Salpeter.

Nicht nur aus historischen Gründen, sondern auch deshalb, weil die aus Luftstickstoff aufgebauten Nitrate während der Kriegsjahre mangels eines geeigneten Hochkonzentrationsverfahrens zur Herstellung von konzentrierter Salpetersäure gedient haben, ist es berechtigt, einen ganz kurzen Blick auf die Salpetersäurefabrikation aus Salpeter und Schwefelsäure zu werfen, die von *Lunge*[6] u. a. ausführlich geschildert ist.

---

[1] Aus Luft durch Kohle zum Stickstoffdünger usw., Berlin 1920, S. 22.
[2] Chem.-Ztg. 1920, S. 721.
[3] Aus Luft durch Kohle zum Stickstoffdünger usw., Berlin 1920, S. 22.
[4] Siehe auch die entsprechende Methode von *N. Caro* und das D. R. P. 324 868.
[5] Nach *Ost*, Lehrbuch der Chemischen Technologie. Leipzig 1919, 10. Aufl., S. 162ff.
[6] Handbuch der Schwefelsäurefabrikation, Bd. I (1916), S. 138ff.

Bis vor etwa 40 Jahren gewann man nur zwei Sorten Salpetersäure, einmal die gewöhnliche Säure von 55 bis 65 Proz. Gehalt und 1,35 bis 1,40 spez. Gewicht und dann die stärkere, rote, rauchende Säure. Heute ist das marktgängigste Erzeugnis eine Säure mit 92 bis 95 Proz. HNO_3 (1,5 bis 1,52 spez. Gewicht), deren Herstellung erhebliche Schwierigkeiten bot, weil die stärkeren Säuren leicht nach:

$$2\,HNO_3 = N_2O_3 + 2\,O + H_2O$$

zerfallen. 100 proz. Salpetersäure ist bei Atmosphärendruck nur unterhalb 0° beständig. Sie beginnt bei 86° und unter Zersetzung (Verdünnung, Rotfärbung durch Stickoxyde) zu sieden. Bei 120° und Atmosphärendruck geht eine Säure mit 35 Proz. Wassergehalt (1,4 spez. Gewicht) unzersetzt über.

Man benutzte früher fast ausschließlich Gußeisenretorten, an die eine Reihe von Tonkühlern und -tourills sowie ein Schlußrieselturm angeschlossen war. Für 1,35- bis 1,4-Säure beschickte man die Retorten mit 60 grädiger Gloversäure, für das stärkere Erzeugnis mit 66 grädiger H_2SO_4. 95/96 proz. Chilesalpeter zersetzt sich im wesentlichen unterhalb 150° glatt und rasch nach:

$$NaNO_3 + H_2SO_4 = HNO_3 + NaHSO_4.$$

Der *Übel*sche (Rhenania-) Dreiretortenofen und das Fünfkesselsystem der *BASF* haben sich vielfach im Betriebe bewährt.

An Güte des Produkts, Ausbeute und Wirtschaftlichkeit werden alle die kurz gestreiften Methoden von der Vakuumdestillation nach *Valentiner* übertroffen, die in den letzten Jahren, nachdem sie die großen praktischen Schwierigkeiten überwunden hat, sehr betriebssicher durchgebildet worden ist. Das *Valentiner*-Verfahren bringt die Gußeisenretorten unter Vakuum, um die Destillation schonender verlaufen zu lassen. In der *Valentin*er-Destillationsblase setzt unter dem Einfluß des Vakuums bei 120° eine „Krisis" ein, d. h. es findet eine sehr plötzliche und entsprechend heftige Zersetzung der vorher ruhigen Beschickung statt. Um etwaige Gefahren auszuschließen, werden die Apparate daher mit einer durch den Deckel hindurchgehenden Sicherheitsstange ausgerüstet.

Die Ausbeute des *Valentiner*-Verfahrens beläuft sich allein an hochkonzentrierter 96- bis 100 proz. Säure auf 80 Proz. Die Beschickung der normalen Blase setzt sich aus 1000 kg Natronsalpeter, 1000 kg 66er Schwefelsäure und soviel dünner Salpetersäure zusammen, daß mit dieser letzteren noch 100 kg Wasser zugeführt werden. Der Destillationsvorgang dauert etwa 10 Stunden; das Vakuum wird am Ofen auf 30 mm gehalten, doch wird dafür Sorge getragen, daß dauernd etwas Luft in die Blase eintritt, die für die Durchführung einer ungestörten Destillation und für die „Bleichung" des Destillats wichtig ist.

Die Hauptzersetzung findet um 120° statt, zwischen 120 bis 130° herrscht die „Krisis" (1 Stunde), die Temperatur sinkt allmählich und wird weiterhin durch stärkeres Beheizen des Ofens auf 175° und schließlich auf 210° getrieben, wo das Natriumbisulfat vollkommen dünnflüssig abgelassen werden kann.

Wichtig ist die Frage einer zweckmäßigen Kondensation der übergehenden Salpetersäure durch Tourills und Kühler. Auf z. B. 12 Tourills verteilt sich die Säure etwa wie folgt:

1 und 2	(leer)	Hauptproduktion von etwa 600 kg 95 bis 96 proz. Salpetersäure,
3 bis 5	(leer)	200 kg Säure von rund 100 Proz.,
6	(vorgelegt 40 kg Säure mit 20 Proz.)	90 kg Säure von rund 70 Proz.,
7	(vorgelegt Wasser)	50 bis 54 kg Säure von rund 30 Proz.,
8 und 9	(leer)	für Kondensate,
10	(vorgelegt Wasser)	10 proz. Säure,
11 und 12	(vorgelegt Kalkmilch)	ein Abfalldüngemittel.

Die Tourills 11 und 12 dienen dazu, die Vakuumpumpe vor mitgerissenen sauren Dämpfen zu schützen. Man verwendet meist Naßluftpumpen mit Kautschukklappen. Die Abgase haben stets einen, wenn auch geringen Gehalt an nitrosen Verbindungen.

Aldo Chiappero[1] gibt in L'Ind. chimica **6**, 41 (1919), eine zusammenfassende Beschreibung einer *Valentiner*-Anlage mit einer Übersicht über Ausbeuten und Konzentrationen. Auf die Jahresberichte von *K. Reusch*[2], die Arbeiten[3] von *J. Grossmann,' E. J. Pranke, H. P. Basselt, L. Mauge* und *H. J. Paoli* sowie endlich auf die D. R. P. 281 211, 283 212, 300 712, 301 702, 303 557, das französ. Pat. 462 290 und die engl. Pat. 110 637/1916 bzw. 127 677/1917 sei verwiesen.

Die Flammenbogensynthese der Salpetersäure.

Die ausgezeichneten Zusammenstellungen von *Wilh. Moldenhauer*[4] über die „Reaktionen des freien Stickstoffs" machen es überflüssig, hier genauer auf die Vorgeschichte und die wissenschaftlichen Arbeiten einzugehen, die sich an die wichtige Synthese von Stickoxyden aus dem Stickstoff und dem Sauerstoff der Luft knüpfen. Es genügt, auf die wichtigsten der von *Moldenhauer* zitierten Arbeiten hinzuweisen.

Cavendish beobachtete im Jahre 1781 das Auftreten von Stickstoff-Sauerstoffverbindungen beim Verbrennen von Wasserstoff mit Luft und hatte damit die erste Salpetersäuresynthese überhaupt gefunden. Einige Jahre später führte er (1784) auch die erste „elektrische" Synthese durch, indem er die Funken einer Elektrisiermaschine durch Luft schlagen ließ. Auf diesen beiden Fundamenten bauten sich alle späteren Arbeiten auf.

Muthmann und *Hofer*[5] waren die ersten, die versucht haben die genaue Lage des Gleichgewichts:

$$N_2 + O_2 \rightleftarrows 2\,NO$$

zu ermitteln. Sie ließen einen 2000 bis 4000 Volt-Wechselstromlichtbogen in einem Glaskolben brennen und suchten die Höhe der herrschenden Temperatur dadurch zu ermitteln, daß sie die Zerfallgröße reinen Kohlendioxyds unter den gleichen Bedingungen in $CO + O$ feststellten, über welche die genauen Messungen von *le Chatelier* vorlagen. Diese Meßmethode war jedoch zu roh, als daß sich mit ihrer Hilfe wirklich zuverlässige Werte ergeben hätten. Wichtiger sind die praktischen Zahlen, welche *Muthmann* und *Hofer* gefunden haben. Die Konzentrationen schwanken zwischen 3,6 und 6,7 Vol.-Proz. NO und für 477 g NO oder 1 kg HNO_3 ergab sich ein Energieverbrauch von 7,71 KW-St.

Nernst[6] hat dann eine Neubestimmung des Stickoxydgleichgewichts vorgenommen. Er schickte trockne, atmosphärische Luft durch ein elektrisch auf höchste Glut erhitztes Iridiumrohr. Mittels einer angekitteten Quarzcapillare konnte das gebildete Stickoxyd schnell aus der heißen Zone des Reaktionsrohres entfernt werden, so daß eine Rückzersetzung kaum befürchtet zu werden brauchte. Als zuverlässigste Werte fand *Nernst* für

$$2033° \text{ abs.} = 0,64 \text{ Vol.-Proz. NO}$$
$$2195° \quad \text{„} \quad = 0,97 \quad \text{„} \quad \text{„} \quad \text{NO}$$

---

[1] Ch. Ztrlbl. 1919, IV, 449.

[2] Chem.-Ztg. 1919, S. 542 usw.; siehe auch Ch. Ztrlbl. 1920, IV, 739/740.

[3] J. Soc. Chem. Ind. **35**, 155 (1916); **36**, 1035 (1917); Ch. Ztrlbl. 1919, II, 491, 659, 743; 1920, II, 799; Chem.-Ztg. 1920, Chem.-techn. Übers. S. 189.

[4] Berlin 1920, S. 154 ff.

[5] Berl. Ber. 1903, S. 438.

[6] Nachr. d. Kgl. Ges. d. Wissensch. Göttingen 1904, S. 261; Zeitschr. f. anorg. Chem. **49**, 213 (1906); Zeitschr. f. Elektrochemie **12**, 527 (1906).

und berechnete aus diesen Resultaten mit Hilfe der Reaktionsisochore:

$$\frac{d\,l_n\,k}{d\,T} = -\frac{q}{K \cdot T^2},$$

in der k durch den Ausdruck (x ist die Konzentration in Vol.-Proz. NO):

$$\frac{[NO]^2}{[N_2] \cdot [O_2]} = \frac{x^2}{\left(79{,}2 - \dfrac{x}{2}\right)\left(20{,}8 - \dfrac{x}{2}\right)}$$

wiederzugeben ist, für die Stickstoffoxydation nach obiger Formel eine Wärmetönung $q = -45\,600$ Cal., die gut mit der von *Thomsen* durch direkte thermochemische Beobachtung gefundenen Zahl ($-43\,200$ Cal.) übereinstimmt. Weitere Versuche von *Nernst* erbrachten noch größere Sicherheit und wurden von *Jellinek*[1] völlig bestätigt. Als Reaktionsraum diente dieses Mal ein pipettenförmiges Gefäß aus Platin, das sich in einem massiven, elektrisch beheizten Platinofen befand. Schon unterhalb 1500° konnten beim Durchleiten von Luft merkliche Mengen von Stickoxyd erhalten werden, deren Bestimmung jedoch in einwandsfreier Weise nicht gelang. Erst durch Vergleich der Bildungs- mit der Zerfallsgeschwindigkeit ergab sich ein zuverlässiger Wert der Gleichgewichtskonstante für die bimolekulare Reaktion:

$$N_2 + O_2 \rightleftarrows 2\,NO.$$

Für eine Temperatur von 1811° abs. wurde eine Konzentration von 0,37 Vol.-Proz. NO ermittelt, während *Jellinek*, der seine größeren Versuche auf Veranlassung von *Nernst* durchführte, für 1877° abs. 0,42 Vol.-Proz. erhielt.

Finkh[2] untersuchte den Umfang der Stickoxydbildung in explodierendem, lufthaltigem Knallgas und *Nernst* nahm diese Befunde als Unterlage, um auf Grund der obigen Formeln auch die Stickoxydgleichgewichte für höhere Temperaturen zu berechnen. Für 2850° abs. ergaben sich so 2,05 Vol.-Proz. NO und für 2675°: 2,23 Vol.-Proz. NO. Wie gut die aus den im Iridiumofen bei 2195° gefundenen Zahlen und aus der *Thomsen*schen Bildungswärme von $-43\,200$ Cal. nach der Reaktionsisochore berechneten Werte mit den auf reaktionskinetischem Wege ermittelten übereinstimmen, das zeigt folgende Tabelle:

Temperatur in absol. Graden T	Stickoxyd-Gleichgewichtskonzentrationen:	
	x (beobachtet)	x (berechnet)
1811°	0,37	0,35
1877°	0,42	0,43
2033°	0,64	0,67
2195°	0,97	0,98
2580°	2,05	2,02
2675°	2,23	2,35

Pollitzer[3] hat später diese Zahlenwerte mit Hilfe des *Nernst*schen Wärmegesetzes rechnerisch nachkontrolliert.

Durch Extrapolation der *Nernst*schen Resultate bis auf eine Konzentration von 7 Vol.-Proz. NO ergaben sich Temperaturen von 3750°, die also der Schätzung der Flammenbogenwärme entsprechen. Mit diesen Werten stimmen die praktischen Befunde von *Muthmann* und *Hofer, Brode, Mac*

---

[1] Zeitschr. f. anorg. Chem. **49**, 229 (1906).

[2] Zeitschr. f. anorg. Chem. **45**, 116, 126 (1905); siehe auch *E. Rasch*, Elektrotechn. Zeitschr. 1901.

[3] Vgl. *Nernst*, Die theoret. u. experim. Grundlagen des neuen Wärmesatzes. Halle 1918, S. 118.

Dougall und *Howles* überein, die[1] 6,7 bis 7,4 Vol.-Proz. NO in den elektrisch behandelten Gasen feststellten. Man nahm daher allgemein an, daß die Stickoxydbildung eine rein thermische Reaktion sei. Auch durch weitere Untersuchungen[1] von *Grau* und *Ruß* sowie von *Le Blanc* und ·*Niiranen* wurde diese Ansicht gestützt.

Da gelang es *Haber* und *Koenig*[2], Bedingungen ausfindig zu machen, bei denen zweifellos auch eine spezifisch elektrische Bogenwirkung angenommen werden muß. Schon *Brode*[3] hatte nämlich beobachtet, daß die Stickoxydkonzentration wächst, wenn der Flammenbogen gekühlt·wird. Auf diesem, damals noch nicht richtig gedeuteten Ergebnis fußten *Haber* und *Koenig*. Sie erzeugten einen möglichst kalten Wechselstrombogen, indem sie einen durch Unterdruck (100 mm Quecksilber) verbreiterten Lichtbogen in einem engen wassergekühlten Glas- oder Quarzrohr brennen ließen und durch ihn in der Längsrichtung eine Stickstoff-Sauerstoffmischung langsam hindurchführten. Sie erhielten folgendes Resultat:

Gasmischung		NO	Thermodynamisch nach *Nernst*
Vol.-Proz. O_2	Vol.-Proz. N_2	Vol.-Proz.	berechnete absolute Temperatur T
20,9	79,1	9,8	4334
48,9	51,1	14,4	4650
44,4	55,6	14,3	4650
75,0	25,0	12,77	4767
81,7	18,3	12,1	5000 .

Durch Einführung eines äußerst feinen (0,01 mm Durchmesser) Platindrähtchens in die Entladungsbahn wurde bewiesen, daß dort höchstens Temperaturen geherrscht haben können, die vielleicht den Platinschmelzpunkt um ein paar hundert Grad überschritten, aber keinesfalls die berechneten Höhen erreicht haben werden: damit war eine gewisse Einwirkung der elektrischen Entladungen bewiesen. Da die gleichen Stickoxydgehalte auch ermittelt wurden, als man Stickoxyd den so vorbereiteten Flammenbögen aussetzte, so prägten *Haber* und *Koenig* den Begriff des „elektrischen Gleichgewichts". Dieses unterscheidet sich vom thermischen Gleichgewicht dadurch, daß noch ein bestimmter elektrischer Energieaufwand in der Zeiteinheit erforderlich ist, dessen Größe eben ein Maß für die Abweichung vom thermischen Gleichgewicht darstellt. Für die beiden Gleichgewichtskonstanten (k_e = elektr. Gleichgewicht; k_t = therm. Gleichgewicht) gelten, da der Ionenstoß mehr der Bildung als der Zersetzung des NO zugute kommt, folgende Formeln:

$$k_e = \frac{[NO']}{[N_2']^{\frac{1}{2}}[O_2']^{\frac{1}{2}}} \quad \text{und} \quad k_t = \frac{[NO]}{[N_2]^{\frac{1}{2}}[O_2]^{\frac{1}{2}}}.$$

Das Verhältnis von k_e zu k_t ist von der Geschwindigkeit abhängig, mit welcher der thermische Zerfall bei der gegebenen Temperatur verläuft. Mit sinkender Bogentemperatur muß sich k_e immer mehr von k_t entfernen. In gekühlten Gleichstrombögen fanden[4] später *Morden*, *Holwech* und *Koenig* Konzentrationen bis zu 9 Proz. NO.

Daß sich die Stickoxydsynthese durch Auswahl geeigneter Katalysatoren (Platin, Iridium, Eisen usw.) beschleunigen läßt, beobachteten zahlreiche Forscher[4]. Die Bildung von Stickoxyden bei der langsamen Oxydation des Phosphors an der Luft war bereits *Schönbein* 1849 bekannt.[4]. Eingehend gearbeitet wurde namentlich über das Auftreten von Stickoxyden neben Ozon bei der dunklen elektrischen Entladung[4]. Es liegt weiterhin eine An-

---

[1] Siehe bei *Moldenhauer*, a. a. O., S. 159/160.
[2] Zeitschr. f. Elektrochemie **13**, 725 (1907); **14**, 689 (1908); siehe auch Fußnote 1.
[3] Zeitschr. f. Elektrochemie **11**, 752 (1905); siehe auch Fußnote 1.
[4] Vgl. *Moldenhauer*, a. a. O., S. 162 ff.

zahl von Beiträgen vor, den Sauer- oder Stickstoff für sich elektrisch zu aktivieren und ihn so reaktionsfähiger zu machen. Nachdem die Versuche von *Strutt*[1] mit aktiviertem Stickstoff kein Ergebnis gebracht hatten, erzielten *Fr. Fischer* und *E. Hene*[2] eine Reihe besserer Resultate. Sie kamen auf Grund ihrer Versuche zu dem Schluß, daß der Stickoxydbildung in der Hochspannungsflamme eine Aktivierung des Sauerstoffs und nicht des Stickstoffs voraufgehe. Nach *Koenig* und *Elöd*[3] werden jedoch beide Komponenten aktiviert. Interessant sind die Versuche von *E. Müller*[4] über die Stickoxydbildung im zerblasenen Hochspannungslichtbogen, zu denen *M. Novak*[5] einen Beitrag bezüglich des Oxydationsverfahrens von *D. Helbig* (D. R. P. 225 239) bringt, der in einem ähnlich konstruierten 250 KW-Ofen Gaskonzentrationen von 1 bis 1,5 Proz. NO erzielte. Die Absorption dieser verdünnten Gase war sehr befriedigend und erreichte 92 bis 96 Proz. der Theorie.

Bezüglich allgemeiner technischer Arbeiten sei auf verschiedene Fortschrittsberichte aufmerksam gemacht[6]. *F. Gros* hat erfolgreiche Versuche ausgeführt, um die Ausbeute an Salpetersäure zu steigern, die er für die bisherigen großindustriellen Verfahren zu 55 bis 65 g HNO_3 je KW-St. angibt. In einer Versuchsanlage, welche das Maß einer Laboratoriumsapparatur überschritt, ist er bei Anwendung eines trocknenen Gemisches von 50 Proz. N_2 und 50 Proz. O_2 und Gewinnung der nitrosen Gase durch Ausfrieren zu Ausbeuten von 90 g HNO_3 je KW-St. gekommen[7].

Aus den Jugendtagen der Luftsalpetersäureindustrie bringen namentlich *K. W. Jurisch*[8] und *A. Neuburger*[9] interessante Angaben. Den ersten Gedanken zur technischen Durchführung der von *Cavendish* aufgefundenen Bildungsweise hat eine Dame, Madame *Lefebre* in Paris, gehabt, die, ihrer Zeit weit voran, im Jahre 1859 das engl. Pat. 1045 „Munafacture of Nitric acid" nachsuchte. Ihr Apparat ähnelt jenem, den *Muthmann* und *Hofer* (s. o.) anwandten. Madame *Lefebre* erkannte bereits eine Beimischung von Sauerstoff, den sie elektrolytisch erzeugt, als günstig. Ihrer Patentschrift ist in einer Zeichnung ein Plan einer fabrikmäßigen Anlage beigegeben, obwohl eine solche bei dem damaligen Tiefstande der Elektrotechnik naturgemäß sehr wenig Aussicht auf Erfolg haben konnte. In der Tat ist der Prozeß im großen nie ausgeübt worden.

---

[1] Siehe *Moldenhauer*, a. a. O., S. 169 ff.

[2] Dissertation von *E. Hene*, Berlin 1912; *Fischer* und *Hene*, Berl. Ber. **45**, 3652 (1912); **46**, 603, 4103 (1913); siehe auch Fußnote 1.

[3] Berl. Ber. **47**, 516 (1914); siehe auch *E. Elöd*, Dissertation (Chem.-Ztg. 1916, Repert. S. 6), Karlsruhe 1915.

[4] *E. Müller*, Versuche über die Stickoxydbildung aus Luft im zerblasenen Hochspannungslichtbogen. Ak. Heidelberg 1918.

[5] Chem.-Ztg. 1919, S. 52, 95.

[6] Chem.-Ztg. 1913, Nr. 110 ff.; 1915, Nr. 118 ff.; 1920, S. 625 ff., S. 794 ff.; 1916, S. 873 ff.; 1919, S. 403; 1920, S. 873 ff.; Chem. Ind. 1919, Nr. 22/23; siehe auch Ch. Ztrlbl. 1919, II, 338, 741, IV, 533, 777; 1920, IV, 388, 430; 1920, II, 485, IV, 38, 603.

[7] Compt. rend. **170**, 811 (1920).

[8] „Salpeter und sein Ersatz." Leipzig 1908.

[9] Zeitschr. f. angew. Chem. 1905, S. 1850; siehe auch Chem.-Ztg. 1913, Repert. S. 365.

Den Arbeiten von *Crookes* 1892[1] und Lord *Rayleigh* 1897[1] folgten 1899 die Patente von *Mac Dougall* (engl. Pat. 4643/1899; österr. Pat. 2805; schweiz. Pat. 20 092), der zum ersten Male den Lichtbogen im größeren Umfange verwandte. Er benutzte eine Dynamomaschine in Kupplung mit einem Transformator und komprimierte, sauerstoffreiche Luft. Später ist er zu Wechselstrommaschinen übergegangen, deren Strom von 50 Perioden auf 7500 Volt gebracht werden konnte. Es arbeiteten 500 Apparate, in denen der Elektrodenabstand stets 50 mm betrug. Die Ausbeute hat sich auf 25 g HNO_3 je PS-St. belaufen[2].

Das erste Verfahren, das im technischen Betrieb wenigstens eine Zeitlang ausgeübt worden ist, ist das von[1] *C. S. Bradley* und *R. Lovejoy*, die 1902 die *Atmospheric Products Co.* in Jersey City, N. J., mit 1 Mill. Dollar Kapital zur Verwertung ihrer Erfindung gründeten. Das Verfahren ist im engl. Pat. 8230/1901, den amerik. Pat. 709 867 und 709 869, dem österr. Pat. 12 300 und dem schweiz. Pat. 24 298 beschrieben. Die Erfinder benutzen hochgespannten Gleichstrom, den sie mittels mechanischer Vorrichtungen in ihrer Apparatur sehr häufig unterbrechen und neu schließen. Durch einen hohlen, vertikalen Eisenzylinder (Höhe = 1,5 m, Durchmesser = 1,25 m) ist eine Stahlwelle geführt, die mit elektrischem Antrieb ausgerüstet ist und 500 Umdrehungen in der Minute macht. Auf die Welle sind 23 Messinghülsen mit je 6 radial angeordneten Messing-Platinstäbchen aufgekeilt, denen an der Trommelwandung die gleiche Anzahl Gegenelektroden entspricht. Beim Schließen des Stromes springt zwischen je zwei entsprechenden Polen ein Lichtbogen über, der infolge der schnellen Drehung der Welle auf 100 bis 150 mm auseinandergezerrt wird, ehe er abreißt. Ihm folgt sofort die nächste Zündung, und so wiederholt sich das Spiel völlig kontinuierlich. Die erste Anlage dieser Art[3] enthielt 185 Bogenkontakte, von denen jeder in der Sekunde 50 mal gebildet und unterbrochen wurde. Bei einem Strom von 0,75 Amp und 8000 Volt war die Anzahl der Bogen (von Milliampere Stärke!) 6900 in der Sekunde. Die mit Chlorcalcium getrocknete Luft trat vorgewärmt in den Apparat ein, während die Reaktionsgase in ein eisernes Reservoir und weiter in einen Kondensationsturm gelangten, in dem die Stickoxyde durch Wasser oder Natronlauge absorbiert wurden. Man gewann 1 kg Salpetersäure mit 15,4 PS-St. Die Endprodukte, Salpetersäure und Nitrate, enthielten stets salpetrige Säure bzw. deren Salze. Man konnte diese Verunreinigungen in wirtschaftlicher Weise nicht beseitigen und mußte die fertigen Waren unrein verkaufen. Ihr Verwendungsgebiet war daher von vornherein sehr eingeschränkt. Die Apparate (nach *Schönherr*[4] ist nur einer vorhanden gewesen!) waren zudem im Vergleich zu ihrer Leistung zu kostspielig, kompliziert und unzuverlässig, um ein rentables Arbeiten auf die Dauer zu gewährleisten. Die *Atmospheric Products Co.* legte deshalb ihren Betrieb 1904

---

[1] Siehe *O. N. Witt*, Chem. Ind. 1905, S. 703.
[2] Zeitschr. f. angew. Chem. 1903, S. 1717.
[3] Zeitschr. f. angew. Chem. 1904, S. 1713.
[4] Elektrotechn. Zeitschr. 1909, Heft 16/17.

still. Die Ausbeute an Salpetersäure war zuletzt besser, als bei früheren Versuchen, die Öfen konnten jedoch nur 19,5 cbm Luft je Stunde verarbeiten[1]. Von einigen späteren Patenten seien die amerik. Pat. 829 874, 829 876, 904 070 und das D. R. P. 179 288 erwähnt.

Der erste wirkliche Erfolg auf diesem Gebiete war den Norwegern *Chr. Birkeland* und *S. Eyde* vorbehalten (1903), nachdem auch die Pläne des Freiburger Physikers *Kowalski* und seines Mitarbeiters *Moscicki*, die mit 50 000 Volt Wechselstrom arbeiten wollten (amerik. Pat. 754 147), ge-

scheitert waren. Daß der Wechsel-stromflammenbogen durch Magnet-wirkung zu einer Scheibe ausgezogen werden kann, war bereits vor *Chr. Birkelands* Untersuchungen be-kannt, nicht aber, daß diese zer-peitschten Flammen in der um-gebenden Luft besonders viel Stickoxyd bilden. Die konstruktive Ausgestaltung der *Birkeland*schen Flamme zu einem betriebsfähigen Luftverbrennungsofen rührt von *S. Eyde* und seinen Mitarbeitern her. Schon die ersten Patente (engl. Pat. 20 003/1904; französ. Pat. 335 692; norweg. Pat. 12 879, 12 961, 12 989, 13 240, 13 280,

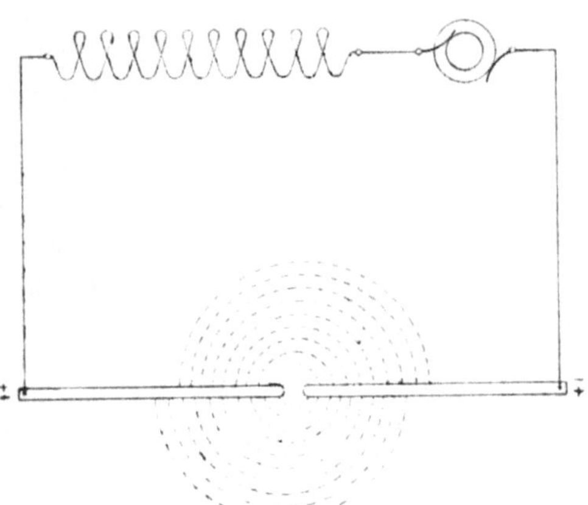

Fig. 33.   Schematische Darstellung der Wechselstromflamme bei Magnetisierung durch Gleichstrom.

13 281, 13.415, 13 507, 13 705, 13 738, 13 753, 17 302, 17 352, 17 839; schweiz. Pat. 29 711; amerik. Pat. 772 862, 775 123) enthalten die wesent-lichsten Grundlagen des Verfahrens[2], das von *O. N. Witt, Edström, Neuburger*, den Erfindern u. a. ausführlich beschrieben worden ist[3].

Die in dem Magnetfelde wirkenden Kräfte sind bestrebt, die fortwährend neu entstehenden Flammen des Wechselstromlichtbogens gewissermaßen aus-zublasen. Es kommt dadurch statt einer einzigen „Funken“-Strecke eine Reihenfolge von nach zwei Richtungen brennenden und fliehenden Flammen zustande, die mit einer Geschwindigkeit von 100 m/Sek. bald in die Höhe geworfen, bald hinuntergezogen werden, so daß das Gesamtbild einer ruhig fortbrennenden elektrischen Sonnenscheibe entsteht (Fig. 33), die zwei und mehr Meter Durchmesser hat. Diese Wechselstromsonne wird in flache, mit Kupfer gepanzerte Öfen aus feuerfestem Ton eingeschlossen, durch die ein kräftiger Strom von Luft hindurchgejagt wird. Der Ofen ist zwischen

---

[1] Zeitschr. f. angew. Chem. 1906, S. 37/38, 977.

[2] Chem.-Ztg. 1904, S. 997; Elektrochem. Zeitschr. **11**, 143 (1904); Elektrotechn. Zeitschr. 1904, S. 1043; Elektrochem. Ind. **2**, 399 (1904) usw.; vgl. ferner Ullmanns Encyklopädie, Bd. 9 (1921) S. 635 ff.

[3] Chem. Ind. 1905, S. 699 ff.; Chem.-Ztg. 1905, S. 1261; Zeitschr. f. angew. Chem. 1905, S. 217, 1761; 1906, S. 37, 38, 983, 984; Zeitschr. f. Elektrochem. **12**, 33 (1902).

den Polen eines kräftigen Gleichstromelektromagneten eingebaut. Die Elektroden, die mit den beiden nach innen gewandten Polschuhen des Elektromagneten gewissermaßen ein Kreuz bilden, kommen sich so nahe, daß sofort Kurzschluß entstehen würde, wenn nicht die zerblasende Feldwirkung des Magneten vorhanden wäre. Die hohlen Kupferelektroden haben innere Wasserkühlung und sind von verhältnismäßig hoher Lebensdauer. Die Luft streicht durch die Kanäle *a*, die in die Schamottewandungen des Ofens eingelassen sind und tritt dann in die Flammenbogenkammer *b* ein. Die oxydierten Abgase verlassen den Ofen durch *c*: sie sind durch 1 bis 2 Proz. NO vollkommen braun gefärbt. Die Schamottefütterung dieser Öfen (Fig. 34) ist monatelang haltbar, die Kupferelektroden von 1,5 cm Stärke müssen durchschnittlich alle sechs Wochen ersetzt werden. Die Figur 35 zeigt die Photographie der Wechselstrom-Hochspannungsflamme.

„In einer[1] später ausgearbeiteten Form hat der Ofen ohne irgendwelche Änderung des ihm zugrunde liegenden Prinzips eine etwas andere Gestalt erhalten. Es ist dem Magneten die sog. Dosenform gegeben worden; der Ofen wird dadurch konstruktiv wesentlich eleganter, er hängt als wuchtiges, aber doch fast zierlich zu nennendes Gebilde auf einem Unterbau von mächtigen eisernen Säulen (Fig. 36).“

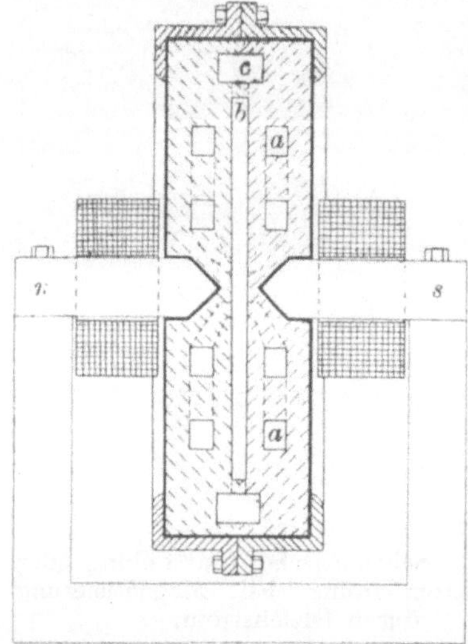

Fig. 34. Schematische Darstellung des elektrischen Ofens, System Birkeland-Eyde. Ursprüngliche Form.

Im Jahre 1903 war in einem Laboratoriumsofen für 3 PS die Verwertbarkeit des Verfahrens für den Großbetrieb bewiesen worden. Noch im gleichen Jahre stellte die „Norwegische Elektrische Aktiengesellschaft" größere Öfen für je 10 bis 20 PS in Ankerlökken bei Christiania auf. Die gewonnenen Abgase wurden industriell verarbeitet. Die Öfen brauchten 75 bis 200 bzw. 500 KW und wurden mit Wechselstrom von 50 Perioden und 5000 Volt Spannung gespeist. Das günstige Versuchsergebnis und die unzureichende Elektrizitätsversorgung seitens der Stadt Christiania zwangen dazu, eine umfangreichere Versuchsanlage zu Vasmoen bei Arendal zu erbauen. Gleichzeitig wurden die Projekte für die erste große Fabrik in Notodden (Telemarken) ausgearbeitet. *O. N. Witt*[2] schreibt darüber: „Die Wasserläufe des Hitterdals erweitern sich bei Notodden zu einem See, der durch eine Reihe von schiffbaren Übergängen schließlich mit dem Skien-Fjord und so mit dem Meere in Verbindung steht, so daß der Transport der erzeugten Waren überall hin auf dem billigen Wasserwege gesichert ist. Dicht bei Notodden bildet der gewaltige Tin-Elf den Tinfos, von dessen 20 000 PS gleich zu Anfang ein Teil ausgebaut wurde. 4 km weiter oben bildet der

---

[1] Nach *O. N. Witt*, a. a. O., S. 704.
[2] a. a. O., S. 705.

Tin-Elf den ¡Svaelgfos . . .“ Am 2. Mai 1905 konnte die *Norsk Hydroelektrisk Kvaelstof Aktieselskab* den Betrieb in Notodden aufnehmen.

Die ursprüngliche Anlage besaß drei Öfen des *Birkeland-Eyde*-Typs für je 500 bis 600 KW und einer minutlichen Verarbeitung von 75 cbm Luft.

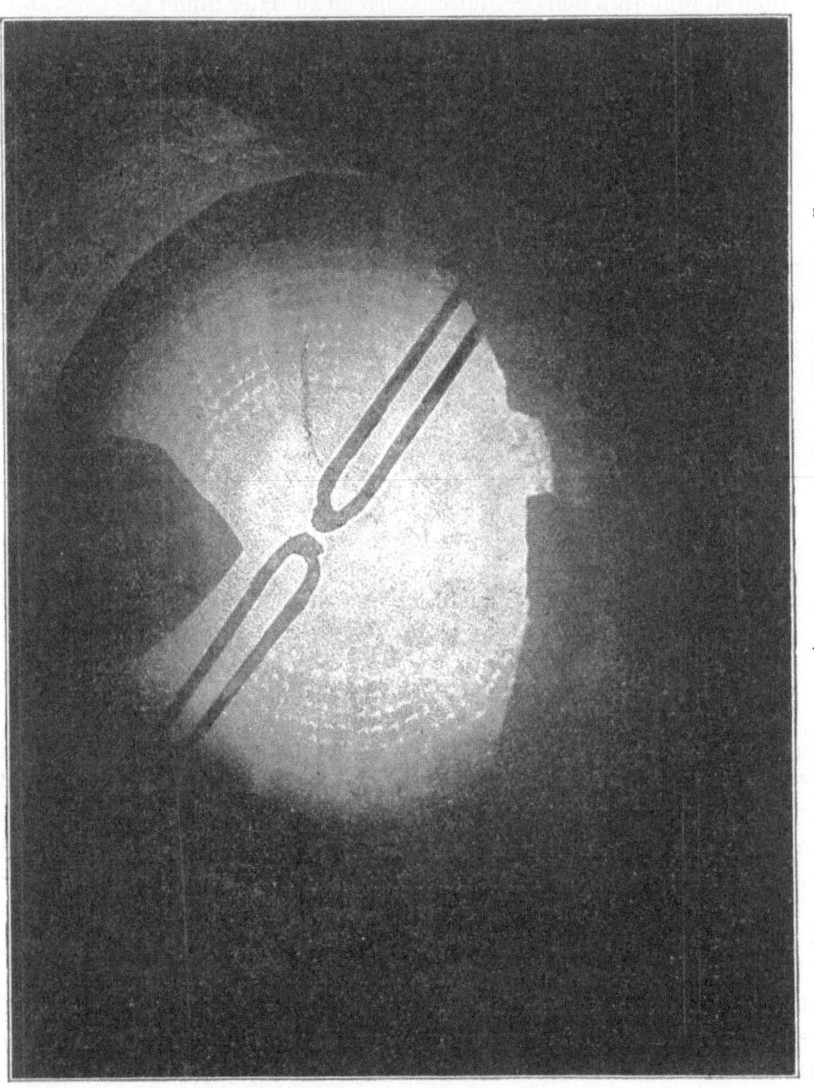

Fig. 35. Photographische Aufnahme der Wechselstrom-Hochspannungsflamme.

Die Flammenscheiben hatten rund 1,8 m Durchmesser. Die Gase dürfen nur sehr kurze Zeit der hohen Temperatur des Lichtbogens ausgesetzt bleiben; sie müssen sehr rasch aus der Reaktionszone entfernt und abgeschreckt werden, da sonst die Reversibilität der Reaktion (s. o.) das gebildete Stickoxyd restlos zerstört. Die Abgase haben im Mittel 1 bis 2 Proz. NO. Daß die Kondensation derart verdünnter nitroser Gase arge Schwierigkeiten bietet, ist klar, und es hat in der Tat viel Arbeit gekostet, um hier zweckmäßige Einrichtungen aufzufinden. Die heißen Gase wurden in Notodden zunächst gezwungen, ihre Wärme zum Heizen der Dampfkessel, der Eindampfapparate usw.[1] abzugeben. Sie gelangten dann in Aluminiumkühler, die sie vollends auf gewöhnliche Temperatur brachten und strömten weiterhin den Oxydationstürmen zu. Hier findet die Umwandlung in NO_2 mit Hilfe des Luftsauerstoffs statt, der ja noch im Überschuß ist:

$$2\,NO + O_2 = 2\,NO_2.$$

Bei Verlangsamung des Gaslaufes geht die Oxydation, die bereits in den Kühlern usw. eingeleitet ist und die eine reine Zeitreaktion darstellt, glatt vonstatten. Anfangs benutzte man als Oxydationsgefäße emaillierte Eisenblechbottiche, später ist man zu den viel zweckmäßigeren, säurefesten, leeren Steintürmen übergegangen. Mittels eines Tonexhaustors wurden die NO_2-Gase weiter in ein System von Absorptionstürmen aus Granit, Ton usw. geschickt, die mit Quarzbrocken gefüllt waren und mit Wasser in gleichmäßigem Strome berieselt wurden. Die unten abfließende Säure wurde so lange durch Montejus im Kreislauf auf die Türme zurückgeführt, bis etwa eine mittlere Konzentration von 50 Proz. erreicht war. Für die drei Notoddener Öfen genügten acht Türme zur Absorption.

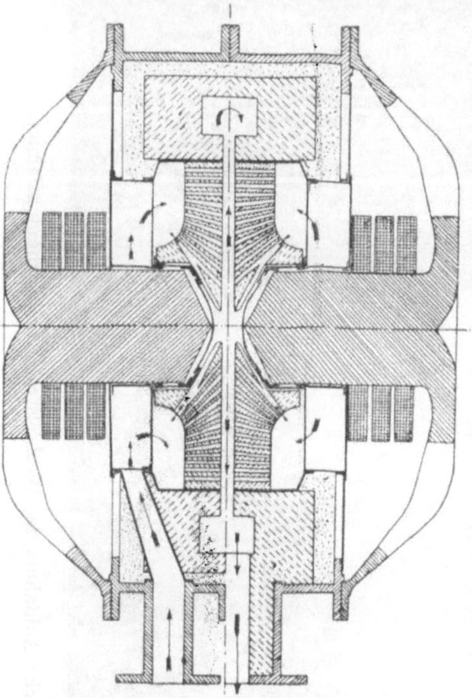

Fig. 36. Schematische Darstellung des elektrischen Ofens, System *Birkeland-Eyde*. Neuere Form.

Die Abgase gelangten weiter in zwei mit Kalkmilch gespeiste Holztürme und endlich in eine mit festem Kalk beschickte Schlußkammer. In dieser bilden sich Laugen, die viel Calciumnitrit enthalten. In Notodden zersetzte man diese Laugen zuerst mit Hilfe der Turmsäure und leitete die entbundenen Stickstoff-Sauerstoffverbindungen in die Absorptionstürme zurück.

Die Turmsäure wurde anfangs ausschließlich mit Kalkstein neutralisiert. Die so gewonnene Calciumnitratlauge wurde mit den Abläufen der zwei Kalktürme vereinigt, eingedampft und in geschmolzenem Zustand in Eisentrommeln abgelassen, in denen sie zum bekannten Kalk- oder Norgesalpeter erstarrte. *J. Laudin*[2] gibt folgende Gesamtanalyse dieses Produkts:

$[Ca(NO_3)_2 + 4\,H_2O]$ theoretisch 11,86 Proz. N, gefunden 11,28 Proz.

Unlösliches: 0,01 Proz. Fe_2O_3, Al_2O_3, MgO: Spuren.

---

[1] Ch. Ztrlbl. 1920, IV, 79.

[2] Tekn. Tidskrift **22**, 10 (1904); Zeitschr. f. angew. Chem. 1905, S. 264.

Die Notoddener Anlage (Fig. 37—42) leistete 1905 mit drei Öfen von zusammen etwa 1500 KW bei Vollbetrieb etwa 1500 kg wasserfreie HNO_3 bzw. Nitrate in entsprechender Menge je Tag. Den Durchschnittspreis der elek-

Fig. 37. Versuchsanlage nach *Birkeland-Eyde.*

trischen Energie konnte man für Südnorwegen damals nach *O. N. Witt*[1] zu 12 M. für das PS-Jahr annehmen.

Der Stickoxydbildung in der Hochspannungsflamme liegt, wie schon erwähnt ist, folgende thermochemische Gleichung zugrunde:

$$N_2 + O_2 = 2\,NO - 43{,}2\,Cal$$

[1] a. a. O., S. 705.

Nach *Ph. A. Guye*[1] und *Nernst*[1] sind zur Einstellung des Stickoxydgleichgewichts bei

1500°	1¼ Tag,	2500°	$^1/_{100}$ Sekunden und bei
2100°	5 Sekunden,	2900°	nur $^{3,5}/_{100\,000}$ Sekunden

Fig. 38. Inneres des Ofenhauses der Salpeterfabrik Notodden.

notwendig. Bei 700°[1] beginnt der Zerfall nach dem Formelbild:

$$2\,NO = N_2 + O_2 + 43,2\,\text{Cal}$$

bemerklich zu werden, bei 1600° findet er sehr schnell statt und wird durch
den elektrischen Funken oder durch einen glühenden Eisendraht stark be-

___
[1] *K. A. Hofmann*, Lehrbuch der anorgan. Chemie. Braunschweig 1919, 2. Aufl.,
S. 114/115, 123.

schleunigt. Die Abschreckung der heißen Flammenbogengase soll bis unter 1000° getrieben werden, da erst bei dieser Temperatur das NO praktisch beständig und das „Gleichgewicht eingefroren" ist.

Fig. 39. Absorptionsanlage Notodden.

Für das Verständnis der Kondensationsvorgänge, auf die weiter unten noch einzugehen sein wird, da sie ja für die Verarbeitung der nitrosen Gase der Ammoniakverbrennung eine ebenso wichtige Rolle spielen, ist die Kenntnis der Eigenschaft[1] des an sich farblosen Stickoxyds wichtig, bei Temperaturen

---

[1] *K. A. Hoffmann.* Lehrbuch der anorgan. Chemie. Braunschweig 1919, 2. Aufl., S. 114/115. 123.

unter $+150\,^\circ$ C mit molekularem Sauerstoff (z. B. der Luft in den Oxydationsräumen) unter Bildung von rotbraunem Stickstoffdioxyd zu reagieren[1]:

$$2\,NO + O_2 = 2\,NO_2.$$

Fig. 40. Zwei Öfen, mit welchen die ersten Versuche angestellt wurden.

Da dieser Prozeß mit positiver Wärmetönung (27 Cal) verläuft, so muß bei der Darstellung der Salpetersäure aus NO und Luft die zunächst erforderliche Stickstoffdioxydbildung durch starken Wärmeentzug begünstigt werden. Oberhalb 150° spaltet sich Stickstoffdioxyd in Stickoxyd und

---

[1] *K. A. Hoffmann*, Lehrbuch der anorgan. Chemie. Braunschweig 1919, 2. Aufl., S. 114/115, 123.

Sauerstoff. Die Dissoziation in diese beiden Komponenten ist bei 620° vollständig[1].

Der Kondensation der Stickstoffdioxydgase mit Wasser legt man im allgemeinen folgende Gleichungen zugrunde[2]:

Fig. 41. Großer Salpeterofen der Fabrik Notodden im Bau.

---

[1] *K. A. Hoffmann*, Lehrbuch der anorgan. Chemie. Braunschweig 1919, 2. Aufl, S. 114/115, 123.

[2] Siehe z. B. *H. Ost*, Lehrbuch der chem. Technologie. Leipzig 1919, 10. Aufl., S. 169.

Fig. 42. Rückseite des Schaltbrettes der Salpeterfabrik Notodden, im Hintergrunde Röhrenkessel zur Nutzbarmachung der Wärme der Gase.

$$3\,NO_2 + H_2O = 2\,HNO_3 + NO \quad \text{und}$$
$$2\,NO_2 + H_2O = HNO_3 + HNO_2,$$

wobei zunächst unberücksichtigt bleiben soll, welche Rolle das sich einstellende Gleichgewicht[1]:

$$NO + NO_2 \rightleftarrows N_2O_3$$

in diesem Kondensationsprozeß spielt.

---

[1] *K. A. Hofmann*, a. a. O., S. 116.

Der Wärmegewinn aus den heißen Ofenabgasen ist sehr beträchtlich. Schon *Witt*[1] hat darauf aufmerksam gemacht, daß man den in Dampfkesseln mit Hilfe dieser Abwärme erzeugten Dampf zum Antrieb von Dampfturbinen bzw. von elektrischen Maschinen benutzen könne, um in diesen einen Teil der dem Ofen zugeführten Energie wiederzugewinnen. Durch die Vervollkommnung der Vakuumverdampfer für die Calciumnitratlaugen und die günstiger ausgestaltete Wärmewirtschaft des ganzen Verfahrens ist man in der Tat heute dahin gelangt, auf diesem Wege eine gar nicht so geringe Menge elektrischen Stromes erzeugen zu können, der den Öfen wieder zugeführt wird. Die Energieausnützung, die im Mittel nur 3 Proz. beträgt, wird dadurch natürlich bedeutend besser. *Ch. L. Parsons*[2] rechnet für die Lichtbogenmethoden bei Erzeugung von 96 proz. Salpetersäure mit einem Kraftverbrauch von 10,8 PS pro 1 Tonne gebundenen Stickstoffs.

Nicht uninteressant ist es, an dieser Stelle die Schlußworte des *Witt*schen Vortrages[3] (25. Nov. 1905) mit der überraschenden Entwicklung zu vergleichen, welche die Stickstoffindustrie nicht zum wenigsten unter dem Impuls des großen Krieges seither genommen hat:

„Ganz langsam, und zwar in dem Maße, in welchem die Produktionsfähigkeit der südamerikanischen Salpeterfelder abnimmt, wird dann die Verwendung der synthetischen Nitrate steigen. Die dafür voraussichtlich erforderliche Zeit wird hoffentlich genügen um die junge Industrie der synthetischen Nitrate, die in der kurzen Zeit von kaum drei Jahren lebensfähig geworden ist, so weit erstarken zu lassen, daß sie den größten Aufgaben gewachsen sein muß, die ihrer harren. Denn sie muß, wenn sie die auf sie gesetzten Hoffnungen erfüllen will, dereinst imstande sein, unseren Gesamtbedarf an Salpetersäure und Nitraten zu decken. ... Wenn ihr das gelingt, dann wird auch sie ein Beispiel dafür sein, daß die von der Natur aufgespeicherten Vorräte, die in keinem Falle unerschöpflich sind, uns nur verliehen wurden, um unser Wissen und unser Können so zu vergrößern, daß wir dieser Vorräte nicht mehr bedürfen, sondern imstande sind, mit Hilfe der uns täglich neu zuströmenden Sonnenenergie unsere Aufgabe zu erfüllen und zu immer größerer Vollendung emporzusteigen."

Über die Rjukan-Anlage liegen Mitteilungen der *Norsk Hydro*[4] aus dem Jahre 1912 vor. Der Rjukan, Norwegens stärkster Wasserfall, wird vom Maanelf gebildet, der dem See Mjösvand entströmt und in vier gewaltigen Absätzen in einer natürlichen Fallhöhe von 260 m bzw. einer regulierten von 560 m herunterstürzt. Der Rjukanfall liefert praktisch rund 250 000 PS bei voller Ausnutzung. Die Arbeiten zur Nutzbarmachung dieser Riesenwasserkraft waren verhältnismäßig einfach. Der Mjösvand-Staudamm enthält 8000 cbm Beton und staut etwa 800 Mill. cbm Wasser. Ein 4 km langer Kanal von 26 qm Querschnitt führt von hier nach dem Hochsammelbecken. 10 Stahlrohre von je 2 m Durchmesser werden aus diesem gespeist. Sie nehmen 50 cbm/Sek. auf und versorgen damit unter Ausnutzung eines Teils der mächtigen Fallhöhe die Kraftstation, deren Maschinenraum

---

[1] a. a. O., S. 705.

[2] *Hesse-Großmann*, Englands Handelskrieg. III (1919), S. 98.

[3] *O. N. Witt*, a. a. O., S. 706.

[4] Propagandaheft der genannten Firma und der *Norgesalpeter-Verkaufs-G. m. b. H.* in Berlin.

110×20 m groß ist und 10 gewaltige Doppelturbinen von je 14 450 PS enthält. Die Turbinen sind direkt mit Hochspannungsgeneratoren gekuppelt.
Diese versorgen mit Hilfe einer 5 km langen 10 500 Volt-Fernleitung die
Fabrikanlagen. Die 60 Luftkabel bestehen teils aus Aluminium und teils
aus Kupfer. Das Ofenhaus bedeckt 6000 qm und zählt 120 Öfen von Leistungen bis 5000 PS je Ofen. Der Vermittlung der Gasbewegung dient eine
umfangreiche Ventilatorenanlage. An das Ofengebäude schließt sich das
1000 qm große Kesselhaus an, in dem die Wärme der 800° heißen Ofenabgase zur Dampfentwicklung ausgenützt wird. Die Gase verlassen das
Kesselhaus mit 250°, durchstreichen ein Kühlsystem sowie verschiedene
Oxydationskammern und treten dann in das 7000 qm bedeckende und 34 m
hohe Turmhaus über. Hier stehen 32 Granittürme von je 7,2 m Durchmesser
und 23 m Höhe. Die Türme sind mit Quarz gefüllt und zwar enthält jeder

Fig. 43. Kraftzentrale des Rjukanwerkes.

von ihnen 2400 t dieses Füllmaterials. Auf die Granitturmbatterie folgen
14 Eisentürme. Die Türme werden sämtlich mit Wasser bzw. mit der
mehr oder weniger angereicherten Salpetersäure oder mit Kalkmilch berieselt.

Die gewonnene Salpetersäure wird in Granitbehältern mit Kalkstein in
Calciumnitrat übergeführt, dessen Lösung in Vakuumverdampfern konzentriert wird. Die abgelassene Dicklauge erstarrt als basisches Salz von etwa
13 Proz. N und verminderter Hygroskopität. Das jetzt fertige Produkt wird
in Maschinen zerkleinert und in Holzfässer abgezogen. Die eigene Faßfabrik
des Rjukanwerkes ist 2500 qm groß.

Das Salpeterwerk Saaheim-Rjukan, von dem hier einige Abbildungen (Fig. 43—48) beigegeben sind, steht durch eine Bahn von etwa
80 km Länge bzw. durch den 40 km langen Tin-See mit Skien, dem Hauptverschiffungshafen, in Verbindung. Die Leistungsfähigkeit der Werke

Notodden und Rjukan der *Norsk Hydro* belief sich 1912 auf etwa 2 Mill. Zentner Norgesalpeter jährlich. An Wasserkräften wurden damals ausgenutzt bzw. waren im Bau begriffen:

Notodden . . . . . 65 000 PS ausbaufähig auf 95 000 PS
Rjukan I . . . . . 145 000 „
im Bau   „   II . . . . 105 000 PS (= 1¹/₂ Mill. Ztr.
„ „ bzw. geplant Tyin . . . . 80 000 „   Norgesalpeter)
„ „ „   „ Matre . . . . 80 000 „ .

Fertiggestellt ist inzwischen namentlich die Kraftstufe Rjukan II.

Fig. 44. Säuretürme des Rjukan-
Salpeterwerkes.

Fig. 45. Verdampfanlage des Rjukan-
Salpeterwerkes.

Norgesalpeter enthält im Mittel 13 Proz. N, entsprechend 76 Proz. salpetersaurem Kalk, und 26 Proz. Kalk, der direkt aufnehmbar ist. Er ist natürlich frei von Perchlorat und anderen schädigenden Bestandteilen des chilenischen Salpeters. Der Versand erfolgt jetzt ausschließlich in guten Holzfässern von 100 kg Nettoinhalt bzw. 108 bis 109 kg Gesamtgewicht. Der Norgesalpeter ist hygroskopischer als der Chilesalpeter. Er ist wie dieser ein wirksamer Kopfdünger für schwache Winterung und jede Art von Sommerung und liefert nicht nur üppige, sondern infolge des Kalkgehalts auch gesunde, stämmige Pflanzen. Der Norgesalpeter wird daher in Sonderheit für zum Abbinden neigende Böden, für Pflanzen, die nicht behackt werden und namentlich für den Zuckerrübenbau empfohlen.

Bei Wintersaaten ist hauptsächlich Kopfdüngung am Platze; auch für Sommerung und Hackfrüchte ist diese Verwendungsart recht geeignet. In der Frühjahrsbestellung kann ein Teil mit untergeackert werden. Die gebräuchlichen Dosen betragen $1/_2$ bis 1 Zentner pro $1/_4$ Hektar bei Getreide und Kartoffeln und erhöhen sich bei Rüben je nach Art des Bodens. Der Norgesalpeter kann von Maschinen (*Kuxmann*scher Düngerstreuer Westfalia, *Voß*scher Düngerstreuer usw.) oder von Hand gestreut werden, wobei nur geringe Vorsichtsmaßregeln zu beachten sind (seitlicher Wind, dichter Streukittel, bloße Arme, Einfetten). Kalksalpeter kann mit Chilisalpeter, Thomasmehl, Kalisalzen, Torfmull, Asche usw. vermischt und so verwendet werden. Die erzielten Düngeergebnisse waren in allen Fällen durchaus gute.

Fig. 46. Teile des Ofenhauses des Rjukan-Salpeterwerkes.

Die *Norsk Hydro* hat in Notodden schon vor dem Kriege eine Anlage zur Herstellung von Ammoniumnitrat in Betrieb gesetzt, über die ihr Erbauer *F. A. Bühler* ausführlich berichtet hat[1]. Auf die Anlage, die nach dem Vorbild des Ammonnitratbetriebes der *Sprengstoff-A.-G. Carbonit* in Hamburg errichtet ist, wird weiter unten noch flüchtig zurückzukommen sein. Sie erzeugte in ihrer ersten Ausführungsform 15 000 kg Salz pro Tag. Während des Krieges war die Ammonnitratproduktion zeitweise außerordentlich stark vergrößert (s. o.).

Außer den bereits angeführten Patenten hat die *Norsk Hydroelektrisk Kvaelstof-A.-B.* z. T. in Gemeinschaft mit *Birkeland* und *Eyde*, der ihr Generaldirektor ist, eine ganze Anzahl weiterer Verfahren ausgearbeitet und in Patenten niedergelegt (engl. Pat. 3525/1905; D. R. P. 170 585, 179 825, 179 882, 214 445, 321 772; norweg. Pat. 14 885, 15 021, 23 542; amerik. Pat. 906 682). Man hat sich später namentlich dem Studium der Absorption der nitrosen

---

[1] Chem. Ind. Nr. 8, 15. April 1911.

Gase zugewandt und ist z. T. dazu übergegangen, direkte Berieselung mit Natronlauge oder Kalkmilch anzuwenden. Nach dem D. R. P. 325 636 schmilzt man auch festes Stickoxyd aus den tiefgekühlten Gasen aus.

Zwischen Stickoxyd und Stickstoffdioxyd herrscht[1] namentlich unter gewissen Bedingungen folgender Gleichgewichtszustand:

$$NO + NO_2 \rightleftarrows N_2O_3.$$

Oberhalb $+ 620°$ besteht Stickstoffdioxyd nicht mehr: es dissoziiert vollständig in $(NO + O)$; je mehr man sich jedoch der unteren Temperaturgrenze von $+ 150°$ nähert, desto mehr steigt der Gehalt an Dioxyd, das unterhalb $+ 150°$ allein vorhanden ist, wenn man der Oxydationsreaktion

Fig. 47. Sättigungsanlage des Rjukan-Salpeterwerkes.

Fig. 48. Kesselhaus des Rjukan-Salpeterwerkes.

$NO + O = NO_2$ überhaupt genügend Zeit läßt. Auf diesem Verhalten der Stickoxyde beruht das Nitritverfahren der *Norsk Hydro*. Man berieselt die heißen Ofengase noch vor ihrer vollständigen Oxydation bei 200 bis 300° mit Sodalösung oder Natronlauge und erhält nitratfreies Nitrit. Beim Berieseln mit Sodalösungen entstehen schließlich stark bicarbonathaltige Nitritlösungen, aus denen das reine Nitrit durch Erhitzen und spätere Krystallisation gewonnen werden kann (D. R. P. 207 250). Bei der Absorption der nitrosen Gase mit Kalkstickstoff nach dem D. R. P. 206 949 wird Kalksalpeter und Ammonnitrat erhalten.

Nach dem norweg. Pat. 22 894 benutzt man an Stelle von Ton bei der Fabrikation oder der Beförderung von Salpetersäure so lange Aluminium

---

[1] Vgl. *K. A. Hofmann*, Lehrbuch der anorgan. Chemie. Braunschweig 1919, 2. Aufl., S. 116 ff.

als Gefäßmaterial, wie die Säurekonzentration unter 65 Proz. und der Gehalt an Stickoxyden unter 5 Proz. liegt. Das D. R. P. 264 393 betrifft die Ausnutzung der Abhitze der Öfen, das norweg. Pat. (23 058) 23 575 die Erhöhung der Stickoxydkonzentration durch katalytische Beeinflussung und endlich das norweg. Pat. 23 545 die Überführung des Kalksalpeters in Pulverform.

Das vorteilhafteste Stickstoff-Sauerstoffgemisch wird lediglich in die wirksame Reaktionszone der Öfen eingeleitet (französ. Pat. 459 746), während außerhalb dieser Zone wohlfeilere Gemische bzw. Luft wirbelnd um die Flamme eingeblasen werden. Durch Verdampfung kann man verdünnte Salpetersäure von etwa 30 Proz. stufenweis auf 40,50 und 60 bis 68 Proz. bringen, während die Dämpfe in einen Dephlegmator und aus diesem in besonderer Weise in den Verdampfer zurückgelangen (französ. Pat. 463 859; D. R. P. 278 867).

Um konzentrierte Calciumnitratlösung leicht in den festen Zustand überführen zu können (engl. Pat. 15 934/1912; D. R. P. 268 828), kühlt man unter Einhaltung gewisser Vorsichtsmaßregeln und Zufügung von Calciumnitratpulver ab. Das nach dem beschriebenen Verfahren erhaltene Produkt besteht aus dünnen, nicht aneinander haftenden Schichten (s. auch französ. Pat. 465 504, 465 739). Das französ. Pat. 408 506 behandelt die Erzeugung von Ammonnitrat durch doppelte Umsetzung von Ammoniumsulfat mit Kalksalpeter. Das norweg. Pat. 31 408 betrifft einen Harnstoffnitrat-Kalkdünger.

Den Namen „Norge"- Salpeter bemängelte *Dafert*[1] und empfiehlt dafür Kalksalpeter als allein zweckentsprechend. Ein Bericht über die Tätigkeit der Landwirtschaftlichen Kreis-Versuchsstation Speyer[2] für 1910 gibt nachfolgende Durchschnittsanalyse: 12,5 Proz. N, 25,6 Proz. Kalk, 22,3 Proz. Wasser, 1,7 Proz. unlösliche Bestandteile. Als Mitteilung aus dem Laboratorium der Rjukan-Salpeterwerke bringt *N. Busvold*[3] folgende Gesamtanalyse:

$Ca(NO_3)_2$	76,15 Proz.	$MgCO_3$	0,35 Proz.
$Ca(NO_2)_2$	0,05 „	Fe_2O_3	0,10 „
CaO	0,15 „	Al_2O_3	0,40 „
MgO	0,30 „	Unlöslich	0,50 „
$CaCO_3$	0,55 „	Wasser	21,45 „ .

S. Hals[4] hat recht interessante Untersuchungen über die Hygroskopität von Norgesalpeter veröffentlicht. In der üblichen Verpackung — mit starkem Papier ausgekleidete Holztrommeln — hatte Norgesalpeter in einem Jahre 3 Proz. Feuchtigkeit aufgenommen; ein Stickstoffverlust war nicht eingetreten. An beiden Enden des Fasses war das Salz 5 bis 10 cm tief zusammengebackt, ohne etwa fest geworden zu sein oder als Dünger gelitten zu haben.

---

[1] Chem.-Ztg. 1913, S. 716.
[2] Chem.-Ztg. 1911, S. 1180.
[3] Chem.-Ztg. 1914, S. 799.
[4] Chem.-Ztg. 1911, S. 1130.

O. Herrmann[1] hat mitgeteilt, daß die *Norsk Hydro* in Notodden auch Phosphate mit Salpetersäure nach *Bretteville* aufschließt (D. R. P. 217 309). Nach dem *Birkeland*schen norweg. Pat. 24 423 benutzt man verdünnte Salpetersäure vorteilhaft zum Auslaugen von Erzen (s. auch französ. Pat. 451 291). Die erhaltenen Lösungen werden mit Kalk gefällt, wobei das Metallhydroxyd und als Nebenprodukt Kalksalpeter gewonnen wird. Nach dem D. R. P. 276 814 und dem französ. Pat. 456 786 wird Rohphosphorit mit Salpetersäure aufgeschlossen und mit Kalk geschieden. Die nicht filtrierte Lösung wird im Vakuum bei mindestens 70° C eingedampft. Das gewonnene Produkt enthält neben 7 bis 8 Proz. Stickstoff 20 Proz. Phosphorsäureanhydrid. Die *Norsk Hydro* hat bekanntlich in Gemeinschaft mit der *Norsk A.-B. for Elektrokemisk Industri* mit 2 Mill. Kr. Aktienkapital die Gesellschaft „Labrador" gebildet[2], um norwegisches Labradorgestein mit Salpetersäure aufzuschließen und daraus Tonerde und Kalksalpeter zu gewinnen.

Im Anschluß daran sei auf das im amerik. Pat. 1 057 876 beschriebene Verfahren von *S. Peacock* und *The Southern Electrochemical Co.*, New York, aufmerksam gemacht. Gemahlenes, mit Wasser zu einem dünnen Brei angerührtes Phosphat wird danach direkt mit den nitrosen Abgasen der elektrischen Öfen behandelt, bis diese nicht mehr sauer reagieren. Neben Kalksalpeter entsteht unlösliches Dicalciumphosphat, das als Düngemittel Verwendung finden kann:

$$4\,HNO_3 + CaO \cdot Ca_3(PO_4)_2 = 2\,Ca(NO_3)_2 + 2\,CaHPO_4 + H_2O.$$

H. Büeler de Florin (D. R. P. 284 741) laugt kalk- und magnesiahaltige Kupfererze unter Zuhilfenahme nitroser Gase oder verdünnter Salpetersäure. Verwandt mit diesen Methoden ist in gewisser Hinsicht das norweg. Pat. 25 057 und das engl. Pat. 5184/1914. Im D. R. P. 324 263 gibt die *Norsk Hydro* neuerdings ein Verfahren an, um Sulfide in Bergarten durch eine Vorschmelzung mit Silicium und Pyrit anzureichern. Über die mit der Verwendung der Salpetersäure zusammenhängenden wirtschaftlichen Fragen hat sich *H. Büeler de Florin*[3] ausführlich verbreitet. Salpetersäure-Erzlaugung ist nach ihm nur da gerechtfertigt, wo die Beschaffenheit des Erzes und die örtlichen Verhältnisse eine Naßaufbereitung, direkte Schmelzung, Errichtung einer Schwefelsäurefabrik oder Beschaffung von Schwefelsäure ausschließen. Die folgenden Formeln veranschaulichen das Prinzip der wichtigeren Verfahren, welche in Frage kommen:

Verfahren von:	Behandlung der Erze:
Kingsley	$3\,PbS + 8\,HNO_3 = 3\,Pb(NO_3)_2 + 2\,NO + 4\,H_2O + 3\,S$,
Rankin	$3\,PbS + 8\,HNO_3 = 3\,PbSO_4 + 8\,NO + 4\,H_2O$,
Norsk Hydro	$Bi_2O_3 + 6\,HNO_3 = 2\,Bi(NO_3)_3 + 2\,H_2O$,
Büeler	$CaCO_3 + 2\,HNO_3 = Cu(NO_3)_2 + H_2O + CO_2$.

---

[1] Chem.-Ztg. 1913, S. 919; siehe auch S. 303.

[2] Chem.-Ztg. 1919, S. 311.

[3] Chem.-Ztg. 1914, S. 926.

Verfahren von	Rückgewinnung der Säure:
Kingsley	$\left\{ \begin{array}{l} Pb(NO_3)_2 + Na_2CO_3 = PbCO_3 + 2\,NaNO_3\,, \\ 2\,NaNO_3 + H_2SO_4 = Na_2SO_4 + 2\,HNO_3\,, \end{array} \right.$
Rankin	$2\,NO + 3\,O + H_2O = 2\,HNO_3\,,$
Norsk Hydro	$Bi(NO_3)_3 + H_2O = BiO \cdot NO_3 + 2\,HNO_3\,,$
Büeler	$\left\{ \begin{array}{l} Cu(NO_3)_2 = CuO + N_2O_5 \ \text{(schematisch)}\,, \\ N_2O_5 + H_2O = 2\,HNO_3\,. \end{array} \right.$

Von der *Norsk Hydro* rühren weiterhin zahlreichere Patente her, welche die Ausgestaltung ihres elektrischen Verfahrens zum Gegenstand haben. Im D. R. P. 295 766 ist ein Hochdrucklichtbogenofen beschrieben, dem ein Pufferkessel unmittelbar angeschlossen ist. Dieser Kessel dient gleichzeitig zur Kühlung der Gase. Er steht gegebenenfalls unter äußerem Gegendruck und kann unter Umständen direkt das Flammrohr eines Dampfkessels bilden. Die Wärmeenergie von Flammenbogenöfen kann mit Hilfe einer Heißluftturbine und eines Verdichters ausgenutzt werden (D. R. P. 297 898). Damit die Stabilität der Lichtbogen erhöht wird, empfiehlt sich die Sternkupplung der Öfen nach dem D. R. P. 298 697. Um den Verbrennungssystemen möglichst sauerstoffreiche Luft zuführen zu können, benutzt man ein im D. R. P. 310 859 näher beschriebenes Kreislaufverfahren. Im D. R. P. 321 772 endlich wird ein Arbeitsverfahren angegeben, um die Lufteinführung in die Öfen derartig zu leiten, daß dadurch gleichzeitig die Haltbarkeit der Elektroden erhöht wird, was auch durch das D. R. P. 321 772 erreicht werden kann.

Dem D. R. P. 300 897 zufolge absorbiert man die nitrosen Gase durch konzentrierte Schwefelsäure und zerlegt die gewonnene nitrose Säure durch Dämpfe von Salpetersäure in konzentrierte HNO_3 einer- und konzentrierte nitrose Gase anderseits. Die Absorption der nitrosen Ofengase kann natürlich auch mittels zweckmäßig vorbereiteten Kalksteins erfolgen (D. R. P. 284 042; französ. Pat. 465 740). Absorbiert man durch Alkalicarbonat oder -bicarbonat, so kann man die erhaltenen Nitratlaugen nach dem D. R. P. 302 034 mit Chlorammonium in Ammonsalpeter und Alkalichlorid umsetzen, das, wenn es z. B. als NaCl vorliegt, nach *Solvay* in Carbonat bzw. Bicarbonat und NH_4Cl rückverwandelt werden kann. Den Kalksalpeter führt man nach der Vorschrift des D. R. P. 287 307 in nicht staubende Form über.

Die auf Anregung von *H. v. Brunck* in Ludwigshafen a. Rh. in den Laboratorien der *BASF* seit Ende (1897) der 90er Jahre des vorigen Jahrhunderts durchgeführten Versuche zur Flammenbogensynthese der Salpetersäure, führten 1905 zur Auffindung eines geeigneten Verfahrens durch *O. Schönherr*, den als elektrotechnischer Mitarbeiter Ingenieur *Heßberger* unterstützte.

Seit dem technisch schönen Erfolg des *Birkeland-Eyde*schen Magnetofens hatte man es als vorteilhaft angesehen, einen intermittierenden Lichtbogen anzuwenden, der beim andauernden Brennen sehr schnell schwingt und dadurch die Luft zerpeitscht. Das *Schönherr*-Verfahren der *BASF* verwendet im Gegensatz dazu einen ganz ruhig und stabil brennenden Lichtbogen von großer Stromstärke.

Über die Versuche der *BASF* haben *Schönherr*[1] und *Bernthsen*[2] berichtet. Auf die mit schönen Abbildungen ausgestatteten Originalaufsätze sei an dieser Stelle verwiesen.

Schönherr und *Heßberger* zeigen zunächst, daß ein Wechselstromlichtbogen, der praktisch allein in Frage kommt, ein sehr labiles Gebilde darstellt. Es ist nicht möglich, eine größere Luftmenge durch ihn hindurchzupressen, da er sonst ausgeblasen wird: die Folge sind dünne Abgase. Zu hohen Gaskonzentrationen kommt man dann, wenn man die Luft an den Flammenbogen dicht entlang führt. Aber auch hierbei genügt eine ganz kleine Störung oder ein seitlicher Luftzug, um den so außerordentlich labilen langen Bogen sofort zum Erlöschen zu bringen. ,,Durch die Pulsation des Wechselstromes selbst, durch sein Anschwellen von Null zum Maximum, durch sein Umkehren und Fließen in entgegengesetzter Richtung werden so gewaltsame Störungen in einer geregelten Luftzuführung verursacht, daß man glauben möchte, es sei überhaupt unmöglich, diese Aufgabe befriedigend zu lösen. Ein Gleichstromlichtbogen ist viel leichter im Brennen zu erhalten. Durch Anwendung eines Kunstgriffes lassen sich aber auch beim Wechselstromlichtbogen alle Schwierigkeiten überwinden. Sobald man nämlich die Luft nicht gradlinig, sondern in Form eines Wirbels, also in schraubenförmiger Bewegung an dem Lichtbogen entlang führt, verliert selbst der Wechselstromlichtbogen seine Unbeständigkeit. Er brennt dann so ruhig wie eine Kerzenflamme und man kann ihn in ein ziemlich enges Metallrohr einschließen, ohne daß er dessen Wände berührt. Ein Lichtbogen, an dem die Luft geradlinig entlang geführt wird, hat hingegen die Neigung, vorzeitig an die Wände zu gehen. Man darf deshalb zum Einschließen eines solchen Bogens ein Metallrohr nicht benutzen.''

Die von *Schönherr* und von *Bernthsen* vorgeführten Demonstrationsapparate sind sehr einfach. Im Innern eines Rohres ist, isoliert von diesem, eine Elektrode angeordnet. Durch das Rohr wird Luft in wirbelnder Bewegung durchgeführt und der Lichtbogen wird durch Verringerung der Entfernung zwischen isolierter Elektrode und Rohrwandung an einer Stelle durch Überspringenlassen eines Funkens gezündet. Der Luftstrom treibt dann diesen kurzen Hilfslichtbogen vor sich her, und es entsteht ein ruhiger, in der Achse brennender und von der Luft umwirbelter Lichtbogen. Er findet sein Ende erst in beträchtlicher Entfernung von der isolierten Elektrode: nämlich dort, wo die Gase so heiß geworden sind, daß sie den Strom leiten und demzufolge durchschlagen werden. Sobald der Bogen einmal brennt (etwa 5000 Volt) braucht nur selten neue Zündung zu erfolgen, da er recht stabil ist. An der Zündungsstelle kann kein weiterer Stromübergang stattfinden, da die Spannung beim Brennen erheblich sinkt. Der kleine Lichtbogen des Demonstrationsapparates verbrauchte 7 KW = 10 PS.

Der Laboratoriumseinrichtung ist der Ofen des Großbetriebes nachgebildet (Fig. 49). Die isolierte Elektrode besteht aus einem kräftigen, wassergekühlten Kupferkörper, in dessen zentraler Durchbohrung ein Eisenstab E verschiebbar ist, der die eigentliche Elektrode bildet. Von dieser nimmt der Lichtbogen unter allmählicher Verzehrung des Stabes seinen Aus-

---

[1] Elektrotechn. Zeitschr. 1909, Heft 16/17.
[2] Zeitschr. f. angew. Chem. 1909, S. 1167.

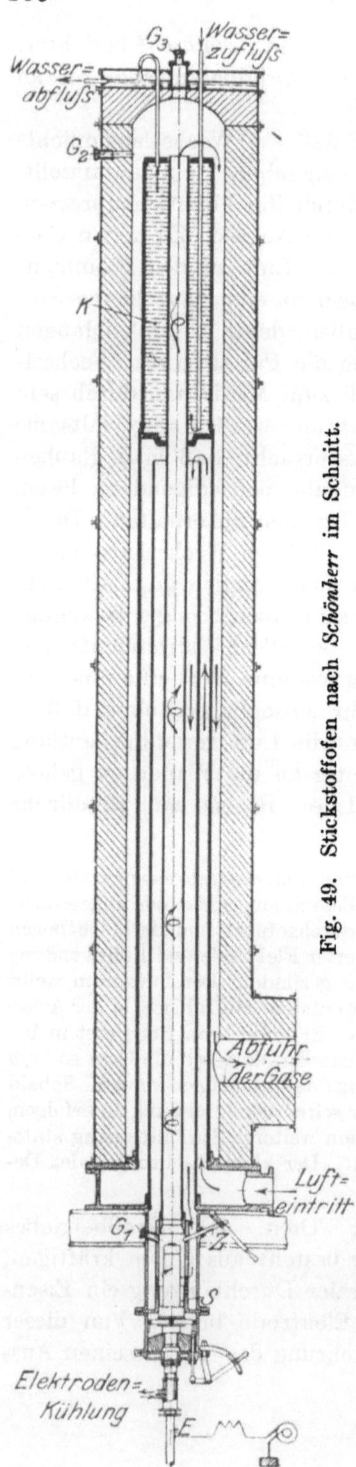

Fig. 49. Stickstoffofen nach *Schönherr* im Schnitt.

gang. In der Hitze der elektrischen Flamme geht das Eisen in Eisenoxyduloxyd über, das den Stab als geschmolzene Oberflächenschicht bedeckt und langsam verdampft. In dem Maße, wie hierdurch das Eisen verschwindet, wird der Stab nachgestellt. Der Elektrodenverbrauch ist außerordentlich gering und spielt praktisch kaum eine Rolle. Die Kosten betragen nur wenige Pfennige pro KW-Jahr. Die benutzten Stäbe reichten z. B. für 2000 Brennstunden, d. h. für ein Vierteljahr. Das Einsetzen eines neuen Stabes ist sehr einfach, da es durch einfaches Anschrauben an den alten geschieht und nur 15 Minuten beansprucht. Der wassergekühlte Kupferkörper ist so weit von der Rohrwand entfernt, daß kein Stromübergang zu befürchten ist. Das Einschalten des Lichtbogens erfolgt durch den Zündhebel Z. Dieser bewirkt, daß man einen massiven Eisenstab (Z) von der Rohrwand her, die ja vorübergehend als Gegenelektrode dient, der isolierten Elektrode E so weit nähern kann, daß eine Zündungsfunkenbahn entsteht. Da das ganze Ofengehäuse mit alleiniger Ausnahme der zentralen Elektrode E geerdet ist, so ist mit dem Zünden keinerlei Gefahr für den Ofenwärter verknüpft.

Durch das Schauglas G_1 kann die Zündungsstelle beobachtet werden, um das Nachstellen der Elektrode E in richtigen Zwischenräumen ausführen zu können. Die durch zwangsläufige Führung (s. u.) im Innern des Ofens vorgewärmte Luft tritt durch mehrere übereinanderstehende Reihen tangential gebohrter Löcher in den eigentlichen Verbrennungsraum ein. Der Luftstrom kann durch den Schieber S so reguliert werden, daß man es in der Hand hat, den Lichtbogen bald länger, bald kürzer zu machen und damit den Ofen ganz verschiedenartig zu belasten.

Der Lichtbogen ist im 600 PS-Ofen etwa 5 m, im 1000 PS-Ofen rund 7 m lang. Das ihn umgebende Rohr besteht aus gewöhnlichem Eisen von fast unbegrenzter Haltbarkeit. Der obere Rohrteil ist als Kühler K ausge-

bildet. Durch entsprechende Einstellung des Schiebers S wird der Lichtbogen, der zu Anfang an der eigentlichen Rohrwand gezündet und empor-
geklettert ist, bis an diesen Teil getrieben. Die Schaulöcher G_2 und G_3 dienen
zur Beobachtung des Ofenganges. Durch G_3 blickt man in der Richtung der
Lichtbogenachse hinunter und erkennt, wie das obere Ende der Flamme beständig im Kreis seinen Platz wechselt. Da aber auch die Länge des Bogens
kleineren Schwankungen unterliegt, so berührt der Lichtbogen eine verhältnismäßig große Fläche des Kühlers und die Abnutzung des letzteren ist daher
sehr gering. Außerdem ist der Kühler so konstruiert, daß er leicht repariert
werden kann: es ist nur nötig, ein neues Rohr einzuwalzen. Nach viermonat-
lichem Betrieb war in den Kühlern noch kaum ein Verschleiß festzustellen.

Die heißen Abgase der Reaktionszone
durchziehen nach Passieren des Kühlers einen
ausgemauerten — nach außen mit Eisenringen
ummantelten — Kanal, welcher die Innen-
seite des Ofens konzentrisch umgibt und treten
schließlich in die gemeinsame Ableitung über.
Diese führt zunächst — ganz nach dem Vorbild der früher besprochenen Anlagen — in
den Dampfkessel, der als Kühler dient und
gleichzeitig den zum Zwecke der Laugen-
konzentrierung notwendigen Dampf erzeugt.

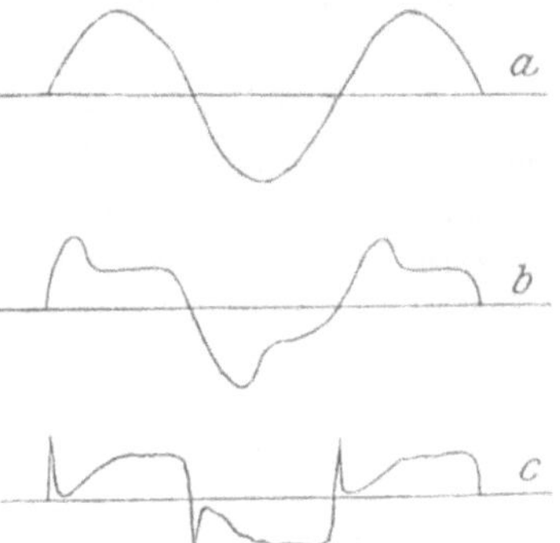

Fig. 50. Oszillogramm von
Spannungskurven nach
Schönherr.

Die Frischluft wärmt sich bei der
ersten Aufwärtsführung an den Abgasen (diese
abkühlend) und beim Umkehren an der Licht-
bogenzone vor und tritt schließlich sehr gut
vor geheizt durch die bereits erwähnten tangentialen Bohrungen in das
innere Flammrohr ein.

Es können unbeschadet sonstiger Vorteile auch Öfen mit horizontaler
Flamme benutzt werden. Auch ist es durchaus gleichgültig, wie die Luft
durch den Reaktionsraum strömt, ob von unten nach oben oder umgekehrt.
Macht man das Rohr kurz genug und läßt es an dem Ende offen, das der
Lufteinführung entgegengesetzt liegt, so erhält man ungeheuer heiße Ge-
bläseflammen von stark oxydierenden Eigenschaften, die man zu Schmelz-
prozessen anwenden kann. Der Lichtbogen braucht nicht notwendigerweise
geradlinig zu verlaufen, er kann auch Krümmungen passieren.

Neuzündung des Bogens ist im Großbetrieb eigentlich nur bei außer-
gewöhnlichen Anlässen erforderlich (Änderungen in der Luftzuführung,
Spannungsabfall, Kurzschluß usw.). Die Strom- und Spannungskurven sind
deshalb nahezu rein sinusförmig. In a (Fig. 50) ist ein Oszillogramm der
Spannungskurve des *Schönherr*schen Lichtbogens, in b ein solches einer gewöhnlichen Lichtbogenlampe und in c das einer *Birkeland-Eyde*schen Sonne
wiedergegeben. Die Zündspitze, die in b und c deutlich hervortritt, fehlt
in a und es sind dort in den beiden Ästen nur sehr geringe Ungleichheiten
zu bemerken. Der Leistungsfaktor des *Schönherr*-Bogens, $\cos \varphi$, ist gleich

0,92 bis 0,96, er nähert sich also 1,0. Während mehrerer Perioden werden im wesentlichen stets ein und dieselben Luftteilchen die Stromleitung übernehmen, daher treten eben so außerordentlich viel geringere Widerstandsschwankungen auf, als in sonstigen Lichtbogen. Die Luft bleibt bei der *Schönherr*schen Anordnung viel länger mit dem Flammenstrom in Berührung, als in der *Birkeland-Eyde*schen Sonne. Aus diesen Gründen arbeitet der *Schönherr*-Ofen mit günstigeren Energieausbeuten als der *Birkeland-Eyde*-Ofen, trotzdem werden auch in ihm nur 3 Proz. der Gesamtenergie tatsächlich zur Bildung von Stickoxyd ausgenutzt.

Die Vorwärmung in Eisenröhren kann man nicht viel über 500° treiben. Die besten Ausbeuten an *NO* erhält man im übrigen, wenn man dicht über der Elektrode heiße und etwas höher kalte Luft einführt. Letztere ist schwerer und bleibt dann infolge der Wirbelbewegung außen an der Rohrwandung.

Die gesamte Wärmebilanz der *Schönherr-BASF*-Öfen stellt sich so, daß man rund 40 Proz. in Form heißen Wassers wiedererhält, 17 Proz. gehen durch Strahlung verloren, 30 Proz. werden im Dampfkessel ausgenutzt, weitere 10 Proz. müssen den Gasen hinter dem Dampfkessel durch Wasserkühlung entzogen werden und nur 3 Proz. bilden Stickoxyd. Die Öfen sind konstruktiv einfach und billig. Sie besitzen keine bewegten Teile und gestatten die Benutzung großer Betriebseinheiten. Die Ausbeuten sind gut und die Stickoxydkonzentrationen höher als bei den meisten anderen Verfahren.

Bei Temperaturen unter 1200 bis 1500° ist das Stickoxyd bereits ziemlich beständig, so daß eine Abkühlung bis unter diese Grenze genügt, um das Gleichgewicht wenigstens annähernd zu stabilisieren. Im *Schönherr-Heßberger*-Ofen verlassen die Gase die eigentliche Reaktionszone mit etwa 1200°; beim Eintritt in den gemeinsamen Gaskanal haben sie noch 850° Temperatur. Bei unterhalb 600 bis 620° beginnt die Oxydation des farblosen Stickoxyds zum braunen Dioxyd, die erst bei unter 140 bis 150° vollendet wird, jedoch zu ihrer Durchführung längere Zeit erfordert. Sie verläuft zudem um so langsamer, je geringer die Stickoxydkonzentration im Gasgemisch wird. Ein auf 20° abgekühltes Gasgemisch mit 2 Proz. NO gebraucht 12 Sekunden zur Oxydation von 50 Proz., dagegen 100 Sekunden bis zur Oxydation von 90 Proz. des in ihm ursprünglich enthaltenen Stickoxyds.

Die ganze Kondensationseinrichtung zur Nutzbarmachung der Stickoxyde ist naturgemäß von der seitens der *Norsk Hydro* benutzten nicht wesentlich verschieden. Die aus dem Kesselhaus kommenden Gase treten durch Kühler hindurch und in große Oxydationskammern ein, in denen die Stickstoffdioxydbildung erfolgt. Sie gelangen weiter in 20 m hohe Granittürme, welche mit Quarzbrocken angefüllt sind. Durch Berieselung mit Wasser bzw. mit der im Kreislauf umgepumpten verdünnten Salpetersäure entsteht hier als Endprodukt der sauren Absorption eine Salpetersäure mit rund 40 Proz. Gehalt, die z. B. durch Zusatz wasserbindender Salze oder konzentrierter Schwefelsäure in hochkonzentrierte Säure übergeführt werden kann. Auf die sauren Türme folgen alkalische Nachabsorptionstürme, die, mit Kalkmilch oder Sodalösung berieselt, Nitrat-Nitritgemisch geben. Nach dem D. R. P. 188 188 gelangt die *BASF* durch geeignete Absorptionsmethoden (s. o.) zu reinem Nitrit. Durch Abkühlen der Reaktionsgase unter $0°$ kann man flüssiges NO_2 erhalten. Ein Teil der Salpetersäure der Türme liefert mit Kalkstein Calciumnitratlösungen, die in Vakuumverdampfern konzentriert werden, bis sie beim Ablassen erstarren. Die Krystallkuchen werden in Mühlen zerkleinert und geben den bekannten Kalksalpeter mit 13 Proz. N.

In seinem interessanten Vortrag[1] (Sitzung des Berliner Elektrotechnischen Vereins, 13. Jan. 1909) weist *Schönherr* darauf hin, daß man die schwierige Absorption der dünnen nitrosen Gase dadurch umgehen könnte, daß man ihnen Ozon hinzufügt. Die Oxydation von Stickoxyd zum Dioxyd, die an dem langsamen Verlauf der Kondensationsvorgänge schuld ist, erfolgt dann momentan, und es ist möglich, sogar bis zur Verbindung Stickstoffpentoxyd zu gelangen, notwendig ist nur eine genügend billige Herstellungsmethode für Ozon. *Schönherr* betont ferner, daß die Flammenbogensynthese direkt als Kulturträger wirken könne; sie brauche nichts, als billige elektrische Energie und Kalkstein und erschließe damit Gegenden, die infolge ihrer Abgelegenheit und Kohlenarmut früher industriell verfemt waren.

Auch *Bernthsen*[2] gebrauchte auf dem VII. Internationalen Kongreß für angewandte Chemie, London 1919, folgende schöne Worte über die Luftsalpeterindustrie, der das Charakteristikum der Fabriktätigkeit, der rauchende Schornstein fehlt: „Nicht zu unterschätzen ist dabei auch der Umstand, daß die neue Industrie des Luftsalpeters nicht an dem großen Raubbau teilnehmen wird, der sonst mit den aus grauer Vorzeit angehäuften Kohlenschätzen getrieben wird. Ihr Kraftquell ist das Wasser, die weiße Kohle, dessen kostbares Kapital durch seine Nutzbarmachung nicht verzehrt wird, sondern in ewigem Kreislauf sich stets erneuert, gemäß dem Dichterwort:

> ‚Vom Himmel kommt es, zum Himmel steigt es,
> Und wieder nieder zur Erde muß es,
> Ewig wechselnd!‘“

In Ludwigshafen standen für die Versuche mit dem *Schönherr-Heßberger-*Ofen so beschränkte Energiemengen zur Verfügung, daß man nicht mehr als einen Ofen mit 300 KW versorgen konnte. Nachdem sich deshalb das Verfahren in seinen Grundzügen 1905 bis 1907 bewährt hatte, wurde im Herbst 1907 eine Versuchsfabrik in Fiskaa bei Kristianssand (Südnorwegen) in Betrieb genommen. Bereits 1906 hatte die *BASF* als Beauftragte des deutschen Farbenkonzerns mit der *Norsk Hydro* einen Vertrag bezüglich gemeinsamen Arbeitens und Ausbaues der Rjukanwerke abgeschlossen. In der Anlage Kristianssand (s. Fig. 51) bewährten sich die *Schönherr-Heßberger-*Öfen ausgezeichnet. Die Energie wurde von einem 26 km entfernten Kraftwerk im Saeterstal als Drehstrom bezogen, und zwar erfolgte die Zuführung mit 25 000 Volt verketteter Spannung. In der Fabrik wurde sodann der Strom auf 7200 Volt transformiert, so daß die Phasenspannung 4200 Volt betrug. Die Öfen selbst waren in „Stern" geschaltet. In der Fabrik standen etwa 1300 KW zur Verfügung. Im gewöhnlichen Betrieb wurden 3 Öfen mit je 600 PS gespeist. Die Lichtbogenlänge war 5 m.

---

[1] Elektrotechn. Zeitschr. 1909, Heft 16/17.
[2] Zeitschr. f. angew. Chem. 1909, S. 1167.

Vorübergehend wurde auch ein 1000 PS- bzw. 1000 KW-Ofen (7 m-Flammenbogen) für die Rjukananlage ausprobiert. Der Betrieb von 2000 PS-Öfen soll ebenso gut möglich sein. Die Kondensation erfolgte in Kristiansand nach dem bereits geschilderten Prinzip.

Da die Strommenge auch in Kristiansand mangelte, sind die 1000 KW-Ofeneinheiten für Rjukan (Leistung 1100 cbm Luft/St.) in der beabsichtigten Schaltungsweise auch in Notodden ausprobiert worden. Sie bewährten sich dort gut und fanden in der Anlage Rjukan, deren erster Teil im Jahre 1911 in Betrieb ging, Verwendung.

1911 stand jedoch für die *BASF* schon fest, daß sich die *Haber*sche Ammoniaksynthese zur Bindung des Luftstickstoffs bewähren würde. Da die gleichzeitige Durchführung beider Synthesen ganz ungeheure Geldmittel erfordert hätte, zogen sich die deutschen Firmen vom Vertrag mit der *Norsk Hydro* zurück. Die Liquidation ihrer norwegischen Beteiligungen war bereits 1912 nahezu beendigt. Der Zusammenschluß hatte die Förderung der jungen Industrie, die Ausbeutung günstiger Wasserkräfte und die Verhütung gegenseitiger Konkurrenz bei der Verwertung des beiderseitigen außernorwegischen Patentbesitzes in erster Linie bezweckt. Die Lizenzerteilung für beide Verfahren wurde ausschließlich in die Hände der *BASF* gelegt. Mit der Aufhebung des Vertragsverhältnisses wurden diese Vereinbarungen natürlich hinfällig. Die Lichtbogenpatente der *BASF* wurden an die hauptsächlich mit französischem Kapital arbeitende *Norsk Hydro* abgestoßen und verkauft. Im Frühjahr 1912 arbeiteten rund 100 000 PS in Ofeneinheiten von je etwa 1000 KW am Rjukan nach *Schönherr-BASF*. Der Plan der letzteren, durch Überleitung der Alzgewässer in die Salzach etwa 50 000 elektr. PS zu gewinnen, für den bereits eine Konzession beantragt war, ist wegen des verstärkten Ausbaues der *Haber-Bosch*-Synthese nicht zur Ausführung gelangt.

Der *Schönherr-Heßberger*-Ofen ist durch eine große Anzahl von Patenten geschützt[1] (D. R. P. 201 279, 204 997, 212 051, 212 501, 227 013, 229 292, 238 367, 238 368, 255 732, 265 413; österr. Pat. 27 789, 27 790; franz. Pat. 348 791, 357 538; engl. Pat. 26 602/1904). Ebenso zahlreich sind auch die Patente der *BASF* über die Absorption der gebildeten nitrosen Gase[2], von

Fig. 51. Ofenraum in Kristianssand.

---

[1] Vgl. *Herrmann*, Chem.-Ztg. 1913, S. 918.
[2] Siehe bei *Herrmann*, Chem.-Ztg. 1913, S. 920.

denen hier nur einige hervorgehoben seien. Nach dem D. R. P. 188 188 (s. o.) gewinnt man aus den Abgasen bei 300° glatt und ausschließlich Nitrit, das durch Behandlung mit Salpetersäure unter Umständen in Nitrat zurückverwandelt werden kann (D. R. P. 220 539), indem Stickoxyde entweichen. In dem D. R. P. 238 369 und dem franz. Pat. 411 674 wird schließlich ein Verfahren beschrieben, um aus Gemischen von Nitraten und Nitriten reine Nitrate herzustellen. Kalksalpeter kann man dadurch streufähiger machen, daß man ihn in Form seines Harnstoffdoppelsalzes (1 : 4) anwendet (D. R. P. 295 548).

Nächst der Methode von *Birkeland-Eyde* und dem *Schönherr*-Verfahren der *BASF* ist dasjenige von *Pauling* und der *Salpetersäureindustrie G. m. b. H.* in Gelsenkirchen von größtem Interesse, das u. a. *F. Russ*[1] einer eingehenden Besprechung unterzieht. Es finden hörnerblitzableiterförmig geformte Elektroden Verwendung, zwischen denen ein Luftstrom die elektrische Flamme (z. B. 1 m lang) in die Höhe treibt. An der engsten Stelle zündet der Bogen nach dem Abreißen, unterstützt durch Hilfselektroden, von neuem (D. R. P. 196 829). Die

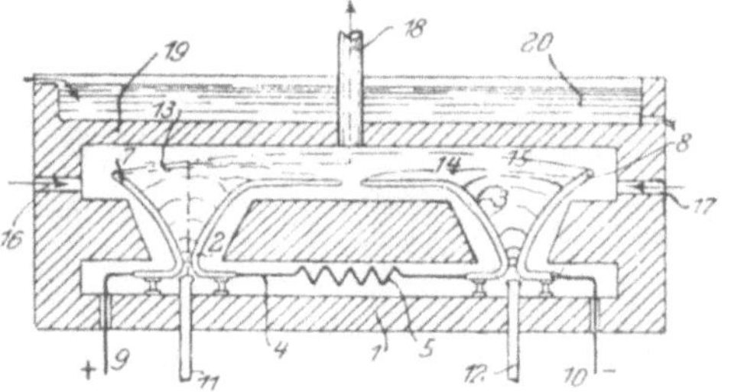

Fig. 52. *Pauling*-Ofen (D. R. P. 216 090).

Fig. 52 zeigt einen Ofen mit 2 Hörnerelektrodenpaaren nach dem D. R. P. 216 090 (7 bis 2 bzw. 3 bis 8). Dieselben gehen isoliert durch den Boden 1 des Ofens und sind hier durch die Leitung 4 mit dem Widerstand 5 und miteinander verbunden. Die äußeren Elektroden 7 und 8 sind an die Starkstromleitung angeschlossen, während die beiden inneren (2 bis 3) derart verlängert sind, daß sie sich fast berühren. Die Luft tritt durch Düsen 11 und 12 ein, so daß die Lichtbogen nach oben getrieben werden und sich zu einer gemeinsamen, langen und ruhigen Flamme vereinigen. 16 und 17 sind die Eintrittsöffnungen für den Hauptteil der zu oxydierenden Luft, die bei 18 den Ofen verläßt, dessen gemauerter Innenraum eine obere Wasserkühlung 20 trägt. Die Zündung besorgen schneidenartige Hilfselektroden, die durch Schlitze in die Hörner eingeführt werden und die man bei hoher Spannung bis auf 1 bis 2 mm einander nähern kann. Beträgt der Abstand der Hauptelektroden an der engsten Stelle 40 mm, so wird die Hochspannungsflamme 1 m lang. Der hier dargestellte Ofen verarbeitet 600 cbm Luft/St.

Die Fig. 53 nach dem D. R. P. 269 238 zeigt die Einrichtung der messerartigen Zündschneiden im einzelnen. Die Wasserzirkulation zwischen den Wandungen *b* und *c* ermöglicht sowohl eine intensive Kühlung der Hauptelektrode *d*, wie der Zündungshilfselektrode *a*. Diese ist im Kühlrohr durch das Gewindeabschlußstück *e* befestigt, das auch die erforderliche, genau senkrechte Einstellung gestattet. Vgl. auch D. R. P. 258 385.

---

[1] Chem.-Ztg. 1909, S. 482.

Die erste Anlage nach *Pauling* war die Salpetersäurefabrik in Patsch bei Innsbruck, die der *Luftverwertungs-Gesellschaft m. b. H.-Innsbruck* gehört. Sie ist an die Sillwerke der Stadt Innsbruck angeschlossen und auf die Abnahme von etwa 10 000 PS eingerichtet. Ihre Hauptprodukte sind Salpetersäure verschiedener marktüblicher Konzentration und hochprozentiges Natriumnitrit. Der Strom wird von 10 000 auf 4000 Volt Spannung umgeformt. Die Anlage hat 24 gemauerte Öfen; ein jeder enthält 2 Lichtbogen, und je 3 Öfen bilden eine Gruppe. Die Öfen sind einfache, aus säurefestem Material aufgebaute Schächte, in welche die hörnerblitzableiterartigen Elektroden eingebaut sind. Diese bestehen aus wassergekühltem Kupfer, divergieren unter einem Winkel von 60° und tragen in ihrem engsten Teile sog. Zündschneiden aus Kupferband, welche die Zündung der Flamme übernehmen. Durch eine Düse unterhalb der Schneiden wird Luft mit etwa $^1/_2$ Atm Druck zwischen die Elektroden geblasen, wo sie zur Ausbreitung des Flammenbogens

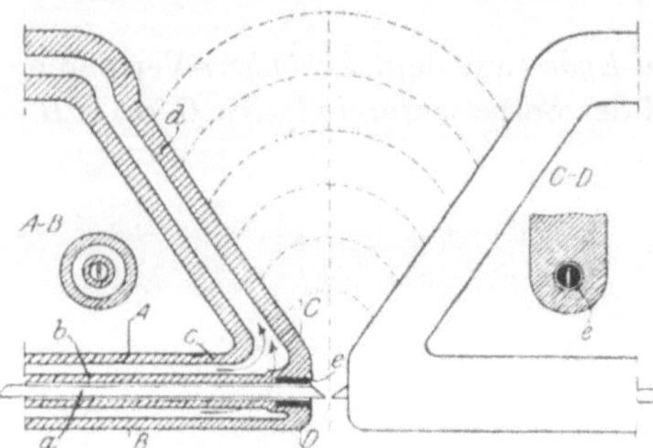

Fig. 53.   Zündschneiden nach *Pauling* (D. R. P. 269 238).

dient. Der Ofen ist so eingerichtet, daß die Abschreckung des Reaktionsgemisches hinter der Reaktionszone so weitgehend und sicher wie möglich erfolgt. Die Öfen haben eine mittlere Leistung von rund 800 PS und geben eine Ausbeute von etwa 60 g HNO_3 100 proz. je KW-St.

Die Regulierung des Ofens ist außerordentlich einfach. Sie geschieht durch Drehen eines Handrades, wodurch sich die Zündschneiden, die in geringem Maße durch den Flammenbogen abgenützt werden, nachschieben. Die Einschaltung des Flammenbogens selbst erfolgt durch Umlegen eines gewöhnlichen Schalthebels, so daß keinerlei Zeitverlust beim Umschalten von Öfen eintritt. Durch Bereithalten einer genügenden Zahl von Reserveöfen ist es möglich, die Kraftzentrale dauernd bis zur höchsten Leistung auszunutzen. In den D. R. P. 193 366 und 213 710 ist eine Schaltungsweise geschützt, durch die es möglich wird, beliebig viele Flammenbogen parallel und hintereinander zu schalten. Damit ist eine restlose Anpassungsfähigkeit an bestehende Verhältnisse gegeben.

Die Öfen der Patscher Anlage arbeiten mit etwa 5000 Volt Spannung und erreichen einen Gesamt-cos φ, an den Generatoren der Zentrale gemessen, von 0,7. Der am Ofen selbst gemessene cos φ ist 0,98.

Durch den zwischen die Elektroden geblasenen Luftstrom von hoher Geschwindigkeit wird jeder Stromimpuls einer halben Periode rasch an den divergierenden Flächen der Elektroden entlang getrieben und dadurch immer mehr verbreitert bzw. in die Länge gezogen. Der Stromfaden reißt ab, sobald er eine solche Ausdehnung erhalten hat, daß seine Spannung diejenige überschreitet, welche dem Abstand der beiden Zündschneiden entspricht.

Zwischen diesen bildet sich sofort eine neue Entladungsstrecke, die in gleicher Weise hochgetrieben und verbreitert wird. Da ein Strom von 42 Perioden Anwendung findet, wiederholt sich dieses Spiel in jeder Sekunde 84 mal. Die Einzelentladungen verwischen sich bei dieser Geschwindigkeit und erscheinen dem Auge als volle Flammenscheibe.

Die Temperatur derselben schwankt je nach der Entfernung von den Zündschneiden zwischen 2500 und 3000°. In den Abzugskanälen der Öfen beträgt sie noch 1200 bis 1300° C. Die heißen Gase, die 1,5 bis 2 Vol.-Proz. NO enthalten, werden unter Dampfkessel geleitet, wo sie einen Teil der Wärme nutzbar abgeben. Sie durchstreichen ferner Winderhitzer, durch welche die Frischluft auf ca. 300° vorgewärmt wird. Besondere Gaskühler kühlen die Gase nunmehr so weit herunter, daß das in ihnen enthaltene NO in großen Räumen zu NO_2 oxydiert wird. Nach einer bestimmten Zeit ist diese Reaktion beendet.

Die Gase treten weiter in ein System von mehreren hintereinander geschalteten Rieseltürmen ein, die aus säurefestem Material aufgebaut sind und die bei je 5 m Durchmesser je 10 m Höhe besitzen. Die Türme sind mit einem Füllmaterial ausgesetzt, das eine große Oberfläche bietet und werden mit Wasser bzw. mit der Säure des nächstfolgenden Turmes so berieselt, daß die ganze Oberfläche der Füllung gleichmäßig benetzt wird. Die Gase treten von unten in die Türme ein. Man erhält auf dem ersten Turm eine Säure von 30 bis 40 Proz., die in besonderen Konzentrationsapparaten unter Benutzung der Ofenabhitze auf die handelsübliche Stärke gebracht wird. Durch ein besonderes Verfahren (D. R. P. 257 809) kann die Säure des Hauptsystems auch restlos auf 98 Proz. konzentriert werden. Sie ist in dieser Form chemisch rein und für alle nur denkbaren Zwecke geeignet (D. R. P. 257 809, 274 165; engl. Pat. 22 320/1913).

Die Restgase der Säuretürme durchziehen einige weitere Absorptionstürme, die mit Sodalauge berieselt werden und die letzten Mengen nitroser Gase zu Natriumnitrit binden. Aus der abfließenden Lauge wird das reine Salz durch Eindampfen und Krystallisieren gewonnen.

Zur Bedienung und Überwachung der mit einem Glimmerfensterchen ausgestatteten Öfen genügt 1 Mann auf je 6 Einheiten. Verwendet man Eisenelektroden an Stelle solcher aus Kupfer, so bedecken sich diese sehr bald mit einer schützenden Oxydschicht. Ihre Lebensdauer erreicht etwa 200 Brennstunden.

Die feste Lage der Elektroden und die überaus einfache Regulierung der Flammenbogen bilden einige der Hauptvorzüge des *Pauling*-Verfahrens, zu dessen weiterer Verwertung 1908 je eine Fabrik von 10 000 PS unweit Mailand (Legnano) und in Südfrankreich (La Roche de Rame) errichtet wurde. *R. Hoffmann*[1] beschreibt das Patscher Werk und die neuere *Pauling*-Anlage der *Southern Power Co.* zu Great Falls in Nordamerika eingehend.

Zur Vorbereitung einer Aktiengesellschaft, die nach dem *Pauling*-Verfahren Salpeter usw. erzeugen soll, wurde in Anlehnung an bedeutende

---

[1] Chem.-Ztg. 1913, S. 1310 ff.

Wasserkräfte die *Bayrische*[1] *Luftsalpeter-G. m. b. H.* in München gegründet (Feldafing).

Dem weiteren Ausbau der Methode dienen u. a. die nachstehend verzeichneten Patente von der *Gelsenkirchener Salpetersäureindustrie-G. m. b. H.* bzw. von *H. Pauling*: D. R. P. 184 958, 186 454, 187 367, 193 402, 198 241, 202 763, 203 747, 205 464, 231 584, 235 299, 241 882, 250 968, 258 385; amerik. Pat. 877 446, 877 448, 882 958, 887 220, 887 266, 898 133, 898 390; engl. Pat. 7869/06, 8452/06, 18 599/06, 18 900, 18901/07.

Durch Herunterkühlen der nitrosen Gase unter $0°$ gewinnt man aus denselben direkt handelsfähige Salpetersäure mit mindestens 60 Proz. Gehalt (D. R. P. 205 018). Treibt man die Tiefkühlung weit genug, so erhält man flüssiges Stickstoffdioxyd (Sp. 22 bis $23°$; Schmelzp. $-9°$). Die Anlage Zschornewitz (33 000 KW) der *Elektrosalpeterwerke A.-G.* (unweit Bitterfeld) hat nach einem ähnlichen eigenen Verfahren gearbeitet. Man benutzte zum Herunterbringen der Temperatur Kühlmaschinen mit Toluol als Kühlflüssigkeit. Das flüssige Stickstoffdioxyd wurde in großen Erdbehältern gesammelt und von dort mittels Druckluft in die eigentliche Salpetersäureanlage gedrückt. Undichtigkeiten am Kühler[2], durch welche Stickstoffdioxyd mit Ölresten und Toluoldämpfen in Berührung kam, dürften jene Explosion verursacht haben, die das Werk Zschornewitz bis auf die Grundmauern zerstört hat (Juni 1917). Die gewaltige Explosion wurde anscheinend durch Übertritt brennenden Toluols in den Stickstoffdioxydbehälter noch verstärkt. Das Werk Rhina (13000 KW) der *Nitrum A.-G.* verwendet das gleiche System ohne jede Störung. Die hier (auch in Zschornewitz) und bei der schweizerischen *Nitrum A.-G.* in Bodio (9000 KW) benutzten elektrischen Öfen sind von den *Elektrochemischen Werken G. m. b. H.* und *F. Rothe* durchkonstruiert worden (s. u.). Die Kondensationsanlage in Bodio ist im Herbst 1921 von einer heftigen Explosion heimgesucht worden, welche die Gefährlichkeiten jener Methode voll erkennen läßt.

Nach dem D. R. P. 196 112, dem engl. Pat. 7871/06 und dem amerik. Pat. 877 447 bläst man auch Wasser oder Wasserdampf in solchen Mengen in die heißen Reaktionsgase ein, daß erst unterhalb $100°$, bis zu welcher Temperatur man also mit Metallapparaten arbeiten kann, eine Ausscheidung von flüssiger Salpetersäure stattfindet. Erst von diesem Augenblick an muß man die weniger wirksamen Steinzeugapparate benutzen. Die so gewonnene Säure hat jedoch höchstens einen Gehalt von 53 Proz. Interessant ist das amerik. Pat. 807 491, in dem *H. Pauling* vorschlägt (s. o.), die Abgase des Hauptofens in einem zweiten Apparat aufs neue der Einwirkung des elektrischen Stromes zu unterwerfen, um den Luftsauerstoff zu ozonisieren. Das Ozon soll im Sinne der Gleichungen:

$$NO + NO_2 \rightarrow N_2O_3,$$
$$N_2O_3 + 2\,O_3 = N_2O_5 + 2\,O_2,$$
$$N_2O_5 + H_2O = 2\,HNO_3$$

wirken und die Absorption außerordentlich erleichtern.

---

[1] Chem.-Ztg. 1921, S. 207.

[2] Chem.-Ztg. 1919, S. 621.

Von den zahlreichen Patenten, welche die zweckmäßige Führung der Absorption der stickoxydhaltigen Abgase usw. zum Gegenstand haben, wird weiter unten z. T. noch zu sprechen sein (D. R. P. 180 691, 313 338; österr. Pat. 27 722). In den D. R. P. 244 840 und 246 712 wird z. B. vorgeschlagen, hinter die gewöhnlichen Absorptionstürme noch einen Schwefelsäureturm zu schalten. Die sich bildende nitrose Säure wird zur Vortrocknung der Reaktionsgase vor Eintritt in den Oxydationsturm benutzt.

J. Moscicki, von dessen gemeinsamer Tätigkeit mit Prof. *Kowalski* in Freiburg, Schweiz, bereits die Rede war (amerik. Pat. 754 147/04) hat im Jahre 1905 die Neukonstruktion eines Ofens zur Salpetersäuregewinnung angegeben (D. R. P. 198 240, 209 959, 236 882, 252 271, 265 834; franz. Pat. 380 614; schweiz. Pat. 38 044 usw.)
Ein Typ sei kurz beschrieben (Fig. 54). Der zentralen Elektrode *a* steht die flache Elektrode *b* in Kurzschlußnähe gegenüber. Durch die Elektrode *a* werden mittels des Rohres *h* indifferente Gase, wie Wasserdampf oder bereits mit NO beladene gekühlte Reaktionsgase, eingeblasen, die sich nun gleichsam kegelförmig ausbreiten. Die elektrische Flamme *a* bis *b* rotiert unter der Wirkung eines

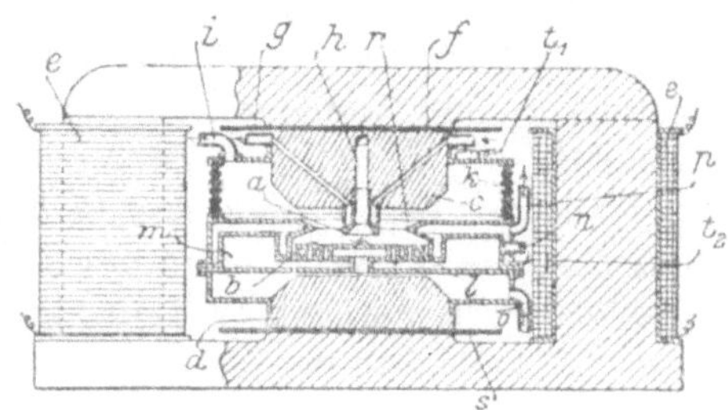

Fig. 54. Schema eines *Moscicki*-Ofens.

Magnetfeldes in unmittelbarer Nähe der flachen Elektrode *b*, wobei der Kegel der durch *h* strömenden Gase Kurzschlüsse verhindert. Bei *i* treten die zu oxydierenden Gase ein. Im D. R. P. 230 170 schlägt *J. Moscicki* vor, die Abgase zur Kondensation in einem Turm mit einem Gemisch von Schwefelsäure 60 bis 61° Bé und 60 proz. Salpetersäure vorzubehandeln. Die oben aus dem Turm entweichenden, mit HNO_3 gesättigten Gase werden in einem zweiten Turm kondensiert, in dem man nun reine Salpetersäure gewinnt. Ein dritter Turm beseitigt durch Waschung mit verdünnter Salpetersäure die letzten Reste von Stickoxyden. Im ersten Kondensationsturm läuft unten eine salpetersäurefreie, verdünnte Schwefelsäure ab, welche durch die Wärme der Ofenabgase in Bleipfannen wiederum auf 60 bis 61° Bé konzentriert wird. Zu diesem Verfahren sind auch folgende Patente des *Initiativkomitees für die Herstellung von stickstoffhaltigen Produkten*, Freiburg (Schweiz), zu vergleichen: D. R. P. 147 564, amerik. Pat. 754 147; engl. Pat. 20 497/1903; franz. Pat. 339 505; schweiz. Pat. 26 993. *Moscicki* hat gerade die Absorption der nitrosen Gase zum Gegenstand ausführlicher Untersuchungen gemacht (D. R. P. 256 295; amerik. Pat. 1 046 212), auf die weiter unten noch näher eingegangen werden soll.

Im Jahre 1908 ist die *Neuhausener Gesellschaft für Aluminiumindustrie* an *Ign. Moscicki* herangetreten, um dessen Oxydations- und Absorptionsverfahren für ihre Anlage Chippis zu erwerben. Mit einem Versuchsofen von 60 PS führte *Moscicki* zunächst den ganzen Prozeß vor; daraufhin erst erfolgte der Abschluß eines entsprechenden Vertrages (August 1908).

In **Chippis** (Wallis) waren zunächst 2500 cbm Ofenabgase mit etwa 2 bis 2,5 Proz. Stickoxyd stündlich zu verarbeiten (franz. Pat. 403 401; engl. Pat. 8958/1908; schweiz. Pat. 45 636 und 45 637). Die Kondensation erfolgte damals ausschließlich in 8 Rieseltürmen von etwa 1,5 m Durchmesser und 6 m Höhe, in welche die gekühlten und oxydierten Abgase (in zwischengeschalteten Oxydationstürmen) eintraten. Die Turmsäure hatte 40 Proz. HNO_3.

Die Türme arbeiteten erst nach Überwindung gewisser Schwierigkeiten — sie gaben Ende 1909 Abgase mit wenigstens noch 0,3 Proz. Stickoxyd! — einwandsfrei. Bei der Vergrößerung der Anlage **Chippis** fanden dann Kondensationskammern (s. später und franz. Pat. 444 027; engl. Pat. 17 355/1911; schweiz. Pat. 58 406) Verwendung.

Die zweite *Moscicki*-Anlage in **Bory - Jaworzno** in Polen war 1921 noch im Bau. Sie ist für 7000 KW und Erzeugung von konzentrierter Salpetersäure und Ammonnitrat bestimmt. Die Öfen entsprechen dem D. R. P. 265 834.

Mit der Besprechung des *Birkeland-Eyde*-, des *Schönherr*-, des *Pauling*-, des *Rothe*- (s. u.) *Siebert*- und des *Moscicki*-Prozesses ist die Reihe der heute großtechnisch ausgeübten Luftsalpetersäureverfahren dieser Art erschöpft. An der Westküste der Vereinigten Staaten von Nordamerika steht daneben seit den letzten Jahren auch das Verfahren des Norwegers *Wielgolaski* in Betrieb, auf das bereits im wirtschaftlichen Teil aufmerksam gemacht war. Es bleiben dagegen noch zahlreiche Patente und Arbeiten zu besprechen, die sich außerdem mit dem fraglichen Problem beschäftigt haben.

H. Andrießen hat in der Zeitschr. f. Elektrochemie **25**, 255ff. (1919) einen Aufsatz über die technische Nutzbarmachung des Luftstickstoffs mit Hilfe des elektrischen Flammenbogens veröffentlicht[1], auf den in erster Linie hingewiesen sei. Die interessanten theoretischen Darlegungen gipfeln in der Folgerung, daß es aus reaktionskinetischen Gründen zur Erzielung hoher Ausbeuten günstig ist, das Verhältnis der Reaktionsfläche, über die sich der Lichtbogen während der Dauer einer Periode verbreitert, zur Lichtbogenenergie möglichst klein zu machen. Andererseits ist es wünschenswert, den Wechselstromlichtbogen während der Dauer eines Stromwechsels durch magnetische Beeinflussung linear möglichst lang auszuziehen, um die Klemmenspannung des Lichtbogens nach erfolgter Zündung zu vergrößern und somit durch die Unterdrückung der kurzschließenden Wirkung desselben zu brauchbaren elektrischen Betriebsverhältnissen zu gelangen. In diesen beiden Bedingungen liegt ein Widerspruch, denn ein Lichtbogen läßt sich durch ein magnetisches Feld nur dann zu großen Längen ausziehen, wenn auch ein großer Reaktionsraum zu seiner Verbreiterung verfügbar ist. Von zwei magnetisch verlängerten und über eine Fläche verbreiterten Lichtbogen eignet sich daher derjenige zur Luftverbrennung am besten, bei dem das Verhältnis: lineare Ausdehnung zu Reaktionsfläche am beträchtlichsten ist.

H. Andrießen (z. T. in Gemeinschaft mit *J. Scheidemandel*) hat dafür folgende Konstruktion angegeben (D. R. P. 284 341, 285 111, 296 395): der Lichtbogen wird zwischen (Fig. 55) Elektrodenenden ($a\,b$ und $c\,d$), deren Verbindungslinie parallel zur Achse eines Magnetfeldes ($g\,h$) liegt, durch mechanisches Verblasen über eine scharf gebogene Bahn geleitet. Die Düse c dient der Luftzuführung, welche den Flammenbogen in die beiden Teile $b\,f$ und $c\,f$ zerlegt. Die Wirkung des Magnetfeldes verbreitet den so deformierten Lichtbogen $b\,f\,c$ in Form einer ausgedehnten, durch die Schraubenlinie $i\,k\,l$ begrenzten Fläche. Man kann nun durch geeignete Wahl der Luftzuführung

---

[1] Aus Bulletin des Schweiz. Elektrotechn. Vereins, Nov. 1918, Nr. 11, XI. Jahrg.

usw. die Elektrodenenden b und c einander derart nähern, daß der Schraubengang dieser Entladungsausbreitung nur wenige Millimeter beträgt, so daß man den ganzen Lichtbogen auf einem erstaunlich engen Raum unterbringen kann. Ein Bogen von 8 KW ergab bei einem Elektrodenabstand von 10 mm eine Flammenausbreitung von 40 cm.

Die große Zahl einschlägiger Patente läßt es unmöglich erscheinen, ihnen allen eingehende Besprechung zuteil werden zu lassen. Es soll deshalb im folgenden lediglich eine Aufzählung der wichtigsten von ihnen gegeben werden: *F. de Marc* (D. R. P. 174177), *Société Anonyme d'Électricité et d'Automobiles Mors* in Paris (D. R. P. 180 290), *A. de Montlaur* (D. R. P. 188 750), *A. Hauck* (D. R. P. 193 518), *F. H. Loring* (D. R. P. 196 113), *A. Gorboff* und *V. Mitkeritsch* (D. R. P. 196 114), *K. Hichle* (D. R. P. 200 006), *M. Plaatsch* (D. R. P. 200 138), *E. Marquardt* und *C. Warth* (D. R. P. 200 332), *G. Kettler* (D. R. P.

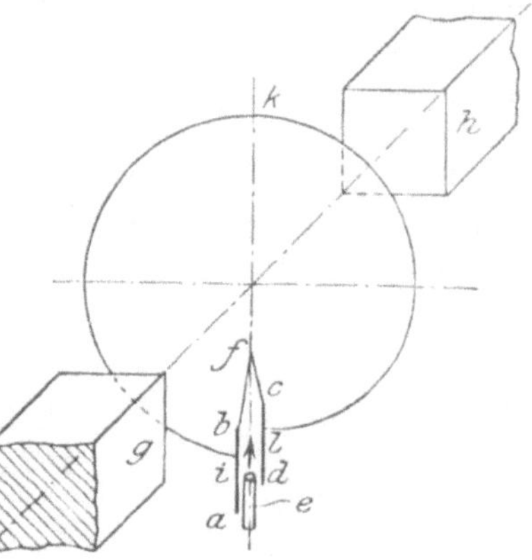

Fig. 55.

205 538, 209 961), *F. Spitzer* (D. R. P. 210 324), *E. J. du Pont* (amerik. Pat. 943 661, 950 703), *D. Timar* (D. R. P. 223 887), *Le Nitrogéne*-Genf (D. R. P. 228 423, 262 874), *P. Bunet, A. Badin* und die *Comp. des Produits Chimiques d'Alais* usw. (D. R. P. 237 796), *C. P. Steinmetz* (amerik. Pat. 894 547, 904 071, 904 072, 904 073), *A. Wielgolaski* (norweg. Pat. 20 328; D. R. P. 258 052, 270 758, 272 853; s. auch unten), *A. Mahlke* (engl. Pat. 24 296/1906), *Ferranti* (schweiz. Pat. 40 987), *A. Scherbius* (D. R. P. 213 709, 221 129), *R. Pawlikowski* (D. R. P. 225 195), *H. Howard* (amerik. Pat. 952 248), *Bridge* (amerik. Pat. 832 767, 832 768), *F. H. Krebs* (D. R. P. 250 684), *R. von Koch* (D. R. P. 249 946, 261 102, 262 920, 265 166, 276 841; dän. Pat. 16 733; franz. Pat. 451 361), *L. Roberts* (amerik. Pat. 906 607), *W. Kochmann* (D. R. P. 260 134, 263 652) usw.

Die bereits erwähnten *Haber*schen Experimentaluntersuchungen über die spezifisch elektrische Wirkung der Hochspannungsflammen werden im engl. Pat. 15 490/1908 und dem D. R. P. 210 166 auf die Ausarbeitung eines gekühlte elektrische Lichtbogen benutzenden Verfahrens angewandt.

Mit wandernden Hochspannungsbogen arbeiten die *Elektrochemischen Werke G. m. b. H.*, Berlin, nach den D. R. P. 199 561 und 206 948; *Kunheim & Co.*, Berlin, erzeugen Flammenbogen (D. R. P. 212 881), denen die Aureole (Zersetzungszone) fehlt, so daß sie sich für endothermische Gasreaktionen besonders gut eignen sollen. Die genannte Firma gibt in dem D. R. P. 205 774 und den schweiz. Pat. 31 189, 37 037 auch sonst bemerkenswerte Details ihres Verfahrens an. Die *Zentralstelle für wissenschaftlichtechnische Untersuchungen G. m. b. H.* in Neubabelsberg läßt sich im D. R. P. 211 196 einen Ofen zur Erzeugung stetig brennender, langer Lichtbogen schützen, bei dem deren Ausblasen oder deren magnetisches Ausdehnen wegfällt. Das D. R. P. 202 400 der *Aluminium-Industrie A.-G.* Neuhausen betrifft lediglich ein Schaltungsschema für viele kleine Flammenelemente. *A. A. Naville, Ph. A. Guye* und *Ch. E. Guye* verwenden (D. R. P. 210 821, vgl. dazu D. R. P. 225 153 und österr. Pat. 34 567, 34 568) einen mittels eines Drehfeldes bewegten Wechselstromlichtbogen, bei dem Drehfeld und Lichtbogen von verschiedenen Perioden sind. Nach Art der *BASF* erzeugt auch die *Dynamit A.-G. vorm. Alfred Nobel & Co.* Hamburg lange stabile Lichtbogen unter besonderen Vorsichtsmaßregeln im Innern eines Rohres (D. R. P. 211 196, 223 366, 228 849, 242 210, 252 270). Annähernd horizontale Lichtbogen will die *Chemische Fabrik Griesheim-Elektron* verwenden (D. R. P. 228 422, 234 591, 235 429), wobei sie gleichzeitig für rasche Entfernung der Reaktionsprodukte Sorge trägt. Das D. R. P. 228 755 (s. auch franz. Pat. 386 171) von *H. Albihn* verkürzt bei sehr gleichmäßiger Verteilung des Magnetfeldes den Weg der Kraftlinien. *K. Kaiser*, Wilmersdorf, mischt bei seinem Verfahren (D. R. P. 230 042) der Luft geringe Mengen Ammoniak bei. Die *Westdeutschen Thomasphosphatwerke* Berlin (D. R. P. 200 876) erhitzen die Luft, ehe sie in den Ofen geführt wird, auf 1000 °C

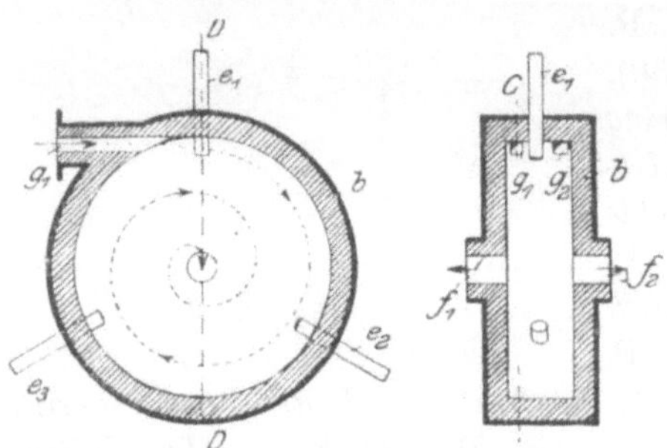

Fig. 56.　D. R. P. 266 117.

(D. R. P. 194 326) oder mischen ihr explosive Stoffe (D. R. P. 200 876) bei. *A. I. Petersson*, Alby (Schweden), beschreibt im D. R. P. 183 041 (s. a. D. R. P. 185 897) einen elektrischen Ofen, bei welchem der Lichtbogen von einer zentralen Elektrode auf eine diese umgebende, ring- oder schraubenförmige Gegenelektrode übergeht und dabei unter dem Einfluß eines magnetischen Kraftfeldes eine Drehbewegung ausführt. Des weiteren ist das Verfahren in dem D. R. P. 202 695 und den amerik. Pat. 880 037, 880 464 ausgebaut. Jede Elektrode soll von einem für sich erzeugten elektrischen Strom durchflossen werden, so daß dadurch der Hauptlichtbogen bedeutend erhöhte Geschwindigkeit erhält. Hörnerartige Elektroden verwendet die *Société anonyme d'études elektrochimiques*, Genf (D. R. P. 187 585). Zu erwähnen sind ferner die Patente von *D. Helbig*: D. R. P. 189 864 und 225 239.

Die *Elektrochemischen Werke, G. m. b. H.*, in Berlin (unter Leitung von Werner Siebert) lassen sich ein Verfahren zur Gasbehandlung mit Hilfe wandernder Flammenbogen schützen (D. R. P. 206 948, 259 815, 268 410). Der zu seiner Durchführung konstruierte Ofen ist im D. R. P. 266 117 (*Elektrochemische Werke* und *F. Rothe*: s. oben Rhina usw.) näher beschrieben[1]. Der Ofenbehälter b hat bedeutenden Durchmesser neben geringer Höhe und Breite (Fig. 56); g_1 und g_2 sind die Gaseinführungsstutzen, e_1 bis e_3 die Elektroden. Die Luft bewegt sich spiralförmig nach den Austrittsöffnungen f_1 und f_2 hin. Das Verfahren ermöglicht, große Energiemengen in einer

[1] Vgl. Ullmanns Encyklopädie IX (1921), S. 654 ff.

einzigen Flammenscheibe zu vereinigen. In einem Ofen nach D. R. P. 268 410 soll man die Gasabschreckung so durchführen können, daß die Stickoxydkonzentration bis 2,5 Proz. steigt (D. R. P. 316 349). Andere Konstruktionsformen betreffen: D. R. P. 262 830 von *E. Waßmer*; D. R. P. 266 345 und franz. Pat. 443 620 von *F. Ruß* und *V. Ehrlich*; D. R. P. 267 003 und franz. Pat. 449 817 von *W. S. Lee*; engl. Pat. 14 871, 866/1913 von *E. K. Scott* (s. u.); engl. Pat. 804/1912 von *E. Guye*; engl. Pat. 919/1912 von *H. Grohmann*; D. R. P. 267 871 von *J. Simpson Island*; D. R. P. 279 309 von *J. du Pont* und D. R. P. 279 461 von *A. Foß*. Ein von *A. Helffenstein* in Wien konstruierter Ofen (D. R. P. 262 325) ist wohl hauptsächlich zur Flammenbogensynthese von Blausäure gedacht. *E. Rossi* (franz. Pat. 455 530) schlägt vor, Zink- oder Aluminiumelektroden zu verwenden, da dann der Flammenbogen besonders reich an Elektronen sein soll. Nach dem D. R. P. 321 287 bewähren sich Silicium- oder Silicium-Aluminiumelektroden noch besser.

Nach dem D. R. P. 294 200 der *A.-G. Brown, Boveri & Cie.* werden auch elektrische Lichtbogen in Vakuumgefäßen magnetisch beeinflußt. Das D. R. P. 317 137 betrifft die Art der Stromzuführung bei elektrischen Flammenbogenöfen für Mehrphasenstrom mit Bodenelektrode. Im D. R. P. 297 773 gibt *A. Maschke* ein Verfahren an, die Lichtbogen durch geeignete Luft- oder Gaszuführung zu einer Flammenscheibe auszuziehen. *R. Mewes* (D. R. P. 298 846, 316 214) schreckt die unter Druck stehenden heißen nitrosen Ofengase durch Zufügung vorgekühlter oder verflüssigter Luft ab und läßt dieses Gasgemisch unter Leistung äußerer Arbeit expandieren, um seine Druckenergie nutzbar zu machen. Die *Bergmann-Elektrizitätswerke A.-G.* ändern die dem Ofenraum zugeführte Luftmenge synchron mit der Periodenzahl des elektrischen Wechselstromofens. Ein Synchronmotor verstellt einen in die Luftleitung eingebauten Hahn (D. R. P. 298 952). *K. Friedrich* (D. R. P. 300 722) erzeugt eine elektrische Lichtscheibe aus einem senkrecht nach unten brennenden Lichtbogen. *F. C. Ucar* zündet den Lichtbogen durch Schwingungen hochgespannter Elektrizität, welche in einem Hilfsstromkreis gewonnen wird (D. R. P. 303 152). *A. von Lipinski* gibt im D. R. P. 303 073 einen Ofen mit magnetisch verbreitertem Lichtbogen an. Die Bergwerksgesellschaft *Georg von Giesches Erben* bewirkt das Zustandekommen einer Flammenscheibe dadurch, daß sie die beiden Gasströme, welche die Flammenbogen führen, zusammenprallen läßt (D. R. P. 297 773, 310 270, 311 456). Das D. R. P. 314 884 der *Gesellschaft für Elektrostahlanlagen m. b. H.* und *W. Rodenhauser* betrifft eine Elektrodenfassung für Lichtbogenöfen. *H. Spiel* läßt einen Lichtbogen zwischen einem Flüssigkeitsspiegel und einer rohrförmigen Elektrode brennen (D. R. P. 317 502). Im D. R. P. 321 307 ist eine Elektrodendichtung der *Maschinenbau-Anstalt Humboldt* beschrieben, während das D. R. P. 321 308 wiederum eine Elektrodenfassung betrifft.

E. K. Scott (s. o. und engl. Pat. 4725/1913) bespricht die Vorteile seiner Ofenform[1] (*Kilburn-Scott*scher Dreiphasenofen). Die Kraftersparnis, die

---

[1] J. Soc. Chem. Ind. **34**, 113 (1915); Chem. Met. Eng. **19**, 710 ff. (1918); Chem.-Ztg. 1916, Repert. S. 348; Zeitschr. f. angew. Chem. 1918, II, 125, 395.

durch Ausnützung des Kesseldampfes erzielt wird, beträgt 15 Proz. Durch Einblasen gleicher Teile Sauerstoff und Stickstoff anstatt gewöhnlicher Luft in den Ofen wird die Ausbeute um 20 Proz. erhöht. Die theoretische Ausbeute nimmt von 819 auf 1850 kg für 1 KW-Jahr oder um 225 Proz. zu, wenn die Temperatur der Bogenflammen von 3200 auf 4200° oder um nur 30 Proz. erhöht wird. *W. T. Hoofnagle*[1] läßt die zur Verbrennung bestimmte Luft zunächst durch einen Trockner streichen. Sie tritt dann in eine Expansionskammer und mit Unterdruck in die zylindrische Reaktionskammer (amerik. Pat. 1 169 824). Hier wird sie hochgespanntem Wechselstrom niedriger Stromstärke ausgesetzt. Ein- und Ausschaltung des Stromes erfolgt automatisch nach dem herrschenden Druck. Die Druckverhältnisse sind ihrerseits von der Bildung oder dem beginnenden Zerfall höherer Stickstoffverbindungen abhängig. Auf die Reaktionskammer folgt die Absorptionseinrichtung und schließlich die Vakuumpumpe. Eine Kombination verschiedener Verfahren bringt auch das engl. Pat. 1820/1914.

Es war weiter oben dargelegt worden, daß man viele Jahre hindurch nur an eine reinthermische Wirkung der elektrischen Flamme glaubte, ehe *Haber*s Untersuchungen in dieser Beziehung Wandel schafften. Daher erscheint es verständlich, daß man bald daran dachte, die Vereinigung von Stickstoff und Sauerstoff zu Stickoxyd in gewöhnlichen Explosionsflammen vorzunehmen. *O. Bender* (D. R. P. 192 883, 217 079, 217 550, 227 490, 258 935, 277 435, 279 007; engl. Pat. 8653/1907) verbrennt Luft und überhitzten Wasserdampf in einer Knallgasflamme, schreckt mit kaltem Wasserdampf ab und will so, auf das Gesamtvolumen der Verbrennungsgase gerechnet, eine Stickoxydausbeute von 2,9 Proz. erzielen. Später benutzt *Bender* zahlreiche kleine Stichflämmchen eines kohlenstoff- oder wasserstoffhaltigen Brennstoffs und als Heizmaterial Wassergas. Schließlich führt er den Verbrennungsgasen eines gewöhnlichen Ofens auf 1 kg verbrannten Kohlenstoffs bis 1 kg feinverteiltes Wasser zu, das dabei — namentlich unter erhöhtem Druck — in erheblicher Menge zerfällt. Es bilden sich Stickstoff-Sauerstoff- und Stickstoff-Wasserstoffverbindungen. Fixiert man die erhaltenen Körper durch plötzliche Abkühlung, etwa an einem wasserdurchflossenen Hohlrost, so gewinnt man auf 1 kg verbrannten Kohlenstoffs etwa 100 g gebundenen Stickstoffs. Bei 2000° Innentemperatur des Ofens bildet sich etwa 1 Vol.-Proz. NO und $^1/_4$ Vol.-Proz. NH_3, die im Gemisch mit CO_2, N_2 und O_2 entweichen und sich bald zu Ammoniumnitrit vereinigen. *H. Brünler* und *H. Kettler* lassen Flammen in Wasser hineinbrennen (franz. Pat. 363 617, 363 618, 380 467) oder pressen ein Stickstoff-Sauerstoff-Brennstoffgemisch durch zahlreiche Düsen in ein kugeliges Reaktionsgefäß, in dessen Innern sich dann ein intensiv heißer Flammenball bildet (D. R. P. 185 094, 205 351, 209 961; engl. Pat. 5852/1906, 5901/1906). *K. Baron von Vietinghoff-Scheel* erzeugt nitrose Gase durch Verbrennen eines kohlen- oder wasserstoffhaltigen Brennstoffs in stickstoffhaltigen Sauerstoffgemischen unter Einblasen einer feinzerstäubten, katalytisch wirksamen Substanz, wie

---

[1] Chem. Met. Eng. **14**, 342 (1916).

etwa Flußspatstaub (D. R. P. 222 629). Ein Verfahren, aus Stickstofftetroxyd, Sauerstoff und Wasser Salpetersäure zu gewinnen, soll günstiger arbeiten, wenn man die Komponenten unter Druck aufeinander wirken läßt (D. R. P. 225 706). Die *BASF* verwendet unter Druck brennende Kohlenoxydflammen von nadelförmiger Gestalt, um so die Reaktionsprodukte rasch dem Bereiche der Flammen entziehen zu können (D. R. P. 219 494). Durch ein Temperaturgefälle, das in einer mit Sauerstoff und Stickstoff gespeisten Flamme gebildet wird, soll sich immer Bildung von Stickoxydul, N_2O, erzielen lassen (*R. P. Pictet*, D. R. P. 226 867). Nach D. R. P. 229 142 (*H. O. Pfennig*sche *Erben*, Berlin) soll sich beim Verbrennen eines völlig vergasten Brennstoffes mit überhitztem Sauerstoff in Schlitzbrennern unter Druck glatt NO bilden. Erwähnt seien noch die D. R. P. 171 623, 230 863 und engl. Pat. 26 728/1905 von *R. Pawlikowski*, D. R. P. 182 297 der *Westdeutschen Thomasphosphatwerke G. m. b. H.*, Berlin (Luft und Knallgas in einem dünnwandigen, porösen Porzellanrohr), die amerik. Pat. 773 407, 817 082 von *E. Mitchell* und *D. Parks*, das amerik. Pat. 758 774 von *G. Pauling* und die norweg. Patentanmeldung 23 201 von *K. Södermann*.

Die meiste Bedeutung unter den hierhergehörigen Verfahren kommt den Vorschlägen von *F. Häußer*[1] zu (engl. Pat. 12 401/1906, 13 989/1907; D. R. P. 216 518, 218 813, 232 569), der z. B. in einer Verbrennungsmaschine oder einer Bombe Stickoxyde dadurch erzeugen will, daß er, nachdem durch Kompression und Explosion die maximale Temperatur erreicht ist, plötzlich durch Einspritzen eines Kühlmittels die Gase soweit abschreckt, daß eine Rückwärtszersetzung des gebildeten Stickoxyds nicht mehr zu befürchten ist. Die Wärme der komprimierten Gase kann als mechanische Arbeit ausgenutzt werden. Die Energie, welche durch das Einspritzen bei der Maximaltemperatur verloren geht, ist als Arbeitsaufwand für die gewonnene Salpetersäure in Rechnung zu setzen. Wenn die Abschreckung nur für ein kurzes, aber ziemlich hoch liegendes Temperaturintervall vorgenommen wird, lassen sich theoretisch leidlich günstige Ausbeuten nach diesem Verfahren errechnen. *E. R. Besemfelder* bezeichnet[2] Mengen von 120 bis 150 g Salpetersäure je KW-St. als bei lang andauernden, einwandfreien Versuchen erzielt.

O. Dobbelstein[3] unterzieht das *Häußer*-Verfahren einer eingehenden Besprechung, die der Erfinder selbst in seiner Arbeit „Neue Versuche über die Stickstoffverbrennung in explodierenden Gasgemischen"[4] ergänzt. Die von *Dobbelstein* beschriebenen Versuche fanden im Werk Nürnberg der *Maschinenfabrik Augsburg-Nürnberg* statt. Sie wurden von der *Deutschen Stickstoffindustrie G. m. b. H.* unternommen und bedienten sich gewöhnlichen Leuchtgases als Ausgangsmaterial. Dasselbe wurde angesaugt und mittels eines Kompressors auf 4 Atm komprimiert. Ein zweiter Kompressor komprimiert Luft auf 6 Atm, nachdem ihr zur Ausbeutesteigerung noch Sauerstoff beigemengt worden ist. Sie durchstreicht einen mit Generatorgas beheizten Vorwärmeofen und tritt dann in die 100 l fassende Explosionsbombe ein. Hier vereinigen sich Luft und Leuchtgas.

---

[1] Verhandl. des Ver. z. Beförder. d. Gewerbefleißes 1905, S. 295 und „Stahl und Eisen" **1921**, Nr. 28/29.

[2] Chem.-Ztg. 1918, S. 404.

[3] Glückauf 1912, S. 289/300.

[4] Mitteilungen über Forschungsarbeiten 1913, Heft 133; s. a. Fußnote 1.

Die stickoxydhaltigen Abgase passieren eine Kühlschlange und gelangen in einen Oxydationsturm, in dem sie sich in NO_2 umwandeln. Eine eigentliche Kondensationseinrichtung war zunächst nicht vorgesehen, die Gase traten deshalb durch einen kleinen Endturm direkt ins Freie aus. Bei der Explosion steigt der Anfangsdruck innerhalb $1/_{10}$ Sek. auf 8,5 bis 23 kg/qcm, hält sich dann etwa 0,15 Sek. hindurch auf dieser Höhe und führt in $1/_4$ Sek. die Explosion zu Ende. Explosion und Auspuff erfordern deshalb zusammen nur $1/_2$ Sek. Zeit. *Dobbelstein* gibt eine Kostenaufstellung für eine Anlage zur Verarbeitung von 500 000 cbm Koksofengas je 24 Stunden.

Auf Grund der Ergebnisse in Nürnberg entstand im Jahre 1913[1] eine Versuchsfabrik auf der Zeche d e W e n d e l bei H a m m i. Westf. (*Stickstoffwerke Herringen A.-G.*) zur Verarbeitung von Koksofengas in zwei Explosionsbomben von je 100 l Inhalt. Bei der Inbetriebsetzung zeigte sich von einer gewissen Druckgrenze ab eine Schwierigkeit, die bei den Nürnberger Versuchen auch unter viel höheren Drucken und Explosionstemperaturen selbst nach tagelangem Betrieb niemals aufgetreten war: das explosive Gemisch entzündete sich nämlich bereits beim Einströmen in die Bomben, verhielt sich also ähnlich, wie bei den bekannten Vorzündungen an Gasmaschinen. Während man aber weiß, daß in letzteren eine durchaus erklärliche Ursache für diese Erscheinung durch die glühenden Ölrückstände u. dgl. im Zylinder gegeben ist, stand man bei den Bomben vor einem Rätsel. Das Bombeninnere war stets frei von irgendwelchen Rückständen! Die auftretenden Schwierigkeiten waren sehr ernst und es hat vieler Versuche bedurft, um darüber so weit hinwegzukommen, daß ein Dauerbetrieb aufrecht erhalten werden konnte. Auch die Ausgangsventile der Bomben, durch welche die explodierenden Gase mit dem vollen Explosionsdruck und der hohen Explosionstemperatur auspuffen, zeigten sich anfänglich einem Dauerbetrieb nicht gewachsen. Schließlich fand man jedoch eine Ventilkonstruktion, die sich gut bewährte.

Die Bomben arbeiteten mit $5^1/_2$ bis 6 Atm Kompressionsdruck, etwa 25 Atm Explosionsdruck und 40 bis 45 Zündungen pro Minute. Die Verbrennungsluft wurde im Gegenstrom durch die heißen Auspuffgase auf etwa 300° vorgewärmt. Die Anlage verarbeitete im Tag- und Nachtbetrieb gereinigtes Koksofengas von 3600 bis 4200 WE unterem Heizwert; ein Sauerstoffzusatz, wie er anfänglich beabsichtigt war, erwies sich als unnötig.

Die Stickoxydkonzentration der Abgase entsprach den Nürnberger Versuchsergebnissen mit Leuchtgas (0,45 Vol.-Proz.) und genügte nach Entfernung des Verbrennungswassers, das fast ohne Stickoxydverlust ausgeschieden werden konnte, zur Erzeugung einer etwa 28 proz. Säure. Die Absorption erfolgte in einem System von Rieseltürmen in Verbindung mit besonderen Oxydationskammern. Die Anordnung bewährte sich gut.

Die 100 l-Bomben wurden später (Anfang 1918) durch eine Bombe von 300 l Inhalt ersetzt, die unter den gleichen Bedingungen arbeitete wie diese. Sie brachte günstige Ergebnisse (44 bis 45 Zündungen i. d. Minute; 18,5 g HNO_3 im Kubikmeter Abgas). Die Stickoxydausbeute war viel höher (0,6 bis 0,7 Vol.-Proz. NO im Abgas). Die HNO_3-Ausbeute betrug je Kubikmeter Koksofengas von 4000 WE unterem Heizwert 96 bis 107 g.

---

[1] Siehe Fußnote 1 und 4 auf Seite 481.

F. Haber[1] hat in seinem Vortrage vor der „Deutschen Chemischen Gesellschaft" über: „ Die Vereinigung des elementaren Stickstoffs mit Sauerstoff und Wasserstoff" auch einige Mitteilungen über Stickoxydbildung in Druckflammen gebracht. Eine lebhafte Kontroverse[2] zwischen ihm und *F. Häußer* hat sich angeschlossen.

E. Herman (D. R. P. 281 084, 283 525) verbrennt Methan mit sauerstoffreicher Luft am besten unter 20 bis 30 Atm Druck über Zirkon als Katalysator. Die Abgase sollen 3 bis 4 Vol.-Proz. NO enthalten. Im D. R. P. 305 124 wird flammenlose Oberflächenverbrennung über Aluminiumnitrid empfohlen. *W. Lachmann* (D. R. P. 289 844) leitet Stickstoff und Sauerstoff über primär hocherhitzte Magnesia. Um den für die Stickstoffoxydation erforderlichen heißen Gang von Explosionskraftmaschinen zu bewirken, lassen sich *Fr. Gerhardt* (D. R. P. 303 255, 321 981) und *Rich. Ibach* (D. R. P. 305 130) besondere Verbesserungen schützen (amerik. Pat.

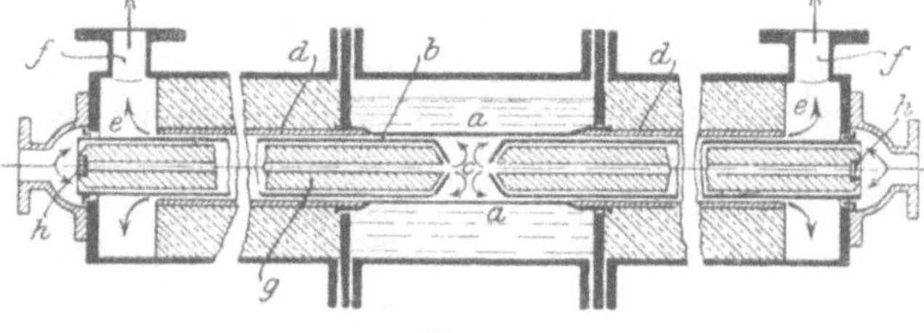

Fig. 57.

1 122 923). Zum Zwecke der Erhöhung der NO-Ausbeute bei Stickoxydviertaktmaschinen werden die Abgase ausgespült und durch Luft ersetzt (*H. Nöh*, D. R. P. 306 451). Die *Gewerkschaft des Steinkohlenbergwerks Lothringen*, Gerthe i. W., und *M. Kelting* lassen sich im D. R. P. 314 948 ein Verfahren und eine Vorrichtung zur Luftverbrennung schützen. Sie erzielen durch Aufeinanderprallen zweier Gasströme von gleichem Volumen eine Flammenscheibe, die an ihrem äußersten Umfange durch Öle, geschmolzene Salze oder Metallegierungen gekühlt wird. In ein wassergekühltes Metallrohr *a* (Fig. 57) führen symmetrisch von beiden Seiten Gaszuführungsrohre aus feuerfestem Material hinein, die sich am Ende *c* düsenartig verengen. In der Verlängerung des Rohres *a* sind feuerfeste Rohre *d* von gleicher lichter Weite angeschlossen, die gut isoliert sind. Sie münden in die mit Austrittsstutzen *f* versehenen Abgaskammern *e*. Im Innern der Rohre *b* sind Kerne *g* angeordnet, welche die Gase zwangsläufig an den äußeren Wandflächen entlang führen. Die Düsen *c* können durch Schaugläser *h* beobachtet werden. Durch die Rohre *b* werden Heizgase, Luft oder andere Sauerstoff- und Stickstoffträger eingeführt, beispielsweise Heizgas von der einen und Luft von der anderen Seite. Die Gase werden beim Durchströmen des Ringkanals zwischen *b* und *g* durch die zwischen *b* und *d* zirkulierenden Abgase hoch erhitzt, treffen in diesem Zustand bei den Düsen *c* aufeinander und bilden hier eine scheibenförmige Flamme von großer Oberflächenentwicklung, die frei im Raume schwebt. Die radial nach außen strömenden Verbrennungsgase teilen sich

---

[1] Chem.-Ztg. 1913, S. 584/5.
[2] Chem.-Ztg. 1913, S. 635, 711, 769; siehe auch Repert. 1913, S. 111, 1914, S. 586.

31*

in zwei Ströme, die an den beiden Rohren *b* vorbei nach den Abgaskammern *e* gelangen, wobei sie im Raum zwischen *a* und *b* schnell auf etwa 1500° C abgekühlt werden. Auf dem weiten Wege *b* bis *d* geben sie den größten Teil ihrer Wärme an die Frischgase in *b* ab.

Der dargestellte Ofen verbindet das Prinzip der elektrischen Sonne mit der Verwendung gewöhnlicher Heizgase. Die *Gewerkschaft Lothringen* arbeitet auf dem beschrittenen Wege weiter, wie eine Reihe neuer Patentanmeldungen beweist (s. z. B. D. R. P. 324 264, 325 635, 325 800, 326 228 usw.).

Zum Betrieb von Stickoxyd-Gaskraftmaschinen verwendet *J. Görlinger* Mischungen aus Kohlendestillations- und Generatorgas (D. R. P. 316 253). Um die Wirbelung in Zweitakt-Gaskraftmaschinen für Stickoxyderzeugung zu erreichen, wird nach Beginn der Kompression zunächst das Arbeitsgas und nach fortgeschrittener Kompression höher gespannte Luft in scharfem Strahle in den Zylinder geführt (D. R. P. 316 677). Die Acetylensauerstoffflamme liefert von allen Knallgasflammen (Wasserstoff, Kohlenoxyd) die meisten nitrosen Produkte. Auch Ozon ist in ihr beobachtet worden. Auf 100 Teile Kohlensäure in den Verbrennungsgasen kommen über 4 Teile Stickoxyd[1]. *M. Krause* (D. R. P. 318 963) heizt mit den Abgasen von Explosionsmotoren, nachdem er sie mit Wasserdampf angereichert hat. Mit Explosionsflammen arbeiten auch *W. Franklin* und die *General Electric Comp.* nach dem amerik. Pat. 1 064 064. Auf das D. R. P. 245 492 von *W. A. Philipps* sei verwiesen. Genauere Angaben über die Gewinnung von Salpetersäure aus dem Auspuff von Gasmaschinen bringt *Sorg* in der Metallb. 1921, S. 356.

Wird Bauxit durch Verbrennung eines unter starkem Druck eingeführten Heizgasgemisches (Luft, Leuchtgas usw.) in seinen Poren erhitzt, so tritt Deshydratisierung und eine Sinterung auf die Hälfte des Volumens ein. Die Porosität bleibt dabei aber vollständig gewahrt. 2000 ccm Bauxit verbrennen 50 l Gasgemisch in 1 Sek. Die Abkühlung des Produkts soll unter beständigem Lufteinblasen bei allmählich verringerter und schließlich ganz abgestellter Gaszufuhr erfolgen. Die gewonnene Masse ist aktiv wie Platin, und zwar steht die Aktivität in direktem Verhältnis zum Al_2O_3-Gehalt. Verbrennt man z. B. nach *N. Lecesne* (D. R. P. 322 843; franz. Pat. 472 959) ein Gemenge von Bauxit und Kohlenstoff mittels Luft allein, so erhält man auf 1 kg Brennstoff 400 g Salpetersäure. *C. J. Montgomery* und *E. R. Royston* (engl. Pat. 131 609/1916) verbrennen Heizgase im Zylinder einer Kraftmaschine über einem Katalysator.

Die katalytische Verbrennung des Ammoniaks zu Salpetersäure.

Während die Bedeutung der Salpetersäuresynthese direkt aus Luft bis heute auf jene Länder beschränkt geblieben ist, die über ergiebige Wasserkräfte verfügen, ist der Methode der katalytischen Ammoniakoxydation eine ungleich wichtigere Rolle zugefallen. Deutschland hat die ungeheure Menge

---

[1] *J. H. Vogel*, Das Acetylen. Leipzig 1911, S. 32.

Salpetersäure, die seine Kriegführung 1914 bis 1918 verschlungen hat, praktisch allein auf diese Weise gewonnen, da die eine Flammenbogenanlage Rhina i. B. kaum ins Gewicht fallen konnte. Der Italiener *Giovanni Morselli*, dessen Originalarbeit im „Chemical Trade Journal and Chemical Engineer‘‘ vom 7. Sept. 1918 zitiert und referiert wird, schätzt die deutsche Tagesleistung an Salpetersäure und Ammonnitrat für Kriegszwecke auf 1000 t (etwa 1918). Nach ihm betrug die deutsche Salpetersäureproduktion 1915 bereits über 10 000 t und die Summe, welche für Errichtung deutscher Stickstoffabriken aufgebracht ist, insgesamt 400 Mill. M.

Die katalytische Ammoniakoxydation haben insbesondere *Bernh. Neumann* und *Herta Rose* zum Gegenstand einer wertvollen kritischen Studie[1] gemacht, in der sie ausführlich auf die Vorgeschichte dieses Verfahrens eingehen. *Fourcroy* hat um das Jahr 1800 wohl das erstemal Ammoniak und überschüssigen Sauerstoff in einer glühenden Röhre zu Stickoxyd verpuffen lassen. Der Ursprung der heute angewandten Kontaktmethode läßt sich auf den französischen Chemiker *Kuhlmann*, 1839, zurückführen, der mit Platin bei über 300° arbeitete und bereits an die technische Verwertung seiner Reaktion dachte. *Schönbein* und *Liebig*[2] benutzten Eisenoxyd zu demselben Zweck.

Die *Kuhlmann*sche Beobachtung geriet im Laufe der Zeit völlig in Vergessenheit, bis sie *W. Ostwald* im Jahre 1900 wieder aufgriff. Wegen der *Kuhlmann*schen Arbeit hat *Ostwald* in Deutschland kein Patent auf die Ammoniakverbrennung über Platin erhalten, wohl aber ist sein Vorschlag in der Schweiz (Nr. 25 881), in England (Nr. 698/1902, 8300/1902), in den Ver. Staaten (Nr. 858 904), in Frankreich (Nr. 317 544), Österreich (Nr. 37 136) usw. unter Patentschutz gestellt worden. *Ostwald* weist darauf hin, daß das Platin die Oxydation zu Stickoxyd bzw. höheren Stickoxyden und Salpetersäure fördert, daß daneben aber auch eine zweite Reaktion stattfindet, die direkt zu freiem Stickstoff führt. Metallisches Platin, teilweise oder ganz mit einer Schicht Platinschwamm oder Platinschwarz überzogen, oxydiert bei Rotglut und großer Strömungsgeschwindigkeit ein Ammoniakluftgemisch (mit 10 oder mehr Teilen Luft auf 1 Teil Ammoniak) in der Hauptsache zu Salpetersäure. Feinverteiltes Platin begünstigt andererseits auch die Zerlegung in Stickstoff. Ein Platinkontakt von 2 cm Länge erfordert eine Strömungsgeschwindigkeit von 1 bis 5 m/Sek. Die Sauerstoffmenge soll sich nicht unterhalb des Verhältnisses:

$$2\,NH_3 + 7\,O = 2\,NO_2 + 3\,H_2O$$

bewegen. Die Optimaltemperatur liegt bei dunkler bis heller Rotglut, ist jedoch jedenfalls höher als 300°. Die Gasgeschwindigkeit ist so zu wählen, daß die Berührungszeit zwischen Platin und Gas $^1/_{100}$ Sek. nicht überschreitet. Das Gasgemisch ist zweckmäßig vorzuwärmen. Das Verfahren ist von *W. Ost-*

---

[1] Zeitschr. f. angew. Chem. 1920, I, 41, 45, 51.

[2] Mag. d. Pharm. **33**, 40; Journ. f. prakt. Chem. **70**, 129 (1856).

wald, O. Schmidt und *R. Böcker, N. Caro* u. a. näher beschrieben[1]. Nach den grundlegenden englischen Patenten (s. o.) besteht die Apparatur im wesentlichen aus zwei koaxial angeordneten Rohren, die das Gegenstromprinzip sehr vollkommen ausnutzen. Das Außenrohr ist von Messing und innen emailliert. Es hat 4 Zoll Durchmesser. Das innere Reaktionsrohr besteht aus Nickel und hat $2^1/_2$ Zoll Durchmesser. Das Gasgemisch durchstreicht (Fig. 58) zunächst das äußere Rohr. Es wärmt sich dabei am reaktionsheißen Nickel vor. Das Nickelrohr trägt an seinem oberen Ende den Kontaktplatin-

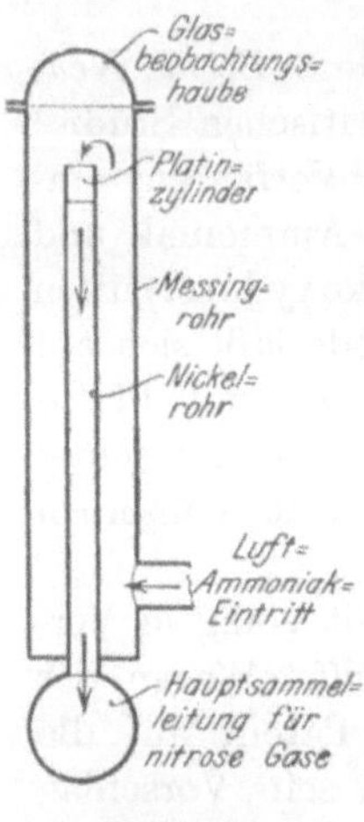

Fig. 58.

zylinder, der z. B. aus Platindraht besteht, welcher auf einem als Gerüst dienenden Träger aufgewickelt ist. Die geeignetste Verbrennungstemperatur liegt nicht weit unter 600°. Nickel und Quarzauskleidung erweisen sich als die einzigen widerstandsfähigen Materialien, die wenig zersetzend wirken. Bei 500° beginnt jedoch Nickel schon merklich den Ammoniakzerfall zu beschleunigen. Hier bewährt sich Aluminium besser, das leider nur wenig temperaturbeständig ist.

Als Katalysator empfiehlt *Ostwald* z. T. mit Metallschwamm bedecktes Platin, Palladium, Iridium, Rhodium, Chrom, Braunstein, Bleisuperoxyd, Nickel-, Chrom-, Eisen-, Kupfer-, Silberoxyd usw. Am besten hat sich z. T. mit Schwamm bedecktes Platin und bei Tage eben sichtbare Rotglut bewährt. Die Abgase werden in gewöhnlicher Weise kondensiert. Im österr. Pat. 37 136 beschreibt *Ostwald* eine Katalysatorform näher. Die Kontaktzone ist hier aus annähernd parallelen Metallplatten aufgebaut, die entsprechende, gegen die Richtung des Gasstromes geneigte Zwischenräume aufweisen und den Querschnitt des Reaktionsraumes vollkommen erfüllen. Als Apparatematerial kann Nickelstahl (D. R. P. 207 254) oder Aluminium (schweiz. Pat. 41 262) wenigstens für diejenigen Teile verwendet werden, die nicht mit bereits kondensierter Salpetersäure in Berührung kommen.

W. Ostwald hat seine Arbeitsmethode in Gemeinschaft mit *E. Brauer*[2] seit 1900 eingehend durchgearbeitet. Durch die Nichterteilung des deutschen Patents waren die Genannten gezwungen, ihren Vorgang in Deutschland als Geheimverfahren zu behandeln. Die ersten technischen Versuche begannen 1901 auf dem Gelände der *Zentralstelle für wissenschaftlich-technische Untersuchungen Neubabelsberg* in Königswusterhausen. Die *Gewerkschaft des Steinkohlenbergwerks* (Zeche) *Lothringen* in Gerthe (bei Bochum) i. Westf. nahm im Jahre 1905 entsprechende Arbeiten auf. Dort wurde 1908 die erste Großanlage in Betrieb gesetzt, die von Kokereiammoniak ausging. 1910 wurde für die englische *Nitrogen Products and Carbide Co.* bzw. ihre Vorläufer eine weitere Großanlage in Vilvorde in Belgien gebaut und 1912 in Betrieb ge-

---

[1] Chem.-Ztg. 1903, S. 457; Berg- u. hüttenmänn. Rundsch. 1906, S. 71; Berl. Ber. **39**, 1366 (1906); Zeitschr. f. angew. Chem. 1904, S. 1713 und 1909, an verschied. O.
[2] Private Mitteilungen.

nommen. Hier wurde erstmalig Kalkstickstoffammoniak verwendet. *Ostwald* und *Brauer* haben ferner eine besondere Versuchsanlage für die *Chemische Fabrik Griesheim-Elektron* eingerichtet und betrieben. Einzelheiten des Verfahrens im Laboratoriumszustande sind auch den *Höchster Farbwerken* mitgeteilt worden. Ausführliche technische Anlagen mit allen Konstruktionsdetails hat weiter die *Berlin-Anhaltische Maschinenbau A.-G.* erhalten, von der ein Beauftragter den Betrieb in Gerthe mehrere Tage studierte. Endlich sind gewisse Mitteilungen an Interessentenkreise in Frankreich und den Ver. Staaten von Nordamerika gegeben worden, die auch die Gerther Anlage im Bau und Betrieb besichtigt haben.

Trotz aller Bemühungen, das Verfahren einzuführen, stieß es damals fast überall auf Ablehnung. Der Grund lag in der für den Anfang zu kleinen Preisspanne des Stickstoffs im Ammoniak und in der Salpetersäure. In Deutschland fand einzig die Zeche Lothringen durch Verwendung ihres eigenen Kokereiammoniaks eine Basis für die Finanzierung. Daß auch noch andere Gründe (Landesverteidigung!) für die Ausbildung dieses wichtigen Verfahrens vorliegen könnten, ist trotz mannigfacher Veröffentlichungen von *Ostwald*[1] vor dem Krieg nicht Allgemeingut entsprechender Stellen in Verwaltung und Technik gewesen.

Die Anlagen in Gerthe sind während des Krieges bedeutend vergrößert worden und haben anderen Gründungen als Muster gedient. An der großen Entwicklung ihrer Idee haben *Ostwald* und *Brauer* jedoch keinen Anteil mehr gehabt.

Ein ungenannter Verfasser berichtet eingehend über das Verfahren: es wird eine Anlage beschrieben, die monatlich 25 t Ammoniakgas in 150 t Salpetersäure (36° Bé) verwandelt, und die seit sechs Jahren in Betrieb ist (Gerthe). Bei langsamem Überleiten über das Kontaktplatin erhält man nur wenige Prozent, bei raschem Hindurchdrücken fast theoretische Ausbeute. Man arbeitet bei 300° C, hält auf kurze Berührungszeiten, um einen Weiterzerfall in Stickstoff und Wasser zu verhüten ($^1/_{100}$ Sek.) und benutzt etwas mehr Sauerstoff, als der Gleichung:

$$2\,NH_3 + 7\,O = 2\,NO_2 + 3\,H_2O$$

entspricht. Das Ammoniakgas muß kohlensäure- und schwefelwasserstoffrei (Kalkmilch) sein; es wird mit Luft gemischt in die Kontaktapparate geleitet. Diese bestehen aus Gußeisen bzw., sobald sich Salpetersäure kondensiert, aus Steinzeug. Die Gase treten in fünf mit Steinmaterial ausgesetzte Kühltürme. Die abgezapfte verdünnte Säure wird kontinuierlich von neuem auf die Türme gepumpt; im zweiten Turm fließt sie unten schon mit 36° Bé ab. 30 Kontaktelemente von 50 g Platin liefern täglich 200 kg 53 proz. Säure; die Abnutzung beträgt 1,5 g für 1 Tag und Element. Nach 4 bis 6 Wochen müssen die Elemente ausgewechselt und als Altmetall verkauft werden. Auf die Kostenberechnungen für die Anlage und den Betrieb (auch für Ammoniumnitratgewinnung) sei verwiesen[2]. 1917 verarbeitete die *Zeche Lothringen*

---

[1] Z. B. Zeitschr. d. Ver. Dtsch. Ing. 1903; Berg- u. hüttenmänn. Rundsch. 1907.
[2] Chem.-Ztg. 1913, Repert. S. 553.

ca. 600 cbm 16 bis 18 proz. Ammoniakwasser nach dem *Ostwald*-Prozeß. Das konzentrierte Ammoniakwasser wird in Rührwerkskolonnen mit Dampf unter Zusatz von Kalkmilch abgetrieben, wobei ein Calciumcarbonatsulfidbrei und ein nach dem Herunterkühlen nahezu reines Ammoniakgas erhalten wird. Die letzten Reste von Schwefelwasserstoff werden mittels reinen konzentrierten Ammoniakwassers herausgewaschen. Das Ammoniakgas wird in Gasometern gesammelt und, mit Luft im Verhältnis 1 : 10 gemischt, den Kontaktelementen zugeführt. Diese sind senkrecht stehende Rohre von etwa 3 m Höhe.

Zu je einer Batterie von Elementen gehören 9 im Freien stehende Steulertürme, von denen 8 „sauer gehen" und einer alkalisch arbeitet. Die Verbrennungsgase werden in flachen, rechteckigen, mit Wasser berieselten Kühlern aus V2A-Metall von 400° auf 80 bis 90° heruntergekühlt. Die Steulertürme sind etwa 15 m hoch und haben 5 m Durchmesser. Ende 1917 waren 3 Systeme von je 9 Türmen in Betrieb.

Die Turmsäure wird in Rührbottichen mit Ammoniak oder Sodalauge abgesättigt und durch Eindampfen bzw. Auskrystallisierenlassen auf Ammon- bzw. Kunstsalpeter verarbeitet. Ein Teil der Säure wird mit Schwefelsäure konzentriert.

Die Kalk-Sulfidablauge der Rührwerkskolonnen wird in Rieseltürmen mit Kohlensäure behandelt: es entweicht Schwefelwasserstoff, der im *Claus*-Ofen zu Schwefel verbrannt wird (täglich 4 bis 5 t).

Die Höchstleistungsfähigkeit der Gerthe-Anlage soll im Kriege 170 t Natronsalpeter, 230 t Ammonnitrat und 200 t konzentrierte Salpetersäure je 24 Stunden betragen haben. Heute sind natürlich die Betriebsverhältnisse völlig verändert.

Schmidt und *Böcker*[1] erhielten über Platin Ausbeuten allein an salpetriger Säure von rund 80 Proz.; im großen dürften sich die Gesamtausbeuten an Stickoxyden in *Ostwald*-Elementen zwischen 80 und 90 Proz. bewegen.

Von der *Ostwald*-Anlage, welche auf den *vorm. Erzherzoglich Friedrichschen Werken* im früheren Österreich-Schlesien gleich nach Bekanntwerden der ersten Resultate errichtet sein soll, hat man nichts mehr gehört. Das Werk Vilvorde in Belgien[2] erlitt einen Mißerfolg, der in der Art des Ammoniaks begründet lag und ging infolge der Kriegsereignisse noch 1914 gänzlich außer Betrieb. Die englische Fabrik Dagenham hatte so große Rohmaterialschwierigkeiten, daß sie nie zu regelrechtem Arbeiten kam und nur die französische Anlage Angoulême brachte befriedigende Ergebnisse. Nachdem sie schon Tausende von Tonnen Kalkstickstoffammoniak in *Ostwald*-Elementen verbrannt hatte, traten plötzlich Vergiftungserscheinungen am Katalysator auf, die dessen Wirksamkeit sehr stark herabsetzten und die ihren Grund in verunreinigenden Phosphorverbindungen hatten. Man half sich so, daß man die phosphorwasserstoffhaltigen Zersetzungsgase für sich aus den Kalkstickstoffautoklaven abblies[3]: der Umsatz stieg dabei bedeutend.

---

[1] Berl. Ber. **39**, 1366 (1906).
[2] Iron and Coal Trades Review, 23. Mai 1913.
[3] *Ch. L. Parsons*, J. Ind. Eng. Chem. **11**, 541 (1919).

Außer den bereits erwähnten Arbeiten und den Buchveröffentlichungen von *W. Kochmann*[1] sowie von *Ed. Donath* und *A. Indra*[2] haben sich vor allem *Wehrheim*[3], *Reinders* sowie *Cats*[4], *Menegini*[5], *Wenger* und *Urfer*[6] sowie *N. Smith*[7] mit eingehenderen theoretischen und Laboratoriumsuntersuchungen über diesen Gegenstand beschäftigt.

Neumann und *Rose*[8] referieren über alle diese Beiträge zur Frage der Ammoniakoxydation und bringen in ihrer Arbeit eine Reihe wichtiger Versuchsergebnisse. Sie erhitzen ein stehendes Quarzröhrchen in einem elektrischen Widerstandsofen. Durch den unteren Gummistopfen des Röhrchens wird ein enges Quarzrohr eingeführt, das der Gaszuleitung dient und bis in die Mitte des Ofens reicht. Bei den Versuchen mit Platin liegt im erweiterten oberen Ende des Reaktionsröhrchens ein feinmaschiges Drahtnetz, bei denen mit oxydischen Kontaktsubstanzen wird das Röhrchen oben als becherförmiges Gefäß von 9 cm Länge und 1 cm Durchmesser ausgebildet, um die katalytisch wirksame Substanz aufzunehmen.

Neumann und *Rose* entnehmen das Ammoniak einer Bombe, waschen es zur Entfernung etwaigen Acetylens mit ammoniakalischer Kupferlösung und saugen gleichzeitig einen mittels Gasuhr gemessenen Luftstrom durch die Apparatur. Die Gasmischung wird in einem horizontal liegenden 47 cm langen, 3 cm weiten, mit Glaswolle und Ätznatron beschicktem Mischrohr (für 360 ccm Gas) bewirkt. Die verwandten Mischungen entsprachen im allgemeinen 7 bis 8 Proz. Ammoniak.

Die Reaktionsprodukte werden am zweckmäßigsten durch zwei mit Schwefelsäure von 1,84 spez. Gewicht beschickte Zehnkugelröhren absorbiert. Stickoxyd löst sich kaum in Schwefelsäure; bei Gegenwart von Sauerstoff bildet sich aber aus $(2\,NO + O)$ das Stickstofftrioxyd, das mit konz. Schwefelsäure die Nitrosylschwefelsäure gibt:

$$N_2O_3 + 2\,H_2SO_4 = 2\,HSO_3NO_2 + H_2O.$$

1 ccm Schwefelsäure von 1,84 spez. Gewicht nimmt mindestens 55,34 mg Stickstofftrioxyd auf. Stickstoffdioxyd gibt auch Nitrosylschwefelsäure, ohne daß sich die Schwefelsäure färbt:

$$2\,NO_2 + H_2SO_4 = HSO_3NO_2 + HNO_3.$$

Bei Zimmertemperatur ist das Dioxyd ein Gemisch von 20 Teilen NO_2 und 80 Teilen N_2O_4; bei 64° sind beide Komponenten zu gleichen Teilen vertreten, bei 150° sind nur Stickstoffdioxydmoleküle vorhanden, die bei 620° völlig in $(NO + O)$ zerfallen sind.

Die Absorptionsschwefelsäure wird im *Lunge*schen Nitrometer auf ihren Stickoxydgehalt untersucht. Ein aliquoter Teil gibt durch direkte Titration mit $^1/_{10}$-Permanganatlösung ein Maß für die vorhandene Salpetersäure und salpetrige Säure. Zur Bestimmung unzersetzten Ammoniaks werden 10 bis 20 ccm Nitrose mit Quecksilber geschüttelt, wobei alles Stickoxyd entweicht, dann wird die erhaltene Säure vorsichtig unter Kühlung neutralisiert, mit etwas Schwefelnatrium versetzt und nun mit überschüssigem Ätznatron das Ammoniak in vorgelegte $^1/_{10}$ n-Schwefelsäure übergetrieben.

Luft und Ammoniak verbrennen über einer Kontaktsubstanz zunächst zu weißen Nebeln von Ammoniumnitrit und -nitrat, von etwa 300° ab erscheinen rotbraune Dämpfe und mit ansteigender Temperatur tritt immer mehr freier Stickstoff und Wasserdampf auf. Die Hauptumsetzungen, die stattfinden, sind folgende:

---

[1] Deutscher Salpeter. Berlin 1913.
[2] Die Oxydation des Ammoniaks zu HNO_3 usw. Stuttgart 1913.
[3] Dissertation. Darmstadt 1910.
[4] Chem. Weekblad **9**, 47 (1912).
[5] Gazz. Ital. **42**, I, 126 (1912); **43**, I, 81 (1913).
[6] Ann. Chim. appl. **23**, 97 (1918).
[7] Proceed. Chem. Soc. **22**, 39 (1906).
[8] a. a. O.: Zeitschr. f. angew. Chem. 1920, I, 41 ff.

$$1. \quad 4\,NH_3 + 5\,O_2 = 4\,NO + 6\,H_2O + 215{,}6\ Cal;$$
$$2. \quad 2\,NH_3 + 3\,O_2 = 2\,HNO_2 + 2\,H_2O + 153{,}7\ Cal\ gel.;$$
$$3. \quad NH_3 + 2\,O_2 = HNO_3 + H_2O + 80{,}9\ oder\ 95{,}3\ Cal;$$
$$4. \quad 4\,NH_3 + 3\,O_2 = 2\,N_2 + 6\,H_2O + 302\ Cal;$$
$$5. \quad 4\,NH_3 + 7\,O_2 = 4\,NO_2 + 6\,H_2O + 269{,}5\ Cal;$$
$$6. \quad 4\,NH_3 + 6\,NO = 5\,N_2 + 6\,H_2O + 431{,}6\ Cal.$$

Lange Katalysatorschichten lassen die Reaktion 4 vorherrschen: die Mächtigkeit der Kontaktschicht und die Schnelligkeit des Gasstroms werden also sehr wichtige Faktoren für eine gute Verbrennung sein. Ersetzt man in den Formelbildern den reinen Sauerstoff durch Luft, so darf das Gasgemisch nach 1 höchstens 14,38 Proz., nach 2: 12,28, nach 3: 9,50, nach 4: 21,87 und nach 5: 10,72 Vol.-Proz. Ammoniak enthalten. Geht man von Ammoniakluftgemischen aus und arbeitet auf Stickoxyd im Sinne der Gleichung 1, so ist 14 Proz. Ammoniak der praktische Höchstwert; für die Bildung von Salpetersäure berechnet sich ein Gemisch, das im Höchstfall nur 9 Proz. Ammoniak enthalten darf. Mit reinem Sauerstoff werden die Resultate meist schlechter: die Temperatur steigt oft stürmisch, es wird viel Stickstoff abgespalten und es treten selbst Explosionen auf.

Das erste Reaktionsprodukt ist selbstverständlich Stickoxyd. Selbst bei rascher Absorption geht das Stickoxyd mit Sauerstoff in Stickstofftrioxyd, zum kleinen Teil auch in Stickstoffdioxyd über. Der Anteil der salpetrigen Säure beträgt nach *Neumann* und *Rose* bei der Verbrennung von Ammoniak mit Luft über 90 Proz. der gesamten Oxydationsprodukte. Die Oxydation mit Sauerstoff gibt mehr Salpetersäure und nur 20 bis 30 Proz. salpetrige Säure. Die Reaktion 4 läuft von Anfang an parallel zu den anderen: sie wird lebhafter durch Temperaturerhöhung, zu große Mengen Kontaktsubstanz oder zu geringe Strömungsgeschwindigkeit. Der Selbstzerfall des Stickoxyds spielt praktisch noch kaum eine Rolle, da er erst bei 700° merklich wird und auch dann noch sehr langsam verläuft. Sehr wesentlich ist dagegen die Gleichung 6, die schon bei Temperaturen wirksam ist, bei denen eben erst die Stickoxydbildung beginnt. Auch die Umsetzung:

$$NH_4NO_2 = N_2 + 2\,H_2O + 718\ Cal$$

liefert bereits bei niedrigen Temperaturen Stickstoff und setzt damit die Ausbeute an Stickoxyd herab.

Die Reaktionen sind sämtlich exothermisch und bewirken ein rasches Ansteigen der Temperatur, sobald erst einmal eine von ihnen eingesetzt hat.

Schon die Ausführungen *Ostwald*s hatten gezeigt, daß es bei der Ammoniakoxydation ratsam ist, das Gasgemisch möglichst schnell über den Katalysator zu führen und daß es für jede Kontaktsubstanz eine gewisse Geschwindigkeit gibt, bei der die Höchstausbeute erreicht wird. *Neumann* und *Rose* verwenden ein Platindrahtnetz mit 3000 Maschen/1 qcm, wie es auch die Technik benutzt, und lassen ein Ammoniakluftgemisch mit durchschnittlich 6,3 Vol.-Proz. Ammoniak bei 450° durch ihren Versuchsofen über eine wirksame Katalysatorfläche von 3,32 qcm streichen. Nachstehende Tabelle zeigt ihre Resultate:

Luft l/Std., norm.	NH$_3$ l/Std.	NO-Ausbeute in Proz.
7,80	0,633	62,69
8,86	0,689	64,51
11,30	0,891	76,36
16,86	1,050	91,22
19,80	1,267	96,06
23,09	1,738	95,80
26,98	1,721	93,10
31,62	1,991	90,40.

Gegenüber diesen Werten, die ja auch von den Erfahrungen der Praxis gestützt werden, erscheinen die Befunde von *Andersen*[1] völlig unbegreiflich.

Auf den Einfluß, den die Ammoniakkonzentration im Ausgangsgasgemisch auf die Ausbeute an Stickoxyd bei der Verbrennung ausübt, war schon hingewiesen worden. Die Formel:

$$4\,NH_3 + 5\,O_2 = 4\,NO + 6\,H_2O$$

[1] Zeitschr. f. Elektrochemie 1916, S. 441.

gestattet im Höchstfall die Verwendung von Ammoniakluftgemischen mit 14,38 Proz. Ammoniak, während die *Ostwald*sche Gleichung:

$$4\,NH_3 + 7\,O_2 = 4\,NO_2 + 6\,H_2O$$

nur bis 10,74 Proz. Ammoniak geht. Rechnet man nach den weiter oben gegebenen Formelbildern 2 und 3 auf salpetrige oder Salpetersäure als Endprodukt, so ergeben sich Ammoniakhöchstkonzentrationen von 9,53 bis 12,28 Proz. Die Versuchsergebnisse von *Neumann* und *Rose* beziehen sich meist auf 7 bis 9 proz. Ammoniakluftgemisch. Der Stickoxydumsatz fällt unter sonst fast gleichen Bedingungen mit steigendem Ammoniakgehalt (3,22 Proz. Ammoniak = 98,73 Proz. Umsatz; 6,00 Proz. Ammoniak = 96,06 Proz. Umsatz; 8,65 Proz. Ammoniak = 93,10 Proz. Umsatz). Bei gutem Kontaktmaterial kommt indessen dieser Einfluß weniger zur Geltung. Der Umsatz liegt bis zu 9 Vol.-Proz. Ammoniak über Platindrahtnetz stets über 90 Proz.

Entgegen manchen früheren Angaben befindet sich das Temperaturoptimum am Platindrahtnetz nach *Neumann* und *Rose* bei etwa 500°. Die Reaktion, kenntlich an weißen Ammonnitrit bzw. -nitratnebeln, setzt bei 300° ein. Infolge der Exothermie der Vorgänge steigt die Temperatur rasch, die charakteristischen rotbraunen Dämpfe treten auf und bei 350° ist die Umsetzung bereits recht lebhaft. Die nachstehende Tabelle zeigt die Verhältnisse bei gleichbleibender Strömungsgeschwindigkeit und rund 9,5 Vol.-Proz. Ammoniak im Gasgemisch über 3,3 qcm Platindrahtnetzfläche:

Ofentemperatur	NO-Umsatz in Proz.	Unzersetztes NH_3 in Proz.	Stickstoff Proz.
350°	60,25	17,72	22,03
400°	84,66	3,43	11,91
450°	93,10	1,08	5,82
550°	92,65	—	7,35
625°	81,66	—	18,34
730°	71,89	—	28,11.

Die Reaktionsgeschwindigkeit nimmt zwischen 300 und 400° sehr stark zu. Der Stickoxydumsatz erreicht bei 500° mit 91,73 Proz. das Maximum; über 450° ist kein freies Ammoniak mehr vorhanden. Der zuerst auftretende elementare Stickstoff verdankt sein Entstehen dem Zerfall des Ammoniumnitrits:

$$NH_4NO_2 = N_2 + 2\,H_2O.$$

Mit dem Ansteigen der Temperatur setzt folgende Reaktion ein:

$$4\,NH_3 + 6\,NO = 5\,N_2 + 6\,H_2O\,,$$

und oberhalb 500° ist dann die Stickstoffbildung in der Hauptsache auf den Zerfall des Ammoniaks nach:

$$4\,NH_3 + 3\,O_2 = 2\,N_2 + 6\,H_2O$$

zurückzuführen.

Neumann und *Rose* geben in einer Tabelle einen Vergleich ihrer Ergebnisse mit denen anderer Forscher:

Neumann u. *Rose* Pt-Drahtnetz		*Wehrheim* Pt-Blech		*Reinders* u. *Cats* Pt-Asbest		*Wenger* u. *Urfer* Pt-Asbest (mit O_2)		*Meneghini* Pt-Spirale	
300°	—	300°	18,00			357°	54,5	350°	3,7
400°	60,25	350°	28,36			396°	80,1	405°	7,6
450°	93,10	375°	39,86			450°	91,9	430°	15,0
500°	95,73	400°	50,85			533°	97,6	450°	24,7
550°	92,65	425°	72,52			562°	97,7	475°	34,7
625°	81,66	450°	80,77	510°	59,6	610°	91,7	515°	45,1
730°	71,89			590°	79,7			550°	58,2
				660°	80,8			610°	64,4
								680°	66,1

Durch die Untersuchung der zur Absorption der gebildeten Stickoxyde vorgelegten Schwefelsäure gelingt es, den Verbleib des eingebrachten Ammoniaks genau zu verfolgen. Es entstehen nämlich aus ihm bei:

	350°	400°	450°	500°	600°	700°
NH_3	17,72 Proz.	3,43 Proz.	1,08 Proz.	—	—	—
N_2O_3	54,37 „	76,50 „	87,12 „	89,0 Proz.	81,0 Proz.	68,5 Proz.
NO_2	5,88 „	8,16 „	5,98 „	7,0 „	8,0 „	8,5 „
N	22,03 „	11,91 „	5,82 „	4,0 „	11,0 „	23,0 „

Von den Gesamtstickstoffoxyden treten fast gleichmäßig 93 bis 97 Proz. als salpetrige und nur 3 bis 7 Proz. als Salpetersäure auf. Dieses Ergebnis wird durch die Befunde anderer Autoren bestätigt. Nur beim Arbeiten mit reinem Sauerstoff (1 Vol. Ammoniak zu 2 Vol. Sauerstoff) über Platinasbest entsteht viel mehr Salpetersäure, deren Anteil bei 562° und einem Gesamtumsatz von 97,7 Proz. auf 75,4 Proz. gegenüber 22,3 Proz. salpetrige Säure steigen kann.

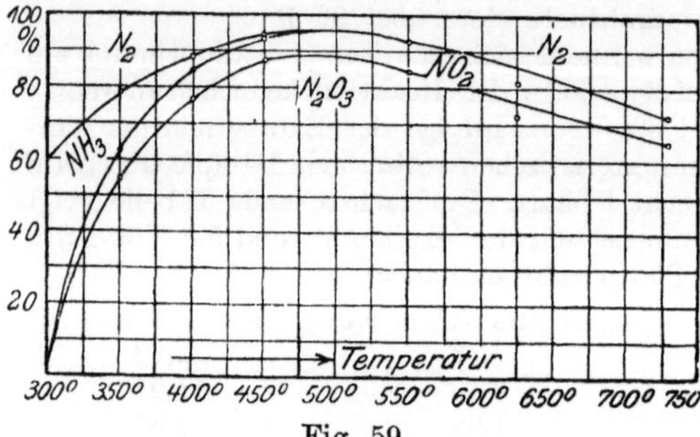

Fig. 59.

Auf Grund ihrer Zahlen entwerfen *Neumann* und *Rose* folgendes Zustandsdiagramm (Fig. 59) für die Ammoniakverbrennung über Platindrahtnetz.

Läßt man den Abgasen Zeit, sich zu oxydieren, ehe man sie zur Absorption bringt, die hier dicht hinter dem Ofen erfolgte, so wächst der Anteil an Stickstoffdioxyd bzw. an Salpetersäure auf Kosten des Stickstofftrioxyds rasch, da der überschüssige Sauerstoff einzuwirken beginnt.

Die Beobachtung, daß Eisenoxyd die Ammoniakoxydation katalytisch beschleunigt, geht auf *Schönbein* und *Liebig* zurück. *Neumann* und *Rose* fällen Eisenhydroxyd aus der Chloridlösung mit Ammoniak, waschen aus, formen kleine Kügelchen aus der Masse, trocknen und glühen. Bei einer Gasgeschwindigkeit von im Mittel 22 l/St. und rund 9,35 Vol.-Proz. Ammoniak im Gemisch ergeben sich nachstehend verzeichnete Werte:

Ofentemperatur	NO-Umsatz in Proz.	Unzersetztes NH_3 in Proz.	N in Proz.
440°	47,5	—	—
505°	69,1	11,7	10,3
550°	73,0	7,2	19,8
670°	89,9	Spur	10,1
715°	84,5	nichts	15,5
755°	83,5	„	16,5
820°	77,3	„	22,7
865°	59,3	„	44,7.

Die günstigste Umwandlungstemperatur liegt bei einer Stickoxydausbeute von 90 Proz. zwischen 670 bis 700°. Aus dem eingeführten Ammoniak entstehen bei (in Vol.-Proz.):

	500°	600°	700°	800°
NH_3	11,7	3,0	—	—
N_2O_3	57,4	78,0	83,0	70,0
NO_2	11,7	9,0	5,0	9,0
N	19,2	10,0	11,0	21,0

Aus diesen Zahlen folgt das Zustandsdiagramm (Fig. 60) für die Ammoniakverbrennung über Eisenoxydkontakt.

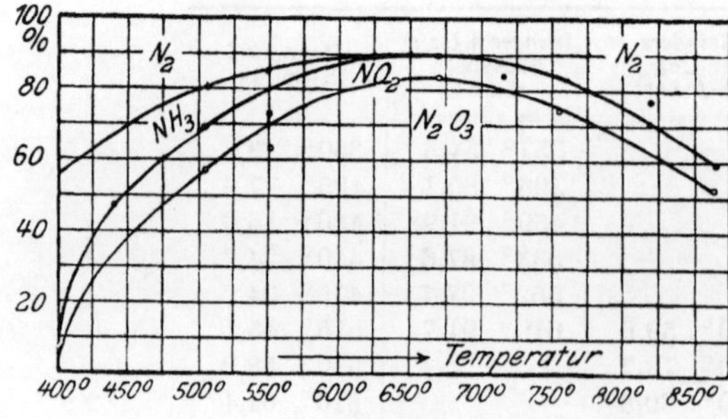

Fig. 60.

Um das D. R. P. 283 824 der *BASF* nachzuprüfen, wurden Versuche mit einem Gemisch von Eisenoxyd und 3 bis 4 Proz. Wismutoxyd ausgeführt. Bei Gasgeschwindigkeiten von wiederum rund 22 bis 23 l/St. und Ammoniakkonzentrationen von 9,2 Vol.-Proz. ergibt sich folgendes Bild:

Ofentemperatur	NO-Umsatz in Proz.	Unzersetztes NH_3 in Proz.	N in Proz.
500°	87,7	6,24	6,1
550°	94,4	1,76	3,8
600°	94,9	nichts	5,1
650°	92,0	,,	8,0
720°	91,5	,,	8,5
760°	88,3	,,	11,7
815°	84,4	,,	15,6

Das Maximum wird bei 550 bis 600° (Eisenoxyd allein: 700°, Platin: 500°) mit etwa 95 Proz. Umsatz erreicht (Eisenoxyd: 90 Proz.). Unter 480° erfolgt überhaupt keine Stickoxydbildung, dann steigt jedoch die Oxydationsgeschwindigkeit rasch an. Für das Zustandsdiagramm (Fig. 61) gelten nachstehende Werte:

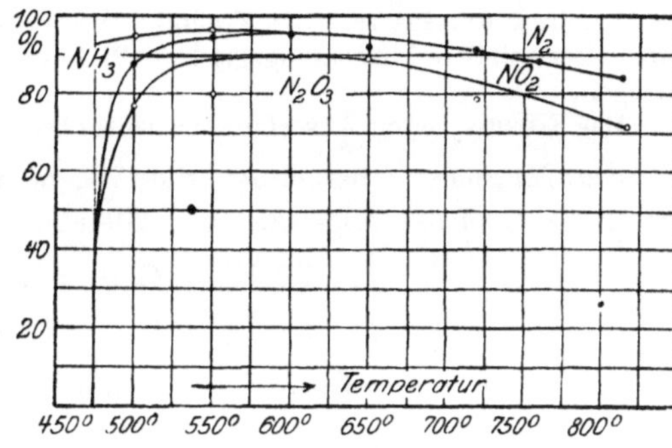

Fig. 61.

Verbleib des eingebrachten NH_3 bei (in Vol.-Proz.):

	500°	600°	700°	800°
NH_3	6,24	—	—	—
N_2O_3	76,76	89,54	85,0	74,0
NO_2	10,94	5,36	8,0	12,0
N_2	6,06	5,10	7,0	14,0

Mit anderen Kontaktgemischen sind die Resultate bedeutend ungünstiger: Eisenoxyd-Kupferoxyd-(3 bis 4 Proz.)-Gemisch gibt bestenfalls 53 Proz. NO-Umsatz bei 550°, Kiesabbrand 46 Proz. bei 770°, Eisenoxyd-Ceroxyd-(3 bis 4 Proz.)-Gemisch 37 Proz. bei 610° und Eisenoxyd-Thoroxyd-(3 bis 4 Proz.)-Gemisch 52 Proz. bei 585°. Chromoxyd auf Bimsstein setzt nach *Neumann* und *Rose* im Maximum (bei 658°) 49,6 Proz. um. Dabei sind noch 6,39 Proz. NH_3 unzersetzt und 43,98 Proz. bereits in Stickstoff zerfallen. Mit Vanadiumoxyd sind bei 540° im Optimum nur 17,9 Proz. Stickoxydausbeute erhalten worden, während bei 630° bereits 88,9 Proz. des Ammoniaks in elementaren Stickstoff zerfallen sind. Kupferoxyd ist ein schlechter Katalysator, wie folgende Zusammenstellung für das Optimum beweist:

Luft l Std.	Vol.-Proz. NH_3 im Gemisch	Ofentemperatur	NH_3 l Std.	Ausbeute an NO	NH_3 unzersetzt	Zerfallen in N
22,34	9,05	800°	2,44	24,1 Proz.	47,1 Proz.	28,8 Proz.

Aus den Zahlen der Zustandsdiagramme können die theoretischen Wärmeverhältnisse der Verbrennungsreaktionen berechnet werden. *Neumann* und *Rose* führen diese Rechnung für den Platinkontakt bei 500° aus. Die Endgase enthalten noch 5,6 Proz. freien Sauerstoff. Man kann also im Höchstfalle theoretisch 12,55 Proz. NH_3 im Ausgangsluftgemisch oxydieren. Praktisch wird man nie bis zu dieser oberen Grenze gehen. Die Reaktionstemperatur selbst berechnet sich zu 782°, wenn man ein Anfangsgasgemisch von 9 Vol.-Proz. Ammoniak zugrunde legt. Diese Temperatur ist für Platin eigentlich viel zu hoch. Man müßte also von Rechts wegen kühlen. Daß man im Großbetriebe ohne künstliche Kühlung auskommt, liegt an den Strahlungsverlusten der Metallapparate. Man sollte aber die Betriebskontrolle nicht auf die Einstellung des Luftammoniakgemisches vor den Verbrennungselementen beschränken, sondern auch die Temperaturen der letzteren besser kontrollieren.

Für ein 6 proz. Ausgangsgemisch errechnet sich nur ein Wärmegrad von 534°. Berücksichtigt man die Strahlungsverluste, für die man 150 bis 200° wird einsetzen können, so ergibt sich, daß dieses Gas nicht mehr ohne äußere Wärmezufuhr mit größtmöglichster Ausbeute verbrannt werden kann.

Für gewöhnlich kommt man in der Technik ohne Beheizung der Elemente aus. Die Reaktionswärmen genügen, die Oxydation im Gange zu erhalten, nachdem die Kontaktnetze einmal auf entsprechend hohe Temperatur vorgewärmt oder, wie man sagt, „die Elemente gezündet" sind. Bei Ammoniakkonzentrationen über 9 Proz. ist eher Kühlung am Platze. Die Technik verwendet im allgemeinen zu hohe Temperaturen. Der mittlere Umsetzungsgrad an Platindrahtnetzelementen wird 90 bis 95 Proz. betragen.

Das Eisenoxydkontaktverfahren arbeitet bei 700 bis 800° mit 80 bis 85 Proz. Umsatz.

Jul. Baumann[1] berechnet die Wärmebilanz der Ammoniakoxydation, der er als Grenzen folgende zwei Gleichungen zugrunde legt:

$$1.\quad 2\,NH_3 + O_5 = 2\,NO + 3\,H_2O \quad \text{und}$$
$$2.\quad 2\,NH_3 + O_3 = N_2 + 3\,H_2O.$$

Geht man von einem Gasgemisch von 1 cbm Ammoniak auf 8 cbm Luft aus, so zeigt die Gleichung $1\left(NH_3 + \dfrac{O_5}{2}\right)$ bei etwa 800° an Platin (im Großelement) einen Wärmeüberschuß von 1,27 Cal an, d. h. das Gasgemisch kann, wenn keine Strahlungsverluste auftreten und es einmal die richtige Reaktionstemperatur hat, dauernd ohne künstliche Erwärmung weiterbrennen. Gleichung 2 $(NH_3 + 1,5\,O)$ produziert 20,1 Cal. Wird die Großapparatur hinter dem Kontakt besonders heiß, so ist Gleichung 2 daran schuld. Wir haben es dann mit einer Aufspaltung des Ammoniakmoleküls und mit der Verbrennung des Ammoniakwasserstoffs zu tun. Die in einem engen Raume abbrennende Wasserstoffflamme erzeugt manchmal die akustische Begleiterscheinung des „Singens". Bei schlechtem Umsatz ist das Tönen der Apparatur daher unter Umständen auffallend.

Der Unterschied der Temperaturangaben von *Neumann* und *Rose* (500°) bzw. *Baumann* (800°) ist in die Augen springend. Er findet seine Erklärung z. T. in der Art der verwendeten Gase. *Neumann* und *Rose* benutzten im Laboratorium bei ihren Einzelversuchen Bombenammoniak. Nach der Art ihrer Arbeitsweise ist das zur Verbrennung gelangende Gasgemisch nahezu absolut trocken. Im großen — und *J. Baumann* betrachtet ja die technischen Verhältnisse des Dauerbetriebes — ist zu beachten, daß das Ammoniakgas von der Fabrikation her so viel Wasserdampf enthält, wie den jeweiligen Tensionen entspricht, daß auch die von außen angesaugte Verbrennungsluft feucht und daß endlich das Ammoniakgas des Betriebes niemals so rein ist, wie das Bombenammoniak. Der Wasserdampfgehalt. er-

---

[1] Chem.-Ztg. 1920, S. 145; siehe auch Chem. Ztrlbl. 1920, IV, 707.

schwert den Ammoniakzerfall; er gestattet also ohne weiteres die Verbrennungstemperatur zu erhöhen, ohne gleich die Aufspaltung des Ammoniakmoleküls befürchten zu müssen. Die gewöhnlichen Verunreinigungen des Ammoniaks, z. B. die Kohlensäure, wirken gleichfalls im Sinne einer Temperatursteigerung bei der Oxydation. Auf die Vergiftungserscheinungen, die manche dieser Fremdstoffe nach sich ziehen, soll später eingegangen werden. Einzelversuche im Laboratorium sind übrigens meist günstiger, als die Resultate des Dauerbetriebes.

Auf die Arbeit von *Wenger* und *Urfer* über die Ammoniakoxydation an Platin und Rhodium war bereits hingewiesen worden[1]. Zur Bildung freien Wasserstoffs in der „umgekehrten" Ammoniakflamme bringt *F. C. G. Müller* einen interessanten Beitrag[2]. *E. Schlumberger* und *W. Piotrowski* stellten fest, daß Ammoniakluftgemische in den Grenzen von 16,5 bis 26,8 Vol.-Proz. NH_3 explosiv sein können[3].

Wichtige Beiträge zur Frage der Ammoniakoxydation bringt *E. B. Maxted*[4]. *W. G. Adam*[5] schildert die 1908 bis 1909 von *C. Davis* im Laboratorium der *Gas Light and Coke Company* in Beckton ausgeführten Ammoniakoxydationsversuche, auf Grund derer 1917 eine Anlage zur Erzeugung von 1 t Salpetersäure in 24 Stunden (Platingaze) erbaut wurde.

Sehr interessant ist die Arbeit von *J. R. Partington*[6], dessen Apparat aus je einem konisch geformten Ober- und Unterteil besteht, zwischen denen drei rechtwinklige prismatische Stücke liegen. Die Einzelteile werden durch $^3/_4$ zöllige Flanschen miteinander verbunden und ergeben ein Gesamtbild, wie es etwa dem bekannten Verbrennungselement *Bamag-Frank-Caro* entspricht. Die oberste Verschraubung nimmt den Katalysator auf, während die drei darunterliegenden Verteilerplatten tragen. Die konischen Hauben haben Glimmer-Schaulöcher von 1,5 Zoll Durchmesser. Der ganze Apparat (Konverter) ist aus Aluminiumguß hergestellt. Die Wandstärke beträgt $^1/_5$ Zoll, das Ausmaß der prismatischen Mittelstücke 4×6 Zoll. Der Gaszu- bzw. -abführung dienen zwei gebogene Aluminiumrohrstutzen von 2 Zoll innerem Durchmesser. Der Konverter ist insgesamt 4 Fuß lang und wiegt etwa 32 Pfund. Für den Betrieb ist die tadellose Luft-Ammoniakdurchmischung erstes Erfordernis. *Partington* empfiehlt deswegen, gereinigtes 25 proz. Ammoniakwasser über einen Koksturm hinabrieseln zu lassen, in den unten Luft mit etwas Dampf eingeblasen wird. Die Gase kühlen sich in den oberen Teilen des Turmes ab, wobei sich der Dampf kondensiert. Um alle Staubteilchen, besonders Eisenoxyd, zu entfernen, filtriert man sie durch Koks oder Glaswolle. Der Katalysator selbst besteht aus einer oder mehreren Lagen Platindrahtgaze von reinem Platinmetall. Der Drahtdurchmesser beträgt 0,0025 Zoll; die Gaze zählt 80 Maschen auf den Zoll; ihre Befestigung erfolgt in Aluminiumrahmen.

Die Verbrennungsreaktion:

$$4\,NH_3 + 5\,O_2 = 4\,NO + 6\,H_2O + 220\,Cal$$

muß durch elektrische Vorwärmung des Katalysatornetzes eingeleitet werden. Eine nichtleuchtende Gasflamme tut die gleichen Dienste. Die Reaktionswärme hält den Kontakt auf Rotglut. Nach etwa drei Monaten muß die Gaze ersetzt werden. Die Stick-

---

[1] Siehe auch Zeitschr. f. angew. Chem. 1918, II, 395.
[2] Zeitschr. f. angew. Chem. 1920, I, 24.
[3] Zeitschr. f. komprim. u. flüss. Gase **7**, 49 (1915).
[4] J. Soc. Chem. Ind. **36**, 177 (1917).
[5] Chem. Trade Journ. **62**, 181 (1918).
[6] J. Soc. Chem. Ind. **37**, 337 (1918); Chem. Ztrlbl. 1919, II, 909.

oxydausbeute ist in erster Linie von der Zahl der verwendeten Gazegitter, der ständigen Erwärmung des Katalysators auf elektrischem Wege, der Erhitzung des Gasgemisches oder der Luft auf etwa 350° vor Eintritt in das Element und dem Mengenverhältnis Luft : Ammoniak abhängig. Der beschriebene Apparatetyp, der für Schwefelsäurefabriken gedacht ist, genügt für die Fabrikation von 80 t Schwefelsäure/Tag und leistet 1,5 t Salpetersäure, HNO_3, auf den Quadratfuß Katalysatorfläche in 24 Stunden bei einem mittleren Umsatz von 95 Proz. im Dauerbetrieb. Die Gaze wiegt auf den Quadratfuß etwa 50 g. Auf 1 g Platin werden in 24 Stunden bei Verwendung von zwei Gazegittern bis zu 15 kg Salpetersäure gewonnen. Die Abgase haben eine Temperatur von 400 bis 600°. Sie werden auf 30° heruntergekühlt und mittels Luft in Stickstoffdioxyd übergeführt. Sie enthalten etwa 10 Vol.-Proz. Stickoxyde und können direkt in die Bleikammern eingeleitet oder zu Salpetersäure kondensiert werden.

G. A. Perley[1] bringt wichtige Literaturzusammenstellungen und verbreitet sich eingehend über die Theorie des Verbrennungsvorganges. Er empfiehlt im allgemeinen mehrere Gazeschichten (0,0026 Zoll-Draht) und weist darauf hin, daß es zweckmäßiger ist, die warme Verbrennungsluft und das Ammoniak erst unmittelbar am Katalysator zusammentreffen zu lassen. Schädlich wirken in erster Linie Naphthalindämpfe, Teer, Phosphorverbindungen usw.

O. Dieffenbach[2] redet in einer Arbeit über die Wirtschaftlichkeit der Überführung von Ammoniak in Salpetersäure bzw. Ammonnitrat einer Kombination von Luftsalpetersäure- und Kalkstickstoffammoniakindustrie das Wort. Wenn auch die Sachlage sich seitdem — 15. Mai 1914 — gänzlich verschoben hat, so sind manche von *Dieffenbach*s Grundgedanken unzweifelhaft auch heute noch richtig. *E. Donath*[3] erweitert die Anregungen *Dieffenbachs* und dehnt sie auch auf das *Häußer*-Verfahren aus.

Auf die Tatsache, daß man Ammoniak auch elektrochemisch oxydieren[4] kann, sei hier nur hingewiesen. Flüssiges Ammoniak reagiert mit Ozon[5] unter völliger Aufzehrung des letzteren glatt nach:

$$2\,NH_3 + 3\,O_3 = NH_4NO_2 + 3\,O_2 + H_2O \quad \text{oder}$$
$$2\,NH_3 + 4\,O_3 = NH_4NO_3 + 4\,O_2 + H_2O.$$

In den Ver. Staaten von Nordamerika ist man zur Konstruktion besonderer Elementtypen gekommen, die ausnahmslos mit Platin als Kontaktmaterial arbeiten und von denen unten noch die Rede sein wird. Ausführlich hat sich in Sonderheit *F. G. Liljenroth*[6] mit den theoretisch interessierenden Fragen beschäftigt.

Das zur Verwendung gelangende Platin sollte stets so rein, wie nur irgendmöglich sein. Nur Beimengungen von Iridium und Palladium sind erlaubt, dagegen sind schon 0,02 Proz. Eisen sehr schädlich. Auch die Behandlung des Platins in eisernen Apparaten muß vermieden werden. Aus den gleichen Gründen kann die Benutzung eiserner Gasleitungen äußerst schädlich wirken. Um die Oberfläche des Kontaktplatins zu reinigen, empfiehlt sich Waschen mit Salzsäure.

---

[1] J. Ind. Eng. Chem. **12**, 5, 119 (1920).
[2] Chem. Ind. 1914, S. 265 ff.
[3] Ebenda, S. 513.
[4] Chem.-Ztg. 1915, Repert. S. 203.
[5] Chem.-Ztg. 1920, S. 758.
[6] Chem. Met. Eng. **19**, 208 (1918).

Von den drei Gazesorten:

> 70 Maschen/Zoll, Drahtdurchmesser 0,0026 Zoll
> 80 „. „ „ 0,0026 „
> 100 „ „ „ 0,0015 „

hat sich das 80-Maschen-Gewebe am besten bewährt. Es ist bekannt, daß glatter Platin-draht nicht oder nur schlecht umsetzt, daß vielmehr seine Oberfläche erst aktiviert werden muß. Nach mehrstündiger Vorbehandlung bei 800° in ammoniakreicher Luft ist der Draht aufgerauht, er ist nicht mehr blank, sondern sieht grau aus und hat fast schwammartige Oberfläche. *Liljenroth* zeigt diese Formierung der Kontaktfläche an sehr instruktiven Mikrophotographien[1]. Bei den zylindrischen Elementen ist Vorbehand-lung unter Einschalten des elektrischen Stromes angebracht. Als günstigste Temperatur an Platin findet *Liljenroth* im Groß-Dauerbetrieb etwa 825° C. Die Temperatur soll 900 bis 925° nicht übersteigen und nie unter 750° sinken. Bei selbstheizender Gaze liegt die geeignetste Konzentration im Ausgangsgemisch bei 10 bis 12,5 Vol.-Proz. Am-moniak; bei elektrisch geheiztem Kontakt soll man nur bis höchstens 10 Vol.-Proz. Ammoniak gehen. Die Gasvorwärmer müssen aus Aluminium oder einem Quarzmaterial bestehen, da sonst der Zerfall des Ammoniaks in seine Elemente allzu sehr beschleunigt wird.

Über diesen Zerfall haben u. a. *W. Ramsay* und *S. Young*[2], *E. P. Per-man* und *G. A. S. Atkinson*[3], *A. H. White* und *W. Melville*[4] gearbeitet. Neuere Versuche (von *G. B. Taylor* usw.) ergaben folgende Werte:

Kontaktkörper	Temperatur t ° C	Proz. NH$_3$ zerstört
Reinaluminiumschnitzel . . .	550°	0,0
Glasierte Tonscherben	680°	0,8
2 mm Nickeldraht	500°	1,4
2 „ „	580°	11,3 (1,8 Proz. zu NO oxydiert)
2 „ „	690°	22,0 (1,0 „ „ „ „)
Porzellan . . . . : . .	700°	0,0
Alundumzement.	710°	34,0
„	590°	2,3 .

Die Ausbeutebestimmung an den Verbrennungselementen erfolgt auch in den Ver. Staaten durch analytische Beobachtung (*G. B. Taylor* und *J. D. Davis*[5]) oder durch Gewichtsbestimmung des eingebrachten Ammoniaks und der er-haltenen Endprodukte. Im Dauerbetrieb kann man im Mittel mit 91 Proz. Umsatz rechnen; in Einzelfällen werden 95 bis 96 Proz. erreicht.

Alvin Allen Campbell[6] hat als Mitteilung aus dem Laboratorium der *Newark Wire Cloth Company* in Newark, N. J., interessante Daten über Platingazen veröffentlicht. Nachstehende Tabelle gibt einen Auszug aus seiner Arbeit:

Maschen je Zoll	Draht-$\varnothing$ in Zoll	Wirksame Oberfläche in Quadrat-zoll	Aktive Oberfl. in Quadratzoll je 1 g Platin	Gewicht in g je 1 Qua-dratzoll	Lufträume in Quadratzoll je Quadrat-zoll Fläche	Oberfläche in Qadratzoll je ccm Platin
80	0,0026	1,3873	4,148	0,33815	0,6272	79,9058
80	0,0030	1,5841	3,401	0,46592	0,5774	72,6111
100	0,0026	1,6951	4,013	0,42268	0,5676	88,0941
120	0,0020	1,4748	4,962	0,29863	0,5715	109,0701
150	0,0015	1,4821	7,058	0,21009	0,5990	154,8643
150	0,0020	1,9573	5,243	0,37329	0,4886	115,3401

[1] Siehe auch bei *Parsons*, J. Ind. Eng. Chem. **11**, 541 bis 552, Fig. 10 bis 12.
[2] J. Chem. Soc. **45**, 88 (1884).
[3] Proc. Roy. Soc. **74**, 110 (1904).
[4] J. Amer. Chem. Soc. **27**, 373 (1905).
[5] J. Ind. Eng. Chem. **9**, 1106 (1917).
[6] J. Ind. Eng. Chem. **11**, 468 (1919).

Am meisten verwendet und am besten bewährt hat sich bisher das 80-Maschen-Netz
aus 0,0026 Zoll Draht. Der bekannte amerikanische Stickstoff-Fachmann *Ch. L. Parons*
verspricht sich von einem Netz mit 150 Maschen und 0,0015 Zoll Drahtdurchmesser
(99 Proz. Platin und 1 Proz. Iridium) noch günstigere Resultate.

W. S. Landis[1], der die Fragen der Ammoniakverbrennung zu studieren
begann, als der Eintritt der Ver. Staaten von Nordamerika in den Krieg
Ende 1915 wahrscheinlicher zu werden anfing, wurde Anfang 1916 von der
American Cyanamide Co. mit der Vornahme entsprechender Versuche beauf-
tragt. Er legt dem Vorgang folgende Gleichungen zugrunde:

$$4\,NH_3 + 5\,O_2 = 4\,NO + 6\,H_2O \quad \text{und}$$
$$4\,NH_3 + 3\,O_2 = 2\,N_2 + 6\,H_2O.$$

Die erste Reaktion verläuft nach seinem Befund an Platin bei 750° bzw.
700 bis 800° und 9 Proz. Ammoniak im Ausgangsgemisch am besten, während die zweite bei 10 Proz. Ammoniak (nach *Nernst*) und 915° quantitativ
vor sich geht, wenn der Katalysator schlecht wirkt. Für 10 proz. Ammoniak-
gemisch legt *Landis* 665 bis 690° und für 8 proz. 550 bis 580° C als Optimaltemperatur fest.

Über die außerordentlich wichtige Reinigung des Ammoniaks vor der
Verbrennung ist bisher ziemlich wenig veröffentlicht worden, weil jede Fabrik
hier nach anderen Methoden arbeitet und ihr Verfahren ängstlich als Geheimnis hütet. Naturgemäß ist das einem empfindlichen katalytischen Vorgange entstammende *Haber*-Ammoniak an sich bedeutend reiner, als etwa
Kalkstickstoff- oder Kokereiammoniak. In der Tat hat man bei letzteren
beiden die merkwürdigen Vergiftungs- und Lähmungserscheinungen des
Kontaktes auch zuerst beobachtet, was übrigens ja schon aus historischen
Gründen eigentlich selbstverständlich ist.

Jul. Baumann[2] hat mitgeteilt, daß er das anormale Verhalten von Kalkstickstoffammoniak gegenüber Kokerei-Bomben-Ammoniak im Kleinversuch
überraschend schnell konstatieren konnte. Er verbrannte beide Gase unter
sonst gleichen Verhältnissen über Platin. Das Ausbringen mit Kokereiammoniak war vollständig normal. Das Kalkstickstoffgas verhielt sich demgegenüber ganz anders. Der anfangs gute Umsatz sank sehr bald. Das
Platin zeigte sich merkwürdig verändert.

„Die mikroskopische Untersuchung ließ durchaus nicht die seinerzeit von *Ostwald*
berichtete Aufrauhung der Oberfläche erkennen, die als reaktionsbeschleunigend das
Ausbringen durch Verschiebung des Prozesses in der Richtung einer Verbrennung des
Ammoniaks zu Wasser und Stickstoff schädigt."

Baumann fand den Platindraht mit einem grauweißen Hauche überzogen,
der nicht in einer Verunreinigung der Oxydationsluft durch Flugstaub usw.
begründet sein konnte, da diese sehr sorgfältig filtriert war.

Mit verlängerter Betriebsdauer wurde der Beschlag stärker und stärker und das
Ausbringen an Stickoxyden schlechter. Bei der näheren Untersuchung erwies sich der

---

[1] The Chemical Eng. **27**, 113 (1919).
[2] Chem.-Ztg. 1920, S. 275/6.

Beschlag als Kieselsäure. Aus den Rohstoffen Kalk und Koks entstehen im Carbidofen u. a. auch Silicide, die bei der Azotierung intakt bleiben oder in entsprechende Stickstoffverbindungen übergehen. Bei der Abspaltung von Ammoniak aus dem Kalkstickstoff bilden sich aus den Siliciden bzw. den Siliconitriden Siliciumwasserstoffe und vielleicht komplexe Kieselstickstoffkörper. Die flüchtigen Verbindungen gehen in das Ammoniakgas und bewirken so die Vergiftung des Kontaktes, indem sie sich zu Kieselsäure oxydieren. An sich tadellos verbrennendes Bombenammoniak kann durch geringe Mengen von Siliciumwasserstoff, der aus Siliciumcarbid entwickelt ist, in gleich charakteristischer Weise vergiftet werden. Ein intensiver Waschprozeß unter Verwendung von Ätzalkalien oder Kalk befreit das Gas von seinem Siliciumgehalt. So behandeltes Kalkstickstoffammoniak zeigt bei der Verbrennung guten Umsatz.

Der *Österr. Verein für Chem. u. Metallurg. Produktion* in Außig a. E. nahm auf diese Methode das D. R. P. 276 720, das österr. Pat. 68 072/1914 und das ungar. Pat. 64 871/1913.

Verderblicher, als die verhältnismäßig leicht zu entfernenden Siliciumverbindungen sind die Verunreinigungen des rohen Ammoniakgases durch gasförmige **Phosphorabkömmlinge**. Diese entstehen im Carbid ebenso, wie die entsprechenden Siliciumverbindungen. Auch bei der Azotierung verhalten sich die Phosphide ähnlich: teils bleiben sie unangegriffen, teils geben sie komplexe Phosphor-Stickstoff-Calciumkörper. Bei der Kalkstickstoffzersetzung werden daraus die verschiedenen Phosphorwasserstoffe und wahrscheinlich auch phosphamähnliche Doppelverbindungen entbunden. Da rohes Kalkstickstoffammoniak von seiner Entstehung her stets mehr oder minder große Acetylenmengen enthält, so können die Phosphorwasserstoffe unter Umständen höchst verderblich wirken, indem sie durch Selbstentzündung zu Explosionen Veranlassung geben bzw. solche einleiten. Außerdem vergiften schon Spuren flüchtiger Phosphorverbindungen den Platinkontakt bei der Verbrennung. Die Platingaze zeigt grauschwarze Flecken, die rasch an Umfang zunehmen und den Umsatz außerordentlich beeinträchtigen. Nur durch Außenheizung der Netze kann man in solchen Fällen und eine Zeitlang ein Weiterarbeiten notdürftig ermöglichen.

Manche Sorten von Kalkstickstoffammoniak enthalten unverhältnismäßig ·große Mengen Schwefelwasserstoff. Auch dieser ist ein Kontaktgift, kann jedoch leicht durch Waschen mit Kalkmilch entfernt werden. Überhaupt läßt sich für die Zusammensetzung eines Kalkstickstoffammoniakwassers eine Norm schlechterdings kaum angeben. Man hat es in erster Linie mit Verunreinigungen durch C_2H_2, H_2S, Silicium- und Phosphorverbindungen zu tun; Carbonate sind wegen des Vorhandenseins freien Kalks bei der Kalkstickstoffzersetzung in frischem Wasser selten nachzuweisen. Das Verhältnis dieser vergiftenden Körper zueinander schwankt nicht nur nach den verschiedenen Werken, es ändert sich auch innerhalb eines Betriebes selbst, sobald kleine Fabrikationsverschiebungen auftreten oder sobald die Art der Rohmaterialien nur ein wenig wechselt.

Aus diesen Gründen und weil den einzelnen Fabriken naturgemäß nicht daran liegen kann, die mühsam ausfindig gemachten Reinigungsmethoden zu veröffentlichen, lassen sich nur allgemeine Richtlinien angeben, die bei der Wahl der Gasreinigungsverfahren zu beachten sind.

Die Entfernung von Schwefelwasserstoff und Siliciumverbindungen ist verhältnismäßig einfach und geschieht durch Waschung des aus dem rohen Kalkstickstoffammoniakwasser mit Dampf abgetriebenen Ammoniakgases.

Über die Befreiung des Gases von Acetylen und Phosphorverbindungen sind namentlich von amerikanischer Seite interessante Beiträge erschienen. Man kann diese Verunreinigungen im Ammoniakwasser leicht durch Zusatz von Silbernitratlösung nachweisen: der entstehende Acetylensilberniederschlag enthält auch den größten Teil des Phosphors. Quantitativ kann man Phosphorwasserstoff bzw. die ihm ähnlichen Verbindungen durch Absorption von Ammoniakgas in Brom-Salzsäure bestimmen, aus der nach dem Ammoniakalischmachen mit Magnesiamixtur sämtlicher Phosphor als Phosphat gefällt wird. Es handelt sich fast durchwegs um sehr kleine Phosphormengen, da schon geringe Spuren (bis 0,01 Proz. Phosphorwasserstoff) den Umsatz auf die Dauer äußerst empfindlich stören.

Die Schwierigkeiten der Angoulême-Anlage waren schon oben kurz gestreift worden. *Ch. L. Parsons*[1] empfiehlt zur Reinigung des Kalkstickstoffammoniaks von phosphorhaltigen Gasen die Innehaltung besonderer Vorsichtsmaßregeln bei der Herstellung des Ammoniakwassers (gute und drucklose Entlüftung usw.) und die Filtration des Ammoniakluftgemisches durch Gasmasken-, Tier- oder Holzkohle. Es findet Oxydation bis zu Phosphorsäure statt und Ammonphosphat bleibt zurück. Diese zuerst von *J. D. Davis* angegebene Methode bewährt sich sehr gut. *W. S. Landis* (amerik. Pat. 1 296 820/1919) läßt einen lebhaften Luftstrom bereits durch den Kalkstickstoffautoklaven streichen, um auf diese Weise die Autoxydation des gebundenen Phosphors zu bewirken. — Für aus der Kohlendestillation stammendes Ammoniakwasser kommen andere Verunreinigungen in Betracht.

Ein Ammoniakwasser mit einer organischen Zahl von 50 (Zahl der Kubikzentimeter $^1/_{10}$ n-Permanganat auf 100 ccm Ammoniakwasser) gibt tadellos verbrennendes Gas, wenn das Platingewebe absolut frei von Eisenoxyd und Öl ist. Erreicht oder übersteigt die organische Zahl 200, so fällt die Temperatur der Platindrahtnetze und der Umsatz sinkt ebenso, wie bei der Phosphorvergiftung. Wärmt man das Gasgemisch vor, so erhöht sich die Stickoxydausbeute wieder ein wenig.

F. G. Liljenroth[2] zitiert die Arbeiten[3] von *G. B. Taylor* und *J. H. Capps* über die Giftwirkungen von Acetylen, Phosphor und Schwefelwasserstoff.

Am verderblichsten ist der Einfluß des Phosphors, von dem 2 bis 3 Teile in 100 000 000 Teilen noch eine erkennbare Wirkung ausüben. Schwefelwasserstoff oder andere organische Körper, die ohne Rückstand verbrennen, schädigen dann wenig, wenn sie in geringen Mengen auftreten; auch reines Acetylen ist an sich in kleinen Mengen nicht von so großem Einfluß, wie das technische Produkt, das als Nebenerzeugnis der Kalkstickstofffabrikation auftritt. Cyangas oder Blausäure oxydieren sich gleich dem Ammoniak zu Stickoxyden. Eisenoxyd, Fette, Öle, Teere usw. sind auf jeden Fall fernzuhalten, es erscheinen sonst auf dem Platinnetz dunkle Flecke, welche schlechten Umsatz anzeigen. Neu eingespannte Gaze soll stets mit reinem Benzin oder Äther sorgfältigst entfettet und gereinigt werden. Die flüchtigen Teerbestandteile sind namentlich dann schädlich, wenn Ammoniakwasser mit hoher organischer Zahl Verwendung findet.

---

[1] J. Ind. Eng. Chem. **11**, 541 (1919); Ch. Ztrbl. 1920, II, 128.
[2] Chem. Met. Eng. **19**, 208 (1918).
[3] J. Ind. Eng. Chem. **10**, 457 (1918); **11**, 27 (1919).

Auch *W. S. Landis*[1] verbreitet sich des näheren über die Probleme der Reinigung von Kalkstickstoffammoniak. Er bewies, daß jeder Gaszusammensetzung ein ganz bestimmter Zustand der Platinoberfläche entspricht und zeigte, daß ein reines Gas mit um 10 Proz. geringerer Ausbeute verbrannte, als sie ein Rohgas am gleichen Katalysator lieferte, der gewissermaßen auf die Eigenart dieses rohen Gases eingestellt war. Am allerschädlichsten ist ein Wechsel der Gasarten. Es kann unter Umständen 10 Tage bis 2 Wochen beanspruchen, ehe die Katalysatoren auf das neue Gas „angesprochen" haben und ehe sie entsprechend aktiviert sind. Ein für Koksofenammoniak tadellos arbeitender Kontakt setzt Kalkstickstoffgas meist schlecht um und umgekehrt. Die Selbstaktivierung und Anpassung der Katalysatorfläche ist von Strukturänderungen derselben begleitet, die für jede Gasmischung ein charakteristisches Bild ergeben.

Hinsichtlich der Beseitigung von Phosphorgiften ist ganz allgemein zu sagen, daß oxydative Methoden das gesteckte Ziel am leichtesten erreichen lassen werden: sei es nun, daß man wie *Landis* einfach Luft zu Hilfe nimmt, sei es, daß man chemische oder physikalische Mittel heranzieht. Der Vorreinigung der Verbrennungsluft durch peinlichste Filtration und der Beaufsichtigung der Eisenrohrleitungen wird in der Praxis meist zu wenig Beachtung geschenkt. An irgendeiner versteckten Stelle angebrachte Innenanstriche können oft höchst verderblich wirken, solange sie noch flüchtige Bestandteile abgeben.

Haber-Ammoniak verhält sich bei der Verbrennung ungleich günstiger. Die zu seiner Herstellung verwandten Gase müssen an und für sich schon so rein sein, daß durch sie kaum irgendwelche Nebenprodukte in das Ammoniak eingeschleppt werden. Etwa auftretendes Carbamid spielt für die Verbrennung keine Rolle. Als Verunreinigungen kämen also höchstens zufällig hineingelangte Öl-, Teer- usw.-Teilchen in Frage. Der Eisenoxydkontakt ist im Falle der Ammoniakoxydation viel weniger empfindlich, als der Platinkatalysator: nur Phosphor-, Kiesel- und Borsäure wirken auch hier vergiftend und lähmend. Das Studium der Ammoniakverbrennung hat unsere Kenntnisse vom rätselvollen Verhalten der Kontaktkörper in mehr als einer Beziehung wesentlich erweitert[2].

Die Bestimmung der Ausbeute bei der Ammoniakverbrennung geschieht meist durch analytische Kontrolle der Gase, wie es z. B. *Jul. Baumann* angibt[3]. Daß diese Methode bei nicht sorgfältiger Ausführung ihre Mängel haben kann, lehrt die Überlegung ohne weiteres; es wird das überdies auch aus einer Kontroverse *K. Kaiser-Bamag* ersichtlich[4]. Neben dieser analytischen Kontrolle sollte stets die Gewichtsbilanz herangezogen werden, um ein entscheidendes Bild über das Arbeiten einer Verbrennungsanlage zu ge-

---

[1] Chem. Eng. **27**, 113 (1919).

[2] Siehe auch *G. Bredig*, Katalyse in *Ullmann*s Enzyklopädie, Bd. VI (1919), S. 665 und *G. Woker*, Die Katalyse, 2 Bde., Stuttgart 1910 bis 1915.

[3] Chem.-Ztg. 1919, S. 466.

[4] Chem.-Ztg. 1916, S. 112.

winnen. Die in gewissen Zeitabschnitten ausgeführte und regelmäßig wiederholte Bestandsaufnahme, welche die gemessenen Ammoniakgasmengen und die daraus erhaltenen und gewogenen Produkte vergleicht, gibt die zuverlässigsten Zahlen. Die Aufstellung wirklich guter und einwandsfrei funktionierender Gasmesser[1] ist dafür erstes Erfordernis.

Die Patentliteratur umfaßt zahlreiche Vorschläge zur Verbesserung der Ammoniakoxydation durch Bau geeigneter Apparate oder Einführung anderer Kontaktkörper. *Nordyke* und *Marmon* empfehlen (D. R. P. 189 472; franz. Pat. 362 434) ein Schlangenrohr aus Platin; die *Chem. Fabrik Griesheim-Elektron* will das Platin auf Quarz- oder Porzellankörper auftragen[2]. Die *Farbenfabriken vorm. Friedrich Bayer & Co.* leiten Luft und 4 bis 5 Vol.-Proz. NH_3 bei 600 bis 750° C über Eisenoxyd (D. R. P. 168 272; franz. Pat. 335 229)[3].

Die *BASF* schlägt im D. R. P. 280 499 bzw. im franz. Pat. 464 237 vor, Staubkörnchen von Kupfer und Eisen aus den Gasen durch Filtration zu entfernen und möglichst Leitungen aus Nickel oder Nickellegierungen zu verwenden. Die D. R. P. 283 824, 284 815, 287 009, 298 912, 303 241 sowie die amerik. Pat. 1 207 706, 1 207 707 und 1 207 708 der *BASF* und verschiedener Mitarbeiter betreffen die Herstellung von Kontaktmassen aus Eisenoxyd unter Zusatz von 3 bis 4 Proz. Wismutoxyd oder Oxyden der seltenen Erden. Bei 700° werden über solchen Eisenoxyd-Wismutoxydkontakten regelmäßig Stickoxydausbeuten von über 90 Proz. erhalten. Anwesenheit von Phosphorsäure, Kieselsäure und Borsäure wirkt vergiftend. Die Kontakte bestehen z. B. aus würfligen Stücken, die aus 45 Teilen reinem Eisennitrat und 1 bis 2 Teilen Wismutnitrat hergestellt werden. Das D. R. P. 301 362 der *BASF* empfiehlt Kupferoxydkontakt.

Frank und *Caro* wollen mit Thoroxyd oder mit Cer-Thoroxyd bei 150 bis 200° Ammoniak zu über 90 Proz. ooxydieren (D. R. P. 224 329). *Wendriner*[4] will Uran und *Orlow*[4] Kupferdrahtnetze als Katalysator anwenden. Die *Farbwerke vorm. Meister, Lucius & Brüning* benutzen zur Ammoniakverbrennung 10 bis 14,5 proz. Ammoniakgas, das sie mit der gerade zur Oxydation genügenden Luftmenge bei 550 bis 650° C über Platinasbest leiten. Die Salpetersäure läßt sich durch Kühlung verdichten und es hinterbleibt schließlich reiner Stickstoff (franz. Pat. 453 845; D. R. P. 286 751). Zu ammoniakreiche Ausgangsgemische machen Kühlung oder Verdünnung mit indifferenten Gasen erforderlich (D. R. P. 289 562). Man kann auch statt mit Gemischen von 12,3 Raumteilen Ammoniak und 87,7 Raumteilen Luft mit einer Mischung von 40 Teilen Ammoniak auf 60 Teile Sauerstoff arbeiten. Dieses Gemisch ist allerdings explosiv, ersetzt man jedoch die Verbrennungsluft nur bis zur Hälfte durch Sauerstoff, so besteht eine Explosionsgefahr nicht mehr. Arbeitet man unter höheren Drucken, so erhält

---

[1] Siehe Koppershefte 1919, Nr. 6 u. 7 und Zeitschr. f. angew. Chem. 1919, I, 222.
[2] Siehe *Neumann* und *Rose*, Zeitschr. f. angew. Chem. 1920, I, 41/42.
[3] Siehe *K. W. Jurisch*, Chem.-Ztg. 1908, S. 790.
[4] Vergl. Fußnote 2.

man Stickstofftetroxyd direkt und ohne Tiefkühlung in flüssigem Zustande (D. R. P. 289 563).

Die *Farbenfabriken vorm. Fr. Bayer & Co.* haben gefunden (D. R. P. 299 643), daß die Belastungsmöglichkeit der Apparatur und die erzielte Ausbeute an Stickoxyden auch vom Wassergehalt der Gase abhängig ist (s. o.), und zwar wirkt der Wasserdampf günstig, indem er eine leichtere Einstellbarkeit der Temperatur und eine Erhöhung der Belastung erlaubt. Man gibt z. B. einer Mischung von etwa 8 Vol.-Proz. Ammoniak und 92 Vol.-Proz. Luft vor bzw. beim Eintritt in den Oxydationsraum einen Zusatz von 2 bis 6 Vol.-Proz. Wasserdampf. Die Apparatur, die vorher mit trocknen Gasen höchstens 3000 kg Ammoniak mit 90 Proz. Umsatz verbrannte, verarbeitet jetzt 4000 kg NH_3 mit 95 Proz. NO-Ausbeute. Diese Beobachtungen der *Elberfelder Farbenfabriken* decken sich mit der merkwürdigen Erscheinung, daß die Kontaktelemente bei Versorgung mit Ammoniakgas gleicher Herkunft und bei ungeänderter Belastung je Einheit oft auf das Fallen oder Steigen des Barometers reagieren, so zwar, daß ihr Umsatz sich mit diesem ändert. Für dieses Verhalten ist anscheinend nicht die wechselnde Höhe des Luftdruckes selbst, sondern der oft mit diesem schwankende Grad der Luftfeuchtigkeit maßgebend. Man trägt diesen Verhältnissen in der Praxis bisher meist wenig Rechnung.

Das amerik. Pat. 1 037 261 von *C. Jones, A. Morton, N. Terzier* und der *Semet-Solvay Co.*, Syracuse, N.-Y., will Magnesiumplumbat bei 700 bis 750° C als Katalysator benutzen. Ein Volumteil Ammoniak soll mit 2 bis 2,2 Teilen Sauerstoff praktisch vollkommen zu Stickoxyden verbrennen.

Der *Verein Chem. Fabriken* in Mannheim bringt das Ammoniak-Luftgemisch vor der Behandlung mit dem Katalysator unter Druck (D. R. P. 292 084). Es gibt für jede besondere Anordnung des Katalysators und des Widerstandes, den die Gase überwinden müssen, ehe sie in das Element gelangen, ein bestimmtes Druckoptimum. Die Stickoxydausbeute soll sich bis 98 Proz. steigern lassen. Aluminiumoxyd verwendet die *Permutit A.-G.* als Katalysator (D. R. P. 298 981). Es werden z. B. Eifeltrasse oder künstliche Aluminiumsilicate in Verbindung mit Schwermetallverbindungen empfohlen. Gut bewähren sollen sich auch Alkalichromitsilicate, Alkaliborsilicate, Alkaliwolframsilicate oder Alkalivanadinsilicate. *W. Manchot* und *J. Haas* (D. R. P. 300 651) tragen Silberoxyd auf Bimsstein auf, reduzieren es zu Silber und verwenden es in dieser Form als Kontaktmasse. *A. Classen* schlägt Chromite, Silberchromat oder Manganverbindungen (D. R. P. 302 514) als Katalysatoren vor. *A. Maschke* (D. R. P. 307 052) erhitzt Ammonsulfat oder Ammoniumbisulfat und leitet die Spaltungsprodukte mit Luft zusammen über einen geeigneten Kontakt: es sollen Gemische von Salpeter- und Schwefelsäure entstehen.

Die *Soc. génér. des Nitrures* will die NO-Ausbeute dadurch erhöhen (franz. Pat. 473 618), daß sie die heißen Reaktionsgasgemische unmittelbar hinter den Katalysatoren mit einem Gasstrom (Luft, Stickstoff usw.) zusammenbringt. *Washburn* will immer etwas Ammoniak in den Verbrennungsgasen lassen, um den Zerfall der Stickoxyde zu verhindern (amerik. Pat. 1 206 062, 1 206 063, 1 217 247). *Landis* (amerik. Pat. 1 193 798) hält ein Gemisch von 1 Volumteil Ammoniak zu 7,5 Volumteilen Luft für am günstigsten. Beim Verhältnis 1 : 10 muß er Wärme zuführen oder den Sauerstoffgehalt der Luft auf 30 Proz. bringen (amerik. Pat. 1 242 958). Nach den amerik. Pat. 1 193 796 und 1 193 797 gebraucht man die Vorsicht, das Ammoniakluftgemisch durch einen auf 500° erhitzten Vorkontakt zu leiten, die dabei auftretende Wärme abzuführen und erst das resultierende Gasgemisch dem eigentlichen Verbrennungselement zuzuführen. Der Vorkontakt oxydiert z. B. die Verunreinigungen wie Phosphor- oder Siliciumwasserstoff. Die Apparate zur Einstellung der Temperatur sind in den Patentschriften eingehend beschrieben und skizziert. Vgl. auch das amerik. Pat. 1 120 960.

Aus aktiven Stickstoff-Sauerstoffgemischen gewinnt *O. Bender* (D. R. P. 280 966) in Berührung mit Wasser Ammonnitrit[1]. Eigenartig ist ein Verfahren von *C. Nordon* (D. R. P. 274 346), der durch einen elektrolytischen Prozeß Salpetersäure aus Moorboden herstellen will.

Fr. Uhde[2] veröffentlicht Zahlen auf Grundlage des Betriebes der *Zeche Lothringen*. Für eine Leistung von jährlich 10 000 t 53 proz. Salpetersäure (entspr. praktisch 1625 t NH_3 = 1338 t Ammoniakstickstoff) kostete 1914 eine *Ostwald*-Verbrennungsanlage 450 000 M. Der Betrieb erforderte an Löhnen, Unkosten, Reparaturen usw. ohne Abschreibungen etwa 66 000 M. je Jahr. Ein Nutzen berechnet sich schon bei der Erzeugung dieser 53 proz. Säure. Die Jahresproduktion[3] der *Zeche Lothringen* wird für 1913 zu 150 t Salpetersäure angegeben; die Ausbeute soll 90 Proz. nicht erreicht haben.

Das *Ostwald*-Verfahren ist das Vorbild gewesen, auf Grund dessen die anderen Platinkontaktmethoden entstanden sind, ohne daß zwischen ihnen ein fundamentaler Unterschied besteht. An sich ist auch die Lage des Katalysators — ob senkrecht oder wagerecht — gleichgültig, wie denn auch einer der ersten Versuchsapparate von *Ostwald-Brauer* horizontal angeordnet war. Für die Güte des Umsatzes ist in erster Linie die Berührungsdauer zwischen Katalysator und Gasgemisch maßgebend. Da dieses Moment bei allen Konstruktionsarten berücksichtigt werden muß, so ergeben sich Unterschiede in der Konstruktion höchstens hinsichtlich der Auswahl des Katalysators (Platindraht, -blech, -gaze, -asbest usw.), der Art seiner Befestigung, seiner Zugänglichkeit usw.

K. Kaiser ist der erste gewesen, der Platingaze benutzte, die er im Querschnitt eines Eisenrohres ausspannte. Die Fadenstärke war 0,06 mm (D. R. P. 271 517). Die für die Einleitung der Reaktion erforderliche Temperatur wird nicht durch Erhitzen des Kontaktes, sondern durch Vorwärmung der Luft auf 300 bis 400° erzielt. Die warme Luft wird dann mit dem Ammoniak gemischt (350 bis 370°; 2 kg Ammoniak auf etwa 50 cbm Luft). Die Vorteile des *Kaiser*schen Verfahrens sollen darin bestehen, daß mit sehr

---

[1] Siehe auch Chem.-Ztg. 1915, Repert. S. 65.
[2] Chem.-Ztg. 1914, S. 1015.
[3] *Hesse-Großmann*, Bd. III (1919), S. 49/50.

bedeutender Gasgeschwindigkeit gearbeitet werden kann: in einem Rohr von 200 mm Durchmesser können bei einer Gasgeschwindigkeit von 120 cbm 8 kg Ammoniak in der Stunde verbrannt werden. Das Rohr soll beliebig dimensioniert sein können. Die *Kaiser*sche Versuchsanlage in Spandau erzielte nach Angaben des Erfinders im Dauerbetrieb 95 bis 97 Proz. Umsatz. Die Aktivierung der Luft (D. R. P. 230 042) durch dunkle Entladungen oder Erhitzen mit Platin oder Palladium soll die Ausbeuten über 100 Proz. steigern, indem unter diesen Verhältnissen der atmosphärische Stickstoff an der Verbrennung teilnimmt. Gegenüber einem Umsatz von 70 Proz. ohne Aktivierung sollen sich 106 Proz. mit ozonhaltiger Luft ergeben. *Kochmann*[1] konnte diese, wie sich nachträglich herausstellte, auf einem Analysenfehler beruhenden Resultate nicht bestätigen. In einem Streit gegenüber der *Berlin-Anhaltischen Maschinenbau A.-G.* als Ausführerin der *Frank-Caro*-Elemente teilt *Kaiser* mit, daß sein Verfahren auf 2400 qcm Netzquerschnitt 370 kg Ammoniak je 24 Stunden durchzusetzen erlaube und daß man diese Menge bis auf 1110 bis 1480 kg Ammoniak steigern könne, ohne daß unverbranntes Gasgemisch den Kontaktofen verläßt[2]. · Die Versuchsanlage S p a n d a u ist 1912 errichtet; sie ist im Laufe der Jahre 1912/13 wiederholt von inländischen, französischen und amerikanischen Interessenten besichtigt worden. Für heute bezeichnet *Parsons*[3] das *Kaiser*-Verfahren, das keine technische Anwendung gefunden hat, als überholt.

Nach der bereits mehrfach erwähnten Arbeit von *Parsons*[4] begann die Interessennahme der *Frank-Caro-Bamag*-Gruppe an den katalytischen Verfahren der Ammoniakoxydation bald nach Beginn des Krieges. Im August 1914 existierte in Deutschland lediglich die kleine G e r t h e -Anlage der *Zeche Lothringen*. Erst als *Emil Fischer* nachdrücklich auf die Schwierigkeit der Salpetersäuredeckung Deutschlands hinwies, begann sich die neugegründete Kriegsrohstoffabteilung unter *W. Rathenau*[5] mit dieser Angelegenheit zu befassen und die Erbauung geeigneter Fabriken mit Energie zu betreiben. Die *Bamag* übernahm die Ausführung eines von *A. Frank* und *N. Caro* angegebenen Verbrennungselementes, das bald in verschiedenen Schwefelsäurefabriken höchst erfolgreich betrieben wurde, um den mangelnden Chilesalpeter für die Bleikammern zu ersetzen. Ende 1915 waren bereits 30 Anlagen mit einer Monatserzeugung von über 100 000 t Salpetersäure teils im Bau, teils fertiggestellt, da mehrere Großbetriebe zur Ammoniakverbrennung bzw. Salpetersäuregewinnung mit Elementen dieses Typs ausgerüstet wurden.

Details der Konstruktion wurden im Ausland durch die voreilige Veröffentlichung von *Schuphaus*[6] in „Metall und Erz" bekannt. Die anfänglich benutzte elektrische Beheizung der Platinnetze wurde bereits 1916 aufge-

---

[1] Arb. a. d. Pharm. Inst. d. Univ. Berlin 1911, Bd. 8.
[2] Chem.-Ztg. 1916, S. 14 und 112.
[3] J. Ind. Eng. Chem. **11**, 541 (1919).
[4] A. a. O.
[5] Vortrag *W. Rathenau*, Die Organisation der Rohstoffversorgung, 1915.
[6] **13**, 21 (1916).

geben[1], da sie sich im Dauerbetrieb als unnötig erwies. *Kaiser*[1] nennt als Leistungsziffern der *Frank-Caro-Bamag*-Elemente 30 kg Ammoniak je 24 Stunden auf 400/600 mm Querschnitt. Die *Bamag*[1] stellt diese Zahlenangaben richtig, indem sie mitteilt, daß die ersten Elemente auf 250×600 mm Querschnitt 30 kg Ammoniak je 24 Stunden verbrannt hätten und daß man im Dezember 1915 bereits das doppelte dieses Umsatzes erreicht habe. Die damals erbauten Anlagen hatten eine Leistungsfähigkeit von über 12 Mill. kg Ammoniak, weitere Betriebe für über 17 Mill. kg Ammoniak waren damals im Bau begriffen.

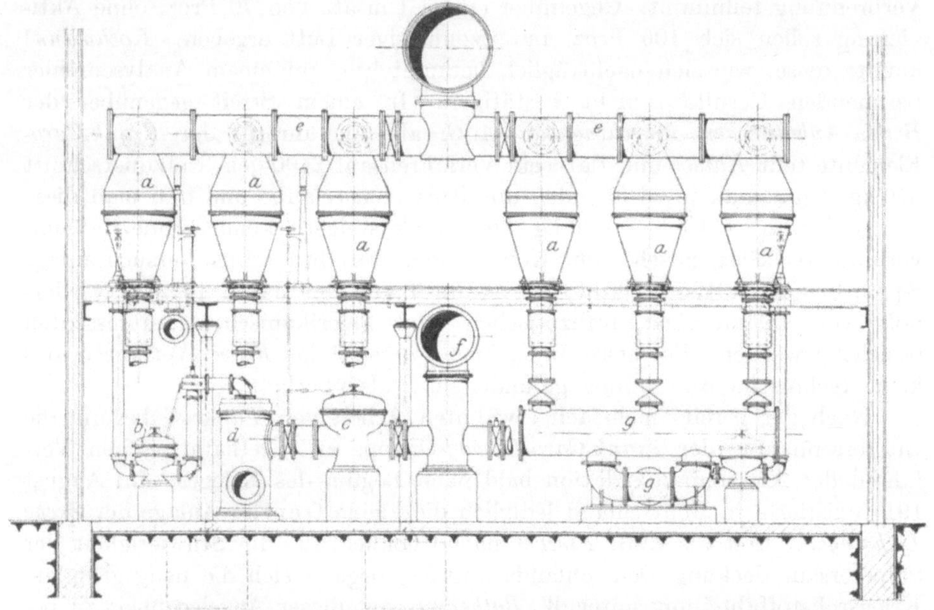

Fig. 62.　Ammoniak-Verbrennungsanlage für 4500 kg Ammoniak in 24 Std.

a Verbrennungselemente.	*e* Abgaseleitung für nitrose Gase.
b Ammoniakdruckregler.	*f* Luftleitung.
c Luftdruckregler.	*g* Verteilungsstücke.
d Mischkammer.	

Über die Verwendung der *Frank-Caro-Bamag*-Elemente im Bleikammer-Schwefelsäurebetrieb berichtet *H. Petersen*[2].

Die beigegebene Zeichnung (Fig. 62) stellt eine *Frank-Caro-Bamag*-Verbrennungsanlage für z. B. Kalkstickstoffammoniak dar. Das in Gasometern aufgespeicherte und daher unter konstantem Gasdruck stehende Ammoniakgas gelangt in den Druckregler *b*, der es unter völlig gleichbleibendem Druck — dieser ist wichtig und sollte in jeder Verbrennungsanlage überwacht werden! — der Mischkammer *d* zuführt. Die Verbrennungsluft wird filtriert und mittels eines Gebläses durch Rohr *f* in einen Luftdruckregler *c* eingeleitet, aus dem in regelmäßigem Strome die Mischkammer *d* versorgt wird. Hier wird eine durchaus gleichartige Mischung von Luft und Ammoniakgas

---

[1] Chem.-Ztg. 1916, S. 14.

[2] Chem.-Ztg. 1918. Repert. S. 70.

dadurch bewirkt, daß das Ammoniak über den ganzen Querschnitt des Mischraumes verteilt und so der Luft beigemengt wird. Das Ammoniakluftgemisch verläßt den Mischer am Fuße und tritt in die Verteilungskammer *g* über, aus der es in die Unterteile der Verbrennungselemente gelangt. Diese Unterteile sind mit einem gußeisernen Wasserkühlmantel versehen. Zwischen den

Unterteilen und der Aluminiumhaube mit Schaulöchern liegt der Katalysator, der für gewöhnlich aus einem Platindrahtnetz besteht, das unter Umständen auch in mehreren Schichten gelagert sein kann. Der Platindraht hat im Mittel 0,04 mm Fadenstärke; die Netze haben 1000 bis 3600 Maschen auf den Quadratzentimeter. Die Belastung der Einzelelemente richtet sich natürlich nach den Betriebsverhältnissen, der Reinheit des Gases und der Größe der Einheit. Alle Netze müssen einem Aktivierungsvorgang unterworfen werden, ehe sie richtig auf das Gasgemisch ansprechen (s. o.). Sie sollten vor Verwendung zweckmäßig mit reinem Benzin gewaschen und mit halogenfreier Säure abgeätzt werden (Nachwaschen mit Lauge). An dieser Stelle mag übrigens nachgetragen sein, daß auch freie Halogene als äußerst verderbliche Katalysatorgifte wirken. Die Abgase der Elemente werden durch die Sammelleitung *e* der Salpetersäurekondensation zugeführt. In den unteren Speiseleitungen der Elemente herrscht gelinder Überdruck, der sich am Netz selbst auf ± 0 ausgeglichen hat. In den oberen Teilen der Haube beginnt die Saugwirkung der Kondensationseinrichtung in Erscheinung zu treten.

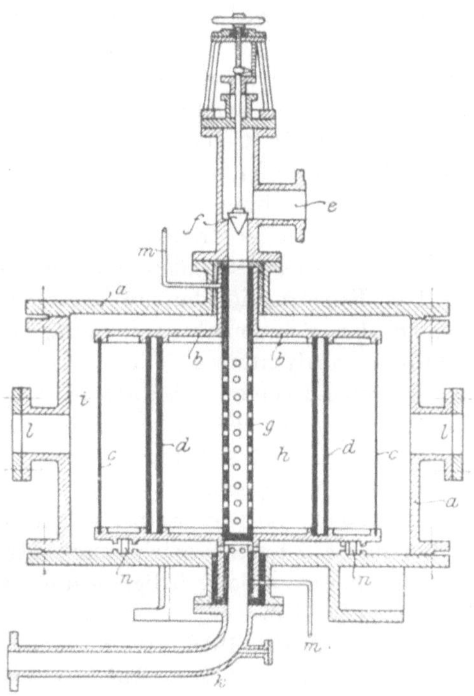

Fig. 63. Manfriedelement.

Das D. R. P. 286 991 der *Bamag* enthält weitere Angaben über die Apparatur solcher Ammoniakverbrennungsanlagen. *Neumann* und *Rose*[1] geben folgende Beschreibung eines Platinnetzelementes: Zwischen zwei konischen Aluminiumteilen oder mit Aluminium ausgekleideten Eisenteilen ist horizontal ein äußerst feinmaschiges Platinnetz in versilberten Messingschienen oder einem Aluminiumrahmen eingebaut. Das Netz kann durch einen Strom von 24 bis 26 Volt und 120 bis 150 Amp geheizt werden; seine Größe schwankt zwischen 15×15 cm bis 1×2 m.

S. Barth hat in den D. R. P. 298 951 und 301 352 eine andere Elementenkonstruktion angegeben („Manfriedelement" Fig. 63). In einem Umfassungs-

---

[1] Zeitschr. f. angew. Chem. 1920, I, 55.

gehäuse *a* befindet sich die als Durchgangsbehälter gedachte Siebtrommel *b*, deren senkrechte Begrenzung eine als Katalysator ausgeführte isolierte Platinsiebwand *c* (z. B.) bildet. *d* sind Versteifungsstützen aus Porzellan für Kopf- und Bodenstück, das für sich wiederum auf Stützen *n* im Gehäuse *a* steht. Das Ammoniakluftgemisch tritt oben durch ein Zugangsrohr *e* ein und geht bei geöffnetem Ventil *f* durch ein gelochtes Porzellanrohr *g*, das axial in der Trommel liegt, in den Trommelraum *h* und von hier durch die katalytische Siebwand *c* in den Mantelraum *i*. Der Abzug des Reaktionsgemisches erfolgt durch das ebenfalls axial angeordnete Bodenrohr *k*. Glimmerscheiben, welche die Öffnungen *l* im Gehäuse abschließen, dienen zur Überwachung des Apparates. Die Klammern *m* gestatten einen elektrischen Heizstrom einzuschalten, wenn die Verwendung eines solchen nötig wird. Die Katalysatorwand kann auch wagerecht oder drehbar angeordnet sein. Das „Manfriedelement“ soll in der Hauptsache für Bleikammerbetriebe in Frage kommen.

Das Konstruktionsbureau *Paul Hadamovsky*-Berlin empfiehlt für die Zwecke der Ammoniakverbrennung seine nicht aus Platin bestehenden Metalltuchkatalysatoren.

Ausgehend von dem *Ostwald*- bzw. dem *Frank-Caro-Bamag*-Verbrennungsverfahren hat sich die Ammoniakoxydation in den Ver. Staaten von Nordamerika rasch und selbständig weiter entwickelt. 1914 gab es dort 'noch keine Verbrennungsanlagen, 1919 konnten die vorhandenen Betriebe bereits 225 000 t 100 proz. Salpetersäure leisten! Überhaupt ist von den synthetischen Salpetersäuregewinnungsmethoden, sowohl in den Ver. Staaten wie in Deutschland, bislang lediglich die Oxydation von Ammoniak überragend wichtig geworden.

Seit Frühjahr 1916 arbeitete ein elektrisch geheizter Platinversuchsapparat alter Konstruktion auf den Niagara-Falls-Werken der *American Cyanamide Co.* Auf Grund der dort erzielten guten Ergebnisse wurde der Bau der ersten Großanlage auf den *Ammo-Phos-Works* in Warners, N.-J., in Angriff genommen, um zunächst die 60 000 t-Schwefelsäurefabrik zu versorgen. Die ersten 6 Katalysatoreinheiten kamen im Juli 1916 in Betrieb. Ihre Leistung erhöhte sich im Betrieb je Element und Stunde von 14 auf 40 Pfund Salpetersäure. Das Platinnetz mußte noch elektrisch geheizt werden und war etwa 2 Quadratfuß groß. Das Ammoniak wurde direkt den Kalkstickstoffzersetzern entnommen, die täglich insgesamt 30 t NH_3-Gas erzeugten.

Zwecks Erbauung von Regierungsanlagen bildete sich später als Tochtergesellschaft der *American Cyanamide Co.* die *Air Nitrate Corporation*, die in Sheffield (Ala.) eine Verbrennungsanlage für eine Jahreshöchstleistung von 90 000 t Salpetersäure errichtete[1]. Das Werk besitzt 6 Katalysatorenhäuser, die 50×210 Fuß Fläche bedecken und je 4 Reihen von je 29 Elementen (zusammen also 696) umfassen. Jedes Element enthält 143 g Platin.

Inzwischen hatten die Arbeiten der *Semet-Solvay Comp.*, die in Gemeinschaft mit dem *Bureau of Mines* seit dem 10. August 1916 in ihrer Versuchsanlage Syracuse die Ammoniakoxydation studierte, recht bemerkenswerte

---

[1] *E. J. Pranke*, Chem. and Met. Eng. **19**, 396 (1918).

Ergebnisse gebracht. Obgleich sich dort auch andere metallische und nicht-metallische Kontaktkörper bewährten, hielt man am Platin fest. Es entstand die Konstruktion eines neuen Elements vom sog. *Jones-Parsons*-Typ (s. u.)[1]. Die anfangs noch benutzte elektrische Heizung wurde unter Vermehrung der Platindrahtnetzspiralen auf 3 schließlich ganz verworfen. Ein Versuchsapparat wurde auch der englischen *Brunner-Mond-Comp.* überlassen.

Die Fig. 64 zeigt das Prinzip des neuen Elementes. Die Verbrennungsgase treten oben ein und durchstreichen das Platinkontaktnetz, das aus etwa 0,066 mm starkem Draht mit 80 Maschen auf den laufenden Zoll gewebt ist. Das Netz (s. u.) wiegt ungefähr 500 g. Vorbedingung für einen guten Stickoxydumsatz ist auch hier, daß die Gase frei von Eisenoxyd, Öl, Phosphorverbindungen, organischen Bestandteilen usw. sind. Mit ganz reinen Gasen erzeugt der Apparat bei einem Gasstrom von 6,66 cbm in der Minute etwa 2,25 t 100proz. Salpetersäure je Tag mit 90,7 Proz. Ausbeute oder rund 2,75 t mit 87 bis 88 Proz. Umsatz. Vor dem Element finden Aluminiumrohrleitungen Verwendung. Zur Abführung der Abgase können unbedenklich Eisenrohre benutzt werden, solange die Gase über 175 bis 200° heiß sind. Die Elemente selbst werden einfach aus Gußeisenteilen oder Kesselblechen ausgeführt und mit feuerfesten Ziegeln ausgesetzt. 1918/19 kostete ein Element ohne Platin etwa 200 Dollar. Die Platingaze besteht aus einem 13 Zoll breiten und 113,5 Zoll langen Streifen, der in vier Lagen zu einem 9 Zoll-Zylinder aufgewickelt ist. Der aus 80-Maschen-Gaze und 0,0026 Zoll-Draht bestehende Zylinder wiegt 16,5 Unzen. Die Aktivierung des Netzes erfolgt zweckmäßig unter elektrischer Erhitzung; ist die Reaktion einmal durch Erhitzung einer Netzstelle mit einer kleinen Flamme eingeleitet, so ist bei reinen Gasen jede äußere Wärmezufuhr überflüssig. Nur unreine Gase oder solche mit weniger als 10 Proz. Ammoniakgehalt erfordern Beheizung. Die Vorwärmung der Gase ist so durchgeführt, daß nur Nickel, Aluminium oder Quarz mit dem heißen Gas in Berührung kommen. Alle anderen Materialien wirken rasch zersetzend.

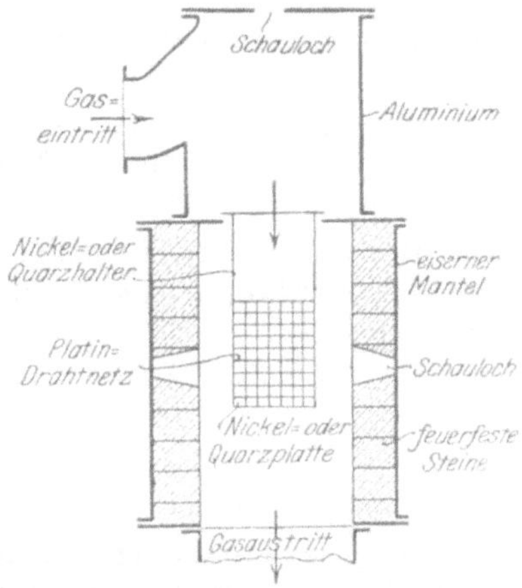

Fig. 64.

In der Anlage Syracuse sind z. B. zwischen dem 25. April und dem 18. Mai 1918 ausführliche Beobachtungen an arbeitenden *Jones-Parsons*-Elementen angestellt worden. Mit Gaszusammensetzungen von 8,22 bis 11,85 Vol.-Proz. Ammoniak und Geschwindigkeiten von 150 bis 250 Kubikfuß je Minute sind 83 bis 98 Proz. Ausbeute an Stickoxyd erzielt worden. Der Durchschnittswert liegt bei 10,57 Vol.-Proz. Ammoniak und 90,7 Proz. Umsatz. Ein anderer Apparat war vom 23. Februar bis 15. September 1918 im Dauerbetrieb, ohne daß eine Reparatur erforderlich gewesen wäre. Dann trat eine Störung durch Zurücksteigen von Lauge in das Element ein, das eine mittlere Umsatzzahl von 91,4 Proz. ergab. Die günstigste Leistung, die ermittelt wurde, ist folgende: 10,5 Vol.-Proz. Ammoniak; Gasgeschwindigkeit 200 Kubikfuß/Minute; Temperatur etwa 825° C; Umsatz 94 Proz.;

[1] *Parsons*, J. Ind. Eng. Chem. XI, 541 (1919).

Leistung 208 Pfund Salpetersäure/Stunde, d. s. 21,7 Pfund auf den Quadratfuß Gazeoberfläche oder 14,1 Pfund je Unze Platin.

Außerordentlich interessant sind die Mitteilungen von *Parsons*, die er auf Grundlage der Muscle Shoals-Anlage (s. u.) gibt. Der Elektrizitätsbedarf würde dort bei Verwendung elektrischer Heizung 5,5 PS betragen. 1917/18 kostete der Bau einer Anlage für 25 000 t 100 proz. Salpetersäure pro Jahr als:

$$50\,\text{proz. Säure} \quad \ldots \ldots \quad 45,00 \text{ Doll. je t und Jahr,}$$
$$94\; \text{„} \qquad \text{„} \quad \ldots \ldots \quad 60,00 \;\text{„} \;\text{„}\,\text{„} \;\text{„} \qquad \text{„} \,.$$

Der Betrieb erfordert folgende Aufwendungen:

pro 1 t HNO_3 100 proz.:

$$\text{Erzeugung als NO-Gas} \quad \ldots \ldots \quad 5,00 \text{ Doll. und Ammoniakkosten,}$$
$$\text{„} \qquad \text{„} \; 50\,\text{proz. } HNO_3 \; \ldots \quad 15,00 \;\text{„} \qquad \text{„} \qquad \text{„}$$
$$\text{„} \qquad \text{„} \; 94\; \text{„} \qquad \text{„} \quad \ldots \quad 30,00 \;\text{„} \qquad \text{„} \qquad \text{„}\,.$$

Die Herstellung von 1 t Salpetersäure von 94 Proz. (Basis 100 Proz.) aus Chilesalpeter kostet dagegen 48,00 Doll., ungerechnet den Einkaufspreis des Chilesalpeters.

W. S. Landis[1] teilt mit, daß die ersten Dauerversuche der *American Cyanamide Co.* mit Kalkstickstoff-Ammoniakgas 92,4 Proz. Umsatz ergeben haben (s. o.) und daß die Anlage Warners, N.-J., im Einzelversuch bis zu Höchstausbeuten von 96 Proz. gelangt ist.

Die Salpetersäureanlage *Muscle Shoals*[2] umfaßt Gebäude für die Katalysatorelemente, die Oxydationstürme, Kühler und die Absorptionseinrichtungen. Die sechs „Katalysatoren"-Häuser sind je $15,3 \times 64$ m groß und zerfallen für sich in zwei verschiedene Abteilungen. An den Westseiten liegen die Meßräume, die sämtlich von unterirdisch verlegten und aus Zentrifugalpumpen gespeisten Luftleitungen mit 1,5 m Durchmesser durchzogen werden. Das Ammoniakgas wird zwei Gasometern der Kalkstickstoffzersetzerei entnommen, welche je 535 cbm fassen. Das Gas wird genau gemessen und dann mit Luft im Verhältnis 1 : 9 bis 1 : 10 gemischt. Das Gemisch durchstreicht zwölf eiserne Mischräume von 2,44 m Durchmesser und 9,15 m Höhe, die mit Spiralringen gefüllt sind. Aus diesen Mischern tritt es in die Verbrennungselemente über.

Jedes der sechs Gebäude enthält 4×29 Elemente, so daß die ganze Anlage 696 Einheiten zählt (s. o. Sheffield, Ala.). Die Elemente stehen in gegenseitigen Entfernungen von 1,53 m, je zwei von ihnen haben eine gemeinsame Schalttafel zur Versorgung mit Heizstrom. Das Gasgemenge tritt oben durch ein Eisenrohr in den rechteckigen Aluminiumbehälter von rund 355×710 mm Querschnitt und 1520 mm Höhe ein, an dessen Basis das Katalysatornetz ausgespannt ist. Die Platingaze ist aus 0,066 mm Draht mit 32 Maschen auf 1 cm (80/1 Zoll) angefertigt und wiegt pro Lage rund 143 g. Jedes Element hat einen 8 KW- Transformator, der 460 Volt-Strom auf 21 Volt umformt, und arbeitet im normalen Betrieb, soweit überhaupt Heizung erforderlich ist, mit 375 Amp. Die Netztemperatur wird dadurch auf 730° C gebracht. Der Verbrennungsvorgang kann durch Schaugläser beobachtet und kontrolliert werden. Die Verbrennungsgase verlassen das Element am Boden durch eine gußeiserne Leitung, die in den mit Ziegeln und säurefestem Zement ausgekleideten Betonsammelkanal mündet, der nach den Oxydationstürmen und Kühlern führt.

Im $30,5 \times 183$ m großen Turmgebäude stehen 24 Hochtemperaturkühler, d. s. horizontal gelagerte Wasserrohrkessel, deren Rohre von Dampf mit 2 Atm Spannung durch-

---

[1] Chem. Eng. XXVII, 113 (1919).
[2] Met. Eng. **20**, 8 (1919).

strömt werden und in denen sich das Gas von 600 auf 200° C abkühlt. Durch Aluminiumleitungen stehen diese Kessel mit 12 Tieftemperaturkühlern in Verbindung. Die letzteren sind rechteckige Kammern, die durch Scheidewände in 5 Abteilungen geteilt sind. Das Gas ist gezwungen, diese Einzelräume im Zickzack zu durchstreichen. Von der Kammerdecke hängen je 140 Stück unten geschlossene 215 m lange 127 er Kühlrohre herab, denen ein zentral angeordnetes Rohr das Kühlwasser in regelmäßigem Strom zuführt. Die Gastemperatur sinkt in diesen Kühlkammern so weit, daß sich flüssige Salpetersäure auszuscheiden beginnt, die jedoch stark mit Stickoxyden verunreinigt ist und deshalb in besonderen Abscheidern aufgefangen wird. In den ersten beiden Kammern bestehen die Kühlrohre außen aus Steinzeug, in den übrigen aus Durironmetall (Eisen mit 15 Proz. Si).

Die Tieftemperaturkühler verläßt ein Gemisch aus Stickoxyd und -Dioxyd, das nun in die Oxydationstürme übergeführt wird, um die Dioxydbildung vollkommener zu machen. Je 4 dieser Türme sind zu einer Gruppe zusammengefaßt (Grundfläche 1,45 qm). Sie sind aus säurefesten Steinen aufgebaut und werden von den Gasen abwechselnd von oben nach unten und umgekehrt durchströmt. Die Abgase der Oxydationstürme enthalten praktisch alles Stickoxyd als Tetroxyd. Sie gehen in die Absorptionstürme weiter.

Das Gebäude für diese steht südwestlich von dem vorigen; es bedeckt $30,5 \times 183$ m Fläche und enthält in 6 Sätzen 12 Türme. Diese sind aus säurefestem Mauerwerk und Zement aufgeführt und außen mit einer kräftigen Eisenpanzerung versehen, welche ein dicker Pechbezug vor Anfressung durch die Säure schützt. Sie messen 10,7 m im Quadrat und sind 18,3 m hoch. Jedes Aggregat ist ähnlich wie die Oxydationstürme in vier senkrechte Schächte unterteilt. Die erste Abteilung ist zur Hälfte mit 152 er Spiralringen und darüber mit 76 mm großen Ringen angefüllt. Die zweite Abteilung ist völlig mit der kleineren Sorte ausgesetzt. Die Türme werden derart mit Wasser berieselt, daß jede einzelne Abteilung ihre Flüssigkeit vom Boden der vorhergehenden erhält. Die Flüssigkeitsförderung erfolgt durch Druckluft mit Hilfe von Aluminium-Montejus, von denen 96 in Betrieb sind, während 24 in Reserve stehen. Im Gebäude sind 120 Brunnen angelegt, die je 300 mm Durchmesser haben und bis auf 30,5 m Tiefe niedergebracht sind.

In diesen Brunnen hängen nun die Aluminiumdruckgefäße und -druckrohre mit *Duriron*-Flanschen, die mittels Preßluft von rund 8 Atm betätigt und außen durch den Wasserumlauf gekühlt werden. Ein System von Widerstandsmessern im Kühlwasser eines jeden Brunnens, mit welchen Signallampen in Verbindung stehen, zeigt selbsttätig jeden Säureaustritt durch Undichtigkeit sofort an.

Oben auf jedem Turmanteil (der letzte Schacht gibt 50 proz. Salpetersäure) steht ein Luftabscheider und ein Flüssigkeitszerstäuber. Zwischen dem ersten und dem zweiten Turm jeder Abteilung ist ein Aluminiumgebläse aufgestellt, das die Gaszirkulation bewirkt. Hinter dem zweiten Turm wird der Gasrest ins Freie geblasen. Die Säureabflüsse an der Basis der Türme sind aus 100 er *Duriron*-Rohren angefertigt, welche nach den Aluminiumdruckgefäßen führen.

Die dünne Säure fließt 12 Wagegefäßen aus Aluminium von je 3,00 m Durchmesser und 3,65 m Höhe zu und wird dann in 12 Vorratsbehältern von 7,5 m Durchmesser bei 3 bis 3,5 m Höhe gesammelt.

Die Säure gelangt weiter in die Ammonnitratanlage, deren Neutralisationshaus $28,4 \times 45,4$ m groß ist und 4 Absorptionstürme mit 2 Mischtanks, 4 Kondensatoren, 4 Neutralisationsbehälter, 4 Absitzgefäße, 1 Vorratstank und 3 Filterpressen enthält. Im Freien sind 8 Absitzkästen aufgestellt. Die Salpetersäure kommt aus den Vorratsbehältern in ein Mischgefäß und wird mittels eines Druckfasses auf einen der Absorptionstürme gehoben, die je 2,13 m im Geviert und 6,10 m in der Höhe messen und mit 75 mm-Ringen ausgesetzt sind. Das in den Neutralisationsgefäßen nicht gebundene Ammoniak steigt in den Türmen empor und wird hier absorbiert. Die saure Flüssigkeit des Turmes gelangt in ein zweites Mischgefäß, durch einen Verteiler auf einen zweiten Turm und von hier nach dem Neutralisationsbottich. Dieser ist stets 90 cm hoch mit saurer Lauge gefüllt, in die von oben etwa 43 cm weite Rohre das Ammoniakgas einleiten. Das Abgas passiert einen Kondensator nach Art der vorhin besprochenen Tieftemperaturkühler (er ist nur kleiner) und wird dann in den Absorptionstürmen vom restlichen Ammoniakgehalt befreit. Die vollkommen abgestumpfte Salpeterlauge der Neutralisationsbehälter wird in einem Vorratsbehälter aufgesammelt. Sie durchläuft 8 Absitz- und Klärkästen, ehe sie verdampft wird.

Die Verdampfung und Krystallisation erfolgt in besonderen Gebäuden (5), von je $18,3 \times 36,6$ m Größe, die wegen der Feuers- und Explosionsgefahr 500 m voneinander und von jedem anderen Hause entfernt sind und ganz am Südende des Werkes liegen. Die Ammonnitratlauge und der Dampf wird den Räumen durch 152er Leitungen zugeführt. Zur Versorgung mit Druckluft und Ammoniakgas dienen 63er Rohrstränge. Ammoniak muß beim Eindampfen stets zugesetzt werden, da die Flüssigkeit leicht sauer wird. Jedes Gebäude hat ein Laugenbassin von 3,00 m Durchmesser und 3,65 m Höhe und 10 Eindampfpfannen. Diese sind innen, nach Art unserer sog. „Kalischalen", blau emailliert und rund 3,35 m lang, 1,98 m breit und 0,85 m tief. 6 Dampfschlangen aus 76er Aluminiumrohr laufen hin und zurück durch jede Schale. Außerdem sind drei 13 mm-Luftleitungen vorgesehen, um die Verdampfung mittels Durchblasen zu beschleunigen und regelmäßiger zu machen. Über jeder Schale hängt ein Brüdenfang. Die Eindampfpfannen sind so aufgestellt (5 Füße, 45 cm über Flur), daß die Luft von außen Zutritt hat und man den Prozeß jederzeit gut überwachen kann. Zu jedem Verdampfer gehören zwei offene Kühlkästen mit Dampf- und Kühlwasserschlangen sowie einem Rührwerk von 17 Umdrehungen/Minute. Aus den Verdampfpfannen wird die Lauge mit 145° Temperatur abgelassen. Im Kaltrührer kühlt man zunächst mittels Dampf und dann durch Wasser langsam unter beständigem Rühren. Der grobe Krystallbrei wird am Boden abgelassen und auf dem Gebäudeboden getrocknet.

Die Salpetersäure- und Ammonnitratanlagen von Muscle Shoals sind für eine 24-Stunden-Produktion von rund 300 engl. t Ammonnitrat bemessen (= etwa 110 000 metr. t im Jahr).

C. Bosch[1] hat darüber berichtet, daß es in der *BASF* langer Versuche bedurft hat, um im Eisenoxydkontakt einen auch im großen für die Ammoniakoxydation brauchbaren Katalysator zu finden. Aus der Patentliteratur (s. o.) ist bereits bekannt, daß sich neben der *BASF* auch die übrigen Großfirmen der I.-G. (Anilinkonzern) intensiv mit diesen Problemen beschäftigt haben. Es bleibt hier nur kurz die Methode zu skizzieren, nach der im großen tatsächlich gearbeitet wird[2]. Nach den Angaben von *Neumann* und *Rose*[3] liegt das Eisenoxydgemisch (mit z. B. Wismutzusatz) in 10 bis 12 cm starker Schicht auf durchlochten Platten in Reaktionstürmen von 5,5 m Höhe und 4 m Weite. Das vorgewärmte Gasgemisch tritt oben tangential ein und verläßt den Turm unten. Die Temperatur wird auf 700 bis 800° gehalten. Der Umsatz beläuft sich auf 80 bis 85 Proz.

Die *Farbenfabriken*[4] vorm. *Fr. Bayer & Co.* in Leverkusen leiten das aus konzentriertem Ammoniakwasser abgetriebene Ammoniakgas nach Mischung mit vorgewärmter Luft mit 250° in die Oxydierer. Diese befinden sich z. T. und mehr oder minder noch im Versuchsstadium, wenn auch ihr Konstruktionsprinzip vollkommen festliegt. Sie haben in Leverkusen rund 4,25 m Durchmesser und sind 5,50 m hoch. Kontaktmasse ist körniges Eisenoxyd, das mit einem anderen schweren Metalloxyd (Wismut) gemischt

[1] Siehe Chem.-Ztg. 1920, S. 721/2 und Zeitschr. f. Elektrochemie 1918, S. 361; Jahrbuch des Halleschen Verbandes zur Erforschung der Bodenschätze Mitteldeutschlands 1919, Nr. 1, S. 130.

[2] Zeitschr. f. angew. Chem. 1916, S. 208.

[3] Ebenda, 1920, I, S. 55.

[4] Chem.-Ztg. 1919, S. 809; 1920, S. 838.

und durch ein 6-Maschen-Sieb getrieben ist. Die Kontaktmasse liegt in 10 bis 12,5 cm hohen Schichten auf durchlöcherten Ziegelrosten. Die zu verbrennenden Gase treten, mit 7 bis 10 Vol.-Proz. NH_3 beladen, tangential in den oberen Teil des Kontaktofens ein, dessen Temperatur 700 bis 800° beträgt. Sie durchstreichen den Katalysator von oben nach unten und verlassen den Ofen unten (Umsatz 80 bis 85 Proz.). Die Stickoxydabgase passieren zunächst einen Kühler und dann mehrere Reihen von je 6 Absorptionsräumen, die mit gesättigter Sodalösung beschickt werden. Der erste Turm besteht aus Granit, die übrigen sind aus Schmiedeeisen. Sie sind 40 Fuß hoch und haben 5 Fuß Durchmesser. Man erhält letzten Endes Lösungen mit 350 g $NaNO_3$ je Liter, die in Rührwerksbottichen konzentriert und auskrystallisiert werden. Die Leverkusener Monatsleistungsfähigkeit betrug Anfang 1919 6000 bis 7000 t Salpeter. Während des Krieges sind die Kontaktofenabgase auch direkt auf Salpetersäure verarbeitet worden. Die Monatsleistung erreichte 1000 bis 1500 t 77 bis 78 proz. Säure (1,45 bis 1,455 spez. Gewicht oder rund 45° Bé). Man leitete die Gase durch 12 Granittürme von 18 m Höhe und 5,5 m äußerem Durchmesser, die in 2 Parallelreihen zu je 6 aufgestellt waren. Die ersten 10 Türme wurden mit Wasser oder mit verdünnter Säure, die letzten beiden mit Sodalösung berieselt. Das dritte bzw. vierte Turmpaar gab die stärkste Säure mit 40 bis 47 Proz. HNO_3 ($= 29$ bis $33°$ Bé). Die Türme wurden jedoch hinsichtlich ihres Raumes nicht voll ausgenutzt, da sie zu groß waren. Die Turmsäure wurde unter Zuhilfenahme von Schwefelsäure durch Dampf und einen Teil der heißen Verbrennungsgase konzentriert. Die anfallende verdünnte Schwefelsäure floß einer *Keßler*-Anlage von 20 kleinen Einheiten zu. Die ganze Apparatur arbeitete damals nicht allzu befriedigend. Besonders die Hochkonzentrationsanlage war oft stark reparaturbedürftig und im Betrieb recht teuer. Zentrifugalpumpen und Rohre aus Ferrosilicium sollen sich hier nicht bewährt haben.

Eine ganze Reihe von Autoren hat sich damit beschäftigt, festzustellen, welche Rolle eigentlich der Katalysator bei der Ammoniakverbrennung spielt und wie seine Wirksamkeit zu erklären ist. Hier ist die Ansicht von *Wenger* und *Urfer*[1] bemerkenswert, die glauben, daß die Anwesenheit des Katalysators zunächst einen Zerfall des Ammoniakmoleküls bedingt, so zwar, daß sich aus dem Wasserstoff und dem Katalysatormetall lockere Verbindungen bilden. Der Stickstoff wird in statu nascendi dann vom Sauerstoff oxydiert. Die Ammoniakelementarspaltung tritt übrigens nach *K. Glaser*[2] an Nickel bei 630° ein. *C. Waldeck*[3] findet dagegen nur 500 bis 550° C (D. R. P. 281 096). Vgl. im übrigen auch die Arbeiten von *C. Paal* und *W. Hartmann*[4], *E. B. Maxted*[5], *K. W. Rosenmund*[6], *M. Busch*[7], das D. R. P. 312 726 und das amerik. Pat. 1 345 323.

An die elektrochemische Oxydation von gelöstem Ammoniak (s. auch oben) ist öfters gedacht worden. *E. Müller* und *Spitzer* haben über diese Fragen ausführlich gearbeitet[8] und haben Ammoncarbonat an Platinanoden mit 96,7 Proz. Ausbeute glatt zu Ammonnitrat oxydieren können. *Brochet* und *Boiteau*[9] erhielten pro 1 Amp/St. 0,297 g HNO_3 und 0,377 g NH_4NO_3.

---

[1] Zeitschr. f. angew. Chem. 1918, II, 395; s. a. oben.
[2] Ebenda, 1918, II, 248.
[3] Chem.-Ztg. 1915, Repert. S. 14.
[4] Berl. Ber. **51**, 711 (1918).
[5] Ch. Ztrlbl. 1920, IV, 358.
[6] Chem.-Ztg. 1920, S. 733.
[7] Ebenda, S. 751.
[8] Zeitschr. f. Elektrochemie **11**, 917 (1905); s. a. Chem.-Ztg. 1913, Nr. 110ff.
[9] Chem.-Ztg. 1909, S. 629.

Cohn und *Geisenberger* wollen bei der elektrolytischen Oxydation sogar nur von luftgesättigtem Wasser ausgehen (schwed. Pat. 19 895). Die *Elektrochemischen Werke G. m. b. H.* oxydieren eine Lösung von NO_2 in Salpetersäure zu reiner Säure (D. R. P. 231 546), während man umgekehrt nach dem D. R. P. 233 895 durch Elektroreduktion von HNO_3 an Aluminiumkathoden glatt zu Ammonnitrat gelangen soll[1]. Durch dunkle elektrische Entladung oxydieren *Siemens & Halske* nach dem D. R. P. 85 103 das Ammoniak.

Das bereits oben angezogene Beispiel der Schweizer Industrie läßt die Möglichkeit einer technischen Durchführung von katalytischen Stickoxydreduktionen offen, um auf diese Weise Ammoniak zu erhalten. In der *Helvetia Chimica Acta*, der „Schweizerischen Chemischen Gesellschaft" haben *Guye* und *Schneider* eingehend über ihre einschlägigen Versuche berichtet[2], die sie mit Nickel bei 250 bis 300° ausgeführt haben. Auch *B. B. Adhikary* verbreitet sich näher über diese Fragen[3]. In gleicher Hinsicht sind die Feststellungen von *C. Rossi* (s. auch oben) interessant (franz. Pat. 463 821), daß nämlich die Oxyde des Eisens, Mangans, Zinns und Kupfers Stickoxyd katalytisch zerlegen, während Aluminium- und Siliciumoxyd in dieser Beziehung unwirksam sind. Vgl. im übrigen zur Frage der katalytischen Ammoniakverbrennung noch das engl. Pat. 3194/1913 und das franz. Pat. 465 045.

Die Kondensation der Stickoxyde zu Salpetersäure.

Aus den bereits gegebenen Ausführungen geht hervor, daß der Kondensationsvorgang, der die Stickoxyde der Flammenbogen- oder Kontaktöfen letzten Endes in Salpetersäure überführt, von einer Oxydation des Stickoxyds zu Stickstoffdioxyd eingeleitet wird.

In ihren Arbeiten über die Theorie des Bleikammerprozesses studieren *Lunge* und *Berl*[4], sowie *Raschig*[5] u. a. auch die Geschwindigkeit dieser Stickoxydumwandlung. *Lunge* und *Berl* nehmen dabei völlig normalen Reaktionsverlauf im Sinne der trimolekularen Gleichung:

$$2\,NO + O_2 = 2\,NO_2$$

an (Gleichung dritter Ordnung), während *Raschig* bei 50 Proz. Umsetzung einen Knickpunkt der Reaktionskurve ermittelt, der dem Entstehen von Stickstofftrioxyd entspricht, das nun sekundär und langsamer zu Dioxyd weiter oxydiert wird.

Im Anschluß an diese sich widersprechenden Ergebnisse hat *M. Bodenstein* eine Reihe von Untersuchungen ausgeführt, um die noch offene Frage endgültig zu unterscheiden. Ein vorläufiger Bericht vor dem Kongreß für

---

[1] S. a. D. R. P. 175 480 von *G. E. Cassel* und Electr. and Met. Ind. 1907, V, 449.
[2] Chem.-Ztg. 1918, S. 273, 432.
[3] Chem. News **112**, 163 (1915).
[4] Zeitschr. f. angew. Chem. **19**, 861, 1717.
[5] Ebenda **18**, 1281; s. a. ebenda **17**, 1398, 1777 (1904); **18**, 67 (1905); **19**, 807, 857, 881 (1906); **20**, 694, 1713 (1907).

angewandte Chemie in London 1909[1] ist später durch einen Vortrag vor der Deutschen Bunsengesellschaft im April 1918[2] ergänzt worden. Um die Reaktion messend verfolgen zu können, wird der Druck auf etwa $^1/_{30}$ Atm herabgesetzt; dabei sind für 90 proz. Oxydation Zeiträume bis zu einer Stunde nötig. Die Druckabnahme in der sinnreich zusammengestellten Laboratoriumsapparatur wird durch ein Bromnaphthalinmanometer kontrolliert. Die Reaktion folgt in der Tat streng dem Gesetz der dritten Ordnung:

$$\frac{d_x}{d_t} = k \cdot [NO]^2 \cdot [O_2]$$

sowie der von *Lunge* und *Berl* aufgestellten Formel. Die Konstanten sind für Mole/ccm und Minuten bei:

$$0° = 2{,}10 \cdot 10^6 \,,$$
$$30° = 1{,}69 \cdot 10^6 \,,$$
$$60° = 1{,}34 \cdot 10^6 \,,$$
$$90° = 1{,}08 \cdot 10^6 \,,$$

d. h. sie fallen mit steigender Temperatur. Zusatz von Wasserdampf, Schwefeldioxyd oder Stickstoffdioxyd beeinflußt sie nicht.

2 Moleküle NO_2 treten teilweise zu 1 Molekül N_2O_4 zusammen. Die Geschwindigkeit, mit der sich dieses Gleichgewicht einstellt, ist außerordentlich groß. Sie vollzieht sich sehr weitgehend in Zeiträumen von der Größenordnung $^1/_{2000}$ Sekunde, wie *Keutels*[3] Schallgeschwindigkeitsmessungen in Stickstoffdioxyd zeigen. Die Gleichgewichtskonstanten liegen durch die Bestimmungen von *Natanson* bzw. *Schreber* fest[4].

Raschigs abweichende Befunde werden zwanglos durch die Eigenschaft des Stickoxyd-Dioxydgemisches erklärt, das bei Vorhandensein gleicher Anteile beider Komponenten stets wie Trioxyd, N_2O_3, reagiert, obwohl nach Dampfdichtemessungen erhebliche Mengen dieses Körpers nicht vorhanden sein können. *Le Blanc*[5] und *Foerster*[6] haben die hier einschlägigen Verhältnisse bis ins kleinste klargestellt. Stickoxyd und Dioxyd stehen stets in dauerndem, äußerst schnell sich einstellendem Gleichgewicht mit dem Trioxyd:

$$NO + NO_2 \rightleftarrows N_2O_3 \,.$$

Nun hat das Salpetrigsäureanhydrid, N_2O_3, im Gegensatz zu seinen beiden Komponenten, die Eigenschaft, sich ganz außerordentlich rasch in Lauge oder Schwefelsäure zu lösen:

$$N_2O_3 + 2\,NaOH = 2\,NaNO_2 + H_2O \,,$$
$$N_2O_3 + 2\,H_2SO_4 = 2\,HSNO_5 + H_2O \,.$$

---

[1] Zeitschr. f. angew. Chem. **22**, 1153 (1909).
[2] Ebenda 1918, I, 145; III, 247; Chem.-Ztg. 1918, S. 202 (Berlin, 9. bis 10. April 1918).
[3] *F. Keutel*, Über die spezifische Wärme von Gasen. Dissertation, Berlin 1910.
[4] Zeitschr. f. physik. Chem. **24**, 651 (1897).
[5] Zeitschr. f. Elektrochemie **12**, 541 (1906).
[6] Zeitschr. f. angew. Chem. **23**, 2017 (1910).

Bei der Art seiner Versuchsanordnung mußte also *Raschig* zwangsläufig zu einem, wie wir heute wissen, falschen Resultat kommen. Das Stickstoffdioxyd reagiert mit Alkalien weitaus langsamer nach:

$$2\,NO_2 + 2\,KOH = KNO_2 + KNO_3 + H_2O\,.$$

Das Stickoxyd selbst[1] (Siedep. $-153,6°$; Schmelzp. $-167°$; krit. Temp. $-93,5°$; krit. Druck 71,2 Atm.) wird bei $0°$ weit schneller durch Sauerstoff oxydiert, als bei $100°$, indem sich vermutlich ein bei niedrigen Temperaturen günstig wirkendes Superoxyd, $NO \cdot O_2$, bildet.

Stickstofftri- oder -sesquioxyd (Schmelzp. $-111°$) bildet bei genügend tiefen Temperaturen eine indigoblaue Flüssigkeit, die bei $-10°$ zu zerfallen beginnt. Bei $-2°$ entweicht Stickoxyd, später folgt ihm Dioxyd nach. Das Hydrat des Trioxyds ist die salpetrige Säure, die nur in wässriger Lösung bekannt ist. Selbst diese spaltet sich jedoch schon bei gewöhnlicher Temperatur:

$$3\,HNO_2 = HNO_3 + 2\,NO + H_2O\,.$$

Das Stickstoffdioxyd oder Stickstoffperoxyd, NO_2 (Schmelzp. $-9°$; Siedep. $+22$ bis $+23°$), ist nur unterhalb $+150°$ beständig. Es beginnt dann die Aufspaltung:

$$NO_2 = NO + O,$$

die bei $620°$ vollständig ist. Das Gas ist zwischen $+100°$ und $+150°$ intensiv braun gefärbt, beim Abkühlen wird der Dampf immer heller und bei $+22°$ entsteht schließlich schon unter Atmosphärendruck eine rotbraune Flüssigkeit, die bei $+15°$ gelblichrot, bei $+10°$ gelb ist und bei $-9°$ farblose Krystalle bildet. Mit sinkender Temperatur wächst die Dampfdichte rasch und zeigt den Eintritt der Bildung von Doppelmolekülen, N_2O_4, Stickstofftetroxyd, an. Die Krystalle und die Flüssigkeit unter $\pm\,0°$ enthalten lediglich diese farblose Doppelverbindung. Bei $+64°$ hat sich das Gleichgewicht:

$$N_2O_4 \rightleftarrows 2\,NO_2$$

bereits so weit verschoben, daß die Hälfte als farbloses N_2O_4, die andere dagegen schon als rotbraunes Dioxyd, NO_2, vorhanden ist. Bei $+150°$ und 1 Atm Druck liegen praktisch nur noch Dioxydmoleküle vor. Die Spaltung in Dioxydmoleküle bewirkt eine Volumenvergrößerung und nimmt daher mit zunehmendem Druck ab.

Stickstoffpentoxyd, N_2O_5 (Schmelzp. $29,5°$; Siedep. unter beginnender Zersetzung $45°$), bildet sich bei der Oxydation von Tetroxyd mit Ozon. Unterhalb $+8°$ sind die Pentoxydkrystalle rein weiß. Mit Wasser reagiert das Pentoxyd unter Entbindung von Wärme (16 Cal. auf $1\,N_2O_5$) und Entstehung von Salpetersäure.

Stickoxydul (Siedep. $-89,4°$; Schmelzp. $-102,3°$; krit. Temp. $+38,8°$; krit. Druck 77,5 Atm), N_2O, auch Lachgas genannt, tritt als

---

[1] *K. A. Hofmann*, Lehrbuch der anorganischen Chemie, 2. Aufl., Braunschweig 1919.

Zersetzungsprodukt des auf 170° erhitzten, geschmolzenen Ammoniumnitrats auf:

$$NH_4NO_3 = N_2O + 2\,H_2O + 30\;Cal.$$

Krystallisiertes Tetroxyd geht bei $-20°$ mit Wasser in Salpetersäure und Trioxyd bzw. salpetrige Säure über. Bei geeigneten Bedingungen treten 2 Schichten auf: eine obere schwachgrüne von Salpetersäure und eine untere tiefblaue von Trioxyd.

Durch das Verhalten der einzelnen Stickoxyde werden die Vorgänge bei der technischen Salpetersäurekondensation ohne weiteres verständlich. Die heißen Stickoxydabgase müssen stark gekühlt werden, damit sie möglichst ausgiebig mit überschüssiger Luft in Dioxyd übergehen. Das Gemisch von Monoxyd und Dioxyd kann im Kontakt mit einem Absorptionsmittel (z. B. Wasser) unter Bildung von salpetriger Säure reagieren. Diese ist unbeständig und zerfällt, indem sich Salpetersäure und Stickoxyd bildet. Letzteres durchläuft nun den geschilderten Prozeß von neuem, der durch die Bruttoformel:

$$4\,NO + 3\,O_2 + 2\,H_2O = 4\,HNO_3$$

ausgedrückt werden kann. Stickstoffdioxyd bildet andererseits Tetroxyd, das dann wie folgt reagiert:

$$N_2O_4 + H_2O \rightarrow HNO_3 + HNO_2.$$

Auf das Vorherrschen der einen oder der anderen Reaktion wird weiter unten noch zurückzukommen sein.

Aus der 98 bis 99 proz. Salpetersäure des Handels frieren bei $-41,3°$ schneeweiße Krystalle reiner Salpetersäure, HNO_3, aus (Siedep. $+86°$ unter 760 mm Druck; Schmelzp. $-41,3°$), die schon unter 0° wieder gelblich werden, da sich Stickoxyde abspalten. Die reine Säure gibt unter gewöhnlichem Druck durch teilweise Zersetzung ein Destillat mit nur noch etwa 98 Proz. Salpetersäure. Unter 24 mm Druck siedet reine Salpetersäure bei 21,5°. Das spez. Gewicht einer Säure mit 99,7 Proz. HNO_3 ist 1,5204, das einer solchen mit 52,35 Proz. HNO_3 1,3299. *Lunge* und *Rey* haben genaue Tabellen über die spez. Gewichte verschiedenprozentiger Salpetersäuren aufgestellt. Die verdünnteren Säuren sieden durchwegs höher, als die reine HNO_3. Aus einer 20 proz. Lösung destilliert z. B. anfangs nur Wasser über, bis bei 120,5° das sog. Minimumgemisch folgt (68 Proz. HNO_3; spez. Gewicht 1,41; nicht rauchend). Eine weitere Konzentrierung ist durch einfache Destillation unmöglich.

Im Licht und bei der Destillation tritt teilweiser Zerfall nach:

$$4\,HNO_3 \rightleftarrows 4\,NO_2 + 2\,H_2O + O_2$$

ein. Die Konstitution der wasserfreien Säure entspricht dem Schema:

$$N\underset{\textstyle OH}{\overset{\textstyle O}{<\!\!\!=\!O}}\;;$$

eine solche Säure hat keinen ionenbildenden Wasserstoff, der erst bei stärkerer Verdünnung (und in den Salzen) auftritt. In mittleren Konzentrationen besteht ein Gleichgewicht zwischen beiden Formen. Bestimmte Hydrate, wie $NO(OH)_3$ oder $N(OH)_5$, existieren nach *Hofmann* nicht (s. u.).

A. Sanfourche[1] hat in einem Vortrag vor der Académie des Sciences in Paris (10. Februar 1919) ausgeführt, daß die Oxydation von Stickoxyd zu Trioxyd durch trockne Luft bei allen Temperaturen zwischen $-50°$ und $+600°$ vollständig innerhalb des Bruchteils einer Sekunde erfolgt. Die weitere Oxydation zu Tetroxyd hängt vom Gleichgewicht:

$$2\,N_2O_3 + O_2 \rightleftarrows 2\,N_2O_4$$

ab, das sich bei zunehmender Temperatur immer mehr im Sinne einer Trioxydrückbildung verschiebt. Es beläuft sich die Bildung von Tetroxyd:

bei 100° auf 100   Prcz.
„ 200°   „   89,9   „
„ 280°   „   83,7   „
„ 340°   „   52,3   „
„ 400°   „   28,7   „
„ 450°   „   13,4   „
„ 525°   „   0,8   „   .

Die Ansichten von *Sanfourche* stehen zu den vorstehend geschilderten Forschungen moderner deutscher Forscher in direktem Widerspruch. Über das elektrolytische Potential des Überganges Nitrit → Nitrat + Stickoxyd wird in der Zeitschr. f. Elektrochemie **26**, 182 (1920) berichtet. *P. Ch. Rây*, *M. L. Dey* und *J. Ch. Ghosh*[2] ermittelten die Geschwindigkeitskonstante der monomolekular verlaufenden Zersetzung der salpetrigen Säure zu 0,00014 bei 0°, 0,00022 bei 21° und 0,00057 bei 40°. Die Höchstkonzentration der salpetrigen Säure bei 0° ist 0,185 n, ihre Dissoziationskonstante 6×10^{-4}.

F. Foerster, *Th. Burchardt* und *E. Fricke* haben in der Zeitschr. f. angew. Chem.[3] einen eingehenden Bericht über ihre Arbeiten zur Gewinnung konzentrierter Salpetersäure aus nitrosen Gasen veröffentlicht. Die primäre Reaktion:

$$N_2O_4 + H_2O \rightarrow HNO_3 + HNO_2$$

führt zu einem Gleichgewichte, wenn die Salpetersäure eine gewisse Konzentration erreicht hat (etwa von 50 Proz. HNO_3 an). Die salpetrige Säure tritt dabei ihrerseits in die Gleichgewichte:

$$3\,HNO_2 \rightleftarrows HNO_3 + 2\,NO + H_2O$$

und

$$2\,HNO_2 \rightleftarrows N_2O_3 + H_2O;$$

außerdem stellen sich in der Gasphase über der Salpetersäurelösung noch folgende Gleichgewichte ein:

$$N_2O_4 \rightleftarrows 2\,NO_2$$

und

$$NO_2 + NO \rightleftarrows N_2O_3.$$

Wenn man Salpetersäure also weiter konzentrieren will, so muß man versuchen, die entstehende salpetrige Säure zu beseitigen. Der einfachste Weg dazu ist, ein Gemisch von Stickoxyd und Sauerstoff (oder Luft) hindurch zu führen.

---

[1] Chem.-Ztg. 1919, S. 232; Ch. Ztrlbl. 1919, IV, 360.
[2] J. Chem. Soc. **111**, 413 (1917); Zeitschr. f. angew. Chem. 1918, II, 196.
[3] 1920, I, 113, 122, 129.

Die Vereinigung von Sauerstoffgas und Stickoxyd, die in Wasser oder verdünnte Salpetersäure eingeleitet werden, geht recht schnell vor sich[1], solange die Konzentration der Säure niedrig bleibt. Schon von etwa 55 Proz. HNO_3 an verlangsamt sich bei gewöhnlicher Temperatur die Weiteraufnahme und -bildung von Salpetersäure immer mehr, oberhalb 65 Proz. HNO_3 vermindert sich dann die Geschwindigkeit in noch bedeutend stärkerem Umfange. Eine Säure mit 64,2 Proz. HNO_3 nahm aus einem im Laufe von 4 Stunden hindurchströmenden Gasgemisch von 10 l Stickoxyd und 24 l Sauerstoff kaum noch 10 Proz. des Dioxyds auf, um sich damit in 68,4 proz. Säure umzuwandeln[2]. *Klaudy*[3] führt die Verzögerung der Reaktion auf Hydratbildungen zurück (s. o.), und in der Tat finden *Küster* und *Kremann*[4], daß beim Ausfrierenlassen wäßriger Salpetersäure die Körper $HNO_3 \cdot H_2O$ mit 77 Proz. und $HNO_3 \cdot 3\,H_2O$ mit 54 Proz. HNO_3 entstehen können. *Foerster* und Mitarbeiter nehmen nun an, daß diese Hydrate auch in wäßrigen Lösungen auftreten und daß demgemäß die Konzentrationen durch folgende Gleichgewichtslagen gekennzeichnet sind:

$$\text{oberhalb } 54 \text{ Proz. } HNO_3: \quad HNO_3,\ 3\,H_2O \rightleftarrows HNO_3,\ H_2O + 2\,H_2O$$
$$\text{,, } \quad 77 \quad \text{,, } \quad HNO_3: \quad 3\,HNO_3,\ H_2O \rightleftarrows HNO_3,\ 3\,H_2O + 2\,HNO_3.$$

Außerdem kommt nach *Ssaposchnikow*[5] in Säuren mit mehr als 88 Proz. HNO_3 wahrscheinlich noch das Gleichgewicht:

$$2\,HNO_3 \rightleftarrows N_2O_5 + H_2O$$

in Betracht. Auch der Umstand, daß bei der Umwandlung von Stickoxyd, Sauerstoff und Wasser in Salpetersäure bei etwa 55 Proz. HNO_3 (s. o.), also mit Überschreiten der Hydratationsstufe $HNO_3 \cdot 3\,H_2O$, starke Verlangsamung der Reaktion eintritt, spricht für die angedeuteten Zusammenhänge.

Foerster und *Koch*[6] waren auf Grund früherer Versuche zu dem Schluß gekommen, daß die Grenzkonzentration, bis zu der Salpetersäure durch Einwirkung von Stickoxyd und überschüssigem Sauerstoff auf Wasser bei gewöhnlicher Temperatur dargestellt werden kann, bei 68 bis 69 Proz. HNO_3-Konzentration läge. Dieses Salpetersäuregemisch hat gleichzeitig den höchsten Siedepunkt bei Atmosphärendruck und den kleinsten Dampfdruck bei gewöhnlicher Temperatur. Die genannten Autoren arbeiteten 1908 unter 15 bis 18° und ließen ein Gasgemisch von ursprünglich 1 Vol. Stickoxyd + 2,4 Vol. — 2,5 Vol. Sauerstoff von 88 Proz. mit einer Geschwindigkeit von 2,5 l Stickoxyd/Sek. durch vorgelegte Salpetersäure streichen, die sich dadurch bis 69 Proz. HNO_3 anreichern ließ. Der Sauerstoffüberschuß — nach geschehener Oxydation kam auf 1 Vol. Dioxyd noch 1,7 Vol. Sauerstoff — war sehr bedeutend und erreichte etwa das 7 fache dessen, was 1 Dioxyd-Molekül zur Bildung von Stickstoffpentoxyd braucht. Bei Strömungsgeschwindigkeiten von 0,4 bis 0,5 l Stickoxyd/St. und 15 bis 18° ergeben sich folgende Grenzkonzentrationen:

Proz. NO im Gasgemisch	Proz. HNO_3 i. d. entstand. Salpetersäure
1,0	42
5,0	55.

Die Großtechnik erreicht für gewöhnlich diese Werte nicht. Die 1 proz. (an Stickoxyd) Verbrennungsgase der elektrischen Öfen geben in der Regel 30 proz., die 7 Proz. Stickoxyd enthaltenden Kontaktofenabgase höchstens 50 proz. Säuren (22 bis 22,5 bzw. 34,6 bis 35,0° Bé). *Foerster* und *Koch* erkannten zwar, daß bei verdünnteren Säuren und verminderten Strömungsgeschwindigkeiten auch die Anreicherung an Salpetersäure weiter

---

[1] Zeitschr. f. angew. Chem. **21**, 2161, 2209 (1908).

[2] Vgl. Fußnote 1.

[3] Zeitschr. f. Elektrochemie **12**, 547, (1906).

[4] Zeitschr. f. anorg. Chem. **41**, 1 (1904).

[5] Zeitschr. f. anorg. Chem. **41**, 1 (1904).

[6] Zeitschr. f. angew. Chem. **21**, 2161, 2209 (1908).

fortschreiten kann, trotzdem sprachen sie ganz allgemein ihre Ansicht in der Form aus, wie sie eingangs dieses Absatzes wiedergegeben ist.

Der Irrtum, den sie begangen haben und der in der Verallgemeinerung ihrer bei ganz bestimmten Strömungsgeschwindigkeiten und Stickoxydkonzentrationen gewonnenen Resultate liegt, wird durch das D. R. P. 249 328 (1911) der *Höchster Farbwerke* aufgeklärt. Diese geben nämlich in ihrer Patentschrift an: „Es wurde nun entgegen dem bisher technisch und theoretisch für möglich Gehaltenen ein Verfahren gefunden" direkt aus Stickstoffdioxyd (oder Tetroxyd), Wasser und Sauerstoff Salpetersäure mit 70 Proz. HNO_3 und darüber hinaus, und zwar bei gewöhnlichem Atmosphärendruck herzustellen." Durch Erhöhung der Stickstoffdioxydkonzentration wird nämlich die Reaktionsgeschwindigkeit im Sinne der Gleichung:

$$2\,NO_2 + H_2O \rightarrow HNO_3 + HNO_2$$

gesteigert, während gleichzeitig die einer HNO_3-Anreicherung entgegen wirkende Verdampfung von Salpetersäure durch Verkleinerung des großen Sauerstoffüberschusses möglichst hintenangehalten wird.

Nach dem D. R. P. 304 322 (1916 ausgeg. 19. Dez. 1919) wäscht die *Chem. Fabrik Griesheim-Elektron* die nitrosen Gase der Ammoniakverbrennung mit 50 proz. primär gewonnener Turmsäure heiß im Gegenstrom aus und erhält dabei 67 proz. Säure. Hierbei handelt es sich jedoch um einen reinen Konzentrierungsvorgang.

Zur Aufklärung der ganzen Verhältnisse führten *F. Foerster*, *Th. Burchardt*[1] und *E. Fricke*[2] eine ganze Anzahl von Versuchen aus, welche die Einwirkung strömender NO-O_2-Mischungen auf wäßrige Salpetersäuren und die Reaktionen zwischen flüssigem Stickstoffdi- oder -peroxyd, Sauerstoff und stärkeren Säuren betreffen. Das Stickoxyd wird in einer Reinheit von 97 bis 98 Proz. aus Eisenvitriol, Natronsalpeter und Schwefelsäure hergestellt. Der benutzte Bombensauerstoff hat im Mittel 96 bis 97 Proz. Reingehalt. Bei einem Mischungsverhältnis Stickoxyd : Sauerstoff $= 1 : 2{,}5$ und einer Strömungsgeschwindigkeit von 2,4 bis 2,5 l Stickoxyd/St. ($= 7{,}2$ l/St. Gesamtgas) bestätigen sich zunächst die alten Ergebnisse:

Vorgelegte Salpetersäure

Konzentration vor dem Versuch	Konzentration nach dem Versuch
40,21 Proz. HNO_3	44,64 Proz. HNO_3
45,00 „ „	49,35 „ „
49,76 „ „	54,13 „ „
55,27 „ „	58,41 „ „
60,08 „ „	62,15 „ „
64,77 „ „	65,68 „ „
69,86 „ „	70,22 „ „

Das Bild ändert sich jedoch, sobald man größere Stickoxydkonzentrationen anwendet und gleichzeitig mit geringeren Strömungsgeschwindigkeiten arbeitet. Bei Stickoxyd : Sauerstoff $= 1 : 0{,}75$, $t = 15°$ und 1 l Stickoxyd/St. sind mit je 10 l Stickoxyd folgende Konzentrationsverschiebungen eingetreten:

Vorgelegte Salpetersäure

Konzentration vor dem Versuch	Konzentration nach dem Versuch
64,84 Proz. HNO_3	70,73 Proz. HNO_3
70,49 „ „	72,94 „ „
73,20 „ „	74,32 „ „
74,79 „ „	75,75 „ „
76,01 „ „	76,43 „ „
77,01 „ „	77,22 „ „
79,94 „ „	79,92 „ „ .

[1] Siehe auch Dissertation, Dresden 1915.
[2] Zeitschr. f. angew. Chem. 1920, I, 113ff.

Selbst mit noch stärkeren Gasgemischen lassen sich jedoch Säuren von 79 bis 80 Proz. HNO_3 nur noch mit viel geringeren Strömungsgeschwindigkeiten und sehr schlechten Ausbeuten weiter konzentrieren. Eine 87,3 proz. Säure zeigt dabei mit einem Gasgemisch 1 : 1 jedoch bereits beginnende Konzentrationsverminderung durch Verdampfung usw. Bei allen diesen Prozessen verrät sich das Vorhandensein von salpetriger Säure durch grüne Färbung der Säuren. Die Säurekonzentration, bei welcher an Stelle der grünen die rein braunstichige Farbe der Salpetersäure auftritt, schwankt je nach den Mischungsverhältnissen der Ausgangsgase; sie liegt für 1 : 2,5 bei 62 Proz. und für 1 : 0,75 bis 1 : 1 bei 65 bis 70 Proz. HNO_3 in der Säure.

Unter Benutzung der Untersuchungen von *A. Naumann*[1], *E.* und *L. Nathanson*[2] und *F. Haber*[3] ergeben sich für die verschiedeenen Mischungen Stickoxyd : Sauerstoff bei 15° folgende Gaszusammensetzungen:

	Vol. Proz.	N_2O_4	NO_2	O_2	N_2
NO : O_2 = 1 : 0,75		48,0	17,5	28,4	6,1
„ = 1 : 1		35,9	15,9	43,5	5,4
„ = 1 : 1,5		23,6	12,3	59,5	4,6
„ = 1 : 2,5		13,6	9,3	73,1	4,0,

die sich auch experimentell angenähert bestätigen lassen.

Auf Grund der gewonnenen Zahlenwerte und theoretischer Überlegungen erhalten *Foerster* und Mitarbeiter schließlich folgende Tabelle:

Ursprüngliches Mischungsverhältnis der Gase N : O_2	Partialdruck in Proz. des Gesamtdruckes		Proz. Peroxyd gelöst in					
	als Peroxyd	als N_2O_4	65 Proz. HNO_3		69 Proz. HNO_3		75 Proz. HNO_3	
			gef.	ber.	gef.	ber.	gef.	ber.
1 : 0,75	65,5	48,0	11,39	14,58	15,23	15,70	17,46	22,01
1 : 1,0	51,1	35,9	10,26	10,90	12,01	11,75	16,34	16.47
1 : 1,5	35,9	23,5	7,06	7,17	7,63	7,72	11,28	10,83
1 : 2,5	22,9	13,6	4,13	(4,13)	4,45	(4,45)	6,24	(6,24)

Das Stickstofftetroxyd besitzt wahrscheinlich eine weitaus größere Löslichkeit als das Dioxyd, und die ganze Salpetersäurebildung wird auf die Reaktion

$$N_2O_4 + H_2O \rightleftarrows HNO_3 + HNO_2$$

unter sekundärem Wiederzerfall der salpetrigen Säure usw. hinauslaufen.

Zur Erzielung möglichst konzentrierter Säuren muß es daher am zweckmäßigsten sein, das Peroxyd in flüssiger Form der Salpetersäure zuzusetzen. Flüssiges Per- oder Dioxyd kann durch Oxydation von Monoxyd mit Sauerstoff und Abkühlen mittels Eis-Kochsalzmischung als braune Flüssigkeit erhalten werden. 77 proz. Salpetersäure löst noch 10 Proz. flüssiges Dioxyd rasch auf. Im allgemeinen sind bei den Versuchen Säuren von 75 bis 79 Proz.-Gehalt HNO_3 benutzt worden, die mit etwa 20 Proz. flüssigem Dioxyd versetzt sind. Durch diese Mischung bzw. Lösung wird langsam Sauerstoff geleitet. Bei 10°C und 0,31 Sauerstoffströmungsgeschwindigkeit je Stunde ergibt sich folgendes Resultat:

Vorgelegte Säure		Nach 48 Stunden			Nach 96 Stunden			Proz. HNO_3 i. d. abgeblas. Säure
Proz. HNO_3	Proz. Peroxyd	Proz. HNO_3	Proz. Peroxyd	Proz. Ausbeute vom Peroxyd	Proz. HNO_3	Proz. Peroxyd	Proz. Ausbeute vom Peroxyd	
74,98	20,69	76,33	10,36	17,66	76,73	4,93	6,67	76,60
75,69	17,66	76,77	7,72	17,82	76,94	3,75	2,85	76,81
78,81	20,72	79,70	13,14	4,54	79,26	8,48	—	79,39.

[1] Liebigs Ann., Suppl. VI, 205 (1868).

[2] Wied. Ann. **24**, 454 (1885); **27**, 606 (1886).

[3] Thermodynamik technischer Gasreaktionen, S. 133; s. a. *W. Nernst*, Theoret. Chemie, 7. Aufl., S. 687 und *K. Schreber*, Zeitschr. f. physik. Chem. **24**, 651 (1897).

Die Ausnutzung des Peroxyds im Sinne einer vermehrten Salpetersäurebildung ist sehr mangelhaft. Trotz der Kühlung führt der Sauerstoffstrom solche Mengen Peroxyd als Gas mit fort, daß diese erheblich größer sind, als die in Salpetersäure umgewandelten. Eine besondere mechanische Durchmischung der Lösung mit Sauerstoff erscheint unerläßlich, wenn man zu günstigeren Salpetersäureausbeuten gelangen will.

Schüttelt man z. B. 8 g 79,8 proz. Säure mit 2 g Peroxyd und 1 l Sauerstoffgas 4 Stunden gut durch, so erhält man eine Säure mit 81,8 Proz. HNO_3, indem 20 Proz. des angewandten Peroxyds ausgenutzt werden. Am interessantesten sind die Versuche mit solchen Peroxydmengen, wie sie theoretisch genügen müßten, um sämtlich noch vorhandenes Wasser in Salpetersäure überzuführen Für die Löslichkeit von Salpetersäure und Stickstoffperoxyd ineinander haben *Pascal* und *Garnier* folgende Werte ermittelt[1]:

Löslichkeit von

Peroxyd in wasserfreier HNO_3 (untere Schicht)		wasserfr. HNO_3 in Peroxyd (obere Schicht)	
— 11°	48 Proz.	— 13,25°	2,75 Proz.
— 0,8°	50 „	— 5°	4,20 „
+ 15°	55 „	+ 5°	5,20 „
+ 20°	55,7 „	+ 19,5°	7,15 „
+ 35°	62,5 „	+ 40°	10 „
+ 50°	70 „	+ 55°	20 „ .

Bei 56° entspricht demnach ein Gemisch von 22,5 Proz. HNO_3 und 77,5 Proz. Peroxyd dem kritischen Punkte der gegenseitigen Löslichkeit. Erst oberhalb 56° ergeben beide Flüssigkeiten in allen Verhältnissen homogene Gemische. Unterhalb des Peroxydsiedepunktes von + 22° treten zwei Schichten auf, sobald man 60 oder mehr Teile von ihm mit 40 Teilen usw. reiner Salpetersäure zusammenschüttelt. Ein Wassergehalt der Säure erniedrigt die Löslichkeit des Peroxyds in derselben.

Die Schichten, welche sich beim Mischen von flüssigem Peroxyd mit Salpetersäure bilden, haben oben bedeutend höhere Salpetersäurekonzentration als unten. Die *Höchster Farbwerke* geben in ihrem D. R. P. 296 908[2] (ausgeg. 3. März 1917) dafür folgendes Ausführungsbeispiel: „15 Gew.-Teile 81 proz. Salpetersäure werden mit 30 Gew.-Teilen flüssigem Stickstoffperoxyd geschüttelt; es bilden sich 2 Schichten. Aus der oberen hinterbleibt nach dem Abblasen des überschüssigen Peroxyds eine Säure von 98 bis 99 Proz. HNO_3, aus der unteren eine solche mit nur 75 Proz. HNO_3". Die Säuremengen ergeben sich hiernach zu 3,83 Teilen mit 98,5 Proz. in der oberen und 11,17 Teilen in der unteren Schicht. Das Wasser verteilt sich entsprechend zu 0,06 und 2,79 Teilen.

Durch die Verwendung von Peroxyd im Überschuß werden besonders günstige Verhältnisse für die Geschwindigkeit des Umsatzes geschaffen, indem das Peroxyd dem Gleichgewichte:

$$3\,HNO_3 \cdot H_2O \rightleftarrows HNO_3 \cdot 3\,H_2O + 2\,HNO_3$$

die Salpetersäure zu entziehen bestrebt ist.

Die *Höchster Farbwerke* behandeln ein Gemisch aus 400 Gew.-Teilen 66 proz. Salpetersäure und 1600 Gew.-Teilen Stickstofftetroxyd in einem mit Rührwerk und Rückflußkühler versehenen Gefäß mit Sauerstoff. Nach Entfernen des überschüssigen Dioxyds hinterbleibt aus der oberen Schicht eine nahezu 100 proz. Säure, aus der unteren eine 92 proz., aus beiden zusammen genommen eine etwa 95 proz. Dieser Befund wird durch die Versuche von *Foerster* und seinen Mitarbeitern weiter belegt. Einhalten einer tunlichst niedrigen Reaktionstemperatur ist besonders günstig. Es gelingt jedenfalls auf diese Weise leicht, Säuren, wie sie durch Turmkondensation von Stickoxyden noch zu erhalten sind, mit Hilfe von flüssigem Stickstoffperoxyd und Sauerstoff in wenigen Stunden in ganz hochprozentige Salpetersäure zu verwandeln.

---

[1] Bull. de la Soc. Chim. [4] **25**, 315 (1919).

[2] Das entsprechende V. St. Amer. Pat. lautet auf den Namen *Moest* und *Nitrum A.-G.* Zürich (1 180 061).

Für die Konzentrierung von 68 bis 70 proz. Turmsäuren stehen also heute folgende Wege zur Verfügung: 1. Geeignete Wasserentziehung durch Destillation mit Schwefelsäure z. B. nach dem eleganten und leistungsfähigen Verfahren der Gebrüder *Pauling·* 2. durch Behandlung der nitrosen Gase mit Ozon, die aber sehr teuer ist und 3. durch starkes Herunterkühlen der nitrosen Gase, bis sich flüssiges Dioxyd bzw. Tetroxyd ausscheidet und Mischen der verdünnten Säure mit diesem und mit Sauerstoff bei niedrigen Temperaturen und unter lebhafter Bewegung.

F. Foerster, Th. Burchardt und *E. Fricke* kommen in ihrer Arbeit[1] zu folgenden Schlüssen:

1. Die aus früheren Versuchen hergeleitete Auffassung, daß der Vorgang der Salpetersäurebildung aus gasförmigem Stickstoffperoxyd, Sauerstoff und Wasser über die Salpetersäurelösung vom kleinsten Dampfdrucke nicht hinausführen könne, beruht auf einem Irrtum. 2. Nur die Geschwindigkeit dieses Vorganges wird im Konzentrationsgebiete der Salpetersäure kleinsten Dampfdruckes eine so geringe, daß eine Anreicherung der Salpetersäure über diese hinaus eine recht erhebliche Reaktionsdauer beansprucht. 3. Für solche Anreicherung ist möglichst geringer Sauerstoffüberschuß und kleine Strömungsgeschwindigkeit des Gemisches von Sauerstoff und gasförmigem Stickstoffperoxyd günstig. 4. Man kommt dann bei hinreichend lange ausgedehnten Versuchen und mit immer geringer werdender Ausnutzung des Stickstoffperoxyds auch unter den günstigsten Umständen kaum über eine Konzentration von 80 Proz. HNO_3 hinaus. 5. Der Grund dafür ist der, daß bei Anwendung strömender Gase die für die Ausnutzung des Peroxyds günstigsten Bedingungen: kleiner Sauerstoffüberschuß und kleine Strömungsgeschwindigkeit, für die daneben erforderliche gründliche Durchmischung der Reaktionslösung mit Sauerstoff sehr ungünstig sind. 6. Man kommt daher leicht zu höheren, ja den höchsten Konzentrationen an Salpetersäure, wenn man verdünntere Lösungen von ihr mit der geeigneten Menge flüssigen Stickstoffperoxyds versetzt und das Gemisch mit Sauerstoff lebhaft durchschüttelt oder durchrührt. 7. Die Einwirkung verläuft, wie ein Patent der *Höchster Farbwerke* zuerst angegeben hat, dann besonders rasch, wenn der zur Einwirkung gelangende Überschuß an flüssigem Stickstoffperoxyd so groß ist, daß die durch dessen beschränkte Mischbarkeit mit Salpetersäure bedingte Inhomogenität des Flüssigkeitsgemisches eintritt und während der Reaktionsdauer erhalten bleibt. 8. Bei der Einwirkung nitroser Gase auf Wasser wird aus dem Gleichgewicht $2\,NO_2 \rightleftarrows N_2O_4$ wesentlich Tetroxyd in Wasser gelöst und gibt hier den primären Vorgang:

$$N_2O_4 + H_2O \rightleftarrows HNO_3 + HNO_2.$$

9. Der Zerfall der hierbei entstehenden salpetrigen Säure in Salpetersäure und Stickoxyd und dessen schnelle Oxydation durch Sauerstoffgas vermittelt bis zu den höchsten Salpetersäurekonzentrationen die Umwandlung der nitrosen Gase in Salpetersäure.

In den Ver. Staaten von Nordamerika haben sich insbesondere *Taylor, Capps* und *Coolidge* vom *Bureau of Mines* mit der Verbesserung der Methoden zur Absorption von Stickoxyden beschäftigt[2]. Es gelang ihnen schon 85 Proz. derselben zu gewinnen, wenn nur 3 Türme mit verdünnter Salpetersäure beschickt wurden. Die beiden letzten Türme hielten weitere 10 Proz. zurück. Mit der Änderung der Stickoxydgeschwindigkeit von $1^1/_4$ auf $2^1/_2$ und 4 Kubikfuß je Minute sank die Absorption von 98 auf 95 und 91 Proz., die gewonnene Salpetersäuremenge stieg jedoch von 23 auf 44 und 68 Pfund in 24 Stunden. Auf keinen Fall sollte der Gasstrom zu langsam sein. Der Sauerstoffüberschuß darf nicht unter 5 Proz. fallen, andererseits darf er jedoch nicht zu groß sein, weil sonst die Gasmischung zu verdünnt wird. In letzterem Fall

---

[1] Zeitschr. f. angew Chem. 1920, I. 113ff. bis 132.
[2] J. Ind. Eng. Chem. **10**, 270 (1918); Chem. Ztrlbl. 1920, IV, 388.

entstehen große Mengen ganz feiner Säurenebel, die schwer zu kondensieren sind und aus den Türmen entweichen. Der Säureverlust durch Anwendung des *Cottrell*-Verfahrens kann stark verringert werden, das dann die letzten Säurenebel niederschlägt. Die Anwendung der elektrostatischen Prozesse für diese Zwecke breitet sich immer mehr aus (in den Ver. Staaten) und tut gute Dienste. Allerdings bewähren sich in solchen Fällen die *Cottrell*-Apparate nicht so gut, wie bei der Entstaubung gröber verunreinigter Gase. Der Turmraum für die Kondensation muß stets groß genug gewählt werden und die Berieselung sollte unter Verwendung sog. Atomisatoren stets sehr intensiv sein.

F. G. Donnan und *Irvine Masson*[1] haben Beiträge zur Theorie der Gaswaschtürme mit Innenpackung veröffentlicht[1], nachdem *Partington* und *Parker*[2] für den Sonderfall der Absorption nitroser Gase durch verdünnte Salpetersäure bereits ähnliche Überlegungen angestellt hatten, die jedoch nicht zu verallgemeinern waren. *Donnan* und *Masson* leiten unter gewissen vereinfachenden Annahmen mathematische Formeln über Anlage und Betrieb von Gaswaschtürmen ab. Die hohe absorbierende Wirksamkeit hängt von einer großen Berührungsfläche zwischen Gas und Flüssigkeit und innerhalb gewisser Grenzen von einer schnelleren gegenseitigen Bewegung dieser beiden Komponenten ab. *Adeney* und *Becker* arbeiten teilweise über den gleichen Gegenstand[3].

L. Maugé[4] fordert für eine gute Turmwirkung, daß sie auf kleinstem Raum die größte Berührungsfläche darbiete. Ausführlich beschäftigt sich auch *Ign. Mościcki*[5] mit den für die Absorption großer Gasmengen geeigneten Apparaturen. Zunächst benutzt *Mościcki* im kleinen Absorptionsgefäße aus Glas, die mit Glasperlen gefüllt sind und in denen Berieselungsflüssigkeit und Gase in gleicher Richtung strömen. Nachdem 1908 die Fühlungnahme mit der *Neuhausener Aluminiumgesellschaft* erfolgt war, übertrug *Moscicki* dieses Konstruktionsprinzip auf die Absorption von Abgasen eines 60 PS-Ofens, bei dem 6 cbm Gase mit 2,5 Proz. Stickoxyd innerhalb einer Stunde in mindestens 50 proz. Salpetersäure zu verwandeln waren. Zu diesem Zweck genügten 7 Glastürme von je 200 mm Durchmesser.

Die Absorptionstürme sind durch Arbeiten in der ersten Versuchsfabrik Vevey und im Laboratorium in Freiburg (Schweiz) weiter vervollkommnet worden. Die damals in der Kleinanlage Freiburg benutzten Türme sind wie folgt zusammengesetzt gewesen:
Die Gase treten in den oberen leeren Teil des Turmes ein (Fig. 65, wie die folgenden aus Metan, a. a. O., „Nowe urzadzena absorbcyjne dla dużych ilości gazu", Ryc. 4ff., pag. 11ff. des Sonderabdrucks), in dem die Oxydation zu Stickstoffdioxyd erfolgt. Sie durchströmen weiter das Rohr A, das mit 1 cm-Löchern versehen ist. Durch diese treten die Gase in den Zwischenraum zwischen den Teilen A und B ein, der in seiner unteren

---

[1] J. Soc. Chem. Ind. **39**, 236 (1920); Ch. Ztrlbl. 1920, IV, 639/640.

[2] J. Soc. Chem. Ind. **38**, 75 (1919); Ch. Ztrlbl. 1919, IV, 821.

[3] Philos. Magazine [6] **38**, 317; Ch. Ztrlbl. 1919, III, 1037.

[4] Ind. Chimique **6**, 40 (1919); Ch. Ztrlbl. 1919, IV, 528.

[5] Metan **1**, 61ff. (1917); Chim. et Ind. **2**, 1303 (1919); Ch. Ztrlbl. 1909, I, 1783; 1911, I, 1618; 1919, IV, 360; 1920, II, 553.

Hälfte mit groben Quarzbrocken und in der oberen Hälfte mit Feinquarz in Stückgröße von 0,3 bis 0,4 g gefüllt ist. Die nitrosen Gase werden auf ihrem horizontalen Wege absorbiert. Die Restgase entweichen durch entsprechende Öffnungen des Rohrteils B und verlassen das Gefäß bei D. Die Absorptionsflüssigkeit zirkuliert durch E und F von Turm zu Turm. G, H, I, K und L sind Einzelheiten des Verschlußdeckels. Die Ausmaße der Apparate sind folgende:

Innendurchmesser des Außenmantels C . . . . 60 cm
Durchmesser des Zylinders B . . . . 44 „
„ „ Rohres A . . . . 10 „

In der ersten Chippis-Anlage handelte es sich um die Bewältigung von 2500 cbm Stickoxydabgasen je Stunde. Dafür hat *Mościcki* einen anderen Turm konstruiert (Fig. 66), der auf dem gleichen Prinzip beruht. Der Innendurchmesser des Außenbehälters ist hier gleich 144 cm, derjenige der inneren Zylinder ist 110 bzw. 40 cm. Die Löcher in den inneren Rohrwandungen haben 5 cm Weite. Die Dicke der Füllschicht beträgt in der Horizontalrichtung des Gasstromes 30 cm; ihre Höhe erreicht etwa 5 m, während die gesamte Turmhöhe sich um 6 m bewegt. Die Chippis-Kondensationsanlage I hat 8 solcher Absorptionstürme, die hintereinandergeschaltet sind. Zwischen je 2 (mit Ausnahme der beiden ersten) sind Leertürme gleicher Ausmessungen angeordnet, welche die Stickoxyde oxydieren. Der erste Turm liefert konstant eine Säure mit höchstens 40 Proz. HNO_3.

Ende 1909 traten in der beschriebenen Kondensationsanlage große Schwierigkeiten auf. Trotz ausgezeichneten Arbeitens der Mammuth-Berieselungspumpen und trotz genügender Flüssigkeitsmengen (mehr als 50 l) hatten die Abgase des letzten Turmes noch wenigstens 0,3 Proz. Stickoxyd, was einem Produktionsverlust von 20 Proz. entspricht.

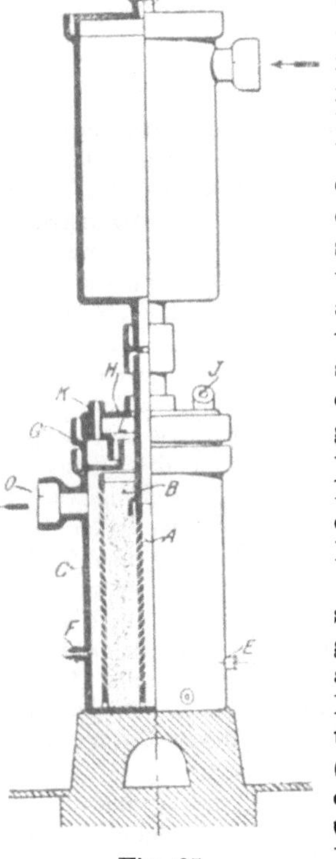

Fig. 65.

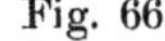

Fig. 66.

Um diese Verhältnisse aufzuklären, hat *Mościcki* wiederum Laboratoriumsversuche durchgeführt und dazu einen 3 m hohen Turm mit Glaszylindern von 20 cm innerem Durchmesser benutzt. Zwischen der Flüssigkeitsmenge v, der Oberfläche der wirksamen Turmfüllung q in dm² und ihrer Höhe h in m besteht folgende Beziehung:

$$v = 1{,}1 \cdot q \cdot h,$$

die stets erfüllt sein muß, wenn die Türme richtig ausgenutzt werden und die Abgase stickoxydfrei sein sollen. Das erforderliche Flüssigkeitsvolumen macht im Mittel 11 Proz. des wirksamen Füllraumes aus. Das Wasser durchläuft die Absorptionszone mit einer Geschwindigkeit von 12,5 cm/Sek., d. h. jeder dm² Füllung liefert $1{,}25 \times k$ Liter Flüssigkeit, wo k das Verhältnis des freien Raums zwischen den Füllkörpern zum gesamten Absorptionsraum bezeichnet. Im vorliegenden Sonderfall ist $k = 0{,}5$, was also 0,63 l ergibt. Der Versuch läßt 0,67 l finden. Allgemein läßt sich also sagen, daß die Berieselung so eingestellt werden muß, daß wenigstens 0,7 l Flüssigkeit in der Sekunde auf den dm² Füllkörperfläche kommen. Die Füllung hält stets bedeutende Wassermengen zurück, was folgende, für die Praxis sehr wichtige Übersicht beweist:

Versuchsturm mit 12 l Wasser beschickt.

Zeit in Minuten nach dem Aufgießen des Wassers	Am Turmfuß erschienen wieviel l Wasser	Im Turm wurden wieviel l Wasser zurückgehalten	Zurückgehaltene Wassermenge in ccm auf 1 dm² Füllfläche
1	7,2	4,80	53
2	+ 1,9	2,90	32
3	+ 0,5	2,40	26
4	+ 0,2	2,20	24
6	+ 0,13	2,07	23
9	+ 0,07	2,00	22
15	+ 0,12	1,88	21
25	+ 0,20	1,68	19
	10,32		

In Chippis hat jeder der vorhin beschriebenen Türme einen mit Quarzbrocken gefüllten Raum von 3770 dm³, der also (11 Proz.) 415 l Flüssigkeit erfordert. Die wirksame Oberfläche der Füllung beträgt 75,4 dm², demnach muß die Flüssigkeitsgeschwindigkeit 53 l/sek. betragen. Beim Passieren einer 30 cm dicken Absorptionsschicht erleidet der Gasstrom bei einer mittleren Geschwindigkeit von 20 l/qcm Oberfläche einen Druckabfall von 1,6 mm Wasser-

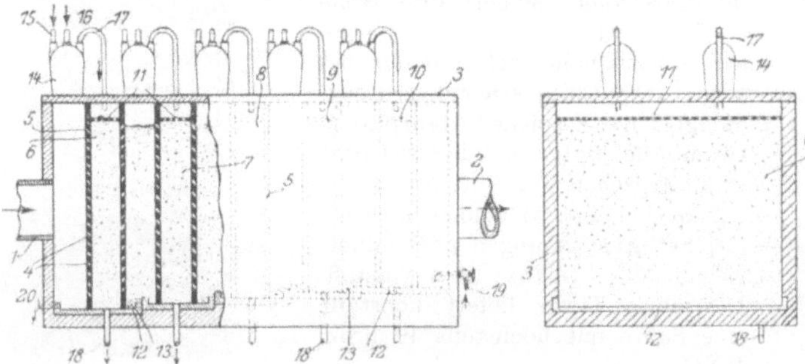

Fig. 67.

säule, wenn die Quarzteile je 0,3 bis 0,5 g wiegen. Teile mit nur 0,1 g Gewicht bewirken unter gleichen Verhältnissen eine Druckverminderung von 5,2 mm Wassersäule. Daher empfiehlt sich Absiebung, um ein einheitlich gekörntes Material von je 0,3 bis 0,5 g Gewicht zu haben. Nachdem der Betrieb in Chippis auf Grund dieser Zahlen umgestellt war, verschwanden die Stickoxydverluste im Abgas der Türme.

Für die spätere Vergrößerung der Fabrik in Chippis hat *Mościcki* eine andere Konstruktionsform angegeben, die mit bedeutender Materialersparnis möglichst billig zu bauen erlaubt, indem sie die Turmapparatur in einzelne größere Einheiten zusammenzieht (D. R. P. 256 295; V. St. Amer. Pat. 1 046 212; franz. Pat. 444 027; engl. Pat. 17 355 1911; schweiz. Pat. 58 406), die aus säurefestem Mauerwerk unter Zuhilfenahme eines Asbest-Wasserglaskittes und eines Spezialasphalts aufgeführt sind. Die Apparate sind in den Patenten und Skizzen (Fig. 67) nur schematisiert geschildert. Sie bewähren sich seit mehreren Jahren in Chippis gut. Die nitrosen Gase strömen wagerecht durch eine Reihe flüssigkeitsberieselter Kammern 6, 7, 8, 9 und 10, die mittels gasdurchlässiger Wände 5 voneinander getrennt sind. Die einzelnen Kammern können z. B. mit Quarzbrocken angefüllt sein, welche unter der durchlochten Sandsteinplatte 11 liegen. Zwischen den Absorptionsräumen befinden sich die nicht berieselten Oxydationsräume. Die aus den einzelnen Abteilungen ablaufende Säure kehrt durch Leitung 18 bzw. 15 in die Druckluftgefäße 14 zurück, die durch 16 unter Luftdruck gesetzt und durch U-Rohr 17 in den nächstfolgenden Absorptionskammerabschnitt entleert werden können. Die Leitungen 19 und 20 sowie die Überläufe 13 bewerkstelligen den Säuretransport durch die gesamte Apparatur.

Den Absorptionsvorgängen legt *Mościcki* folgende Gleichungen zugrunde:

$$3\,NO_2 + 3\,NO + 3\,H_2O = 6\,HNO_2$$
$$6\,HNO_3 = 2\,HNO_2 + 4\,NO + 2\,H_2O.$$

Durch Abkühlung auf und unter 100° brauchen also nach ihm nur 50 Proz. des primär vorhandenen NO in NO_2 übergehen. In der kleinen Versuchsanlage Freiburg (Schweiz) absorbierten die ersten 3 Türme 80 Proz. der Stickoxyde, die 2 folgenden 12 Proz. und die beiden letzten nur noch 6 Proz. Der Abgasverlust verminderte die Ausbeute um nur 2 Proz.

Zusammenfassend folgert *Mościcki*: 1. Die beste Größe des Füllmaterials (Quarz) ist 0,1 bis 0,2 ccm (1 cbm = 600 qm Oberfläche); 2. Die richtigste Gasgeschwindigkeit liegt bei 2 cbm je Stunde und je dm^2 Füllfläche; 3. die Absorptionsschichtdicke braucht in Richtung des Gasstromes nur 30 cm zu betragen; 4. 1 dm^3 Füllkörperraum genügt zur Absorbierung von 0,67 cbm Gas je Stunde; 5. 30 cm Füllkörperschicht setzen den Gasdruck bei einer Leitungsgeschwindigkeit von 2 cbm/1 dm^2 Füllfläche um 1,6 mm Wassersäule herab; 6. auf den dm^2 Füllungsoberfläche sollen mindestens 0,7 l Flüssigkeit/Sekunde kommen; 7. das gesamte Flüssigkeitsvolumen, das zur Absorption benutzt werden soll, muß mindestens 11 Proz. des Gesamtrauminhalts der Absorptionsschichten betragen.

Im Gegensatz zu *F. Foerster* und seinen Mitarbeitern[1] nimmt *Mościcki* bei der Kondensation die intermediäre Bildung von Stickstofftrioxyd. bzw. diejenige eines Gasgemisches, das sich in Berührung mit einem Absorptionsmittel wie das Trioxyd verhält, als wesentlich an, während erstere bekanntlich die Tetroxydbildung und -reaktion für allein wichtig halten:

$$2\,NO_2 \rightleftarrows N_2O_4 \quad \text{und}$$
$$N_2O_4 + H_2O \rightleftarrows HNO_3 + HNO_2.$$

Es wird im wesentlichen von den Absorptionstemperaturen abhängen, welche dieser beiden Reaktionsgruppen den Hauptteil der Säure liefert. Bei tiefen Temperaturen wird sich die Kondensation in der Hauptsache im Sinne der *Foerster*schen Annahme vollziehen, während mit ansteigender Temperatur der Anteil der Trioxydreaktion nach *Moscicki* und anderen wachsen wird. Oberhalb bzw. bei 300° kann ja die *BASF* aus nitrosen Gasen reine, nitratfreie Nitrite herstellen, indem sie z. B. Alkalien vorlegt (D. R. P. 188 188).

Mit der Gewinnung (und Konzentrierung) von Salpetersäure aus den nitrosen Abgasen der elektrischen und der Kontaktöfen beschäftigen sich außer den bereits genannten und besprochenen so zahlreiche Patente und Arbeiten, daß hier nur eine Auswahl des wichtigsten Materials gegeben werden kann[2]. *P. Winand* oxydiert Stickoxyd durch Einwirkenlassen auf konzentrierte Salpetersäure (D. R. P. 186 333) oder ein Gemisch von geschmolzenem Nitrat, Nitrit und konzentrierter Schwefelsäure (D. R. P. 193 696) zu Dioxyd. Die *Chem. Werke vorm. Dr. H. Byk* setzen Kalksalpeter mit Schwefelsäure um (D. R. P. 208 143, 217 476). Die *Elektrochemischen Werke G. m. b. H.* absorbieren nitrose Gase durch schwach basische Oxyde, wie Zinkoxyd, und erhitzen die gebildeten Salze auf 500° C. Es scheiden

---

[1] A. a. O.

[2] Vgl. die bereits mehrfach erwähnten Fortschrittsberichte in der Chem.-Ztg. und „Uhlands Wochenschrift für Industrie und Technik", **21**, 10—13 (1908).

sich unter Regenerierung des Oxydes Stickoxyde ab, die in Rieseltürmen mit Wasser 40 proz. Handelssäure liefern (D. R. P. 212 423). Montejus für Salpetersäuretransport werden nach dem D. R. P. 249 329 der *Farbwerke vorm. Meister, Lucius & Brüning* zweckmäßig mit Sauerstoffgas statt mit Luft betätigt. Nach dem D. R. P. 218 570 der *Le Nitrogène, S. A.*, läßt man nitrose Gase zwecks Absorbierung über ein Gemisch aus Kalium- und Natriumverbindungen streichen, wobei sich glatt Gemenge aus Kaliumnitrat und Natriumnitrit bilden. *Fr. Bayer & Co.*[1] absorbieren Stickoxyde auch durch frisch ausgeglühte Holzkohle. *C. Schlarb* läßt nitrose Gase in Gegenwart von salpetersäurelöslichen Oxyden des Eisens, Aluminiums oder Chroms durch Wasser absorbieren und gewinnt aus den Lösungen durch Eindampfen im Vakuum reine Salpetersäure (D. R. P. 243 840, 243 892). Die *Farbwerke vorm. Meister, Lucius & Brüning* bedienen sich zur Darstellung von reinem Stickoxyd aus trioxydhaltiger Salpetersäure der Elektroreduktion (D. R. P. 244 362). Nach dem D. R. P. 246 615 werden Stickoxyde vor der Kondensation mit trockenem Halogenid in Berührung gebracht.

Die *Dynamit A.-G. vorm. Alfr. Nobel & Co.* in Hamburg verwendet zur Absorption von nitrosen Gasen Amylacetat, das unter Durchleiten von Luft wieder regeneriert wird (D. R. P. 267 874). Das amerik. Pat. 1 047 576 von *W. Schultze* und der *General Chemical Comp.* beschreibt die Gewinnung einer festen Verbindung $N_2O_5(SO_3)_4 \cdot H_2O$ aus Salpeter- und Schwefelsäure. *Ph. A. Guye* gewinnt nach besonderen Vorschriften (amerik. Pat. 1 057 052) aus verdünnten Gasgemischen konzentriertere salpetrige Dämpfe und Stickoxyde. *A. Th. Schloesing* (franz. Pat. 460 328) bringt die nitrosen Gase bei 300 bis 400° C mit Kalk in Berührung, nachdem die vorher 700 bis 800° heißen Gase zur Calcinierung der Kalksteinbriketts gedient haben. Ein Vorschlag von *H. A. Wielgolaski* (norweg. Pat. 24 195) betrifft das Konzentrieren von Nitratlösungen, wie sie bei der Kondensation der Stickoxyde abfallen.

Das D. R. P. 261 027 und das schweiz. Pat. 57 534 der *Elektrochemischen Werke G. m. b. H.* und *F. Rothe* betreffen die Gewinnung reiner Nitrite aus nitrosen Abgasen und Alkalien. Die *BASF* beschreibt im franz. Pat. 411 674 (D. R. P. 238 369) ein Verfahren, reine Nitrate aus Gemischen von Nitrat und Nitrit zu erhalten. *Meister, Lucius & Brüning* gewinnen reines Stickoxyd und Stickstoffperoxyd durch Elektrolyse von Salpetersäure (engl. Pat. 10 522/1911; vgl. auch schweiz. Pat. 57 047).

Ch. Torley und *O. Matter* zerlegen Ammonnitrat durch Erhitzen in Stickoxydul (engl. Pat. 11 828/1913). Um aus sehr verdünnten nitrosen Gasen, z. B. den Endgasen der Absorptionstürme und nebelfein zerstäubtem Wasser Salpetersäure herzustellen (s. o.), führt *C. Rossi* die Gase (franz. Pat. 463 825) zwischen 2 Aluminiumplatten hindurch, die mit Gleichstromaufladung auf 20 000/40 000 Volt Potentialdifferenz gebracht sind. Die eine Aluminiumplatte ist glatt, die andere ist mit Vorsprüngen aus (z. B.) Asbest versehen. Der Wasserstaub und mit ihm die Stickoxyde schlagen sich elektrostatisch nieder, und es fließen Säuren von 36 bis 42° Bé ab. Durch einen

---

[1] Chem.-Ztg. 1910, Repert. S. 581.

säurefesten Vakuumverdampfer können dünnere Säuren bis auf 42° Bé konzentriert werden (franz. Pat. 463 830).

Unter Innehaltung gewisser Bedingungen wollen *Traine & Hellmers, H. Weyer* und *Fr. Brandenburg* (D. R. P. 269 656) Kalksalpeter in gewöhnlichen Calcinieröfen in Kalk und Stickoxyde zerlegen[1].

Der zur direkten Absorption nitroser Gase bei 300 bis 400° geeignete, brikettierte Kalk darf aus Kalkstein durch Brennen nur bei etwa 700 bis 750° hergestellt werden, weil sonst, wie die *Norsk Hydro* behauptet (D. R. P. 284 042), die Absorptionsfähigkeit sehr stark zurückgeht. An einem Beispiel erläutert die gleiche Firma im D. R. P. 300 897 ein gemeinsames Absorptions- und Konzentrationsverfahren. Die durch Kochen von 67 bis 68 proz. Salpetersäure erhaltenen Dämpfe werden im Gemisch mit etwas Sauerstoff (Siedep. bei 125°) in eine mit Quarzstücken gefüllte Glaskolonne I von 140 cm Höhe bei 4 cm Innendurchmesser eingeführt, welche ihrerseits mit einer nitrosen Säure folgender Zusammensetzung berieselt wird:

$$
\begin{aligned}
&35{,}7 \text{ Proz.} \quad HNSO_5 \\
&56{,}8 \quad ,, \quad\;\; H_2SO_4 \\
&2{,}5 \quad\;\; ,, \quad\;\; HNO_3 \\
&5{,}0 \quad\;\; ,, \quad\;\; H_2O.
\end{aligned}
$$

Das oben aus der Kolonne entweichende Gemisch von Salpetersäure, Stickstoffdioxyd und Sauerstoff wird durch einen Kühler geleitet, in dem sich rote rauchende Salpetersäure kondensiert, während die unverdichteten Gase weitergehen, in einem wasserberieselten Schlußturm aufgefangen und in Form einer 65,7 proz. Salpetersäure erhalten werden. Die rote rauchende Salpetersäure des Kühlers wird unter Dephlegmation erhitzt, wobei konz. Salpetersäure von 95,7 Proz. Reingehalt mit nur 0,4 Proz. Stickstoffdioxyd erhalten wird. Die ausgetriebenen Stickoxyde gehen durch den oben genannten Kühler nach· dem Absorptionsturm. Die Denitrierungskolonne I hat oben eine Temperatur von 65° C, unten eine solche von 164° C. Die abfließende Schwefelsäure enthält 78,8 Proz. H_2SO_4, ist nitrosefrei und enthält nur 1,05 Proz. Salpetersäure. Ähnlich ist auch das D. R. P. 318 091 der *Norsk Hydro*. Die Absorption der verdünnten nitrosen Gase erfolgt hier in 90 proz. Schwefelsäure, da die Löslichkeit der Nitrosylschwefelsäure in Schwefelsäure mit der Konzentration der letzteren zunimmt. In 83 proz. Schwefelsäure ist sie z. B. nur $^1/_3$ derjenigen in 91 proz. Säure. Das erhaltene nitrose Gemisch wird am Dephlegmator durch Erhitzen denitriert. Im franz. Pat. 465 740 der *Norsk Hydro* wird empfohlen, 30 proz. Turmsäure mit Kalkstein zu neutralisieren und diese Lauge im Kreislauf auf die Türme zurückzuführen, wieder abzusättigen usw. Das norweg. Pat. 30 386 betrifft Einzelheiten des Verfahrens, die Stickoxyde aus den verdünnten nitrosen Gasen durch Ausfrieren zu gewinnen. Die· früher verwandten Schwingkrystallisatoren hat die *Norsk Hydro* (norweg. Pat. 30 512) durch geschlossene Röhrenkrystallisierapparaturen ersetzt. Wenn Oxydationen mittels Salpetersäure ausgeführt werden sollen, so genügt es (norweg. Pat. 30 418), die Reaktion durch Salpetersäure unter

---

[1] Vgl. a. franz. Pat. 457 800.

Drucken von über 1 Atm einzuleiten und dann durch Einpressen von Sauerstoff im Gange zu halten.

Im D. R. P. 306 353 hat *H. Pauling* ein Verfahren zur Absorption nitroser Gase der Luftverbrennung angegeben, welches durch abwechselnde Behandlung der Gase mit dem Absorptionsmittel bei höherer und bei tieferer Temperatur gekennzeichnet ist. Im D. R. P. 313 338 beschreibt er besonders geeignete Siebplatten zur Ausstattung von Absorptionstürmen und verbessert die Konstruktion im D. R. P. 323 296 weiter.

An das bereits erwähnte D. R. P. 304 322 der *Chem. Fabrik Griesheim-Elektron* schließt sich das D. R. P. 305 122 der gleichen Firma an, in dem ein Absorptions- und Konzentrationsturm beschrieben ist, bei welchem das innere System von einem Schutzraum umgeben wird.

Nach dem D. R. P. 302 533 von *H. Petersen* soll die Stickoxydkondensation bei Gleichstromführung der Komponenten — in diesem Fall nitrose Gase und Wasserdampf — glatter verlaufen, als nach der bisher üblichen Wasserberieselungsmethode. Zur Berieselung wird im D. R. P. 307 312 ein besonderer Brausenverteiler empfohlen, während im D. R. P. 312 023 geeignete Füllkörper beschrieben sind.

Bei der Tiefkühlung nitroser Ofengase kondensiert sich flüssige Salpetersäure, welche unter Umständen die Verwendung von Metallkühlern verhindert *J. Straub* (D. R. P. 304 002) setzt diesen Gasen deshalb Schwefeldi- oder -trioxyd zu, dann schlägt sich die viel unschädlichere Schwefelsäure nieder, die mit Schmiedeeisenapparaten zu arbeiten gestatten soll. Statt dieses umständliche Verfahren anzuwenden, benutzt man heute säurefeste Legierungen zum Bau solcher Kühlelemente. Eine besondere Turmeinrichtung betrifft das D. R. P. 321 614 der *Smiths Patent Vacuum Machine Co. Ltd.* Im D. R. P. 323 295 läßt sich *H. Frischer* eine Haubenausführung an Wasch- und Rektifizierkolonnen schützen und gibt zusammen mit · *M. Drees* im D. R. P. 323 474 eine Einrichtung und ein Verfahren zur Behandlung von Gasen und Dämpfen mit Flüssigkeiten an. Um innigen Kontakt zwischen Flüssigkeiten und Stickoxyden zu erzielen, benutzt *K. B. Quinan* Diaphragmen als Zwischenkörper (engl. Pat. 121 039/1918 und D. R. P. 325 637).

Zum Aussetzen von Absorptionstürmen der Salpetersäureindustrie haben sich außer den bereits früher verwandten Formsteinen, Füllkörpern u. dgl. besonders die *Raschig*-Ringe[1] aus Porzellan, Steinzeug usw. bestens bewährt, die in den D. R. P. 286 122, 292 622, 297 379, 298 131, den belg. Pat. 268 956 und 271 344, den dän. Pat. 22 049, 22 273 und 22 444, dem engl. Pat. 6288/14, dem holl. Pat. 1715, dem norweg. Pat. 28 121, dem rumän. Pat. 3968, dem russ. Pat. 64 421, den schweiz. Pat. 69 764, 73 885 und 73 886, dem ungar. Pat. 68 318 sowie dem amerik. Pat. 1 141 266 geschützt sind. Bei sehr großer Oberflächen- und Berieselungswirkung ist der Widerstand der Ringe sehr klein. Ihr Gegendruck beträgt bei einer Füllhöhe von 1 m und einem Gasstrom von 1 m/Sek. noch nicht 20 mm Wassersäule. Mit nur 10 mm Druck kann man in 24 Stunden 20 000 cbm Gas durch einen *Raschig*-Turm von

---

[1] Chem.-Ztg. 1920, S. 122 bis 123.

10 m Höhe bei 1 qm Grundfläche treiben. Eine schwache Berieselung der Ringe ändert den Gegendruck kaum. Erst bei Aufbringung von mehr als 2 cbm Flüssigkeit je Quadratmeter Querschnitt und Stunde muß man mit höheren Gegendrucken rechnen. Bei 6 cbm ist der Gegendruck verdoppelt, bei 10 cbm treten Flüssigkeitsstauungen ein (Gasgeschwindigkeit 1 m/Sek.).

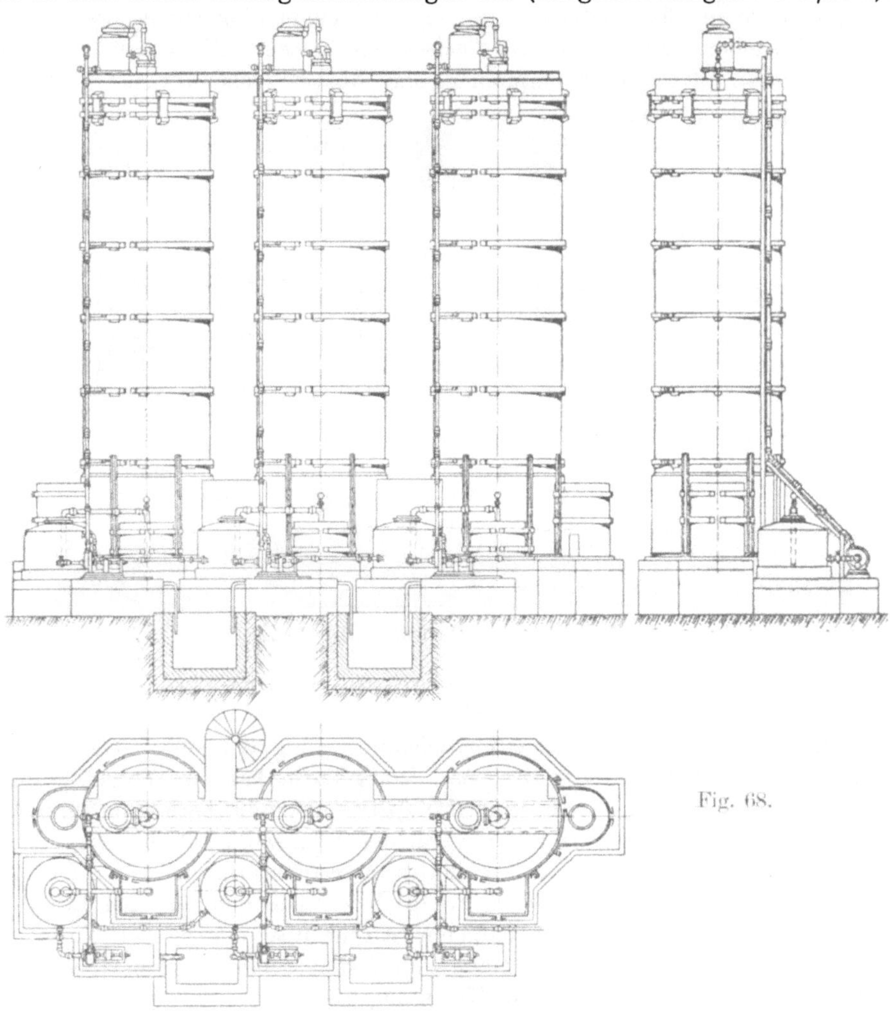

Fig. 68.

Von den zahlreichen anderen Füllringkonstruktionen seien u. a. die Flächenringe von *Prym & Co.* in Stolberg, Rhld. (D. R. P. 317 166/7), sowie die S-Ringe von *A. Landgräber* in Berlin erwähnt. Füllkörper betreffen weiter die D. R. P. 314 597, 316 497, 316 594 und 321 078.

Durch Stickstoffoxyde gefärbte konzentrierte Schwefelsäure entfärbt *K. Rosenstand-Wöldike* durch Zusatz von Wasserstoffsuperoxyd[1]. Auf die

---

[1] Chem.-Ztg. 1920, S. 255.

für die Praxis sehr wichtige Frage[1] der Denitrierung und Wiederaufarbeitung
von Salpeter-Schwefelsäuregemischen kann hier nicht eingegangen werden
(D. R. P. 297 902, 303 396, 313 046, 323 416 usw.).

Mit der Ausdehnung der Salpetersäureindustrie haben sich auch die
Fälle von Stickoxydvergiftungen[2] gemehrt. Auf die Gefährlichkeit der braunen
Dämpfe sollte in allen Betrieben immer von neuem hingewiesen werden.

Die Wascher der Firma *Eduard Theisen* in München O. 27 werden u. a. auch
zur Absorption nitroser Gase empfohlen, ohne daß sie bisher für diesen Zweck
Bedeutung erlangt hätten.

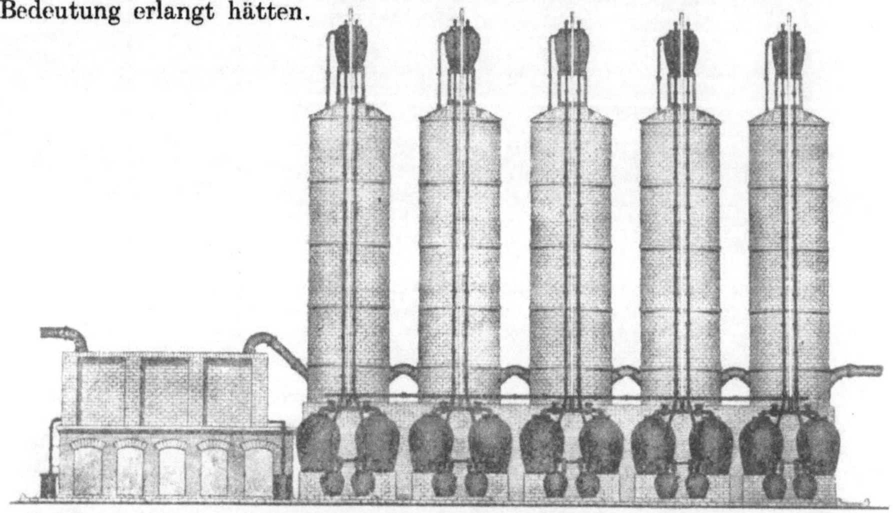

Fig. 69.   Salpetersäure-Absorptionsanlage, Tubize.

Sehr viel haben sich dagegen die Absorptionstürme der Firma *Steuler
& Co., G. m. b. H.*, in Koblenz a. Rh. eingeführt.

Die hier beigefügte Dispositionszeichnung (Fig. 68) stellt Aufriß und
Grundriß einer 3-Turm-Batterie dar. Jeder Turm hat ein Vorgefäß und
entsprechende, säurefeste, rotierende Pumpen, welche die Berieselungsflüssigkeit in ein auf der Turmdecke angebrachtes Steinzeuggefäß bringen. Von
diesem strömt sie einem Steinzeug-Berieselungsapparate, einem „Effektor"
der *Deutschen Steinzeugwarenfabrik*, Friedrichsfeld i. Baden, zu. Der Effektor
verteilt die Flüssigkeit in regelmäßigem Strome über den ganzen Turm.

Die Steulertürme selbst sind aus säurefesten Steinen aufgemauert und
mittels säurefester Zemente und Kitte abgedichtet. Sie tragen innen auf
einem Rost die Turmfüllung aus *Raschig*-Ringen oder sonst geeigneten Füllkörpern. Um die bei der Absorption der Stickoxyde in Wasser bzw. verdünnter Säure auftretende Wärme zu vernichten, sind zwischen ihnen häufig
Kühler aus Ferrosiliciumgüssen, V2A-Metall usw. aufgestellt.

Die Abbildung (Fig. 69) der Absorptionsanlage Tubize (1913) läßt die
Gesamtanordnung ohne weiteres erkennen. Hinter der eckigen Oxydations-

---

[1] Z. B. Chem.-Ztg. 1919, S. 805, Repert. S. 255; Ch. Ztrlbl. 1919, IV, 430.
[2] Chem.-Ztg. 1917, Repert. S. 41, 178.

kammer stehen 5 hintereinandergeschaltete Steulertürme. Die Pumpen sind
hier durch Druckbirnen ersetzt und zwar sind der Sicherheit halber für jeden
Turm 2 Vorlaufgefäße und 2 Automaten zur Aufstellung gelangt.

Die säurefesten Legierungen[1] finden in der Salpetersäuretechnik aller-
größte Beachtung, denn es ist in erster Linie angenehmer und sicherer, mit
Metallapparaturen zu arbeiten, als mit solchen aus Steinzeug oder Quarz.
In den Ver. Staaten sind die Legierungen Duriron, Tantiron und Ironac, in
Frankreich Métillures und in Italien Etianit weit verbreitet, die sich sämtlich als
Ferrosiliciumlegierungen charakterisieren. Bei einer systematischen Unter-
suchung verschiedener solcher Legierungen gegenüber dem Angriff 10 proz.
Lösungen von Schwefel-, Salz-, Salpeter-, Essig- und Citronensäure erwies
sich nach *O. L. Kowalke*[2] die Widerstandsfähigkeit am geringsten bei 1,2 bis
3,3 Proz. Si und am größten bei einem Gehalt von 16 bis 18 Proz. Letztere
Legierungen sind leider sehr hart und spröde.

Ein deutsches Ferrosiliciummetall (Bruchstück eines Rohres) gab folgende Analyse:

77,09 Proz. Fe; 18,23 Proz. Si; 3,79 Proz. Mn; 1,39 Proz. Al und 0,155 Proz. P.

C. Matignon[3] teilt nachstehende Zahlen mit:

Name der Legierung	Si Proz.	Fe Proz.	Mg Proz.	Al Proz.	C Proz.	P Proz.	S Proz.	Ni Proz.
Métillure (franz.)	16,92	81,05	0,88	0,25	0,592	0,173	0,01	—
Etianit I (ital.)	15,07	82,40	0,62	—	—	—	—	—
Etianit II (ital.)	15,13	80,87	0,53	—	0,82	0,06	0,03	2,23
Ironac (amerik.)	13,16	83,99	0,77	—	1,08	0,78	0,05	—
Duriron (amerik.)	15,51	82,23	0,66	—	0,83	0,57	0,01	—

Von Salzsäure werden alle die vorstehend aufgezählten Legierungen angegriffen. Tantiron[4]metallapparate (ähnlich dem Duriron) fertigt u. a. die
Tantiron Foundry in London S. E. 3, Glenville Grove, an. Ein Zusatz von
Nickel erhöht in allen Fällen die Säurebeständigkeit[5]. Bei Gußeisenapparaten[6]
gewährt die Gußhaut einen vorläufigen Schutz gegenüber dem Angriff der
Säure. Konzentrierte Schwefel- und Salpetersäure greifen Eisen überhaupt
nicht mehr an; auch Aluminium ist gegen konzentriertere Salpetersäure recht
beständig. *Gebr. Siemens & Co.* lassen sich im D. R. P. 319 465 Formkörper
aus Siliciumcarbid schützen. Um Nitrosylschwefelsäure Eisen gegenüber in-
aktiv zu machen, genügt Zusatz einiger Zehntel Prozent Salpetersäure
(D. R. P. 319 475).

---

[1] Ch. Ztrlbl. 1919, II, 917; IV, 174, 183, 909; 1920, II, 726; Metallbörse 1921, S. 262.
[2] Proc. Am. Electrochem. Soc. 1917, 2. bis 5. Mai; Zeitschr. f. angew. Chem. 1918, II, 18.
[3] Chem.-Ztg. 1918, S. 453.
[4] Ch. Ztrlbl. 1919, IV, 174.
[5] Metallbörse 1920, S. 674.
[6] Ch. Ztrlbl. 1919, IV, 825; Chem.-Ztg., chem.-techn. Übers. 1919, S. 163; Berl. Ber. **34**, 4090 (1901).

In Deutschland liefern Siliciumguß u. a. die *Freier Grunder Eisen- und Metallwerke G. m. b. H.* in Neunkirchen, Bez. Arnsberg; die Eisengießerei und Maschinenfabrik *Julius Römheld* in Mainz; die Maschinenfabrik *Baum A.-G.* in Herne i. Westf. und die *Maschinenfabrik Eßlingen A.-G.* in Eßlingen am Neckar mit ihren höchst beständigen Erzeugnissen Thermisilid (und Esilit). Sehr bemerkenswert sind auch die gleichen Fabrikate der *Friedr. Krupp A.-G.* in Essen. Das nach der entsprechenden Versuchsnummer seinen Namen tragende V2A-Metall ist ein Chromnickelstahl und zeigt folgende Festigkeitseigenschaften:

$$
\begin{array}{ll}
\text{Streckgrenze kg/qmm} & 38 \\
\text{Festigkeit kg/qmm} & 80 \\
\text{Dehnung Proz.} & 40 \\
\text{Schlagwiderstand kg/qcm} & 25.
\end{array}
$$

Es läßt sich mechanisch tadellos bearbeiten und autogen schweißen. Daher findet es weitgehende Anwendung zur Herstellung von Rohrleitungen, Kühlern, Salpetersäurepumpen, Ventilsitzen, Ventilen, Plungern, Kolbenstangen, Rührerschaufeln usw. Das hohe Maß der Festigkeit selbst bei stark steigenden Temperaturen und die vorzügliche Widerstandskraft gegenüber dem Angriff des Rostes, des Seewassers und der Salpetersäure (gegen Schwefelsäure und Salzsäure nicht!) belegen folgende Tabellen:

Temperatur ° C	Streckgrenze kg/qmm	Festigkeit kg/qmm	Dehnung Proz.	Kontraktion Proz.
20	38	79,4	46,4	54
200	31	75,3	55,5	55
300	26	70,2	47,0	54
400	25	63,8	40,5	50
500	24	58,3	22,4	47
600	18	56,6	26,0	34

	Rostung an der Luft Gewichtsabnahme	Korrosion in Seewasser Gewichtsabnahme		In Salpetersäure 10 Proz. kalt Gewichtsabnahme	In Salpetersäure 50 Proz. kochend Gewichtsabnahme
Flußeisen	100	100	Flußeisen	100	100
9 proz. Nickelstahl	70	79	5 proz. Nickelstahl .	97	98
25 proz. Nickelstahl	11	55	25 proz. Nickelstahl	69	103
V2A	0	0,6	V2A	0	0.

Der rostsichere Stahl V2A besitzt auch sehr hohe Widerstandsfähigkeit gegen die Einwirkung hoch erhitzter Gase und Dämpfe, wie folgende Zahlen zeigen:

Bei Erhitzung von Proben im Ofen unter Luftzutritt bei 1000° C war nach 100 Stunden die Gewichtsabnahme bei Flußeisen: 416 g, bei V2A: 6 g.

Bei Erhitzung von Proben im Ofen unter Luftzutritt bei 1200° C war nach 25 Stunden die Gewichtsabnahme bei Flußeisen: 250 g, bei V2A: 10 g.

Das V2A-Metall bewährt sich in praxi besonders für kalte, stärkste Säure. Bei 60° wird es von 26° Bé-Säure etwas angegriffen. Das V2A-Metall läßt sich nicht härten, kann jedoch federhart kalt gewalzt werden. Die Bearbeitung dieses Stahles muß infolge seiner großen Zähigkeit und Verschleißfestigkeit mit langsamstem Gang erfolgen. Um die guten Festigkeitseigenschaften dauernd zu erhalten, ist für alle V2A-Teile eine besondere Wärmebehandlung nötig. V2A-Metall ist vollkommen unmagnetisch. Es bewährt sich namentlich dort, wo es auf sehr hohe Widerstandsfähigkeit gegen den Angriff von Salpetersäure oder Ammoniak bei gleichzeitiger Anwesenheit von Wasserdämpfen ankommt.

Die *Krupp*-Werke fertigen Stangen, Bleche, Gefäße, Ventile, Hähne und Gußstücke aller Art aus V2A-Metall an. Aus V2A-Blech geschweißte Röhren liefern die Röhrenwerke *G. Kuntze* in Bochum i. Westf. Salpetersäurepumpen aus V2AMetall werden von den Firmen *Gebr. Sulzer A.-G.* in Ludwigshafen a. Rh. und *Amag-Hilpert*, Nürnberg, gebaut.

Neuerdings stellt die *Friedr. Krupp A.-G.* ferner eine besondere Sorte säurefesten Siliciumeisengusses, System *Walter*, unter dem Namen Thermisilid her. Thermisilid hat infolge geeigneten Gusses und zweckentsprechender Wärmebehandlung eine gleichmäßige, feine Struktur. Aus ihm können Formstücke gegossen werden, deren Herstellung aus Ferrosilicium vorher unmöglich war. Sprödigkeit und Bruchgefahr sind gegenüber früheren Güssen erheblich herabgesetzt. Thermisilid ist u. a. gegen Schwefelsäure und Salpetersäure jeder Konzentration vollständig widerstandsfähig. Den gleichen Thermisilidguß vertreibt auch die *Maschinenfabrik Eßlingen A.-G.* (s. o.).

Sehr frühzeitig hat sich die *Maschinenbau-A.-G. Golzern-Grimma*, Grimma i. Sa. dem Studium der Siliciumeisenlegierungen zugewandt. Nach Mitteilung von *E. Golz*[1] gebührt der genannten Fabrik sogar der Ruhm, in Deutschland zuerst Versuche größeren Umfanges mit solchen Gußteilen ausgeführt zu haben. Der „Acidur"- Guß hat sich in der Praxis (z. B. in Höchst und Wolfen) ausgezeichnet bewährt. *E. Golz*[1] behandelt das ganze Gebiet der Eisen-Siliciumlegierungen näher und geht auf die vielen Schwierigkeiten ein, welche von den Gießereitechnikern überwunden werden mußten, ehe es gelang befriedigende Güsse herzustellen (siehe z. B. auch D. R. P. 277 855). Um die Säurebeständigkeit des Acidurs zu kennzeichnen, wurden Bruchstücke von 40 bis 60 g Gewicht 38 Stunden lang mit siedender Salpeter- und Schwefelsäure verschiedener Konzentration behandelt. In Salpetersäure gingen bis 0,02 Proz., in Schwefelsäure bis 0,04 Proz. in Lösung. Beim Erhitzen eines Acidurstäbchens mit 2 proz. Schwefelsäure im Autoklaven auf 3 Atm lösten sich nur Spuren. Die Fig. 70 stellt einen Säurekühler für Salpetersäure aus Acidur der *Maschinenbau-A.-G. Golzern-Grimma* dar.

Während man früher in der Salpetersäureindustrie auf die alleinige Verwendung von zerbrechlichen und wenig leistungsfähigen Steinzeugpumpen angewiesen war, hat man im Laufe der letzten Jahre gelernt, diese Pumpen durch solche aus säurebeständigen Metallen zu ersetzen. Für Salzlaugen empfehlen sich jedoch nach wie vor die Steinzeugpumpen.

Sehr leistungsfähige Säurepumpen baut die *Amag-Hilpert Pegnitzhütte* in Nürnberg. Die Fabrikation dieser Spezialpumpen ist hauptsächlich während des Krieges ausgebaut worden.

Amag-Hilpert liefert folgende Modelle:
1. Salpetersäurepumpen aus säurebeständigem Chromnickelstahl (V2A);
2. Spezialsäurepumpen zur Förderung von Mischsäure, ganz aus Temperstahlguß bestehend;

---

[1] Chem. Apparatur 1917 (4), S. 145, 169; Abbildungen.

3. Schwefelsäurepumpen für konzentrierte Säure; alle mit letzterer in Berührung
kommenden Teile bestehen aus Gußeisen;

4. Hartbleipumpen für verdünnte Schwefelsäure.

5. Universal-Thermisilid-Kreisel-Pumpen, die alle Typen unter 1—4 ersetzen.

Hauptkennzeichen der *Amag-Hilpert*-Säurepumpen ist der überhängende Lagerbock.
Die Stopfbüchse, der empfindlichste Teil der Säurepumpe (Patent-Säure-Kreiselpumpe),
liegt vollständig frei und ist leicht zugänglich. Treten beim Verpacken derselben Säure-
teile aus, so können sie in darunter aufgestellten Tongefäßen aufgefangen werden, ohne
mit der Grundplatte in Berührung zu kommen. Die Stopfbüchse selbst besteht aus zwei ineinandergeschach-
telten Einzelteilen, die auf diese Weise ein Herausfließen der Säure verhüten bzw. solche durch eine
besondere Anbohrung abführen. Durch eine weitere Stopfbüchse wird verhindert, daß sich Säure an der
Welle entlangzieht. Bei den Salpetersäurepumpen, denen die Flüssigkeit in der Regel mit etwa 1 m Druck-
höhe zufließt, wird die Stopfbüchse durch Einbau eines kleinen Lauf-
rades mit Axialschaufeln derart entlastet, daß beim Betrieb der Pumpe keine Säure an die Stopf-
büchsenpackung herantritt.

Die Salpetersäurepumpen haben nur eine Flanschendichtung im Saugflansch nötig. Dieselbe ist
so ausgeführt, daß der Saugstutzen mit konisch eir geschliffener Fläche gegen den Gehäuseflansch abgedichtet werden kann. Das Gehäuse selbst ist an den Lagerbock ange-
flanscht und wird nach dem Ein-
schleifen mit 12 Atm abgedrückt. Die leicht zerstörbaren Dichtungs-
materialien, wie Asbest, Pappe usw., kommen also hier überhaupt nicht in Frage.

Fig. 70. „Acidur“-Rieselkühler für Salpetersäure
Bauart *Maschinenbau A.-G. Golzern-Grimma*

Die Welle ist in 2 Ringschmier-
lagern geführt, die einen solchen
Abstand voneinander haben, daß das Laufrad fliegend aufgekeilt werden kann. Es wird
daher nur eine Stopfbüchse auf der Lagerbockseite nötig. Die gebräuchlichen Salpetersäurepumpen haben folgende Leistungen:

10 cbm/Std.,	21 m Förderhöhe,	Antriebsmotor	5 PS
18　„	25　„　　　„	„	7,5　„
30　„	25　„　　　„	„	10　　„
45　„	25　„　　　„	„	12,5　„.

Sämtliche Modelle sind für eine Tourenzahl von 2800 bzw. 2900/Minute für Drehstrom-
antrieb von 50 Perioden und direkte Kupplung mit dem Motor eingerichtet. Die angegebene Förderhöhe ist die geometrische und auf Wasser bezogen. Die manometrische
Höhe ändert sich mit dem spez. Gewicht der Säure. Für Schwefel und Mischsäureförde-
rung werden auch Pumpen mit größeren Leistungen und 1450 Touren/Minute ausgeführt.

Die Pumpenkonstruktionen (s. die Fig. 71) sind durch Patente und Gebrauchsmuster geschützt.

Gut bewährt haben sich ferner die Säurezentrifugalpumpen des *Wesselinger Gußwerks Hans Eichler* in Wesseling, Bez. Köln. Verwendung finden hier zwei Speziallegierungen: der feinkörnige, mechanisch haltbarere **W e g u c i t** und der gröbere sowie härtere **A n t a c i d**. Aus diesen Güssen werden Rohre, Krümmer, Hähne, Retorten, Schalen, Kessel usw. hergestellt.

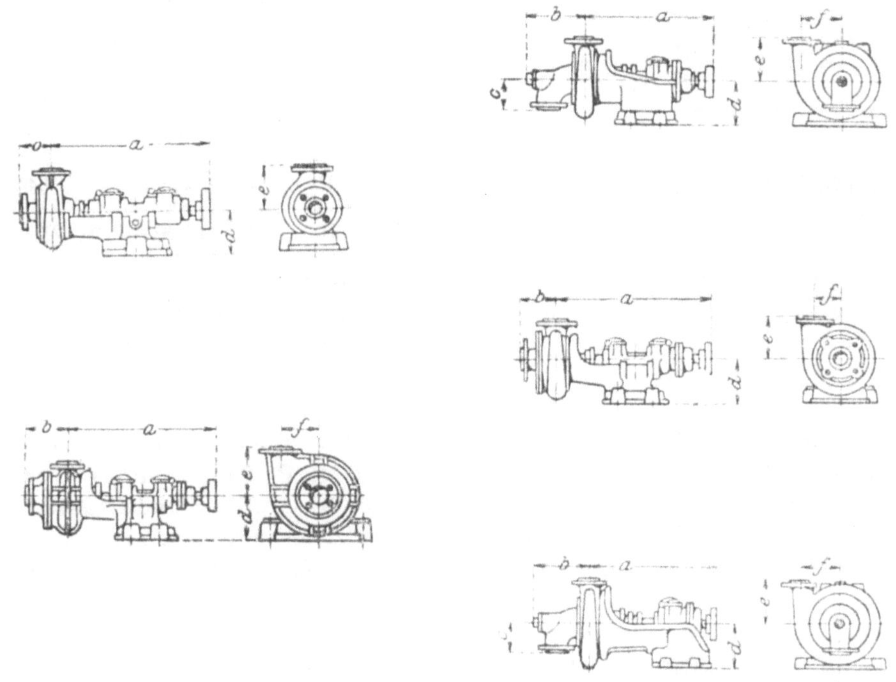

Fig. 71.

Die *Eichler*-Pumpen kennzeichnen sich gleich den vorhin erwähnten in der Bauart der Stopfbüchse. An der Saugseite ist diese überhaupt in Wegfall gekommen und an der Druckseite ist sie so weit entlastet, daß man auch hier ohne jedes Packungsmaterial arbeiten kann. Auf der Welle sitzen 2 Ringe aus säurebeständigem Material dicht aneinander, die eine Art Labyrinth darstellen. Etwa durch den Spalt der Entlastungsscheibe durchsickernde Säure wird mittels eines Hilfsförderrades durch einen Umlaufkanal in den Saugraum überführt, kann also während des Betriebes nicht nach außen gelangen. Bei Stillstand der Pumpe wird die Entlastungsscheibe gegen das Gehäuse gedrückt, vermehrt hierdurch die Labyrinthwirkung und trägt dazu bei, der Säure den Austritt aus der Stopfbüchse zu verwehren. Doch durchsickernde Tropfen werden durch den am Druckstück angegossenen Trichter abgeleitet.

In der nachstehenden Tabelle sind einige Zahlen über einstufige *Eichler*-Pumpen gebräuchlichster Größe wiedergegeben. Die Förderhöhe wächst bei mehrstufiger Anordnung entsprechend der Stufenzahl. Der Kraftbedarf bezieht sich auf ein spez. Gewicht = 1, ohne Rücksicht auf Viscosität usw. Antrieb erfolgt durch direkt gekuppelten Motor oder durch Transmission:

Modell	l. Weite der Rohranschl.	Umdrehung. i. d. M.	1450	1800	2000	2300	2400	2600	2800	2900
Hs 125	50 mm	$\frac{Q}{\text{in l p. Min.}}$	—	—	180	210	240	270	285	300
		$\frac{H}{\text{in m man}}$	—	—	7	10	11	13	15	17
		P.	—	—	0,93	1,55	1,95	2,60	3,15	3,80
Hs 150	80 mm	$\frac{Q}{\text{in l p. Min.}}$	260	330	375	400	425	450	480	525
		$\frac{H}{\text{in m man.}}$	6	9	12	14	16	19	22	23
		P.	1,15	2,20	3,30	4,15	5	6,30	7,85	9
Hs 175	100 mm	$\frac{Q}{\text{in l p. Min.}}$	410	525	600	650	710	780	800	850
		$\frac{H}{\text{in m man.}}$	8	12	15	21	23	27	31	34
		P.	2,50	4,60	6,70	10	12	15,60	18,40	21,40.

Über „Cerathrem"- Pumpen vgl. Ch. Ztrlbl. 1920, IV, 554[1].

Neben diesen säurebeständigen Metallkompositionen spielt natürlich das Steinzeug als Baumaterial für die Türme, die Rohre, für gewisse Pumpen, die Exhaustoren, Druckautomaten usw. eine sehr wichtige Rolle[2]. Mit der Ausführung von Turm-, Kammer- und Behälterbauten aus säurebeständigem Steinmaterial beschäftigt sich vornehmlich das *Tonwerk Biebrich A.-G., Schamottefabrik* in Biebrich (Rhein). Das D. R. P. 299 805 dieser Firma betrifft einen profilierten, hohlen Füllkörper für Absorptions- und Reaktionstürme. Steinzeuggeräte, Pumpen, Exhaustoren, Druckautomaten, Effektoren usw. liefert die *Deutsche Steinzeugwarenfabrik für Kanalisation und Chemische Industrie*, Friedrichsfeld (Baden). Sehr leistungsfähig sind die *Deutschen Ton- und Steinzeugwerke, A.-G.*, Berlin - Charlottenburg, die auch für Erzeugung von Quarzapparaten und -röhren (Vitreosil) in Betracht kommen. In Frankreich stellt u. a. die *Soc. Le Quartz Fondu* in l'Argentière-la-Bessée (Hautes Alpes) Quarzgeräte her.

Außer mit besonders hergestellten Füllkörpern (s. auch *H. Frischer*, D. R. P. 324 441, 324 921), können die Säuretürme auch mit Granit, Lavamaterial usw. ausgesetzt werden. Die Firma *H. Buchmeyer* in Herdecke i. Westf. empfiehlt für diese Zwecke ihr kiesel- und quarzreiches Naturgestein[3].

Das Bestreben, ein gutes Hochkonzentrationsverfahren[4] für verdünnte Salpetersäure zu finden, hat lange die Praxis bewegt. Heute ist dieses Problem im wesentlichen gelöst. Nicht nur hat uns die bereits besprochene Arbeitsmethode der *Höchster Farbwerke* neue Wege gewiesen, das schöne

---

[1] Vgl. auch allgemein D. R. P. 304 298; Chem.-Ztg., chem.-techn. Übers. 1920, S. 253, 267; Ch. Ztrlbl. 1920, IV, 357, 358.

[2] Ch. Ztrlbl. 1919, IV, 364; Verh. d. Ver. z. Bef. d. Gewerbefl. 1918, 8. Heft, S. 199.

[3] Zeitschr. f. angew. Chem. 1918, I, 48.

[4] Ch. Ztrlbl. 1919, IV, 72, 177; Zeitschr. f. angew. Chem. 1917, I, 238.

Verfahren von *Pauling* ist inzwischen auch so weit vervollkommnet, daß es technisch einwandsfrei arbeitet.

Die Verfahren zur Konzentrierung von Salpetersäure bilden so vielfach den Gegenstand von Arbeiten und Patenten, daß an dieser Stelle nur in Auswahl über die einschlägigen Methoden berichtet werden kann. Den Gedanken von *C. Übel* (D. R. P. 210 803), Salpetersäure durch Destillation mit Schwefelsäure in besonderer Weise zu konzentrieren, verfolgt die *A.-B. Nitric Syndicate* in Stockholm weiter (D. R. P. 236 341; norweg. Pat. 17 124), indem sie 25 bis 30 proz. Säure erst auf 60 Proz. bringt und diese dann in einer zweiten Stufe mittels konzentrierter Schwefelsäure weiter anreichert. Auf die interessanten, in mehreren Patenten niedergelegten Arbeiten von *O. Boeters, R. Wolffenstein, O. Dieffenbach, C. Übel* u. a., die verdünnte Salpetersäure durch Zusatz wasserbindender Salze, in Sonderheit von Nitraten, Natriumsulfat, Bisulfat usw konzentrieren wollen, sei hingewiesen.

Die franz. Pat. 455 531 und 455 532 betreffen Konzentrierung von Salpetersäure, ebenso diejenigen von *E. Collet* (franz. Pat. 447 106 und 450 448). In den D. R. P. 257 809 und 274 165 sowie dem engl. Pat. 22 320/1914 gibt *H. Pauling* (s. u.) sein erstes Verfahren an, um verdünnte Salpetersäure dadurch zu konzentrieren, daß sie mit Schwefelsäure und einem Heizmittel im Gegenstrom behandelt wird. Auch das franz. Pat. 462 290 des *Vereins Chem. Fabr. Mannheim* hat die Konzentrierung von Salpetersäure mittels Schwefelsäure zum Gegenstand.

Nach Kriegsausbruch, als die Sprengstoffabriken immer größere Mengen konzentrierte Salpetersäure verlangten, begann man sich dem Studium dieses Gebietes noch eifriger zu widmen. Die *Norsk Hydro* (D. R. P. 289 745) verdampft die zu konzentrierende Salpetersäure und leitet die Dämpfe in den Gegenstromapparat mit konzentrierter Schwefelsäure, die unter Umständen gekühlt werden kann (D. R. P. 292 385; norweg. Pat. 28 762, 31 438; franz. Pat. 465 504). Nach den D. R. P. 278 867 und 305 915 wird z. B. in der Weise verfahren, daß man die Salpetersäure-Wasserdämpfe von 120° C in einen Rieselturm eintreten läßt, der oben mit 80 proz. Schwefelsäure von 30° C so beschickt wird, daß die Temperatur der abziehenden Dämpfe etwa 95° C beträgt. Dem D. R. P. 318 091 zufolge, läßt man verdünnte nitrose Gase durch Schwefelsäure von etwa 90 Proz. absorbieren. Es entsteht Nitrosylschwefelsäure:

$$2\,SO_2\!\!\begin{array}{c}\diagup OH\\\diagdown OH\end{array} + N_2O_3 \rightleftarrows 2\,SO_2\!\!\begin{array}{c}\diagup OH\\\diagdown ONO\end{array} + H_2O,$$

die in dieser Konzentration durch Erhitzen glatt von ihren Stickoxyden befreit werden kann. Das D. R. P. 319 115 nutzt die Wärme der 1000° heißen, nitrosen Ofenabgase für die Konzentrierungsvorgänge aus. Nach dem D. R. P. 323 961 kühlt und kondensiert man die heißen Säure-Wasserdämpfe der Konzentrationsapparate mit Hilfe eines durch eine Kühlflüssigkeit geleiteten Gasstromes.

Das D. R. P. 299 774 von *H. Pauling* (s. o.) betrifft eine Einrichtung und eine Rektifikationskolonne zum Konzentrieren von Schwefelsäure. Im

D. R. P. 305 553 ist ein Salpetersäurekonzentrationsprozeß des näheren beschrieben.

Die zu konzentrierende (Fig. 72) Salpetersäure und die als Trockenmittel dienende Schwefelsäure werden jeder Teil für sich oder als Gemisch erhitzt. Hierauf wird das heiße Gemisch im Gegenstrom mit Luft oder einem anderen indifferenten Gas abgetrieben. Die Fig. 72 zeigt eine Vorrichtung zur Durchführung des Verfahrens. Die ver-

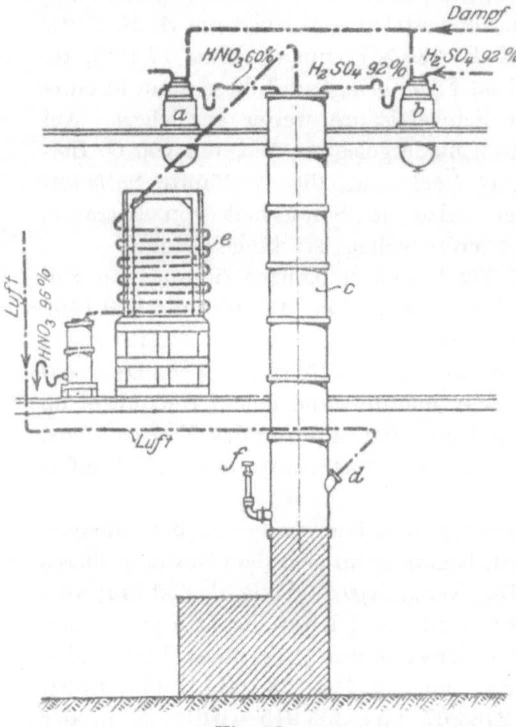

Fig. 72.

dünnte Salpetersäure wird durch den dampfummantelten Behälter *a*, die konzentrierte Schwefelsäure entsprechend durch *b* zugeführt. Beide Säuren treten mit 90 bis 95° C Temperatur oben in die beliebig gefüllte Kolonne *c* ein. Innerhalb der. letzteren ist eine Einrichtung zum Mischen der Säuren angebracht. Durch *d* tritt ein Luftstrom in die Kolonne ein, der die Salpetersäure aus dem Gemisch heraustreibt. Der mit HNO_3-Dämpfen beladene Luftstrom verläßt die Kolonne oben und tritt in den Kondensator *e* ein, in dem die Salpetersäuredämpfe sich niederschlagen, während HNO_3-freie Luft entweicht. Bei *f* tritt salpetersäurefreie Schwefelsäure aus der Kolonne aus und wird zur Entfernung des Wassers einer gesonderten Konzentration unterworfen.

Der Zusatz von starker Schwefelsäure zur wäßrigen Salpetersäure erniedrigt den Dampfdruck des Wassers in letzterer so weit, daß aus der Mischung fast nur Salpetersäure zu verdampfen vermag[1]. Das *Pauling*-Verfahren wird heute, nachdem die seiner Durchführung anfangs hinderlichen Materialschwierigkeiten überwunden sind, in größtem Umfange benutzt. „Es ist", nach *F. Foerster*, *Th. Burchardt* und *E. Fricke*[2], „zu einer sehr einfachen und eleganten Überführungsart der, aus den nitrosen Gasen der Ammoniakverbrennung gewonnenen, etwa 50 proz. Salpetersäure in höchstkonzentrierte (96 bis 98 Proz.) ausgestaltet worden." Auch *R. Reik*[3] beurteilt den Prozeß sehr günstig, der erst im Kriege die Feuerprobe der Praxis bestanden hat.

Die *Farbenfabriken vorm. Fr. Bayer & Co.* geben im D. R. P. 297 901 eine Vorrichtung (und ein Verfahren) an, bei der ein Gemisch von dünner Salpetersäure und konzentrierter Schwefelsäure durch die Wärme von salpetersauren Dämpfen fraktioniert wird. Nach dem D. R. P. 297 903 bläst

---

[1] Vgl. die Ausführungen von *Jul. Baumann*: Chem.-Ztg. 1920, S. 805.
[2] Zeitschr. f. angew. Chem. 1920, I, 132.
[3] Österr. Chem.-Ztg. 1919, S. 140.

man dagegen in einen 10 cbm-Kessel, der 10 000 kg eines Säuregemisches aus 55 Proz. H_2SO_4 und 20 Proz. HNO_3 enthält, allmählich 600 kg Dampf und 5000 cbm Luft ein, während gleichzeitig 2500 kg 80 proz. Schwefelsäure durch den angeschlossenen Trockenturm laufen. Man gewinnt so 2050 kg reine Salpetersäure von 96 Proz., während 11 000 kg beinahe salpetersäurefreie Schwefelsäure von 68 Proz. zurückbleiben. Beim Beschicken einer Konzentrationskolonne mit Salpeter-Schwefelsäuregemisch wird die auflaufende Schwefelsäure so heiß und so konzentriert verwendet und die zugefügte Menge Salpetersäure von 40 bis 50 Proz. so groß gehalten, daß unten aus der Kolonne eine 74 proz. Schwefelsäure von $100°$ C abläuft (D. R. P. 310 081).

Im Anschluß an die bereits früher erwähnte Methode (D. R. P. 296 809) der *Farbwerke vorm. Meister, Lucius & Brüning* in Höchst a. M. sei auf das entsprechende amerik. Pat. 1 180 061 von *M. Moest* und der *Nitrum A.-G.-* Zürich verwiesen. *F. Raschig* konzentriert Salpeter-Schwefelsäuregemisch in einem System von Verdampfpfannen (D. R. P. 286 973). Stark wasserentziehend wirken nach *C. Hofmann* und *H. Josephy* (D. R. P. 292 543) die Gemenge von Meta- und Pyrophosphorsäure, die beim Eindampfen wäßriger Phosphorsäurelösungen bei 220 bis $330°$ entstehen. Erhitzt man 25 Raumteile einer 49 proz. Salpetersäure mit 50 Teilen dieser Phosphorsäuren, so destilliert zwischen 105 und $120°$ eine 95 bis 98 proz. Säure vom spez. Gewicht 1,51 ab. Die *Deutsche Gasglühlicht A.-G.* (Auer-Gesellschaft) destilliert Salpetersäure von weniger als 69 Proz.-Gehalt mit verdünnter Schwefelsäure von ungefähr 78 Proz.-Gehalt unter Fraktionierung (D. R. P. 299 681). Andere Verfahren zur Hochkonzentrierung von Salpetersäure betreffen die D. R. P. 300 712 von *Wülfing, Dahl & Co.* und 302 534 von *H. Petersen*. *A. Clemm* reichert Salpetersäure (D. R. P. 303 313, 304 233) durch Zersetzung von Barytsalpeter mit Schwefelsäure an. *E. Reinau* setzt verdünnte Salpetersäure und Natriumsulfat (D. R. P. 299 001, 299 007, s. u.) nach:

$$HNO_3 + x\ H_2O + Na_2SO_4 = NaNO_3 + NaHSO_4 + x\ H_2O \quad \text{und}$$

$$NaNO_3 + NaHSO_4 = HNO_3 + Na_2SO_4$$

um. Konzentrierte Salpetersäure destilliert aus dem festen Salpeter- und Bisulfatgemisch ab (D. R. P. 305 171).

Konzentrationsanlagen für Salpetersäure (z. B. D. R. P. 309 153) baut unter Verwendung des hochsäurebeständigen „Agdiron"-Metalls u. a. das *Techn. Büro für chem. Industrie „Agd"* G. m. b. H. vorm. Ing. Düron in Wiesbaden. An die Arbeit von *K. Mattenklodt* über das *Strzoda*-Konzentrationsverfahren für Schwefelsäure (D. R. P. 272 158) bzw. Salpetersäure, das sich im übrigen bewähren konnte, hat sich eine interessante Kontroverse angeschlossen[1]. Vgl. auch das D. R. P. 323 416 von *C. F. Baer*.

---

[1] Chem.-Ztg. 1920, S. 529, 683; 1921, S. 20.

Die Salze des Ammoniaks und der Stickstoffsäuren.

Es ist nicht beabsichtigt, in den folgenden Ausführungen ein abgerundetes Bild vom Stande der Technik auf diesem Sondergebiete unter Aufzählung aller bisher erschienenen Arbeiten und Patente zu entwerfen: es soll nur ein Einblick in das hier vorliegende neueste Material vermittelt werden, soweit es für die Verarbeitung der synthetisch gewonnenen Primärerzeugnisse, Ammoniak und Salpetersäure, von Bedeutung ist.

Für die Bindung des Ammoniaks kommt in erster Linie die Herstellung von Düngesalzen[1] in Frage. Unter diesen ist das Ammonsulfat heute noch das wichtigste.

Ausgangsmaterial bildet, wenn es sich nicht um die direkten Methoden der Kokerei handelt, das Gas- oder das konzentrierte Ammoniakwasser. Dasselbe wird zunächst für sich oder unter Zusatz von Kalkmilch abgetrieben und durch systematisches Herunterkühlen in Kühlern auf reines Ammoniakgas verarbeitet (D. R. P. 281 095, 299 621, 303 832, 312 933, 314 362, 316 594, 320 415, 321 600, 323 306, 324 582 und Ch. Ztrlbl. 1919, IV, 1121). Das Ammoniakabgas von Kalkstickstoffzersetzern kann unter Umständen, wenn es genügend rein ist, zur Verwendung gelangen, ohne diesem Abtreibeprozeß unterworfen zu werden. Das von den Kühlbatterien gelieferte Ammoniakgas ist sehr hochprozentig und im wesentlichen nur durch kleine Mengen Wasserdampf und Luft verunreinigt. Daneben sind in ihm natürlich alle diejenigen Beimengungen (oft nur in Spuren) enthalten, die als Katalysatorgifte (s. o.) bei der etwaigen späteren Oxydation zu Salpetersäure so außerordentlich schädigen. Sehr oft ist es erwünscht, das Ammoniakgas in Form eines sehr reinen konzentrierten Ammoniakwassers oder des Salmiakgeistes wieder zu erhalten. Auch für diesen Zweck finden sich in der Literatur[2] zahlreiche Vorschläge und Verfahren angegeben. Die Abwässer der Ammoniak- bzw. Gaswasserdestillation bedürfen ständiger Kontrolle, sollen sie nicht zu Verlustquellen werden. Es ist eine Reihe von Verfahren ausgearbeitet worden, um diese Wässer in geeigneter Weise aufzuarbeiten (D. R. P. 286 971, 291 038, 307 652)[3].

Gaswasser enthält nach *H. L. Kropf*[4] („Zuidergaswerk") folgende Bestandteile im Liter:

	Gesamtammoniak: 16,39 g			Gesamtschwefel: 2,91 g		
in Form von	$NH_4 \cdot SH$	3,84 g =	1,28 g NH_3 =	7,81 Proz.		
„ „ „	$(NH_4)_2CO_3$	36,48 g =	12,92 g	„ = 78,83	„	
„ „ „	NH_4Cl	7,03 g =	2,05 g	„ = 12,51	„	des Gesamt-
„ „ „	NH_4CNS	0,53 g =	0,12 g	„ = 0,73	„	ammoniaks
„ „ „	$(NH_4)_2SO_4$	0,28 g =	0,04 g	„ = 0,24	„	
„ „ „	$(NH_4)_2S_2O_3$	0,49 g =	0,11 g	„ = 0,67	„	
„ „ „	$(NH_4)_2Fe(CN)_4$	0,14 g =	0,02 g	„ = 0,12	„	

[1] Siehe *C. Bosch*, Zeitschr. f. Elektrochemie **24**, 361 (1919).

[2] D. R. P. 297 311, 302 195; Chem. Apparatur **4**, 161 (1917); Journ. f. Gasbel. 1915, S. 115; Ch. Ztrlbl. 1919, II, 908.

[3] Journ. f. Gasbel. 1918, S. 200; Chem.-Ztg., chem.-techn. Übers. 1919, S. 187; Ch. Ztrlbl. 1919, IV, 472.

[4] Chem.-Ztg. 1917, chem.-techn. Übers. S. 60.

Gaswasser kann auf Betonbehälter unter Umständen zerstörend wirken[1] und soll nie in verzinkten Eisengefäßen aufbewahrt werden[2]. Nach dem D. R. P. 292 145 kann man aus Gaswasser direkt Düngemittel herstellen.

Ferrocyankalium erwärmt *H. Haakh* mit Wasser im Autoklaven auf 200° um Ammoniak neben Kaliumformiat zu gewinnen (D. R. P. 281 044). *E. P. Williams* (engl. Pat. 2841/1914, 23 624/1909) erhitzt Calciumsulfocyanid-lösung mit einem Alkali oder einem Erdalkali in Gegenwart von Wasser. Nach den D. R. P. 313 271 und 316 757 wird Harn unter Zusatz von Kali-endlauge auf Ammonsalze verarbeitet.

Reines Ammoniakgas kann u. a. zur Darstellung von Alkaliamid (D. R. P. 323 004), zur Entsäuerung von Fetten und Ölen (D. R. P. 312 136) sowie als Zusatz zu Ballonfüllgas[3] (D. R. P. 303 966) dienen. Ganz allgemein ist seine Verwendung im Kältemaschinenbau und als verflüssigtes Gas für Kühlzwecke[4].

Das große Gebiet der Verbesserung der Ammoniakausbeute bei der Vergasung von Kohle, Torf[5], Koks usw. braucht hier, als außerhalb des Rahmens liegend, nicht berührt zu werden (vgl. z. B. D. R. P. 281 096, 288 524, 298 861, 301 979, 303 954, 311 694, 312 426, 313 470)[6].

Aus der Ammonsulfattechnik liegen insonderheit die Darstellungen von *J. Rodenburg*, *W. Bertelsmann*, *P. Smit* und *E. Wolff* über Betriebs-erfahrungen, -störungen und -kontrollen vor[7]. Über eine Vergiftung durch Sättigerabgase berichtet *Leybold*[8], über Schmelzen und Sieden von Ammon-sulfat *Jänecke*[9]. Namentlich in England ist man neuerdings bestrebt, ein absolut neutrales Produkt auf den Markt zu bringen[10]. Der Säuregehalt ist von Einfluß auf die Lagerbeständigkeit des Salzes. Nach *Atwater* und *Schulze*[11] ist es am richtigsten, das Sulfat in heißer Luft zu trocknen. Salz mit weniger als 0,25 Proz. Wasser soll angeblich dauernd streubar bleiben. Die Ursache des Backens, Klumpens und Feuchtwerdens mancher Sorten erblicken die Verfasser in einer geringen Beimengung von Pyridinsulfat. Über die Arbeiten einer Instandsetzung von Ammonsulfatanlagen berichtet *J. Poulson*[12]. In den Kapiteln über „Ammoniak" und über „Ammoniumverbindungen", die *Bertelsmann* für die Enzyklopädie der Technischen Chemie von *F. Ullmann*[13] ver-

---

[1] Chem.-Ztg. 1917, S. 161, 249; 1918, S. 195.

[2] Journ. f. Gasbel. **60**, 63 (1917).

[3] Chem.-Ztg. 1915, S. 325.

[4] Journ. f. Gasbel. 1917, S. 399ff.; Ch. Ztrlbl. 1920, IV, 640, 644.

[5] *E. Philippi*, Torfkraftwerke und Nebenproduktenanlagen, Berlin 1919.

[6] Dissertationen *Sommer*, Breslau und *Sachs*, Karlsruhe; Zeitschr. f. angew. Chem. 1919, I, 148; Feuerungstechnik **6**, 3 bis 8 (1917).

[7] Het Gas, Januar 1915; Chem.-Ztg. 1917, chem.-techn. Übers. S. 252; Journ. f. Gasbel. 1918, S. 577, 601; Chem. Weekblad **14**, 955 (1917).

[8] Chem.-Ztg. 1917, chem.-techn. Übers. S. 224.

[9] Zeitschr. f. angew. Chem. 1920, I, 278ff.

[10] Ch. Ztrlbl. 1919, IV, 601.

[11] Chem.-Ztg. 1920, chem.-techn. Übers. S. 192.

[12] Chem. News **120**, 8 bis 9 (1920).

[13] Bd. I, S. 360ff. (1914).

faßt hat und in dem bereits mehrfach angezogenen Werk von *F. Muhlert*, Die Industrie der Ammoniak- und Cyanverbindungen (Leipzig 1915), wird so ausführlich über das ganze hier in Frage kommende Gebiet berichtet, daß an dieser Stelle nur ein sehr kurzer Überblick über die neuesten Literaturerscheinungen gegeben zu werden braucht[1], zumal bereits bei der Besprechung des *Haber-Bosch*-Verfahrens von ähnlichen Dingen die Rede war.

Vollständige Sulfatanlagen werden von *Barnick, Borngräber, Reinhardt* und *Heinecken* beschrieben[2]. *L. Fabre*[3] bespricht die Darstellung von Ammonsulfat aus dem Gaswasser der Gasanstalten unter möglichster Ausschaltung der Handarbeit. Als Sättiger findet ein spezieller Typ „Exzelsior" und als Trockner eine rotierende Trommel „Zenith" Verwendung. Mit Einzelheiten der Sättigerkonstruktion usw. beschäftigen sich u. a. die D. R. P. 286 242, 288 497, 289 162, 289 524, 297 740, 310 124, 314 598, 316 595 und 322 601. Im D. R. P. 284 641 geben *Gebr. Hinselmann* ein Verfahren zur Gewinnung reinweißer Ammonsalze aus verfärbten Rohsalzen an. Das Klumpen des Sulfats will *F. Dahl* durch sofortigen Zusatz von Alkalichlorid oder -sulfat mit Sicherheit verhüten (D. R. P. 305 715). Für das Aushebern des Ammonsulfats aus dem Sättigerbade hat sich die *A.-G. F. J. Collin* in Dortmund ein besonderes Verfahren schützen lassen (D. R. P. 316 596). Ammonsulfatgewinnung betreffen auch die engl. Pat. 28 072/1912, 28 245/1913, amerik. Pat. 1 105 607 und 1 163 753. Um neutrales oder sogar ammoniakalisches (?) Ammonsulfat zu erhalten, deckt man das gewonnene erste Produkt mit einer gesättigten, kalten, ammoniakalischen Lösung von Ammonsulfat (engl. Pat. 127 398/1918).

Auf die Patente, welche die Oxydation des Ammoniumsulfits zu Ammonsulfat zum Gegenstand haben, ist bereits anläßlich der Besprechung von Stickstoffherstellungsverfahren eingegangen worden (vgl. D. R. P. 283 161, 283 618, 302 671, 316 502). Die Verfahren haben doppeltes Interesse: sie gestatten unter Umständen die SO_2 der Rauchgase nutzbar zu machen und sie liefern neben Ammoniumsulfat Stickstoff als Abfallprodukt.

Ein Gemenge von Ammonsulfat und Ammonnitrat ist von den *Leunawerken* als Ammonsulfatsalpeter (im Mittel: 27 Proz. N) in den Handel gebracht worden. Die Explosion von Ammonsulfatsalpeter beim Sprengen wurde zur Veranlassung für die Katastrophe von Oppau im September 1921. *H. Ulex*[4] gibt folgende Analysen:

Nach Methode *Arnd*	Nach Methode *Ulex*
26,44 Proz. N	26,90 Proz. N
26,75 „	27,18 „
26,96 „	27,41 „
26,71 „	27,07 „

---

[1] Chem.-Ztg. 1913, Nr. 110ff.; 1915, Nr. 118/119ff.; 1920, S. 625ff.
[2] Chem. Apparatur 1915, S. 61; 1918, S. 17; Journ. f. Gasbel. 1915, S. 64; 1919, S. 30.
[3] Rev. de chim. ind. **28**, 384 (1919).
[4] Chem.-Ztg. 1920, S. 876; s. a. Ch. Ztrlbl. 1920, IV, 570.

Auf die Möglichkeit der Bindung von Ammoniak mit Hilfe von Kalirohsalzen weist *H. Hampel* hin[1]. Für Deutschland hätten solche Methoden, die sich dem Grundgedanken des bekannten (s. o.) Gipsverfahrens der *BASF* nähern, erhebliche Bedeutung, da die Inlandsschwefelsäure sehr knapp ist und die Auslandskiese überteuert bezahlt werden müssen[2]. *Jul. Baumann* beleuchtet diese Zusammenhänge an Hand genauer statistischer Zahlen[3].

Während des Krieges standen in Deutschland, England, Frankreich usw. große Mengen Natriumbisulfat[4] als Nebenprodukt der Sprengstoffindustrie zur Verfügung. Man hat bald daran gedacht, dieses Bisulfat zur Bindung von Ammoniak zu verwenden. Theoretisch sollte das Bisulfat der Salpeterzersetzung 40,8 Proz. freie Schwefelsäure enthalten, in praxi hat es meist nur 30 bis 35 Proz. Seine Verwendung macht Schwierigkeiten, sobald der Gehalt an Salpetersäure, salpetriger Säure, Nitraten usw. 0,25 Proz. übersteigt: dann werden insbesondere die Bleisättiger erheblich angegriffen. Am meisten empfiehlt es sich, nicht ausschließlich mit Natriumbisulfat zu arbeiten, da sonst das erzeugte Salz zu stickstoffarm wird (8 bis 10 Proz. NH_3), sondern Mischungen von Schwefelsäure mit Natriumbisulfat als Absorptionsmittel zu verwenden[5]. Die D. R. P. 298 042 und 299 742 betreffen Details solcher Verfahren. In den norweg. Pat. 31 040/41 und 31 042 wird eine Vorschrift mitgeteilt, um das Natriumammoniumsulfat durch passende Zugabe von Wasser in Glaubersalz und Ammonsulfat zu trennen[6]. Durch Verwendung bestimmter Wassermengen unter Sieden können auch die wasserfreien Komponenten erhalten werden. Erhitzt man das Salz

$$Na_2SO_4 + (NH_4)_2SO_4 + 4\,H_2O$$

mit einer Ammonsulfatlösung, so scheidet sich zuerst Natriumsulfat aus und erst beim Abkühlen der Mutterlauge fällt Ammonsulfat. Beim Erwärmen des Doppelsalzes auf 350 bis 600° wird alles Ammoniak als flüchtiges Gas abgetrieben und Natriumbisulfat entsteht zurück. *J. Mościcki* und *W. Dominik* haben gezeigt[7], daß man die gesamte Schwefelsäure aus dem Bisulfat dadurch abdestillieren kann, daß man mit gleichen Teilen Sand oder mit Sulfat vermischt. Auf Grund ihrer Versuche ist in Wien eine entsprechende Anlage errichtet worden. Heute hat die Verwendung von Natriumbisulfat in Deutschland kaum noch Bedeutung, da es infolge des Rückganges der Sprengstofferzeugung nur in sehr kleinen Mengen auf den Markt kommt.

Auf das **Gips-Ammonsulfat-Verfahren** der *BASF* zur Verarbeitung des *Haber*-Ammoniaks (s. d.) war schon eingegangen worden, es genügt deshalb hier, auf die D. R. P. 299 621 und 291 622 von *Dr. C. Otto & Co.* in

---

[1] Chem.-Ztg. 1919, S. 617ff.; D. R. P. 321 030.

[2] Zeitschr. f. angew. Chem. 1919, II, 796.

[3] Chem.-Ztg. 1920, S. 346.

[4] Vgl. D. R. P. 322 601: $Na_2CO_3 + (NH_4)_2SO_4$ aus Bisulfat.

[5] Journ. f. Gasbel. 1918, S. 91; Chem.-Ztg. 1919, S. 500 und chem.-techn. Übers. S. 313; Ch. Ztrlbl. 1919, II, 559; IV, 219, 536.

[6] Journ. f. Gasbel. 1919, S. 97.

[7] Ch. Ztrlbl. 1920, IV, 430.

Dahlhausen a. d. Ruhr zu verweisen, die eine Reaktionskolonne für die Umsetzung des Ammoncarbonats mit Gips usw. betreffen. Die *Chem. Industrie A.-G.* und *Fr. Wolf*-Bochum gehen von Gaswasser, Gips und Kohlensäure unter Druck aus (D. R. P. 299 752). Bei dieser Gelegenheit sei auf die Bestrebungen aufmerksam gemacht, die darauf hinauslaufen, den Schwefelgehalt der Steinkohle zur Bindung des Ammoniaks auszuwerten bzw. den Schwefel der ausgebrauchten Gasreinigungsmasse in dieser Weise nutzbar zu machen[1]. Es handelt sich hier im wesentlichen um die D. R. P. 290 509, 300 035, 300 036, 300 383, 301 464, 302 562, 306 441, 307 081, 309 159, 314 598, 314 627, 314 628, 318 671, 325 652, 325 966; franz.Pat. 475 463, 480 129 und engl. Pat. 17 475/1914.

Die auch von *Bertelsmann*[2] beschriebene Darstellung von Ammoniumnitrat läßt sich auf Grund der heute technisch ausgeübten Methode in zwei Gruppen von Verfahren einteilen:

1. Neutralisation von Salpetersäure in Lösung mit Ammoniak in Lösung, und
2. Neutralisation von Salpetersäure in Lösung mit Ammoniak als Gas.

Das Mischen von Säure und Ammoniak erfolgt in beiden Fällen in der Weise, daß man die Komponenten in genau regulierter Menge in wassergekühlten Gefäßen aus Ton, emailliertem Guß oder säurefest ausgekleidetem Eisen zusammenbringt. Die erhaltenen Lösungen werden geklärt und filtriert und dann eingedampft. Man konzentriert entweder so weit, daß die abgelassenen Laugen in Krystallisiergefäßen zu einem Salzbrei erstarren, der abgelassen und zentrifugiert werden kann oder man vertreibt in emaillierten, gußeisernen Rührwerkspfannen (Vakuum, Dampfschlange) alles Wasser und kippt den ganzen Inhalt, der dann völlig rein ist, in Transportrinnen. Die im Vakuumapparat vorverdampfte bzw. -konzentrierte Lösung wird neuerdings auch auf Vakuumtrommeln mit Abschabemessern gänzlich zur Trockne gebracht. In letzter Zeit haben sich sog. Spritzverfahren einführen können, bei denen die konzentrierte Lösung durch Verspritzen verdampft wird.

Die Ammonsalpeterfabrik in Notodden ist von ihrem Erbauer *F. A. Bühler* in Berlin (jetzt *W. Salge & Co., G. m. b. H.*, Berlin W 8) ausführlich an Hand eines Übersichtsplanes geschildert worden[3]. *Bühler* benutzt u. a. Schwingkrystallisatoren[4] und Schnelltrockner besonderer Bauart und hat eine ähnliche Anlage auch für die *Sprengstoff-A.-G. Carbonit* in Hamburg erbaut. Auf der Ausstellung wissenschaftlicher Produkte in der „Central Hall", Westminster, August 1919, zeigten *Brunner, Mond & Co.* nadelförmige Ammonsalpeterkrystalle von ungefähr 2 Fuß Länge und als Spezialität ein komprimiertes Salmiakbrikett mit dem Handelsnamen „Salamac", das in Größe und Aussehen einem 1 Pfund-Riegel Seife gleicht. Auch Ammonnitrat ist übrigens brikettiert und tablettiert worden. *C. Gautsch* hat in der Chem.-Ztg. 1916, S. 1049 Tabellen zur Herstellung von Ammonnitratlösungen jeder gebräuchlichen Stärke veröffentlicht.

---

[1] Journ. f. Gasbel. 1918, S. 152, 161; 1919, S. 3, 77; Chem.-Ztg. 1917, S. 657; 1919, chem.-techn. Übers. S. 250, 299; 1920, S. 742; Ch. Ztrlbl. 1919, IV, 269, 270, 298, 385; 1920, II, 462, 463/4; IV, 707; Zeitschr. f. angew. Chem. 1920, I, 141; J. Soc. Chem. Ind. **36**, 483 (1917).

[2] A. a. O.

[3] Chem. Ind. 1911, S. 210ff.

[4] Vgl. Ch. Ztrlbl. 1919, IV, 534.

Die *Bamag* gibt im D. R. P. 299 602 ein Arbeitsverfahren an, um die zu verdampfende Wassermenge bei der Absättigung von verdünnter Salpetersäure mit Ammoniakgas möglichst herunterzusetzen. *J. R. Partington* und *G. J. Jones* scheiden bei der Entnebelung feinverteilten Ammonnitrats direkt festes Salz aus (D. R. P. 325 074). Die *Norsk Hydro* verarbeitet nach dem D. R. P. 302 034 verdünnte nitrose Gase auf Ammonnitrat, das nach dem D. R. P. 304 912 in gekörnte Form gebracht wird. Um das Ammonnitrat weniger hygroskopisch zu machen, setzt man den Lösungen ausreichende Mengen von Gelatine, Eiweiß, Dextrin usw. zu (D. R. P. 304 087). Schwerer wasseranziehende Massen für Düngungszwecke erzielt man nach den Vorschriften der *BASF* (D. R. P. 309 668) aus Ammonnitrat und Kaliumchlorid (Kaliammonsalpeter: im Mittel 16 Proz. N, 25—27 Proz. Kali). Die *Dynamit A.-G. vorm. Alfr. Nobel & Co.* in Hamburg (D. R. P. 305 556, 305 557, 305 558, s. auch 321 878) schmilzt den Ammonsalpeter unter Zuschlag von Dicyandiamid als Flußmittel und gießt ihn so in Formen. Von Auslandspatenten[1] vgl. amerik. Pat. 1·126 471, 1 131 361, 1 217 247; engl. Pat. 1820/1914.

Den doppelten Umsatz von Ammonsalzlösungen mit Alkalinitrat (besonders Ammonsulfat und Natriumnitrat) haben u. a. die D. R. P. 271.518, 294 991, das engl. Pat. 26 233/1913 und das franz. Pat. 465 683 zum Gegenstand. Alkaliazid erzeugt *O. Matter* aus Alkaliamid und Stickoxydul (D. R. P. 302 561, 310 090).

Als Beispiele der Fabrikation von Ammonsalpetersprengstoffen seien die D. R. P. 302 460, 303 370, 303 929, 303 979, 307 040, 317 030, die franz. Pat. 477 776 und 477 777 sowie die amerik. Pat. 1 343 063 und 1 343 077 erwähnt[2].

Nachdem zahlreiche Versuche bewiesen haben, daß das Ammoniumchlorid sehr wohl geeignet ist, das schwefelsaure Ammoniak als Düngemittel zu ersetzen[3], beginnt man sich eifriger mit der Gewinnung desselben zu beschäftigen. Es war bereits gezeigt worden, daß die *BASF* zur Darstellung von Salmiak sich eines abgeänderten *Solvay*-Verfahrens bedient. An dieser Stelle sei namentlich auf die D. R. P. 271 421, 286 183, 292 304 und 306 359 sowie auf die Arbeiten[4] von *H. Barnick* und von *W. Strommenger* aufmerksam gemacht. *A. Riedel* gewinnt im Hochofen Salmiak (D. R. P. 319 550).

Besonderes Interesse hat man ferner den Vorschlägen von *M. Gerlach* zur Erzeugung sog. Ammoniakphosphate aus Superphosphat und Ammoniak entgegengebracht (D. R. P. 282 915)[5]. Vgl. auch D. R. P. 292 530, 307 093 und 314 404. In den Ver. Staaten von Nordamerika

---

[1] Chem. News **116**, 175ff. (1917).
[2] Vgl. auch D. R. P. 307 107; Ch. Ztrlbl. 1919, II, 452, 700; IV, 514, 696; Chem.-Ztg. 1916, Repert. S. 3; Chem.-Ztg. 1919, chem.-techn. Übers. S. 198, 230.
[3] Ernährung der Pflanze 1916, S. 89; Chem. Ind. 1918, Nr. 11/12.
[4] Chem. Apparatur 1915, S. 33; Montan. Rundsch. 1915, S. 68; Kali 1916, S. 55.
[5] Zeitschr. f. angew. Chem. 1916, I, 13, 18, 200, 246; 1918, I, 91.

hat die *Ammo-Phos-Corp.* die Gewinnung von Ammoniumphosphat im Großen aufgenommen: sie leitet in die aus Rohphosphat mittels Schwefelsäure gewonnene Phosphorsäurelösung Ammoniak ein und dampft im Vakuum ein[1] (amerik. Pat. 1 100 638, 1 103 115, 1 112 183, 1 115 044, 1 142 068, 1 145 107, 1 146 222, 1 167 788, 1 208 877; engl. Pat. 25 365/1913).

Die wegen der Flüchtigkeit der Komponenten und der Zersetzlichkeit des Endprodukts schwierige Herstellung von einheitlichen Ammoncarbonaten[2] ist in den D. R. P. 237 524, 246 017, 252 276, 285 498, 285 531, 286 241, 289 300, 318 827 näher beschrieben. Ammoncarbonate werden als Düngemittel empfohlen.

Von allgemeineren Patenten aus dem Gebiete der Ammoniumsalze[3] seien die D. R. P. 290 756, 314 234, 319 550, das franz. Pat. 468 535 und das engl. Pat. 29 047/1913 genannt.

Von der Technologie der Nitrate ist in den vorstehenden Kapiteln bereits recht häufig die Rede gewesen, so daß hier nur einiges im Zusammenhang zu berichten bleibt. Insbesondere interessieren die Doppelverbindungen Kali- bzw. Natronammonsalpeter[4] und die Bestrebungen, Kalisalpeter als ein ganz hochwertiges Düngemittel zu erzeugen[5]. Das nach dem Flammenbogenverfahren[6] gewonnene Calciumnitrat wird zweckmäßig einer geeigneten Nachbehandlung unterzogen, damit seine Eigenschaften möglichst günstige werden (amerik. Pat. 1 122 923, 1 143 625; engl. Pat. 5184/1914). Von *E. Reinau* rührt eine ganze Anzahl von Patenten her, um Alkalinitrate aus Salpetersäure, Wasser und Alkalisulfaten herzustellen (D. R. P. 299 001, 299 002, 299 003, 299 004, 299 005, 299 006, 299 007, 300 697, 301 703, 305 062, 324 379).

Soll aus Natriumnitrat Natriumnitrit hergestellt werden, so wird am besten das Nitrat mit Blei verschmolzen[7], wenn man es nicht vorzieht, die nitrosen Abgase der Öfen direkt in geeigneter Weise in Nitrite überzuführen (s. o. D. R. P. 188 188 usw.). Die Elektroreduktion der Nitrate (*Norsk Hydro*: D. R. P. 321 771) führt oft bis zum freien Alkali und zum Ammoniak[8].

---

[1] Chem.-Ztg. 1918, S. 50.

[2] Chem.-Ztg. 1920, S. 347; 1915, S. 878.

[3] Zeitschr. f. angew. Chem. 1916, I, 339; 1920, II, 379.

[4] Dtsche. Zuckerind. 1918 **43**, 119 (); Ill. Landw. Ztg. **38**, 412.

[5] Österr. Chem.-Ztg. 1918, S. 7; Ch. Ztrlbl. 1919, IV, 78; allgem. s. Chem.-techn. Wochenschr. **2**, 121 (1918).

[6] J. Soc. Chem. Ind. **36**, 771 (1917).

[7] J. Soc. Chem. Ind. **34**, 585.

[8] Von allgemeinen Arbeiten zur Stickstoffindustrie vgl. noch Chem.-Ztg. 1917, S. 732, 788; 1919, S. 295; Zeitschr. f. angew. Chem. 1918, II, 435; Zeitschr. kompr. flüss. Gase **19**, 37; **20**, 17; Chem. Ind. 1919, S. 330; Apothek.-Ztg. 1919, S. 167; Journ. f. Gasbel. 1918, S. 536; Ch. Ztrlbl. 1919, II, 54, 558; IV, 7, 219, 404, 534, 601, 1101; 1920, II, 72, IV, 119, 279; Österr. Chem.-Ztg. 1917 [2], 76; Chem. Eng. 1910, 201; Chem. News 1915, S. 167; Met. Chem. Eng. 1917, S. 525.

Schlußwort.

Die Angaben der vorangehenden Kapitel beleuchten und kennzeichnen die außerordentlich wichtige Rolle, die der Stickstoff im Haushalt der Natur und des Menschen spielt. Nachdem man sich seit vielen Jahren so eingehend mit dem Stickstoff und seinen mannigfach verschiedenen Verbindungen — die Statistik weiß von 157 anorganischen Stickstoffverbindungen zu berichten[1] — beschäftigt hatte, erschien die Nachricht, daß *Rutherford* im Jahre 1919 die nichtelementare Natur des Stickstoffs zeigen konnte, um so überraschender[2].

In Deutschland befand sich die Stickstoffindustrie 1920 in einer schwierigen Lage, die auch die Öffentlichkeit stark beschäftigt hat. In der Landwirtschaft herrschte Stickstoffknappheit und dabei litten die Fabriken an schweren, allerdings im Frühjahr 1921 etwas gemilderten Absatzstockungen, weil die Preise für die erzeugten Düngemittel den Landwirten zu teuer waren. Der Volkswirtschaftsausschuß des Reichstages[3] bewilligte 25 000 t und später 30 000 t Stickstoffdüngemittel für Ausfuhr, um mit den daraus erzielten Einnahmen die Inlandspreise zu senken. Der preußische Landwirtschaftsminister *Braun* hatte schon 1920 in einer Denkschrift den Vorschlag gemacht, entweder die stickstofferzeugenden Fabriken in staatliche Regie zu übernehmen oder wenigstens den Vertrieb der Düngemittel in die Hände des Reiches zu legen und den Landwirten unter besonderen Kautelen $^2/_3$ des Kaufpreises zu kreditieren. In Verfolg seiner Ideen forderte er im November 1920 im Hauptausschuß der preußischen Landesversammlung $1^1/_2$ Milliarden Reichsmittel zur Verbilligung der Düngemittel, indem er ausführte, daß man durch Bereitstellung dieser Summe 12 Milliarden Nahrungsmitteleinfuhr ersparen könne. Über alle diese, eng mit der Ernährungslage des deutschen Volkes[4] zusammenhängenden Probleme sind im Unterausschuß für Landwirtschaft und Ernährung des vorläufigen Reichswirtschaftsrates Mitte November 1920 ausführliche Verhandlungen gepflogen worden, bei denen u. a. *J. Bueb* und *N. Caro* als Sachverständige gehört wurden. Die Erörterungen über die Stickstoffausgleichskasse und die Verwendung daraus entnommener Gelder sind in der Öffentlichkeit z. T. mit ziemlicher Leidenschaftlichkeit geführt worden, wie sie sich z. B. auch in dem Protest[5] der Belegschaftsversammlung der *Mitteldeutschen Stickstoffwerke A.-G.* in Piesteritz vom 12./13. November 1920 gegen die Stickstoffpolitik offenbarte. In der Sitzung des Reichswirtschaftsrates vom 13. Dezember 1920 hat Ministerialdirektor *Hoffmann* erklärt, daß Staatsmittel zur Verbilligung der Düngemittel nicht gegeben werden können. Im wirtschaftlichen Teil ist von diesen Dingen bereits aus-

---

[1] Zeitschr. f. angew. Chem. 1919, 1, 292.

[2] Chem.-Ztg. 1919, S. 556, 641; 1920, S. 294, 301; Zeitschr. f. angew. Chem. 1919, II, 556; II, 50, 124; Umsch. **20**, 301.

[3] Metallbörse 1920, S. 1359.

[4] Zeitschr. f. angew. Chem. 1920, I, 312.

[5] Magdeb. Ztg. Nr. 682, 14. Nov. 1920.

führlicher die Rede gewesen. Für Sozialisierungsbestrebungen ist die Stickstoffindustrie ein ungeeigneter Boden.

Durch den Krieg und die Mitarbeit aller Kulturvölker mächtig gefördert, steht heute die Luftstickstoffindustrie als ein in sich geschlossenes Ganzes da. Die Aufgabe der nächsten Jahre muß es sein, manche ihrer Methoden zu verfeinern. Die Vervollkommnung der Calciumcarbidazotierung, die Entstaubung und die chemische Aufbereitung des Kalkstickstoffs unter Gewinn hochwertiger Stickstoffverbindungen, das Studium der rein chemischen Herstellung von Calciumcarbid durch Ausnutzung der bei der Luftverflüssigung abfallenden Sauerstoffmengen und letzten Endes die billige Verarbeitung des aus Carbid erhaltenen Acetylens auf andere organische Körper, das sind einige der wichtigsten Fragen. *O. B. Carlson*[1]-Mansbo hat sich auf dem Baltischen Ingenieurkongreß in Malmö (13. bis 18. Juli 1914) ausführlich über die Verwendung des Kalkstickstoffs als Rohstoff der chemischen Industrie verbreitet. Seine interessanten Darlegungen, welche durch die neuesten Erfahrungen mit den Cyanidmethoden nach *Bucher* und *Thorsell* vorteilhaft ergänzt werden, sind leider im ganzen bisher wenig beachtet worden.

Die deutsche Kokereiindustrie wird in erster Linie bestrebt sein müssen, ihre Ofeneinheiten zu vergrößern und den Betrieb immer weitgehender zu mechanisieren. Hinsichtlich der Vergasung und Verkokung der minderwertigen Brennstoffe, namentlich des Torfs, geschieht noch zu wenig.

Die Luftverflüssigung sollte die Nebengewinnung des Argons und die zweckmäßige Verwendung des abfallenden Sauerstoffs mehr als bisher in den Kreis ihrer Betrachtung ziehen. Dabei ist volkswirtschaftlich der Ausbau der Stickstoffgewinnung aus Rauch- und Verbrennungsgasen sehr zu begrüßen.

Das Bestreben späterer Jahre wird darauf gerichtet sein, entweder das Ammonsulfat als Düngemittel überhaupt durch zweckmäßiger verwendbare andere Stoffe zu ersetzen oder aber bei seiner Gewinnung aus den Gasen der Steinkohlendestillation die gesonderte Zugabe von Schwefelsäure auszuschalten, indem man den Schwefelgehalt der Gase selbst ausnutzt. Daß in diesen Gasen im übrigen auch eine oft ziemlich ergiebige Quelle für die Erzeugung von Äthylen und damit von Alkohol zur Verfügung steht, wird heute noch kaum beachtet, obgleich volkswirtschaftliche Gründe der verschiedensten Art dringend für einen Ausbau solcher Herstellungsverfahren sprechen.

Die Mischdünger, die verschiedene Komponenten in einem Salz vereinigen, haben sich bisher nicht in solchem Umfange einführen können, wie sie es eigentlich verdienen. Die Gründe sind bereits klargelegt worden. Allmählich muß die gesteigerte Propagandatätigkeit der Fabriken in diesem Sinne aufklärend wirken. In Deutschland ist die *Badische Anilin- und Sodafabrik*, die auf die Bindung der von ihr erzeugten riesigen Ammoniakmengen zwingend angewiesen ist, die natürliche Vorkämpferin auf diesem Felde. In dem restlos vom Pflanzenkörper resorbierbaren Harnstoff und dem Ammon-

---

[1] Zeitschr. f. angew. Chem. 1914, Wirtschaftl. Teil S. 725.

carbonat hat man in kreisförmiger Entwicklung die wertvollen Substanzen des Stalldungs wieder erreicht, den schon die Urväter auf die Äcker brachten, um die Erträge zu erhöhen.

Die Rolle, welche das Ozon bei der Kondensation verdünnter Stickoxyde spielen kann und die Ergebnisse der neuesten Forschungsarbeiten sollten von der Technik nicht übersehen werden. Auch in Deutschland besteht unter Umständen Interesse an der Salpetersäurelaugung von Erzen und Rohmaterialien, wenn die Salpetersäure billig genug erhalten wird. Sobald es gelingt, die Stickoxydausbeute in Explosionsmotoren zu verbessern, eröffnen sich diesem Verfahren besonders günstige Aussichten.

Die wichtigste Buchliteratur aus dem Gebiete der Stickstoffindustrie.

(Stand Frühjahr 1921.)

(Nach Verfassernamen geordnet.)

Adreßbuch der Autogenindustrie, Acetylen-, Carbid- und Sauerstoff-Wasserstoffindustrie. 1920/21, Halle a. d. S., Verlag C. Marhold.

Askenasy, Einführung in die technische Elektrochemie. Braunschweig 1910, 1916.

Bauer, Reduktion und Hydrierung organischer Verbindungen. Leipzig 1918.

Bencke, Die Erzeugung künstlicher Düngemittel mittels Luftstickstoff. Wien 1917.

Benetsch, Die volkswirtschaftliche Bedeutung der Torfmoore und Wasserkräfte. Berlin 1914.

Bertelsmann, Der Stickstoff der Steinkohle. Stuttgart 1904.

—, Lehrbuch der Leuchtgasindustrie. Stuttgart 1911.

—, Die Technologie der Cyanverbindungen. München 1906.

Besemfelder, Die staatswirtschaftliche Verwertung der Kohle. Berlin 1919.

Bingham, The Manufacture of Carbide of Calcium.

Binz, A., Chemische Industrie und Volksernährung. Berlin 1913.

Binz, Leppla und *Schwappach*, Waldbestände und Wasserkräfte. Braunschweig 1917.

Blücher, Auskunftsbuch für die chemische Industrie. Leipzig 1921.

Borchardt, Die neue Zeit und die Zukunft der deutschen Gaswerke. Berlin-Friedenau 1919.

Borchers, Die elektrischen Öfen. Halle a. d. S. 1920.

van der Borght, Das Wirtschaftsleben Südamerikas insbesondere in seinen Beziehungen zu Deutschland. Köthen 1919.

Bornemann, F., Kohlensäure und Pflanzenwachstum. Berlin 1920.

Bößner, Die Verwertung der ausgebrauchten Gasreinigungsmasse. Wien 1902.

Braun und *Dade*, Arbeitsziele der deutschen Landwirtschaft nach dem Kriege. Berlin 1918.

Brion, Luftsalpeter. Leipzig 1912.

Brode, Die Oxydation des Stickstoffs in der Hochspannungsflamme. Halle a. d. S. 1905.

Bronn, Verflüssigtes Ammoniak als Lösungsmittel. Berlin 1905.

Burkhardt, Wasserspeicherung und ihre Bedeutung für die Wasserkräfte Württembergs. Stuttgart 1920.

Büsselberg, Die Landwirtschaft im neuen Deutschland. Berlin, V. d. I., 1919.

Caro, Ludwig und *Vogel*, Handbuch für Acetylen. Braunschweig 1904.

Caro, N., Die Stickstofffrage in Deutschland. Berlin 1908.

Claude, Air Liquide, Oxygéne, Azote. Paris 1909. Deutsche Bearbeitung von *L. Kolbe*. Leipzig 1920.

Crookes, The Wheatproblem. London 1899.

von *Dafert* und von *Alter*, Über organisatorische Bestrebungen auf dem Gebiete der Kunstdüngerindustrie. Wien 1919.

Diederichs, Flüssige Luft als Sprengstoff, ihre Erzeugung und Verwendung. Weimar 1917.

Dietrich und *Mach*, Jahresbericht über die Fortschritte auf dem ·Gesamtgebiete der Agrikulturchemie. Berlin 1914.

Dolch, Zur Luftstickstoffrage. Leipzig 1916.

Donath und *Frenzel*, Die technische Ausnutzung des atmosphärischen Stickstoffs. Leipzig und Wien 1907.

Donath und *Indra*, Die Oxydation des Ammoniaks zu Salpetersäure. Stuttgart 1913.

Dröse, Die Ausnutzung der Wasserkräfte des Oberrheins. Karlsruhe 1919 (G. Braun).

Drösser, Die technische Entwicklung der Schwefelsäurefabrikation usw. Leipzig 1908.

Dux, Die Aluminium-Industrie A.-G. Neuhausen und ihre Konkurrenzgesellschaften. Luzern 1912 (Knoll).

Dyes, Internationales Handbuch der Weltwirtschaftschemie 1913/14 bis 1919/20. Selbstverlag. Wittenberg 1921.

Dissertationen: *Burchardt* (Dresden 1915), *Elöd* (Karlsruhe 1915), *Faye* (Aachen 1916), *Hene* (Berlin 1912), *Jakoby* (Dresden 1908), *Jost* (Berlin 1908), *Kirchhoff* (Zürich 1916), *Koblenzer* (München), *Menge* (Jena 1914), *Sachs* (Karlsruhe 1915), *Scheel* (Hamburg 1920), *Sommer* (Breslau), *Spengel* (Basel 1913), *Wolk* (Nancy 1910).

Ehrenberg, Die Bodenkolloide. Dresden und Leipzig 1918.

—, Wie muß sich das Stickstoffmonopol gestalten? Berlin 1915.

Elliot, Chile — its history and development. London 1911.

Escales, Ammoniaksalpetersprengstoffe. Leipzig 1909.

Eyth, Lebendige Kräfte. Berlin 1919.

Fischer, *Ferd.*, Kraftgas. Leipzig 1911.

—, Das Wasser. Leipzig 1914.

—, Handbuch der chemischen Technologie. Leipzig 1900 bis 1902.

Fischer, *Franz*, Über den Stand der Kohlenforschung mit besonderer Berücksichtigung der Destillation bei niederer Temperatur. Halle a. d. S. 1919.

—, Gesammelte Abhandlungen zur Kenntnis der Kohle. Bd. 1 bis IV, Berlin 1916 bis 1920.

Fonrobert, Das Ozon. Stuttgart 1919.

Förster, *Fritz*, Elektrochemie wäßriger Lösungen. Leipzig 1915.

Franz, Werke der Technik im Landschaftsbild. Berlin 1917.

Gisevius und *Derlitzki*, Beiträge zur Düngekalkfrage. Breslau 1920.

Gluud, Die Tieftemperaturverkokung der Steinkohle. Halle a. d. S. 1919.

Greve, Die künstlichen Stickstoffdüngemittel, ihre Herstellung und ihr Verhalten zu Boden und Pflanze. Berlin 1920.

Großmann, *H.*, Die Stickstofffrage. Berlin 1911. Siehe auch: *Hesse-Großmann*.

—, Die Stickstoffindustrie. Berlin 1918.

Großmann, *J.*, Ammonia and its compounds. London 1906.

—, Das Ammoniak und seine Verbindungen. Halle a. d. S. 1908.

Haber, Thermodynamik technischer Gasreaktionen. 1905.

Halbfaß, Das Wasser im Wirtschaftsleben des Menschen. Frankfurt a. M. 1911.

—, Deutschland, nutze deine Wasserkräfte. Leipzig 1919.

Hammel, Die Ausnutzung der Windkräfte usw. Berlin 1919.

Hartwig, *A.*, Die Bedeutung eines Stickstoffmonopols für Deutschland. Berlin 1915.

Hausding, Handbuch der Torfgewinnung und Torfverwertung. Berlin 1917.

Heinrich, *R.* (und *O. Nolte*), Dünger und Düngen. Berlin 1918.

Hesse-Großmann, Englands Handelskrieg und die chemische Industrie. 3. Bd., Stuttgart 1919.

Hofmann, *K. A.*, Lehrbuch der anorganischen Chemie. Braunschweig 1919.

Honcamp, Die Stickstoffdünger, ihre Zusammensetzung, Bedeutung, Gewinnung usw. Berlin 1920.

Hoering, Moornutzung und Moorverwertung usw. Berlin 1915.

Hönigschmidt, Carbide und Silicide. Halle a. d. S. 1914.

Immendorf-Kempski, Calciumcyanamid. Stuttgart 1907.

Jahrbuch des Halleschen Verbandes zur Erforschung der Bodenschätze Mitteldeutschlands. 1919, 1. Heft.

Jahrbuch des Schweizerischen Wasserwirtschaftsverbandes. Zürich 1918.

Jurisch, Salpeter und sein Ersatz. Leipzig 1908.

Kaiser, Der Luftstickstoff und seine Verwendung. Leipzig 1913 und 1919.

Der Kalkstickstoff; illustrierte Mitteilungen über Düngungsfragen. Herausgegeben von der Verkaufsvereinigung für Stickstoffdünger.

Kappen, Die Katalyse des Cyanamids. Habilitationsschrift, Jena 1913.

Kaufmann, Einwirkung der dunklen elektrischen Entladung auf Acetylen. Habilitationsschrift, Jena 1916.

Kausch, Die Herstellung, Verwertung und Aufbewahrung von flüssiger Luft. Weimar 1919.

Keel, Das Acetylen im Automobilbetrieb. Zürich 1919.

Klingenberg, Die Wirtschaftlichkeit von Nebenproduktenanlagen für Kraftwerke. Berlin 1918.

—, Das Großkraftwerk Zschornewitz (Golpa). Berlin 1920.

Kochmann, Deutscher Salpeter. Berlin 1913.

Koppers, Mitteilungshefte 1919 ff.

Kosmann, Die technische Verwendung des Kalks. Berlin 1919.

Köhler, Die Industrie der Cyanverbindungen. Braunschweig 1914.

Beiträge zur Kriegswirtschaft. Herausgegeben von der volkswirtschaftlichen Abteilung des Kriegsernährungsamtes. Heft 15: *Großmann-Bude* und *von Flügge*, Düngemittel im Kriege. Berlin 1917.

Krische, Agrikulturchemie. 1911.

Krull, Studie der Salpeterwüste und ihrer Industrie. Greifswald 1892. (Mitt. des Naturw. Vereins, Jahrg. 24.) Als Sonderschrift bei R. Gaertners Verlagsbuchhandlung H. Heyfelder, Berlin 1892.

Kukuk, Unsere Kohlen. Leipzig 1920.

Lecat, L'Azéotropisme. Brüssel 1919/20.

Lemmermann, Die Entwicklung der Agrikulturchemie und ihr Einfluß auf die Landwirtschaft. Berlin 1913.

Lepel, Die Bindung des atmosphärischen Stickstoffs. Greifswald 1903.

von Liebig, Die organische Chemie in ihrer Anwendung auf Agrikultur und Physiologie. Braunschweig 1840.

von Linde, Die Schätze der Atmosphäre. Vortrag im „Deutschen Museum", München, 17. Dezember 1907.

—, Technik der tiefen Temperaturen. München 1913.

Beschreibung der Anlagen zur Gewinnung von Sauerstoff und Stickstoff, System *Linde*. München 1918.

Linter und *Münzinger*, Kalkstickstoff als Düngemittel. Berlin 1915.

Lipschütz, Erfahrungen mit Kalkstickstoff. Wien und Leipzig 1917.

—, Die Frage der künstlichen Düngung. Leipzig 1920.

Lorenz, Die Entwicklung der deutschen chemischen Industrie. Leipzig 1919.

Lowest Temperatures in Industry. München 1913. Siehe *Linde*.

Löffl, Die chemische Industrie Frankreichs. Stuttgart 1919.

Lunge und *Köhler*, Die Industrie des Steinkohlenteers und Ammoniaks. 5. Aufl., Bd. II, Braunschweig 1912.

Lunge, Handbuch der Schwefelsäurefabrikation. 2 Bde. Braunschweig 1916.

Martin, Die Gewinnung von Schwefel und Schwefelsäure aus Gips. Berlin 1920.

Maschhaupt, Einfluß von Boden und Düngung auf den Stickstoff- und den Aschengehalt der Kulturgewächse. Haag 1918.

Matschoß, Beiträge zur Geschichte der Technik und Industrie. Berlin 1919.

Meißner, Über den Sauerstoff. Hannover 1863.

Menge, Über die Frage der Herstellung von Ammoniumnitrat neben Solvay-Soda bei der Verarbeitung der Kaliche. Langensalza o. Jahr.

Metge, Laboratoriumsbuch für Agrikulturchemiker. Halle a. d. S. 1918.

Methoden zur Untersuchung der Kunstdüngemittel. Herausgeg. vom Verein deutscher Düngerfabrikanten. Berlin 1916, 5. Aufl.

Meyer, E. v., Geschichte der Chemie. Leipzig 1914.

Miehe, Die Bakterien und ihre Bedeutung im praktischen Leben. Leipzig 1919.

Mitteilungen des Instituts für Kohlenvergasung und Nebenproduktengewinnung in Wien. 1918 ff.

Moldenhauer, Die Reaktionen des freien Stickstoffs. Berlin 1920.

Moser, Die Reindarstellung von Gasen. Stuttgart 1920.

Muhlert, Die Industrie der Ammoniak- und Cyanverbindungen. Leipzig 1915.

— und *Gwosdz*, Die Leuchtgas- und Wassergasindustrie. Halle a. d. S. 1920.

Müller, Versuche über die Stickoxydbildung aus Luft im zerblasenen Hochspannungs-lichtbogen. Heidelberg 1918.

Münzinger, Stickstoffkalk. Berlin 1906.

Naske, Zerkleinerungsvorrichtungen und Mahlanlagen. Leipzig 1911.

Nernst, Theoretische Chemie. Stuttgart 1913.

Ost, Lehrbuch der chemischen Technologie. Leipzig 1919.

Perlick, Die Luftstickstoffindustrie in ihrer volkswirtschaftlichen Bedeutung. Leipzig 1913.

Philippi, Torfkraftwerke und Nebenproduktenanlagen. Berlin 1919.

Pick, Die künstlichen Düngemittel. Wien und Leipzig 1920.

Plauson, Gewinnung und Verwertung der atmosphärischen Elektrizität. Hamburg 1920 (Boysen & Maasch).

Pranke, Cyanamide. 1913.

Puchner, Der Torf. Stuttgart 1920.

Rabius, Kritische Betrachtungen zur Stickstoffrage. Jena 1907.

Ramann, Bodenbildung und Bodeneinteilung. Berlin 1918.

Ramm, Caro, Haber und *Sohn*, Aus Luft durch Kohle zum Stickstoffdünger usw. Berlin 1920.

Ramsay und *Rudorf*, Die Edelgase. Leipzig 1914/18.

Rathenau, W., Die Organisation der Rohstoffversorgung. Vortrag, Berlin, 20. Dezember 1915.

Reichsschatzamt, Die rationelle. Ausnutzung der Kohle. Technische Gutachten zur Vergasung und Nebenproduktengewinnung. Berlin 1918.

Reif, Störungen an Kältemaschinen. Leipzig 1918.

Reinau, Kohlensäure und Pflanzen. Halle a. d. S. 1919.

Rice, Development of liquid oxygen explosives during the war. Washington 1919.

Sander, Die Gasindustrie. Stuttgart 1915.

Semper und *Michels*, Die Salpeterindustrie Chiles. Berlin 1904.

Slaby, Otto von Guericke. Vortrag im „Deutschen Museum" München, 13. Nov. 1906.

Spiegel, Der Stickstoff. Braunschweig 1903.

Spiel, Über die Bildung von Stickoxyden bei der stillen elektrischen Entladung im Siemensrohr. Wien und Leipzig 1911.

Spilker, Kokerei und Teerprodukte der Steinkohle. Halle a. d. S. 1918. Neue Bearbeitung von *O. Dittmer* und *R. Weißgerber*.

Schall, Herstellung und Verwendung der verdichteten und verflüssigten Gase. Leipzig 1910.

Schlipf, Handbuch der Landwirtschaft. 1918.

Schmid, Deutsche Naturwissenschaft, Technik und Erfindung im Weltkriege. München und Leipzig 1919.

Schmitt, Deutschlands Stickstoffbeschaffung. München 1918.

Schneidewind, Die Stickstoffquellen und die Stickstoffdüngung. Berlin 1908.

Schuchardt, Die technische Gewinnung von Stickstoff, Ammoniak und schwefelsaurem Ammoniak nebst einer Übersicht der deutschen Patente. Stuttgart 1919.

Stolzenwald, Industrie des Sulfats, der Salzsäure und der Salpetersäure. Hannover 1907.

Strache, Gasbeleuchtung und Gasindustrie. Braunschweig 1914.

Strakosch, Bodenökonomie und Wirtschaftspolitik. Wien und Leipzig 1908.

Strecker, Die Stickstofferoberung der Luft und ihre volkswirtschaftliche Bedeutung. Dresden und Leipzig 1917.

Stutzer, Düngungsversuche mit Kalk und deren Mängel. Breslau 1920.

Tacke, Jahrbuch der Moorkunde. Hannover 1917.

Thiele, Salpeterwirtschaft und Salpeterpolitik. 1905.

Truchot, L'Ammoniaque. Paris 1896.

Ullmann, Enzyklopädie der technischen Chemie. Bd. I bis IX, Wien und Berlin 1914 bis 1921.

Vageler, Die Bindung des atmosphärischen Stickstoffs in Natur und Technik. Braunschweig 1908.

Verkaufsvereinigung für Stickstoffdünger G. m. b. H., Berlin. Propagandaschriften.

Vincent, Ammonia and its compounds. London 1902.

Vital, Pflanzennahrung und Düngung. Neutitschein 1918.

Vogel, Das Acetylen. Leipzig 1911.

Volkmann, Chemische Technologie des Leuchtgases. Leipzig 1915.

Wangemann, Die Carbidindustrie, eine kommerzielle Studie. Dresden 1904.

Weihe, Aus eigener Kraft. Leipzig 1918.

—, Max Eyth, ein Dichteringenieur. Berlin 1918.

Wichelhaus, Wirtschaftliche Bedeutung chemischer Arbeit. Braunschweig 1893.

Wiegner, Boden und Bodenbildung in kolloidchemischer Betrachtung. Dresden und Leipzig o. J.

Das Kraftwerk in Wiesmoor. Siemes-Schuckert-Werke. Propagandaschrift.

Winteler, Die heutige industrielle Elektrochemie. Zürich 1919.

Witt, Rückblicke und Ausblicke auf dem Gebiete der technischen Chemie. Vortrag, 1911.

Woker, Die Katalyse. Stuttgart 1910 bis 1915.

Zennek, Verwertung des Luftstickstoffs mit Hilfe des elektrischen Flammenbogens. Leipzig 1911.

Zur Bibliographie der Stickstoffindustrie vgl. insbesondere auch:

Eng. and Min. Journ. **1915**, S. 1016.
Génie Civile **1917**, Mai bis Juni.
Met. Chem. Eng. **1917**, S. 525.
Chem. Trade Journ. **1918**, 2. März.
Journ. Franklin Inst. **1919**, S. 705ff.
Chem. News **1919**, 4. Juli.
J. Soc. Chem. Ind. **1920**, Bd. 39, S. 46.
Chem. Met. Eng. **1920**, Bd. 20, S. 443, 558.

Übersicht über die wichtigste Zeitschriftenliteratur seit 1914/15.

(Stand Frühjahr 1921)
(Vgl. auch die Fußnoten im Text.)

I., 1: Die geschichtliche Entwicklung der Stickstoffindustrie bis zum Aufkommen der Luftstickstoffverwertung:

Chem.-Ztg. **1913**, Nr. 110ff.; **1915**, Nr. 118ff.; **1919**, Nr. 43ff., 59ff., 131ff.; **1920**, Nr. 102ff.. chem.-techn. Übers. S. 278; **1921**, S. 3ff., 152.

J. Ind. Eng. Chem. **1915**, Bd. 7, S. 433.

Technik und Wirtschaft **1914**, Nr. 6, S. 417 ff.
Metallbörse **1920**, Nr. 27 bis 29, 40 bis 42.
Zeitschr. f. angew. Chem. **1920**, I, 257.
Ch. Ztrlbl. **1920**, II, 551/2; IV, 317.

I, 2. Die chilenische Salpeterindustrie:

Die Technik in der Landwirtschaft **1920**, I, Nr. 5, S. 260 ff.
Chem.-Ztg. **1915**, S. 129, 139, 148, 195, 207, 270, 323, 339, 394, 417, 439, 479, 503, 552,
560, 595, 620, 759, 777, 812, 892, 942, 1125; Repert. S. 159, 376, 387; **1916**, S. 88,
131, 154, 232, 271, 282, 323, 344, 431, 566, 614, 662, 698, 765, 826, 850, 912, 942,
953, 976, 994, 1016, 1026, 1038, 1066, 1080, 1099; **1921**, S. 251.
953, 976, 994, 1016, 1026, 1038, 1066, 1080, 1099; **1917**, S. 18, 48, 58, 71, 100,
101, 126, 206, 244, 270, 283, 352, 417, 444, 471, 480, 516, 526, 547, 556, 654, 828,
832, 875; **1918**, S. 16, 59, 108, 143, 191, 232, 275, 323, 364, 412, 418, 432, 460,
603; **1919**, S. 12, 60, 136, 151, 248, 304, 320, 372, 431, 432, 503, 516, 591, 652,
660, 671, 696, 716, 748, 775, 840, 896; **1920**, S. 8, 92, 135, 156, 172, 212, 236, 264,
352, 411, 491, 547, 632, 720, 856, 939; chem.-techn. Übers. S. 125; **1921**, S. 128.
Zeitschr. f. angew. Chem. **1918**, III, 74, 81, 92, 108, 164, 171, 290, 295, 350, 384, 390,
410, 434, 452, 470, 496, 499, 508, 590, 595, 622; II, 25; **1919**, II, 35, 54, 60, 63,
74, 79, 92, 192, 197, 295, 303, 350, 353, 429, 480, 496, 541, 569, 590, 593, 699,
743, 779, 815; **1920**, II, 19, 90, 114, 127, 145, 215, 234, 235, 238, 248, 260, 271,
286, 309, 405, 458, 467.
Ch. Ztrlbl. **1919**, II, 163, 542; IV, 1042; **1920**, IV, 36, 316.
Umsch. **1920**, S. 332.
Metallb. **1920**, S. 795, 798, 921, 1119, 1120, 1131, 1159, 1761, 2107.
Chem. Ind. **1919**, S. 191; **1921**, S. 76/77.
Chem. Met. Eng. **1920**, S. 339.

II, 3: Die Entwicklung der Luftstickstoffindustrie in Deutschland
und ihre wirtschaftlichen Grundlagen:

a) Allgemeines.

Chem.-Ztg. **1915**, S. 655; **1916**, S. 33, 269, 971, 1043, 1053; **1917**, S. 21 ff., 376, 405, 440,
583; **1919**, S. 275, 689, 734, 799, 806, 827, 873, 896; **1920**, S. 396; chem.-techn.
Übers. S. 22; **1921**, S. 251, 552, 765, 1012.
Zeitschr. f. angew. Chem. **1918**, I, 110; III, 320; **1919**, I, 325; II, 403, 437, 727, 749,
757, 765; **1920**, II, 90, 149.
Zeitschr. f. techn. Fortschr. **1916**, S. 33 ff.
Deutsche Zuckerind. **1918**, S. 60.
Zeitschr. Ver. deutsch. Ing. **1919**, S. 235, 258, 877.
Umsch. **1919**, S. 321 ff., 798.
Journ. f. Gasbel. **1919**, S. 2.
Südd. Ind.-Blatt **1919**, S. 1718.
Ch. Ztrlbl. **1919**, II, 558, 655; IV, 866.
Chem. Ind. **1916**, Nr. 5/6; **1919**, Nr. 22/23, S. 330.
Weltwirtschaft **1919**, S. 105, 150.
Technik in der Landwirtschaft **1920**, S. 260 ff.
Kali **1920**, S. 79, 319, 400.
Metallb. **1921**, S. 547.

b) Kalkstickstoffverfahren.

Chem.-Ztg. **1913**, S. 305, 370, 924, 1057, 1073, 1081, 1187, 1385, 1449, 1563; **1915**, S. 113,
195, 238, 428, 488, 711, 767, 932, 943; **1916**, S. 56, 569 ff., 913 ff.; **1917**, S. 204,
335, 851; **1918**, S. 311; **1919**, S. 903; **1920**, S. 36, 112, 208, 276, 596, 979.

Chem. Ind. **1913**, S. 352, 605, 755, 795; **1921**, S. 311.
Zeitschr. f. angew. Chem. **1918**, I, 148; III, 193, 242, 342, 432, 466, 558, 564; **1919**, II, 180, 673; **1920**, II, 48, 62, 222, 397, 406; **1921** I 129, 153, 447, 517 ff.
Metallb. **1920**, S. 1250, 1290, 1820, 2047, 2102/3, 2169.
The Chem. Trade Journ. and Chem. Eng., 22. Mai 1920, S. 665.
Geschäftsberichte der Deutschen Bank 1915 bis 1919.

c) Haber-Bosch-Prozeß.

Chem.-Ztg. **1915**, S. 339; **1916**, S. 380, 420, 464, 508, 871; **1917**, S. 382, 412, 508, 545, 840; **1918**, S. 220; **1919**, S. 334, 452, 625, 734, 741, 792, 820, 839, 892; **1920**, S. 2, 185; **1921**, S. 529, 553, 932, 937, 965, 1064, 1085.
Zeitschr. f. angew. Chem. **1918**, III, 204; **1919**, II, 111, 626, 715, 729, 765, 779, 789; **1920**, II, 50, 200, 431; **1921**, I 441, 445.
Metallb. **1920**, S. 810, 993, 1033, 1073, 1819.
Metallb. **1921**, 2092; Chem. Ind. **1921**, S. 406.
Chem. a. Met. Eng. **1921**, S. 305 ff, 347, 391; La Technique Moderne **1921**, 449; L'Ind. Chim. **1921**, S. 44, 86, 122.

d) Ammoniakoxydation.

Chem.-Ztg. **1919**, S. 407, 757, 809; **1920**, S. 17.
Zeitschr. f. angew. Chem. **1918**, III, 242; **1919**, II, 749, 785.

e) Flammenbogenverfahren.

Chem.-Ztg. **1915**, S. 596, 854; **1916**, S. 592, 627, 688; **1917**, S. 623, 768; **1918**, S. 432.
Zeitschr. f. angew. Chem. **1918**, III, 330, 454; **1919**, II, 298; **1920**, II, 295.
Chem. Ind. **1905**, S. 699 ff.
Elektrotechn. Zeitschr. **1909**, Heft 16 und 17.
Metallb. **1920**, S. 1289.

f) Andere Synthesen.

Chem.-Ztg. **1915**, S. 104; **1916**, S. 968.
Zeitschr. f. angew. Chem. **1913**, III, 35; **1918**, III, 310.

g) Steinkohlenammoniak.

Chem.-Ztg. **1915**, S. 194, 315, 382, 672, 711, 949; **1916**, S. 12, 57, 87, 533, 825, 841; **1917**, S. 290, 362, 437 ff., 478, 539, 904 ff.; **1918**, S. 276, 532; **1919**, S. 312, 334, 341, 455, 637; chem.-techn. Übers. S. 159, 234; **1920**, S. 27, 57, 64, 171, 284, 368, 423, 447, 455, 460. **1921**, S. 1050.
Zeitschr. f. angew. Chem. **1918**, III, 159, 232, 265, 294, 323, 387, 628, 657; **1919**, II, 98, 236, 352, 658, 806; **1920**, II, 26, 78, 127, 181, 183, 237, 263, 286.
Journ. f. Gasbel. **1915**, S. 306; **1917**, S. 1, 13, 187, 345, 507, 531, 544, 555, 592, 603; **1918**, S. 259, 385; **1919**, S. 608.
Österr. Chem.-Ztg. **1918**, S. 151.
Zeitschr. d. Ver. deutsch. Ing. **1918**, S. 85, 461, 489; **1919**, S. 133.
Braunkohle **1918**, S. 304, 306.
Ch. Ztrlbl. **1919**, II, 25; IV, 399, 547, 632, 693, 759, 1066.
Die Technik in der Landwirtschaft **1919**, S. 169, 233.
Umsch. **1920**, S. 42 ff.
Zeitschr. f. Abfallverw. **1920**, S. 39.
Metallb. **1920**, S. 797/8, 1281; **1921**, S. 306.

h) Sonstige Ammoniakquellen.

Chem.-Ztg. **1915**, S. 301; **1916**, S. 142, 217; **1917**, S. 585, 639, 897, 899, 909; **1918**, S. 36, 167, 180, 251; **1919**, S. 204, 876; **1920**, S. 404.

Zeitschr. f. angew. Chem. **1918**, II, 161, 337; III, 187, 323; **1919**, II, 275; **1920**, I, 181.
Umsch. **1917**, S. 669; **1920**, S. 408.
Seifensiederztg. **1917**, S. 823.
Bitumen **1917**, S. 172.
Journ. f. Gasbel. **1917**, S. 582.
Elektrotechn. Zeitschr. **1919**, S. 423.
Die Technik in der Landwirtschaft **1919**, S. 111; **1920**, S. 491, 503, 639.
Ch. Ztrlbl. **1920**, II, 487, 569, 556, 746.
Techn. Handel **1920**, S. 13.
Südd. Ind.-Blatt **1920**, S. 361, 591, 1434.
Zeitschr. f. Abfallverw. **1919**, S. 219; **1920**, S. 3, 56, 72.

i) Die Cyanindustrie.

Chem.-Ztg. **1919**, S. 890ff.

k) Die Technik der flüssigen Gase.

Chem.-Ztg. **1915**, S. 158; **1916**, S. 556; **1917**, S. 254, 688, 863; **1919**, Nr. 43ff.; **1920**,
S. 124, 530.
Zeitschr. f. angew. Chem. **1918**, I, 192; III, 245, 276; **1919**, II, 250, 804; **1920**, II, 40.
Zeitschr. d. ges. Schieß- und Sprengstoffwesens **1919**, S. 153.
Ch. Ztrlbl. **1920**, II, 217, 350, 662, 784.
Zeitschr. kompr. flüss. Gase **1919/20**, Bd. 20, S. 1 bis 4.
Journ. f. Gasbel. **1919**, S. 125, 167.
Die Technik in der Landwirtschaft **1919**, S. 236; **1920**, S. 445.

l) Die staatliche Stickstoffwirtschaft; Marktverhältnisse.

Chem. Ind. **1915**, S. 525ff.; **1919**, S. 149; **1921**, S. 2, 77.
Chem.-Ztg. **1915**, S. 10, 11, 36, 77, 174, 200, 280, 372, 404, 438, 439, 477, 653, 739, 768,
881, 971; **1916**, S. 76, 231, 320, 371, 453, 522, 574, 601, 613, 787; Repert. S. 262,
308; **1917**, S. 334, 469, 654, 727, 851; **1918**, S. 76, 153, 167, 263, 288, 376, 395,
418, 519, 566, 621; **1919**, S. 12, 24, 68, 144, 172, 248, 284, 304, 320, 419, 432, 448,
476, 487, 551, 560, 584, 607, 704, 784, 799, 820, 879, 903; **1920**, S. 24, 88, 108,
112, 171, 183, 211, 264, 296, 307, 344, 357, 384, 404, 596, 696, 735, 776, 864;
1921, S. 11, 14, 20, 36, 127, 132, 138, 154, 156, 162, 212.
Zeitschr. f. angew. Chem. **1918**, III, 13, 41, 62, 198, 257, 262, 297, 353, 370, 407, 450,
485, 488, 538, 571, 589, 610, 613, 637, 640, 645; **1919**, II, 6, 124, 175, 203, 218,
227, 228, 266, 317, 319, 352, 383, 401, 440, 441, 455, 466, 488, 495, 510, 529, 536,
567, 619, 718, 721, 735, 754, 769, 779, 782, 807; **1920**, II, 4, 47, 103, 106, 131,
135, 190, 229, 243, 283, 294, 309, 319, 334/5, 378, 410, 411, 418.
Südd. Ind.-Blatt **1919**, S. 1307*f*; **1920**, S. 1021, 1169; **1921**, S. 399.
Die Technik in der Landwirtschaft **1920**, S. 709, 798.
Metallb. **1920**, S. 1238, 1616, 1854; **1921**, S. 112, 399, 2142 usw.

m) Die deutsche Landwirtschaft und ihre Stickstoffversorgung.

Chem.-Ztg. **1913**, S. 1259; **1915**, S. 764; **1916**, S. 317, 385; **1919**, S. 132, 160, 248, 252,
376, 400, 449, 712; chem.-techn. Übers. S. 137; **1920**, S. 247; chem.-techn. Übers.
S. 691.
Zeitschr. f. angew. Chem. **1918**, III, 218, 429, 653; **1919**, II, 158, 239, 360, 434, 545, 680;
1920, II, 61, 62, 144, 192, 224, 272, 410.
Die Futter- und Düngemittelindustrie **1916**, S. 25.
Tonind.-Ztg. **1918**, S. 539.
Umsch. **1919**, S. 157, 809; **1920**, S. 265.
Stahl und Eisen **1919**, S. 1497.

Mitt. d. Landw. Ges. **1919**, S. 427, 451, 467.
Technik in der Landwirtschaft **1920**, S. 404, 465, 486, 639.
Ch. Ztrlbl.. **1919**, II, 750; **1920**, II, 776; IV, 37, 38.

n) Kraftbeschaffung (Stein-, Braunkohle, Wasserkräfte, sonstige Energien).

Chem.-Ztg. **1916**, S. 766; **1917**, S. 92, 330; **1918**, S. 255, 507; **1919**, Nr. 43ff., S. 7, 187,
    270, 438, 676; chem.-techn. Übers. S. 243; **1920**, S. 229, 536, 774.
Zeitschr. f. angew. Chem. **1918**, III, 142, 341, 558, 575; **1919**, II, 111, 127; **1920**, II, 142,
    257.
Wasser **1917**, S. 115ff.
Zeitschr. d. Ver. deutsch. Ing. **1918**, S. 838; **1919**, S. 1081.
Ch. Ztrlbl. **1919**, IV, 530; **1920**, IV, 316.
Südd. Ind.-Blatt **1919**, S. 247, 839, 953, 1183, 1532, 1779, 1781, 1791, 1991, 2192, 2197,
    2203, 2838, 2955, 3063, 3065; **1920**, S. 15, 685, 857, 1127, 1341, 1384, 1484, 1579,
    1804; **1921**, S. 7, 155, 431, 443.
Umsch. **1919**, S. 46, 62, 334, 432, 755, 858; **1920**, S. 14, 194, 341, 593, 664.
Techn. Rundsch. **1920**, Nr. 19, S. 26.
Die Technik in der Landwirtschaft **1919**, S. 54, 125; **1920**, S. 372, 376, 444, 599, 687,
    698, 714, 766.
Metallb. **1921**, S. 547.

II, 4. Die norwegische Stickstoffindustrie.

Chem.-Ztg. **1914**, S. 110/111, 1109; **1915**, S. 78, 113, 222, 320 523, 539, 584, 647/8, 683,
    843, 881, 911, 943, 983; **1916**, S. 18, 131, 154, 379, 808, 825, 827, 851, 871, 950,
    1027; **1917**, S. 250, 255, 301, 478, 513, 539, 568, 602, 654, 686, 703, 760, 868, 887,
    899; **1918**, S. 9, 59, 72, 220, 239, 371, 468, 595; **1919**, S. 44, 139, 228, 271, 311,
    492, 503, 520, 584, 716, 775, 784, 806, 868, 896; **1920**, S. 171, 344, 542, 648, 696,
    735, 830.
Zeitschr. f. angew. Chem. **1918**, III, 166, 203, 211, 239, 283, 309, 337, 385, 391, 447,
    471, 502, 557, 607, 619, 646; **1919**, II, 7, 110, 194, 203, 237, 267, 434, 497, 530,
    625, 681, 786; **1920**, II, 10, 92, 113, 151, 295, 368.
Metallb. **1920**, S. 1158, 1280; **1921**, S. 113.
Ch. Ztrlbl. **1920**, II, 485; IV, 357.
Chem. and Met. Eng. **1920**, S. 1082.
Südd. Ind.-Blatt **1920**, S. 1937/8.

II, 5. Die schwedische Stickstoffindustrie.

Chem.-Ztg. **1912**, S. 1176; **1913**, S. 787, 1118; **1915**, S. 128, 253, 394, 478, 523, 683, 759,
    788, 820, 854/5; **1916**, S. 44, 131, 281, 393, 523, 615, 825, 912, 924, 984, 992;
    1917, S. 102, 114, 155, 213, 255, 417, 671, 686, 717, 784, 851, 887, 907;
    1918, S. 47, 73, 79, 120, 167, 191, 251, 364, 407, 419, 796; **1919**, S. 12, 243, 439,
    487, 896; **1920**, S. 39, 47, 278, 296, 467, 491, 547, 607, 623, 708; **1921**, S. 552.
Zeitschr. f. angew. Chem. **1918**, III, 229, 234, 239, 263, 341, 367, 379, 409, 432, 459,
    529, 569, 610, 635; **1919**, II, 92, 258, 314, 376, 592, 623, 635, 637, 681, 778; **1920**,
    II, 13, 37, 43, 92, 104, 106, 460.
Seifensieder-Ztg. **1917**, S. 823.
Umsch. **1917**, S. 669.
Journ. f. Gasbel. **1918**, S. 205, 217.
Südd. Ind.-Blatt **1920**, S. 1491, 1575.

II, 6. Die schweizerische Stickstoffindustrie.

Chem.-Ztg. **1915**, S. 612, 686; **1916**, S. 745; **1917**, S. 72, 496, 536, 924; **1918**, S. 11, 196,
    263, 359, 376, 395, 432, 591; **1919**, S. 169, 182, 438, 805, 876, 893, 911; **1920**,
    S. 100, 422; **1921**, S. 79, 204.

Zeitschr. f. angew. Chem. **1918**, III, 60, 82, 96, 196, 233, 260, 261, 263, 283, 345, 438,
  469, 509, 553, 586/7, 592; **1919**, II, 425, 497, 561, 735, 823; **1920**, II, 144.
Journ. f. Gasbel. **1918**, S. 465; **1919**, S. 104.
Chem. Ind. **1918**, S. 1849/50.
Ch. Ztrlbl. **1919**, IV, 653.
Umsch. **1919**, S. 815; **1920**, S. 215.
Die Technik in der Landwirtschaft **1919**, S. 217; **1920**, S. 366, 576.
Metallb. **1920**, S. 1210.
Südd. Ind.-Blatt **1920**, S. 1775.
Neue Zürcher Ztg., Exportbeilagen Nr. 4, 5, 6, 7, 8, 9, 10, 12, 13, 14, 17, 20, 21, 22, 31;
  Jahr **1919**. Land- und Forstwirtsch. Beilage Nr. 27.

II, 7. Die Stickstoffindustrie in den Ländern der vormals österreichisch-ungarischen Monarchie (Deutsch-Österreich, Ungarn, Tschechoslowakei, Jugoslavien, Polen).

Chem.-Ztg. **1915**, S. 328, 438; **1916**, S. 33, 113, 610, 627, 651, 658, 983, 1027; chem.-
  techn. Übers. S. 392, 414; **1917**, S. 506, 555, 556, 588, 688, 736, 767, 880; **1918**,
  S. 39, 40, 52, 120, 220, 263, 251, 311, 324, 352, 400, 419, 505, 507, 541; **1919**, S. 35,
  187, 243, 290, 752, 760; chem.-techn. Übers. S. 159; **1920**, S. 143, 264, 296, 455,
  467, 532, 583, 603, 811, 864; chem.-techn. Übers. S. 279; **1921**, S. 235.
Zeitschr. f. angew. Chem. **1918**, III, 19, 97, 163, 180, 203, 295, 309, 323, 341, 357, 385,
  432, 447, 582; **1919**, II, 90, 147, 345; **1920**, II, 26, 46, 86, 99, 100, 103, 136, 180,
  236, 421.
Südd. Ind.-Blatt **1920**, S. 1339.
Metallb. **1920**, S. 725, 1156/7, 1251, 1395, 1615, 1711, 1722, 1900, 2105.

II, 8. Die französische Stickstoffindustrie.

Chem.-Ztg. **1915**, S. 788, 843; **1916**, S. 88, 938ff., 1053; **1917**, S. 436, 480, 639, 654, 838;
  Repert. S. 192; **1918**, S. 63, 119, 172, 180, 412, 453; **1919**, S. 139, 290, 384, 455,
  516, 673, 679, 687, 716, 723, 727, 775, 868; **1920**, S. 7, 39, 88, 152, 172, 176, 183,
  236, 278, 296, 352, 423, 491, 564, 582, 648, 655/6, 804, 884, 900; **1921**, S. 48, 116,
  468, 500.
Zeitschr. f. angew. Chem. **1918**, III, 88/89, 102, 117, 128, 225, 274, 282, 287, 358, 458,
  596; **1919**, II, 15, 93, 197, 502, 561, 681, 728, 807; **1920**, 19, 82, 115, 119, 178,
  192, 211, 227, 239, 271, 276, 283, 294, 318, 341, 466.•
Umsch. **1919**, S. 8/9; **1920**, S. 75, 211, 255, 655.
Hesse-Großmann, Englands Handelskrieg und die chemische Industrie. Bd. III, S. 47
  bis 74, 86.
Südd. Ind.-Blatt **1919**, S. 1532; **1920**, S. 1061, 1179, 1583.
Metallb. **1920**, S. 1160, 1198, 1318, 1855; **1921**, S. 547.
Die Technik in der Landwirtschaft **1920**, S. 360.
Ch. Ztrlbl. **1920**, II, 431, 637.
Compt. rend. **169**, S. 1039.
Techn. Rundsch. (Berl. Tagebl.) **1917**, Nr. 9.
Neue Zürcher Ztg. **1919**, Exportbeilage Nr. 3 und 18.

II, 9. Die englische Stickstoffindustrie.

Chem. Ind. **1912**, S. 294; **1915**, S. 331; **1918**, S. 1653; **1920**, S. 261; **1921**, S. 76, 85.
Chem.-Ztg. **1915**, S. 67, 128, 131, 147, 488, 683, 984; Repert. S. 310; **1916**, S. 139, 244,
  405, 556, 763, 864; Repert. S. 211; **1917**, S. 101, 209, 235, 289, 292, 322, 400,
  480, 539, 575, 639, 688, 703, 708, 719, 784, 791, 851, 888; **1918**, S. 1, 100, 135,
  156, 184, 204, 208, 215, 220, 239, 304, 347, 376, 407, 455, 467, 472, 479, 555, 599,
  606, 610; **1919**, S. 7, 36, 44, 92, 244, 248, 279, 299, 340, 372, 406/7, 448, 503, 516,

526/7, 583, 651, 712, 806, 896, 927; **1920**, S. 25, 39, 134, 143, 152, 171/2, 176, 183, 189, 211, 264, 284, 352, 364, 386, 404, 411, 423, 472, 484, 491, 511, 540, 547, 552, 568, 575, 648, 696, 804; **1921**, S. 188.
Zeitschr. f. angew. Chem. **1918**, II, 125; III, 88, 117, 118, 131, 152, 238, 265, 282, 287, 299, 333, 363, 430, 453, 464, 508, 586, 618, 622, 629; **1919**, II, 15, 106, 135, 206, 298, 392, 498, 538, 587, 599, 625, 651, 681, 697, 727, 771, 787, 791, 795/6, 801, 813/4; **1920**, II, 13, 19, 21, 24, 25, 28, 34, 44, 60, 61, 72/3, 80, 91, 111, 127, 157, 164, 169, 170, 175, 191, 237, 248, 301, 303, 320, 342, 370, 375.
Chem. Ztrlbl. **1919**, II, 908.
Zeitschr. d. Ver. deutsch. Ing. **1918**, S. 839.
Journ. f. Gasbel. **1918**, Bd. 60, S. 591; Bd. 61, S. 49, 210; **1919**, Bd. 62, S. 109.
Südd. Ind.-Blatt **1919**, S. 3067.
Die Technik in der Landwirtschaft **1920**, S. 715, 780.
Umsch. **1920**, S. 153, 174.
Metallb. **1920**, S. 879, 1159, 1160, 1198, 1331; **1921**, S. 353, 547.
J. Soc. Chem. Ind. **1920** [39], 213.
Engineering **1920**, Bd. 110, S. 218.
Neue Zürcher Ztg. **1920** (bes. 15. Juli 1920).

II, 10. Die Stickstoffindustrie in den übrigen europäischen Ländern (Belgien, Italien, Spanien, Dänemark, Island, Niederlande, Rußland, Finnland, Kur- und Livland, Bulgarien): Europa insgesamt.

Belgien.

Chem.-Ztg. **1919**, S. 671; **1920**, S. 423, 540, 552, 648, 687; **1921**, 1159.
Zeitschr. f. angew. Chem. **1919**, II, 696.

Italien.

Chem.-Ztg. **1911**, S. 1185; **1914**, S. 865; **1915**, S. 533; **1916**, S. 335; **1917**, S. 343, 480, 507, 539, 760, 880; **1918**, S. 180; **1919**, S. 560, 686, 799; **1920**, S. 135, 143, 171, 588, 620; **1921**, S. 212.
Zeitschr. f. angew. Chem. **1918**, III, 273, 308, 370, 384, 417/8, 431, 616; **1919**, II, 7, 135, 175, 188, 821; **1920**, II, 12, 131, 216, 249, 379, 438, 467, 471.
Journ. f. Gasbel. **1916**, Bd. 59, S. 426.
Die Technik in der Landwirtschaft **1920**, S. 687, 698.
Ch. Ztrlbl. **1920**, IV, 79, 329.
Metallb. **1920**, S. 1210.

Spanien.

Chem.-Ztg. **1915**, S. 417, 438; **1918**, S. 172; **1920**, S. 24, 172, 547, 655.
Zeitschr. f. angew. Chem. **1918**, III, 83, 149, 305, 365; **1919**, II, 303, 312, 703, 801; **1920**, II, 405, 450.
Metallb. **1920**, S. 1198, 1518/9, 1567.

Portugal.

Zeitschr. f. angew. Chem. **1920**, II, 108.

Dänemark.

Chem.-Ztg. **1915**, S. 339, 495, 595; **1916**, S. 57, 912, 924; **1917**, S. 83, 195, 417, 455, 711 828, 880; **1918**, S. 100, 191, 304, 335, 376, 472; **1919**, S. 172, 256, 716, 887; **1920** S. 344, 364, 687, 715.
Zeitschr. f. angew. Chem. **1918**, III, 418, 434, 454, 619; **1919**, II, 7, 108; **1920**, II, 473.
Metallb. **1920**, S. 1318.

Island.

Chem.-Ztg. **1918**, S. 371; **1920**, S. 58.
Zeitschr. f. angew. Chem. **1918**, III, 210.
Die Technik in der Landwirtschaft **1919**, S. 228.

Niederlande.

Chem.-Ztg. **1915**, S. 315; **1917**, S. 719; **1918**, S. 76, 167, 263, 297, 371, 419, 555, 572; **1919**, S. 43, 487, 503, 783; **1920**, S. 88, 279, 296.
Zeitschr. f. angew. Chem. **1918**, III, 216, 265, 282, 300, 338, 384/5, 392, 573, 618; **1919**, II, 21, 43, 440, 506, 567, 673, 736, 790; **1920**, II, 151, 226, 404.
Chem. Ind. **1916**, Bd. 39, S. 174.
Journ. f. Gasbel. **1919**, Bd. 62, S. 128.
Metallb. **1920**, S. 1854.

Rußland.

Chem.-Ztg. **1915**, S. 148, 367, 439, 701; **1916**, S. 120, 142, 455, 603, 662, 1099; Repert. S. 285; **1917**, S. 342; **1920**, S. 143.
Zeitschr. f. angew. Chem. **1918**, II, 274; III, 597; **1919**, II, 402, 577, 666; **1920**, II, 163.
Umsch. **1919**, S. 718.
Metallb. **1920**, S. 1359, 1615/6, 2104/5.
Die Technik in der Landwirtschaft **1920**, S. 619.

Finnland.

Chem.-Ztg. **1915**, S. 712, 800; **1918**, S. 588, 603; **1919**, S. 403; chem.-techn. Übers. S. 197; **1920**, S. 208.
Zeitschr. f. angew. Chem. **1918**, III, 509, 573; **1919**, II, 725.

Estland.

Chem. Ind. **1921**, S. 76.

Bulgarien.

Zeitschr. f. angew. Chem. **1918**, III, 502.

II, 11. Die Entwicklung der Stickstoffindustrie in den Ver. Staaten von Nordamerika.

Chem.-Ztg. **1915**, S. 523, 643, 864, 919; Repert. S. 103, 310; **1916**, S. 269, 592, 827, 847, 927, 970/1, Repert. S. 114, 137; **1917**, S. 157, 179, 243, 254/5, 292, 334, 444, 456, 480, 486, 549, 583/4, 686, 743, 828; **1918**, S. 61, 73, 91, 109, 125, 134, 179, 221, 227, 239, 377, 418, 432, 479, 495, 531, 568, 604; **1919**, S. 7, 12, 36, 208, 244, 298, 419, 502, 526/7, 536, 561, 640, 652, 660, 663, 670, 686, 701, 703, 806, 832, 867; **1920**, S. 8, 25, 30, 31, 36, 135, 172, 177, 183, 204, 292, 296, 314, 327, 364, 386, 423, 485/6, 491, 546, 583, 596, 618, 620, 631, 687, 720, 812, 887.
Zeitschr. f. angew. Chem. **1918**, III, 29, 62/3, 98, 210, 263, 384, 402, 417, 470, 482, 490, 514, 520, 526, 539, 543, 550, 590, 614; **1919**, II, 14, 115, 121, 147, 154/5, 287, 334/5, 503, 513, 555, 587, 590, 648, 672, 682, 736, 774, 794; **1920**, II, 5, 13, 59, 61, 71, 87, 95, 99, 115, 136, 138, 164, 215, 249, 299, 309, 330, 370, 399, 419, 439.
Chem. and Met. Eng. **1915**, Januar; **1917**, Bd. 16, S. 232; **1919**, Bd. 20, S. 320, 819; **1920**, Bd. 22, S. 369.
J. Ind. Eng. Chem. **1914**, Bd. 6, S. 415.
Eng. and Min. Journ. **1915**, S. 476.
Electr. World **1919**, Bd. 73, S. 677, 729.
Journ. f. Gasbel. **1915**, S. 129, 133, 135; **1917**, Bd. 60, S. 479.

Ernährung der Pflanze **1916**, Bd. 12, S. 149.
Chem. Ind. **1918**, S. 1765 ff.; **1919**, S. 99, 293/4, 295.
Südd. Ind.-Blatt **1920**, S. 1387 ff.
Ch. Ztrlbl. **1919**, II, 193, 243, 515, 659, 836; IV, 72, 430, 1069; **1920**, II, 799.
Umsch. **1919**, S. 7, 268, 380, 422, 442, 443, 487.
Techn. Rundsch. (Berl. Tagebl.) **1919**, S. 72.
Die Technik in der Landwirtschaft **1920**, S. 714.
Metallb. **1920**, S. 879, 961, 1161, 1280, 1399; **1921**, S. 310, 401.

II, 12. Die Stickstoffindustrie Kanadas:

Chem. Ind. **1912**, S. 294.
Chem.-Ztg. **1915**, S. 39, 612; **1916**, S. 131; **1917**, S. 538, 719, 899; **1918**, S. 507; **1919**,
    S. 526, 791, 867, 887, 896, 927; **1920**, S. 71, 142, 240, 619.
Zeitschr. f. angew. Chem. **1918**, III, 82, 390, 533, 617; **1919**, II, 318, 661; **1920**, II, 34,
    211, 260, 369, 374.
Umsch. **1919**, S. 735.
Metallb. **1920**, S. 840.
Ch. Ztrlbl. **1920**, IV, 79.

II, 13. Stickstoff- und verwandte Industrien im übrigen Amerika
(außer Chile):

Chem.-Ztg. **1916**, S. 335; **1917**, S. 100; **1918**, S. 239, 251, 299; **1919**, S. 632, 652, 686;
    1920, S. 172, 685.
Zeitschr. f. angew. Chem. **1918**, III, 263, 366, 572; **1919**, II, 20, 81, 192, 623; **1920**, II,
    310, 318, 379.
Chem. Ind. **1921**, S. 13.
Metallb. **1920**, S. 1400.

II, 14. Die Stickstoffindustrie in den afrikanischen Ländern.

Chem.-Ztg. **1916**, S. 548; **1918**, S. 35; **1919**, S. 431, 520, 716, 812, 928; **1920**, S. 172,
    548, 687.
Zeitschr. f. angew. Chem. **1918**, III, 287, 307, 430; **1919**, II, 362, 431, 472, 537, 648,
    705, 722, 822/3; **1920**, II, 87.
Chem. Ind. **1921**, S. 13.

II, 15. Die Stickstoffindustrie in Asien.

Chem.-Ztg. **1915**, S. 128; **1916**, S. 1008; **1917**, S. 83, 312, 474, 495, 588, 595, 616, 623,
    828; **1918**, S. 35, 40, 329, 347, 400, 418, 437, 472, 479; **1919**, S. 228, 438, 462,
    503, 607, 660, 671, 775, 806, 867, 896; **1920**, S. 24, 47, 48, 143, 152, 171, 172,
    547, 596, 708, 804; **1921**, S. 116, 428.
Zeitschr. f. angew. Chem. **1918**, III, 5, 257, 299, 340, 458, 521, 534, 659; **1919**, II, 15,
    82, 93, 142, 321, 496, 503, 570, 633, 681, 735; **1920**, II, 10, 38, 92, 114, 119, 164,
    170, 229, 248, 284, 309, 318, 377, 442, 461, 473.
Chem. Ind. **1920**, S. 83/4; **1921**, S. 5.
Metallb. **1920**, S. 1159, 1243, 1280, 1291; **1921**, S. 161.
Südd. Ind.-Blatt **1920**, S. 1817.

II, 16. Die Stickstoffindustrie in Australien.

Chem.-Ztg. **1917**, S. 703; **1918**, S. 112, 167, 359, 407, 536; **1919**, S. 298, 407, 695.
Zeitschr. f. angew. Chem. **1918**, III, 508; **1919**, II, 362, 625; **1920**, II, 177, 183.

II, 17. Die Luftstickstoffindustrie der Erde.

Chem. Ind. **1912**, S. 294; **1920**, S. 261.

Chem.-Ztg. **1913**, S. 305; **1915**, S. 643, 655; **1916**, S. 375, 971; **1917**, S. 491, 721; **1918**, S. 311; **1919**, S. 161, 252, 407, 414, 689, 712, 734, 741, 757, 799, 836, 865, 896; **1920**, S. 58, 396, 423, 540.

Zeitschr. f. angew. Chem. **1918**, I, 110; **1919**, II, 360, 401, 437, 727, 757, 765, 785, 794, 806; **1920**, II, 78, 90, 119, 141, 149, 257.

Chem. Ztrlbl. **1919**, II, 20, 558.

Weltwirtschaft **1919**, S. 105, 150.

Metallb. **1920**, S. 797, 879.

Südd. Ind.-Blatt **1919**, S. 247, 1307, 1998; **1920**, S. 1021, 1169.

Umsch. **1919**, S. 157, 507, 570.

Techn. Rundsch. (Berl. Tagebl.) **1918**, Nr. 1.

J. Ind. Eng. Chem. **1917**, S. 841.

Weltwirtschaftlicher Nachrichtendienst, IV. Jahrg., Nr. 470, 27. April **1918**.

Chem. Ind. **1918**, S. 1935.

Journ. of the Franklin Inst., April/Juni **1919**.

J. Soc. Chem. Ind. **1919**, S. 271ff.

Chem. News **1919**, S. 148.

Rev. prod. chim. 15. April **1920**.

Chem. Met. Eng. **1920**, Bd. 22, Nr. 11 und 13.

III, A, 1. Die Kalkstickstoffindustrie.

Chem.-Ztg. **1914**, S. 43, Repert. S. 230, 518; **1915**, S. 39, 123, 220, 301, 320; Repert. S. 148, 159, 219, 286; **1916**, S. 76, 343, 979; Repert. S. 221, 348; **1917**, S. 56, 135, 310, 370, 376, 393, 562, 638, 764, 820, 855, 873; chem.-techn. Übers. S. 73, 274, 325; **1918**, S. 129, 200/1; **1919**, S. 160, 281, 521, 540, 604, 686, 805, 809, 865; chem.-techn. Übers. S. 283; **1920**, S. 33, 53, 158, 293, 339, 369, 382/3, 441, 474, 562, 568, 583, 615, 742, 873, 892, 917, 941; **1921**, S. 74, 94, 188.

Zeitschr. f. angew. Chem. **1918**, I, 180, 220; II, 112, 148, 285; III, 394, 402, 492; **1919**, I, 31, 224, 335, 396; II, 72, 314, 816; **1920**, I, 1, 99, 139,; II 298, 322, 451.

Umsch. **1919**, S. 192, 236, 583; **1920**, S. 114, 333, 399, 488, 581.

Südd. Ind.-Blatt **1920**, S. 646; **1921**, S. 331, 400.

Zeitschr. f. Abfallverw. **1918**, S. 8, 99; **1920**, S. 66.

Die Technik in der Landwirtschaft **1920**, S. 646, 697, 715.

Chem. Ind. **1918**, Nr. 13/14, S. 1876.

Techn. Rundsch. (Berl. Tagebl.) **1918**, Nr. 10; **1919**, Nr. 12; **1920**, Nr. 1; 1921, Nr. 4.

Ch. Ztrlbl. **1919**, II, 160, 912; IV, 68, 110/1, 143/4, 180, 183, 273, 281, 388, 445, 536, 596, 847, 1042/3; **1920**, II, 401, 445, 663, 687, 734, 775; IV, 36, 123, 232, 359/60, 366/7, 464, 466, 472, 554, 725.

Metallb. **1920**, S. 1169, 1279, 1950, 2103.

Stahl und Eisen **1919**, S. 1377ff.

Zeitschr. f. Elektrochemie **1918**, Bd. 24, S. 385; **1919**, Bd. 25, S. 409ff.; **1920**, Bd. 26, S. 455.

Dingl. polyt. Journ. **1919**, Bd. 334, S. 50.

Zeitschr. f. Spiritusind. **1919**, S. 16, 39.

Mitt. d. deutsch. Landw. Ges. **33**, 574.

Das Branntweinmonopol **1921**, Nr. 12.

Dyes, Weltwirtschaftschemie, Bd. I (**1921**), S. 587ff.

Rev. des produits chim. **22**, 587 (**1919**); **23**, 89.

The Country Gentleman 13. März **1920**.

The Chemical Age **1920**; Bd. 3, S. 177.

Met. and Chem. Eng. **1916**, S. 87; **1920**, Nr. 19, S. 886.

J. Ind. Eng. Chem. **1916**, Bd. 8, S. 156; **1920**, S. 440.

The Board of Trade Journal **1920**, S. 660.
Chem. News **1919**, S. 109ff.
Journ. of the Franklin Inst. **1919**, S. 599 bis 610.

III, A, 2. Die Nitridverfahren.

Zeitschr. f. anorg. Chem. **1914**, Bd. 87, S. 120.
Zeitschr. f. Elektrochemie **1915**, Bd. 21, S. 50.
Chem.-Ztg. **1915**, S. 807; **1920**, chem.-techn. Übers. S. 229.
Metallb. **1920**, S. 1193.
Techn. Rundsch. (Berl. Tagebl.) **1919**, Nr. 39.
Ch. Ztrlbl. **1920**, IV, 620.

III, A, 3. Die Haber-Bosch-Synthese des Ammoniaks.

Chem.-Ztg. **1915**, S. 24, 584; **1917**, S. 437, 463; **1918**, S. 594; **1919**, S. 11, 634, 661; **1920**,
S. 390, 592, 721, 742, 751, 844, 913, 924.
Zeitschr. f. angew. Chem. **1918**, II, 299, 331; III, 242; **1919**, I, 222; II, 749, 807; **1920**,
II, 304, 331.
Zeitschr. f. Elektrochemie **1915**, S. 89; **1918**, S. 361.
Umsch. **1920**, S. 577.
Chem. Ind. **1918**, S. 1909; **1920**, S. 128, 350; **1921**, S. 78.
Zeitschr. f. anorg. Chem. **1919**, S. 273.
Die Technik in der Landwirtschaft **1920**, S. 306.
Metallb. **1920**, S. 1239.
Koppers Mitteilungshefte **1919**, Nr. 6 und 7.
Ch. Ztrlbl. **1919**, II, 491, 615; IV, 450, 651, 1109; **1920**, II, 236, 467, 524; IV, 279, 521, 707.
Österr. Chem.-Ztg. **1918**, Bd. 21, S. 27.
La Techn. moderne **1914**, Bd. 8, S. 350.
J. Soc. Chem. Ind. **1918**, Juli.
Chem. and Met. Eng. **1920**, S. 1071.
Chem. News **1919**, S. 97ff.
Bol. soc. nac. minaria **29**, 343 (1917); **30**, 441 (1917).
L'Ind. Chim. **1920**, S. 83 (Bd. 7).
Chem. Trade Journ. **1917**, 15. Dez.; **1920**, S. 571, Nr. 1719.
Gas Journ. **1920**, S. 139.
Compt. rend. **1920**, Bd. 170, S. 174.
Le Phosphate et les Engrais Chimiques **1920**, S. 232.
F. Jost, Dissertation, Berlin 1908: Über das Ammoniakgleichgewicht usw.

III, A, 4. Die Cyanidverfahren.

Chem.-Ztg. **1917**, S. 166; **1920**, S. 815; chem.-techn. Übers. S. 86.
Zeitschr. f. angew. Chem. **1918**, I, 205; **1919**, I, 162; II, 710; **1920**, I, 85, 111, 117, 239,
245, 251; II, 414.
Ch. Ztrlbl. **1919**, II, 360, 531, 740; **1920**, II, 799/800; IV, 124, 707.
Metallb. **1920**, S. 1759, 2063.
Ber. d. deutsch. Chem. Ges. **1916**, Bd. 49, S. 2292.
J. Ind. Eng. Chem. **1917**, Bd. 9, S. 233ff.
Chem. Trade Journ., 7. Juli 1917.
Chem. Weekblad **16**, 270 (1919).

III, A, 5. Die Gewinnung von Stickstoff und Wasserstoff.

Chem.-Ztg. **1915**, S. 113, 220; Repert. S. 299, 345; **1916**, S. 139; Repert. S. 262; **1918**,
S. 187, 429, 482; chem.-techn. Übers. S. 187; **1919**, S. 271, 527, 604, 632, 745,
767, 859, 867, 887; **1920**, S. 39, 265, 743; chem.-techn. Übers. S. 258.

Zeitschr. f. angew. Chem. **1918**, II, 394; III, 245.
Zeitschr. f. Sauerstoff- und Stickstoffindustrie **1918**, S. 2, 9.
Elektrotechn. Zeitschr. **1919**, S. 149, 186.
Stahl und Eisen **1919**, S. 373, 406.
Zeitschr. f. kompr. flüss. Gase **1918/19**, Bd. 19, S. 1 bis 3; **1919/20**, Bd. 20, S. 4.
Zeitschr. d. Ver. deutsch. Ing. **1919**, S. 741.
Ch. Ztrlbl. **1919**, IV, 139, 177, 311, 404, 521, 696; **1920**, IV, 360/1, 363, 385/6, 388/9,
    431, 468, 603/4, 640/1, 661, 673, 704, 725.
Umsch. **1920**, S. 141, 152, 466, 739.
Südd. Ind.-Blatt **1919**, S. 2805.
Techn. Rundsch. (Berl. Tagebl.) **1920**, Nr. 21.
Journ. Franklin Inst. **1914**, Bd. 177, S. 305.
J. Soc. Chem. Ind. **1919**, Bd. 38, S. 10.

III, B, 6. Die bisherigen Verfahren der Salpetersäuregewinnung aus Salpeter.

Die wichtigste Neuliteratur ist im Text angegeben.

III, B, 7. Die Flammenbogensynthesen.

Chem.-Ztg. **1916**, S. 957; **1918**, S. 404; 1919, S. 52, 95, 403; **1921**, S. 107.
Zeitschr. f. angew. Chem. **1920**, II, 460.
Ch. Ztrlbl. **1919**, II, 338, 741; IV, 533, 777; **1920**, IV, 38, 79, 120, 317/8, 388, 430, 485,
    603, 740.
Chem. Ind. **1905**, S. 699.
Zeitschr. f. Elektrochemie **1919**, S. 255.
Elektrotechn. Zeitschr. **1909**, Nr. 16/17.
Metallb. **1920**, S. 965; **1921**, S. 356.
J. Soc. Chem. Ind. **1915**, Bd. 34, S. 113; Bd. 36, S. 771.
Stahl und Eisen **1921**, Nr. 28/9.

III, B, 8. Die katalytische Verbrennung des Ammoniaks zu Salpetersäure.

Chem.-Ztg. **1915**, Repert. S. 65, 203; **1916**, S. 14, 112; **1917**, Repert. S. 70; **1918**, S. 273,
    432; **1919**, S. 466; chem.-techn. Übers. S. 298; **1920**, S. 17, 145, 275, 733, 758.
Zeitschr. f. angew. Chem. **1918**, II, 395; **1920**, I, 24, 41, 45, 51.
Chem. Ind. **1914**, S. 265, 513; **1918**, S. 1909.
Metall u. Erz **1916**, Bd. 13, S. 21.
Ber. d. deutsch. Chem. Ges. **1918**, Bd. 51, S. 711.
Koppers Mitteilungshefte **1919**, Nr. 6 und 7.
Zeitschr. f. kompr. u. flüss. Gase **1915**, Bd. 17, S. 49.
Ch. Ztrlbl. **1919**, II, 159, 909; **1920**, II, 128, 435, 685, 799; IV, 119/20, 291, 358, 685, 707.
Anzeiger für Berg-, Hütten- und Maschinenwesen **1920**, Nr. 105.
Chem. News **1915**, Bd. 112, S. 163.
Chem. Eng. **1919**, Bd. 27. S. 113.
J. Ind. Eng. Chem. **1919**, Bd. 11, S. 468, 541; **1920**, S. 5, 119.
Chem. Met. Eng. **1919**, Bd. 20, S. 8 und 502.

III, B, 9. Die Kondensation der Stickoxyde zu Salpetersäure.

Chem.-Ztg. **1917**, Repert. S. 41, 178; **1918**, S. 202, 453; **1919**, S. 232, 805. 911; chem.-
    techn. Übers. S. 163, 255; **1920**, S. 122/3, 255, 529, 683; **1921**, S. 20.
Zeitschr. f. angew. Chem. **1917**, I, 238; **1918**, I, 48, 145; II, 18; III, 247; **1920**, I, 113,
    122, 129; **1921**, I, 168, 173.

Ch. Ztrlbl. **1919**, II, 917; IV, 72, 174, 177, 183, 360, 364, 430, 528, 821, 825, 909; **1920**, II, 553, 726; IV, 35, 120, 357/8, 388, 554, 639/40.
Verh. d. Ver. z. Beförd d. Gewerbefl. **1918**, S. 199.
Zeitschr. f. Elektrochemie **1920**, Bd. 26, S. 182.
Metallb. **1920**, S. 674; **1921**, S. 262.
Österr. Chem.-Ztg. **1919**, S. 140.
J. Soc. Chem. Ind. **1919**, S. 75; **1920**, Bd. 39, S. 142/3. 145 T.
J. Chem. Soc. **111**, 413 (1917).
Métan **1**, 61, 77 (1917).

III, C. Die Salze des Ammoniaks und der Stickstoffsäuren.

Chem.-Ztg. **1915**, S. 325, 878; Repert. S. 325; **1916**, S. 1049; Repert. S. 3, 241; **1917**, S. 156, 249, 602, 657, 732, 788; Repert. S. 60, 98, 252, 274, 292; **1918**, S. 50, 195, 197; chem.-techn. Übers. S. 113; **1919**, S. 295, 500, 617; chem.-techn. Übers. S. 187, 198, 230, 293, 299, 313; **1920**, S. 298/9, 346, 742, 876; chem.-techn. Übers. S. 79, 192.
Zeitschr. f. angew. Chem. **1916**, I, 13, 18, 246; **1918**, I, 91; II, 149, 218, 313, 317; **1919**, I, 148; II, 796; **1920**, I, 141, 278/9; **1921**, I, 95.
Ch. Ztrlbl. **1919**, II, 54, 452/3, 558/9, 700, 908; IV, 7, 78, 219/20, 269/70, 298, 385/6, 404, 472, 514, 534, 536, 601, 696, 1101, 1121; **1920**, II, 78, 462, 463/4, 488, 715; IV, 119, 279, 430, 570, 640, 644/5, 676.
Zeitschr. f. Elektrochemie **24**. 361.
Chem. Ind. **1911**, S. 210; **1918**, Nr. 11/12; **1919**, S. 330.
Ernährung der Pflanze **1916**, Bd. 12, S. 58, 59.
Kali **1916**, Bd. 9, S. 55.
Journ. f. Gasbel. **1915**, S. 64, 115; **1917**, Bd. 60, S. 63, 399; **1918**, Bd. 61, S. 91, 152, 161, 200, 536, 577; **1919**, Bd. 62, S. 3, 30, 77, 97.
Feuerungstechnik **6** (1917), S. 3 bis 8.
Chem. Apparatur **1915**, Bd. 2, S. 33, 61; **1917**, Bd. 4, S. 161; **1918**, Bd. 5, S. 17.
Zeitschr. f. kompr. u. flüss. Gase **19** (1918), 37; **20** (1919/20), 17.
Österr. Chem.-Ztg. **1917**, S. 76; **1918**, S. 7.
Chem. News **1915**, Bd. 112, S. 167; **1917**, Bd. 116, S. 175.
Met. Chem. Eng. **1917**, Bd. 17, S. 525.
J. Soc. Chem. Ind. **34**, 585; **36** (1917), 483, 771.
Chem. Eng. **1915**, Bd. 21, S. 201.
Min. and Eng. World **1915**, Bd. 43, S. 137.
Ind. chimique **6**, 266 (1919).
Chem. Weekblad **14**, 955 (1917).

IV. Schlußwort.

Chem.-Ztg. **1919**, S. 556, 641; **1920**, S. 294, 301, 888; **1921**, 15 T.
Zeitschr. f. angew. Chem. **1919**, I, 292; 11, 556; **1920**, I, 312; II, 50, 124, 322.
Metallb. **1920**, S. 1360.
Zahlreiche Tageszeitungen.

Alphabetisches Sach-, Namen-, Firmen- und Orts-Register.

(Die mit * bezeichneten Namen usw. kommen wiederholt vor.)

Nummernliste der Patente[1].

Deutsches Reich.

12 351	73 816	88 999	98 180	138 368	164 721
13 392	74 274	89 598	98 974	146 712	164 724
15 298	74 554	90 999	108 971	147 564	165 268
17 070	78 573	91 814	112 416	149 594	168 272
18 945	84 078	92 587	112 459	149 803	169 117
21 175	85 103	92 801	116 087	151 597	169 564
38 012	86 254	92 810	116 088	151 644	170 585
39 280	86 913	94 114	116 746	152 260	171 623
43 977	87 780	94 493	119 943	157 287	172 102
63 722	88 115	95 532	125 260	161 676	173 620
65 604	88 363	95 660	132 836	162.702	174 177
69 316	88 824	96 427	134 289	163 320	174 324

[1] Es sei verwiesen auf *Bräuer - J. D'Ans,* Fortschritte der anorganischen Groß-Industrie. Berlin 1921/22, Julius Springer.

174 846	201 279	217 550	234 129	244 732	256 525
175 480	202 349	218 570	234 591	244 840	256 855
176 080	202 400	218 813	235 061	245 492	257 188
179 288	202 563	219 494	235 213	246 017	257 642
179 300	202 695	219 932	235 299	246 064	257 643
179 825	202 763	220 539	235 300	246 077	257 769
179 882	203 308	221 129	235 421	246 334	257 809
180 014	203 747	222 237	235 429	246 377	257 827
180 118	203 748	222 629	235 662	246 419	258 052
180 290	203 750	223 246	235 669	246 554	258 053
180 691	203 814	223 366	235 754	246 615	258 146
181 657	204 204	223 408	235 765	246·712	258 342
181 991	204 403	223 509	235 766	246 931	258 385
181 992	204 563	223 713	235 868	246 932	258 935
182 297	204 847	223 887	236 044	247 451	259 647
183 041	204 882	224 329	236 341	247 852	259 648
183 702	204 997	224 628	236 342	248 054	259 649
184 144	205 018	224 878	236 395	248 697	259·702
184 958	205 351	225 153	236 454	249 269	259 815
185 094	205 464	225 195	236 705	249 328	259 870
185 897	205 538	225 239	236 882	249 329	259 871
186 333	205 774	225 297	236 892	249 447	259 872
186 454	206 175	225 706	237 436	249 946	259 996
187 367	206 588	226 340	237 524	250 085	260 010
187 585	206 948	226 867	237 607	250 356	260 134
188 188	206 949	226 956	237 796	250 377	260 469
188 750	207 250	227 013	238 340	250 684	260 599
189 472	207 254	227 320	238 367	250 756	260 756
189 864	208 143	227 490	238 368	250 968	260 992
190 955	209 959	227 854	238 369	251·934	261 027
191 659	209 961	228 422	238 450	252 156	261 102
192 883	210 166	228 423	238 829	252 164	261 507
193 366	210 324	228 539	238 976	252 270	261 508
193 402	210 803	228 742	239 309	252 271	261 819
193 518	210 821	228 755	239 909	252 272	262 325
193 696	211 067	228 849	240 403	252 273	262 473
194 326	211 196	228 925	241 339	252 275	262 635
194 327	212 051	229 057	241 510	252 276	262 728
196 112	212 209	229 126	241 712	252 997	262 823
196 113	212 423	229 142	241 852	253 553	262 830
196 114	212 501	229 292	241 882	254 006	262 874
196 323	212 706	229 302	241 929	254 015	262 920
196 829	212 881	229 406	241 995	254 344	263 390
197 393	213 709	229 638	242 522	254 437	263 391
197 394	213 710	230 042	242 989	254 571	263 612
198 240	214 445	230 170	243 226	254 574	263 652
198 241	215 907	230 863	243 367	254 934	263 692
198 706	216 090	231 090	243 797	255 073	264 002
199 561	216 518	231 546	243 839	255 291	264 393
199 973	216 748	231 584	243 840	255 439	265 166
200 006	217 037	231 646	243 892	255 732	265 294
200 138	217 079	231 886	244 362	256 295	265 295
200 332	217 309	232 347	244 452	256 296	265 413
200 876	217 315	232 569	244 496	256 400	265 834
200 986	217 476	233 895	244 651	256 524	265 892

266 117	275 343	284 641	291 038	298 131	300 801
266 345	275 663	284 741	291 582	298 199	300 812
266 862	276 132	284 815	291 603	298 200	300 858
266 863	276 133	284 816	291 744	298 491	300 897
267 003	276 490	285 111	291 902	298 552	300 898
267 206	276 718	285 259	292 084	298 697	301 262
267 207	276 719	285 498	292 109	298 846	301 263
267 514	276 720	285 531	292 145	298 847	301 274
267 594	276 814	285 698	292 174	298 851	301 321
267 595	276 841	285 699	292 209	298 861	301 352
267 871	276 953	285 703	292 218	298 911	301 362
267 874	276·986	286 086	292 242	298 912	301 464
267 944	277 054	286 122	292 304	298 951	301 513
268 062	277 435	286 183	292 337	298 952	301 540
268 185	277 500	286 241	292 385	298 981	301 682
268 277	277 525	286 242	292 530	299 001	301 702
268 339	277 526	286 430	292 543	299 002	301 703
268 410	277 855	286 491	292 615	299 003	301 712
268 497	278 867	286 514	292 622	299 004	301 751
268 720	279 007	286 666	293 258	299 005	301 791
268 828	279 133	286 719	293 585	299 006	301 802
268 882	279 309	286 742	293 904	299 007	301 940
268 929	279 461	286 751	293 943	299 034	301 941
269 238	279 582	286 764	294 135	299 132	301 979
269 333	279 953	286 853	294 200	299 284	302 034
269 656	279 954	286 971	294 485	299 602	302 122
269 741	280 499	286 973	294 793	299 621	302 195
270 192	280 686	286 991	294 794	299 622	302 433
270 379	280 966	286 992	294 857	299 643	302 460
270 383	281 044	287 006	294 991	299 681	302 461
270 532	281 084	287 009	294 993	299 742	302 471
270 574	281 095	287 307	295 142	299 752	302 495
270 662	281 096	287 958	295 509	299 774	302 514
270 758	281 174	288 450	295 548	299 805	302 533
271 105	281 317	288 496	295 572	299 855	302 534
271 421	281 761	288 497	295 573	299 942	302 535
271 516	281 926	288 524	295 654	299 954	302 555
271 517	282 213	288 843	295 766	300 012	302 561
271 518	282 505	289 105	296 395	300 032	302 562
272 086	282 665	289 106	296 809	300 035	302 583
272 609	282 701	289 162	296 866	300 036	302 671
272 637	282 748	289 300	297 258	300 122	302 674
272 638	282 849	289 524	297 311	300 586	302 929
272 674	282 915	289 562	297 379	300 632	303 073
272 853	283 161	289 563	297 412	300 651	303 079
273 111	283 276	289 694	297 442	300 697	303 152
273 306	283 447	289 745	297 740	300 711	303 233
273 315	283 535	289 795	297 773	300 712	303 241
273 463	283 618	289 844	297 815	300 715	303 255
274 165	283 824	290 509	297 898	300 716	303 292
274 346	284 042	290 747	297 900	300 722	303 313
274 472	284 176	290 756	297 901	300 724	303 333
274 870	284 341	290 809	297 902	300 762	303 370
275 091	284 531	290 869	297 903	300 763	303 396
275 156	284 532	290 877	298 042	300 764	303 718

303 729	306 441	312 136	314 628	318 772	322 600
303 831	306 451	312 190	314 775	318 896	322 601
303 832	306 853	312 286	314 884	318 898	322 843
303 842	307 040	312 392	314 907	318 963	323 004
303 843	307 042	312 426	314 947	319 046	323 253
303 881	307 052	312 639	314 948	319 115	323 295
303 922	307 081	312 685	315 021	319 368	323 296
303 929	307 093	312 726	315 290	319 412	323 297
303 931	307 107	312 775	315 534	319 465	323 306
303 954	307 244	312 933	315 553	319 475	323 416
303 966	307 312	312 934	315 622	319 476	323 474
303 979	307 579	313 026	315 931	319 519	323 523
303 986	307 652	313 046	316 137	319 520	323 656
304 002	307 752	313 122	316 214	319 550	323 712
304 087	307 890	313 127	316 253	319 568	323 961
304 184	308 659	313 192	316 349	319 651	324 202
304 231	309 103	313 202	316 497	319 763	324 263
304 233	309 104	313 241	316 498	319 798	324 264
304 298	309 153	313 242	316 502	319 936	324 379
304 322	309 159	313 271	316 594	319 992	324 441
304 912	309 173	313 338	316 595	320 415	324 443
304 965	309 668	313 392	316 596	320 442	324 582
305 061	309 912	313 414	316 605	321 030	324 661
305 062	310 081	313 470	316 677	321 078	324 866
305 082	310 090	313 595	316 703	321 127	324 867
305 103	310 124	313 800	316 757	321 204	324 868
305 122	310 242	313 827	316 790	321 241	324 921
305 123	310 270	313 852	316 901	321 287	325 074
305 124	310 623	313 858	317 030	321 307	325 152
305 125	310 859	313 966	317 137	321 308	325 410
305 130	311 018	314 014	317 166	321 567	325 474
305 171	311 019	314 030	317 167	321 614	325 635
305 532	311 234	314 043	317 180	321 617	325 636
305 553	311 238	314 170	317 502	321 618	325 637
305 567	311 438	314 171	317 589	321 660	325 652
305 568	311 456	314 210	317 703	321 661	325 800
305 715	311 596	314 234	317 889	321 662	325 878
305 776	311 694	314 259	318 091	321 771	325 966
305 915	311 767	314 362	318 108	321 772	326 228
305 916	311 864	314 363	318 136	321 819	326 229
305 997	311 958	314 404	318 221	321 878	326 245
306 301	311 959	314 595	318 236	321 981	
306 314	311 987	314 597	318 286	322 043	
306 333	312 023	314 598	318 432	322 138	
306 353	312 049	314 626	318 433	322 188	
306 354	312 088	314 627	318 671	322 285	

England.

1857:	**1879:**	755	12 218	**1987:**	**1900:**
2 064	4 338	**1893:**	13 315	23 957	12 905
1859:	**1890:**	16 700	**1895:**	**1898:**	**1901:**
1 045	67	**1894:**	3 509	25 475	8 230
1865:	**1892:**	772	10 165	**1899:**	**1902:**
1 833	21	6 021	12 528	4 643	698

8 300	14 365	19 249	25 629	20 667	6 288
1903:	18 599	19 728	26 056	21 366	16 597
2 200	24 296	19 778	28 072	22 320	17 475
20 497	**1907:**	44 509	**1913:**	25 259	22 320
25 715	8 653	**1911:**	866	25 365	23 624
1904:	13 989	5 833	1 161	25 630	**1916:**
20 003	18 900	5 835	3 194	26 233	101 091
26 602	18 901	10 522	4 725	26 770	103 148
1905:	**1908:**	12 427	5 005	27 030	**1917:**
3 525	15 490	17 355	7 740	27 117	114 663
26 728	**1909:**	21 151	7 958	28 245	130 086
1906:	3 061	28 167	8 617	28.524	130 087
5 852	17 642	**1912:**	9 842	29 047	**1918:**
5 901	17 951	804	11 091	29 260	121 039
7 869	23 624	919	11 828	**1914:**	127 398
7 871	29 430	12 845	14 509	1 820	147 235
8 452	**1910:**	15 934	14 871	2 841	
12 401	14 023	23 591	18 028	5 184	

Frankreich.

92 346	380 467	450 448	457 650	464 237	474 233
108 037	380 614	451 291	457 723	464 692	474 322
138 472	386 171	451 361	457 800	464 750	474 330
199 977	406 943	451 405	457 992	465 045	474 365
202 700	408 506	451 687	und Zusatz	465 242	474 503
210 365	411 674	451 711	18 022	465 265	474 820
243 129	415 252	453 086	458 168	465 474	474 882
255 183	425 099	453 187	458 218	465 504	474 994
296 211	427 065	453 207	458 519	465 679	475 195
313 950	439 262	453 845	459 093	465 683	475 297
317 544	und Zusatz	454 237	459 746	465 739	475 346
335 229	18 699	454 238	460 328	465 740	475 463
335 692	440 217	454 430	460 684	465 807	476 121
339 505	443 620	454 616	460 859	466 102	477 776
348 791	444 027	455 530	461 480	466 303	477 777
350 966	444 105	455 531	462 290	466 986	478 739
357 538	444 106	455 532	462 462	467 515	479 656
362 434	445 576	455 799	462 464	468 535	und Zusatz
363 617	447 106	455 896	463 114	469 045	20 217
363 618	448 924	456 488	463 232	469 046	480 129
367 124	449 010	456 765	463 390	471 162	
367 585	449 817	456 786	463 821	472 465	
377 683	450 140	456 826	463 825	472 959	
und Zusatz	450 178	456 963	463 830	473 618	
17669/1913	450 435	457 109	463 859	473 918	

Vereinigte Staaten von Nordamerika.

577 837	709 867	758 774	816 928	858 904	880 464
598 918	709 869	772 862	817 082	864 513	882 958
607 943	727 650	773 407	829 874	877 446	887 220
615 266	728 173	775 123	829 876	877 447	887 266
620 312	741 396	791 194	832 767	877 448	894 547
682 472	754 147	807 491	832 768	880 037	898 133

898 390	1 047 576	1 093 813	1 126 471	1 145 107	1 193 798
904 070	1 051 097	1 098 139	1 129 505	1 146 222	1 202 995
904 071	1 052 797	1 098 651	1 129 721	1 147 184	1 206 062
904 072	1 052 815	1 100 638	1 131 361	1 149 653	1 206 063
904 073	1 057 052	1 101 424	1 134 411	1 155 797	1 207 706
906 607	1 057 876	1 103 115	1 134 412	1 159 364	1 207 707
906 682	1 060 640	1 105 607	1 134 413	1 159 365	1 207 708
943 661	1 062 805	1 112 183	1 134 414	1 163 095	1 208 877
950 703	1 064 064	1 112 893	1 135 639	1 163 753	1 217 247
952 248	1 065 053	1 115 044	1 138 190	1 167 280	1 217 842
982 288	1 072 373	1 116 559	1 138 191	1 167 788	1 241 919
999 071	1 072 840	1 119 534	1 141 266	1 169 824	1 241 920
1 004 509	1 077 712	1 120 682	1 141 947	1 173 550	1 242 958
1 004 705	1 078 313	1 120 960	1 141 948	1 180 061	1 296 820
1 011 043	1 083 703	1 122 923	1 142 068	1 183 885	1 343 063
1 019 002	1 088 359	1 123 394	1 143 132	1 184 839	1 343 077
1 021 445	1 089 241	1 123 584	1 143 366	1 186 367	1 344 153
1 037 261	1 090 874	1 123 585	1 143 482	1 188 651	1 345 323
1 042 746	1 092 167	1 123 763	1 143 625	1 193 796	
1 046 212	1 093 749	1 126 000	1 143 952	1 193 797	

Norwegen.

12 879	14 885	23 058	24 195	30 418	30 948
12 961	15 021	23 063	24 423	30 419	30 949
12 989	17 124	23 064	24 576	30 490	31 040
13 240	17 302	23 201	24 803	30 512	31 041
13 280	17 532	23 290	25 057	30 593	31 042
13 281	17 839	23 312	28 121	30 822	31 292
13 415	20 198	23 472	28 762	30 858	31 377
13 507	20 328	23 542	30 251	30 880	31 408
13 705	20 777	23 545	30 326	30 906	31 431
13 738	22 894	23 575	30 386	30 907	31 438
13 753					

Schweiz.

10 704	24 298	29 711	38 044	57 047	69 764
13 884	25 881	31 189	40 987	57 534	73 885
20 092	26 993	37 037	41 262	58 406	73 886

Belgien.

184 598	268 956	271 344

Dänemark.

16 733	18 827	19 449	22 049	22 273	22 444

Österreich.

2 805	27 722	34 567	37 136	45 885	72 870
8 305	27 789	35 468	42 810	52 440	78 662
12 300	27 790	36 444	45 010	68 072	

Verschiedene Länder.

Italienisches Patent	... 101 994	Schwedisches Patent	.... 19 895
„ „	... 112 336	„ „	.... 36 205
„ „	... 115 959	Russisches Patent	..... 64 421
Ungarisches Patent	... 64 871	Niederländisches Patent.	1 715
„ „	.... 68 318	Rumänisches Patent	.... 3 968

Verlag von Otto Spamer in Leipzig-Reudnitz

Chemische Technologie
in Einzeldarstellungen

Begründer:
Prof. Dr. Ferd. Fischer

Herausgeber:
Prof. Dr. Arthur Binz

Bisher erschienen folgende Bände:

Allgemeine chemische Technologie:

(Die hier angegebenen Grundzahlen, mit der jeweiligen Schlüsselzahl, z. Zt. 210, multipliziert, ergeben den Verkaufspreis)

Kolloidchemie. Von Prof. Richard Zsigmondy, Göttingen. Vierte Auflage. Geheftet 8.—, gebunden 12.—.

Sicherheitseinrichtungen in chemischen Betrieben. Von Geh. Reg.-Rat Prof. Dr.-Ing. Konrad Hartmann, Berlin. Mit 254 Abbildungen. Gebunden 10.—.

Zerkleinerungsvorrichtungen und Mahlanlagen. Von Ing. Carl Naske, Berlin. Dritte Auflage. Mit 415 Abbildungen. Geheftet 8.—, gebunden 12.—.

Mischen, Rühren, Kneten. Von Geh. Reg.-Rat Prof. Dr.-Ing. H. Fischer, Hannover. Zweite Auflage in Vorbereitung.

Sulfurieren, Alkalischmelze der Sulfosäuren, Esterifizieren. Von Geh. Reg.-Rat Prof. Dr. Wichelhaus, Berlin. Mit 32 Abbildungen und 1 Tafel. Vergriffen.

Verdampfen und Verkochen. Mit besonderer Berücksichtigung der Zuckerfabrikation. Von Ing. W. Greiner, Braunschweig. Zweite Auflage. Mit 28 Figuren im Text. Geheftet 3.50, gebunden 5.50.

Filtern und Pressen zum Trennen von Flüssigkeiten und festen Stoffen. Von Ingenieur F. A. Bühler. Zweite Auflage. Bearbeitet von Prof. Dr. Ernst Jänecke. Mit 339 Figuren im Text. Geheftet 3.50, gebunden 5.50.

Die Materialbewegung in chemisch-technischen Betrieben. Von Dipl.-Ing. C. Michenfelder. Mit 261 Abbildungen. Gebunden 11.—.

Heizungs- und Lüftungsanlagen in Fabriken. Von Obering. V. Hüttig, Professor an der Technischen Hochschule Dresden. Zweite Auflage in Vorbereitung.

Reduktion und Hydrierung organischer Verbindungen. Von Dr. Rudolf Bauer (†), München. Zum Druck fertiggestellt von Prof. Dr. H. Wieland, München. Mit 4 Abbildungen. Gebunden 10.—.

Messung großer Gasmengen. Von Ob.-Ing. L. Litinsky, Leipzig. Mit 138 Abbildungen, 37 Rechenbeispielen, 8 Tabellen im Text und auf 1 Tafel sowie 13 Schaubildern und Rechentafeln. Geheftet 8.—, gebunden 12.—.

Nach dem Ausland besondere Berechnung!